Klaus Bethge und Ulrich E. Schröder

**Elementarteilchen
und ihre Wechselwirkungen**

*Weitere interessante Titel
zu diesem Thema*

Machner, H.

Einführung in die Kern- und Elementarteilchenphysik

2005
ISBN 3-527-40528-3

Liebscher, D.-E.

The Geometry of Time

2005
ISBN 3-527-40567-4

Bethge, K., Gruber, G., Stöhlker, T.

Physik der Atome und Moleküle

Eine Einführung

2004
ISBN 3-527-40463-5

Buckel, W., Kleiner, R.

Supraleitung

Grundlagen und Anwendungen

2004
ISBN 3-527-40348-5

Griffiths, D.

Introduction to Elementary Particles

1987
ISBN 0-471-60386-4

Klaus Bethge und Ulrich E. Schröder

Elementarteilchen
und ihre Wechselwirkungen

3., überarbeitete und erweiterte Auflage

WILEY-VCH

WILEY-VCH Verlag GmbH & Co. KGaA

Autoren

Klaus Bethge
Johann-Wolfgang-Goethe-Universität
Max-von-Laue-Str. 1
60438 Frankfurt am Main
Bethge@vff.uni-frankfurt.de

Ulrich E. Schröder
Am Hang 19
25588 Oldendorf

Titelbild

Titelbild nach DESY: Supermikroskop
HERA (2002) S. 83

3. überarb. u. erw. Auflage 2006

Alle Bücher von Wiley-VCH werden sorgfältig erarbeitet. Dennoch übernehmen Autoren, Herausgeber und Verlag in keinem Fall, einschließlich des vorliegenden Werkes, für die Richtigkeit von Angaben, Hinweisen und Ratschlägen sowie für eventuelle Druckfehler irgendeine Haftung

Bibliografische Information
Der Deutschen Bibliothek
Die Deutsche Bibliothek verzeichnet diese Publikation in der Deutschen Nationalbibliografie; detaillierte bibliografische Daten sind im Internet über <http://dnb.ddb.de> abrufbar.

© 2006 WILEY-VCH Verlag GmbH & Co. KGaA, Weinheim

Alle Rechte, insbesondere die der Übersetzung in andere Sprachen, vorbehalten. Kein Teil dieses Buches darf ohne schriftliche Genehmigung des Verlages in irgendeiner Form – durch Photokopie, Mikroverfilmung oder irgendein anderes Verfahren – reproduziert oder in eine von Maschinen, insbesondere von Datenverarbeitungsmaschinen, verwendbare Sprache übertragen oder übersetzt werden. Die Wiedergabe von Warenbezeichnungen, Handelsnamen oder sonstigen Kennzeichen in diesem Buch berechtigt nicht zu der Annahme, dass diese von jedermann frei benutzt werden dürfen. Vielmehr kann es sich auch dann um eingetragene Warenzeichen oder sonstige gesetzlich geschützte Kennzeichen handeln, wenn sie nicht eigens als solche markiert sind.

Printed in the Federal Republic of Germany

Gedruckt auf säurefreiem Papier.

Satz Steingraeber Satztechnik GmbH, Ladenburg
Druck Strauss GmbH, Mörlenbach
Bindung Großbuchbinderei J. Schäffer GmbH, Grünstadt

ISBN-13: 978-3-527-40587-9
ISBN-10: 3-527-40587-9

Inhaltsverzeichnis

I	Einleitung	1
	1 Historische Entwicklung	2
	2 Qualitativer Überblick	8
	2.1 Leptonen, Mesonen, Baryonen	8
	2.2 Grundbegriffe	12
	Literatur	15
II	Grundlagen	17
	3 Symmetrien als Ordnungsprinzip	17
	A Kontinuierliche raum-zeitliche Symmetrien	19
	3.1 Symmetrie in der klassischen Mechanik	19
	3.2 Symmetrie in der Quantenmechanik	20
	3.3 Relativistische Invarianz	22
	3.4 Quantenzahlen	25
	3.5 Der Spin	26
	B Permutationssymmetrie	28
	3.6 Fermionen und Bosonen	28
	C Diskrete Symmetrietransformationen	30
	3.7 Räumliche Spiegelung	30
	3.8 Zeitliche Spiegelung (Bewegungsumkehr)	32
	3.9 Teilchen-Antiteilchen-Konjugation	35
	3.10 Das CPT-Theorem	37
	D Innere Symmetrien	39
	3.11 Phasentransformation und Ladungserhaltung	39
	3.12 Der Isospin, $SU(2)$	41
	3.13 Die unitäre Symmetrie $SU(3)$	44
	4 Wechselwirkungen durch Felder	48
	4.1 Teilchenaustausch	48
	4.2 Yukawa-Potential	49
	4.3 Virtuelle Teilchen	50
	5 Eichsymmetrien als dynamisches Prinzip	52
	5.1 Die Eichsymmetrie $U(1)$ in der Quantenmechanik	53
	5.2 Das Prinzip der Eichsymmetrie	55
	5.3 Höhere Eichsymmetrien	60
	6 Experimentelle Methoden der Elementarteilchenphysik	70
	6.1 Beschleuniger	71
	6.2 Detektoren	78
	Literatur	93

Elementarteilchen und ihre Wechselwirkungen. Klaus Bethge und Ulrich E. Schröder
Copyright © 2006 WILEY-VCH Verlag GmbH & Co. KGaA, Weinheim
ISBN: 3-527-40587-9

III	**Die elektromagnetische Wechselwirkung**	**95**
7	Geladene Leptonen	98
	7.1 Das Elektron	98
	7.2 Elektronenspin	99
	7.3 Positronen	99
	7.4 Myonen	100
8	Beispiele für elektromagnetische Wechselwirkung	102
	8.1 Elastische Streuung	102
	8.2 Annihilation	104
	8.3 Unelastische Prozesse	106
9	Prüfung der Quantenelektrodynamik	108
	9.1 Präzisionsmessungen bei niedrigen Energien	108
	9.2 Strahlungskorrekturen, Renormierung	114
	9.3 Test bei hohen Energien	117
	9.4 Invarianz gegenüber C, P und T	118
10	Elektromagnetische Formfaktoren	120
	10.1 Formfaktoren für Proton und Neutron	120
	10.2 Interpretation	123
11	Unelastische Lepton-Nukleon-Streuung	124
	11.1 Unelastische Formfaktoren	125
	11.2 Skalenverhalten	129
	11.3 Partonen	131
	11.4 Quark-Partonen	134
	11.5 Myon-Kern-Streuung	137
12	Elektron-Positron-Vernichtung bei hohen Energien	139
	12.1 Die leichteren Vektormesonen	140
	12.2 Der totale Wirkungsquerschnitt der Reaktionen $e^+e^- \to$ Hadronen	143
	12.3 Die Quantenzahl „Farbe"	147
	12.4 Die neuen Teilchen	148
	Literatur	162
IV	**Die schwache Wechselwirkung**	**163**
13	Charakteristische Eigenschaften	167
	13.1 Übersicht über die Prozesse der schwachen Wechselwirkung	167
	13.2 Der β-Zerfall	169
	13.3 Nachweis der Neutrinos	173
	13.4 Nichterhaltung der Parität	176
14	Phänomenologische Beschreibung	185
	14.1 Die V-A-Form der schwachen Wechselwirkung	185
	14.2 Der Zerfall des Myons	187
	14.3 Die Zerfälle Pion $\to$ Lepton + Neutrino	188
	14.4 Strom-Strom-Kopplung und der erhaltene Vektorstrom	190
	14.5 Zerfälle der seltsamen Teilchen und die Universalität	192
15	Die K^0-Zerfälle	194
	15.1 Erzeugung und Zerfälle	194

	15.2 Regeneration	196
	15.3 Oszillation der Intensitäten	198
	15.4 CP-Verletzung	199
16	Neutrinophysik	201
	16.1 Neutrinostrahlen und Detektoren	201
	16.2 Elastische Neutrinostreuung	203
	16.3 Unelastische Neutrinostreuung	206
	16.4 Neutrale Ströme	210
17	Versagen der bisherigen Theorie bei hohen Energien	214
	17.1 Grenzen der Strom-Strom-Kopplung	214
	17.2 Die intermediären Vektorbosonen	214
18	Vereinheitlichte elektromagnetische und schwache Wechselwirkung	218
	18.1 Spontane Symmetriebrechung	219
	18.2 Spontane Symmetriebrechung bei Eichtheorien (Higgs-Mechanismus)	224
	18.3 Die $SU(2) \times U(1)$-Eichtheorie der elektroschwachen Wechselwirkung	225
	18.4 Einbeziehung der Hadronen	230
	18.5 Experimentelle Prüfung der GSW-Theorie	232
	18.6 CP-Verletzung in B-Zerfällen	238
	18.7 Neutrino-Oszillationen	244
	Literatur	261

V Die starke Wechselwirkung . . . 263

19	Charakteristische Eigenschaften	268
	19.1 Wechselwirkung zwischen Nukleonen	268
	19.2 Die π-Mesonen	269
	19.3 Der Nukleonenspin	274
20	Die seltsamen Teilchen (Strangeness)	276
	20.1 Kaonen	276
	20.2 Hyperonen	279
21	Resonanzen	281
	21.1 Baryonische Resonanzen	282
	21.2 Mesonische Resonanzen	284
	21.3 Höhere Resonanzen	289
22	Hadronische Prozesse bei hohen Energien	291
23	Das Quarkmodell der Hadronen	293
	23.1 Ordnung durch Symmetrie: Die Multipletts von $SU(3)$	293
	23.2 Die Hadronen im Quarkmodell	296
	23.3 Massenrelationen, magnetische Momente	300
	23.4 Quarks – eine neue Substruktur	304
24	Eichtheorie der starken Wechselwirkung	307
	24.1 Die Grundvorstellungen der Quantenchromodynamik	307
	24.2 Asymptotische Freiheit	310
	24.3 Farbeinschluß	315
	24.4 Modelle: Bag und String	318
	24.5 Eichtheorie auf dem Gitter	320

		24.6 Quarkonium 324
		24.7 Experimentelle Prüfung der QCD 327
		Literatur 335

VI	Ausblick 337
	25 Die große Vereinigung 337

25.1 Vereinigte Wechselwirkungen 337
25.2 Das $SU(5)$-Modell 340
25.3 Die Lebensdauer des Protons 343
25.4 Die Entwicklungsphasen des frühen Universums 344
25.5 Die Asymmetrie zwischen Materie und Antimaterie 346
25.6 Schlußbemerkungen 347
Literatur 348
Literaturverzeichnis 349

VII Tabellen-Anhang 355
    Index 517

Vorwort zur 3. Auflage

Die zweite Auflage des Buches „Elementarteilchen und ihre Wechselwirkungen", die 1991 im Verlag Wissenschaftliche Buchgesellschaft, Darmstadt erschienen war, ist seit einigen Jahren restlos vergriffen. Der Verlag Wiley-VCH, Weinheim, hat sich dafür interessiert, eine Neuauflage herauszubringen. Diese Neuauflage erforderte nach gründlicher Durchsicht eine Reihe von Ergänzungen und Korrekturen, mit denen die wesentlichen neuen Erkenntnisse berücksichtigt werden konnten. So werden insbesondere in zwei zusätzlichen Abschnitten die neuen Entwicklungen bei den Neutrino-Oszillationen und den CP-verletzenden Zerfällen der B-Mesonen behandelt. Weitere neue Forschungsergebnisse haben wir ebenfalls aufgenommen. Zu erwähnen sind z.B. die Bestimmung des Kopplungsparameters der QCD, der Masse des top-Quarks, die Untersuchungen der Quarkverteilungsfunktionen des Protons sowie die Messung des anomalen magnetischen Moments des Myons. Das Buch enthält neue und ergänzte Abbildungen. Eine Reihe von Kollegen hat durch Rat und Hinweise zu dieser Neuauflage beigetragen, wobei besonders zu nennen sind Prof. H. Meyer (Universität Wuppertal/DESY), Prof. H. J. Kluge und Dr. S. Lange (GSI), Dr. J. Bonn und Dr. Ch. Kraus (Universität Mainz), M. Rosenstihl (TU Darmstadt). Wir bedanken uns beim Verlag Elsevier für die Genehmigung, die Summary Tables aus Physics Letters B 592 abzudrucken. Vor allem ist Frau C. Freudenberger aus dem Institut für Kernphysik in Frankfurt zu danken für die ständige Bereitschaft, viele Bilder neu zu erstellen oder entsprechend unseren Wünschen anzupassen. Die hervorragende Zusammenarbeit mit Dr. A. Großmann, Dr. C. von Friedeburg sowie Frau Esther Dörring vom Wiley-VCH Verlag hat wesentlich zum Gelingen beigetragen.

Darmstadt, Oldendorf, im November 2005

K. Bethge, U. E. Schröder

Vorwort zur 1. Auflage

Die Physik der Elementarteilchen hat in den letzten beiden Jahrzehnten eine besonders stürmische Entwicklung erfahren. Die dabei erzielten Fortschritte haben unsere Vorstellungen von den Grundbausteinen der Materie und ihren Wechselwirkungen wesentlich verändert. So ist es nach heutiger Auffassung möglich, die fundamentalen Wechselwirkungen unter dem einheitlichen Gesichtspunkt der Eichsymmetrien zu verstehen. Die starke, elektromagnetische und schwache Wechselwirkung werden durch Eichfelder vermittelt, die aufgrund entsprechender Eichsymmetrien einzuführen sind. Man darf davon ausgehen, daß diese Theorien auch in vorhersehbarer Zukunft den geeigneten Rahmen für die Interpretation weiterer theoretischer und experimenteller Fortschritte bilden werden. Im Verlauf der äußerst raschen Entwicklung der letzten Jahre ist mit den 1983 nachgewiesenen Vektorbosonen der schwachen Wechselwirkung ($W^\pm$, Z^0) ein gewisser Höhepunkt erreicht worden. Dies ist ein geeigneter Anlaß, die wesentlichen Ergebnisse in einer Darstellung zusammenzufassen, die sich an einen größeren Kreis interessierter Leser wendet.

Bei der immer noch zunehmenden Spezialisierung auf Teilgebiete ist es selbst für den gut ausgebildeten Physiker oft schwierig, die interessanten Ergebnisse eines ihm nicht vertrauten Nachbargebietes zu verfolgen. Für viele potentielle Leser mag dies hinsichtlich der Elementarteilchenphysik zutreffen. Das ist um so bedauerlicher weil gerade dieses Gebiet für ein tieferes Verständnis der Physik von grundlegender Bedeutung ist und daher eine gewisse Kenntnis hierüber zum allgemeinen Bildungsgut des Naturwissenschaftlers, insbesondere des Physikers, gehören sollte.

In dem vorliegenden Buch haben wir versucht, die neuen Vorstellungen und Erkenntnisse der Elementarteilchenphysik vorwiegend für alle diejenigen Interessenten zusammenfassend darzustellen, die auf anderen Sachgebieten arbeiten, z. B. in der Lehre an Schule oder Hochschule, in der Forschung oder der industriellen Praxis tätig sind, sich aber gerne einen Überblick über den Stand und die neuesten Entwicklungen der Hochenergiephysik verschaffen wollen. Auch der Student, dem die grundlegenden Begriffe der Quantenmechanik und der speziellen Relativitätstheorie geläufig sind, wird hier einen ersten Eindruck gewinnen und könnte so zu weiterführenden Studien angeregt werden. Man sollte allerdings beachten, daß es sich hier nicht um ein Lehrbuch im herkömmlichen Sinn handelt. Damit der Inhalt auch für den Nichtfachmann verständlich bleibt, wurden detaillierte formale Herleitungen weitgehend vermieden. Vielmehr haben wir uns bemüht, soweit dies ohne wesentlichen Verlust an Genauigkeit möglich erschien, die Zusammenhänge bzw. Ergebnisse physikalisch anschaulich zu begründen, einfache Dimensionsbetrachtungen oder passende Analogien heranzuziehen. Andererseits sollte auf eine, wie wir meinen, maßvolle Verwendung der Formelsprache, nicht verzichtet werden. Denn gerade bei den Aussagen über die physikalischen Vorgänge im Bereich sehr kurzer Abstände (d. h. hohen Energien), die sich unserer unmittelbaren Anschauung entziehen, ist man zu deren genauer Formulierung auf die Sprache der Mathematik angewiesen. Schließlich waren wir auch bemüht, das Zusammenspiel und die gegenseitige Befruchtung von Theorie und Experiment, die für das Voranschreiten der Forschung gleichermaßen wichtig sind, deutlich werden zu lassen. Wir hoffen, daß der hier eingeschlagene Mittelweg vom Leser nicht als zu schwer empfunden wird.

Elementarteilchen und ihre Wechselwirkungen. Klaus Bethge und Ulrich E. Schröder
Copyright © 2006 WILEY-VCH Verlag GmbH & Co. KGaA, Weinheim
ISBN: 3-527-40587-9

Bei der Auswahl des zu behandelnden Stoffes, die notwendigerweise subjektiv ist, haben wir uns auf die nach dem heutigen Stand der Forschung gesicherten und wesentlichen Erkenntnisse konzentriert, von denen man annehmen darf, daß sie auch für die zukünftige Entwicklung von Bedeutung sein werden.

Im einleitenden Kapitel gehen wir kurz auf die historische Entwicklung ein und geben einen ersten qualitativen Überblick, wobei an einige elementare Begriffe der Quantenmechanik erinnert wird. Im zweiten Kapitel werden die grundlegenden theoretischen Vorstellungen und die experimentellen Methoden diskutiert, die zum Verständnis und zur Erforschung der Elementarteilchen notwendig sind. Wir legen die Betonung bereits am Anfang auf die Symmetrien, die als ordnendes Prinzip der Teilchen und der Gesetze ihrer Wechselwirkungen angesehen werden können. Grundlegende Bedeutung kommt dabei den Eichsymmetrien zu, die es gestatten, die fundamentalen Wechselwirkungen unter dem einheitlichen Gesichtspunkt der Eichfelder zu behandeln, deren Kopplung an die Materiefelder aufgrund der Eichsymmetrie festgelegt ist. In den darauffolgenden Kapiteln werden dann die verschiedenen Wechselwirkungen nacheinander diskutiert.

Wir beginnen mit der am leichtesten zugänglichen, der elektromagnetischen Wechselwirkung. Sie wird mit hoher Präzision durch die Quantenelektrodynamik (QED) beschrieben, die als einfachstes Beispiel einer Eichtheorie aufgefaßt werden kann. Die in diesem Kapitel ebenfalls diskutierte tiefunelastische Streuung geladener Leptonen an Nukleonen und die Elektron-Positron-Paarvernichtung bei hohen Energien führen auf die Substruktur der Hadronen, die leichten und schweren Quarks, die außer den Flavourquantenzahlen drei neue ladungsartige Freiheitsgrade, Farbe genannt, besitzen.

Das vierte Kapitel ist der schwachen Wechselwirkung gewidmet, deren Beschreibung durch den phänomenologischen Ansatz der Strom-Strom-Kopplung bei hohen Energien versagt. In Analogie zur QED kann aber auch die schwache Wechselwirkung als Eichtheorie formuliert werden. An die Stelle des Photons treten dabei die intermediären Vektorbosonen, die infolge spontaner Symmetriebrechung die erforderlichen hohen Massenwerte erhalten. Außerdem können beide Theorien zu einer Eichtheorie der elektroschwachen Wechselwirkung zusammengefaßt werden.

Die Eichtheorie der starken Wechselwirkung zwischen den farbigen Quarks, die Quantenchromodynamik, diskutieren wir im Kapitel V, nachdem zuvor die wesentlichen Eigenschaften der Hadronen und ihre Beschreibung im Quarkmodell behandelt wurden.

Das letzte Kapitel ist schließlich einer möglichen großen Vereinigung der fundamentalen Wechselwirkungen gewidmet. Besonders interessant sind die sich daraus ergebenden Zusammenhänge zwischen Problemen der Astrophysik und Kosmologie einerseits und den neuen Vorstellungen auf dem Gebiet der Teilchenphysik andererseits. Diese symbiotische Beziehung zweier scheinbar getrennter Gebiete eröffnet neue unerwartete Einsichten und dürfte auch für die weitere Entwicklung unserer Erkenntnisse über die Entstehung der „Welt im Großen" und ihre Beschaffenheit „im Kleinen" von großer Bedeutung sein. Weitere Einzelheiten über den Inhalt des Buches sind dem Inhaltsverzeichnis zu entnehmen.

Den Kapiteln I bis VI sind jeweils kurze Zusammenfassungen vorangestellt, die in das Thema einführen und zur ersten Orientierung dienen sollen. Am Ende jedes Kapitels findet der Leser eine Auswahl einschlägiger Literaturhinweise. Die hier angegebenen Monographien und Übersichtsartikel mögen bei ergänzenden oder weiterführenden Studien nützlich sein. Die im Text anzutreffenden Literaturzitate weisen in der Regel auf die Originalliteratur hin, gelegentlich auch auf Lehrbücher, in denen weitere Einzelheiten zu finden sind, auf die wir hier nicht näher eingehen konnten. Nicht immer ist die gewünschte Literatur leicht zugänglich. Wir haben deshalb in den Anhang (A1) einen Auszug aus der Ausgabe 1984 der alle zwei Jahre erscheinenden Datensammlung „Review of Particle Properties" aufgenommen. In dieser Tabelle sind die wichtigsten Daten über die Elementarteilchen zu finden.

Das maschinengeschriebene Manuskript haben Frau P. Behrens, Frau U. v. Graevenitz und Frau E. Kühn erstellt. Den größten Teil der Bilder zeichneten Frau G. Boffo, Frau C. Freudenberger, Herr N. Kroker, Frau E. Steuer und Herr N. Tschocke. Nützliche Hinweise erhielten wir von Herrn Dipl.-Phys. W. Schadt, der die erste Fassung des Manuskripts gelesen hat. Ihnen allen sei für diese Mitwirkung herzlich gedankt.

Wir danken dem American Institute of Physics für die Erlaubnis, die Teilchentabelle aus Rev. Mod. Phys. 56 (1984) im Anhang wiedergeben zu dürfen. Die Abteilungen für Öffentlichkeitsarbeit von CERN und DESY haben uns Abbildungen zur Verfügung gestellt, wofür wir ihnen ebenfalls danken.

Dem Lektor der Wissenschaftlichen Buchgesellschaft, Herrn Dr. H.-D. Schulz, sind wir für wertvolle Anregungen zu Dank verpflichtet.

Frankfurt a. Main, Juli 1985 *Klaus Bethge, Ulrich E. Schröder*

I Einleitung

Der Begriff Elementarteilchen hat sich aufgrund physikalischer Forschungsergebnisse ständig verändert. Viele der früher als Elementarteilchen bezeichneten Teilchen können heute nicht mehr als Urbausteine der Materie angesehen werden. Ebenso wie der ursprünglich von Demokrit für den Urbaustein der Materie eingeführte Begriff Atom ($\alpha\tau o\mu o\varsigma$ = nicht teilbar) seinem Sinn nicht mehr gerecht wurde, als man feststellte, daß im Atom Unterstrukturen existieren, in die es geteilt werden kann, wandelte sich mit neuen Erkenntnissen auch die Vorstellung vom elementaren Teilchen. Neue Einsichten in den Aufbau der Materie wurden stets mit der Erweiterung der Forschung auf neue Energiebereiche möglich. Wenn man die Unterstrukturen der Atome, Kerne, Elementarteilchen verfolgt, findet man auffallende Ähnlichkeiten, wie ein Vergleich der in Abb. 1.1 dargestellten Anregungsenergien zeigt. Zu beachten sind in den drei Beispielen die sehr unterschiedlichen Energieskalen. Für die atomare Spektroskopie sind Energien in eV (Elektronvolt) angegeben. Die Massen der beteiligten Elementarteilchen hingegen sind wesentlich größer als die Energieabstände der Niveaus. Bei den Übergängen zwischen den Zuständen werden Photonen, die Feldquanten des elektromagnetischen Feldes, absorbiert bzw. emittiert.

Im zweiten Beispiel der Anregungszustände der Kerne ist der Abstand der Niveaus des Isobarentripletts der Masse 12 in MeV (1 Megaelektronvolt = 10^6 eV) angegeben. Auch hier sind die Massen der Teilchen noch größer als die Niveauabstände. Übergänge zwischen den Niveaus lassen sich durch ausgesandte Photonen oder Leptonenpaare nachweisen.

Schließlich werden Energiezustände in Nukleonensystemen, wie im dritten Beispiel gezeigt, in mehreren hundert MeV bis GeV (1 Gigaelektronvolt = 10^9 eV) angegeben, d. h., hier

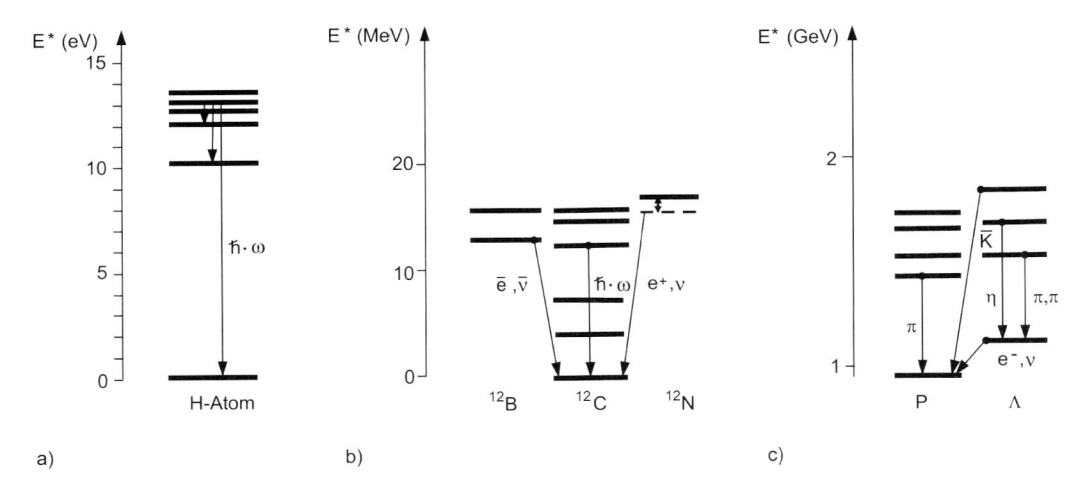

Abb. 1.1: Vergleich atomarer, nuklearer und subnuklearer Spektren. Man beachte die Skalenunterschiede.

Elementarteilchen und ihre Wechselwirkungen. Klaus Bethge und Ulrich E. Schröder
Copyright © 2006 WILEY-VCH Verlag GmbH & Co. KGaA, Weinheim
ISBN: 3-527-40587-9

liegen die Energieabstände bereits in der Größenordnung der Massen der beteiligten Strukturbausteine. Bei Zustandsänderungen werden Mesonen als Feldquanten der starken Wechselwirkung oder auch Leptonenpaare ausgesandt oder aufgenommen. Aus diesem Verhalten müssen wir folgern, daß der Begriff „elementar" im Sinne einer Struktur stets an einen Energiebereich gebunden ist und daß die Entdeckung neuer spektroskopischer Merkmale auf neue Unterstrukturen hinweist.

Wir wissen jedoch auch heute noch nicht, ob wir auf immer neue Substrukturen stoßen werden, oder ob dieses „Baukastensystem" der Natur schließlich bei den „wirklich" elementaren Teilchen enden könnte.

1 Historische Entwicklung

Im Rückblick auf die historische Entwicklung der Physik zeigt sich, daß experimentelle und theoretische Fortschritte wechselseitig neue Anstrengungen herausgefordert haben. Dieses Prinzip gilt insbesondere auch für das Gesamtgebiet der Elementarteilchenphysik. Fortschritte in experimenteller Technik werden ergänzt durch zusammenfassende neue Einsichten und Berechnungsmethoden der Theorie. Diese kann umgekehrt zu Vorhersagen führen, die dann mit erneuten experimentellen Anstrengungen nachzuprüfen sind. Neue Erkenntnisse über Elementarteilchen wären im vergangenen Dreivierteljahrhundert ohne Entwicklungen in der experimentellen Beschleunigertechnik nicht denkbar gewesen. Beschleunigen lassen sich aber nur Ladungen, und deshalb beginnt die Elementarteilchenphysik mit der Entdeckung der elektrischen Ladung. Bereits im 18. Jahrhundert war bekannt, daß es elektrische Ladungen mit zweierlei Vorzeichen gibt – C.-A. de Coulomb hat das nach ihm benannte Gesetz 1785 aufgestellt.[1] Die Annahme zweier verschiedener Vorzeichen der elektrischen Ladung wurde bestätigt. In diesem Zusammenhang wurde auch erkannt, daß es willkürlich ist, welche der Ladungen als positiv und welche als negativ zu bezeichnen ist. Historisch wurde die Ladung, die wir heute mit dem leichteren Teilchen verbinden, als die negative eingeführt. Den Namen des Teilchens mit der negativen Ladung hat im Jahre 1894 der englische Physiker G. J. Stoney geprägt: Er nannte dieses Teilchen Elektron, nach dem griechischen Namen für Bernstein. Unbewußt war damit das erste Elementarteilchen gefunden. Obwohl bekannt war, daß es zur negativen Ladung eine dazu entgegengesetzte positive Ladung geben muß, dauerte es noch eine ganze Reihe von Jahren, bis durch Lord Rutherford geklärt werden konnte, wo sie in der Materie lokalisiert ist.

Im Jahre 1896 war von H. Becquerel bei der Untersuchung von Mineralien entdeckt worden, daß einige von ihnen Strahlung aussenden. Dieser Erscheinung gab Becquerel den Namen Radioaktivität. Die Entdeckung Becquerels stellt die eigentliche Geburtsstunde der Kernphysik dar, denn es sollte sich herausstellen, daß die Aussendung von radioaktiver Strahlung mit einer Elementumwandlung verknüpft ist, wie J. Elster und H. F. Geitel 1899 klar erkannten. Im Verlauf der Untersuchungen über den Atomkern führte Rutherford mit den Mitarbeitern H. Geiger und E. Marsden im Jahre 1909 die grundlegenden Alphateilchen-Streuexperimente

---

[1] Die intensive und systematische Untersuchung der Eigenschaften und des Verhaltens von Ladungen begann jedoch erst in der zweiten Hälfte des 19. Jahrhunderts, als man Gasentladungen im Laborexperiment studierte.

durch, mit denen nachgewiesen wurde, daß der Atomkern eine positive Ladung trägt, die auf sehr kleinem Raum innerhalb des demgegenüber sehr ausgedehnten Atoms konzentriert ist. Damit war gezeigt, daß das Atom – das als nicht weiter teilbar angenommene Teilchen – Unterstruktur besitzt. Ein Teil dieser Unterstruktur ist der Atomkern, der andere die Elektronenhülle des Atoms. E. Rutherford war es auch, der 1911 erkannte, daß das leichteste Element, der Wasserstoff, einen Atomkern besitzt, der nicht weiter unterteilbar ist. Diesen Atomkern des Wasserstoffs konnte er 1919 als Produkt der ersten künstlichen Kernumwandlung nachweisen. Er nannte ihn Proton, als den ersten Kern im Periodensystem der Elemente. Damit war das zweite Elementarteilchen entdeckt, das heute als ein Zustand des Nukleons angesehen wird, es ist der Träger der positiven Ladung.

Zwischen einer positiven Ladung, der des Protons, und einer negativen Ladung, der des Elektrons, besteht ein elektrisches Feld. Mit dem elektrischen Feld und der darauf beruhenden Bindung innerhalb des Atoms ist die gesamte Chemie, d. h. die molekularen Vorgänge im überwiegenden Teil der Natur, bestimmt. Die atomaren Systeme besitzen verschiedene Energiezustände, wie N. Bohr im Jahre 1913 postulierte, deren Größe im Bereich von einigen Elektronenvolt (eV) liegt. Nach Bohr werden bei energetischen Veränderungen im Atom Lichtquanten, d. h. Photonen, ausgesandt oder absorbiert. In den ersten kernphysikalischen Experimenten, den Streuexperimenten Rutherfords, dienten Lichtemissionen der Atome eines Fluoreszenzschirmes zum Nachweis einer Kernreaktion. Während diese Messung noch visuell erfolgte, bahnte sich parallel dazu die Entwicklung neuer, besserer Nachweisgeräte an, die auf Erkenntnissen der Gasentladungsphysik basierten. Der erste Ionisationsdetektor von E. Rutherford und H. Geiger beruhte auf dem Ladungstransport in einem elektrischen Feld: Wenn ein energiereiches Teilchen durch eine Gasatmosphäre hindurchtritt, werden elektrische Ladungen erzeugt, die sich durch wiederholte Stöße weiter vermehren können, so daß meßbare Signale entstehen.

Im Jahre 1907 entwickelte J. J. Thomson mit einer geeigneten Anordnung von elektrischen und magnetischen Feldern den ersten Massenspektrographen. Mit diesem auf der Wirkung der Lorentz-Kraft beruhenden Gerät können entweder Teilchen gleicher Energie, aber verschiedener Masse oder Teilchen gleicher Masse, aber verschiedener Energie getrennt werden, ein Meßprinzip, das in der Experimentalphysik, insbesondere der Beschleunigerphysik, vielfältig angewendet wurde.

Im Jahre 1911 entdeckte der englische Physiker C. T. R. Wilson den Mechanismus der Expansionsnebelkammer. In der Nebelkammer können Teilchenspuren sichtbar gemacht werden und der Bahnverlauf z. B. in einem von außen angelegten Magnetfeld vermessen werden. So gelingt es, den Impuls von Teilchen zu bestimmen. Dieses Meßinstrument hat in der weiteren Entwicklung der Elementarteilchenphysik eine wesentliche Rolle gespielt. Kernphysikalische Untersuchungen wurden anfangs mit Alphateilchen aus radioaktiven Präparaten wie Radium, Thorium, Polonium ausgeführt, deren Energien bei einigen MeV lagen. Eingehendere Untersuchungen erforderten jedoch Teilchen unterschiedlicher Energien. So begannen zunächst drei verschiedene Arbeitsgruppen damit, Beschleunigungsmethoden für geladene Teilchen zu entwickeln. Als Ergebnis dieser Untersuchungen ist der Bandgenerator nach R. van de Graaff im Jahre 1931 entwickelt worden, bei dem eine Potentialdifferenz durch mechanischen Ladungstransport aufgebaut wird. Ein anderer Beschleunigertyp ist der Kaskadenbeschleuniger nach J. Cockroft und E. Walton, für den eine Spannungsvervielfacherschaltung verwendet wird. Schließlich wurde von E. Lawrence (1930) der erste Kreisbeschleuniger gebaut, eine Maschine, die Zyklotron genannt wird (siehe Abb. 6.1).

Im Jahr 1932 wurde von J. Chadwick eine neue Strahlungsart entdeckt. Bei ihr handelte es sich um ein fast ebenso schweres Teilchen wie das positiv geladene Proton, aber ohne nach außen wirksame elektrische Ladung, demzufolge nannte man es Neutron. Aufgrund dieser Entdeckung postulierte W. Heisenberg noch im selben Jahr, daß Atomkerne sich aus Protonen und Neutronen zusammensetzen. Damit wurde es möglich, den von F. Soddy eingeführten Begriff der Isotopie zu erklären.

Mit der von Wilson entwickelten Nebelkammer gelang es C. D. Anderson und S. H. Neddermeyer 1932, ein positiv geladenes leichtes Teilchen, etwa von der Masse des Elektrons (Abb. 1.2) nachzuweisen. Ein hochenergetisches positiv geladenes Teilchen wird innerhalb der Kammer in einem Metallstück abgebremst, und deshalb hat die Teilchenspur nach Verlassen des Metallblockes einen kleineren Krümmungsradius, die Richtung bleibt jedoch erhalten. Diesem Teilchen wurde der Name Positron gegeben. Die Entdeckung dieses Teilchens bewies eine von P. A. M. Dirac schon 1928 aufgestellte Hypothese, wonach zu geladenen Teilchen auch jeweils Antiteilchen mit entgegengesetzter Ladung existieren sollten.

Die Entwicklung der Beschleuniger zu höheren Energien ging nach anfänglichen Erfolgen langsamer vonstatten. So waren die Elementarteilchenphysiker während der 30er Jahre darauf angewiesen, die aus dem Weltraum auf die Erde gelangenden Strahlungsarten, die man kosmi-

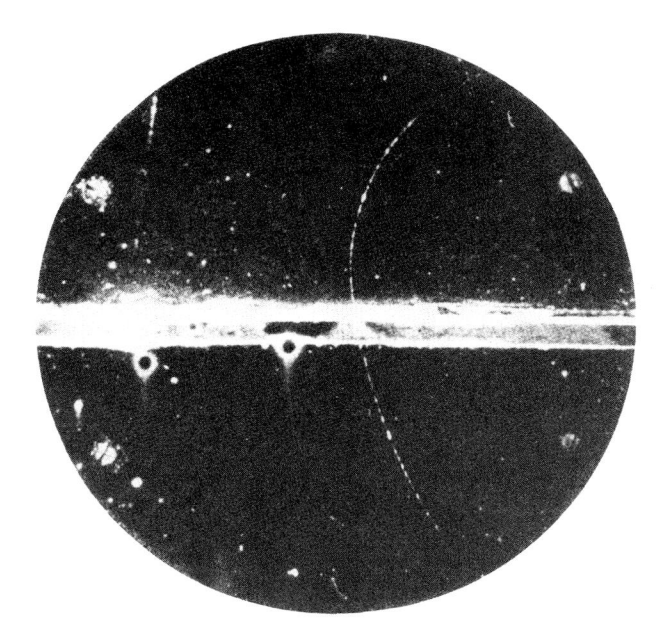

Abb. 1.2: Wilsonkammeraufnahme eines Positrons. Das Teilchen dringt von unten in die Kammer, verliert in der Materialschicht (Mitte) Energie, so daß die Krümmung der Spur stärker wird. Aus Magnetfeldrichtung und Ionisierungsdichte schloß Anderson auf ein positiv geladenes Teilchen mit der Masse des Elektrons [An 33].

sche Strahlung nannte, zu untersuchen. Dabei wurde nach weiteren elementaren Teilchen und solchen mit sehr großer Energie gesucht.

Wesentlich für die Entwicklung der Theorie der Elementarteilchen war das Konzept der Feldquantisierung, das seit 1927 zunächst für das elektromagnetische Feld und bald danach auch für das Materiefeld verfolgt wurde. So war es folgerichtig, daß H. Yukawa auf dieser Basis eine Theorie der Kernkräfte formulierte, in der die Kernkräfte durch ein massebehaftetes Feldquant vermittelt werden sollten. Protonen und Neutronen müssen im Kern von einer Kraft zusammengehalten werden, die eine sehr kurze Reichweite hat, woraus sich feldtheoretisch (in Analogie zur Elektrodynamik) die Existenz eines massiven Austauschteilchens ergab. Dieses Feldquant nannte er Meson, weil er aus dem Abstand der Nukleonen im Kern abschätzen konnte, daß die Mesonenmasse im Bereich von 200 MeV liegen sollte.

Dem Entdecker des Positrons C.D. Anderson und seinem Mitarbeiter S.H. Neddermeyer gelang es 1936 ebenfalls in Nebelkammeraufnahmen ein Teilchen nachzuweisen (Abb. 1.3), das aufgrund seiner Spur eben diesem Meson sehr stark ähnelte, so daß man glaubte, damit das Quant des Kernfeldes entdeckt zu haben. Es zeigte sich jedoch, daß die Eigenschaften dieses Teilchens, dem man zunächst den Namen Mesotron, später µ-Meson, heute Myon, gab, nicht in allen Einzelheiten denen des von H. Yukawa postulierten Mesons entsprachen. Die Yukawa-Mesonen wurden erst 1947 als Spuren in Kernemulsionsplatten gefunden, die

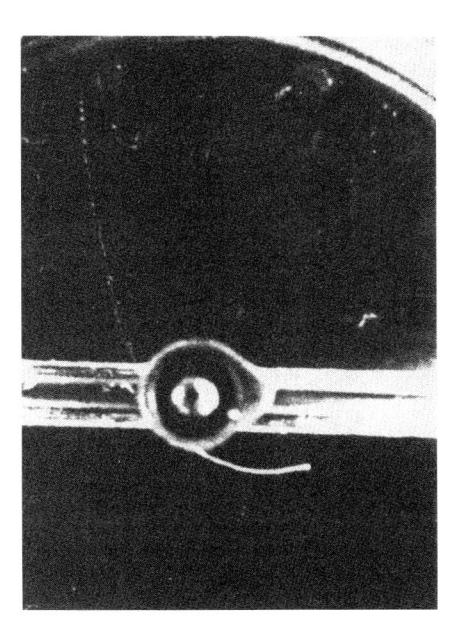

Abb. 1.3: Spur des Myons in der Wilsonkammer. Das Myon dringt von oben ein. Es hat nach Durchdringen von Materialschichten (Zählrohrwände) eine geringere Energie und wird stärker abgelenkt. Die Dichte der Spur ist wesentlich größer als die einer Elektronenspur mit gleichem Krümmungsradius [Ne 37].

man in sehr großen Höhen exponiert hatte. Diese Teilchen erhielten von ihren Entdeckern G. P. S. Occhialini, C. F. Powell und C. M. G. Lattes den Namen π-Mesonen (Pionen).

Die Entwicklung der Kern- und Elementarteilchenphysik wäre mit Kernemulsionsplatten nicht sehr viel weiter fortgeschritten, als bis zur Entdeckung einiger weniger Spuren. Im Jahre 1928 bereits hatten aber H. Geiger und W. Müller eine Weiterentwicklung des ursprünglichen Ionisationszählers vorgestellt, ein Zählrohr, das später den Namen Geiger-Müller-Zählrohr erhielt. Im Zählgas des zylinderförmigen Entladungsraumes erzeugt ein geladenes Teilchen weitere Ionenpaare durch Stoßionisation. Die dabei gebildeten Elektronen werden in der Nähe des im Zentrum des Rohres als positive Elektrode benutzten Zähldrahtes besonders stark beschleunigt und können selbst wieder ionisieren. Es entstehen Ladungslawinen, die zu einer großen Verstärkung des ursprünglichen Ladungspulses führen. Mit derartigen Zählrohren wurde in den frühen Tagen der Kernphysik vorwiegend experimentiert. Im Jahre 1928 entwickelte W. Bothe die Koinzidenzmethode, die für spätere Entdeckungen wichtig wurde. Sie erlaubt es, die Gleichzeitigkeit zweier Zählereignisse mit Hilfe geeigneter elektronischer Schaltungen festzustellen.

Bevor die weitere Entwicklung der Elementarteilchenphysik hier vorgestellt wird, seien noch einige Daten für die Entdeckung von wichtigen Eigenschaften der bis dahin bekannten Elementarteilchen genannt. Bereits in der klassischen Physik ist bekannt, daß mit jeder auf geschlossener Bahn umlaufenden Ladung auch ein magnetisches Moment verknüpft ist. S. Goudsmit und G. E. Uhlenbeck postulierten 1925 den Eigendrehimpuls (Spin) des Elektrons, mit dem zwangsläufig auch ein magnetisches Moment verknüpft sein mußte. Aus diesem Grunde war von Interesse festzustellen, wie groß das magnetische Moment des Elektrons und des Protons ist. Das magnetische Moment des Protons wurde im Jahre 1933 von O. Stern und O. R. Frisch aus der Ablenkung eines Wasserstoffatomstrahls in einem inhomogenen Magnetfeld gemessen. P. Kusch hat 1947 ebenfalls an Atomstrahlen das magnetische Moment des Elektrons gemessen, an freien Elektronen in einem Elektronenstrahl wurden 1954 erstmals von H. R. Crane und Mitarbeitern Präzisionsmessungen ausgeführt. Die besseren elektronischen Methoden, die durch zahlreiche technische Entwicklungen während des Zweiten Weltkrieges vorangetrieben wurden, sind schnell in die experimentelle Physik aufgenommen worden. Nach der bereits erwähnten Entdeckung der Pionen wurden weitere umfangreiche Messungen der kosmischen Strahlung mit elektronischen Nachweisgeräten durchgeführt. Bereits im Jahre 1944 haben L. Leprince-Ringuet und M. Lheritier auf Teilchen hingewiesen, die sich durch eigenartige Spuren in Kernemulsionen auszeichneten. Hierüber berichteten 1947 zuerst G. D. Rochester und C. C. Butler. Die ersten „seltsamen" Teilchen, denen eine Quantenzahl „Strangeness" zugeschrieben wurde, haben später den Namen K-Meson und Lambda-Hyperon bekommen. Erst 1952 konnte A. Pais eine theoretische Erklärung dafür geben, daß sie „seltsamer"weise stets in Paaren assoziiert erzeugt werden.

Einen wichtigen Schritt in der Beschleunigerentwicklung stellte die Entdeckung des 1945 von V. I. Veksler und E. M. McMillan unabhängig voneinander publizierten Synchrotronprinzips und der Phasenfokussierung für Kreisbeschleuniger dar. Im Synchrotron werden Teilchen in einem Magnetfeld geführt, jedoch bleibt der Radius der Kreisbahn im Gegensatz zu den Bahnen im Zyklotron konstant. Der relativistischen Massenzunahme kann durch variable Beschleunigerfrequenz und ein veränderliches Magnetfeld Rechnung getragen werden. Die Phasenfokussierung erlaubt es, die in Teilchenbündeln beschleunigten Teilchen zusammenzuhalten. Mit der Verwirklichung dieser Prinzipien war es möglich, die Beschleuniger zu höheren Energien weiterzuentwickeln. Auch die Meßtechnik wurde in den Jahren kurz nach dem Zweiten Weltkrieg wesentlich bereichert. Besonders bedeutsam waren die Entdeckung des Szintillationsdetektors durch H. Kallmann sowie J. W. Coltman und F. Marshall im Jahre 1947. Ebenso wurden die Gasdetektoren, so wie sie von Geiger und Müller in Form eines Zählrohres gebaut wurden, weiterentwickelt. Im Jahre 1949 wurden von J. W. Keuffel Funkenkammern vorgestellt: Bei ihnen wird an zwei großflächige Plattensysteme, zwischen denen sich ein Gas befindet, eine gepulste Spannung gelegt, die nur dann eingeschaltet ist, wenn durch den Gasraum des Zählers ein ionisierendes Teilchen hindurchtritt und einen Entladungsfunken auslöst.

Das von N. C. Christophilos, E. D. Courant, M. S. Livingstone und H. S. Snyder 1952 entdeckte Prinzip der alternierenden Gradienten führte zu wesentlichen Fortschritten in der Beschleunigerentwicklung. In einem solchen Beschleuniger wechseln fokussierende und defokussierende magnetische Linsen ab. Insgesamt hat diese Anordnung jedoch, ähnlich wie in der Lichtoptik, eine fokussierende Wirkung auf den Teilchenstrahl zur Folge.

Auch das Jahr 1952 sollte für die Entwicklung der Meßtechnik eine herausragende Bedeutung erlangen, als D. Glaser die Blasenkammer entdeckte. So wie sich bei der Expansionsnebelkammer in einem überhitzten Dampf beim Durchgang eines geladenen Teilchens eine Spur bildet durch Kondensation der Tröpfchen, kann sich in einer überhitzten Flüssigkeit beim Durchgang von ionisierenden Teilchen eine Spur von Gasblasen ausbilden. Es ist also möglich, in einer überhitzten Flüssigkeit – man benutzt Propan oder Wasserstoff – Teilchenspuren zu beobachten. Die weitere Entwicklung der Elementarteilchenphysik wäre ohne den Einsatz von Blasenkammern sicher nicht so erfolgreich gewesen. Im Jahre 1953 berichten A. Bonetti und Mitarbeiter über Ergebnisse von Experimenten, in denen sie eine Gruppe von drei Teilchen, ein positiv geladenes, ein negativ geladenes und ein neutrales Teilchen, beobachtet haben. Da diese Teilchen Massen hatten, die weit über denen der Nukleonen liegen, gab man ihnen den Namen Σ-Hyperon. Auch das von G. D. Rochester entdeckte Lambda-Teilchen war ein solches Hyperon, allerdings trat es nur als neutrales Teilchen auf. Im Jahre 1953 wird von zwei Forschergruppen die Entdeckung eines Teilchens der Masse $2600 \cdot m_e$ in einer Nebelkammer berichtet, das zunächst als Kaskadenhyperon bekannt wurde, später den Namen Ξ-Teilchen bekam. Schließlich wurde ein weiteres, nur in einem Ladungszustand auftretendes Teilchen, das Omega-Hyperon, im Jahre 1964 in einer Blasenkammeraufnahme am Beschleuniger des Brookhaven Nationallaboratoriums entdeckt. Ebenso stieß man auf sehr viele Mesonen und kurzlebige Resonanzen, die geordnet und klassifiziert werden mußten. Dazu wurden auf gruppentheoretischer Basis Systeme aufgestellt, in die diese Teilchen eingeordnet werden können. Ähnlich dem genialen Gedanken D. I. Mendelejews, 100 Jahre zuvor, bei der Aufstellung des Periodensystems der chemischen Elemente Lücken für noch unbekannte chemische Elemente zu lassen, blieben in den von M. Gell-Mann angegebenen Schemata zur Klassifizierung der Elementarteilchen noch Plätze für Teilchen frei, deren Eigenschaften zwar vorhergesagt, die selbst aber noch unbekannt waren. Diese Teilchen wurden später in gezielten Experimenten entdeckt und mit ihnen konnte das System vervollständigt werden.

Eine neue Situation in der Physik der Elementarteilchen brachte die völlig überraschende Entdeckung von „langlebigen" Teilchen mit großer Masse durch S. C. C. Ting und B. Richter im Jahre 1974. Diese J/ψ-Teilchen genannten Elementarteilchen förderten auch theoretische Arbeiten sehr stark. Mit dem Postulat der Quantenzahlen „Farbe" wurde die Quantenchromodynamik als Theorie der starken Wechselwirkung entwickelt, aber auch stärker begründet, daß es Grundbausteine der Nukleonen gibt, die von M. Gell-Mann als hypothetische Quarkteilchen eingeführt worden waren. Damit begann ein neuer Abschnitt in der Elementarteilchenphysik.

Eine besonders wichtige Entdeckung wurde 1983 aus dem CERN bekannt. Die Vermittlung der schwachen Wechselwirkung sollte durch intermediäre Bosonen großer Masse erfolgen, wie die Theorie der Vereinigung von elektromagnetischer und schwacher Wechselwirkung verlangt. Diese geladenen und neutralen Bosonen, $W^\pm$ und Z^0 genannt, wurden in $p\bar{p}$-Stoßexperimenten am SPS des CERN entdeckt.

2 Qualitativer Überblick

2.1 Leptonen, Mesonen, Baryonen

Ausgehend von der Entdeckung N. Bohrs, daß es im Atom stationäre Energiezustände gibt, zwischen denen Übergänge möglich sind, die mit der Absorption oder Emission von Lichtquanten (Photonen) verbunden sind, wurde der Atomaufbau eingehend studiert und vor allem die Gesetzmäßigkeiten der physikalischen Prozesse festgelegt. Wichtigstes Resultat dieser Untersuchungen ist die Erkenntnis, daß die atomaren Systeme Energien aufnehmen oder abgeben können, die im Bereich von eV liegen (siehe Abb. 1.1), d. h. Energien, die sehr viel kleiner sind als die Energien, die in der Ruhmasse der beteiligten Teilchen festgelegt sind.

Der Atomkern ist, wie W. Heisenberg postulierte, aus Protonen und Neutronen zusammengesetzt und die mikroskopischen Kernmodelle, wie z. B. das Einteilchen-Schalenmodell und das kollektive Modell des Atomkerns, haben nachzuweisen gestattet, daß sehr ähnliche Systeme von Energieniveaus wie im Atom existieren, anhand deren die Eigenschaften der Kerne festgelegt werden können. Auch hier werden Energieaufnahme oder Energieabgabe durch Photonen vollzogen, allerdings liegen die Energien dieser Photonen im Bereich einiger MeV, also um einen Faktor 10^6 größer als im Atom.

Das System selbst bleibt dem des Atoms ähnlich. Demzufolge bleibt auch die Spektroskopie der Kerne der Atomspektroskopie ähnlich. Die Bindungsenergien im Atomkern liegen bei einem Promille der Ruheenergien der Kerne, so daß sie nur kleine Störungen darstellen. Wenn es in der subnuklearen Welt ähnliche Gesetzmäßigkeiten gibt wie beim Atomkern, dann würde es sich anbieten, auch für Elementarteilchen eine Spektroskopie aufzubauen. Dies ist tatsächlich der Fall, wenn man die starke Wechselwirkung betrachtet. Hier lassen sich angeregte Systeme von Elementarteilchen wie z. B. dem Nukleon denken, bei denen die Anregungsenergie noch einmal um einen Faktor 1000 größer ist als beim Kern und bei denen dann aber die Anregungsenergie in den Bereich der Ruhmasse des Nukleons gelangt. Prinzipiell wäre in diesem Fall die Spektroskopie die gleiche wie beim Atom oder dem Atomkern, nur der Skalierungsfaktor an der Energieskala wäre ein anderer (siehe Abb. 1.1).

Wenn die Bindungsenergien zwischen den Bausteinen eines Systems die Größenordnung ihrer Ruhmasse erreichen, läßt sich ein statisches Bild von Teilchen als Konstituenten eines übergeordneten Systems nicht länger zeichnen, weil freigesetzte Bindungsenergien die Ruhmasse merklich verkleinern. Auch sind die Anregungsenergien der Elementarteilchen ein

Zeichen für das Vorhandensein weiterer Teilchen, die als Quanten des Feldes aufzufassen sind, das die Anregung bewirkt hat. So versteht man die Mesonen als die Quanten der Felder, die die starke Wechselwirkung vermitteln.

Ein derartiges System aus Teilchen und Feldquanten, das nur einen sehr kurzen Zeitraum existiert, nennt man in der Elementarteilchenphysik eine Resonanz. Da es wie beim Atom oder beim Atomkern Anregungsenergien bis zur Desintegrationsgrenze – beim Atom heißt sie Ionisationsgrenze – gibt, wird das Anregungssystem sehr viele Stufen haben, die in der Frühzeit der Elementarteilchenphysik eigene, oft unsystematische Namen bekamen und als neue Elementarteilchen selbst angesehen wurden.

Entgegen früheren Auffassungen, solche Systeme als Elementarteilchen zu betrachten, deren mittlere Lebensdauer wesentlich länger sein muß als ihre Erzeugungszeit, sind es jetzt die durch Quantenzahlen charakterisierten physikalischen Eigenschaften, die das Kriterium liefern, zu beurteilen, ob ein Elementarteilchen vorliegt. Wie im Kapitel III dieses Buches ausgeführt, werden für die Beschreibung der Zustände von Elementarteilchen wesentlich mehr charakterisierende Größen als beim Atom benötigt.

Die Auffassung, daß Bosonen die Feldquanten der starken Wechselwirkung darstellen, folgt aus einer grundlegenden Vorstellung. Diese Vorstellung geht davon aus, daß Elementarteilchen einen halbzahligen Eigendrehimpuls haben. Sie unterliegen dem Pauli-Prinzip, nach dem jeder energetisch mögliche Zustand von nur einem Teilchen besetzt sein kann, der durch Quantenzahlen festgelegt ist. Ihre statistische Verteilung nennt man Fermi–Dirac-Statistik und die Teilchen selbst Fermionen. Dagegen haben die bei Wechselwirkung ausgetauschten Feldquanten ganzzahligen Spin, sie gehorchen der Bose–Einstein-Statistik und deshalb nennt man sie Bosonen. Insofern sind Fermionen Felderzeuger, Bosonen Feldvermittler, wie es das Beispiel des elektromagnetischen Feldes sehr anschaulich zeigt. Dieser Sachverhalt ist in Tabelle 2.1 noch einmal zusammengefaßt. In die Tabelle ist der Vollständigkeit halber auch die fundamentale Gravitations-Wechselwirkung aufgenommen, obwohl sie im Rahmen dieses Buches nicht behandelt wird.

Die gegenwärtig bekannten Elementarteilchen sind auszugsweise in Tabelle 2.2 zusammengestellt (siehe auch ausführliche Tabelle im Anhang).

Dabei ist die gegenwärtig allgemein akzeptierte Unterteilung in Leptonen (= leichte Teilchen, die nur der schwachen Wechselwirkung unterworfen sind), Mesonen (= mittelschwere Teilchen, die eigentlich nur als Feldquanten der starken Wechselwirkung auftreten, selbst aber durch schwache Wechselwirkung zerfallen können) und Baryonen (= schwere Teilchen) gewählt. Die zur Beschreibung der Zustände nötigen Quantenzahlen sind ebenfalls angegeben, wobei freie Positionen entweder „nicht definiert", aber auch „nicht bekannt" bedeuten können.

Die erste genannte Gruppe von Teilchen, die Leptonen, sind zwar als „leichte" Teilchen eingeführt worden, sie lassen sich aber heute besser durch ihre Wechselwirkung charakterisieren, nicht durch die Masse. Alle Teilchen dieser Gruppe haben Spin $1/2\,\hbar$. Charakteristisch ist, daß sie jeweils in Paaren auftreten, so daß bei Reaktionen die Summe der Quantenzahlen, durch die man den Leptonencharakter bestimmt, Null sein muß.

Leptonen können Masse und Ladung besitzen, wenngleich sie, im Rahmen der gegenwärtigen Ortsauflösung von Messungen ($< 10^{-16}$ cm), als punktförmige Teilchen angesehen werden müssen. Mit den geladenen Leptonen assoziiert treten jeweils ungeladene Leptonen auf, die demzufolge nicht der elektromagnetischen Wechselwirkung, sondern nur der schwachen

Tabelle 2.1: Charakteristische Eigenschaften der Wechselwirkungen.

Wechsel-wirkung	Physikalisches Phänomen	Relative Stärke	Effektive Reichweite [m]	Wechsel-wirkungsfeld Quanten (Spin) Masse	Materiefeld Teilchen (Spin)	Art der Wechsel-wirkung zwischen identischen Teilchen
stark	Kernbindung	1	10^{-15}	Gluonen $1\,\hbar$ 0	Quarks $1/2\,\hbar$	abstoßend
elektro-magnetisch	Elektrizität Magnetismus Optik aller Wellenlängen	10^{-2}	unendlich	Photonen $1\,\hbar$ 0	Quarks, geladene Leptonen $1/2\,\hbar$	abstoßend
schwach	radioaktiver Zerfall	10^{-5}	10^{-18}	W, Z Bosonen $1\,\hbar$ [$\sim 100\,\text{GeV}$]	Quarks Leptonen	abstoßend
Gravitation	gekrümmtes Raum-Zeit Kontinuum	10^{-38}	unendlich	Graviton $2\,\hbar$ 0	alle Teilchen	anziehend

Wechselwirkung unterworfen sind, und für deren vermutlich geringen Massenwerte man bisher nur obere Schranken angeben kann. Diese Teilchen nennt man Neutrinos.

Die Antiteilchen der negativ geladenen Leptonen sind diejenigen mit positiver Ladung, aber sonst gleichen Eigenschaften. Das bekannteste Beispiel ist das Antiteilchen zum Elektron, das den Namen Positron trägt. Geladene Paare von Lepton und Antilepton zerfallen über elektromagnetische Wechselwirkung in γ-Quanten.

Antiteilchen der neutralen Leptonen (Neutrinos) sind von diesen verschieden, wie in zahlreichen Experimenten nachgewiesen wurde. Infolge von Oszillationen können die unterschiedlichen Neutrinoarten ineinander übergehen.

Eine zweite Gruppe von Elementarteilchen, die den feldvermittelnden Charakter haben, und die alle einen ganzzahligen Spin tragen, sind die Mesonen. Unter ihnen sind die π-Mesonen am längsten bekannt, die als Quanten der starken Wechselwirkung zwischen Nukleonen in Erscheinung treten. Der Charakter dieser Bosonen erlaubt es, das π^--Meson als das Antiteilchen des π^+-Mesons anzusehen, während das π^0-Meson mit seinem Antiteilchen identisch ist.

Die Mesonen mit größerer Masse als die Pionen unterscheiden sich von den Pionen außer durch die Masse noch durch weitere Quantenzahlen, so ist das K-Meson ein Teilchen mit der Quantenzahl „strangeness" (s) und das D-Meson ein solches mit der Quantenzahl „charm" (c). Mesonen zerfallen vorwiegend aufgrund schwacher Wechselwirkung.

In der dritten Gruppe sind die Baryonen aufgeführt, deren bekanntester Vertreter das Nukleon mit seinen beiden Zuständen Proton und Neutron ist. In diese Gruppe gehören alle Elementarteilchen, deren Unterstruktur aus drei Quarks besteht, sie haben alle halbzahligen Spin (vgl. Abschnitt. 23).

2 Qualitativer Überblick

Tabelle 2.2: Fundamentale Teilchen. Quantenzahlen: q Ladung in Einheiten der Elementarladung, J Drehimpuls (Spin), π Parität, I Isospin, I_3 dritte Komponente des Isospins, B Baryonenzahl, L Leptonenzahl, s strangeness, c Charm, b beauty (bottom)

Name	Symbol	Masse mc²/MeV	Lebensdauer s	q	J	π	I	I₃	B	L	s	c	b
Leptonen													
Elektron	e^-	0.511	stabil	−1	1/2				0	1	0	0	0
Myon	μ^-	105.66	2.196 10⁻⁶	−1	1/2				0	1	0	0	0
Tauon	τ^-	1776.99	2.90 10⁻¹³	−1	1/2				0	1	0	0	0
e-Neutrino	ν_e	< 2.3 10⁻⁶	stabil	0	1/2				0	1	0	0	0
μ-Neutrino	ν_μ	< 0.19	stabil	0	1/2				0	1	0	0	0
τ-Neutrino	ν_τ	18.2	stabil	0	1/2				0	1	0	0	0
Mesonen													
Pion	$\pi^\pm$	139.57	2.60 10⁻⁸	±1	0	−	1	±1	0	0	0	0	0
	π^0	134.98	8.4 10⁻¹⁷	0	0	−	1	0	0	0	0	0	0
Eta	η	547.75	5.102 10⁻¹⁹	0	0	−	0	0	0	0	0	0	0
Rho	ρ	775.8	4.38 10⁻²⁴	0	1	−	0	0	0	0	0	0	0
Omega	ω	782.59	7.75 10⁻²³	0	1	−	0	0	0	0	0	0	0
Kaon	$K^\pm$	493.68	1.238 10⁻⁸	±1	0	−	1/2	±1/2	0	0	±1	0	0
	K^0_S	497.65	0.895 10⁻¹⁰	0	0	−	1/2	−1/2	0	0	1	0	0
	K^0_L	497.65	5.18 10⁻⁸	0	0	−	1/2	−1/2	0	0	1	0	0
	$D^\pm$	1869.4	10.40 10⁻¹³	±1	0	−	1/2	+1/2	0	0	0	±1	0
	D^0	1864.6	4.10 10⁻¹³	0	0	−	1/2	−1/2	0	0	0	±1	0
	$D^\pm_s$	1968.3	4.90 10⁻¹³	±1	0	−	0	0	0	0	1	±1	0
	$B^\pm$	5279.0	16.71 10⁻¹³	±1	0	−	1/2	±1/2	0	0	0	0	±1
	B^0	5279.4	15.36 10⁻¹³	0	0	−	1/2		0	0	0	0	1
	B^0_s	5369.6	14.61 10⁻¹³	0	0	−	1/2		0	0	1	0	1
Baryonen													
Nukleon	p	938.27	6.62 10³⁶	+1	1/2	+	1/2	+1/2	1	0	0	0	0
	n	939.56	885.7	0	1/2	+	1/2	−1/2	1	0	0	0	0
Hyperon	Λ	1115.68	2.632 10⁻¹⁰	0	1/2	+	0	0	1	0	−1	0	0
	Σ^+	1189.37	0.80 10⁻¹⁰	+1	1/2	+	1	+1	1	0	−1	0	0
Sigma	Σ^0	1192.64	7.4 10⁻²⁰	0	1/2	+	1	0	1	0	−1	0	0
	Σ^-	1197.45	1.49 10⁻¹⁰	−1	1/2	+	1	−1	1	0	−1	0	0
	Ξ^0	1314.83	2.90 10⁻¹⁰	0	1/2	+	1/2	+1/2	1	0	−2	0	0
	Ξ^-	1321.31	1.64 10⁻¹⁰	−1	1/2	+	1/2	−1/2	1	0	−2	0	0
Omega	Ω^-	1672.45	0.821 10⁻¹⁰	−1	3/2	+	0	0	1	0	−3	0	0
	Λ^+_c	2284.9	2.0 10⁻¹³	+1	1/2	+	0	0	1	0	0	+1	0
	Σ^{++}_c	2452.5	2.95 10⁻²²	+2	1/2	+	1	+1	1	0	0	+1	0
	Σ^+_c	2451.3	< 1.43 10⁻²²	+1	1/2	+	1	0	1	0	0	+1	0
	Σ^0_c	2452.2	2.95 10⁻²²	0	1/2	+	1	−1	1	0	0	+1	0
	Ξ^+_c	2466.3	4.42 10⁻¹³	1	1/2	+	1/2	+1/2	1	0	1	1	0
	Ξ^0_c	2471.8	1.12 10⁻¹³	0	1/2	+	1/2	−1/2	1	0	1	1	0
	Ω^0_c	2697.5	0.69 10⁻¹³	0	1/2	+	0	0	1	0	2	1	0
	Λ^0_b	5624	12.29 10⁻¹³	0	1/2	+	0	0	1	0	0	0	−1

Die Eigenschaften der bekannten Teilchen, ihre Zerfallskanäle und spektroskopischen Daten sind in Tabelle A1 (im Anhang) zusammengestellt.

2.2 Grundbegriffe

Zur Beschreibung und Erläuterung von Vorgängen im Bereich der Elementarteilchen werden eine Vielzahl an Begriffen aus anderen Gebieten der Physik benutzt. Es werden Informationen aus der Atom- und Kernphysik vorausgesetzt, von denen einige nachfolgend noch einmal zusammengestellt und erläutert werden.

Einheiten

Naturkonstanten sind physikalische Größen, die einen Zahlenwert und eine meist zusammengesetzte Dimension haben. Dazu gehören u. a. die Lichtgeschwindigkeit

$$c = 299792458 \, \mathrm{m \cdot s^{-1}} \tag{2.1}$$

und die durch 2π dividierte Plancksche Konstante

$$\frac{h}{2\pi} = \hbar = 6{,}582173 \cdot 10^{-16} \, \mathrm{eV \cdot s}. \tag{2.2}$$

In der Elementarteilchenphysik hat es sich als praktisch erwiesen, die Einheiten geeignet zu wählen, um beide Größen mit dem Zahlenwert 1 verwenden und sie als dimensionslos betrachten zu können. Mit $\hbar = c = 1$ führt man für bisher verwendete Größen neue Dimensionen ein, wodurch einige von ihnen formal ineinander übergehen.

Aus der Einstein-Beziehung $E = m \cdot c^2$ wird mit $c = 1$ der Zahlenwert der Energie gleich dem Zahlenwert der Masse:

$$E = m. \tag{2.3}$$

Der relativistische Zusammenhang zwischen Energie und Dreierimpuls

$$E = \sqrt{\vec{p}^2 c^2 + m^2 c^4} \tag{2.4}$$

nimmt die Form

$$E = \sqrt{\vec{p}^2 + m^2}$$

an. Für das Photon gilt dann $|\vec{p}| = E$; der Zahlenwert des Impulses wird gleich dem Zahlenwert der Energie. Ebenso wird aus $E = \hbar \omega$ mit $\hbar = 1$: $E = \omega$. Zahlenwert von Energie und Kreisfrequenz werden gleich. Die Compton-Wellenlänge eines Teilchens der Masse m ist definiert als

$$\frac{\lambda_c}{2\pi} = \lambdabar_c = \frac{\hbar}{m \cdot c}. \tag{2.5}$$

Hier erhält man als Compton-Wellenlänge eine reziproke Masse

$$\lambdabar_c = m^{-1}. \tag{2.6}$$

Kombiniert mit der Energieberechnung gilt auch

$$E = \lambdabar_c^{-1}$$

(Energie gleich reziproker Länge).

Auch das magnetische Moment, $\mu = \frac{e \hbar}{2 m \cdot c}$, wird dann in der Form $\mu = \frac{e}{2m}$ benutzt.

Wirkungsquerschnitt

Der Wirkungsquerschnitt stellt eine physikalische Größe dar, mit der die Wahrscheinlichkeit für das Auftreten eines Prozesses im submikroskopischen Bereich beschrieben wird. Für Stoßprozesse wird er nur für Anfangszustände mit zwei Stoßpartnern, Teilchen oder Quanten, definiert. Damit gibt er die Wahrscheinlichkeit an, mit der ein Prozeß auftritt. Im Gegensatz zu einer dimensionslosen statistischen Wahrscheinlichkeit wird der Wirkungsquerschnitt in einer Flächeneinheit, m^2, cm^2, angegeben. Dies beruht auf folgender Vorstellung: Die Form eines Teilchens, projiziert auf eine Ebene, ergibt eine Fläche. Beim Stoß zweier Teilchen können sich die beiden Flächen überlagern, wodurch eine Überlagerungsfläche entsteht, die dann den Bruchteil einer Wahrscheinlichkeit für eine Reaktion im Stoß angibt. Dieses rein geometrische Bild läßt sich auch auf solche Fälle ausdehnen, in denen Kräfte über die geometrische Begrenzung der Teilchen hinausreichen oder die Teilchen als punktförmig angesehen werden. Dadurch wird die bei der Streuung „wirksame Fläche" der Teilchen entsprechend vergrößert. Die Anzahl der Reaktionen in der Zeiteinheit ist

$$R = \sigma \cdot j \cdot n_s,$$

wobei j die Anzahl der pro Flächen- und Zeiteinheit auf ein Target einfallenden Teilchen und n_s die Anzahl der Streu- oder Reaktionszentren ist. Die Proportionalitätskonstante σ ist der Wirkungsquerschnitt, der die Dimension einer Fläche hat. Charakteristische Bezugsgröße ist in allen Fällen der geometrische Querschnitt eines Systems. Für atomare Prozesse sind Wirkungsquerschnitte von 10^{-16} cm^2 charakteristisch, denn der Atomradius ist $r = 10^{-8}$ cm. Bei nuklearen Prozessen gilt entsprechend 10^{-26} cm^2.[2] Wird der Wirkungsquerschnitt in Abhängigkeit von der Energie betrachtet, so spricht man von einer Anregungsfunktion für eine bestimmte Reaktion. Reaktionsausbeuten in Abhängigkeit vom Beobachtungswinkel werden differentielle Wirkungsquerschnitte genannt, wobei unter Reaktionen alle Zustandsänderungen in atomaren und subatomaren Systemen verstanden werden.

Matrixelement

In der Quantenmechanik werden Zustände eines Systems durch eine Wellenfunktion ψ beschrieben. Das Absolutquadrat der Wellenfunktion gibt die Wahrscheinlichkeitsdichte an, das System in diesem Zustand zu finden. Geht ein System von einem Anfangszustand in einen anderen Zustand über durch einen physikalischen Prozeß, so wird dies mathematisch durch die Einwirkung eines Operators $\hat{O}$ auf die ursprüngliche Wellenfunktion beschrieben. Das Integral über das Produkt aus dem durch den Operator $\hat{O}$ geänderten Anfangszustand und dem zu messenden Endzustand gibt die Wahrscheinlichkeit des Übergangs an. Numeriert man die Zustände mit ganzen Zahlen n, greift dann aus der Menge zwei heraus, z. B. n und m, so stellt das Integral $\int \psi_n^* \hat{O} \psi_m \mathrm{d}^3 x$ die Amplitude für den Übergang von ψ_m nach ψ_n unter Einwirkung des Operators $\hat{O}$ dar. Die Gesamtheit aller Übergänge läßt sich in Matrixform mit n Zeilen und m Spalten anordnen. Der Ausdruck

$$M_{nm} = \int \mathrm{d}^3 x \, \psi_n^* \hat{O} \psi_m$$

---

[2] Da ein 100facher Wirkungsquerschnitt als sehr groß angesehen wurde, prägte man als neuen Begriff das „Scheunentor" (engl. barn) als Einheit für kernphysikalische Prozesse (1 barn = 10^{-24} cm^2).

wird Matrixelement genannt. Die Übergangswahrscheinlichkeit, d. h. die Zahl der Übergänge pro Zeiteinheit (die Reaktionsrate), enthält außer dem Quadrat des Matrixelements auch die Zahl der im betreffenden Energieintervall auftretenden Zustände $\frac{dn}{dE}$, in die Übergänge möglich sind. Daraus ergibt sich in erster Näherung als Fermis „Goldene Regel" für die Übergangswahrscheinlichkeit:

$$W_{m \to n} = \frac{2\pi}{\hbar}|M|^2 \cdot \frac{dn}{dE} \quad [\text{s}^{-1}]. \tag{2.7}$$

Der im Experiment gemessene Wirkungsquerschnitt σ ist wegen der Gleichsetzung von Übergangswahrscheinlichkeit und Reaktionsrate direkt proportional dem Quadrat des Matrixelements:

$$\sigma \sim |M|^2.$$

Der Proportionalitätsfaktor wird durch den Teilchenstrom, die Targetbelegung und einen statistischen Faktor gegeben, der die durch Drehimpulse charakterisierte Vielfachheit der Zustände angibt.

Die Berechnung der Übergangswahrscheinlichkeiten ist in völliger Allgemeinheit wegen der Vielzahl der zu berücksichtigenden Einflüsse schwierig und häufig unmöglich. Deshalb wurden Verfahren entwickelt, die Einflüsse je nach ihrer Stärke zu berücksichtigen oder zu vernachlässigen. Besonders häufig benutzt man in der Quantenmechanik die Störungstheorie [Sc 68]. Analoge Verfahren wurden auch für die Quantenfeldtheorie entwickelt, wobei heute die Methode der Feynman-Graphen am häufigsten verwendet wird. Auch in dem vorliegenden Buch wird zur Veranschaulichung von Wechselwirkungen darauf zurückgegriffen.

Feynman-Graphen sind Diagramme, mit denen Wechselwirkungsprozesse anschaulich dargestellt werden können. Darin werden die ein- und auslaufenden Teilchen durch Linien mit Pfeilen und die ausgetauschten (virtuellen) Teilchen durch Wellenlinien gekennzeichnet. In den Knotenpunkten, auch Vertizes genannt, in denen sich die Linien treffen, werden die Teilchen entsprechend der Wechselwirkung aneinandergekoppelt. Die Regeln für diese graphische Darstellung folgen aus der störungstheoretischen Entwicklung der Quantenfeldtheorie. Die Feynman-Graphen ergeben so eine relativistisch invariante Beschreibung der bei einer bestimmten Wechselwirkung möglichen Prozesse in der betreffenden Ordnung der Störungstheorie und sind ein viel benutztes Hilfsmittel bei der Berechnung von Streuamplituden und Wirkungsquerschnitten. Die Topologie der Graphen ist durch die Struktur der Wechselwirkung bestimmt.

Zerfallswahrscheinlichkeit

Spontan auftretende Prozesse, wie z. B. der radioaktive Zerfall, werden durch die Zerfallsrate bzw. Zerfallswahrscheinlichkeit charakterisiert und gemessen. Die Zerfallsrate gibt die Zahl der Zerfälle in der Zeiteinheit (meist s) an. Ist die Zerfallsrate groß, ist es auch die Zerfallswahrscheinlichkeit, die quantenmechanisch ein Maß für den Überlagerungsbereich von Anfangs- und Endzustand, die durch je eine Wellenfunktion beschrieben werden, darstellt. Die zur Zerfallswahrscheinlichkeit reziproke Größe heißt mittlere Lebensdauer τ eines Zustandes. Das Gesetz des radioaktiven Zerfalls lautet

$$N(t) = N(0)e^{-\lambda t}, \tag{2.8}$$

wobei $N(t)$ die Zahl der nach einer Zeit t noch nicht zerfallenen Teilchen ist, wenn zu Beginn eines Experiments $N(0)$ Teilchen vorhanden waren. Die Größe λ heißt Zerfallskonstante mit der Dimension [s^{-1}]. Die Zeit $t_{1/2}$, nach der gerade die Hälfte der ursprünglich vorhandenen Teilchen, $1/2 N(0)$, zerfallen sind, heißt Halbwertzeit. Ihre Beziehung zur Zerfallskonstanten ist gegeben durch

$$t_{1/2} = \frac{\ln 2}{\lambda}. \tag{2.9}$$

Auch hier ergibt sich aus der Gleichsetzung der Zerfallsrate mit der Übergangswahrscheinlichkeit eine Proportionalität der Zerfallskonstanten λ mit dem Quadrat des Matrixelements:

$$\lambda \sim |M|^2.$$

Häufig wird die Zerfallsbreite als charakterisierende Größe benutzt. Sie ist definiert als

$$\Gamma = \frac{\hbar}{\tau}.$$

Kann z. B. ein Zustand auf verschiedene Arten zerfallen, so setzt sich die Gesamtzerfallsbreite $\Gamma = \sum_i \Gamma_i$ additiv aus den Partialbreiten Γ_i zusammen.

Literatur

BERGER, CH.: *Elementarteilchenphysik*, 2. Aufl. Springer, Berlin **2005**.
BETHGE, K., WALTER, G., WIEDEMANN, B.: *Kernphysik*, 2. Aufl. Springer, Heidelberg **2001**.
DOSCH, H. G.: *Teilchen, Felder und Symmetrien (Verständliche Forschung)*. Spektrum Akademischer Verlag, Heidelberg **1995**.
FRAUENFELDER, H., HENLEY, E. M.: *Teilchen und Kerne (Subatomare Physik)*, 4. Aufl. R. Oldenbourg, München **1999**.
GOTTFRIED, K., WEISSKOPF, V. E.: *Concepts of Particle Physics*, Vol 1. Oxford University Press, Oxford **1984**.
HALZEN, E., MARTIN, A. D.: *Quarks and Leptons: An Introductory Course in Modern Particle Physics*, J. Wiley, New York **1984**.
LOHRMANN, E.: *Hochenergiephysik*, 5. Aufl. B.G. Teubner, Stuttgart **2005**.
PARTICLE DATA GROUP: Review of Particle Physics. *Phys. Lett.* 592B (**2004**) 1.
PERKINS, D. H.: *Introduction to High Energy Physics*, 4th Ed. Cambridge University Press, Cambridge **2000**.
POLKINGHORNE, J. C.: *The Particle Play*. W. H. Freeman, Oxford **1979**.
BROWN, L. M., HODDESON, L. (Eds.): *The Birth of Particle Physics*, Cambridge University Press, Cambridge **1983**.
MUSIOL, G., RANFT, J., REIF, R., SEELIGER, D.: *Kern- und Elementarteilchenphysik*, VCH, Weinheim **1988**.
CAHN, R. N., GOLDHABER, G.: *The Experimental Foundations of Particle Physics*, Cambridge University Press, Cambridge **1989**.
PAIS, A.: *Inward Bound. Of Matter and Forces in the Physical World*, Oxford University Press, Oxford **1986**.
NACHTMANN, O.: *Phänomene und Konzepte der Elementarteilchenphysik*, Friedr. Vieweg & Sohn, Braunschweig/Wiesbaden **1986**.

II Grundlagen

3 Symmetrien als Ordnungsprinzip

Die Vielzahl der beobachteten Teilchen und ihre Wechselwirkungen lassen sich mit Hilfe von Symmetrien übersichtlich zusammenfassen und klassifizieren. Die Invarianz der Elementarprozesse gegenüber Symmetrietransformationen impliziert eine bestimmte Struktur der physikalischen Gesetze, nach denen die Vorgänge ablaufen. Die Formulierung der Gesetze wird dadurch wesentlich erleichtert. Deshalb können Symmetrien als ordnendes Prinzip der Naturgesetze angesehen werden.

Allgemein sprechen wir von Symmetrie, wenn man ein Objekt bzw. ein physikalisches Gesetz einer bestimmten Operation unterwerfen kann, und es danach dieselbe Gestalt hat bzw. auf dieselben Resultate führt wie zuvor. Die in den Gesetzen der Physik enthaltenen Symmetrieeigenschaften erkennt man also dadurch, daß die entsprechenden Gleichungen und damit die durch sie beschriebenen Vorgänge invariant gegenüber bestimmten Symmetrieoperationen sind.

Die Erfahrung, daß die Angabe der absoluten Zeit und des absoluten Ortes keine für die physikalischen Vorgänge wesentlichen Anfangsbedingungen sind, stellt das erste und wohl bedeutendste Invarianzprinzip in der Physik dar. Aufgrund der dadurch gewährleisteten Wiederholbarkeit von Experimenten unter gleichen Bedingungen zu beliebiger Zeit und an beliebigem Ort können wir erst zu einer allgemein anerkennbaren Übereinkunft über den Inhalt physikalischer Gesetze kommen. In diesem Sinne wird die Aufstellung allgemein gültiger Naturgesetze in der uns geläufigen Form erst durch die Symmetrie gegenüber den Translationen in Raum und Zeit möglich.

Während früher die Symmetrieeigenschaften der Naturgesetze meist nach ihrer Aufstellung festgestellt wurden, hat sich die Situation seit Beginn des 20. Jahrhunderts, hauptsächlich unter dem Eindruck der speziellen Relativitätstheorie und der geometrischen Formulierung der Gravitationstheorie (A. Einstein), wesentlich geändert. Man ist heute in zunehmendem Maße davon überzeugt, daß alle grundlegenden Gesetze der Physik auf Symmetrieeigenschaften beruhen oder durch sie ausgedrückt werden können. Wir werden noch näher darauf eingehen (siehe Abschnitt 5), wie z. B. die Wechselwirkungen zwischen den Teilchen durch die sogenannten Eichsymmetrien festgelegt sind. Symmetrieprinzipien leisten somit wertvolle Dienste bei der Aufstellung dynamischer Gesetze. Durch die Invarianzeigenschaften der grundlegenden Bewegungsgleichungen ist auch die Gestalt der dazugehörigen Lösungen eingeschränkt. Die zulässigen Lösungen können nach ihrem Symmetriecharakter klassifiziert werden. So verhalten sich z. B. die Lösungen der relativistischen Feldgleichungen bei Lorentz-Transformationen wie skalare Größen, Vektoren, Tensoren oder Spinoren. Von grundsätzlicher Bedeutung ist der Zusammenhang zwischen Symmetrien und Erhaltungssätzen. Aus den Symmetrien lassen sich die Konstanten der Bewegung herleiten, deren Existenz zu bestimmten Auswahlregeln führt. Dadurch werden die physikalisch möglichen Vorgänge eingeschränkt.

Elementarteilchen und ihre Wechselwirkungen. Klaus Bethge und Ulrich E. Schröder

Wie in allen Gebieten der Physik finden auch bei den Wechselwirkungen der Elementarteilchen nur solche Vorgänge statt, die im Einklang mit den geltenden Erhaltungssätzen und den Auswahlregeln sind. Die Erhaltungssätze folgen aber aus Symmetrien, die mathematisch durch eine Gruppe von Transformationen beschrieben werden. So folgt z. B. die Energie- und Impulserhaltung aus der Invarianz der Gesetze gegenüber zeitlichen und räumlichen Translationen, die Erhaltung des Drehimpulses aus der Invarianz gegenüber räumlichen Drehungen. Diesen wichtigen Zusammenhang zwischen Symmetrien und Erhaltungssätzen wollen wir etwas ausführlicher behandeln.

Der Grund für die in der Physik zu findenden Symmetrien liegt in der Erfahrung, daß es unmöglich ist, einige bestimmte fundamentale Größen oder Eigenschaften zu beobachten, d. h. zu messen. Symmetrien beruhen also auf unserer prinzipiellen Unkenntnis bestimmter Größen oder Eigenschaften. Dies sei an dem folgenden einfachen Beispiel erläutert:

Wir betrachten die Wechselwirkungsenergie V zwischen zwei Teilchen an den Orten $\vec{x}_1$ und $\vec{x}_2$. Die Erfahrung, daß es nicht möglich ist, einen Ort absolut zu bestimmen (Unkenntnis), der Ursprung des Koordinatensystems also willkürlich gewählt werden kann, führt zu der Schlußfolgerung, daß die Wechselwirkungsenergie V bei räumlichen Translationen,

$$\vec{x}_i \to \vec{x}_i + \vec{a}, \quad i = 1, 2,$$

ungeändert bleibt (Symmetrie). Daher ist V eine Funktion des relativen Abstandes $\vec{x}_1 - \vec{x}_2$:

$$V = V(\vec{x}_1 - \vec{x}_2).$$

Hieraus folgt, daß der Gesamtimpuls dieses Systems zweier Teilchen ungeändert, d. h. erhalten bleiben muß (Erhaltungssatz). Nach dem Newtonschen Gesetz,

$$\frac{d\vec{p}}{dt} = \vec{K} - \vec{\nabla} V,$$

ist nämlich die zeitliche Änderung des Gesamtimpulses

$$\frac{d\vec{p}}{dt} = -(\nabla_1 + \nabla_2) V.$$

Dieser Ausdruck verschwindet aber wegen $V = V(\vec{x}_1 - \vec{x}_2)$, da bei der Bildung des Gradienten nach $\vec{x}_2$ das negative Vorzeichen zu berücksichtigen ist.

Dieses einfache Beispiel veranschaulicht den Zusammenhang zwischen den drei Aspekten eines Symmetrieprinzips in folgender logischer Reihenfolge: Die Erfahrung (oder Annahme) einer nicht beobachtbaren Größe impliziert die Invarianz des Systems gegenüber der entsprechenden Symmetrietransformation, aus der ein Erhaltungssatz folgt. Dieser ganz allgemein bestehende Zusammenhang ist sowohl in der klassischen Mechanik als auch in der Quantenmechanik gültig. Betrachten wir zunächst die kontinuierlichen Symmetrien im Raum und in der Zeit, die sogenannten äußeren Symmetrien. Im Unterschied dazu beziehen sich die später zu diskutierenden inneren Symmetrien auf bestimmte innere Freiheitsgrade der Teilchen.

A Kontinuierliche raum-zeitliche Symmetrien

3.1 Symmetrie in der klassischen Mechanik

Ein isoliertes System untereinander wechselwirkender Teilchen wird in der klassischen Mechanik durch die Hamilton-Funktion $H(p_i, q_i)$ beschrieben, wobei q_i die generalisierten Koordinatoren und p_i die zugehörigen kanonisch konjugierten Impulse bedeuten. Die Funktion H ist gleich der Gesamtenergie des Systems (kinetische plus potentielle Energie). Die Hamiltonschen Bewegungsgleichungen lauten:

$$\dot{p}_i = \frac{\mathrm{d}p_i}{\mathrm{d}t} = -\frac{\partial H}{\partial q_i}$$
$$\dot{q}_i = \frac{\partial H}{\partial p_i}. \tag{3.1}$$

Bei einer infinitesimalen Translation,

$$q_i \to q_i + \delta q, \quad \delta q = \text{const.},$$

ändert sich H entsprechend

$$\delta H = \delta q \sum_i \frac{\partial H}{\partial q_i} = -\delta q \sum_i \dot{p}_i.$$

Hier wurde die obige Bewegungsgleichung benutzt. Die Invarianz des isolierten Systems gegenüber diesen Translationen bedeutet aber $\delta H = 0$ und daraus folgt

$$\frac{\mathrm{d}}{\mathrm{d}t} \sum_i p_i = 0, \tag{3.2}$$

d. h. $\sum_i p_i$ ist eine Konstante der Bewegung, eine Erhaltungsgröße. Identifiziert man z. B. q mit einer bestimmten Komponente des Ortsvektors, dann folgt aus der Translationsinvarianz des Systems in Richtung dieser Komponente, daß die entsprechende Komponente des Gesamtimpulses erhalten bleibt. Man kann q auch als Drehwinkel um eine Achse auffassen. Dann bedeutet obige Gleichung den Erhaltungssatz für den entsprechenden Gesamtdrehimpuls des gegenüber diesen Rotationen invarianten Systems.

Schließlich wird bei einer zeitlichen Translation die Hamilton-Funktion folgendermaßen geändert:

$$\delta H = \sum_i \left(\frac{\partial H}{\partial q_i} \dot{q}_i + \frac{\partial H}{\partial p_i} \dot{p}_i \right) \delta t + \frac{\partial H}{\partial t} \delta t.$$

Aufgrund der Bewegungsgleichungen (3.1) heben sich die Terme unter dem Summenzeichen heraus. Die Invarianzbedingung lautet dann

$$\delta H = \frac{\partial H}{\partial t} \delta t = 0,$$

woraus
$$\frac{\partial H}{\partial t} = 0, \text{d. h. } H = \text{const.} \tag{3.3}$$

folgt. Bei Invarianz gegenüber zeitlichen Translationen hängt die Hamilton-Funktion nicht explizit von der Zeit ab. Da H die Gesamtenergie des Systems darstellt, bedeutet dies den Erhaltungssatz der Energie.

3.2 Symmetrie in der Quantenmechanik

In der Quantenmechanik wird der Zustand des Systems durch die Wellenfunktion $\psi(\vec{x}, t)$ beschrieben, die der Schrödinger-Gleichung genügt

$$i\hbar \frac{\partial \psi}{\partial t} = H\psi, \tag{3.4}$$

wobei $\hbar$ das durch 2π dividierte Plancksche Wirkungsquantum $\hbar = h/2\pi$ bezeichnet. Die Größe H bedeutet nun den Hamilton-Operator des Systems, den man nach Einführung der Vertauschungsregeln für die kanonisch konjugierten Variablen,

$$q_i p_k - p_k q_i = i\hbar \delta_{ik}, \tag{3.5}$$

aus der klassischen Hamilton-Funktion erhält. Die Schrödinger-Gleichung für die konjugiert komplexe Wellenfunktion lautet:

$$-i\hbar \frac{\partial \psi^*}{\partial t} = H\psi^*. \tag{3.6}$$

Wir betrachten die Observable Ω, d. h. einen Operator, der einer meßbaren physikalischen Größe entspricht, und bilden den Erwartungswert von Ω im Zustand $\psi(\vec{x}, t)$:

$$\bar{\Omega}(t) = \int d^3 x \psi^*(\vec{x}, t) \Omega \psi(\vec{x}, t).$$

Die zeitliche Änderung von $\bar{\Omega}(t)$ ergibt bei Anwendung der Schrödinger-Gleichung

$$i\hbar \frac{\partial}{\partial t} \bar{\Omega}(t) = \int d^3 x \psi^*(\vec{x}, t)(\Omega H - H\Omega)\psi(\vec{x}, t)$$
$$= \int d^3 x \psi^*(\vec{x}, t)[\Omega, H]\psi(\vec{x}, t).$$

Man entnimmt dieser Gleichung folgendes wichtige Ergebnis. Wenn der Operator Ω mit dem Hamilton-Operator H vertauscht

$$[\Omega, H] = 0, \tag{3.7}$$

dann ist der Erwartungswert $\bar{\Omega}$ zeitlich konstant, d. h. eine erhaltene Größe. Dieses Ergebnis soll nun bei der folgenden Betrachtung von Symmetrietransformationen benutzt werden.

3 Symmetrien als Ordnungsprinzip

Bei einer infinitesimalen räumlichen Translation entlang der x-Achse $x \to x + \delta x$ geht die Wellenfunktion über in

$$\begin{aligned}\psi(x) \to \psi(x - \delta x) &= \left(1 - \delta x \frac{\partial}{\partial x}\right)\psi(x) \\ &= \left(1 - \frac{i}{\hbar}\delta x p_x\right)\psi(x). \end{aligned} \quad (3.8)$$

Hier wurde die Taylor-Entwicklung bis zur ersten Ordnung in δx benutzt und zur Abkürzung der erzeugende Operator der Translationen in x-Richtung,

$$p_x = \frac{\hbar}{i}\frac{\partial}{\partial x}, \quad (3.9)$$

eingeführt. Offensichtlich ist der erzeugende Operator p_x dieser Translationen die x-Komponente des bekannten Impulsoperators (in der Ortsdarstellung) der Quantenmechanik. Wir überzeugen uns nun davon, daß auch in der Quantenmechanik aus der Invarianz des Systems (beschrieben durch H) gegenüber Translationen (erzeugt durch $\vec{p}$) die Erhaltung des Impulses folgt. Wenn der Hamilton-Operator des Systems invariant gegenüber den Translationen $x \to x' = x + \omega x$ ist, d. h. $H \to H' = H$, dann bleibt sein Erwartungswert im Zustand ψ ungeändert

$$\int d^3x \, \psi^*(x) H \psi(x) = \int d^3x \, \psi^*(x)\left(1 + \frac{i}{\hbar}\delta x p_x\right) H \left(1 - \frac{i}{\hbar}\delta x p_x\right)\psi(x).$$

Da dies für beliebige Zustände gelten muß, folgt daraus die Bedingung

$$H = H + \frac{i}{\hbar}\delta x [p_x, H],$$

also

$$[p_x, H] = 0. \quad (3.10)$$

Weil p_x mit H vertauscht, ist der Erwartungswert des Impulsoperators p_x eine erhaltene Größe. Entsprechend folgt die Erhaltung der anderen Komponenten des Impulsvektors. In analoger Weise kann aus der Invarianz gegenüber zeitlichen Translationen auf die Energieerhaltung geschlossen werden. Wie man der Schrödinger-Gleichung entnimmt, ist der erzeugende Operator der zeitlichen Translationen gerade der Hamilton-Operator.

Betrachten wir nun die Drehung um eine bestimmte Achse, z. B. die z-Achse, die durch folgende Transformationen beschrieben wird

$$\begin{aligned} x &\to x \cos\varphi - y \sin\varphi \\ y &\to x \sin\varphi + y \cos\varphi \\ z &\to z. \end{aligned} \quad (3.11)$$

Bei infinitesimalem Drehwinkel $\delta\varphi$ werden die entsprechenden Änderungen der Koordinaten $\delta x = -y\delta\varphi, \delta y = x\delta\varphi, \delta z = 0$ und für die Wellenfunktion folgt

$$\psi(\vec{x}) - \psi(\vec{x} - \delta\vec{x}) = \psi(\vec{x}) - \delta x \frac{\partial \psi}{\partial x} - \delta y \frac{\partial \psi}{\partial y}$$
$$= \left\{ 1 - \delta\varphi \left(x \frac{\partial}{\partial y} - y \frac{\partial}{\partial x} \right) \right\} \psi(\vec{x})$$
$$= \left\{ 1 - \frac{i}{\hbar} d\varphi L_z \right\} \psi(\vec{x}). \tag{3.12}$$

In der letzten Zeile wurde die z-Komponente des Drehimpulsoperators eingeführt,

$$L_z = [\vec{x} \times \vec{p}]_z, \tag{3.13}$$

die offensichtlich den erzeugenden Operator der Drehungen um die z-Achse darstellt. Wie bei den Translationen folgt nun aus der Invarianz des Systems gegenüber dieser Drehung, daß L_z mit dem Hamilton-Operator vertauscht

$$[L_z, H] = 0, \tag{3.14}$$

und somit der Erwartungswert $\bar{L}_z$ erhalten bleibt. Wenn das System auch gegenüber den Drehungen um die x- und y-Achse invariant ist, folgt somit aus

$$[\vec{L}, H] = 0 \tag{3.15}$$

der Erhaltungssatz für den Erwartungswert des Drehimpulsoperators $\vec{L}$. Der Übergang zu endlichen Transformationen erfolgt durch Summation der Taylor-Reihe, so daß man für die endlichen Translationen um $\vec{a}$ bzw. die endlichen Drehungen um die Winkel $\varphi_x, \varphi_y, \varphi_z$ erhält:

$$\psi \to e^{-\frac{i}{\hbar}\vec{a}\cdot\vec{p}}\psi,$$
$$\psi \to e^{-\frac{i}{\hbar}\vec{\varphi}\cdot\vec{L}}\psi. \tag{3.16}$$

Hierbei sind $\vec{p}$ (Impuls) und $\vec{L}$ (Drehimpuls) die erzeugenden Operatoren der Translationen bzw. Drehungen.

Fassen wir die obigen Überlegungen zusammen. Können absoluter Ort, absolute Zeit und eine absolute Richtung im Raum durch physikalische Messungen nicht festgestellt werden, dann sind die Gesetze invariant gegenüber raumzeitlichen Translationen und räumlichen Drehungen. Daraus folgt, daß die erzeugenden Operatoren dieser Transformationen, nämlich die Observablen Impuls, Energie und Drehimpuls, erhaltene Größen sind. Diese Erhaltungssätze sind von grundlegender Bedeutung, denn durch sie wird die Tatsache zum Ausdruck gebracht, daß die physikalischen Gesetze an allen Orten zu allen Zeiten (Homogenität von Raum und Zeit) und unabhängig von der Orientierung (Isotropie) des Raumes dieselben sind. Wäre dies nicht der Fall, dann wären gleiche Experimente zu verschiedenen Zeiten an verschiedenen Orten nicht wiederholbar, die physikalischen Gesetze würden ihre Allgemeingültigkeit verlieren und Physik wäre in dem heute verstandenen Sinn nicht möglich.

3.3 Relativistische Invarianz

Die bisher besprochenen kontinuierlichen Symmetrien sind noch nicht vollständig. Es muß noch das Einsteinsche Relativitätsprinzip ergänzt werden, wonach ein absolut ruhendes Inertialsystem nicht festgestellt werden kann. Daraus folgt, daß die physikalischen Gesetze invariant gegenüber den Lorentz-Transformationen sein müssen, welche den Übergang zwischen relativ zueinander bewegten Inertialsystemen vermitteln. Die Lorentz-Invarianz ist nicht wie die bisher betrachteten Symmetrien unmittelbar aus der Erfahrung des täglichen Lebens einzusehen. Die Ursache hierfür liegt in den geringen Geschwindigkeiten makroskopischer Körper relativ zur Lichtgeschwindigkeit. So gilt in der klassischen Mechanik die Galilei-Invarianz in sehr guter Näherung. Abweichungen davon treten erst bei hohen Geschwindigkeiten auf. Historisch führten die Erscheinungen des elektromagnetischen Feldes, dessen Störungen sich mit der Lichtgeschwindigkeit $c \approx 3 \cdot 10^8$ m/s ausbreiten, zur speziellen Relativitätstheorie. Man stellte fest, daß die Elektrodynamik invariant gegenüber Lorentz-Transformationen ist. Nun besitzen Elementarteilchen bei hohen Energien (d. h. kurzen Abständen) Geschwindigkeiten, die mit c vergleichbar sind. Es ist also davon auszugehen, daß die in der Teilchenphysik geltenden Gesetze invariant gegenüber Lorentz-Transformationen sind. Diese Forderung hat weitreichende Konsequenzen.

Die Lorentz-Gruppe kann als diejenige Gruppe von Transformationen definiert werden, die das Quadrat des Abstandes zweier durch die Angaben der vier Koordinaten $\{ct, x, y, z\}$ gekennzeichneten Weltpunkte im Minkowski-Raum invariant lässt:

$$s^2 = c^2(t_2 - t_1)^2 - (x_2 - x_1)^2 - (y_2 - y_1)^2 - (z_2 - z_1)^2 = \text{invariant}. \quad (3.17)$$

Hier sei nur die spezielle Lorentz-Transformation (Lorentz-Schub) mit der Relativgeschwindigkeit v parallel zur x-Achse angegeben. Man kann sie als Drehung in der ict, x-Ebene um den imaginären Winkel $i\alpha$ folgendermaßen schreiben

$$\begin{aligned}
ct' &= ct \cosh \alpha - x \sinh \alpha \\
x' &= x \cosh \alpha - ct \sinh \alpha \\
y' &= y \\
z' &= z, \quad \cosh \alpha = \frac{1}{\sqrt{1-\beta^2}}, \ \sinh \alpha = \frac{\beta}{\sqrt{1-\beta^2}}, \ \beta = \frac{v}{c}.
\end{aligned} \quad (3.18)$$

Die Invarianz des Abstandes $s^2 = s'^2$ ist dann wegen der für die hyperbolischen Funktionen geltenden Relation,

$$\cosh^2 \alpha - \sinh^2 \alpha = 1,$$

besonders einfach nachzurechnen. Entsprechende Formeln gelten für die „Drehungen" in der ct, y- bzw. ct, z-Ebene. Eine allgemeine Lorentz-Transformation erhält man dadurch, daß man nach dem Lorentz-Schub eine räumliche Drehung anwendet.

In der speziellen Relativitätstheorie werden die Raum-Zeit-Koordinaten zu einem Vierervektor $x^\mu = \{ct, x, y, z\}$ zusammengefaßt, dessen inneres Produkt

$$x \cdot x = \sum_{\mu=0}^{3} x_\mu x^\mu = c^2 t^2 - x^2 - y^2 - z^2 \quad (3.19)$$

invariant gegenüber Lorentz-Transformationen ist (siehe Gl. 3.17). Die Energie E und der Impuls $\vec{p}$ eines relativistischen Teilchens

$$E = \frac{mc^2}{\sqrt{1-\beta^2}}, \ \vec{p} = \frac{m\vec{v}}{\sqrt{1-\beta^2}} \quad (3.20)$$

werden wie die Koordinaten gemäß den Gln. (3.18) transformiert und bilden somit den Vierervektor

$$p^\mu = \left\{\frac{E}{c}, \vec{p}\right\}. \tag{3.21}$$

Das innere Produkt

$$p_\mu p^\mu = \frac{E^2}{c^2} - \vec{p}^{\,2} = m^2 c^2 \tag{3.22}$$

ist daher eine invariante Größe und somit auch die bei der Definition von $\vec{p}$ benutzte Masse m. Im Ruhsystem des Teilchens, d. h. für $\vec{p} = 0$ erhält man daraus die Ruhenergie

$$E_0 = mc^2, \tag{3.23}$$

die der invarianten Masse m (auch Ruhmasse genannt) des Teilchens proportional ist. Ein in Ruhe befindliches Teilchen der Masse m besitzt also bereits eine Energie, die Ruhenergie E_0. Die fundamentale Bedeutung dieser Äquivalenz von Masse und Energie (A. Einstein, 1905) liegt in der Möglichkeit der Umsetzung von Ruhmasse in Energie und umgekehrt.

Bei einem von äußeren Bedingungen unbeeinflußt ablaufenden Stoßprozeß zwischen Teilchen bleibt wegen der Invarianz gegenüber zeitlichen und räumlichen Translationen der Viererimpuls des Systems erhalten, d. h. die Gesamtenergie $\sum_i E_i$ und der Gesamtimpuls $\sum_i \vec{p}_i$. Ein Erhaltungssatz für die Ruhmassen der Teilchen, wie man es von der klassischen Mechanik her gewöhnt ist, gilt dagegen nicht mehr. So kann beim Ablauf des Prozesses Ruhmasse in Energie oder umgekehrt Energie in Ruhmasse umgesetzt werden. Bei einer Teilchenreaktion (oder einem Zerfallsprozeß) gibt es für die Zu- bzw. Abnahme der Energie E eines Teilchens zwei Möglichkeiten: Die Energie des Teilchens kann dadurch verringert werden, daß es kinetische Energie abgibt, d. h. abgebremst wird, oder daß es seine Ruhenergie verliert, d. h. verschwindet. Umgekehrt kann die Energie durch Anwachsen der Geschwindigkeit eines vorhandenen Teilchens größer werden, oder es kann ein neues Teilchen mit der entsprechenden Ruhenergie entstehen. Die Energiebilanz wird dabei durch den Erhaltungssatz geregelt, so daß keine Energie verlorengeht. Bei der Reaktion ändert sich nur die Verteilung der Gesamtenergie in Form von kinetischer Energie bzw. Ruhenergie auf die beteiligten Teilchen vor und nach der Wechselwirkung. Somit kann die Masse eines Teilchens als konzentrierte Form von Energie angesehen werden, denn die Umrechnung nach Gl. (3.23) ergibt bereits für eine geringe Masse einen großen Energiebetrag in den gewohnten Einheiten. Zum Beispiel sind 10^{-4} g Masse äquivalent der Energie von 2500 kWh, falls die Masse völlig in Energie umgesetzt wird. In vielen Fällen werden jedoch nur Bruchteile der Ruhmasse in Form von Energie frei. Bei Reaktionen ändert sich nur die Form der Materie, die infolge der stets geltenden Äquivalenz als Masse oder Energie in Erscheinung treten kann.

Betrachten wir z. B. den Zerfall eines π-Mesons ($m_\pi = 139{,}6 \,\text{MeV/c}^2$) in seinem Ruhsystem, das in ein Myon ($m_\mu = 105{,}7 \,\text{MeV/c}^2$) und ein Neutrino ($m_\nu = 0$) zerfallen kann:

$$\pi^+ \to \mu^+ + \nu_\mu.$$

Da das π-Meson verschwindet, wird seine Ruhenergie verfügbar. Ein Teil dieser Energie wird zur Erzeugung des leichteren Myons verbraucht, der Rest verteilt sich auf die kinetischen Energien der Teilchen im Endzustand. Damit wird deutlich, daß die bei einem spontanen Zerfall entstehenden Teilchen eine geringere Masse als das zerfallende Teilchen haben müssen.

3 Symmetrien als Ordnungsprinzip

In den großen Beschleunigern dagegen wird die kinetische Energie der auf hohe Geschwindigkeiten gebrachten Teilchen dazu benutzt, um beim Stoß Teilchen höherer Massen zu erzeugen. Diese sind in der Regel instabil, da sie in Teilchen leichterer Masse zerfallen, wenn alle geltenden Erhaltungssätze dies zulassen. Zuvor unbekannte Teilchen mit immer größeren Massen konnten so erzeugt werden.

Der in der Teilchenphysik so wichtige relativistische Zusammenhang zwischen Energie und Impuls eines Teilchens folgt aus Gl. (3.22) durch Auflösung nach E:

$$E = c\sqrt{\vec{p}^{\,2} + m^2 c^2}. \tag{3.24}$$

Hier sind formal zwei Vorzeichen der Wurzel möglich, d. h. es kommen negative Energiewerte vor, die bei freien Teilchen unphysikalisch sind. In der klassischen Physik kann man solche Zustände einfach weglassen. In der relativistischen Quantentheorie ist diese Verdoppelung der Zustände unvermeidlich und kann durch die Existenz von Antiteilchen gedeutet werden. Das Antiteilchen unterscheidet sich vom Teilchen durch das entgegengesetzte Vorzeichen der Ladung. Heute können Antiteilchen in den Hochenergielaboratorien erzeugt, beschleunigt und mit Teilchen zur Annihilation gebracht werden (z. B. e^+e^--Speicherring). Diese erfolgreiche Vorhersage der Existenz von Antiteilchen (und damit Antimaterie) kann als einer der großen Triumphe der relativistischen Quantentheorie angesehen werden.

Überhaupt ist das Einsteinsche Relativitätsprinzip und die daraus folgende Lorentz-Transformation durch alle Experimente mit Elementarteilchen glänzend bestätigt worden. So konnte z. B. die Unabhängigkeit der Lichtgeschwindigkeit c von der Geschwindigkeit der emittierenden Quelle, die zu den grundlegenden Aussagen der speziellen Relativitätstheorie gehört, direkt bei einer Teilchenreaktion nachgewiesen werden. Als bewegte Lichtquelle diente ein Strahl hochenergetischer Pionen, die während des Fluges ($v = 0{,}99975\,c$) in zwei Photonen zerfallen $\pi^0 \to 2\gamma$. Die Geschwindigkeit dieser Photonen wurde gemessen und man fand gute Übereinstimmung beim Vergleich mit der Geschwindigkeit solcher Photonen, die von einer im Labor ruhenden γ-Quelle stammten [Al64].

3.4 Quantenzahlen

In der Quantentheorie werden die Zustände eines Systems durch die Eigenwerte von Observablen gekennzeichnet. Will man den Zustand eines Teilchens beschreiben, dann hat man die Werte gleichzeitig meßbarer Größen des Teilchens anzugeben. Observable können aber nur dann gleichzeitig gemessen werden, wenn sie vertauschen. Man braucht also zur Festlegung des Teilchenzustandes einen vollständigen Satz vertauschbarer Observabler. Es ist durchaus keine leichte Aufgabe, ein solches vollständiges System von Observablen zu finden. Dies zeigt insbesondere die historische Entwicklung der Quantenmechanik. Es sei daran erinnert, daß die Quantenzustände des Elektrons zunächst ohne die Freiheitsgrade des Spins unvollständig beschrieben wurden. Ein systematischer Weg zur vollständigen Beschreibung von Teilchenzuständen ist der über die Darstellungstheorie der zugrundeliegenden Symmetriegruppe, d. h. der inhomogenen Lorentz-Gruppe, sofern man zunächst nur die raum-zeitlichen Symmetrien berücksichtigt. Diese Andeutungen mögen hier genügen.[3] Es ist aber naheliegend und wird

---
[3] Einführende Diskussionen hierzu findet man z. B. in [Ga75] und [Om71].

durch die Darstellungstheorie der inhomogenen Lorentz-Gruppe begründet, daß die physikalisch möglichen Teilchenzustände durch invariante Größen, wie etwa Masse und Ladung des Teilchens und durch Eigenwerte von Erhaltungsgrößen, wie z. B. Energie, Impuls, Drehimpuls, gekennzeichnet werden. Einige dieser Quantenzahlen können kontinuierliche Werte (z. B. Impuls), andere nur diskrete Werte (Masse, Ladung, Spin) annehmen. Bei Übergängen in andere mögliche Zustände ändern sich manche Quantenzahlen nicht oder nur um bestimmte endliche Werte, die gemäß der vorhandenen Symmetrie durch entsprechende Auswahlregeln bestimmt sind. Aus den Symmetrien folgen also Erhaltungssätze und Auswahlregeln für Übergänge. Gerade die experimentelle Entdeckung von Auswahlregeln ermöglichte oft die Angabe der erhaltenen Größe und des entsprechenden Symmetrieprinzips. Als wichtiges Ergebnis stellte sich allerdings heraus, daß viele Symmetrien nicht universell gelten. Im allgemeinen findet man, daß um so mehr Symmetrien verletzt werden, je schwächer die Wechselwirkung ist.

3.5 Der Spin

Neben der Ruhmasse m eines Teilchens und seiner Ladung Q ist der innere Drehimpuls, kurz Spin genannt, eine wichtige diskrete Quantenzahl. Im Gegensatz zum Bahndrehimpuls und zu anderen Operatoren der Quantenmechanik kann der Spin nicht durch Ort und Impuls des Teilchens ausgedrückt werden. Diese Observable hat kein Analogon in der klassischen Mechanik. Der Gesamtdrehimpuls setzt sich aus Bahndrehimpuls und Spin zusammen. Im Ruhsystem des betrachteten Teilchens verschwindet der Beitrag des Bahndrehimpulses zum Gesamtdrehimpuls. Der Spin ist somit der Drehimpuls im Ruhsystem des Teilchens (Eigendrehimpuls). Die Komponenten des Spinoperators genügen den bekannten Vertauschungsrelationen für Drehimpulsoperatoren

$$[\hat{S}_i, \hat{S}_j] = i\hbar \hat{S}_k \tag{3.25}$$

und zyklischen Permutationen der Indizes $i, j, k = 1, 2, 3$. Hieraus folgt, daß $\hat{S}^2$ und eine Komponente, gewöhnlich wird $\hat{S}_3$ gewählt, vertauscht, d. h. simultan gemessen werden können. Die Eigenwertgleichungen lauten

$$\begin{aligned}\hat{S}^2 \chi_{s,s_3} &= s(s+1)\hbar^2 \chi_{s,s_3} \\ \hat{S}_3 \chi_{s,s_3} &= s_3 \hbar \chi_{s,s_3},\end{aligned} \tag{3.26}$$

wobei die Zahl s ganze oder halbzahlige Werte annehmen kann: $s = 0, 1/2, 1, 3/2, \ldots$ Für ein gegebenes Teilchen liegt der Betrag des Spins s fest, d. h., er ist eine für das Teilchen charakteristische Größe. Die möglichen Orientierungen des Spinvektors im Raum, seine Projektionen auf die 3-Achse, werden durch s_3 beschrieben. Diese Komponente des Spins kann bei gegebenen s die $2s+1$ Werte $s, s-1, \ldots, -s+1, -s$ annehmen.[4]

Die Darstellungen des Spinoperators zu halbzahligen Werten von s entsprechen den zweideutigen Darstellungen der Drehgruppe. Der zugehörige Darstellungsraum der Spinoren wird durch die Basis der Eigenzustände χ aufgespannt. Die Darstellungen zu ganzzahligen s entsprechen den Tensordarstellungen, den eindeutigen Darstellungen der Drehgruppe.

---

[4] Siehe z. B. [Me 91, Bd. II, Kap. 13].

Im Fall $s = 1/2$ wird der Spinoperator durch $\vec{S} = \hbar\vec{\sigma}/2$ dargestellt, wobei σ_i die Paulischen Spinmatrizen,

$$\sigma_1 = \begin{pmatrix} 0 & 1 \\ 1 & 0 \end{pmatrix}, \quad \sigma_2 = \begin{pmatrix} 0 & -i \\ i & 0 \end{pmatrix}, \quad \sigma_3 = \begin{pmatrix} 1 & 0 \\ 0 & -1 \end{pmatrix}, \tag{3.27}$$

bedeuten, die den Vertauschungsrelationen,

$$[\sigma_i, \sigma_j] = 2i\,\sigma_k, \tag{3.28}$$

genügen. Der Gesamtdrehimpuls setzt sich dann aus Bahndrehimpuls und Eigendrehimpuls (Spin) zusammen

$$\vec{J} = \vec{L} + \frac{\hbar}{2}\vec{\sigma}. \tag{3.29}$$

Bei einem abgeschlossenen System ist der Gesamtdrehimpuls $\vec{J}$ erhalten, nicht etwa die einzelnen Summanden $\vec{L}$ und $\vec{S} = \hbar\vec{\sigma}/2$. Dementsprechend sind im Falle eines Teilchens mit von Null verschiedenem Spin die Komponenten des Gesamtdrehimpulses J_i die erzeugenden Operatoren der räumlichen Drehungen. Sie genügen den Vertauschungsrelationen

$$[J_i, J_k] = i\hbar J_l, \quad i, k, l = 1, 2, 3. \tag{3.30}$$

Der Einfachheit halber hatten wir früher (siehe Abschnitt 3.2) den Erhaltungssatz des Drehimpulses für ein System ohne Spin abgeleitet. In diesem Fall ist $\vec{J} = \vec{L}$.

Wegen des Spins besitzen Teilchen mit von Null verschiedener Masse ein magnetisches Moment $\vec{\mu}$, das in die Richtung des Spins zeigt ($e > 0$)

$$\vec{\mu} = g\frac{e}{2mc}\vec{S}. \tag{3.31}$$

Der gyromagnetische Faktor g ist von der Teilchenart abhängig. Infolge des magnetischen Moments $\vec{\mu}$ hat das Teilchen dann in einem Magnetfeld $\vec{B}$ die Wechselwirkungsenergie $-\vec{\mu}\cdot\vec{B}$. Experimentell kann daher der Spin eines Teilchens bzw. Zustandes (mit $m \neq 0$) dadurch festgelegt werden, daß man die $2s+1$ verschiedenen Orientierungen bezüglich der durch ein angelegtes Magnetfeld bestimmten Richtung zählt.

So folgt z. B., daß der Spin des Elektrons $1/2$ ist (in Einheiten $\hbar$), aus den beobachteten Dubletts der Feinstrukturniveaus beim Wasserstoffatom. Der halbzahlige Drehimpuls, und damit der Elektronenspin, konnte erstmals 1921 im Stern-Gerlach-Versuch nachgewiesen werden, bei dem ein Atomstrahl im inhomogenen Magnetfeld in zwei Teilstrahlen aufgespalten wurde. Für die experimentelle Bestimmung des Spins der meisten Teilchen sind jedoch andere Methoden anzuwenden. Man mißt dazu andere spinabhängige Größen, wie z. B. die Winkelverteilung einer Reaktion. Aus dem Vergleich der berechneten mit der gemessenen Verteilung ist es dann möglich, den Spin zu bestimmen.

Zusammenfassend kann festgestellt werden, daß bei der geltenden Symmetrie gegenüber den inhomogenen Lorentz-Transformationen der quantenmechanische Zustand eines stabilen freien Teilchens im Impulsraum durch Angabe der Ruhmasse m, des Impulses $\vec{p}$, des Spins s, der Spinprojektion s_3 und der Ladung q des Teilchens beschrieben wird. Ein solcher Zustand werde mit $|m, \vec{p}; s, s_3; q; a\rangle$ bezeichnet. Hier sind mit a weitere mögliche Freiheitsgrade angedeutet, die mit bisher noch nicht berücksichtigten internen Symmetrien (z. B. Isospin) zusammenhängen. Da die Energie (3.24) durch $\vec{p}$ und m bestimmt ist, braucht dieser Eigenwert hier nicht extra aufgeführt zu werden. Gelegentlich werden wir später nur die im betreffenden Zusammenhang hervorzuhebenden Quantenzahlen angeben und die anderen unterdrücken.

B Permutationssymmetrie

3.6 Fermionen und Bosonen

Die Einführung des Spins erlaubt nun eine damit verbundene wichtige Folgerung aus der relativistischen Invarianz und der Ununterscheidbarkeit identischer Teilchen zu ziehen, den Zusammenhang zwischen Spin und Statistik. Dies führt zu der grundlegenden Einteilung der Teilchen in zwei verschiedene Klassen, die Klasse der Fermionen mit halbzahligem Spin und die der Bosonen mit ganzzahligem Spin.

Zunächst sei daran erinnert, daß gleichartige Teilchen in der Quantenmechanik prinzipiell nicht unterscheidbar sind. In der klassischen Physik kann man die Bewegung jedes einzelnen Teilchens auf seiner Bahn verfolgen, so daß die Teilchen durch Angabe der entsprechenden Nummer zu einem beliebigen Zeitpunkt identifiziert werden können. In der Quantenmechanik dagegen verliert der Begriff der Bahn eines Teilchens wegen des Unbestimmtheitsprinzips seinen Sinn und es ist prinzipiell unmöglich, einzelne unter gleichartigen Teilchen zu verfolgen und sie zu unterscheiden. Aus dem Prinzip der Ununterscheidbarkeit gleicher Teilchen folgt, daß die Zustände des Systems gleicher Teilchen, die durch Vertauschung (Permutation) zweier Teilchen entstehen, physikalisch äquivalent sind. Bei der Vertauschung zweier gleichartiger Teilchen wird die Wellenfunktion, die den Zustand des Systems beschreibt, also höchstens mit einem Phasenfaktor $e^{i\alpha}$ multipliziert. Die Wiederholung der Vertauschung führt zum Ausgangszustand zurück, daher muß das Quadrat des Phasenfaktors eins sein, $e^{2i\alpha} = 1$, d. h. $e^{i\alpha} = \pm 1$. Es kann also nur solche Wellenfunktionen geben, die bei Vertauschung zweier beliebiger gleichartiger Teilchen ungeändert bleiben oder das Vorzeichen wechseln. Im ersten Fall ist die Wellenfunktion symmetrisch, im zweiten Fall antisymmetrisch. Ein Übergang zwischen diesen beiden Klassen von Zuständen ist nicht möglich.

Wie zuerst W. Pauli [Pa 40] im Rahmen der relativistischen Quantenfeldtheorie zeigen konnte, besteht ein fundamentaler Zusammenhang zwischen dem Spin und dem Symmetrieverhalten der Wellenfunktion bei Vertauschung identischer Teilchen. Die Wellenfunktion eines Systems gleichartiger Teilchen mit halbzahligem Spin ändert das Vorzeichen, wenn zwei der Teilchen vertauscht werden. Die Wellenfunktion eines Systems von gleichartigen Teilchen mit ganzzahligem Spin bleibt dagegen bei der Vertauschung irgend zweier Teilchen ungeändert. Die relativistische Quantentheorie führt also auf einen eindeutigen Zusammenhang zwischen Spin und Statistik: Teilchen mit halbzahligem Spin genügen der Fermi-Dirac-Statistik (Fermionen), Teilchen mit ganzzahligem Spin dagegen genügen der Bose-Einstein-Statistik (Bosonen). Beispiele für Fermionen sind die Bausteine der Materie wie Elektronen, Protonen und Neutronen, aber auch die Neutrinos gehören zu den Fermionen. Die bei den Wechselwirkungen zwischen den Bestandteilen der Materie ausgetauschten Teilchen[5], wie z. B. Photonen, Vektormesonen und Gravitonen (Quanten des Gravitationsfeldes), sind dagegen Bosonen. Bosonen lassen sich auch aus Fermionen zusammensetzen, wie es die Existenz des Deuterons (Spin 1), der α-Teilchen (Spin 0) und weiterer Kerne mit höheren Massenzahlen und ganzzahligem Spin zeigt.

Die Symmetrie bzw. Antisymmetrie der Wellenfunktionen bei der Vertauschung gleicher Teilchen ist die allgemeine Formulierung des Pauli-Prinzips, das von Pauli 1925 zur Deutung der Atomspektren empirisch aufgestellt wurde. Es ist für die Erklärung des periodischen Systems der Elemente entscheidend. Danach können sich niemals zwei Fermionen im gleichen Einteilchenzustand befinden. Um die Wellenfunktion eines solchen Systems zu bilden, geht man von den zunächst vorhandenen Einteilchenzuständen ψ_{n_1} und ψ_{n_2} aus, in denen sich je ein Fermion befinden möge. Dann lautet die zu bildende antisymmetrische Wellenfunktion des Systems (Slater-Determinante)

$$\psi(1,2) = \frac{1}{\sqrt{2}} \begin{vmatrix} \psi_{n_1}(1) & \psi_{n_1}(2) \\ \psi_{n_2}(1) & \psi_{n_2}(2) \end{vmatrix} \qquad (3.32)$$

Hierbei sollen die Nummern im Argument der Einteilchenfunktionen nicht nur die Koordinaten des Ortes (bzw. Impulses), sondern auch den Spin und weitere Eigenschaften des Teilchens repräsentieren. Sind nun beide Zustände gleich ($n_1 = n_2$), dann verschwindet die Wellenfunktion ψ des Systems, d. h., zwei (und mehr) Fermionen können sich nicht im gleichen Einteilchenzustand befinden.

Man beachte, daß das Pauli-Prinzip in der nichtrelativistischen Quantenmechanik als Erfahrungstatsache zusätzlich eingeführt wird. Im Rahmen der relativistischen Quantenfeldtheorie folgt es bereits aus den Voraussetzungen. Dies unterstreicht die Bedeutung der relativistischen Symmetrie, die somit auch zur Ordnung der Teilchen in die beiden Klassen Fermionen und Bosonen mit so unterschiedlichem Verhalten führt.

Dadurch wird u. a. auch verständlich, warum Fermionen nicht in makroskopischen Dimensionen, d. h. im klassischen Gebiet, als Materiewelle in Erscheinung treten. Hierzu hätte man sehr viele Fermionen im gleichen quantenmechanischen Zustand anzuhäufen, was nach dem Pauli-Prinzip nicht möglich ist. Damit sind Fermionenwellen nur im mikroskopischen Bereich von Bedeutung, weshalb sie auch erst spät entdeckt wurden. Im Gegensatz dazu können durch Anhäufung von Photonen oder Gravitonen im gleichen Zustand die entsprechenden klassischen (makroskopischen) Felder erzeugt werden, die bei der vorhandenen großen Reichweite seit langem bekannt sind.

---

[5] Näheres dazu siehe Abschnitt 4.

C Diskrete Symmetrietransformationen

Zu den Transformationen, die das relativistische Abstandsquadrat (3.17) invariant lassen, gehören auch die räumlichen und zeitlichen Spiegelungen $\vec{x} \to -\vec{x}$, $t \to -t$. Im Gegensatz zu den Drehungen sind Spiegelungen keine kontinuierlichen Transformationen. Daher führt z. B. die Invarianz gegenüber der räumlichen Spiegelung zu einem multiplikativen Erhaltungssatz, bei dem das Produkt von Quantenzahlen, und nicht etwa die Summe wie bei der Ladung, ungeändert bleibt (Paritätserhaltung).

3.7 Räumliche Spiegelung

Die Paritätsoperation P beschreibt die räumliche Spiegelung der Koordinaten am Ursprung, ändert somit das Vorzeichen jeden polaren Vektors:

$$\vec{x} \xrightarrow{P} -\vec{x}, \quad \vec{p} \xrightarrow{P} -\vec{p}. \tag{3.33}$$

Axiale Vektoren, wie z. B. der Bahndrehimpuls $\vec{L} = [\vec{x} \times \vec{p}]$ oder der totale Drehimpulsvektor $\vec{J}$, bleiben dagegen ungeändert:

$$\vec{J} \xrightarrow{P} \vec{J}.$$

Letztere Behauptung folgt aus der Tatsache, daß P mit einer infinitesimalen Drehung vertauschbar ist und somit auch mit dem erzeugenden Operator $\vec{J}$. Der Paritätsoperation entspricht ein hermitescher Operator P, der die Wellenfunktion $\psi(\vec{x}, t)$ in eine andere $\psi'(\vec{x}, t)$ überführt,

$$P\psi(\vec{x}, t) = \psi'(\vec{x}, t) = \psi(-\vec{x}, t). \tag{3.34}$$

Nochmalige Anwendung von P führt zum Ausgangszustand zurück, so daß $P^2 = 1$ gilt, also P die Eigenwerte $+1$ und -1 besitzt. Die zugehörigen Eigenfunktionen sind die Kombinationen

$$\psi_\pm(\vec{x}) = \frac{1}{\sqrt{2}}(\psi(\vec{x}) \pm \psi'(\vec{x})). \tag{3.35}$$

Diese besitzen die Parität $+1$ bzw. -1. Damit ist zunächst nur die Wirkungsweise des Operators P erklärt.

Wenn der Hamilton-Operator des betrachteten Systems mit P vertauscht

$$[H, P] = 0, \tag{3.36}$$

dann ist das System invariant gegenüber P und die Parität eines Zustandes bleibt erhalten. Dies folgt entsprechend der allgemeinen Betrachtung im Abschnitt 3.2. Die Invarianz des Systems gegenüber räumlichen Spiegelungen führt also zum Erhaltungssatz für die Parität.

Wegen der Vertauschbarkeit (3.36) können simultane Eigenzustände des Hamilton-Operators H und des Paritätsoperators P angegeben werden. Als Anwendungsbeispiel betrachten wir die Zustände des Wasserstoffatoms. Die Wellenfunktion des im kugelsymmetrischen

Coulomb-Potential gebundenen Elektrons zum Energieeigenwert E_n lautet in sphärischen Polarkoordinaten r, Θ, Φ:

$$\psi_{nlm}(r, \Theta, \Phi) = R_{nl}(r) Y_l^m(\Theta, \Phi),$$

wobei $R_{nl}(r)$ vom Abstand r abhängt und $Y_n^m(\Theta, \Phi)$ die Kugelflächenfunktionen (Eigenfunktionen zum Bahndrehimpuls l) bezeichnen. Die räumliche Spiegelung bedeutet in diesen Koordinaten $r \to r$, $\Theta \to \pi - \Theta$, $\Phi \to \Phi + \pi$. Die Kugelflächenfunktionen haben die Eigenschaft

$$Y_l^m(\pi - \Theta,\ \Phi + \pi) = (-1)^l Y_l^m(\Theta, \Phi).$$

Die Wellenfunktion ψ_{nlm} wird also bei räumlicher Spiegelung mit dem Faktor $(-1)^l$ multipliziert und besitzt somit positive oder negative Parität, je nachdem, ob die Quantenzahl l des Bahndrehimpulses gerade bzw. ungerade ist.

Die Erhaltung der Parität führt zu wichtigen Auswahlregeln bei quantenmechanischen Übergängen. Der Übergang von einem Zustand n in den Zustand m, der unter dem Einfluß des Operators A stattfindet, wird durch das Matrixelement beschrieben:

$$a_{mn} = \int d^3x\, \psi_m^*(\vec{x}) A \psi_n(\vec{x}). \tag{3.37}$$

Der Operator A selbst besitzt gewöhnlich eine bestimmte Parität, ebenso die Zustände ψ_n und ψ_m. So ändert z. B. der Operator des elektrischen Dipolmoments sein Vorzeichen bei räumlichen Spiegelungen (ungerade Parität), der Hamilton-Operator bei Gültigkeit von Gl. (3.36) dagegen nicht (gerade Parität). Das obige Raumintegral ist nur dann von Null verschieden, wenn der Integrand $\psi_m^* A \psi_n$ bei Anwendung der P-Operation das Vorzeichen nicht ändert. Hieraus folgt, daß ein Operator gerader Parität Übergänge nur zwischen Zuständen gleicher Parität induziert. Im Fall eines Operators ungerader Parität können dementsprechend nur Übergänge zwischen Zuständen verschiedener Parität stattfinden. In den anderen Fällen sind die Übergangsmatrixelemente gleich Null.

Die Paritätserhaltung ist ein multiplikativer Erhaltungssatz, denn die Gesamtparität für ein zusammengesetztes System, das aus den Teilchen a und b bestehen möge, die sich im Zustand mit relativem Bahndrehimpuls l befinden, lautet

$$P = P_a P_b (-1)^l. \tag{3.38}$$

Hier bezeichnen P_a und P_b die Eigenparitäten (oder inneren Paritäten) der Teilchen a und b, die durch $P\psi_a = P_a \psi_a$ definiert sind. Aus der Paritätserhaltung bei einer Reaktion

$$a + b \to c + d$$

folgt dann

$$P_a P_b (-1)^l = P_c P_d (-1)^{l'}, \tag{3.39}$$

wobei l' den relativen Bahndrehimpuls im Endzustand bezeichnet. Diese Gleichung besagt, daß die Parität eine multiplikative Erhaltungsgröße ist. Im Unterschied dazu sind Ladungen additive Erhaltungsgrößen, denn hier bleibt die Summe der Ladungen stets ungeändert.

Die Eigenparität stellt eine für das betreffende Teilchen charakteristische Größe dar. Daher ist ihre Bestimmung von Interesse. Sei etwa das Teilchen c bei der Streuung von a und b erzeugt worden,

$$a + b \to a + b + c,$$

und sei der Bahndrehimpuls im Endzustand L. Wenn bei dieser Reaktion die Parität erhalten bleibt, dann gilt

$$P_a P_b (-1)^l = P_a P_b P_c (-1)^L,$$

woraus die Eigenparität von c folgt:

$$P_c = (-1)^{L+l}. \tag{3.40}$$

Ist es jedoch nicht möglich, das Teilchen c alleine zu erzeugen, kann seine Eigenparität nicht ohne Willkür definiert werden. Sei z. B. das Teilchen c ein Fermion oder sei elektrisch geladen bzw. Träger einer anderen ladungsartigen Quantenzahl, so daß es aufgrund eines Erhaltungssatzes nur zusammen mit einem anderen Teilchen erzeugt werden kann. Dann erhält man nach obiger Überlegung den Wert für das Produkt der Eigenparitäten $P_c P_d$ und nicht für P_c allein. Somit ist die Eigenparität nur für solche Teilchen absolut festgelegt, die einzeln erzeugt werden können, d. h. für neutrale Bosonen, die keine „strangeness" als Quantenzahl tragen. D. h., abgesehen vom Photon und π^0-Meson sind die Eigenparitäten anderer Teilchen nicht absolut, sondern nur relativ zu dem miterzeugten Partner bestimmbar. Man schreibt dann den Teilchen a priori eine bestimmte Parität ($+1$ oder -1) zu, so wie man etwa dem Elektron a priori eine negative Ladung zugeschrieben hat. In dieser Weise werden die Eigenparitäten der Baryonen relativ zu den Eigenparitäten von Proton, Neutron und Lambda-Teilchen definiert. Dabei hat sich die Konvention als zweckmässig erwiesen, für p, n und Λ positive Eigenparitäten anzunehmen. Die Eigenparitäten der Teilchen werden zusammen mit den anderen charakteristischen Größen in den Teilchentabellen (Tab. 2.2, Tab. A1) angegeben. Allgemein stellt man fest, daß bei Fermionen Teilchen und jeweils entsprechende Antiteilchen entgegengesetzte Eigenparität besitzen, während bei Bosonen Teilchen und Antiteilchen jeweils gleiche Eigenparitäten haben.

Die Parität bleibt bei starker und elektromagnetischer Wechselwirkung erhalten, sie wird aber durch die schwache Wechselwirkung verletzt. Auf diesen „Sturz der Parität" wird in Kapitel III eingegangen.

3.8 Zeitliche Spiegelung (Bewegungsumkehr)

Invarianz der Naturgesetze gegenüber Zeitspiegelung bedeutet, daß diese sich nicht ändern, auch wenn man die aufeinanderfolgenden Zeiten statt in der gewohnten wachsenden positiven Anordnung in abnehmender negativer Reihenfolge angibt. Da die Zeitspiegelung das relativistische Abstandsquadrat (3.17) invariant läßt, sind nach der Relativitätstheorie sowohl in der Zeit vor- als auch rückwärts gerichtete Bewegungen der Elementarteilchen möglich. Analog zur räumlichen Spiegelung (3.33) wird die Zeitspiegelung definiert durch

$$t \xrightarrow{T} -t, \quad \vec{x} \xrightarrow{T} \vec{x}. \tag{3.41}$$

3 Symmetrien als Ordnungsprinzip

Damit ändert die Geschwindigkeit $\vec{v} = d\vec{x}/dt$ das Vorzeichen bei Zeitspiegelung und somit auch der Impuls und Drehimpuls

$$\vec{p} \xrightarrow{T} -\vec{p}, \quad \vec{J} \xrightarrow{T} -\vec{J}.$$

Die Newtonschen Bewegungsgleichungen der klassischen Mechanik sind Differentialgleichungen zweiter Ordnung in t und somit invariant gegenüber Zeitspiegelungen, wenn die wirkenden Kräfte dabei das Vorzeichen nicht ändern. Auch die Maxwell-Gleichungen sind invariant gegenüber der zeitlichen Spiegelung, wobei die elektrischen und magnetischen Feldstärken wie folgt transformiert werden:

$$\vec{E}(\vec{x}, t) \xrightarrow{T} \vec{E}(\vec{x}, -t), \quad \vec{B}(\vec{x}, t) \xrightarrow{T} -\vec{B}(\vec{x}, -t). \tag{3.42}$$

Die Besonderheiten, die sich aus der Invarianz gegenüber Zeitspiegelung in der Quantenmechanik ergeben, erkennt man bereits an einem nichtrelativistischen Teilchen, das durch die Schrödinger-Gleichung beschrieben wird

$$i\hbar \frac{\partial \psi(\vec{x}, t)}{\partial t} = H\psi(\vec{x}, t). \tag{3.43}$$

Die zeitliche Spiegelung der Wellenfunktion werde durch den Operator T beschrieben,

$$\psi(\vec{x}, t) \xrightarrow{T} T\psi(\vec{x}, t).$$

Das System ist invariant gegenüber Zeitspiegelung, wenn T mit H vertauscht,

$$[T, H] = 0, \tag{3.44}$$

und die transformierte Wellenfunktion $T\psi(\vec{x}, t)$ ebenfalls der Schrödinger-Gleichung (3.43) genügt, d. h., es gilt auch

$$i\hbar \frac{\partial T\psi(\vec{x}, t)}{\partial t} = HT\psi(\vec{x}, t). \tag{3.45}$$

Der einfachste Ansatz $T\psi(\vec{x}, t) = \psi(\vec{x}, -t)$ erfüllt jedoch nicht Gleichung (3.43), denn wegen

$$i\hbar \frac{\partial \psi(\vec{x}, -t)}{\partial t} = -i\hbar \frac{\partial \psi(\vec{x}, -t)}{\partial (-t)} = H\psi(\vec{x}, -t)$$

folgt nach Umbenennung des Zeitparameters $-t = t'$ die Gleichung

$$-i\hbar \frac{\partial \psi(\vec{x}, t')}{\partial t'} = H\psi(\vec{x}, t'),$$

die sich von der Schrödinger-Gleichung (3.43) durch das Vorzeichen unterscheidet. Diese Form der Gleichung erhält man auch, wenn man zum konjugiert Komplexen der Schrödinger-Gleichung übergeht,

$$-i\hbar \frac{\partial \psi^*(\vec{x}, t)}{\partial t} = H\psi^*(\vec{x}, t). \tag{3.46}$$

Dabei wurde $H = H^*$ benutzt. Hieraus ist zu entnehmen, daß offenbar $\psi^*(\vec{x}, -t)$ (und nicht $\psi(\vec{x}, -t)$) derselben Schrödinger-Gleichung wie die ursprüngliche Wellenfunktion $\psi(\vec{x}, t)$ genügt. Also kann die Wirkung der Symmetrieoperation T auf die Wellenfunktion definiert werden als

$$T\psi(\vec{x}, t) = \psi^*(\vec{x}, -t). \tag{3.47}$$

Damit haben wir gezeigt, daß mit dieser Definition von $T\psi(\vec{x}, t)$ die Schrödinger-Gleichung invariant gegenüber der Zeitspiegelung ist. Der durch (3.47) definierte Operator T ist allerdings ungewöhnlich, denn T ist weder linear noch unitär.

Betrachten wir als Beispiel ein freies Teilchen (ohne Spin) mit dem Impuls $\vec{p}$ und der Energie $E = \vec{p}^{\,2}/2m$, das durch die Wellenfunktion

$$\psi(\vec{x}, t) = e^{i(\vec{p}\cdot\vec{x} - Et)/\hbar}$$

beschrieben wird. Bei Anwendung von T folgt dann nach Gl. (3.47)

$$T\psi(\vec{x}, t) = \psi^*(\vec{x}, -t) = e^{i(-\vec{p}\cdot\vec{x} - Et)/\hbar}.$$

Die zeitlich gespiegelte Wellenfunktion beschreibt also ein freies Teilchen gleicher Energie, das sich mit dem entgegengesetzten Impuls $-\vec{p}$ bewegt, im Einklang mit $\vec{p} \xrightarrow{T} -\vec{p}$. Durch die Anwendung von T wird die Bewegungsrichtung umgekehrt.

Es ist offenbar nicht möglich, die Transformation der Zeitspiegelung durch den Übergang zu einem Beobachter in einem Bezugssystem zu realisieren, für den die Zeit rückwärts abläuft. Dagegen kann sie durch Umkehr der Bewegungsrichtung des physikalischen Systems dargestellt werden. Man spricht daher treffender von Bewegungsumkehr. Das Invarianzprinzip der Bewegungsumkehr (Zeitspiegelung) kann durch einen rückwärts laufenden Film veranschaulicht werden. Führt man die Aufnahmen einer Folge von Ereignissen mit einem rückwärts laufenden Film vor, dann sieht der Beobachter bei geltender Invarianz einen Ablauf physikalischer Ereignisse, die sich auch ereignet haben können.[6]

Aus der Invarianz gegenüber Bewegungsumkehr resultiert aber keine erhaltene Quantenzahl, wie dies etwa bei der räumlichen Spiegelung der Fall ist. Denn weil der Operator T jede Wellenfunktion in die dazu konjugiert komplexe Funktion überführt, kann der entsprechende Zustand nicht Eigenzustand von T sein. Eine „Zeitparität" gibt es daher nicht, und die Invarianz gegenüber Bewegungsumkehr kann somit nicht durch Suche nach solchen Zerfällen getestet werden, die wegen Erhaltung der „Zeitparität" verboten wären. Dies ist ein fundamentaler Unterschied zwischen räumlicher Spiegelung und Bewegungsumkehr.

Es gibt aber andere Möglichkeiten, die Invarianz gegenüber Bewegungsumkehr zu prüfen. So sagt diese Invarianz z. B. voraus, daß die Übergangswahrscheinlichkeiten für eine Reaktion mit denen für die entsprechende inverse Reaktion bei zeitlich gespiegelten Zuständen übereinstimmen. Mit Hilfe der aus dieser „Reversibilität" abzuleitenden Folgerungen hat man die Invarianz der verschiedenen Wechselwirkungen gegenüber Bewegungsumkehr experimentell geprüft und bisher keine Verletzung dieser Symmetrie bei der starken, der elektromagnetischen

---

[6] Bei so komplexen Systemen, wie sie uns in der täglichen Erfahrung begegnen, lernen wir den zeitlichen Ablauf der Vorgänge nur in Richtung der größten Wahrscheinlichkeit (Richtung zunehmender Entropie) kennen. Diese für uns ausgezeichnete Richtung sehen wir als die „wahre" Zeitrichtung an, die in die Zukunft weist.

oder der schwachen Wechselwirkung gefunden. Die Genauigkeit dieser schwierigen Experimente ist jedoch nicht zuverlässiger als 0,1–1 %.

Als besonderes Phänomen ist der 1964 erstmals beobachtete Zerfall der neutralen K-Mesonen ($K_L^0 \to 2\pi$) hervorzuheben, der aufgrund einer schwachen Wechselwirkung stattfindet und aus dessen Existenz indirekt auf eine Verletzung von T geschlossen werden kann. Entgegen früheren Annahmen ist also die Invarianz gegenüber Bewegungsumkehr im mikrokosmischen Bereich, d. h. bei Prozessen zwischen Elementarteilchen, nicht universell gültig. Wir werden bei der Diskussion der K^0-Zerfälle (siehe Abschnitt 15) auf die Verletzung dieser Symmetrie näher eingehen.

3.9 Teilchen-Antiteilchen-Konjugation

Außer den bisher betrachteten raum-zeitlichen Symmetrien sind in der Teilchenphysik weitere Symmetrien, sogenannte „innere" Symmetrien von großer Bedeutung, deren Transformationen nicht im Raum-Zeit-Kontinuum wirken, dieses also ungeändert lassen. Als erstes Beispiel für eine (diskrete) innere Symmetrie betrachten wir die Teilchen-Antiteilchen-Konjugation C. Diese Transformation wurde zunächst als Ladungskonjugation eingeführt, die das Vorzeichen der elektrischen Ladungen und der magnetischen Momente ändert und somit z. B. Elektronen in Positronen überführt. Die Invarianz der klassischen Physik gegenüber der Ladungskonjugation ist wegen der Maxwell-Gleichungen evident, denn mit der Ladungs- und Stromdichte ändern auch die daraus hervorgehenden Feldstärken $\vec{E}$ und $\vec{B}$ das Vorzeichen (siehe Tab. 3.1):

$$\vec{E} \xrightarrow{C} -\vec{E}, \quad \vec{B} \xrightarrow{C} -\vec{B}. \tag{3.48}$$

Allgemeiner definiert man C als Transformation eines Teilchens in das entsprechende Antiteilchen, wobei die Vorzeichen aller ladungsartigen (inneren) Quantenzahlen, wie elektrische Ladung q, Baryonenzahl B, Leptonenzahl L, Strangeness S, etc. geändert werden. Auf einen Teilchenzustand im Impulsraum (siehe Abschnitt 3.5) wirkt der Operator folgendermaßen

$$C|m,\vec{p},s,s_3,q,B,L,S,\ldots\rangle = \eta_c |m,\vec{p},s,s_3,-q,-B,-L,-S,\ldots\rangle. \tag{3.49}$$

Hier bezeichnet η_c einen konstanten Phasenfaktor ($|\eta_c| = 1$). Der Operator C kehrt also das Vorzeichen der ladungsartigen Quantenzahlen um, ohne die äußeren Eigenschaften wie Masse, Impuls und Spin des Teilchens zu ändern.

Zwischen den Quantenzahlen q, B, L, S bestehen zu beachtende Unterschiede. So ist die Ladung q durch die elektromagnetische Wechselwirkung bestimmt, B und S dagegen durch die starke Wechselwirkung, während L durch Prozesse der schwachen Wechselwirkung definiert wird. Der Operator C beschreibt eine Symmetrie, wenn er mit dem Hamilton-Operator der betreffenden Wechselwirkung vertauscht. Die transformierte Wellenfunktion muß wieder einen physikalisch realisierbaren Zustand darstellen. Die C-Invarianz der starken und der elektromagnetischen Wechselwirkung konnte mit einer Genauigkeit von etwa 1 % experimentell getestet werden. Durch die schwache Wechselwirkung wird die Symmetrie jedoch verletzt, und zwar so, daß die mit der Paritätsoperation P kombinierte Symmetrie CP erfüllt ist. Im Fall des linkshändigen Neutrinos, das nur die schwache Wechselwirkung spürt, ergibt die Anwendung von C einen in der Natur nicht existierenden Zustand, das linkshändige Antineutrino.

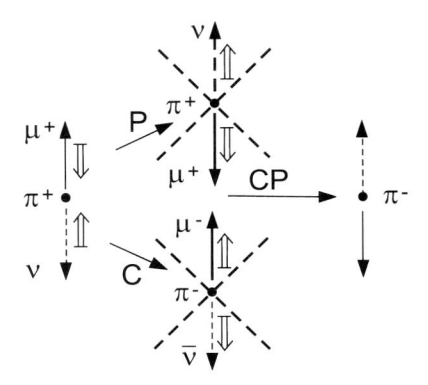

Abb. 3.1: Am Zerfall $\pi^+ \to \mu^+ + \nu$ kann man die Verletzungen der Parität P und der Ladungskonjugation C direkt erkennen. Das π^+ zerfällt im Ruhsystem in Leptonen mit entgegengesetzt gerichteten Impulsen und Spins. Die Anwendung von P bzw. C führt auf Zustände, die in der Natur nicht existieren. Erst die kombinierte Operation CP ergibt wieder einen beobachtbaren Prozeß ($\pi^- \to \mu^- + \overline{\nu}$).

Mit der kombinierten Transformation CP erhält man dagegen das beobachtete rechtshändige Antineutrino (Abb. 3.1). Aber auch die CP-Invarianz gilt nicht universell, sie wird bei dem noch zu besprechenden K^0-Zerfall verletzt.

Nur wenn alle ladungsartigen Quantenzahlen $N = \{q, B, L, S, \ldots\}$ gleich Null sind, wird aus (3.49) eine Eigenwertgleichung

$$C|m, \vec{p}, s, s_z, N = 0\rangle = \eta_c |m, \vec{p}, s, s_z, N = 0\rangle, \tag{3.50}$$

somit folgt $\eta_c = \pm 1$. Wenn also das Teilchen mit dem Antiteilchen identisch ist, kann eine C-Parität $\eta_c = \pm 1$ definiert werden. Die C-Parität, auch Ladungsparität genannt, ist eine multiplikative Quantenzahl (wie die räumliche Parität), die bei allen starken und elektromagnetischen Prozessen erhalten bleibt. Als Beispiele betrachten wir die folgenden neutralen Teilchen, das Photon, das π^0-Meson und das η^0-Meson. Da die Feldstärken $\vec{E}$ und $\vec{B}$ bei Anwendung von C das Vorzeichen ändern (siehe Gl. 3.48), ist die C-Parität des Photons offensichtlich negativ

$$\eta_c(\gamma) = -1. \tag{3.51}$$

Die Mesonen π^0 und η^0 zerfallen elektromagnetisch in zwei Photonen

$$\pi^0 \to 2\gamma, \ \eta^0 \to 2\gamma$$

und müssen wegen Erhaltung der C-Parität positive C-Parität besitzen:

$$\eta_c(\pi^0) = +1, \quad \eta_c(\eta^0) = +1. \tag{3.52}$$

Aus dem Erhaltungssatz der C-Parität folgt ferner, daß die Zerfälle

$$\eta^0 \not\to \pi^0 + \gamma, \ \eta^0 \not\to 3\gamma, \ \pi^0 \not\to 3\gamma$$

Tabelle 3.1: Das Verhalten einiger wichtiger physikalischer Größen bei den diskreten Transformationen P, T und C.

Größe		Transformation			
		P		T	C
$\vec{x}$	(Ort)	$-\vec{x}$	(polarer Vektor)	$\vec{x}$	$\vec{x}$
$\vec{p}$	(Impuls)	$-\vec{p}$		$-\vec{p}$	$\vec{p}$
$\vec{J}$	(Drehimpuls)	$\vec{J}$	(axialer Vektor)	$-\vec{J}$	$\vec{J}$
$\vec{E}$	(elektr. Feld)	$-\vec{E}$		$\vec{E}$	$-\vec{E}$
$\vec{B}$	(magnet. Feld)	$\vec{B}$		$-\vec{B}$	$-\vec{B}$
q	Ladung	q		q	$-q$

verboten sind, wie durch den Schrägstrich angedeutet ist. Da die Endzustände negative C-Parität besitzen, wäre andernfalls die C-Parität nicht erhalten. Diese Zerfälle sind auch bisher nicht gefunden worden.

Interessant sind auch Beispiele neutraler Teilchen-Antiteilchen-Systeme wie Positronium (e^+e^-), $\pi^+\pi^-$, $p\bar{p}$, $n\bar{n}$. Die C-Parität dieser Systeme hängt vom Bahndrehimpuls und vom Spin ab und ist eine nützliche Größe bei der Diskussion der möglichen Zerfallsmoden. So folgen aus der Erhaltung der C-Parität z. B. für das Positronium im Grundzustand bzw. in Zuständen mit geradem Bahndrehimpuls die Auswahlregeln, daß der Zustand mit Gesamtspin 0 (e^+e^-- mit antiparallelen Spins) in zwei (gerade Zahl) Photonen, der Zustand mit Gesamtspin 1 (parallele Spins) dagegen wegen ungerader C-Parität in drei (ungerade Zahl) Photonen zerfällt. Tabelle 3.1 zeigt das Verhalten einiger wichtiger physikalischer Größen bei den diskreten Symmetrietransformationen P, T und C.

3.10 Das CPT-Theorem

Im vorigen Abschnitt wurde bereits erwähnt, daß die gewöhnliche schwache Wechselwirkung (d. h. K^0-Zerfälle ausgenommen) zwar P und C einzeln verletzt, nicht jedoch die kombinierte Spiegelung CP. Die wichtigste Kombination der betrachteten Spiegelungen ist aber die CPT-Konjugation

$$\Theta = CPT, \tag{3.53}$$

deren Erhaltung zu den grundlegenden Aussagen der relativistischen Quantentheorie gehört. Aus den Definitionen der einzelnen Spiegelungen folgt, daß der Operator $\Theta = CPT$ ein Teilchen a mit Impuls $\vec{p}$ und Spin $\vec{S}$ in das Antiteilchen $\bar{a}$ mit gleichem Impuls aber entgegengesetztem Spin überführt:

$$\Theta|m,\vec{p},s,s_3,a\rangle = \eta_\theta |m,\vec{p},s,-s_3,\bar{a}\rangle. \tag{3.54}$$

Hier sind die ladungsartigen Quantenzahlen alle in a zusammengefaßt und η_θ bedeutet wieder einen Phasenfaktor. Ein System ist invariant gegenüber der Θ-Konjugation, wenn der entsprechende Hamilton-Operator mit $\Theta = CPT$ vertauscht

$$[\Theta, H] = 0. \tag{3.55}$$

Wie bei den anderen diskreten Transformationen kann letztlich nur mit Hilfe von Experimenten darüber entschieden werden, ob die Naturgesetze invariant gegenüber der Θ-Konjugation sind. Hinsichtlich der theoretischen Formulierung besteht jedoch ein interessanter Unterschied. Während man z. B. eine P-verletzende Wechselwirkung leicht angeben kann, muß Θ-Invarianz für eine sehr große Klasse von Theorien als gültig angesehen werden. Es ist äußerst schwierig, Wechselwirkungen aufzuschreiben, die Θ nicht erhalten. Man würde dabei mit bewährten grundlegenden Bedingungen in Widerspruch geraten, die eine Theorie der Wechselwirkungen der Elementarteilchen erfüllen sollte. Diese Feststellung wird in dem sogenannten CPT-Theorem[7] zusammengefaßt. Hiernach ist jede relativistische Quantenfeldtheorie mit lokalen Feldgleichungen[8] und Vertauschungsrelationen für die Felder, die dem normalen Zusammenhang zwischen Spin und Statistik (siehe Abschnitt 3.6) entsprechen, notwendigerweise auch invariant gegenüber der kombinierten Transformation CPT. Dabei braucht die Theorie gegenüber den einzelnen Spiegelungen P, T oder C selbst nicht invariant zu sein.

Ist insbesondere eine Wechselwirkung invariant (bzw. nicht invariant) gegenüber einer der Transformationen C, P oder T, dann ist sie nach dem CPT-Theorem invariant (bzw. nicht invariant) auch gegenüber dem Produkt der anderen beiden Spiegelungen. Da z. B. die schwache Wechselwirkung nicht invariant gegenüber P ist, verletzt sie auch CT. Andererseits ist sie invariant gegenüber CP und damit wegen des CPT-Theorems auch gegenüber T. Eine Ausnahme bilden die bereits erwähnten Zerfälle der neutralen K-Mesonen, bei denen die CP-Invarianz verletzt wird. Hieraus kann nach dem CPT-Theorem auf eine Verletzung der T-Invarianz bei diesen Zerfällen geschlossen werden.

Aus dem CPT-Theorem folgt ferner, daß Teilchen und zugehörige Antiteilchen gleiche Massen und Lebensdauern haben und außerdem ihre magnetischen Momente entgegengesetzt gleich sind. Diese Voraussagen können experimentell getestet werden (siehe Abschnitt 9.3). Sie würden auch aus der Teilchen-Antiteilchen-Konjugation C folgen, wenn C-Invarianz universell erfüllt wäre. Da jedoch die schwache Wechselwirkung nicht C-invariant ist, beruhen diese Voraussagen auf dem allgemeineren CPT-Theorem. Die C-Verletzung hat also keinen Einfluß auf die Gleichheit dieser für die Teilchen und Antiteilchen charakteristischen Größen. Bemerkenswert ist, daß mit abnehmender Stärke der Wechselwirkung immer mehr der diskreten Symmetrien verletzt werden (siehe Tab. 3.2).

Tabelle 3.2: Die von den Wechselwirkungen erfüllten (+) bzw. verletzten (−) diskreten Symmetrietransformationen.

Wechselwirkung	Transformation			
	C	P	T, CP	CPT
stark	+	+	+	+
elektromagnetisch	+	+	+	+
schwach	−	−	+	+
(K^0-, B^0-Zerfälle)	−	−	−	+

---

[7] Das CPT-Theorem geht zurück auf die Arbeiten von J. Schwinger [Sc 51], G. Lüders [Lü 54] und W. Pauli [Pa 55a]. Zum Beweis sei auf die folgende Literatur verwiesen: [Lü 57, Jo 57, St 64].

[8] Die Annahme lokaler Feldgleichungen bedeutet, daß alle Feldgrößen Spinoren oder Tensoren endlicher Stufe sind, der mit diesen Feldern gebildete Wechselwirkungsterm lokal ist und nur Ableitungen endlicher Ordnung enthält.

D Innere Symmetrien

Nach der Diskussion der raum-zeitlichen (äußeren) Symmetrien kommen wir nun zu den kontinuierlichen inneren (oder unitären) Symmetrien, die von vornherein durch Transformationen nicht im Anschauungsraum $\{ct, \vec{x}\}$, sondern im (quantentheoretischen) Zustandsraum der Teilchen definiert sind. Die einfachste dieser Symmetrien, die zur Erhaltung der elektrischen Ladung führt, gilt exakt, während die höheren inneren Symmetrien in ganz bestimmter Weise gebrochen sein können.

3.11 Phasentransformation und Ladungserhaltung

Der aus der klassischen Elektrodynamik bekannte Erhaltungssatz der elektrischen Ladung ist auch im mikroskopischen Bereich mit großer Genauigkeit erfüllt. Dieser Satz besagt, daß bei allen Elementarprozessen die Summe der Ladungen der einlaufenden Teilchen gleich der Summe der Ladungen der nach der Reaktion auslaufenden Teilchen ist. Bei keinem der in der Natur vorkommenden Prozesse ist bisher eine Verletzung der Ladungserhaltung beobachtet worden. Aufgrund dieses Erhaltungssatzes schreibt man dem Elektron, dem leichtesten geladenen Teilchen, eine im Effekt unendliche Lebensdauer zu. Das Elektron ist also stabil und zerfällt nicht etwa in ein Neutrino und ein Photon ($e \not\to \nu + \gamma$). Würde z. B. ein im Atom gebundenes Elektron zerfallen, dann müßte die dadurch entstehende Lücke in der Elektronenschale durch ein anderes Elektron aus einem energetisch höher gelegenen Zustand aufgefüllt und dabei γ-Strahlung emittiert werden. Solche γ-Strahlen sind jedoch nicht beobachtet worden. Hieraus kann eine experimentelle untere Grenze für die mittlere Lebensdauer des Elektrons gewonnen werden; danach besitzt das Elektron eine Lebensdauer von mehr als 10^{26} Jahren [Mo 65, Ba 02].[9]

Welche Symmetrietransformation entspricht dem Erhaltungssatz der Ladung? Zur Beantwortung dieser Frage ist es zweckmäßig, von dem Ladungsoperator Q auszugehen, der wegen der Quantisierung der Ladung einzuführen ist. Da dieser Operator eine beobachtbare Größe (Observable) beschreibt, ist er hermitesch. Wegen der Ladungserhaltung muß Q mit dem Hamilton-Operator des Systems vertauschbar sein,

$$[Q, H] = 0. \qquad (3.56)$$

Wir fassen nun Q als erzeugenden Operator einer Transformation der Zustände auf und gelangen, indem wir die Schlußweise von Abschnitt 3.2 rückwärts verfolgen, zu der gesuchten Symmetrietransformation. Da Q mit H vertauschbar ist, ändert sich H bei der durch Q erzeugten infinitesimalen Transformation nicht:

$$(1 - \mathrm{i}\delta\alpha Q)H(1 + \mathrm{i}\delta\alpha Q) = H.$$

Hier bedeutet $\delta\alpha$ den infinitesimalen reellen Parameter dieser Transformation. Die infinitesimale Transformation berücksichtigt nur die ersten beiden Glieder in der Taylor-Entwicklung

---
[9] Das Alter des Weltalls wird heute auf etwa 10^{10} Jahre geschätzt.

der entsprechenden endlichen unitären Transformation, die in diesem Falle lautet:

$$e^{-i\alpha Q} H e^{i\alpha Q} = H. \qquad (3.57)$$

Bei Anwendung von H auf den Zustand ψ folgt mit der Schrödinger-Gleichung (3.4)

$$e^{-i\alpha Q} H e^{i\alpha Q} \psi = i\hbar \frac{\partial \psi}{\partial t}.$$

Da Q und der Parameter α nicht von t abhängen, folgt daraus nach Multiplikation von links mit $e^{i\alpha Q}$

$$i\hbar \frac{\partial \psi'}{\partial t} = H\psi', \quad \psi' = e^{i\alpha Q}\psi. \qquad (3.58)$$

Das heißt, mit ψ genügt auch die transformierte Wellenfunktion ψ' der Schrödinger-Gleichung. Demnach ist mit dem reellen Parameter α

$$U(\alpha) = e^{i\alpha Q} \qquad (3.59)$$

die zur Ladungserhaltung gehörige Symmetrietransformation. Da jedes beobachtete Teilchen eine wohldefinierte Ladung q (die auch Null sein kann) besitzt, beschreibt man sie durch Eigenzustände zum Ladungsoperator:

$$Q\psi_q = q\psi_q. \qquad (3.60)$$

Mit Q sind auch die Eigenwerte q erhalten. In diesem Raum der Eigenzustände von Q wird die obige Transformation zur Multiplikation mit dem Phasenfaktor

$$U(\alpha) = e^{i\alpha q}. \qquad (3.61)$$

Wir werden hier an die bekannte Tatsache erinnert, daß die in der Quantenmechanik vorkommenden Zustände nur bis auf einen Phasenfaktor bestimmt sind. Dies liegt bekanntlich daran, daß alle in der Quantenmechanik meßbaren Größen (Erwartungswerte) die Wellenfunktion ψ und die dazu konjugiert komplexe Funktion ψ^* stets bilinear enthalten. Die der obigen Symmetrietransformation entsprechende unbeobachtbare Größe ist somit die reelle Zahl α, die Phase der Wellenfunktion.

Die Transformationen $U(\alpha)$ bilden wegen

$$U(\alpha_1)U(\alpha_2) = U(\alpha_1 + \alpha_2), \quad U(\alpha)U(-\alpha) = 1 \qquad (3.62)$$

eine Gruppe mit vertauschbaren Elementen (abelsche Gruppe), die außerdem stetig differenzierbare Funktionen des Gruppenparameters α sind. Dies ist das einfachste Beispiel für die sogenannten Lie'schen Gruppen, die in der Teilchenphysik eine große Rolle spielen. Da die Transformationen $U(\alpha)$ unitär sind, d. h. die Bedingung

$$U(\alpha)U^+(\alpha) = 1 \qquad (3.63)$$

erfüllen, wird diese Gruppe als die Gruppe der eindimensionalen unitären Transformationen bezeichnet, kurz $U(1)$. Man spricht auch von der Gruppe der globalen Eichtransformationen[10] oder Eichtransformationen 1. Art.

---

[10] Im Unterschied dazu hängt bei den lokalen Eichtransformationen der Gruppenparameter von den Koordinaten x ab (siehe Abschnitt 5.1).

Hervorzuheben ist, daß die elektrische Ladung die Eigenschaften einer additiven Quantenzahl besitzt. Danach ist die Ladung einer Anzahl von Teilchen gleich der algebraischen Summe der Ladungen der einzelnen Teilchen. Sei etwa $\psi_{q_1 q_2}$ ein Zweiteilchenzustand, der zwei Teilchen mit den Ladungen q_1 und q_2 enthält. Dann ist er Eigenzustand zur Gesamtladung $q_1 + q_2$

$$Q\psi_{q_1 q_2} = (q_1 + q_2)\psi_{q_1 q_2}, \tag{3.64}$$

und die Anwendung der Phasentransformation ergibt

$$e^{i\alpha Q}\psi_{q_1 q_2} = e^{i\alpha(q_1 + q_2)}\psi_{q_1 q_2}. \tag{3.65}$$

Wegen der Symmetrie gegenüber diesen Transformationen sind die Eigenwerte von Q Erhaltungsgrößen. Somit folgt, daß bei allen in der Natur vorkommenden Elementarprozessen die Summe der Ladungen vor dem Prozeß gleich der Summe der Ladungen danach sein muß. Dies ist das bekannte additive Erhaltungsgesetz der elektrischen Ladung, von dem wir ausgegangen sind.

Das Konzept der additiven Quantenzahl, die einem Erhaltungsprinzip genügt, dient in der Teilchenphysik zur Einführung sogenannter verallgemeinerter Ladungszahlen. Aus der Stabilität des Protons schließt man z. B. auf die Erhaltung der Baryonenzahl, die den Baryonen als additive Quantenzahl zugeordnet wird. Ferner werden im Falle der Leptonen (Elektron, Myon, Neutrino) die Leptonenzahlen eingeführt, um die beobachteten Auswahlregeln bei den schwachen Zerfällen deuten zu können. Wie am Beispiel der elektrischen Ladung deutlich wurde, folgen die Erhaltungssätze dieser additiven Quantenzahlen aus der Invarianz gegenüber der entsprechenden globalen Eichtransformation. Wir werden später sehen, daß der allgemeinere Fall einer lokalen Eichinvarianz zur Formulierung von Wechselwirkungen führt. Zunächst betrachten wir jedoch, in Verallgemeinerung von $U(1)$, die globalen unitären Symmetrien in zwei und mehr Dimensionen.

3.12 Der Isospin, $SU(2)$

In der Tabelle 2.2 sind die wesentlichen Eigenschaften der Teilchen zusammengefaßt. Wie man dieser Tabelle entnehmen kann, treten die Hadronen (die stark wechselwirkenden Teilchen) in gut getrennten Gruppen von Teilchen mit gleichem Spin, gleicher Baryonenzahl ($B \neq 0$ für Baryonen, $B = 0$ für Mesonen), nahezu gleicher Masse aber mit verschiedenen Ladungen auf. So findet man besonders auffällig z. B. beim Proton und Neutron die auf eine mittlere Masse bezogene (relative) Massendifferenz von

$$\frac{m_n - m_p}{\frac{1}{2}(m_n + m_p)} = 1{,}4 \cdot 10^{-3}. \tag{3.66}$$

Daher liegt es nahe, beide als Zustände eines Teilchens, des Nukleons N aufzufassen. Durch die starke Wechselwirkung allein ist eine Unterscheidung der beiden Zustände dieses Dubletts nicht möglich (Entartung), d. h., bei der Transformation dieser Zustände ineinander zeigt die starke Wechselwirkung eine ihr eigene innere Symmetrie. Diese Ladungsunabhängigkeit der starken Wechselwirkung findet ihre Bestätigung durch die statischen Eigenschaften der Kerne und die experimentellen Daten bei pp- und np-Streuung. Die starke Wechselwirkung ist hinsichtlich der elektrischen Ladung „blind" und erst die elektromagnetische Wechselwirkung führt zu einer Unterscheidung der beiden Zustände des Nukleons. Indem diese Wechselwirkung die innere Symmetrie bricht, hebt sie die Entartung auf und ruft somit den geringen Massenunterschied (Energiedifferenz) hervor.

Man kann diese Situation in Analogie zum Zeeman-Effekt in Atomen verstehen, bei dem das angelegte Magnetfeld eine Richtung im Ortsraum auszeichnet, also die vorhandene Rotationssymmetrie bricht und damit zur Aufspaltung der vorher entarteten Energieniveaus führt. Im Unterschied zum Magnetfeld läßt sich jedoch die elektromagnetische Wechselwirkung nicht willkürlich abschalten. Sie zeichnet außerdem eine feste Richtung im abstrakten Zustandsraum aus, während die Richtung des Magnetfeldes im Anschauungsraum (durch die Anordnung etwa der Spulen) frei wählbar ist.

Zur formalen Beschreibung faßt man die beiden Nukleonenzustände, in Analogie zum Spin ($s = 1/2$, $s_3 = \pm 1/2$), als Eigenzustände der dritten Komponente I_3 des Isospinvektors $\vec{I}$ auf. Dieser wirkt als Operator im (abstrakten) Raum der Zustände und erzeugt die Drehungen in diesem Raum (Isospinraum). Seine Komponenten genügen den bekannten Vertauschungsrelationen für Drehoperatoren:

$$[I_1, I_2] = iI_3 \text{ und zyklisch.} \tag{3.67}$$

Die Eigenwerte und Eigenzustände der Isospinoperatoren folgen analog, wie im Fall des gewöhnlichen Spinoperators und können aus Abschnitt 3.5 (siehe Gl. 3.26) übernommen werden.[11]

$$\hat{\vec{I}}^2 |I, I_3\rangle = I(I+1)|I, I_3\rangle$$
$$\hat{I}_3 |I, I_3\rangle = I_3 |I, I_3\rangle \tag{3.68}$$

Wie im Fall des Spins bei den räumlichen Drehungen kann I ganze oder halbzahlige Werte annehmen: $I = 0, 1/2, 1, 3/2, \ldots$ Die möglichen Zustände zum Isospin I werden durch die Eigenwerte der I_3-Komponente unterschieden, für die man die Werte $I, I-1, \ldots, -I+1, -I$ erhält. Die starke Wechselwirkung allein (bei „abgeschalteter" elektromagnetischer und schwacher Wechselwirkung) erscheint dann invariant gegenüber diesen Drehungen im Isoraum, und der Zustand mit Isospin I ist $(2I+1)$-fach entartet, d. h., die Massen dieser Zustände sind gleich. Auf diese Weise lassen sich die Hadronen zu Isomultipletts zusammenfassen. So bilden z. B. Proton und Neutron einen Isospinor (Dublett) mit den Quantenzahlen $I = 1/2$, $I_3 = +1/2$ für das Proton und $I = 1/2$, $I_3 = -1/2$ für das Neutron. Die π-Mesonen dagegen lassen sich zu einem Isovektor zusammenfassen mit $I = 1$, $I_3 = +1, 0, -1$. Entsprechend kann man die anderen, stark wechselwirkenden Teilchen in Isomultipletts einordnen. In einem solchen Multiplett sind alle bisher definierten Quantenzahlen außer der Ladung gleich. Die dritte Komponente des Isospins hängt mit der elektrischen Ladung der Teilchen zusammen,

$$q = e\left(I_3 + \frac{B}{2}\right), \tag{3.69}$$

wobei B die Baryonenzahl bedeutet. Für das Nukleon gilt $B = 1$, bei Mesonen ist $B = 0$. Die elektromagnetische Wechselwirkung verletzt die Isotropie des Isoraums und führt somit zu den beobachteten Massenunterschieden der Teilchen in einem Isomultiplett.

---

[11] Nur dort, wo Verwechslungen möglich sind, werden wir die Operatoren von den Eigenwerten durch ein Dach über dem Buchstaben unterscheiden.

Im Fall des Isopins $1/2$ (Nukleon) werden die Komponenten des Isopinvektors I_i, die den Vertauschungsregeln (3.67) genügen, durch die Paulischen Matrizen τ_i dargestellt,

$$I_i = \tfrac{1}{2}\tau_i. \tag{3.70}$$

Sie werden mit τ_i bezeichnet, um sie von den üblichen Matrizen σ_i zu unterscheiden, da mit ihnen der Isospin und nicht der gewöhnliche Spin beschrieben wird. Die 2×2-Matrizen τ_i sind die (irreduziblen) Darstellungen niedrigster Dimension der die Drehungen im Isoraum erzeugenden Operatoren I_i. Die entsprechenden endlichen unitären Transformationen lauten

$$U = \mathrm{e}^{\mathrm{i}\sum_k \alpha_k \frac{1}{2}\tau_k}, \quad k = 1, 2, 3. \tag{3.71}$$

Die Gruppenparameter α_k entsprechen drei unabhängigen Drehungen um die betreffenden Achsen. Die Transformationen sind lokal isomorph zu den Drehungen im dreidimensionalen Ortsraum. Die 2×2-Matrizen U bilden die Elemente der speziellen unitären Gruppe in zwei Dimensionen, $SU(2)$. Durch die Bezeichnung „speziell" wird angedeutet, daß hierzu nur Matrizen gehören, deren Determinante $+1$ ist.

Neben der fundamentalen Darstellung von $SU(2)$, der soeben erwähnten Spinordarstellung, ist die adjungierte Darstellung, auch Vektordarstellung genannt, wichtig. In diesem Fall werden die erzeugenden Operatoren I_k durch 3×3-Matrizen dargestellt, die im entsprechenden dreidimensionalen Zustandsraum (Darstellungsraum) wirken. Zum Beispiel kann das bereits erwähnte Triplett der π-Mesonen durch die drei Komponenten eines Isovektors beschrieben werden. Am Beispiel der Gruppe $SU(2)$ ist zu sehen, daß bei der Vektordarstellung die Dimensionszahl des Darstellungsraumes (Anzahl der Vektorkomponenten) gleich der Anzahl der unabhängigen Gruppenparameter α_k ($k = 1, 2, 3$) ist. Dies gilt ganz allgemein, so daß in der Vektordarstellung einer n-parametrigen unitären Gruppe $G(n)$ gerade n Zustandskomponenten zusammengefaßt sind. Diese werden bei Anwendung der Transformation $U \in G$ ineinander überführt, d. h., sie bilden mathematisch einen irreduziblen n-dimensionalen Darstellungsraum. Der formalen gruppentheoretischen Behandlung ist also zu entnehmen, daß die inneren Symmetriegruppen offenbar eine enge Beziehung zwischen solchen physikalischen Zuständen herstellen, die ähnliche Eigenschaften besitzen. Aufgrund dieses Prinzips faßt man „verwandte" Teilchen in Gruppen zu Multipletts zusammen. Bei exakt geltender Symmetrie haben die zu einem Multiplett gehörenden Teilchen alle die gleiche Masse, d. h., diese Zustände sind hinsichtlich der Ruhenergie entartet.

Die Gruppe $SU(2)$, die wie oben durch die unitären 2×2-Matrizen mit der Determinante $+1$ definiert ist, kann als Verallgemeinerung der Phasentransformationen angesehen werden. Die Elemente von $SU(2)$ sind jedoch nicht mehr vertauschbar (die Gruppe ist „nichtabelsch"). Ihre Struktur ist durch die Vertauschungsrelationen (3.67) der erzeugenden Operatoren I_k bestimmt. Geht man zu den Darstellungen dieser abstrakten Gruppe über, so kann, wie wir vorher gesehen haben, einer der erzeugenden Operatoren diagonal gewählt werden (I_3). Dem entspricht eine erhaltene, additive Quantenzahl, die dritte Komponente des Isospins. Falls darüberhinaus andere additive Quantenzahlen bei starker Wechselwirkung erhalten bleiben, liegt die Frage nahe, ob nicht weitere Verallgemeinerungen, also noch höhere innere Symmetriegruppen eingeführt werden können.

3.13 Die unitäre Symmetrie $SU(3)$

Aus experimentellen Ergebnissen zu Beginn der fünfziger Jahre mußte gefolgert werden, daß es außer I_3 noch eine weitere additive Quantenzahl gibt, die bei starker und elektromagnetischer Wechselwirkung erhalten bleibt. Man gab ihr den Namen „Strangeness" (Seltsamkeit). Die ersten „seltsamen" Teilchen waren bereits 1947 in Nebelkammeraufnahmen der kosmischen Strahlung beobachtet worden. Es waren dies nach heutiger Bezeichnung die Teilchen Λ und K^0, die bei einer Lebensdauer von etwa 10^{-10} s in Hadronen zerfallen:

$$\Lambda \to p + \pi^-, \quad K_s^0 \to \pi^+ + \pi^-.$$

Eine Vielzahl von Experimenten zeigte, daß sie nur paarweise erzeugt werden, zu den Hadronen zu zählen sind, aber nur langsam, d. h. in Zeiten wie sie für die schwache Wechselwirkung bekannt sind, zerfallen können. Offenbar verhindert eine erhaltene Quantenzahl, daß sie allein aufgrund elektromagnetischer oder starker Wechselwirkung in 10^{-18} bzw. 10^{-23} s zerfallen. Dies bis dahin nicht bekannte abnorme Verhalten wurde mit einer neuen Quantenzahl, der „Strangeness" S, verknüpft. Den bekannten Hadronen (p, n, π-Mesonen) wurde die Strangeness Null, den seltsamen Teilchen dagegen eine von Null verschiedene Strangeness zugeschrieben. So wird aufgrund der für S geltenden Auswahlregeln verständlich, warum nur bestimmte Reaktionen bzw. Zerfälle dieser Teilchen vorkommen. Während die Strangeness bei starker und elektromagnetischer Wechselwirkung erhalten bleibt, $\Delta S = 0$, wird sie durch die schwache Wechselwirkung um eine Einheit geändert, $|\Delta S| = 1$.

Der Zusammenhang zwischen I_3, Baryonenzahl B und der Ladung q (3.69) ist nun für den Fall seltsamer Teilchen zu verallgemeinern. Dies gelingt mit Hilfe der von M. Gell-Mann und K. Nishijima eingeführten Relation

$$q = e\left(I_3 + \frac{B + S}{2}\right). \tag{3.72}$$

Baryonenzahl und Strangeness, die ihrer Natur nach additive Quantenzahlen wie die elektrische Ladung sind, werden hier zu einer Hyperladung $Y = B + S$ zusammengefaßt. Dann wird deutlich, daß jetzt die beiden erhaltenen Quantenzahlen I_3 und Y wichtig sind. Die entsprechenden Operatoren sollten also beide in Diagonalform wählbar sein. Gerade diese Eigenschaft findet man bei zwei der erzeugenden Operatoren der speziellen unitären Gruppe in drei Dimensionen, $SU(3)$, der Verallgemeinerung von $SU(2)$ zur nächst höheren Dimension.[12] Dem entsprechen die beiden additiven Quantenzahlen I_3 und Y. Wenn $SU(3)$ die geeignete Symmetriegruppe ist, sollten sich Teilchen mit gleichem Spin und gleicher Parität in Darstellungen dieser Gruppe zu größeren Multipletts zusammenfassen lassen. Durch Abzählen der Freiheitsgrade überzeugt man sich leicht davon, daß dies in der Vektordarstellung von $SU(3)$ tatsächlich möglich ist. Da die Elemente der 3×3-Matrizen komplexe Zahlen sind, beträgt die Anzahl der reellen Gruppenparameter $2 \times 3 \times 3 = 18$. Wegen der Unitaritätseigenschaft $UU^+ = 1$ und der Bedingung $\det U = 1$ bestehen zwischen ihnen 10 Relationen, so daß die Gruppe $SU(3)$ durch 8 reelle Parameter beschrieben wird. Ihre Vektordarstellung enthält also 8 Zustände, die zur Beschreibung von 8 Teilchen benutzt werden können. Aus der Tabelle 2.2 ist unmittelbar zu

---

[12] Man sagt deswegen auch, daß die Gruppe $SU(3)$ vom Range zwei ist.

3 Symmetrien als Ordnungsprinzip

entnehmen, daß die acht Baryonen $p, n, \Lambda, \Sigma^+, \Sigma^0, \Sigma^-, \Xi^0, \Xi^-$ alle gleichen Spin und gleiche Parität besitzen. Diese lassen sich demnach in der achtdimensionalen Vektordarstellung der Gruppe $SU(3)$ zusammenfassen. Trägt man etwa den Isospin I_3 horizontal, die Hyperladung Y vertikal auf, dann ergibt sich für das Baryonenoktett $J^P = \frac{1}{2}^+$ folgendes anschauliche Bild. Die Hadronen liegen auf den Ecken eines regelmäßigen Sechsecks, dessen Mittelpunkt mit zwei Teilchen besetzt ist (Abb. 3.2).

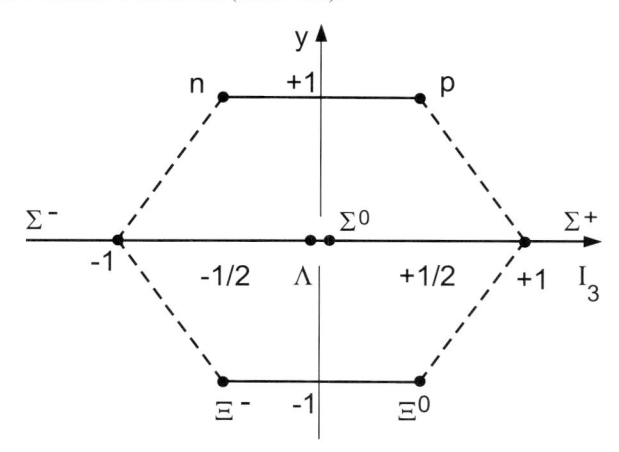

Abb. 3.2: Die Nukleonen und weitere Baryonen mit gleichen Spins und gleichen Paritäten ($J^P = \frac{1}{2}^+$) können in der achtdimensionalen Vektordarstellung der Gruppe $SU(3)$ zusammengefaßt werden.

Die im I_3-Y-Diagramm übereinander angeordneten Isomultipletts, ein Singulett, zwei Dubletts und ein Triplett sind durch die Hyperladungen $0, \pm 1$ unterschieden. In analoger Weise können die Mesonen mit Spin 0 und Parität $+1$, d. h. die π-Mesonen, K-Mesonen und das η-Meson, zu einem Oktett zusammengefaßt werden. Dieser „achtfache Weg" wurde von M. Gell-Mann und Y. Ne'eman [Ge 61, Ne 61] vorgeschlagen. Allgemeiner lassen sich allen Baryonen Singuletts, Oktetts oder Dekupletts und allen Mesonen Oktetts zuordnen. Dabei bilden Baryonen und Antibaryonen getrennte Multipletts, während in den Oktetts der Mesonen Teilchen und Antiteilchen gemeinsam vorkommen.

Wenn diese bemerkenswerte Symmetrie exakt erfüllt wäre, dann müßten alle Teilchen in einem Multiplett die gleiche Masse besitzen. Dies trifft jedoch nicht zu. Man stellt fest, daß die vertikale Massenaufspaltung z. B. in einem Oktett fast um zwei Ordnungen größer ist als diejenige innerhalb der horizontal liegenden Isomultipletts (siehe Abb. 3.3). Eine so große Aufspaltung kann aber nicht der elektromagnetischen Wechselwirkung zugeschrieben werden. Vielmehr hat man $SU(3)$ hinsichtlich der starken Wechselwirkung selbst als unvollständige, in bestimmter Weise gebrochene Symmetrie anzusehen. Diese Symmetriebrechung von $SU(3)$ durch die starke Wechselwirkung führt dann auch zur vertikalen Massenaufspaltung der Multipletts.

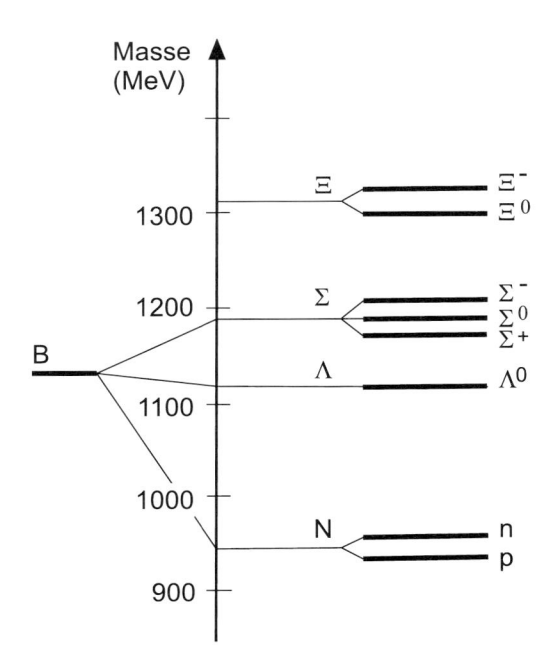

Abb. 3.3: Die vertikale Massenaufspaltung der im Oktett (Abb. 3.2) zusammengefaßten Baryonen.

Diese Klassifizierung der Teilchen stellt zweifellos eine große Vereinfachung dar. Darüber hinaus wird durch die Aufdeckung der $SU(3)$-Symmetrie eine viel weiter reichende Systematik nahegelegt, die außerdem, wie wir später sehen werden, neue Ansätze zur Formulierung der starken Wechselwirkung ermöglicht. Hierbei werden die Hadronen als zusammengesetzte Teilchen betrachtet, die aus einfacheren Bausteinen bestehen. Diese Auffassung wird formal nahegelegt durch die Tatsache, daß die irreduziblen Darstellungen von $SU(3)$, nach denen die Hadronen geordnet sind, aus den beiden (nichttrivialen) Darstellungen niedrigster Dimension konstruiert werden können. Diese Fundamentaldarstellungen sind im Fall von $SU(3)$ dreidimensional, enthalten also drei Zustände, die im I_3-Y-Diagramm zu Dreiecken angeordnet sind (Abb. 3.4). Sie entsprechen der Spinordarstellung von $SU(2)$. Von M. Gell-Mann und G. Zweig [Ge 64, Zw 64] wurde 1964 vorgeschlagen, den Fundamentaldarstellungen von $SU(3)$ Teilchen mit Spin $1/2$ zuzuordnen, die als Bausteine der in den Singuletts, Oktetts und Dekupletts zusammengefaßten Hadronen dienen können. Diese fundamentalen Teilchen erhielten die Bezeichnung u (up), d (down), s (strange) und wurden „Quarks" genannt. Sie bilden ein Triplett 3, das aus einem Isodublett ($I = 1/2$) mit Hyperladung $Y = 1/3$ und einem Isosingulett ($I = 0$) mit der Hyperladung $Y = -2/3$ besteht. Die entsprechenden Antiquarks mit $Y = -1/3$ und $Y = 2/3$ sind in der konjugiert komplexen Darstellung $\bar{3}$ zusammengefaßt (Abb. 3.4).

Geht man von der allgemeinen Gültigkeit der Gell-Mann-Nishijima-Relation (3.72) aus, dann haben die Quarks infolge der drittelzahligen Hyperladungen auch drittelzahlige elektrische Ladungen. Ferner ist die Baryonenzahl für Quarks $1/3$, die für Antiquarks $-1/3$. Das

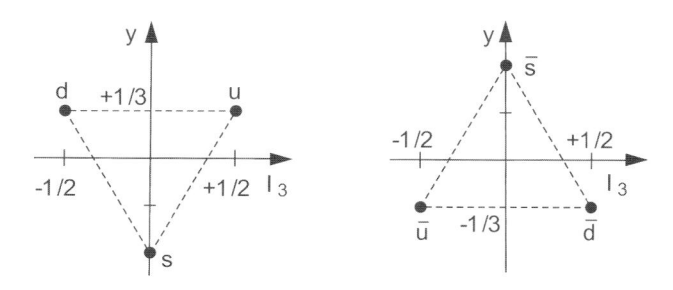

Abb. 3.4: Den dreidimensionalen Darstellungen 3 und $\bar{3}$ von $SU(3)$ werden die fundamentalen Quarkteilchen u, d, s, bzw. die entsprechenden Antiteilchen $\bar{u}, \bar{d}, \bar{s}$ zugeordnet.

entspricht der Strangeness $S = 0$, bei u und d, bzw. $S = -1$ beim s-Quark. Die Baryonen können dann aus drei Quarks qqq zusammengesetzt werden, während Mesonen aus Quark und Antiquark $q\bar{q}$ bestehen. Die ladungsartigen Quantenzahlen der Quarks werden hierbei einfach addiert und ergeben so die der Baryonen und Mesonen.

Diese zunächst so formal erscheinende Auffassung wird in erstaunlicher Weise experimentell bestätigt. Obwohl die Quarks trotz eingehender Suche bisher nicht als freie Teilchenzustände identifiziert werden konnten, gibt es doch indirekte überzeugende Hinweise dafür, daß sie in der Tat die Substruktur der beobachteten Hadronen darstellen. So verhält sich z. B. das Proton bei der unelastischen Elektron-Proton-Streuung mit hohem Impulsübertrag zwischen Elektron und Proton, $e + p \to e +$ Hadronen, als ob es aus nahezu freien Quarks mit den oben genannten Quantenzahlen besteht.

Darüber hinaus findet das Quarkmodell durch die in den siebziger Jahren entdeckten neuen Familien schwerer Hadronen experimentelle Bestätigung. Die neu entdeckten Teilchen J/ψ (3.1 GeV) und Υ (Upsilon, 9,46 GeV) weisen darauf hin, daß es mindestens noch zwei weitere Quarkteilchen c und b mit neuen ladungsartigen Quantenzahlen gibt, die „charm" (c) und „bottom" (b) genannt werden. Insbesondere konnte man feststellen, daß eine ganze Reihe von weiteren Zuständen, die im einfachen Quarkmodell wie das J/ψ-Teilchen als Bindungszustände des schweren Quarkpaares $c\bar{c}$ beschrieben werden, tatsächlich existieren und die nach dem Quarkmodell vorhergesagten Eigenschaften besitzen.

Bei Hinzunahme des Charmquarks c hat man die $SU(3)$-Symmetrie der Hadronen zur $SU(4)$-Symmetrie zu erweitern. Die fundamentale Darstellung von $SU(4)$ ist ein Quartett. Durch Abzählen der unabhängigen Elemente der 4×4-Matrizen findet man, daß $SU(4)$ durch 15 reelle Gruppenparameter beschrieben wird. Die Vektordarstellung von $SU(4)$ enthält also 15 Zustände. Bei der Erweiterung zur $SU(4)$-Symmetrie wird demnach aus dem Oktett der $SU(3)$ ein 15-Plett bzw. aus dem Dekuplett ein 20-Plett. Diese Supermultipletts können durch archimedische Körper im Raum der Quantenzahlen I_3, Y, C veranschaulicht werden (Abb. 3.5). Man erkennt, daß beim Übergang zu $SU(4)$ eine beträchtliche Zahl neuer Teilchen hinzukommt.

Diese Überlegungen sollen hier nicht weiter verfolgt werden. Vielmehr werden wir im Abschnitt 5 eine andere mögliche Verallgemeinerung globaler innerer Symmetrien kennenlernen, die sogenannten Eichsymmetrien. Als Vorbereitung dazu wollen wir zunächst die Frage erörtern, wie die Wechselwirkungen zwischen den Teilchen übertragen werden.

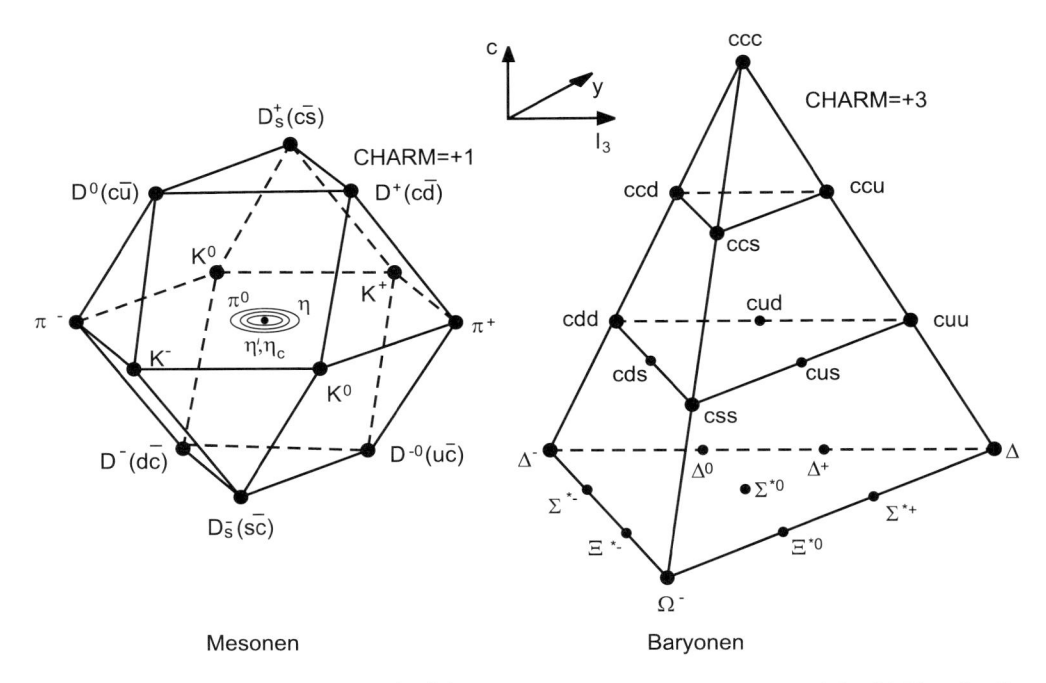

Abb. 3.5: Das 15-Plett der Gruppe $SU(4)$ für die pseudoskalaren Mesonen und das 20-Plett für die Baryonen mit $J^P = \frac{3}{2}^+$ im Raum der Quantenzahlen I_3, Y, C.

4 Wechselwirkungen durch Felder

4.1 Teilchenaustausch

Die heute allgemein akzeptierte Vorstellung von der Übertragung der Wechselwirkungen zwischen Elementarteilchen durch Felder bzw. durch die entsprechenden Feldquanten hat sich aus der speziellen Relativitätstheorie und der Quantentheorie entwickelt. Die Idee eines die Wechselwirkung vermittelnden Feldes liegt bei der Formulierung relativistischer Theorien nahe. Wegen der hier vorkommenden hohen Geschwindigkeiten der Teilchen hat man die endliche Ausbreitungsgeschwindigkeit der Wirkungen zu berücksichtigen. Wird ein Teilchen etwa angestoßen, so kann dies keine instantane (augenblickliche) Änderung der auf ein benachbartes Teilchen wirkenden Kräfte hervorrufen, denn Wirkungen können sich höchstens mit der endlichen Lichtgeschwindigkeit c (Grenzgeschwindigkeit) ausbreiten. Man faßt die sich bewegenden Teilchen als Quellen des Feldes (der Störung) auf, so daß bei der Wechselwirkung Energie- und Impulsänderungen durch das Feld zwischen den Teilchen übertragen werden. Die Erhaltung von Energie und Impuls wird dabei in jedem Augenblick gewahrt. Das die Wechselwirkung in dieser Weise vermittelnde Feld ist also selbst Träger von Energie und Impuls. Man denke an das klassische elektromagnetische Feld.

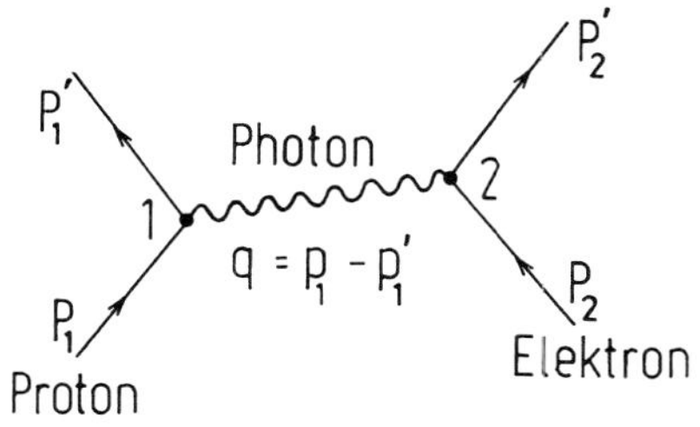

4 Wechselwirkungen durch Felder 49

Abb. 4.1: Feynman-Graph niedrigster Ordnung zur Veranschaulichung der elektromagnetischen Wechselwirkung zwischen Proton und Elektron.

Die im mikroskopischen Bereich anzuwendende Quantentheorie besagt nun, daß Energie und Impuls in diskreten Quanten vorkommen müssen, die mit Elementarteilchen identifiziert werden können. Die Quantisierung des Feldes führt also zu diskreten Quantenzuständen, so daß man den Feldern entsprechende Teilchen zuordnen kann. Umgekehrt können die wechselwirkenden Teilchen selbst durch geeignete Quantenfelder dargestellt werden. In dieser Quantentheorie der Felder werden die Wechselwirkungen zwischen den Elementarteilchen durch den Austausch von Feldquanten (d. h. ebenfalls Elementarteilchen) beschrieben.

So tritt z. B. das in Experimenten nachgewiesene Photon als Quant des elektromagnetischen Feldes auf. Durch den ständigen Austausch von Photonen zwischen den Ladungen (Quellen des Feldes) wird die elektromagnetische Wechselwirkung vermittelt. Man veranschaulicht das bildhaft mit Hilfe von Feynman-Graphen, wie das z. B. für die Wechselwirkung zwischen Elektron und Proton in Abb. 4.1 dargestellt ist.

Bei der Emission (Erzeugung) des Photons am Wechselwirkungspunkt (Vertex) 1 ändert das Proton durch den Rückstoß seinen Impuls von p_1 in p'_1. Das am Vertex 2 vom Elektron absorbierte Photon überträgt den mitgebrachten Impuls $q = p_1 - p'_1$ auf das Elektron, das dabei vom Anfangszustand mit dem Impuls p_2 in den Endzustand mit Impuls p'_2 übergeht. Hier benutzt man zweckmäßig die der Quantenfeldtheorie angemessene Vorstellung, wonach die einlaufenden Teilchen (Proton und Elektron) an den Wechselwirkungspunkten 1 bzw. 2 vernichtet und die auslaufenden Zustände dort neu erzeugt werden. Wenn die Energie ausreicht, können bei diesem Prozeß am Protonvertex auch andere Teilchen entstehen.

4.2 Yukawa-Potential

Nach den Feynman-Regeln, die aus der Quantisierung der Felder hergeleitet werden können[13], kommt diesem Bild eine präzise mathematische Bedeutung zu. Hiernach kann der Effekt dieses Teilchenaustauschs berechnet werden. Der in Abb. 4.1 beschriebene Austausch von Photonen führt z. B. im statischen Grenzfall, d. h. bei sehr langsamen Bewegungen der geladenen Teilchen, auf das bekannte Coulomb-Potential

$$V(r) = -\frac{e^2}{4\pi\varepsilon_0 r}, \tag{4.1}$$

---
[13] Näheres dazu siehe z. B. [La 81].

wobei r den Abstand von Elektron (Ladung $-e$) und Proton (Ladung $+e$) bedeutet. Das langreichweitige Coulomb-Potential mit der charakteristischen Ortabhängigkeit $V(r) \sim 1/r$ beruht also auf dem Austausch der masselosen Photonen.

Haben die ausgetauschten Teilchen dagegen eine von Null verschiedene Ruhmasse m, dann wird die Wechselwirkung im statischen Grenzfall durch das Yukawa-Potential,

$$V(r) = \text{const.} \frac{e^{-r/\lambdabar}}{r}, \quad \lambdabar = \frac{\hbar}{mc}, \tag{4.2}$$

beschrieben, wobei $\lambdabar$ die Compton-Wellenlänge des ausgetauschten Teilchens bedeutet. Je schwerer (leichter) demnach das ausgetauschte Teilchen ist, desto rascher (langsamer) nimmt das Potential mit wachsender Entfernung ab. Die Reichweite der Wechselwirkung ist also durch die Masse des ausgetauschten Teilchens bestimmt. Diesen Zusammenhang hatte H. Yukawa bereits 1935 erkannt, als er aufgrund der bekannten Reichweite der Kernkräfte ($\approx 10^{-13}$ cm) die Existenz eines neuartigen Teilchens, des Mesons, mit der Masse von 100–200 MeV voraussagte, das, in Analogie zur Rolle des Photons bei der elektromagnetischen Wechselwirkung, hier die starke Wechselwirkung zwischen den Nukleonen vermitteln sollte. Die sich daraus entwickelnde Mesonentheorie war für die weitere Erforschung der starken Wechselwirkung von großer Bedeutung. Bei hohen Energien versagt jedoch diese einfache Vorstellung.

4.3 Virtuelle Teilchen

Hervorzuheben ist, daß die beim Austausch vorhandenen Feldquanten als virtuelle Teilchen aufzufassen sind, d. h., sie können nicht in üblicher Weise als reale Teilchen beobachtet werden, sondern machen sich nur durch die Wechselwirkung, die sie vermitteln, indirekt bemerkbar. Virtuelle Teilchen sind aufgrund der in der Quantentheorie geltenden Energie-Zeit-Unschärfe,

$$\Delta E \cdot \Delta t \geq \hbar, \tag{4.3}$$

möglich. Das ausgetauschte Teilchen wird an den Wechselwirkungspunkten innerhalb einer so kurzen Zeit Δt emittiert und wieder absorbiert, daß das Unschärfeprinzip seine direkte Beobachtung verbietet. Wenn es etwa die Energie ΔE besitzt, kann es innerhalb eines Zeitintervalls kleiner als $\Delta t \approx \hbar/\Delta E$ nicht beobachtet werden. In diesem Sinne ist die Existenz virtueller Teilchen verborgen hinter der in der Quantentheorie nicht reduzierbaren Unsicherheit unserer Kenntnisse über das System.

Zu einer Abschätzung der Reichweite der Wechselwirkung gelangt man nun durch folgende einfache Überlegung. In der Zeit $\Delta t \sim \hbar/\Delta E$ kann das virtuelle Zwischenteilchen höchstens die Strecke $c\Delta t \approx c\hbar/\Delta E$ zurücklegen, bevor es am anderen Vertex absorbiert wird. Setzt man die minimale Energie mc^2 (Ruhenergie), die zur Erzeugung eines Teilchens der Masse m aufgewendet werden muß, für Δt ein, so erhält man als Reichweite

$$r_0 = c\hbar/\Delta E = \frac{\hbar}{mc} \tag{4.4}$$

gerade die Compton-Wellenlänge des ausgetauschten Teilchens, die auch im Yukawa-Potential vorkommt. Im Fall der Ruhmasse Null (Photon) wird die Reichweite der Wechselwirkung unendlich, das Yukawa-Potential geht in das Coulomb-Potential über. Im Unterschied zur elektromagnetischen Wechselwirkung macht sich die starke Wechselwirkung also nur bei kleinen

4 *Wechselwirkungen durch Felder* 51

Abständen, d. h. in mikroskopischen Bereichen, bemerkbar und konnte daher erst spät erkannt werden.

Geringe Abweichungen vom Coulomb-Gesetz würden auf eine kleine von Null verschiedene Masse des Photons hinweisen.[14] Bei der in letzter Zeit erreichbaren Genauigkeit der Experimente findet man, daß die Ruhmasse des Photons kleiner als $6 \cdot 10^{-17}$ eV $\hat{=} 8 \cdot 10^{-50}$ g sein muß [Ei 04]. Nach diesem experimentellen Befund wäre eine eventuell von Null verschiedene Masse des Photons mindestens um 10^{24} Größenordnungen kleiner als die des Elektrons. Der bisher bewährte theoretische Ansatz erfordert den Wert Null für die Ruhmasse des Photons, von dem wir im folgenden ausgehen werden.

Der Unterschied zwischen virtuellen und realen Teilchen ist insbesondere auch an den betreffenden Impulsen zu erkennen. Für ein beobachtetes Teilchen der Masse m ist das Quadrat des Viererimpulses p^μ gleich dem Massenquadrat

$$p^\mu p_\mu = p_0^2 - \vec{p}^{\,2} = m^2 c^2. \tag{4.5}$$

Trägt man die Energie $p_0 = E/c$ über den Impulskomponenten p_1, p_2 auf, so erhält man wegen $p_0 = \sqrt{\vec{p}^{\,2} + m^2 c^2}$ ein Hyperboloid, Massenschale genannt, dessen Schnitt mit der p_0, p_1-Ebene in Abb. 4.2 angedeutet ist.

Alle Punkte außerhalb der Massenschale entsprechen dem nicht direkt beobachtbaren virtuellen Teilchen. Für den Impuls des physikalischen Photons z. B. gilt $p^2 = 0$. Der Schnitt des entsprechenden Massenkegels ist in Abb. 4.2 gestrichelt gezeichnet. Das am Vertex 1 erzeugte virtuelle Photon dagegen besitzt den Viererimpuls $q^\mu = p_1^\mu - p_1'^\mu$, dessen Quadrat $q^2 = 2m^2 c^2 - 2 p_1 \cdot p_1'$ von Null (der Ruhmasse des Photons) verschieden ist. Das virtuelle Photon liegt also nicht auf der Massenschale des Photons. Wegen dieser besonderen Eigenschaft des Impulses kann das ausgetauschte Photon nicht als reales Teilchen angesehen werden. Entsprechend gilt dies für andere Teilchen, deren Ruhmasse von Null verschieden ist.

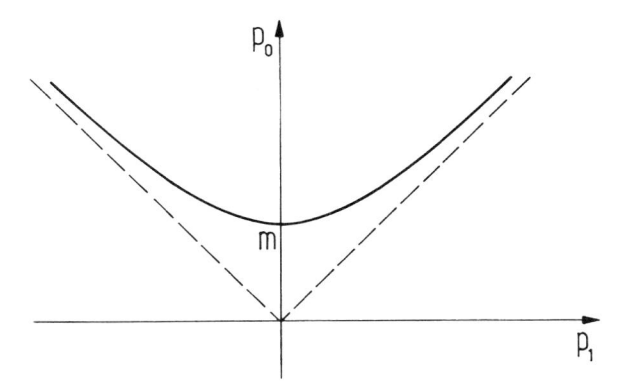

Abb. 4.2: Schnitt der Massenschale mit der $p_0 p_1$-Ebene. Die Impulse virtueller Teilchen liegen außerhalb der zugehörigen Massenschale (m). Die gestrichelten Geraden deuten die Massenschale von Teilchen der Masse Null (z. B. Photon) an.

---
[14] Eine Übersicht über die verschiedenen Methoden zur Bestimmung einer oberen Schranke für die Masse des Photons geben A. S. Goldhaber und M. N. Nieto [Go 71].

Aufgrund des oben diskutierten Zusammenhanges zwischen der Reichweite der Wechselwirkung und der Masse des ausgetauschten Teilchens wird verständlich, daß die extrem kurze Reichweite der schwachen Wechselwirkung auf eine große Masse des entsprechenden Austauschteilchens hindeutet. Wegen der großen Masse und ihrer geringen Wechselwirkung sind diese, die schwache Wechselwirkung vermittelnden W-Bosonen, als reale Teilchen auf der Massenschale schwer zu erzeugen. Sie konnten schließlich 1983 im Proton-Antiproton-Speicherring am CERN in genügender Anzahl erzeugt und an ihren Zerfallsprodukten nachgewiesen werden (siehe Abschnitt 17.2).

Wegen der langen Reichweite der Gravitation sollte das zugehörige Graviton, wie das Photon, die Masse Null haben. Die Gravitationswechselwirkung ist jedoch so schwach, daß die postulierten Gravitonen einzeln schwerlich nachzuweisen sein dürften. Selbst klassische Gravitationswellen konnten trotz intensiver Bemühungen bisher nicht direkt nachgewiesen werden.[15] Es gibt allerdings indirekte Hinweise dafür, daß Gravitationswellen von bestimmten Doppelsternen (binären Pulsaren) abgestrahlt werden [Da 80, We 81b].

5 Eichsymmetrien als dynamisches Prinzip

Wir wenden uns nun einer mehr systematischen Formulierung der Wechselwirkungen zu, die in der jüngeren Entwicklung der Teilchenphysik grundlegende Bedeutung gewonnen hat. Dabei kommen wir auf die im Abschnitt 3.1 bereits angedeuteten Verallgemeinerungen der globalen zu lokalen inneren Symmetrien (Eichsymmetrien) zurück.

Zunächst soll am Beispiel der Elektrodynamik gezeigt werden, wie man über die Forderung nach Invarianz gegenüber der lokalen Phasentransformation $U(1)$ zur bekannten Formulierung der elektromagnetischen Wechselwirkung gelangt. Um die geforderte Eichsymmetrie erfüllen zu können, hat man ein masseloses Vektorfeld, die elektromagnetischen Potentiale $A^\mu = (V, \vec{A})$, einzuführen. Dieses Eichfeld beschreibt die elektromagnetische Wechselwirkung. Seine Quanten sind die Photonen, die zwischen den Ladungen ausgetauscht werden.

In Analogie zur Elektrodynamik kann man von den anderen, in Abschnitt 3 besprochenen, inneren Symmetriegruppen $SU(2)$, $SU(3)$, ... ausgehen und von der zu formulierenden Feldtheorie die lokale Invarianz gegenüber einer dieser Gruppen verlangen. Die entsprechenden Gruppenparameter sind nun von den Koordinaten x^μ abhängig. Auch hier stellt sich heraus, daß die Theorie des freien Materiefeldes nicht eichinvariant ist. Um die Invarianzforderung zu erfüllen, müssen entsprechende Eichfelder eingeführt werden. Dies führt zu einer bestimmten Wechselwirkung der Eichfelder mit den Materieteilchen und außerdem, bei diesen nichtabelschen Gruppen, einer Wechselwirkung zwischen den Eichfeldern selbst. Ausgehend von dem Produkt der Gruppen $SU(2)$ und $U(1)$ konnte so das Modell einer einheitlichen Theorie formuliert werden, in der die elektromagnetische und die schwache Wechselwirkung zusammengefaßt sind.

---

[15] Zum Stand der Gravitationswellenforschung und deren zukünftigen Aussichten sei auf die Literatur verwiesen [Bl 91].

5 Eichsymmetrien als dynamisches Prinzip

Der heute allgemein akzeptierte Ansatz für die starke Wechselwirkung ist die Quantenchromodynamik (QCD), die als Eichtheorie zur Gruppe $SU(3)$ formuliert wird und eine eichinvariante Kopplung der sogenannten Gluonfelder (Eichfelder bei $SU(3)$) an die Felder der Quarkteilchen beschreibt. Auf diese interessanten Entwicklungen werden wir in den Abschnitten 18 und 24 zurückkommen.

5.1 Die Eichsymmetrie $U(1)$ in der Quantenmechanik

In der klassischen Elektrodynamik werden die elektrische und die magnetische Feldstärke $\vec{E}$ und $\vec{B}$ mit Hilfe der Potentiale $\vec{A}$ (Vektorpotential) und V (skalares Potential) folgendermaßen definiert (x steht abkürzend für $\vec{x}, t$)

$$\vec{B}(x) = [\vec{\nabla} \times \vec{A}(x)]$$
$$\vec{E}(x) = -\vec{\nabla} V(x) - \frac{\partial \vec{A}(x)}{\partial t}. \tag{5.1}$$

Die Feldstärken $\vec{B}$ und $\vec{E}$, und damit die Maxwell-Gleichungen, ändern sich nicht, wenn man folgende Umeichung der Potentiale mit der beliebigen Funktion $\lambda(x)$ vornimmt

$$\vec{A}(x) \rightarrow \vec{A}'(x) = \vec{A}(x) + \vec{\nabla}\lambda(x)$$
$$V(x) \rightarrow V'(x) = V(x) - \frac{\partial}{\partial t}\lambda(x). \tag{5.2}$$

Die Umeichung ist ohne Änderung der Feldstärken möglich, weil die Rotation eines Gradienten verschwindet ($[\vec{\nabla} \times \vec{\nabla}\lambda] = 0$) und in der Gleichung für $\vec{E}$ sich die zusätzlichen Terme herausheben. Diese Eichinvarianz wurde lange Zeit als eine Besonderheit der Elektrodynamik angesehen, die in anderen Gebieten der Physik keine Rolle zu spielen schien. So blieb die Bedeutung der Eichinvarianz als grundlegende Symmetrie so lange verborgen, bis schließlich in der Elementarteilchenphysik erkannt wurde, daß ihr eine ebenso universelle Bedeutung zukommt, wie der relativistischen Invarianz. Um dies zu verstehen, soll nun diskutiert werden, wie die Eichinvarianz im Rahmen der Quantentheorie zu formulieren ist.

In der Quantenmechanik werden geladene Teilchen durch komplexe Wellenfunktionen $\psi(x)$ beschrieben, die bestimmten Bewegungsgleichungen (etwa der Schrödinger-Gleichung) genügen. Die beobachtbaren Größen, wie z. B. Strom- und Ladungsdichte, Energiedichte, usw., lassen sich durch $\psi(x)$ und die dazu konjugiert komplexen Wellenfunktionen $\psi^*(x)$ bilinear ausdrücken. Die Wellenfunktion $\psi(x)$ kann als klassisches Feld angesehen werden, das die Materie beschreibt. In der Quantentheorie der Felder werden daraus Feldoperatoren, für die bestimmte Vertauschungsregeln gelten. Diese Feldoperatoren beschreiben die Erzeugung oder Vernichtung von Teilchen bzw. Antiteilchen. Bei der folgenden Diskussion genügt es, das Materiefeld $\psi(x)$ und das elektromagnetische Feld $A^\mu(x)$ als klassische Größen zu betrachten.

Ein Teilchen der Ladung e, das sich mit der Geschwindigkeit $\vec{v}$ bewegt, erfährt im elektromagnetischen Feld $(\vec{E}, \vec{B})$ die Lorentz-Kraft

$$\vec{F} = e\vec{E} + [e\vec{v} \times \vec{B}]. \tag{5.3}$$

Dieses Gesetz kann über die Hamiltonschen Gleichungen aus der klassischen Hamilton-Funktion (Gesamtenergie des Teilchens)

$$H = \frac{1}{2m}(\vec{p} - e\vec{A})^2 + eV \tag{5.4}$$

hergeleitet werden. Die Schrödinger-Gleichung für ein solches Teilchen im elektromagnetischen Feld lautet, entsprechend der Korrespondenz $\vec{p} \to -i\vec{\nabla}$ beim Übergang von der klassischen Mechanik zur Quantenmechanik:[16]

$$\left(\frac{1}{2m}(-i\vec{\nabla} - e\vec{A})^2 + eV\right)\psi(x) = i\frac{\partial \psi(x)}{\partial t}. \tag{5.5}$$

Auffallend ist, daß man diese Gleichung aus der freien Schrödinger-Gleichung,

$$\frac{1}{2m}(-i\vec{\nabla})^2\psi(x) = i\frac{\partial \psi(x)}{\partial t}, \tag{5.6}$$

durch die Ersetzungen erhält:

$$\vec{\nabla} \to \vec{D} \equiv \vec{\nabla} - ie\vec{A},$$
$$\frac{\partial}{\partial t} \to D_0 \equiv \frac{\partial}{\partial t} + ieV. \tag{5.7}$$

Wie wir gleich sehen werden, kann diese Art der Kopplung, auch minimale Kopplung genannt, mit Hilfe der Eichinvarianz begründet werden. Sowohl die freie Schrödinger-Gleichung als auch die obige Gleichung (5.5) für ein geladenes Teilchen in Wechselwirkung mit dem elektromagnetischen Feld sind invariant gegenüber den globalen Phasentransformationen $\psi \to e^{i\alpha}\psi$. Dies ist unmittelbar einzusehen, da die Differentiationen mit dem konstanten Faktor $e^{i\alpha}$ vertauschen.

Die Maxwell-Gleichungen sind andererseits invariant gegenüber den Eichtransformationen der Potentiale (5.2). Aber auch die Schrödinger-Gleichung (5.5) sollte invariant gegenüber dieser Änderung der Potentiale sein, andernfalls wäre sie nicht konsistent mit der Elektrodynamik. Man erwartet also gleichzeitig mit (5.2) eine Änderung der Wellenfunktion $\psi(x) \to \psi'(x)$, so daß die Schrödinger-Gleichung (5.5) invariant gegenüber der kombinierten Transformation (5.2) und $\psi(x) \to \psi'(x)$ ist, d. h. auch folgende Gleichung gilt:

$$\left(\frac{1}{2m}(-i\vec{\nabla} - e\vec{A}')^2 + eV'\right)\psi'(x) = i\frac{\partial \psi'(x)}{\partial t}. \tag{5.8}$$

Da die in der Quantenmechanik vorkommenden Wellenfunktionen (Zustände) nur bis auf einen beliebigen Phasenfaktor bestimmt sind (siehe Abschnitt 3.11) darf man vermuten, daß sich die Wellenfunktion wie folgt ändert:

$$\psi(x) \to \psi'(x) = e^{i\alpha(x)}\psi(x), \tag{5.9}$$

wobei im Unterschied zu früher die Phase $\alpha(x)$ nicht mehr konstant ist, sondern von Zeit und Ort abhängt, $x = \{t, \vec{x}\}$. Wendet man nun die kombinierte Operation $-i\vec{D}' = (-i\vec{\nabla} - e\vec{A}')$

---
[16] Die Einheiten sind hier so gewählt, daß $\hbar = c = 1$ ist.

5 Eichsymmetrien als dynamisches Prinzip

auf $\psi' = e^{i\alpha(x)}\psi$ an, dann heben sich die als Summanden auftretenden Ableitungen $\vec{\nabla}\alpha(x)$, $-e\vec{\nabla}\lambda(x)$ heraus, wenn man die zunächst unbestimmt angesetzte Phase $\alpha(x)$ gleich der mit der elektrischen Ladung e multiplizierten Eichfunktion $e\lambda(x)$ setzt,

$$\alpha(x) = e\lambda(x). \tag{5.10}$$

Dies führt zu dem Ergebnis

$$(-i\vec{\nabla} - e\vec{A}')\psi' = e^{ie\lambda(x)}(-i\vec{\nabla} - e\vec{A})\psi,$$

bzw. in abgekürzter Form

$$(-i\vec{D}'\psi') = e^{ie\lambda(x)}(-i\vec{D}\psi). \tag{5.11}$$

Entsprechend folgt mit (5.10) für den Term, der die zeitliche Ableitung und das Potential V enthält

$$iD'_0\psi' = e^{ie\lambda(x)}(iD_0\psi). \tag{5.12}$$

Der von den Koordinaten x abhängige Phasenfaktor $e^{ie\lambda(x)}$ kann also vor die verallgemeinerten Ableitungen D'_0 und $\vec{D}'$ gezogen werden, wobei diese in D_0 und $\vec{D}$ übergehen. Mit dieser Eigenschaft und der Bewegungsgleichung (5.5) folgt bei zweimaliger Anwendung von $\vec{D}'$ die transformierte Bewegungsgleichung in der Form (5.8):

$$\frac{1}{2m}(-i\vec{D}')^2\psi' = e^{ie\lambda}\frac{1}{2m}(-i\vec{D})^2\psi = e^{ie\lambda}iD_0\psi = iD'_0\psi'. \tag{5.13}$$

Die Form der Schrödinger-Gleichung (5.5) wird somit durch die Eichtransformation (5.2) und der damit kombinierten lokalen Phasentransformation (5.9, 5.10) nicht geändert. Dies ist die in der Quantenmechanik gültige Eichsymmetrie.

5.2 Das Prinzip der Eichsymmetrie

Bei den vorigen Überlegungen sind wir von der als bekannt angenommenen Schrödinger-Gleichung (5.5) ausgegangen. Die Lösungen $\psi(x)$ dieser Gleichung beschreiben Teilchen der Ladung e in Wechselwirkung mit dem elektromagnetischen Feld. Wir konnten dann die Invarianz dieser Theorie gegenüber der (kombinierten) Eichtransformation,

$$\begin{aligned}
\vec{A} \to \vec{A}' &= \vec{A} + \vec{\nabla}\lambda \\
V \to V' &= V - \frac{\partial}{\partial t}\lambda \\
\psi \to \psi' &= e^{ie\lambda(x)}\psi,
\end{aligned} \tag{5.14}$$

zeigen. Wenn wir jetzt die Schlußweise umkehren, wird die fundamentale Bedeutung dieser Symmetrie bei der Formulierung von Wechselwirkungen sichtbar.

Gehen wir also von der Annahme aus, daß die zu formulierende Theorie invariant ist gegenüber der lokalen Phasentransformation

$$\psi(x) \to \psi'(x) = e^{i\alpha(x)}\psi(x). \tag{5.15}$$

Betrachten wir zunächst die Schrödinger-Gleichung (hier mit $\hbar = 1$) für ein freies Teilchen,

$$\mathrm{i}\frac{\partial \psi(x)}{\partial t} = -\frac{1}{2m}\vec{\nabla}^2 \psi(x), \tag{5.16}$$

in der auf der rechten Seite nur der bekannte Ausdruck für die kinetische Energie des Teilchens vorkommt. Diese Gleichung ist zwar invariant gegenüber der globalen Phasentransformation

$$\psi \to \psi' = \mathrm{e}^{\mathrm{i}\alpha}\psi, \quad \alpha = \mathrm{const.}, \tag{5.17}$$

jedoch nicht invariant bei Anwendung der lokalen Phasentransformation (5.15), da im letzteren Fall die von x abhängigen Phasenfaktoren nicht mehr mit den in Gleichung (5.16) vorkommenden Ableitungen $\partial/\partial t$ und $\vec{\nabla}$ vertauschen. Die Forderung nach „lokaler Phaseninvarianz" kann also durch die Schrödinger-Gleichung für ein freies Teilchen nicht erfüllt werden. Dies führt vielmehr, wie wir gleich sehen werden, auf eine modifizierte Gleichung, in der das Teilchen in eichinvarianter Weise an ein Vektorfeld (Potentialfeld) ankoppelt, das man hinzunehmen muß und das bei Änderung der Phase eine bestimmte Transformation (Umeichung) erfährt.

Im Fall der lokalen Phasentransformation $U(1)$ (5.15) kennen wir dieses Feld bereits, denn $\mathrm{e}^{\mathrm{i}\alpha(x)}$ ist gerade die mit der Eichtransformation der elektromagnetischen Potentiale (5.14) verbundene Phasentransformation. Um die Forderung nach Invarianz gegenüber der lokalen Phasentransformation zu erfüllen, hat man also die freie Schrödinger-Gleichung (5.16) mit Hilfe des Vektorfeldes $A^\mu = (V, \vec{A})$ so zu modifizieren, daß die bei der Differentiation der Phasenfaktoren entstehenden Terme kompensiert werden können. Die so gewonnene neue Gleichung,

$$\frac{1}{2m}(-\mathrm{i}\vec{\nabla} - e\vec{A})^2 \psi = \left(\mathrm{i}\frac{\partial}{\partial t} - eV\right)\psi, \tag{5.18}$$

ist invariant gegenüber der lokalen Eichtransformation (5.15), wenn man dabei das eingeführte Vektorfeld $(V, \vec{A})$ folgendermaßen transformiert:

$$\begin{aligned} \vec{A} &\to \vec{A}' = \vec{A} + \frac{1}{e}\vec{\nabla}\alpha \\ V &\to V' = V' - \frac{1}{e}\frac{\partial}{\partial t}\alpha. \end{aligned} \tag{5.19}$$

Die modifizierte Wellengleichung (5.18) beschreibt aber gerade, wie wir bereits wissen, ein geladenes Teilchen in Wechselwirkung mit dem klassischen elektromagnetischen Feld $A^\mu = (V, \vec{A})$. Die Phase der Wellenfunktion eines geladenen Teilchens kann lokal offenbar nur dann unbemerkt geändert werden, wenn man ein Kraftfeld (Eichfeld) einführt, in dem das Teilchen sich bewegt und das in bestimmter Weise mittransformiert wird. Dieses Eichfeld ist ein Vektorfeld und die zugehörigen Teilchen haben die Masse Null (Photonen).

Die elektrische Ladung, die auch Quelle des Eichfeldes ist, bleibt erhalten. Sie tritt hier in doppelter Bedeutung auf, als Erhaltungsgröße und als Kopplungskonstante. Das Eichfeld $A^\mu(x)$ wird so eingeführt, daß durch seine Umeichung die Ableitungen der Phase $\partial^\mu \alpha(x)$ kompensiert werden können[17]. Weil der die Invarianz störende Term $\partial^\mu \alpha(x)$ ein Vierervektor

---
[17] Zeitliche und räumliche Ableitungen lassen sich zu einem Vierergradienten zusammenfassen, für den man abkürzend schreibt $\partial^\mu \equiv \frac{\partial}{\partial x_\mu} = (\partial/\partial t, -\vec{\nabla})$.

5 Eichsymmetrien als dynamisches Prinzip

ist, muß auch $A^\mu(x)$ ein Vierervektor sein. Wenn die Masse des Eichfeldes A^μ von Null verschieden wäre, dann würden die entsprechenden Maxwell-Gleichungen folgendermaßen lauten:

$$\vec{\nabla} \cdot \vec{E} + m^2 V = \varrho, \quad [\vec{\nabla} \times \vec{B}] - \frac{\partial \vec{E}}{\partial t} + m^2 \vec{A} = \vec{j}. \tag{5.20}$$

In diesen Gleichungen kommen zusätzlich Massenterme $m^2 V$ und $m^2 \vec{A}$ vor, welche die geforderte Eichinvarianz verletzen.[18] Die Ruhmasse des Photons muß also wegen der Eichinvarianz Null sein. Mit anderen Worten, wenn das Photon nicht bereits bekannt wäre, so könnte man es an dieser Stelle einführen, um die Eichsymmetrie zu gewährleisten.

Bei der obigen Diskussion wurde der Einfachheit halber die Schrödinger-Gleichung verwendet, deren Gültigkeit jedoch auf den nichtrelativistischen Bereich beschränkt ist. Im Fall hoher Geschwindigkeiten der Teilchen hat man von relativistisch invarianten Wellengleichungen auszugehen. Wir erwähnen hier die Klein-Gordon-Gleichung,

$$\left(\frac{\partial^2}{\partial t^2} - \vec{\nabla}^2 + m^2 \right) \Phi(x) = 0, \tag{5.21}$$

deren Lösungen $\Phi(x)$ Teilchen ohne Spin beschreiben, und die Dirac-Gleichung[19],

$$\left(i\gamma^0 \frac{\partial}{\partial t} + i\vec{\gamma} \cdot \vec{\nabla} - m \right) \psi(x) = 0, \tag{5.22}$$

von der man ausgeht, wenn das Teilchen den Spin 1/2 besitzt. Die elektromagnetische Wechselwirkung der durch $\Phi(x)$ bzw. $\psi(x)$ beschriebenen Teilchen wird nach dem Prinzip der Eichinvarianz durch das Vektorfeld $A^\mu = (V, \vec{A})$ vermittelt. Die Ankopplung dieses Eichfeldes an die Materiefelder $\Phi(x)$ bzw. $\psi(x)$ ist durch die Einführung der verallgemeinerten Ableitungen,

$$\frac{\partial}{\partial x^\mu} \to D_\mu = \frac{\partial}{\partial x^\mu} + ieA_\mu, \tag{5.23}$$

in die obigen Feldgleichungen bestimmt. Hier wurden die räumlichen Komponenten $\vec{D}$ und die zeitliche Komponente D_0 (siehe (5.7)) in dem Vierervektor zusammengefaßt.[20] Entsprechend lautet die Umeichung des Viererpotentials

$$A_\mu \to A'_\mu = A_\mu - \frac{1}{e} \frac{\partial}{\partial x^\mu} \alpha. \tag{5.24}$$

Die in dieser kompakten Weise geschriebenen Gleichungen ändern ihre Gestalt bei Lorentz-Transformationen nicht, d. h., sie gelten in dieser Form in allen Inertialsystemen. Damit ist

---

[18] Beachte, daß die Feldstärken $\vec{E}$ und $\vec{B}$ sowie die Ladungsdichte ϱ und die Stromdichte $\vec{j}$ eichinvariante Größen sind.

[19] Näheres über den Dirac-Spinor $\psi(x)$ und die vierdimensionalen γ-Matrizen findet man in den einschlägigen Lehrbüchern zur Quantenmechanik, siehe z. B. [Bj 66, Me 91].

[20] Man beachte, daß der Vierergradient mit unterem Index definiert ist als $\partial_\mu = (\partial/\partial t, \vec{\nabla})$, der mit oberem Index aber als $\partial^\mu = (\partial/\partial t, -\vec{\nabla})$. Außerdem ist $A_\mu = (V, -\vec{A})$, im Unterschied zu $A^\mu = (V, \vec{A})$). Mehr über diese Schreibweise findet man in Lehrbüchern über Spezielle Relativitätstheorie, siehe z. B. [Sc 05].

neben der Eichinvarianz auch die in der Teilchenphysik zu erfüllende Invarianz gegenüber Lorentz-Transformationen gewährleistet.

Die Forderung nach Invarianz gegenüber den Eichtransformationen (5.14) erweist sich somit als dynamisches Prinzip, das die Ankopplung der elektromagnetischen Potentiale (des Eichfeldes) an das geladene Materiefeld $\psi(x)$ bestimmt. Der elektrischen Ladung e kommt dabei die Rolle einer universellen Kopplungskonstanten zu. Wegen der erfolgreichen Anwendung des Eichprinzips bei der elektromagnetischen Wechselwirkung mit der inneren Symmetrie $U(1)$ liegt der Gedanke an Verallgemeinerungen auf den Fall höherer Symmetrien nahe. Dies führt zu der Vorstellung, daß die anderen Wechselwirkungen ebenfalls durch Eichfelder beschrieben werden können. Das Eichprinzip wird damit zur Grundlage einer einheitlichen Beschreibung der Wechselwirkungen zwischen Elementarteilchen.

Dieses einfache, ästhetisch befriedigende und folgenreiche Prinzip wird im Rahmen der lokalen Quantenfeldtheorie am ehesten verständlich. In der Quantentheorie ist der durch eine Wellenfunktion $\psi(x)$ beschriebene Zustand nicht direkt beobachtbar, sondern nur die Wahrscheinlichkeitsdichte $|\psi(x)|^2$ bzw. die mit ψ^* und ψ zu bildenden Erwartungswerte von Observablen. Somit kann ψ ohne feststellbare Folgen mit einem Phasenfaktor multipliziert werden,

$$\psi' = e^{i\alpha}\psi.$$

Wie wir gesehen haben, ist die Wellengleichung eines freien Teilchens invariant bei dieser Transformation, wenn der Phasenparameter α konstant ist, d. h. wenn er für alle Orte (im Universum) und alle Zeiten gleich gewählt wird. Würde man etwa die Phase α hier und jetzt ändern, dann müßten demnach die Phasen der Zustände auch „hinter dem Mond" gleichzeitig um den gleichen Betrag geändert werden. Dies würde eine instantane Übermittlung von Information erfordern und wäre somit im Widerspruch zu der in der lokalen Feldtheorie gültigen kausalen Ausbreitung von Wirkungen (Signalen) mit endlicher Geschwindigkeit $\leq c$. Man beachte auch, daß nach dem Einsteinschen Relativitätsprinzip zwischen raumartig zueinander gelegenen Ereignissen im Minkowski-Raum kein kausaler Zusammenhang besteht und eine eventuelle Vereinbarung über die Gleichheit der Phasen an solchen Punkten gar nicht getroffen werden kann. Wenn es also auf die Phase der Wellenfunktion nicht ankommt, dann sollte die Wahl in jedem Labor zu jeder Zeit frei sein, d. h. an verschiedenen Raum-Zeit-Punkten sollte die Phase unterschiedliche Werte annehmen dürfen, $\alpha = \alpha(x)$.

Um die Zustände mit unterschiedlichen Phasen an verschiedenen Weltpunkten, die zeitartig zueinander liegen, vergleichen zu können, hat man die entsprechende Information zu übertragen. Dies sollte aufgrund der kausalen Gesetze der Physik vermittels weiterer dynamischer Variabler geschehen, die lokalen Bewegungsgleichungen genügen, d. h. ein Feld darstellen. Dieses Feld stiftet den Zusammenhang zwischen den Zuständen $\psi(x)$ mit unterschiedlichen Phasen an den verschiedenen Weltpunkten $\{x^0, \vec{x}\}$. So ist z. B. eine lokale Änderung der Phase des Schrödinger-Feldes $\psi(x)$, das als Koordinate im Ladungsraum aufgefaßt werden kann, mit dem Auftreten der elektromagnetischen Potentiale $A_\mu(x)$ verbunden.

Man erkennt hier die enge Analogie zur Einsteinschen Gravitationstheorie, in der eine von Ort zu Ort verschiedene Änderung des Koordinatensystems zu den Gravitationspotentialen führt. So wie in der differentialgeometrischen Formulierung der allgemeinen Relativitätstheorie die Parallelverschiebung eines Vektors im Riemannschen Raum durch die Christoffel-Symbole (die „Koeffizienten des Zusammenhangs") vermittelt wird, erfolgt der parallele Transport der Größe $\psi(x)$ im Ladungsraum durch die elektromagnetischen Potentiale A_μ. Entsprechend die-

5 Eichsymmetrien als dynamisches Prinzip

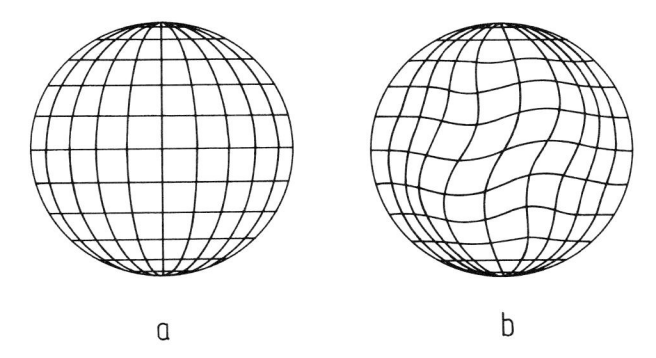

Abb. 5.1: Ein Modell zur Veranschaulichung der durch Eichsymmetrien induzierten Wechselwirkungen. Die Lagen der Punkte auf der Oberfläche eines ideal kugelförmigen Ballons werden durch eine Drehung (globale Symmetrietransformation) alle in gleicher Weise verändert (a). Bei einer lokalen Symmetrietransformation werden die Punkte dagegen unabhängig voneinander auf der Ballonfläche verschoben (b). Die dadurch entstehende Verspannung der Ballonhaut führt auf (elastische) Kräfte zwischen den Punkten.

ser Analogie kann man vom Relativitätsprinzip im Ladungsraum sprechen. Dieses Prinzip ist zuerst von H. Weyl [We 29] eingeführt worden. Danach beschreiben die Feldkonfigurationen $\psi(x)$, $A_\mu(x)$ und $e^{i\alpha(x)}\psi(x)$, $A_\mu(x)+i\partial_\mu\alpha(x)$ die gleiche physikalische Situation. Ausgehend von der allgemeinen Gültigkeit des Eichprinzips kann man auch umgekehrt die Gravitationstheorie als Eichtheorie im Koordinatenraum auffassen, wenn man die (globale) Invarianz gegenüber den linearen Koordinatentransformationen der speziellen Relativitätstheorie zu einer lokalen Invarianz verallgemeinert.

Auch bei geringen Kenntnissen über den Ablauf physikalischer Vorgänge kann man die besondere Rolle der Eichsymmetrie einsehen. Dazu ist es nützlich, den Unterschied zwischen globalen und lokalen Symmetrien mit Hilfe des folgenden Beispiels zu illustrieren. Man betrachte einen ideal kugelförmigen Ballon, auf dem Längen- und Breitenkreise eingezeichnet sind, so daß die Lage der Punkte auf der Oberfläche durch die Angabe von Länge und Breite bestimmt ist (Abb. 5.1).

Wenn man den Ballon um irgendeine durch den Mittelpunkt gehende Achse dreht, erhält man eine globale Symmetrietransformation. Diese Drehung ist eine Symmetrieoperation, weil der Ballon dabei seine sphärische Gestalt behält; sie ist global, weil die Lagen der Punkte auf der Oberfläche durch die Drehung um einen Winkel in gleicher Weise verändert werden. Würde man andererseits die Punkte unabhängig voneinander auf der Ballonfläche (d. h. bei festem Abstand zum Mittelpunkt) zu neuen Positionen verschieben, dann wäre auch dies eine Symmetrietransformation, denn der Ballon behält seine Form. Weil aber jeder Punkt unabhängig von seinen Nachbarpunkten transformiert wird, handelt es sich hier jedoch um eine lokale Symmetrie. Bemerkenswert ist nun, daß bei der lokalen Symmetrieoperation die Ballonhaut verspannt wird und somit (elastische) Kräfte zwischen den gegeneinander verschobenen Punkten auftreten. In ähnlicher Weise treten Kräfte immer dann auf, wenn eine physikalische Theorie eine lokale Symmetrie (d. h. Eichsymmetrie) besitzt. Wenn also ein physikalisches Gesetz einer globalen Symmetrie genügt, dann kann die stärkere Forderung nach Invarianz gegenüber den lokalen Transformationen nur durch die Einführung neuer Felder erfüllt werden, d. h. es tritt eine durch diese Eichfelder vermittelte Wechselwirkung auf.

Die Idee, daß die Dynamik in dieser Weise mit der Forderung nach lokaler Invarianz zusammenhängt, hat sich als sehr fruchtbar erwiesen. Nach heutiger Auffassung können alle bekannten fundamentalen Wechselwirkungen als Eichtheorien formuliert werden. So konnte R. Utiyama [Ut 56] zur Gravitationstheorie gelangen, indem er die (globalen) Koordinatentransformationen der speziellen Relativitätstheorie zu lokalen Transformationen erweiterte. Wie im Fall des elektromagnetischen Feldes zieht auch hier die mehr einschränkende Forderung nach lokaler Invarianz die Existenz eines neuen Feldes, des Gravitationsfeldes, nach sich, wobei die Form der Wechselwirkung ebenfalls bestimmt ist. Auch die anderen beiden Wechselwirkungen, die starke Wechselwirkung zwischen Quarks und die schwache Wechselwirkung der Quarks und Leptonen, können als Eichtheorien beschrieben werden. Die bei diesen Wechselwirkungen zugrundeliegenden inneren Symmetrien sind die höheren unitären Gruppen $SU(2)$ bzw. $SU(3)$. Das Eichprinzip ist also auf den Fall dieser Gruppen zu verallgemeinern.

5.3 Höhere Eichsymmetrien

Die Verallgemeinerung von $SU(2)$ zu einer lokalen Symmetrie (Eichsymmetrie) ist zuerst von C. N. Yang und R. L. Mills [Ya 54] vorgeschlagen worden.[21] Sie versuchten damit, ausgehend vom Isospin der Hadronen, die starke Wechselwirkung als Eichtheorie zu beschreiben. Die dabei einzuführenden Eichfelder werden daher auch Yang-Mills-Felder genannt. Dieser Vorschlag einer durch Eichfelder vermittelten fundamentalen Wechselwirkung der Hadronen war jedoch nicht mit den experimentellen Tatsachen in Einklang zu bringen. Nach heutiger Erkenntnis hat man eine Stufe tiefer anzusetzen, d. h. man geht nicht von den Hadronen selbst, sondern von deren Bestandteilen, den Quarkteilchen, aus und formuliert die Eichtheorie der starken Wechselwirkung zunächst zwischen den Quarks. Wegen der besonderen Eigenschaften der Quarks hat man dabei nicht von $SU(2)$, sondern von der Gruppe $SU(3)$ auszugehen. Die Kernkräfte zwischen den aus Quarks zusammengesetzten Hadronen sind dann als Auswirkungen dieser fundamentalen starken Wechselwirkung aufzufassen.[22]

Als einfachstes Beispiel einer nichtabelschen Gruppe wollen wir zunächst die Gruppe $SU(2)$ betrachten. Wir werden dabei erkennen, in welcher Weise das Eichprinzip auf den Fall höherer unitärer Gruppen zu verallgemeinern ist. Wie im Abschnitt 3.12 gezeigt wurde, können durch die verschiedenen Darstellungen von $SU(2)$ die Freiheitsgrade des Isospins von Hadronen beschrieben werden. Es sei jedoch bereits hier betont, daß bei der späteren Anwendung von $SU(2)$ als Eichsymmetrie der schwachen Wechselwirkung der dort einzuführende „schwache Isospin", den wir mit t bezeichnen werden, von dem Isospin der Hadronen in der Kernphysik zu unterscheiden ist. Nur die abstrakte Symmetriegruppe ist in beiden Fällen $SU(2)$. Wenn wir also in der folgenden Diskussion der Eichtheorien die Bezeichnung „Isospin" verwenden, dann sollte dies nicht mit dem in der Kernphysik vorkommenden hadronischen Isospin verwechselt werden.

Bei der Verallgemeinerung des Eichprinzips auf die innere Symmetriegruppe $SU(2)$ halten wir uns an das Vorbild der Elektrodynamik. Wir gehen aus von der fundamentalen Darstellung

---

[21] Die gleiche Idee wurde auch in einer jedoch unveröffentlichten Dissertation von R. Shaw geäußert [Sh 55].
[22] Die Aufklärung dieses Zusammenhanges ist heute Gegenstand intensiver Forschung.

5 Eichsymmetrien als dynamisches Prinzip

von $SU(2)$, d. h. also den Spinoren im Isoraum (siehe Abschnitt 3.12),

$$\psi(x) = \begin{pmatrix} \psi_1(x) \\ \psi_2(x) \end{pmatrix}. \tag{5.25}$$

Die $SU(2)$-Transformationen dieser Größen im Isoraum lauten (siehe Gl. 3.71)

$$\psi'(x) = e^{ig\frac{1}{2}\tau_a\alpha_a}\psi(x). \tag{5.26}$$

Hierbei sind die 2×2-Matrizen $\tau_a (a = 1, 2, 3)$ mit den Paulischen Spinmatrizen (3.27) identisch. Die erzeugenden Operatoren $\frac{1}{2}\tau_a$ erfüllen die für die Gruppe $SU(2)$ charakteristischen Vertauschungsrelationen mit den Strukturkonstanten ε_{abc}:[23]

$$\left[\frac{\tau_a}{2}, \frac{\tau_b}{2}\right] = i\varepsilon_{abc}\frac{\tau_c}{2}. \tag{5.27}$$

Über doppelt vorkommende Indizes ist zu summieren. Die Summe $\tau_a\alpha_a = \tau_1\alpha_1 + \tau_2\alpha_2 + \tau_3\alpha_3$ kann man auch als inneres Produkt der Vektoren im Isoraum $\vec{\tau}$ und $\vec{\alpha}$ auffassen. Im Exponenten von (5.26) wurde der konstante Faktor g hervorgehoben, um die Analogie zum elektromagnetischen Fall mit $U(1)$ (siehe Gl. 5.14) zu betonen. Analog zur Ladung e bedeutet dann g eine dimensionslose Kopplungskonstante.

Bei konstanten Gruppenparametern α_a sind die Wellengleichungen freier Teilchen, z. B. die Dirac-Gleichung

$$(i\gamma^\mu\partial_\mu - m)\psi(x) = 0, \tag{5.28}$$

invariant gegenüber den Transformationen (5.26). Dies trifft jedoch nicht mehr zu, wenn man koordinatenabhängige Parameter $\alpha_a(x)$ zuläßt, d. h. zur Eichgruppe $SU(2)$ übergeht, wie es das Eichprinzip verlangt. Die in der Wellengleichung (5.28) vorkommenden Ableitungen wirken dann auch auf die Phasenfaktoren $\alpha_a(x)$. Um die dadurch entstehenden zusätzlichen Terme zu kompensieren, hat man drei Eichfelder $W_\mu^a(x)(a = 1, 2, 3)$ einzuführen, die außerdem bei der Transformation umzueichen sind. Nach dem Vorbild der Elektrodynamik benutzt man wieder verallgemeinerte Ableitungen. Die Invarianz der Wellengleichung (5.28) gegenüber der Eichgruppe $SU(2)$ kann erreicht werden, wenn man statt ∂_μ die verallgemeinerten Ableitungen D_μ einführt:

$$\partial_\mu \to D_\mu = \partial_\mu + ig\frac{1}{2}\tau_a W_\mu^a(x). \tag{5.29}$$

Dieser Operator wirkt auf den zweikomponentigen Isospinor $\psi(x)$ (5.25). Die drei unabhängigen Eichfelder $W^a(x)$ können als die Komponenten eines Vektors im Isoraum (bezüglich der globalen $SU(2)$) aufgefaßt werden,

$$\vec{W}_\mu = (W_\mu^1, W_\mu^2, W_\mu^3).$$

---

[23] Die Strukturkonstanten von $SU(2)$ sind folgendermaßen definiert:

$$\varepsilon_{abc} = \begin{cases} +1 & \text{für eine gerade Permutation von } 1, 2, 3. \\ -1 & \text{für eine ungerade Permutation von } 1, 2, 3. \\ 0 & \text{wenn zwei der Indizes gleich sind.} \end{cases}$$

Das innere Produkt mit $\vec{\tau}$ ergibt dann die 2×2-Matrix

$$\vec{\tau} \cdot \vec{W}_\mu = \begin{pmatrix} W_\mu^3 & W_\mu^1 - \mathrm{i} W_\mu^2 \\ W_\mu^1 + \mathrm{i} W_\mu^2 & -W_\mu^3 \end{pmatrix}.$$

Wie in der Elektrodynamik ist die Forminvarianz der Wellengleichung dann gesichert, wenn die verallgemeinerten Ableitungen wie die Felder selbst transformiert werden,

$$D'_\mu \psi' = U[\vec{a}(x)](D_\mu \psi). \tag{5.30}$$

Ausgeschrieben bedeutet diese Bedingung:

$$\left(\partial_\mu + \mathrm{i} g \frac{1}{2} \vec{\tau} \cdot \vec{W}'_\mu \right) U \psi = U \left(\partial_\mu + \mathrm{i} g \frac{1}{2} \vec{\tau} \cdot \vec{W}_\mu \right) \psi. \tag{5.31}$$

Hieraus kann das Transformationsgesetz (Umeichung) der drei Eichfelder W_μ^a ermittelt werden. Es ist dabei zweckmäßig, die folgende Matrix der Eichfelder einzuführen:

$$W_\mu = \frac{1}{2} \vec{\tau} \cdot \vec{W}_\mu. \tag{5.32}$$

Indem man zunächst die Ableitungen bildet und dabei berücksichtigt, daß U von x abhängt, also $\partial_\mu(U\psi) = (\partial_\mu U)\psi + U(\partial_\mu \psi)$ gilt, und dann die Matrix W'_μ in (5.31) isoliert, erhält man schließlich das Transformationsgesetz

$$W'_\mu = U W_\mu U^{-1} + \mathrm{i} \frac{1}{g} (\partial_\mu U) U^{-1}. \tag{5.33}$$

Die Verallgemeinerung, die diese Gleichung gegenüber der früheren Umeichung der elektromagnetischen Potentiale A_μ (5.14) darstellt, ist unmittelbar zu erkennen. Im Fall $U(1)$ nämlich vertauschen U und W_μ, so daß der erste Term das Feld selbst ergibt, während die Ableitung $\partial_\mu U = \mathrm{i} g \partial_\mu \alpha(x) U$ liefert, so daß mit den Umbenennungen $W_\mu \to A_\mu$, $g\alpha \to e\lambda$ (5.14) resultiert. Im Vergleich zur abelschen Gruppe $U(1)$ zeigt sich jedoch ein wesentlicher Unterschied. Sieht man etwa von der Ortsabhängigkeit der Gruppenparameter ab (globale $SU(2)$-Symmetrie), dann gibt der zweite Term wegen $\partial_\mu U = 0$ keinen Beitrag. Der verbleibende Term $U W_\mu U^{-1}$ bringt andererseits zum Ausdruck, daß die Eichfelder W_μ^a wie die Komponenten eines Vektors im Isoraum transformiert werden. Dies bedeutet aber, daß sie die entsprechenden inneren Quantenzahlen besitzen und diese beim Austausch während der Wechselwirkung übertragen. Da die Eichfelder W_μ^a nicht „neutral" sind, können demnach nichtabelsche Eichfelder auch direkt miteinander wechselwirken. Im Gegensatz dazu ist die innere Quantenzahl des zu $U(1)$ gehörenden Eichfeldes $A_\mu(x)$ gleich Null. Dies entspricht der Tatsache, daß Photonen elektrisch neutral sind, somit beim Austausch keine elektrische Ladung übertragen und auch keine direkte Wechselwirkung untereinander zeigen. Photonen sind also, von diesem allgemeinen Standpunkt aus betrachtet, sehr merkwürdige Teilchen. Wegen ihrer Neutralität können sie sich gegenseitig nicht „sehen", höchstens indirekt über ihre Wechselwirkung mit geladenen Materiefeldern ψ.

5 Eichsymmetrien als dynamisches Prinzip

Die Gleichung (5.33) kann erheblich vereinfacht werden, wenn man sich auf die in den meisten Fällen ausreichenden infinitesimalen Transformationen

$$U = 1 + \mathrm{i}g\frac{1}{2}\tau_a\delta\alpha_a \tag{5.34}$$

beschränkt. Bei Vernachlässigung der infinitesimalen Terme zweiter Ordnung $(\delta\alpha)^2$ erhält man aus (5.33)

$$W'^a_\mu = W^a_\mu - \partial_\mu\delta\alpha^a - g\varepsilon_{abc}\delta\alpha^b W^c_\mu. \tag{5.35}$$

Man beachte, daß der bei nichtabelschen Gruppen auftretende dritte Term durch die Strukturkonstanten der betreffenden Gruppe (hier ε_{abc}) bestimmt ist.

Nach dem Eichprinzip lautet nun die gegenüber der Eichgruppe $SU(2)$ invariante Dirac-Gleichung für den Isospinor ψ (5.25)

$$(\mathrm{i}\gamma^\mu D_\mu - m)\psi(x) = 0, \quad D_\mu = \partial_\mu + \mathrm{i}g\frac{1}{2}\vec{\tau}\cdot\vec{W}_\mu. \tag{5.36}$$

Diese Gleichung beschreibt die Kopplung des Materiefeldes ψ an die (äußeren) Eichfelder W^a_μ.

Bisher haben wir als einfachstes Beispiel die fundamentale Darstellung von $SU(2)$ mit der Isospinquantenzahl $t = \frac{1}{2}$ (Isospinor) betrachtet. Nun können die Materiefelder auch zu anderen Darstellungen von $SU(2)$ gehören. Allgemein werden Teilchen mit dem Isospin t durch $(2t+1)$-komponentige Größen $\psi^{(t)}$ im Isoraum beschrieben. Dementsprechend werden die drei erzeugenden Operatoren der Gruppe durch $(2t+1)\times(2t+1)$-Matrizen $T_1^{(t)}$, $T_2^{(t)}$, $T_3^{(t)}$ dargestellt, die auf die $2t+1$ Komponenten von $\psi^{(t)}$ wirken. Sie genügen den die Gruppe definierenden Vertauschungsrelationen,

$$[T_a^{(t)}, T_b^{(t)}] = \mathrm{i}\varepsilon_{abc}T_c^{(t)}. \tag{5.37}$$

In einer solchen Darstellung lautet die lokale $SU(2)$-Transformation

$$\psi'^{(t)}(x) = \exp\left(\mathrm{i}g\,T_a^{(t)}\alpha_a(x)\right)\psi^{(t)}(x). \tag{5.38}$$

Aus dem Vergleich mit dem Fall des Isospinors (5.26) ist zu entnehmen, daß die obigen, zunächst für Spinoren im Isoraum abgeleiteten Ergebnisse auf den Fall beliebiger Darstellungen von $SU(2)$ übertragen werden können, indem man statt $\frac{1}{2}\tau_a$ die entsprechenden Darstellungsmatrizen $T_a^{(t)}$ der erzeugenden Operatoren setzt. Zum Beispiel lautet die verallgemeinerte Ableitung dann:

$$D_\mu = \partial_\mu + \mathrm{i}g\,T_a^{(t)}W^a_\mu(x). \tag{5.39}$$

Als bemerkenswerte Tatsache ist hervorzuheben, daß alle Materiefelder (Teilchen), auch wenn sie verschiedenen Darstellungen von $SU(2)$ angehören, mit der gleichen Konstanten g an die Eichfelder W^a_μ ankoppeln. Allgemein braucht für jede nichtabelsche Eichgruppe jeweils nur eine Kopplungskonstante g eingeführt zu werden. Im Fall der Elektrodynamik (abelsche Eichtheorie) ist die Situation anders, da hier jedes geladene Feld an das Eichfeld A_μ je nach der Stärke seiner Ladung ($e, 3e, -5e, \ldots$) gekoppelt wird. Diese verschiedenen Werte der

Kopplungen, die als Vielfache der Elementarladung e auftreten, sind nur im abelschen Feld möglich. Ersetzt man nämlich in der kovarianten Ableitung (5.23) die Konstante e durch λe, so kann man den konstanten Faktor λ kompensieren, indem man in der Umrechnungsvorschrift für A_μ (5.24) den zweiten Term mit λ erweitert:

$$A_\mu \to A'_\mu = A_\mu - \frac{1}{\lambda e}\frac{\partial}{\partial x^\mu}(\lambda\alpha).$$

Transformiert man nun das betreffende Feld nicht mit $e^{i\alpha(x)}$, sondern mit $e^{i\lambda\alpha(x)}$, so bleibt die Eichinvarianz bestehen. Im nichtabelschen Fall ist jedoch diese Erweiterung mit einer Konstanten wegen des zweiten Terms in der Umeichungsvorschrift (5.35) nicht mehr möglich. Die darin vorkommenden Strukturkonstanten ε_{abc} sind durch die Vertauschungsregeln für die Erzeugenden der gewählten Gruppe (hier $SU(2)$) bestimmt und können nicht verändert werden. Der Maßstab für g ist somit festgelegt. Im Unterschied dazu ist bei der abelschen Eichtheorie der Maßstab für die Kopplungskonstante e nicht fixiert, so daß jedes elektrisch geladene Materiefeld im Prinzip eine beliebige Ladung haben könnte. Somit bleibt die Tatsache rätselhaft, daß die elektrische Ladung „quantisiert" ist, d. h. nur bestimmte Vielfache der Elementarladung e vorkommen. Dies ist einer der Gründe für die Versuche, die elektromagnetische Eichtransformation in eine größere nichtabelsche Gruppenstruktur einzubetten. Auf solche Bestrebungen der Konstruktion einer großen Vereinigung der starken, schwachen und elektromagnetischen Wechselwirkungen werden wir in einem späteren Abschnitt zurückkommen. Eine wichtige Größe ist ferner der aus den nichtabelschen Eichfeldern W_μ^a zu bildende Feldstärketensor. Um die Verallgemeinerung des elektromagnetischen Feldstärketensors

$$F_{\mu\nu} = \partial_\mu A_\nu - \partial_\nu A_\mu \tag{5.40}$$

zu finden, sei zunächst daran erinnert, daß in der Elektrodynamik die verallgemeinerten Ableitungen (5.23) nicht vertauschen, sondern man

$$(D_\mu D_\nu - D_\nu D_\mu)\phi(x) = \mathrm{i}eF_{\mu\nu}\phi(x) \tag{5.41}$$

erhält, wobei $F_{\mu\nu}$ der eichinvariante Feldstärketensor (5.40) ist. Eine entsprechende Gleichung kann man zur Definition des verallgemeinerten Feldstärketensors benutzen. Im Falle der Eichgruppe $SU(2)$ erhält man mit

$$D_\mu = \partial_\mu + \mathrm{i}g\tfrac{1}{2}\tau_a W_\mu^a,$$

also in der fundamentalen Darstellung ($t = \tfrac{1}{2}$),

$$(D_\mu D_\nu - D_\nu D_\mu)\psi(x) = \mathrm{i}g\frac{\tau_a}{2}F_{\mu\nu}^a\psi(x). \tag{5.42}$$

Hier wurde der zu den Eichfeldern W_μ^a gehörende verallgemeinerte Feldstärketensor $F_{\mu\nu}^a$ eingeführt,

$$F_{\mu\nu}^a = \partial_\mu W_\nu^a - \partial_\nu W_\mu^a - g\varepsilon_{abc}W_\mu^b W_\nu^c. \tag{5.43}$$

Aus der Gleichung (5.42) folgt unmittelbar, daß die Größen $F_{\mu\nu}^a$ ($a = 1, 2, 3$) wie die Komponenten eines Vektors im Isoraum transformiert werden. In Vektorschreibweise lautet die Definitionsgleichung von $\vec{F}_{\mu\nu}$

$$\vec{F}_{\mu\nu} = \partial_\nu \vec{W}_\nu - \partial_\nu \vec{W}_\mu - g[\vec{W}_\mu \times \vec{W}_\nu]. \tag{5.44}$$

Das Quadrat dieses Vektors $\vec{F}_{\mu\nu} \cdot \vec{F}^{\mu\nu}$ ist dann eine eichinvariante Größe. Man beachte, daß die Definition des Feldstärketensors (5.43) von der benutzten Spinordarstellung nicht abhängt. Im Fall der abelschen Eichgruppe $U(1)$ geht $F^a_{\mu\nu}$ in den Tensor der elektromagnetischen Feldstärken über. Der dritte Term in (5.43) beschreibt den wesentlichen neuen Gesichtspunkt, der bei nichtabelschen Eichtheorien hinzukommt. Die physikalische Bedeutung dieses in den Eichfeldern nichtlinearen Terms besteht darin, daß er der bereits erwähnten Wechselwirkung der Eichfelder $W^1_\mu, W^2_\mu, W^3_\mu$ untereinander entspricht. Da die Felder W^a_μ innere „Ladungen" (wie Isospin) tragen, können sie auch an diese Ladungen direkt koppeln. Im Gegensatz dazu ist das Photon elektrisch neutral und besitzt daher diese direkte Selbstwechselwirkung nicht.

Wir wenden uns nun wieder den Bewegungsgleichungen der Felder (Feldgleichungen) zu. Wenn das in Gl. (5.36) vorkommende Eichfeld W_μ nicht nur ein von außen vorgeschriebenes Feld sein soll, muß eine Rückkopplung von W^a_μ an das Materiefeld ψ vorhanden sein. Das heißt, zur Vervollständigung des aus ψ und W^a_μ bestehenden dynamischen Systems sind außerdem diejenigen Feldgleichungen anzugeben, welche die Eichfelder durch ihre in der Materie vorhandenen Quellen bestimmen. In der Elektrodynamik sind dies die bekannten Maxwell-Gleichungen,

$$\partial_\nu F^{\mu\nu} = -j^\mu, \quad j^\mu = e\overline{\psi}\gamma^\mu\psi, \tag{5.45}$$

in denen als Quelle (Inhomogenität) die Ladungs- und Stromdichte $j^\mu = (\varrho, \vec{j})$ vorkommen, die als beobachtbare Größen bilinear durch das Dirac-Feld ψ und das dazu adjungierte Feld $\overline{\psi} = \psi^+\gamma^0$ ausgedrückt werden.[24]

Im Fall der $SU(2)$-Symmetrie wird diese Gleichung verallgemeinert, indem man statt $F_{\mu\nu}$ (5.40) den verallgemeinerten Feldstärketensor $\vec{F}_{\mu\nu}$ (5.44) setzt und dementsprechend auf der rechten Seite die Komponenten des Isovektors der Viererstromdichte benutzt:

$$j^\mu_a = g\overline{\psi}\gamma^\mu\frac{\tau_a}{2}\psi. \tag{5.46}$$

Außerdem erwartet man einen zusätzlichen Term, der wegen der Vertauschungsrelationen der Gruppe (5.27) vorkommen und somit die Strukturkonstanten von $SU(2)$ enthalten sollte. Dieser Term sei zunächst ohne Herleitung angegeben. Die verallgemeinerten Feldgleichungen für $F^{\mu\nu}_a$ lauten mit (5.46)

$$\partial_\nu F^{\mu\nu}_a - g\,\varepsilon_{abc}W^b_\lambda F^{c\lambda\mu} = -j^\mu_a. \tag{5.47}$$

Ein systematischer Weg zu dieser Gleichung führt über das von der klassischen Mechanik her bekannte Hamiltonsche Prinzip (Prinzip der kleinsten Wirkung), das man auch für Felder formulieren kann. Hierbei werden die Felder $\psi(x)$, bzw. $W^a_\mu(x)$ als die verallgemeinerten Koordinaten q_i aufgefaßt. Die Vierergradienten der Felder, z. B. $\partial_\mu\psi$, entsprechen dann den Geschwindigkeiten $\dot{q}_i$.[25] Die für die Theorie geltenden Symmetrien sind einfach zu erfüllen, indem man verlangt, daß das Wirkungsintegral,

$$S = \int d^4x\,\mathcal{L}(\psi, \partial_\mu\psi), \tag{5.48}$$

---

[24] Hier wird das rationalisierte Gaußsche Maßsystem benutzt, d. h. der Faktor 4π tritt nicht in den Maxwell-Gleichungen, sondern beim Coulomb-Gesetz auf. Außerdem wurden die Einheiten so gewählt, daß $c = 1$ ist.

[25] Nähere Erläuterungen zum Lagrange-Formalismus der Felder findet man in [Go 91, Kap. 11], [Sc 05, Abschn. 7.8].

gegenüber allen Symmetrietransformationen invariant ist. Der von den Feldern und deren Ableitungen abhängige Integrand $\mathcal{L}(\psi, \partial_\mu \psi)$ wird dann wie eine skalare Dichte transformiert und daher auch Lagrange-Dichte genannt.[26] Die nach dem Variationsprinzip $\delta S = 0$ folgenden Euler-Lagrangeschen Gleichungen,

$$\partial_\nu \frac{\partial \mathcal{L}}{\partial \partial_\nu \psi} - \frac{\partial \mathcal{L}}{\partial \psi} = 0, \tag{5.49}$$

ergeben dann die Feldgleichungen. So wird durch Angabe der Lagrange-Dichte eine Theorie in kompakter und übersichtlicher Form zusammengefaßt. Wegen der leicht feststellbaren Symmetrieeigenschaften ist die Lagrange-Dichte insbesondere bei der Formulierung von Eichtheorien sehr nützlich.

Wir wollen zunächst als Beispiel die Feldgleichungen der Quantenelektrodynamik (QED) aus der entsprechenden Lagrange-Dichte gewinnen. Wegen der zu erfüllenden Invarianz gegenüber Lorentz-Transformationen lautet die Lagrange-Dichte des freien Dirac-Feldes $\psi(x)$,

$$\mathcal{L}_\psi = \overline{\psi} \mathrm{i} \gamma^\mu \partial_\mu \psi - m \overline{\psi} \psi. \tag{5.50}$$

Der erste Summand wird kinetischer Term, der zweite Massenterm genannt. Bei einem masselosen Teilchen $(m=0)$ kommt nur der kinetische Term vor. Variiert man nun das adjungierte Dirac-Feld $\overline{\psi}$, dann folgt nach den (mit $\overline{\psi}$ zu bildenden) Euler-Lagrangeschen Gleichungen (5.49) die freie Dirac-Gleichung für ψ (5.28). Die Lagrange-Dichte für das an das äußere Feld A_μ gekoppelte Dirac-Feld kann man nun nach dem Eichprinzip sofort hinschreiben, indem man ∂_μ in $\mathcal{L}_\psi$ durch die verallgemeinerten Ableitungen D_μ (5.23) ersetzt:

$$\overline{\psi} \mathrm{i} \gamma^\mu D_\mu \psi - m \overline{\psi} \psi = \mathcal{L}_\psi - e \overline{\psi} \gamma^\mu \psi A_\mu. \tag{5.51}$$

Wie man sieht, wird damit der Term

$$\mathcal{L}_w = -j^\mu A_\mu, \quad j^\mu = e \overline{\psi} \gamma^\mu \psi \tag{5.52}$$

zu $\mathcal{L}_\psi$ addiert. Dies ist aber die aus der Elektrodynamik bekannte Lagrange-Dichte der Wechselwirkung. Die mit $\overline{\psi}$ aus $\mathcal{L}_\psi + \mathcal{L}_w$ gebildeten Euler-Lagrangeschen Gleichungen (5.49) ergeben dann die eichinvariante Dirac-Gleichung für das an A_μ gekoppelte Feld ψ,

$$(\mathrm{i} \gamma^\mu D_\mu - m) \psi = 0. \tag{5.53}$$

Um das System zu vervollständigen, d. h. die Rückwirkung der Ladungen (Materie) auf das elektromagnetische Feld mit einzubeziehen, hat man die Lagrange-Dichte $\mathcal{L}_\psi + \mathcal{L}_w$ durch einen eichinvarianten Beitrag $\mathcal{L}_F$ zu ergänzen, der nur elektromagnetische Feldgrößen enthält. Die Bedingung der relativistischen Invarianz und der Eichinvarianz führen zu folgendem Ausdruck für die Lagrange-Dichte des freien elektromagnetischen Feldes:

$$\mathcal{L}_F = -\tfrac{1}{4} F_{\mu\nu} F^{\mu\nu}. \tag{5.54}$$

---

[26] Das räumliche Integral über $\mathcal{L}$ entspricht der Lagrange-Funktion in der Mechanik.

5 Eichsymmetrien als dynamisches Prinzip

Da die Masse des Photons gleich Null ist, kommt nur der kinetische Term vor. Der relativistisch invariante Massenterm $m^2 A_\mu A^\mu$ würde die Eichinvarianz verletzen. Nach dem Variationsprinzip folgen nun aus den mit der vollständigen Lagrange-Dichte der Quantenelektrodynamik,

$$\mathcal{L} = \mathcal{L}_F + \mathcal{L}_\psi + \mathcal{L}_w = -\tfrac{1}{4} F_{\mu\nu} F^{\mu\nu} + \overline{\psi}(\mathrm{i}\gamma^\mu D_\mu - m)\psi, \tag{5.55}$$

gebildeten Euler-Lagrangeschen Gleichungen:

$$\partial_\nu \frac{\partial \mathcal{L}}{\partial \partial_\nu A_\mu} - \frac{\partial \mathcal{L}}{\partial A_\mu} = 0, \tag{5.56}$$

die bekannten Maxwell-Gleichungen (5.45). Die Feldgleichungen für die gekoppelten Felder ψ und A_μ,

$$\begin{aligned}(\mathrm{i}\gamma^\mu \partial_\mu - m)\psi &= e\gamma^\mu A_\mu \psi \\ \partial_\nu F^{\mu\nu} &= -e\overline{\psi}\gamma^\mu \psi,\end{aligned} \tag{5.57}$$

beschreiben dann zusammen das System vollständig.

Nach diesen Vorbereitungen wird die Verallgemeinerung auf den Fall nichtabelscher Eichsymmetrien einfach. Bei der bisher betrachteten Gruppe $SU(2)$ hat man z. B. anstelle von (5.23) die verallgemeinerten Ableitungen (5.29) in die Lagrange-Dichte $\mathcal{L}_\psi$ (5.50) einzusetzen und die Lagrange-Dichte der Eichfelder (5.54) durch die mit den Feldstärketensoren $F^a_{\mu\nu}$ (5.44) gebildete Lagrange-Dichte

$$\mathcal{L}_{\text{Eich}} = -\tfrac{1}{4} F^a_{\mu\nu} F_a^{\mu\nu} \tag{5.58}$$

zu ersetzen, die gegenüber der Eichgruppe $SU(2)$ invariant ist.

Aus der so gewonnenen Lagrange-Dichte,

$$\mathcal{L} = -\tfrac{1}{4} F^a_{\mu\nu} F_a^{\mu\nu} + \overline{\psi}(\mathrm{i}\gamma^\mu D_\mu - m)\psi, \tag{5.59}$$

folgen durch Variation von $\overline{\psi}$ bzw. W^a_μ die gekoppelten Feldgleichungen

$$(\mathrm{i}\gamma^\mu \partial_\mu - m)\psi = g \frac{\tau_a}{2} W^a_\mu \gamma^\mu \psi \tag{5.60a}$$

$$\partial_\nu F^{\mu\nu}_a - g\varepsilon_{abc} W^b_\lambda F^{c\lambda\mu} = -g\overline{\psi}\gamma^\mu \frac{\tau_a}{2}\psi, \tag{5.60b}$$

in denen die Felder ψ und W^a_μ sich gegenseitig bestimmen. Mit der Definition der Stromdichte (5.46) erkennen wir in den Gleichungen (5.60) die verallgemeinerten Maxwell-Gleichungen (5.47) wieder. Der zweite Summand auf der linken Seite von (5.60b) ist auf den in den Eichfeldern W^a_μ nichtlinearen Term des Feldstärketensors (5.43) zurückzuführen und bringt die Selbstkopplung der Eichfelder zum Ausdruck.

Diese Selbstkopplung kann auch direkt an dem Ausdruck für die Lagrange-Dichte abgelesen werden. Als Beispiel dient zunächst wieder die QED. Hier beschreibt der Term (5.52),

$$\mathcal{L}_w = -j_\mu A^\mu = -e\overline{\psi}\gamma^\mu \psi A_\mu,$$

die Wechselwirkung zwischen dem geladenen Materiefeld und dem Eichfeld A_μ. Dieser Ausdruck führt in niedrigster Ordnung der Störungstheorie auf den einfachsten Feynman-Graphen, der in der QED vorkommen kann, den in Abb. 5.2 gezeichneten Vertex.

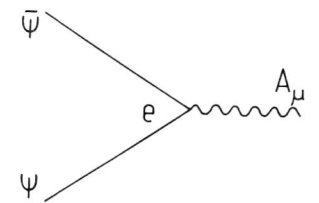

Abb. 5.2: Der in der QED vorkommende fundamentale Vertexgraph beschreibt die Emission bzw. Absorption eines Photons (A_μ) durch ein geladenes Teilchen (ψ).

Durch das in der Quantentheorie als Operator aufzufassende Feld $A_\mu(x)$ wird ein Photon am Vertex bei x erzeugt (bzw. vernichtet). Die Felder $\overline{\psi}$ und ψ beschreiben andererseits die Erzeugung und Vernichtung von geladenen Materieteilchen, die am Vertex mit der Stärke e an das Photon koppeln. Alle in der QED vorkommenden Prozesse werden nun durch solche Feynman-Graphen beschrieben, die (in der entsprechenden Ordnung der Störungstheorie) geeignete Kombination dieser fundamentalen Vertexgraphen sind. Siehe zum Beispiel die in Abb. 4.1 beschriebene Streuung von Elektron und Proton.

Ein entsprechender elementarer Vertexgraph kommt auch bei nichtabelschen Eichtheorien vor. Dies folgt aus der verallgemeinerten Ableitung D_μ in der Langrange-Dichte (5.59), wenn man den zu W_μ^a proportionalen Term für sich schreibt,

$$\mathcal{L}_w = -g\overline{\psi}\gamma^\mu \frac{\tau_a}{2}\psi W_\mu^a.$$

Bemerkenswert ist jedoch, daß die Lagrange-Dichte des Eichfeldes $\mathcal{L}_{\text{Eich}}$ (5.58) nicht mehr rein kinetischer Natur ist. Während der erste Summand in der Definition von $F_{\mu\nu}^a$ (5.43) den kinetischen Term in $\mathcal{L}$ ergibt (vergleiche mit 5.40), führt der zweite Summand auf weitere Terme, in denen die Produkte von drei bzw. vier Eichfeldern vorkommen. Dieser Selbstwechselwirkung der Eichfelder entsprechen die beiden zusätzlichen elementaren Feynman-Graphen in Abb. 5.3, die nur Linien der Eichfelder enthalten. Die an den Vertizes auftretenden Kopplungsfaktoren sind nun g bzw. g^2.

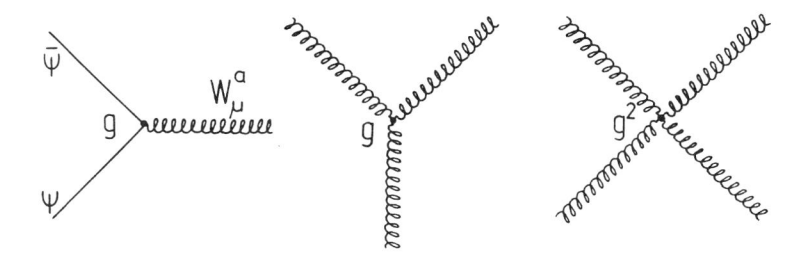

Abb. 5.3: In einer nichtabelschen Eichtheorie kommen neben dem Vertex, der analog zu Abb. 5.2 die Wechselwirkung des Materiefeldes mit den Eichfeldern beschreibt, zwei weitere fundamentale Vertexgraphen vor, die den Wechselwirkungen der Eichfelder untereinander entsprechen.

5 Eichsymmetrien als dynamisches Prinzip

Die vorigen Ergebnisse können auf höhere Eichgruppen ($SU(3)$ usw.) unmittelbar verallgemeinert werden. Dabei hat man statt ε_{abc} nur die entsprechenden Strukturkonstanten c_{ijk} der gewählten Gruppen zu schreiben und die Isospinmatrizen $\tau_a/2$ durch die Erzeugenden G_k der Gruppe in der gewählten Matrizendarstellung zu ersetzen. Sei beispielsweise die betrachtete Gruppe $SU(n)$, deren Erzeugende $G_i (i=1,2,\ldots, r=n^2-1)$ den Vertauschungsregeln mit den Strukturkonstanten c_{ijk} genügen:

$$[G_i, G_j] = \mathrm{i} c_{ijk} G_k. \tag{5.61}$$

Dann wird nach dem Eichprinzip die Transformation eines Multipletts ψ (Darstellung von $SU(n)$),

$$\psi' = \mathrm{e}^{\mathrm{i}g G_i \alpha_i} \psi, \tag{5.62}$$

zu einer lokalen Symmetrietransformation, wenn man r Eichfelder $W_\mu^1, W_\mu^2, \ldots W_\mu^r$ einführt und die Ableitung ∂_μ in der Lagrange-Dichte $\mathcal{L}_\psi$ für die freien Felder ψ durch die verallgemeinerte Ableitung,

$$D_\mu = \partial_\mu + \mathrm{i}g G_i W_\mu^i, \tag{5.63}$$

ersetzt. Mit dem Feldstärketensor,

$$F_{\mu\nu}^i = \partial_\mu W_\nu^i - \partial_\nu W_\mu^i - g\, c_{ijk} W_\mu^j W_\nu^k, \tag{5.64}$$

lautet dazu die vollständige Lagrange-Dichte

$$\mathcal{L} = -\tfrac{1}{4} F_{\mu\nu}^i F_i^{\mu\nu} - \overline{\psi}(\mathrm{i}\gamma^\mu D_\mu - m)\psi. \tag{5.65}$$

Hieraus folgen schließlich die den Gleichungen (5.60) entsprechenden gekoppelten Feldgleichungen.

Abschließend fassen wir einige besonders wichtige Eigenschaften nichtabelscher Eichtheorien zusammen.

a) Beim Übergang zur lokalen Symmetrie hat man soviel Spin-1 Eichfelder einzuführen, wie Gruppenparameter $\alpha_i (i=1,2,\ldots,r)$ vorhanden sind. Die Eichfelder W_μ^i gehören der adjungierten Darstellung der betrachteten Gruppe an. Im Beispiel von $SU(2)$ sind es drei Felder.

b) Die Eichfelder koppeln an alle Felder, an die sie überhaupt koppeln können, mit gleicher Stärke, d. h. mit einer universellen Konstante g.

c) Da die nichtabelschen Eichfelder selbst ladungsartige Freiheitsgrade besitzen, können sie auch untereinander wechselwirken. So enthält eine Theorie, in der nur nichtabelsche Eichfelder vorkommen, die Materiefelder also weggelassen sind, durchaus Wechselwirkungen und ist deshalb keine freie Theorie. Die Form der Wechselwirkung ist durch die Symmetrie bestimmt.

d) Die den Eichfeldern entsprechenden Teilchen (Vektorbosonen) haben, wie das Photon, keine Masse, denn ein in die Lagrange-Dichte (5.59) explizit eingeführter Massenterm würde die Eichinvarianz zerstören.

Die zuletzt genannte Eigenschaft war der Grund dafür, daß die brillante Idee der Yang-Mills-Theorie zunächst als unvereinbar mit den experimentellen Tatsachen der Teilchenphysik galt; außer dem Photon waren keine masselosen Vektorbosonen in der Natur zu beobachten. Andererseits erwartet man im Fall der extrem kurzreichweitigen schwachen Wechselwirkung schwere Vektormesonen als Austauschteilchen. Diese Schwierigkeit konnte schließlich auf subtilem Wege umgangen werden. Unter bestimmten Umständen können nämlich die Teilchen der Eichfelder auch ohne explizit eingeführten Massenterm die erforderliche Masse annehmen. Dabei bleiben die mit der Eichsymmetrie verbundenen Vorzüge der Theorie erhalten. Wesentlich ist dabei die aus anderen Gebieten der Physik (etwa der Festkörperphysik) gewonnene Erkenntnis, daß zu wichtigen physikalischen Situationen der Grundzustand (Vakuumzustand) eines Systems eine geringere Symmetrie besitzen kann als die zugrundeliegende Wechselwirkung. Dieses Phänomen wird „spontane Symmetriebrechung" genannt[27] und ist typisch für Theorien mit unendlich vielen Freiheitsgraden. Wird eine Eichsymmetrie in dieser Weise spontan gebrochen, dann sind die Teilchen der Felder (insbesondere der Eichfelder) in bezug auf das physikalische Vakuum, den unsymmetrischen Grundzustand, zu definieren und erhalten so eine Masse, ohne daß ein Massenterm explizit in der Lagrange-Dichte eingeführt werden muß. Die Eichsymmetrie der Wechselwirkung bleibt dabei gewahrt. Die Struktur des Vakuums ist so beschaffen, daß die Teilchen der Eichfelder den durch die Symmetrie auferlegten Einschränkungen, die zu $m = 0$ führen würden, entgehen und eine Masse ungleich Null annehmen können. In dieser Weise ist es gelungen, die schwache Wechselwirkung als Eichtheorie zu formulieren und mit der elektromagnetischen Wechselwirkung zu vereinen.

Im Unterschied dazu wird die bereits erwähnte $SU(3)$-Eichsymmetrie der starken Wechselwirkung zwischen den Quarks nicht spontan gebrochen. Die zwischen den Quarks ausgetauschten Teilchen der entsprechenden Eichfelder, die Gluonen, sind daher masselos. Sie entziehen sich jedoch der direkten Beobachtung. Nach heutiger Vorstellung ist diese Wechselwirkung so beschaffen, daß Quarks und Gluonen in mikroskopischen Bereichen eingeschlossen bleiben und somit nicht wie andere Elementarteilchen direkt im freien Zustand nachgewiesen werden können. Wir werden später auf die Eichtheorien der elektroschwachen und der starken Wechselwirkung näher eingehen, nachdem wir mehr über diese Wechselwirkungen erfahren haben.

6 Experimentelle Methoden der Elementarteilchenphysik

Elementarteilchen besitzen eine Masse, die aufgrund der Einsteinschen Beziehung (Gl. 2.3) einem Energiebetrag entspricht, der über die kinetische Energie zur Erzeugung dieser Teilchen in die Reaktion eingebracht werden muß. Untersuchungen in der Elementarteilchenphysik lassen sich daher nur mit sehr energiereichen Teilchen durchführen, d. h., wenn man sich nicht mit den spärlichen Ereignissen, die durch sehr schnelle Teilchen der kosmischen Strahlung aus dem Weltraum erzeugt werden, begnügen will, muß man die Elementarteilchenphysik an Beschleunigern betreiben. Der weitaus größte Teil der in Laboratorien installierten Beschleuniger ist allerdings für die Untersuchungen der Elementarteilchenphysik nicht geeignet, weil die in ihnen erzeugten Energien zu gering sind, um Elementarteilchen zu produzieren. Dazu sind Beschleuniger nötig, mit denen Projektile zu sehr hohen Energien beschleunigt werden

---

[27] Die der Theorie zugrundeliegende Symmetrie ist nicht im eigentlichen Sinne gebrochen, da sie für die Bewegungsgleichungen noch besteht. Vielmehr kann die volle Symmetrie des Systems im weniger symmetrischen Grundzustand nicht erkannt werden, sie ist somit eine „verborgene" Symmetrie.

können. Wegen dieser hohen Teilchenenergien bezeichnet man das Gesamtgebiet häufig auch als Hochenergiephysik.

Sehr schnelle, geladene und neutrale Teilchen verhalten sich auch im Nachweisbereich, dort wo die Reaktion zu messen ist, anders als diese Teilchen bei kleinen Energien. Für den Nachweis hochenergetischer Reaktionsprodukte sind daher eine ganze Reihe von Meßmethoden entwickelt worden, die in anderen Bereichen der Physik nicht eingesetzt werden können, weil hier z. B. die Durchdringungsfähigkeit der Teilchen sehr viel größer ist, als bei niederen Energien und man demzufolge dickere Schichten benutzen kann, um Teilchen zu stoppen und ihre Bahnen zu verfolgen. Außerdem können hochenergetische Teilchen durch Reaktionen und Wirkungen nachgewiesen werden, die bei niedrigen Energien noch nicht auftreten (z. B. Teilchen-Antiteilchen-Erzeugung, Čerenkov-Strahlung).

6.1 Beschleuniger

Geladene Teilchen werden in elektrischen Feldern proportional der Feldstärke und ihrer Ladung beschleunigt. Die Energie der Teilchen wird dann proportional zur durchlaufenden Spannung und ihrer Ladung. Man benötigt daher für die Erzeugung einer großen Teilchenenergie sehr hohe elektrische Spannungen. Ihrer Erzeugung stehen technische und z. T. auch praktische Gründe entgegen. Daher beschäftigte man sich seit ca. 1930 mit dem Bau von Beschleunigern, in denen Teilchen mehrfach ein beschleunigendes Feld durchlaufen können. Ein solcher repetierender Beschleuniger kann nur mit Wechselfeldern arbeiten. Es muß Sorge dafür getragen sein, daß die geladenen Teilchen in den Phasen vom Feld abgeschirmt sind, in denen das elektrische Feld umgekehrt gerichtet ist, also verzögern würde. Das wiederholte Durchlaufen eines beschleunigenden Feldes läßt sich durch eine hintereinander angeordnete Feldkonfiguration verwirklichen wie beim Linearbeschleuniger. Ein solcher Beschleuniger würde aber für Energien, wie sie für Untersuchungen der Elementarteilchenphysik benötigt werden, unvertretbare Längendimensionen erfordern. Es bietet sich deshalb ein Kreisbeschleuniger an, bei dem die Teilchen in einem Magnetfeld geführt werden und jeweils den gleichen Beschleunigungsspalt durchlaufen. Im „Zyklotron" laufen die Teilchen während der verzögernden Phase des Hochfrequenzfeldes in der abschirmenden D-förmigen Elektrode um (Abb. 6.1).[28]

Die Teilchen unterliegen im Magnetfeld der Lorentz-Kraft, wodurch sie an den Beschleunigerspalt zurückgebracht werden. Daraus ergibt sich für das „phasenrichtige" Eintreffen am Beschleunigungsspalt, daß die Umlauffrequenz im Magnetfeld gleich der Frequenz des elektromagnetischen Feldes sein muß:

$$\nu = \frac{z \cdot e \cdot B}{2\pi \cdot m_r \cdot v} \text{ oder } \omega = \frac{z \cdot e \cdot B}{p}. \quad (6.1)$$

Darin ist z der Ladungszustand der Ionen ($z = 1$ beim Proton) und $m_r = m(1 - \beta^2)^{-1/2}$ die Masse der zu beschleunigenden Teilchen.

Die Energie, bis zu der Teilchen in einem Zyklotron beschleunigt werden können, ist jedoch begrenzt, denn die mit der Geschwindigkeit sich ändernde Masse der Teilchen, wie aus Gl. (3.20) folgt, verändert die Zyklotronbedingung in einem elektromagnetischen Feld mit fester Frequenz, sie geraten „außer Tritt".

---

[28] Ein normales Zyklotron hat 2 D's.

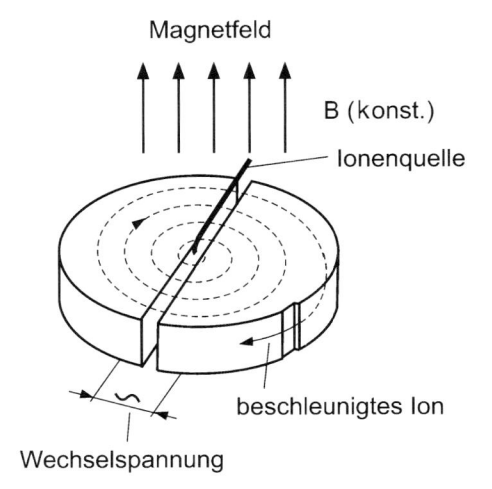

Abb. 6.1: Prinzipieller Aufbau eines Zyklotrons.

Um diesem Verhalten der Masse Rechnung zu tragen, kann man nach Gl. (6.1) entweder bei festem Magnetfeld B die Frequenz ν absinken oder bei fester Frequenz ν das Magnetfeld B ansteigen lassen. In jedem Fall ist eine Synchronisation einzuführen. Bei den gegenwärtig in der Elementarteilchen-Forschung benutzten „Synchron-Beschleunigern", den Synchrotrons, werden beide Parameter verändert. Das Synchrotronprinzip wird sowohl für Elektronen- als auch für Protonenbeschleuniger verwendet. Die Teilchen werden in einem Magnetring mit festem Radius geführt. Die Hochfrequenz-Beschleunigungsstrecken sind zwischen den Magnetsektionen gleichmäßig auf dem Ring verteilt (Abb. 6.2).

Mit zunehmender Masse muß das Magnetfeld anwachsen und mit zunehmender Geschwindigkeit werden die in gleichen Zeiteinheiten durchlaufenden Wegstrecken länger. Da aber auch hier während der verzögernden Phase des Feldes die Teilchen vom Feld abgeschirmt sein müssen, werden diese Abschirmstrecken ebenfalls länger. Dem kann nur durch eine Änderung der Frequenz der beschleunigenden Felder Rechnung getragen werden.

Wesentlich für eine erfolgreiche Beschleunigung ist die Phasenfokussierung und die starke transversale Fokussierung in den Magnetfeldern. Die erste Bedingung wird dadurch erfüllt, daß Teilchen, die in einem Beschleunigungsvorgang zu schnell waren, auch in solcher Phasenlage des Beschleunigungsfeldes in die nächste Beschleunigungsstrecke gelangen. Hier erfahren sie weniger Energiezuwachs als andere, die zuvor langsamer waren. Dadurch werden die Geschwindigkeiten der Teilchen eines Bündels (bunch) stärker angeglichen, es entstehen auf diese Weise Synchrotron-Schwingungen des Teilchenbündels um eine Gleichgewichtslage. Senkrecht zum Magnetfeld treten ebenfalls Schwingungen der Teilchenbündel auf, die Betatron-Schwingungen genannt werden[29].

Um die Teilchen in einer Vakuumröhre begrenzten Durchmessers zu führen, d.h. um die Amplitude der Oszillationen um eine Sollbahn klein zu halten, muß am Ein- und Austritt in das

---

[29] Ein Betatron ist ein Induktionsbeschleuniger für Elektronen (β-Teilchen), in dem die Schwingungen von Teilchenbündeln zuerst studiert wurden.

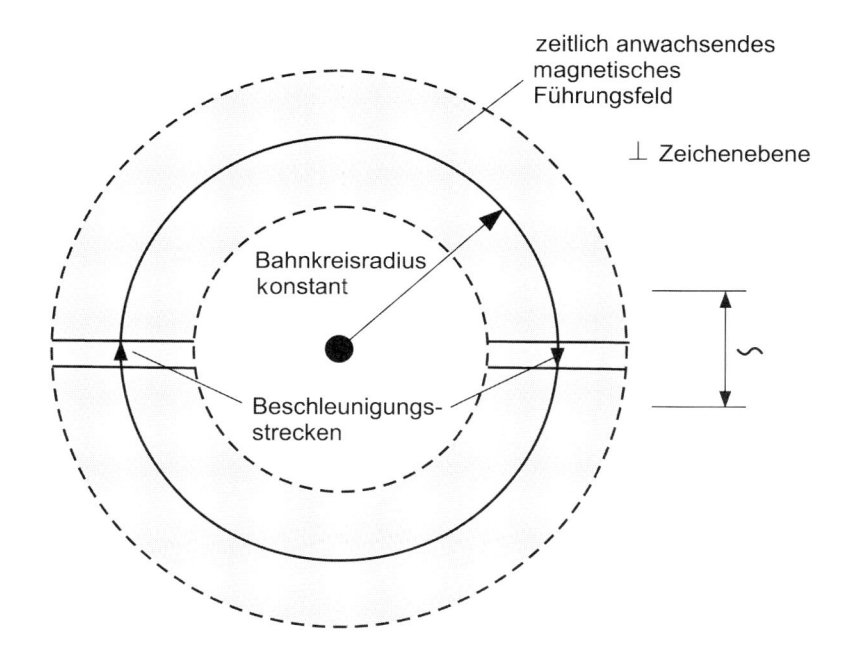

6 *Experimentelle Methoden der Elementarteilchenphysik* 73

Abb. 6.2: Im Synchrotron werden Teilchen in Hochfrequenzfeldern beschleunigt (hier sind zwei Spalte eingezeichnet) und in einem Magnetfeld (grauer Bereich) geführt. Dort können sie auch Schwingungen um ihre Sollbahn ausführen.

Feld der Feldgradient möglichst groß gewählt werden. Durch Vorzeichenumkehr der Feldgradienten aufeinanderfolgender Magnetsektionen wird der Strahl in jedem zweiten Magneten etwas defokussiert, aber als Nutzeffekt im sogenannten Beschleunigungskreis ergibt sich insgesamt eine Fokussierung, die man „starke Fokussierung" nennt.

Große Protonensynchrotrons liefern Protonen mit Energien zwischen 300 und 600 GeV, mit einem Radius z. B. des Beschleunigers im Fermi-Laboratorium in Batavia/USA, der ca. 1 km beträgt. Die Teilchen durchlaufen während des Beschleunigungsvorgangs den Kreis ca. 10^5 mal, d. h. sie legen Strecken von fast 10^6 km zurück. Die meisten Protonensynchrotrons wurden als Festtarget-Maschinen gebaut. Dabei wird ein großer Teil der Energie benötigt, um die beschossenen Kerne in Bewegung zu setzen, d. h. dem Rückstoßkern kinetische Energie zu übertragen.

Das Super-Proton-Synchrotron (SPS) im CERN wurde (1976) zunächst auch als Festtarget-Maschine für Protonenstrahlen mit maximal 600 GeV errichtet. Eine Energiesteigerung, ohne die primären Energiekosten sehr groß werden zu lassen, bietet die Verwendung entgegengesetzt laufender Teilchenstrahlen (engl. Collider). Der Begriff „Speicherring" gibt die wahre Funktion nur ungenügend wieder.

Zur Erhöhung seiner Energie wurde das SPS im Jahre 1981 zu einem Proton-Antiproton-Collider erweitert. Damit konnte eine Schwerpunktenergie von 630 GeV erreicht werden. Eine gute Strahlqualität des Antiprotonenstrahls wurde mit der Einführung der von S. van der Meer entwickelten stochastischen Kühlung erreicht. Bei diesem Verfahren wird mit einer empfindlichen Sonde an einer Stelle ein Amplitudensignal, d. h. eine Ortsinformation, die gleichzeitig ein Maß für die transversale Impulskomponente der Strahlteilchen ist, entnommen, und dann wird ein Korrektursignal an einem sogenannten Kickermagneten eingespeist. Damit werden die Teilchen, die stark von der Sollbahn abweichen, auf diese zurückgedrängt. Nach einer Anzahl von Umläufen wird dadurch die transversale Impulskomponente der Strahlteilchen verringert.

Synchrotrons für Elektronen werden gegenwärtig bis 10 GeV betrieben. Eine wesentliche Steigerung der Energie für Elektronen darüber hinaus ist kaum möglich, weil die Strahlungsverluste durch Bremsstrahlung, die mit jeder beschleunigten Ladung einhergehen, jeden weiteren Energiegewinn unmöglich machen. Die abgestrahlte Energie S hängt von der Energie E der beschleunigten Teilchen in folgender Weise ab: $S = E^4/R$, wobei R der Radius der Anlage ist.

In Abb. 6.3 sind die bisher errichteten Collider, aufgeteilt in Hadron-Collider und e^+e^--Collider, gezeigt.

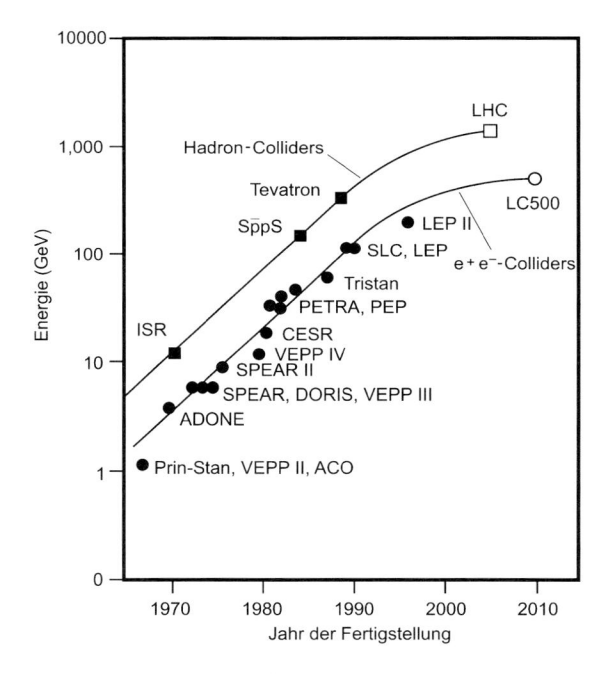

Abb. 6.3: Hadron- und e^+e^--Collider; ISR Intersecting Storage Ring (CERN), SppS Super Proton Synchrotron (CERN), Tevatron (Fermi-Laboratorium Batavia/USA), LEP (Large Electon Positron Collider, CERN), LHC (Large Hadron Collider (CERN)), VEPP (Kollider für Elektronen- und Positronen-Strahlen, Novosibirsk/Russland), CESR (Cornell Electron Positron Storage Ring, Cornell University/NY), Tristan (KEK Japan), ADONE (Anello di Accumulazione, Frascati/Italien), SPEAR, PEP (SLAC Stanford/Californien), SLC (Stanford Linear Collider).

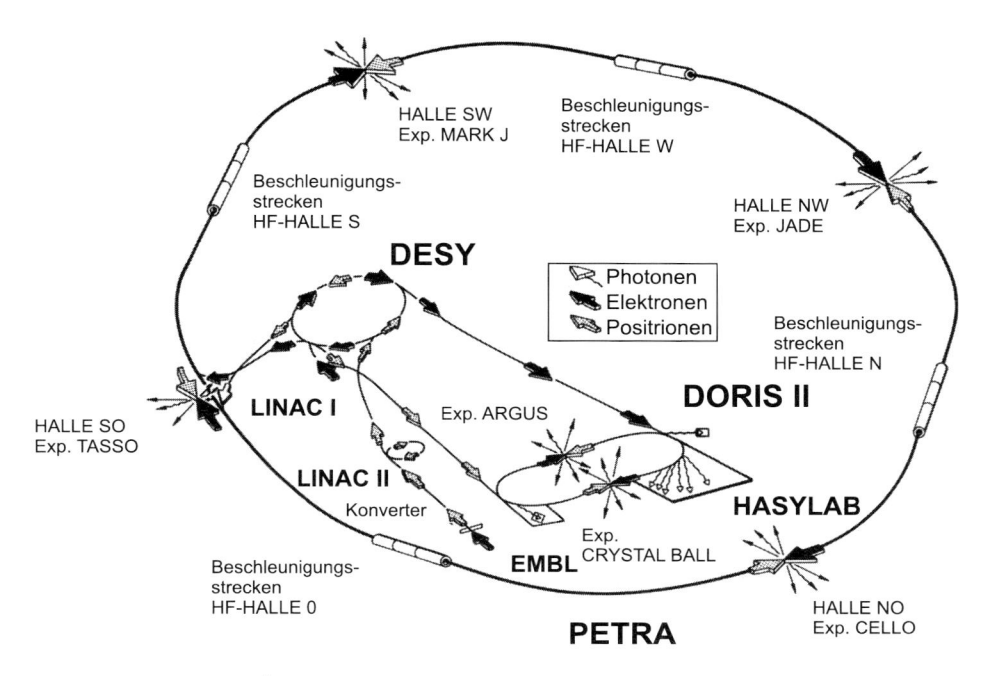

6 Experimentelle Methoden der Elementarteilchenphysik

Abb. 6.4: Skizze des e^+e^--Speicherringes PETRA beim DESY mit den Experimentier-Hallen. An den Strahlkreuzungspunkten sind die verschiedenen Detektorensysteme angegeben.

In solchen Anlagen stehen höhere Energien für einen Stoß zur Verfügung, wenn zwei Teilchen mit entgegengesetzter Bewegungsrichtung aufeinanderprallen. In diesem Falle kann kinetische Energie aus beiden Teilchenbewegungen in den Stoßprozeß eingebracht werden. Die verfügbare Energie für zwei identische Teilchen ist in diesem Fall $W = \sqrt{4E_1 E_2}$, wobei E die Energie der aufeinanderprallenden Teilchen ist. Um eine Gesamtenergie von 50 GeV zu erreichen, muß jedes Teilchen im Collider auf 25 GeV beschleunigt werden. Wird dagegen ein Teilchen mit 50 GeV auf ein ruhendes Target geschossen – vorausgesetzt, die Massen sind gleich, wie im Proton-Proton-Stoß –, läßt sich die Wechselwirkung nur bis 7,8 GeV untersuchen. Derartige Beschleuniger sind als „colliding beam accelerators" in verschiedenen Großlaboratorien in Betrieb oder im Aufbau. Teilchen mit verschiedenem Vorzeichen der Ladung haben im gleichen Magnetfeld entgegengesetzten Umlaufsinn. An bestimmten Stellen des Magnetfeldes durchdringen sich die Teilchenstrahlen, so daß Reaktionen zwischen diesen entgegengesetzt laufenden Teilchen beobachtet werden können. Beschleunigeranordnungen dieser Art nennt man Speicherringe. Solche Speicherringe werden z. B. für Elektronen-Positronen-Speicherungen bei DESY als Anlagen DORIS und PETRA betrieben (siehe Abb. 6.4).

Für die Beschleunigung der Protonen und Antiprotonen wurde im CERN der Intersecting Storage Ring ISR gebaut, bei dem Protonen und Antiprotonen aufeinander zufliegen. Die Kreuzungspunkte sind dann die Reaktionsbereiche, in denen die entsprechenden Nachweisgeräte für die auftretenden Reaktionsprodukte aufgestellt werden.

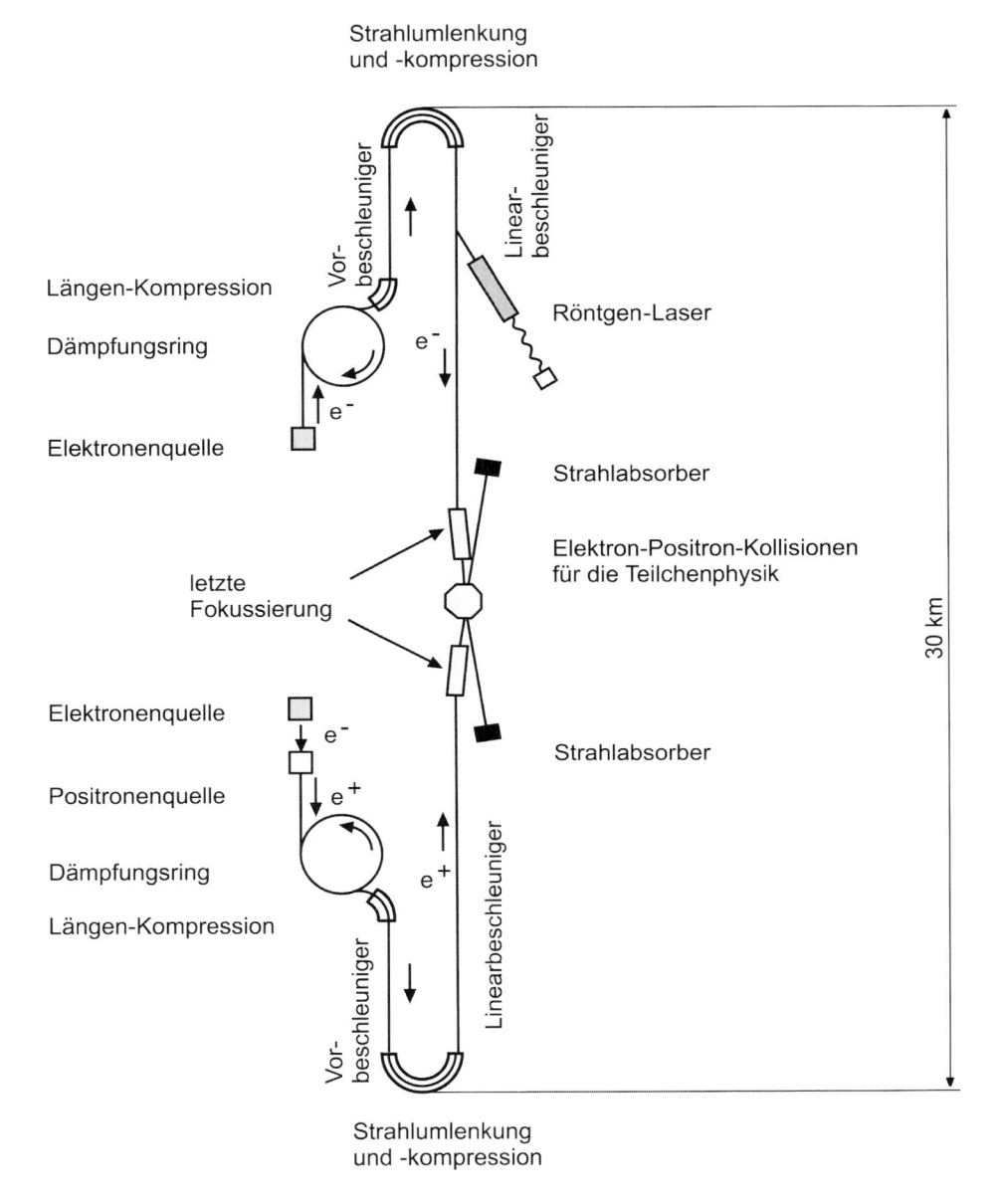

Abb. 6.5: Geplante Struktur eines linearen Colliders.

Um Kollisionen von Teilchen, die nur über die elektromagnetische Wechselwirkung miteinander reagieren, zu untersuchen, wurde im CERN als eine der größten Anlagen der Elektron-Positron-Collider (LEP, Large Electron Positron Collider) errichtet. Die Teilchen laufen in separaten Beschleunigerröhren in entgegengesetzter Richtung. Die Strahlen kreuzen sich an

6 Experimentelle Methoden der Elementarteilchenphysik

vier Positionen, an denen die Spektrometer aufgestellt sind. Der Ringtunnel hat einen Umfang von 27 km. Die maximale Energie im Schwerpunkt beträgt 209 GeV.

Um Reaktionen bei höheren Energien zu untersuchen, werden zukünftig lineare Anlagen errichtet. Eine erste Anlage dieser Art ist der 3.3 km lange Beschleuniger SLAC in Stanford, USA.

Bei DESY wird ein Linearbeschleuniger, in dessen Beschleunigerröhre sowohl Elektronen als auch Positronen beschleunigt werden sollen, TESLA (**T**eV-**E**nergie **S**uperconducting **L**inear **A**ccelerator), konzipiert. Der Beschleuniger wird eine Gesamtlänge von 33 km haben. Die geplante Konzeption ist in Abb. 6.5. gezeigt.

Die Stoßzone im Kreuzungspunkt der gegeneinander laufenden Strahlen liegt in der Mitte der Gesamtanlage. Dort wird ein Spektrometer stehen, in dem die Reaktionsprodukte nachgewiesen werden. Eine solche Anlage stellt hohe Anforderungen an die Technik, nicht nur wegen der supraleitenden Resonator-Strukturen, besonders die Größe des Stoßbereichs ist wichtig. Die Reaktionsraten R hängen sowohl von den Wirkungsquerschnitten σ als auch von der Teilchendichte in der Stoßzone, der „luminosity" L ($s^{-1}cm^{-2}$), ab. Damit gilt $R = \sigma L$. Im Speicherring PETRA wird ein $L = 5 \cdot 10^{30}$ $s^{-1}cm^{-2}$ erreicht. Der Beschleuniger soll als internationale Kooperation errichtet werden, wenn seine Finanzierung gesichert ist. Das Gesamtprojekt wird dann als ILC (International Linear Collider) an einem noch zu bestimmenden Ort realisiert.

Zur Untersuchung von Stößen zwischen Hadronen und Elektronen wurde als Erweiterung des PETRA-Beschleunigers am DESY das HERA-Projekt (**H**adron-**E**lektron-**R**ing-**A**nlage)

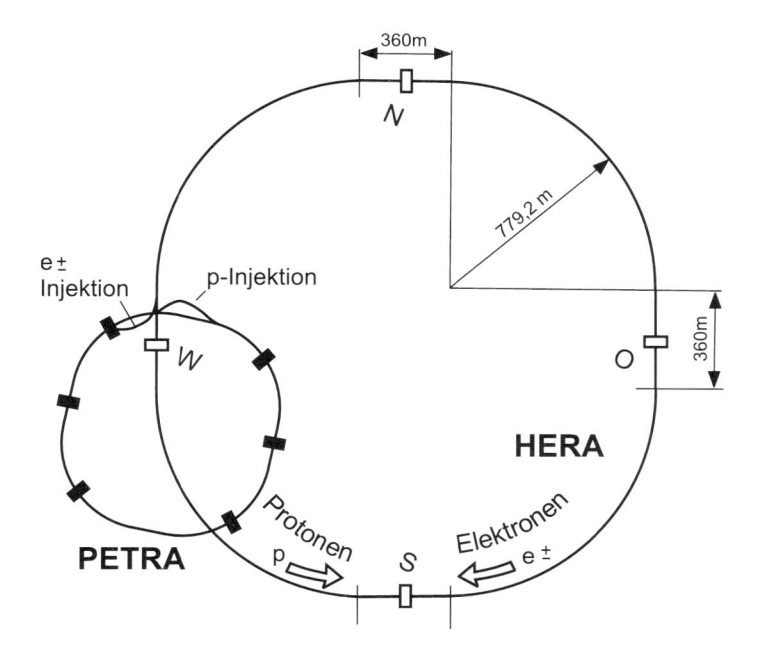

Abb. 6.6: Auslegung des geplanten HERA-Projekts, eines Speicherrings für Hadron-Elektron-Stöße für Elektronenenergien von 30 GeV und für Protonenergien von 820 GeV.

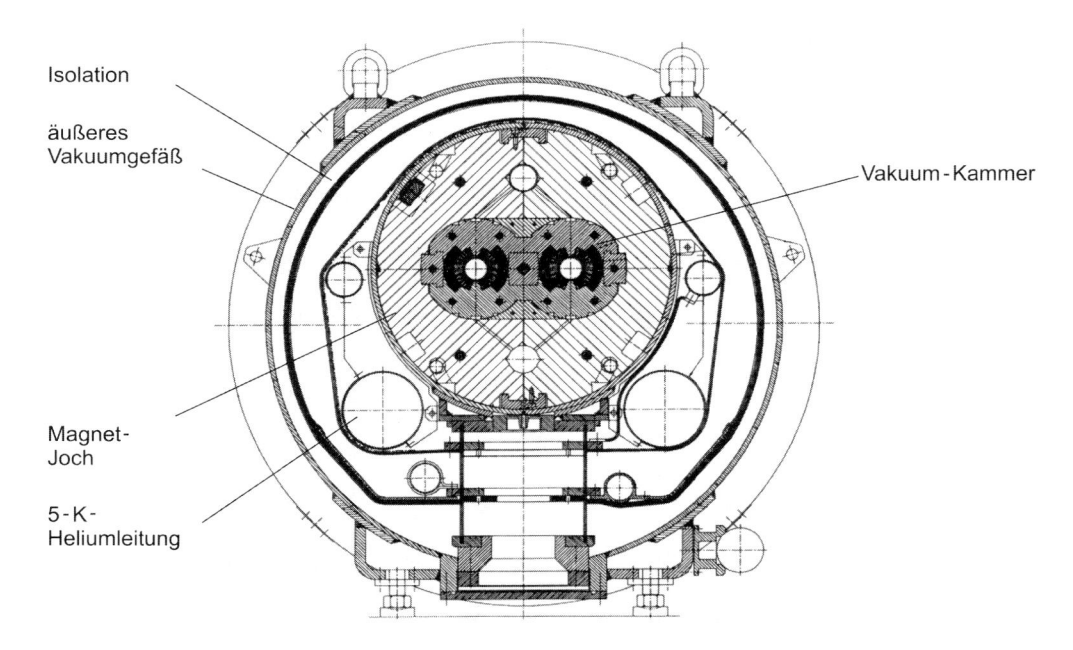

Abb. 6.7: Querschnitt der LHC Magnete.

verwirklicht, bei dem die Protonen einen Maximalimpuls von 820 GeV/c und die Elektronen 30 GeV/c erreichen. Für damit mögliche Maximalenergie im Schwerpunktsystem des Stoßes ergibt sich $E = 314\,\text{GeV}$. Zum Vergleich sei erwähnt, daß bei einem ruhenden Protonentarget die Laborenergie der Elektronen 52 TeV betragen müßte.

Kollisionen zwischen Hadronen sollen zukünftig im LHC (Large Hadron Collider) am CERN untersucht werden. Dieser Beschleuniger wird im gleichen Tunnel, in dem der LEP aufgebaut war, installiert. In ihm laufen Protonenstrahlen in entgegengesetzter Richtung um. Die Protonenenergie wird 7 TeV betragen. Bei schweren Kernen wie z. B. Blei sollen 580 GeV erreicht werden. Abbildung 6.7 zeigt einen Querschnitt der Magnete für die beiden Strahlen.

6.2 Detektoren

Jede physikalische Aussage und jedes physikalische Modell soll durch ein Experiment nachprüfbar sein. Die Experimente müssen deshalb so angelegt sein, daß die aus diesen Experimenten folgenden Resultate über die Richtigkeit von Hypothesen zu entscheiden gestatten. Das bedeutet, daß physikalische Zustände möglichst eindeutig bestimmt werden müssen. In Stößen von sehr schnellen beschleunigten Teilchen treten Reaktionsprodukte auf, die durch mehrere Größen charakterisiert werden können. In einem Experiment sollen möglichst alle diese Größen, wie Anzahl, Massen, Energien, Spins, Anregungszustände, nachgewiesen werden. Demzufolge werden an die Nachweiseinrichtung große Anforderungen gestellt, um möglichst viele physikalische Größen möglichst genau zu messen. Alle submikroskopischen Teilchen entziehen sich einer direkten Beobachtung. Deshalb sind Hilfsmittel notwendig, mit denen die Information aus dem submikroskopischen Bereich in einen Bereich, der dem beobachtenden Physiker zugänglich ist, transformiert werden kann. Ein solches Hilfsmittel ist ein Detektor mit anschließender elektronischer Signal- und Datenverarbeitung. Mit einem einzelnen Detektor lassen sich alle notwendigen Bestimmungsgrößen nicht gleichzeitig messen. Deshalb wird zum Nachweis der verschiedensten physikalischen Größen in einem Experiment häufig eine Kombination mehrerer geeigneter Detektoren benutzt.

Bei einem Meßvorgang können sich Merkmale von Teilchen und Detektoren verändern, deshalb unterscheidet man strukturnichtverändernde und strukturverändernde Detektoren. Wir wollen zunächst strukturnichtverändernde Detektoren nach ihren Funktionen, bestimmte Größen zu messen, beschreiben und dann die strukturverändernden Detektoren erläutern. Strukturnichtverändernde Detektoren sind z. B. alle Ionisations-Detektoren. Die Ionisation von Atomen eines Meßmediums ist eine der wichtigsten Transformationen, mit der Informationen aus dem submikroskopischen Bereich einer direkten Messung zugänglich gemacht werden.

Geladene Teilchen beim Durchgang durch Materie

Beim Durchgang von geladenen Teilchen durch Materie unterschiedlicher Dichte, also wie Gase, Flüssigkeiten, Dämpfe, feste Körper, übt die bewegte Ladung auf die neutralen Atome eine Kraft aus, die in den meisten Fällen zu einer Ionisation der Atome des Mediums führt. Trennt man die Ladungen, z. B. in einem elektrischen Feld, kann man makroskopische Spannungsimpulse, Ströme oder Lichtblitze messen. Ladungsträger wirken z. T. in Gasen, Dämpfen und Flüssigkeiten auch als Kondensationskerne. Sind die beim Teilchendurchgang gebildeten Blasen oder Nebeltröpfchen groß genug, kann man sie durch geeignete Beleuchtung sichtbar machen.

Der Elementarprozeß des Abbremsens von Teilchen beim Durchgang durch Materie wird durch die Bethe-Bloch-Formel beschrieben. Speziell gibt diese Formel den Energieverlust (Energieabnahme) auf einer Wegstrecke Δx an:

$$-\frac{dE}{dx} = \frac{4\pi z^2 e^4}{m_e c^2} \cdot \frac{N_0 Z_T}{A \beta^2} \left(\ln \frac{2 m_e c^2 \beta^2}{(1-\beta^2)} - \beta^2 \right). \tag{6.2}$$

Darin ist m_e die Elektronenmasse, z und v ($\beta = v/c$) Ladungszahl und Geschwindigkeit des Projektils, Z_T und A Ladungs- und Massenzahl des durchstrahlten Mediums, N_0 Avogadro-Zahl, I ist die mittlere Ionisierungsenergie. Der Gesamtverlauf des Energieverlustes ist in Abb. 6.8 angegeben. Für alle in der experimentellen Elementarteilchenphysik bisher eingesetzten Detektoren ist der Geschwindigkeitsbereich oberhalb des Maximums der Ionisation, vorwiegend aber das Minimum der Ionisation, wichtig.

Die Größen, die im Experiment bestimmt werden sollen, sind z. B. die Energie eines Teilchens, sein Impuls, seine Masse, sein Spin, sein Bahndrehimpuls, seine Ladung.

Ortsdetektoren

Die Analyse einer Teilchenbahn in einem Detektor als Aufeinanderfolge von Ereignispunkten oder als Ortsinformationen erlaubt es, den Impuls und damit auch die Energie dieses Teilchens

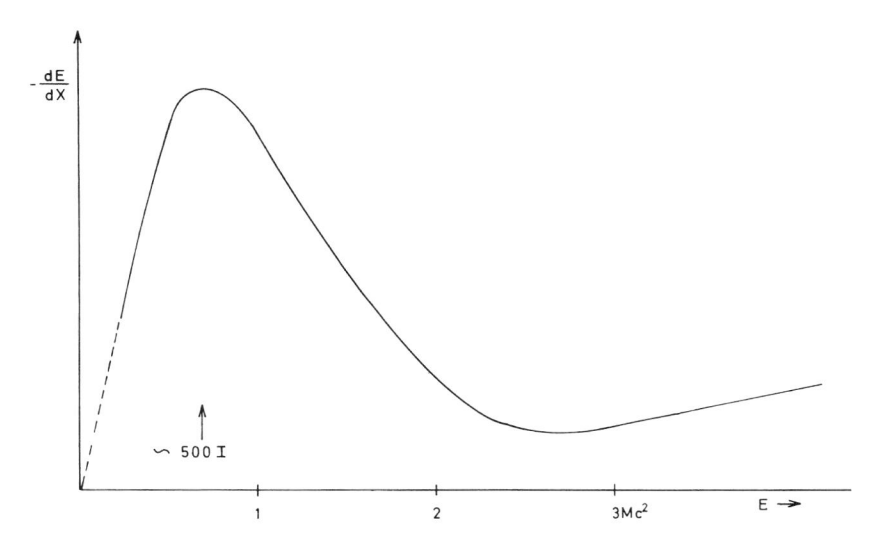

Abb. 6.8: Spezifischer Energieverlust von Teilchen als Funktion der Energie beim Durchgang durch Materie.

zu bestimmen. Ziel der Messung ist es, mit geeigneten Ortsdetektoren den Verlauf einer Bahn möglichst genau zu bestimmen.

Die wichtigsten ortsbestimmenden Zähler beruhen prinzipiell auf dem Ionisationseffekt, weil durch ihn eine Folge von räumlich getrennten Einzelprozessen abläuft. Es ist dann Aufgabe der Auswertung, die Ionisationseffekte als aufeinanderfolgende Ereignisse, d. h. als „Teilchen"-Spuren zu identifizieren. Die wichtigsten Detektoren werden nachfolgend charakterisiert.

a) Proportionalkammer. Am Beginn der experimentellen Kernphysik stand die Einführung des Proportionalzählers als Meßgerät durch H. Geiger 1908. Charakteristisch für diesen Zähler ist das zylindrische elektrische Feld zwischen einem Draht mit kleinem Durchmesser und einer Zylindergegenelektrode. Die hohe Feldstärke in der Nähe des Drahtes führt zu einer Verstärkung des Ionisationsstromes durch Lawinenbildung im Zählgas. Nur die unmittelbare Umgebung des Drahtes ist für die Gesamtfunktion des Zählers wesentlich, weil die Gasverstärkung im Abstand von ca. einem Drahtdurchmesser vom Draht einsetzt. Deshalb läßt sich ein derartiges System auch in ebener Anordnung durch viele parallele Drähte verwirklichen (Abb. 6.9). Ionisierende Teilchen erzeugen Elektronen, die im elektrischen Feld zu den Drähten laufen und auf ihrem Weg eine Elektronenlawine erzeugen. Da jeder der Drähte als unabhängiger Proportionalzähler wirkt, läßt sich aus den Eintreffzeiten der Lawinen eine Ortsinformation über das primäre Teilchen gewinnen.

Typische Drahtabstände liegen bei 2 mm bei einem Drahtdurchmesser von 20 μm; die Kathoden sind im Abstand von je 8 mm angebracht. Häufig wird eine Mischung aus Argon-Isobutangas als Zählgas verwendet.

Die Ortsauflösung liegt hier bei ca. 0,7 mm. Diese Zähler arbeiten sehr schnell mit Pulsanstiegszeiten von 0,1 ns und Zeitauflösungen von 30 ns. Jedoch sind sie aufwendig und teuer,

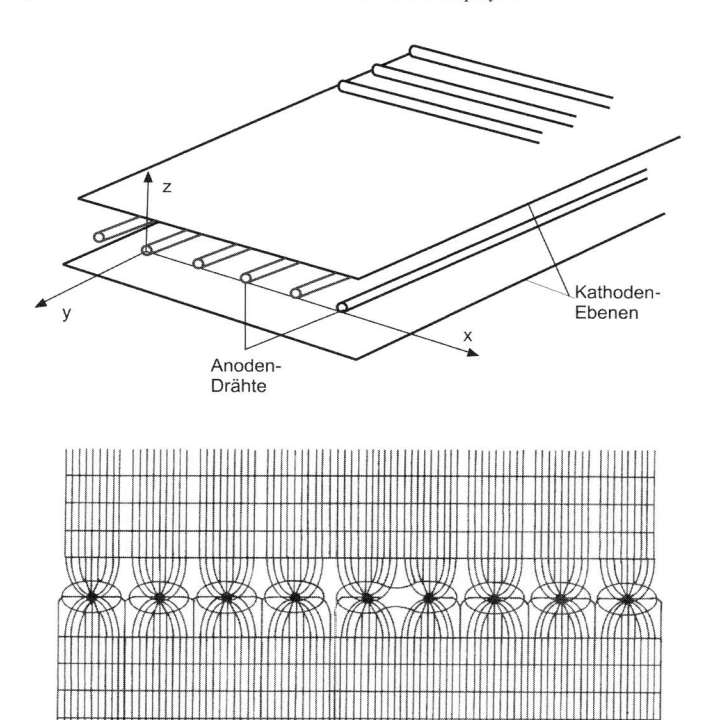

6 *Experimentelle Methoden der Elementarteilchenphysik*

Abb. 6.9: Elektrodenanordnung (oben) und Feld- sowie Äquipotentiallinien (unten) in einer Proportionalzählerkammer.

weil einerseits eine sehr präzise mechanische Konstruktion nötig ist und jeder Draht je nach Datenverarbeitung einen oder zwei Verstärker erfordert.

b) Driftkammern. Da es bei den Gasverstärkungszählern auf den engen zeitlichen Zusammenhang zwischen Teilchendurchgang, d. h. Bildung der ersten Ladungsträger, und dem Eintreffen der Lawine auf dem Zähldraht ankommt, läßt sich aus einer Zeitmessung der Ort des Teilchendurchgangs sehr genau bestimmen. Für viele Zählgasgemische ist die Driftgeschwindigkeit der Elektronenlawine gleich, sie beträgt ca. 50 mm/μs. Bei einer Zeitauflösung von 4 ns kann man damit eine Ortsauflösung von 200 μm erreichen, ein verbesserter Wert gegenüber dem der Proportionalkammer, gemessen bei Feldstärken von ca. 1000 V/cm. Abbildung 6.10 zeigt eine Driftkammeranordnung. Nachteilig ist jedoch, daß die Kammer nur für geringe Zählraten oder Wechselwirkungsraten eingesetzt werden kann. Für verschiedene Spezialfälle werden neben der ebenen Anordnung auch zylindrische Kammern verwendet. Die auf der Basis der Gasverstärkung arbeitenden Detektoren konnten nur im Zusammenspiel mit modernster Elektronik-Entwicklung entstehen, da die große Zahl vielparametriger Signale nur mit Hilfe von Computern direkt auswertbar sind. Die ersten Ortsdetektoren benutzten eine visuelle oder photographische Registrierung.

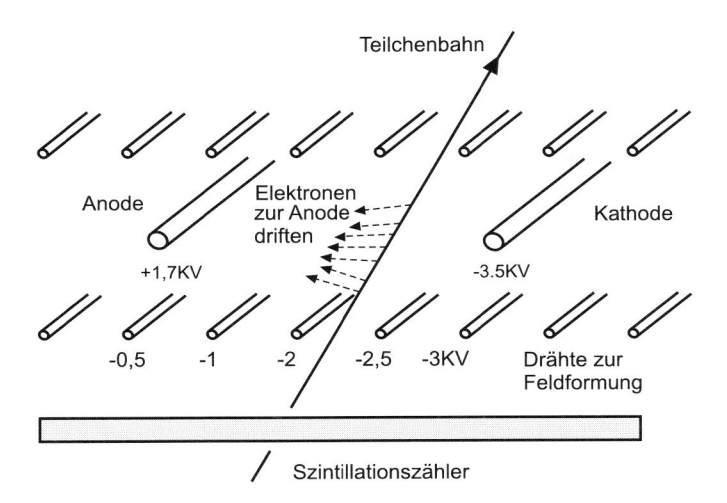

Abb. 6.10: Anordnung der Elektroden in einer Driftkammer. Die im Ionisierungsstoß des primären Teilchens erzeugten Elektronen werden im Feld zwischen Kathode und Anode beschleunigt, wobei die Driftbewegung in einem zusätzlichen Führungsfeld erfolgt. Die Driftkammer wird durch einen Szintillationszählerimpuls getriggert.

c) Nebel- und Blasenkammern. Im Jahre 1936 entdeckten C. D. Anderson und R. Neddermeyer das Myon in einer Nebelkammer (vgl. Abb. 1.3), die C. T. R. Wilson bereits 1911 als kernphysikalisches Meßgerät entwickelt hatte. Das Meßverfahren beruht ebenfalls auf Ionisationsprozessen geladener Teilchen. In einer Expansionskammer wird als zu ionisierendes Medium jedoch kein Gas, sondern überhitzter, gesättigter Dampf verwendet. Wird das Kammervolumen vergrößert, sinkt die Temperatur und es können sich Tröpfchen an den Kondensationskeimen bilden. Diese Kondensationskeime sind Ionencluster, die durch primäre Ionisation erzeugt werden. Die Tröpfchen bilden sich längs der Spur des ionisierenden Teilchens. An ihnen kann Licht gestreut und photographisch registriert werden. Von dieser Idee ausgehend entwickelte D. A. Glaser die Blasenkammer, in der als Medium eine überhitzte Flüssigkeit verwendet wird, die im ms-Bereich entspannt wird. Einfallende Teilchen bringen die Flüssigkeit zum Sieden, wobei sich Blasen bilden, deren Spurenverlauf ebenso wie zuvor in der Nebelkammer photographisch registriert werden kann.

Sowohl die Nebel- als auch die Blasenkammern sind langsame Meßgeräte, die z. B. nicht in Speicherringen verwendet werden können und deren Filmauswertung sehr zeitaufwendig ist. Sie waren einige Jahre sehr erfolgreich (z. B. beim Nachweis des neutralen Stroms), werden aber heute nicht mehr verwendet.

d) Streamerkammer. Die Ionisation, die ein schnelles geladenes Teilchen in einer Gasatmosphäre hervorruft, führt bei Anwesenheit eines elektrischen Feldes zu einem Überschlag, sobald eine genügende Elektronenmultiplikation einsetzt. Die im ersten Ionisationsstadium entstehenden Ionen rekombinieren z. T. und liefern eine Lichtemission. Wenn das elektrische Feld nur eine sehr kurze Zeit existiert, können sich die Elektron-Ion-Lawinen, die normalerweise zu einem Überschlag führen, nicht vollständig ausbilden. Das erste Ionisationsstadium

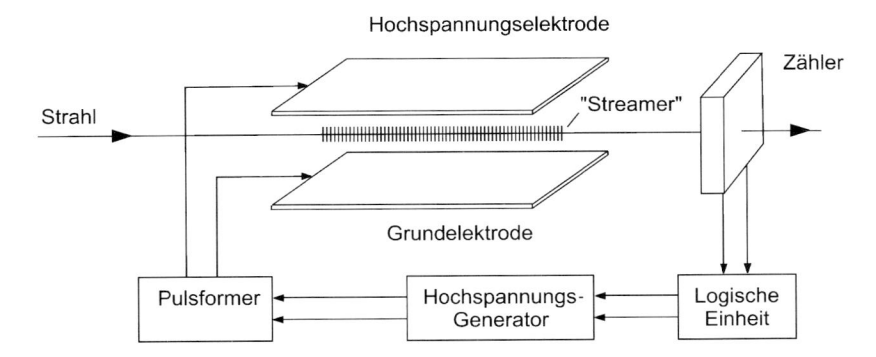

6 Experimentelle Methoden der Elementarteilchenphysik

Abb. 6.11: An den Elektroden einer Streamerkammer wird ein Hochspannungsimpuls kurzer Anstiegzeit angelegt, wenn ein Teilchen den als Trigger benutzten Szintillationszähler durchquert. Wäh-rend der kurzen Dauer des Impulses entstehen die ersten Entladungs-„funken" (streamer), aus deren Anordnung sich eine visuell beobachtbare im Magnetfeld gekrümmte Bahn ergibt.

einer Lawine wird Streamer genannt. Die Streamerkammer benutzt eine optische Registrierung der längs einer Ionisationsspur entstehenden Streamer.

Mit Hilfe einer sich räumlich verengenden Lecherleitung (Blümlein line) werden Hochspannungsimpulse aus einem Hochspannungspulsgenerator (Marx-Generator) von einigen ns Anstiegszeit und 10–20 ns Dauer an ein Elektrodenpaar in der Kammer gelegt und während dieser Zeit die Streamer photographisch in stereoskopischer Aufnahme registriert. Der Wiederholungszyklus der Kammer liegt bei 5 s, und sie arbeitet bei Gasdrucken von 10^5 Pa (1 atm), mit Gasgemischen aus 90% Ne und 10% He. Es lassen sich Feldstärken von über 50 kV/cm erzeugen. Das Prinzip ist in Abb. 6.11 gezeigt.

Die Streamerkammer hat eine 4π-Raumwinkel-Nachweismöglichkeit und eignet sich vor allem für die Untersuchung von Kern-Kern-Stößen bei Energien zwischen einigen 100 MeV/u und einigen GeV/u (u = Masseneinheit) (Abb. 6.12).

e) Spurendriftkammer. Zur Bahnverfolgung in drei Dimensionen eignen sich Spurendriftkammern (engl. TPC time projection chamber). Abbildung 6.13 zeigt das Prinzip einer solchen Kammer.

Das Driftfeld wird zwischen der Kathodenebene mit den Auslesemodulen und der Bodenplatte erzeugt. Das Kammergas besteht meist aus einem Gemisch aus Argon und Methan, in Fällen, in denen der Wasserstoff stört, auch aus einem Gemisch aus Argon und Kohlendioxid (CO_2). Ionisierende Teilchen setzen im Gas Elektronen frei, die im Feld (ca. 120 V/cm) zwischen der Hochspannungselektrode und der Anode driften. Die Anode besteht aus Drähten, in deren Nähe die Elektronen beschleunigt werden und Lawinenbildung veranlassen. Jenseits der Anodendrähte ist eine Ebene mit kleinen leitenden Flächen (Flecken, engl. pad) gespannt, auf denen die von den Anodendrähten wegdriftenden Ionen in dem Moment, in dem die Elektronen abfließen, eine Ladung induzieren. Die „pads" haben Größen zwischen einigen mm^2 und cm^2. Sie sind auf Folien aufgedampft, deren Gesamtfläche 1 m^2 erreichen kann.

Zur Steuerung sind zwischen Anode und Pad zusätzlich Gitter eingebaut. Mit diesem Detektor können zwei Koordinaten eines Spurpunktes durch die Positionen auf den Pads ange-

Abb. 6.12: Streamerkammer-Aufnahme von Reaktionsprodukten der Reaktion Ar + Pb bei 1.6 GeV/Nukleon (mit freundlicher Genehmigung von R. Stock, Frankfurt).

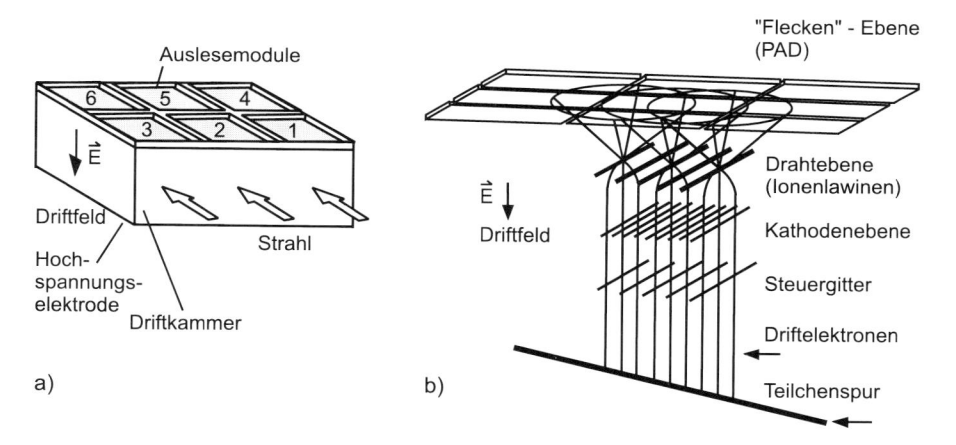

Abb. 6.13: Darstellung der Spurendriftkammer (TPC). (a) zeigt den schematischen Aufbau einer TPC, (b) die Innenansicht zur Verdeutlichung der Funktionsweise

geben werden. Die dritte Koordinate wird aus der Driftzeit bestimmt. Insgesamt lassen sich Trajektorien von Reaktionsprodukten über einen weiten Bereich rekonstruieren [Na 99].

Spurendriftkammern werden sowohl ohne als auch mit Magnetfeld in der Driftrichtung betrieben. Wegen der Möglichkeit Trajektorien in drei Dimensionen festzulegen, wird diese Kammer auch elektronische Blasenkammer genannt.

Impulsmessung

Die meisten der bisher beschriebenen ortsabhängigen Zähler sind so konstruiert, daß sie in Magnetfeldern betrieben werden können. Da die Ablenkung in einem Magnetfeld proportional zum Impuls eines Teilchens erfolgt, läßt sich aus einer Spur stets der Impuls und aus der Krümmungsrichtung auch das Ladungsvorzeichen eines Teilchens bestimmen.

Zeitmessung

Viele der oben beschriebenen Detektoren würden bei ständiger Zählbereitschaft eine große Zahl der Teilchen registrieren, die nicht zu dem untersuchten Experiment gehören, z. B. aus der Höhenstrahlung oder, an großen Beschleunigern, aus dem Untergrund eines allgemeinen Strahlungspegels. Deshalb ist es nötig, die Detektoren nur in der Zeitspanne empfindlich zu machen, in der Reaktionsereignisse erwartet werden, also z. B. während eines Strahlpulses aus einem Beschleuniger. Zähler zur Zeitmessung werden häufig als Trigger bezeichnet, sie erlauben es, ein sehr schnelles Signal zu geben und damit z. B. einen nachfolgenden Ortszähler in einen empfindlichen, meßbereiten Zustand zu versetzen.

a) Szintillatoren. Geladene Teilchen erzeugen beim Durchgang durch Materie nicht nur Ladungsträgerpaare, sie führen infolge der schnellen bewegten Ladung mit dem sich zeitlich ändernden elektromagnetischen Feld zu vielfältiger Anregung von Atomen in der durchsetzten Materie. Schneller als Ionisationsvorgänge in Gasen sind Abklingvorgänge angeregter Atome durch Emission von Strahlung. Der Nachweis dieser Strahlung erlaubt also die Zeit festzulegen, zu der ein Teilchen registriert wurde. Dieses Signal kann dann z. B. benutzt werden, eine Blasenkammer, Streamerkammer oder Vieldrahtkammer in aufnahmebereiten Zustand zu setzen.

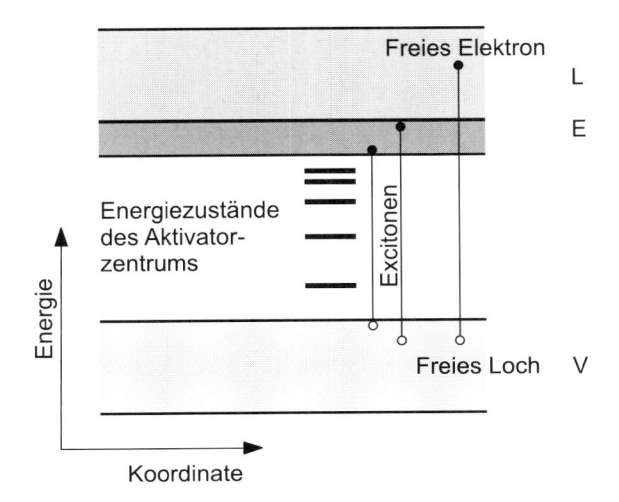

Abb. 6.14: Bändermodell für einen Szintillator (L Leitfähigkeitsband, V Valenzband, E Excitonen-Zustände).

Tabelle 6.1: Daten von Szintillatoren.

	(anorganische)				(organische)		
	NaJ(Tl)	LiJ(Eu)	CsJ(Tl)	BGO $Bi_2Ge_3O_{12}$	Naph-thalen	Anthra-cen	p-Ter-phenyl
Dichte (g/cm³)	3,67	4,06	4,51	7,13	1,02	1,28	≈ 1,0
Schmelzpunkt (°C)	650	450	620	1050	88,5	216	
Zerfallszeit (µs)	0,25	1,3	1	0,35	0,096	0,03	0,005
Pulshöhe (V)	1	0,35	0,28	0,08			
Wellenlänge (max) der emittierten Strahlung (nm)	410	470	550	480	348	440	440

Diese Lichtemissionen können in anorganischen oder organischen, festen, flüssigen und gasförmigen Szintillatoren erzeugt werden. Anorganische Szintillator-Kristalle werden mit Fremdmaterialien aktiviert. Dadurch werden zusätzlich Elektronenzustände zwischen dem Valenz- und Leitfähigkeitsband geschaffen (Abb. 6.14).

Ein ionisierendes Teilchen erzeugt im Kristall Elektronen, Löcher und Excitonen, die sich im Kristall bewegen können. Erreichen sie ein Aktivatorzentrum, so wird dieses angeregt und geht durch Lichtemission in seinen Grundzustand über. Die Lebensdauer des angeregten Zustandes liefert die für die Charakterisierung des Szintillators wichtige Zerfallszeit. Der Wellenlängenbereich der emittierten Strahlung hängt von der Substanz charakteristisch ab. In Tabelle 6.1 sind einige Szintillatoren mit ihren Merkmalen aufgeführt. Darin ist die wesentlich schnellere Abklingzeit der organischen Szintillatoren bemerkenswert, wenngleich die erreichbare Impulshöhe gering werden kann. Auch ist die Lichtausbeute bei organischen Szintillatoren geringer als bei anorganischen.

Gegenwärtig werden Detektorsysteme verwendet, bei denen Szintillatorkristalle igelförmig das Target umgeben. Damit erreicht man angenähert (98%) den Raumwinkel 4π. Ein solches System – gegenwärtig am Speicherring PETRA in Benutzung – wird Crystal Ball genannt. Er besteht aus 672 NaJ-Kristallen in Form von Dreieckspyramidenstümpfen.

b) Photomultiplier. Die Aufnahme und Verwertung schneller Lichtsignale erfolgt über den lichtelektrischen Effekt. Photonen aus dem Szintillator treffen auf Atome einer Substanz, die unter Lichteinfall Elektronen emittiert. Diese Elektronen lassen sich beschleunigen, und durch einen Sekundärelektronen-Vervielfacher kann deren Zahl so vergrößert werden, daß ein Strom direkt meßbar wird. Das Material für Photokathoden besteht vorwiegend aus Alkalimetallen, weil diese Atome eine geringe Austrittsarbeit für Elektronen besitzen. Ferner ist der Ausbeutefaktor der Umwandlung von Photon in Elektron zu berücksichtigen, der bei den Alkalimetallen ca. 25% betragen kann im Bereich des sichtbaren Lichtes oberhalb 400 nm (siehe Abb. 6.15).

Als Sekundärelektronvervielfacher werden häufig Dynoden aus BeO oder Mg-O-Cs verwendet. Auch kontinuierliche Widerstandsschichten lassen sich verwenden, wie im Channeltron oder Channelplate verwirklicht (Abb. 6.16). Die Widerstandsschichten (z. B. PbO) erlauben eine kontinuierliche Verstärkung. Wichtig für eine gute Funktion als Zeitdetektor ist die Laufzeitfluktuation der Elektronen vom Zeitpunkt ihrer Freisetzung bis zum Eintreffen auf dem Auffänger. Diese Größe ist durch prinzipielle Überlegungen, die sowohl mit dem

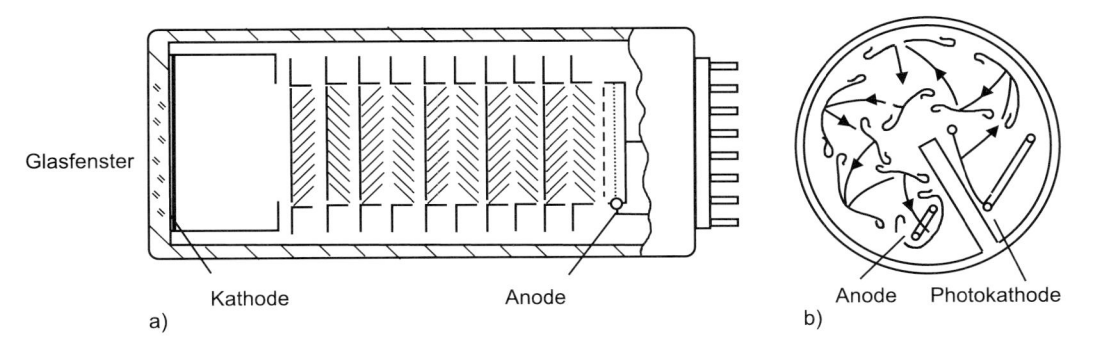

6 *Experimentelle Methoden der Elementarteilchenphysik*

Abb. 6.15: Aufbau eines Photomultipliers mit 14 Dynoden a) in Längsrichtung, Verstärkung ca. 10^8, b) in kompakter zentrierter Anordnung

statistischen Erzeugungsprozeß als auch mit dem Vervielfachungsprozeß zusammenhängen, nicht unter Bruchteile von ns zu verkleinern. Beste Werte für ein Mikrochannelplate liegen bei 100 ps.

c) Funkenkammern. Zur Messung der Durchgangszeit eines Teilchens eignen sich auch Funkenkammern. Sie bestehen aus zwei Metallebenen im Abstand d, an die eine Spannung angelegt ist, so daß elektrische Felder oberhalb der statischen Durchschlagschwelle entstehen. Der Gasdruck p wird so gewählt, daß die reduzierten Feldstärken $E/p \approx 30\text{--}60\,\text{V}/(\text{cm} \cdot \text{Torr})$ betragen.

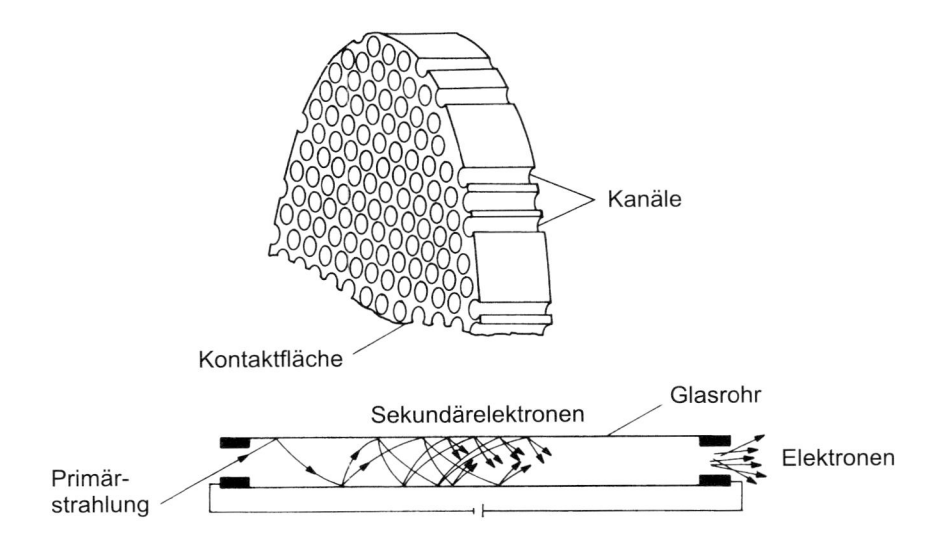

Abb. 6.16: Die Kanalplatte (channeltron) besteht aus vielen Vervielfachern (unten), in denen primär einfallende Strahlung durch Elektronenmultiplikation verstärkt wird.

Die Kammern werden bei Drucken von 5–10 atm mit Zusatz von molekularen Gasen betrieben, um die UV-Photonen weitgehend zu absorbieren und Nachentladungen zu vermeiden. Die Zeitunschärfe δ hängt von der Feldstärke E und der Zahl der primären Ionisationsteilchen ab,

$$\delta \sim (E \cdot \sqrt{N})^{-1}.$$

Für Zähler mit Platten von $100\,\text{m}^2$ Fläche konnten Werte von δ von etwa 50 ps erreicht werden mit ca. 95% Nachweisempfindlichkeit. Schwierig ist gegenwärtig die Herstellung der erforderlichen, besonders glatten Oberflächen, weshalb der Einsatz von Funkenkammern als Zeitdetektoren begrenzt bleibt.

Methoden zur Teilchenidentifizierung

Die Formel von Bethe und Bloch (Gl. 6.2), die die Ionisationsverluste der Teilchen beim Durchgang durch Materie angibt, zeigt nach leichter Umformung eine Abhängigkeit des Energieverlustes von der Masse und dem Quadrat der Ordnungszahl der ionisierenden Teilchen $\frac{dE}{dx} \sim M \cdot Z^2$. Dieses Produkt ist charakteristisch für jedes ionisierende Teilchen. Aus der Größe des Ionisationssignals kann man auf die Teilchenart und die Masse schließen. Durch geeignete Verarbeitung der elektronischen Signale lassen sich vor allem in mittleren Energiebereichen Teilchen direkt identifizieren.

Für hochenergetische Teilchen ist diese Methode nur bedingt einzusetzen, weil im allgemeinen die elektronischen Signale zu klein sind.

a) Flugzeitspektrum-Analyse. Eine weitverbreitete Teilchenidentifizierung nach der Masse ist diejenige der Flugzeitmessung. Für hohe Energien setzt diese Methode eine gute Zeitauflösung und lange Flugstrecken voraus. Die Zeitdifferenz, die zwei Massen m_1 und m_2 zum Durchfliegen der Strecke L benötigen, ist gegeben durch:

$$\Delta t = \frac{L}{\beta_1 c} - \frac{L}{\beta_2 c} = \frac{L}{c} \left(\sqrt{1 + \frac{m_1^2 c^2}{\vec{p}^2}} - \sqrt{1 + \frac{m_2^2 c^2}{\vec{p}^2}} \right).$$

Für $\vec{p}^2 \gg m^2 c^2$ wird dieser Ausdruck zu:

$$\Delta t \sim (m_1^2 - m_2^2) \frac{Lc}{\vec{p}^2}.$$

Mit Szintillationszählern, die eine Zeitauflösung von $t \approx 300\,\text{ps}$ haben, kann man mit einer Flugstrecke $L = 3\,\text{m}$ Teilchen mit 1 GeV/c und $L = 12\,\text{m}$ von Teilchen mit 2 GeV/c, z. B. K- und π-Mesonen, trennen.

b) Čerenkov-Zähler. Beim Durchgang schneller Teilchen durch Materialien mit einem Brechungsindex n entsteht elektromagnetische Strahlung, wenn die Geschwindigkeit der Teilchen $v = \beta \cdot c$ größer als die Lichtgeschwindigkeit im Material c/n, also $v > c/n$, ist.

Dieser Effekt beruht auf einer unsymmetrischen Polarisation des Mediums vor und hinter den schnellen Teilchen, woraus ein zeitlich variierendes Dipolmoment resultiert. Kohärente Strahlung wird unter einem Winkel Θ emittiert, der bestimmt ist durch

$$\cos \Theta = \frac{ct}{n} \cdot \frac{1}{\beta ct} = \frac{1}{\beta n}.$$

Die kohärente Strahlung kann nur oberhalb einer Geschwindigkeit

$$\beta > \frac{1}{n}$$

beobachtet werden, weil für $\beta \cdot n < 1$ destruktive Interferenzen vorherrschen. Dieser Schwelle entspricht ein γ-Faktor, $\gamma = \frac{1}{\sqrt{1-\beta^2}}$,

$$\gamma > \left(1 - \frac{1}{n^2}\right)^{-1/2}.$$

Eine Vielzahl an Materialien mit unterschiedlichen Brechungsindizes wird verwendet, um Geschwindigkeiten und Ordnungszahlen von schnellen Teilchen zu bestimmen. Spektrometer sind in großer Vielfalt in der Literatur beschrieben [Kl82].

c) Übergangsstrahlung. Für Teilchen sehr hoher Energie, d. h. $\gamma > 1000$, wurde ein Detektor entwickelt, bei dem die Strahlung nachgewiesen wird, die entsteht, wenn ein Teilchen die Grenzflächen zweier Medien mit unterschiedlichen Dielektrizitätskonstanten ε passiert. Das sehr schnell veränderliche elektrische Feld des schnellen Teilchens ändert die Polarisation der Elektronen im Material. Erreicht dieses Feld eine Grenzfläche, so tritt neben der Transmission eine Reflexion auf. Dies führt zu einer Lichtemission im UV und sichtbaren Bereich. Die Wellenfronten der Strahlung lassen sich in Phase bringen, wenn die Schichtdicke, Emissionswinkel der Wellenfront und Teilchengeschwindigkeit in richtiger Relation zueinander stehen.

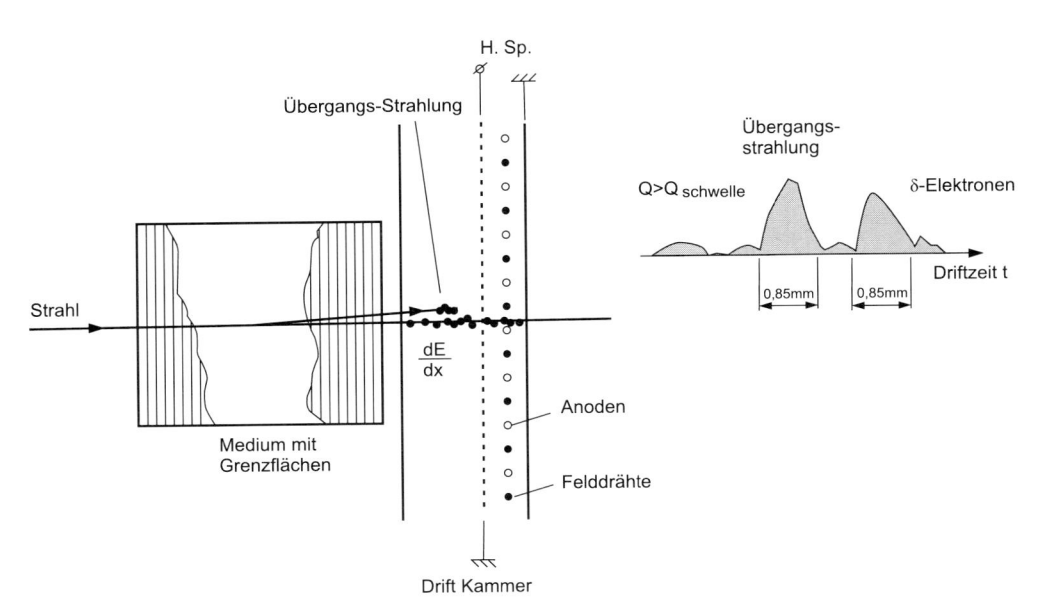

Abb. 6.17: Nachweis der Übergangsstrahlung in einer Driftkammer (links). Unterschiedliche Driftzeiten erlauben den getrennten Nachweis der Übergangsstrahlung und der δ-Elektronen.

Die Intensität ist proportional dem Faktor γ der Teilchen, die durch das Medium laufen. Die Strahlung ist nach vorwärts gerichtet und hat ein Maximum für einen Winkel

$$\Theta \approx \frac{1}{\gamma}.$$

Die Übergangsstrahlungsquanten, im Wellenlängenbereich weicher Röntgenstrahlung, werden dann, wie in Abb. 6.17 gezeigt, in einer Driftkammer nachgewiesen. Aufgrund des ausgesandten Lichts ist es somit möglich, Teilchen verschiedener Masse aber gleichen Impulses aufgrund ihres γ-Faktors zu unterscheiden.

Übergangsstrahlungsdetektoren werden in periodischer Anordnung von Schichten unterschiedlicher Dielektrizitätskonstanten aufgebaut.

Die Güte eines Detektors wird durch die Länge charakterisiert, die nötig ist, um π- von K-Mesonen zu trennen [Kl 82].

Bei kleinen Impulsen genügt die Flugzeitseparation, im mittleren Bereich sind Čerenkov-Zähler mit Schwelleneinstellung geeignet, während bei den höchsten Energien die Übergangsstrahlungszähler kurzer Bauweise hinreichende Separation erlauben.

Energiemessung

In vielen Experimenten ist es hinreichend, die Gesamtenergie zu messen, die im Bereich der klassischen Physik durch die Erwärmung in Kalorimetern gemessen wird. Da jedes Abbremsen zu einer Erwärmung führt, nennt man auch die Meßeinrichtungen, mit denen die Gesamtenergie gemessen wird, Kalorimeter. In ihnen ändern Teilchen im allgemeinen die Art ihrer Existenz, daher werden Kalorimeter als destruktive Detektoren bezeichnet. Neutronen werden z. B. nachgewiesen durch den Einfang in Atomkerne wie in den bekannten Bor-Zählern. Die dabei ausgesandte ionisierende γ-Strahlung läßt sich dann spektroskopieren und zum Nachweis heranziehen.

a) Elektron-Photon-Lawinen-Zähler. Der Energieverlust von Elektronen oberhalb 1 MeV wird gegeben durch die Formel (6.2); er dominiert nur in Bereichen kleiner Energie. Bei hohen Energien ist der durch die Bremsstrahlung auftretende Energieverlust zusätzlich in Rechnung zu stellen:

$$-\left(\frac{dE}{dx}\right)_{\text{Bremsstr.}} = 4\alpha \frac{N_0}{A} \left(\frac{Ze^2}{mc^2}\right)^2 E \cdot \ln \frac{182}{Z^{1/3}} = \frac{E}{X_0}.$$

Die Größe X_0 heißt Strahlungslänge; Einheit [g/cm^2].

Elektronen und Photonen hoher Energien erzeugen in nacheinander ablaufenden Prozessen Bremsstrahlung oder Elektron-Positron-Paare, die dann weiter abgebremst werden. Dadurch entsteht eine Lawine, in der die Zahl ihrer Bestandteile (Teilchen und γ-Quanten) in der abbremsenden Substanz exponentiell anwächst. In einer Tiefe $d_{\max}$ erreicht die Lawine ein Maximum,

$$d_{\max} = \frac{\ln(E_0/E_c)}{\ln 2},$$

wobei die Zahl der Lawinenteilchen

$$N_{\max} = e^{d_{\max} \ln 2} = \frac{E_0}{E_c}$$

ist. E_0 ist die Initialenergie, E_c die kritische Energie, unterhalb der nur noch Energieverlust durch die Ionisation, aber nicht mehr durch Photonenerzeugung auftritt.

Die geladenen Teilchen unterliegen auch der Coulomb-Streuung, was zu einer lateralen Aufweitung der Lawine führt. Die Energieauflösung ist proportional $1/\sqrt{E_0}$.

Viele Kalorimeter bestehen aus anorganischem Szintillator-Material wie NaJ oder Bleiglas. Auch Sandwichsysteme, z. B. Blei–flüssiges Argon–Blei, werden häufig benutzt. Detailliertere Angaben über Lawinenzähler findet man bei [Fa 82].

b) Hadronen-Lawinenzähler. Analog zur Teilchen-Multiplikation von ionisierenden Partikeln im Elektron-Photon-Lawinenzähler können in unelastischen Hadron-Streuereignissen weitere Hadronen auftreten, die ein ähnliches Lawinensystem erzeugen. Wenn der unelastische Streuquerschnitt mit σ gegeben ist, dann bezeichnet

$$\lambda = \frac{A}{\sigma N_0 \rho}$$

die nukleare Absorptionslänge, wobei N_0 die Zahl der Teilchen, ρ die Dichte des Stoffes und A die bestrahlte Fläche ist. Für Kohlenstoff ist $\lambda = 77\,\mathrm{g/cm^3}$, für Eisen $\lambda = 135\,\mathrm{g/cm^3}$ und für Blei $\lambda = 210\,\mathrm{g/cm^3}$.

Trotz der geringen Werte für λ bei Material mit großer Ordnungszahl Z nehmen Hadronen-Kalorimeter große Maße an. Ein Zähler aus Eisen z. B. benötigt 2 m Tiefe bei einer Fläche von $0{,}25\,\mathrm{m^2}$.

Detektorsysteme

Die aufwendigen Experimente der Elementarteilchenphysik erfordern es, ein Maximum an Information über die ablaufenden Reaktionen zu erhalten. Deshalb werden Detektorsysteme verwendet, deren einzelne Komponenten den in den vorhergehenden Abschnitten beschriebenen Aufgaben genügen.

Gegenwärtig konzentrieren sich die meisten Experimente auf Speicherringanordnungen (Collider). Die Detektoren müssen so angeordnet werden, daß sie die Reaktionszonen umschließen. Es sind eine Vielzahl von Detektorsystemen entworfen und erprobt worden, die häufig wohlklingende Abkürzungsnamen besitzen. Als Beispiel soll der Detektor H1 am Collider HERA (Hadron Elektron Ring Anlage) des Deutschen Elektronen Synchrotrons DESY erwähnt werden (siehe Abbildung 6.18).

Das Wechselwirkungsvolumen innerhalb des Strahlrohrs ist von einer zylindrischen Driftkammer umgeben, die wiederum in einem Solenoidmagnetfeld angeordnet ist. Das Magnetfeld von 0,5 T krümmt die Teilchenbahn so, daß diese in den Kammern auf 0,15 mm genau nachgewiesen werden können. Zwischen Driftkammern und Solenoid sind Szintillationszähler montiert, aus deren Signal die Flugzeit der Teilchen bestimmt werden kann. Außerhalb des Magnetfeldes ist die gesamte Detektorenanordnung von Bleiglasblöcken umgeben, deren Čerenkov-Lichtsignale die Gesamtenergie der Teilchen zu bestimmen gestatten. Diese Anordnung ist von Beton umgeben, um alle Teilchen außer Myonen zu stoppen, die in weiter außen aufgestellten Driftkammern nachgewiesen werden können. Circa 90% der aus dem Wechselwirkungsvolumen kommenden Teilchen können nahezu in einem Raumwinkel von 4π nachgewiesen und identifiziert werden.

HERA Experiment H1

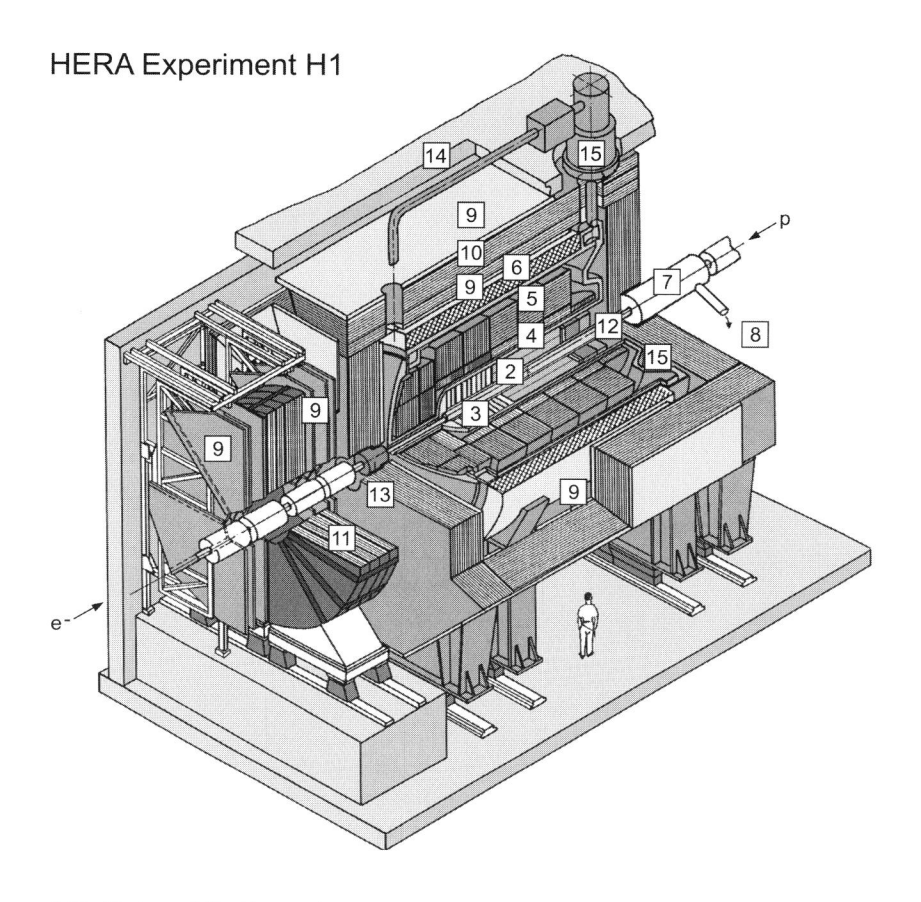

1 Strahlrohr und Strahlmagnete
2 Zentrale Spurkammern
3 Vorwärtsspurkammern und Übergangsstrahlungsmodule
4 Elektromagnetisches Kalorimeter (Blei) ⎫
5 Hadronisches Kalorimeter (Edelstahl) ⎬ Flüssig-Argon
6 Supraleitende Spule
7 Kompensationsmagnet
8 Helium-Kälteanlage
9 Myon-Kammern
10 Instrumentiertes Eisen-Joch (Streamer-Röhren)
11 Myon-Toroid-Magnet
12 warmes elektromagnetisches Kalorimeter
13 Vorwärts-Kalorimeter
14 Betonabschirmung
15 Flüssig-Argon-Kryostat

Abb. 6.18: Aufbau des H1-Detektors (DESY Hamburg).

Literatur

AITCHISON, I. J. R.: *An Informal Introduction to Gauge Field Theories.* Cambridge University Press, Cambridge **1982**.

HUMPHRIES, ST.: *Principles of Charged Particle Acceleration.* John Wiley & Sons, New York **1986**.

FONDA, L. and GHIRARDI, G.C.: *Symmetry Principles in Quantum Physics.* Marcel Dekker, New York **1970**.

GIBSON, W. M. and POLLARD, B. R.: *Symmetry Principles in Elementary Particle Physics.* Cambridge University Press, Cambridge **1976.**

KLEINKNECHT, K.: *Detektoren für Teilchenstrahlung.* 3. Aufl. B.G. Teubner, Stuttgart **1992**.

MORIYASU, K.: *An Elementary Primer for Gauge Theory.* World Scientific Publ., Singapore **1983**.

WYBORNE, B. G.: *Classical Groups for Physicists.* J. Wiley, New York **1974**.

EBERT, D.: *Eichtheorien.* VCH, Weinheim **1989**.

GENZ, H. und DECKER, R.: *Symmetrien und Symmetriebrechung in der Physik.* Vieweg, Braunschweig **1991**.

HINTENBERGER, F.: *Physik der Teilchenbeschleuniger.* Springer **1997**.

SCHOPPER, H. (Herausgeber): *Advances of Accelerator Physics and Technology.* World Scientific **1993**.

GRUPEN, C.: *Teilchendetektoren.* Bibliograph. Inst., Mannheim **1993**.

III Die elektromagnetische Wechselwirkung

Die elektromagnetische Wechselwirkung ist die bisher am eingehendsten untersuchte und damit auch am besten bekannte fundamentale Wechselwirkung. Die durch sie hervorgerufenen Effekte sind der Beobachtung verhältnismäßig leicht zugänglich. Wegen der großen Reichweite ist sie, wie die Gravitation, im makroskopischen Bereich feststellbar und daher seit langem bekannt.

Die Formulierung der klassischen Elektrodynamik geht auf J. C. Maxwell zurück, dem es in der zweiten Hälfte des 19. Jahrhunderts gelang, die rein elektrischen Phänomene (z. B. Anziehung zweier Ladungen), die magnetischen Phänomene (Ausrichtung einer Magnetnadel im Magnetfeld) und die Erscheinungen des Lichts durch die nach ihm benannten Gleichungen zu beschreiben. So ist die Maxwellsche Theorie ein bemerkenswertes Beispiel für die einheitliche Beschreibung von zunächst als verschieden angesehenen Kräften, die nun auf eine einzige physikalische Größe, das elektromagnetische Feld zurückgeführt werden können. Solange die elektrischen Ladungen ruhen, scheinen elektrische und magnetische Kräfte nicht viel gemeinsam zu haben. Eine bewegte Ladung entspricht jedoch einem Strom und erzeugt ein magnetisches Feld. Bewegt sich eine zweite Ladung in diesem Feld, so erfährt sie eine Kraft, die nach den Gesetzen der Elektrodynamik so stark wie die elektrische Kraft wird, wenn die Geschwindigkeit der Teilchen in der Größenordnung der Lichtgeschwindigkeit liegt, d. h. die Teilchen eine beträchtliche Energie haben. Man ist heute der Auffassung, daß eine analoge Situation bei den zunächst so verschieden erscheinenden fundamentalen Wechselwirkungen vorliegt. Bei extrem hohen Energien sollten sie von gleicher Stärke sein und sich in einer vereinheitlichten Theorie zusammenfassen lassen. Die klassische Elektrodynamik ist auch das erste Beispiel einer Feldtheorie, die das Einsteinsche Relativitätsprinzip erfüllt. Diese bedeutungsvolle Tatsache wurde allerdings erst nachträglich festgestellt und hat zur Entwicklung der speziellen Relativitätstheorie beigetragen. Die umfassende Gültigkeit der Elektrodynamik beruht gerade darauf, daß sie diesem fundamentalen Symmetrieprinzip genügt.[30]

In mikroskopischen Bereichen ist die elektromagnetische Wechselwirkung ebenfalls von fundamentaler Bedeutung. Sie ist verantwortlich für den Aufbau der Atome, die Bindung von Atomen zu Molekülen und für die Bildung von Kristallen. Sie bestimmt daher wesentlich die Beschaffenheit der vorhandenen Materie und somit auch unsere Existenz. Die zur Erforschung der fundamentalen Wechselwirkungen gebauten großen Teilchenbeschleuniger beruhen in ihrer Konstruktion auf der elektromagnetischen Wechselwirkung. Mit Hilfe dieser Wechselwirkung ist es auch möglich, Elementarteilchen nachzuweisen. Man benutzt dabei die elektromagnetischen Eigenschaften (Ladung, magnetisches Moment) der zu beobachtenden Teilchen, insbesondere die Fähigkeit geladener Teilchen, die von ihnen durchstrahlte Materie zu ionisieren.

---

[30] In einer „Elektrodynamik", die invariant (nur) gegenüber Galilei-Transformationen ist und in der die Stromerhaltung gilt, würde es keine Induktionserscheinungen und damit auch keine Ausbreitung elektromagnetischer Wellen geben, im Widerspruch zur Erfahrung.

Im mikroskopischen Bereich wird die elektromagnetische Wechselwirkung durch die entsprechende Quantentheorie, die Quantenelektrodynamik (QED), beschrieben. Die elektromagnetischen Potentiale sind in dieser Theorie als Feldoperatoren aufzufassen mit der Wirkung, daß durch sie die Quanten des Feldes, die Photonen, erzeugt bzw. vernichtet werden. Entsprechend beschreibt man die geladenen Elementarteilchen (die Materie) durch Feldoperatoren $\psi(x)$, die je nach ihren Spineigenschaften wie Spinoren (halbzahliger Spin) bzw. skalare oder vektorielle Größen (Spin 0, Spin 1) bezüglich der Lorentz-Gruppe transformiert werden. Die Kopplung des Strahlungsfeldes $A_\mu(x)$ an den Materiestrom $j^\mu(x) = e\bar{\psi}(x)\gamma^\mu\psi(x)$ ist durch die relativistische Invarianz und die Invarianz gegenüber den Eichtransformationen $U(1)$ bestimmt (siehe Gl. 5.52). Charakteristisch für diese Wechselwirkung, die durch den Austausch virtueller Photonen (Quanten des Eichfeldes A_μ) vermittelt wird, ist der in Abb. 5.2 dargestellte fundamentale Vertexgraph. Die Photonen tragen keine Ladungen, daher ändern sie beim Austausch die Ladungen der Elementarteilchen nicht und zeigen auch keine direkte Wechselwirkung untereinander.

Die Stärke der elektromagnetischen Wechselwirkung wird durch das Quadrat der Elementarladung e bestimmt, d. h. genauer durch die in den Wirkungsquerschnitten auftretende dimensionslose Kopplungskonstante (auch Feinstrukturkonstante genannt),

$$\alpha = \frac{e^2}{4\pi\hbar c} \approx \frac{1}{137{,}036}.$$

Im Vergleich dazu ist die Kopplung der starken Wechselwirkung um etwa zwei Größenordnungen stärker, die der schwachen Wechselwirkung (bei nicht zu hohen Energien) um mehrere Größenordnungen geringer (siehe Tab. 2.1). Die Kopplungskonstante α kann in vereinfachender Weise anschaulich interpretiert werden als die Wahrscheinlichkeit für die Emission bzw. Absorption der Austauschteilchen, der Photonen.

Da exakte Lösungen der Feldgleichungen der QED (5.57) nur in sehr speziellen Fällen bekannt sind, wendet man eine Reihenentwicklung nach Potenzen von α an, um die Prozesse der elektromagnetischen Wechselwirkung zu berechnen. Die Beiträge höherer Ordnung dieser Störungsreihe in α werden wegen $\alpha < 1$ rasch kleiner.[31] Die Terme in den verschiedenen Ordnungen von α können durch entsprechende Feynman-Graphen veranschaulicht werden, die man aus dem fundamentalen Vertexgraphen (Abb. 5.2) erhält, indem man die Vertizes, an denen stets nur drei Linien in der angegebenen Weise zusammentreffen, durch Elektronenlinien bzw. Photonenlinien verbindet. Die inneren Linien entsprechen dann den virtuellen Teilchen. Beispiele für elektromagnetische Prozesse, die in niedrigster Ordnung vorkommen, werden im Abschnitt 8 diskutiert. Da die hier betrachteten geladenen Leptonen keine starke Wechselwirkung zeigen und die schwache gegenüber der elektromagnetischen Wechselwirkung vernachlässigbar ist, kann bei den Prozessen zwischen Leptonen die elektromagnetische Wechselwirkung in ihrer reinsten Form untersucht werden.

Die QED stellt ein besonders einfaches Beispiel für eine Theorie dar, die invariant gegenüber Eichtransformationen (hier $U(1)$) ist. Aufgrund der in neuerer Zeit (etwa seit 1970) gewonnenen Erkenntnisse wächst die Überzeugung, daß allgemein der Eichinvarianz eine ähnlich fundamentale Bedeutung zukommt, wie der relativistischen Invarianz. Daher ist es besonders wichtig, die Vorhersagen der QED, aus deren Formulierung das Prinzip der Eichin-

---

[31] Diese Störungsreihe konvergiert bestenfalls asymptotisch.

varianz entwickelt wurde, experimentell zu überprüfen. Alle bisherigen Tests, die sowohl bei niedrigen als auch bei extrem hohen Energien durchgeführt wurden, bestätigen die QED in glänzender Weise, so daß deren Gültigkeit bis hin zu Abständen von 10^{-16} cm experimentell gesichert ist (Abschnitt 9).

Da die Elektronen (allgemeiner die Leptonen) in sehr guter Näherung als punktförmige Objekte ohne Struktur angesehen werden können und diese Teilchen gegenüber der starken Wechselwirkung neutral sind, eignen sie sich vorzüglich als Sonden bei der Erforschung der Struktur der Hadronen. So erhält man aus der elastischen Streuung von Elektronen an Nukleonen zunächst Aufschluß über die elektromagnetische Struktur der Nukleonen [Ho 57]. Man bestimmt in diesen Experimenten die elektromagnetischen Formfaktoren der Nukleonen in Abhängigkeit von dem Impuls q des ausgetauschten Photons und findet, daß die elastischen Formfaktoren mit wachsendem q^2 abfallen (Abschnitt 10). Damit ist erwiesen, daß die Nukleonen (allgemeiner die Hadronen) keine punktförmigen Objekte sind.

Genauere Auskunft über die Struktur der Nukleonen erhält man, wenn die Energie der Elektronen groß genug ist, um tief in das Innere der Nukleonen eindringen zu können. Im Fall hoher Energien werden die elastischen Formfaktoren sehr klein und die unelastische Streuung überwiegt. Bei den gegen Ende der sechziger Jahre am Stanford Linear Accelerator Center (kurz SLAC) durchgeführten Experimenten wurden Elektronen bestimmter Energie im Bereich von 2 bis 20 GeV auf Nukleonen geschossen und der unelastische Wirkungsquerschnitt gemessen. Als überraschendes Ergebnis stellte sich heraus, daß die entsprechenden unelastischen Formfaktoren nicht für große q^2 abnehmen, d.h. die Wirkungsquerschnitte bei hohen Energien viel größer als erwartet sind. Dies weist auf eine körnige Struktur der Nukleonen hin. Die Elektronen erfahren an punktförmigen Streuzentren im Nukleon (Partonen) eine viel stärkere Ablenkung, als dies durch eine homogene Ladungsverteilung möglich wäre. Die mit Hilfe weiterer Experimente identifizierten Quantenzahlen der Partonen, wie Spin und Ladung, stimmen mit denen der Quarks überein. Daher nimmt man heute an, daß die Partonen mit den Quarks identisch sind (Abschnitt 11).

Wir beschließen das Kapitel über die elektromagnetische Wechselwirkung mit einer Diskussion der Elektron-Positron-Paarvernichtung bei hohen Energien (Abschnitt 12). In den e^+e^--Speicherringen bringt man die in entgegengesetzten Richtungen umlaufenden Strahlen von Elektronen bzw. Positronen an einer bestimmten Stelle zur Kollision. Die bei der Paarvernichtung entstehende Vielzahl von Teilchen (Leptonen und Hadronen) wird dann mit Hilfe von großen, um den Kollisionspunkt aufgebauten Spektrometern analysiert. Die Ergebnisse haben entscheidend zur Entwicklung der „neuen Physik" in den siebziger Jahren des vorigen Jahrhunderts beigetragen. So konnten die neuentdeckten Teilchenfamilien von schweren Vektormesonen J/ψ und Υ eingehend untersucht werden. Das Quarkmodell mußte nach Entdeckung der neuen Quantenzahlen „charm" (c) und „bottom" (b) erweitert werden und fand neue Bestätigung.

Das zum vollständigen Bild der drei Quarkfamilien (u, d), (c, s) und (t, b) noch fehlende und lange gesuchte top-Quark (t) wurde später (1995) bei den in der Proton-Antiproton-Annihilation erreichbaren viel höheren Energien nachgewiesen.

Das schwere Lepton τ konnte 1975 entdeckt werden. Außerdem wird der große Wirkungsquerschnitt bei der Paarvernichtung in Hadronen nur dann im Quarkmodell verständlich, wenn jedes der Quarkteilchen in dreifacher Ausführung vorkommt, d. h. drei weitere innere Freiheitsgrade (Farbe) besitzt. Mit der Einführung dieser Farbfreiheitsgrade (z. B. rot, grün, blau) ist ein neuer Ansatz zur Beschreibung der starken Wechselwirkung zwischen den Quarks möglich. Demnach wirken die Farbfreiheitsgrade wie Ladungen (Farbladungen), an denen in Analogie zur Elektrodynamik Vektorfelder angreifen, welche die Wechselwirkung zwischen den Quarks vermitteln. Die farbigen Quarks werden durch die Farbgruppe $SU(3)$ ineinander transformiert. Mit der Invarianz der Theorie gegenüber der entsprechenden Eichgruppe ist dann die Form der Wechselwirkung bestimmt (siehe Abschnitt 5.3). Man gelangt auf diese Weise zur Quantenchromodynamik (QCD), der Eichtheorie der starken Wechselwirkung, auf die wir in Abschnitt 24 eingehen werden.

7 Geladene Leptonen

In Tabelle 2.2 wurden bereits die bekannten Leptonen aufgeführt. Hier sollen die Eigenschaften der geladenen Leptonen und die Prinzipien ihres experimentellen Nachweises diskutiert und zusammengefaßt werden. Gegenwärtig sind drei negativ geladene Leptonen, das Elektron, das Myon und das Tauon, sowie die dazugehörenden positiv geladenen Antiteilchen, Positron, Antimyon und Antitauon, bekannt. Es muß noch einmal darauf hingewiesen werden, daß die Konvention des Ladungsvorzeichens willkürlich und rein historisch bedingt ist. Die leichten ladungstragenden Teilchen, Elektronen (griechisch für Bernstein), wurden mit negativem Ladungsvorzeichen in die Physik eingeführt.

7.1 Das Elektron

Die Ladung des Elektrons wurde erstmalig 1922 von H. Busch durch die Ablenkung eines Elektronenstrahls in einer Braunschen Röhre gemessen. In diesem Experiment, bei dem elektrische und magnetische Felder auf das Elektron einwirken, wird das Verhältnis $\frac{e}{m}$ bestimmt. Aus einer unabhängigen Messung der Masse kann dann die Ladung des Elektrons ermittelt werden.

Die Frage, ob Ladung erhalten ist, läßt sich sowohl theoretisch als auch experimentell beantworten. Aus den Maxwellschen Gleichungen folgt eine Kontinuitätsgleichung für die Ladung.

Experimentell läßt sich die Kontinuität nachweisen, wenn man die Zahl der Ladungen in einem Strahl vor und nach einer Beschleunigungsstrecke mißt. Bisher konnte keine Veränderung der Ladung durch den Beschleunigungsvorgang nachgewiesen werden, woraus die Erhaltung der Ladung unter dem Einfluß eines zur Beschleunigung verwendeten Kraftfeldes folgt. Für die elektromagnetische Wechselwirkung gilt die Erhaltung der Ladung. Ein weiterer Beweis für die Erhaltung der Ladung ist die Erzeugung entgegengesetzter Ladungen, d. h. eines Ladungspaares bei der Wechselwirkung einer hochenergetischen elektromagnetischen Strahlung mit einem Atomkern. In allen diesen Paarerzeugungsprozessen wurde bisher die Ladungserhaltung nachgewiesen.

Das Millikan-Experiment hat gezeigt, daß die hier bestimmte Elementarladung e das kleinste Ladungsquantum ist, das wir kennen. Wie jedoch in Kap. V gezeigt werden wird, hat die

Vorstellung von Substrukturen der Hadronen dazu geführt, daß Unterteilungen der Elementarladung e auftreten können. So wurden von M. Gell-Mann Quarks mit Anteilen von $1/3$ oder $2/3$ der Elementarladung e postuliert. Bisher durchgeführte Versuche („moderne Millikan-Experimente"), aus der Bewegung geladener supraleitender Niob-Kugeln in einem Magnetfeld Bruchteile der Elementarladung zu beobachten, haben keinen Erfolg gehabt. Diese Resultate sind jedoch noch in keinem anderen Experiment bestätigt worden, so daß ein endgültiger Beweis für die Existenz der freien Elementarladung mit Wert $1/3\,e$ noch aussteht (vgl. auch 23.4). Die Masse des Elektrons ist aus Ablenkversuchen in Magnetfeldern bestimmt worden (W. Kaufmann, A. H. Bucherer 1909). Dabei ist bereits im Jahre 1909 nachgewiesen worden, daß die Masse sehr schneller Elektronen eine Zunahme zeigt, ein Beweis des von Einstein vorhergesagten Massenzunahmeeffekts bei hohen Geschwindigkeiten. Die numerischen Größen für Ladung und Masse des Elektrons und anderer Elementarteilchen sind in Tabelle A.1 im Anhang zu finden.

7.2 Elektronenspin

Bei der Untersuchung atomarer Spektren waren mit Hilfe von hochauflösenden Spektralapparaten Strukturen einzelner Spektrallinien gefunden worden. Um diese Struktur zu erklären, wagten C. Uhlenbeck und S. Goudsmit im Jahre 1925 zu postulieren, daß Teilchen in Ergänzung zu ihrem Bahndrehimpuls auch einen Eigendrehimpuls besitzen können. Diesem Eigendrehimpuls gaben sie den Namen Spin. Aus der Existenz eines solchen Spins folgt aber bereits, daß er eine Wechselwirkung mit einem Magnetfeld haben muß, weil mit dem Drehimpuls des Elektrons prinzipiell ein magnetisches Moment verbunden ist. Direkte Hinweise auf den Spin gaben dann die Experimente von O. Stern und W. Gerlach, die zeigten, daß ein Strahl aus Silberatomen in einem inhomogenen Magnetfeld in zwei Komponenten aufspalten kann. Damit war über den Spin des Elektrons jedoch noch keine schlüssige Aussage getroffen.

Die Verknüpfung des Spins des Elektrons mit einem magnetischen Moment wird durch folgende Beziehung hergestellt (siehe auch Gl. 3.31):

$$\vec{\mu}_s = -g\mu_B \cdot \frac{1}{2}\vec{\sigma}, \quad \mu_B = \frac{e\hbar}{2m_e c} \text{ (Bohrsches Magneton)}. \tag{7.1}$$

Aus der Messung der Wechselwirkung eines magnetischen Momentes mit einem Magnetfeld kann der Spin bestimmt werden. Wichtig an der Formel (7.1) ist der Proportionalitätsfaktor g, auch Landé-Faktor genannt, der experimentell bestimmt werden kann. Er wurde in vielen Experimenten immer wieder gemessen, wie z. B. in 9.1 gezeigt.

7.3 Positronen

Positronen wurden im Jahre 1932 durch C. D. Anderson [An 33] in Wilson-Kammer-Aufnahmen entdeckt (vgl. Abb. 1.2). Aus der Krümmung der Bahnen in einem magnetischen Feld konnte man auf die entgegengesetzten Ladungen zu Elektronen schließen. Die Masse der Positronen wurde in Ablenkexperimenten separat gemessen. Als Ergebnis stellte sich heraus, daß die auf die Masse des Elektrons bezogene Differenz der Massen des Elektrons und des

Positrons kleiner als 10^{-12} ist. Aufgrund von Erhaltungssätzen mußte auch der Spin des Positrons $1/2\,\hbar$ sein. Dieses Teilchen stellt das Antiteilchen zum Elektron dar; es unterliegt der elektromagnetischen ebenso wie der schwachen Wechselwirkung (siehe Kap. IV).

Positronen können mit Elektronen ein gebundenes wasserstoffatomähnliches System bilden, das Positronium genannt wird. Die Lebensdauern und Spektren sind in 9.1 diskutiert. Infolge des großen magnetischen Moments wird im Positronium die Stärke der Spin-Spin-Wechselwirkung der Spin-Bahn-Wechselwirkung gleich, wodurch der Unterschied zwischen Feinstruktur und Hyperfeinstruktur verwischt wird.

7.4 Myonen

Eine dritte Gruppe von Teilchen, die der elektromagnetischen Wechselwirkung unterliegen, wurde ebenfalls in Nebelkammeraufnahmen von C.D. Anderson und H.S. Neddermayer [An 37] im Jahre 1936 entdeckt (siehe Abb. 1.3). Aus der Krümmung der Bahn in einem Magnetfeld konnte man bereits anhand dieser Aufnahmen auf die Masse des Teilchens schließen. Die Massen dieser Teilchen sind annähernd gleich mit $(207 \pm 0{,}4)m_e$. Hieraus ergibt sich beim Einsetzen des Wertes der Elektronenmasse in Energieeinheiten von $mc^2 = 511\,\text{keV}$ eine Myon-Ruhmasse von $105{,}65\,\text{MeV}$. Es wurden in den Aufnahmen sowohl negativ als auch positiv geladene Myonen gefunden. Die Ladung der Myonen ist gleich der Elektronenladung. Da Myonen sehr viel schwerer sind als Elektronen, können sie in diese zerfallen. Sie haben eine Lebensdauer von $(2{,}197 \pm 0{,}002)10^{-6}\,\text{s}$. Nach dieser Zeit zerfallen sie, ebenso wie Neutronen, durch schwache Wechselwirkung unter Aussendung von Elektronen und Neutrinos (siehe Kap. IV). Das letzte „Lebensstadium" der positiv und negativ geladenen Myonen ist jedoch verschieden. Negativ geladene Myonen können ebenso wie Elektronen in das Feld eines Atomkerns eingefangen werden und bilden mit diesem zusammen ein myonisches Atom. Dieses myonische Atom hat die gleichen Eigenschaften wie ein Wasserstoffatom, d. h. es sendet Röntgen-Strahlung aus beim Übergang des Myons von einem Zustand E_i in einen energetisch tiefer gelegenen zweiten E_f. Aus der Folge dieser Röntgen-Übergänge kann, ebenfalls aufgrund des Atommodells, die Masse des Myons gemessen werden. Von der innersten Bahn werden negativ geladene Myonen im allgemeinen in den Kern eingefangen.

Anders sieht das Lebensende der positiv geladenen Myonen aus, die aufgrund ihrer positiven Ladung nicht von einem Atomkern eingefangen werden und ein atomares System bilden können. Sie zerfallen im Fluge oder, nach Abbremsung auf eine kleine Geschwindigkeit, fast in Ruhe. Einen weiteren Zustand des positiven Myons kann man dadurch erzeugen, daß dieses Myon ein Elektron einfängt und damit ein gebundenes System bildet. Dieses ist analog dem o. g. Positronium ein wasserstoffähnliches Atom mit dem Namen Myonium. Das Spektrum des Myoniumatoms hat ähnliche Eigenschaften wie das des Positroniums, und aus der Sequenz der Spektrallinien im Röntgen-Energiebereich können die Eigenschaften des Myons ebenfalls bestimmt werden. Eine präzise Bestimmung des magnetischen Moments des Myons erhält man durch Messung des g-Faktors an einem Strahl freier Myonen, z. B. am Myonenspeicherring des CERN [Fa 79] (siehe 9.1).

a) Bestimmung der Myonenmasse. Die ersten Messungen der Myonenmasse basierten auf der Energie-Reichweite-Beziehung. Kernspuremulsionen wurden mit Myonen, Pionen und Protonen beschossen. Aus einem Vergleich der Spuren wurde die Masse bestimmt. Eine wesentlich genauere Methode liefert die Untersuchung der obenerwähnten myonischen Atome. Aufgrund der großen Masse sind jedoch die Radien der Myonenbahnen wesentlich kleiner, und es kommt nur vor, daß jeweils nur ein Myon in ein solches Atom eingefangen wird. Aus diesem Grunde liegen stets wasserstoffähnliche Spektren vor. Beispielsweise wurden myonische Spektren im Phosphor 31 untersucht. Der 3D-2P-Übergang in diesem Atom hat eine Energie von 88 keV. Diese Energie entspricht der elektronischen K-Absorption im Blei. Durch Messung des Absorptionsspektrums kann man daher die Energie sehr genau bestimmen. Da die K-Kante eine Diskontinuität in der spektralen Verteilung darstellt, muß ein gewisser Übergangsbereich berücksichtigt werden. Der K-Kantenbereich ist jedoch aus Kristallspektrometermessungen sehr genau bekannt, deshalb konnte auch die Energie des 3D-2P-Übergangs genau gemessen werden:

$$E = h\nu = \left(\frac{1}{2^2} - \frac{1}{3^2}\right) \frac{Z^2 e^2 e_\mu^2}{2h^2} \cdot \frac{M_P \cdot m_\mu}{M_P + m_\mu} \approx 88\,\text{keV}.$$

Die in dieser Formel auftretende reduzierte Masse eines aus ^{31}P-Kern und Myon bestehenden Systems erlaubt es also, die Myonenmasse m_μ zu bestimmen, deren Wert oben angegeben ist.

b) Spin und magnetisches Moment des Myons. Der direkteste Hinweis auf den Spin des Myons stammt aus der Untersuchung des Myoniums. Myonium bildet sich, wenn ein hochenergetischer μ^+-Strahl in einen Hochdruckbehälter mit Argongas eingeschossen wird. Beim Abbremsen der Myonen fangen sie Elektronen ein und bilden das Myonium. Sind die Elektronen in den 1 S$_{1/2}$ Grundzustand eingefangen, entsteht aufgrund der Hyperfeinwechselwirkung eine Aufspaltung des Grundzustandes in zwei Zustände. Es bilden sich Systeme mit der Hyperfeinquantenzahl $F = 1$ und $F = 0$. Bei einem vollständig polarisierten Myonenstrahl ergeben sich vier magnetische Unterzustände mit unterschiedlicher Besetzungszahl. Durch Depolarisierung ändern sich die Besetzungen, und es stellt sich nach einer bestimmten Zeit ein vollständig depolarisierter Zustand ein. Bringt man dieses System in ein schwaches magnetisches Feld, so findet eine Präzessionsbewegung statt, aus deren Abklingen auf die Spins geschlossen werden kann. Die beste Übereinstimmung ergab sich mit der Annahme des Spins $1/2\,\hbar$ für die Myonen (siehe 9.1).

c) Die Lebensdauer des Myons. Die Lebensdauern der Elementarteilchen werden stets in ihrem eigenen Ruhesystem angegeben. Die Messung der Lebensdauer des Myons ist ein direkter Beweis für die Zeitdilatation der speziellen Relativitätstheorie. Die Lebensdauer im Ruhesystem sei $\tau = t_2 - t_1$, die im System des Beobachters gemessene Zeit ist $\tau_\text{lab} = t_2' - t_1'$. Aus der Lorentz-Transformation der Zeiten (Gl. 3.18) folgt $\tau_\text{lab} = \gamma \tau$. Da aber $\gamma = E/mc^2$ ist, erhält man im Laborsystem je nach Energie eine um diese Zeit längere Lebensdauer. Dadurch ist es überhaupt erst möglich, die in der oberen Atmosphäre erzeugten Myonen auf der Höhe der Erdoberfläche nachzuweisen.

Das gleiche Verhalten wie Myonen in der kosmischen Strahlung zeigen solche in einem Speicherring. Im CERN-Speicherring werden 3-GeV-Myonen eingeschossen. Diese Energie entspricht einem Faktor $\gamma = 29{,}3$.

Aus der Zerfallsrate in Kreisbahnen ergab sich in derselben Anordnung des CERN, wie sie zur Bestimmung des anomalen magnetischen Moments des Myons (siehe Abschnitt 9.1) verwendet wurde, für die Lebensdauer der Myonen der Wert $\tau = 2{,}19711\,\mu\text{s}$. Man kann auf diese Weise Myonen, die direkt gestoppt werden, und Myonen, die im Myonenspeicherring weiterlaufen, bei relativistischen Geschwindigkeiten miteinander vergleichen.

8 Beispiele für elektromagnetische Wechselwirkung

8.1 Elastische Streuung

a) Rutherford-Streuung. Die ersten kernphysikalischen Streuexperimente, mit denen die Größe des Atomkerns bestimmt wurde, beruhten auf der elektromagnetischen Wechselwirkung. Rutherford beschoß Gold-Atomkerne mit Alphateilchen, deren elektrische Ladungen gleichen Vorzeichens aufgrund des Coulombschen Kraftgesetzes eine Abstoßung erfuhren und damit eine Flugbahnänderung bewirkten. Dieser Vorgang wird durch die Rutherford-Streuformel beschrieben:

$$\left(\frac{d\sigma}{d\Omega}\right)_R = \left(\frac{Z_1 Z_2 \alpha}{4E_K}\right)^2 \cdot \frac{1}{\sin^4 \frac{\Theta}{2}}.$$

Sie gilt für einen nichtrelativistischen Streuprozeß, wobei E_K die kinetische Energie der Teilchen, Θ der Streuwinkel und α die Feinstrukturkonstante ist. Der störungstheoretische Beitrag niedrigster Ordnung zu diesem Streuprozeß kann durch den Feynman-Graphen in Abb. 8.1a veranschaulicht werden.

b) Mott-Streuung. Für den Fall, daß die beiden Ladungen, die in Wechselwirkung treten, und die Massen der sie tragenden Teilchen gleich sind, liegt ein für den Streuvorgang symmetrisches Problem vor. Man kann in diesem Fall bei elastischer Streuung vorwärts- und rückwärtsgestreute Teilchen im Schwerpunktsystem nicht mehr voneinander trennen. Dieses Problem löste N. F. Mott 1930 mit einer exakten nichtrelativistischen Rechnung zur Streuung von Elektronen an Elektronen. In dieser Formel,

$$\left(\frac{d\sigma}{d\Omega}\right)_M = \left(\frac{Z_1 Z_2 \alpha}{4E_K}\right)^2 \left\{ \frac{1}{\sin^4 \frac{\Theta}{2}} + \frac{1}{\cos^4 \frac{\Theta}{2}} + \frac{\cos\left(\eta \cdot \ln \text{tg}^2 \frac{\Theta}{2}\right)}{(2s+1)\sin^2 \frac{\Theta}{2} \cos^2 \frac{\Theta}{2}} \right\}, \quad (8.1)$$

tritt neben dem Rutherford-Streuterm, der proportional $\sin^{-4} \frac{\Theta}{2}$ ist, auch der spiegelsymmetrische Term proportional zu $\cos^{-4} \frac{\Theta}{2}$ auf. Der Sommerfeld-Parameter lautet $\eta = Z_1 Z_2 \alpha/\hbar v$. Da es sich bei den Elektronen (siehe Abschnitt 2.1) jedoch um quantenmechanisch zu beschreibende Teilchen handelt, müssen die Streuamplituden und nicht die Intensitäten addiert werden. Es tritt dabei in der Mott-Streuformel ein Interferenzterm auf, in dem der Spin s der Teilchen enthalten ist. Die Mott-Streuung ermöglicht es deshalb, den Spin von Teilchen festzustellen, wie es nachfolgend (9.1) für das Elektron gezeigt werden wird. Der Feynman-Graph ist in Abb. 8.1c angegeben.

c) Møller-Streuung und Bhabha-Streuung. Die Streuung relativistischer Elektronen an Elektronen bzw. Positronen sind weitere Beispiele elektromagnetischer Wechselwirkung. Rechnungen dazu wurden von C. Møller bzw. H. Bhabha ausgeführt. Der Wirkungsquerschnitt für die Møller-Streuung ist durch folgende Formel gegeben:

$$\frac{d\sigma}{d\Omega} = 2\left(\frac{e^2}{mv^2}\right)^2 \cdot \frac{\gamma+1}{\gamma^2} \left[\frac{4}{\sin^4 \Theta} - \frac{3}{\sin^2 \Theta} + \frac{(\gamma-1)^2}{4\gamma^2}\left(1 + \frac{4}{\sin^2 \Theta}\right)\right]. \quad (8.2)$$

8 Beispiele für elektromagnetische Wechselwirkung

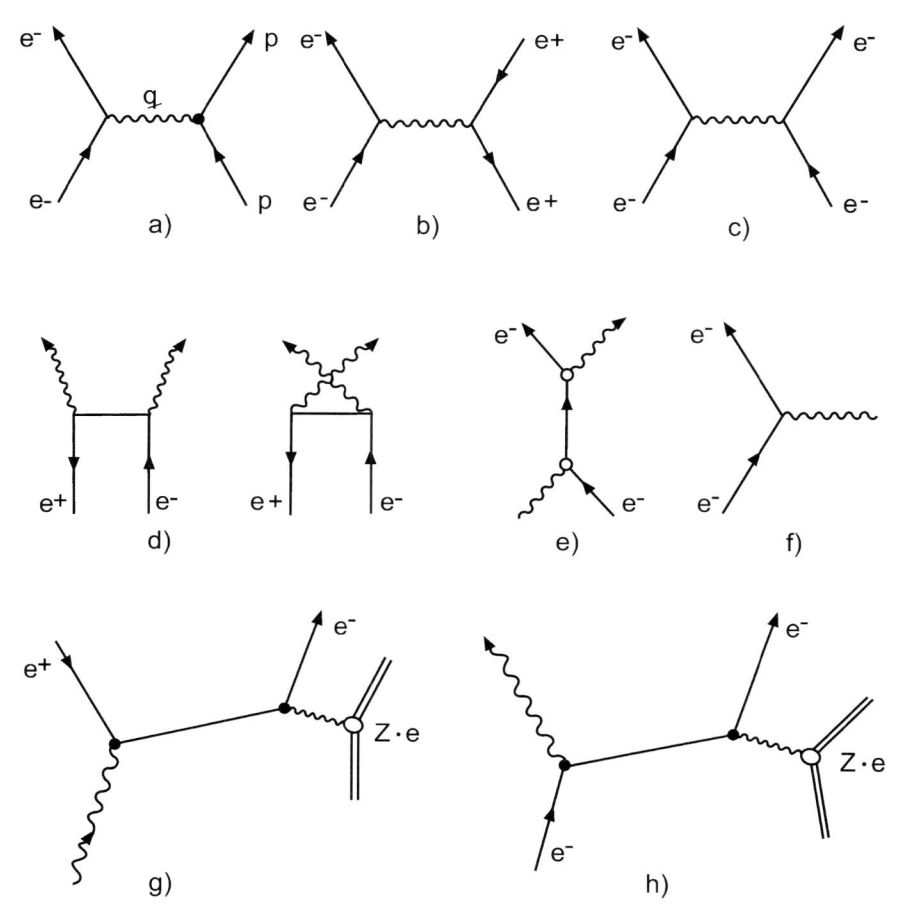

Abb. 8.1: Feynman-Graphen zur elektromagnetischen Wechselwirkung. a: Rutherford-Streuung, b: Bhabha-Streuung, c: nicht relativistisch Mott-, relativistisch Møller-Streuung, d: Zerstrahlung (Paarvernichtung), e: Compton-Effekt, f. Photoeffekt, g: Paarerzeugung, h: Bremsstrahlung.

Darin ist $\gamma = (1-(v/c)^2)^{-1/2}$, der Winkel Θ wird im Schwerpunktsystem beider Teilchen angegeben. Der 3. in der eckigen Klammer angegebene Term wird durch den Spin der beiden Teilchen verursacht. Die Formel (8.2) wurde unter Berücksichtigung des Teilchenaustausch abgeleitet. Im nichtrelativistischen Fall geht dieser Wirkungsquerschnitt in den Mott-Streuquerschnitt über. Der Feynman-Graph der Møller-Streuung ist in Abb. 8.1c gezeigt.

Ersetzt man eines der Elektronen durch ein Positron, so läuft ein Prozeß aufgrund gleicher Wechselwirkung ab (Bhabha-Streuung). Im Wirkungsquerschnitt für Bhabha-Streuung ist der Austausch-Term trotz der Unterschiedlichkeit der Teilchen ebenfalls zu berücksichtigen, weil ein durch Paarvernichtung entstehendes virtuelles γ-Quant wieder ein e^+e^--Paar erzeugen kann. Der Graph, der diesen Prozeß beschreibt, ist in Abb. 8.1b gezeigt.

8.2 Annihilation

a) $e^+e^- \to \gamma\gamma$, *Positronium.* Obwohl das Positron als stabiles Teilchen anzusehen ist, kann es beim Zusammentreffen mit einem Elektron zerstrahlen, wobei aufgrund von Impuls- und Drehimpulserhaltung zwei Röntgen-Quanten zu erwarten sind, deren Energie genau gleich der Summe der Ruhmassen der beiden Teilchen ist. Der Zustand eines Elektron-Positron-Systems vor der Zerstrahlung ist elektromagnetisch dem des Wasserstoffatoms ähnlich. Man nennt dieses System Positronium. Ebenso wie im Falle des Wasserstoffatoms (vgl. Abb. 8.2a) kann man zwei Zustände unterscheiden. Denjenigen, bei dem die beiden Spins des Elektrons und des Positrons antiparallel stehen, nennt man den Singulettzustand, weil sich die Spins zum Gesamtspin 0 addieren, denjenigen, in dem beide Spins parallel stehen, den Triplettzustand. Der Singulettzustand ist derjenige, der am häufigsten gebildet wird und dessen Lebensdauer $8 \cdot 10^{-9}$ s beträgt. Er zerfällt in zwei γ-Quanten (siehe Abb. 8.1d). Der Triplettzustand, bei dem die beiden zerstrahlenden Teilchen in drei oder mehr Gammaquanten zerfallen, hat eine weitaus größere Lebensdauer. Der gemessene Wert der mittleren Lebensdauer beträgt $7 \cdot 10^{-6}$ s. Gemessen werden diese beiden Fälle durch die Winkelkorrelation der γ-Quanten des Zerstrahlungsprozesses. Im ersten Fall entstehen beide Gammaquanten unter $180°$ zueinander, während im zweiten Fall eine Abweichung von der $180°$-Richtung beobachtet wird. In Abb. 8.2b ist das Positroniumspektrum gezeigt, wobei ebenfalls die Niveauaufspaltung angegeben ist.

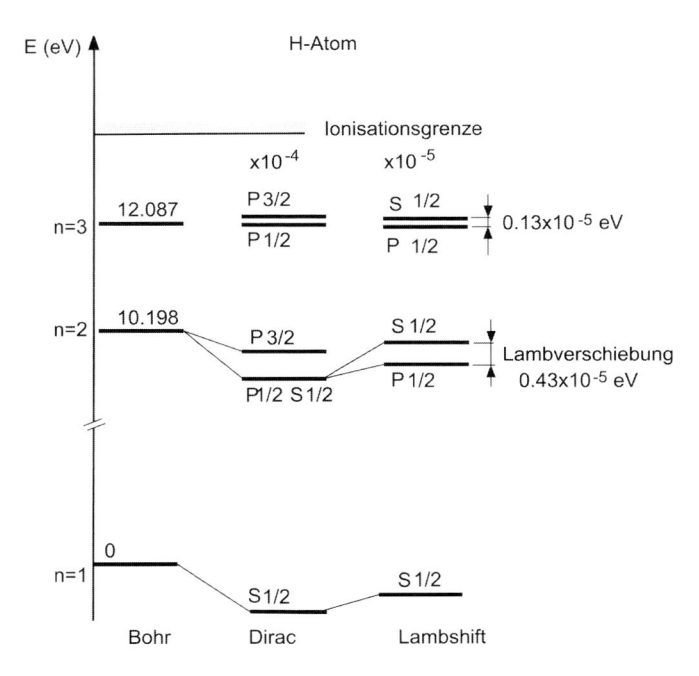

Abb. 8.2a: Wasserstoffspektrum (mittleres Diagramm um den Faktor 10^4 und rechtes Diagramm um den Faktor 10^5 gespreizt).

8 Beispiele für elektromagnetische Wechselwirkung

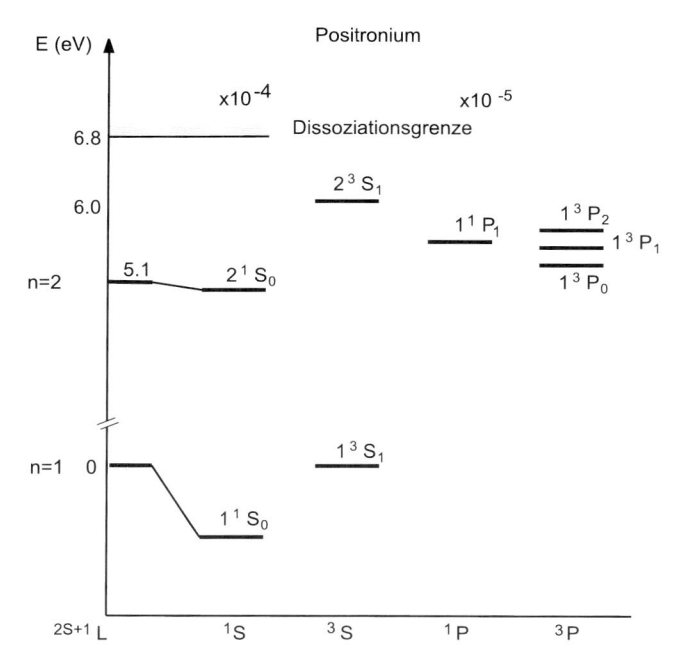

Abb. 8.2b: Positroniumspektrum; Energiemaßstäbe in Spalte 2 um den Faktor 10^4, in den Spalten 3, 4, 5 um den Faktor 10^5 gespreizt.

b) $e^+e^- \to \mu^+\mu^-$. Die Inbetriebnahme von Speicherringen an Elektronenbeschleunigern hoher Energie (DESY, SLAC) erlaubte es, die Paarerzeugung von Myonen zu untersuchen. Der Prozeß

$$e^+e^- \to \mu^+\mu^- \qquad (8.3)$$

findet im Schwerpunktsystem oberhalb 210 MeV statt. Die Myonen werden in geeigneten Detektorsystemen, die an den Strahlkreuzungspunkten installiert sind, nachgewiesen.

Der totale Wirkungsquerschnitt für unpolarisierte Stoßpartner ist gegeben durch

$$\sigma(e^+e^- \to \mu^+\mu^-) = \sigma_{\mu\mu} = \frac{4\pi}{3}\frac{\alpha^2}{W^2}\left(=\frac{87{,}6}{W^2}[\text{nb}]\right). \qquad (8.4)$$

Darin sind $W^2 = 4E_1E_2$ das Quadrat der Gesamtenergie des Systems und E_1 bzw. E_2 die kinetischen Energien der Elektronen bzw. Positronen. α ist die Feinstrukturkonstante. W wird in Einheiten GeV angegeben. Für $W = 36$ GeV ist demnach der zu erwartende Wirkungsquerschnitt $7 \cdot 10^{-2}$ nb. Der gemessene Wirkungsquerschnitt ist in Abb. 8.3 wiedergegeben [Be 82], der Feynman-Graph in Abb. 12.1 gezeigt. Die Abnahme des Wirkungsquerschnitts ist proportional zu W^{-2}. Die experimentellen und theoretischen Werte stimmen in dem untersuchten Energiebereich gut überein.

Ein ähnlicher Prozeß der elektromagnetischen Wechselwirkung ist die Tauonenpaarerzeugung $e^+e^- \to \tau^+\tau^-$, die ebenfalls in Abb. 8.3 wiedergegeben ist. Die Wirkungsquerschnitte sind denen des Prozesses (8.3) fast gleich.

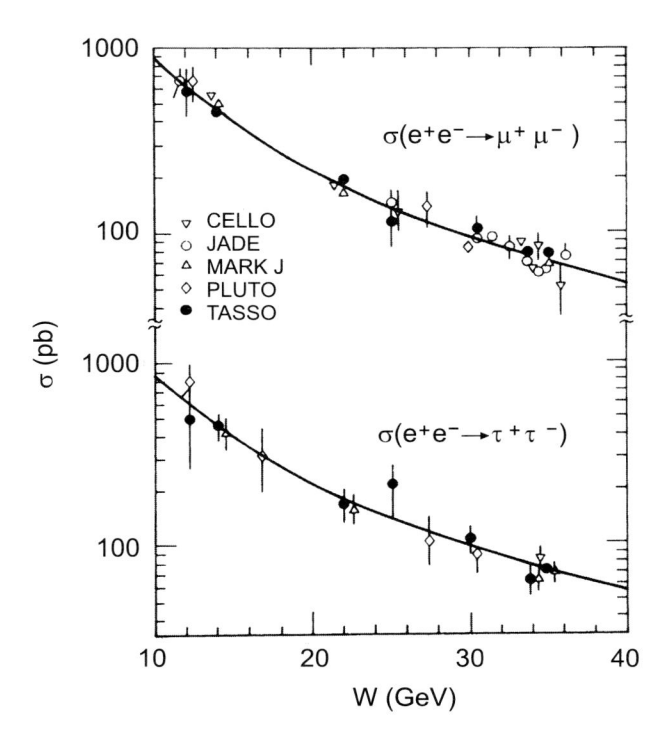

Abb. 8.3: Die Wirkungsquerschnitte für die Reaktionen $e^+e^- \to \mu^+\mu^-$, $e^+e^- \to \tau^+\tau^-$ in Abhängigkeit von der Schwerpunkt-Energie W. Die Kurven bedeuten die Vorhersage der Quantenelektrodynamik [Sö 82].

In erster Näherung wird in dem Prozeß ein Photon mit Viererimpuls q ausgetauscht. Die Messung dieser Reaktion eignet sich deshalb dazu, die Quantenelektrodynamik bei hohen Energien zu testen, worauf wir in 9.3 zurückkommen werden.

8.3 Unelastische Prozesse

a) Compton-Streuung. Ein „klassisches" Beispiel für die direkte Wechselwirkung von Ladungen mit Photonen ist der im Jahre 1922 entdeckte Compton-Effekt. Hier tritt eine Streuung von Photonen an Elektronen auf, bei der Rückstoßenergie auf das Elektron übertragen wird. Im Sprachgebrauch wird dieser Prozeß als unelastische Streuung bezeichnet, obwohl aufgrund der Kinematik ein elastischer Streuprozeß vorliegt. Da dieser Effekt vorwiegend für Photonen hoher Energie auftritt, kann man die Bindungsenergie von Elektronen an das Atom vernachlässigen. So ist der Compton-Effekt eine Streuung an „fast" ungebundenen Elektronen. Die elastische Streuung von Photonen an Elektronen wird als Thomson-Streuung bezeichnet. Der Wirkungsquerschnitt der Thomson-Streuung, als nichtrelativistischer Grenzwert der Compton-Streuung,

8 Beispiele für elektromagnetische Wechselwirkung

ist gegeben durch:

$$d\sigma_T = \frac{r_e^2}{2}(1 + \cos^2 \Theta)d\Omega. \tag{8.5}$$

Darin ist Θ der Streuwinkel, $r_e = \alpha/m$ der klassische Elektronenradius ($\hbar = c = 1$).

Bei der Streuung ändert sich die Energie ω des Photons. Wir erhalten für die aus der Kinematik der Streuung folgende Änderung der Energie:

$$\Delta E = \omega - \omega' = \omega \frac{\dfrac{\omega}{mc^2}(1 - \cos \Theta)}{1 + \dfrac{\omega}{mc^2}(1 - \cos \Theta)}. \tag{8.6}$$

Der Wirkungsquerschnitt der Compton-Streuung ist quantenmechanisch durch O. Klein und Y. Nishina [Kl 29] berechnet worden, er lautet im Laborsystem:

$$\frac{d\sigma}{d\Omega} = \left(\frac{r_e}{2}\right)^2 \cdot \left(\frac{\omega'}{\omega}\right)^2 \left\{ \left(\frac{\omega}{\omega'}\right) + \left(\frac{\omega'}{\omega}\right) - \sin^2 \Theta \right\}, \tag{8.7}$$

wobei Θ den Streuwinkel, ω, ω' die Energie der einlaufenden und auslaufenden Photonen angibt. Der zugehörige Feynman-Graph ist in Abb. 8.1e gezeigt.

b) Bremsstrahlung. Führt man das Rutherford-Streuexperiment statt mit Alphateilchen mit Elektronen aus, so werden die Elektronen im Feld des Kerns beschleunigt. Nur wenige Elektronen treffen den Kern zentral, deshalb findet im Feld des positiv geladenen Kerns vorwiegend eine Streuung statt. Nach den Grundlagen der Elektrodynamik ist die Beschleunigung einer Ladung mit einer Änderung der Energie verbunden; die Energiebilanz kann nur dann erhalten bleiben, wenn das beschleunigte Elektron ein Photon abgibt. Für eine große Zahl von Elektronen, wie sie in einem Strahl vorliegen, erzeugen die ausgesandten Photonen ein kontinuierliches Spektrum. Eine solche Photonenemission führt dazu, daß die Energie des abgelenkten Teilchens geringer wird, weshalb man bei diesem Prozeß von der Emission von Bremsstrahlung spricht. Der Wirkungsquerschnitt für Aussendung von Bremsstrahlung im Frequenzintervall $d\nu$ beim Stoß ultrarelativistischer Elektronen mit schweren Kernen, berechnet unter Vernachlässigung der Abschirmung [Wh 39], ist gegeben durch

$$d\sigma(E_0, \nu) = 4Z^2\alpha r_e^2 \frac{d\nu}{\nu}\left[1 + \left(\frac{E}{E_0}\right)^2 - \frac{2}{3}\left(\frac{E}{E_0}\right)\right]\left[\ln \frac{2EE_0}{mc^2 h\nu} - \frac{1}{2}\right]. \tag{8.8}$$

Darin ist E_0 die Anfangsenergie, E die Endenergie der Elektronen. Der Wirkungsquerschnitt ist umgekehrt proportional zur Masse der Elektronen. Daher wird verständlich, daß Bremsstrahlung vorwiegend bei der Wechselwirkung leichter Teilchen auftritt, hingegen ist sie bei schweren Teilchen (Protonen, Alphateilchen) nur in geringem Maß zu beobachten. Aus der Erhaltung des Impulses bei diesem Prozeß folgt außerdem, daß der Kern einen Rückstoßimpuls aufnimmt. Die graphische Darstellung des Prozesses ist in Abb. 8.1h gezeigt.

c) Paarerzeugung. Wenn die Energie eines Photons die Schwelle von 1,02 MeV übersteigt, besteht die Möglichkeit, daß im Feld eines Kerns ein Elektron-Positronpaar erzeugt wird. Die Schwelle ist durch die doppelte Ruhmasse dieser Teilchen von jeweils 511 keV gegeben. Höhere

Energien des Photons übertragen zusätzlich kinetische Energie auf die erzeugten Teilchen. Der Wirkungsquerschnitt für die Paarerzeugung ist durch folgenden Ausdruck gegeben:

$$\frac{d\sigma_{\text{paar}}}{dE_{e+}} = \frac{\alpha \cdot r_e^2 \cdot Z^2}{h\nu - 2m_e c^2} \cdot P(h\nu, Z).$$

$P(h\nu, Z)$ ist eine dimensionslose Funktion, die numerisch bestimmt werden muß [Be 53]. Der Paarerzeugungsprozeß wird sehr häufig als Meßmethode für hochenergetische Photonen benutzt. Der Feynman-Graph ist in Abb. 8.1g angegeben.

9 Prüfung der Quantenelektrodynamik

9.1 Präzisionsmessungen bei niedrigen Energien

Die Quantenelektrodynamik liefert für die genauere Beschreibung physikalischer Prozesse Beiträge der Störungsrechnung verschiedenster Ordnungen zur elektromagnetischen Wechselwirkung. Insbesondere wird die Wechselwirkung des Elektrons mit seinem eigenen Strahlungsfeld berücksichtigt. Diese einzelnen Beiträge lassen sich ebenso als Graphen darstellen, wie zuvor erwähnt. Einige von ihnen sind experimentell nachprüfbar, sie werden anschließend diskutiert. Dazu gehört das magnetische Moment, genauer, der Landésche g-Faktor, wie auch die Aufhebung der Entartung der Zustände $2P_{1/2}$, $2S_{1/2}$ in der Lamb-Verschiebung.

a) Lamb-Shift. Ein erster Korrekturterm, den die QED liefert, berücksichtigt die Wechselwirkung einer Ladung mit dem eigenen Strahlungsfeld. Dieser Selbstenergieterm ist u. a. in Abb. 9.5a gezeigt. Dabei wird von einem Elektron ein virtuelles Photon emittiert und kurz darauf wieder absorbiert.

Der experimentelle Wert dieses Beitrags wurde von W. E. Lamb und R. Retherford bestimmt. Wie aus der Feinstrukturformel folgt, fallen Niveaus im Spektrum des Wasserstoffs, die zum gleichen Drehimpuls gehören, nach der Dirac-Theorie energetisch zusammen. Speziell sind das die Zustände $2S_{1/2}, 2P_{1/2}$. Der Einfluß der Selbstenergie führt jedoch zu einer Aufspaltung.

Das Energiespektrum des Wasserstoffatoms ist in Abb. 8.2a gezeigt. Für die experimentelle Bestimmung der Lamb-Verschiebung erzeugt man (Abb. 9.1) [La 50] einen Strahl Ⓐ atomaren Wasserstoffs. Dieser Strahl neutraler Atome wird bei Ⓓ mit Elektronen aus einer Glühwendel Ⓗ beschossen, wodurch der metastabile $2S_{1/2}$-Zustand angeregt wird, und zwar bei nur einem von 10^8 Atomen. Der direkte Übergang in den $1S_{1/2}$-Grundzustand ist verboten. Die angeregten Atome gelangen zusammen mit den übrigen Atomen in ein Magnetfeld, in dem die Niveaus aufspalten. Die metastabilen Atome werden dann mit einem Langmuir-Detektor Ⓛ Ⓜ nachgewiesen. Bei diesem Detektor wird die Anregungsenergie der metastabilen Atome benutzt, um Elektronen aus einer Wolfram-Oberfläche auszulösen. Damit entsteht ein Elektronenstrom, der sich nachweisen läßt. Wird in dem Magnetfeldbereich bei Ⓚ dann im Hohlraumresonator Ⓙ eine Hochfrequenzstrahlung im Bereich von 10 GHz durchstimmbar eingestellt, können Übergänge vom $2S_{1/2}$-Zustand zum $2P_{1/2}$-Zustand auftreten, letzterer zerfällt dann direkt. Dadurch nimmt der Strom metastabiler Atome ab. Im Experiment wird eine variabel einstellbare Hochfrequenzstrahlung und ein veränderliches Magnetfeld verwendet.

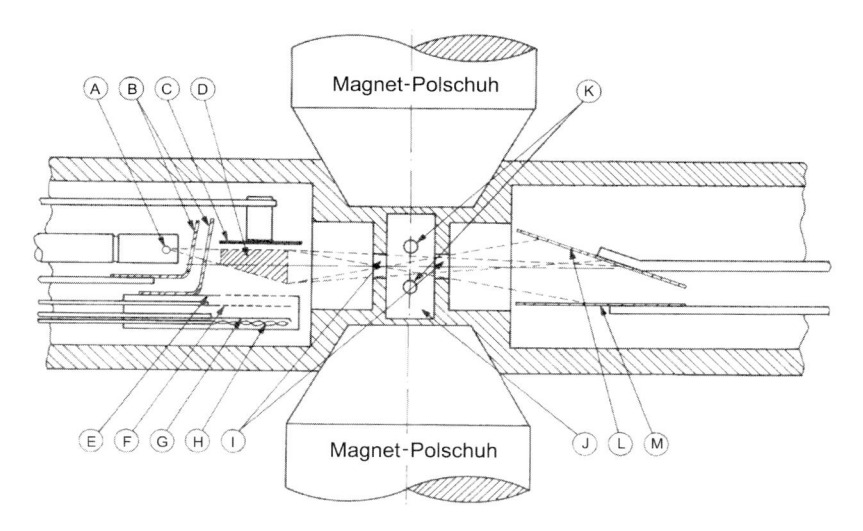

Abb. 9.1: Apparatur zur Messung der Lamb-Verschiebung; A Atomstrahlofen, B Blenden, C Gegenelektrode, D Reaktionsvolumen, E Bremsgitter, F Beschleunigungsgitter, G Wehneltzylinder, H Heizwendel, I Begrenzungsblende, J Hohlraumresonator, K Hochfrequenzhohlleiter, L Langmuir-Detektor, M Elektronendetektor.

Die genaueste Messung der Lamb-Verschiebung lieferte einen Frequenzunterschied von 1,057 GHz, entsprechend $4,37 \cdot 10^{-6}$ eV. Die berechneten Werte für die Lamb-Verschiebung unterscheiden sich von den gemessenen erst in der fünften Dezimalstelle. Die Korrekturen werden mit Hilfe der Störungstheorie berechnet (siehe Strahlungskorrekturen), wobei der Entwicklungsparameter $(Z \cdot \alpha)$ ist. Mit wachsendem Z sollten die Effekte deshalb größer werden. Damit wachsen die experimentellen Schwierigkeiten, z. B. Hochfrequenzoszillatoren für die Übergangsenergien zur Verfügung zu stellen. Die Lamb-Shift wurden z. B. an Li^{++}, C^{5+} und S^{15+}-Ionen (letztere mit Laseranregung) gemessen [La 72].

b) Messung der anomalen magnetischen Momente von Elektron und Myon. Die von P. A. M. Dirac im Jahre 1928 aufgestellte, relativistisch invariante Gleichung beschreibt Teilchen mit dem Spin $1/2$. Für den Faktor g (Gl. 7.1) der geladenen Leptonen liefert diese Gleichung den Wert 2. Später hat man jedoch bei immer präziseren Messungen herausgefunden, daß der Faktor g etwas größer als 2 ist. Der Grund dafür ist, wie bereits oben angedeutet, die Wechselwirkung des Elektrons mit seinem eigenen Strahlungsfeld. Dadurch ändert sich das effektive magnetische Moment der Leptonen in einem äußeren Magnetfeld. Diese Abweichung sowohl experimentell möglichst genau zu bestimmen als auch theoretisch zu erklären, war Ziel umfangreicher Untersuchungen. Sie haben aus Gründen, die mit dem ursprünglich berechneten Faktor 2 zusammenhängen, den Namen $(g-2)$-Experimente erhalten. Die Abweichungen vom Faktor 2 lassen sich anschaulich als Graphen darstellen; z. B. die Wechselwirkung des Elektrons mit seinem eigenen Strahlungsfeld, die Vakuumpolarisation, d. h. die Erzeugung positiver und negativer Ladungen in einem elektrischen Feld, die Selbstenergie der Elektronen. Alle diese Beiträge faßt man heute in Korrekturgrößen der Quantenelektrodynamik zusammen.

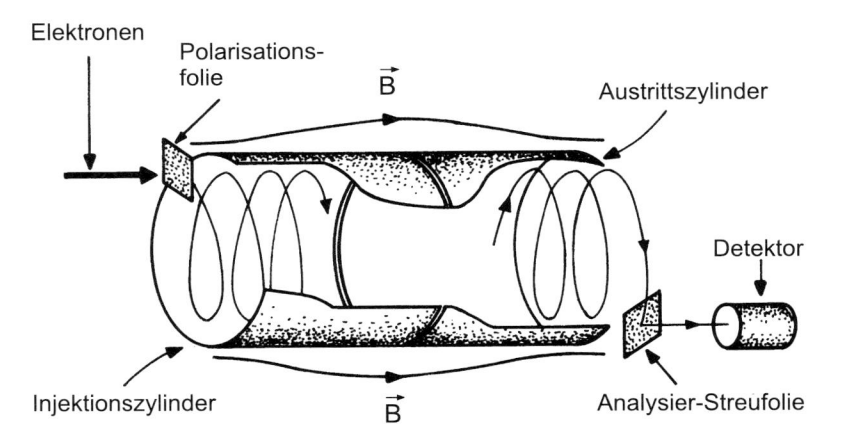

Abb. 9.2: Apparatur zur Messung des $(g-2)$-Faktors für Elektronen [Wi 63]. Meßprinzip s. Text.

Die ersten Messungen des gyromagnetischen Verhältnisses an freien Elektronen wurden von H. R. Crane und Mitarbeitern [Wi 63], beginnend im Jahre 1954, (Abb. 9.2) ausgeführt. In ihrem Experiment wird prinzipiell die Mott-Streuung benutzt. Wie aus der Mott-Formel zu ersehen ist, ergibt sich für den Elektronenspin eine partielle Polarisation bei Streuung um 90°, d. h. Teilchen, die um 90° gestreut werden, werden aus der Menge der übrigen gestreuten Teilchen herausgefiltert. Die Elektronen werden dann in einem solenoidalen Magnetfeld eingefangen, in dem sie Umläufe mit der Zyklotronfrequenz $\omega_c = \frac{eB}{m_e c \gamma}$ ausführen. Der Elektronenspin führt außerdem im Magnetfeld eine Präzessionsbewegung aus. Berücksichtigt man relativistische Effekte, so lautet die Larmor-Frequenz dieser Bewegung

$$\omega_s = \left(a + \frac{1}{\gamma}\right) \frac{eB}{m_e c},$$

wobei $a = \frac{1}{2}(g-2)$, $\gamma = (1-\beta^2)^{-1/2}$ und $\beta = v/c$ ist. Wäre $g = 2$, ergäbe sich $\omega_s = \omega_c$, wobei die Polarisation longitudinal bleibt. Für $g > 2$ wird die Spinbewegung schneller als die Bahnbewegung, wodurch sich beim Austritt aus dem Magnetfeld ein Winkelunterschied $\omega_d \cdot t$ einstellt mit

$$\omega_s - \omega_c = \omega_d = a \frac{eB}{m_e c \gamma}.$$

Beim Austritt aus dem Magnetfeld werden die Elektronen noch einmal gestreut und die Zählrate beidseitig um 90° gegen die Einfallsrichtung nachgewiesen. Die Zählraten hängen von der Zeit ab. Aus dieser Messung läßt sich die Abweichung vom Faktor $(g-2)$ angeben. Die bisherigen experimentellen Bestimmungen des g-Faktors des Elektrons ergeben den Wert ([Ei 04] S. 407)

$$\frac{g}{2} = 1{,}001\,159\,652\,1859 \pm 3{,}8 \cdot 10^{-12}.$$

Hierbei sind die genauen Messungen mit einer Elektronenfalle in einem Hochfrequenzfeld [Va 87] berücksichtigt, die auch zu diesem Zahlenwert des g-Faktors geführt haben.

9 Prüfung der Quantenelektrodynamik

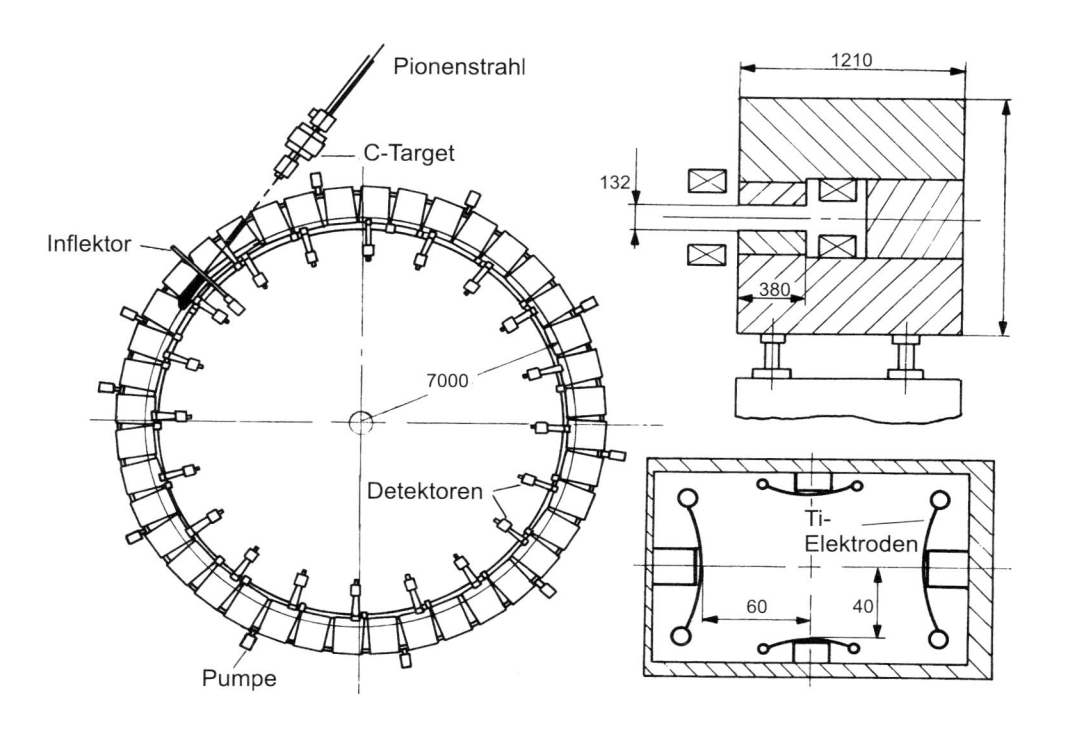

Abb. 9.3: Speicherring für Myonen, zur Messung des $(g-2)$-Faktors des Myons [Fa 79].

Mit dem Spin $1/2$ des Myons ist ebenso wie beim Elektron ein magnetisches Moment verbunden, dessen genauer Wert Aufschluß über die Gültigkeit quantenelektrodynamischer Rechnungen geben kann.

Myonen entstehen beim Zerfall der Pionen, die aus einem Beschleuniger kommen und ein Target treffen. Die Myonen sind longitudinal polarisiert; sie werden in einen Speicherring eingefangen (Abb. 9.3), in dem sie mehrere tausend Mal umlaufen [Fa 79]. Sie zerfallen innerhalb von 2 µs in Elektronen und Neutrinos. Die Elektronen werden ebenfalls wegen der schwachen Wechselwirkung (siehe Kap. IV) in Richtung des Myonenspins ausgesandt. Ihr Impuls ist etwas geringer als der der Myonen. Deshalb können sie in Detektoren, die an der Innenseite des Speicherrings angebracht sind, nachgewiesen werden. Die Zählrate wird ebenso wie im Elektronenexperiment zeitlich mit der Spinpräzession moduliert sein. Abbildung 9.4 zeigt das Ergebnis eines solchen Experiments.

Aus Spinpräzession,

$$\vec{\omega}_s = \frac{e}{m_\mu c}\left[\frac{\vec{B}}{\gamma} - \left(\frac{1}{\gamma+1}\right)[\vec{\beta}\times\vec{E}] + a_\mu(\vec{B} - [\vec{\beta}\times\vec{E}])\right], \qquad (9.1)$$

und Zyklotronfrequenz des Umlaufs,

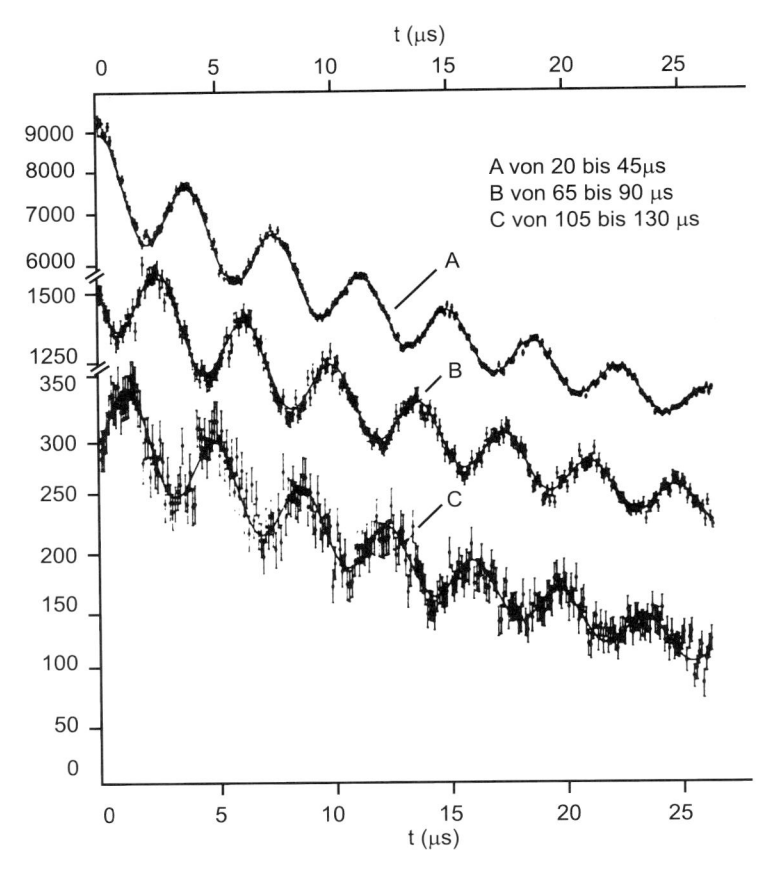

Abb. 9.4: Fluktuationen der Zählraten der Myonenzerfälle bei der Messung des magnetischen Moments (siehe Text).

$$\vec{\omega}_c = \frac{e}{m_\mu c} \left[\frac{\vec{B}}{\gamma} - \left(\frac{\gamma}{\gamma^2 - 1} \right) [\vec{\beta} \times \vec{E}] \right], \tag{9.2}$$

läßt sich die Differenz $\omega_d = \omega_s - \omega_c$ bestimmen,

$$\vec{\omega}_d = \frac{e}{m_\mu c} \left[a_\mu \vec{B} + \left(\frac{1}{\gamma^2 - 1} - a_\mu \right) [\vec{\beta} \times \vec{E}] \right]. \tag{9.3}$$

Damit liefert die modulierte Frequenz eine direkte Messung des anomalen magnetischen Moments des Myons. Die Messungen wurden getrennt sowohl für positive als auch für negative Myonen ausgeführt. Aus beiden Serien von Experimenten zusammen erhält man gegenwärtig im Weltmittel folgenden Wert des Anomaliefaktors [Ei 04, S. 119]:

$$a_\mu = 0{,}001\,165\,920\,37 \pm 0{,}78 \cdot 10^{-9}.$$

Obwohl die Genauigkeit dieses Experiments nicht an die Genauigkeit der $(g-2)$-Experimente für Elektronen heranreicht, kann jedoch im Rahmen der bisher erreichten Genauigkeit gesagt werden, daß Abweichungen von der Quantenelektrodynamik nicht festgestellt wurden.

Abschließend sind die gegenwärtigen experimentellen Werte für die Anomalie-Faktoren den bis zur 4. Ordnung in α berechneten gegenübergestellt.

	$\left(\dfrac{g-2}{2}\right)_{\text{exp.}}$	$\left(\dfrac{g-2}{2}\right)_{\text{th.}}$
Elektron	$(1\,159\,652{,}1859 \pm 0{,}0038) \cdot 10^{-9}$	$(1\,159\,652{,}1535 \pm 0{,}024) \cdot 10^{-9}$
Myon	$(1\,165\,920{,}37 \pm 0{,}78) \cdot 10^{-9}$	$(1\,165\,918{,}83 \pm 0{,}49) \cdot 10^{-9}$

Die Messungen des g-Faktors für Elektron und Myon sind die präzisesten, die gegenwärtig in der experimentellen Elementarteilchenphysik ausgeführt werden können. Wie die hervorragende Übereinstimmung zwischen Theorie und Experiment insbesondere beim Elektron zeigt, wird die QED dadurch in eindrucksvoller Weise bestätigt. Der theoretische Fehler ist hier durch die ungenaue Kenntnis von α bestimmt. Man kann also umgekehrt die Messung von a_e zu einer genauen Bestimmung der Feinstrukturkonstanten α verwenden.

Im Fall des Myons beruht die größte theoretische Unsicherheit auf der hadronischen Vakuumpolarisation (virtuellen Quark-Antiquark-Paaren), die zu Korrekturen im Photonpropagator führt. Bei ihrer Berechnung benutzt man Messungen des Wirkungsquerschnitts der Hadronenerzeugung $\sigma\,(e^+e^- \to \text{Hadronen})$, deren Ungenauigkeit in Kauf genommen wird. Aber auch Beiträge der schwachen Wechselwirkung spielen eine, wenn auch geringere Rolle. In diesem Fall ist man sicher, die Korrekturen bis auf einige Prozent genau zu kennen. Weitere Einzelheiten zur Bestimmung von a_μ findet man z. B. in [Da 04, He 04].

Sollte der bisher festgestellte Unterschied zwischen dem berechneten und dem theoretischen Wert von a_μ bestehen bleiben, könnte dieses Resultat einen ersten möglichen Hinweis auf die Physik jenseits des bisherigen Modells der starken und elektroschwachen Wechselwirkung bedeuten. Die Bemühungen werden daher sowohl von theoretischer als auch experimenteller Seite fortgesetzt, den Wert von a_μ möglichst genau zu bestimmen.

c) Hyperfeinstruktur von Positronium und Myonium. Positronium ist ein atomares System, dem Wasserstoffatom ähnlich, das aus einem Elektron und einem Positron besteht. Im Myonium bildet ein μ^+ mit einem e^- ein gebundenes System. Beide Systeme sind ideal geeignet, die QED zu testen, weil sie nur aus Leptonen bestehen und daher Einflüsse der starken Wechselwirkung nicht zu erwarten sind.

In beiden Systemen tritt eine Feinstrukturaufspaltung auf, d. h. eine Aufspaltung zwischen dem Triplett-Zustand ($F=1$) und dem Singulett Zustand ($F=0$) (siehe Abb. 8.2b), d. h. $\Delta_1 = E(1^3S_1) - E(1^1S_0)$. Im Wasserstoffatom wird diese Wechselwirkung Hyperfeinstruktur genannt. Positronium und Myonium werden experimentell in prinzipiell gleichen Prozessen erzeugt, in denen Positronen oder Myonen in Gasen abgebremst werden. Dabei bilden sich die Systeme durch Elektroneneinfang. Die Übergänge vom Triplett- in den Singulett-Zustand werden als Funktion der Magnetfeldstärke beobachtet. Ein Hochfrequenzfeld fester Frequenz induziert Übergänge zwischen beiden Zuständen. In einem überlagerten Magnetfeld tritt eine Zeeman-Aufspaltung ein. Variiert man das Magnetfeld, so treten die Übergänge bei nur einer Feldstärkeneinstellung bevorzugt auf. Dadurch wird das Verhältnis der Zerstrahlungsrate von

Singulett- und Triplett-Zustand geändert. Aus Magnetfeld und Frequenz läßt sich die Energiedifferenz der beiden Zustände sehr genau bestimmen. Die Messungen wurden sowohl in sehr schwachen als auch sehr starken Magnetfeldern ausgeführt [Be 80].

Die experimentellen und theoretischen Werte sind anschließend gegenübergestellt, wobei der theoretische Wert Störungsterme bis zur Ordnung α^4 enthält.

	$\nu_\text{exp.}$ (MHz)	$\nu_\text{th.}$ (MHz)
Positronium	$203384{,}9 \pm 1{,}2$	$203400{,}294 \pm 10$
Myonium	$4463{,}304 \pm 0{,}004$	$4463{,}325 \pm 0{,}018$

Die Übereinstimmung kann als sehr zufriedenstellend angesehen werden und damit auch der Test der QED.

9.2 Strahlungskorrekturen, Renormierung

Wie bereits früher erwähnt wurde, ist man bei der Berechnung elektromagnetischer Prozesse auf die Störungstheorie angewiesen. Man vernachlässigt hierbei in „nullter Näherung" die elektromagnetische Wechselwirkung, obwohl diese physikalisch immer vorliegt, da jede freie Ladung stets von ihrem Eigenfeld umgeben ist. Formal kann das dadurch erreicht werden, daß man in den Gleichungen die Terme der Wechselwirkung, welche die Kopplungskonstante (hier die Feinstrukturkonstante $\alpha = e^2/4\pi\hbar c$) enthalten, zunächst wegläßt. Man geht also von der „nackten" Lagrange-Dichte $\mathcal{L}_0(\psi, \partial_\mu\psi)$ aus, deren zugehörige Feldgleichungen exakt lösbar sind, und berücksichtigt den Wechselwirkungsterm $\mathcal{L}_w(\psi, A^\mu)$ als Störung. Die in $\mathcal{L}_w$ enthaltene Kopplungskonstante α dient dabei als Entwicklungsparameter, so daß eine Potenzreihe in α entsteht, deren Beiträge wegen $\alpha \ll 1$ mit wachsender Ordnung rasch kleiner werden. Die Terme verschiedener Ordnung der Störungsreihe können durch Feynman-Graphen mit entsprechenden Anzahlen von Vertizes veranschaulicht werden.

Die im vorigen Abschnitt diskutierten Präzisionsmessungen bei niedrigen Energien sind so genau, daß man beim Vergleich mit der Theorie störungstheoretische Beiträge höherer Ordnungen, sogenannte Strahlungskorrekturen der QED, zu berücksichtigen hat. Dies macht eine Renormierung der in der Theorie vorkommenden Parameter erforderlich. Für die beobachtbare Masse m des physikalischen Teilchens (mit Strahlungsfeld) erhält man nach der Störungstheorie die Reihenentwicklung

$$m = m_0 + \alpha m^{(1)} + \alpha^2 m^{(2)} + \ldots, \tag{9.4}$$

wobei m_0 die „nackte" Masse des Teilchens (ohne Strahlungsfeld) bedeutet. Andererseits kommt in den bis zu einer bestimmten Ordnung berechneten Übergangsamplituden zunächst die Masse m_0 als fiktiver Parameter vor. Um die Ergebnisse der Störungstheorie physikalisch interpretieren zu können, hat man also m_0 durch die physikalische Größe m auszudrücken. Man kann hierzu z. B. die Reihe (9.4) bis zur gewünschten Ordnung benutzen. Dieser Übergang zu dem physikalischen Parameter m wird Renormierung der Masse genannt. Analog erfolgt durch Modifizierung der nackten Vertizes eine Renormierung der Ladung.

Das so berücksichtigte Strahlungsfeld kann mit dem Einfluß eines Mediums verglichen werden. Es sei daran erinnert, daß eine Ladung, die sich durch ein Medium bewegt, im allgemeinen eine effektive Masse und eine effektive Ladung besitzt, die verschieden sind von

9 Prüfung der Quantenelektrodynamik

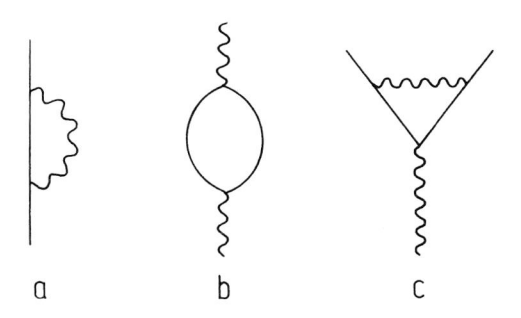

Abb. 9.5: Feynman-Graphen der Strahlungskorrekturen niedrigster Ordnung in der QED, die zu divergenten Ausdrücken führen: a) Selbstenergie, b) Vakuumpolarisation, c) Vertexkorrektur.

Masse und Ladung außerhalb des Mediums. Ganz entsprechend wird ein Elektron mit seinem Eigenfeld eine andere Masse und Ladung haben als ohne. Dies gilt unabhängig davon, ob die Beiträge der Störungstheorie höherer Ordnung divergieren oder endlich sind. Die in der QED vorkommenden Strahlungskorrekturen, deren Feynman-Graphen geschlossene Schleifen enthalten, sind divergent. Durch die Renormierung (Umdefinition) von Masse und Ladung auf ihre physikalischen (und damit endlichen) Werte können die unendlichen Beiträge jedoch beseitigt werden, so daß endliche Strahlungskorrekturen übrigbleiben.[32] Die mit diesen Korrekturen berechneten Werte für die Termverschiebungen und die anomalen magnetischen Momente stimmen äußerst genau mit den gemessenen Daten überein.

Die Graphen niedrigster Ordnung, die in der QED zu divergenten Ausdrücken führen, sind im einzelnen die Selbstenergie des Elektrons, die Vakuumpolarisation und die Vertexkorrektur (Abb. 9.5 a–c).

Beim Graphen der Selbstenergie wird das emittierte virtuelle Photon von demselben Elektron reabsorbiert. Dieser Prozeß ist auch für ein sich selbst überlassenes Elektron möglich, das stets von einer virtuellen Photonenwolke umgeben ist („angezogenes Elektron"). Dadurch wird die Selbstwechselwirkung des Elektrons mit dem Strahlungsfeld berücksichtigt. Die virtuelle Photonenwolke kann vom physikalischen Elektron nicht getrennt werden und trägt damit zur beobachtbaren Masse m des Elektrons bei. Dieser Beitrag ist in niedrigster Ordnung proportional zu α (Abb. 9.5) und muß durch die Renormierung berücksichtigt werden.

Die Vakuumpolarisation kann man anschaulich als Abschirmeffekt verstehen. Man stelle sich vor, es wäre möglich, ein Elektron von außen in das Vakuum zu bringen. Die in seiner Umgebung erzeugten virtuellen Positronen e^+ werden vom Elektron angezogen, während die virtuellen Elektronen e^- eine Abstoßung erfahren. Das Elektron umgibt sich also mit einer Wolke von virtuellen Positronen, es polarisiert das umliegende Vakuum (Abb. 9.6).

Im Ergebnis ist die Ladung des physikalischen Elektrons, die man in einiger Entfernung feststellen kann, kleiner als die Ladung des nackten Elektrons ohne Vakuumpolarisation. Eine ähnliche Situation liegt vor, wenn eine Ladung in ein dielektrisches Medium gebracht wird. Die effektive Ladung in dem polarisierten Medium ist gleich der ursprünglichen Ladung geteilt durch die Dielektrizitätskonstante $\varepsilon > 1$. Mit anderen Worten, wegen der virtuellen Paarer-

---

[32] Die hierbei erforderliche eindeutige Abtrennung der endlichen Korrekturen von den divergenten Beiträgen ist allerdings etwas aufwendig.

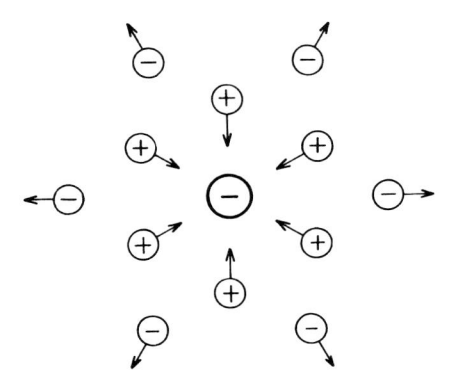

Abb. 9.6: Infolge der virtuellen Paarerzeugung verhält sich das Vakuum in der QED wie ein polarisierbares Medium. Die elektrische Ladung polarisiert das Vakuum und wird dadurch abgeschirmt.

zeugung verhält sich das Vakuum in der QED wie ein polarisierbares Medium.[33] Die Vakuumpolarisation macht somit eine Renormierung der Ladung erforderlich. Die Vertexkorrektur schließlich modifiziert den Vertex $e\gamma_\mu$ und trägt auch zur Renormierung der Ladung bei.

Alle drei divergenten Graphen niedrigster Ordnung können als Teile von Graphen höherer Ordnung auftreten. Die Rechnungen werden mit wachsender Ordnung rasch komplizierter. Es kann aber gezeigt werden, daß die Renormierung der QED in allen Ordnungen durchführbar ist.

Die Frage, ob eine Feldtheorie in dieser Weise renormiert werden kann oder nicht, hängt von der Form der Wechselwirkung ab. So sind Theorien mit Vektorfeldern (Spin 1) wie z. B. die QED nur dann renormierbar, wenn die lokale Eichinvarianz (siehe Abschnitt 5.2) gilt und die Ankopplung des Vektorfeldes (Eichfeldes) an das Materiefeld $\psi(x)$ durch die verallgemeinerte Ableitung (5.23) definiert ist. Man nennt dies die „minimale Kopplung".

Daß die Eichinvarianz allein nicht ausreichend ist, erkennt man am Beispiel einer formal möglichen Kopplung der Form $\bar{\psi}(x)\gamma^\mu\gamma^\nu\psi(x)F_{\mu\nu}(x)$, die in der QED nicht erforderlich ist. Eine solche Kopplung ist zwar eichinvariant, aber nicht renormierbar. Offenbar wird mit dem auf der Eichsymmetrie beruhenden Prinzip der minimalen Kopplung eine Klasse renormierbarer Feldtheorien ausgezeichnet. Man darf also erwarten, daß die aufgrund höherer Eichsymmetrien formulierten Eichfeldtheorien der elektroschwachen und der starken Wechselwirkung ebenfalls renormierbar sind.

Im Grunde drücken die zu renormierenden Divergenzen unsere Unkenntnis über die Physik bei sehr kleinen Abständen aus. Das Elektron wird in idealisierter Weise als exakt punktförmig angenommen. Experimentell konnte diese Eigenschaft bisher nur bis zu Abständen von etwa 10^{-18} m bestätigt werden. Aber wie verhält sich die Mikrowelt bei Abständen, die wesentlich kleiner als 10^{-18} m sind? Möglicherweise machen sich bei extrem kleinen Abständen bisher nicht berücksichtigte Effekte bemerkbar, so daß in einer entsprechend modifizierten Theorie keine Divergenzen mehr vorkommen. Die renormierbaren Theorien wären dann geschickte Formulierungen, mit deren Hilfe diese Unkenntnis der Physik bei extrem kleinen Abständen

---

[33] Das Vakuum ist also in der QED und in anderen Quantenfeldtheorien nicht etwa „leer", sondern ein (komplizierter) Zustand mit physikalischen Eigenschaften.

dadurch kompensiert werden kann, daß man die renormierten Parameter der Theorie wie Masse und Ladung mit den experimentellen Werten dieser Größen gleichsetzt.

Aus dieser Sicht wird man das Vermeiden der Divergenzen durch Renormierung mehr als fruchtbares Konzept und nicht als fundamentales Prinzip betrachten. Bei dem gegenwärtigen Stand unserer Kenntnisse über die Quantenfeldtheorien und die Methoden, dafür Lösungen zu finden, ist die Renormierung ein notwendiges Verfahren, um die auftretenden Divergenzen zu umgehen und beobachtbare Größen störungstheoretisch berechnen zu können. So beruhen die erfolgreichen Anwendungen der QED auf ihrer Renormierbarkeit. Die nach dem Vorbild der QED formulierten nichtabelschen Eichfeldtheorien sind ebenfalls renormierbar, so daß störungstheoretische Rechnungen sinnvolle Ergebnisse liefern und damit die Glaubwürdigkeit dieser Theorien unterstreichen.

9.3 Test bei hohen Energien

In e^+e^--Stoßprozessen bei hohen Energien läßt sich die Gültigkeit der Vorhersagen der QED experimentell bei kleinen Abständen testen. Dies entspricht der Unschärferelation, die eine Schärfe im Ortsraum mit großen Impulsänderungen verknüpft. Leptonen eignen sich deshalb, weil Effekte der starken Wechselwirkung ausgeschlossen werden können. Die elektromagnetische Wechselwirkung zwischen Leptonen wird in erster Ordnung durch den Austausch eines Photons vermittelt. Wenn q der Viererimpuls des virtuellen Photons ist, dann wird der Photonpropagator durch $1/q^2$ beschrieben.

Um Abweichungen von der QED zu testen, wird sie an den sich möglicherweise ändernden Stellen modifiziert, und zwar durch folgende Annahmen:

a) Ein nicht punktförmiges Lepton bedingt einen Formfaktor:

$$F_{e\mu}(q^2) = 1 - \frac{q^2}{\Lambda_{e,\mu}^2}. \tag{9.5}$$

Darin ist der Abschneideparameter $\Lambda_{e,\mu}$ proportional zum mittleren Radius der Ladungsverteilung. Insgesamt wird dadurch eine Änderung der Kopplung am Photon-Lepton Vertex erreicht.

b) Änderung des Photonpropagators,

$$\frac{1}{q^2} \to \frac{1}{q^2} \pm \frac{1}{q^2 + \Lambda_\pm^2}. \tag{9.6}$$

Der Abschneideparameter $\Lambda_\pm$ ist hier die reziproke Wechselwirkungslänge. Physikalisch würde dies einer Masse eines schweren Photons entsprechen.

Die Änderung des Photonpropagators entspricht einem modifizierten Coulomb-Gesetz:

$$\frac{1}{r} \to \frac{1}{r}\left(1 \pm e^{-\frac{\Lambda r}{\hbar}}\right). \tag{9.7}$$

Experimentell ist die schon in 8.2 erwähnte Reaktion

$$e^+e^- \to \mu^+\mu^-$$

ein Test auf die Änderungen.

Andererseits erlaubt es die Vernichtungsreaktion,

$$e^+e^- \to \gamma\gamma,$$

auch den Leptonpropagator zu prüfen.

Die bisher ausgeführten aufwendigen Experimente haben weder die Existenz eines schweren Photons noch die Ausdehnung der Leptonen nachweisen können. Bis zu gegenwärtig $\Lambda_e^{-1} \leq 10^{-18}$ m ist das Elektron als punktförmig anzusehen. Eine Ausdehnung der Leptonen hätte sich in einer Abweichung von der Energieabhängigkeit ($\sim W^{-2}$) des Wirkungsquerschnitts bemerkbar gemacht. Bis zu den angegebenen Grenzen konnte keine Abweichung vom Coulomb-Gesetz gefunden werden.

9.4 Invarianz gegenüber C, P und T

In Abschnitt 3.10 wurde das CPT-Theorem diskutiert, das als allgemein gültig anzusehen ist. Es ist jedoch eine wichtige Aufgabe der experimentellen Physik, für jede der Wechselwirkungen zu zeigen, daß die Symmetrie gilt. Für die elektromagnetische Wechselwirkung fordert die CPT-Invarianz z. B., daß die Anomaliefaktoren $a = \frac{1}{2}(g-2)$ des magnetischen Moments, also a_{e^+} für Positronen und a_{e^-} für Elektronen, gleich sind. Aus den bisher bekannten Werten leitet sich folgende obere Grenze ab:

$$\frac{a_{e^-} - a_{e^+}}{a_e} \leq (0{,}5 \pm 2{,}1) \cdot 10^{-12}.$$

Diese Grenze wird bestimmt durch den Wert a_{e^-}, der sehr viel schwerer zu messen ist als a_{e^+}.

Aus der CPT-Invarianz folgt auch die Gleichheit der Massen von Teilchen und Antiteilchen. Experimentell konnte dies durch sehr präzise Messungen der schwachen Zerfälle neutraler K-Mesonen bestätigt werden. Die Experimente ergeben mit

$$\frac{m_{K^0} - m_{\overline{K^0}}}{m_{K^0}} < 10^{-18}$$

den bisher genauesten Test der CPT-Invarianz.

Die Invarianz gegenüber Ladungskonjugation wurde am Positronium getestet. Wenn C-Verletzung auftreten würde, müßte der Singulett-Zustand $1\,^1S_0$ auch in drei γ-Quanten zerfallen können. Nach diesen Zerfällen wurde gesucht, wobei sich für die Zerfallsbreiten Γ, bezogen auf den erlaubten 2γ-Zerfall, ergab:

$$\frac{\Gamma_{3\gamma}(1\,^1S_0)}{\Gamma_{2\gamma}(1\,^1S_0)} < 2{,}8 \cdot 10^{-6}.$$

Desgleichen kann die C-Invarianz mit dem Zerfall des Triplettzustandes getestet werden. Dieser Zustand kann bei C-Verletzung in vier γ-Quanten zerfallen. Experimentell wurde als obere Grenze bestimmt:

$$\frac{\Gamma_{4\gamma}(1\,^3S_1)}{\Gamma_{3\gamma}(1\,^3S_1)} < 8 \cdot 10^{-6}.$$

Ein weiteres Beispiel, C-Invarianz in elektromagnetischer Wechselwirkung zu testen, ist die Messung des Zerfalls des η-Mesons. In 39% aller Zerfälle wird die Reaktion

$$\eta \to \gamma\gamma$$

beobachtet. Ein Test für die Verletzung wäre das Auftreten des Zerfalls

$$\eta \to \pi^0 \gamma \to \pi^0 e^+ e^-$$

mit Paarkonversion.

Für das η folgt aus dem Zerfall in 2γ's eine C-Parität $C_\eta = +1$. Ferner ist $C_\gamma = -1$ und $C_{\pi^0} = +1$. Daraus folgt, daß das Auftreten des Prozesses $\eta \to \pi^0 e^+ e^-$ eine C-Verletzung darstellen würde. Die obere Grenze, bis zu der dieser Zerfall nicht gefunden wurde, ist $4 \cdot 10^{-5}$.

Paritätsverletzung in elektromagnetischer Wechselwirkung kann in einer Reihe von Experimenten untersucht werden, bei denen Asymmetrien auftreten. Dazu gehören β-γ-Winkelkorrelationsexperimente, z. B. im Kern ^{133}Xe, Messung der Polarisation von γ-Strahlung nach Neutroneneinfang, z. B. in ^{113}Cd, Zirkularpolarisation von γ-Strahlung in Zerfällen nicht polarisierter Kerne. In allen Fällen wurden untere Grenzen der Meßgenauigkeit angegeben, bis zu denen keine Paritätsverletzung experimentell nachgewiesen werden konnte.

Ein Invarianztest für die T-Operation ist die Untersuchung des elektrischen Dipolmoments des Neutrons [Ra 82]. Das permanente elektrische Dipolmoment D des Neutrons muß verschwinden, wenn Paritäts- und Zeitumkehrerhaltung vorliegt.

Die Orientierung eines Dipolmoments $\vec{D}$ des Neutrons wird durch die Orientierung des Spins $\vec{J}$ des Neutrons festgelegt, also $\vec{D} \sim \vec{J}$. Wendet man P- und T-Transformationen auf Drehimpuls $\vec{J}$ und Dipolmoment $\vec{D}$ an, so gilt (siehe Tab. 3.1):

unter P-Transformation $\quad \vec{J} \to \vec{J}$
$\qquad\qquad\qquad\qquad\quad \vec{E} \to -\vec{E} \quad$ (elektrisches Feld),
unter T-Transformation $\quad \vec{J} \to -\vec{J}$
$\qquad\qquad\qquad\qquad\quad \vec{E} \to \vec{E}.$

Die Wechselwirkung $H_{\text{em}} = -\vec{D} \cdot \vec{E}$ bleibt sowohl bei P- als auch T-Transformation nicht invariant. Die P-Invarianz ist aber für elektromagnetische Wechselwirkung gezeigt worden, deshalb muß $|\vec{D}| = 0$ unabhängig von der T-Invarianz gelten. T könnte noch verletzt sein.

Bei schwacher Wechselwirkung (siehe 13.4) tritt eine Verletzung der P-Invarianz auf. Es könnte ein Dipolmoment aufgrund eines Zusammenspiels der Wechselwirkungen entstehen, und zwar der schwachen, die P verletzt und der elektromagnetischen, die T verletzt. Nehmen wir an, der Faktor, der die Stärke dieses Effekts angibt, sei f. Setzen wir f in Beziehung zur Kopplungskonstanten G der schwachen Wechselwirkung (siehe 13.2), so erhalten wir

$$f \approx (G \cdot M_n^2) \cdot g \approx 10^{-5} \cdot g,$$

wobei g den Anteil der T-Verletzung in der elektromagnetischen Wechselwirkung angeben soll. Die für das Neutron charakteristische Ausdehnung ist seine Compton-Wellenlänge λ_n. Mit dem Faktor f, der Ausdehnung $\lambda_n \, (= 2 \cdot 10^{-14}\,\text{cm})$ und der elektrischen Ladung e erhält man folgende Abschätzung für das Dipolmoment: $|\vec{D}| \sim f \cdot \lambda_n \cdot e$.

Als Größenordnung für dieses Dipolmoment folgt:

$$|\vec{D}| \sim g \cdot 10^{-5} \cdot 2 \cdot 10^{-14} \cdot e = g \cdot 2 \cdot 10^{-19} [\text{e} \cdot \text{cm}].$$

Der bisher gemessene Wert des Dipolmoments liegt bei

$$|\vec{D}| < 0{,}63 \cdot 10^{-25} \,[\text{e} \cdot \text{cm}].$$

Damit wäre die Grenze, bis zu der T-Invarianz in elektromagnetischer Wechselwirkung verletzt sein könnte, $g < 3{,}2 \cdot 10^{-7}$. Bis zu dieser Genauigkeit gilt der Test der T-Invarianz mit Hilfe des elektrischen Dipolmoments.

Obwohl hier nur einige Beispiele herausgegriffen werden konnten, läßt sich zusammenfassend feststellen, daß bei elektromagnetischer Wechselwirkung mit zwar unterschiedlichen aber doch hohen Genauigkeiten P-, C- und T-Invarianz einzeln experimentell nachgewiesen wurde.

10 Elektromagnetische Formfaktoren

10.1 Formfaktoren für Proton und Neutron

Die Streuung von α-Teilchen an Atomkernen, aus der Rutherford die Größe des Atomkerns bestimmte, wurde als Streuung von Punktladungen angesehen. Mit der Entwicklung von Hochenergie-Elektronen-Beschleunigern eröffnete sich die Möglichkeit, mit Teilchen hoher Energie, d. h. kleiner Wellenlänge, ähnliche Streuexperimente zu wiederholen, wobei die kleine Wellenlänge zu einer Abtastung der Ladungsverteilung von Atomkernen geeignet ist. Die Dirac-Theorie liefert für die elastische Streuung relativistischer Elektronen an punktförmigen Ladungen (z. B. Protonen) den Streuquerschnitt,

$$\left(\frac{d\sigma}{d\Omega}\right)_{\text{Dirac}} = \frac{\alpha^2}{4E^2 \sin^4 \frac{\Theta}{2} \left[1 + \frac{2E}{M} \sin^2 \frac{\Theta}{2}\right]} \left(\cos^2 \frac{\Theta}{2} - \frac{q^2}{2M^2} \sin^2 \frac{\Theta}{2}\right), \qquad (10.1)$$

worin E die Energie der einlaufenden Elektronen, M die Masse des Streuzentrums, q den Impulsübertrag angibt. Der Ausdruck in der eckigen Klammer ist eine Korrektur, die den Rückstoß der Targetteilchen berücksichtigt. Außerdem erlaubt der zweite Term in diesem modifizierten Mott-Streuquerschnitt, den Einfluß des magnetischen Moments auf die Streuung zu berücksichtigen.

Die Streuung an ausgedehnten Ladungsdichteverteilungen wird durch Formfaktoren beschrieben, so daß für den Wirkungsquerschnitt gilt

$$\left(\frac{d\sigma}{d\Omega}\right)_{\text{ausged.}} = \left(\frac{d\sigma}{d\Omega}\right)_{\text{punktf.}} \cdot |F(q^2)|^2.$$

Die Analyse der Daten zahlreicher Streuexperimente von Elektronen an Kernen liefert als Ergebnis Ladungsdichteverteilungen $\varrho(R)$, wie eine in Abb. 10.1 gezeigt ist.

10 Elektromagnetische Formfaktoren

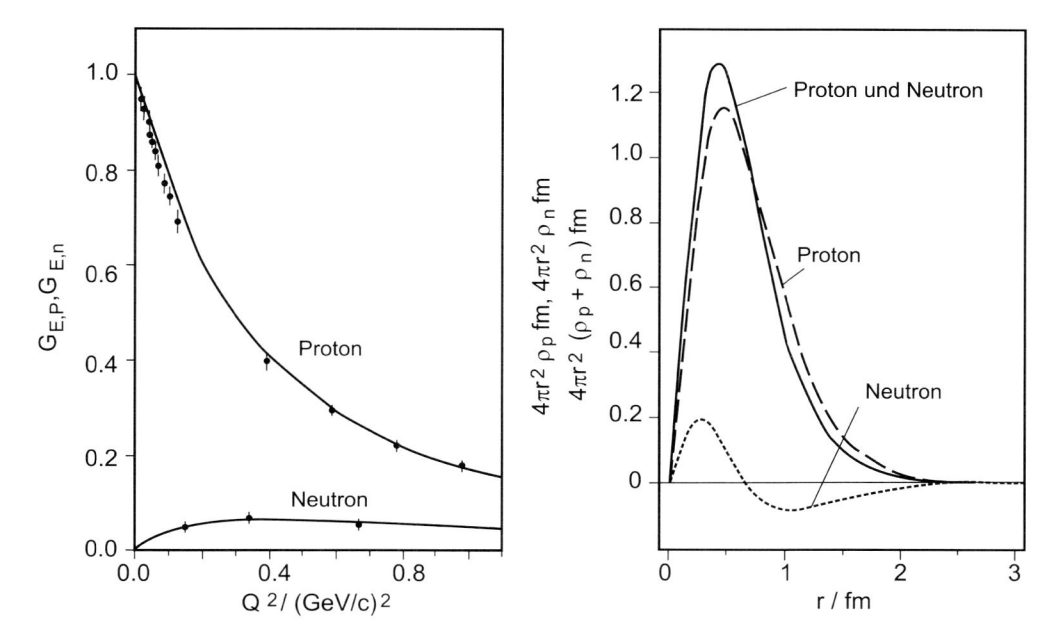

Abb. 10.1: Formfaktoren der Verteilung der elektrischen Ladung in Proton und Neutron. Die Formfaktoren im linken Bild sind im wesentlichen die Beugungsfiguren, die bei der Streuung der Elektronenwellen an der räumlich ausgedehnten Ladungsverteilung der Nukleonen entstehen. Die Experimente am Neutron wurden am Elektronenbeschleuniger MAMI in Mainz bei 800 MeV durch Beschuß von Deuteronen mit polarisierten Elektronen ausgeführt. Im rechten Bild sind die aus den Formfaktoren errechneten Ladungsverteilungen für Protonen (gestrichelte Linie), für Proton und Neutron (durchgezogene Linie) und aus deren Differenz die für das Neutron (punktiert) aufgetragen. Das Neutron hat demzufolge einen positiven Kern und eine negative äußere Schale (T. Walcher, Mainz).

Mit einer Ladungsverteilung $\varrho(R)$ ist in nichtrelativistischer Näherung der Formfaktor wie folgt verknüpft:

$$F_E(\vec{q}^{\,2}) = \int \varrho(R) e^{i\vec{q}\vec{R}} d^3 R. \tag{10.2}$$

Aus einem gemessenen Formfaktor läßt sich dann durch eine Fourier-Transformation die Ladungsverteilung ϱ bestimmen. Ebenso führt eine ausgedehnte Verteilung magnetischer Momente in nichtrelativistischer Näherung zu einem magnetischen Formfaktor,

$$F_M(\vec{q}^{\,2}) = \int \mu(R) e^{i\vec{q}\vec{R}} d^3 R, \tag{10.3}$$

wobei $\mu(R)$ die Dichte des magnetischen Dipolmoments angibt. Eine relativistisch invariante Formulierung liefert mit den Formfaktoren für Streuung an Ladungsverteilungen G_E und an den Verteilungen der magnetischen Momente G_M den Wirkungsquerschnitt (diagonale Form der Rosenbluth-Formel) [Ro 50]:

$$\frac{d\sigma}{d\Omega} = \left(\frac{d\sigma}{d\Omega}\right)_{\text{Mott}} \left\{ \frac{G_E^2 - \frac{q^2}{4M^2}G_M^2}{1 - \frac{q^2}{4M^2}} - \frac{q^2}{4M^2} 2G_M^2 \text{tg}^2\frac{\Theta}{2} \right\}, \quad (10.4)$$

worin

$$\left(\frac{d\sigma}{d\Omega}\right)_{\text{Mott}} = \frac{\alpha^2 \cos^2\frac{\Theta}{2}}{4E^2 \sin^4\frac{\Theta}{2}\left(1 + \frac{2E}{M}\sin^2\frac{\Theta}{2}\right)}$$

mit der Nukleonenmasse M und der Elektronenenergie E ist. Die Vorzeichen in dieser Formel sind entsprechend der in diesem Buch verwendeten Metrik eingesetzt. Da Proton und Neutron experimentell bestimmte magnetische Momente besitzen, werden die Größen $G_E = G_E(q^2)$ und $G_M = G_M(q^2)$ in folgender Weise normiert:

Proton: $G_E^P(0) = 1$, $G_M^P(0) = +2{,}79$

Neutron: $G_E^N(0) = 0$, $G_M^N(0) = -1{,}91$.

Der Vorteil der obigen Formel liegt darin, daß sie in einen winkelunabhängigen und einen winkelabhängigen Term aufgespalten ist, d. h.,

$$\frac{d\sigma}{d\Omega} \bigg/ \left(\frac{d\sigma}{d\Omega}\right)_{\text{Mott}} = A(q^2) + B(q^2)\text{tg}^2\frac{\Theta}{2}. \quad (10.5)$$

Dadurch lassen sich Meßdaten für einen festen Impulsübertrag q^2 für verschiedene Streuwinkel als Gerade darstellen (Abb. 10.2), woraus die Formfaktoren bestimmt werden können (Rosenbluth-Diagramm).

Experimente zur Prüfung der Ladungsverteilung in Nukleonen wurden an Elektronenbeschleunigern im Energiebereich 400 MeV bis 16 GeV ausgeführt, wobei für die Messungen an Protonen ein flüssiges Wasserstofftarget diente. Eine magnetische Analyse der Elektronenimpulse erlaubte, die Ladungsverteilung mit hoher Genauigkeit zu bestimmen.

Empirisch fand man, daß die Meßwerte (Abb. 10.2) sich durch folgenden, als Dipolformel bekannten Ausdruck darstellen lassen:

$$G(q^2) = \left(1 + \frac{|q^2|}{M_v^2}\right)^{-2}.$$

Darin ist der Parameter $M_v^2 = 0{,}71 \, (\text{GeV/c})^2$, wenn q^2 in GeV gemessen wird. Ein Anpassung der experimentellen Daten mit der Dipolformel liefert für Protonen den mittleren quadratischen Ladungsradius

$$\sqrt{\langle r_E^2 \rangle_P} = 0{,}87 \, \text{fm}.$$

Dieser Radius entspricht dem Abstand vom Mittelpunkt der Ladungsverteilung, bei dem sie auf den halben Maximalwert abgefallen ist.

10 *Elektromagnetische Formfaktoren* 123

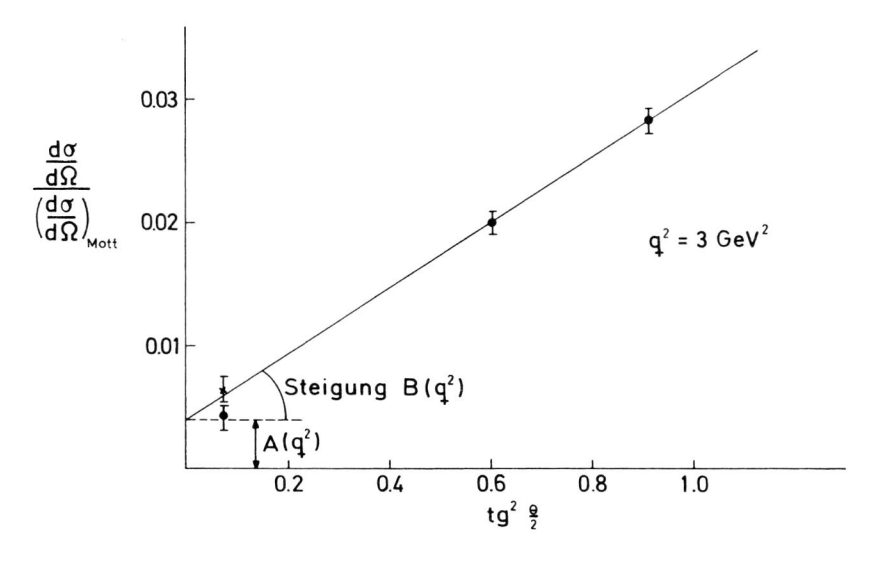

Abb. 10.2: Wirkungsquerschnitt für Elektronenstreuung als Funktion des Streuwinkels (Rosenbluth-Diagramm).

Um Messungen an Neutronen auszuführen, verwendet man Deuteriumtargets, wobei für den Wirkungsquerschnitt eine lineare Überlagerung angenommen wird,

$$\frac{d\sigma}{d\Omega}(e,n) = \frac{d\sigma}{d\Omega}(e,d) - \frac{d\sigma}{d\Omega}(e,p) + \text{Korrekturterm}.$$

Im Korrekturterm werden spektroskopische Daten des Deuterons berücksichtigt.

Die Analyse der Streudaten mit Hilfe der Dipolformel liefert einen Wert für den magnetischen Radius des Neutrons, der gleich den Radien für das Proton ist,

$$\sqrt{\langle r_E^2 \rangle_P} \approx \sqrt{\langle r_M^2 \rangle_P} \approx \sqrt{\langle r_M^2 \rangle_N} \approx 0{,}8\,\text{fm}.$$

10.2 Interpretation

Die experimentellen Ergebnisse lassen folgende Schlüsse zu. Nukleonen sind nicht punktförmig, sie sind ausgedehnte Systeme. Alle Formfaktoren, außer dem des Ladungsformfaktors des Neutrons, haben die gleiche q^2-Abhängigkeit.

Die Messung des mittleren Radius der Neutronenladung an den Deuteriumtargets enthält einige Unsicherheiten. Man mußte deshalb bestrebt sein, eine unabhängige Messung nach anderer Methode auszuführen. Diese fand man in der Streuung niederenergetischer, langsamer Neutronen an im Atom gebundenen Elektronen, z. B. im Element Zink.

Den größten Beitrag zur Wechselwirkung zwischen Neutron und Elektron liefert zwar die Dipol-Dipol-Wechselwirkung zwischen den magnetischen Momenten der Elektronen und Neutronen, aber bei Atomen mit abgeschlossenen Schalen gibt es kein resultierendes Moment

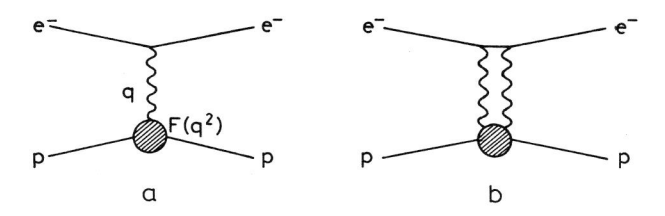

Abb. 10.3: Elektronenstreuung am Kern mit a) Ein-Photonen-Austausch, b) Zwei-Photonen-Austausch.

der Elektronen, und dieser Beitrag tritt nicht auf. Jedoch beobachtet man dann eine Wechselwirkung des magnetischen Moments des Neutrons mit dem Coulombfeld des Elektrons sowie einen Beitrag einer möglichen Ladungsverteilung im Neutron, die einem $\langle r_E^2 \rangle_N \neq 0$ entspricht.

Die Analyse der Streudaten ergab den Wert,

$$\langle r_E^2 \rangle_N = (-0{,}1161 \pm 0{,}0022)\,\text{fm}^2,$$

der auf eine nicht ganz verschwindende Ladungsverteilung hindeutet. Der elektrische Formfaktor des Neutrons ist für $q^2 \neq 0$ von Null verschieden. Dies weist darauf hin, daß das Neutron, obwohl nach außen neutral, im Inneren eine spezifische Ladungsverteilung besitzt. Aufgrund der starken Wechselwirkung können virtuelle Prozesse wie $n \to p\pi^-$ vorkommen. Eine Ladungsverteilung auch für das Neutron ist deshalb möglich. Das schwere Proton hält sich vorzugsweise im Zentrum, das leichtere Pion mehr am Rand auf. Diese Ladungsverteilung ist im rechten Bild der Abb. 10.1 dargestellt.

Die Wechselwirkung von Elektronen mit Proton und Neutron, jeweils als strukturiertem Teilchen, läßt sich als virtueller Ein-Photon-Austausch darstellen (Abb. 10.3a). Die Rosenbluth-Formel (10.5) wurde mit Hilfe der Born'schen Näherung hergeleitet. Prinzipiell läßt sich nicht ausschließen, daß auch ein Zwei-Photonen-Austausch (Abb. 10.3b) auftreten kann. Ein solcher Beitrag hätte ein für e^+p- und e^-p-Streuung entgegengesetztes Vorzeichen, würde also zu merklich verschiedenen Wirkungsquerschnitten führen. Da jedoch die Wirkungsquerschnitte für e^-p und e^+p nahezu gleich sind, erlaubt dieses Ergebnis den Schluß, daß der vom Austausch zweier Photonen herrührende Beitrag hier vernachlässigt werden kann.

11 Unelastische Lepton-Nukleon-Streuung

Da die Leptonen an der starken Wechselwirkung nicht teilnehmen, können Elektronen und Myonen genügend hoher Energien tief in das Innere der Nukleonen eindringen. Sie eignen sich somit vorzüglich als Sonden zur näheren Erforschung der im vorigen Abschnitt diskutierten Struktur der Nukleonen. Ist etwa die elektrische Ladung innerhalb des Protons mehr oder weniger kontinuierlich verteilt, dann trifft das eindringende Lepton auf keine Ladungskonzentration und sollte daher eine nur geringe Ablenkung erfahren. Wenn jedoch die elektrische

11 Unelastische Lepton-Nukleon-Streuung

Ladung an wenigen Punkten im Proton konzentriert ist, wie es zum Beispiel das Quarkmodell verlangt, dann sollten die Leptonen häufiger unter großen Winkeln gestreut werden. Den durchgeführten Experimenten ist zu entnehmen, daß die zweite Möglichkeit realisiert ist, im Nukleon also Ladungszentren vorhanden sind. Es sei an das ähnliche Ergebnis der für die Entwicklung der Atom- und Kernphysik so wichtigen Streuversuche von E. Rutherford (1911) erinnert. Bei diesen Versuchen wurden α-Teilchen auf Atome geschossen, und aus der starken Rückwärtsstreuung konnte Rutherford auf die im Atomkern konzentrierte positive Ladung schließen.

11.1 Unelastische Formfaktoren

Bei der unelastischen eN-Streuung ist die Energie des mit dem Impuls $k = (E, \vec{k})$ einlaufenden Elektrons groß genug (einige GeV), so daß außer dem gestreuten Elektron mit geändertem Impuls $k' = (E', \vec{k}')$ und dem Nukleon im Endzustand noch zusätzliche Hadronen vorhanden sind, die im Stoß erzeugt werden. Nachdem gegen Ende der sechziger Jahre beim SLAC in Stanford Elektronen auf genügend hohe Energien beschleunigt werden konnten, war es möglich, die unelastische eN-Streuung,

$$e^- + N \to e^- + X,$$

eingehend zu untersuchen.[34] In diesen Experimenten mißt man nur die Energie und den Winkel der gestreuten Elektronen, ohne sich um das Nukleon und die erzeugten Hadronen zu kümmern (inklusive Reaktionen).[35] Man darf davon ausgehen, daß dieser Prozeß in sehr guter Näherung durch den Austausch eines virtuellen Photons beschrieben wird (Abb. 11.1).

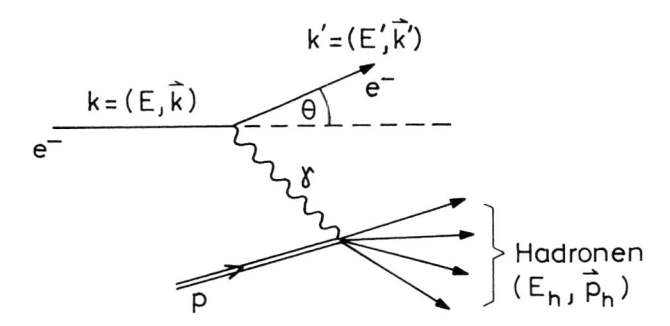

Abb. 11.1: Feyman-Graph, der den Austausch eines virtuellen Photons bei der unelastischen Elektron-Proton-Streuung beschreibt.

---

[34] Wir beschränken uns hier auf die Betrachtung der eN-Streuung. Die Kinematik und die Beschreibung des Wirkungsquerschnitts lassen sich jedoch unmittelbar auf den Fall der Myon-Nukleon-Streuung übertragen. Durch die entsprechenden Experimente mit den heute zur Verfügung stehenden hochenergetischen Myonenstrahlen konnte das kinematische Gebiet, in dem solche Messungen möglich sind, beträchtlich erweitert werden. Auf die interessanten Ergebnisse der Myon-Kern-Streuung werden wir in Abschnitt 11.5 eingehen.

[35] Werden dagegen alle Teilchen im Endzustand nachgewiesen, z. B. $e^- + p \to e^- + p + \pi^+ + \pi^-$, dann nennt man die Reaktion exklusiv.

Durch die Viererimpulse der Elektronen vor und nach dem Stoß sind die beiden für den Streuprozeß charakteristischen Größen ν und q^2 bestimmt. So ist

$$\nu = E - E' \tag{11.1}$$

der Energieverlust der Elektronen und

$$q^2 = (k - k')^2 = \nu^2 - (\vec{k} - \vec{k}')^2 \tag{11.2}$$

das Quadrat des durch das Photon vom Elektron auf das Nukleon übertragenen Viererimpulses $q = (E - E', \vec{k} - \vec{k}')$. Da das Nukleon der Masse (Ruhenergie) M vor dem Stoß ruht, ist sein Viererimpuls im Laborsystem $p = (M, \vec{0})$. Damit erhält man für ν den invarianten Ausdruck:

$$\nu = \frac{p \cdot q}{M}. \tag{11.3}$$

Die Masse des Elektrons ($m_e = 0{,}5\,\mathrm{MeV}$) kann angesichts der hohen Energie der Elektronen vernachlässigt werden. Man erhält so in sehr guter Näherung den folgenden Zusammenhang von q^2 mit dem Streuwinkel Θ des Elektrons im Laborsystem:

$$\begin{aligned} q^2 &\approx -2EE' + 2\vec{k} \cdot \vec{k}' \\ &\approx -2EE'(1 - \cos\Theta) = -4EE'\sin^2\frac{\Theta}{2}. \end{aligned} \tag{11.4}$$

Da q^2 hier negativ ist, führt man gewöhnlich auch die positive Größe $Q^2 = -q^2$ ein:

$$Q^2 \approx 4EE'\sin^2\frac{\Theta}{2}. \tag{11.5}$$

Wegen der Erhaltung von Energie und Impuls folgt für die Energie E_h und den Impuls $\vec{p}_h$ der Hadronen im Endzustand

$$\begin{aligned} E_h &= \nu + M, \\ \vec{p}_h &= \vec{k} - \vec{k}'. \end{aligned} \tag{11.6}$$

Das Quadrat des Viererimpulses der Hadronen (11.6) kann mit (11.2) durch q^2 und ν ausgedrückt werden:

$$W^2 = E_h^2 - \vec{p}_h^2 = M^2 + q^2 + 2M\nu. \tag{11.7}$$

Im Schwerpunktsystem der Hadronen im Endzustand gilt $\vec{p}_h = 0$. Die Größe W bedeutet somit die Gesamtenergie der erzeugten Hadronen in ihrem Schwerpunktsystem. Sie wird auch als invariante Masse der Hadronen im Endzustand bezeichnet. Die kinetischen Variablen ν, q^2 und W sind invariante Größen und besitzen daher in jedem Inertialsystem dieselben Werte. Wegen der Beziehung (11.7) sind nur zwei von ihnen unabhängig. Zur Beschreibung der unelastischen eN-Streuung werden $Q^2 = -q^2$ und ν verwendet. Im Experiment mißt man die relative Häufigkeit und die Energie E' der unter einem bestimmten Winkel Θ gestreuten Elektronen. Die Energie E der Elektronen vor dem Stoß ist bekannt und damit auch der Energieverlust $\nu = E - E'$. Mit dem Winkel Θ ist dann über Gl. (11.4) die andere Variable q^2 festgelegt.

Ein typisches Streuspektrum findet man in Abb. 11.2 dargestellt. Hier ist die relative Häufigkeit der unter einem festen Winkel gestreuten Elektronen (Wirkungsquerschnitt) als Funktion

11 Unelastische Lepton-Nukleon-Streuung

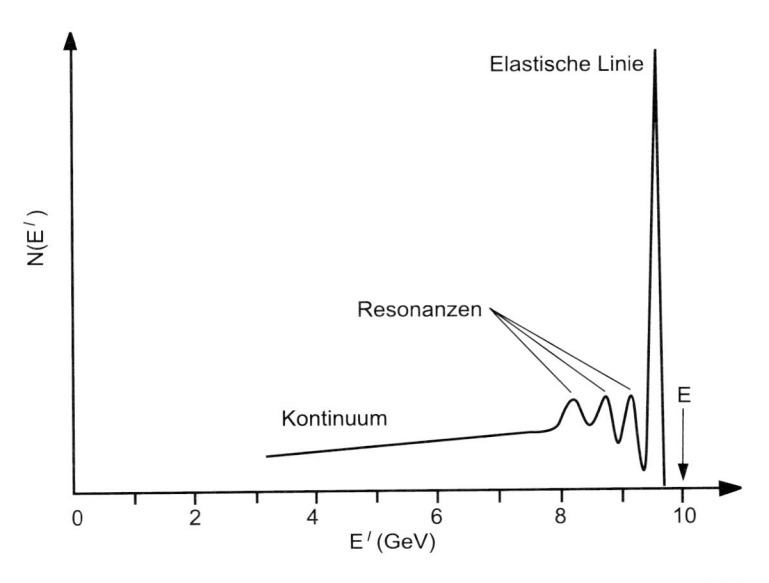

Abb. 11.2: Wirkungsquerschnitt für die Streuung von Elektronen am Nukleon in Abhängigkeit von der Energie E' der gestreuten Elektronen. Neben der elastischen Spitze sind die Resonanzen als Maxima im Verlauf der Kurve zu erkennen.

ihrer Energie E' aufgetragen. Die folgenden wesentlichen Merkmale fallen auf, die Spitze der elastischen Streuung, die kleinen Maxima der Resonanzen und schließlich das Kontinuum.

Die elastische Streuung ist bereits im Abschnitt 10 diskutiert worden. In diesem Fall werden keine Hadronen zusätzlich erzeugt, das Nukleon bleibt in seinem Grundzustand, d. h., es gilt $W = M$. Wegen Gl. (11.7) folgt dann die Relation zwischen q^2 und ν,

$$q^2 = -2M\nu. \tag{11.8}$$

Die elastischen Formfaktoren sind also nur von einer Variablen, dem Quadrat des Impulsübertrages q^2, abhängig.

Da die Nukleonen eine Reihe von angeregten Zuständen (Resonanzen) besitzen, beobachtet man bei den Endzuständen mit $W > M$ zunächst einige, auch von anderen Reaktionen her bekannte Nukleonresonanzen. An den Stellen $W = M_{\text{Res}}$ ist die Wahrscheinlichkeit für die Energieübertragung an das Nukleon deutlich erhöht. Dies äußert sich in einem plötzlichen Anstieg des Wirkungsquerschnitts bei der entsprechenden Energie E'. Die Nukleonresonanzen besitzen wohldefinierte Quantenzahlen. Da sie infolge der starken Wechselwirkung zerfallen, ist ihre Lebensdauer nur kurz (ca. 10^{-23} s). Im Resonanzgebiet kann die eN-Streuung als quasielastische Streuung aufgefaßt werden, bei der zunächst die Resonanz als Zwischenzustand entsteht und anschließend zerfällt. So entsteht z. B. in der exklusiven Reaktion,

$$e^- + p \rightarrow e^- + \Delta^+(1236) \\ \hookrightarrow \pi^+ + n \text{ oder } \pi^0 + p, \tag{11.9}$$

bei $W = M_{\text{Res}} = 1236\,\text{MeV}$ zunächst die Resonanz Δ^+ mit der Spin-Parität $J^P = \frac{3}{2}^+$ und dem Isospin $3/2$, die anschließend in ein Nukleon und ein π- Meson zerfällt. Mit wachsendem q^2 verschwinden die Maxima der Resonanzstellen im Elektronenspektrum. Fast ebenso rasch nimmt die Spitze der elastischen Streuung ab. Die Formfaktoren des Nukleons im Grundzustand, bzw. im angeregten Zustand fallen also mit wachsendem q^2 etwa gleich stark ab, d. h., die radiale Ausdehnung des angeregten Nukleons ist mit der des Nukleons im Grundzustand vergleichbar. In beiden Fällen ist das Nukleon als Ganzes an der Streuung beteiligt, die Streuung erfolgt kohärent.

Für Werte $W > M_{\text{Res}}$, also oberhalb der Resonanzen, ist man im unelastischen Gebiet. Der differentielle Wirkungsquerschnitt $\mathrm{d}^2\sigma/\mathrm{d}\Omega\mathrm{d}E'$ hängt bei festem W von den Variablen q^2 und ν ab. Es ist zu erwarten, daß dieser Wirkungsquerschnitt zwei „Formfaktoren" enthält und eine ähnliche Struktur wie der elastische Streuquerschnitt besitzt. So ergibt die Rechnung nach den Feynman-Regeln, wobei man über die unbeobachteten hadronischen Endzustände zu summieren hat (inklusive Reaktion), den doppelt differentiellen Wirkungsquerschnitt im Laborsystem:

$$\frac{\mathrm{d}^2\sigma}{\mathrm{d}\Omega\mathrm{d}E'} = \left(\frac{\mathrm{d}\sigma}{\mathrm{d}\Omega}\right)_{\text{Mott}} \left[W_2(\nu, Q^2) + 2W_1(\nu, Q^2)\mathrm{tg}^2\frac{\Theta}{2}\right]. \tag{11.10}$$

Die Größe

$$\left(\frac{\mathrm{d}\sigma}{\mathrm{d}\Omega}\right)_{\text{Mott}} = \frac{4\alpha^2 E'^2 \cos^2\frac{\Theta}{2}}{Q^4} \tag{11.11}$$

ist der differentielle Querschnitt für die Streuung von Elektronen an einem unendlich schweren punktförmigen Teilchen (Mott-Streuung). Statt der elastischen Formfaktoren hat man hier die von Q^2 und ν abhängigen Strukturfunktionen W_1 und W_2 einzuführen, in denen die gesamte meßbare Information enthalten ist und die auch unelastische Formfaktoren genannt werden. Durch Messungen bei festem Q^2 und ν, aber variablem Streuwinkel können sie einzeln bestimmt werden.

In den am SLAC durchgeführten Experimenten [Br 69, Mi 72] wurde die Primärenergie der Elektronen E zwischen 4,5 und 18 GeV variiert. Die invariante Masse W und der Impulsübertrag Q^2 erreichten dabei Werte bis zu $5\,(\text{GeV})^2$ bzw. $21\,(\text{GeV})^2$. Man spricht daher auch von tief-unelastischer Streuung. Als Ergebnis dieser Messungen ist der durch den Mottschen Wirkungsquerschnitt dividierte Streuquerschnitt (11.10) für drei Werte von W in Abb. 11.3 dargestellt. Man findet einen deutlichen Unterschied zwischen elastischer und unelastischer Streuung: Im Fall elastischer Streuung fällt das aufgetragene Verhältnis mit wachsendem Q^2 rasch ab, während es bei der unelastischen Streuung nahezu unabhängig von Q^2 ist. Dieses Verhältnis stellt einen Formfaktor dar, der offenbar konstant ist. Ein solcher von Q^2 unabhängiger Formfaktor entspricht aber der Streuung an einer punktförmigen Ladung.[36]

Zu dieser Schlußfolgerung gelangt man auch durch folgende Abschätzung des über die Energiewerte E' integrierten Wirkungsquerschnitts. Der Wirkungsquerschnitt ist nach

---

[36] Es sei daran erinnert, daß Formfaktor und Ladungsverteilung durch die Fourier-Transformation miteinander verknüpft sind. Die einer punktförmigen Ladung entsprechende Ladungsverteilung wird durch die Diracsche δ-Funktion beschrieben. Der dazugehörige Formfaktor, die Fourier-Transformierte der δ-Funktion, ist aber eine Konstante (vgl. Abschnitt 10.1).

11 Unelastische Lepton-Nukleon-Streuung

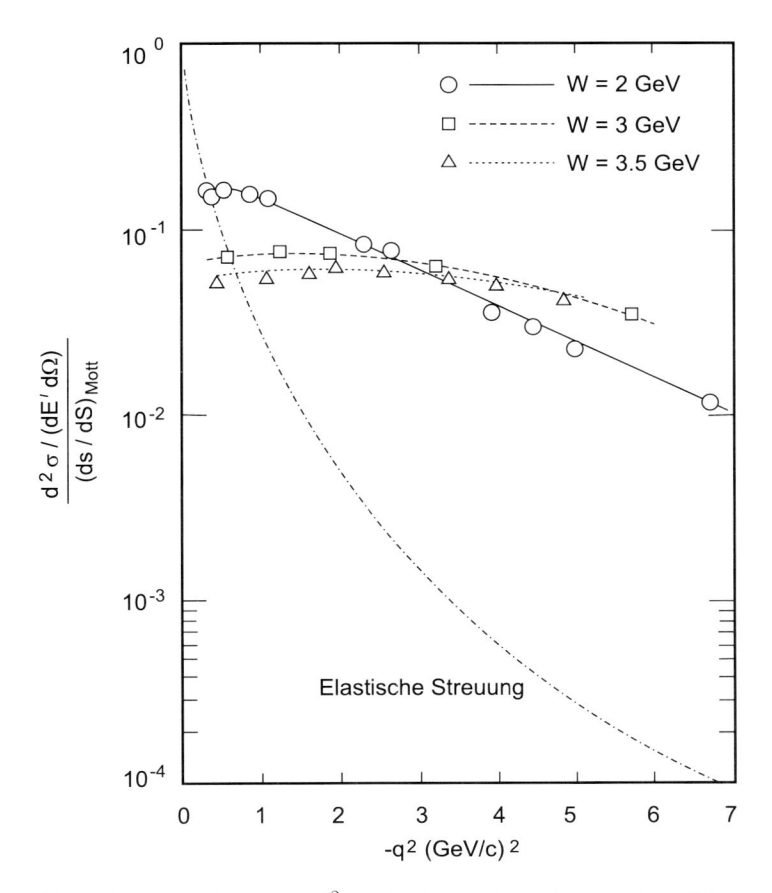

Abb. 11.3: Vergleich der Q^2-Abhängigkeit der differentiellen Wirkungsquerschnitte für elastische ($-\cdot-\cdot-$) und tief-unelastische Elektron-Nukleon-Streuung.

Abb. 11.3 über einen großen Bereich nahezu unabhängig von Q^2 und W und damit wegen (11.7) auch von E'. Zur Integration hat man dann den Integranden nur mit der Länge des Integrationsintervalls zu multiplizieren. In den Experimenten wurde E' über ein Intervall von etwa 10 GeV variiert. Damit ist der integrierte Wirkungsquerschnitt bei der unelastischen Streuung etwa 10mal größer als $\mathrm{d}^2\sigma/\mathrm{d}\Omega\mathrm{d}E'$ in Abb. 11.3 und liegt in der Größenordnung des Mottschen Streuquerschnitts, der die Streuung an einer Punktladung beschreibt. Der tief-unelastische Streuquerschnitt verhält sich also so, als ob diese Streuung an punktförmigen Streuzentren innerhalb des Nukleons erfolgt.

11.2 Skalenverhalten

Noch bevor die experimentellen Daten zur Verfügung standen, war in theoretischen Untersuchungen von J.D. Bjorken [Bj 69] die Hypothese aufgestellt worden, daß im asymptotischen

Gebiet der Variablen, d. h. für $Q^2 \to \infty$, $\nu \to \infty$, bei endlichem Verhältnis $x = Q^2/2M\nu$, die Grenzwerte der Strukturfunktionen existieren und allein von der dimensionslosen Variablen x abhängig sind. Das heißt, die Strukturfunktionen W_1 und W_2 sollten in diesem Limes die Form annehmen

$$MW_1(\nu, Q^2) \xrightarrow[\nu \to \infty]{x \text{ fest}} F_1(x),$$
$$\nu W_2(\nu, Q^2) \longrightarrow F_2(x). \qquad (11.12)$$

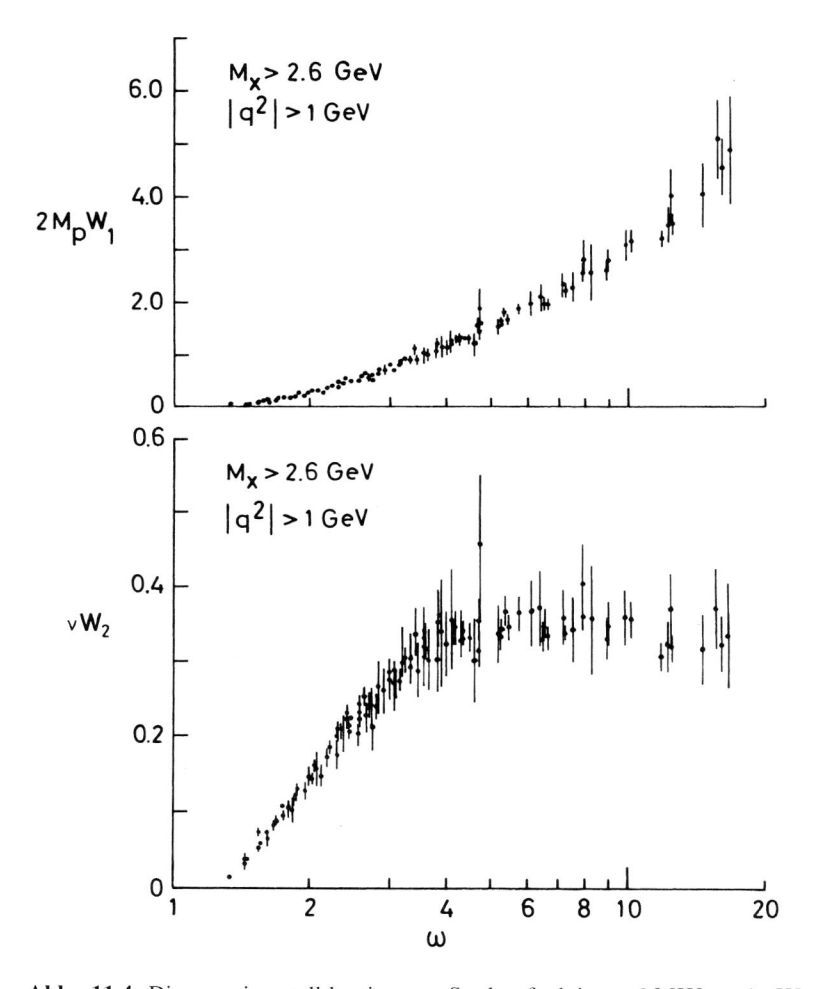

Abb. 11.4: Die experimentell bestimmten Strukturfunktionen $2MW_1$ und νW_2 aufgetragen in Abhängigkeit von ω, für die invariante Masse $M_x > 2{,}6\,\text{GeV}$ (Schwerpunktsenergie). Entsprechend dem Skalenverhalten liegen die Daten jeweils nur auf einer Kurve, obwohl die Funktionen eigentlich von zwei Variablen (Q^2 und ν) abhängen sollten (nach [Fr 72]).

Diese Vermutung beruht im wesentlichen auf der Idee, daß die Masse des Nukleons bei sehr hohen Energien ($Q^2 \gg M^2, \nu \gg M$) keine Rolle spielt. In der Theorie kommt dann keine charakteristische Masse vor, die als Maßstab dienen könnte. Wegen der Unschärferelation (4.4) entspricht dies dem Fehlen einer charakteristischen Länge. Es gibt also keine natürliche Skala, und die Theorie sollte bei einer Skalentransformation der Längen und Impulse $l \to \lambda l, p \to \frac{1}{\lambda} p$ invariant bleiben. In einer solchen Theorie können dann die dimensionslosen Größen MW_1 und νW_2 nur von ebenfalls dimensionslosen kinematischen Variablen abhängen. Die einzige mit Q^2 und ν zu bildende dimensionslose (und invariante) Größe ist aber die Skalenvariable x (bzw. ihr Kehrwert ω),

$$x = \frac{1}{\omega} = \frac{Q^2}{2M\nu}. \tag{11.13}$$

Obwohl die Werte der Variablen im Experiment ($Q^2 \leq 11\,(\text{GeV})^2, \nu \leq 13\,\text{GeV}$) noch weit vom mathematisch asymptotischen Gebiet entfernt sind, konnte das von J.D. Bjorken vorhergesagte Skalenverhalten der Strukturfunktionen bestätigt werden. In Abb. 11.4 sind die experimentellen Werte für $2MW_1$ und νW_2 über $\omega = 1/x$ aufgetragen.

Die Daten liegen in guter Näherung jeweils nur auf einer Kurve, d. h. die Strukturfunktionen hängen nur von der Skalenvariablen $\omega = 1/x$ ab. Eine bei genauer Betrachtung vorhandene kleine, systematische Abweichung vom Skalenverhalten ist hier unwesentlich. Sie kann als Strahlungskorrektur im Rahmen der Eichtheorie der starken Wechselwirkung zwischen den Quarks (Abschnitt 24) erklärt werden.

11.3 Partonen

Die in den vorigen Abschnitten diskutierten Ergebnisse der tief-unelastischen ep-Streuung haben gezeigt, daß die Strukturfunktionen nicht mit wachsendem Q^2 abfallen und $\nu W_2, W_1$ nur in der Kombination $x = Q^2/2M\nu$ von den Variablen ν und Q^2 abhängen (Skalenverhalten). Diese Tatsachen weisen auf eine körnige Struktur des Nukleons hin. Sie können am einfachsten im Parton-Modell gedeutet werden, das von R.P. Feynman [Fe 69, Fe 72] vorgeschlagen wurde. In diesem Modell enthält ein Hadron punktförmige Bestandteile mit wohldefinierten Quantenzahlen, Partonen genannt. Man geht davon aus, daß das ausgetauschte Photon nicht mit dem Hadron als Ganzem, sondern jeweils nur mit irgendeinem der Partonen wechselwirkt, so daß die Streuung am Hadron als inkohärente Summe der einzelnen Streuakte an den Partonen resultiert. Diese Situation ist aus physikalischen Gründen für große ν und Q^2 zu erwarten. Nehmen wir einmal an, im Nukleon wären solche kleineren, sich rasch durcheinander bewegenden Bestandteile vorhanden. Wenn dann die Elektronen beim Stoß genügend hohe Energien übertragen, wird nach der Energie-Zeit-Unschärfe (4.3) die Stoßdauer sehr kurz im Vergleich zu der Zeit, in der sich die Bestandteile durch das Nukleon bewegen. Der Stoß ist also bereits vorüber, ehe er sich im Nukleon ausbreiten konnte. Es wird also nur ein kleiner Teil des Nukleons vom Stoß erfaßt, das Parton. Wenn aber nur ein einzelnes der Bestandteile die übertragene Energie aufnimmt, dann ist die Streuung nicht mehr kohärent, wie etwa bei der elastischen eN-Streuung. Bevor sich die Wirkung des Stoßes infolge der Wechselwirkung des vom Stoß erfaßten Partons mit den übrigen Partonen durch das ganze Nukleon ausbreiten kann, hat das Elektron den Bereich des Nukleons verlassen. Da die Stoßzeit viel kleiner als die charakteristische Zeit der Wechselwirkung zwischen den Partonen ist, „sieht" das Photon mit großem

Impuls Q^2 das Nukleon während der Wechselwirkung in einem Zustand „eingefroren", in dem es effektiv aus einer Ansammlung von (nahezu) freien Partonen besteht. Es gelingt somit, bei genügend kurzer „Belichtungsdauer", gewissermaßen eine Momentaufnahme der streuenden Struktur des Nukleons zu erhalten.

Die Bausteine der Atome und der Kerne können bei Reaktionen aus dem Bindungszustand herausgelöst und direkt als freie Teilchen identifiziert werden. Im Unterschied dazu ist es offenbar nicht möglich, ein Nukleon in seine „Bestandteile" zu zerlegen und somit die Partonen direkt nachzuweisen. Bei allen zu diesem Zweck bisher durchgeführten Experimenten, fand man lediglich die bereits bekannten Hadronen. Die Bestandteile der Nukleonen (allgemeiner der Hadronen) scheinen permanent eingeschlossen zu sein. Es muß eine Wechselwirkung zwischen den Partonen geben, die gerade dies bewirkt. Man nimmt daher beim Parton-Modell an, daß das vom virtuellen Photon getroffene Parton nach dem Stoß mit dem Rest des Nukleons wechselwirkt und so die herausfliegenden Hadronen erzeugt werden. Diese Wechselwirkung im Endzustand erfolgt in genügend großem zeitlichen (und räumlichen) Abstand zum primären Stoß, braucht also bei der Berechnung des inklusiven Wirkungsquerschnitts nicht berücksichtigt zu werden, da über die hadronischen Endzustände summiert wird.

Die folgende klassische Analogie mag zur Erläuterung nützlich sein. Ein klassisches Teilchen sei mit Hilfe eines elastischen Fadens, der zunächst nicht gespannt ist, an einen Punkt angebunden. Wird das Teilchen nun im Stoß getroffen, dann reagiert es wie ein freies Teilchen. Erst später wird der Faden gespannt und hält das Teilchen zurück. Dies ist aber irrelevant für die Berechnung des totalen (inklusiven) Wirkungsquerschnitts, denn die Streuung des Projektils (des Elektrons) hat bereits stattgefunden. Die Wahrscheinlichkeit für diese Streuung am freien Teilchen bestimmt aber den totalen Wirkungsquerschnitt.

Mit den Annahmen des Parton-Modells erhält man den Wirkungsquerschnitt für die tiefunelastische Streuung (d. h. große ν und Q^2), indem man die von den einzelnen Partonen herrührenden elastischen Beiträge inkohärent addiert. Im Schwerpunktsystem der Streupartner hat das Nukleon einen großen Impuls und kann als ein paralleler Strahl von freien Partonen angesehen werden, deren Transversalimpulse vernachlässigbar sind. Die Streuung erfolgt elastisch jeweils an einem punktförmigen Parton (Abb. 11.5).

Das vom Stoß getroffene Parton möge den Impuls $x'p$ besitzen, d. h. den Bruchteil x', $0 \leq x' \leq 1$, des Nukleonenimpulses tragen. Ferner bezeichnen wir mit $f(x')$ die Wahrscheinlichkeit dafür, daß ein solches Parton mit Impuls zwischen $x'p$ und $(x' + \mathrm{d}x')p$ im Nukleon vorkommt. Die Strukturfunktionen $W_{1,2}$ erhält man dann als inkohärente Summe der Beiträge der vorhandenen Partonen ($i = 1, \ldots, N$),

$$W_{1,2}(\nu, Q^2) = \sum_{i=1}^{N} \int \mathrm{d}x' f(x') W_{1,2}^{(i)}(x', \nu, Q^2). \tag{11.14}$$

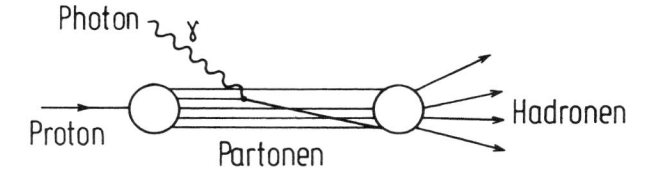

Abb. 11.5: Das virtuelle Photon wird im Nukleon von einem Parton elastisch gestreut.

11 Unelastische Lepton-Nukleon-Streuung

Die elastischen Formfaktoren der punktförmigen Partonen $W_{1,2}^{(i)}$ lassen sich aber exakt angeben.

Wir schreiben zunächst den elastischen Wirkungsquerschnitt für die Streuung eines Elektrons an einem punktförmigen geladenen Teilchen mit Spin $1/2$ und Masse m auf:

$$\frac{\mathrm{d}^2\sigma}{\mathrm{d}\Omega \mathrm{d}E'} = \left(\frac{\mathrm{d}\sigma}{\mathrm{d}\Omega}\right)_{\text{Mott}} \delta\left(\nu - \frac{Q^2}{2m}\right)\left[1 + \frac{Q^2}{2m^2}\mathrm{tg}^2\frac{\Theta}{2}\right]. \tag{11.15}$$

Die hier vorkommende δ-Funktion beschreibt die Tatsache, daß die Streuung elastisch erfolgt, d. h. die Bedingung $Q^2 = 2m\nu$ (11.8) gelten muß. Aus dem Vergleich von (11.15) mit dem allgemeinen Ausdruck (11.10) folgen die Strukturfunktionen für die elastische Streuung an einem punktförmigen Teilchen mit Spin $1/2$:

$$w_1(\nu, Q^2) = \frac{Q^2}{4m^2}\delta\left(\nu - \frac{Q^2}{2m}\right), \quad w_2(\nu, Q^2) = \delta\left(\nu - \frac{Q^2}{2m}\right). \tag{11.16}$$

Das Ergebnis für w_2 (elektrischer Beitrag) ist unabhängig vom Spin des Teilchens. Dagegen gilt $w_1 = 0$ bei einem Target mit Spin 0. Wegen des nicht vorhandenen Spins besitzt das streuende Teilchen kein magnetisches Moment, so daß der entsprechende magnetische Beitrag zur Streuung w_1 fehlt.

Die elastischen Formfaktoren der Partonen $W_{1,2}^{(i)}$ erhält man nun, indem man in (11.16) die effektive Partonmasse $m = x'M$ einsetzt[37]

$$W_1^{(i)} = e_i^2 \frac{Q^2}{4x'^2 M^2}\delta\left(\nu - \frac{Q^2}{2x'M}\right),$$
$$W_2^{(i)} = e_i^2 \delta\left(\nu - \frac{Q^2}{2x'M}\right). \tag{11.17}$$

Hier bedeutet e_i die in Einheiten der Elementarladung e gemessene Ladung des i-ten Partons. Die Integration kann nach Einsetzen von (11.17) in (11.14) mit Hilfe der δ-Funktion ausgeführt werden. Unter Berücksichtigung der Eigenschaft $\delta(ax) = \delta(x)/a$ folgt:

$$2MW_1(\nu, Q^2) = \sum_{i=1}^{N} e_i^2 f(x) \equiv 2F_1(x)$$
$$\nu W_2(\nu, Q^2) = \sum_{i=1}^{N} e_i^2 x f(x) \equiv F_2(x), \quad x = \frac{Q^2}{2M\nu}. \tag{11.18}$$

Die rechten Seiten dieser Gleichungen sind von ν, Q^2 nur über die Skalenvariable $x = Q^2/2M\nu$ abhängig. Das ist gerade das beobachtete Skalenverhalten. Darüber hinaus hängen die Strukturfunktionen in einfacher Weise mit der Impulsverteilung der Partonen zusammen. Somit ist gezeigt, wie das Skalenverhalten durch das Vorhandensein punktförmiger (quasifreier) Konstituenten im Nukleon besonders einfach gedeutet werden kann. In diesem Modell wird das virtuelle Photon von einem der Partonen im Nukleon absorbiert und die Skalenvariable $Q^2/2M\nu$ ist gerade der Bruchteil x des Nukleonimpulses, den das getroffene Parton

---

[37] Mit der Verwendung der effektiven Masse $m = x'M$ und $\nu = E - E'$ in (11.17) wird die Eigenbewegung der Partonen im Ruhsystem des Nukleons vernachlässigt. Diese Näherung ist für das Folgende ausreichend.

besitzt. Durch die Messung von $F_2(x)$ erhält man somit Auskunft über die Impulsverteilung der Partonen im Nukleon.

Bemerkenswert ist ferner die Callan-Gross-Relation [Ca 69],

$$2xF_1(x) = F_2(x), \tag{11.19}$$

die man aus (11.18) abliest. Diese Beziehung ist experimentell recht gut erfüllt. Ihre Herleitung beruht wesentlich auf der Annahme, daß die Partonen den Spin $1/2$ besitzen.

Wie bereits erwähnt wurde, fehlt andererseits bei Partonen mit Spin 0 der magnetische Beitrag zur Streuung. Dies würde $F_1 = 0$ bedeuten und den experimentellen Daten widersprechen. Die Experimente bestätigen also die Annahme, daß die Partonen den Spin $1/2$ besitzen.[38]

11.4 Quark-Partonen

Die möglichen Quantenzahlen der Partonen sind, den Spin ausgenommen, bisher noch offengeblieben. Es liegt aber durchaus nahe, auch die übrigen Quantenzahlen der Spin-$1/2$-Partonen mit denen der von M. Gell-Mann aus Gründen der Symmetrie ($SU(3)$) eingeführten Quarks zu identifizieren. Damit sind weitere Voraussagen möglich und man gewinnt genauere Einsichten in die Struktur der Hadronen.

Mit Hilfe der Normierungsbedingung für die Wahrscheinlichkeitsverteilung $f(x)$ kann man zunächst Summenregeln angeben. Man hat

$$\int_0^1 \mathrm{d}x\, f(x) = 1, \tag{11.20}$$

und wenn die geladenen Partonen einen Bruchteil $a \leq 1$ des gesamten Nukleonimpulses tragen, gilt bei N Partonen

$$\int_0^1 \mathrm{d}x\, x f(x) = \frac{a}{N}. \tag{11.21}$$

Für $F_2(x)$ aus (11.18) erhält man die folgenden Summenregeln:

$$\begin{aligned} I_1 &= \int_0^1 \mathrm{d}x\, \frac{F_2(x)}{x} = \sum_{i=1}^N e_i^2, \\ I_2 &= \int_0^1 \mathrm{d}x\, F_2(x) = \frac{a}{N}\sum_{i=1}^N e_i^2. \end{aligned} \tag{11.22}$$

Geht man bei der Berechnung der rechten Seite dieser Summenregeln davon aus, daß das Proton aus drei Quarks in der Kombination (uud), das Neutron in der Kombination (ddu), zusammengesetzt ist und nur diese drei „Valenzquarks" zur Summe beitragen, dann erhält man

$$\begin{aligned} \sum_{i=1}^3 e_i^2 &= \left(\frac{2}{3}\right)^2 + \left(\frac{2}{3}\right)^2 + \left(\frac{1}{3}\right)^2 = 1 \text{ für das Proton,} \\ \sum_{i=1}^3 e_i^2 &= \left(\frac{2}{3}\right)^2 + \left(\frac{1}{3}\right)^2 + \left(\frac{1}{3}\right)^2 = \frac{2}{3} \text{ für das Neutron.} \end{aligned} \tag{11.23}$$

---

[38] Allerdings sind Partonen mit einem Spin größer als $1/2$ bei der Analyse dieser Experimente nicht auszuschließen.

Das Integral I_2 in (11.22) kann man mit Hilfe der experimentellen Daten für νW_2 berechnen. Falls die Quarks ($N = 3$) den gesamten Impuls des Nukleons tragen, sollte dieses Integral nach (11.23) die Werte $1/3$ für das Proton und $2/9$ für das Neutron ergeben. Die aufgrund der experimentellen Daten berechneten Werte von I_2 sind jedoch um den Faktor $\sim 0,5$ kleiner. Die einfachste Erklärung für diese Diskrepanz liefert die Annahme, daß die geladenen Partonen nur etwa die Hälfte des Nukleonenimpulses tragen ($a \approx 0{,}5$), während die andere Hälfte von elektrisch neutralen Partonen übernommen wird, die nicht an Photonen koppeln. Die neutralen Partonen sind offenbar im Nukleon vorhanden, um die Quarks zu binden, sie werden daher Gluonen[39] genannt. Man nimmt an, daß dies die Eichteilchen der zwischen den Quarks vorhandenen starken Wechselwirkung sind.

Dieses einfache Parton-Modell mit „Valenzquarks" und Gluonen kann erweitert werden, indem man einen Untergrund („See" genannt) von virtuellen Quark-Antiquark-Paaren berücksichtigt, die ebenfalls zur Streuung beitragen können. Auch werden die verschiedenen Quarks im allgemeinen mit unterschiedlichen Impulsverteilungen $u(x)$, $d(x)$, $s(x)$, ... im Nukleon vorkommen. Damit ist eine bessere Übereinstimmung mit den Experimenten zu erreichen.

Ein hervorzuhebender Erfolg des Quark-Parton-Modells besteht darin, daß damit ein bestimmter Zusammenhang zwischen der unelastischen eN-Streuung und der unelastischen νN-Streuung hergestellt werden kann. Da das Neutrino an der elektromagnetischen Wechselwirkung nicht teilnimmt, wird ein Prozeß dieser Wechselwirkung (eN) mit der Streuung $\nu_\mu + N \to \mu + $ Hadronen verknüpft, die allein aufgrund der schwachen Wechselwirkung des Neutrinos erfolgt. Seit etwa 1972 werden Neutrinos und Antineutrinos in den großen Beschleunigerzentren als Sonden bei der Streuung an Nukleonen benutzt, und es liegt eine Fülle experimenteller Daten vor.

Interessant ist z. B. der Vergleich der Strukturfunktion $F_2^{eN}(x)$ für eN-Streuung mit der entsprechenden für νN-Streuung $F_2^{\nu N}(x)$. Läßt man für die im Nukleon enthaltenen Quark-Partonen verschiedene Verteilungsfunktionen $u(x)$, $d(x)$, $s(x)$ zu, dann lautet die Strukturfunktion für das Proton in diesem verfeinerten Modell (vgl. 11.18)

$$F_2^{ep}(x) = x\left\{\frac{4}{9}[u(x) + \overline{u}(x)] + \frac{1}{9}[d(x) + \overline{d}(x) + s(x) + \overline{s}(x)]\right\}. \tag{11.24}$$

Hier ist die mögliche Erzeugung von Quark-Antiquark-Paaren und ihre Beteiligung am Prozeß berücksichtigt. Da Proton und Neutron ein Isospin-Dublett bilden (siehe Abschnitt 3.12), ist die Zahl der u-Quarks im Neutron gleich der Zahl der d-Quarks im Proton usw. Mit $u^n(x) = d(x)$, $d^n(x) = u(x)$ erhält man somit die Strukturfunktion für das Neutron,

$$F_2^{en}(x) = x\left\{\frac{4}{9}[d(x) + \overline{d}(x)] + \frac{1}{9}[u(x) + \overline{u}(x) + s(x) + \overline{s}(x)]\right\}. \tag{11.25}$$

Daraus ergibt sich für das Nukleon die gemittelte Funktion:

$$F_2^{eN} \equiv \frac{1}{2}[F_2^{ep} + F_2^{en}] = x\left\{\frac{5}{18}[u + \overline{u} + d + \overline{d}] + \frac{1}{9}[s + \overline{s}]\right\}. \tag{11.26}$$

Die entsprechende Strukturfunktion für die νN-Streuung lautet andererseits:

$$F_2^{\nu N} = x[u + \overline{u} + d + \overline{d}]. \tag{11.27}$$

---
[39] Diese Bezeichnung geht auf „glue = Leim" zurück.

Vergleicht man (11.27) mit (11.26) so findet man

$$F_2^{\nu N}(x) \leq \frac{18}{5} F_2^{eN}(x), \qquad (11.28)$$

wobei das Gleichheitszeichen gilt, wenn die s-Quarks vernachlässigt werden. Ihr Beitrag und der weiterer Quarkteilchen (etwa c und b) macht in der Tat nur wenige Prozent aus. Man beachte, daß der Faktor $5/18$ von den drittelzahligen Ladungen der Quarks herrührt und gerade das mittlere Ladungsquadrat der im Neutron und Proton vorkommenden Quarks u und d darstellt. Trägt man die gemessenen Daten von $F_2^{\nu N}$ über x auf und zeichnet $18/5 F_2^{eN}$ (SLAC-Daten) als durchgezogene Linie ein, so findet man die in Abb. 11.6 gezeigte gute Übereinstimmung. Die Voraussagen des Quark-Parton-Modells, wonach Elektronen und Neutrinos die gleiche Struktur im Nukleon „sehen" und die entsprechenden Strukturfunktionen F_2 im angegebenen Verhältnis stehen sollen, werden also durch die Messungen bestätigt. Demnach besitzen die an das Photon koppelnden Partonen drittelzahlige Ladungen, so wie sie den Quarks zugeschrieben werden.[40]

Zu bemerken ist ferner, daß das Integral über $F_2^{\nu N}(x)$, d. h. also die Fläche unter der Kurve in Abb. 11.6, den gesamten Anteil des Nukleonenimpulses angibt, der von den Quark-Partonen im Nukleon getragen wird. Sein Wert beträgt ungefähr 0,5 (Abb. 11.6), womit sich erneut zeigt, daß nur etwa 50% des Nukleonenimpulses auf die geladenen Partonen entfällt. Der Rest wird von den bereits erwähnten Gluonen übernommen.

Wir fassen die wichtigsten Ergebnisse der unelastischen Lepton-Nukleon-Streuung zusammen:

1) Die unerwartet großen Wirkungsquerschnitte bei der eN-Streuung weisen auf eine körnige Struktur der Nukleonen hin. Insbesondere kann das Skalenverhalten der Strukturfunktionen in einfacher Weise durch punktförmige Konstituenten, Partonen, gedeutet werden, die sich nahezu frei im Nukleon bewegen.

2) Die Experimente bestätigen die Annahme, daß die Partonen den Spin $1/2$ besitzen $[2xF_1(x) \approx F_2(x)]$.

3) Die Wirkungsquerschnitte für eN- und νN-Streuung sind damit konsistent, daß die zu der Streuung beitragenden Partonen mit den drittelzahlig geladenen Quarks identifiziert werden.

4) Nur etwa die Hälfte des Nukleonenimpulses läßt sich im Quark-Parton-Modell den Quarks zuordnen. Die andere Hälfte wird von anderen, flavour-neutralen[41] Bestandteilen des Nukleons, den Gluonen aufgenommen.[42] Die Gluonen sind für die Bindung der Quarks im Nukleon verantwortlich und man darf annehmen, daß es sich dabei um die Eichteilchen der zwischen den Quarks bestehenden starken Wechselwirkung handelt.

Alle bisherigen experimentellen Ergebnisse der tief-unelastischen Lepton-Nukleon-Streuung sind mit der Quark-Parton-Hypothese konsistent. Diese Vorstellungen bewähren sich

---

[40] Diese Evidenz für die drittelzahligen Ladungen der Partonen ist jedoch mit einer gewissen Einschränkung zu versehen. Die experimentell bestätigte Relation (11.28) kann nämlich auch ohne die detaillierten Annahmen des Quark-Parton-Modells hergeleitet werden [Ll75].

[41] Flavour (Duft) ist ein Sammelbegriff für solche Quantenzahlen, wie Ladung, Isospin, usw., die zur Kennzeichnung der verschiedenen Quarktypen u, d, s ... dienen.

[42] Die Tatsache, daß die Aufteilung des Nukleonenimpulses auf Quarks und Gluonen gerade zur Hälfte erfolgt, ist bisher ungeklärt.

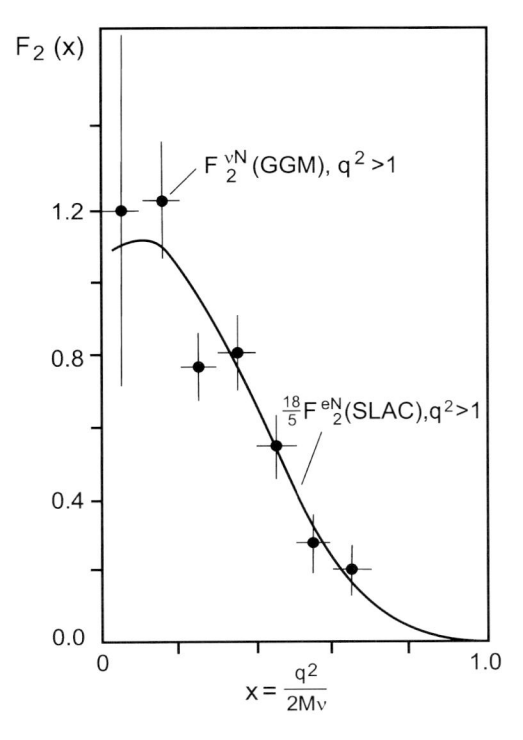

Abb. 11.6: Vergleich der Ergebnisse der νN-Streuung ($F_2^{\gamma N}$) mit denen der eN-Streuung (F_2^{eN}). Die Punkte sind die bei der Neutrino-Streuung mit der Blasenkammer Gargamelle beim CERN gewonnenen Daten, während die durchgezogene Linie die mit dem Faktor $18/5$ multiplizierten Daten der Elektron-Nukleon-Streuung (SLAC) darstellt. Der Faktor $18/5$ ist der Kehrwert des mittleren Ladungsquadrats der im Nukleon vorkommenden Quarks u und d mit den drittelzahligen Ladungen $2/3$ bzw. $-1/3$. Die Übereinstimmung zwischen der Linie und den Meßdaten weist darauf hin, daß die Konstituenten des Nukleons tatsächlich die den Quarks zugeschriebenen drittelzahligen Ladungen besitzen. Man erkennt ferner, daß die Fläche unter der Linie, die ein Maß für den von den Quark-Partonen getragenen Anteil des Nukleonenimpulses ist, etwa 0,5 beträgt.

auch bei anderen unelastischen Prozessen (Universalität des Parton-Modells), insbesondere bei der e^+e^--Vernichtung in Hadronen, der wir uns in Abschnitt 12 zuwenden wollen.

11.5 Myon-Kern-Streuung

Statt Elektronen wurden in Experimenten auch Myonen als Sonde benutzt, die sich von Elektronen im wesentlichen nur durch die größere Masse und eine begrenzte Lebensdauer unterscheiden. Seit der Inbetriebnahme des 400 GeV-Protonensynchrotrons am FNAL (Fermi National Accelerator Laboratory) 1973 in der Nähe von Chicago, stehen Myon-Strahlen mit Energien bis zu etwa 280 GeV zur Verfügung. Am CERN werden Experimente mit Myonen seit 1978 durchgeführt.

Die zugänglichen Werte für den Impuls des virtuellen Photons Q^2 erstrecken sich dabei bis zu 200 GeV^2, sie sind also zehnmal größer als bei den eN-Experimenten am SLAC. Damit ist das kinematische Gebiet, in dem die Strukturfunktionen gemessen werden können, beträchtlich erweitert worden.

Analog zu den Strukturfunktionen Gl. (11.24) und Gl. (11.25) lassen sich auch für Myon-Streuung Strukturfunktionen angeben. Mit Myon-Streuung wurden an Nukleonen die gleichen Resultate wie bei der Elektronenstreuung erhalten, eine als „körnig" zu interpretierende Struktur des Nukleons. Aus Messungen am leichtesten aller zusammengesetzten Kerne, dem Deuteron, ergab sich kein wesentlicher Unterschied zu den Messungen am freien Nukleon, was wegen der kleinen Bindungsenergie des Deuterons auf den geringen Dichteunterschied zwischen Deuteron und Nukleon zurückgeführt werden kann. Interessant sind deshalb Messungen der Myon-Streuung an Kernen mit vielen Nukleonen. Für solchermaßen zusammengesetzte Kerne der Masse A lassen sich Strukturfunktionen aus denen für Protonen und Neutronen bilden:

$$F^A(x) = \frac{Z F^p(x) + (A-Z) F^n(x)}{A}. \tag{11.29}$$

Aus Gl. 11.29 folgt als Strukturfunktion für das Deuteron und den Eisenkern:

$$\begin{aligned} F^D(x) &= (F^p(x) + F^N(x))/2\,, \\ F^{Fe}(x) &= (26 F^p(x) + 30 F^n(x))/56 \\ &= F^D(x)(1 + k(x)). \end{aligned}$$

Der Korrekturterm $k(x)$ berücksichtigt die Tatsache, daß der Eisenkern eine ungleiche Zahl von Protonen und Neutronen enthält.

Man erwartet demnach, daß das Verhältnis $R_{EMC}(x) = F^A(x)/F^D(x) \cong 1$ ist, wenn die Quarkstruktur des einzelnen Nukleons dominiert. Seit 1983 wurden von der European Myon Collaboration (EMC) [Au 83] am CERN wie auch von Arbeitsgruppen am SLAC (Stanford) [Bo 83] Myon-Streuexperimente an zahlreichen Kernen ausgeführt. Ein Teil der dabei gemessenen Daten sind in Abb. 11.7 gezeigt. Die experimentell gefundenen Daten für R_{EMC} weichen signifikant von dem erwarteten Wert $R_{EMC} \cong 1$ ab. Bei Werten von $x < 0{,}1$ werden die R-Werte sehr viel kleiner als eins. Im Bereich $0{,}1 \leq x \leq 0{,}25$ sind sie um ca. 10% größer, oberhalb $x > 0{,}3$ kleiner, um schließlich bei $x > 0{,}9$ wieder stark anzusteigen.

Phänomenologisch werden diese vier Bereiche folgendermaßen erklärt: Die „Schattenregion" liegt bei kleinen x-Werten, sie wird deshalb so genannt, weil bei den in diesem Bereich gemessenen Streuungen vorwiegend nur Nukleonen an der Oberfläche der Kerne zur Streuung beitragen, weniger dagegen die „inneren" Nukleonen; sie sind abgeschattet, womit ein kleinerer Effekt und damit ein kleiner R_{EMC}-Wert verbunden ist.

Werte von $R > 1$ findet man in einem Bereich der x-Werte, die „See-Region" genannt wird. See-Region deutet darauf hin, daß bei den zugehörigen Impulsübertragungen zahlreiche Quark-Antiquark-Paare am Streuprozeß teilnehmen.

Im Bereich $0{,}25 \leq x \leq 0{,}8$ liegen die Werte von R_{EMC} unterhalb eins, hier spielen in der theoretischen Beschreibung die Kernpotentiale eine wichtige Rolle, die das Absinken des Wertes von R_{EMC} bedingen.

12 Elektron-Positron-Vernichtung bei hohen Energien

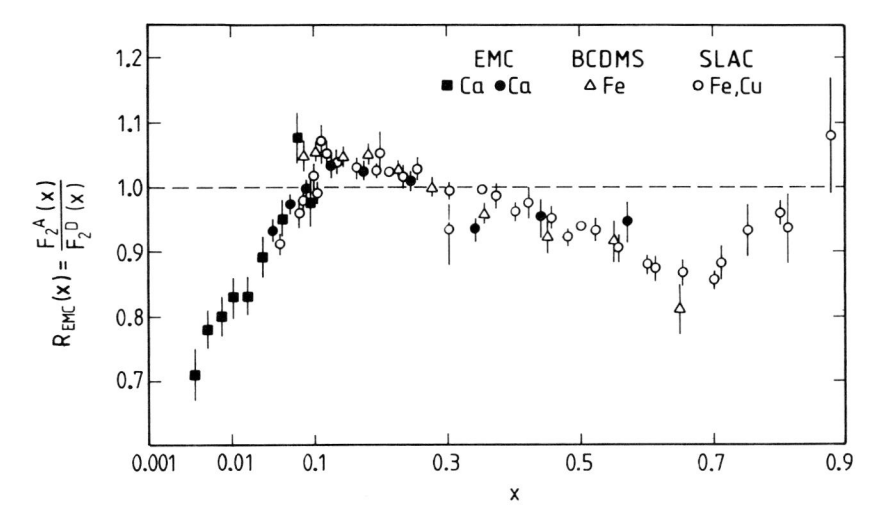

Abb. 11.7: Zusammenstellung von Daten für $R_{\text{EMC}}(x)$ als Funktion von x. Die Abzisse ist logarithmisch unterhalb $x = 0{,}1$, linear oberhalb $x = 0{,}1$ geteilt. (EMC-Kollaboration, BCDMS: Bologna-CERN-Dortmund-München-Saclay-Kollaboration, SLAC: US-Kollaboration)

Für große Impulsüberträge verhalten sich die Quarks wie Elemente eines Fermigases, wobei das Bewegungsvolumen wesentlich über das Volumen eines Nukleons hinausreicht.

Eine vollständige theoretische Beschreibung dieses als EMC-Effekt bezeichneten Verhaltens liegt gegenwärtig noch nicht vor.

12 Elektron-Positron-Vernichtung bei hohen Energien

Bei der Entwicklung der ersten Elektronenspeicherringe dachte man zunächst daran, die Gültigkeit der QED in solchen Reaktionen zu testen, die frei von Einflüssen der starken Wechselwirkung sind, wie etwa die Møller-Streuung $e^-e^- \to e^-e^-$. Die QED hat alle bisherigen Tests bei den heute in den e^+e^--Speicherringanlagen erreichbaren Energien glänzend bestanden (siehe Abschnitt 9.2). Die bedeutendsten Erfolge solcher Anlagen wurden jedoch durch die Erzeugung neuer Teilchen, insbesondere von Hadronen, erzielt. Bei der Annihilation des e^+e^--Paares entsteht zunächst ein virtuelles Photon, aus dem bei genügend hoher Energie ein Hadronensystem mit den Quantenzahlen des Photons $J^P = 1^-$ erzeugt wird. Hierfür steht die gesamte Schwerpunktsenergie zur Verfügung, denn die Reaktion erfolgt im Schwerpunktsystem der Teilchen, so daß keine Energie für die Bewegung des Schwerpunktes verbraucht wird.

Gegen Ende der sechziger Jahre wurden an den Speicherring-Anlagen in Novosibirsk (VEPP-2; maximale Gesamtenergie $W = 2 \times 0{,}55\,\text{GeV}$) und in Orsay (ACO; $W = 2 \times 0{,}55\,\text{GeV}$) die Eigenschaften der leichteren Vektormesonen $\rho(770\,\text{MeV})$, ω(783 MeV) und Φ(1020 MeV) untersucht. Die Energie am Speicherring in Frascati (ADONE, $W = 2 \times 1{,}55$ GeV) reichte aus, um festzustellen, daß der Wirkungsquerschnitt für die Erzeugung von Hadronen oberhalb des Resonanzgebiets sehr groß ist. Die ersten e^+e^--Collider (vgl. Abb. 6.3) wurden durch neue Anlagen, die höhere Energien erreichen, ersetzt, in Stanford (SPEAR, $W = 2 \times 4{,}2$ GeV) und in Hamburg (DORIS, $W = 2 \times 4{,}5$ GeV). Damit begann ein neues Kapitel der Elementarteilchenphysik. Bei so hohen Energien koppelt das virtuelle Photon an die fundamentalen Bausteine der Materie, die im Stoß erzeugt werden können. So haben die e^+e^--Speicherringe im vergangenen Jahrzehnt die wichtigsten experimentellen Beiträge zu unserem Verständnis der Struktur der Materie und der fundamentalen Wechselwirkungen geliefert. Bei der Fülle der inzwischen vorliegenden Ergebnisse kann hier nur ein Überblick über die wesentlichen Resultate und die daraus gezogenen Schlußfolgerungen gegeben werden.

12.1 Die leichteren Vektormesonen

Das bei der Annihilation von e^+e^- erzeugte virtuelle Photon koppelt über die elektromagnetische Wechselwirkung an geladene Teilchen, also auch an Quarks. Es kann somit in ein Leptonenpaar oder in ein Quark-Antiquark-Paar übergehen. Das $q\bar{q}$-Paar bleibt entweder in einem gebundenen Zustand und bildet so für eine bestimmte Lebensdauer ein einzelnes Vektormeson, oder es wandelt sich sofort in eine Anzahl von Hadronen um. Die vorkommenden Prozesse sind in Abb. 12.1 veranschaulicht.

Die e^+e^--Annihilation eröffnet eine direkte Möglichkeit, das Spektrum der Vektormesonen zu studieren. Je höher die Strahlenergie ist, desto schwerere Vektormesonen können erzeugt werden. Wir betrachten zunächst den Bereich von Schwerpunktsenergien bis etwa 1,2 GeV. Das mit dem geringsten Energieaufwand zu erzeugende Mesonenpaar ist $\pi^+\pi^-$. Wenn bei der e^+e^--Vernichtung zunächst eine $\pi^+\pi^-$-Resonanz entsteht, die Reaktion also über diese Resonanz, ρ genannt, als Zwischenzustand erfolgt (Abb. 12.2), sollte im Wirkungsquerschnitt eine deutliche Überhöhung an der Stelle vorhanden sein, an der die Masse des Vektormesons ρ liegt.

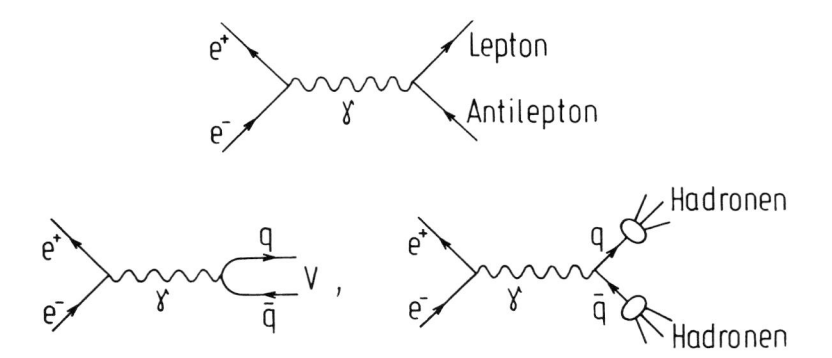

Abb. 12.1: Bei der e^+e^--Paarvernichtung können Leptonenpaare, Vektormesonen (V) oder eine Anzahl anderer Hadronen entstehen.

12 Elektron-Positron-Vernichtung bei hohen Energien

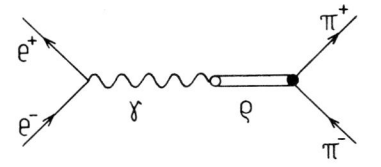

Abb. 12.2: Die Reaktionen $e^+e^- \to \pi^+\pi^-$ mit dem Vektormeson ρ als Zwischenzustand.

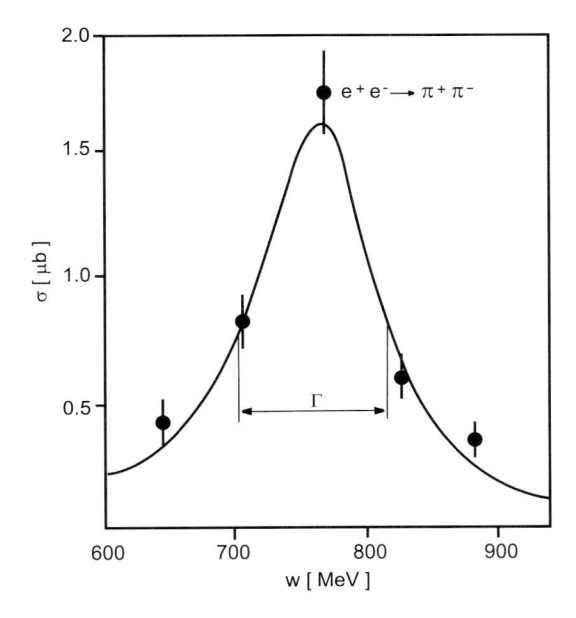

Abb. 12.3: Im gemessenen Wirkungsquerschnitt für den Prozeß $e^+e^- \to \pi^+\pi^-$ ist das ρ-Meson deutlich als Resonanz zu erkennen. Die Kurve entspricht der Breit-Wigner-Formel mit den angepaßten Parametern für die Masse $M_\rho = 765\,\text{MeV}$ und die Breite $\Gamma_\rho = 150\,\text{MeV}$ (siehe a. Abb. 21.3).

Dieses Resonanzverhalten des hadronischen Wirkungsquerschnitts ist gegen Ende der sechziger Jahre bei drei verschiedenen Schwerpunktsenergien gefunden worden. Die entsprechenden Vektormesonen haben die Bezeichnungen $\rho(770)$, $\omega(783)$ und $\Phi(1020)$ erhalten. In Abb. 12.3 ist der in Orsay gemessene Wirkungsquerschnitt gezeigt, an dem die Erzeugung der ρ-Resonanz deutlich zu erkennen ist.

Dieser charakteristische Verlauf des Wirkungsquerschnitts in der Umgebung der Resonanz wird durch die Breit-Wigner-Formel beschrieben,

$$\sigma(e^+e^- \to \rho \to \pi^+\pi^-) = \frac{\pi}{s} \frac{(2J+1)\Gamma_{ee}\Gamma_f}{(\sqrt{s}-M)^2 + \Gamma^2/4}, \tag{12.1}$$

wobei Γ die totale Zerfallsbreite der Resonanz (hier $\Gamma = 150\,\text{MeV}$), M ihre Masse (hier $M_\rho = 770\,\text{MeV}$), J ihren Spin (hier $J=1$), Γ_{ee} und Γ_f die partiellen Zerfallsbreiten für

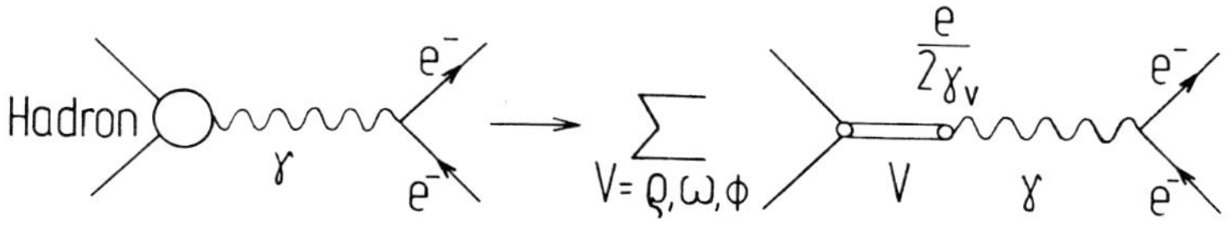

Abb. 12.4: Die Formfaktoren der Hadronen können im Gebiet niedriger q^2-Werte durch die Dominanz der Vektormesonen beschrieben werden.

$\rho \to e^+e^-$ bzw. für den Zerfall von ρ in den hadronischen Endzustand, $\rho \to f$, bedeuten. Mit s ist das Quadrat der Gesamtenergie W im Schwerpunktsystem bezeichnet. Aus den Messungen folgt $\Gamma_{ee} = (7{,}02 \pm 0{,}11) \cdot 10^{-3}$ MeV. Die Konstante Γ ist als volle Breite der Resonanzkurve auf halber Höhe des Maximums definiert und kann dort abgelesen werden (siehe Abb. 12.3). Damit ist wegen

$$\tau = \frac{\hbar}{\Gamma} \tag{12.2}$$

die Lebensdauer τ der Resonanz bestimmt. Sie beträgt beim ρ-Mesonρ-Meson etwa $4 \cdot 10^{-24}$ s.[43]

Der Verlauf des Wirkungsquerschnitts in der Umgebung der anderen Resonanzen ω und Φ ist ähnlich zu dem in Abb. 12.3. Die dominanten Prozesse sind hierbei

$$e^+e^- \to \omega \to \pi^+\pi^-\pi^0$$
$$e^+e^- \to \phi \to K\overline{K}. \tag{12.3}$$

Diese Resonanzen haben jedoch mit $\Gamma_\omega = 10$ MeV und $\Gamma_\Phi = 4$ MeV wesentlich geringere Breiten als das ρ-Meson.ρ-Meson Die Existenz der Vektormesonen war bereits vor ihrer Entdeckung
vermutet worden [Na 57, Fr 60]. Man ging bei der Beschreibung der elastischen Formfaktoren der Hadronen (siehe Abschnitt 10) von der Annahme aus, daß die Kopplung der Hadronen an das elektromagnetische Feld durch Vektormesonen ρ, ω, Φ dominiert wird (Abb. 12.4).

Die Stärke der Kopplung der Vektormesonen V an das Photon ist dabei nicht allein durch e bestimmt, sondern wird durch die für ρ, ω und Φ verschiedenen Werte $e/2\gamma_V$ beschrieben, wobei die Größen γ_V aus den leptonischen Zerfallsraten folgen. In diesem Vektordominanzmodell konnte das Verhalten der Formfaktoren der Hadronen zumindest im Gebiet niedriger q^2 gut dargestellt werden. Es erlaubt ferner die Zusammenfassung vieler elektromagnetischer Prozesse unter einem einheitlichen Gesichtspunkt.

Interessant ist auch der unterschiedliche Quarkinhalt der Vektormesonen, die jeweils aus Quark-Antiquarkpaaren bestehen (siehe Abb. 12.1). Man kann sie aufgrund ihrer Quantenzahlen im Quarkmodell durch die folgenden Kombinationen beschreiben,

$$\rho = \frac{1}{\sqrt{2}}(u\bar{u} - d\bar{d}),$$
$$\omega = \frac{1}{\sqrt{2}}(u\bar{u} + d\bar{d}), \tag{12.4}$$
$$\phi = s\bar{s}.$$

---
[43] Bei der Umrechnung von der Breite Γ auf die Lebensdauer τ benutzt man den Wert von $\hbar$ in den Einheiten MeVs, $\hbar = 6{,}58 \cdot 10^{-22}$ MeVs.

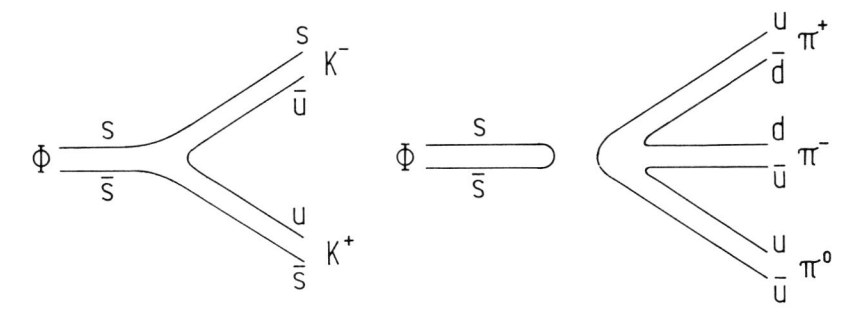

12 Elektron-Positron-Vernichtung bei hohen Energien

Abb. 12.5: Flußdiagramme der Quarks bei Zerfällen des Φ-Mesons. Der Zerfall mit nicht durchlaufenden Quarklinien ist nach der Zweig-Regel unterdrückt.

Die größere Masse des Φ-Mesons ist offenbar auf die schwereren s-Quarks zurückzuführen. Es zerfällt vorwiegend in $K\overline{K}$ und nur zu einem geringen Anteil ($\approx 15\%$) in drei π-Mesonen. Auch dies muß mit seinem Aufbau aus $s\bar{s}$ zusammenhängen. Zum Vergleich dieser Zerfallsmoden wollen wir die Quarklinien in den entsprechenden Flußdiagrammen verfolgen, die in Abb. 12.5 dargestellt sind.

Der Quarkinhalt der Teilchen in den Endzuständen ist dabei zu beachten. Während beim Zerfall $\Phi \to K\overline{K}$ die Linien der s- und $\bar{s}$-Quarks mit den entsprechenden Quantenzahlen durchgezogen werden können, sind sie beim Zerfall $\Phi \to \pi^+\pi^-\pi^0$ unterbrochen. Die s-Quarks können hier nicht „durchlaufen", weshalb dieser Zerfall viel seltener vorkommt. Diese als Zweig-Regel [Zw 64] bekannte Unterdrückung wird sich auch später für das Verständnis der geringen Breiten von noch schwereren Mesonen (ψ, Υ) als nützlich erweisen.

12.2 Der totale Wirkungsquerschnitt der Reaktionen $e^+e^- \to$ Hadronen

Bei den im vorigen Abschnitt erwähnten Experimenten ist die Schwerpunktsenergie der e^+e^--Paare $W = \sqrt{s}$ in verhältnismäßig kleinen Schritten erhöht worden. So war es möglich, die leichteren Vektormesonen als Resonanzen im Wirkungsquerschnitt gleichsam wie unter einer Lupe zu erkennen (siehe Abb. 12.3). Wir wollen nun den totalen hadronischen Wirkungsquerschnitt in einem wesentlich größeren Energiebereich betrachten, der sich bis zu Energiewerten von $W \approx 36\,\text{GeV}$ erstreckt. Bei dieser gröberen Energieskala werden die Resonanzen als eng nebeneinanderliegende scharfe Linien auftreten. Wir interessieren uns für den Wirkungsquerschnitt der Reaktion $e^+e^- \to$ Hadronen außerhalb der Resonanzen. Bei den hier betrachteten hohen Energien koppelt das virtuelle Photon an die fundamentalen Bausteine der Materie, die Quarks. Die e^+e^--Annihilation verläuft also über die Erzeugung eines $q\bar{q}$-Paares, das dann in Hadronen fragmentiert, $e^+e^- \to q\bar{q} \to$ Hadronen (Abb. 12.6).

Wie im Quark-Parton-Modell nehmen wir eine punktförmige Wechselwirkung des Photons mit den Quarks an. Da die Quarks wie Myonen den Spin $1/2$ besitzen, ist der Wirkungsquerschnitt für die Erzeugung eines $q\bar{q}$-Paares der gleiche wie für die Erzeugung eines $\mu^+\mu^-$-Paares,

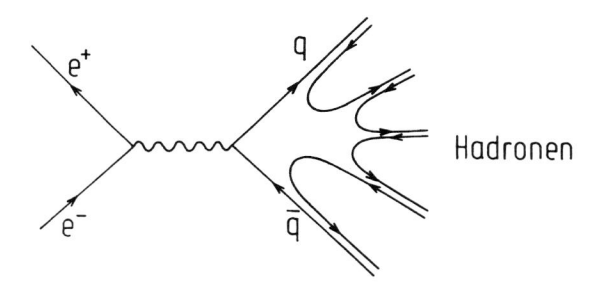

Abb. 12.6: Der über die Erzeugung eines $q\bar{q}$-Paares verlaufende fundamentale Prozeß bei der Reaktion $e^+e^- \to$ Hadronen.

außer daß die Ladungszahl 1 des Myons durch die Ladungszahl e_i des Quarks zu ersetzen ist,

$$\sigma(e^+e^- \to q\bar{q}) = e_i^2 \sigma(e^+e^- \to \mu^+\mu^-). \tag{12.5}$$

Nimmt man ferner an, daß die $q\bar{q}$-Paare mit der Wahrscheinlichkeit Eins in Hadronen übergehen, wie es der Hypothese der vollständigen Einschließung der Quarks entspricht, so folgt der totale Wirkungsquerschnitt für die Erzeugung von Hadronen durch Summation über alle möglichen $q\bar{q}$-Paare:

$$\sigma(e^+e^- \to \text{Hadronen}) = \sum_i e_i^2 \sigma(e^+e^- \to \mu^+\mu^-). \tag{12.6}$$

Auf das Verhalten des Wirkungsquerschnitts $\sigma(e^+e^- \to \mu^+\mu^-)$ schließt man aber leicht nach folgender Überlegung. Die einzige Lorentz-invariante Variable, die im Wirkungsquerschnitt vorkommen kann, ist der Impulsübertrag q^2 des Photons, hinzukommen die Massen m_e und m_μ als konstante Parameter. Im Schwerpunktsystem ($\vec{p}_{e^+} + \vec{p}_{e^-} = 0$), das bei diesen Experimenten mit dem Laborsystem übereinstimmt, ist q^2 gleich dem Quadrat der zur Verfügung stehenden Gesamtenergie,

$$s \equiv (p_{e^+} + p_{e^-})^2 = q^2. \tag{12.7}$$

Der in niedrigster Ordnung von α zu berechnende Wirkungsquerschnitt (vgl. den ersten Graphen von Abb. 12.1) muß demnach die Gestalt haben:

$$\sigma(e^+e^- \to \mu^+\mu^-) = \alpha^2 f(s; m_e m_\mu). \tag{12.8}$$

Bei hohen Energien ist $\sqrt{s} \gg m_e, m_\mu$, so daß man diese Massen vernachlässigen darf. In den hier verwendeten natürlichen Einheiten ($\hbar = c = 1$) hat das Quadrat der Energie s die zum Wirkungsquerschnitt σ inverse Dimension,

$$[\sigma] = [L^2], \ [s] = [L^{-2}], \tag{12.9}$$

wobei L abkürzend für Länge steht. Außerdem ist α dimensionslos. Damit also die Dimensionen in Gleichung (12.8) übereinstimmen, muß die Funktion f für großes s Proportionalität zu $1/s$ bedeuten, d. h.

$$\sigma(e^+e^- \to \mu^+\mu^-) \sim \frac{\alpha^2}{s}. \tag{12.10}$$

Die exakte Berechnung nach den Feynman-Regeln ergibt im Limes hoher Energien

$$\sigma(e^+e^- \to \mu^+\mu^-) = \frac{4\pi}{3} \frac{\alpha^2}{s}. \tag{12.11}$$

Bis auf den Faktor $4\pi/3$ kann so der Wirkungsquerschnitt (12.6) abgeschätzt werden. Vergleicht man $\sigma(e^+e^- \to \text{Hadronen})$ mit der unelastischen eN-Streuung, so fällt auf, daß hier keine Funktionen für die Impulsverteilungen der Quarks vorkommen. Dies wird verständlich, wenn man bedenkt, daß hier ein Übergang vom Vakuumzustand und nicht von einem Nukleon vorliegt.

Das Quarkmodell sagt also voraus, daß der hadronische Wirkungsquerschnitt wie s^{-1} abnimmt und von der Größenordnung der $\mu^+\mu^-$-Paarerzeugung ist. Wegen dieses zu erwartenden Verhaltens bildet man das Verhältnis der Wirkungsquerschnitte:

$$R \equiv \frac{\sigma(e^+e^- \to \text{Hadronen})}{\sigma(e^+e^- \to \mu^+\mu^-)} = \sum_i e_i^2. \tag{12.12}$$

Die Größe R mißt die Hadron-Erzeugung im Verhältnis zur Myon-Paarerzeugung und ist im Quarkmodell gleich der Summe der Ladungsquadrate e_i^2 der Quarks. Die Messung von R gestattet somit je nach der Art des verwendeten Quarkmodells eine Aussage über die Zahl der am Prozeß beteiligten Quarks. Bei nicht zu hoher Energie werden nur die bereits bekannten Quarks u, d, s mit den Ladungszahlen $2/3$, $-1/3$ und $-1/3$ (siehe Abschnitt 3.13) vorkommen. Mit zunehmender Energie können bisher noch nicht bekannte Quarktypen mit neuen Quantenzahlen und größeren Massen erzeugt werden und so nach Überschreiten der Erzeugungsschwelle stufenweise zu einer Erhöhung von R führen. Man hat den neuen Flavour-Quantenzahlen der Quarks die Namen „charm" und „bottom" gegeben und bezeichnet sie mit den Buchstaben c und b. Analog zur „strangeness" S sollen sie bei starker und elektromagnetischer Wechselwirkung erhalten bleiben. Wenn man dem c-Quark die Ladungszahl $2/3$, dem b-Quark $-1/3$ zuordnet, erhält man nach (12.12) die folgenden Werte für R im Bereich relativ niedriger (wenige Quarks) bzw. hoher Energien (zusätzliche Quarks):

$$\begin{aligned} R(u,d,s) &= \left(\frac{2}{3}\right)^2 + \left(\frac{1}{3}\right)^2 + \left(\frac{1}{3}\right)^2 = \frac{2}{3}, \\ R(u,d,s,c,b) &= \frac{2}{3} + \left(\frac{2}{3}\right)^2 + \left(\frac{1}{3}\right)^2 = \frac{11}{9}. \end{aligned} \tag{12.13}$$

Ein sechstes Quark t (top) mit der Ladungszahl $2/3$ würde R auf $5/3$ anwachsen lassen.

Zum Vergleich mit diesen Voraussagen sind in Abb. 12.7 die experimentellen Daten für R über $W = \sqrt{s}$ aufgetragen. Der Verlauf von R zeigt zwei charakteristische Merkmale. Die scharfen Linien, deren Maxima bei dem verwendeten Maßstab außerhalb der Figur liegen, entsprechen den vorhandenen Resonanzen. Am Anfang der Energieskala sind dies die aus Abschnitt 12.1 bekannten Zustände ρ, ω und Φ. Wenn man die Energie erhöht, treten oberhalb 3 und 9 GeV zwei weitere Familien von resonanten Zuständen auf, J/ψ und Υ, auf die wir später eingehen werden. Dazwischen ist R im wesentlichen konstant, so wie es im Quarkmodell vorhergesagt wird (12.12). Doch liegen die theoretischen Werte (gestrichelte Linien in Abb. 12.7) viel zu niedrig. Wie ist diese numerische Diskrepanz zu erklären? Man könnte

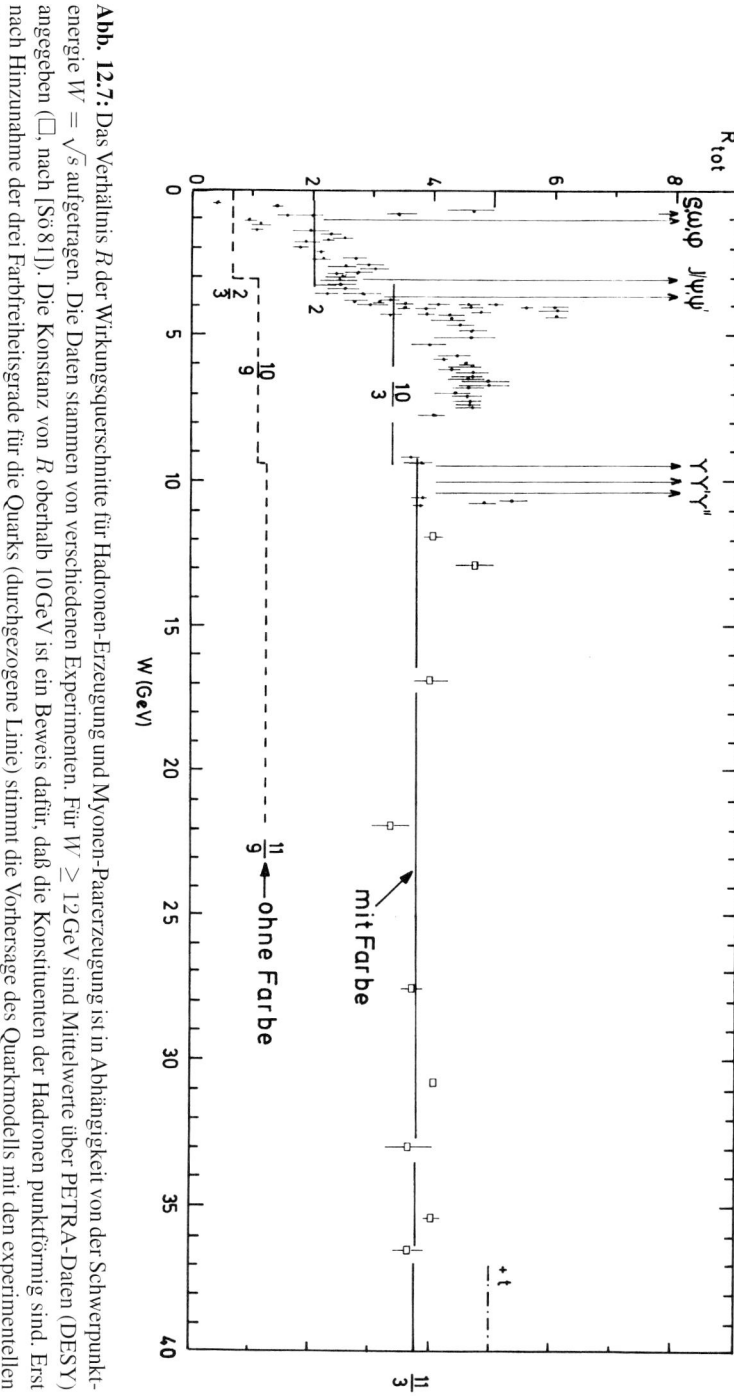

Abb. 12.7: Das Verhältnis R der Wirkungsquerschnitte für Hadronen-Erzeugung und Myonen-Paarerzeugung ist in Abhängigkeit von der Schwerpunktenergie $W = \sqrt{s}$ aufgetragen. Die Daten stammen von verschiedenen Experimenten. Für $W \geq 12\,\text{GeV}$ sind Mittelwerte über PETRA-Daten (DESY) angegeben (□, nach [Sö81]). Die Konstanz von R oberhalb $10\,\text{GeV}$ ist ein Beweis dafür, daß die Konstituenten der Hadronen punktförmig sind. Erst nach Hinzunahme der drei Farbfreiheitsgrade für die Quarks (durchgezogene Linie) stimmt die Vorhersage des Quarkmodells mit den experimentellen Daten überein.

zunächst an ganzzahlig geladene Quarks denken. Ein von M.Y. Han und Y. Nambu [Ha 65] bereits 1965 diskutiertes Modell mit ganzzahlig geladenen Quarks, bei dem jedes der Quarks $u, d, s, \ldots$ in jeweils drei Ausführungen vorkommt, ergibt jedoch zu große Werte. Außerdem befinden sich drittelzahl geladene Quarks in guter Übereinstimmung mit den Daten der eN- und νN-Streuung (Abschnitt 11.4). Die Annahme ganzzahlig geladener Quarks würde also zu noch größeren Schwierigkeiten führen und scheidet somit aus. Möglicherweise gibt es aber außer den Flavour-Quantenzahlen weitere Freiheitsgrade der Quarks, die bisher noch nicht berücksichtigt worden sind. Dieser Frage wollen wir uns jetzt zuwenden.

12.3 Die Quantenzahl „Farbe"

Der nach dem bisherigen Quarkmodell zu niedrig vorhergesagte Wert für R wird nach Gl. (12.12) höher ausfallen, wenn jede Quarksorte mit der entsprechenden Ladungszahl mehrmals vorkommt. Man knüpft hier an die oben erwähnte Idee von Han und Nambu an und führt für jeden Quarktypus ein Triplett ein, dessen Bestandteile durch eine neue ladungsartige Quantenzahl unterschieden werden. Die neue Quantenzahl wird Farbe genannt und kann die drei Werte rot, grün und blau annehmen.[44] Die vorhergesagten Zahlen für R erhöhen sich damit um den Faktor 3. Bemerkenswert ist, wie gut diese Werte (ausgezogene Linien in Abb. 12.7) mit den experimentellen Daten, insbesondere in dem großen Energiebereich oberhalb der Resonanzen von 12–36 GeV übereinstimmen. Im Bereich zwischen den Schwellenenergien für die Erzeugung der Resonanzen J/ψ und Υ liegt der Wert $R = (u, d, s, c) = 10/3$ aber deutlich unter den Meßdaten. Man hat jedoch zu beachten, daß in diesem Energiebereich das erst 1974 entdeckte schwere Lepton τ mit der Masse 1,8 GeV paarweise erzeugt wird. Da es vorwiegend in Hadronen zerfällt, erhöht es somit die experimentellen Werte für R. Berücksichtigt man die entsprechende Ladungszahl 1 bei der Abschätzung für R, dann erhält man die bessere Vorhersage $R = 13/3$. Außerdem erwartet man eine Korrektur durch die Wechselwirkung der Quarks, die bei der Abschätzung (12.12) vernachlässigt wurde. Man führt diese Wechselwirkung auf den Austausch von Gluonen zurück, für deren Existenz die Daten der eN-Streuung sprechen. Die in dieser Korrektur zu R,

$$R = 3 \sum_i e_i^2 \left(1 + \frac{\alpha_s(E)}{\pi}\right), \tag{12.14}$$

vorkommende Kopplungskonstante der Gluonen $\alpha_s(E)$ nimmt dabei mit wachsender Energie ab. Das im Quarkmodell mit Farbe gedeutete Verhalten der Größe R kann somit als wichtiger Hinweis für die Existenz dieser in den Hadronen verborgenen drei Farbfreiheitsgrade der Quarks angesehen werden. Weitere Gründe für die Richtigkeit dieser Hypothese werden wir in Abschnitt 23.4 kennenlernen.

Abschließend sei bemerkt, daß die früheren Voraussagen des alten Quark-Parton-Modells für die unelastische eN- bzw. νN-Streuung (Abschnitt 11) durch die Einführung der Farbfreiheitsgrade nicht wesentlich beeinflußt werden. Die bei diesen Prozessen dominierende, elektromagnetische und schwache Wechselwirkung können zwischen den Farben nicht unterscheiden, d. h. sie sind farbenblind, so daß es nur auf die verschiedenen Flavour-Quantenzahlen

---
[44] Diese (willkürliche) Bezeichnung ist durch die Beiträge von M. Gell-Mann [Ge 72] popülar geworden und ist heute allgemein üblich. Sie kommt außerdem bereits bei D. B. Lichtenberg vor [Li 70].

ankommt. Ein gewisser Einfluß macht sich aber dadurch bemerkbar, daß kleine systematische Abweichungen vom Skalenverhalten auf die von der starken Wechselwirkung zwischen den farbigen Quarks verursachten Korrekturen zurückgeführt werden können. Mit Einführung der neuen Farbladungen werden nämlich nicht nur die vorhin diskutierten Daten erklärt, sondern es ergeben sich daraus auch grundsätzlich neue Vorstellungen über die starke Wechselwirkung (siehe Abschnitt 24).

12.4 Die neuen Teilchen

a) Charm. Wir wenden uns nun den Teilchen zu, die in Abb. 12.7 als scharfe Linien oberhalb 3 GeV eingezeichnet sind. Die Stufen in dem sonst (außerhalb der Resonanzen) konstanten Verlauf von R konnten durch die Erzeugung der neuen Quarks c und b gedeutet werden. Dies war eine erste direkte Bestätigung für das Quarkmodell mit Charm, das bereits 1964 aus Gründen der Lepton-Hadron-Symmetrie in der schwachen Wechselwirkung spekulativ von J. D. Bjorken und S. L. Glashow [Bj 64] vorgeschlagen worden war. Damals waren zwei Paare von Leptonen bekannt, das Elektron und sein Neutrino (e und ν_e) und das Myon und sein Neutrino (μ und ν_μ). Die Quarks u und d können in einem Isodublett zusammengefaßt werden, nur das s-Quark bleibt dann ohne Partner. Eine paarweise Zuordnung zwischen Leptonen und Quarks kann aber erreicht werden, wenn es als schweren Partner des s-Quarks ein weiteres Quarkteilchen c mit einer neuen Quantenzahl und der Ladung $2/3$ (entsprechend dem u-Quark) gibt,

$$\begin{pmatrix} u \\ d \end{pmatrix} \quad \begin{pmatrix} c \\ s \end{pmatrix} \\ \begin{pmatrix} \nu_e \\ e \end{pmatrix} \quad \begin{pmatrix} \nu_\mu \\ \mu \end{pmatrix}. \tag{12.15}$$

Die neue Quantenzahl wurde Charm genannt. Sie nimmt für das c-Quark den Wert $+1$, für das entsprechende Antiquark $\bar{c}$ den Wert -1 an. Die bisherigen Quarks u, d, s haben die Charmquantenzahl Null. Diese neue Quantenzahl ist der Quantenzahl Strangeness sehr ähnlich, sie bleibt bei starker und elektromagnetischer Wechselwirkung erhalten, wird aber durch die schwache Wechselwirkung verletzt.

Weitere Hinweise für die Existenz der c-Quarks ergaben die schwachen Zerfälle seltsamer Teilchen. Man beobachtet nämlich, daß dabei die Änderung der Strangeness fast immer mit einer Änderung der elektrischen Ladung der Hadronen einhergeht. Die gemessene Zerfallsrate von Prozessen wie z. B. $K^+ \to \pi^+ \nu \bar{\nu}$, bei denen zwar die Strangeness, nicht aber die Ladung (der Hadronen) geändert wird (sogenannte neutrale Ströme mit Änderung der Strangeness), ist etwa 10^6 mal geringer als sie nach der Berechnung im Modell mit drei Quarks u, d, s sein sollte. Mit Hilfe der zusätzlich geforderten c-Quarks konnten schließlich S. L. Glashow, J. Iliopoulos und L. Maiani [Gl 70] diesen Widerspruch bei den strangeness-ändernden neutralen Strömen aufklären (vgl. Abschnitt 16.4). Die c- und s-Quarks müssen dabei in einer bestimmten Beziehung stehen, die insbesondere besagt, daß ein c-Quark vermöge der schwachen Wechselwirkung in ein s-Quark, nicht aber in das Antiquark $\bar{s}$ übergehen kann.

Wenn es die neuen Quarks gibt, sollten analog zum Meson $\Phi = s\bar{s}$ entsprechende Zustände $c\bar{c}$ existieren. Die c-Quarks müssen schwerer als die bisherigen Quarks sein, sonst hätte man Hinweise auf ihre Existenz bei viel niedrigeren Energien gefunden. Geht man davon aus, daß die Bindungsenergie des Systems $c\bar{c}$ klein im Vergleich zur Quarkmasse (etwa 1,5 GeV) ist, dann bewegen sich die gebundenen Quarks viel langsamer als mit Lichtgeschwindigkeit. Die Möglichkeit eines solchen, nichtrelativistischen Bindungszustandes $c\bar{c}$ war von T. Appelquist und H. D. Politzer [Ap 75] kurz vor der Entdeckung des J/ψ-Teilchens diskutiert worden. Sie nannten dieses System mit den entsprechenden Anregungszuständen Charmonium in Analogie zum Positronium (siehe Abschnitt 9). Es ist heute erwiesen, daß es sich hierbei um die im Wirkungsquerschnitt der e^+e^--Annihilation oberhalb 3 GeV auftretenden scharfen Resonanzen ψ handelt.

Das erste dieser neuen Teilchen, das J/ψ (3095) wurde im November 1974 in zwei unabhängigen und unterschiedlichen Experimenten entdeckt. Die Gruppe um S. Ting am Brookhaven National Laboratory beschoß Beryllium mit hochenergetischen Protonen (≈ 30 GeV) und beobachtete die Reaktionen, bei denen ein e^+e^--Paar neben weiteren, unbeobachtbaren Teilchen X im Endzustand entsteht. Der Wirkungsquerschnitt zeigt bei der invarianten Masse $m_{e^+e^-} \approx 3100$ MeV eine ausgeprägte Überhöhung, so daß die Reaktion offenbar über diese Resonanz (genannt J) verläuft

$$p + Be \to J/\psi + X$$
$$\hookrightarrow e^+ + e^-.$$

Am Elektron-Positron-Speicherring in Stanford fanden B. Richter und Mitarbeiter diese Resonanz (genannt ψ), indem sie die Strahlenergie in möglichst kleinen Intervallen erhöhten. Die Wirkungsquerschnitte der Reaktionen

$$e^+e^- \to \text{Hadronen}$$
$$\to \mu^+ + \mu^-$$
$$\to e^+ - e^-$$

zeigten übereinstimmend ein scharfes Maximum bei etwa 3095 MeV (Abb. 12.8).

Gleich darauf entdeckten sie eine weitere Resonanz bei 3686 MeV, sie wurde mit ψ' bezeichnet. Die beiden Experimente wurden mit sehr unterschiedlichen Geräten durchgeführt, die dabei vorkommenden Prozesse sind aber physikalisch äquivalent, denn die Invarianz gegenüber Bewegungsumkehr erlaubt die Vertauschung von Anfangs- und Endzustand in der Reaktion $e^+e^- \to$ Hadronen. Für ihre Entdeckung erhielten Ting und Richter 1976 den Nobel-Preis für Physik.[45]

Die neuen Resonanzen können wie die Vektormesonen ρ, ω, Φ, durch eine entsprechende Breit-Wigner-Formel (12.1) beschrieben werden. Ihre wahren Breiten konnten aber nicht direkt gemessen werden, denn sie sind geringer als die experimentelle Auflösung von etwa 2 MeV. Mit Hilfe der Breit-Wigner-Formel kann man jedoch die wahren Breiten aus den experimentellen Daten gewinnen. Man findet für ψ (3095) die auffallend geringe Breite von $\Gamma_\psi = 0{,}063$ MeV

---

[45] Besonders aufschlußreich und interessant sind nähere Einzelheiten über die Durchführung dieser Experimente, die man in den Nobel-Vorträgen von Ting und Richter nachlesen kann [Ti 77, Ri 77].

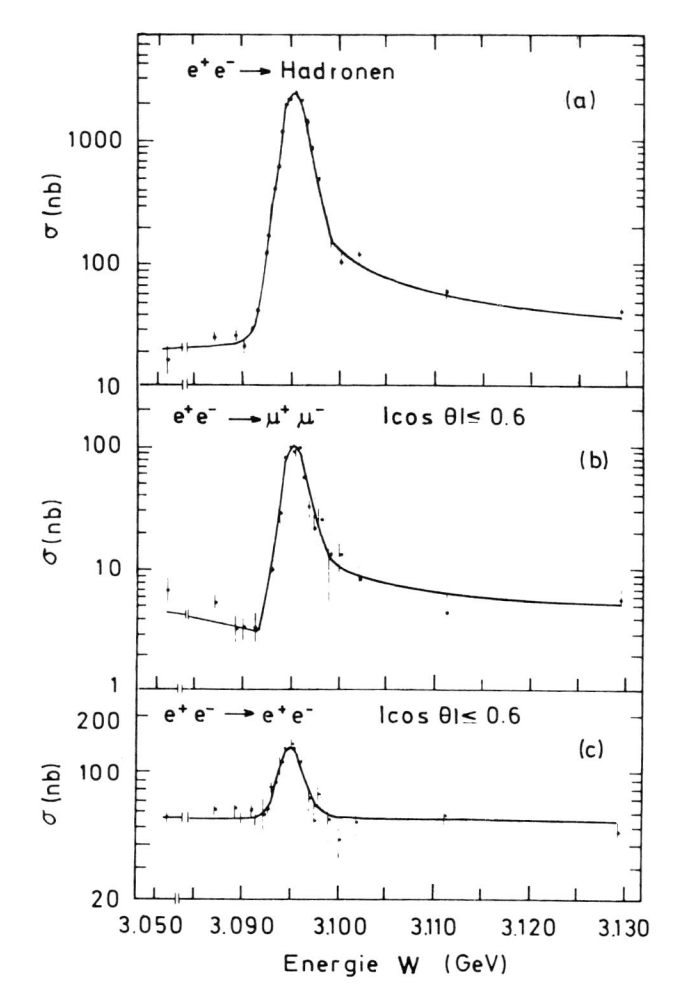

Abb. 12.8: Das J/ψ (3095)-Meson ist deutlich als Resonanz im Massenspektrum der Elektronen-Paare, Myonen-Paare und der Hadronen zu erkennen [Au 74].

und für ψ' (3686) die größere Breite $\Gamma_{\psi'} = 0{,}215\,\text{MeV}$. Die Teilchen ψ und ψ' sind also wesentlich langlebiger als die leichteren Vektormesonen ρ, ω und Φ, obwohl man nach bisheriger Erfahrung erwarten sollte, daß die Zerfallsbreiten mit der Masse der Resonanzen zunehmen. Wie wir gleich sehen werden, liegt dies an der Besonderheit des Charmonium-Spektrums und wird mit Hilfe der Zweig-Regel verständlich.

Da bei der Entstehung des Quarkpaares $c\bar{c}$ die Quantenzahlen des Photons ($J^{PC} = 1^{--}$) erhalten bleiben, können durch die e^+e^--Vernichtung direkt nur Mesonen $c\bar{c}$ mit dem Drehimpuls $J = 1$, der Parität $P = -1$ und der Ladungsparität $C = -1$ erzeugt werden. Die Quarkspins sind also in diesen Zuständen parallel gerichtet. Dies entspricht den Orthozuständen beim

Positronium. Offenbar kann der Zustand ψ (3095) mit dem Grundzustand von Orthocharmonium 1^3S_1 und ψ' (3685) mit der dazugehörigen ersten radialen Anregung 2^3S_1 identifiziert werden. Man kennzeichnet die Zustände nach der von der Atomphysik her bekannten spektroskopischen Schreibweise mit $n^{2s+1}L_J$, wobei $n = 1, 2, 3, \ldots$, s den Spin, J den Gesamtdrehimpuls bedeuten und L für die Zustände $S, P, D, \ldots$ mit dem jeweiligen Bahndrehimpuls $L = 0, 1, 2, \ldots$ steht.[46] Das ψ ist also der Zustand $c\bar{c}$ mit $n = 1$, Spin 1 und Bahndrehimpuls $L = 0$.

Wenn das Charmonium-Modell richtig ist, müßte es eine Anzahl weiterer Zustände $c\bar{c}$ geben, die zwar nicht direkt erzeugt werden, die aber beim Zerfall von ψ' entstehen sollten. Dies sind zunächst die beiden Singulettzustände 1^1S_0 und 2^1S_0, bei denen die Spins der c-Quarks antiparallel gerichtet sind (Paracharmonium). Sie werden mit η_c und η_c' bezeichnet und ihre Massen sollten etwa 100 MeV geringer als die von ψ bzw. ψ' sein. Ferner erwartet man die Triplettzustände mit Bahndrehimpuls $L = 1$, die den Namen χ erhalten haben, es sind dies die Zustände 1^3P_0, 1^3P_1 und 1^3P_2.

Die erste Evidenz für das Vorhandensein der χ-Mesonen wurde 1975 am DESY in Hamburg gefunden. Man weiß heute, daß ihre Massen 270, 180 und 135 MeV unter der von ψ' liegen, in Übereinstimmung mit den Vorhersagen des Charmonium-Modells. Zur Bestätigung der η-Zustände bedurfte es besonderer Anstrengungen. Die Ergebnisse der ersten Experimente waren unbefriedigend. Erst mit Hilfe eines am SPEAR-Ring in Stanford konstruierten neuen Detektors mit dem Namen „Crystal Ball" konnte man Ende 1979 den beim Zerfall von ψ' entstehenden Zustand η_c (2980) zweifelsfrei nachweisen. Schließlich konnte im August 1981 die Resonanz η_c' bei 3592 MeV gefunden werden. Das in diesen Experimenten gewonnene Photonenspektrum von Charmonium ist in Abb. 12.9 mit den entsprechenden Übergängen dargestellt.

Die Hauptbestandteile des Crystal-Ball-Detektors sind 732 Natriumjodid-Kristalle, die kugelförmig um die Wechselwirkungszone angeordnet sind. Das Gesamtgewicht der Kristalle beträgt etwa 5 Tonnen. Dieser Detektor eignet sich besonders gut zum Nachweis von Photonen, die im Natriumjodid Szintillationen hervorrufen. Die Energie der bei den Übergängen von ψ' bzw. χ entstehenden Photonen kann damit bis auf 2 bis 3% und ihre Richtung bis auf ein oder zwei Grad bestimmt werden.

Einen Überblick über die bis heute experimentell gefundenen Charmoniumzustände mit den ihnen zugeordneten Quantenzahlen zeigt Abb. 12.10.

Die $c\bar{c}$-Zustände haben alle die Charmquantenzahl Null. Die mit den c-Quarks verbundene Eigenschaft Charm ist in diesen Bindungszuständen verborgen. Sie tritt aber bei solchen Mesonen offen in Erscheinung (offener Charm), die aus einem c-Quark und einem der anderen Quarks ohne Charm bestehen. Die möglichen Kombinationen des c-Quarks mit den anderen Quarks ergeben bei antiparallelen Spins die folgenden pseudoskalaren Mesonen mit Charm $+1$:

$$D^0 = \bar{u}c, \quad D^+ = \bar{d}c, \quad D_s^+ = \bar{s}c$$

und die entsprechenden Antiteilchen mit Charm -1:

$$\overline{D^0} = u\bar{c}, \quad D^- = d\bar{c}, \quad D_s^- = s\bar{c}.$$

---

[46] Bei der in der Atomphysik verwendeten spektroskopischen Bezeichnung bedeutet n die Hauptquantenzahl, die jeweils bei $n = L + 1$ beginnt. Abweichend davon wird hier (im Quarkmodell) dem energetisch tiefsten Zustand mit bestimmtem Bahndrehimpuls L die Zahl $n = 1$ zugeordnet und dann innerhalb der L-Serie weitergezählt.

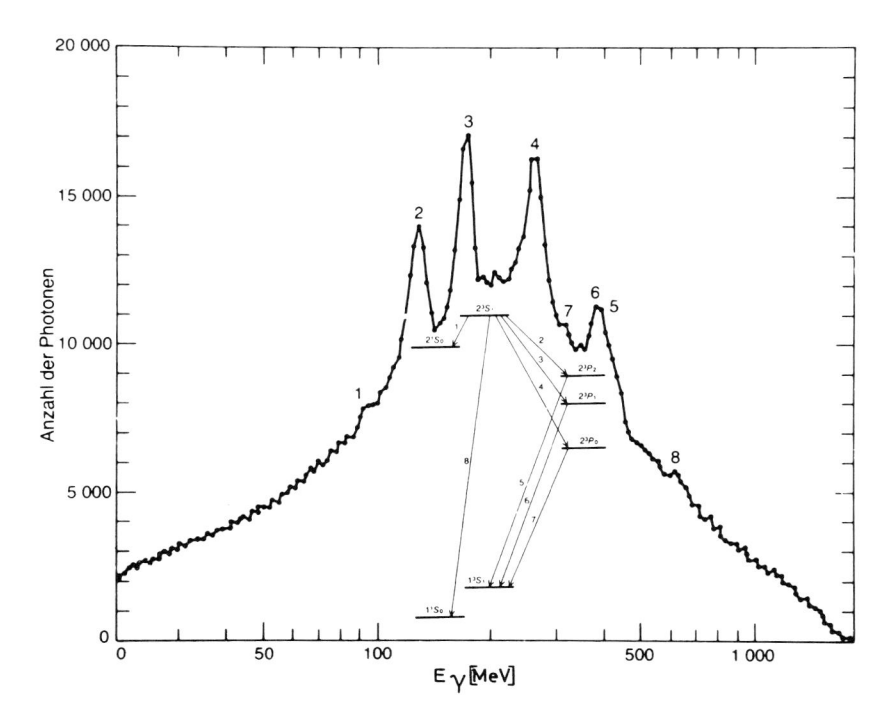

Abb. 12.9: Das mit Hilfe des Crystal-Ball-Detektors aufgenommene Photonenspektrum von Charmonium. Die Photonenzählrate zeigt in dem gemessenen Energiebereich acht Maxima, die mit Ziffern gekennzeichnet sind. Sie entsprechen den Übergängen vom 2^3S_1-Zustand (ψ') in die energetisch tieferliegenden S- und P-Zustände des Charmoniums.

Ihre Einordnung in ein Supermultiplett der Symmetriegruppe $SU(4)$ findet man in Abb. 3.5. Nachdem man diese Zustände gefunden hatte, war die Existenz von Charm direkt nachgewiesen. Die Quantenzahl Charm bleibt bei starker und elektromagnetischer Wechselwirkung erhalten. Daher sind die Zerfälle der leichtesten Mesonen mit Charm in solche ohne Charm (z. B. J/ψ) nur über die charmverletzende schwache Wechselwirkung möglich. Sie haben daher eine verhältnismäßig lange Lebensdauer, die in der Größenordnung von 10^{-12} s liegt.

Bei der e^+e^--Vernichtung können Hadronen mit Charm nur paarweise (d. h. Teilchen und Antiteilchen) erzeugt werden. Die dabei erforderliche Schwerpunktenergie W muß mindestens doppelt so groß sein, wie die Masse des zu erzeugenden Mesons mit Charm. Man darf erwarten, daß $D^0 = \bar{u}c$ das leichteste der Charmteilchen ist. Eine untere Schranke für die Schwellenenergie $2M_{D^0}$ bei der Erzeugung von Charm stellt die Masse von ψ' (3686) dar. Würde nämlich die Schwelle unterhalb von $M_{\psi'} = 3686$ MeV liegen, dann könnte ψ' infolge der starken Wechselwirkung in das Teilchen $D^0\overline{D^0}$ zerfallen und seine Zerfallsbreite $\Gamma_{\psi'}$ wäre erheblich größer als der gemessene Wert.

Wie aber können Mesonen mit Charm durch ihre Zerfälle erkannt werden? Die Antwort liegt in der bereits erwähnten speziellen Relation, die zwischen den c-Quarks und den s-Quarks bestehen muß, wenn die Unterdrückung der Strangeness ändernden schwachen neutralen Ströme

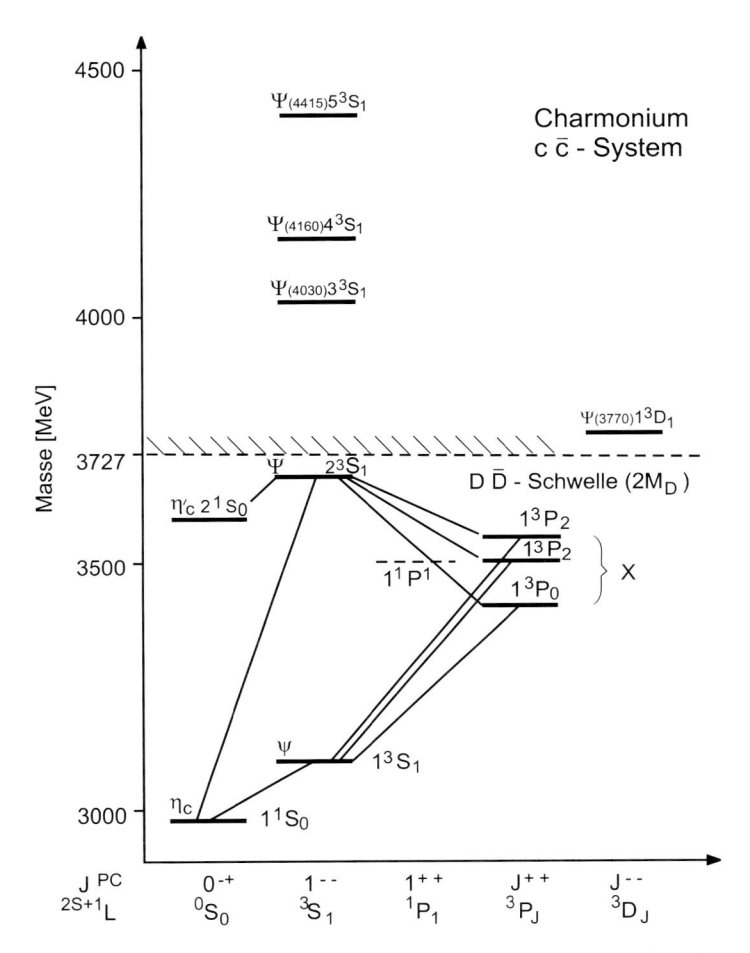

Abb. 12.10: Das Schema der Energieniveaus von Charmonium ähnelt dem von Positronium (vgl. Abb. 8.2b), doch sind die Energiedifferenzen etwa 10^8 mal größer. Der gestrichelt angegebene Zustand deutet einen weiteren vorhergesagten Zustand an.

erklärt werden soll. Danach geht ein c-Quark vermöge der schwachen Wechselwirkung in ein s-Quark über, so daß unter den Zerfallsprodukten der Mesonen mit Charm vorwiegend K-Mesonen vorkommen, die als charakteristisches Signal dienen können. Häufig sollte z. B. der Zerfall

$$D^0(\bar{u}c) \to K^-(\bar{u}s) + \pi^+$$

zu beobachten sein. Etwa eineinhalb Jahre nach der Entdeckung des J/ψ-Teilchens konnten so die Mesonen D^0 (1864) und D^+ (1869) am SPEAR in Stanford durch die bevorzugten

Zerfälle,

$$D^0 \rightarrow K^-\pi^+$$
$$\rightarrow K^-\pi^+\pi^+\pi^-,$$
$$D^+ \rightarrow \overline{K}^0\pi^+$$
$$\rightarrow K^-\pi^+\pi^+,$$

identifiziert werden. Der Nachweis des Mesons $D_s^\pm$ (1969), das Charm und Strangeness enthält, gelang 1977 am Speicherring DORIS in Hamburg. Auch die zu diesen pseudoskalaren Mesonen gehörigen Vektorpartner mit parallel gerichteten Quarkspins D^{*0} (2007), D^{*+} (2010) und D_s^{*+} (2113) sind inzwischen gefunden worden.

Die Charm-Hypothese hat sich somit als richtig erwiesen und in der Teilchenphysik eine völlig neue Entwicklung eingeleitet. Ein sicheres Anzeichen für diese „neue Physik" sind die extrem geringen Zerfallsbreiten von J/ψ und ψ', die im Charmonium-Modell erklärt werden können. Der Vergleich mit dem Vektormeson $\Phi = s\bar{s}$ ist hier nützlich, dessen Masse $M_\Phi = 1020\,\text{MeV}$ größer ist als die zweifache Masse des leichtesten Teilchens mit von Null verschiedener Strangeness $M_{K^\pm} = 494\,\text{MeV}$. Die s-Quarks gehen im Meson Φ nur einen lockeren Bindungszustand ein, denn Φ kann nach der Zweig-Regel in K^+K^- zerfallen. Wegen $M_\Phi > 2M_{K^\pm}$ steht für diesen erlaubten Zerfall genügend Energie zur Verfügung. Beim Zerfall entfernen sich die Quarks s und $\bar{s}$ voneinander und bilden im Endzustand, nachdem ein neues Quarkpaar u und $\bar{u}$ entstanden ist, die Quarkkombinationen $s\bar{u} = K^-$ und $\bar{s}u = K^+$ (Abb. 12.5).

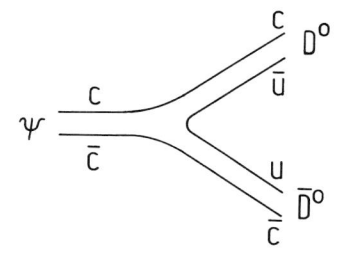

Abb. 12.11: Dieser nach der Zweig-Regel erlaubte Zerfall von ψ und ψ' in $D^0\overline{D^0}$ würde den Energiesatz verletzen und findet daher nicht statt.

In ähnlicher Weise könnten die Vektormesonen J/ψ und ψ' bei durchlaufenden Quarklinien in $c\bar{u} = D^0$ und $\bar{c}u = \overline{D^0}$ zerfallen (Abb. 12.11). Weil aber die zweifache Masse des D^0-Mesons, $2M_{D^0} = 3728\,\text{MeV}$, größer sowohl als die Masse von J/ψ (3095) als auch von ψ' (3686) ist, kann dieser nach der Zweig-Regel erlaubte Zerfall nicht stattfinden, denn er würde der Erhaltung der Energie widersprechen. In diesen Zuständen sind also c und $\bar{c}$ fest gebunden. Die Vernichtung des Quarkpaares kann wegen bestehender Auswahlregeln nur bei Aussendung von mindestens drei (harten) Gluonen erfolgen.[47] Diese wiederum erzeugen Quark-Antiquark-Paare, die in dem Endzustand als Hadronen in Erscheinung treten. Nach der Eichtheorie der

---

[47] Hier sei z. B. an Orthopositronium erinnert, das wegen der bestehenden Auswahlregeln in mindestens drei Photonen zerstrahlt.

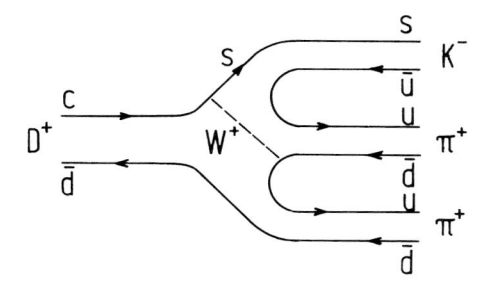

Abb. 12.12: Der Zerfall eines D^+-Mesons ist an dem dabei entstehenden K^--Teilchen zu erkennen.

starken Wechselwirkung (siehe Abschnitt 24.7) ist ein solcher Prozeß verhältnismäßig langsam, so daß die Zerfallsbreite von J/ψ um zwei Größenordnungen geringer ist, als dies bei erlaubten Übergängen zu erwarten wäre. Der angeregte Zustand ψ' muß eine größere Breite haben, denn er kann auf verschiedene Weisen in die Zustände χ, J/ψ und η_c zerfallen.[48]

Es sei daran erinnert, daß bei der e^+e^--Vernichtung direkt nur die Vektormesonen mit $J^{PC} = 1^{--}$ entstehen. Die anderen Zustände χ und η_c können nur in den Strahlungsübergängen des ψ' untersucht werden. Aufgrund der besonderen Situation, bei der sowohl J/ψ als auch ψ' unterhalb der $D^0\overline{D^0}$-Schwelle liegen, ist es möglich, das reichhaltige Spektrum der Strahlungsanregungen von Charmonium zu studieren (siehe Abb. 12.9).

Besonders bemerkenswert und für die Charm-Mesonen typisch ist der Zerfall des D^+-Mesons. Es besteht aus einem c- und einem $\bar{d}$-Quark und konnte durch seinen charakteristischen Zerfall in $K^-\pi^+\pi^+$ nachgewiesen werden. Der Endzustand mit der gleichen elektrischen Ladung $K^+\pi^-\pi^+$ kommt dagegen beim Zerfall von D^+ nicht vor. Diese subtile Unterscheidung bei den Ladungen der π- und K-Mesonen findet ihre einfache und elegante Erklärung durch die Charm-Hypothese und ist damit eine klare Bestätigung für die Existenz von Charm. Wegen der besonderen Relation zwischen Charm und Strangeness geht ein c-Quark vermöge der schwachen Wechselwirkung in ein s-Quark, nicht aber in ein $\bar{s}$-Quark über. Beim Zerfall des D^+-Mesons kann also nur das $K^-(s\bar{u})$ entstehen, nicht aber $K^+(\bar{s}u)$. In Abb. 12.12 ist der Prozeß $D^+ \to K^-\pi^+\pi^+$ skizziert.

Das c-Quark emittiert ein intermediäres Vektorboson W^+, durch welches die schwache Wechselwirkung vermittelt wird, und geht dabei in ein s-Quark über. Das W^+-Boson zerfällt in ein u-Quark und ein $\bar{d}$-Quark, so daß daraus der Endzustand $K^-\pi^+\pi^+$ entsteht. Damit ist $K^-(s\bar{u})$ ein sicheres Signal für die Existenz von D^+ und damit von Charm.

Schließlich ist zu erwähnen, daß Charm-Baryonen experimentell viel schwieriger nachzuweisen sind als Charm-Mesonen. Ihre Existenz ist erst seit 1979 gesichert, als es gelang, das Charm-Analogon zum Λ-Teilchen, das $\Lambda_c^+ = (udc)$, mit der Masse von 2285 MeV zu finden. Die Lebensdauer von Λ_c^+ beträgt wie bei anderen, infolge schwacher Wechselwirkung zerfallenden Teilchen, etwa 10^{-13} s.

---

[48] Die oberhalb der $D^0\overline{D^0}$-Schwelle gefundenen Resonanzen, ψ (3770), ψ (4030), ψ (4160) und ψ (4415), können dagegen in $D^0\overline{D^0}$ zerfallen und haben somit erheblich größere Zerfallsbreiten.

b) Bottom. Der im Abschnitt 12.2 diskutierte Verlauf von R (siehe Abb. 12.7) ist ein deutlicher Hinweis darauf, daß bei der e^+e^--Vernichtung oberhalb von etwa 9 GeV ein weiteres Quarkpaar erzeugt wird und somit zum Wirkungsquerschnitt beiträgt. Das neue Quarkteilchen hat den Namen Bottom (oder „beauty") erhalten und wird mit b bezeichnet. Es ist schwerer als das c-Quark und sein möglicher Bindungszustand mit dem Antiteilchen $\bar{b}$, Bottomonium $b\bar{b}$, sollte in noch besserer Näherung als Charmonium ein nichtrelativistisches System darstellen. Diese neuen Zustände wurden 1977 von L. M. Ledermann und Mitarbeitern am Fermi National Accelerator Laboratory (FNAL) bei Chicago entdeckt und erhielten den Namen Upsilon (Υ). In diesen Experimenten wurden Protonen mit der Energie von 400 GeV auf Kerne (Kupfer bzw. Platin) geschossen und die im Endzustand erzeugten $\mu^+\mu^-$-Paare beobachtet

$$p + (\text{Cu, Pt}) \to \Upsilon + \text{andere Teilchen}$$
$$\hookrightarrow \mu^+ + \mu^-.$$

Im Massenspektrum der $\mu^+\mu^-$-Paare zeigten sich über einem experimentell abfallenden Untergrund Maxima bei $M_\Upsilon = 9{,}4$ GeV und bei $M_{\Upsilon'} = 10{,}0$ GeV. Die Myonenpaare können somit als Zerfallsprodukte von zwei neuen Teilchen Υ und Υ' gedeutet werden. Die Interpretation dieser Resonanzen als $^3S_1$-Zustände eines neuen Quarkonium-Systems, das aus $b\bar{b}$-Quarks mit der Ladung $-1/3$ für b besteht, wurde bald darauf durch ihre Erzeugung am e^+e^--Speicherring bei DESY bestätigt. Auch an der Cornell-Universität (CESR) wurden diese Zustände beobachtet und außerdem die radialen Anregungen $\Upsilon''(3^3S_1)$ und $\Upsilon'''(4^3S_1)$ mit

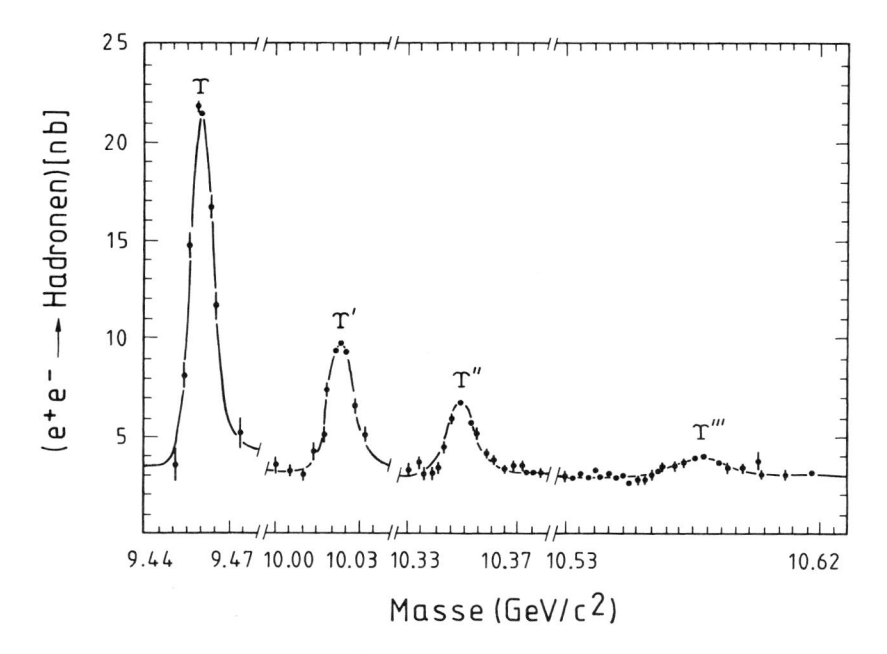

Abb. 12.13: Die Υ-Teilchen ($b\bar{b}$-Zustände) konnten am CESR der Cornell-Universität als deutliche Maxima im Wirkungsquerschnitt für $e^+e^- \to$ Hadronen nachgewiesen werden (nach [Fr 83]).

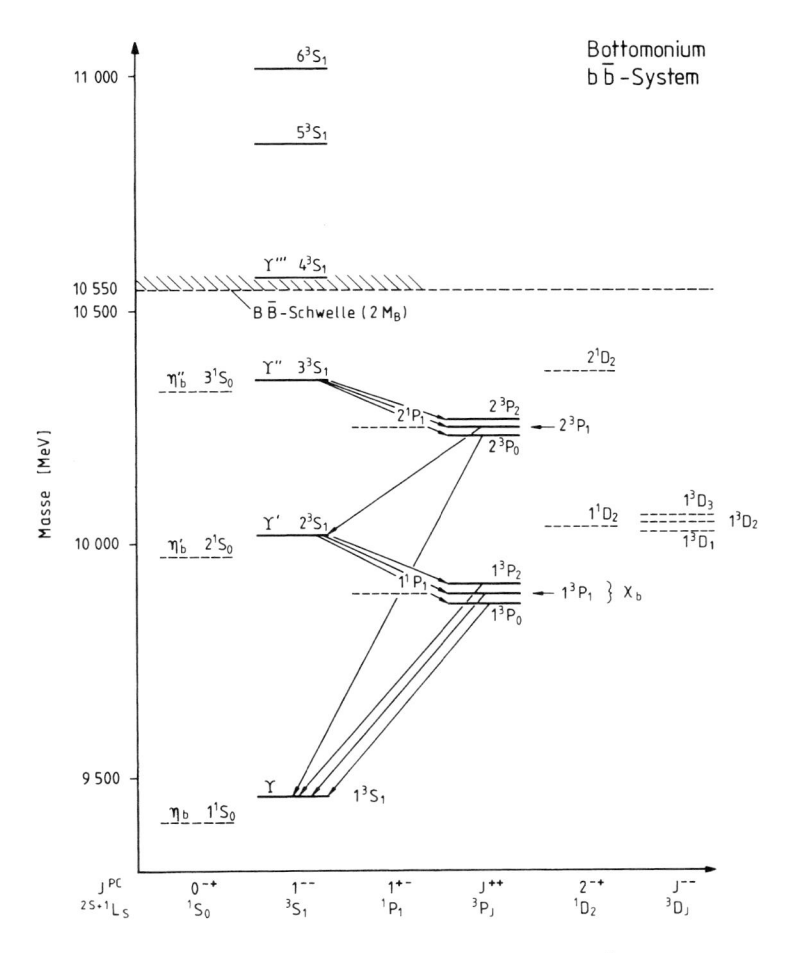

Abb. 12.14: Das Termschema des Bottomoniums ($b\bar{b}$). Die Υ-Teilchen sind die $^3S_1$-Bindungszustände des $b\bar{b}$-Systems. Die bisher nicht beobachteten Zustände sind als gestrichelte Linien eingezeichnet.

den Massen $M_{\Upsilon''} = 10,3\,\text{GeV}$ und $M_{\Upsilon'''} = 10,6\,\text{GeV}$ gefunden (Abb. 12.13). Die Zustände Υ, Υ' und Υ'' haben geringe Zerfallsbreiten und sind in Abb. 12.7 oberhalb 9 GeV eingezeichnet. Die Resonanz Υ''' ist wesentlich breiter und sollte daher bereits oberhalb der $b\bar{b}$-Schwelle liegen.

Die Existenz von drei gebundenen $^3S_1$-Zuständen, statt der zwei beim Charmonium, war im Fall eines vorhandenen schweren Quarks b in einer Abschätzung von E. Eichten und K. Gottfried [Ei 77] vorhergesagt worden. Danach sollten mit wachsender Quarkmasse immer mehr angeregte Zustände unterhalb der Energieschwelle für diejenigen Teilchen liegen, die nach der Zweig-Regel zerfallen können. Im Fall der Υ-Zustände sind dies die Teilchen mit (offener) Quantenzahl $b \neq 0$, die B-Mesonen ($b\bar{u}, b\bar{d}, \bar{b}u, \bar{b}d$), deren zweifache Masse größer

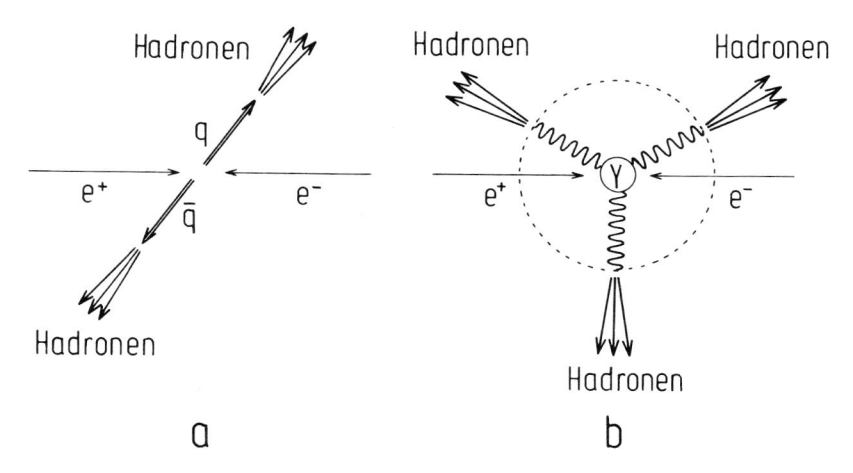

Abb. 12.15: Die bei der e^+e^--Annihilation entstehenden Quarks bilden im Endzustand Hadronen, die in zwei Bündeln (2er Jets) auftreten (a). Beim Zerfall des Υ-Teilchens über drei Gluonen entstehen dagegen drei Jets aus Hadronen (b).

als die Masse der Υ'' ist. Man darf also bei Bottomonium $b\bar{b}$ ein noch reichhaltigeres Spektrum gebundener Zustände erwarten als im Fall des Charmoniums. Für jeden der Υ-Zustände sollte es den entsprechenden Singulett-Zustand bei etwas geringerer Masse geben. Dies sind die Zustände 1^1S_0, 2^1S_0 und 3^1S_0, die auch mit η_b, η_b' und η_b'' bezeichnet werden. Entsprechend den Zuständen bei Charmonium erwartet man das Triplett der 1^3P-Zustände, hier χ_b genannt. Darüber hinaus sollten im $b\bar{b}$-System auch die 2P-Zustände gebunden sein und außerdem die niedrigsten D-Zustände 1^3D_1, 1^3D_2 und 1^3D_3 deren Bahndrehimpulsquantenzahl drei ist (Abb. 12.14).

Bisher konnten die $^3S_1$-Zustände (Υ) und die ^3P_J-Zustände (χ_b) beobachtet werden. Der Nachweis der B-Mesonen ist 1980 durch die Analyse der Zerfälle der Υ'''-Resonanz am Cornell Electron Storage Ring (CESR) gelungen. Die Experimente sind auch schwieriger als im Fall des Charmoniums; hauptsächlich wegen der geringeren Erzeugungsrate für das $b\bar{b}$-System. Die Zerfälle der B-Mesonen, bei denen man CP-Verletzung festgestellt hat, werden derzeit eingehend untersucht (siehe Abschnitt 18.6).

Die geringe Zerfallsbreite des Υ-Mesons kann wie beim J/ψ-Meson darauf zurückgeführt werden, daß der nach der Zweig-Regel erlaubte Zerfall mit durchgehenden Quarklinien wegen der Energieerhaltung nicht stattfindet. Der mögliche Zerfall erfolgt wiederum über drei Gluonen mit entsprechend geringerer Wahrscheinlichkeit. Das Υ-Meson ist etwa zehnmal schwerer als das Proton und die im Zerfall entstehenden Gluonen haben im Mittel eine Energie von etwa 3 GeV. Diese Energie ist groß genug, so daß die Gluonen wie Quarks in eine Anzahl von Hadronen fragmentieren können.[49] Man erwartet also einen Zerfall des Υ in drei Bündel von Hadronen. Diese „Jets" sind in Abb. 12.15b angedeutet.

---

[49] Man beachte, daß auch die Gluonen Farbladungen tragen und somit nach der Einschließungshypothese nicht als freie Teilchen entweichen können.

Nun stellt sich aber heraus, daß die drei Gluonenjets im Fall des Υ nicht sehr ausgeprägt, also schwierig nachzuweisen sind. Offenbar ist die Energie der Gluonen noch zu gering. Durch folgenden Vergleich konnte man jedoch am DESY einen deutlichen Hinweis auf den Zerfall des Υ in drei Gluonen finden. Bei hohen Energien verläuft die Hadronenerzeugung bei der e^+e^--Annihilation normalerweise über die Erzeugung eines Quark-Antiquarkpaares. Die Quarks fragmentieren in Hadronen, so daß man zwei Jets von Hadronen beobachtet, die in entgegengesetzte Richtungen auseinanderfliegen (Abb. 12.15a). In den Experimenten am DESY konnte man feststellen, daß diese sonst klar zu beobachtende Zweijetstruktur verschwindet, sobald die Energie des e^+e^--Systems mit der Energie der Υ-Resonanz übereinstimmt. Dann nämlich werden Υ-Mesonen erzeugt, die über drei Gluonen in Hadronen zerfallen.

Außerdem sollte man erwarten, daß die Impulse der beim Zerfall des Υ entstehenden Hadronen in guter Näherung in einer Ebene liegen. Der Grund hierfür ist die Impulserhaltung. Das Υ-Meson wird im Schwerpunktsystem des e^+e^--Paares erzeugt, sein Impuls ist Null. Damit der Impuls erhalten bleibt, müssen sich die Impulsvektoren der drei Gluonen zu Null addieren, also in einer Ebene liegen. Für jedes Zerfallsereignis ist diese Ebene neu zu bestimmen. Auch diese Erwartung konnte durch die Experimente am DESY bestätigt werden. Diese Ergebnisse weisen darauf hin, daß der Zerfall des Υ-Mesons über drei Gluonen erfolgt, deren Existenz damit ebenfalls erhärtet wird.

c) Das τ-Lepton. Wenn es ein weiteres Lepton mit größerer Masse als der des Myons gibt, dann sollte es am ehesten in der e^+e^--Annihilation bei entsprechend hohen Energien zu finden sein. Der Annihilationsprozeß ist der direkteste Weg, Leptonen großer Masse zu erzeugen und ihre Eigenschaften zu untersuchen.

Wie wir aus der Diskussion im Abschnitt 12.3 bereits wissen, liefert das Quarkmodell mit $R(u,d,s,c) = 10/3$ einen zu niedrigen Wert im Bereich oberhalb der Schwelle der J/ψ-Resonanz. Die Existenz eines weiteren Quarks in diesem Massenbereich, zusätzlich zum c-Quark, ist sehr unwahrscheinlich. Das nächste Quarkteilchen sollte erst bei deutlich höheren Energien erzeugt werden. Diese Erwartung ist dann auch durch die Entdeckung der Υ-Resonanzen bestätigt worden.

Eine naheliegende Erklärung wäre daher in der Annahme eines Leptons mit entsprechend großer Masse zu suchen, das in diesem Energiebereich erzeugt wird und durch seine Zerfälle in Hadronen zu R beiträgt. Die erste Evidenz für ein solches Teilchen wurde 1974 von M. L. Perl und Mitarbeitern [Pe 75] am Speicherring SPEAR in Stanford gefunden. Das neue Lepton erhielt den Namen Tau (τ). Wegen der Erhaltung der Leptonenzahlen, die dem Elektron und dem Myon zugeschrieben werden, ist die direkte Erzeugung eines $e\mu$-Paares $e^+e^- \to \mu^+e^-$ verboten. Wenn also $e\mu$-Ereignisse bei der e^+e^--Annihilation gefunden werden, dann können sie als Signal des Zweistufenprozesses,

$$\begin{aligned} e^+ + e^- &\to \tau^+ + \tau^- \\ &\qquad\quad\; \big\downarrow \;\;\; \big\downarrow \to e^- \bar{\nu}_e \nu_\tau \\ &\qquad\quad\; \to \mu^+ \nu_\mu \bar{\nu}_\tau, \end{aligned} \qquad (12.16)$$

gedeutet werden, wobei ν_τ das zum neuen Lepton τ gehörige Neutrino bezeichnet. In Stanford und bald danach auch am DESY in Hamburg wurden solche „anomalen" $e\mu$-Ereignisse nachgewiesen und näher untersucht. Die Masse des τ-Leptons konnte aus dem Schwellenverhalten des Erzeugungsquerschnitts zu $m_\tau = 1777\,\text{MeV}$ bestimmt werden. Es ist somit etwa 17mal schwerer als das Myon. Seine Lebensdauer liegt in der Größenordnung von 10^{-13} s. Alle nachfolgenden Experimente haben bestätigt, daß es sich hier um ein Teilchen mit den spezifischen Eigenschaften eines Leptons handelt, so daß es die Reihe der bisher bekannten Leptonen e und μ fortsetzt. Dazu gehört die eigene Leptonenzahl L_τ und das entsprechende Neutrino ν_τ. Der experimentelle Nachweis der τ-Neutrinos gelang der DONUT-Kollaboration [Ko 01].

Die Symmetrie der paarweisen Zuordnung von Leptonen und Quarks (12.15) war mit der Entdeckung des τ-Leptons zunächst gestört. Es waren 1975 drei Leptonenpaare, aber nur zwei Quarkpaare bekannt. Durch den Nachweis der Υ-Teilchen kam 1977 auf der Seite der Quarks das b-Quark hinzu. Aber erst mit der Existenz eines weiteren Quarkteilchens, dem Partner zum b-Quark, wäre die Lepton-Hadron-Symmetrie wieder hergestellt. Dieses hat dann die Bezeichnung t (top oder truth) erhalten.

$$\begin{pmatrix} \nu_e \\ e \end{pmatrix} \quad \begin{pmatrix} \nu_\mu \\ \mu \end{pmatrix} \quad \begin{pmatrix} \nu_\tau \\ \tau \end{pmatrix} \\ \begin{pmatrix} u \\ d \end{pmatrix} \quad \begin{pmatrix} c \\ s \end{pmatrix} \quad \begin{pmatrix} t \\ b \end{pmatrix} \qquad (12.17)$$

Das hypothetische Quarkteilchen t sollte noch schwerer als das b-Quark sein und die Ladung $2/3$ besitzen. Es würde sich also bei entsprechender Energie durch eine Erhöhung des normierten Wirkungsquerschnitts R um $\Delta R = 3(2/3)^2$ bemerkbar machen. Wie man den in Abb. 12.7 dargestellten Meßergebnissen entnimmt, ist eine solche stufenweise Änderung von R in dem bisher untersuchten Energiebereich bis 36 GeV nicht zu erkennen. Auch die Suche nach anderen, für die $t\bar{t}$-Erzeugung charakteristischen Signalen in den Endzuständen der e^+e^--Annihilation haben bei gleichzeitiger Erhöhung der Energie auf rund 46 GeV keinen Hinweis auf die Existenz des t-Quarks ergeben. Daraus war zunächst nur zu schließen, daß die Masse des t-Quarks größer als 23 GeV sein muß.

d) Top. Inzwischen ist bekannt, warum die Suche nach diesem bei der e^+e^--Vernichtung zugänglichen Energiebereich vergeblich war. Das t-Quark ist viel schwerer als man vermutet hatte. Zu seiner Erzeugung sind so hohe Energien erforderlich, wie sie bei der Proton-Antiproton-Vernichtung im Tevatron, dem Collider des Fermi-Laboratoriums zu erreichen sind. So ist es den dortigen Kollaborationen CDF (Collider Detector at Fermilab) und DØ schließlich 1995 gelungen, die Existenz des t-Quarks nachzuweisen [Ab 95]. Diese Entdeckung war nicht unerwartet, denn das paarweise Vorkommen der bereits bekannten Quarks erfordert einen schwereren $SU(2)$-Partner zum b-Quark. Zur allgemeinen Überraschung stellte sich heraus, daß die Masse des t-Quarks mit $178 \pm 4{,}3$ GeV (derzeitiges Weltmittel) etwa 40 mal größer ist als die Masse des b-Quarks. Dieser Wert wurde bei einer neuen Analyse der am Fermi-Laboratorium durchgeführten Experimente bestimmt [Ab 04]. Infolge der sehr kurzen Lebensdauer (weniger als 10^{-24} s) zerfällt das t-Quark bevor es zu einer möglichen Hadronisierung kommt. Es gibt daher keine t-Hadronen, und das t-Quark wird nach der Entstehung im "ungebundenen" Zustand untersucht.

In den Experimenten am Tevatron wird bei Kollisionen von Protonen mit Antiprotonen der Energie von jeweils 900 GeV die Gesamtenergie 1800 GeV freigesetzt. Jedes der dabei entstehenden $t(\bar{t})$-Quarks zerfällt sofort in ein $b(\bar{b})$-Quark und ein $W^+(W^-)$-Boson, $t \to b + W^+$. Die Teilchen W^+ und b können auf verschiedene Weisen zerfallen. In den Detek-

12 Elektron-Positron-Vernichtung bei hohen Energien

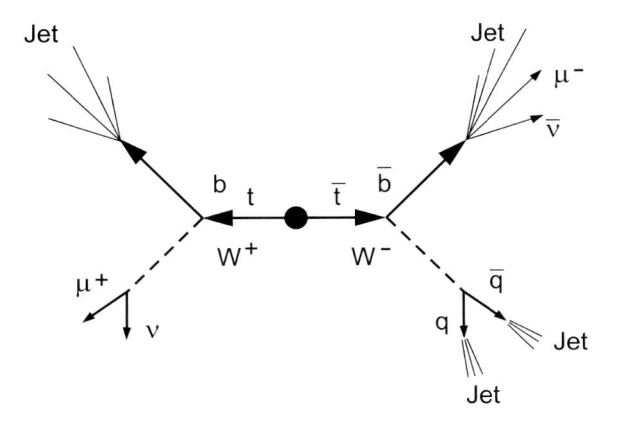

Abb. 12.16: Die Skizze eines charakteristischen top-Ereignisses zeigt den Zerfall des erzeugten $t\bar{t}$-Paares in vier Jets, zwei Myonen und die entsprechenden Neutrinos.

toren sucht man nach solchen Zerfällen, die eine $t\bar{t}$-Paarerzeugung signalisieren. In Abb. 12.16 ist als Beispiel das vom Computer erzeugte Diagramm eines typischen Ereignisses skizziert, das im Endzustand vier Jets und zwei auslaufende μ-Mesonen mit den entsprechenden Neutrinos aufweist.

Zur Vereinfachung der folgenden Erläuterungen nehmen wir an, daß dieses Ereignis in der Ebene senkrecht zur $p\bar{p}$-Strahlrichtung stattfindet. Die Impulse (Betrag und Richtung) der auslaufenden Teilchen werden gemessen. Die Neutrinos sind im Detektor nicht zu beobachten. Dies wird in der Impulsbilanz deutlich. Der hier in dem skizzierten Beispiel in Betracht kommende Impuls in der Ebene senkrecht zur Strahlrichtung ist vor der Kollision gleich dem danach, d. h. gleich Null. Die Summe der Impulsvektoren der auslaufenden geladenen Teilchen ist jedoch von Null verschieden. Der fehlende Impuls der Neutrinos kann aus dem Defizit berechnet werden. Die Masse des t-Quarks wird schließlich aus der von den erzeugten Teilchen mitgeführten Gesamtenergie gemäß der Relation (2.4) ermittelt, die hier die einfache Form $E = 2m_t c^2$ annimmt. Man darf erwarten, daß die Masse des t-Quarks in nächster Zeit noch genauer bestimmt werden kann.

Die aus schweren Quarks bestehenden Bindungszustände $q\bar{q}$ sind deshalb so interessant, weil sie ein einzigartiges Laboratorium zur Untersuchung der starken Wechselwirkung zwischen den Quarks darstellen. Man denke etwa an die engen Parallelen, die zwischen QED und QCD bestehen (siehe Abschnitt 5.3). Im Fall der starken Wechselwirkung kann bei kurzen Abständen der Austausch eines Gluons als dominierender Beitrag zur Wechselwirkung des $q\bar{q}$-Systems angesehen werden. Das entsprechende Bindungspotential ist, wie in der QED beim Austausch eines Photons, ein Coulomb-Potential. Je schwerer die gebundenen Quarks sind, desto besser läßt sich der Bindungszustand in nichtrelativistischer Näherung beschreiben. Dieser Vergleich erlaubt es somit, das aus schweren Quarks gebildete Quarkonium als „Wasserstoffatom der QCD" aufzufassen. Das eingehende Studium dieser Zustände sollte zu einem vertieften Verständnis der starken Wechselwirkung führen.

Einen wichtigen Beitrag zur Entwicklung der Elementarteilchenphysik lieferten die Experimente zur unelastischen eN-Streuung bei hohen Energien, mit deren Hilfe die körnige

Struktur der Hadronen festgestellt werden konnte (siehe Abschnitt 11). Das sind analytische Experimente, bei denen das Nukleon zerlegt wird und seine Bestandteile, die Partonen, in andere Hadronen fragmentieren. Bei der in diesem Abschnitt behandelten e^+e^--Annihilation findet dagegen eine Synthese statt, d. h., die unter normalen Bedingungen in der Natur nicht vorkommenden Teilchen werden künstlich erzeugt. Mit zunehmender Energie in den Beschleunigern konnte man zu immer kürzeren Abständen vordringen und bisher unbekannte schwere Teilchen erzeugen. Die Anzahl der in dieser tieferen Schicht der Materie vorhandenen Quarks hat dabei zugenommen. Besitzen die Quarks möglicherweise selbst eine innere Struktur und deutet ihre wachsende Zahl auf eine neue darunterliegende Spektroskopie hin, die einer neuen Sprosse in der Leiter der Hierarchie der „Elementarteilchen" entsprechen würde? Diese und viele andere Fragen sind noch offen.

Literatur

BERESTETZKI, W. B., LIFSCHITZ, E. M. und PITAJEWSKI, L. P.: *Quantenelektrodynamik*, Lehrbuch der Theoretischen Physik, Bd. IV 7. Aufl. H. Deutsch, Frankfurt a.M. **1991**.
CLOSE, F. E.: *An Introduction to Quarks and Partons*, Academic Press, New York (**1979**).
DUINKER, P.: Review of e^+e^--Physics at PETRA. *Rev. Mod. Phys. 54* (**1982**) 325.
KINOSHITA, T. (ED.): *Quantum Electrodynamics*. World Scient. Publ., Singapore **1990**.
PERKINS, D. H.: Inelastie Lepton-Nucleon Scat. *Rep. Progr. Phys.* 40 (**1977**) 409.
ROSNER, J. L.: Resource Letter NP-1: New Particles. *Am. J. Phys.* 48 (**1980**) 90.
SCHOPPER, H.: Zur Gültigkeit der Elektrodynamik. *Phys. Blätter 29* (**1973**) 106.
WILLIAMS, W. S. C.: The Electromagnetic Interactions of Hadrons. *Rep. Progr. Phys.* 42 (**1979**) 1661.

IV Die schwache Wechselwirkung

Reaktionen zwischen Elementarteilchen, die aufgrund der schwachen Wechselwirkung erfolgen, kann man an den extrem kleinen Wirkungsquerschnitten und langen Lebensdauern erkennen. Am klarsten ist dies möglich, wenn die viel häufigeren und schnelleren Prozesse der starken und elektromagnetischen Wechselwirkung durch Erhaltungssätze verboten sind, andernfalls werden die Effekte der schwachen Wechselwirkung von ihnen überdeckt.

Die schwache Wechselwirkung ruft eine Umwandlung der betroffenen Teilchen hervor, d. h., sie führt unter normalen Bedingungen zum Zerfall von Materie. Die bei den schwachen Zerfällen typischen Lebensdauern sind von der Größenordnung 10^{-10} s oder länger und die Wirkungsquerschnitte liegen in der Größenordnung von 10^{-38} cm^2. Demnach muß der Wert der entsprechenden Kopplungskonstanten viel kleiner als bei der elektromagnetischen Wechselwirkung sein.

Der erste schwache Zerfall wurde 1896 beobachtet. Bald nach der Entdeckung der Radioaktivität durch H. Becquerel konnte man drei verschiedene Zerfallsarten unterscheiden. Die α-Strahlen erwiesen sich als doppelt geladene Heliumkerne und die γ-Strahlen als elektromagnetische Strahlung hoher Energie. Die negativ geladenen β-Teilchen konnten schließlich als Elektronen identifiziert werden. Nach der Entdeckung des Atomkerns durch E. Rutherford (1911) wurde klar, daß die beobachteten Strahlen bei der Umwandlung von Atomkernen entstehen.

Der β-Zerfall der Kerne blieb lange Zeit der einzige beobachtbare Prozeß der schwachen Wechselwirkung. Sorgfältige Messungen ergaben, daß die Elektronen mit ganz unterschiedlichen Energien, die über einen kontinuierlichen Wertebereich variieren, emittiert werden. Diese Tatsache blieb zunächst unverstanden, denn außer dem rückstoßenden Kern und dem Elektron konnte kein weiteres Teilchen beobachtet werden. Bei einem solchen Zweikörperzerfall sollten jedoch die Elektronen wegen der Energie- und Impulserhaltung einen bestimmten diskreten Energiewert besitzen. Konnte es sein, daß möglicherweise Energie- und Impulserhaltung doch verletzt sind? Eine weitere ernsthafte Schwierigkeit tauchte auf, als nach der Entdeckung des Neutrons (J. Chadwick 1932) klar wurde, daß die Kerne aus Protonen und Neutronen zusammengesetzt sind und offenbar keine Elektronen enthalten. Woher stammten dann die emittierten Elektronen?

Das erste Rätsel wurde von W. Pauli gelöst, der 1930/31 die Existenz eines neuen, sehr leichten ungeladenen Teilchens mit Spin $1/2$ vorschlug.[50] Wenn beim β-Zerfall außer dem Elektron ein solches neutrales Teilchen emittiert wird, trägt dies zur Bilanz von Energie, Impuls und Drehimpuls bei, die entsprechenden Erhaltungssätze können erfüllt werden, und das kontinuierliche Energiespektrum wird verständlich. So kann der einfachste β-Zerfall, derjenige des Neutrons, folgendermaßen geschrieben werden:

$$n \to p + e^- + \bar{\nu}_e.$$

---

[50] Pauli nannte dieses hypothetische Teilchen zunächst „Neutron". Nach der Entdeckung des (schweren) Neutrons durch J. Chadwick wurde von E. Fermi der Name Neutrino vorgeschlagen. Nähere Einzelheiten zur Entwicklung der Idee des Neutrinos findet man bei [Br 78].

Hierbei tritt, wie erst später festgestellt wurde, das zum Elektron gehörige Antineutrino $\bar\nu_e$ im Endzustand auf. Es sollten immerhin etwa 25 Jahre vergehen, ehe das Antineutrino experimentell nachgewiesen werden konnte (Abschnitt 13.3). Außerdem stellte sich heraus, daß zu jedem Lepton je ein entsprechendes Neutrino ν_e bzw. ν_μ gehört. Dieses paarweise Auftreten von Lepton und zugehörigem Neutrino war der Grund zur Einführung der Leptonenzahlen L_e (Elektron) und L_μ (Myon), die bei schwacher Wechselwirkung offenbar erhalten bleiben.

Bei der Lösung des zweiten Problems ging E. Fermi (1934) von den Vorstellungen der Quantenfeldtheorie aus und nahm an, daß das Elektron und das neue Teilchen, das er Neutrino nannte, im Zeitpunkt ihrer Emission erzeugt werden. Die Emission der beiden Leptonen, die im Kern nicht vorhanden sind, erfolgt damit ganz analog zur Abstrahlung von Photonen beim Übergang eines Kerns oder Atoms von einem angeregten Zustand in den Grundzustand. Mit Hilfe des theoretischen Ansatzes von Fermi konnten Zerfallswahrscheinlichkeiten und die Form des Energiespektrums der Elektronen berechnet werden.

Die wichtigsten Merkmale der schwachen Wechselwirkung sind ihre bereits erwähnte geringe Stärke, ihre extrem kurze Reichweite ($< 10^{-15}$ cm) und schließlich die Tatsache, daß sie nahezu alle Erhaltungssätze für die (diskreten) Quantenzahlen der Elementarteilchen verletzt. Eine bessere Vorstellung von der Schwachheit dieser Wechselwirkung gewinnt man aus dem Verhalten der Neutrinos beim Durchgang durch Materie. Während das (auch) stark wechselwirkende Neutron im Mittel etwa 10 cm Eisen durchdringen kann, bevor es gestreut oder absorbiert wird, könnte das Neutrino ungehindert einen Weg von etwa 10^{-6} cm Länge im Eisen zurücklegen. Wenn man sich daran erinnert, daß die Erde zu einem großen Teil aus Eisen besteht und einen Durchmesser von etwa $1,2 \cdot 10^4$ km besitzt, dann ist die Erde für Neutrinos offenbar völlig transparent. Die Wahrscheinlichkeit dafür, daß ein Neutrino beim Durchgang durch die Erde gestreut wird, beträgt nur $1/10^6$.

Auch die Sonne ist für Neutrinos durchsichtig. Die bei den Kernreaktionen in ihrem Inneren erzeugten Neutrinos gelangen daher ungehindert zur Erde. In der Sonne wird thermonukleare Energie durch die Bildung von Helium aus Wasserstoffkernen frei. Der gesamte zeitliche Verlauf der dabei beteiligten Reaktionen richtet sich nach dem langsamsten Prozeß, der seinerseits von der schwachen Kopplungskonstanten abhängt. Es ist also die schwache Wechselwirkung, die für das langsame „Brennen" der Sonne (und anderer Sterne) sorgt und damit auch die Bedingungen schafft, die für die Entwicklung der vielfältigen Formen des Lebens auf der Erde innerhalb langer Zeiträume nötig waren und für deren Fortbestand in der Zukunft notwendig sind. In diesem Sinne ist schließlich auch die Existenz des Menschen durch die schwache Kopplung bedingt, der wegen ihres kleinen Wertes im kosmischen Maßstab eine so bedeutsame Rolle zukommt.

Wegen ihrer kurzen Reichweite ist die schwache Wechselwirkung auf den mikroskopischen Bereich beschränkt, in dem die Quantentheorie anzuwenden ist. Sie besitzt somit keine klassische Entsprechung, die im Makroskopischen feststellbar wäre, wie dies bei der elektromagnetischen Wechselwirkung mit der Elektrodynamik der Fall ist. Dies ist neben der geringen Stärke auch der wesentliche Grund dafür, daß die schwache Wechselwirkung erst verhältnismäßig spät entdeckt wurde und ihre Erforschung erst dann rascher vorankam, nachdem man Teilchen größerer Massen mit Hilfe von Beschleunigern im Labor erzeugen konnte. Als bemerkenswertes Ergebnis stellte sich dabei heraus, daß die Vielzahl der verschiedenen schwachen Zerfälle von Leptonen und Hadronen im wesentlichen mit Hilfe von nur einer universellen Kopplungskonstanten beschrieben werden kann. Die in dem Fermischen Ansatz einer punktförmigen

Wechselwirkung zwischen den vier beteiligten Fermionen eingeführte schwache Kopplungskonstante G ist allerdings nicht dimensionslos, wie etwa die Feinstrukturkonstante in der QED. Sie hat, mit $\hbar = c = 1$, die Dimension einer inversen Energie zum Quadrat. Ihr Wert kann aus den gemessenen Raten beim Zerfall des Neutrons (Abschnitt 13.2) oder des Myons (Abschnitt 14.2) bestimmt werden. Man erhält

$$G = \frac{1{,}02}{M_p^2} \cdot 10^{-5},$$

wobei die Dimension von G durch die Masse des Protons M_p im Nenner berücksichtigt wird.

Infolge der schwachen Wechselwirkung sind Prozesse möglich, die sonst strikt verboten wären. Sie sind damit trotz der schwachen Effekte vor dem Hintergrund der viel stärkeren Wechselwirkungen erkennbar. So ändert sich bei den schwachen Zerfällen die Isospinquantenzahl, d. h. die bei der starken Wechselwirkung geltende Isospinsymmetrie wird verletzt. Auch die Strangeness (bzw. Hyperladung) und die Quantenzahl Charm bleiben nicht erhalten. Großes Aufsehen erregte der „Sturz der Parität", d. h. die 1957 entdeckte Verletzung der bis dahin als exakt gültig angenommenen Invarianz gegenüber räumlicher Spiegelung (Abschnitt 13.4). Es stellte sich heraus, daß Spin und Impuls der bei der schwachen Wechselwirkung erzeugten Leptonen korreliert sind. Beim Neutrino sind z. B. Spin und Impuls antiparallel gerichtet. Es ist also ein linkshändiges Teilchen, das man mit einer Linksschraube vergleichen kann. Entsprechend ist das Antineutrino als rechtshändiges Teilchen (Rechtsschraube) anzusehen. Dagegen kommen rechtshändige Neutrinos (bzw. linkshändige Antineutrinos) in der Natur nicht vor. Damit hängt zusammen, daß auch die Ladungskonjugation C verletzt ist. Erst die Invarianz gegenüber der Kombination CP wird von der gewöhnlichen schwachen Wechselwirkung respektiert. Weitere erhaltene Quantenzahlen sind die elektrische Ladung, die Baryonenzahl und die Leptonenzahlen. Die Erhaltung der Baryonenzahl garantiert die Stabilität des leichtesten Baryons, des Protons, und damit der Materie überhaupt.[51]

Ein einzigartiges Phänomen stellen die schwachen Zerfälle der K^0-Mesonen dar, bei denen 1964 eine geringe Verletzung auch der CP-Invarianz gefunden wurde. Die Besonderheiten der K^0-Zerfälle sowie die der seit ihrer Entdeckung 2001 verstärkt untersuchten CP-Verletzung in den Zerfällen der B-Mesonen werden in den Abschnitten 15.4 bzw. 18.6 diskutiert.

Der Sturz der Parität und die in den darauffolgenden Experimenten festgestellte Polarisation der beim Zerfall erzeugten Leptonen führte zu einem wesentlichen Fortschritt im Verständnis der schwachen Wechselwirkung. Der im Ansatz von Fermi bereits vorhandene Vektorstrom wurde durch Hinzufügen eines Axialvektorstroms ergänzt, dessen zum Vektor entgegengesetztes Verhalten bei räumlichen Spiegelungen die beobachtete Paritätsverletzung hervorruft. Diese V(ektor)-A(xialvektor)-Theorie der schwachen Wechselwirkung konnte im Laufe der Zeit experimentell immer besser bestätigt werden. Man kann diese Theorie in Analogie zur Elektrodynamik als punktförmige Wechselwirkung zweier Ströme deuten. Hierbei beschreibt der schwache Strom der Hadronen den Übergang z. B. vom Neutron zum Proton, bewirkt also eine Änderung der Ladung, während der Leptonenstrom für die Erzeugung des Leptonenpaares sorgt. Die experimentell sehr gut bestätigte Universalität der Vektorkopplungskonstanten G wird nun nach dem Vorbild der elektromagnetischen Wechselwirkung verständlich. Hier sorgt nämlich die Erhaltung des elektromagnetischen Stroms (d. h. der Ladung) dafür, daß die La-

---

[51] Auf die Frage nach der Lebensdauer des Protons werden wir in Abschnitt 25 zurückkommen.

dungen der Leptonen und der stark wechselwirkenden Hadronen gleich groß sind. In analoger Weise kann die Tatsache, daß die Vektorkopplung G, d. h. der Vektoranteil der „schwachen Ladung", bei Leptonen und Hadronen gleich ist, auf die Erhaltung des schwachen Vektorstromes zurückgeführt werden. Im Unterschied dazu bleibt der Axialvektorstrom der Hadronen nicht erhalten. Dementsprechend ist der axiale Anteil der schwachen Ladung bei Leptonen und Hadronen verschieden. Auch die die Strangeness ändernden Zerfälle der Hyperonen können in diese universelle Beschreibung einbezogen werden (Abschnitt 14).

Unsere Kenntnisse über die schwache Wechselwirkung und die Struktur der Materie wurde entscheidend gefördert durch die seit Beginn der sechziger Jahre an den Beschleunigern durchgeführten Experimente mit Neutrinos hoher Energien (Abschnitt 16). Der Wirkungsquerschnitt für die Streuung von Neutrinos (oder Antineutrinos) an Nukleonen steigt mit wachsender Energie des Neutrinos linear an und erreicht somit meßbare Werte. Bei der tief-unelastischen νN-Streuung wirkt das Neutrino wie eine Sonde, die das Innere des Nukleons abtastet. Wie bei der eN-Streuung (vgl. Abschnitt 11.3) zeigte sich eine körnige Struktur des Nukleons. Die entsprechenden Strukturfunktionen können studiert und daraus Eigenschaften der Partonen abgeleitet werden. Insbesondere folgt aus dem Vergleich der Neutrino- mit den Elektronendaten (siehe Abb. 11.6), daß die an das Photon koppelnden Partonen drittelzahlige Ladungen besitzen. Außerdem wurde durch diese Experimente bei hohen Energien deutlich, daß die schwache Wechselwirkung an die Quark-Partonen im Nukleon gekoppelt ist. Die an dieser Wechselwirkung beteiligten Partner der Leptonen sind also nicht die komplizierten Nukleonen, sondern deren Bestandteile, die Quarks. Im Quarkmodell kann daher der Zerfall des Neutrons,

$$n(udd) \to p(uud) + e^- + \bar{\nu}_e,$$

als Umwandlung des d- in ein u-Quark verstanden werden,

$$d \to u + e^- + \bar{\nu}_e.$$

Ein völlig neues Phänomen wurde 1973 bei Neutrinoexperimenten am CERN gefunden [Ha 73, Ha 74]. Man entdeckte in der als Nachweisgerät dienenden Blasenkammer Gargamelle auch solche Neutrinoreaktionen, bei denen im Endzustand kein geladenes Lepton vorkommt. Diese seltenen Ereignisse können nur von einem schwachen Strom herrühren, der keine elektrische Ladung überträgt. Diese neue Komponente der schwachen Wechselwirkung wird daher als neutraler schwacher Strom bezeichnet. Bei früheren Untersuchungen von Strangeness ändernden Zerfällen, war ein solcher neutraler Strom nicht gefunden worden. Die Unterdrückung dieser erwarteten Zerfälle konnte schließlich durch die neu einzuführenden Charm-Quarks c erklärt werden (vgl. Abschnitt 12.4).

Trotz ihrer Erfolge im Bereich niedriger Energien kann die lokale V-A-Kopplung nicht als befriedigende Theorie der schwachen Wechselwirkung angesehen werden. Sie ist vielmehr als eine effektive Wechselwirkung aufzufassen, mit deren Hilfe die schwachen Zerfälle in niedrigster Ordnung der Störungstheorie beschrieben werden können. In höheren Ordnungen treten unendliche Beiträge auf, die man nicht wie in der QED durch Renormierung beseitigen kann. Außerdem nimmt der nach der V-A-Kopplung berechnete Wirkungsquerschnitt für die elastische Neutrinostreuung mit der Energie unbegrenzt zu. Bei genügend hoher Energie wird somit die in der Quantentheorie allgemein gültige Unitaritätsschranke überschritten, d. h. es würden dann mehr Teilchen in den Endzustand gestreut als im Anfangszustand einlaufen.

Diese grundsätzlichen Schwierigkeiten sind im wesentlichen darauf zurückzuführen, daß die Kopplungskonstante G in der V-A-Formulierung die bereits erwähnte Dimension hat. Es ist offenbar nötig, die schwache Wechselwirkung in noch engerer Analogie zur QED zu formulieren, wo diese Probleme nicht auftreten. So kann man zunächst davon ausgehen, daß die schwache Wechselwirkung, wie in der QED, durch den Austausch von virtuellen Vektorteilchen vermittelt wird. Da sich hierbei die Ladungen der Teilchen ändern oder nicht ändern (neutraler Strom) können, sind sowohl geladene Vektorbosonen W^+, W^- als auch ein neutrales Vektorboson W^0 erforderlich. Wegen der extrem kurzen Reichweite müssen ihre Massen sehr groß sein. Die schwache Kopplung kann dann analog zur QED mit einer dimensionslosen Kopplungskonstanten g aufgeschrieben werden $g\,j^\mu W_\mu$ (Abschnitt 17).

Trotz ihrer formalen Ähnlichkeit mit der QED ist jedoch diese Kopplung an Vektorbosonen nicht renormierbar. Der Grund hierfür besteht im wesentlichen darin, daß die W-Bosonen als massive Vektorteilchen eingeführt werden, während das Photon masselos ist. Durch den explizit vorhandenen Massenterm wird eine Eichsymmetrie verhindert und die Theorie damit nicht renormierbar (vgl. Abschnitt 9.1). Um also zu einer renormierbaren Theorie zu gelangen, formuliert man die schwache Wechselwirkung als Eichtheorie mit minimaler Kopplung an Leptonen und Quarks. Es liegt nahe, dabei von der kleinsten Eichgruppe auszugehen, die auf drei Eichfelder (W^+, W^-, W^0) führt. Dies ist die schwache Isospingruppe $SU(2)$. Die damit eingeführten Vektorbosonen (Eichfelder) sind bei exakter Symmetrie zunächst masselos. Wird die Eichsymmetrie jedoch „spontan gebrochen" (siehe Abschnitt 18). dann erhalten die Vektorbosonen W die erforderlichen Massen. Die Eichsymmetrie der Wechselwirkung und ihre Renormierbarkeit bleibt dabei gewahrt. Durch Einbeziehung der $U(1)$-Eichsymmetrie der QED konnten schließlich die elektromagnetische und die schwache Wechselwirkung in der $SU(2) \times U(1)$-Eichtheorie zusammengefaßt werden.[52] Dieses Modell der elektroschwachen Wechselwirkung ist durch die bisherigen experimentellen Tests immer besser bestätigt worden. Als Höhepunkt dieser Entwicklung dürfen die im Januar 1983 in $p\bar{p}$-Kollisionen beim CERN gefundenen ersten Hinweise für die Existenz des geladenen W-Bosons angesehen werden, dessen Masse von etwa 80 GeV dem von der Theorie vorhergesagten Wert entspricht.

13 Charakteristische Eigenschaften

13.1 Übersicht über die Prozesse der schwachen Wechselwirkung

Die schwache Wechselwirkung wurde zuerst beim β-Zerfall der Atomkerne erkannt. Die Untersuchung vieler β-Zerfälle verschiedener Kerne zeigte zwar, daß die Zerfallszeiten sich über viele Größenordnungen erstrecken, daß aber ein Zerfall relativ langsam abläuft, verglichen mit solchen Kernreaktionen, die bei Stößen sehr schneller Teilchen in 10^{-23} s erfolgen.

Charakteristisch ist ferner, daß an den meisten schwachen Zerfällen Leptonen beteiligt sind, wobei das neutrale Lepton, das von W. Pauli im β-Zerfall postulierte Neutrino, eine wesentliche

---

[52] Für ihre Beiträge zur Entwicklung dieser Theorie erhielten S. L. Glashow, A. Salam und S. Weinberg den Nobelpreis für Physik 1979.

Rolle spielt. Dieses Teilchen scheint – soweit gegenwärtig bekannt ist – nur der schwachen Wechselwirkung zu unterliegen.

Experimente mit Neutrinos (Abschnitt 16.1) resultierten schließlich in der Erkenntnis, daß Leptonen in Paaren auftreten, die man in folgendem Schema zusammenfaßt (Q = elektrische Ladung, L = Leptonenzahl; Masse in MeV/c² unter dem Teilchensymbol):

Q	$L_e = 1$	$L_\mu = 1$	$L_\tau = 1$
0	ν_e	ν_μ	ν_τ
	$< 3 \cdot 10^{-6}$	$< 0{,}19$	$< 18{,}2$
-1	e^-	μ^-	τ^-
	0,511	105,66	1777

In jedem paarweise auftretenden System nimmt man die Erhaltung der Leptonenzahl an. Antileptonen haben die entgegengesetzte Leptonenzahl, also z. B. $L_{e^+} = -1$. Wegen dieses Erhaltungssatzes entstehen z. B. bei einer Wechselwirkung von Myon-Neutrinos mit Hadronen nur Myonen.

Der mathematische Ansatz für die schwache Wechselwirkung geht auf Fermi zurück, der ihn analog zur elektromagnetischen Wechselwirkung formulierte [Fe 34]. Von dort ist bekannt, daß Ströme (z. B. in benachbarten Leitern) sich gegenseitig beeinflussen. Die Stärke der gegenseitigen Wirkung ist dem Produkt der Ströme proportional. Werden Elektronen an Protonen gestreut, so treten auch hier gegenseitige Beeinflussungen von Strömen auf, die in der Quantenmechanik durch ein entsprechendes Matrixelement beschrieben werden.

Das Matrixelement für die Streuung von Elektronen an Protonen lautet

$$M \sim \frac{e^2}{q^2} \cdot J_{\text{Lepton}} \cdot J_{\text{Baryon}}.$$

Es ist dem Quadrat der Ladung der Teilchen proportional. Die Größe q ist dabei der übertragene Impuls, J_{Lepton} der Leptonenstrom, J_{Baryon} der Baryonenstrom. Dieser Ausdruck ist dem Coulomb-Gesetz, der Wechselwirkung von Ladungen, ähnlich.

Fermi hat die quantenmechanische Verallgemeinerung des Stromausdruckes benutzt, um die erste Theorie des β-Zerfalls aufzustellen. Danach nimmt man an, daß die schwache Wechselwirkung ebenfalls durch Ströme verursacht wird. Die obige Tabelle zeigt, daß sowohl geladene als auch neutrale Leptonen an der Wechselwirkung beteiligt sind. Wenn in diesen schwachen Wechselwirkungen eine Änderung der elektrischen Ladung auftritt, spricht man von geladenen Strömen. Beispiele für einen solchen Prozeß sind die Reaktionen

$$\bar{\nu}_\mu + p \to \mu^+ + n,$$

$$\nu_\mu + n \to \mu^- + p.$$

Tritt dagegen keine Ladungsänderung auf wie bei der Reaktion

$$\nu_\mu + p \to \nu_\mu + p,$$

so wird die Wechselwirkung durch neutrale Ströme beschrieben.

Neben der Einteilung in zwei fundamentale Klassen von Strömen tritt noch eine größere Zahl anderer Reaktionen der schwachen Wechselwirkung auf, die in folgender Übersicht dargestellt sind (Tab. 13.1).

Tabelle 13.1 Reaktionen der schwachen Wechselwirkung

Leptonische Prozesse	$\mu^+ \to e^+ + \nu_e + \bar{\nu}_\mu$	
	$\nu_e + e^- \to e^- + \nu_e$	
Semileptonische Prozesse	*ohne* Änderung der Strangeness S bzw. Hyperladung Y	*mit* Änderung der Strangeness S bzw. Hyperladung Y
	$\Delta S = 0$	$\Delta S = 1$
	$n \to p + e^- + \bar{\nu}_e$	$K^+ \to \pi^0 + e^+ + \nu_e$
	$\bar{\nu}_e + p \to n + e^+$	$K^+ \to \mu^+ + \nu_\mu$
	$\pi^+ \to \mu^+ + \nu_\mu$	$\Lambda \to p + e^- + \bar{\nu}_e$
Prozesse mit $|\Delta Y| = 2$ sind bisher nicht beobachtet worden.		
Nichtleptonische Prozesse	(paritätsverletzend im Kern)	$\Lambda \to p + \pi^+$
		$K_L^0 \to \pi^+ + \pi^-$
		$K^+ \to \pi^+ + \pi^0$
		$\to \pi^+ + \pi^- + \pi^+$

13.2 Der β-Zerfall

Im Jahre 1914 hat J. Chadwick, der später das Neutron entdeckte, ein kontinuierliches Spektrum des β-Zerfalls gemessen (siehe z. B. Abb. 13.1). Dieses Spektrum blieb zunächst unerklärt, weil eine Reihe von Erhaltungssätzen verletzt zu sein schien. Im einfachsten Fall könnte ein Neutron wegen seiner größeren Masse in ein Proton und ein Elektron zerfallen, also $n \to p^+ + e^-$. Zwar wäre die Ladung dabei erhalten, doch müßte sich für einen solchen Zerfall die Gesamtzerfallsenergie, dem umgekehrten Massenverhältnis von Proton und Elektron entsprechend, in die kinetischen Energien aufteilen, also ein Linienspektrum zeigen. Der Energiesatz schien verletzt zu sein.

Ebenso, wie die Energie erhalten bleiben muß, sollte Impulserhaltung gelten. Beide Gesetze lassen sich für ein kontinuierliches Spektrum nur erfüllen, wenn man annimmt, daß noch ein weiteres Teilchen am Prozeß teilnimmt. Da die Ladungsbilanz erfüllt war, durfte dieses weitere Teilchen keine Ladung tragen.

Gegen die Annahme eines Zweikörperprozesses spricht auch die Verletzung des Drehimpulssatzes. Das Neutron ist, wie wir heute wissen, ein Fermion mit Spin $1/2$. Es zerfällt in ein Proton und ein Elektron, beides Teilchen mit Spin $1/2$. Hieraus muß gefolgert werden, daß der Drehimpuls bei diesem Zerfall nicht erhalten ist, da vor dem Zerfall ein halbzahliger, nach dem Zerfall aber ein ganzzahliger Drehimpuls erscheint.

Aufgrund dieser Widersprüche postulierte W. Pauli 1930, daß noch ein weiteres Teilchen an dem Prozeß beteiligt ist, das zwar keine Ladung, aber den Spin $1/2$ tragen muß. Demnach lautet der einfachste Zerfallsprozeß (in heutiger Nomenklatur)

$$n \to p + e^- + \bar{\nu}_e.$$

Mit der erstmaligen Erzeugung künstlicher Radioaktivität durch I. Curie und F. Joliot im Jahre 1934 wurde eine weitere Zerfallsart, die dem β-Zerfall ähnlich ist, entdeckt. Hierbei handelt

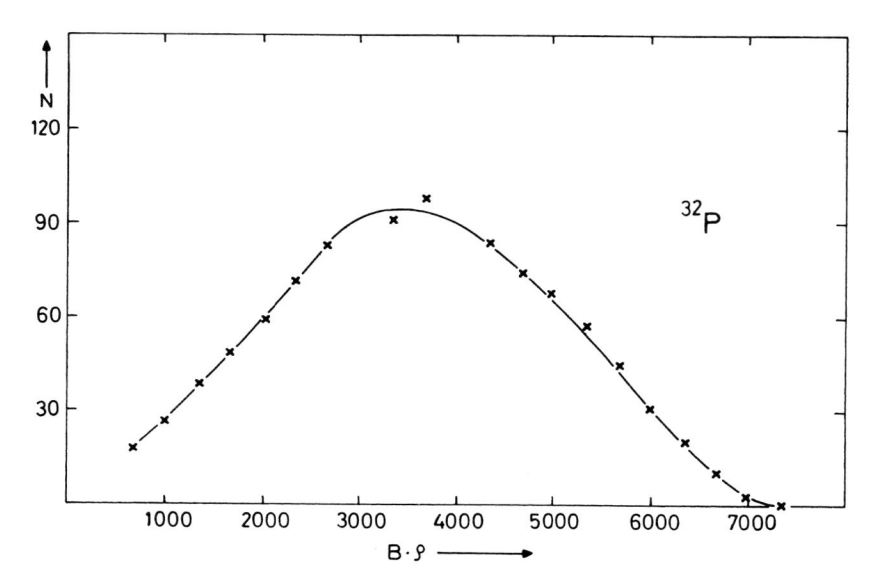

Abb. 13.1: Kontinuierliches e^--Spektrum des ^{32}P, aufgenommen mit einem Magnetspektrometer [Si 46].

es sich um den Positronenzerfall, d. h., ein protonenreicher Kern ist in der Lage, seine positive Ladung durch Aussendung eines Positrons abzugeben,

$$p \to n + e^+ + \nu_e.$$

Dieser Zerfallsprozeß tritt nur bei Protonen, die in Kernen gebunden sind, nicht am freien Proton auf. In allen anderen Eigenschaften ist dieser Zerfall dem Elektronenzerfall sehr ähnlich, deshalb muß auch hier ein Neutrino hinzutreten, um die oben erläuterten Erhaltungssätze zu erfüllen.

Schließlich wurde im Jahr 1938 von L. Alvarez eine weitere Zerfallsart entdeckt, bei der ebenfalls ein Elektron und ein Neutrino involviert sind. In diesem Fall wird ein Elektron vorwiegend aus der K-Schale eines Atoms in den Kern eingefangen. Die Energiebilanz wird dadurch hergestellt, daß ein Rückstoßkern und ein ausgesandtes Neutrino entstehen. Abweichend von den bisherigen Diskussionen der kontinuierlichen Spektren hat der sogenannte K-Einfang jedoch ein diskretes Spektrum, weil die Bindungsenergie des K-Elektrons einen festen Wert hat, die als kinetische Energie dem Neutrino übertragen wird.

Eine Theorie des β-Zerfalls muß die experimentellen Größen, das Energiespektrum und die Zerfallskonstante, richtig beschreiben. Das Energiespektrum beschreibt die Kinematik des Prozesses, während die Zerfallskonstante λ des allgemeinen Zerfallsgesetzes (2.8) den kernphysikalischen Umwandlungsvorgang wiedergibt. Sie ist ein Maß für die Wahrscheinlichkeit, daß ein Zerfall auftritt und hat demzufolge ihren Ursprung in den Eigenschaften des Kerns.

Wie bereits in Abschnitt 13.1 erwähnt, stammt der erste umfassende Ansatz einer theoretischen Beschreibung von E. Fermi [Fe 34]. Mit Hilfe eines statistischen Ansatzes konnte er die Form des kontinuierlichen Spektrums beschreiben, wobei die Besetzung der Endzustände (2.7) wichtig ist. Da experimentell stets die geladenen leichten Elektronen nachgewiesen werden,

13 Charakteristische Eigenschaften

beschreibt man das Energiespektrum für Elektronen, die im Impulsintervall zwischen p und $p + \mathrm{d}p$ auftreten:

$$N(p_e)\mathrm{d}p_e = C\, F(Z, E) p_e^2 (E_0 - E)^2 \mathrm{d}p_e.$$

Darin ist p_e der Elektronenimpuls, E die Elektronenenergie, C eine Konstante und $F(Z, E)$ eine Funktion, die die Coulomb-Wechselwirkung berücksichtigt [Sc 66]. Diese ist für β^+- und β^--Zerfälle verschieden.

Die Form des Spektrums läßt sich mit den Experimenten besonders gut vergleichen, wenn man

$$\sqrt{\frac{N(p_e)}{F \cdot p_e^2}}$$

gegen die Energie E aufträgt. Da das Matrixelement nicht explizit auftritt, sondern als konstant angenommen wurde, ergibt sich bei dieser als Kurie-Diagramm bezeichneten Darstellung eine Gerade.

Der Verlauf des so aufgetragenen Spektrums am Endpunkt erlaubt es, die Masse des Neutrinos abzuschätzen (Abb. 13.2). Je nach Masse des Neutrinos m_ν können unterschiedliche Abweichungen von der Geradlinigkeit auftreten, die jedoch gegenwärtig experimentell nicht zweifelsfrei bestimmbar sind. Die experimentellen Fehler sind noch so groß, daß nur die Abschätzung,

$$0 \leq m_{\nu_e} < 3\,\mathrm{eV}/c^2,$$

möglich ist [Kr 05].

Die zweite aus dem Experiment bekannte Größe ist die Zerfallskonstante λ, (vgl. Abschnitt 2.2). Sie ist proportional zum Quadrat des Übergangsmatrixelements $|M|^2$ und der Kopplungs-

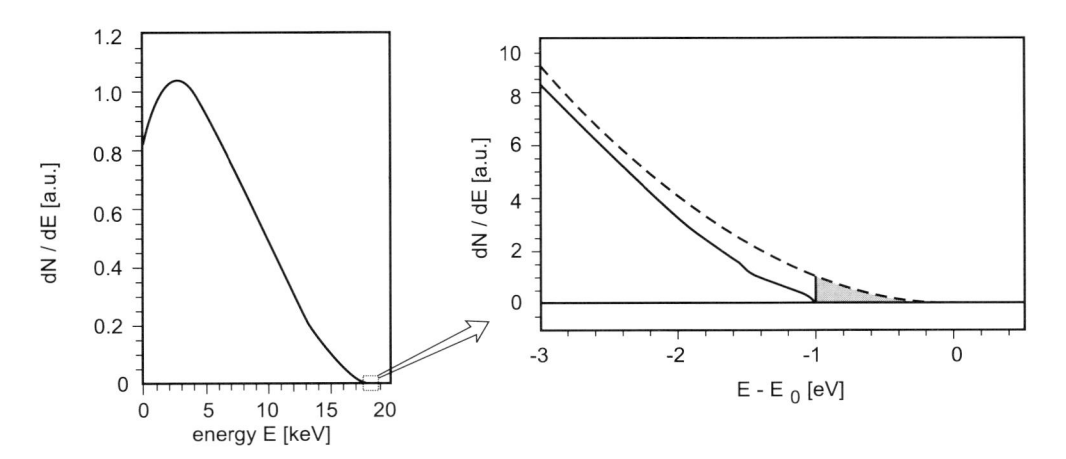

Abb. 13.2: β-Spektrum des Tritium-Zerfalls mit vergrößertem Ausschnitt des Endpunktes. Die durchgezogene Linien ist für eine Masse $m_\nu = 10\,\mathrm{eV}/c^2$, die schraffierte Linie für $m_\nu = 0$ angegeben [Kr 05].

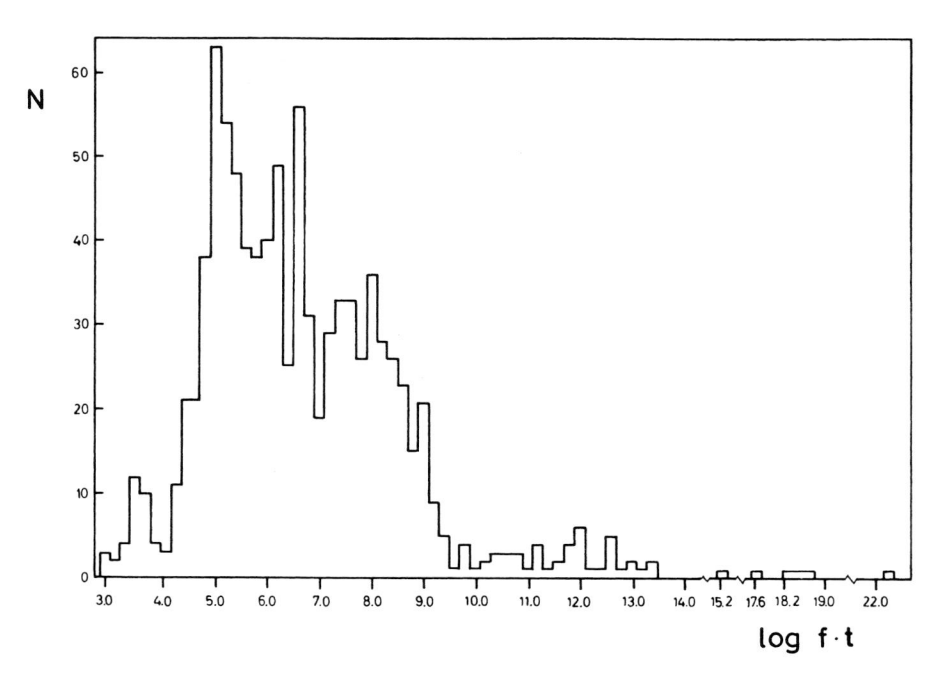

Abb. 13.3: Die Häufigkeiten von $\log ft$-Werten für β-Zerfallsmatrixelemente. Die häufigsten Werte gehören zu begünstigten Übergängen.

konstanten G der schwachen Wechselwirkung:

$$\lambda = \frac{\ln 2}{t_{1/2}} = f \cdot G^2 |M|^2 \frac{m_e^5 c^4}{2\pi^3 \hbar^7}.$$

Die Funktion f hängt vom Maximalimpuls der Elektronen und der Ordnungszahl Z des Endkerns ab. Das Produkt $f \cdot t_{1/2} = \frac{\text{const.}}{|M|^2}$ ist also ein direktes Maß für die Größe $|M|^2$. Da die Halbwertszeiten $t_{1/2}$ für den β-Zerfall über viele Größenordnungen variieren, verwendet man zur Beschreibung und Klassifizierung den Logarithmus des ft-Wertes.

In Abb. 13.3 sind die $\log ft$-Werte für viele β-Zerfälle aufgetragen [Sc 66]. Man kann darin verschiedene Gruppen erkennen, die eine Klassifikation erlauben und dadurch eine Beziehung zum Matrixelement M herstellen. Die Übergänge werden durch Auswahlregeln bestimmt, in denen die Drehimpuls- und Paritätsänderungen charakteristisch sind. Die Tabelle 13.2 gibt einige der Gruppen an, wobei die Namen vorwiegend historische Bedeutung haben.

Der physikalische Prozeß, der durch die Fermi-Matrixelemente M_F beschrieben wird, enthält keine Spinänderung. Diese Übergänge sind sehr schnell. Nimmt man an, daß $|M_F|^2 = 1$ ist, dann läßt sich aus der Zerfallskonstante auch die Kopplungskonstante G bestimmen:

$$G_\beta = \sqrt{\frac{2\pi^3 \hbar^7 \ln 2}{m_e^5 c^4 ft}} = 1{,}0 \cdot 10^{-5} \, \hbar c \left(\frac{\hbar}{M_p c}\right)^2$$

Tabelle 13.2 Quantenmechanische Auswahlregeln für β-Übergänge

Drehimpulsänderung		Paritäts-änderung		Name
$\Delta J = 0$		$\Delta \pi$ nein		Fermi-Übergänge
($J_i = 0 \to J_f = 0$	erlaubt)		begünstigte	
$\Delta J = 0,1$		$\Delta \pi$ nein		Gamow-Teller Übergänge
($J_i = 0 \to J_f = 0$	nicht erlaubt)			
Alle weiteren (siehe [Sc 66])		$\Delta \pi$ ja	einfach	behinderte Übergänge
		$\Delta \pi$ nein	mehrfach	

oder als Zahlenwert

$$G_\beta = 1{,}4 \cdot 10^{-62}\,\text{Jm}^3$$
$$= 8{,}7 \cdot 10^{-5}\,\text{MeV fm}^3.$$

13.3 Nachweis der Neutrinos

Die Experimente zum Nachweis der Neutrinos gehen von den im β-Zerfall emittierten Teilchen aus. Da es sehr schwierig ist, die Endenergie des kontinuierlichen β-Spektrums exakt zu bestimmen (vgl. Abschnitt 13.2), wurden Experimente vorgeschlagen, die diskrete Neutrinoenergie zu messen, die beim K-Einfang als Rückstoßenergie auftritt. Der leichteste Kern, der für den K-Einfang beobachtet wurde, ist der Kern ^{7}Be. Durch Elektroneneinfang aus der K-Schale geht ^{7}Be in ^{7}Li und ein Neutrino über. Es ist dabei die diskrete Rückstoßenergie des ^{7}Li-Kerns zu messen, die ca. 57 eV beträgt. Die Experimente wurden mit monoatomaren Berylliumschichten auf Wolframunterlagen ausgeführt. Wegen der ungenügend bekannten Oberflächenwechselwirkung waren die Experimente, d. h. die Energiebestimmung, zu ungenau [Da 52]. Deshalb verwendete man einen K-Einfang-Prozeß bei Kernen, deren Elemente gasförmig vorliegen. Der Kern des Isotops mit der Masse 37 des Edelgases Argon fängt ein Elektron aus der K-Schale ein und bildet dadurch den Kern ^{37}Cl und ein Neutrino. Die Halbwertszeit dieses Prozesses beträgt 34 Tage. Die Energiedifferenz, die durch das Neutrino aufgenommen wird, ist gegeben durch die Massendifferenz zwischen ^{37}Ar und ^{37}Cl. Dieser Wert ist aus anderen kernphysikalischen Reaktionen bekannt und beträgt 816 ± 4 keV. Mit Hilfe dieses Q-Werts ergibt sich für die Rückstoßteilchen eine Energie von $9{,}67 \pm 0{,}08$ eV. Der neu gebildete Kern orientiert seine Elektronenkonfiguration um, es liegt ein Prozeß vor, bei dem Auger-Elektronen ausgesandt werden. Dadurch tritt eine zusätzliche Energieverschmierung um die Rückstoßenergie auf, die bei der Analyse zu berücksichtigen ist. Obwohl primär beim K-Einfang im ^{37}Ar ein elektrisch neutrales ^{37}Cl Atom gebildet werden sollte, entsteht jedoch durch Anregungsprozesse eine große Zahl von Auger-Emissionen, so daß vielfach ionisierte Ionen auftreten. Das Maximum der Energieverteilung der Auger-Elektronen liegt bei etwa 2,5 keV. Werden die ausgesandten Auger-Elektronen in Koinzidenz mit den entsprechenden Rückstoßionen gemessen, so läßt sich

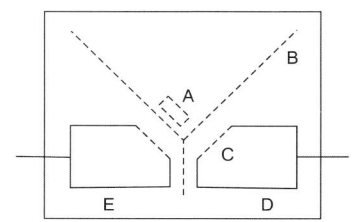

Abb. 13.4: Nachweisapparatur für indirekten Nachweis des Neutrinos. A Gasvolumen, B, C Gitter zwischen denen Rückstoßionen beschleunigt werden, D Rückstoß-Teilchendetektor, E Auger-Elektronen-Detektor [Ro 52].

die Flugzeit der Rückstoßionen bestimmen. Abbildung 13.4 zeigt die Meßanordnung, wie sie von G. W. Rodeback und J. S. Allen [Ro 52] benutzt worden ist. Nur Teilchen, die in dem schraffierten Bereich A entstehen und wegen der unterschiedlichen Kernladungen von Ausgangs- und Endkern Elektronen durch Auger-Emission abgeben, werden in beiden Detektoren koinzident nachgewiesen, und zwar Elektronen in E und hochgeladene Ionen, nachbeschleunigt zwischen den Gittern B und C, in D. Zwischen beiden Signalen besteht wegen der unterschiedlichen Laufzeiten der Teilchen eine Zeitdifferenz. In Abb. 13.5 ist das Ergebnis dieser Messung festgehalten. Aufgetragen wurde die Zählrate pro µs-Intervall gegenüber der Verzögerung durch die Flugzeit. Die gestrichelte Kurve gibt die erwartete Verteilung an, die durchgezogene Linie durch die Meßpunkte das Ergebnis. Man findet hervorragende Übereinstimmung zwischen der erwarteten und der wirklich gemessenen Verteilung. Obwohl mit diesem Experiment gezeigt wurde, daß Teilchen bei der Emission eines Neutrinos einen Rückstoß erhalten, der auf einen Zweikörperprozeß hinweist, ist damit jedoch kein direkter Nachweis des Neutrinos geglückt.

Der direkte Neutrinonachweis ist wesentlich komplizierter. Die experimentelle Erfahrung hat gezeigt, daß die Wechselwirkung der Neutrinos mit Materie äußerst gering ist, d. h. einen sehr kleinen Wirkungsquerschnitt hat. Aus diesem Grunde benötigt man sehr große Detektoren bzw. Nachweis-Volumina, in denen Reaktionen stattfinden können. Eine mögliche Neutrinoreaktion ist die Umkehrung des β-Zerfalls, d. h. der Einfang eines Neutrinos bzw. Antineutrinos in einen Atomkern, wobei ein Elektron bzw. Positron und ein Rückstoßkern gebildet werden. Derartige Experimente wurden in langjährigen Versuchsserien von F. Reines und C. L. Cowan [Re 53] seit 1953 ausgeführt[53]. Die Autoren verwenden dabei einen Tank, in dem sich als Szintillationsflüssigkeit Triäthylbenzol befindet (Abb. 13.6). In den Szintillationstank wurden zusätzlich mehrere Schichten Neutronenabsorber aus Cadmium eingebracht, so daß Antineutrinos, die mit Wasserstoffkernen reagieren, den Übergang in Neutronen und Positronen hervorrufen. Positronen kann man durch ihre Zerstrahlungsprozesse mit Elektronen nachweisen, wobei vorwiegend zwei γ-Quanten mit jeweils 511 keV-Energie entstehen. Neutronen identifiziert man durch die γ-Strahlung, die nach einem Einfang eines Neutrons in einen Cadmiumkern ausgesandt wird. Diese Energie liegt im Bereich der mittleren Bindungsenergie der Nukleonen im Kern. Mißt man diese verschiedenen Strahlungen in Koinzidenz miteinander, so läßt sich die ursprüngliche Reaktion des Antineutrinos bestimmen. Um die Richtigkeit der Experimente zu beweisen, ersetzte man die als Targets benutzten Wassertanks durch Tanks mit schwerem

---
[53] F. Reines erhielt für diese Arbeiten 1995 den Nobelpreis für Physik. Cowan war 1974 gestorben.

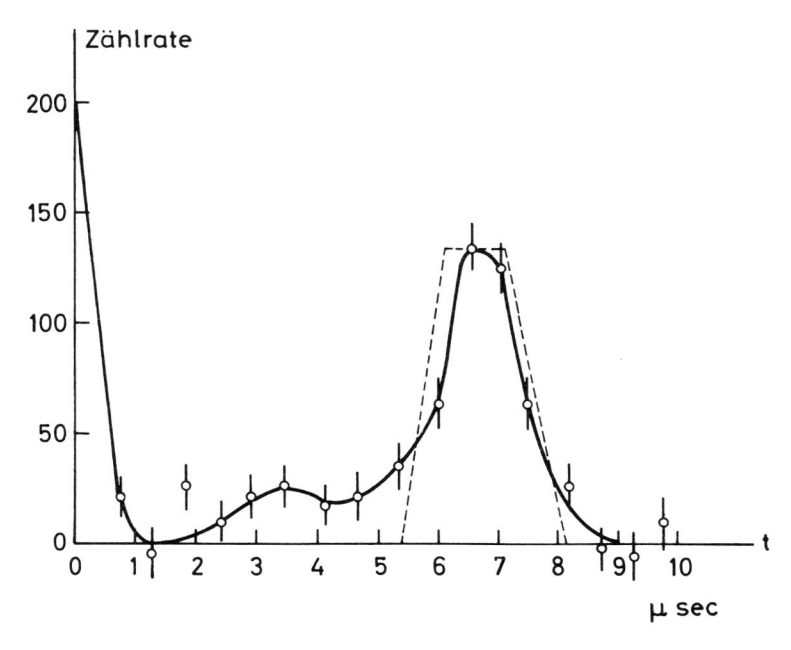

Abb. 13.5: Das experimentelle Ergebnis des indirekten Neutrinonachweises. Aufgetragen ist die Signalrate, die in einem engen Zeitfenster von koinzident gemessenen Teilchen signifikant ist. Die Laufzeitdifferenz zwischen leichten und schweren Teilchen wird dabei berücksichtigt. Die gestrichelte Linie ist die berechnete Vorhersage.

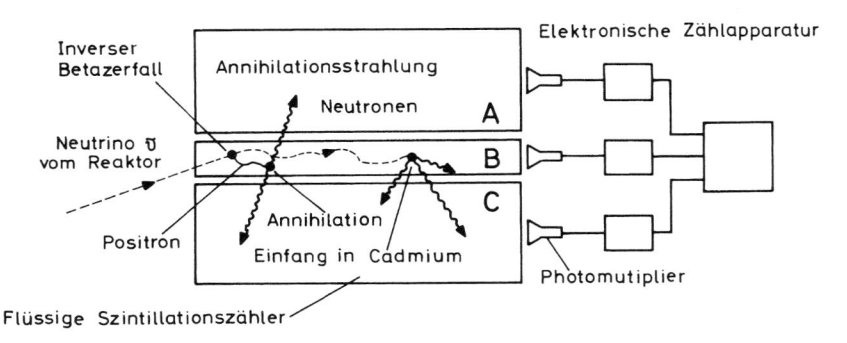

Abb. 13.6: Beim direkten $\bar{\nu}$-Nachweis wird die γ-Strahlung, die beim Einfang des Neutrons entsteht, in Koinzidenz mit Paarvernichtungsstrahlung gemessen [Re 53].

Wasser (D$_2$O) und stellte dabei eine Reduktion der Einfangrate fest. Der Wirkungsquerschnitt für die Neutrinoreaktion wurde zu $\sigma = (0{,}94 \pm 0{,}13) \cdot 10^{-43}\,\text{cm}^2$ gemessen. Damit war mit diesem Experiment eindeutig der Fluß von Antineutrinos aus einem Kernreaktor nachgewiesen. Diese Antineutrinos entstammen dem Zerfall von Spaltprodukten, die im Reaktor bei der Spaltung des Urans gebildet werden.

Auf den Nachweis der von der Sonne sowie aus anderen Quellen stammenden Neutrinos und das hierbei in letzter Zeit entdeckte Phänomen der Neutrino-Oszillationen werden wir in Abschnitt 18.7 näher eingehen.

13.4 Nichterhaltung der Parität

Der universelle Ansatz für die schwache Wechselwirkung enthält fünf Terme, die invariant gegenüber relativistischen Transformationen sind. Demzufolge ist es Ziel der Untersuchung des β-Zerfalls, nachzuweisen, welche der einzelnen Wechselwirkungen zum β-Zerfall beitragen. Im Jahre 1956 zeigten die beiden chinesischen Wissenschaftler T. D. Lee und C. N. Yang [Le 56], daß unter bestimmten Bedingungen eine Verletzung der bis dahin allgemein gültig angesehenen Spiegelsymmetrie, auch Parität genannt, in der Physik auftreten kann (vgl. 3.7), und zwar in einigen Zerfallsprozessen neutraler K-Mesonen (vgl. Abschnitt 15).

Berücksichtigt man die Nichterhaltung der Parität im β-Zerfall, läßt sich dadurch auch eine Auswahl unter den fünf relativistisch invarianten Wechselwirkungen treffen. Speziell macht sich die Nichterhaltung der Parität bemerkbar in der Ausrichtung der beim Zerfall auftretenden leichten Teilchen, also der Elektronen und der Neutrinos. Es war demzufolge experimentell nachzuweisen, daß eine entsprechende Auswahl der Spinrichtungen beim β-Zerfall auftritt. Drei verschiedene Gruppen von Experimenten wurden dazu durchgeführt. Die Untersuchung des β-Zerfalls von ausgerichteten Kernen, der eine Asymmetrie zeigen sollte, die Untersuchung der β-γ-Winkelkorrelation von Kernen, um die Polarisation zu bestimmen, und schließlich die Untersuchung der Longitudinalpolarisation der β-Teilchen bei der Emission während des β-Zerfallsprozesses.

a) Der Zerfall des polarisierten ^{60}Co. In diesem Experiment, ausgeführt von C. S. Wu und Mitarbeitern [Wu 57], wurde eine dünne Schicht von Kobaltatomen auf Kristale des Cer-Magnesium-Nitrats aufgebracht. Die adiabatische Entmagnetisierung einer paramagnetischen Mischung erlaubt es, tiefe Temperaturen zu erreichen, bei denen Kernspins in Anwesenheit eines starken Magnetfeldes ausgerichtet werden. Der Kern ^{60}Co wurde für das Experiment ausgewählt, weil der Unterschied zwischen dem Spin des Ausgangskerns Co und dem Spin des Endkerns Ni nur durch die Spins der beiden Zerfallsteilchen, das Elektron und das Neutrino, hervorgerufen wird. Nach der in Tabelle 13.2 angegebenen Klassifikation ist dies ein Gamov-Teller-Übergang. Abbildung 13.7 gibt das Zerfallsschema des ^{60}Co wieder. Dieser Zerfall eignet sich für Koinzidenzmessungen, weil Übergänge in angeregte Zustände des ^{60}Ni erfolgen, so daß die ausgesandte Teilchenstrahlung in Koinzidenz mit der nachfolgenden γ-Strahlung gemessen werden kann. In Abb. 13.8 ist die Meßanordnung gezeigt. Insgesamt wurden drei Zähler benutzt, ein Zähler, der die β-Teilchen nachwies und zwei für die in Koinzidenz gemessene γ-Strahlung. Der β-Zähler ist in Richtung der Polarisationsachse der Kobaltkerne aufgestellt. Da die Ausrichtung der Kerne bei tiefen Temperaturen durch ein starkes Magnetfeld erzeugt wird, muß der β-Zähler außerhalb des Magnetfeldes aufgestellt werden. Von Bedeutung ist dies deshalb, weil die Asymmetrie aus der Änderung der β-Zählrate bei Umkehrung des Magnetfeldes, das die Ausrichtung der Kerne verursacht, bestimmt wird. Bei Umkehrung des Feldes weisen die Kernspins in die entgegengesetzte Richtung, also z. B. nach unten. Die

13 Charakteristische Eigenschaften

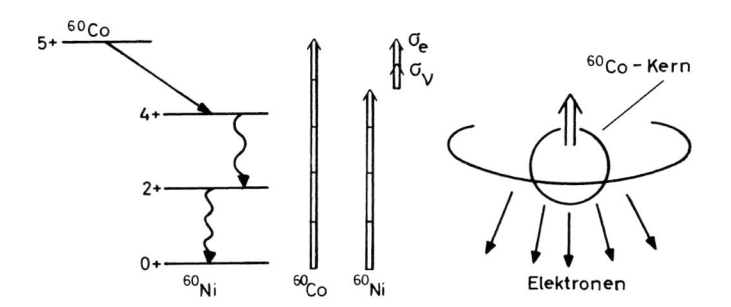

Abb. 13.7: Zerfallsschema des ^{60}Co mit Spin-Impuls-Orientierungen.

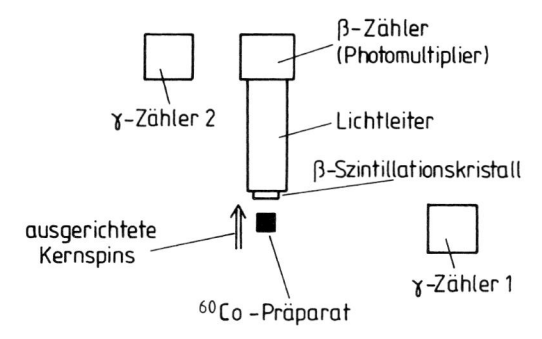

Abb. 13.8: Meßanordnung zur Messung der Paritätsverletzung beim Zerfall des ^{60}Co [Wu 57].

Ausrichtung der Kerne wird durch die beiden γ-Zähler kontrolliert, mit denen die Anisotropie der dem β-Zerfall folgenden γ-Strahlung in der Äquatorebene und in Polnähe gemessen wird. Nach Abschalten des Feldes erwärmt sich die Probe langsam, so daß die Kobaltkerne von selbst eine statistische Verteilung ihrer Spins einnehmen. Damit wird eine Abnahme der Zählrate in einer Vorzugsrichtung gemessen. Das Ergebnis der Messung ist in Abb. 13.9 gezeigt: im oberen Bild die Zählrate innerhalb der ersten fünf Minuten für die γ-Strahlung, im unteren Bild die bei Umkehrung des Magnetfeldes gemessene Anisotropie, d. h. unterschiedliche Zählrate der β-Teilchen. Die β-Teilchen werden bevorzugt entgegen der Kernspinrichtung ausgesandt. Dieses Experiment bewies zum ersten Mal, daß es eine Korrelation von Spin und Impulsrichtung gibt. Weisen Spin und Impuls in die gleiche Richtung, nennt man dies einen Zustand mit positiver Helizität oder auch Rechtsschraube. Wenn dagegen Spin und Impuls in entgegengesetzte Richtungen, also antiparallel, weisen, liegt ein Zustand negativer Helizität (Linksschraube) vor.

b) Helizität der Neutrinos. Aus der Helizität des β-Teilchens kann man auf die Helizität des Neutrinos schließen. Für masselose Neutrinos ergibt sich aus der Diracschen Theorie eine Zweikomponentengleichung, bei der der Spin und der Impuls eng korreliert sind. Für Teilchen und Antiteilchen liefert diese Theorie das Ergebnis, daß sie entgegengesetzte Helizität besitzen, und zwar hat das Neutrino negative Helizität und folglich das Antineutrino positive Helizität. Den Beweis dafür lieferte ein im Jahre 1958 in Brookhaven ausgeführtes Resonanz-

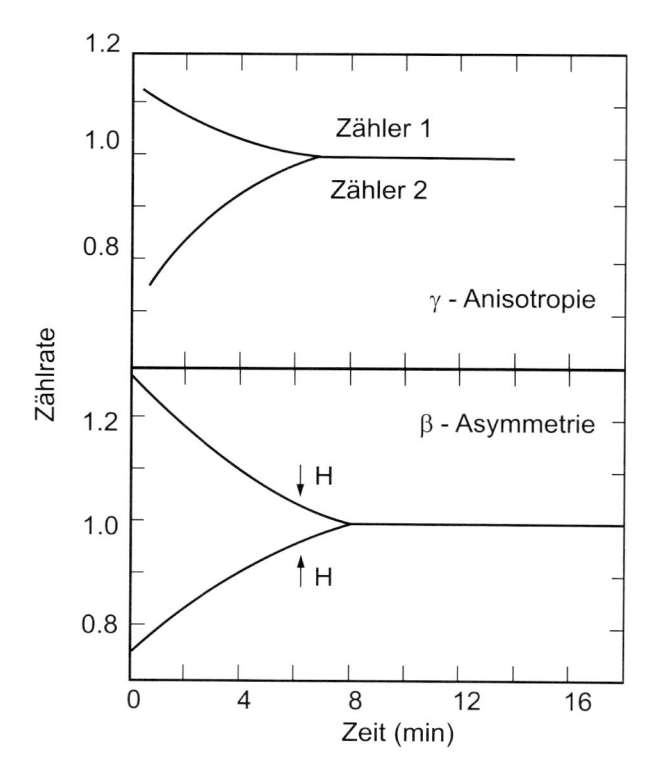

Abb. 13.9: Meßergebnis bei verschiedenen Magnetfeldorientierungen des Experiments zur Paritätsverletzung; oben γ-Zählrate, unten e^--Zählrate als Funktion der Zeit. Die anfängliche Spinorientierung wird mit zunehmender Zeit infolge Erwärmung aufgehoben [Wu 57].

streuexperiment [Go 58]. Dazu wurde der Zerfall des Kerns ^{152}Eu ausgenutzt, der von einem angeregten 0^- Zustand durch Elektroneneinfang (Abb. 13.10a) in einen angeregten 1^- Zustand des ^{152}Sm übergeht und dabei, wegen der Erhaltung der Leptonenzahl, ein Neutrino aussendet. Die Änderung des Drehimpulses des Kerns um eine Einheit klassifiziert diesen Übergang nach Tabelle 13.2 als Gamow-Teller-Übergang. Aus dem angeregten Zustand geht der Kern ^{152}Sm unter Emission von γ-Strahlung in den Grundzustand mit dem Spin 0^+ über, wobei sowohl direkte Übergänge mit 963 keV als auch Kaskadenübergänge über einen Zwischenzustand mit 841 und 122 keV beobachtet werden. Der Drehimpuls im Anfangszustand setzt sich aus dem Spin $1/2$ des Elektrons und dem Spin 0 des Kerns ^{152}Eu zusammen. Er bleibt, ebenso wie der lineare Impuls, bei den nachfolgenden Übergängen erhalten. Daher müssen sich nach dem K-Einfang (Bahndrehimpuls des Elektrons = 0) der Spin $1/2$ des Neutrinos und der Spin 1 des Kerns ^{152}Sm* zu $1/2$ addieren. Der Spin des Neutrinos muß also entgegengesetzt zu dem des Rückstoßkerns orientiert sein, ebenso wie die Impulse. Prinzipiell sind daher die in Abb. 13.11 gezeigten Orientierungen von Spin und Impuls möglich. Ist das Neutrino rechts polarisiert, d. h. weisen Spin und Impuls in die gleiche Richtung, dann sind Spin und Impuls des Rückstoßkerns ebenfalls gleichgerichtet. Bei dem hier betrachteten Gamow-Teller-Übergang würde dies

13 Charakteristische Eigenschaften

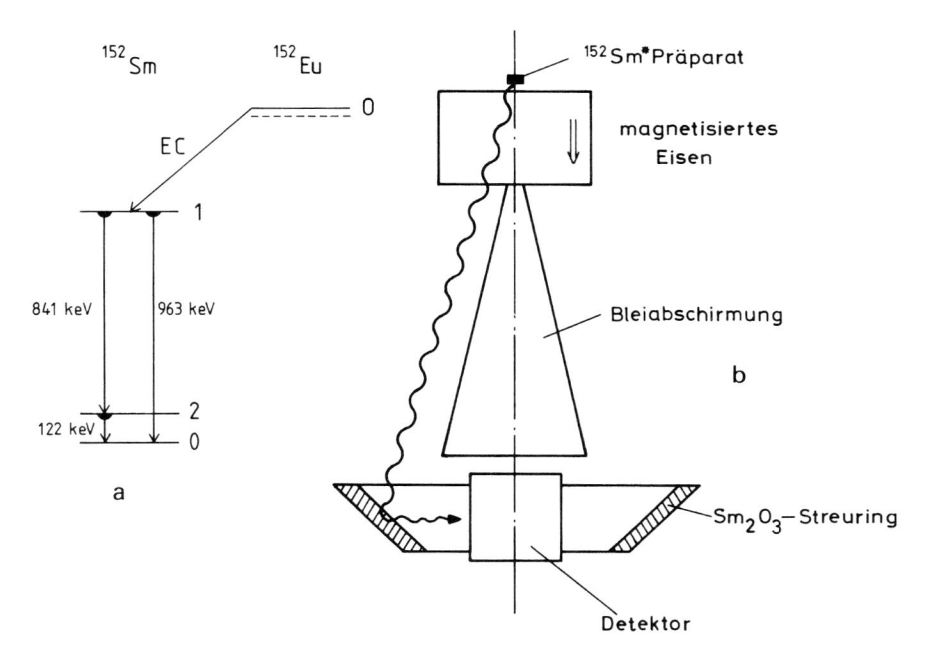

Abb. 13.10: Zur Messung der Helizität der Leptonen: a) Zerfallsschema des ^{152}Eu, b) Meßanordnung [Go 58].

einer tensoriellen Kopplung entsprechen, die im allgemeinen Ansatz für die Form der schwachen Wechselwirkung (vgl. Abschnitt 14.1) allein aus Gründen der relativistischen Invarianz möglich ist. Die im gleichen Ansatz ebenfalls vorkommende axialvektorielle Kopplung führt dagegen auf die andere Möglichkeit in Abb. 13.11, bei der die Helizität des Neutrinos negativ und folglich Impuls und Spin des Rückstoßkerns entgegengesetzt orientiert sind. Die Messung der Helizität des Neutrinos in diesem Experiment entscheidet also auch darüber, ob eine Tensor- oder Axialvektorkopplung bei der schwachen Wechselwirkung vorliegt. Die Neutrinos können hier, ihrer geringen Wechselwirkung wegen, nicht direkt nachgewiesen werden. Da jedoch die Polarisation des Neutrinos mit der des Rückstoßkerns im Vorzeichen übereinstimmen muß, genügt es, die Polarisation des Rückstoßkerns zu bestimmen. Letztere ist aber gleich der Polarisation des beim nachfolgenden Übergang in den 0^+ Grundzustand in Impulsrichtung des Rückstoßkerns ^{152}Sm emittierten Photons, das selbst den Spin 1 trägt. Demnach hat das in Bewegungsrichtung des Rückstoßkerns emittierte Photon die gleiche Helizität wie das Neutrino (Abb. 13.11). Die in Bewegungsrichtung (vorwärts) des zerfallenden ^{152}Sm* Kerns ausgesandten Photonen erhalten eine zusätzliche Energie, die nötig ist, um den Rückstoß des absorbierenden ^{152}Sm Kerns (in Abb. 13.10b mit Streuring bezeichnet) zu kompensieren und so die Resonanzstreuung zu ermöglichen. Bei diesem Streuprozeß geben die ^{152}Sm Kerne des Streurings die gleiche Energie wieder als Photonen ab. Damit lassen sich die vom ^{152}Sm* vorwärts emittierten Photonen selektieren.

Die Polarisationsrichtung dieser Photonen kann aus der Intensität ihrer Compton-Streuung an magnetisiertem Eisen bestimmt werden.

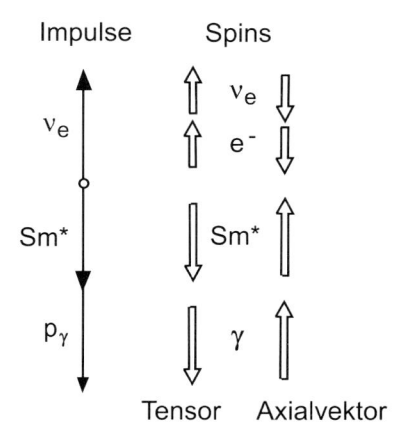

Abb. 13.11: Spin-Stellung beim Zerfall des ^{152}Sm.

Das Experiment ergab, daß die in Vorwärtsrichtung emittierten γ-Quanten links polarisiert sind, daß also das Neutrino negative Helizität (-1) besitzt. Somit liegt bei Gamow-Teller-Übergängen die Axialvektorkopplung und nicht die tensorielle Kopplung vor.

c) Zirkularpolarisation der γ-Strahlung. Die zweite Gruppe von Experimenten zur Nichterhaltung der Parität bei schwacher Wechselwirkung sind die β-γ-Winkelkorrelationen, aus denen die Zirkularpolarisation bestimmt werden kann. Wenn der Spin eines γ-Quants eine eindeutige Zuordnung zur Richtung des Kernspins besitzt, dann ist die Strahlung, die in den Halbraum in Richtung des Kernspins emittiert wird, teilweise rechts polarisiert. Strahlung, die in die entgegengesetzte Halbkugel ausgesandt wird, ist entsprechend links polarisiert. Es besteht also die Möglichkeit, bei einer strengen Korrelation, bei der möglichst der Anfangs- oder Endzustand den Spin 0 hat, diese Polarisation zu messen. Man benutzt wiederum Kerne, deren β-Zerfall eine Richtung auszeichnet und vergleicht damit in Koinzidenz die γ-Übergänge. Es wird auch hier die Vorwärts-Rückwärts-Asymmetrie gemessen. Eine Anordnung für die Messung zeigt Abb. 13.12. Die Polarisation der γ-Strahlung in dieser „Nord-Süd"-Asymmetrie wird mit Compton-Streuung der γ-Strahlung durch Änderung der Koinzidenzrate beim Umkehren des Magnetfeldes bestimmt.

d) Longitudinale Elektronenpolarisation. Die dritte Gruppe der Experimente mit polarisierten Teilchen ist die Messung der longitudinalen Elektronenpolarisation. Das Wu-Experiment hatte bereits gezeigt, daß die Elektronen, emittiert im β-Zerfall des Kobaltkerns, bevorzugt longitudinal polarisiert sind. Da aber die Emissionsrichtung entgegengesetzt zur Spinrichtung liegt, haben die Elektronen aufgrund dieses Bildes einen Linksdrall. Grundlage für die Messung der Longitudinalpolarisation ist die bereits in Abschnitt 8.1b erläuterte Mott-Streuung. Bei der Streuung von transversal polarisierten Elektronen im Coulomb-Feld eines Kerns treten Kräfte auf, die von der Spinbahn-Kopplung abhängig sind. Steht der Spin s des Elektrons zu seinem Bahndrehimpuls L bezüglich des streuenden Kerns antiparallel, so wirkt diese Kopplung abstoßend. Sind s und L parallel, so wirkt sie anziehend. Dies läßt sich veranschaulichen, wenn man sich als Beobachter ins Ruhsystem des Elektrons begibt. In diesem System erscheint die Relativbewegung des Kerns als Kreisstrom der Ladung $+Z \cdot e$, dem ein magnetisches Moment

13 Charakteristische Eigenschaften

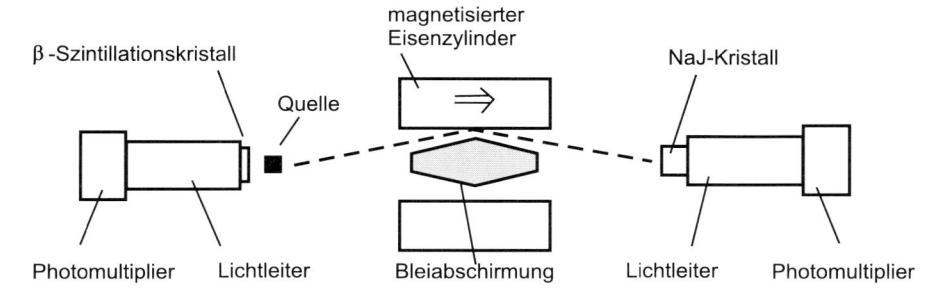

Abb. 13.12: Meßanordnung zum Nachweis der Zirkularpolarisation der γ-Strahlung. Die direkte Strahlung kann wegen der Bleiabschirmung nicht in den Detektor gelangen. (nach F. Böhm und A. H. Wapstra [Bo 57]).

μ_L parallel zu L äquivalent ist (Abb. 13.13). Da der Spin und das magnetische Moment des Elektrons einander entgegengesetzt sind, weisen die μ_L und die μ_e in dieselbe Richtung, d. h., die Spinbahnkopplung wirkt abstoßend. Ist andererseits s parallel zu L, dann ist μ_e entgegengesetzt zu μ_L, und die Kopplung wirkt anziehend. Der Effekt wird um so größer, je größer die Kernladungszahl Z des streuenden Kerns ist. Werden transversal polarisierte Elektronen an schweren Kernen in einer Folie gestreut, so ist die Winkelverteilung der gestreuten Elektronen asymmetrisch bezüglich eines Winkels $+\Theta$ und $-\Theta$. Die beim β-Zerfall emittierten Elektronen sind jedoch longitudinal polarisiert. Man muß sie vor der Streuung transversal polarisieren. Das läßt sich, wie es H. Frauenfelder und Mitarbeiter [Fr 57a] getan haben, durch Umlenken in einem elektrischen Feld erreichen (Abb. 13.14). Das elektrische Feld ändert in erster Näherung nur die Richtung des Impulses, nicht aber die des Spins. Eine andere Anordnung benutzt einen zu einem Halbkreis gebogenen Streukörper, z. B. eine Aluminiumfolie. Teilchen aus einer „Quelle" (siehe Abb. 13.15) werden zunächst an der Aluminiumfolie gestreut und gelangen dann zu einem zweiten Streuer, einer Goldfolie. Diese Elektronen sind bevorzugt transversal

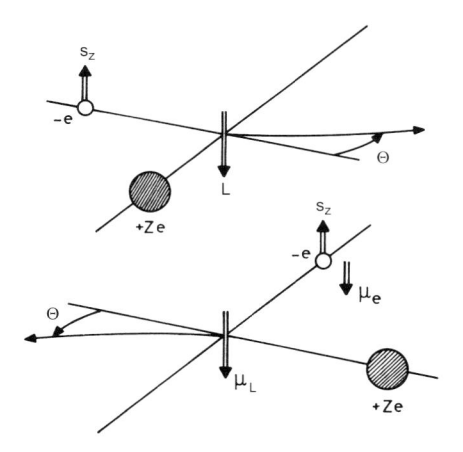

Abb. 13.13: Polarisationsrichtungen des Elektrons bei Streuung am magnetisierten Eisen.

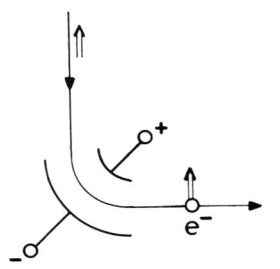

Abb. 13.14: Die Richtung des Spins des Elektrons wird bei einer Ablenkung im elektrischen Feld nicht verändert, so entsteht aus einem longitudinal polarisierten Strahl ein transversal polarisierter.

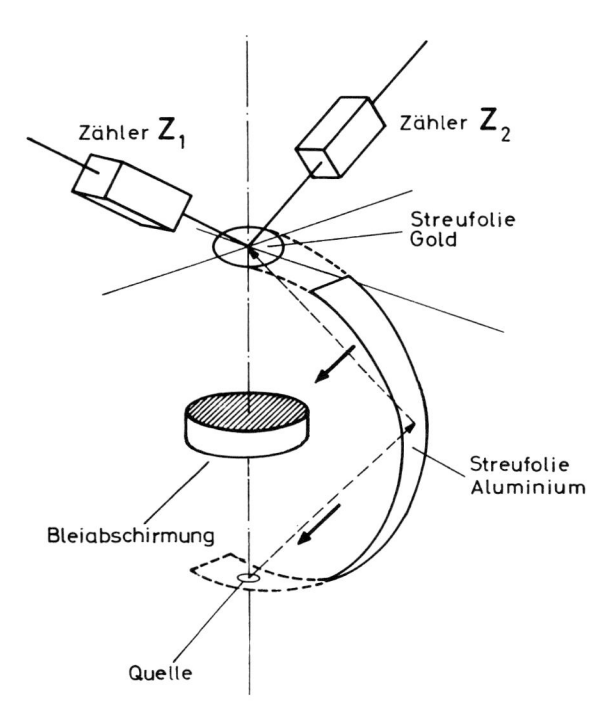

Abb. 13.15: Mott-Streuung zum Nachweis der Elektronenpolarisation, die sich in einer Asymmetrie der Zählraten zeigt.

polarisiert. Ihre Asymmetrie durch Mott-Streuung an den Kernen der Goldfolie wird dann in den beiden Zählern Z1 und Z2 gemessen.

Zum Nachweis der Elektronenpolarisation beim β-Zerfall läßt sich auch die bereits oben erwähnte Møller-Streuung (Abschnitt 8.1c) benutzen. Streuung findet an ausgerichteten Elektronen in einer magnetisierten Eisenfolie statt, in der die Elektronenpolarisation etwa 8% betragen kann. Am günstigsten wäre es, die Elektronen in der Folie in der Einfallsrichtung zu

13 *Charakteristische Eigenschaften* 183

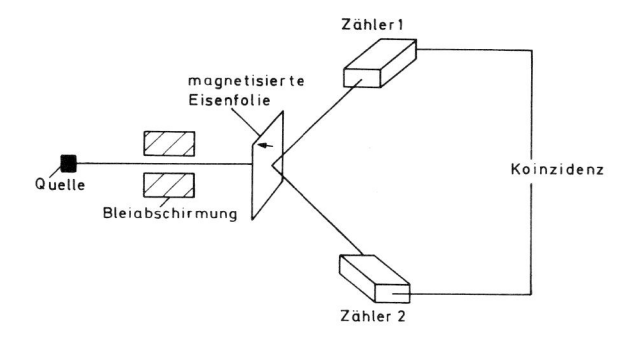

Abb. 13.16: Nachweis der Elektronenpolarisation durch Møller-Streuung an den aus gerichteten (8%) Elektronen einer magnetisierten Eisenfolie. Koinzidenzmessung ist nötig, um den Untergrund zu reduzieren.

polarisieren. Da sich Folien jedoch nur längs ihrer eigenen Ebene magnetisieren lassen, wird die Streufolie schräg zur Strahlrichtung aufgestellt (siehe Abb. 13.16). Die Streuung an Kernen tritt viel häufiger auf als die an Elektronen, deshalb müssen gestreutes Elektron und Rückstoßelektron durch Koinzidenzen und Energiediskriminierung ausgewählt werden. Die Polarisation der einfallenden Elektronen wird durch Messung der Änderung der Koinzidenzrate bestimmt.

Alle diese Experimente haben gezeigt, daß die Zweikomponenten-Theorie gültig ist, daß in der universalen Fermi-Wechselwirkung eine V-A-Wechselwirkung vorliegt und daß Neutrino und Antineutrino unterscheidbar sind.

e) Nichterhaltung der Parität im Myonenzerfall. Der Zerfall des geladenen Pions, z. B.

$$\pi^- \to \mu^- + \bar{\nu}_\mu$$

und des Myons,

$$\mu^- \to e^- + \bar{\nu}_e + \nu_\mu,$$

sind durch schwache Wechselwirkung verursachte Prozesse. Wenn dabei die Parität verletzt ist, müssen die Reaktionsteilchen longitudinal polarisiert sein. Im π-Zerfall sind die Impulse von μ und ν entgegengesetzt, ebenso wie ihre Spins, weil der Spin des Pions Null ist (siehe Abb. 13.17 und Abb. 3.1).

Der Nachweis der Paritätsverletzung wurde in folgendem Experiment [Ga 57] (Abb. 13.18) erbracht. Aus dem Zyklotron kommen positive Pionen, die im Flug teilweise zerfallen. Aufgrund der kleineren Reichweite der Pionen, verglichen mit den Myonen, lassen sich Pionen in einem Kohlenstoff-Absorber ausblenden. In einem Target werden Myonen abgebremst, sie

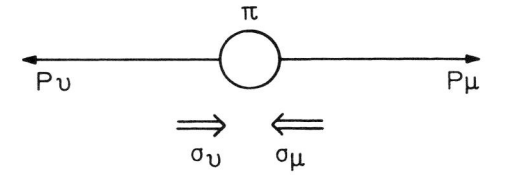

Abb. 13.17: π-Zerfall: Spin- und Impuls-Relation, s. auch Abb. 3.1.

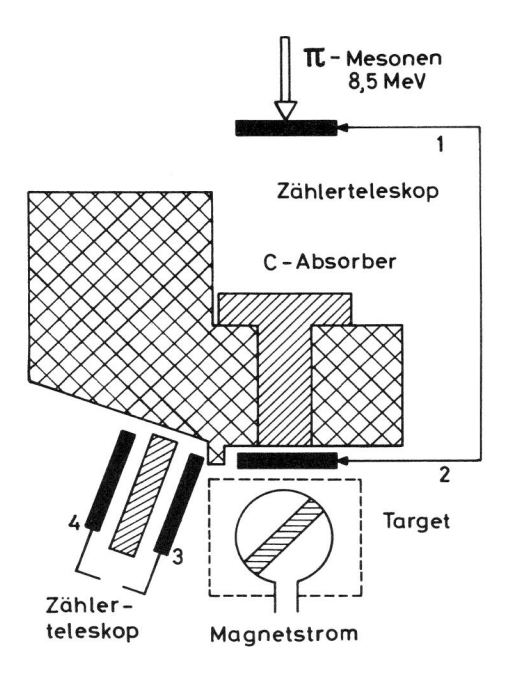

Abb. 13.18: Experimentelle Anordnung zum Nachweis der Nichterhaltung der Parität beim μ-Zerfall [Ga 57].

zerfallen dort nach 2,26 µs. Wenn die μ^+-Teilchen nicht depolarisiert werden, würden die Zerfalls-Positronen eine starke Vorwärts-Rückwärts-Asymmetrie zeigen. Sie werden in dem Zählerteleskop 3 und 4 nachgewiesen. Der Abstand zwischen 3 und 4 erlaubt eine Energiediskriminierung der Positronen. Um die Vorwärts-Rückwärts-Asymmetrie nicht durch Schwenken des Zählerteleskops zu messen, wurde um das Target eine Magnetspule gelegt, in deren Feld die magnetischen Momente der Myonen präzedieren. Dadurch wird auch die Winkelverteilung der Positronen am Teleskop vorbeigedreht. Die Drehung wurde durch die Präzessionszeit eindeutig durch verzögerte Koinzidenzen zwischen den Zählern 1–2 und 3–4 festgelegt. Abbildung 13.19 zeigt als Ergebnis die Asymmetrie mit variablem Magnetfeld. Damit ist auch für den Myonenzerfall maximale Paritätsverletzung nachgewiesen worden.

14 Phänomenologische Beschreibung

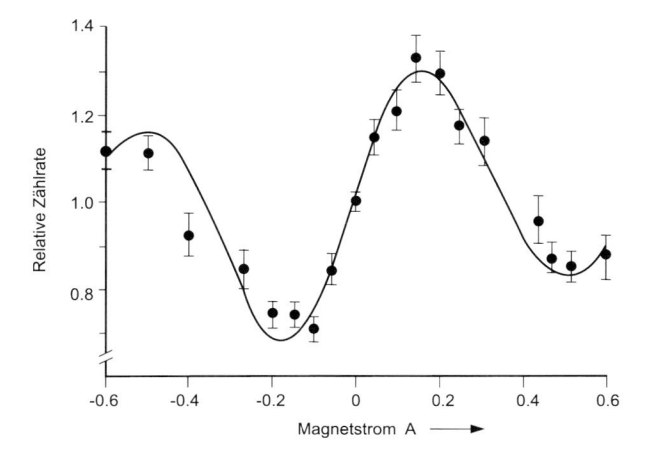

Abb. 13.19: Zählrate der Zerfallsereignisse in Abhängigkeit vom Strom, der das Magnetfeld erzeugt (siehe auch Abb. 13.18) [Ga 57].

14 Phänomenologische Beschreibung

14.1 Die V-A-Form der schwachen Wechselwirkung

Nach dem Sturz der Parität (1957) hatte man bei der Formulierung der schwachen Wechselwirkung von zwei wesentlichen Tatsachen auszugehen, und zwar von der Universalität der schwachen Kopplungskonstanten und der neu entdeckten Paritätsverletzung. Die von Fermi vorgeschlagene Wechselwirkung der Form [54]

$$\mathcal{H}_w(x) = G \left(\overline{\psi}_p(x)\gamma_\mu \psi_n(x)\right) \left(\overline{\psi}_e(x)\gamma^\mu \psi_\nu(x)\right) \tag{14.1}$$

ist als skalare Größe paritätserhaltend und mußte daher erweitert werden.

Fermi hatte sich an das Vorbild der elektromagnetischen Wechselwirkung $e\overline{\psi}\gamma_\mu\psi A^\mu$ gehalten und den elektromagnetischen Stromvektor $e\overline{\psi}\gamma_\mu\psi$ durch den Vektor des „Übergangsstromes" $\overline{\psi}_p\gamma_\mu\psi_n$ ersetzt, während er für das Feld A^μ den Vektor des Leptonenpaares $\overline{\psi}_e\gamma^\mu\psi_\nu$ einführte. Der Ansatz (14.1) stellt somit eine Kopplung zwischen zwei Vektorströmen dar und bleibt bei Raumspiegelung ungeändert.

Bei Berücksichtigung der Universalität und der Paritätsverletzung kamen R.P. Feynman und M. Gell-Mann [Fe 58] und unabhängig davon E.C.G. Sudarshan und R.E. Marshak [Su 58] zu dem Schluß, daß der Fermische Ansatz durch entsprechende Axialvektorbeiträge zu ergänzen ist, während andere, allein aus Gründen der relativistischen Invarianz auch mögliche Beiträge skalarer oder tensorieller Art auszuschließen sind. Insbesondere hatten die Experimente ergeben, daß Neutrinos einen linksdrehenden Schraubensinn besitzen, ihre Helizität gleich -1 ist. Aus diesem Grund kann im Ausdruck für den Leptonenstrom der Spinor ψ_ν (bzw. $\overline{\psi}_\nu$) durch $(1+\gamma_5)\psi_\nu$ (bzw. $\overline{\psi}_\nu(1-\gamma_5)$) ersetzt werden. Hierbei ist die Matrix $\gamma_5 = \mathrm{i}\gamma^0\gamma^1\gamma^2\gamma^3$

---
[54] Der einfacheren Schreibweise wegen werden wir die Abhängigkeit der Spinoren $\psi(x)$ von der Raum-Zeit-Koordinante x im folgenden weglassen.

so gewählt, daß die Kombination $(1 + \gamma_5)/2$ gerade auf die beobachteten Zustände negativer Helizität projiziert. Die den μ-Zerfall beschreibende Wechselwirkung nimmt dann die Form an:

$$\mathcal{H}_w^{(\mu)} = \frac{G}{\sqrt{2}} \left(\overline{\psi}_{\nu_\mu}\gamma_\lambda(1+\gamma_5)\psi_\mu\right)\left(\overline{\psi}_e\gamma^\lambda(1+\gamma_5)\psi_{\nu_e}\right). \tag{14.2}$$

Der Faktor $1/\sqrt{2}$ steht hier aus Gründen der Konvention, so daß G wieder die von Fermi eingeführte Kopplungskonstante bedeutet. Neben dem Vektorstrom,

$$V^\lambda = \overline{\psi}_e \gamma^\lambda \psi_\nu, \tag{14.3}$$

treten in (14.2) die bilinearen Ausdrücke,

$$A^\lambda = \overline{\psi}_e \gamma^\lambda \gamma_5 \psi_\nu, \tag{14.4}$$

auf. Die darin vorkommende Matrix γ_5 hat zur Folge, daß A^λ sich bei räumlicher Spiegelung wie ein Axialvektor verhält. Damit ist die Ergänzung des Fermischen Ansatzes zur Vektor(V)-Axialvektor(A)-Kopplung vollzogen. Die Paritätsverletzung wird hierbei durch die Interferenzterme VA der vektoriellen mit der axialen Kopplung hervorgerufen.

Wegen der Universalität der schwachen Wechselwirkung sollte auch der Zerfall von Hadronen, also etwa der des Neutrons, durch einen Ansatz dieser Art beschrieben werden. Dabei ist zu beachten, daß Hadronen an der (nicht abschaltbaren) starken Wechselwirkung teilnehmen und daher, im Unterschied zu den Leptonen, keine punktförmigen Teilchen sind. Die endliche Ausdehnung der Hadronen macht sich im Fall des elektromagnetischen Stromes durch die beobachteten elektromagnetischen Formfaktoren bemerkbar (siehe Abschnitt 10). Entsprechend sind beim schwachen Strom der Hadronen schwache Formfaktoren zu erwarten, die als Koeffizienten in dem Erwartungswert des Stromoperators auftreten. Für kleine Impulsüberträge $|q| \approx 0$, wie sie beim Zerfall des Neutrons vorkommen, sind die Formfaktoren in guter Näherung konstant, so daß die Vektor- und Axialvektoranteile des Nukleonenstroms, wenn sie in dieser Näherung ($q^2 \approx 0$) durch die fundamentalen Felder ψ_p und ψ_n ausgedrückt werden, mit entsprechenden konstanten Faktoren g_V und g_A zu versehen sind. In dieser Weise kann z. B. der Zerfall des Neutrons durch folgende Wechselwirkung beschrieben werden:

$$\mathcal{H}_w^{(\beta)} = \frac{G}{\sqrt{2}} \left(\overline{\psi}_p \gamma_\mu (g_V + g_A \gamma_5)\psi_n\right)\left(\overline{\psi}_e \gamma^\mu (1+\gamma_5)\psi_\nu\right). \tag{14.5}$$

Ähnliche Ausdrücke beschreiben die Zerfälle anderer Hadronen. Bei den Zerfällen ohne Änderung der Strangeness ist der Wert von g_V gleich 1, während der von g_A ungefähr 1,2 beträgt. Die Vektorkopplung wird somit durch die starke Wechselwirkung nicht, die Axialvektorkopplung nur wenig modifiziert. Auf die Erklärung dieses bemerkenswerten Resultats werden wir in Abschnitt 14.4 zurückkommen.

Beim Zerfall des Neutrons erhält man für Betrag und Vorzeichen des Verhältnisses g_A/g_V den Wert

$$\frac{g_A}{g_V} = +1{,}26 \pm 0{,}02. \tag{14.6}$$

Dieses Ergebnis folgt aus Messungen der Winkelkorrelationen zwischen Elektron und Proton relativ zueinander und zur Richtung des Neutronenspins beim Zerfall polarisierter Neutronen.

14.2 Der Zerfall des Myons

Das Myon kann hinsichtlich seiner Eigenschaften als schwerer, aber instabiler Partner des Elektrons angesehen werden. Seine Masse ist etwa 200mal größer als die des Elektrons, so daß das positiv geladene Myon in ein Positron und zwei Neutrinos zerfallen kann,

$$\mu^+ \to e^+ + \nu_e + \bar{\nu}_\mu. \tag{14.7}$$

Die mittlere Lebensdauer des Myons beträgt rund $2{,}2 \cdot 10^{-6}$ s. Der obige Zerfall des Myons ist ein rein leptonischer Prozeß und man darf erwarten, daß die wesentlichen Züge der schwachen Wechselwirkung hier in besonders klarer Weise hervortreten.

Die bei dem Zerfall des Myons emittierten Neutrinos sind verschieden, d. h. die Leptonenzahlen für das Positron und das zugehörige Neutrino ν_e sowie die für das Myon und sein Neutrino ν_μ bleiben getrennt erhalten. Die Verschiedenheit der Neutrinos kann man folgendermaßen einsehen. Verhielten sich die beiden Neutrinos zueinander wie Teilchen und Antiteilchen einer Sorte, dann sollte es gelegentlich zur Annihilation in ein e^+e^--Paar kommen. Dies würde auf den folgenden, stufenweise ablaufenden Prozeß führen,

$$\mu^+ \to e^+ + \underbrace{\nu + \bar{\nu}}_{\longrightarrow e^+ + e^- \to \gamma},$$

der im Endeffekt

$$\mu^+ \to e^+ + \gamma \tag{14.8}$$

bedeutet. Dieser von keiner anderen Auswahlregel verbotene Zerfall konnte trotz intensiver Suche bisher nicht beobachtet werden. Wenn die beiden Neutrinos verschieden sind, wird dies verständlich. Dann nämlich ist der Übergang $\nu + \bar{\nu} \to e^+ + e^-$ in der obigen Reaktionskette nicht möglich. Offenbar tragen Myonen und Elektronen verschiedene Leptonenzahlen, deren getrennte Erhaltung solche Prozesse wie (14.8) verbietet.

Da Myonen an der starken Wechselwirkung nicht teilnehmen, können sie auch nicht direkt in einer „starken" Reaktion erzeugt werden. Der Zerfall geladener Pionen stellt jedoch die geeignete Quelle für Myonen dar. Wenn man Materie mit den aus einem Beschleuniger kommenden Protonen beschießt, werden positive Pionen erzeugt. Die innerhalb eines engen Strahlenkegels emittierten Pionen werden in einem Target gestoppt, in dem sie in ein Myon und das zugehörige Neutrino ν_μ zerfallen,

$$\pi^+ \to \mu^+ + \nu_\mu. \tag{14.9}$$

Die so entstehenden Myonen werden abgebremst und zerfallen in der oben angegebenen Weise (14.7).

Wie wir bereits im Abschnitt 13.4 gesehen haben, bleibt die Parität beim Zerfall des Pions (14.9) nicht erhalten. Man erkennt dies an der longitudinalen Polarisation des Myons (siehe auch Abb. 3.1). Aber auch bei dem Zerfall des Myons (14.7) macht sich die Paritätsverletzung bemerkbar. Der Spin der polarisierten Myonen zeigt in eine bestimmte Richtung, und die Wahrscheinlichkeit für die Emission der Positronen kann relativ zu dieser Richtung gemessen werden. Wie in dem ^{60}Co-Experiment konnte hierbei eine Vorwärts-Rückwärts-Asymmetrie festgestellt werden [Ga 57, Fr 57], d. h., die Parität ist verletzt.

Mit Hilfe des Ansatzes der V-A-Kopplung (14.2) kann die totale Zerfallsbreite Γ für den μ-Zerfall (14.7) in erster störungstheoretischer Näherung berechnet werden. Da die Matrixelemente der Erzeugungs- und Vernichtungsoperatoren in (14.2) bekannt sind, kommt in dem Ergebnis [55],

$$\Gamma = \frac{G^2 m_\mu^5}{3 \cdot 2^6 \pi^3}, \tag{14.10}$$

nur die Kopplungskonstante G als zunächst unbestimmter Parameter vor. Die mittlere Lebensdauer τ ist als Kehrwert der Zerfallsbreite $\tau = 1/\Gamma$ definiert. Aus der beim μ-Zerfall sehr genau gemessenen Lebensdauer,

$$\tau_\mu = 2{,}197 \cdot 10^{-6}\,\text{s},$$

und der bekannten Masse des Myons m_μ kann somit die Kopplungskonstante G bestimmt werden. Man findet eine nahezu perfekte Übereinstimmung dieses Wertes der Fermikonstanten G mit dem aus dem β-Zerfall (von ^{14}O) gewonnenen Wert für $g_V G_\beta$. Der vektorielle Teil des schwachen Stromes wird also durch die starke Wechselwirkung nicht modifiziert, so daß $g_V = 1$ gesetzt werden kann. Dieses bemerkenswerte Ergebnis wird durch die Hypothese des erhaltenen Vektorstromes verständlich (siehe Abschnitt 14.4). Es bleibt allerdings ein geringer Unterschied von etwa 2%,

$$\frac{G - G_\beta}{G} \approx 0{,}02, \tag{14.11}$$

der deutlich außerhalb der experimentellen Fehler liegt und auch nicht durch Strahlungskorrekturen erklärt werden kann. Wie diese kleine Differenz zu deuten ist, werden wir bei der Diskussion der Zerfälle seltsamer Teilchen sehen (Abschnitt 14.5).

Auch die weiteren Einzelheiten des μ-Zerfalls werden durch die V-A-Wechselwirkung (14.2) in befriedigender Weise beschrieben. So kann das beim Zerfall polarisierter oder unpolarisierter Myonen entstehende Emissionsspektrum der Positronen (bzw. Elektronen) berechnet und mit den Messungen verglichen werden. Man erhält ein ähnliches Spektrum wie beim β-Zerfall (Abb. 13.1), nur ist der Abfall bei hohen Impulsen viel steiler. Der Verlauf des Spektrums wird durch eine Anzahl von Parametern beschrieben, die in der V-A-Theorie bestimmte Werte besitzen. Alle diese Parameter wurden mit hinreichender Genauigkeit gemessen. Ihre experimentellen Werte stimmen gut mit der V-A-Vorhersage überein.

14.3 Die Zerfälle Pion → Lepton + Neutrino

Die Zerfälle der geladenen π-Mesonen in ein Myon bzw. Elektron und das entsprechende Neutrino,

$$\pi^+ \to \mu^+ + \nu_\mu, \quad \pi^+ \to e^+ + \nu_e,$$

stellen einen interessanten Testfall für die angenommene Hypothese der μ-e-Universalität und für den V-A-Ansatz dar. Sie können durch eine Vier-Fermionen-Kopplung beschrieben werden,

---

[55] Zusätzliche Terme, die Potenzen von $m_e/m_\mu = 5 \cdot 10^{-3}$ enthalten, ergeben nur geringe Korrekturen und wurden hier vernachlässigt.

14 Phänomenologische Beschreibung

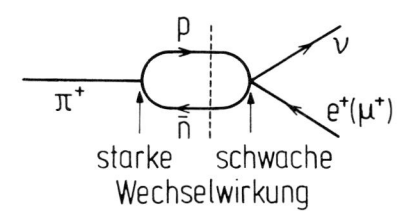

Abb. 14.1: Diagramm mit der Vier-Fermionen-Kopplung beim Zerfall des Pions.

wenn man vom Diagramm in Abb. 14.1 ausgeht, bei dem man sich das Pion in den virtuellen Zwischenzustand $p\bar{n}$ dissoziiert denkt. Da der $\pi p\bar{n}$-Vertex durch die starke Wechselwirkung beschrieben werden muß, wird eine vollständige Berechnung dieses Übergangs sehr schwierig. Wenn man jedoch das Verhältnis der Zerfallsraten bildet,

$$R = \frac{\Gamma(\pi^+ \to e^+ + \nu_e)}{\Gamma(\pi^+ \to \mu^+ + \nu_\mu)},$$

heben sich die in beiden Zerfällen gleichen Beiträge vom starken Vertex (links der gestrichelten Linie in Abb. 14.1) heraus, so daß man nur die vom schwachen Vertex stammenden Beiträge zu berechnen braucht. Hierbei geht man von der μ-e-Universalität und der V-A-Kopplung aus. Da das Pion ein pseudoskalares Teilchen ist, trägt nur der axiale Anteil des schwachen Hadronenstromes bei.[56] Das Ergebnis dieser Rechnung,

$$R = \frac{m_e^2}{m_\mu^2} \left(\frac{m_\pi^2 - m_e^2}{m_\pi^2 - m_\mu^2} \right)^2 = 1{,}275 \cdot 10^{-4}, \tag{14.12}$$

wird hauptsächlich durch den für die V-A-Theorie typischen Faktor m_e^2/m_μ^2 bestimmt. Bei pseudoskalarer Kopplung würde die entsprechende Rechnung den Wert 5,5 ergeben. Der gemessene Wert beträgt

$$R_{\text{exp}} = (1{,}267 \pm 0{,}023) \cdot 10^{-4}. \tag{14.13}$$

Die genaue Übereinstimmung mit dem berechneten Wert (14.12) zeigt, daß Myon und Elektron sich bezüglich der schwachen Wechselwirkung gleich verhalten (μ-e-Universalität) und bestätigt die V-A-Theorie als den richtigen Ansatz.

Die auffallend starke Unterdrückung des Zerfalls in Positronen, die bei Annahme der V-A-Theorie folgt, wird mit Hilfe der Helizitäten der Leptonen verständlich. Wir betrachten den Zerfall des Pions in seinem Ruhsystem. Die Pionen fliegen aufgrund der Impulserhaltung mit entgegengesetzt gerichteten Impulsen auseinander. Da der Spin des Pions Null ist, folgt aus der Erhaltung des Drehimpulses, daß die Spins der Leptonen antiparallel stehen, d. h.

---

[56] Das hadronische Matrixelement $\langle 0 | J_\mu | \pi^+ \rangle$ ist als Vierervektor aus den vorkommenden kinematischen Größen zu bilden. Da die Wellenfunktion des Pions eine skalare Größe ist, steht hierfür nur der Impulsübertrag $q_\mu = p_\mu + k_\mu$ zur Verfügung, wobei p_μ und k_μ die Impulse des Myons bzw. des Neutrinos bedeuten. Die Proportionalität $\langle 0 | J_\mu | \pi^+ \rangle \sim q_\mu$ zu dem polaren Vektor q_μ kann aber nur mit dem Axialvektoranteil von J_μ erfüllt werden, denn das Pion ist ein pseudoskalares Teilchen, d. h., der Zustand $|\pi^+\rangle$ besitzt negative Eigenparität. Nur dann ändern $\langle 0 | J_\mu | \pi^+ \rangle$ und q_μ bei räumlicher Spiegelung das Vorzeichen in gleicher Weise.

e^+ und ν müssen gleiche Helizitäten haben. Nach der V-A-Theorie kommt aber das Positron bevorzugt im Zustand positiver Helizität vor ($h_{e^+} = +v/c$), während das masselose Neutrino stets die Helizität $h_\nu = -1$ hat. Wegen ihrer von Null verschiedenen Masse sind Positronen mit negativer Helizität nicht völlig verboten. In diesen Zustand werden sie beim π^+-Zerfall durch die Drehimpulserhaltung gezwungen. Die Häufigkeit, mit der Positronen im Zustand „falscher" Helizität auftreten können, ist proportional zu $1 - v/c$ und bei $v \approx c$ sehr klein. Daher ist der Zerfallskanal $\pi^+ \to e^+ + \nu$ stark unterdrückt. Bei den schwereren Myonen, hat dieser Faktor einen viel größeren Wert. Man darf also erwarten, daß der μ-Zerfall viel häufiger als der e-Zerfall stattfindet.

Die gleiche Überlegung kann auch bei den Zerfällen der K-Mesonen angewendet werden. Die Rechnung nach der V-A-Theorie ergibt hierfür (man setze $m_\pi \to m_K$ in Gl. 14.12):

$$R_K = \frac{\Gamma(K \to e + \nu)}{\Gamma(K \to \mu + \nu)} = 2{,}5 \cdot 10^{-5}. \tag{14.14}$$

Dieses Ergebnis ist mit dem experimentellen Wert $(2{,}43 \pm 0{,}14) \cdot 10^{-5}$ zu vergleichen.

Sowohl bei den Zerfällen der π- als auch der K-Mesonen stimmen die experimentellen Daten mit der Vorhersage der V-A-Theorie sehr gut überein. Damit wird zugleich die angenommene μ-e-Universalität bestätigt.

14.4 Strom-Strom-Kopplung und der erhaltene Vektorstrom

Wie wir im Abschnitt 14.1 gesehen haben, können die Zerfälle des Neutrons und die des Myons durch das Produkt zweier Ströme beschrieben werden. Jeder Strom ist eine Summe von Vektor- und Axialvektorströmen der Form $\bar{\psi}_b \gamma_\lambda (1+\gamma_5) \psi_a$.[57] Diese Formulierung wurde zur Hypothese der Strom-Strom-Kopplung verallgemeinert [Fe 58], wonach alle schwachen Prozesse durch die Wechselwirkung des schwachen Stromes $J_\lambda(x)$ mit sich selbst zu beschreiben sind

$$\mathcal{H}_w = \frac{G}{\sqrt{2}} J_\lambda^+(x) J^\lambda(x). \tag{14.15}$$

Hierbei setzt sich der schwache Strom $J_\lambda(x)$ additiv aus dem leptonischen Anteil,

$$J_\lambda^{\text{Lepton}} = \bar{\psi}_e \gamma_\lambda (1+\gamma_5) \psi_{\nu_e} + \bar{\psi}_\mu \gamma_\lambda (1+\gamma_5) \psi_{\nu_\mu}, \tag{14.16}$$

und dem hadronischen Strom,

$$J_\lambda^{\text{Hadron}} = \bar{\psi}_n \gamma_\lambda (1 + r\gamma_5) \psi_p + \ldots, \quad r = g_A/g_V, \tag{14.17}$$

zusammen.[58] Der Hadronenstrom ist durch Terme zu ergänzen, die weitere Hadronen, d. h. auch Teilchen mit Strangeness, enthalten. Dieser kompakte Ansatz mit der universellen Kopplung G beschreibt rein leptonische Prozesse, wie den μ-Zerfall, durch Terme quadratisch in $J_\lambda^{\text{Lepton}}$; weiterhin die semileptonischen Prozesse mit und ohne Änderung der Strangeness, wie z. B.:

$$\begin{aligned} n &\to p + e^- + \bar{\nu}_e, & \Delta S &= 0, \\ \Lambda^0 &\to p + e^- + \bar{\nu}_e, & |\Delta S| &= 1, \\ \pi^+ &\to \mu^+ + \nu_\mu. & & \end{aligned}$$

---

[57] Bei Hadronen gilt dies nur in der Näherung punktförmiger Teilchen.
[58] Der konjugierte Nukleonenstrom z. B. lautet dann $j_\lambda^+ = \bar{\psi}_p \gamma_\lambda (1 + r\gamma_5) \psi_n$.

14 Phänomenologische Beschreibung

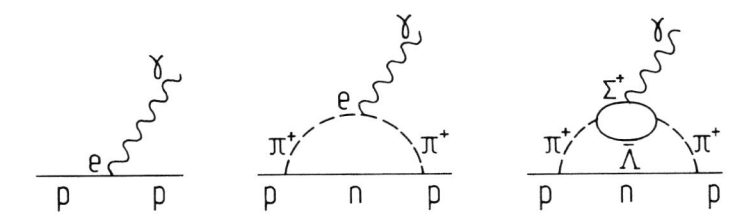

Abb. 14.2: Die Erhaltung des Stromes hat zur Folge, daß die elektromagnetische Kopplungskonstante durch die starke Wechselwirkung nicht geändert wird.

Er schließt auch Neutrino-Reaktionen mit ein, wie

$$\nu_\mu + n \to \mu^- + p,$$
$$\bar{\nu}_\mu + p \to \mu^+ + n,$$

und schließlich, durch Terme quadratisch in $J_\lambda^{\text{Hadronen}}$, Reaktionen wie z. B.

$$\Lambda^0 \to p + \pi^-,$$

in der nur Hadronen vorkommen.[59]

Die bestechende Einfachheit des Ansatzes (14.15) wird etwas gestört durch den Faktor $r = g_A/g_V = 1{,}2$, der vor dem axialen Teil des Nukleonenstromes steht. Die Abweichung dieses Verhältnisses vom Wert 1 ist auf die starke Wechselwirkung zurückzuführen. Aufgrund der starken Wechselwirkung werden nämlich vom Nukleon ständig Mesonen emittiert und wieder reabsorbiert. Diese das Nukleon umgebende Mesonenwolke modifiziert die Stärke der axialen Kopplung. Warum aber wird der Koeffizient des vektoriellen Anteils nicht verändert ($g_V = 1$, vgl. Abschnitt 14.2)?

Die Lösung dieser Frage beruht auf einer Analogie zum elektromagnetischen Strom, der ebenfalls ein Vektorstrom ist. Die Ladungen von Positron und Proton sind gleich, obwohl das Proton kein punktförmiges Teilchen wie das Positron darstellt, sondern von einer Mesonenwolke umgeben ist. Der Grund hierfür ist darin zu sehen, daß der elektromagnetische Strom, und damit die Ladung, erhalten bleibt. Wenn nämlich das Proton in ein virtuelles π^+-Meson und ein Neutron übergeht (Abb. 14.2), dann verlangt die Stromerhaltung, daß das π^+-Meson die gleiche Ladung wie das Proton besitzt. Die Ladung wird vollständig von dem virtuellen Pion übernommen, und das Photon koppelt nun an diese Ladung. Welche Dissoziation auch immer das Proton erfahren mag, da die Ladung nicht verloren gehen kann, „sieht" das Photon immer die gleiche Ladung, an die es koppelt. Dies ist für verschiedene Situationen in Abb. 14.2 veranschaulicht. Aufgrund der Stromerhaltung wird also der Wert der elektrischen Ladung (d. h. der Kopplungskonstanten) durch die starke Wechselwirkung nicht verändert.

In analoger Weise ist die Gleichheit der schwachen Kopplungen $G = G_\beta$ (bis auf 2%) auf die Erhaltung des schwachen Vektorstromes der Hadronen zurückzuführen. Dies wird durch die entsprechenden Graphen in Abb. 14.3 veranschaulicht.

---

[59] Die π-Mesonen hat man sich wegen der starken Wechselwirkung wieder im virtuellen Nukleon-Antinukleon-Zustand vorzustellen ($\pi^- \sim n\bar{p}$).

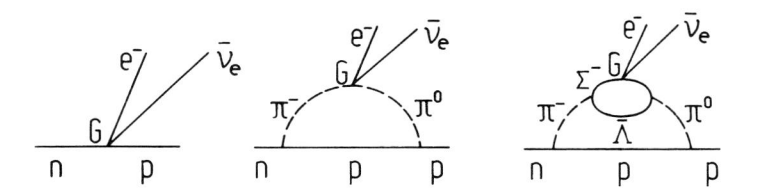

Abb. 14.3: Wegen der Erhaltung des schwachen Vektorstromes wird die schwache Kopplung G durch die starke Wechselwirkung nicht modifiziert.

Die schwachen Vektorladungen des nackten Nukleons und des Nukleons plus Teilchenwolke stimmen überein, so daß diese Kopplung durch die starke Wechselwirkung nicht modifiziert wird.

Die Gleichheit von G und G_β ist nicht der einzige Hinweis auf die Erhaltung des Vektorstromes. Einen weiteren Test bietet die Beobachtung des β-Zerfalls des Pions,

$$\pi^+ \to \pi^0 + e^+ + \nu_e.$$

Zu diesem Übergang trägt nur der vektorielle Hadronenstrom bei, dessen Matrixelement wegen der Stromerhaltung völlig bestimmt ist. Die Rechnung ergibt eine Vorhersage, die mit dem Experiment sehr gut übereinstimmt. Auch andere kompliziertere Tests beim von β-Zerfall Kernen bestätigen die Annahme des erhaltenen Vektorstromes [Wu 64].

Beim schwachen Axialstrom kann man sich nicht an einem Vorbild aus der Elektrodynamik orientieren, in der ein axialer elektromagnetischer Strom nicht vorkommt. Der von Eins verschiedene Faktor $r = 1{,}2$ zeigt gerade, daß der axiale Anteil des Stromes nicht erhalten ist. Dieser Effekt der starken Wechselwirkung ist jedoch nicht so bedeutsam, wie man zunächst erwarten könnte, so daß der Axialstrom nahezu erhalten bleibt. Diese Tatsache wird mit Hilfe der Hypothese des teilweise erhaltenen Axialstromes näher beschrieben.

14.5 Zerfälle der seltsamen Teilchen und die Universalität

Die im vorigen Abschnitt diskutierte Strom-Strom-Kopplung konnte zunächst nicht unmittelbar auf die Zerfälle seltsamer Teilchen (Hyperonen), wie z. B.

$$\Lambda \to p + e^- + \bar\nu_e, \quad \Sigma^- \to n + e^- + \bar\nu_e,$$

angewendet werden. Bei diesen Zerfällen gilt die Auswahlregel $\Delta S = \Delta Q$, d. h., die Änderung der Ladung ΔQ der Hadronen ist gleich der Änderung der Strangeness ΔS. Ihre gemessenen Zerfallsraten sind jedoch etwa 20mal kleiner als die berechneten Werte, die man bei Verwendung der bekannten Kopplungskonstanten G erhält. Dies widerspricht aber der Universalität von G.

Die Schwierigkeit der reduzierten Zerfallsraten bei Übergängen mit $\Delta S = 1$ konnte nach einem Vorschlag von N. Cabibbo [Ca 63] gelöst werden. Zum Verständnis dieser Idee ist es nützlich, sich als Beispiel die Verzweigung elektrischer Ströme nach der Kirchhoffschen Regel zu vergegenwärtigen. Die Aufteilung des elektrischen Stromes $I = I_0 + I_1$ in die in Abb. 14.4a

14 Phänomenologische Beschreibung

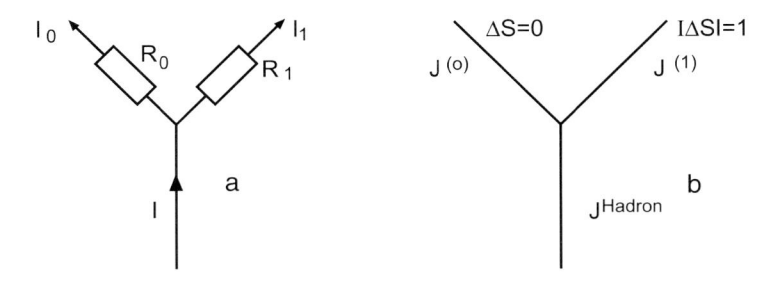

Abb. 14.4: Verzweigung des elektrischen Stromes (a) und in Analogie dazu die des schwachen Stromes von Hadronen (b).

abgebildeten Stromzweige richtet sich nach der Größe der Widerstände R_0 und R_1. Wäre z. B. der Widerstand R_1 unendlich groß, dann würde der gesamte Strom durch R_0 fließen. Der entsprechende Fall tritt bei den schwachen Strömen der Hadronen ein, wenn wir zunächst nur Zerfälle mit $\Delta S = 0$ betrachten. Der gesamte schwache Strom fließt dann durch den S-erhaltenden Zweig. Wenn jedoch Zerfälle mit $|\Delta S| = 1$ möglich sind, wird ein Teil des schwachen Gesamtstromes durch den neu hinzukommenden Zweig fließen (Abb. 14.4b). Diese Verzweigung des schwachen Stromes kann in Analogie zur Kirchhoffschen Regel ausgedrückt werden durch

$$J_\lambda^{\text{Hadron}} = aJ_\lambda^{(0)} + bJ_\lambda^{(1)},$$

Hier bedeuten $J_\lambda^{(0)}$ und $J_\lambda^{(1)}$ die Teile des Hadronenstromes ohne ($\Delta S = 0$) bzw. mit ($|\Delta S| = 1$) Verletzung der Strangeness. Die Stärken der betreffenden Übergänge werden durch die Koeffizienten a und b bestimmt. Die Intensität des gesamten Hadronenstromes soll sich aber nicht ändern. Dies führt zu folgender Beschränkung der Koeffizienten:

$$|a|^2 + |b|^2 = 1,$$

die mit $a = \cos\Theta, b = \sin\Theta$ erfüllt werden kann. Der schwache Strom der Hadronen wird somit

$$J_\lambda^{\text{Hadron}} = \cos\Theta J_\lambda^{(0)} + \sin\Theta J_\lambda^{(1)}. \tag{14.18}$$

Hiernach sind die Übergangsraten der verschiedenen Zerfälle proportional zu $G^2 \cos^2\Theta$ bzw. proportional zu $G^2 \sin^2\Theta$, d. h., die Zerfälle mit $|\Delta S| = 1$ sind gegenüber denen mit $S = 0$ um den Faktor $\tan^2\Theta$ unterdrückt. Der Winkel Θ kann aus dem Vergleich der Raten entsprechender Zerfallsmoden (z. B. $\Sigma^- \to n + e^- + \bar{\nu}_e$ mit $n \to p + e^- + \bar{\nu}_e$) bestimmt werden. So lassen sich die Strangeness ändernden Zerfälle durch Einführung des Cabibbo-Winkels Θ in die allgemeine Beschreibung der schwachen Wechselwirkung (14.15) einbeziehen. Grundsätzlich könnte es für den Vektor-und Axialvektorstrom verschiedene Winkel geben. Wie die Experimente zeigen, kommt man jedoch mit einem Winkel aus. Der aus den Daten ermittelte Wert ist

$$\sin\Theta = 0{,}23. \tag{14.19}$$

Dies entspricht einem Winkel Θ von rund $13°$.

Außerdem kann nun der Unterschied der Kopplungskonstanten (14.11) geklärt werden. Der beim β-Zerfall vorkommende Hadronenstrom mit $\Delta S = 0$ enthält nach (14.18) den Faktor cos Θ, so daß die effektive Kopplungsstärke $G_\beta = G \cos \Theta$ etwas geringer als beim μ-Zerfall (G) ist.

Eine vertiefte Diskussion des Cabibbo-Ansatzes knüpft an die Tatsache an, daß die inneren Quantenzahlen der hadronischen Ströme $J_\lambda^{(0)}$ bzw. $J_\lambda^{(1)}$ mit denen der Mesonen π^+ bzw. K^+ übereinstimmen. Letztere können gemäß der inneren Symmetriegruppe $SU(3)$ zu einem Oktett zusammengefaßt werden (siehe Abschnitt 3.13). Entsprechend kann man ein Oktett der erhaltenen bzw. nahezu erhaltenen Hadronenströme einführen und den Einfluß der $SU(3)$-Symmetriebrechung studieren. Im Rahmen einer daraus entwickelten Theorie, der „Algebra der Ströme", konnte die durch die starke Wechselwirkung veränderte axiale Kopplung $g_A/g_V \approx 1{,}2$ berechnet werden.[60]

Zweifellos ist der Cabibbo-Winkel von fundamentaler Bedeutung. Die Frage, warum dieser Parameter gerade den gefundenen Zahlenwert (14.19) annimmt, ist theoretisch bis jetzt noch nicht geklärt.

15 Die K^0-Zerfälle

15.1 Erzeugung und Zerfälle

Im selben Jahr 1947, als die Pionen entdeckt wurden, fanden G. D. Rochester und C. C. Butler in Wilson-Kammer-Aufnahmen Teilchen mit Massen, die z. T. oberhalb der Nukleonenmasse liegen und in Nukleonen sowie ein Pion zerfallen ($\Lambda \to p + \pi^-$ in Abb. 15.1). Eine andere Teilchenart, schwerer als das Pion, tritt immer in Kombination mit dem zuerst genannten schweren Teilchen, dem Hyperon, heute Λ-Hyperon genannt, auf. Diese seltsame Erzeugung eines Teilchensystems nannte man Erzeugung assoziierter Teilchen [Pa 52] und schrieb den Teilchen die Eigenschaft Seltsamkeit (Strangeness) zu. Die leichteren der dabei entstehenden Teilchen werden K-Mesonen oder Kaonen genannt. Sie treten in beiden Ladungszuständen und neutral auf.

Für die geladenen Kaonen sind Zerfälle beobachtet worden, die sowohl drei Teilchen wie auch nur zwei Teilchen im Ausgangskanal enthalten. Zunächst wurden die Zerfälle eines Kaons in zwei Pionen noch getrennt als Zerfall von Θ-Teilchen, diejenigen in drei Pionen als Zerfall von τ-Teilchen (nicht zu verwechseln mit den τ-Leptonen!) klassifiziert. Eine eingehende Analyse der im Jahre 1956 bekannten Zerfallsdaten führte T. D. Lee und C. N. Yang zur Postulierung der Nichterhaltung der Parität (vgl. Abschnitt 13.4), da es sich bei den Θ- und τ-Teilchen offensichtlich um das gleiche Kaon handelt.

Aus dem Drei-Pionen-Zerfall,

$$K^+ \to \pi^+ + \pi^+ + \pi^-,$$

läßt sich der Spin der Kaonen bestimmen. Man trägt dazu die Impulse aller drei Teilchen in ein Diagramm ein (Dalitz-Diagramm) und bestimmt deren statistische Verteilung. Da die Massen der Pionen gleich sind, müßte eine Abweichung von der isotropen Verteilung auftreten,

---

[60] Hinsichtlich weiterer Einzelheiten hierzu sei auf die einschlägige Literatur verwiesen [Ad 68, Be 68].

15 Die K^0-Zerfälle

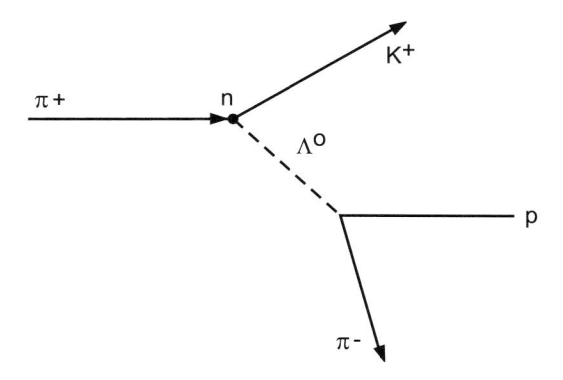

Abb. 15.1: Assoziierte Produktion von seltsamen Teilchen im Pion-Neutron-Stoß.

wenn der Bahndrehimpuls zwischen den drei Pionen von Null verschieden wäre. Dies ist nicht beobachtet worden. Da der Spin des Pions (vgl. Abschnitt 19.2) Null ist, konnte aus dieser Dalitz-Diagramm-Analyse (vgl. Abschnitt 20.1) auch der Spin des Kaons als Null erkannt werden. Die Parität des Kaons wurde über den Zerfall von Hyperkernen bestimmt. Hyperkerne sind Atomkerne, die anstelle eines Neutrons ein gebundenes Λ^0-Teilchen enthalten. Aus dem Zerfall derartiger Hyperkerne wurde dann auf die negative Parität des Kaons geschlossen. Spin und Parität der Kaonen sind also gleich denen der Pionen. Im Gegensatz zu den Pionen ist aber der Isospin der Kaonen nicht ganzzahlig, sondern ist $1/2$. Die Kaonen treten somit als Isospindubletts auf, wobei man das System $K^+, \overline{K^0}$ als das normale Dublett, das System K^-, K^0 als das Antiteilchendublett bezeichnet. Das neutrale Kaon K^0 und sein Antiteilchen $\overline{K^0}$ haben den gleichen Spin und die gleiche Ladung, sie unterscheiden sich jedoch in einer weiteren Eigenschaft, der Strangeness.

Die Erzeugung der K^0 kann z. B. durch folgende Reaktion erfolgen:

$$\pi^- + p \to K^0 + \Lambda^0.$$

Die neutralen Antikaonen entstehen z. B. in dem Prozeß:

$$\pi^+ + p \to K^+ + \overline{K^0} + p,$$

wobei die Schwellenergie (vgl. Kap. V) 1,50 GeV beträgt.

Sowohl K^0 als auch $\overline{K^0}$ können aufgrund schwacher Wechselwirkung mit der Änderung $|\Delta S| = 1$ in zwei oder drei Pionen zerfallen. Diese können auch als virtuelle Zustände auftreten. Dann kommt es im Ergebnis zu Übergängen $K^0 \leftrightarrow \overline{K^0}$ mit $\Delta S = 2$. Man erwartet daher eine Mischung der Zustände:

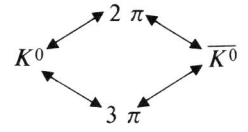

$$K^0 \begin{matrix} \nearrow 2\pi \searrow \\ \searrow 3\pi \nearrow \end{matrix} \overline{K^0}$$

Diese Situation erlaubt es, folgende Entwicklung anzunehmen: Wenn zur Zeit t ein reiner Zustand $|K^0\rangle$ existiert, dann kann zu späterer Zeit eine Überlagerung von K^0 und $\overline{K^0}$ vorliegen,

also
$$|K(t)\rangle = \alpha(t)|K^0\rangle + \beta(t)|\overline{K^0}\rangle.$$

Bei den aufgrund der schwachen Wechselwirkung erfolgenden Zerfällen bleibt die Quantenzahl Strangeness nicht erhalten. Die zerfallenden Teilchen werden daher zwar durch Eigenzustände zum Symmetrieoperator CP, nicht aber zur Strangeness S beschrieben.

Bei der Anwendung der Operation CP werden Teilchenzustände in solche für die entsprechenden Antiteilchen überführt. Angewandt auf die Zustände K^0 und $\overline{K^0}$ ergibt sich

$$CP|K^0\rangle = \eta|\overline{K^0}\rangle, \quad CP|\overline{K^0}\rangle = \eta'|K^0\rangle.$$

Darin bedeuten η und η' Phasenfaktoren, die gleich 1 gesetzt werden können. Aus diesem Ergebnis folgt, daß $|K^0\rangle$ und $|\overline{K^0}\rangle$ keine Eigenzustände zum Operator CP sind. Erst durch geeignete Linearkombinationen von $|K^0\rangle$ und $|\overline{K^0}\rangle$ erzeugt man Eigenzustände zu CP:

$$|K_1\rangle = \frac{1}{\sqrt{2}}\left(|K^0\rangle + |\overline{K^0}\rangle\right), \tag{15.1}$$

$$|K_2\rangle = \frac{1}{\sqrt{2}}\left(|K^0\rangle - |\overline{K^0}\rangle\right). \tag{15.2}$$

Die Anwendung des Operators CP auf diese Zustände ergibt

$$CP|K_1\rangle = |K_1\rangle,$$
$$CP|K_2\rangle = -|K_2\rangle.$$

Die Zustände $|K_1\rangle$ und $|K_2\rangle$ sind durch ihren Zerfall unterschieden, und zwar zerfällt:

$|K_1\rangle \to 2$ Pionen (Eigenwerte von CP mit $+1$) mit Lebensdauer $\tau_1 = 0{,}9 \cdot 10^{-10}$ s,
$|K_2\rangle \to 3$ Pionen (Eigenwerte von CP mit -1) mit Lebensdauer $\tau_2 = 0{,}5 \cdot 10^{-7}$ s.

Der zuletzt genannte Zerfall ist komplizierter, was durch die längere mittlere Lebensdauer angezeigt wird. Beide Zerfälle unterscheiden sich natürlich durch die Q-Werte der Reaktion.

15.2 Regeneration

Der Zerfall des K_2 konnte, obwohl schon längere Zeit vorhergesagt, erst aufgeklärt werden, nachdem das Prinzip der Regeneration entdeckt war. Wie bereits oben erwähnt, geht man in einem Experiment von einem reinen K^0-Strahl aus, der nach Gln. (15.1) und (15.2) aus einer Überlagerung der Teilchen K_1 und K_2 besteht. Dieser Strahl läuft im Vakuum. Wenn man den Strahl an einer Stelle untersucht, die etwa 100 mittleren Lebensdauern der K_1 entspricht, also ca. 2,7 m, so sind dort alle K_1 zerfallen und es liegt ein reiner K_2-Zustand vor. Wenn dieser Strahl durch Absorber-Materie läuft, setzt starke Wechselwirkung ein, wobei die in K_2 enthaltenen Komponenten zur Seltsamkeit $S = +1$ und $S = -1$ separat reagieren, weil die Quantenzahl „Seltsamkeit" bei starker Wechselwirkung erhalten bleibt. Der Prozeß läßt sich, wie in Abb. 15.2 gezeigt, darstellen.

15 Die K^0-Zerfälle

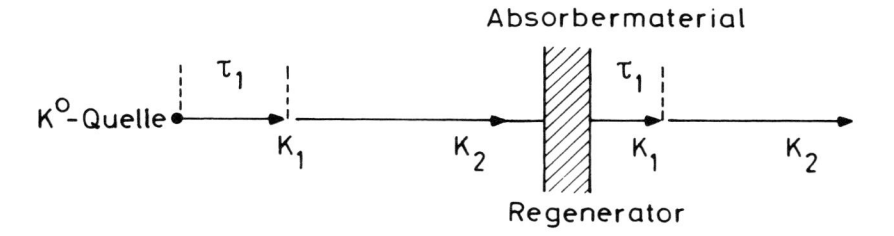

Abb. 15.2: Regeneration der K-Mesonen; τ_1 ist die mittlere Zerfallszeit der K_1-Mesonen.

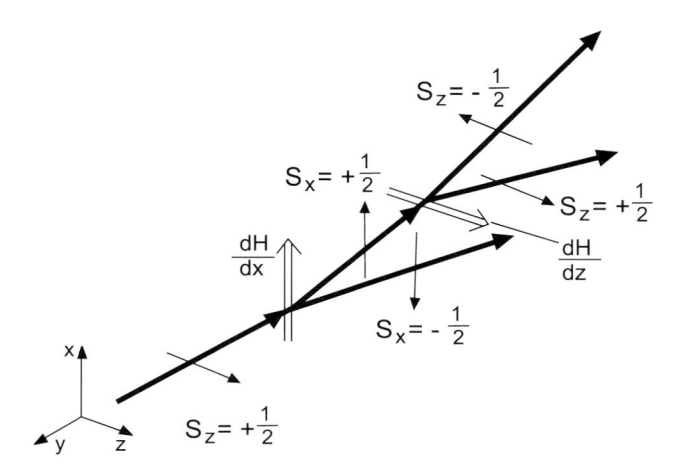

Abb. 15.3: K-Mesonen-Regeneration in Analogie zum Stern-Gerlach-Versuch.

Die ursprüngliche K^0-Intensität hat durch den K_1-Zerfall um 50% abgenommen. Die Restintensität der K_2-Anteile besteht nach Durchgang durch das Absorbermaterial zu 50% aus K^0 und zu 50% aus $\overline{K^0}(S=-1)$. Die Regeneration der im einlaufenden K^0-Strahl nicht vorhandenen $\overline{K^0}$-Komponente wurde durch Prozesse, bei denen Hyperonen gebildet wurden, z. B. $\overline{K^0} + p \to \Lambda + \pi^+$, nachgewiesen. K^0 und $\overline{K^0}$ wechselwirken unterschiedlich mit Materie. K^0 erleidet elastische Streuungen oder Ladungswechselreaktionen, während $\overline{K^0}$ bei Austausch der Seltsamkeit Hyperonen bilden kann.

Die K^0-Regeneration ist eine Konsequenz der Superposition und Quantisierung in der Quantenmechanik. In der Atomphysik stellt der Stern-Gerlach-Versuch ein Analogon zu diesem Verhalten dar. In diesem Experiment beginnt man mit einem Strahl einheitlichen Spins, z. B. $s_z = 1/2$ (Abb. 15.3). Durchläuft dieser Strahl ein inhomogenes Magnetfeld, das in x-Richtung steht, so spaltet der Strahl auf in $s_x = -1/2$ und $s_x = +1/2$. Im Experiment selektiert man die Komponente mit $s_x = +1/2$. Dann wendet man ein inhomogenes Magnetfeld in z-Richtung an und erhält wiederum $s_z = +1/2$, aber auch $s_z = -1/2$. Durch die Messung von s_x ist die vorhergehende Information verlorengegangen.

Im System der K-Mesonen mißt man wegen des Einflusses der starken Wechselwirkung die Strangeness S, verliert aber Information über CP. Wie s_x und s_z vertauschen auch die

Operationen S und CP nicht. Die Zustände können daher Eigenzustände entweder zu S oder zu CP sein, nicht aber zu beiden. Durch eine ausgewählte Messung wird einer der Zustände präpariert.

15.3 Oszillation der Intensitäten

Die Superposition der K^0 und $\overline{K^0}$ führte auf zwei neue Teilchenzustände, K_1 mit kurzer mittlerer Lebensdauer und K_2 mit langer mittlerer Lebensdauer. Es ist möglich, die zeitlich sich ändernden Intensitäten durch Einführung von Phasenfaktoren zu beschreiben. Jede der Komponenten $K_1(t)$ und $K_2(t)$ hat eine Intensitätsverteilung der Form

$$I(t) = I(0)\mathrm{e}^{-\frac{t}{\tau}} = I(0)\mathrm{e}^{-\Gamma t},$$

wobei für τ die jeweilige mittlere Lebensdauer einzusetzen ist. Die mittlere Lebensdauer τ ist umgekehrt proportional zur Zerfallsbreite Γ eines Zustands. Da nach (15.1) und (15.2) K_1 und K_2 Überlagerungen von K^0 und $\overline{K^0}$ sind, lassen sich die K^0 und $\overline{K^0}$ auch aus K_1 und K_2 bestehend darstellen. Dazu führt man zeitabhängige Amplituden ein, z. B. für den Zustand K_1:

$$a_1(t) = a_1(0)\exp\left\{-\left(\mathrm{i}m_1 t + \frac{\Gamma_1 + t}{2}\right)\right\}.$$

Mit dem entsprechenden Ausdruck $a_2(t)$ wird der Zustand $|K^0\rangle$ beschrieben durch:

$$|K^0\rangle = a_1(t)|K_1\rangle + a_2(t)|K_2\rangle.$$

So ist für den in Abb. 15.2 erwähnten reinen K^0-Strahl zu Anfang ($t=0$):

$$a_1(0) = a_2(0) = \frac{1}{\sqrt{2}}.$$

Die Intensität entwickelt sich dann zur Zeit t folgendermaßen:

$$I(K^0) = \frac{a_1(t) + a_2(t)}{\sqrt{2}} \cdot \frac{a_1^*(t) + a_2^*(t)}{\sqrt{2}}.$$

Setzt man die Ausdrücke für die $a_i(t)$ ein, so erhält man

$$I(K^0) = \frac{1}{4}\left[\mathrm{e}^{-\Gamma_1 t} + \mathrm{e}^{-\Gamma_2 t} + 2\mathrm{e}^{-\frac{\Gamma_1+\Gamma_2}{2}t}\cos\Delta m t\right],$$

wobei wir für $\Gamma_i = \frac{1}{\tau_i}$ und für die Energie $E_i = m_i$ eingesetzt haben.

Ebenso gilt für die Intensität der $\overline{K^0}$:

$$I(\overline{K^0}) = \frac{1}{4}\left[\mathrm{e}^{-\Gamma_1 t} + \mathrm{e}^{-\Gamma_2 t} - 2\mathrm{e}^{-\frac{\Gamma_1+\Gamma_2}{2}t}\cos\Delta m t\right].$$

In den letzten Termen tritt die Differenz der Massen auf,

$$\Delta m = |m_2 - m_1|,$$

und diese führen wegen des Kosinus-Faktors zu einer Oszillation der Intensitäten. Nur für $\Delta m = 0$ verlaufen die Intensitäten zeitlich monoton abnehmend. Bestimmt man im Experiment die Produktionsrate der Hyperonen, die durch $\overline{K^0}$-Wechselwirkung entstehen, als Funktion des Abstandes von der K^0-Quelle, kann man Δm aus der gemessenen Oszillation der Intensitäten ermitteln. Die Messungen haben folgenden Wert ergeben:

$$\Delta m \tau_1 = 0{,}477 \pm 0{,}002.\text{[61]}$$

Daraus folgt mit $\tau_1 = 0{,}89 \cdot 10^{-10}$ s

$$\Delta m = 3{,}52 \cdot 10^{-6} \text{ eV},$$

ein zwar kleiner, aber endlicher Wert. Die detaillierte Untersuchung über die Regeneration (vgl. Abschnitt 15.2) zeigte, daß K_2 schwerer ist als K_1. Diese Massendifferenz macht sich in der 14. Dezimalstelle, bezogen auf die Absolutmasse der Kaonen, bemerkbar. Dies ist Ausdruck für die schwache Wechselwirkung der K^0.

15.4 CP-Verletzung

Im Jahre 1964 haben J. H. Christenson, J. W. Cronin, V. L. Fitch und R. Turlay [Ch 64] ein Experiment ausgeführt, dessen Anordnung in Abb. 15.4 angegeben ist. Ein Strahl von K_2-Mesonen wird gut kollimiert auf ein He-Target geschossen. Die aus dem Reaktionsvolumen austretenden Teilchen werden in Magneten nach Impulsen sortiert und in Funkenkammern nachgewiesen, die durch Szintillationszähler getriggert worden sind. Zwei- und Dreikörperreaktionen lassen sich damit anhand der invarianten Masse unterscheiden.

Die Analyse der Daten ergab, daß die langlebige Komponente des neutralen Kaon-Strahls nicht nur in drei, sondern zu einem geringen Teil auch in zwei Pionen zerfällt. Folglich kann dieser durch seine Lebensdauer definierte langlebige Zustand $|K_L\rangle$ kein reiner Zustand $|K_2\rangle$ mit Eigenwert $CP = -1$ sein, sondern enthält eine kleine Beimischung von $|K_1\rangle$ mit $CP = +1$:

$$|K_L\rangle = \frac{1}{(1+|\varepsilon|)^{1/2}} \left(|K_2\rangle + \varepsilon|K_1\rangle\right). \tag{15.3}$$

Entsprechend ist der kurzlebige Zustand $|K_S\rangle$ eine Überlagerung von $|K_1\rangle$ und $\varepsilon|K_2\rangle$. Dadurch wird die CP-Symmetrie bei diesen Prozessen der schwachen Wechselwirkung verletzt. Bei CP-Erhaltung ($\varepsilon = 0$) wäre $|K_L\rangle$ mit dem CP-Eigenzustand $|K_2\rangle$ identisch und könnte nur in drei π-Mesonen zerfallen. Diese Art der CP-Verletzung wird über die Mischung der K^0 und $\overline{K^0}$-Mesonen durch Effekte zweiter Ordnung der schwachen Wechselwirkung beschrieben. Man spricht in diesem Fall von indirekter CP-Verletzung. Es ist aber auch möglich, daß der Anteil mit negativer CP-Parität im K_L-Meson direkt in zwei π-Mesonen mit positiver CP-Parität zerfällt. Der entsprechende Anteil dieser CP-verletzenden Amplitude wird mit ε' bezeichnet.

---

[61] Hier wurde die Umrechnung 1 MeV = $1{,}519 \cdot 10^{21}$ s^{-1} ($\hbar = 1$) benutzt.

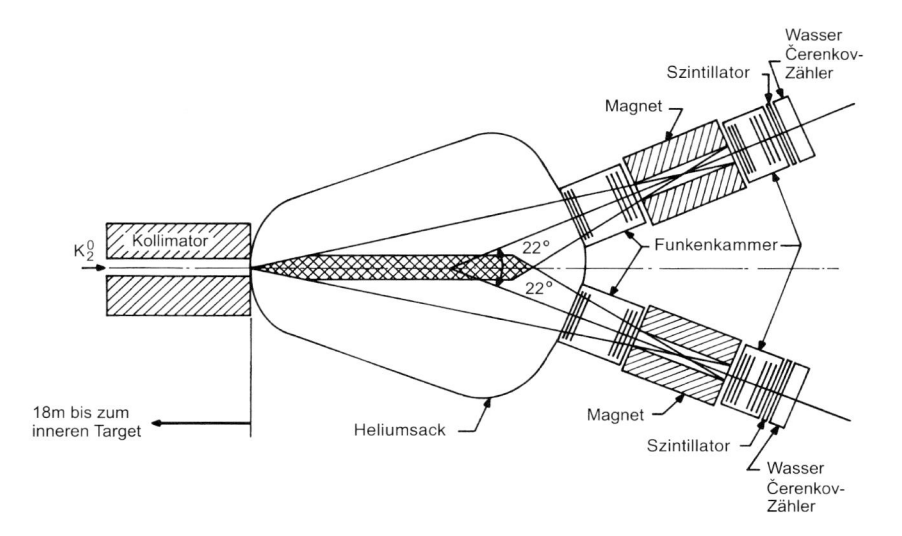

Abb. 15.4: Experimentelle Anordnung zur Messung der CP-Verletzung im K^0-Zerfall [Ch 64].

Im Experiment werden die Verhältnisse der Amplituden CP-verletzender zu denen CP-erhaltender Zerfälle gemessen. Die verschiedenen Arten der CP-Verletzung, die indirekte (ε) und die infolge direkter Übergänge (ε'), tragen beide zu diesen Amplitudenverhältnissen bei

$$\frac{A(K_L \to \pi^+\pi^-)}{A(K_S \to \pi^+\pi^-)} =: \eta_\pm = \varepsilon + \varepsilon',$$
$$\frac{A(K_L \to \pi^0\pi^0)}{A(K_S \to \pi^0\pi^0)} =: \eta_{00} = \varepsilon - 2\varepsilon'. \tag{15.4}$$

Für den Parameter der bereits 1964 festgestellten indirekten CP-Verletzung findet man nach neueren Messungen [Ki 04]

$$|\varepsilon| = (2{,}284 \pm 0{,}014) \cdot 10^{-3}. \tag{15.5}$$

Zum Nachweis der um Größenordnungen geringeren direkten CP-Verletzung mußte die Präzision der Experimente wesentlich gesteigert werden. Schließlich ist es 1988 erstmals am CERN gelungen, die Existenz der direkten CP-Verletzung mit dem Ergebnis $\varepsilon' \neq 0$ zu zeigen [Bu 88]. Weitere Experimente haben dieses Resultat mit größerer Genauigkeit bestätigt. Dadurch konnte das Modell einer zusätzlichen „superschwachen" Wechselwirkung, das zur Deutung der indirekten CP-Verletzung vorgeschlagen wurde [Wo 64], sonst aber $\varepsilon' = 0$ ergibt, ausgeschlossen werden.

Die hier zu messende Größe ist das Doppelverhältnis der Amplituden $R = |\eta_{00}/\eta_\pm|^2$, dessen Wert nahe bei 1 liegt und das über die Relation

$$R = 1 - 6\mathrm{Re}(\varepsilon'/\varepsilon) \approx 1 - 6\varepsilon'/\varepsilon \tag{15.6}$$

mit dem Parameter ε' der direkten CP-Verletzung zusammenhängt. Auch die Phasen der komplexen Parameter ε und ε' sind experimentell bestimmt worden. Die Phase von ε beträgt

(CP-Invarianz vorausgesetzt) $43{,}5°$, und ε' hat ebenfalls eine Phase von ungefähr $45°$. Damit wird das Verhältnis ε'/ε näherungsweise reell. Mit einer Anpassung an die Daten der Zerfälle $K \to \pi\pi$ erhält man derzeit [Ki 04]

$$\mathrm{Re}(\varepsilon'/\varepsilon) \approx \varepsilon'/\varepsilon = (1{,}67 \pm 0{,}26) \cdot 10^{-3}. \tag{15.7}$$

Der Beitrag der direkten CP-Verletzung ε' ist somit von der Größenordnung 10^{-6}.

Auch die semileptonischen Zerfälle von K_L sind hinsichtlich der CP-Verletzung untersucht worden. Die dabei entstehenden Endzustände $X = \pi^+ e^- \bar{\nu}_e$ und $\bar{X} = \pi^- e^+ \nu_e$ gehen bei Anwendung von CP ineinander über $X \leftrightarrow \bar{X}$. Wenn also der Zerfall CP-symmetrisch und der Ausgangszustand ein Eigenzustand von CP wäre, dann müßten die Zerfallsraten R in die Endzustände X und $\bar{X}$ gleich sein. Experimentell findet man jedoch eine deutliche CP-Verletzung

$$\frac{R(K_L \to \pi^- \ell^+ \nu) - R(K_L \to \pi^+ \ell^- \bar{\nu})}{R(K_L \to \pi^- \ell^+ \nu) + R(K_L \to \pi^+ \ell^- \bar{\nu})} = (3{,}27 \pm 0{,}12) \cdot 10^{-3}, \tag{15.8}$$

wobei ℓ für die Leptonen e bzw. μ steht. Die K_L-Mesonen zerfallen also bevorzugt in Positronen. Dadurch wird eine von Konventionen unabhängige Definition der positiven Ladung möglich. Diejenigen Teilchen mit Spin $1/2$ tragen positive Ladung, die im semileptonischen Zerfall von der langlebigen Komponente eines neutralen Kaon-Strahls vorzugsweise emittiert werden. Es ist also aufgrund der CP-Verletzung möglich, absolut zwischen Materie und Antimaterie zu unterscheiden (siehe auch Abschnitt 25.5).

Aus der CP-Verletzung folgt auch, daß die Zeitumkehr-Invarianz T ebenfalls verletzt ist, wenn man davon ausgeht, daß für alle Wechselwirkungen universell CPT-Invarianz gilt (vgl. 3.10). Auf das in letzter Zeit viel beachtete aktuelle Phänomen der CP-Verletzung bei den Zerfällen der B-Mesonen werden wir im Abschnitt 18.6 näher eingehen.

16 Neutrinophysik

16.1 Neutrinostrahlen und Detektoren

Seitdem es Anfang der sechziger Jahre möglich geworden war, intensive Strahlen hochenergetischer Neutrinos und Antineutrinos mit Hilfe von Beschleunigern herzustellen, sind die Neutrinos nicht mehr nur Gegenstand, sondern auch Hilfsmittel physikalischer Untersuchungen. Hochenergetische Neutrinos dienen seitdem als Sonden, um Auskunft über die Struktur der Hadronen zu erhalten und mehr über die schwache Wechselwirkung zu erfahren. Die Experimente mit Neutrinostrahlen erforderten Anlagen von bisher ungewohnten Dimensionen. Ihre Ergebnisse waren überraschend und trugen wesentlich zum Verständnis der schwachen Wechselwirkung bei.

Neutrinos eignen sich im Prinzip vorzüglich als Probeteilchen. Die Wechselwirkungsrate eines Neutrinostrahls ist jedoch extrem niedrig. Um genügend Neutrinoereignisse herbeizuführen und nachweisen zu können, sind daher sehr intensive Neutrinostrahlen und Detektoren großer

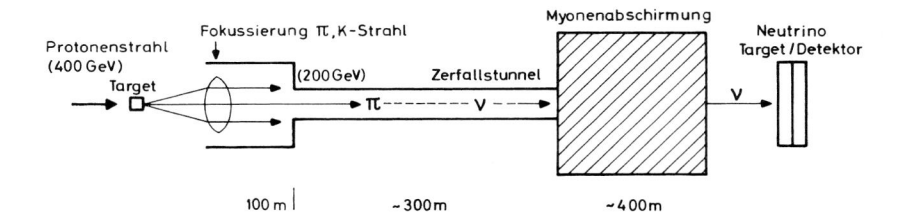

Abb. 16.1: Experimentelle Anordnung zur Herstellung eines Neutrinostrahls.

Masse erforderlich. In dem ersten in Brookhaven 1962 durchgeführten Neutrinoexperiment, bei dem die Existenz der zwei Arten von Neutrinos, ν_e und ν_μ, nachgewiesen werden konnte, wurde durchschnittlich innerhalb von zehn Stunden nur ein Ereignis in einem zehn Tonnen schweren Detektor festgestellt. In neuerer Zeit kommt man auf Ereignisraten von etwa 10^2 bis 10^3 Ereignissen pro Stunde.

Zur Herstellung des Neutrinostrahls schießt man hochenergetische Protonen auf ein Target und erzeugt so energiereiche π- und K-Mesonen. Diese werden durch geeignete Magnetfelder in den Zerfallskanal fokussiert, in dem die im Flug zerfallenden Mesonen in Neutrinos und andere Teilchen übergehen. In einer massiven Abschirmung werden möglichst alle Teilchen außer den Neutrinos absorbiert, so daß dahinter ein Strahl hochenergetischer Neutrinos austritt. Der Neutrinostrahl fällt dann auf einen Detektor, der auch geeignetes Targetmaterial enthält. Eine Skizze der Anordnung ist in Abb. 16.1 dargestellt.

Die Myon-Neutrinos und Antineutrinos entstehen hauptsächlich bei den Zerfällen

$$\pi^+ \to \mu^+ + \nu_\mu, \quad K^+ \to \mu^+ + \nu_\mu$$

und bei den entsprechenden der Antiteilchen π^- und K^-, während man die zum Elektron gehörenden Neutrinos aus folgenden Zerfällen (und denen der Antiteilchen) erhält:

$$K^+ \to e^+ + \pi^0 + \nu_e, \quad \mu^+ \to e^+ + \nu_e + \bar{\nu}_\mu.$$

Der so erzeugte Neutrinostrahl enthält zu etwa 98% Myon-Neutrinos. Einen überwiegend aus Neutrinos (Antineutrinos) bestehenden Strahl kann man durch Fokussierung der positiven (negativen) Mesonen gewinnen. Die Energien der Neutrinos im Strahl variieren über einen weiten Bereich. Um einen Strahl mit möglichst guter Energieauflösung herzustellen, darf man nur solche Mesonen im Zerfallskanal fokussieren, die alle annähernd gleiche Impulse besitzen. Dies ist natürlich nur auf Kosten einer entsprechend geringeren Intensität des Neutrinostrahls möglich.

Zum Nachweis der Neutrinoreaktionen wurden große Blasenkammern konstruiert (vgl. Hinweis in Abschnitt 6.2), in denen die Spuren der Teilchen im Endzustand der Reaktion fotografiert und anhand der Aufnahmen eingehend untersucht werden können. Die Nachteile der während vieler Jahre bewährten Blasenkammern werden durch die heute benutzten elektronischen Detektoren vermieden, die noch massiver sind und eine ungleich schnellere Aufnahme der Daten erlauben. Die wesentlichen Elemente eines solchen Detektors sind in Abb. 16.2 skizziert. Die Neutrinos reagieren mit Teilchen im Target, das aus schwerem Material (z. B. Eisen) besteht und gleichzeitig als Absorber für die bei der Neutrinoreaktion entstehenden Hadronen

16 Neutrinophysik

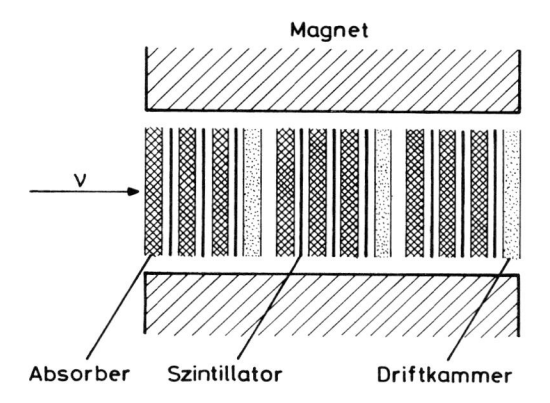

Abb. 16.2: Die wesentlichen Elemente eines elektronischen Detektors für Neutrinostrahlen.

dienen kann. Die Energie der Hadronen wird mit Hilfe von Szintillatorschichten gemessen, die zwischen den Absorbern angebracht sind.

Die bei Neutrinoreaktionen häufig erzeugten Myonen können die Absorber durchdringen. Ihre Impulse werden durch die Stärke ihrer Ablenkung im angelegten Magnetfeld gemessen. Die Funktionen eines Targets, eines Hadron-Kalorimeters und eines Myon-Spektrometers sind also in diesem Detektor vereinigt. Das Photo (Abb. 16.3) zeigt den beim CERN eingesetzten Detektor dieser Art.

Bei einer Länge von 20 m und einem Durchmesser von 3,75 m beträgt seine Gesamtmasse etwa 1400 Tonnen. Die vom Detektor registrierten Daten werden direkt auf Magnetbänder geschrieben und mit Hilfe einer leistungsfähigen Rechenanlage ausgewertet. Wegen der Fülle der zu verarbeitenden Informationen ist die Verwendung von Computern bei diesen und anderen Experimenten der Hochenergiephysik unerläßlich geworden.

16.2 Elastische Neutrinostreuung

Wie wir im Abschnitt 11 gesehen haben, ist es mit Hilfe der unelastischen Elektron-Nukleon-Streuung möglich, bei genügend kurzer „Belichtungsdauer" (d. h. genügend hohen Energien) die Bestandteile des Nukleons in einer „Momentaufnahme" zu erkennen. Statt der Elektronen kann man auch hochenergetische Neutrinos benutzen, um die Struktur des Nukleons zu ermitteln. Da die Neutrinos elektrisch neutral sind, erfolgt ihre Streuung nur aufgrund der schwachen Wechselwirkung.

Es ist zweckmäßig, zunächst einmal die Streuung des Neutrinos an einem punktförmigen Teilchen (z. B. dem Elektron) zu betrachten,

$$\nu_e + e^- \to e^- + \nu_e. \tag{16.1}$$

Analog zur Dimensionsbetrachtung im Abschnitt 12.2 läßt sich das Verhalten des Wirkungsquerschnitts für die elastische νe-Streuung bei hohen Energien leicht abschätzen. An die Stelle der dimensionslosen Feinstrukturkonstanten α tritt nun die schwache Kopplung $G = 10^{-5}/M_p^2$. Um aus $G^2 \, [M^{-4}]$ die Dimension Länge $^2 \, \widehat{=}\,$ Masse $^{-2}$ eines Wirkungsquer-

Abb. 16.3: Photo des beim CERN (Genf) von der CDHS-Kollaboration eingesetzten Detektors für Neutrinos. Das Gerät ist ungefähr 20 m lang.

schnitts zu erhalten, muß man mit einer Größe der Dimension Masse^2 multiplizieren. Hierfür kommt nur das Quadrat der Gesamtenergie im Schwerpunktsystem $s = (p_\nu + p_e)^2$ in Betracht,

$$\sigma_{\nu e} \sim G^2 s. \tag{16.2}$$

Wenn E_ν und $\vec{p}_\nu$ Energie und Impuls der Neutrinos im Laborsystem (ruhendes Elektron) bedeuten, dann wird $s = (E_\nu + m_e)^2 - \vec{p}_\nu^{\,2} = m_e(2E_\nu + m_e) \approx 2m_e E_\nu$ (bei $m_e \ll E_\nu$), d. h., der Wirkungsquerschnitt der Streuung am punktförmigen Elektron wächst linear mit der Energie des Neutrinos,

$$\sigma_{\nu e}^{\text{Lab}} \sim G^2 2 m_e E_\nu. \tag{16.3}$$

Das nach der V-A-Theorie berechnete [62] Ergebnis unterscheidet sich davon nur um die Zahl π im Nenner:

$$\sigma_{\nu e}^{\text{Lab}} = \frac{G^2}{\pi} 2 m_e E_\nu. \tag{16.4}$$

Im Fall der Antineutrinostreuung tritt allerdings der Faktor $1/3$ hinzu:

$$\sigma_{\bar{\nu}_e}^{\text{Lab}} = \frac{G^2}{\pi} \frac{2 m_e E_\nu}{3}. \tag{16.5}$$

---

[62] Von einem möglichen Beitrag des neutralen Stromes (siehe Abschnitt 16.4) wurde dabei abgesehen.

16 Neutrinophysik

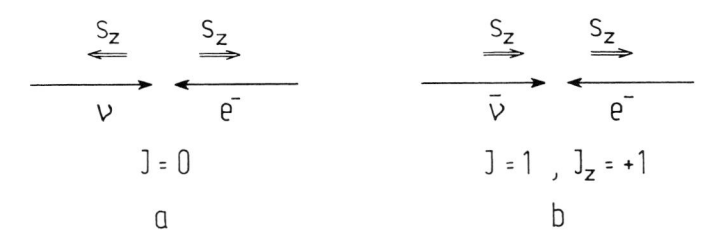

Abb. 16.4: Die Stellungen der Spins und Impulse bei der νe-Streuung (a) bzw. der $\bar{\nu} e$-Streuung (b) im Schwerpunktsystem.

Diese Besonderheit wird durch folgende einfache Überlegung plausibel. In der V-A-Theorie haben das Neutrino und das hochrelativistische Elektron beide linksdrehenden Schraubensinn (Helizität = -1), während die entsprechenden Antiteilchen rechtsdrehend sind (Helizität = $+1$). Betrachtet man die νe-Streuung im Schwerpunktsystem, so sind die Spins der Leptonen entgegengesetzt gerichtet (Abb. 16.4a).

Das System ist also im Zustand mit Gesamtdrehimpuls $J = 0$, und es gibt keine Einschränkungen für den Streuwinkel, d. h., eine isotrope Verteilung der gestreuten Teilchen ist zu erwarten. Im Fall der $\bar{\nu} e$-Streuung addieren sich die Spins der Leptonen zu $J_z = +1$ (Abb. 16.4b). Eine isotrope Streuung ist nun unmöglich. Bei der Streuung der Antineutrinos, z. B. nach rückwärts, wäre im Endzustand $J_z = -1$, denn beide Teilchen müßten die Impulse und Spins umgedreht haben. Die Drehimpulserhaltung läßt das jedoch nicht zu, sondern führt zu einer Winkelverteilung der Form $(1 + \cos\Theta)^2$ für das gestreute Neutrino, die für $\Theta = \pi$ (Rückwärtsstreuung) verschwindet und bei Integration den Faktor $1/3$ ergibt. Dementsprechend ist andernfalls bei der Streuung am Antiteilchen, hier dem Positron, der Streuquerschnitt für Antineutrinos dreimal größer als der für Neutrinos. Neutrinos können also aufgrund der V-A-Struktur der schwachen Wechselwirkung zwischen Teilchen und Antiteilchen unterscheiden.

Auch die der elastischen Streuung entsprechenden Reaktionen von Neutrinos mit Nukleonen sind eingehend studiert worden. Hierbei werden die Nukleonen ineinander umgewandelt,

$$\nu_\mu + n \rightarrow \mu^- + p, \quad \bar{\nu}_\mu + p \rightarrow \mu^+ + n. \tag{16.6}$$

Reaktionen dieser Art sind z. B. bei dem Nachweis wichtig, daß die Neutrinos ν_e und ν_μ verschiedene Teilchen sind. Wären beide Neutrinos etwa identisch, dann müßten bei obigen Reaktionen Myonen und Elektronen mit (nahezu) gleicher Häufigkeit erzeugt werden. Sind sie aber verschieden, dann entstehen nur Myonen, wenn man einen ν_μ-Strahl auf Materie lenkt. Auf diese Weise konnte die Verschiedenheit von ν_e und ν_μ experimentell mit dem ersten Neutrinostrahl am Beschleuniger in Brookhaven nachgewiesen werden [Da 62]. Dieses Ergebnis wurde bald darauf in einem beim CERN unter verbesserten Bedingungen wiederholten Experiment mit einer Genauigkeit von etwa 1% bestätigt [Bi 64].

Wenn die Nukleonen punktförmige Teilchen wären, dann würde der Wirkungsquerschnitt für die elastischen Reaktionen (16.6) gemäß der Abschätzung (16.3) unbegrenzt zunehmen. Da dies eine physikalisch unsinnige Situation wäre [63], erwartet man eine Dämpfung des Wir-

---

[63] Ein unendlicher Wirkungsquerschnitt würde bedeuten, daß mehr Teilchen elastisch gestreut werden, als eingelaufen sind.

kungsquerschnitts bei hohen Energien. In der Tat ergeben die Messungen, daß der elastische Wirkungsquerschnitt mit wachsender Energie zunächst ansteigt, dann aber für Neutrinoenergien $> 3\,\text{GeV}$ einer Grenze von etwa $3 \cdot 10^{-39}\,\text{cm}^2$ zustrebt. Auch den Neutrinos gegenüber verhalten sich die Nukleonen also nicht wie punktförmige Teilchen. Wie bei der Elektron-Nukleon-Streuung wird der Wirkungsquerschnitt durch die endliche Ausdehnung der Nukleonen, d. h. die entsprechenden mit wachsendem Impulsübertrag q^2 abnehmenden Formfaktoren modifiziert. Für jeden der beiden Ströme (Vektor- bzw. Axialvektor) kommen zwei schwache Formfaktoren vor. Die zum erhaltenen Vektorstrom gehörigen Formfaktoren können aufgrund der für die Nukleonen geltenden Isospinsymmetrie durch die elektromagnetischen Formfaktoren (Abschnitt 10) ausgedrückt werden. Derjenige Beitrag des Vektorstromes, der sich auf die magnetischen Momente der Nukleonen zurückführen läßt, wird „schwacher Magnetismus" genannt [Ge 58]. Seine Existenz konnte in einem Experiment [Le 63][64] durch den Vergleich der Betaspektren von ^{12}B und ^{12}N bestätigt werden.

Bei der Auswertung der durchaus schwierigen und nicht sehr genauen Streuexperimente geht man gewöhnlich von den durch die $SU(2)$-Symmetrie fixierten vektoriellen Formfaktoren aus, so daß der axiale Formfaktor [65] aus den Neutrinodaten bestimmt werden kann. Sein Verlauf in Abhängigkeit von q^2 wird durch eine Dipol-Formel beschrieben.

16.3 Unelastische Neutrinostreuung

Nähere Information über die Struktur der ausgedehnten Nukleonen erhält man durch die unelastische Neutrinostreuung, bei der die Neutrinos wie eine Sonde die Verteilung der „schwachen Ladung" der Konstituenten in den Nukleonen spüren. Von Interesse sind wieder die inklusiven Reaktionen, wie z. B.

$$\nu_\mu + N \to \mu^- + \text{Hadronen},$$
$$\bar{\nu}_\mu + N \to \mu^+ + \text{Hadronen},$$

bei denen die erzeugten Hadronen nicht nachgewiesen werden. Die Analyse dieser Reaktionen erfolgt analog zur unelastischen eN-Streuung. An die Stelle des ausgetauschten virtuellen

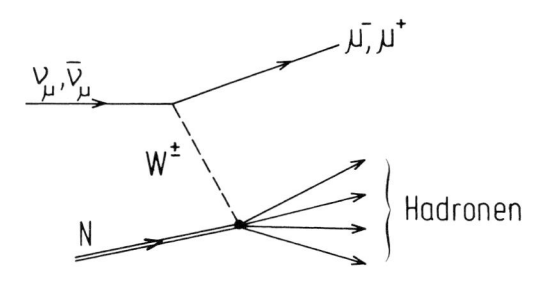

Abb. 16.5: Der wesentliche Beitrag zur unelastischen νN-Streuung ist auf den Austausch des virtuellen Vektorbosons $W^\pm$ zurückzuführen.

---

[64] Siehe auch [Wu 64, Wu 77].
[65] Nur einer der axialen Formfaktoren ist hier von Bedeutung. Der Beitrag des anderen ist aus kinematischen Gründen unterdrückt.

16 Neutrinophysik

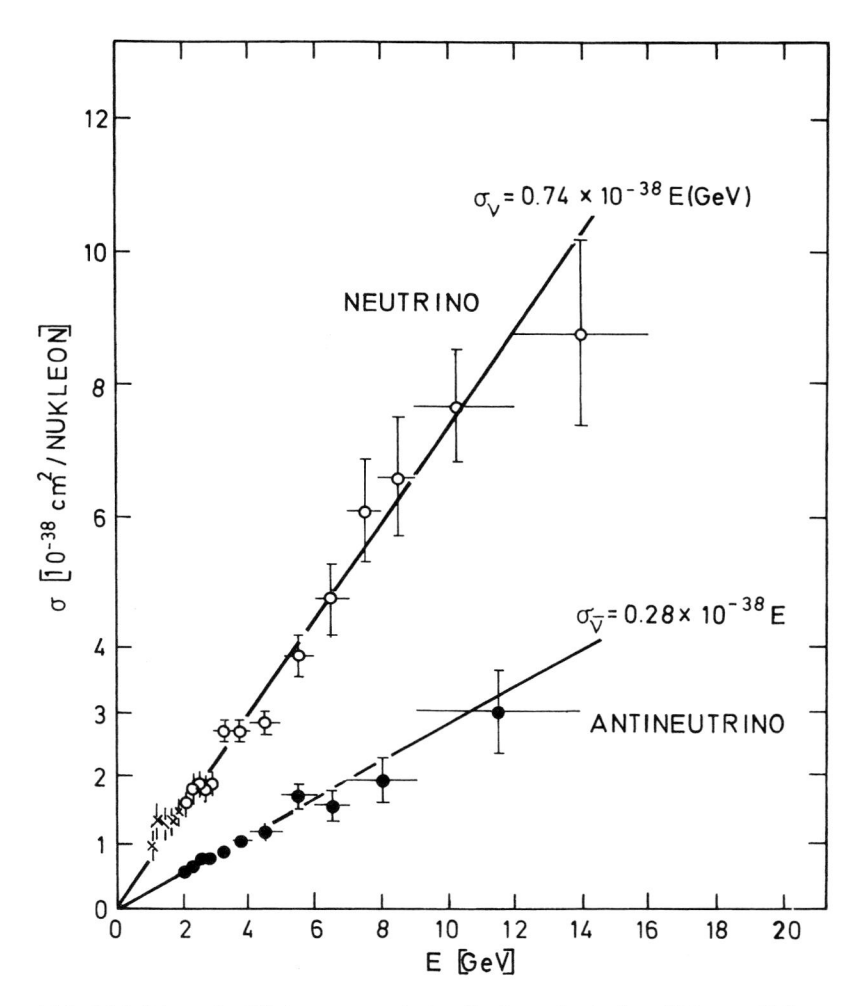

Abb. 16.6: Die totalen Wirkungsquerschnitte für die unelastische νN- bzw. $\bar{\nu} N$-Streuung in Abhängigkeit von der Neutrinoenergie E_ν. Die Messungen wurden mit der Blasenkammer Gargamelle am CERN durchgeführt [Ei 73]; Figur aus [Ba 78]. (Zahl der Ereignisse bei $E > 2$ GeV: für ν 2490, für $\bar{\nu}$ 1700.)

Photons in Abb. 11.1 tritt bei der Neutrinostreuung das bereits mehrmals erwähnte geladene Zwischenboson $W^\pm$ (Abb. 16.5), das wegen der kurzen Reichweite eine große Masse besitzen muß. Den drei möglichen Spineinstellungen ($\pm 1, 0$) des massiven Vektorbosons entsprechend treten bei der unelastischen νN-Streuung jedoch drei Strukturfunktionen (unelastische Formfaktoren) auf.

Experimentell findet man, daß die totalen Neutrino- und Antineutrino-Wirkungsquerschnitte an Nukleonen wie bei einem punktförmigen Teilchen linear mit der Neutrinoenergie anwachsen (Abb. 16.6). Da die Nukleonen selbst nicht punktförmig sind, erfolgt die Streuung offenbar an punktförmigen Konstituenten der Nukleonen, deren Beiträge sich zum totalen Wirkungsquerschnitt addieren. Die Anwendung der von der eN-Streuung her bekannten Skalenhypothese führt ebenfalls auf den linearen Anstieg der Wirkungsquerschnitte. Diese Vorhersage konnte bis zu Neutrinoenergien von etwa 200 GeV experimentell bestätigt werden. Hierbei ergab sich für das Verhältnis der Wirkungsquerschnitte

$$R = \frac{\sigma_{\bar{\nu}N}}{\sigma_{\nu N}} = 0{,}34. \tag{16.7}$$

Dieses Ergebnis ist mit den aus der V-A-Theorie gewonnenen Vorhersagen ((16.4), (16.5)) verträglich und weist darauf hin, daß die Streuung an Konstituenten mit Spin $1/2$ erfolgt. Ein Target mit Spin 0, 1 oder höherem Spin würde $R \approx 1$ ergeben. Da außerdem Neutrinos zwischen Teilchen und Antiteilchen unterscheiden können, streuen sie hier (der Annahme entsprechend) offenbar an Teilchen.

Das bemerkenswerte Verhalten der totalen Wirkungsquerschnitte bei hohen Energien kann ähnlich wie im Fall der eN-Streuung mit Hilfe des Quark-Parton-Modells gedeutet werden.[66] Hiernach wechselwirkt das Neutrino mit einem punktförmigen Quarkteilchen. In der Strom-Strom-Kopplung (14.15) ist also für den Hadronenstrom der schwache Strom der (punktförmigen) Quarks einzusetzen. Die entsprechenden Matrixelemente lassen sich dann berechnen, und die Strukturfunktionen F_i^ν ($i = 1,2,3$) können durch die Verteilungsfunktionen $u(x), d(x)$ usw. der verschiedenen Quarks ausgedrückt werden, die auch bei der eN-Streuung auftreten (Abschnitt 11.4). Wie dort wird dadurch das Skalenverhalten erklärt. Darüber hinaus lassen sich eine Reihe von Vorhersagen ableiten, die sich alle mit den experimentellen Daten in Übereinstimmung befinden. So ist z. B. die Callan-Gross-Relation (11.19) auch bei der Neutrinostreuung gut erfüllt. Dies kann mit dem Spin $1/2$ der Quark-Partonen interpretiert werden. Man findet weiterhin, daß die Anzahl der Valenzquarks $N_q - N_{\bar{q}}$ im Nukleon durch folgendes Integral bestimmt ist:

$$N_q - N_{\bar{q}} = \int_0^1 \mathrm{d}x F_3^{\nu N}(x) = \text{Zahl der Valenzquarks}. \tag{16.8}$$

Das Integral kann mit Hilfe der gemessenen Wirkungsquerschnitte abgeschätzt werden. Die Auswertungen verschiedener Experimente sind alle mit dem Wert 3 verträglich, wie im Quarkmodell zu erwarten ist.

Der im Abschnitt 11.4 bereits diskutierte Vergleich der eN- mit der νN-Streuung (siehe Abb. 11.7) weist schließlich darauf hin, daß die Partonen mit Spin $1/2$ die den Quarks zugeschriebenen drittelzahligen Ladungen $\frac{1}{3}e$ und $\frac{2}{3}e$ besitzen. Offenbar sind Partonen und Quarks, die zunächst zur Erklärung ganz unterschiedlicher Beobachtungen eingeführt worden waren, miteinander identisch. Damit wird klar, daß bei der schwachen Wechselwirkung nicht die Nukleonen (wie früher angenommen), sondern deren Bestandteile, die Quarks, als die den Leptonen entsprechenden Partner auftreten. Andererseits koppeln Leptonen offenbar nicht direkt an die Gluonen, die für den Zusammenhalt der Quarks im Nukleon sorgen.

Der Betazerfall des Neutrons $n(u\,d\,d)$ in das Proton $p(u\,u\,d)$ und die Leptonen e^- und $\bar{\nu}$ ist demnach als Umwandlung des d- in ein u-Quark aufzufassen:

$$d \to u + e^+ + \bar{\nu}_e. \tag{16.9}$$

---

[66] Die physikalischen Annahmen hierzu sind in Abschnitt 11.3 bereits erläutert worden.

16 Neutrinophysik 209

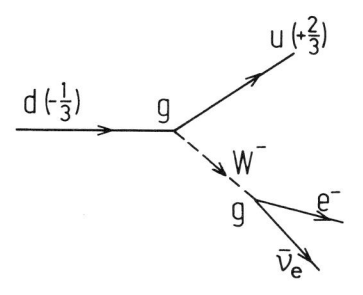

Abb. 16.7: Durch die Emission eines W^--Bosons zerfällt das d-Quark in ein u-Quark und die Leptonen e^- und $\bar{\nu}_e$.

Da die Quarks (wie die Leptonen) punktförmige Teilchen sind, kann der in die Strom-Strom-Kopplung (14.15) eingehende Quarkstrom analog zum Leptonenstrom durch die Quarkfelder ψ_u, ψ_d und ψ_s ausgedrückt werden:

$$J_\lambda^+ = \overline{\psi}_u(x)\gamma_\lambda(1+\gamma_5)[\cos\Theta\psi_d(x) + \sin\Theta\psi_s(x)]. \tag{16.10}$$

Die Unterdrückung der die Strangeness verletzenden Zerfälle wird dabei durch den Cabibbo-Faktor $\sin\Theta$ bei den s-Quarks gewährleistet.

Mit Hilfe des ausgetauschten W-Bosons wird der Prozeß (16.9) durch den Graphen in Abb. 16.7 beschrieben.

Die schwache Ladung g gibt an, wie stark die Wechselwirkung eines Teilchens mit dem W-Boson ist. Durch die Emission des negativ geladenen Bosons W^- wird dem d-Quark (Ladung $-1/3\,e$) eine negative Ladungseinheit entzogen und auf das entstehende Elektron übertragen. Das auslaufende Quark muß dann die Ladung $+2/3\,e$ besitzen, d. h. ein u-Quark sein. Die elementaren Wechselwirkungen der geladenen W-Bosonen mit den Leptonen und Quarks sind in Abb. 16.8 angegeben.

Ein Elektron verwandelt sich z. B. bei Aussendung eines (virtuellen) W^--Bosons in ein Neutrino. Entsprechend können sich die u- und d-Quarks durch Emission bzw. Absorption

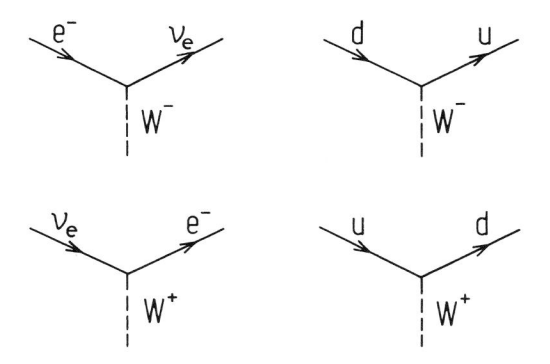

Abb. 16.8: Die fundamentalen Vertizes der schwachen Wechselwirkung von Leptonen und Quarks mit den geladenen W-Bosonen.

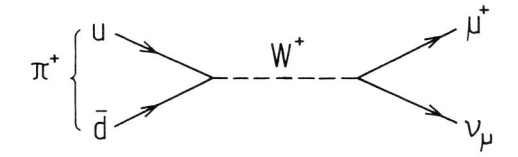

Abb. 16.9: Das Pion zerfällt aufgrund der zwischen Quarks und Leptonen vorhandenen schwachen Wechselwirkung.

der geeigneten W-Bosonen ineinander umwandeln. Der Zerfall des aus einem Quark und einem Antiquark bestehenden π-Mesons kann somit wie in Abb. 16.9 erklärt werden. Bei der Annihilation des u- und $\bar{d}$-Quarks entsteht ein virtuelles W-Boson, das anschließend in das Leptonenpaar μ^+ und ν_μ zerfällt.

Um ihre Rolle als gleichwertige Partner bei der schwachen Wechselwirkung hervorzuheben, faßt man die Leptonen ν_e, e^- und Quarks u, d zu Größen mit je zwei Komponenten zusammen:

$$\begin{pmatrix} \nu_e \\ e^- \end{pmatrix}, \quad \begin{pmatrix} u \\ d \end{pmatrix}. \tag{16.11}$$

Durch die schwache Wechselwirkung werden offenbar die oberen Komponenten in die unteren übergeführt und umgekehrt. Dies erinnert an die Freiheitsgrade des Isospins, d. h., man kann den Leptonen und Quarks die Quantenzahlen eines schwachen Isospins zuordnen. Der Austausch von W-Bosonen bewirkt dann eine Erhöhung bzw. Erniedrigung der schwachen Isospinladungen der Leptonen und Quarks. Hier werden erste Hinweise auf die $SU(2)$-Symmetrie sichtbar, die für die Formulierung der schwachen Wechselwirkung als Eichtheorie von grundlegender Bedeutung ist. Bevor wir im Abschnitt 18 darauf zurückkommen, wenden wir uns zunächst den schwachen neutralen Strömen zu, deren Nachweis zu den herausragenden Ergebnissen der Neutrinophysik gehört.

16.4 Neutrale Ströme

Die bisher diskutierten Neutrinoreaktionen sind Beispiele für Prozesse mit geladenen schwachen Strömen, bei denen das einfallende Neutrino (bzw. $\bar{\nu}$) in ein geladenes Lepton umgewandelt wird. Im Prinzip könnten aber auch neutrale schwache Ströme vorkommen, die keine Änderung der elektrischen Ladung bewirken. Das entsprechende ausgetauschte Boson Z^0 ist dann, wie das Photon, elektrisch neutral. Typische Prozesse dieser Art sind z. B.

$$\begin{aligned} &\nu_\mu + e^- \to \nu_\mu + e^- , \quad \nu + p \to \nu + p \\ &K^0 \to \mu^+ + \mu^- , \quad K^+ \to \pi^+ + e^+ + e^- . \end{aligned}$$

Die Suche nach neutralen Strömen konzentrierte sich zunächst auf die Zerfälle seltsamer Teilchen, wie etwa den Zerfall $K^0 \to \mu^+ + \mu^-$. Das Ergebnis war jedoch negativ. Es konnte kein durch neutrale Ströme induzierter Zerfall gefunden werden, bei dem die Strangeness sich ändert. Diese Zerfälle kommen also nicht vor oder sind zumindest sehr stark unterdrückt.

Unter dem Eindruck der theoretischen Vorhersagen, wie sie in dem von S.L. Glashow, A. Salam und S. Weinberg vorgeschlagenen vereinheitlichten Modell der elektroschwachen Wechselwirkung gemacht wurden, gab man jedoch die Bemühungen nicht auf und hatte schließlich 1972/73 bei den Neutrinoexperimenten Erfolg. Sowohl der rein leptonische Prozeß $\bar{\nu}_\mu + e^- \to \bar{\nu}_\mu + e^-$ als auch die inklusiven Reaktionen $\nu_\mu + N \to \nu_\mu +$ Hadronen, bei denen im Endzustand kein Myon auftritt, konnten in der Gargamelle-Blasenkammer am CERN nachgewiesen werden [Ha 73, Ha 74]. Diese Resultate wurden bald darauf durch weitere Experimente bestätigt. Damit haben sich unsere Kenntnisse über die schwache Wechselwirkung grundlegend erweitert. Die Wirkungsquerschnitte für die Prozesse neutraler Ströme sind etwa von der gleichen Größenordnung wie diejenigen geladener Ströme. Die schwache Kopplung kann also auch weiterhin als universell angenommen werden.

Aus weiteren verbesserten Experimenten folgt ferner, daß auch die schwachen neutralen Ströme eine Mischung von Vektor- und Axialvektorbeiträgen sind. Insbesondere konnte die damit verbundene Paritätsverletzung aufgrund der Interferenz des axialen Anteils des schwachen neutralen Stroms mit dem rein vektoriellen Beitrag der elektromagnetischen Wechselwirkung nachgewiesen werden. Zur Streuung von Elektronen am Nukleon (d. h. an Quarks) trägt außer der dominierenden elektromagnetischen Wechselwirkung grundsätzlich auch der schwache neutrale Strom bei, wie dies in Abb. 16.10 durch den Austausch des Photons γ und des neutralen Vektorbosons Z^0 veranschaulicht wird.

Wenn der schwache neutrale Strom aber einen axialen Anteil enthält, dann führt die Interferenz dieser Beiträge zu einer Paritätsverletzung. Mit bemerkenswerter Voraussicht ist dieser paritätsverletzende Interferenzeffekt bereits 1959 von Y.B. Zel'dovich vorhergesagt und abgeschätzt worden [Ze 59]. Da der elektromagnetische Beitrag dominiert ($|A_{em}| > |A_w|$), sollte der zu beobachtende Effekt durch das Verhältnis der Fermi-Konstanten G zur Amplitude des Ein-Photon-Austausches e^2/q^2 bestimmt sein:

$$\frac{|A_{em}A_w|}{|A_{em}|^2 + |A_w|^2} \approx \frac{|A_w|}{|A_{em}|} \approx \frac{G}{(e^2/q^2)} \approx \frac{10^{-4} q^2}{M_p^2}. \tag{16.12}$$

Für Impulsüberträge $q^2 \approx M_p^2 \approx 1\,\text{GeV}^2$ wird damit ein Effekt in der Größenordnung von 10^{-4} vorhergesagt. Der Nachweis dieses Interferenzeffektes gelang 1978 in einem bemerkenswerten Experiment am SLAC [Pr 78, Pr 79]. Es wurden longitudinal polarisierte Elektronen mit Energien zwischen 16 GeV und 22 GeV an Deuteronen unelastisch gestreut. Hierbei konnte

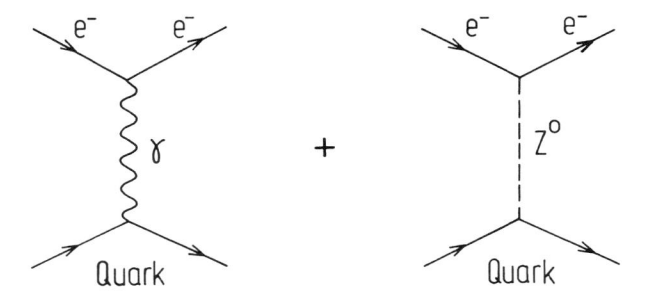

Abb. 16.10: Die Elektron-Quark-Wechselwirkung erfolgt sowohl durch γ- als auch Z^0-Austausch.

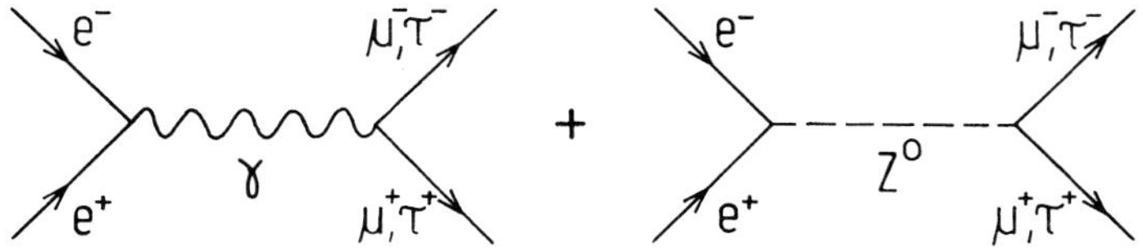

Abb. 16.11: Die Paarerzeugung von Leptonen erfolgt durch den Austausch von γ und Z^0.

ein paritätsverletzender Unterschied für die Streuquerschnitte rechts- und linkshändiger Elektronen festgestellt werden. Und zwar werden linkshändige Elektronen etwas bevorzugt gestreut. Erwähnenswert ist, daß diese gemessene Asymmetrie tatsächlich in der vorhergesagten Größenordnung (10^{-4} bei $q^2 \approx 1\,\text{GeV}^2$) liegt.

Auch bei der Wechselwirkung atomar gebundener Elektronen mit den Quarks in den Kernen sollte der elektroschwache Interferenzeffekt vorkommen. Durch die Beimischung schwacher neutraler Ströme werden geringe paritätsverletzende Effekte induziert, die sich bei den Strahlungsübergängen der Elektronen bemerkbar machen. Die Impulsüberträge sind hierbei jedoch klein, $q^2 \approx (1/R_{\text{Atom}})^2 \approx 10^{-5}\,\text{MeV}^2$, so daß nach der Abschätzung (16.12) nur ein winziger Effekt in der Größenordnung von 10^{-15} zu erwarten ist. Andererseits nimmt der Effekt mit der dritten Potenz der Kernladungszahl Z zu und sollte für schwere Kerne meßbare Werte erreichen. Die Experimente hierzu sind überaus schwierig. Die bei der Auswertung erforderliche Berechnung der Elektronendichten führt bei schweren Kernen zu beträchtlichen Unsicherheiten. Doch konnte dieser Effekt bei verschiedenen Atomen mit unterschiedlicher Genauigkeit festgestellt werden. Besonders genaue Experimente wurden am Cäsium durchgeführt.[67]

Ein weiterer Nachweis der elektroschwachen Interferenz ist an dem e^-e^+-Speicherring PETRA in Hamburg gelungen. Hier steht bei der Elektron-Positron-Vernichtung eine Gesamtenergie von $s = q^2 \approx (34\,\text{GeV})^2$ im Schwerpunktsystem zur Verfügung, so daß nach der Abschätzung (16.12) der beträchtliche Effekt von ungefähr 10% zu erwarten ist. Beobachtet wurde die Erzeugung eines Leptonenpaares ($\mu^+\mu^-$ oder $\tau^+\tau^-$), zu der auch der schwache neutrale Strom beiträgt (Abb. 16.11).

Die in bezug auf den axialen Anteil des schwachen neutralen Stromes empfindliche Größe ist die Winkelverteilung der erzeugten Leptonen. Die elektromagnetische Wechselwirkung mit dem Photon als virtuellem Zwischenzustand liefert den dominanten Beitrag mit einer Winkelverteilung der einfachen Form $1 + \cos^2\Theta$. Hierbei bezeichnet Θ den Winkel zwischen der Strahlachse und dem auslaufenden μ^- oder τ^- im Schwerpunktsystem. Die Interferenz mit dem axialen Anteil des schwachen neutralen Stromes (Z^0 als Zwischenzustand) führt zu einer Paritätsmischung im Endzustand und damit zu einer Asymmetrie in der Winkelverteilung. Die verschiedenen, am Speicherring PETRA mit Hilfe der Detektoren JADE, MARK-J, PLUTO und TASSO durchgeführten Experimente zeigen deutlich eine Asymmetrie in der erwarteten Größenordnung.[68] Und zwar werden die negativen Leptonen bevorzugt in die Hemisphäre der Positronenstrahlrichtung emittiert, d. h., die Vorwärts-Rückwärts-Asymmetrie ist negativ. Durch Messungen bei verschiedenen Energien konnte man darüber hinaus nachweisen, daß der

---

[67] Nähere Einzelheiten über dieses interessante Experiment findet man in den folgenden Übersichtsartikeln [Co 80, Fo 80, Ha 01].
[68] Zusammenfassende Berichte über die einzelnen Ergebnisse dieser Experimente findet man z. B. in [Sö 82, Wu 84].

Interferenzeffekt mit wachsender Energie größer wird, d. h. die schwache Amplitude relativ zur elektromagnetischen erwartungsgemäß zunimmt. Wie stark diese Zunahme erfolgt, wird durch die Masse des Z^0-Bosons bestimmt. Wäre diese Masse geringer als etwa 50 GeV, dann hätte man in den Experimenten bei PETRA noch größere Asymmetrieeffekte finden müssen. Daraus folgt für die Masse des Z^0-Bosons eine untere Schranke von etwa 50 GeV, d. h. $M_{Z^0} > 50$ GeV.

Der mit den Experimenten bei PETRA geführte Nachweis, daß die elektroschwachen Interferenzeffekte tatsächlich mit der Energie zunehmen, lieferte einen wichtigen Beitrag zum Verständnis der schwachen Wechselwirkung. Extrapoliert man zu noch wesentlich höheren Energien, die groß im Vergleich zu den Massen der Vektorbosonen $W^\pm$, Z^0 sind, dann sollten die Massenunterschiede zwischen Photon und Vektorboson ihre Bedeutung verlieren, und das Z^0-Boson würde als natürlicher Partner des Photons erscheinen. Die Effekte der elektromagnetischen und der schwachen Wechselwirkung wären dann von gleicher Stärke und ihre enge Beziehung würde zum Vorschein kommen. Die Frage einer einheitlichen Beschreibung dieser Wechselwirkungen wird damit aktuell. Man kann diese Situation mit der bekannten Beziehung (siehe Einleitung zu Kapitel III) zwischen elektrischen und magnetischen Kräften vergleichen.

Die schwachen neutralen Ströme sind von wesentlicher Bedeutung für unser Verständnis der Struktur der Materie. Noch vor ihrer Entdeckung waren sie mit ein Grund dafür, daß bereits eine neue Art von Elementarteilchen mit der Quantenzahl Charm vorhergesagt wurde. Wenn man nämlich auch Hadronen in die auf der schwachen Isospin-Symmetrie basierenden Eichtheorie der schwachen Wechselwirkung (siehe Abschnitt 18) einbeziehen wollte, dann wäre noch zu erklären, warum keine neutralen Ströme bei den Strangeness ändernden Zerfällen beobachtet werden konnten. Zur Lösung dieses Problems schlugen Glashow, Iliopoulos und Maiani [Gl 70] vor, den schwachen Quarkstrom (16.10)[69],

$$\bar{u}d' = \bar{u}(d\cos\Theta + s\sin\Theta), \tag{16.13}$$

um einen neuen Term vermittels des zusätzlichen Quarks c zu erweitern, das in Analogie zum u-Quark mit der Ladungszahl $+2/3$, aber mit der neuen Flavour-Quantenzahl Charm ($C = +1$) eingeführt wird. Das vierte Quark koppelt außerdem an die folgende Überlagerung aus d- und s-Quark,

$$s' = s\cos\Theta - d\sin\Theta, \tag{16.14}$$

die zur bekannten Cabibbo-Mischung, $d' = d\cos\Theta + s\sin\Theta$, orthogonal ist. Man erhält so den folgenden Ausdruck für den erweiterten Quarkstrom:

$$\bar{u}d' + \bar{c}s' = \bar{u}(d\cos\Theta + s\sin\Theta) + \bar{c}(-d\sin\Theta + s\cos\Theta). \tag{16.15}$$

Auf diese Weise wird erreicht, daß sich im neutralen Strom $\bar{u}u + \bar{c}c + \bar{d}'d' + \bar{s}'s'$ die Beiträge mit $\Delta S = 1$ gerade herausheben. Der Preis dafür ist das neu einzuführende Quarkteilchen c, dessen Masse im Vergleich zur Masse des u-Quarks nicht zu groß sein darf. Damit sind aber neue hadronische Zustände mit verborgenem bzw. offenem Charm ($\psi = c\bar{c}$, $\overline{D^0} = u\bar{c}$ usw.) möglich. Durch die Beobachtung solcher Zustände (vgl. Abschnitt 12.4) wurde schließlich die mit dem zunächst wie ein Trick erscheinenden „GIM-Mechanismus" zur Unterdrückung neutraler Ströme verbundene Charm-Hypothese in glänzender Weise bestätigt.

---
[69] Da es hier nur auf die im schwachen Strom vorhandenen Quarks ankommt, wurden die γ-Matrizen der Einfachheit halber weggelassen. Die Buchstaben u, d usw. bezeichnen die entsprechenden Quarkfelder.

Insbesondere folgt aus dem Quarkstrom (16.15) die interessante Vorhersage, daß die Übergänge $c \to s$ im Vergleich zu den Übergängen $c \to d$ wegen der unterschiedlichen Faktoren $\cos\Theta$ bzw. $\sin\Theta$ dominieren. Dieser Unterschied macht sich bei den Zerfällen von Teilchen mit Charm bemerkbar. So zerfällt das $D^0(\bar{u}c)$ überwiegend in ein $K^-(\bar{u}s)$ und π-Mesonen. Dagegen sind die Zerfälle ohne das K^- stark unterdrückt. Die Zerfälle der D-Mesonen können somit an den dabei auftretenden K-Mesonen erkannt werden.

17 Versagen der bisherigen Theorie bei hohen Energien

17.1 Grenzen der Strom-Strom-Kopplung

Obwohl die auf den Ansatz von Fermi zurückgehende V-A-Kopplung die Phänomene der schwachen Wechselwirkung bei niederen Energien in niedrigster Ordnung der Störungstheorie gut beschreibt, erfüllt sie nicht die Ansprüche, die an eine konsistente Theorie zu stellen sind. Sie versagt bei hohen Energien. Diese grundlegende Schwierigkeit hängt eng mit der Tatsache zusammen, daß die effektive Kopplungskonstante G nicht dimensionslos ist. Daraus kann, wie die Überlegung im Abschnitt 16.2 gezeigt hat, auf ein lineares Anwachsen des Wirkungsquerschnitts für die νe^--Streuung mit zunehmender Energie geschlossen werden. Andererseits darf der Wirkungsquerschnitt wegen der in der Quantentheorie allgemein geltenden Erhaltung der Wahrscheinlichkeit (auch Unitaritätsprinzip genannt) nicht unbegrenzt zunehmen, da sonst mehr Teilchen in den Endzustand gestreut würden als im Anfangszustand einlaufen.

Wodurch kann eine Dämpfung des Wirkungsquerschnitts bei hohen Energien erreicht werden? Möglicherweise hat man Beiträge höherer Ordnung der Störungstheorie zu berücksichtigen. Bei dem Versuch ihrer Berechnung stößt man allerdings auf eine weitere wesentliche Schwierigkeit der lokalen V-A-Kopplung. Die Beiträge höherer Ordnung sind nämlich divergent und können außerdem nicht, wie es in der QED möglich war, renormiert werden. Diese Theorie führt also nur im Bereich niedriger Energien zu sinnvollen Ergebnissen.

Angesichts der begrenzten Anwendbarkeit der lokalen Strom-Strom-Kopplung liegt es nahe, sich am Vorbild der QED zu orientieren. In der QED ist die Kopplungskonstante α dimensionslos, so daß im Wirkungsquerschnitt für die Reaktion $e^+e^- \to \mu^+\mu^-$ das Quadrat der Schwerpunktsenergie im Nenner steht (Gl. 12.10). Der Wirkungsquerschnitt nimmt also mit zunehmender Energie ab, wie es dem Unitaritätsprinzip entspricht. Diesem Hinweis folgend, wäre die Theorie der schwachen Wechselwirkung so zu formulieren, daß die schwache Kopplungskonstante ebenfalls dimensionslos wird. In einer solchen Theorie wird die Wechselwirkung analog zur QED durch den Austausch von Feldquanten, d. h. Vektorbosonen, vermittelt, wie dies in den vorigen Abschnitten gelegentlich bereits diskutiert worden ist.

17.2 Die intermediären Vektorbosonen

Wir gehen also davon aus, daß die schwache Wechselwirkung, die bei niederen Energien effektiv als lokale Wechselwirkung zweier Ströme beschrieben werden kann, durch den Austausch von intermediären Bosonen zustande kommt. Da der schwache Strom ein Vierervektor ist, der

17 Versagen der bisherigen Theorie bei hohen Energien

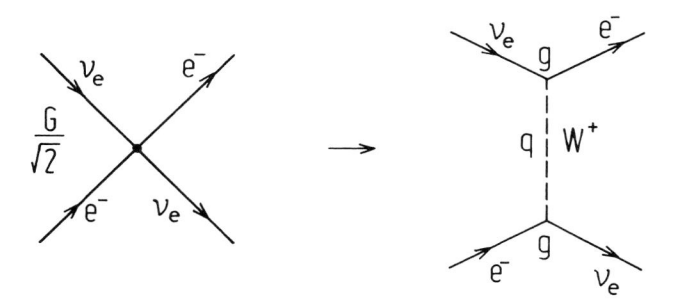

Abb. 17.1: Bei hohen Energien (d. h. kurzen Abständen) tritt an die Stelle der effektiven Vier-Fermionen-Kopplung der Austausch schwerer Vektorbosonen.

Ladungen überträgt oder neutral sein kann, müssen die ausgetauschten Teilchen Vektorbosonen (Spin 1) mit den entsprechenden Ladungen W_μ^+, W_μ^- und Z_μ^0 sein. Um die extrem kurze Reichweite zu gewährleisten, müssen die Vektorbosonen außerdem große Massen besitzen (Reichweite $\approx 1/M_w$). Bei hohen Energien (d. h. kurzen Abständen) ist die Strom-Strom-Kopplung dann nicht mehr punktförmig. Der Vier-Fermionen-Vertex erscheint wie unter einem hochauflösenden Mikroskop vergrößert, so daß seine Struktur (Austausch der Vektorbosonen) hervortritt (Abb. 17.1).

Die dimensionslose Kopplungskonstante der schwachen Wechselwirkung wird mit g bezeichnet. Um sie mit der Fermi-Konstanten $G = 10^{-5}/M_p^2$ vergleichen zu können, deren Zahlenwert von der gewählten Massenskala (M_p) abhängt, benötigt man eine „natürliche" Masse, die für die schwache Wechselwirkung charakteristisch ist. Dafür bietet sich als einzige Möglichkeit die Masse M_w der Vektorbosonen an. Mit Blick auf Abb. 17.1 können wir also im Limes niedriger Energien (d. h. $q^2 \ll M_w^2$) setzen:

$$\frac{G}{\sqrt{2}} \sim \frac{g^2}{M_w^2}. \tag{17.1}$$

Wenn die Masse des Vektorbosons unbekannt ist, können wir hieraus g nicht berechnen. Man kann jedoch (umgekehrt) der Kopplung g (probeweise) den Zahlenwert der elektrischen Ladung e geben und dann die Masse M_w ermitteln. Indem man die Werte $e^2 = 4\pi/137$ und $G = 10^{-5}/M_p^2$ in

$$M_w^2 \sim \frac{g^2 \sqrt{2}}{G} = \frac{e^2 \sqrt{2}}{G} \tag{17.2}$$

einsetzt, folgt:

$$M_w \approx 100 \,\text{GeV}. \tag{17.3}$$

Wenn also die Vektorbosonen Massen in dieser Größenordnung besitzen, kann die eigentliche Stärke der schwachen Wechselwirkung, d. h. die Kopplungskonstante g, ohne weiteres ebenso groß wie die elektromagnetische Kopplung sein. Die schwache Wechselwirkung erscheint bei niederen Energien offenbar deshalb so viel schwächer als die elektromagnetischen Kräfte, weil die ausgetauschten Vektorbosonen so große Massen haben. Bei hohen Energien erwartet man dagegen, daß beide Wechselwirkungen in der gleichen Stärke auftreten und auch formal zusammengehören. Damit stellen die unterschiedlichen Stärken dieser Wechselwirkungen kein Hindernis mehr bei ihrer Vereinigung dar.

Eine weitgehende Ähnlichkeit kommt bereits darin zum Ausdruck, daß die Lagrange-Dichte der schwachen Wechselwirkung im Bild der Vektorbosonen analog zur elektromagnetischen Kopplung (5.52) folgendermaßen geschrieben werden kann:

$$\mathcal{L}_w^{VB} = g_w(J_\mu^+ W^\mu + J^\mu W_\mu^+). \tag{17.4}$$

Die entsprechenden elementaren Vertizes kennen wir bereits aus Abb. 16.8. Durch die eingeführten W-Bosonen wird die ursprünglich als punktförmig angenommene Wechselwirkung über einen Bereich der Ausdehnung $1/M_w$ verwischt, so daß der totale Wirkungsquerschnitt der νe^--Streuung für hohe Energien gegen einen konstanten Wert strebt. Dies ist zwar eine große Verbesserung, aber die Unitaritätsgrenze ist immer noch, wenn auch nur logarithmisch, in den Partialwellen verletzt. Darüber hinaus divergiert der Wirkungsquerschnitt quadratisch mit der Energie in anderen, mehr „esoterischen" Prozessen. Auch bleibt die Theorie nicht renormierbar. Durch den explizit einzuführenden Massenterm für die Vektorbosonen in der Lagrange-Dichte für die freien Felder wird die Eichsymmetrie verhindert. Letztere war aber gerade für die Renormierbarkeit der QED wesentlich. Offenbar ist es erforderlich, auch die schwache Wechselwirkung, bei noch tiefer reichender Ähnlichkeit zur QED, als Eichtheorie mit minimaler Kopplung zu formulieren. Zunächst aber wollen wir uns der Frage nach der Existenz der Vektorbosonen zuwenden.

Immer dann, wenn neue Beschleuniger mit höheren Energien zur Verfügung standen, wurden auch Versuche unternommen, die vermuteten Zwischenbosonen der schwachen Wechselwirkung zu finden. Man hatte jedoch keine zuverlässigen Anhaltspunkte hinsichtlich ihrer Masse. Es war allerdings klar, daß es sich um sehr instabile Teilchen handeln muß, die in Leptonen zerfallen. Insbesondere sollte bei der $\nu_\mu N$-Streuung das W^+ zusammen mit μ^- erzeugt werden. Da das W^+ anschließend in ein Positron und ein Neutrino zerfällt ($W^+ \to e^+ \nu_e$), tritt dann das Leptonenpaar $\mu^- e^+$ als charakteristisches Ereignis im Endzustand auf. Solche Ereignisse wurden jedoch nicht gefunden. Das W-Boson konnte demnach bei den erreichbaren Energien noch nicht erzeugt worden sein, mußte also eine höhere Masse haben. Die sich daraus ergebende untere Schranke für M_w erreichte Werte bis zu etwa 5 GeV [Ba 73].

Da sich die W-Bosonen außerdem durch eine Dämpfung des aus der punktförmigen Strom-Strom-Kopplung folgenden linearen Anstiegs der Wirkungsquerschnitte für die νe^-- bzw. νN-Streuung (indirekt) bemerkbar machen, kann aus eventuell zu beobachtenden Abweichungen vom linearen Verlauf auf die Masse des W-Bosons geschlossen werden. Die Experimente ergaben hier untere Schranken von $M_w \geq 30$ GeV [Ba 78]. Noch höher liegt die untere Schranke für die Masse des Z^0-Bosons. Aus den bereits in Abschnitt 16.4 diskutierten Experimenten zur elektroschwachen Interferenz konnte auf $M_{Z^0} \geq 50$ GeV geschlossen werden.

Alle diese Ergebnisse liegen noch weit unter der theoretischen Vorhersage der $SU(2) \times U(1)$-Eichtheorie nach Glashow, Salam und Weinberg[70], wonach die Vektorbosonen folgende geschätzte Massenwerte haben sollen:

$$M_{w^\pm} \approx 80 \text{ GeV},$$
$$M_{Z^0} \approx 90 \text{ GeV}. \tag{17.5}$$

---

[70] Mehr über das GSW-Modell findet man im Abschnitt 18.

Die bisher verfügbaren Energien reichen offenbar nicht aus, um Teilchen mit so großen Massen zu erzeugen.

Als Ausweg wurde 1976 von C. Rubbia, P. McIntyre und D. Cline der ungewöhnliche und zunächst umstrittene Vorschlag gemacht [Ru 76], das Super-Protonen-Synchrotron (SPS) des CERN in einen Proton-Antiproton-Speicherring umzubauen. Die beim Zusammenstoß der gegenläufigen Strahlen im Schwerpunktsystem verfügbare Energie von 540 GeV sollte ausreichen, um W-Bosonen zu erzeugen. Dieses Projekt ist im Laufe des Jahres 1981 beim CERN realisiert worden, so daß 1982 mit den ersten Experimenten begonnen werden konnte. Um Antiprotonen in geeigneter Anzahl zur Verfügung zu haben, ist ein Antiproton-Akkumulator erforderlich. Er beruht auf der von S. van der Meer entwickelten Technik des „stochastischen Kühlens", die es ermöglicht, die zunächst sehr breite Orts- und Impulsverteilung der Antiprotonen so zu regulieren, daß schließlich wohldefinierte Pakete aus Antiprotonen entstehen [Me 83]. Erst damit ist der Betrieb von $p\bar{p}$-Speicherringen mit genügend hohen Ereignisraten möglich. Die Antiprotonenpakete werden zunächst in dem Protonen-Synchroton auf 26 GeV beschleunigt und dann in das SPS eingeschossen, wo sie im entgegengesetzten Sinn wie die Protonen umlaufen und schließlich die Endenergie von 270 GeV erreichen. Die verschiedenen Beschleuniger sind hier zu einem Verbundsystem zusammengeschlossen. Alle 20 Stunden etwa muß das SPS nachgefüllt werden.

Wenn Protonen mit Antiprotonen kollidieren, d. h. genauer bei den Zusammenstößen der darin enthaltenen Quark- und Antiquarkteilchen, werden Vektorbosonen erzeugt, die anschließend, neben anderen Zerfällen, in ein Elektron (bzw. Myon) und Neutrino zerfallen:

$$\begin{aligned} q + \bar{q} \to W^{\pm} &\to e^{\pm} + \nu_e(\bar{\nu}_e) \\ &\to \mu^{\pm} + \nu_\mu(\bar{\nu}_\mu). \end{aligned} \qquad (17.6)$$

Das neutrale Z^0-Boson zerfällt in ein geladenes Leptonenpaar,

$$\begin{aligned} Z^0 &\to e^+ + e^- \\ &\to \mu^+ + \mu^-. \end{aligned} \qquad (17.7)$$

Die beim Zerfall eines Vektorbosons entstehenden Teilchen teilen sich dessen Masse und fliegen mit jeweils 40 bzw. 45 GeV Energie auseinander. Sie sollten im Experiment bei großen Winkeln feststellbar sein.

Zum Nachweis der Vektorbosonen dienen in den Experimenten UA-1 (Underground Area 1) und UA-2 leistungsfähige Detektoren, die an den Kreuzungspunkten der gegenläufigen Strahlen des unterirdisch verlegten SPS aufgestellt werden. Im Detektor UA-1 (Gewicht etwa 2000 Tonnen) werden die Elektronen durch eine Impulsmessung im Magnetfeld und eine Energiemessung in einem Schauerzähler nachgewiesen. Durch weitere, um den Ort der Zusammenstöße angeordnete Detektoren und Kalorimeter wird dafür gesorgt, daß möglichst alle Teilchen im Endzustand und deren Energien bestimmt werden können. Das beim Zerfall des $W^{\pm}$ (17.6) entstehende Neutrino hinterläßt keine Spur. Doch macht sich seine Anwesenheit durch fehlenden Impuls und Energie in der Gesamtbilanz bemerkbar. Bei der Auswertung der Daten suchte die UA-1-Gruppe [Ar 83a] nach beiden Arten von Ereignissen, einmal nach solchen mit einem isolierten Elektron, das einen extrem hohen Transversalimpuls besitzt, und zum anderen nach solchen, bei denen ein großer Teil der transversalen Energie wegen der nicht nachgewiesenen

Neutrinos fehlt. Ende Januar 1983 stellte sich der Erfolg ein. Beide Verfahren der Auswertung führten auf die gleichen fünf Ereignisse. Diese klare Signatur des mit hoher Energie in entgegengesetzte Richtungen auseinanderfliegenden Leptonenpaares weist darauf hin, daß hier der Zerfall des geladenen W-Bosons beobachtet wurde. Jedenfalls gibt es nach unseren heutigen Kenntnissen keine andere Erklärung für diese Ereignisse.

Der im Experiment UA-2 benutzte Detektor kommt ohne einen großen Magneten aus und besitzt daher ein geringeres Gewicht (200 Tonnen). Auch hier wird die Energie der Teilchen im Endzustand in konzentrisch angeordneten Kalorimetern gemessen. Dabei ist es mit Hilfe spezieller Kalorimeter möglich, die elektromagnetische Energie, die von einem Photon oder Elektron abgegeben wird, von den durch Hadronen ausgelösten Signalen zu unterscheiden. Im UA-2-Experiment konnten zunächst vier charakteristische Ereignisse identifiziert werden, die auf die Erzeugung und den anschließenden Zerfall des geladenen W-Bosons hinweisen [Ba 83]. Auch die geringe Anzahl der Ereignisse ist mit dieser Deutung konsistent. Aufgrund der in beiden Experimenten festgestellten fehlenden Energie, die durch das Neutrino fortgetragen wird, und der gemessenen Elektronenenergie ergab sich für das geladene W-Boson eine Masse von rund 80 GeV. Dieses Ergebnis ist in ausgezeichneter Übereinstimmung mit dem nach der Eichtheorie zu erwartenden Wert (17.5).

Der Zerfall des neutralen Vektorbosons Z^0 ist an dem noch deutlicheren Signal eines hochenergetisch geladenen Leptonenpaares zu erkennen (17.7). Die in entgegengesetzte Richtungen auseinanderfliegenden Leptonen können beide nachgewiesen werden. Die Theorie sagt für diese Ereignisse jedoch eine merklich geringere Häufigkeit voraus als im Fall der geladenen Vektorbosonen. Daher mußte man auf die Z^0-Ereignisse etwas länger warten. Im Mai 1983 wurde schließlich der erste Kandidat für ein Z^0-Ereignis festgestellt. Bald darauf konnte man sich auf vier eindeutige Ereignisse $Z^0 \to e^+e^-$ stützen [Ar 83b]. Außerdem gab es ein weiteres Ereignis, bei dem das Z^0 in ein Myonenpaar zerfällt. Aus den gemessenen Energien der Leptonen erhält man für die Masse des Z^0-Bosons einen vorläufigen Wert, der mit rund 95 GeV etwas über dem theoretisch vorhergesagten Wert (17.5) liegt.

Durch den Nachweis der Vektormesonen $W^\pm$ und Z^0 ist die Entwicklung unserer Vorstellungen über die schwache Wechselwirkung, die vor 50 Jahren mit dem von Pauli postulierten Neutrino und mit dem Ansatz von Fermi begonnen hatte, an einem Höhepunkt angelangt. Eine der wesentlichen Aussagen der bereits 1967 formulierten $SU(2) \times U(1)$-Eichtheorie der elektroschwachen Wechselwirkung hat sich damit, auch quantitativ, als richtig erwiesen. Die auf der Eichsymmetrie beruhende tiefgreifende Analogie der schwachen Wechselwirkung zur QED ist dadurch bestätigt worden.

18 Vereinheitlichte elektromagnetische und schwache Wechselwirkung

Wie in Abschnitt 17.2 bereits bemerkt wurde, genügt die Einführung der Vektorbosonen (17.4) allein nicht, um eine befriedigende, d. h. eine renormierbare und die Unitaritätsgrenze nicht verletzende, Theorie der schwachen Wechselwirkung zu formulieren. Man hat zu beachten, daß der Eichsymmetrie eine entscheidende Rolle bei der Renormierbarkeit zukommt. Die Vektorbosonen sollten also in noch engerer Analogie zur QED als Eichfelder über eine Eichsymmetrie eingeführt werden.

Eine solche Eichtheorie der schwachen Wechselwirkung ist in den Arbeiten von S. L. Glashow [Gl 61], A. Salam [Sa 68] und S. Weinberg [We 67] während der sechziger Jahre entwickelt worden[71]. Ausgehend von einer völlig symmetrischen Theorie mit masselosen Teilchen erhalten dabei bestimmte Teilchen (Elektronen, $W^\pm, Z^0$) die erforderlichen Massen durch eine geeignete „spontane Symmetriebrechung", bei welcher der Grundzustand des Systems eine geringere Symmetrie besitzt als die Lagrange-Funktion bzw. die Feldgleichungen. Der Mechanismus der spontanen Brechung von Eichsymmetrien war vorher von verschiedenen Theoretikern, insbesondere von P. Higgs [Hi 64] ausgearbeitet worden[72]. Sowohl Salam als auch Weinberg hatten die Vermutung geäußert, daß die neue Eichtheorie der schwachen Wechselwirkung renormierbar ist. Aber Gewißheit bestand hierüber zunächst nicht. So fanden diese wichtigen Arbeiten die gebührende Beachtung erst einige Zeit später, nachdem 1971 der Nachweis gelungen war, daß Theorien mit spontan gebrochener Eichsymmetrie tatsächlich renormierbar sind. Nach diesem Durchbruch glaubte man auf der richtigen Spur zu sein und ging daran, die Vorhersagen des GSW-Modells experimentell zu prüfen. Die Bemühungen führten 1973 zur Bestätigung der von der Theorie geforderten neutralen Ströme, zur Entdeckung der vorausgesagten Charm-Teilchen im November 1974 und schließlich 1983 zum Nachweis der Vektorbosonen $W^\pm, Z^0$. Eine interessante Eigenschaft dieser Theorie besteht darin, daß die schwache und elektromagnetische Wechselwirkung unter dem Aspekt der Eichsymmetrie und der damit verbundenen Eichfelder vereint werden. Ein wichtiger Schritt zum einheitlichen Verständnis der fundamentalen Wechselwirkungen ist damit getan.

18.1 Spontane Symmetriebrechung

Wie wir in den Abschnitten 5.2 und 5.3 gesehen haben, kann die Forderung nach Invarianz gegenüber Eichtransformationen als dynamisches Prinzip aufgefaßt werden. Insbesondere führt die im Fall der QED geltende Eichsymmetrie $U(1)$ auf die elektromagnetischen Potentiale $A_\mu(x)$ als Eichfeld, dessen Ankopplung an das geladene Materiefeld $\psi(x)$ bei Verwendung der verallgemeinerten Ableitungen (5.23) festgelegt ist. Im Fall höherer Eichsymmetrien sind gerade soviel Eichfelder $W^i_\mu(x)$ mit $i = 1, 2, \ldots$ einzuführen, wie Parameter (bzw. Erzeugende) der betreffenden Eichgruppe vorhanden sind.

Zur Beschreibung der schwachen Wechselwirkung als Eichtheorie hat man wegen der vorhandenen drei Vektorbosonen $W^\pm$ und Z^0 von einer höheren Eichsymmetrie auszugehen. Die kleinste unitäre Gruppe, die als Eichsymmetrie auf mindestens drei Eichfelder führt, ist die im Abschnitt 5.3 diskutierte Gruppe $SU(2)$. Daher liegt es nahe, diese Gruppe als Eichsymmetrie zu wählen. Man führt damit einen Isospin ein, der für die schwache Wechselwirkung charakteristisch ist (schwacher Isospin). Die entsprechenden Eichfelder haben den (gewöhnlichen) Spin 1 und können als die Komponenten eines Vektors im Isoraum (bezüglich der globalen

---

[71] Interessante Einzelheiten zu dieser Entwicklung enthalten die lesenswerten Nobel-Vorträge der genannten Autoren aus dem Jahre 1979 [GSW 80]. Eine Auswahl wichtiger Arbeiten zur Eichtheorie der elektroschwachen Wechselwirkung ist ferner in einem von C. H. Lai herausgegebenen Sammelband wiederabgedruckt worden [La 81].

[72] Weitere Arbeiten hierzu findet man in [La 81].

$SU(2)$) aufgefaßt werden $\vec{W}_\mu = (W_\mu^1, W_\mu^2, W_\mu^3)$. Die geladenen Vektorbosonen W^+, W^- können dann mit den Linearkombinationen $\frac{1}{\sqrt{2}}(W_\mu^1 \pm \mathrm{i}W_\mu^2)$ identifiziert werden, während W_μ^3 in die Beschreibung des neutralen Vektorbosons Z^0 eingeht.

Aufgrund der Eichsymmetrie sind diese Eichbosonen zunächst alle masselos wie das Photon. Um die schweren Vektorbosonen $W^\pm$, Z^0 zu erhalten, muß die Eichsymmetrie $SU(2)$ gebrochen werden. Allerdings kann dies nicht durch Einführung expliziter Massenterme der Art $\frac{M^2}{2} W_\mu W^\mu$ geschehen, denn dies würde die Eichsymmetrie verletzen, und die Theorie wäre dann nicht mehr renormierbar. Da man hier zunächst keinen Ausweg wußte, hat die großartige Idee, die Eichsymmetrie zur Bestimmung von Wechselwirkungen zu benutzen, längere Zeit brachgelegen. Der Durchbruch wurde schließlich mit Hilfe der „spontanen Symmetriebrechung" möglich, die auch in anderen Gebieten der Physik, insbesondere der Festkörperphysik, eine Rolle spielt. Wesentlich hierbei ist, daß die Lagrange-Funktion bzw. die Feldgleichungen des Systems durchaus Symmetrien besitzen können, die im physikalisch realisierten Grundzustand nicht mehr auftreten. Im Fall der schwachen Wechselwirkung konnte auf diese Weise das Prinzip der Eichsymmetrie um den Preis der Einführung einer weiteren Teilchenart (Higgs-Teilchen) gewahrt werden.

Das Beispiel des Ferromagneten

Ein lehrreiches Beispiel für das Phänomen der spontanen Symmetriebrechung ist die spontane Magnetisierung des Ferromagneten unterhalb einer kritischen Temperatur T_c. Im Heisenberg-Modell des Ferromagneten geht man von einer Anordnung magnetischer Dipole aus, die analog zu den Gitterplätzen der Atome aufgebaut ist, und beschreibt deren Wechselwirkung durch eine rotationssymmetrische Kopplung der entsprechenden Spins zwischen nächsten Nachbarn. Bei hohen Temperaturen $T > T_c$ verhindert die thermische Bewegung der Atome eine kollektive Ausrichtung der magnetischen Dipole, so daß keine Magnetisierung im Grundzustand auftritt. Zur Veranschaulichung ist in Abb. 18.1a die freie Energie über der Magnetisierung aufgetragen. Oberhalb T_c ist der Verlauf der Energiekurve einfach U-förmig, d. h. auch rotationssymmetrisch wie die zugrunde liegenden Gleichungen. Der Zustand tiefster Energie am Boden des U, der Gleichgewichtszustand, der auch ein Zustand mit verschwindender Magnetisierung ist, besitzt ebenfalls diese Symmetrie. Ein ganz anderes Verhalten zeigt die Energie bei niedrigen Temperaturen unterhalb T_c. Die Energiekurve, von der Form eines W mit abgerundeten Ecken (Abb. 18.1b), ist zwar immer noch rotationssymmetrisch, aber nun hat man im Gleichgewichts-

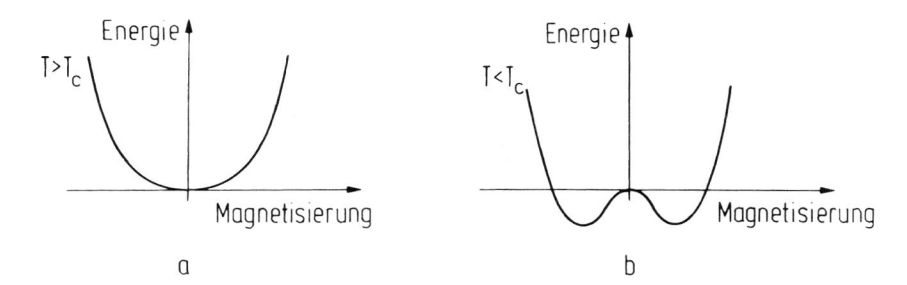

Abb. 18.1: Die freie Energie in Abhängigkeit von der Magnetisierung: a) oberhalb, b) unterhalb der kritischen Temperatur T_c.

zustand (Grundzustand) eine von Null verschiedene Magnetisierung entsprechend seiner Lage in einem der beiden vorhandenen Minima.

Der frühere Gleichgewichtszustand mit verschwindender Magnetisierung ist nicht mehr stabil. Die Richtung der Magnetisierung ist beim Übergang von der ungeordneten in die geordnete Phase zunächst unbestimmt, sie stellt sich spontan ein. Die Rotationssymmetrie des Systems wird dadurch spontan gebrochen.

An diesem Beispiel sind alle charakteristischen Züge der spontanen Symmetriebrechung zu erkennen. Es gibt demnach einen kritischen Punkt, d. h. den kritischen Wert einer Größe (oft die Temperatur), der bestimmt, wann spontane Symmetriebrechung eintritt.

- Unterhalb des kritischen Punktes wird der symmetrische Grundzustand instabil.

- Der neue stabile Grundzustand besitzt eine geringere Symmetrie und ist entartet.

- Die Phase unterhalb des kritischen Punktes wird durch einen nichtverschwindenden Ordnungsparameter gekennzeichnet, wie z. B. durch die Magnetisierung im Fall des Ferromagneten.

Für einen innerhalb eines solchen Magneten lebenden Physiker dürfte es wegen der vorhandenen Magnetisierung bei $T < T_c$ sehr schwer sein, die Rotationssymmetrie der Wechselwirkung festzustellen. Da die volle Symmetrie des Systems im weniger symmetrischen Grundzustand nicht erkannt werden kann, spricht man auch von einer verborgenen Symmetrie. Analog kann es bei den Wechselwirkungen der Elementarteilchen eine in diesem Sinne fundamentale Symmetrie geben, die in der Tabelle der Teilchenmassen jedoch nicht zu erkennen ist.

Spontane Brechung einer globalen Symmetrie (Goldstone-Bosonen)

In der Feldtheorie wird die Idee der spontanen Symmetriebrechung durch die Einführung skalarer Felder in die Lagrange-Dichte realisiert. Zur Erklärung des Prinzips ist ein Beispiel von J. Goldstone nützlich, bei dem man ein komplexes skalares Feld,

$$\varphi(x) = \frac{1}{\sqrt{2}}(\varphi_1(x) + i\varphi_2(x)), \tag{18.1}$$

einführt, dessen Dynamik durch folgende Lagrange-Dichte,

$$\mathcal{L} = \partial_\mu \varphi^* \partial^\mu \varphi - V(\varphi), \tag{18.2}$$

beschrieben wird. Das die Selbstwechselwirkung des Feldes beschreibende „Potential" $V(\phi)$ soll hier die Gestalt haben,

$$V(\varphi) = -a|\varphi|^2 + b|\varphi|^4, \tag{18.3}$$

wobei die Bedingung $b > 0$ dafür sorgt, daß das Potential nach unten beschränkt bleibt. Die Lagrange-Dichte (18.2) ist invariant gegenüber der Gruppe $U(1)$ der globalen Phasentransformation. Die Hamilton-Dichte[73] des Systems lautet

$$\mathcal{H} = (\partial_0 \varphi^*)(\partial_0 \varphi) + (\vec{\nabla}\varphi^*) \cdot (\vec{\nabla}\varphi) + V(\varphi). \tag{18.4}$$

---

[73] Sie ist entsprechend der aus der Mechanik bekannten Vorschrift $H = p\dot{q} - L$ zu bilden.

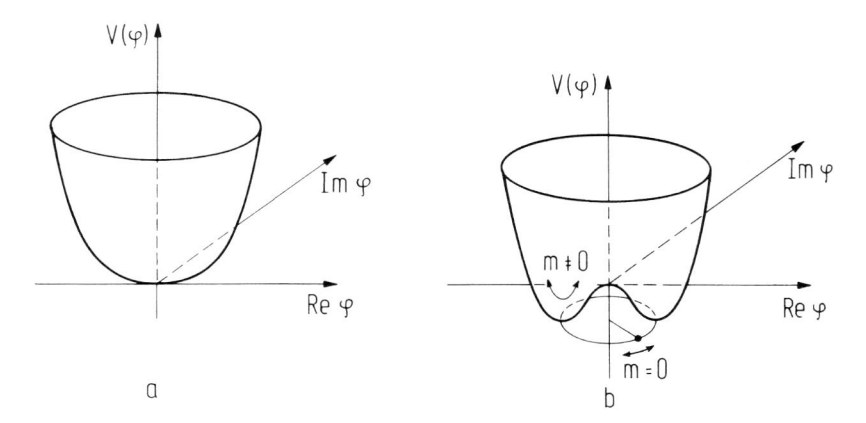

Abb. 18.2: Darstellung des Potentials (18.3) über der komplexen φ-Ebene: a) ohne, b) mit spontaner Symmetriebrechung. Die Moden des skalaren Feldes, charakterisiert durch $m = 0$ bzw. $m \neq 0$, sind durch Pfeile angedeutet.

Die ersten Terme dieses Ausdrucks sind stets positiv. Sie verschwinden nur für ein konstantes Feld φ. Daher entspricht der Grundzustand des Systems einem konstanten Wert φ_0, der außerdem die Lage des Minimums von $V(\varphi)$ bezeichnet. Dann nämlich ist die Gesamtenergie minimal. Damit $V(\varphi)$ ein Minimum besitzt, muß $b > 0$ sein. Die Lage des Minimums hängt nun von den Vorzeichen von a ab und kann in bekannter Weise dadurch ermittelt werden, daß man die Ableitung von $V(\varphi)$ nach φ gleich Null setzt.[74] Hieraus folgt, daß der kritische Punkt bei $a = 0$ liegt. Zur Veranschaulichung des Resultates trägt man $V(|\varphi|)$ über der komplexen φ-Ebene auf (Abb. 18.2). Für $a \leq 0$ liegt das Minimum bei $\varphi = 0$ (symmetrische Lösung, Abb. 18.2a). In diesem Fall ist (18.2) die Lagrange-Dichte für ein selbstwechselwirkendes geladenes skalares Teilchen der Masse $m = \sqrt{-a}$. Diese Lösung wird für $a > 0$ instabil, d. h., die Symmetrie $U(1)$ wird spontan gebrochen. Das Minimum der Energie tritt bei $a > 0$ für alle diejenigen Punkte in der komplexen φ-Ebene ein, die auf dem durch

$$\varphi_0 = e^{i\delta}\sqrt{\frac{a}{2b}} \tag{18.5}$$

bestimmten Kreis liegen (Abb. 18.2b).

Diese Lösungen sind nicht mehr invariant gegenüber $U(1)$. Vielmehr entsprechen die Punkte auf dem Kreis mit Radius $|\varphi_0|$ verschiedenen Grundzuständen, die durch die Wahl der Phase δ, also durch Anwendung der Transformationen $U(1)$, auseinander hervorgehen. Es gibt demnach unendlich viele Grundzustände, die ohne Energieaufwand ineinander übergeführt werden können. Der spontan gewählte Grundzustand ist entartet. Der Grundzustand wird in der Quantenfeldtheorie als Vakuumzustand bezeichnet und entsprechend hat man die komplexe Zahl φ_0 mit dem Vakuumerwartungswert des Quantenfeldes φ zu identifizieren,

$$\langle 0|\varphi(x)|0\rangle = \varphi_0 = e^{i\delta}\sqrt{\frac{a}{2b}}. \tag{18.6}$$

---

[74] Bei diesen Überlegungen genügt es, $\varphi(x)$ wie ein klassisches Feld zu behandeln. Der Koeffizient a ist ein reeller Parameter, der zunächst nicht als Quadrat einer Masse interpretiert werden sollte.

18 Vereinheitlichte elektromagnetische und schwache Wechselwirkung

Im Fall $a > 0$ kann also der von Null verschiedene Vakuumerwartungswert des Feldes $\varphi(x)$ als der die Konfigurationen niedrigster Energie beschreibende Ordnungsparameter angesehen werden. Diese Größe entspricht damit der Magnetisierung beim Ferromagneten.[75]

Welche Folgerungen ergeben sich nun aus der spontanen Symmetriebrechung für das mögliche Massenspektrum der durch (18.2) und (18.3) beschriebenen Teilchen? Da die Phase von $\langle 0|\varphi|0\rangle = \varphi_0$ beliebig ist, kann man sie so wählen ($\delta = 0$), daß der Vakuumerwartungswert (18.6) reell wird. Dann gilt, bei Berücksichtigung der Definition (18.1),

$$\langle 0|\varphi_1|0\rangle = \sqrt{\frac{a}{b}}, \quad \langle 0|\varphi_2|0\rangle = 0. \tag{18.7}$$

Zur weiteren Diskussion ist es zweckmäßig, den Nullpunkt des skalaren Feldes in das durch (18.7) bestimmte neue Minimum von $V(\varphi)$ zu verlegen:

$$\varphi_1 \to \chi_1 = \varphi_1 - \langle 0|\varphi_1|0\rangle, \quad \chi_2 = \varphi_2. \tag{18.8}$$

Diese Translation des Feldes ist auch erforderlich, wenn man etwa Näherungen mit Hilfe der Störungstheorie berechnen möchte, denn nur bei einer Entwicklung um die stabile Gleichgewichtslage sind sinnvolle Ergebnisse zu erwarten.[76] Mit (18.8) geht die Lagrange-Dichte (18.2) über in:

$$\mathcal{L} = \frac{1}{2}\left(\partial_\mu \chi_1\right)^2 + \frac{1}{2}\left(\partial_\mu \chi_2\right)^2 - \frac{1}{2}(2a)\chi_1^2 + (\text{const.}, \chi^3\text{-}, \chi^4\text{-Terme}). \tag{18.9}$$

Man beachte, daß nach obiger Translation in der Lagrange-Dichte (18.9) zwar ein Term proportional zu χ_1^2 vorkommt, der entsprechende, zu χ_2^2 proportionale Term jedoch fehlt. Daraus ist zu entnehmen, daß das Feld χ_1 ein Teilchen der Masse $M_{\chi_1} = \sqrt{2a}$ beschreibt, während χ_2 einem Teilchen der Masse Null entspricht, $M_{\chi_2} = 0$. Die endliche Masse ergibt sich wegen der in radialer Richtung nicht verschwindenden Potentialkrümmung (Abb. 18.2b). Andererseits folgt aus der verschwindenden Krümmung längs des Tales der Potentialminima, daß die Masse von χ_2 Null ist.

Dieses Auftreten eines masselosen Teilchens ist nach J. Goldstone [Go 61, Go 62] ein Beispiel für das allgemeine Theorem: Wenn in einer Feldtheorie die kontinuierliche globale Symmetrie einer Lagrange-Dichte spontan gebrochen ist, dann treten masselose Teilchen mit Spin Null auf, sogenannte Goldstone-Bosonen. Ihre Anzahl ist gleich der Zahl der spontan gebrochenen Erzeugenden der Symmetriegruppe.

Physikalisch kann man die Existenz masseloser Teilchen als Ausdruck der bei spontaner Symmetriebrechung vorhandenen Entartung des Vakuumzustandes verstehen. Die verschiedenen Vakuumzustände können sich nur durch Quanten unterscheiden, deren Energie bei verschwindendem Impuls Null ist, die entsprechenden Teilchen ohne Spin müssen dann masselos sein. Im vorigen Beispiel des Ferromagneten können die dort möglichen Spinwellen als die Entsprechung zu den hier diskutierten Goldstone-Bosonen angesehen werden.

---

[75] Die Ähnlichkeit beider Modelle rührt daher, daß der Ansatz (18.3) für das Potential $V(\varphi)$ die gleiche Struktur besitzt wie die Funktion für die freie Energie in Abhängigkeit von der Magnetisierung bei der Landau-Theorie des Ferromagneten in der Nähe der kritischen Temperatur [La 79].

[76] Kleine Auslenkungen um die instabile Gleichgewichtslage, die hier bei $\langle 0|\varphi|0\rangle = 0$ liegt, führen zu großen Amplituden. Die Störungstheorie ist dann nicht mehr anwendbar.

18.2 Spontane Symmetriebrechung bei Eichtheorien (Higgs-Mechanismus)

Nach dem bisherigen Ergebnis scheint die spontane Symmetriebrechung mit dem Auftreten der Goldstone-Bosonen neue Schwierigkeiten mit sich zu bringen, denn für die Existenz dieser masselosen Teilchen gibt es keinen experimentellen Hinweis im Spektrum der Elementarteilchen. Allerdings sind wir im vorigen Modell von einer globalen Symmetrie ausgegangen. Zu einem überraschenden Resultat führt andererseits die spontane Brechung von lokalen Symmetrien (Eichsymmetrien). Bei der dann vorhandenen Kopplung an die Eichfelder wird das Entstehen der Goldstone-Teilchen verhindert. Die Freiheitsgrade der G-Bosonen kombinieren mit den (zunächst) ohne Masse eingeführten Eichfeldern, so daß die gewünschten massiven Vektorbosonen entstehen und die G-Bosonen aus der Theorie eliminiert werden können. Die bisherigen Nachteile der Eichfelder und der spontanen Symmetriebrechung heben sich in dieser Kombination auf.

Um dieses Phänomen, auch Higgs-Mechanismus genannt, etwas näher zu erläutern, gehen wir wieder vom Goldstone-Modell aus, lassen aber nun $U(1)$ als Eichsymmetrie mit veränderlicher Phase, $\alpha = \alpha(x)$, zu. Damit die Eichinvarianz gewahrt bleibt, hat man das Eichfeld $A_\mu(x)$ über die verallgemeinerten Ableitungen (5.23) einzuführen. Die Lagrange-Dichte ist außerdem durch den Term für die kinetische Energie des Eichfeldes (5.54) zu ergänzen. Man erhält so das Higgs-Modell mit der eichinvarianten Lagrange-Dichte:

$$\mathcal{L} = |(\partial_\mu - \mathrm{i}gA_\mu)\varphi|^2 - V(\varphi) - \frac{1}{4}F_{\mu\nu}F^{\mu\nu}. \tag{18.10}$$

Wie vorhin ist bei $<0|\varphi|0> \neq 0$ (d. h. $a > 0$) die Symmetrie spontan gebrochen. Indem man wieder die Gleichungen (18.7) und (18.8) benutzt, d. h. den Nullpunkt des skalaren Feldes in das Minimum von $V(\varphi)$ verschiebt, folgt aus dem ersten Summanden von (18.10) ein Term in der Form

$$\frac{1}{2}g^2\frac{a}{b}A_\mu A^\mu, \tag{18.11}$$

der dem gewünschten Massenterm für das Eichfeld entspricht. Das Eichfeld hat damit die Masse $M_A = g\sqrt{\frac{a}{b}}$ erhalten. Für die Masse des skalaren Feldes χ_1 findet man wie vorhin $M_{\chi_1} = \sqrt{2a}$, während das Feld χ_2 masselos bleibt. Da das massive Vektorfeld drei Spineinstellungen $(+1, 0, -1)$ besitzt und jedes der skalaren Felder χ_1 und χ_2 einem Spinzustand entspricht, ergibt dies insgesamt fünf Freiheitsgrade. Vor der Translation waren aber nur vier Freiheitsgrade vorhanden, denn das ursprünglich eingeführte masselose Vektorfeld läßt nur zwei Spineinstellungen $(+1, -1)$ zu. Da aber durch einfache Änderungen der Variablen keine Freiheitsgrade erzeugt werden können, muß nach der Translation eines der skalaren Felder redundant sein. In der Tat kann das unphysikalische Feld χ_2, das Goldstone-Boson, durch geschickte Wahl der Eichung eliminiert werden, so daß schließlich außer dem massiven Vektorfeld A_μ nur noch das massive neutrale skalare Teilchen χ_1 vorkommt. Mit diesem neuen physikalischen Teilchen, dem Higgs-Teilchen, ist also die Eichinvarianz bei gleichzeitig vorhandener Masse der Eichfelder erkauft worden.

Der Higgs-Mechanismus läßt sich kurz folgendermaßen zusammenfassen: Bei der spontanen Brechung einer Eichsymmetrie erhält das Eichfeld seine Masse (longitudinale Polarisation) auf Kosten des redundanten Goldstone-Bosons, das durch Wahl der Eichung eliminiert werden

18 Vereinheitlichte elektromagnetische und schwache Wechselwirkung

kann. Es bleibt das massive Higgs-Teilchen, dessen Wechselwirkung mit dem Eichfeld durch (18.10) festgelegt ist.

Die vorigen Überlegungen können bei entsprechender Verallgemeinerung auf nichtabelsche Theorien übertragen werden. Als besonders wichtige Eigenschaft dieser Theorien ist hervorzuheben, daß eine spontan gebrochene Eichtheorie aufgrund der fundamentalen (nur verborgenen) Eichsymmetrie renormierbar bleibt, obwohl sie massive Vektorteilchen enthält. Zu dieser Erkenntnis gelangte man erst 1971 durch die Arbeiten von G. t'Hooft und M. T. Feldman [tH 71, tH 72][77]. Das bereits 1967 vorgeschlagene GSW-Modell der elektroschwachen Wechselwirkung gewann damit schlagartig an Bedeutung.

Die bei der Formulierung von spontan gebrochenen Eichtheorien erforderlichen Schritte lassen sich folgendermaßen zusammenfassen:

- Man wähle zunächst eine Eichgruppe G.

- Wähle die Felder der einzuführenden Materieteilchen und ihre Darstellungen in G. Berücksichtige eine genügende Anzahl skalarer Felder für den Higgs-Mechanismus. Soll nämlich eine bestimmte Zahl der Eichfelder massiv werden, dann braucht man mindestens diese Zahl plus eins unabhängiger skalarer Felder.

- Schreibe die allgemeinste renormierbare Lagrange-Dichte auf, die invariant gegenüber G ist. Die Kopplungen der Eichfelder an die Fermionen und die Higgs-Skalare erfolgt dabei über die verallgemeinerten Ableitungen, die der Higgs-Felder an die Spinoren über das Produkt der entsprechenden Felder (Yukawa-Kopplung) und die Selbstkopplung der Higgs-Felder über das Potential $V(\varphi)$ (18.3).

- Wähle die Parameter bei den Higgs-Skalaren so, daß spontane Symmetriebrechung eintritt, d. h. also $a > 0$ im Potential (18.3).

- Translatiere die skalaren Felder, schreibe die Lagrange-Dichte in den translatierten Feldern auf und wähle eine geeignete Eichung.

Damit ist der allgemeine Rahmen abgesteckt. Die Einzelheiten eines Modells hängen natürlich entscheidend von der in den ersten beiden Punkten dieses Konzeptes getroffenen Wahl ab.

Eine ausführliche Entwicklung der so erfolgreichen Theorie von Glashow, Salam und Weinberg nach obigem Konzept würde den Rahmen dieser Darstellung überschreiten. Wir werden uns daher im folgenden Abschnitt auf die Schilderung der wesentlichen Züge dieser Theorie beschränken und dabei auf Herleitungen verzichten.

18.3 Die $SU(2) \times U(1)$-Eichtheorie der elektroschwachen Wechselwirkung

Da die schwache Wechselwirkung durch den Austausch der Vektorbosonen $W^\pm, Z^0$ beschrieben wird, liegt es nahe, von der Gruppe $SU(2)$ als zugrundeliegender Eichtheorie auszugehen

---

[77] Weitere wichtige Beiträge hierzu sind [Le 72, Le 73, Ro 73, Be 76]. Diese Arbeiten findet man auch in dem bereits erwähnten Buch [La 81] abgedruckt. G. t'Hooft und M. T. Feldman erhielten für diese entscheidenden Arbeiten 1999 den Nobelpreis.

(vgl. Abschnitt 18.1). Damit wird der für die schwache Wechselwirkung charakteristische schwache Isospin eingeführt. Zur Beschreibung des Photons ist ein weiteres Eichfeld erforderlich. Die für die einheitliche Theorie zu wählende Symmetriegruppe G sollte also die Gruppe $SU(2)$ und die elektromagnetische Eichgruppe $U(1)_{em}$ enthalten. Die kleinste Gruppe, die auf vier Eichfelder führt, ist offenbar das direkte Produkt:

$$G = SU(2) \times U(1). \tag{18.12}$$

Wenn man von dieser Gruppe als der zugrundeliegenden Eichsymmetrie ausgeht, dann bleibt die Zahl der einzuführenden Felder auf ein Minimum beschränkt. Allerdings hat man für jede dieser Gruppen $SU(2)$ bzw. $U(1)$ eine Kopplungskonstante g bzw. g' zu berücksichtigen.

Bei den Materieteilchen betrachtet man der Einfachheit halber zunächst nur das Elektron und das zugehörige Neutrino (e^-, ν_e). Die anderen Leptonen können analog behandelt und dann addiert werden. Die Quarks (Hadronen) werfen ein zusätzliches Problem auf, dessen Lösung zur Vorhersage der neuen Quarkteilchen mit der Quantenzahl Charm führte (vgl. Abschnitt 12.4).

Man hat nun die Leptonen bestimmten Darstellungen von G zuzuordnen. Da die schwache Wechselwirkung Übergänge zwischen Elektron und Neutrino bewirkt (siehe Abb. 16.8), liegt es nahe anzunehmen, daß diese beiden Teilchen ein Dublett (d. h. einen Spinor) im Raum des schwachen Isospins bilden. Der Austausch der geladenen W-Bosonen bewirkt dann eine Erhöhung (bzw. Erniedrigung) des schwachen Isospins der Leptonen von $-1/2$ auf $+1/2$ (bzw. von $+1/2$ auf $-1/2$). Zu beachten ist ferner, daß die Neutrinos nur im linkshändigen Zustand vorkommen und von den Elektronenzuständen auch nur der linkshändige Anteil an den schwachen Zerfällen beteiligt ist. Diese Tatsachen bewirken gerade die Verletzung der Parität. Man faßt daher diese an der schwachen Wechselwirkung beteiligten Anteile zu einem linkshändigen Dublett L_e zusammen,

$$L_e = \frac{1+\gamma_5}{2} \begin{pmatrix} \nu_e \\ e^- \end{pmatrix}. \tag{18.13}$$

Man beachte, daß die kleinste unitäre Gruppe, die ein solches irreduzibles Dublett erlaubt, gerade die Gruppe $SU(2)$ ist. Für den rechtshändigen Teil des Elektrons, der keinen entsprechenden ungeladenen Partner hat, bleibt dann nur noch ein $SU(2)$-Singulett,

$$R_e = \frac{1-\gamma_5}{2} e^-. \tag{18.14}$$

Die mit $U(1)$ eingeführte Ladungszahl bezeichnet man als schwache Hyperladung y, und es liegt nahe, sie analog der Gell-Mann-Nishijima-Relation (3.72) mit t_3 zur elektrischen Ladung q in Verbindung zu bringen:

$$q = e\left(t_3 + \frac{y}{2}\right). \tag{18.15}$$

Mit der Hyperladung $y = -1$ für das Leptonendublett L_e haben dann die linkshändigen Leptonen wegen $t_3(\nu_e) = +1/2$ bzw. $t_3(e_L^-) = -1/2$ die beobachteten elektrischen Ladungen. In Tabelle 18.1 findet man die Quantenzahlen t_3 und y, wie sie den übrigen Leptonen und den Quarks zuzuordnen sind.

18 Vereinheitlichte elektromagnetische und schwache Wechselwirkung

Tabelle 18.1: Die den Leptonen, Quarks und Higgs-Teilchen zugeordneten Quantenzahlen für den schwachen Isospin t, die Hyperladung y und die Ladungszahl q/e. Die Indizes L und R kennzeichnen die links- bzw. rechtshändigen Felder.

	Teilchen			t	t_3	y	q/e
Leptonen	$\begin{pmatrix}\nu_e\\e\end{pmatrix}_L$	$\begin{pmatrix}\nu_\mu\\\mu\end{pmatrix}_L$	$\begin{pmatrix}\nu_\tau\\\tau\end{pmatrix}_L$	$1/2$ $1/2$	$1/2$ $-1/2$	-1 -1	0 -1
	e_R	μ_R	τ_R	0	0	-2	-1
Quarks	$\begin{pmatrix}u\\d\end{pmatrix}_L$	$\begin{pmatrix}c\\s\end{pmatrix}_L$	$\begin{pmatrix}t\\b\end{pmatrix}_L$	$1/2$ $1/2$	$1/2$ $-1/2$	$1/3$ $1/3$	$2/3$ $-1/3$
	u_R	c_R	t_R	0	0	$4/3$	$2/3$
	d_R	s_R	b_R	0	0	$-2/3$	$-1/3$
Higgs	$\begin{pmatrix}\phi^+\\\phi^0\end{pmatrix}$			$1/2$ $1/2$	$1/2$ $-1/2$	1 1	1 0

Von den vier insgesamt vorhandenen Vektorbosonen sollen drei durch spontane Symmetriebrechung Massen erhalten. Dazu benötigt man zwei komplexe skalare Felder, die als $SU(2)$-Dublett mit der Hyperladung $y = +1$ eingeführt werden,

$$\Phi = \begin{pmatrix} \Phi^+ \\ \Phi^0 \end{pmatrix}. \tag{18.16}$$

Die spontane Symmetriebrechung erfolgt über die Selbstkopplung (18.3), wenn der Vakuumerwartungswert des skalaren Feldes von Null verschieden ist. Letzterer kann aufgrund der Eichsymmetrie als reell und parallel zur unteren Komponente des Spinors (18.16) im Raum des schwachen Isospins angenommen werden,

$$\langle\Phi\rangle_0 = \frac{1}{\sqrt{2}} \begin{pmatrix} 0 \\ w \end{pmatrix}, \qquad w = \sqrt{\frac{a}{b}}. \tag{18.17}$$

Mit Hilfe der über die verallgemeinerten Ableitungen einzuführenden Eichfelder $\vec{W}_\mu$ (bei $SU(2)$) und B_μ (bei $U(1)$) kann nun die gegenüber der Eichgruppe $SU(2) \times U(1)$ invariante Lagrange-Dichte aufgeschrieben werden (vgl. Abschnitt 5.3). Man beachte, daß außer den Eichfeldern auch die Elektronen (wie alle massiven Fermionen) dabei zunächst als masselos angenommen werden. Da die linkshändigen und die rechtshändigen Komponenten des Elektrons verschiedenen Darstellungen von $SU(2)$ angehören, würde ein expliziter Massenterm $m\bar{\psi}\psi$ die Symmetrie stören. Das Elektron wird jedoch über eine Yukawa-artige Kopplung mit dem Higgs-Feld so verknüpft, daß es durch die spontane Symmetriebrechung die erforderliche Masse erhält, während das Neutrino masselos bleibt.

Die Kopplung der Vektorbosonen $\vec{W}_\mu$, B_μ an den Strom des schwachen Isospins $\vec{J}_\mu$ bzw. an den der Hyperladung J^y_μ ist durch die eichinvariante Lagrange-Dichte in der bekannten Form festgelegt (siehe Abschnitt 5.3):

$$\mathcal{L}_w = g \sum_{a=1}^{3} J^a_\mu W^{a\mu} + g' J^y_\mu B^\mu, \qquad (18.18)$$

wobei g und g' die zur elektrischen Ladung analogen Kopplungskonstanten der Eichfelder $\vec{W}^\mu$ bzw. B^μ bedeuten. Die physikalischen Teilchen sind andererseits die folgendermaßen definierten geladenen Vektorbosonen:

$$W^\pm_\mu = \frac{1}{\sqrt{2}} (W^1_\mu \pm \mathrm{i} W^2_\mu), \qquad (18.19)$$

das neutrale Vektorboson Z_μ und schließlich das elektromagnetische Feld A_μ. Letzteres soll bei der spontanen Symmetriebrechung keine Masse erhalten. Das bedeutet aber, daß die entsprechende Untergruppe $U(1)_\mathrm{em} \subset SU(2) \times U(1)$, die durch den Ladungsoperator Q erzeugt wird, eine ungebrochene Eichsymmetrie bleibt. Das mit dieser Untergruppe assoziierte ungeladene Eichfeld A_μ muß dann wegen der Relation (18.15) eine Linearkombination der elektrisch neutralen Felder W^3_μ und B_μ sein. Diese Mischung der neutralen Felder beschreibt man durch

$$A_\mu = \sin\theta_w W^3_\mu + \cos\theta_w B_\mu, \qquad (18.20)$$

wobei der Wert des Mischungswinkels θ_w, der Weinberg-Winkel, später zu bestimmen sein wird. Es kommt auch die dazu orthogonale Kombination vor, die man mit dem anderen neutralen Vektorteilchen, dem Z-Boson, zu identifizieren hat,

$$Z_\mu = \cos\theta_w W^3_\mu - \sin\theta_w B_\mu. \qquad (18.21)$$

Mit Hilfe des geladenen schwachen Stromes,

$$J^\pm_\mu = J^1_\mu \pm \mathrm{i} J^2_\mu, \qquad (18.22)$$

kann man die Beiträge der geladenen und der ungeladenen Ströme in (18.18) trennen:

$$\mathcal{L}_w = \frac{g}{\sqrt{2}} (J^-_\mu W^{+\mu} + J^+_\mu W^{-\mu}) + J^3_\mu (g W^{3\mu} - g' B^\mu) + g' J^\mathrm{em}_\mu B^\mu, \qquad (18.23)$$

wobei nach (18.15) der Strom der Hyperladung J^y_μ durch den elektromagnetischen Strom und J^3_μ ausgedrückt wurde, $J^y_\mu = J^\mathrm{em}_\mu - J^3_\mu$. Die Gleichungen (18.20) und (18.21) können nach W^3_μ bzw. B_μ aufgelöst werden. Setzt man das Ergebnis in (18.23) ein, so folgt mit

$$\frac{g'}{g} = \tan\theta_w \qquad (18.24)$$

schließlich

$$\mathcal{L}_w = \frac{g}{\sqrt{2}} (J^-_\mu W^{+\mu} + J^+_\mu W^{-\mu}) + \frac{g}{\cos\theta_w} (J^3_\mu - \sin^2\theta_w J^\mathrm{em}_\mu) Z^\mu + g \sin\theta_w J^\mathrm{em}_\mu A^\mu. \qquad (18.25)$$

18 Vereinheitlichte elektromagnetische und schwache Wechselwirkung

In diesem Ausdruck sind die Kopplungen des schwachen geladenen Stromes, des schwachen neutralen Stromes und des elektromagnetischen Stromes an die entsprechenden physikalischen Eichfelder W^μ, Z^μ und A^μ zu erkennen. Da die Kopplungskonstante des elektromagnetischen Feldes e ist, entnimmt man dem letzten Summanden in (18.25) die Relation

$$e = g \sin \theta_w. \tag{18.26}$$

Der Weinberg-Winkel θ_w mißt also die Stärke der elektromagnetischen Wechselwirkung (e) relativ zur schwachen Wechselwirkung (g). Die Kopplung g kann nun (genauer als in Abschnitt 17.2) zur Fermi-Konstanten G in Beziehung gebracht werden. Der bei punktförmiger Kopplung benutzte schwache Strom unterscheidet sich von dem hier eingeführten durch den Faktor 2, z. B.

$$2J_\mu^- = \bar{e}\gamma_\mu(1+\gamma_5)\nu_e.$$

Man vergleicht die Faktoren der Matrixelemente für einen bestimmten Prozeß im Limes kleiner Energien ($q^2 \ll M_W^2$). Beim Austausch eines (geladenen) Vektorbosons $W^\pm$ hat man außer der Kopplung g (und den Normierungsfaktoren) den Propagator des Vektorbosons zu berücksichtigen

$$M \sim -\left(\frac{g}{2\sqrt{2}}\right)^2 \frac{1}{q^2 - M_W^2} \to \left(\frac{g}{2\sqrt{2}}\right)^2 \frac{1}{M_W^2}.$$

Im Fall der punktförmigen Fermi-Kopplung ist der entsprechende Faktor des Matrixelements einfach

$$M \sim \frac{G}{\sqrt{2}}.$$

Aus dem Vergleich folgt dann allgemein

$$\frac{G}{\sqrt{2}} = \frac{g^2}{8M_W^2}. \tag{18.27}$$

Die Auflösung nach der Masse ergibt schließlich mit (18.26)

$$M_w = \left(\frac{e^2 \sqrt{2}}{8G}\right)^{1/2} \frac{1}{\sin\theta_w} = \frac{37{,}4}{\sin\theta_w}\,\text{GeV}. \tag{18.28}$$

Im Fall des neutralen Z-Bosons führt die spontane Symmetriebrechung auf die Masse,

$$M_Z = \frac{M_w}{\cos\theta_w} = \frac{74{,}8}{\sin 2\theta_w}\,\text{GeV}. \tag{18.29}$$

Das Elektron erhält seine Masse über die Yukawa-Kopplung an das Higgs-Feld

$$m_e = f_e \frac{w}{\sqrt{2}}. \tag{18.30}$$

Die Kopplungskonstante f_e erweist sich als sehr klein, $f_e \approx 10^{-6}$. Daher kann die Wechselwirkung des Higgs-Teilchens mit dem Elektron gegenüber den anderen Wechselwirkungen vernachlässigt werden.

Die mit der GSW-Theorie erzielte Vereinigung der beiden Wechselwirkungen bedeutet offenbar, daß die Kopplungskonstanten der beiden Kräfte bei hohen Energien ($> 100\,\text{GeV}$) von vergleichbarer Stärke sind. Die bei niedrigen Energien festzustellende geringe Stärke der schwachen Wechselwirkung und auch ihre kurze Reichweite sind auf die großen Massen der ausgetauschten Vektorbosonen und damit letztlich auf die spontane Symmetriebrechung zurückzuführen. Doch handelt es sich bei der „zusammengesetzten" Symmetriegruppe $SU(2) \times U(1)$ nur um eine teilweise Vereinigung, die immer noch zwei verschiedene Wechselwirkungen enthält, entsprechend den beiden dazugehörigen Kopplungen g und g'[78]. Das Verhältnis dieser Kopplungen wird nach (18.24) durch den freien Parameter θ_w beschrieben, der experimentell zu bestimmen ist.[79] Insbesondere hängt von θ_w auch die relative Größe der durch die schwachen geladenen bzw. neutralen Ströme induzierten Wirkungsquerschnitte ab.

Hervorzuheben ist die Tatsache, daß diese Eichtheorie der elektroschwachen Wechselwirkung renormierbar ist und damit die Beiträge höherer Ordnungen, wie in der QED, als endliche Korrekturen berechnet werden können. Sie erlaubt die korrekte Beschreibung aller bei niedrigen Energien beobachteten Phänomene und macht bestimmte Voraussagen, die experimentell geprüft werden können. Bevor wir darauf in Abschnitt 18.5 zurückkommen, soll die Einbeziehung der Hadronen in diese Theorie diskutiert werden.

18.4 Einbeziehung der Hadronen

Zunächst sei bemerkt, daß die Einbeziehung der anderen Leptonen ν_μ, μ^- und ν_τ, τ^- in die GSW-Theorie analog zu Abschnitt 18.3 erfolgt, indem man die entsprechenden invarianten Terme zur bisherigen Lagrange-Dichte addiert. Das Neutrino und der linkshändige Teil des dazugehörigen geladenen Leptons werden in einem Isodublett zusammengefaßt, während der verbleibende rechtshändige Anteil von μ^- bzw. τ^- als $SU(2)$-Singulett aufgefaßt wird. Die damit den Leptonen zugeordneten Quantenzahlen t_3 und y sind in der Tabelle 18.1 zusammengestellt.

Wie die Ergebnisse der Lepton-Hadron-Streuung bei hohen Energien gezeigt haben, bestehen andererseits die Hadronen aus Quarks. Als Partner der Leptonen sind bei der schwachen Wechselwirkung demnach nicht die komplizierten Hadronen selbst, wie früher angenommen wurde, sondern deren Bestandteile, die Quarks, anzusehen (vgl. Abschnitt 16.3). Wenn man dementsprechend die GSW-Theorie durch Einbeziehung der Quarks erweitern möchte, gelangt man zu der überraschenden Voraussage, daß die Anzahl der Quarktypen größer als drei sein muß. Geht man nämlich nur von den drei Quarks u, d, s aus, dann wären neutrale Ströme mit Änderung der Strangeness ($\Delta S = 1$) möglich. Die entsprechenden Zerfälle sind jedoch nicht zu beobachten.

Dieses Problem kann mit Hilfe des im Abschnitt 16.4 bereits geschilderten „GIM-Mechanismus" gelöst werden. Hiernach führt man folgenden Ausdruck für den erweiterten

---

[78] Erst bei einer im mathematischen Sinn „einfachen" Symmetriegruppe würde man mit nur einer Kopplungskonstanten auskommen.
[79] Der Wert von $\sin \theta_w$ liegt nur wenig unter $1/2$ (siehe Abschnitt 18.5).

18 Vereinheitlichte elektromagnetische und schwache Wechselwirkung

(geladenen) Quarkstrom ein[80]:

$$\bar{u}d' + \bar{c}s' = \bar{u}(d\cos\Theta + s\sin\Theta) + \bar{c}(-d\sin\Theta + s\cos\Theta). \quad (18.31)$$

Dann heben sich im neutralen Strom $\bar{u}u + \bar{c}c + \bar{d}'d' + \bar{s}'s'$ die Beiträge mit $\Delta S = 1$ gerade heraus. Auf diese Weise werden mit dem neu einzuführenden Quark c die unerwünschten Beiträge zum schwachen neutralen Strom in niedrigster Ordnung von G eliminiert. Doch können Beiträge geladener W-Bosonen in höherer Ordnung solche Zerfälle mit $\Delta S = 1$ induzieren. Unter Berücksichtigung des c-Quarks kann aber gezeigt werden, daß die entsprechende Zerfallsamplitude (z. B. beim Zerfall $K^0 \to \mu^+\mu^-$) proportional zu $(m_c^2 - m_u^2)/M_W^2$ ist. Damit also diese Beiträge höherer Ordnung genügend stark unterdrückt sind, darf das c-Quark nicht zu schwer sein. Bei $m_c \leq 1{,}5$ bis 2 GeV besteht kein Widerspruch zu den experimentellen Schranken für das Auftreten dieser Zerfälle.

Nachdem die Unterdrückung neutraler Übergänge bei Änderung der Strangeness mit Hilfe des „GIM-Mechanismus" geklärt worden ist, können die Quarks völlig analog zu den Leptonen in die Theorie eingeführt werden. Man geht also davon aus, daß die linkshändigen Anteile der Quarkpaare u, d bzw. c, s je ein Dublett bezüglich $SU(2)$ bilden und die Hyperladung $y = 1/3$ besitzen, während die verbleibenden rechtshändigen Anteile u_R, d_R, c_R und s_R Singuletts mit den in Tab. 18.1 angegebenen Hyperladungen sind. Um den richtigen Quarkstrom (18.31) zu erhalten, hat man statt d die bekannte Cabibbo-Mischung d' aus Gl. (16.13) bzw. statt s die dazu orthogonale Mischung s' (16.14) einzuführen:

$$L_u = \begin{pmatrix} u \\ d' \end{pmatrix}_L, \quad L_c = \begin{pmatrix} c \\ s' \end{pmatrix}_L. \quad (18.32)$$

Bei Berücksichtigung des weiteren Quarkpaares t, b (siehe Abschnitt 12.4), muß die Mischung der zerfallenden Quarkzustände verallgemeinert werden. Dies geschieht nach M. Kobayashi und K. Maskawa [Ko 73] mit Hilfe einer 3×3-Matrix, deren Erwähnung hier genügen mag. Wir werden darauf im Zusammenhang mit der CP-Verletzung in den Zerfällen der B-Mesonen in Abschnitt 18.6 zurückkommen.

Entsprechend den drei fundamentalen leptonischen Dubletts kommen also auf hadronischer Seite gerade drei Quarkdubletts vor. Diese auffallende Lepton-Hadron-Symmetrie ist kaum zufällig oder nur ein ästhetisch befriedigender Zug der Theorie, sondern hängt mit der Renormierbarkeit zusammen. Wegen einer von S. L. Adler [Ad 69], J. S. Bell und R. Jackiw [Be 69] entdeckten feldtheoretischen Komplikation, den sogenannten Dreiecksanomalien, wird die GSW-Theorie nur dann renormierbar, wenn die Summe der Ladungen aller beteiligten fundamentalen Fermionen Null ergibt. Die drei Leptonendubletts liefern zusammen die Ladungssumme $-3|e|$, während die drittelzahligen Quarkladungen sich zu $3(2-1)|e| = 3|e|$ addieren. Der Faktor 3 berücksichtigt dabei die drei verschiedenen Farbfreiheitsgrade der Quarks, die früher aus anderen Gründen eingeführt worden sind (vgl. Abschnitt 12.3). Die Dreiecksanomalie wird auf diese Weise vermieden. Ob außer den drei bekannten Familien fundamentaler Teilchen weitere Fermionen in der Natur vorkommen oder die Reihe hier abbricht, ist eine noch offene Frage.

---

[80] Diese vereinfachte Schreibweise wurde bereits früher verwendet (16.13).

18.5 Experimentelle Prüfung der GSW-Theorie

In der GSW-Theorie werden die elektromagnetische und die schwache Wechselwirkung unter einem einheitlichen Gesichtspunkt beschrieben. Hiernach kommen die Wechselwirkungen zwischen den Teilchen durch den Austausch der entsprechenden Eichbosonen zustande. Erstmals ist damit die Formulierung einer sinnvollen (d. h. von unendlichen Ausdrücken freien) Theorie der schwachen Wechselwirkung gelungen. Die GSW-Theorie beschreibt aber nicht nur die bei niedrigen Energien bisher beobachteten Phänomene der schwachen Wechselwirkung, sondern enthält darüber hinaus bestimmte Vorhersagen, die experimentell geprüft werden können. Die Ergebnisse aller in diesem Zusammenhang bisher durchgeführten Experimente haben die GSW-Theorie in glänzender Weise bestätigt. Unsere Kenntnisse über die Wechselwirkungen der Elementarteilchen sind dadurch wesentlich erweitert worden.

Zu den wichtigsten Vorhersagen gehören die neutrale schwache Wechselwirkung (neutrale Ströme), die schweren Vektorbosonen mit bestimmten Massenwerten und die neuen Quarks mit der Quantenzahl Charm. Diese Vorhersagen führten zu intensiven experimentellen Bemühungen, deren Ergebnisse die GSW-Theorie immer vollkommener bestätigten.

Wie wir aus der Diskussion in Abschnitt 16.4 bereits wissen, gelang der Nachweis der neutralen Ströme 1973 durch die Beobachtung von Reaktionen $\nu_\mu + N \to \nu_\mu +$ Hadronen, bei denen im Endzustand kein Myon auftritt. Solche Prozesse werden durch den Austausch der ungeladenen Z^0-Bosonen hervorgerufen. Sie können nach der GSW-Theorie in ganz bestimmter Weise mit elektromagnetischen Prozessen, bei denen ein Photon ausgetauscht wird, interferieren und somit, wegen des axialen Anteils des schwachen Stromes, zu kleinen paritätsverletzenden Effekten führen. Auch diese detaillierten Vorhersagen konnten in einer Anzahl besonders interessanter Experimente bestätigt werden (siehe Abschnitt 16.4).

Der in der GSW-Theorie vorkommende freie Parameter Θ_w bestimmt nach (18.25) das Verhältnis der Wirkungsquerschnitte, die durch die schwachen neutralen bzw. geladenen Ströme induziert werden. Entsprechende Messungen sind sowohl bei der Streuung hochenergetischer Neutrinos an Elektronen als auch an Nukleonen (d. h. Quarks) vorgenommen worden. Die Bedeutung der rein leptonischen Reaktionen wie $\nu + e^- \to \nu + e^-$ liegt darin, daß die Vorhersagen der GSW-Theorie nur vom Mischungswinkel θ_w abhängen. Bei der Interpretation der νN-Streuung gehen außerdem die Annahmen des Quark-Parton-Modells ein. Der Vorteil liegt hier bei den hohen Ereignisraten. Beide Experimente führen, innerhalb der Meßgenauigkeiten, auf denselben Wert für $\sin^2 \theta_w$.

Damit bestätigen die Daten, daß der schwache neutrale Strom der Neutrino-Lepton-Wechselwirkung die gleiche Stärke besitzt wie bei Neutrino-Quark-Wechselwirkungen. Aus der am SLAC in Stanford gemessenen Streuung polarisierter Elektronen an Nukleonen, die den Nachweis der Paritätsverletzung erbrachte, und aus den DESY-Experimenten zur Z^0-Interferenz (siehe Abschnitt 16.4) kann $\sin^2 \theta_w$ ebenfalls bestimmt werden. Eine Analyse der Daten ergibt [Ki 81] den hier abgerundeten Wert $\sin^2 \theta_w = 0{,}23$. Dies entspricht einem Winkel von $28°40'$. Dieser in der GSW-Theorie besonders wichtige Parameter wurde in später am LEP wiederholt durchgeführten Experimenten mit beeindruckender Genauigkeit bestimmt,

$$\sin^2 \theta_w = 0{,}23113 \pm 0{,}00021. \tag{18.33}$$

Mit Hilfe der in niedrigster Ordnung geltenden Relationen (18.28) und (18.29) können nun die Massen der Vektorbosonen $W^\pm$ und Z^0 berechnet werden. Als Ergebnis erhält man die

18 Vereinheitlichte elektromagnetische und schwache Wechselwirkung

Massenwerte,
$$M_W \approx 78 \text{ GeV}, \quad M_Z \approx 89 \text{ GeV}. \tag{18.34}$$

Wie im Abschnitt (17.2) bereits dargelegt wurde, konnte die Existenz der schwachen Vektorbosonen 1983 in Experimenten am Proton-Antiproton-Speicherring beim CERN nachgewiesen werden. Die dabei aus der geringen Zahl der beobachteten Ereignisse ermittelten Massenwerte stimmen überraschend gut mit den Vorhersagen der GSW-Theorie überein. Der experimentelle Wert für die Masse des Z^0-Bosons liegt allerdings mit rund 93 GeV etwas hoch. Andererseits hat man bei einer genaueren Berechnung der Massenwerte Korrekturen höherer Ordnung und Strahlungskorrekturen zu berücksichtigen. In einer renormierbaren Theorie können solche Korrekturen berechnet werden. Wie Abschätzungen zeigen, würden die zu erwartenden Korrekturen die (berechneten) Massen um etwa 2 GeV zu höheren Werten verschieben. Erst nach Inbetriebnahme der e^+e^--Collider SLC (SLAC Linear Collider, Stanford) und LEP (CERN) konnte 1989 in einer Reihe von Experimenten die Masse des Z^0-Bosons wesentlich genauer bestimmt werden. Die Masse M_Z ist einer der am besten bekannten Parameter der GSW-Theorie. Bei der heute erreichten Meßgenauigkeit ist sein Wert,

$$M_Z = (91{,}1876 \pm 0{,}0021) \text{ GeV}. \tag{18.35}$$

Auch die Masse des geladenen W-Bosons ist heute dank verbesserter Experimente am LEP und am Tevatron genauer bekannt (siehe Tabelle Anhang 1),

$$M_W = (80{,}425 \pm 0{,}038) \text{ GeV}. \tag{18.36}$$

Die Einbeziehung von Hadronen (d.h. Quarks) in die GSW-Theorie war nur dann ohne Widerspruch möglich, wenn ein neues Quark c mit der Flavour-Quantenzahl Charm eingeführt wurde. Dabei durfte die Masse des c-Quarks nicht zu groß sein (siehe Abschnitt 18.4). Damit sind aber neue hadronische Zustände mit verborgenem bzw. offenem Charm ($J/\psi = c\bar{c}, D^0 = \bar{u}c$ usw.) möglich. Durch die Entdeckung (1974) dieser Zustände (vgl. Abschnitt 12.4) wurde schließlich die zur Unterdrückung Strangeness ändernder neutraler Ströme vorgeschlagene Charm-Hypothese in glänzender Weise bestätigt. Wenn man die J/ψ-Teilchen als $c\bar{c}$-Bindungszustände mit $m_c \approx 1{,}5$ GeV auffaßt, können die bemerkenswerten Eigenschaften dieser neuen Teilchen interpretiert werden.

Aus dem Quarkstrom (18.31) folgt außerdem die interessante Vorhersage, daß die Übergänge $c \to s$ im Vergleich zu den Übergängen $c \to d$ wegen der unterschiedlichen Faktoren $\cos\Theta$ bzw. $\sin\Theta$ dominieren. Dieser Unterschied macht sich bei den Zerfällen von Teilchen mit Charm bemerkbar. So zerfällt das $D^0(\bar{u}c)$ überwiegend in ein $K^-(\bar{u}s)$ und π-Mesonen, während die Zerfälle ohne das K^- stark unterdrückt sind. Die Zerfälle der D-Mesonen können somit an den dabei auftretenden charakteristischen K^--Mesonen erkannt werden. Die D-Mesonen wurden 1976 auf diese Weise identifiziert (siehe Abschnitt 12.4).

Die Renormierbarkeit der GSW-Theorie verlangt die Einhaltung der Lepton-Hadron-Symmetrie. Mit der Entdeckung des τ-Leptons wird diese Symmetrie gestört, so daß zu ihrer Wiederherstellung zwei neue Quarkteilchen b und t erforderlich sind. In der Tat konnten 1977 neue hadronische Zustände $\Upsilon = b\bar{b}$ gefunden werden (siehe Abschnitt 12.4). Darüber hinaus wurden am e^+e^--Speicherring der Cornell-Universität 1983 die entsprechenden Teilchen mit offener Quantenzahl Beauty, die B-Mesonen ($B^0 = \bar{d}b, B^- = \bar{u}b, B^+ = u\bar{b}$), entdeckt

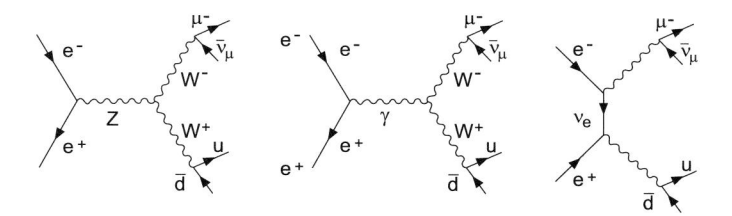

Abb. 18.3: Diagramme der zur WW-Produktion beitragenden Prozesse.

[Be 83]. Die Existenz des top-Quarks konnte dann später 1995 nachgewiesen werden (siehe Abschnitt 12.4).

In der zweiten Betriebsphase des Colliders LEP am CERN konnte man eine Schwerpunktsenergie über 160 GeV (d.h. $> 2\,M_W$) erreichen und war daher in der Lage, W-Paare durch Prozesse zu erzeugen, wie sie in der Abb. 18.3 dargestellt sind. In den beiden ersten dieser Diagramme kommen Wechselwirkungen zwischen drei Bosonen vor ($WW\gamma$ und WWZ). Die Existenz dieser Drei-Bosonen-Vertizes ist eine Folge der inneren Struktur der in $SU(2) \times U(1)$ enthaltenen nichtabelschen Eichtheorie $SU(2)$. In Abb. 18.4 ist der gemessene Wirkungsquerschnitt bei der WW-Produktion als Funktion der LEP-Energie gezeigt.

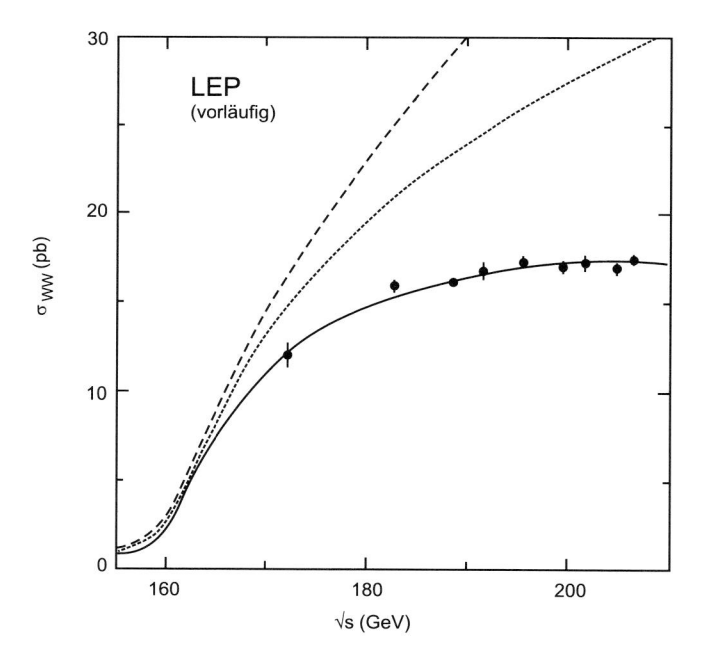

Abb. 18.4: Wirkungsquerschnitt der WW-Produktion in Abhängigkeit von der Schwerpunktsenergie. Die Kurven zeigen den vorhergesagten Wirkungsquerschnitt, wenn alle Erzeugungsprozesse berücksichtigt werden (untere Kurve), wenn nur der ν-Austausch (obere gestrichelte Kurve) und falls nur der ν-Austausch und γ-Austausch (mittlere gestrichelte Kurve) einbezogen werden.

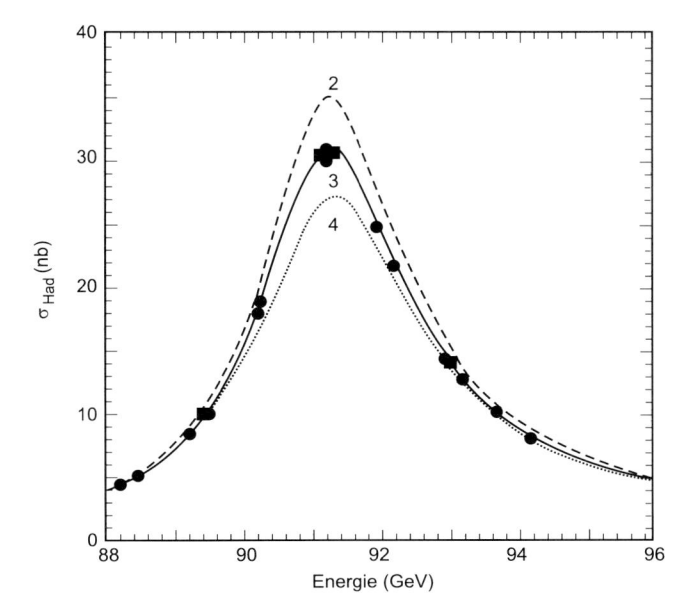

Abb. 18.5: Wirkungsquerschnitt bei der e^+e^--Annihilation in hadronische Endzustände als Funktion der Schwerpunktsenergie im Bereich der Z-Masse. Die Daten der LEP-Experimente sind gezeigt sowie die Resonanzkurven, die man für zwei, drei oder vier leichte Neutrinoarten erwartet. Die Annahme, daß es nur drei Neutrinoarten gibt, wird eindeutig bestätigt.

Die gemessenen Daten stimmen mit der $SU(2) \times U(1)$-Vorhersage überein, bei der alle in Abb. 18.3 angeführten Prozesse berücksichtigt wurden. Dagegen sind sie nicht verträglich mit der Vorhersage, die allein den ν-Austausch oder nur ν- und γ-Austausch berücksichtigt. Dadurch ist die Existenz der charakteristischen Drei-Bosonen-Vertizes klar erwiesen.

Eine weitere Vorhersage der GSW-Theorie betrifft den Wirkungsquerschnitt bei der e^+e^--Annihilation in hadronische Endzustände als Funktion der Schwerpunktsenergie im Bereich der Masse des Z-Bosons. Die Anzahl der Familien leichter Neutrinos beeinflußt direkt die Breite und Höhe der Resonanzkurve. Die Daten der vier am LEP (CERN) durchgeführten Experimente (ALEPH, DELPHI, L3 und OPAL) liegen sehr genau auf der Kurve mit drei Neutrinofamilien (Abb. 18.5), d. h., genauer ergeben sie für deren Anzahl $N_\nu = 2{,}994 \pm 0{,}012$.

Auch die Häufigkeiten, mit denen das Z-Boson in Neutrinos, geladene Leptonen und Quarks zerfällt, stimmen hervorragend mit den Vorhersagen überein. Bei der erreichten Genauigkeit der Messungen kann hier sogar der Einfluß von Teilchen auf die Zerfallsprozesse nachgewiesen werden, die für eine direkte Erzeugung am LEP zu schwer sind. Man konnte so die Masse des erwarteten top-Quarks im richtigen Wertebereich vorhersagen, bevor es dann 1995 am Tevatron nachgewiesen wurde. Wir kommen darauf im Zusammenhang mit dem Higgs-Boson zurück.

Zur Prüfung der vereinigten elektroschwachen Wechselwirkung hat der ep-Collider HERA beim DESY mit den Detektoren H1 und ZEUS in hervorragender Weise beigetragen. Die dort untersuchten ep-Streuprozesse können zum einen durch den Austausch von Photonen

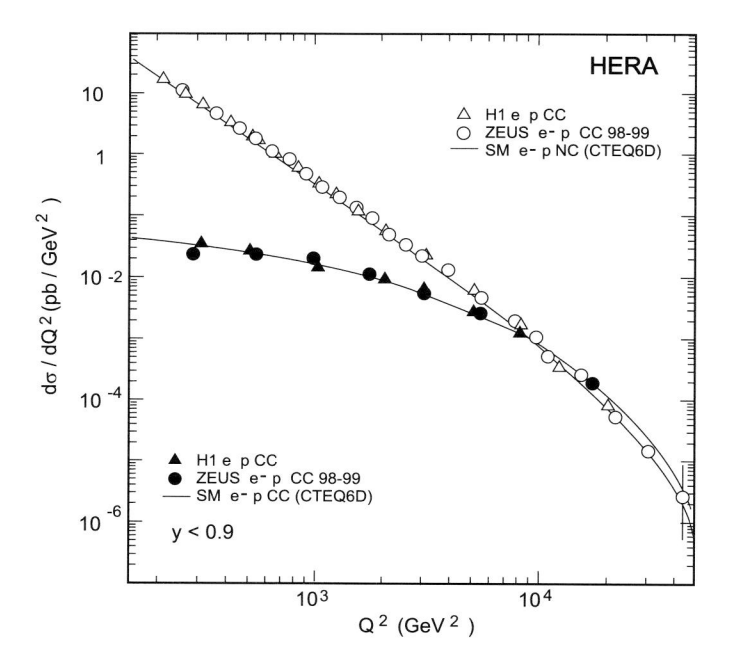

Abb. 18.6: Q^2-Abhängigkeit der inklusiven Streuquerschnitte des geladenen (CC) und des neutralen (NC) Stroms für Elektron- und Positron-Proton-Streuung, gemessen durch die Experimente H1 und ZEUS. Die Vorhersagen (durchgezogene Kurven) stimmen mit den Meßergebnissen ausgezeichnet überein. Bei $Q^2 \simeq 10^4$ GeV wird der Einfluß beider Wechselwirkungen gleich groß und damit die elektroschwache Vereinigung erreicht.

oder Z-Bosonen stattfinden (neutraler Strom), zum anderen über die geladenen W-Bosonen erfolgen (geladener Strom). Bei kleinen Werten des Impulsübertrags Q^2 treten die Prozesse des geladenen Stroms im Vergleich zu denen des neutralen Stroms sehr selten auf. Nach der Vorhersage sollte die Reaktionswahrscheinlichkeit für beide Prozesse ab $Q^2 \simeq 10^4$ GeV^2 etwa gleich groß sein. Darin kommt die Vereinigung der elektromagnetischen mit der schwachen Wechselwirkung zum Ausdruck. Die Bestätigung dieser Vorhersage mit Daten über mehrere Größenordnungen hinweg, in einem Bereich, der bis dahin in diesem Ausmaß nicht zugänglich war, ist in Abb. 18.6 dokumentiert. Die elektroschwache Vereinigung läßt sich so in den Wirkungsquerschnitten der gemessenen Reaktionen direkt verfolgen.

Nach der GSW-Theorie sollte als Überrest des Higgs-Mechanismus mindestens ein neutrales Teilchen ohne Spin vorkommen, denn das skalare Feld Φ (18.16) wurde hier als elementares Feld eingeführt. Doch sagt die Theorie wenig über die mögliche Masse oder auch die Anzahl dieser esoterischen Teilchen voraus. Bis jetzt ist noch kein Higgs-Boson gefunden worden. Seine Masse ist offenbar so groß, daß es in den bisherigen Experimenten nicht erzeugt werden konnte. Abschätzungen der Erzeugungsraten und Zerfallswahrscheinlichkeiten von Higgs-Teilchen der verschiedensten Massen deuten darauf hin, daß ihr Nachweis, falls sie wirklich existieren, durchaus schwierig sein dürfte.

18 Vereinheitlichte elektromagnetische und schwache Wechselwirkung

Hier ist zu bemerken, daß die Entdeckung des top-Quarks 1995 eine weitere Bestätigung des Standardmodells darstellt. Neben den vielen Parametern kommt gerade der Masse des top-Quarks eine entscheidende Bedeutung zu. Durch seine Wechselwirkung mit dem hypothetischen Higgs-Feld erhält es die ungewöhnlich große Masse $m_t \simeq 178\,\text{GeV}$. Deswegen eignet es sich zusammen mit dem W-Boson besonders gut als Parameter zur Untersuchung des Higgs-Feldes. So hängt die Abschätzung der Higgs-Masse M_H außer von der des W-Bosons empfindlich von m_t ab. Eine möglichst präzise Messung von m_t gibt daher Aufschluß über den Massenbereich, in dem das Higgs-Boson zu suchen ist und kann zur Prüfung dienen, ob die Hypothese dieses Teilchens im Standardmodell mit den experimentellen Daten konsistent ist. Während man M_W recht genau (bis auf 0,05%) kennt, ist m_t bisher nur mit einer Ungenauigkeit von etwa 3% bekannt. Die beim LEP am CERN bis zum endgültigen Abschalten des Colliders im Dezember 2000 erfolgte Suche nach dem Higgs-Boson hat mit 95% Konfidenz ergeben, daß ein Higgs-Teilchen mit einer Masse unterhalb von 114,4 GeV auszuschließen ist. Die Abschätzung von M_H im Standardmodell aufgrund der seinerzeit bekannten Masse des t-Quarks, $m_t = 174,3\,\text{GeV}$, ergab jedoch den unter dieser Schranke liegenden Wert 96 GeV. Dieser Widerspruch zu dem Ergebnis von LEP konnte schließlich 2004 durch neue Untersuchungen am Tevatron aufgelöst werden, die den genaueren Mittelwert $178,0 \pm 4,3\,\text{GeV}$ für die Masse des t-Quarks ergaben (vgl. Abschnitt 12.4). Diese Änderung um 4 GeV erhöht die Schätzung von M_H im Standardmodell auf den Wert 117 GeV, der damit nicht mehr in dem von LEP ausgeschlossenen Bereich liegt. Die Obergrenze von M_H verschiebt sich mit dem neuen Wert für m_t von 217 auf 251 GeV. Obwohl das Higgs-Boson durchaus im energetisch zugänglichen Bereich des 1,8-TeV-Tevatron-Colliders liegt, ist es fraglich, ob dort die erforderliche Luminosität erreicht werden kann, um bis zum Jahr 2007 ein überzeugendes Signal für das Higgs-Boson zu liefern. Der am CERN im Bau befindliche 14-TeV-Large-Hadron-Collider (LHC) wird dann die Suche übernehmen. Die Erwartungen sind hoch, entweder das Higgs-Boson zu finden, oder stattdessen unerwartete Ergebnisse zu erhalten, die über das Standardmodell hinaus zu ganz neuen Erkenntnissen führen.

Eine andere Auffassung der spontanen Symmetriebrechung, die auch vertreten wird, ist nicht an die Existenz von Higgs-Teilchen gebunden. Danach könnte es zutreffen, daß das skalare Feld Φ gar nicht elementar, sondern zusammengesetzt ist und somit nur die Parametrisierung unserer Unkenntnis über die im Grunde dynamisch zu erklärende spontane Symmetriebrechung darstellt. Dann kommen elementare skalare Teilchen nicht vor. Eine ähnliche Situation findet man bei der dynamischen Erklärung des Ginzburg-Landau-Modells der Supraleitung durch die Theorie von J. Bardeen, L. N. Cooper und J. R. Schrieffer[81]. Das Higgs-Feld kann in seiner Wirkung mit der Wellenfunktion der im supraleitenden Zustand zu Paaren gebundenen Elektronen (Cooper-Paare) und dem damit verbundenen Meissner-Effekt verglichen werden. Eine überzeugende Durchführung dieser Idee liegt jedoch nicht vor. Die grundsätzliche Frage nach dem Ursprung der spontanen Symmetriebrechung bleibt noch zu klären.

Die in der GSW-Theorie erreichte (partielle) Vereinigung der elektromagnetischen und schwachen Wechselwirkungen darf zweifellos als bedeutender Fortschritt angesehen werden. Weniger befriedigend ist andererseits die Tatsache, daß die Theorie eine beträchtliche Anzahl von Parametern enthält. Insbesondere sei daran erinnert, daß die Massen der Leptonen und Quarks nicht vorhergesagt, sondern über die $SU(2) \times U(1)$-invariante Yukawa-Kopplung der

---

[81] Eine Diskussion der physikalischen Grundlagen hierzu findet man z. B. in [We 81a].

Fermionen an das Higgs-Feld, wie in (18.30), „per Hand" eingeführt werden. Erst im Rahmen einer größeren Symmetriegruppe ergeben sich Relationen zwischen den Massen der Fermionen, wodurch die Zahl der Parameter verringert wird.

18.6 CP-Verletzung in B-Zerfällen

Die CP-Symmetrie bleibt zwar bei den meisten Reaktionen der schwachen Wechselwirkung erhalten, wird jedoch in bestimmten seltener vorkommenden Prozessen verletzt, wie am Beispiel der K^0-Mesonen bereits dargelegt wurde (siehe Abschnitt 15.4). Interessant ist nun, daß in letzter Zeit auch bei den B-Mesonen CP-verletzende Zerfälle nachgewiesen werden konnten [Au 01, Ab 01]. B-Mesonen sind Bindungszustände, die aus einem b-Quark und einem der anderen Quarks u, d, s bestehen, d. h. $B^+ = \bar{b}u, B^0 = \bar{b}d, B_s = \bar{b}s$, sowie die entsprechenden Antiteilchen B^-, $\overline{B^0}$, $\overline{B}_s$. In den Beschleunigeranlagen SLAC (USA, BaBar-Kollaboration) und KEK (Japan, Belle-Kollaboration) wird die $\Upsilon(4S)$-Resonanz in großer Zahl erzeugt. Die im Zerfall von $\Upsilon(4S)$ entstehenden B^0-$\overline{B^0}$-Paare oszillieren kohärent, bis sie selbst in die nachzuweisenden Endzustände zerfallen. Damit sind die Voraussetzungen für die experimentelle Untersuchung der CP-Verletzung in den B-Zerfällen gegeben. Die bei diesen Experimenten erzielten Ergebnisse tragen wesentlich zu einem besseren Verständnis der CP-Verletzung im Rahmen des Standardmodells bei.

Grundlagen

Die CP-Verletzung in den Zerfällen der Mesonen ist ein komplexes Phänomen, das wir in der hier gebotenen Kürze behandeln. Wir wollen zunächst auf eine allgemeine Beschreibung und Klassifizierung der CP-Verletzung eingehen, die für alle pseudoskalaren Mesonen angewendet werden kann.[82] Wir gehen aus von den Zerfallsamplituden von M (geladenes oder neutrales Meson, z. B. K, D, B oder B_s) und des CP-konjugierten $\overline{M}$ in den Mehrteilchenzustand f und den dazu CP-konjugierten $\bar{f}$

$$\begin{aligned} A_f &= \langle f|H|M\rangle \quad, \quad \bar{A}_f = \langle f|H|\overline{M}\rangle \\ A_{\bar{f}} &= \langle \bar{f}|H|M\rangle \quad, \quad \bar{A}_{\bar{f}} = \langle \bar{f}|H|\overline{M}\rangle. \end{aligned} \quad (18.37)$$

Hier ist H der Hamilton-Operator, der die schwache Wechselwirkung beschreibt. Bleibt CP im Zerfall erhalten, d. h. ist $[CP, H] = 0$, dann unterscheiden sich A_f und $\bar{A}_{\bar{f}}$ nur durch eine unphysikalische Phase, und es ist

$$\left|\frac{\bar{A}_{\bar{f}}}{A_f}\right| = 1. \quad (18.38)$$

Andernfalls ist die CP-Symmetrie verletzt.

Bei neutralen Mesonen dagegen kommt es zu Mischungen. Die CP-Symmetrie ist dann verletzt, wenn die beiden Massenzustände keine CP-Eigenzustände sind, wie z. B. im Fall der K^0-Mesonen. Die zeitliche Entwicklung des Zwei-Mesonen-Systems wird in vereinfachter

---

[82] Hinsichtlich weiterer Einzelheiten zu den verschiedenen Parametrisierungen CP-verletzender Effekte sei auf die einschlägige Literatur verwiesen, wie z. B. [Bi 99, Kl 03].

18 Vereinheitlichte elektromagnetische und schwache Wechselwirkung

Weise [Ka 68] durch den effektiven Hamilton-Operator (2×2-Matrix)

$$H = M - \frac{i}{2}\Gamma \tag{18.39}$$

beschrieben. Die Diagonalelemente von H entsprechen den Flavour erhaltenden Übergängen $M^0 \to M^0$ und $\overline{M^0} \to \overline{M^0}$, die nichtdiagonalen Elemente den Flavour ändernden Übergängen $M^0 \leftrightarrow \overline{M^0}$. Die Eigenzustände von H haben wohldefinierte Massen M_H, M_L und Zerfallsbreiten Γ_H, Γ_L. Man drückt hier die Masseneigenzustände M_L (leicht) und M_H (schwer) durch die bei der starken Wechselwirkung relevanten Zustände M^0 und $\overline{M^0}$ aus

$$\begin{aligned}|M_L\rangle &= p|M^0\rangle + q|\overline{M^0}\rangle, \\ |M_H\rangle &= p|M^0\rangle - q|\overline{M^0}\rangle,\end{aligned} \tag{18.40}$$

mit der Normierung $|p|^2 + |q|^2 = 1$, wobei CPT-Invarianz angenommen wurde. Wir erinnern daran, daß es im Fall der K^0-Mesonen dagegen üblich ist, die Masseneigenzustände durch die lang- bzw. kurzlebigen Zustände auszudrücken (vgl. Abschnitt 15.4). Die Eigenwerte zu $|M_{L,H}\rangle$ sind komplex. Deren Real- bzw. Imaginärteil stellen die Massen bzw. Zerfallsbreiten dieser Zustände dar. Nach Lösung des Eigenwertproblems zu H erhält man die für die CP-Symmetrie wichtige Größe

$$\left(\frac{q}{p}\right)^2 = \left|\frac{M_{12}^* - \frac{i}{2}\Gamma_{12}^*}{M_{12} - \frac{i}{2}\Gamma_{12}}\right|. \tag{18.41}$$

Bei CP-Erhaltung müssen die Massenzustände CP-Eigenzustände sein. Dann sind sie zueinander orthogonal, und es folgt $|q/p| = 1$. Andernfalls ist die CP-Symmetrie verletzt.

Wenn schließlich beide neutralen Mesonen M^0 und $\overline{M^0}$ in einen CP-Eigenzustand f zerfallen, kann die CP-Symmetrie ebenfalls verletzt werden. Denn in diesem Fall kann ein ursprünglich erzeugtes $M^0(\overline{M^0})$ direkt in den Endzustand zerfallen oder zunächst in ein $\overline{M^0}(M^0)$ übergehen, welches erst dann in diesen Endzustand zerfällt. M^0- oder $\overline{M^0}$-Mesonen zerfallen häufiger in den Endzustand als die entsprechenden CP-Partner. Aus der Interferenz zwischen Mischung (q/p) und Zerfall ($\bar{A}_f/A_f$) resultiert die CP-Verletzung. Die hier relevante (komplexe) Größe ist das Produkt

$$\lambda_f = \frac{q}{p}\frac{\bar{A}_f}{A_f}. \tag{18.42}$$

Wie wir oben gesehen haben, führen beide, die CP-Verletzung im Zerfall und die bei Mischung, auf $\lambda_f \neq \pm 1$. Es kann jedoch sein, daß hier in guter Näherung $|q/p| = 1$ und $|\bar{A}_f/A_f| = 1$ gilt, d.h., CP sowohl bei Mischung als auch im Zerfall erhalten bleibt, aber dennoch die CP-Symmetrie aufgrund des von Null verschiedenen Imaginärteils von λ_f verletzt ist

$$|\lambda_f| = 1, \quad \mathrm{Im}\,\lambda_f \neq 0. \tag{18.43}$$

Somit können die CP-verletzenden Größen unabhängig von unphysikalischen Phasenkonventionen durch Kombinationen der Zerfallsamplituden A bzw. bei neutralen Mesonen durch q/p oder durch die Kombination beider ausgedrückt werden.

Zusammenfassend können wir nun die möglichen CP-Verletzungen modellunabhängig klassifizieren. Man unterscheidet drei Typen.

(A) Die CP-Verletzung im Zerfall tritt dann ein, wenn die Amplituden für den Zerfall und den dazu CP-konjugierten Prozeß verschieden sind

$$\left|\frac{\bar{A}_{\bar{f}}}{A_f}\right| \neq 1 \Rightarrow CP\text{-Verletzung}. \tag{18.44}$$

Bei Zerfällen geladener Mesonen, bei denen Mischungseffekte nicht vorkommen, ist dies die einzige Möglichkeit der CP-Verletzung. Sie wird direkte CP-Verletzung genannt.

(B) Die Gleichung (18.41) impliziert

$$\left|\frac{q}{p}\right| \neq 1 \Rightarrow CP\text{-Verletzung}. \tag{18.45}$$

Diese Art der CP-Verletzung, die bei Zustandsmischungen vorkommt, wird als indirekte CP-Verletzung bezeichnet. Sie ist zuerst bei den Zerfällen der neutralen K-Mesonen beobachtet worden.

(C) Wenn schließlich beide neutralen Mesonen M^0 und $\overline{M^0}$ in den CP-Eigenzustand f zerfallen, kann die CP-Symmetrie durch Interferenz zwischen Mischung (q/p) und dem Zerfall $(\bar{A}_f/A_f)$ verletzt werden, auch wenn CP in beiden für sich erhalten bleibt. Diese CP-Verletzung ist definiert durch

$$\text{Im}(\lambda_f) \neq 0 \Rightarrow CP\text{-Verletzung}. \tag{18.46}$$

Sie wird kurz „Interferenz zwischen Mischung und Zerfall" genannt.

Ein bemerkenswerter Zug der CP-Verletzung besteht darin, daß in den Experimenten jede dieser drei Arten separat gemessen werden kann.

Theoretische Deutung im Standardmodell

Wie wir bei der Einführung des GIM-Mechanismus (vgl. Abschnitt 18.4) gesehen haben, bleibt die Universalität der schwachen Wechselwirkung nur dann bestehen, wenn im erweiterten Quarkstrom die gegenüber den Flavourzuständen d, s um den Cabibbo-Winkel θ gedrehten Quarkfelder d', s'

$$\begin{pmatrix} d' \\ s' \end{pmatrix}_L = \begin{pmatrix} \cos\theta & \sin\theta \\ -\sin\theta & \cos\theta \end{pmatrix} \begin{pmatrix} d \\ s \end{pmatrix}_L \tag{18.47}$$

verwendet werden. Dieses Konzept wurde von M. Kobayashi und T. Maskawa 1973 auf drei Quarkfamilien erweitert und dabei gezeigt, daß dadurch die CP-Symmetrie der schwachen Wechselwirkung in bestimmten Zerfällen verletzt wird [Ko 73]. Es ist interessant zu bemerken, daß erst später die Existenz der ersten noch fehlenden Mitglieder der dritten Teilchenfamilien, das τ-Lepton (1974) und das b-Quark (1977), nachgewiesen wurden. Die CKM-Quarkmischung (Cabibbo-Kobayashi-Maskawa) wird heute als die einfachste Erklärung der

CP-Verletzung angesehen, denn im Standardmodell sind keine weiteren Annahmen erforderlich. Die auf drei Familien erweiterte Mischung der Quarks hat die Gestalt

$$\begin{pmatrix} d' \\ s' \\ b' \end{pmatrix}_L = \begin{pmatrix} V_{ud} & V_{us} & V_{ub} \\ V_{cd} & V_{cs} & V_{cb} \\ V_{tb} & V_{ts} & V_{tb} \end{pmatrix} \begin{pmatrix} d \\ s \\ b \end{pmatrix}_L \qquad (18.48)$$

Die Elemente V_{ab} der obigen CKM-Matrix ergeben nach Multiplikation mit $g/\sqrt{2}$ die Kopplungskonstanten der Quarks a und b an die W-Bosonen. Dies bedeutet, daß die durch W-Austausch erreichten Partner der u-, c- und d-Quarks, d', s' und b' keine bestimmten Massen haben. Wenn z. B. ein u-Quark ein W^+ emittiert, so entsteht d', das nach (18.48) eine Superposition der Quarks d, s und b fester Massen ist:

$$d' = V_{ud}d + V_{us}s + V_{ub}b.$$

Entsprechende Superpositionen ergeben sich für $c \to s'W^+, t \to b'W^+$ aus der zweiten und dritten Zeile der CKM-Matrix. Für die Antiteilchen gilt analog

$$\bar{u} \to \bar{d}'W^- \; , \quad \bar{d}' = V_{ud}^* \, \bar{d} + V_{us}^* \, \bar{s} + V_{ub}^* \, \bar{b}$$

und entsprechend für $\bar{c}$ und $\bar{t}$.

Die Matrix in Gleichung (18.48) muß unitär sein. In zwei Dimensionen führt die Unitarität zu vier Bedingungsgleichungen zwischen den zunächst komplexen Elementen der Matrix, so daß vier reelle Parameter verbleiben. Hiervon können drei Parameter durch Phasentransformationen der Quarkfelder absorbiert werden, denn zwischen den vier Quarks sind drei relative Phasen frei wählbar. Es bleibt ein reeller Parameter, der Cabibbo-Winkel. Dies führt zu keiner CP-Verletzung.

Im Fall der CKM-Matrix können von den aufgrund der Unitaritätsbedingung verbleibenden neun reellen Parametern fünf in relative Phasen absorbiert werden. Wegen der vier übrigen unabhängigen Parameter kann die Transformation nicht mehr als reine Drehung in drei Dimensionen aufgefaßt werden. Durch den vierten Parameter, der als Phasenfaktor vorkommt, werden einige der Matrixelemente komplex. Dadurch sind CP-verletzende Effekte möglich. Zur Beschreibung der CP-Verletzung im Standardmodell ist neben den reellen Größen diese komplexe Phase erforderlich. Im CKM-Mechanismus kommen CP-verletzende Effekte durch Interferenzen zustande. Diese enthalten dann in ihrer Beschreibung das Produkt von mindestens vier Elementen der CKM-Matrix [Ja 89]. Bei den $K^0\overline{K^0}$-Oszillationen zum Beispiel wird dies erreicht durch die Überlagerung von u-, c- und t-Kopplungen an die d- und s-Quarks.

Ergänzend ist zu bemerken, daß die Absolutwerte der Matrixelemente durch die Auswertung der Daten zahlreicher verschiedener Reaktionen bekannt sind. Hinsichtlich der vielen Einzelheiten hierzu sei auf [Gi 04] und die dort angegebene Literatur hingewiesen.

Die Unitarität der CKM-Matrix führt auf Bedingungsgleichungen, von denen die folgende für die B-Zerfälle relevant ist

$$V_{ud}V_{ub}^* + V_{cd}V_{cb}^* + V_{td}V_{tb}^* = 0. \qquad (18.49)$$

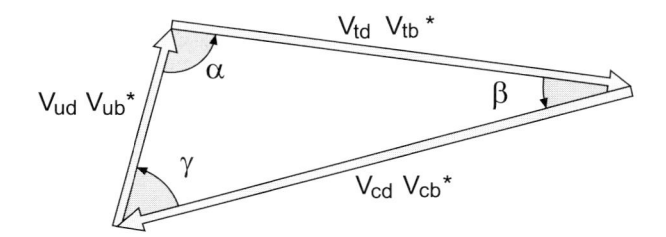

Abb. 18.7: Darstellung der Unitaritätsbedingung (18.49) als Dreieck in der komplexen Ebene.

Da die Summe der drei komplexen Zahlen Null ergibt, läßt sich diese Beziehung geometrisch als Dreieck in der komplexen Ebene darstellen. Man erhält so ein anschauliches Bild (Abb. 18.7) zur CP-Verletzung im Standardmodell.

Durch die Messung CP-verletzender Effekte in B-Mesonzerfällen können die Winkel des Unitaritätsdreiecks (Abb. 18.7) bestimmt werden. Auch kann man aus den experimentellen Daten anderer Zerfälle die Seiten ermitteln. Die Kombination dieser und weiterer Informationen aus der CP-Verletzung bei den K-Mesonen erlaubt dann in einem CKM-Fit die Winkel α, β und γ im Rahmen des Standardmodells vorherzusagen. Diese Vorhersage ist experimentell zu prüfen. So kann der CKM-Mechanismus der CP-Verletzung getestet werden. Insbesondere ist der Winkel β ein Maß für die CP-Asymmetrie vom Typ (C), die nur dann vorliegt, wenn die Fläche des Unitaritätsdreiecks von Null verschieden ist. Mit der früher angegebenen charakteristischen Größe $\text{Im}(\lambda_f)$ besteht im CKM-Bild folgender Zusammenhang

$$\text{Im}(\lambda_f) = \sin 2\beta. \tag{18.50}$$

Wenn also $\beta = 0$ gilt, ist die CP-Symmetrie nicht verletzt.

Experimentelle Ergebnisse

Eine bemerkenswerte Eigenschaft der CP-Verletzung besteht darin, daß in den Experimenten jede dieser drei Arten separat gemessen werden kann. Experimentell sind sowohl in den Zerfällen $K \to \pi\pi$ als auch bei den B-Mesonen alle Arten der CP-Verletzung untersucht und (mit einer Einschränkung, s. Gl. 18.53) nachgewiesen worden. Wir können hier nur auf die wichtigsten Ergebnisse eingehen und beziehen die K-Mesonen der Vollständigkeit halber mit ein.

Im Fall der K-Mesonen ist es üblich, andere Größen zur Parametrisierung der CP-verletzenden Observablen zu benutzen. Sie hängen in einfacher Weise mit den vorhin eingeführten Amplituden A_f und dem Mischungsverhältnis q/p zusammen. Die bei den K-Mesonen in den drei Fällen gemessenen Parameterwerte sind [Ki 04]

$$\begin{aligned}
\text{(A)} \quad & \text{Re}(\varepsilon') = \frac{1}{6}\left(\left|\frac{\bar{A}_{00}}{A_{00}}\right| - \left|\frac{\bar{A}_{+-}}{A_{+-}}\right|\right) = (2{,}5 \pm 0{,}4) \times 10^{-6} \\
\text{(B)} \quad & \text{Re}(\varepsilon) = \frac{1}{2}\left(1 - \left|\frac{q}{p}\right|\right) = (1{,}657 \pm 0{,}021) \times 10^{-3} \\
\text{(C)} \quad & \text{Im}(\varepsilon) = -\frac{1}{2}\text{Im}(\lambda_{(\pi\pi)_{I=0}}) = (1{,}572 \pm 0{,}022) \times 10^{-3}.
\end{aligned} \tag{18.51}$$

Die Indizes 00, +− bezeichnen abkürzend die jeweiligen Endzustände $\pi^0\pi^0$ bzw. $\pi^+\pi^-$, $I = 0$ den Isospin Null.

Im Fall der B-Mesonen konnte die direkte CP-Verletzung in $B^0/\overline{B^0}$-Zerfällen erst kürzlich von der BaBar-Kollaboration nachgewiesen werden [Au 04]. Hier wurden die Zerfälle $B^0 \to K^+\pi^-$ und $\overline{B^0} \to K^-\pi^+$ selektiert. Ausgehend von der gleichen Zahl von B^0- und $\overline{B^0}$-Mesonen wären nach dem Zerfall gleiche Anzahlen von $K^+\pi^-$- und $K^-\pi^+$-Paaren zu erwarten, falls die CP-Symmetrie erhalten bleibt. Die Analyse des BaBar-Experiments ergab jedoch, ausgehend von insgesamt etwa 1600 Ereignissen $n_{K^+\pi^-} + n_{K^-\pi^+}$, deutlich mehr $K^+\pi^-$-Paare im Endzustand. Quantitativ führt dies auf die Asymmetrie

(A) $$\frac{n_{K^-\pi^+} - n_{K^+\pi^-}}{n_{K^-\pi^+} + n_{K^+\pi^-}} = -0{,}133 \pm 0{,}033 (\text{stat}) \pm 0{,}009 (\text{syst}). \tag{18.52}$$

Dieses Resultat konnte von Belle, basierend auf etwa 1000 Zerfällen, innerhalb der Fehlergrenzen bestätigt werden. Mit der von BaBar gemessenen Asymmetrie von 13% ist die direkte CP-Verletzung hier viel stärker als bei den K-Mesonen.

Die indirekte CP-Verletzung (Typ B), die bei Mischungen vorkommt, ist in den semileptonischen Zerfällen $B^0 \to l^- X$, $\overline{B^0} \to l^+ X$ untersucht worden. Für die gemessene Asymmetrie der zeitabhängigen Zerfallsraten erhält man im Weltmittel unter Berücksichtigung der Ergebnisse von Opal, Cleo, Aleph und BaBar [La 02] den geringen Wert $0{,}002 \pm 0{,}014$. Dies bedeutet für die Stärke der CP-Verletzung die Einschränkung

(B) $$\left|\frac{q}{p}\right| = 0{,}998 \pm 0{,}007. \tag{18.53}$$

Diese geringe Abweichung der kritischen Größe $|q/p|$ von 1 impliziert, daß mit obiger Genauigkeit die CP-Verletzung bei der Mischung von B-Mesonen ein vernachlässigbarer Effekt ist. Dieses Ergebnis ist bei der Analyse anderer Zerfälle nützlich.

Die CP-Verletzung vom Typ C (Interferenz zwischen Mischung und Zerfall) wurde durch die CDF-Kollaboration (Collider Detector at Fermilab) 1999 bei $B^0/\overline{B^0}$-Zerfällen in den CP-Eigenzustand $J/\psi K_s$ festgestellt. Gegenwärtig werden die wichtigsten Experimente hierzu von den Kollaborationen BaBar und Belle durchgeführt. Die CP-Verletzung zeigt sich hier darin, daß ein unterschiedlicher Anteil von B^0 im Vergleich zu $\overline{B^0}$ in den Endzustand $J/\psi K_s$ zerfällt. Die Messung beruht auf der Bestimmung des Zeitverhaltens der beiden Zerfälle. Die hier erwartete zeitliche Entwicklung für diese Zerfälle ist gegeben durch

$$\Gamma(B^0 \to J/\psi K_s) \sim e^{-t/\tau_B}(1 - \sin 2\beta \sin(\Delta m t)),$$
$$\Gamma(\overline{B^0} \to J/\psi K_s) \sim e^{-t/\tau_B}(1 + \sin 2\beta \sin(\Delta m t)).$$

Die mittlere Lebensdauer τ_B und die Massendifferenz Δm zwischen den Zuständen $|B_H^0\rangle$ und $|B_L^0\rangle$ (siehe Gl. (18.40)) sind recht genau bekannt. Wenn der Winkel des Unitaritätsdreiecks β von Null verschieden ist, zerfallen die $\overline{B^0}$-Mesonen häufiger als die B^0-Mesonen, und die Amplitude der CP-Asymmetrie ergibt direkt die zu messende Größe $\sin 2\beta$, die in der allgemeinen Beschreibung (siehe Gl. (18.50)) gleich Im(λ_f) ist. Der gemessene Wert von $\sin 2\beta$ beträgt zur Zeit im Weltmittel [El 04]

(C) $$\sin 2\beta = 0{,}726 \pm 0{,}037. \tag{18.54}$$

Die CP-Verletzung ist hier deutlich stärker als im Fall der K-Mesonen.

Durch diese Experimente sind erhebliche Fortschritte beim Verständnis der CP-Verletzung erzielt worden. Insbesondere sind alle bisherigen Messungen der CP-Verletzung konsistent mit den Voraussagen des CKM-Mechanismus im Rahmen des Standardmodells. Mit anderen Worten, der CKM-Mechanismus ist die dominierende Quelle für die CP-Verletzung bei Flavour ändernden Prozessen. Die gute Übereinstimmumg der Messungen mit den Vorhersagen läßt hier wenig Raum für neue Physik, deren mögliche Effekte noch Korrekturen zum CKM-Bild beitragen könnten.

Zur Erklärung einer dynamisch erzeugten Materie-Antimaterie-Asymmetrie im Universum sind jedoch zusätzliche Mechanismen der CP-Verletzung erforderlich. Diese können aus Erweiterungen des Standardmodells resultieren. So bleibt die weitere Erforschung der CP-Verletzung wegen ihrer fundamentalen Bedeutung eine besondere Herausforderung und weiterhin ein spannendes Thema der Elementarteilchenphysik.

18.7 Neutrino-Oszillationen

Grundzüge der Oszillationen

Seit längerer Zeit stellt die Frage, ob Neutrinos wirklich masselose Elementarteilchen sind, wie bisher angenommen wurde, oder eine wenn noch so geringe Masse besitzen, ein zentrales Problem der Neutrinophysik dar. Aus theoretischer Sicht gibt es prinzipiell keinen Grund anzunehmen, daß die Masse der Neutrinos exakt gleich Null ist. Dies ist auch nicht zu erwarten, denn im Fall der Neutrinos fehlt eine entsprechende lokale Symmetrie, die ihre Masselosigkeit erklären würde. Auch führen erweiterte theoretische Ansätze zu einer großen Vereinigung der Wechselwirkungen (GUTs, siehe Kapitel VI) auf Vorhersagen von Neutrinomassen, die unterhalb einigen eV liegen. Bei der Formulierung des Standardmodells der elektroschwachen Wechselwirkung (siehe Abschnitt 18.3) wird angenommen, daß die Masse der als Dirac-Teilchen definierten Neutrinos exakt Null ist. Aus heutiger Sicht faßt man das Standardmodell als eine effektive Feldtheorie auf, die eine gute Beschreibung der Natur bis zu einer Energieskala im TeV-Bereich darstellt, bei der neue physikalische Phänomene zu erwarten sind. Eine wenn auch geringe Masse der Neutrinos wäre somit ein deutlicher Hinweis auf diese „neue Physik" jenseits des Standardmodells im Rahmen von GUTs. Außerdem hätte dies weitreichende Konsequenzen für die Rolle der Neutrinos in der Kosmologie und Astrophysik.

Es ist daher verständlich, daß in den letzten Jahren experimentell verstärkt nach Neutrinomassen gesucht wurde. Um die aus der Atmosphäre oder von der Sonne zu uns gelangenden Neutrinos zu registrieren, werden wegen der geringen Wechselwirkung der Neutrinos große Massen geeigneter Materie in den zur Abschirmung unterirdisch aufgebauten Detektoren eingesetzt. Diese haben inzwischen einen hohen Grad an Empfindlichkeit erreicht.

Als besonders vielversprechend hat sich dabei die Untersuchung des Phänomens der Neutrino-Oszillationen erwiesen. Sie wurden zuerst von B. Pontecorvo [Po 58b] diskutiert. Neuere ausführliche Darstellungen hierzu findet man z. B. in den Beiträgen von [Go 03, Fu 03]. Wir beschränken uns hier auf eine Diskussion der wesentlichen Züge dieses Phänomens.

Wenn die Massen der Neutrinos von Null verschieden sind, dann brauchen die Flavourzustände, d. h. die bei Prozessen der schwachen Wechselwirkung erzeugten Neutrinoarten ν_e,

ν_μ und ν_τ, nicht mit den Masseneigenzuständen, den Eigenzuständen des Hamilton-Operators, übereinzustimmen. Die beiden Typen von Zuständen sind dann durch eine unitäre Transformation verbunden, die zu einer Mischung der unterschiedlichen Neutrinoarten führt. Der Einfachheit halber betrachten wir nicht alle drei, sondern nur zwei Arten von Neutrinos, z. B. ν_e und ν_μ. Die Mischung der Flavour- und Masseneigenzustände wird dann, CP-Invarianz angenommen, durch einen Parameter, den Mischungswinkel θ, beschrieben

$$\begin{pmatrix} |\nu_e\rangle \\ |\nu_\mu\rangle \end{pmatrix} = \begin{pmatrix} \cos\theta & \sin\theta \\ -\sin\theta & \cos\theta \end{pmatrix} \begin{pmatrix} |\nu_1\rangle \\ |\nu_2\rangle \end{pmatrix}. \tag{18.55}$$

Während die Zustände $|\nu_e\rangle$ und $|\nu_\mu\rangle$ bei Prozessen der schwachen Wechselwirkung erzeugt bzw. absorbiert werden, beschreiben $|\nu_1\rangle$ und $|\nu_2\rangle$ die Eigenzustände des Hamilton-Operators mit bestimmten Massen m_1 und m_2. Bei Hinzunahme des τ-Neutrinos wird die unitäre Transformation durch eine 3×3-Matrix beschrieben, die vier Parameter enthält, drei Winkel und eine CP-verletzende Phase. Hier sei auf die Analogie zur Mischung der Quarks mittels der Kobayashi-Maskawa-Matrix hingewiesen (vgl. die Bemerkungen in Abschnitt 18.6).

Die durch den Hamilton-Operator vorgeschriebene zeitliche Entwicklung eines Elektron-Neutrino-Zustandes mit Impuls $p = |\vec{p}|$ ist dann

$$|\nu_e(t)\rangle = \cos\theta\, \mathrm{e}^{-\mathrm{i}E_1 t}|\nu_1\rangle + \sin\theta\, \mathrm{e}^{-\mathrm{i}E_2 t}|\nu_2\rangle, \tag{18.56}$$

wobei E_1 und E_2 die Energien der beiden Masseneigenzustände sind. Bei gleichem Impuls p sind die Energiewerte E_1 und E_2 verschieden, wenn die Neutrinos verschiedene Massen haben ($m_1 \neq m_2$). Wir können die Neutrinos als stabile Teilchen behandeln, also von reellen Werten für E_i ausgehen, denn bisher sind keine signifikanten Zerfälle beobachtet worden, deren Einfluß hier zu berücksichtigen wäre.

Bei der zeitlichen Entwicklung der Flavourzustände ändern sich die Phasen der Massenzustände ν_1 und ν_2 in der kohärenten Überlagerung (18.56) wegen $m_1 \neq m_2$ unterschiedlich. Hieraus resultiert eine zeitlich periodische Änderung der Flavoureigenschaft, d. h. es treten Oszillationen auf. Um dies in Formeln auszudrücken, benutzen wir die Umkehrung zu (18.55)

$$\begin{pmatrix} |\nu_1\rangle \\ |\nu_2\rangle \end{pmatrix} = \begin{pmatrix} \cos\theta & -\sin\theta \\ \sin\theta & \cos\theta \end{pmatrix} \begin{pmatrix} |\nu_e\rangle \\ |\nu_\mu\rangle \end{pmatrix}. \tag{18.57}$$

Setzt man hieraus $|\nu_1\rangle$ und $|\nu_2\rangle$, beide Zustände zur Zeit $t = 0$, in die Gleichung (18.56) ein, so folgt für $|\nu_e(t)\rangle$ zur Zeit t

$$|\nu_e(t)\rangle = (\cos^2\theta\, \mathrm{e}^{-\mathrm{i}E_1 t} + \sin^2\theta\, \mathrm{e}^{-\mathrm{i}E_2 t})|\nu_e\rangle + \sin\theta \cos\theta (\mathrm{e}^{-\mathrm{i}E_2 t} - \mathrm{e}^{-\mathrm{i}E_1 t})|\nu_\mu\rangle. \tag{18.58}$$

Der zweite Term ist von Null verschieden, wenn $m_1 \neq m_2$ gilt. Ist diese Bedingung erfüllt, dann enthält ein bei $t = 0$ anfänglich reiner Neutrinostrahl ν_e zur späteren Zeit t eine Beimischung von ν_μ. Die Wahrscheinlichkeit dafür, daß der ursprüngliche Strahl ν_e zur späteren Zeit t Neutrinos ν_μ enthält, ist durch den Überlapp der Zustände $|\nu_e(t)\rangle$ und $|\nu_\mu\rangle$ bestimmt. Während die Zustände $|\nu_e\rangle$ und $|\nu_\mu\rangle$ bei $t = 0$ orthogonal zueinander sind (kein ν_μ anfänglich vorhanden), erhält man für die Wahrscheinlichkeit, ein Neutrino der anderen Sorte ν_μ zur Zeit

t im Strahl anzutreffen,

$$P(\nu_e \to \nu_\mu) = |\langle \nu_\mu | \nu_e(t) \rangle|^2$$
$$= \frac{1}{2} \sin^2(2\theta)[1 - \cos(E_2 - E_1)t]. \qquad (18.59)$$

Für kleine Neutrinomassen, d. h. $m_i \ll E_i$, ist

$$E_i = \sqrt{p^2 + m_i^2} \approx p + \frac{m_i^2}{2p}. \qquad (18.60)$$

Dann können wir das Ergebnis in der vereinfachten Form schreiben

$$P(\nu_e \to \nu_\mu) = \frac{1}{2} \sin^2(2\theta) \left[1 - \cos\left(\frac{\Delta m^2}{2p} r\right)\right], \qquad (18.61)$$

wobei $\Delta m^2 = |m_2^2 - m_1^2|$ ist. Hier wurde außerdem berücksichtigt, daß die relativistischen Neutrinos in der Zeit t die Entfernung $r \approx t$ (hier $c = 1$) vom Ort der Emission zurückgelegt haben. Auch kann in der Näherung (18.60) im Argument der Kosinusfunktion für den Impuls des Elektron-Neutrinos seine Energie gesetzt werden, d. h. $\Delta m^2 r / 2p = \Delta m^2 r / 2E$. Mit den bekannten Relationen zwischen den Winkelfunktionen kann man dafür auch schreiben

$$P(\nu_e \to \nu_\mu) = \sin^2(2\theta) \sin^2\left(\frac{\Delta m^2 r}{4E}\right). \qquad (18.62)$$

Um die im Phasenwinkel vorkommenden Größen in den gewohnten Einheiten ausdrücken zu können, führt man $\hbar$ und c wieder ein und erhält $\Delta m^2 c^4 r / 4 E \hbar c$. Mißt man r in Metern, Δmc^2 in (eV)^2 und E in MeV, so hat man mit $\hbar c = 197\,\text{MeVfm}$ in (18.62) den numerischen Faktor 1,27 zu berücksichtigen, d. h. es folgt

$$P(\nu_e \to \nu_\mu) = \sin^2(2\theta) \sin^2\left(1{,}27 \frac{\Delta m^2 r}{E}\right). \qquad (18.63)$$

Nach Erweiterung mit $\pi = 3{,}14$ führt man zweckmäßig auch die charakteristische Oszillationslänge $L = \pi E / 1{,}27 \Delta m^2$ ein und erhält schließlich

$$P(\nu_e \to \nu_\mu) = \sin^2(2\theta) \sin^2\left(\frac{\pi r}{L}\right). \qquad (18.64)$$

Der numerische Wert der charakteristischen Länge ist dann

$$L = 2{,}47 \left(\frac{E}{\text{MeV}}\right)\left(\frac{1\,(\text{eV})^2}{\Delta m^2}\right) \text{Meter}. \qquad (18.65)$$

Hieraus folgt z. B. für Neutrinos der Energie von 10 MeV und einer Differenz der Massenquadrate $\Delta m^2 = 10^{-3}$ die Oszillationslänge $L = 24{,}7$ km. Nach Gl. (18.62) oszilliert die Wahrscheinlichkeit für die Flavouränderung mit der Amplitude $\sin(2\theta)$ und der Frequenz $\sim \Delta m^2 / E$ bzw. nach (18.64) mit der Oszillationslänge L. Die Amplitude hängt vom Mischungswinkel

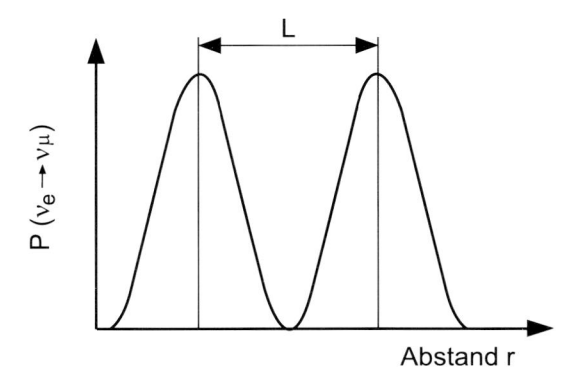

Abb. 18.8: Wahrscheinlichkeit $P(\nu_e \to \nu_\mu)$ als Funktion des Abstandes r von der ν_e-Quelle.

ab und wird für $\theta = \pi/4$ am größten. In diesem Fall ist an den Stellen $r = L(n + 1/2)$ mit ganzzahligem n $P(\nu_e \to \nu_\mu) = 1$ (Abb. 18.8).

Für die Wahrscheinlichkeit, das bei $r = 0$ emittierte Elektron-Neutrino im Abstand r wieder anzutreffen, folgt entsprechend dem Ergebnis (18.64)

$$P(\nu_e \to \nu_e) = 1 - \sin^2(2\theta) \sin^2\left(\frac{\pi r}{L}\right). \tag{18.66}$$

Als Folge des CPT-Theorems gilt $P(\bar{\nu}_\alpha \to \bar{\nu}_\alpha) = P(\nu_\alpha \to \nu_\alpha)$, $\alpha, \beta = e, \mu, \tau$. Aber im allgemeinen ist $P(\bar{\nu}_\alpha \to \bar{\nu}_\beta) \neq P(\nu_\alpha \to \nu_\beta)$ und ebenso $P(\nu_\alpha \to \nu_\beta) \neq P(\nu_\beta \to \nu_\alpha)$. Diese Übergangswahrscheinlichkeiten wären nur dann gleich, falls CP-Invarianz gilt. Diese Bedingung braucht jedoch, wie wir bereits wissen, bei schwachen Wechselwirkungen nicht erfüllt zu sein.

Die wesentlichen Züge der Neutrino-Oszillationen sind: die Flavourübergänge sowie die spezifische Abhängigkeit des Oszillationsmusters vom Abstand r und von der Energie E der Neutrinos. Wenn die Oszillationslänge L viel größer als der Abstand r zwischen Quelle und Detektor ist, wird nach Gl. (18.64) $P(\nu_e \to \nu_\mu) \simeq 0$. Im Abstand r hat dann noch keine Oszillation der Neutrinos stattgefunden. Ist L dagegen viel kleiner als r bzw. gilt für die mit der mittleren Energie $\langle E \rangle$ einfallenden Neutrinos $\langle E \rangle / r \ll \Delta m^2$, dann erfolgen die Oszillationen bei der kurzen Oszillationslänge sehr rasch, und bei einer endlichen Auflösung des Detektors wird die Übergangswahrscheinlichkeit gemittelt zu

$$P \simeq \frac{1}{2} \sin^2(2\theta). \tag{18.67}$$

Die Abhängigkeit von der Energie und von dem Massenunterschied der Neutrinos geht dabei verloren. Das Oszillationsverhalten mit neu auftretenden Neutrinos (Gl. (18.63)) ist demnach am günstigsten bei Parameterwerten in der Größenordnung

$$\Delta m^2 \sim \frac{\langle E \rangle}{r} \tag{18.68}$$

zu beobachten.

In den Experimenten kann man entweder das Auftreten von Neutrinos anderer Flavours gemäß Gl. (18.64) nachweisen oder entsprechend Gl. (18.66) das Verschwinden ursprünglich vorhandener Neutrinos feststellen. Wir wollen im folgenden auf die wichtigsten in letzter Zeit durchgeführten Experimente eingehen, die schließlich zum Nachweis der Neutrino-Oszillationen geführt haben.

Sonnenneutrinos

Die Strahlungsenergie der Sonne (Sterne) entsteht durch Kernfusionen, bei denen im Ergebnis Wasserstoffkerne in Heliumkerne übergeführt werden. Das Alter der Sonne beträgt etwa $4{,}5 \times 10^9$ Jahre, und sie wird ihre Strahlungsleistung noch einmal so lange aufrecht erhalten können. Während dieser langsamen Entwicklung wird die Temperatur in der Sonne so adjustiert, daß die thermische Energie eines Kerns klein im Vergleich zur Coulomb-Abstoßung bleibt, die er von einem potentiellen Fusionspartner spürt. Die Coulomb-Abstoßung verlangsamt daher die Reaktionsrate so, daß eine astronomisch lange Zeitskala resultiert. Jedoch werden schließlich in den Fusionsprozessen zwei Protonen in Neutronen übergeführt. Dies geschieht durch die schwache Wechselwirkung. Wenn das Proton in ein Neutron übergeht, muß dabei neben einem Elektron ein Elektron-Neutrino erzeugt werden. Die geringen Wirkungsquerschnitte der schwachen Wechselwirkung sorgen für das langsame Wasserstoffbrennen der Sonne und anderer Sterne auf der Hauptreihe. Die dabei entstehenden Neutrinos durchdringen wegen ihrer extrem großen freien Weglänge die Sonnenmaterie und gelangen nach etwa acht Minuten zur Erde.

Das in den vergangenen Jahrzehnten stets verfeinerte Modell von den im Innern der Sonne ablaufenden Kernprozessen erlaubt detaillierte Aussagen über die von den einzelnen Reaktionen herrührenden Neutrinoflüsse und Neutrinoenergien. Das von diesem Modell, dem Standard-Sonnenmodell, vorhergesagte Spektrum der Sonnenneutrinos ist in Abb. 18.9 dargestellt.

Insgesamt beträgt der auf der Erde eintreffende Neutrinofluß $6{,}5 \times 10^{10}\,\text{cm}^{-2}\,\text{s}^{-1}$. Der bei weitem überwiegende Teil der Sonnenneutrinos (91,6 %) entsteht bei der pp-Reaktion, d. h. der Fusion zweier Protonen

$$\text{p} + \text{p} \to {}^2\text{H} + e^+ + \nu_e \quad (0\text{--}0{,}42\,\text{MeV}).$$

Dagegen tragen die ebenfalls wichtigen Reaktionen ^{7}Be, pep und ^{8}B nur mit jeweils etwa 7,3 %, 0,2 % und 0,008 % zum Gesamtfluß bei,

$$\begin{aligned}
{}^7\text{Be} + e^- &\to {}^7\text{Li} + \nu_e && (0{,}38 \text{ und } 0{,}86\,\text{MeV}), \\
p + e^- + p &\to {}^2\text{H} + \nu_e && (1{,}44\,\text{MeV}), \\
{}^8\text{B} &\to {}^8\text{Be}^* + e^+ + \nu_e && (0\text{--}14{,}6\,\text{MeV}).
\end{aligned}$$

Dies sind die wesentlichen Beiträge. In den Klammern stehen die Energien der bei diesen Prozessen erzeugten Neutrinos. Die Wahrscheinlichkeit, daß ein Neutrino in einem Detektor registriert wird, ist proportional zu seinem Volumen, zum Neutrinofluß und nimmt mit wachsender Energie des Neutrinos zu (vgl. Gl. (16.4)). Außerdem spielen zur Herabsetzung des Untergrunds genügende Abschirmung und das geeignete Füllmaterial eine wichtige Rolle. Aus heutiger Sicht kann man als ersten Hinweis auf die Existenz von Neutrino-Oszillationen die

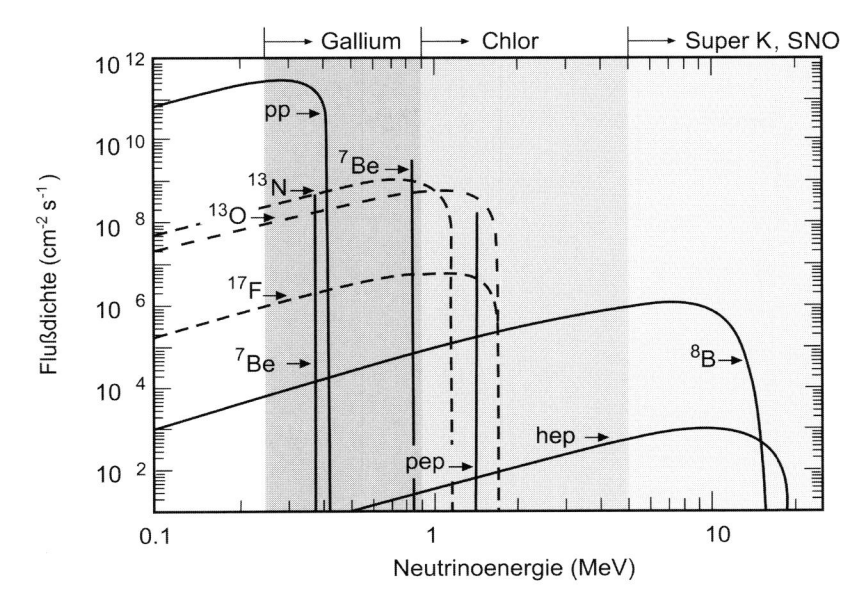

18 Vereinheitlichte elektromagnetische und schwache Wechselwirkung

Abb. 18.9: Spektrum der Sonnenneutrinos nach dem Standard-Sonnenmodell (SSM); Kontinuierliche Quellen: Fluß auf der Erdoberfläche pro cm² s und MeV; Linienquellen: Fluß pro cm² und s. Die Pfeile markieren die verschiedenen Ansprechbereiche der Detektoren.

Ergebnisse der über Jahrzehnte hinweg durchgeführten Experimente von Raymond Davis[83] und Mitarbeitern ansehen, die zum ersten Mal den Neutrinofluß von der Sonne gemessen und dabei ein markantes Defizit zu den Erwartungen gefunden haben [Da 68]. In diesem Experiment wurde zum Nachweis der Neutrinos ihre Absorption durch ^{37}Cl benutzt

$$\nu_e + {}^{37}\text{Cl} \to e^- + {}^{37}\text{Ar} \quad (E_\nu > 0{,}814\,\text{MeV}). \tag{18.69}$$

Wie Abb. 18.9 zu entnehmen ist, kann wegen der hohen Reaktionsschwelle von 0,814 MeV bei dieser Reaktion nur ein kleiner Teil des Sonnenspektrums, hauptsächlich ^{8}B, erfaßt werden. Der Detektor, ein mit 615 Tonnen der Reinigungsflüssigkeit C$_2$Cl$_4$ gefüllter Tank, war in der Homestake Mine in South Dakaota (USA), etwa 1500 m unter der Erde, aufgestellt. Aus der Anreicherung von Argon im Tank kann der Fluß der Elektron-Neutrinos berechnet werden. Das bei der Reaktion (18.69) entstehende radioaktive Argon wird chemisch extrahiert, und die einzelnen Atome werden durch ihren anschließenden Zerfallsprozeß

$$e^- + {}^{37}\text{Ar} \to \nu_e + {}^{37}\text{Cl} + \text{Auger-Elektronen} \tag{18.70}$$

über die Registrierung der 2,82 keV-Auger-Elektronen gezählt. Das überraschende Ergebnis war, daß die gemessene Rate, gemittelt über einen Zeitraum von mehr als zwanzig Jahren, mit nur 34% weit unter der nach dem Standard-Sonnenmodell zu erwartenden Rate lag. Dieser Befund, das Problem der „fehlenden Sonnenneutrinos", stellte in den folgenden Jahren eine

---
[83] Für seine bahnbrechenden Neutrinoexperimente erhielt Raymond Davis den Nobelpreis 2002.

Tabelle 18.2: Zusammenstellung der in verschiedenen Experimenten gemessenen Raten der Sonnenneutrinos im Verhältnis zu Vorhersage des Standard-Sonnenmodells (SSM).

Experiment	Reaktion	E_ν^{Schw}	Messung/Vorhersage
Homstake	$^{37}\text{Cl}(\nu, e^-)^{37}\text{Ar}$	0,81 MeV	0,34
GALLEX u. SAGE	$^{71}\text{Ga}(\nu, e^-)^{71}\text{Ge}$	0,23 MeV	0,56
K $\to$ SK	$\nu_e + e^- \to \nu_e + e^-$	5 MeV	0,46
SNO (GS)	$\nu_e + \text{D} \to \text{p} + \text{p} + e^-$	5 MeV	0,35

besondere Herausforderung dar. In verschiedenen weiteren Experimenten konnte mit anderer Technik die Diskrepanz bestätigt werden. Zu erwähnen sind die effizienten Absorptionsexperimente mit den Gallium-Detektoren GALLEX und SAGE. Die Energieschwelle für die dabei benutzte Reaktion

$$\nu_e + {}^{71}\text{Ga} \to {}^{71}\text{Ge} + e^- \tag{18.71}$$

liegt mit 0,233 MeV deutlich niedriger als die im ^{31}Cl-Experiment. Die Gallium-Experimente sind daher auf einen wesentlich größeren Teil des Sonnenspektrums, insbesondere auch auf die am häufigsten in der pp-Reaktion erzeugten Neutrinos empfindlich (siehe Abb. 18.9). Der Detektor von GALLEX befindet sich in dem nicht weit von Rom gelegenen Gran-Sasso-Tunnel, der zu einem unterirdischen Labor ausgebaut wurde. Er ist mit 30 Tonnen Gallium in einer flüssigen Lösung von Galliumchlorid und Hydrochloracid gefüllt. Das Absorptionsexperiment verläuft ähnlich wie das mit Chlor, nur daß hier Gallium zu radioaktivem Germanium wird. Das Herauslösen von Ge aus der das Ga enthaltenden flüssigen Tankfüllung ist eine besondere Aufgabe, die mit Hilfe chemischer Methoden gelöst wurde.

Bei dem von einer russisch-amerikanischen Kollaboration durchgeführten Gallium-Experiment SAGE, das sich in einem Tunnel unter einem Berg im Kaukasus befindet, dem Baksan Neutrino Observatorium, werden 55 Tonnen metallisches Gallium im Detektor benutzt. Beide Experimente stimmen in ihren Resultaten sehr gut überein und bestätigen das Defizit im Fluß der Sonnenneutrinos [Ab02, Ha99]. Die Ergebnisse sind in der Tabelle 18.2 mit denen anderer noch zu besprechender Experimente zusammengefaßt.

Die bisher erwähnten Experimente geben keinen Aufschluß über die Richtung der einfallenden Neutrinos. Dies war erst möglich in weiteren Experimenten mit zunächst dem KAMIOKANDE- (K) und dem nachfolgend verbesserten Super-KAMIOKANDE-Detektor (SK), die beide in der Kamioka-Mine, etwa 200 km westlich von Tokyo, 1000 Meter unter der Erde installiert sind. Der großvolumige SK-Detektor ist mit 50 000 Tonnen Wasser gefüllt und mit einer Vielzahl von Photomultipliern ausgestattet. Dadurch ist es möglich, die Sonnen-Neutrinos durch die elastische Streuung

$$\nu_e + e^- \to \nu_e + e^- \tag{18.72}$$

zeitnah zu registrieren. Bei höheren Energien kann die Absorption an Protonen ($\bar{\nu}+\text{p} \to n+e^+$) genutzt werden. Die gestreuten Elektronen (bzw. Positronen) senden Čerenkov-Strahlung aus und können so über die Photomultiplier gezählt werden. Sie folgen im Mittel der Richtung der einfallenden Neutrinos. Diese Methode erlaubt daher den Nachweis, daß die registrierten

18 Vereinheitlichte elektromagnetische und schwache Wechselwirkung

Neutrinos tatsächlich von der Sonne kommen. Da die Schwelle für das Ansprechen der Detektoren bei 5 MeV oder höher liegt, sind sie nur für ^{8}B-Neutrinos empfindlich (siehe Abb. 18.9). Die Auswertungen des Experiments ergaben für das Verhältnis von beobachteter zu erwarteter Rate das Ergebnis 0,46. Damit wurde das Defizit der Sonnenneutrinos mit erhöhter Statistik, d. h. 15 Neutrinos pro Tag im SK-Detektor, erneut bestätigt [Fu 96, Fu 02]. Mit der verbesserten Statistik konnte sogar die 7%ige Variation des solaren Neutrinoflusses infolge der Exzentrizität der Erdbahn festgestellt werden. Im Detektor KAMIOKANDE wurden im Februar 1987 auch die von der Supernovaexplosion SN1987A stammenden Neutrinos registriert.[84]

Zur Erklärung des Defizits könnte man Unzulänglichkeiten im Standard-Sonnenmodell vermuten. Hierfür gibt es jedoch kein überzeugendes Argument. So liegt es nahe, den Effekt durch Neutrino-Oszillationen zu deuten. Hiernach erreichen die fehlenden Elektron-Neutrinos nach ihrer Umwandlung die Erde in den anderen Flavourzuständen μ oder τ. Die Super-KAMIOKANDE-Kollaboration erklärte bereits 1998 die Ergebnisse ihrer Messungen bei atmosphärischen Neutrinos als konsistent mit Neutrino-Oszillationen [Fu 98].

Aber erst durch die Messungen am Sudbury Neutrino Observatorium (SNO) konnten schließlich 2001/2 die Oszillationen der Sonnenneutrinos überzeugend nachgewiesen werden [Ah 01, Ah 02]. Bestätigung erfuhr dieses Ergebnis im Dezember 2002 durch Messungen, die am KamLAND-Detektor durchgeführt wurden (siehe Abschnitt Reaktorexperimente). Der Tank des SNO-Detektors ist mit 1000 Tonnen schwerem Wasser (D$_2$O) gefüllt und mit einer Anordnung von etwa 9400 Photomultipliern ausgestattet. Er befindet sich zur Abschirmung 2000 Meter unter der Erde in einer Nickel-Mine in Ontario, Canada. Mit diesem Detektor werden die solaren ^{8}B-Neutrinos durch die folgenden drei Reaktionen untersucht

$$\begin{aligned} \nu_e + \mathrm{D} &\to \mathrm{p} + \mathrm{p} + e^- \quad &\text{(GS)}, \\ \nu + \mathrm{D} &\to \mathrm{p} + n + \nu \quad &\text{(NS)}, \\ \nu + e^- &\to \nu + e^- \quad &\text{(ES)}. \end{aligned} \qquad (18.73)$$

Die erste Reaktion, das durch den geladenen Strom (GS) induzierte Aufbrechen des Deuterons, kann nur von Elektron-Neutrinos ausgelöst werden. Diese Reaktion hat den Vorteil, daß die Rückstoßenergie des Elektrons stark mit der Energie des Neutrinos korreliert ist. Außerdem übertrifft ihr Wirkungsquerschnitt den der elastischen Streuung (ES) um etwa den Faktor 10. Die zweite Reaktion erfolgt über den neutralen Strom (NS) mit einer Schwelle von 2,2 MeV. Sie wird von allen vorhandenen Neutrinoarten mit gleichen Wirkungsquerschnitten ausgelöst und gestattet somit die Messung des totalen Flusses der von der Sonne kommenden aktiven Neutrinos $\Phi(\nu_e) + \Phi(\mu, \tau)$. Die elastische Streuung (ES) schließlich ist für alle Neutrinosorten empfindlich. Aber für ν_e erfolgt sie über beide Komponenten des schwachen Stromes, den geladenen ($W^\pm$) und den neutralen (Z^0) Strom, während die anderen Neutrinos nur über den neutralen Strom gestreut werden. Infolgedessen ist der Wirkungsquerschnitt für ν_e 6,5 mal größer als bei ν_μ oder ν_τ. Somit mißt diese Reaktion den Fluß $\Phi(\nu_e) + \Phi(\mu, \tau)/6{,}5$.

Bei den GS- und den ES-Reaktionen werden die rückstoßenden Elektronen direkt über die durch sie erzeugte Čerenkov-Strahlung detektiert. Bei der NS-Reaktion erfolgt die Aufzeichnung der Ereignisse über mehrere Stufen. Die freigesetzten Neutronen thermalisieren im schweren Wasser und werden schließlich von einem Deuterium-Kern eingefangen. Dabei

---

[84] Für seine hierbei geleistete wegweisende Arbeit erhielt der Initiator des KAMIOKANDE-Detektors, Masatoshi Koshiba, den Nobelpreis 2002.

entstehen 6,25 MeV γ-Strahlen. Deren Compton-Streuung an Elektronen erzeugt dann die zu registrierende Čerenkov-Strahlung.

Die in letzter Zeit von SNO mit erhöhter Empfindlichkeit bei der NS-Reaktion erzielten Resultate ergeben für das Verhältnis des ν_e-Flusses zum Gesamtfluß [Ah 03]

$$\frac{\Phi(\nu_e)}{\Phi(\nu_e) + \Phi(\nu_\mu, \nu_\tau)} = 0{,}306 \pm 0{,}026(\text{stat}) \pm 0{,}024(\text{syst}). \tag{18.74}$$

Hieraus folgt eindeutig $\Phi(\nu_\mu, \nu_\tau) \neq 0$. Mit dem von Null verschiedenen $\nu_{\mu,\tau}$-Fluß ist nun evident, daß einige der von der Sonne kommenden Elektron-Neutrinos in die anderen Flavourzustände ν_μ und/oder ν_τ übergehen. Der totale Neutrinofluß ändert sich dabei nicht. So sollte der durch die NS-Reaktion gemessene totale Fluß aktiver Neutrinos mit dem nach dem Standard-Sonnenmodell berechneten Gesamtfluß der im ^{8}B-Prozeß erzeugten Neutrinos übereinstimmen. Bei diesem Vergleich findet man innerhalb der Fehlergrenzen eine gute Übereinstimmung der Vorhersage mit den gemessenen Werten. Daraus ist zu schließen, daß unsere Vorstellungen von der Neutrinoproduktion in der Sonne richtig sind. Ferner bestärkt dies die Evidenz der Flavouränderungen und der damit verbundenen Deutung der fehlenden Sonnenneutrinos.

Neutrino-Oszillationen in Materie

Im Fall der Sonnenneutrinos ist bei der Interpretation der Meßergebnisse die unterschiedliche Wechselwirkung der Neutrinos mit der Materie beim Durchqueren der Sonne zu beachten, denn dadurch können die Oszillationen merklich beeinflußt werden. Dieser Effekt, auf den man zuerst durch eine Arbeit von Wolfenstein [Wo 78] aufmerksam wurde, ist nachfolgend von Mikheev und Smirnov [Mi 86] eingehender untersucht worden und wird daher kurz MSW-Effekt genannt.

Die Ausbreitung der Neutrinos in Materie kann näherungsweise durch eine Schrödinger-Gleichung beschrieben werden. Der effektive Hamilton-Operator H ist eine Matrix im Raum der ν-Flavourzustände. Er ist die Summe aus dem freien Hamilton-Operator im Vakuum H_0 und dem Potential der Wechselwirkung, das eine kohärente Vorwärtsstreuung der Neutrinos mit den Teilchen im Medium beschreibt. Die Materie enthält Elektronen und Nukleonen, aber keine μ- oder τ-Leptonen. Es ist also zu erwarten, daß diese Wechselwirkung flavourabhängig ist. In der Sonne findet die Streuung überwiegend an den zahlreich vorhandenen Elektronen statt. Durch die Kopplung an den neutralen Strom werden alle Neutrinos in gleicher Weise gestreut, so daß dadurch die Oszillationen nicht geändert werden. Bei den in der Sonne vorkommenden Energien streuen jedoch nur die Elektron-Neutrinos durch ihre Kopplung an den geladenen Strom, nicht aber die durch Oszillationen entstandenen μ- und τ-Neutrinos. Dieser Unterschied beeinflußt die Oszillationen. Eine Abschätzung des allein die Elektron-Neutrinos beeinflussenden Wechselwirkungspotentials ergibt für das $\nu_e - \nu_e$-Element im zusätzlichen Hamilton-Operator

$$V = \sqrt{2}\, G_\text{F} N_e. \tag{18.75}$$

Hier bedeutet G_F die Fermi-Konstante und N_e die vorhandene Elektronendichte. Der resultierende Hamilton-Operator H beschreibt die Ausbreitung der Neutrinozustände in der Materie. Ihre Berechnung ist bei variierender Elektronendichte komplex. Dies ist im Fall konstanter

Dichte einfacher und genügt hier, um den Effekt zu demonstrieren. In diesem Fall erfolgen die Oszillationen weiterhin nach dem Muster wie in Gl. (18.64), wobei jedoch der Mischungswinkel und die Oszillationslänge in der Materie beide modifiziert sind

$$\sin^2 2\theta_M = \frac{\sin^2 2\theta}{(a - \cos 2\theta)^2 + \sin^2 2\theta} \,, \quad a = \frac{2\sqrt{2}\, G_F N_e E}{m_2^2 - m_1^2},$$
$$L_M = \frac{L}{[(a - \cos 2\theta)^2 + \sin^2 2\theta]^{1/2}}. \tag{18.76}$$

Man stellt hier folgende Grenzfälle fest. Ist a etwa sehr klein, dann ändert sich der Mischungswinkel im Vakuum θ erwartungsgemäß nicht bzw. nur wenig. Wird andererseits die Elektronendichte N_e und damit a sehr groß im Vergleich zu den anderen Parametern, dann geht der Mischungswinkel in Materie gegen Null, d. h., die Oszillationen sind unterdrückt. Der interessanteste Fall tritt jedoch für $a = \cos 2\theta$ ein. Dann wird $\sin^2 2\theta_M = 1$, d. h., der Mischungswinkel in Materie ist maximal, und zwar unabhängig vom Mischungswinkel im Vakuum. Diese Resonanzbedingung

$$2\sqrt{2}\, G_F N_e E = (m_2^2 - m_1^2) \cos 2\theta \tag{18.77}$$

wird bei einer Variation der Materiedichte in der Sonne um etwa acht Größenordnungen in einer bestimmten Schicht erfüllt sein. Dadurch werden Oszillationen in der Sonne bei großem Mischungswinkel möglich, auch wenn der entsprechende Mischungswinkel im Vakuum klein ist. Dies hat jedoch seinen Preis, denn im Resonanzfall wird die Oszillationslänge in Materie $L_M = L/\sin 2\theta$. Sie ist insbesondere für kleine Winkel θ viel größer als im Vakuum. Die wesentlichen Größen, von denen der hier skizzierte MSW-Effekt abhängt, sind die Neutrinoenergie E und die Elektronendichte N_e. Letztere sollte sich genügend langsam ändern.

Im Fall der Resonanz muß die Bedingung (18.77) erfüllt sein. Da die linke Seite dieser Gleichung positiv ist, muß dies auch für die rechte Seite gelten. Ist nun der Mischungswinkel im Vakuum klein (nahe Null), dann ist $\cos 2\theta$ nahe $+1$, und die Massendifferenz $m_2^2 - m_1^2$ muß positiv sein, d. h. $m_2 > m_1$. Bei einem Mischungswinkel im Vakuum nahe $\pi/2$ ist $\cos 2\theta$ dagegen nahe -1, daher muß $m_2 < m_1$ gelten. Gemäß der Relation (18.55) besteht in beiden Fällen das Elektron-Neutrino überwiegend aus dem leichteren der beiden Massenzustände, das μ-Neutrino aus dem schwereren. Soll also beim Durchgang von Elektron-Neutrinos durch Materie maximale Mischung eintreten, dann ist notwendig das Elektron-Neutrino leichter als das Myon-Neutrino, so wie das Elektron leichter als das Myon ist.

In der Tat werden die bei der Beobachtung der Sonnen-Neutrinos bisher gesammelten Daten am besten durch den MSW-Effekt mit großem Mischungswinkel beschrieben. Insbesondere wird diese Interpretation mit Hilfe kontrollierter Antineutrinoquellen durch das Reaktorexperiment KamLAND (siehe nachfolgenden Abschnitt) unterstützt. Dies ist in der Abb. 18.10 dokumentiert. Die zur Zeit beste Anpassung der Daten ergibt die Werte $\Delta m_s^2 = 7{,}1 \times 10^{-5}$ (eV)^2 und $\theta_s = 32{,}5°$ [Ka 04]. Hiernach sollte das Elektron-Neutrino leichter als das Myon-Neutrino sein.

Es ist wichtig, die Ergebnisse bei den Sonnen-Neutrinos durch andere Experimente bestätigt und erweitert zu sehen. Dabei werden aus anderen Quellen stammende Neutrinos untersucht. Die wesentlichen neueren Ergebnisse hierzu wollen wir im folgenden diskutieren.

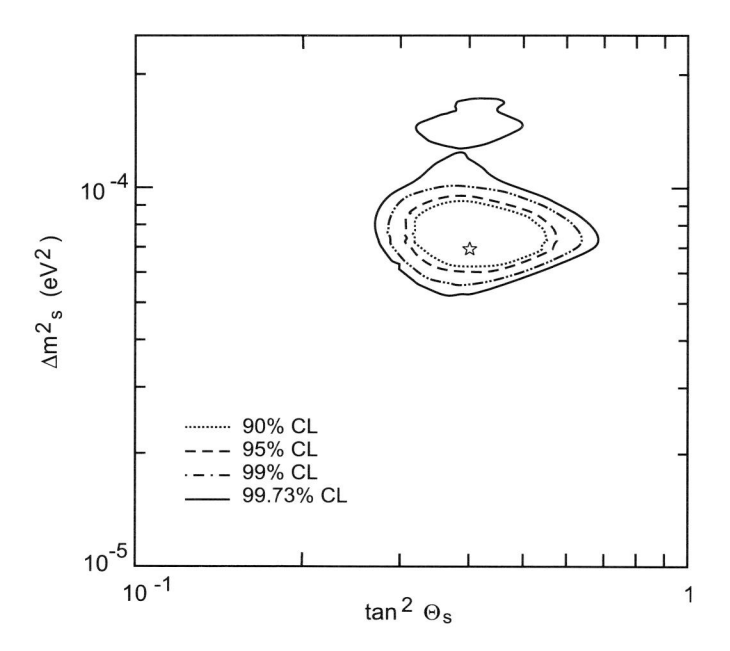

Abb. 18.10: Die bei den Sonnenneutrinos und von KamLAND gemessenen Daten erlauben die gezeigten Bereiche für die Parameterwerte Δm_s^2 und θ_s. Die beste Anpassung mit den Werten $\Delta m_s^2 = 7{,}1 \times 10^{-5}$ (eV)^2 und $\theta_s = 32{,}5°$ ist durch den Stern gekennzeichnet. (CL = confidence level, deutsch: Vertrauensgrenze)

Atmosphärische Neutrinos

Die aus der Atmosphäre zur Erde gelangenden Neutrinos und Antineutrinos $\nu_e, \bar{\nu}_e, \nu_\mu, \bar{\nu}_\mu$ sind das Resultat der schwachen Zerfälle von $\pi^\pm$- und $K^\pm$-Mesonen, die ihrerseits durch Reaktionen der kosmischen Strahlung mit Nukleonen in der oberen Atmosphäre entstehen. Sie besitzen daher zum überwiegenden Teil mit etwa 0,1 GeV deutlich mehr Energie als die Neutrinos von der Sonne. Obwohl der absolute Wert ihres Flusses nur ungenau berechnet werden kann, beträgt die Unsicherheit beim vorhergesagten Verhältnis der $\nu_\mu (\bar{\nu}_\mu)$ zu den $\nu_e (\bar{\nu}_e)$ weniger als $\sim 5\%$. Die Messungen bei verschiedenen Experimenten ergeben für dieses Verhältnis etwa nur die Hälfte des erwarteten Wertes. Die Vermutung, daß dieser Effekt auf Oszillationen der Neutrinos zurückzuführen ist, konnte durch die Messungen an dem bereits erwähnten Super-KAMIOKANDE-Detektor bestätigt werden [Fu 98]. Dieser Detektor kann Ereignisse, die von Elektron- bzw. Myon-Neutrinos ausgelöst werden, unterscheiden. Auch können Energie und Richtung (d. h. der Zenitwinkel ϑ) der einfallenden Neutrinos festgestellt werden. Das gemessene ν_μ/ν_e-Verhältnis zeigt eine starke Abhängigkeit von dem Zenitwinkel und damit von der Distanz, die das Neutrino seit seiner Entstehung zurückgelegt hat. Dies kann genutzt werden, um die Hypothese der Neutrino-Oszillationen zu testen. Die von unten ($\cos \vartheta = -1$) den Detektor erreichenden Neutrinos haben einen um den Erddurchmesser ($\sim 13\,000$ km) längeren Weg zurückzulegen als diejenigen, die direkt aus der Atmosphäre (~ 20 km) von

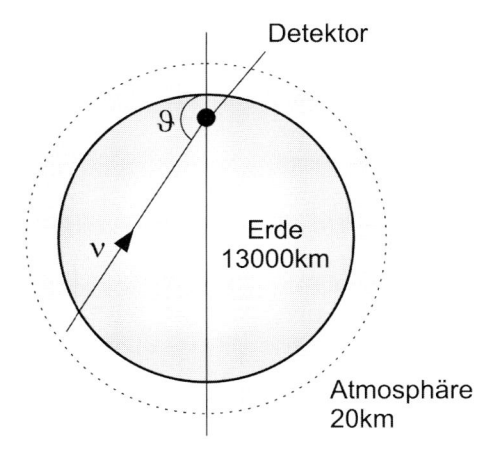

18 Vereinheitlichte elektromagnetische und schwache Wechselwirkung

Abb. 18.11: Die Entfernung zum Detektor variiert mit dem Zenitwinkel und wird maximal (~ 13000 km) für die von unten aus der Atmosphäre kommenden Neutrinos.

oben ($\cos\vartheta = +1$) eintreffen (Abb. 18.11). Die von unten kommenden Neutrinos haben also auf ihrem Weg durch die Erde mehr Zeit für Oszillationen.

Da die freie Weglänge atmosphärischer Neutrinos in Materie (Gestein) etwa 10^9 km beträgt, ist die Erde für sie durchlässig. Eine kurze Überlegung zeigt, daß von unten kommende atmosphärische Neutrinos der Energie 100 MeV genügen, um Oszillationen mit Werten $\Delta m^2 \gtrsim 10^{-5}\,(\text{eV})^2$ nachzuweisen. Denn um eine merkliche Variation im Verhältnis der Neutrinoflüsse feststellen zu können, sollte der von den Neutrinos zurückgelegte Weg etwa vergleichbar oder größer als die halbe Oszillationslänge sein, $r \gtrsim L/2$. Diese Bedingung ergibt mit $r = 1{,}3 \times 10^7$ m und der Definition von L (18.65) die untere Schranke für die feststellbare Massendifferenz $\Delta m^2 \gtrsim 10^{-5}\,(\text{eV})^2$.

Tatsächlich bestärken die über Jahre bei Super-KAMIOKANDE gesammelten Daten zunehmend die Evidenz für Neutrino-Oszillationen, mit denen die gemessene azimutale Asymmetrie des Neutrinoflusses gedeutet werden kann. Aus Reaktorexperimenten mit Neutrinos sind Einschränkungen für die Übergänge $P(\bar{\nu}_e \to \bar{\nu}_\mu)$ bekannt, die wegen CPT-Invarianz auch für $P(\nu_\mu \to \nu_e)$ gelten. Hieraus folgt, daß bei den Oszillationen die Umwandlungen $\nu_\mu \to \nu_\tau$ stattfinden und nur zu einem sehr geringen Teil $\nu_\mu \to \nu_e$. Damit ist $P(\nu_\mu \to \nu_e)$ hier weitgehend ausgeschlossen.

Jedenfalls können die inzwischen umfangreichen und detaillierten Daten bei Super-KAMIOKANDE am besten durch die Oszillationen $P(\nu_\mu \to \nu_\tau)$ interpretiert werden, wobei die Massendifferenz Δm_A^2 und der Mischungswinkel θ_A in den folgenden Wertebereichen liegen

$$1{,}3 \times 10^{-3}\,(\text{eV})^2 \lesssim \Delta m_A^2 \lesssim 3{,}0 \times 10^{-3}\,(\text{eV})^2,$$
$$\sin^2(2\theta_A) > 0{,}9. \tag{18.78}$$

Hieraus ist zu entnehmen, daß mindestens einer der Massenzustände ν_i eine Masse besitzt, die größer als 36×10^{-3} eV ist. Bemerkenswert ist der unerwartet große Mischungswinkel, der bei 45° die maximale Amplitude ergibt. Es sei hier an die Situation bei den Quarks erinnert. Dort sind die Mischungswinkel klein.

Die bei den Oszillationen $\nu_\mu \to \nu_\tau$ auftretenden τ-Neutrinos werden nicht registriert. Sie besitzen nicht genügend Energie, um in einer Reaktion $\nu_\tau + N \to \tau + X$ die große Masse (1,7 GeV) des τ-Leptons zu erzeugen. Auch ist der Beitrag über den neutralen Strom (Z^0) zu gering. Es könnte allerdings ein sogenanntes „steriles Neutrino" existieren, in das die fehlenden μ-Neutrinos übergehen und das weder an die $W^\pm$- noch an die Z^0-Bosonen koppelt. Diese Erklärung ist jedoch ein wenig attraktives Modell, da es eine hypothetische neue Spezies von Teilchen erfordert. Es sollte durch weitere Experimente auszuschließen sein.

Reaktorexperimente

Es ist natürlich wünschenswert, die bisherigen Ergebnisse mit solchen Neutrinoquellen zu überprüfen, die auf der Erde genauer kontrolliert werden können. Eine geeignete Quelle für Antineutrinos $\bar{\nu}_e$, die intensiv genug ist, um in genügend großer Entfernung Oszillationen feststellen zu können, stellen bestehende kommerzielle Kernreaktoren dar. Die Idee, gleich mehrere Kernreaktoren als Quelle zu benutzen, war der Beginn des in Japan durchgeführten Experiments KamLAND. Dieser Detektor befindet sich am früheren Platz von KAMIOKANDE und kann die Antineutrinos mehrerer Kernreaktoren registrieren, die im Mittel 180 km entfernt sind. Er enthält 1000 Tonnen einer Szintillationsflüssigkeit, in der die Antineutrinos ($E > 3,4$ MeV) durch die Reaktion $\bar{\nu}_e + p \to e^+ + n$ Positronen erzeugen. In der Szintillationsflüssigkeit entsteht durch die Positronen wesentlich mehr Licht pro Energieeinheit als beim Čerenkov-Effekt. Dadurch ist der KamLAND-Detektor in der Lage, Reaktionen bei viel geringeren Energien nachzuweisen, als im Fall der Detektoren Super-KAMIOKANDE oder SNO. Dies ist ein wichtiger Vorteil, weil der Oszillationseffekt nach Gl. (18.63) mit abnehmender Energie zunimmt. Wie die eindrucksvollen Ergebnisse des KamLAND-Experiments zeigen, erreichen nur 60% des ohne Oszillationen erwarteten $\bar{\nu}_e$-Flusses den Detektor [Eg 03]. Die gewonnenen Daten bestätigen, daß der Mischungswinkel groß ist und schließen damit andere Lösungen weitgehend aus. Da die Messungen an kontrollierbaren Neutrinoquellen vorgenommen wurden, zeigen sie schließlich auch, daß restliche Zweifel an der richtigen Vorhersage der ν-Erzeugung nach dem Standard-Sonnenmodell unberechtigt sind.

Beschleunigerexperimente

Als weitere kontrollierbare „künstliche" Quelle für Neutrinos kommen Beschleuniger in Betracht. So kann z. B. die Bedingung (18.68) im Bereich der Massenaufspaltung atmosphärischer Neutrinos $\Delta m_A^2 \sim E_\nu/r$ mit den energiereichen ν_μ-Strahlen erfüllt werden, die an Beschleunigern bei der Reaktion $p \to \text{Target} \to \pi^+, K^+ \to \nu_\mu(\%\nu_e, \bar{\nu}_\mu, \bar{\nu}_e)$ entstehen. Man hat drei solcher Strahlen mit großer Distanz zwischen Quelle und Detektor präpariert bzw. hergestellt: Von KEK nach Kamioka (K2K, $r = 235$ km), Fermilab nach Soudan ($r = 730$ km) und CERN nach Gran Sasso ($r = 730$ km). Hierbei soll nach dem Verschwinden der ν_μ oder dem Erscheinen von ν_τ gesucht werden. Das erste dieser Experimente (K2K) hat bereits das Verschwinden von ν_μ in Übereinstimmung mit den Oszillationen atmosphärischer Neutrinos beobachtet [Ahn 01].

Bei anderen Experimenten sind die Abstände deutlich kürzer. Die von der Kollaboration am Los Alamos-Beschleuniger mit dem „Liquid Scintillation Neutrino Detector" (LSND) untersuchten Neutrinos erreichen den Detektor nach $r \approx 30$ Metern. Sie entstehen beim Zerfall von sekundären Myonen in Ruhe, $\mu^+ \to e^+ + \nu_e + \bar{\nu}_\mu$. In diesem Prozeß werden keine $\bar{\nu}_e$ erzeugt, jedoch entgegen der Erwartung beobachtet. Deutet man dieses Ergebnis als Oszillation der $\bar{\nu}_\mu$ die hierbei in $\bar{\nu}_e$ übergehen, dann ergibt die beste Anpassung der Daten die gegenüber früheren Werten größere Massenaufspaltung $\Delta m^2 \sim 1{,}2\,(\mathrm{eV})^2$ Dagegen ist der entsprechende Mischungswinkel viel kleiner.

In einem von der Karlsruhe-Rutherford-Kollaboration durchgeführten ähnlichen Experiment KARMEN mit $r = 18\,\mathrm{m}$ konnte das aus dem bisherigen Rahmen fallende Ergebnis von LSND nicht bestätigt werden [Ar 02]. Hier ist die baldige Klärung durch ein weiteres unabhängiges Experiment am Fermilab, MiniBooNE, zu erwarten [Ag 04].

Zusammenfassung und offene Fragen

Ohne Zweifel sind in den letzten Jahren durch die gesteigerte Empfindlichkeit der verschiedenen Detektoren herausragende Fortschritte auf dem Gebiet der Neutrinophysik, speziell der Neutrino-Oszillationen, erzielt worden. Dieses Forschungsgebiet entwickelt sich sehr rasch, und in naher Zukunft sind weitere wichtige Ergebnisse zu erwarten. Dennoch soll hier eine auf den bisherigen Daten beruhende vorläufige Zwischenbilanz gezogen werden, mit Hinweisen auf besonders wichtige noch offene Fragen.

Zu einem vollständigen Nachweis von Neutrino-Oszillationen, wie z. B. bei den K^0-, $\overline{K^0}$-Oszillationen, sollte man einen Zyklus der Oszillationen beobachten. Immerhin können die Experimente Super-KAMIOKANDE und KamLAND bereits den Abfall und Anstieg im Oszillationsmuster nachweisen [As 04, Ar 05a]. Die in den Experimenten mit solaren und atmosphärischen Neutrinos festgestellten Massendifferenzen sind um etwa eine Größenordnung verschieden, $\Delta m_s^2 \ll \Delta m_A^2$. Wir wissen außerdem von den LEP-Experimenten, daß die Anzahl der leichten Neutrinos im Standardmodell $N_\nu = 3$ ist (siehe Abb. 18.5). Von diesen Erkenntnissen ausgehend, kann der obige Befund bei den Massendifferenzen durch Oszillationen der drei bekannten Neutrinos erklärt werden. Die Ergebnisse von LSND sowie ein zusätzliches steriles Neutrino berücksichtigen wir hierbei nicht. Das Neutrinospektrum enthält dann zwei Masseneigenzustände mit der Massendifferenz Δm_s^2 (solare ν- und KamLAND-Daten) und einen dritten Eigenzustand, der von den ersten beiden durch die größere Aufspaltung Δm_A^2 getrennt ist (atmosphärische ν- und K2K-Daten). Zur Veranschaulichung ist dies in Abb. 18.12 dargestellt.

Die absoluten Massenwerte der Neutrinos sind nicht bekannt. So wissen wir auch nicht, ob Δm_s^2 im Spektrum unten (normales Spektrum, s. Abb. 18.12) oder oben liegt (invertiertes Spektrum). Außer den LSND-Daten, die wir wegen fehlender Bestätigung nicht berücksichtigt haben, fügen sich alle übrigen Ergebnisse sehr gut in diese Mischung der drei bekannten Neutrinos ν_e, ν_μ und ν_τ ein.

Dieses Bild ist jedoch im Detail noch unvollkommen und führt somit zu neuen Problemstellungen, von denen einige besonders wichtige hier erwähnt seien.

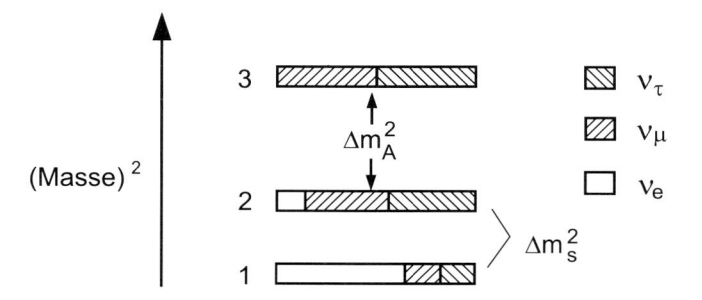

Abb. 18.12: Das normale Δm^2-Massenspektrum für drei Neutrinos faßt die Ergebnisse der verschiedenen Experimente zusammen. Der Flavour-Gehalt der Masseneigenzustände ist dabei angedeutet.

- Warum ist der Mischungswinkel hier so groß, im Unterschied zur Mischung der Quarks?
- Die aus Gl. (18.63) folgende charakteristische Abhängigkeit der Oszillationen im Vakuum von r/E ist zu verifizieren.
- Die Parameter der 3×3-Mischungsmatrix sind vollständig zu bestimmen.
- Wird die CP-Symmetrie durch das Verhalten der Neutrinos verletzt?
- Wie ist das Massenspektrum angeordnet, normal oder invertiert?
- Gibt es sterile Neutrinos, oder können sie experimentell ausgeschlossen werden?
- Wie groß sind die Massen der Neutrinos?
- Sind die Neutrinos Dirac- oder Majorana-Teilchen?

Auf die beiden zuletzt genannten Probleme wollen wir etwas näher eingehen. Da die Neutrino-Oszillationen nicht von den absoluten Massen der Neutrinos abhängen, sind zu ihrer Bestimmung andere Methoden erforderlich. Eine Möglichkeit die Neutrinomasse direkt zu messen, ergibt sich aus der Beobachtung des Endpunktspektrums beim Tritium-β-Zerfall (siehe Abschnitt 13.2). Dieses Experiment ist bisher für Massen unter einigen eV nicht empfindlich. Wie wir nun wissen, hat das Elektron-Neutrino keine wohldefinierte Masse, sondern ist eine Mischung aus zwei (oder drei) Masseneigenzuständen ν_i. Wenn also im β-Zerfallsspektrum eine Masse festgestellt wird, dann ist dies ein vom Mischungswinkel abhängiger gemittelter Wert der Massenzustände.

Aber auch auf indirekte Weise erhält man weitere Informationen über die möglichen Massenwerte. So sind die beobachteten Schwankungen in der kosmischen Hintergrundstrahlung sensitiv hinsichtlich der Neutrinomassen, und aus neueren Daten folgt unter bestimmten kosmologischen Annahmen $\Sigma m_i < 0{,}71\,\text{eV}$ als obere Schranke [Sp 03]. Die Summe berücksichtigt dabei alle leichten Neutrinos ν_i, die im frühen Universum im thermischen Gleichgewicht waren. Ausgehend von drei Neutrinos, welche die obige Schranke erfüllen, folgt dann wegen der näherungsweisen Entartung ($\Delta m_s^2 \ll \Delta m_A^2 \ll 1\,(\text{eV})^2$), daß jede der ν-Massen unterhalb von $0{,}71/3 = 0{,}24\,\text{eV}$ liegen sollte. Nun kann aber die Masse des schwersten Neutrinos nicht kleiner als $\sqrt{\Delta m_A^2}$ sein. Mit dem Ergebnis in Gl. (18.78) folgt dann als untere Schranke der Wert 0,036 eV. Wenn also die auf kosmologischen Daten beruhende Abschätzung richtig ist, dann liegt die Masse des schwersten Neutrinos in den Schranken

$$0{,}03\,\text{eV} < m_i < 0{,}24\,\text{eV}. \tag{18.79}$$

Im Standardmodell werden die Neutrinos als masselose Dirac-Teilchen betrachtet. Beim Neutrino weisen Impuls und Spin in entgegengesetzte Richtungen, es ist linkshändig (Helizität -1), beim Antineutrino in die gleiche Richtung, es ist rechtshändig (Helizität $+1$). Nach neuen Erkenntnissen haben Neutrinos jedoch eine geringe Masse und können sich somit nicht exakt mit Lichtgeschwindigkeit ausbreiten. Dann ist ein Bezugssystem vorstellbar, das sich schneller als das Neutrino bewegt. In diesem System ist die Impulsrichtung des Neutrinos umgekehrt, während der Spin ungeändert bleibt, d. h. die Helizität ändert das Vorzeichen. Allein durch den Übergang zu einem anderen relativistischen Bezugssystem wird also aus einem linkshändigen ein rechtshändiges Neutrino, das bisher im Standardmodell nicht vorkommt. Hieraus ergeben sich zwei Möglichkeiten. Entweder ist $\bar{\nu} \neq \nu$, und es existieren doch rechtshändige Neutrinos als Dirac-Teilchen (entsprechend linkshändige Antineutrinos), oder Neutrino und Antineutrino sind ein und dasselbe Teilchen $\nu = \bar{\nu}$, dessen zwei Spinstellungen ν_L (linkshändig) und ν_R (rechtshändig) wir in den verschiedenen Reaktionen der schwachen Wechselwirkung feststellen. Letzteres wird, im Unterschied zum Dirac-Teilchen, durch ein reelles Spinorfeld beschrieben. Es wurde zuerst von Ettore Majorana (1906–1938) diskutiert und wird daher Majorana-Teilchen genannt.

Eine Unterscheidung zwischen Dirac- und Majorana-Neutrino ist auf indirekte Weise durch den Nachweis des neutrinolosen Doppel-Betazerfalls ($0\nu\beta\beta$) möglich. Dieser Prozeß, $2n \to 2p + 2e^-$, kommt nur dann vor, wenn die im Endzustand fehlenden Neutrinos Majorana-Teilchen sind. Für masselose Neutrinos ist der Prozeß wegen Erhaltung der Helizität verboten. Im Fall der Majorana-Neutrinos mit $m_\nu \neq 0$ kann er in zwei Stufen erfolgen, wobei das zunächst erzeugte Neutrino in der zweiten Stufe absorbiert wird, so daß im Endzustand kein Neutrino auftritt

$$n \to \text{p} + e^- + \bar{\nu}_{e_R}, \quad \bar{\nu}_{e_R} (= \nu_{e_R}) + n \to p + e^-.$$

Der eindeutige experimentelle Nachweis dieser Reaktion steht zur Zeit noch aus. Den bisher durchgeführten Experimenten kann man aber obere Schranken für die effektive Masse der Majorana-Neutrinos entnehmen, wie z. B. $\langle m_\nu \rangle < (0{,}3$–$1{,}24)\,\text{eV}$, mit Unsicherheiten im Kernmatrixelement [Kl01]. Sollte der Prozeß weiterhin nicht beobachtet werden und liegt dabei die Massenempfindlichkeit im Experiment unter dem Minimum der Neutrinomasse, das aus den Oszillationen folgt, dann wären die Neutrinos höchstwahrscheinlich Dirac-Teilchen.

Eine der erstaunlichsten Züge der Hochenergiephysik ist die außerordentlich starke Variation der Massenwerte der Elementarteilchen, die von 175 GeV für das top-Quark bis zu 10^{-10} GeV für die Neutrinos reichen. Man ist mit folgendem Hierarchieproblem konfrontiert: Warum sind Neutrinos so viel leichter als die übrigen Fermionen? Hier könnten Majorana-Neutrinos sich als nützlich erweisen. Denn in diesem Fall ist eine neue Art der Ankopplung an das Higgs-Feld möglich, die auf eine hochliegende Massenskala M führt (Abb. 18.13).

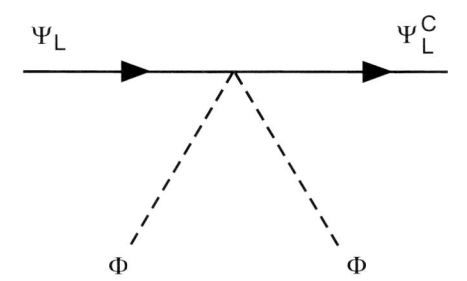

Abb. 18.13: Die bei spontaner Symmetriebrechung mögliche Kopplung eines Majorana-Teilchens an das Higgs-Feld Φ.

Um dies zu sehen, genügt folgende Dimensionsbetrachtung. Hiernach ist die Masse des Neutrinos aufgrund spontaner Symmetriebrechung von der Form

$$m_\nu = \lambda_\nu \frac{v^2}{M}.$$

Wenn der Vakuumerwartungswert des Higgs-Feldes $\langle \phi \rangle = v \ll M$ ist, folgen hieraus die kleinen Werte der Neutrinomassen. Geht man von ihren bisher festgestellten Werten aus und benutzt für die Yukawa-Kopplungen λ_ν der Neutrinos Werte etwa wie bei den geladenen Leptonen, dann findet man für die Massenskala $M \sim 10^{15}$ GeV. Dies liegt erstaunlich nahe der Massenskala, bei der die (energieabhängigen) Eichkopplungen in einem Wert vereinigt sein können. Das Standardmodell ist nur für Energien $E \ll M$ gültig. Diese besondere Wechselwirkung der Majorana-Neutrinos verletzt außerdem die Erhaltung der totalen Leptonenzahl (d. h. Zahl der Leptonen – Zahl der Antileptonen), die im Standardmodell mit Yukawa-Kopplungen erfüllt ist. Dies ist insofern interessant, weil sich hieraus die Möglichkeit ergibt, über den Mechanismus der sogenannten Leptogenesis die Asymmetrie der Baryonen im Universum zu deuten [Fu 86].

Abschließend soll festgestellt werden, daß mit der weiteren Erforschung der Neutrino-Oszillationen nicht nur grundlegende, über das Standardmodell hinausweisende Erkenntnisse zu erwarten sind, sondern auch wesentliche Einsichten auf anderen Gebieten. So kann dies zur Klärung der Frage beitragen, welche Rolle den Neutrinos bei der Entwicklung des frühen Universums zukommt und welche Auswirkungen ihre von Null verschiedenen Massen bei bestimmten astrophysikalischen Vorgängen haben. Aber auch für unsere nächste Umgebung sind von der Neutrinophysik wichtige Ergebnisse zu erwarten. So könnte man durch die im KamLAND-Detektor nachgewiesenen Geoneutrinos [Ar 05b], die infolge radioaktiver Zerfälle im Erdinnern entstehen, grundlegende Erkenntnisse über die Struktur der Erde und ihre Entstehung gewinnen. Die Erforschung der Neutrinophysik (und Neutrinoastrophysik) wird auch in Zukunft ein spannendes Thema sein, das weitere Überraschungen bereithält.

Literatur

AITCHISON, I. J. R. and HEY, A. J.: Gauge Theories in Particle Physics, Vol. 1, 2. 3rd Ed., Institute of Physic Publ., Bristol 2003.
BULLOCK, F. W. and DEVENISH, R. C. E.: Lepton Spectroscopy. *Rep. Progr. Phys.* 46 (**1983**) 1029.
COMMINS, E. D.: Weak Interactions. McGraw-Hill, New York 1973.
ELLIS, J., GAILLARD, M. K., GIRARDI, G., SORBA, P.: Physics of Intermediate Vector Bosons. *Ann. Rev. Nucl. Part. Sci.* 32 (**1982**) 443.
MYATT, G.: Experimental Verification of the Salam-Weinberg-Theory. *Rep. Progr. Phys.* 45 (**1982**) 1.
OKUN, L. B.: Leptons and Quarks. North-Holland Publ., Amsterdam 1982.
GROTZ, K. und KLAPDOR, V.: Die schwache Wechselwirkung in Kern-, Teilchen- und Astrophysik. B.G. Teubner, Stuttgart 1989.
SCHMÜSER, P: Feynman-Graphen und Eichtheorien für Experimentalphysiker, 2. Aufl. Springer, Berlin 1995.
SCHMITZ, N.: Neutrinophysik, B.G. Teubner, Stuttgart 1997.

V Die starke Wechselwirkung

Die ersten Hinweise auf die Existenz einer weiteren Wechselwirkung, die noch stärker als die elektromagnetische sein mußte, erhielt man aus den im Anschluß an die Rutherfordsche Entdeckung des Atomkerns (1911) durchgeführten Streuexperimenten an Kernen. Allein die Tatsache, daß die Ladungen der Atomkerne stets ein ganzzahliges Vielfaches der Ladung des Wasserstoffkerns sind, legte die Vermutung nahe, daß alle Atomkerne mit höherer Ladungszahl als Eins aus Wasserstoffkernen aufgebaut sind. In der Tat gelang es Rutherford und seinen Mitarbeitern 1919, Wasserstoffkerne von schwereren Kernen abzutrennen, indem er Stickstoffatome mit α-Teilchen beschoß. Der Stickstoff wurde dadurch in Sauerstoff übergeführt und die erste Umwandlung von Elementen im Labor war damit gelungen. Die Wasserstoffkerne stellen also Grundbausteine der Atomkerne dar, die bei den genannten Streuexperimenten nicht zerstört werden. Sie wurden daher als elementare Teilchen betrachtet und von Rutherford Protonen genannt.[85]

Wenn man die Existenz von Protonen in Kernen akzeptiert, stößt man auf die beiden folgenden Probleme. Wegen des Coulomb-Gesetzes ist die elektrische Abstoßung der im Kern auf engem Raum befindlichen Protonen sehr groß. Wie kommt es, daß sie nicht einfach auseinanderfliegen? Sollten ferner im Kern tatsächlich nur Protonen existieren, dann müßte der Stickstoffkern wegen seiner Ladung gerade 7 Protonen enthalten und damit siebenmal so schwer wie Wasserstoff sein. Statt dessen ist sein Gewicht mit etwa 14 Protonenmassen doppelt so groß. Dieser Faktor zwischen Ladung und Gewicht wird für schwere Kerne noch größer und erreicht einen Wert von etwa 2,6.

Offensichtlich kann das erste Problem durch die Annahme gelöst werden, daß im Kern Bindungskräfte wirken, die erheblich stärker als die elektrische Abstoßung sind und daher die Bestandteile des Kerns zusammenhalten. Wie durch Streuexperimente festgestellt werden konnte, fällt ihre Reichweite außerhalb des Kerns sehr rasch ab.

Der zunächst rätselhafte Unterschied zwischen Ladungszahl und Masse der Kerne führte zu der von Rutherford bereits 1920 geäußerten Vermutung, daß die Kerne außer den Protonen auch ungeladene schwere Teilchen enthalten. Die ebenfalls diskutierte Vorstellung, die Kerne könnten aus Protonen und Elektronen bestehen, führte dagegen auf Widersprüche und mußte deshalb aufgegeben werden. So war z. B. bekannt, daß der Spin des Stickstoffkerns (Ladungszahl $Z = 7$, Massenzahl $A = 14$) ganzzahlig ist. Mit 14 Protonen und 7 zur Kompensation der Ladung erforderlichen Elektronen, also insgesamt 21 Teilchen, die alle den Spin $1/2$ haben, läßt sich jedoch kein Kern mit ganzzahligem Spin aufbauen.

Schließlich gelang es J. Chadwick 1932, das vermutete ungeladene Teilchen, das Neutron nachzuweisen. Seine Masse erwies sich als nahezu identisch mit der des Protons (vgl. 3.66). Dies führte zu der Erkenntnis, daß die Kerne aus Protonen und Neutronen bestehen, die durch

---

[85] Proton (griech.): „das erste".

die starke Wechselwirkung im Kern gebunden sind. Die Entdeckung der starken Wechselwirkung zwischen diesen Nukleonen war für die weitere Entwicklung der Physik von entscheidender Bedeutung. Man begann nun die Struktur der Kerne eingehend zu untersuchen (Kernphysik) und die Eigenschaften der bisher unbekannten starken Wechselwirkung zu erforschen. Die gemessenen Wirkungsquerschnitte von Prozessen, die aufgrund der starken Wechselwirkung erfolgen, liegen in der Größenordnung von 10^{-26} cm^2. Analog zur Feinstrukturkonstanten α in der QED kann man auch die starken Prozesse mit Hilfe einer dimensionslosen Kopplungskonstanten analysieren. Aus dem Vergleich mit den für die QED typischen Wirkungsquerschnitten von 10^{-29} cm^2 ist zu entnehmen, daß die starke Wechselwirkung etwa 100mal stärker als die elektromagnetische ist. Dies entspricht auch der Tatsache, daß die Bindungsenergien der Nukleonen im Kern einige MeV betragen, während diejenige der Elektronen im Atom nur bei einigen eV liegen. Der Wert 10^{-26} cm^2 liegt in der Größenordnung des geometrischen Wirkungsquerschnitts der Nukleonen. Dies bedeutet, daß nahezu jedes stark wechselwirkende Teilchen, das bei einer Streuung in den Bereich der Ausdehnung der Nukleonen gelangt, auch gestreut wird. In diesem Sinne ist die Wechselwirkung zwischen Hadronen wirklich stark. Die entsprechende Kopplungskonstante ist mindestens Eins und außerdem für verschiedene Prozesse auch noch verschieden. Die bei der schwachen und der elektromagnetischen Wechselwirkung festgestellte strikte Universalität der Kopplung gilt hier also nicht. Die effektive Reichweite r_0 der starken Wechselwirkung liegt in der Größenordnung von 10^{-13} cm, woraus sich die typischen Reaktionszeiten von $r_0/c \approx 10^{-23}$ s ergeben. Die starke Wechselwirkung ist für Protonen und Neutronen gleich, d. h. sie ist vom Ladungszustand der Teilchen unabhängig. Diese bemerkenswerte Eigenschaft führte zur Einführung des Isospins und der damit verbundenen inneren Symmetrie $SU(2)$. Sie läßt außerdem die Baryonenzahl B ungeändert und ist invariant gegenüber den diskreten Transformationen P, T und C (vgl. Abschnitt 3). Überhaupt hat die starke Wechselwirkung die meisten Symmetrien und damit auch die meisten Erhaltungsgrößen aufzuweisen.

Sie bewirkt die Stabilität der aus den Nukleonen bestehenden Kerne und schafft damit die Voraussetzung für die Existenz der Atome, d. h. der chemischen Elemente. Das Photon und die Leptonen nehmen an der starken Wechselwirkung nicht teil. Alle stark wechselwirkenden Teilchen werden Hadronen genannt.

Der erste systematische Versuch, die starke Wechselwirkung in Analogie zur QED durch den Austausch von Feldquanten zu beschreiben, wurde von H. Yukawa (1935) unternommen. Er ersetzte dabei das Coulomb-Potential durch ein ähnliches, aber kurzreichweitiges Potential (4.2) und konnte aufgrund der kurzen Reichweite die Masse des ausgetauschten Teilchens abschätzen (4.4), die mit etwa 140 MeV zwischen denen der damals allein bekannten Elektronen und Nukleonen lag. Dies von Yukawa vorhergesagte Teilchen wurde daher Meson genannt. Die Yukawa-Mesonen (π^+, π^-) konnten schließlich erstmals 1947 in der kosmischen Strahlung experimentell nachgewiesen werden, das ungeladene π^0-Meson im Jahr 1950. Da die π-Mesonen nahezu gleiche Massen besitzen, können sie in einem Isotriplett zusammengefaßt werden.

Die Entdeckung weiterer Hadronen führte dann zu einer unerwarteten Erweiterung des Teilchenspektrums. Die neue Quantenzahl Strangeness wurde eingeführt, um die seltsamen Teilchen, d. h. die K-Mesonen sowie die Baryonen Λ, Σ und Ξ zu klassifizieren. Sie bleibt bei starker Wechselwirkung erhalten, so daß die seltsamen Teilchen nur paarweise in starken Prozessen erzeugt werden. Entscheidend gefördert wurde die weitere Entwicklung durch die inzwischen gebauten Beschleunigeranlagen, mit deren Hilfe die zu untersuchenden Teilchen im Labor erzeugt werden konnten. Durch Steigerung der in den Beschleunigern zur Verfügung stehenden Energien wurde es möglich, Teilchen und Resonanzen[86] mit immer größeren Massen zu erzeugen, so daß die Zahl der zum Spektrum der Hadronen gehörenden Teilchen rasch zunahm. Die Entwicklung auf theoretischer Seite blieb hinter den durch die Experimente angesammelten Erkenntnissen zurück.

Nach der Idee von Yukawa sollte die starke Wechselwirkung auf dem Austausch von π-Mesonen beruhen. Infolge der starken Kopplung werden die leichtesten Hadronen, eben die π-Mesonen, besonders häufig emittiert und reabsorbiert, so daß die Hadronen ständig von einer virtuellen Wolke aus π-Mesonen umgeben sind, die sie bei kurzen Abständen austauschen. Zwar können mit Hilfe dieser einfachen Vorstellung eine Reihe von Phänomenen stark wechselwirkender Teilchen in den wesentlichen Zügen beschrieben werden, doch eine befriedigende dynamische Theorie der starken Wechselwirkung gewinnt man daraus nicht. Die starke Wechselwirkung zwischen Hadronen ist wesentlich komplexer als z. B. die elektromagnetische Wechselwirkung. Sie kann nicht durch eine universelle Kopplungskonstante charakterisiert werden. Für unterschiedliche Prozesse hat man verschiedene Kopplungskonstanten einzuführen. Da sie in der Größenordnung von mindestens 1 liegen, ist die in der QED bewährte Störungstheorie hier nicht anwendbar. Darüber hinaus ist die konkrete Form der hadronischen Wechselwirkung nicht bekannt und müßte aus den Experimenten erschlossen werden. Wegen der kurzen Reichweite gibt es für diese Wechselwirkung kein klassisches Vorbild, deren Wechselwirkungsterm bekannt wäre. Damit wird die Anwendung der Störungstheorie in der Tat aussichtslos. Man stände vor der Aufgabe, unendlich viele Beiträge berechnen zu müssen, die von einer Wechselwirkung herrühren, deren Form man von vornherein nicht genau kennt.

Aufgrund dieser Schwierigkeiten wurden andere Methoden zur Beschreibung der hadronischen Wechselwirkung entwickelt, die auf den allgemeinen Eigenschaften der Streumatrix (S-Matrix) und den daraus abzuleitenden Streuamplituden beruhen. Man verzichtete dabei auf die raumzeitliche Beschreibung der Vorgänge durch Felder und benutzte statt dessen nur die in den Streuexperimenten direkt beobachtbaren Größen. So wird die Streumatrix als unitärer Operator eingeführt, der die bei einem Streuprozeß einlaufenden Anfangszustände in die Gesamtheit der durch die kurzreichweitige Wechselwirkung erzeugten Endzustände überführt. Aus den Matrixelementen dieses Operators lassen sich die zu messenden Wirkungsquerschnitte berechnen. Die Möglichkeiten zur Konstruktion der Streumatrix werden durch allgemeine Prinzipien wie relativistische Invarianz, innere Symmetrien, Erhaltung der Gesamtwahrscheinlichkeit, Kausalität und weitere plausible Annahmen stark eingeschränkt. Insbesondere sind die Streuamplituden analytische Funktionen in der komplexen Energieebene und ihre Singularitäten (Pole) bzw. Verzweigungsschnitte sind mit den Teilchen und gebundenen Zuständen bzw. den Streuzuständen in Verbindung zu bringen. Die Anwendung des Cauchyschen Integralsatzes führt auf Relationen zwischen Real- und Imaginärteil der Streuamplituden (Dispersionsrelationen), die sich bei konkreten Rechnungen und Näherungen als sehr nützlich erweisen. Eine mit diesen Methoden entwickelte Vielzahl spezieller Modelle hat zu durchaus beachtlichen Erfolgen bei der phänomenologischen Beschreibung hadronischer Prozesse geführt, doch eine befriedigende Theorie ergab sich daraus nicht.

---

[86] Resonanzen sind sehr kurzlebige Teilchen, die aufgrund der starken Wechselwirkung zerfallen.

Mit der zunehmenden Zahl der hadronischen Zustände stellte man auch die Frage nach ihrer möglichen Ordnung durch eine innere Symmetrie. Die Zusammenfassung von Hadronen in Multipletts der Isospingruppe $SU(2)$ konnte hier als Vorbild dienen. Zu berücksichtigen war außerdem die zur Beschreibung der seltsamen Teilchen eingeführte neue Quantenzahl Strangeness S bzw. die Hyperladung $Y = B + S$. Alle Isospinmultipletts besitzen die gleiche Hyperladung, und man konnte versuchen, Supermultipletts zu bilden, die Isospinfamilien mit verschiedenen Hyperladungen zusammenfassen. Dies gelingt mit Hilfe der unitären Symmetriegruppe $SU(3)$ (vgl. Abschnitt 3.13). Der beträchtliche Massenunterschied der zu einem $SU(3)$-Multiplett gehörenden Teilchen (siehe Abb. 3.3) weist jedoch darauf hin, daß diese Symmetrie nicht exakt erfüllt ist. Aufgrund der anzunehmenden Symmetriebrechung können Relationen zwischen den Massen eines Multipletts und Beziehungen für die magnetischen Momente der Baryonen abgeleitet werden (siehe Abschnitt 23.3). Insbesondere war es möglich, die Masse eines bisher unbekannten Baryons mit Strangeness -3 vorherzusagen, das aufgrund der $SU(3)$-Symmetrie existieren mußte. Das fehlende Teilchen (Ω) wurde 1963 gefunden. Dieser Erfolg der auf der $SU(3)$-Symmetrie beruhenden Ordnung der Hadronen, des sogenannten „achtfachen Weges", war überzeugend. Der Vergleich mit dem Auffüllen der Lücken im Periodensystem der Elemente liegt hier nahe. Wie bei jedem größeren Fortschritt in der Physik war auch dieser Erfolg Anlaß zu neuen und tiefergehenden Fragen.

Es konnte kein Zufall sein, daß die Klassifizierung der über hundert Hadronen gemäß bestimmten Darstellungen von $SU(3)$ so hervorragend stimmte. Wie aber ist diese verblüffende Ordnung der Hadronen zu verstehen? Die von M. Gell-Mann und G. Zweig [Ge 64, Zw 64] vorgeschlagene Antwort erweckt zunächst den Eindruck eines formalen Tricks. Sie gingen nämlich von der Tatsache aus, daß die von den Hadronen besetzten Multipletts gerade durch bestimmte Kombinationen der kleinsten Darstellungen von $SU(3)$, d. h. Tripletts, algebraisch konstruiert werden können. Ordnet man nun dem Triplett selbst neue Teilchen mit Spin $1/2$ zu, so kann man auf diese Weise die Hadronen aus elementaren Bestandteilen zusammensetzen. Diese drei neuen fundamentalen Fermionen erhielten den Namen Quarks (vgl. Abschnitt 3.13). Aus heutiger Sicht darf man sagen, daß durch die Symmetrie der Hadronen eine neue Substruktur der Materie erkennbar wird. Zunächst aber galten die Quarks mit ihren drittelzahligen elektrischen Ladungen und Baryonenzahlen eher als fiktive Teilchen, insbesondere deshalb, weil sie trotz intensiven Suchens nicht als isolierte Teilchen beobachtet werden konnten. So ist es verständlich, daß viele Physiker in der Quarkhypothese lediglich eine formale Kurzfassung des Schemas der $SU(3)$-Symmetrie sahen.

Die überraschenden Ergebnisse der tief-unelastischen Streuung von Elektronen an Nukleonen zeigten aber deutlich eine körnige Struktur des Nukleons. In weiteren Experimenten, bei denen auch Neutrinos als Sonden benutzt wurden, konnten schließlich die charakteristischen Quantenzahlen der Quarks im Nukleon identifiziert werden (vgl. Abschnitt 11.4). Damit war erwiesen, daß die Quarks als physikalische Teilchen anzusehen sind, die allerdings nur in gebundenen Zuständen (Hadronen), nicht aber isoliert vorkommen.

Die Experimente zeigten aber auch, daß außer den Quarks noch flavourneutrale Teilchen im Nukleon vorhanden sein müssen, die an der elektroschwachen Wechselwirkung nicht teilnehmen. Diese Teilchen sorgen offenbar für die Bindung der Quarks und werden daher Gluonen genannt. Das bisherige (naive) Quarkmodell mußte außerdem durch neue Quantenzahlen, „Farbe", erweitert werden. Hiernach besitzt jedes der Quarks genau drei zusätzliche ladungsartige Freiheitsgrade, die gemäß den Farben als rot, grün und blau bezeichnet werden. Nur so war es möglich, Widersprüche mit dem Pauli-Prinzip zu vermeiden. Außerdem konnten damit die experimentellen Daten für den totalen Wirkungsquerschnitt bei der e^+e^--Annihilation in Hadronen (vgl. Abschnitt 12.3) sowie die Zerfallsbreite beim Zerfall $\pi^0 \to 2\gamma$ erklärt werden.

Mit der Entdeckung der Familien schwerer Mesonen J/ψ und Υ wurde schließlich das Quarkmodell erneut bestätigt und durch die neuen Flavour-Quantenzahlen c (Charm) und b (Beauty) nochmals erweitert (vgl. Abschnitt 12.4).

Die früher hervorgehobene Komplexität der Wechselwirkung zwischen Hadronen und die mit den Quarks entdeckte Substruktur der Materie sind deutliche Hinweise dafür, daß diese Wechselwirkung selbst gar nicht fundamental ist, sondern als Ergebnis einer fundamentaleren starken Wechselwirkung zwischen den Bausteinen der Hadronen, den Quarks, aufgefaßt werden sollte. Es mag hilfreich sein, an eine ähnliche Entwicklung bei den Molekülkräften zu erinnern. Im vorigen Jahrhundert wurden die Kräfte zwischen den Molekülen für fundamental gehalten. Heute wissen wir, daß sie komplizierte Auswirkungen der eigentlichen fundamentalen elektromagnetischen Wechselwirkung zwischen den elektrisch geladenen Konstituenten der Atome sind.

Da keine freien Quarks bisher beobachtet wurden, muß es eine entsprechend starke Wechselwirkung zwischen ihnen geben, die sie permanent in den Hadronen zusammenhält (Quarkeinschließung). Der Versuch, die Quarks mittels hochenergetischer Streuexperimente zu befreien, gelingt nicht. Es werden in den Endzuständen nur die bekannten Hadronen beobachtet. Außerdem sollte die Kopplung dieser Wechselwirkung bei sehr kurzen Abständen auch genügend klein sein, um das bemerkenswerte Skalenverhalten bei der tief-unelastischen eN-Streuung (siehe Abschnitt 11) erklären zu können (asymptotische Freiheit). Offenbar variiert die Stärke dieser Wechselwirkung mit dem Abstand (der Energie); sie wird bei kürzer werdenden Abständen geringer und nimmt mit wachsendem Abstand zu. Diese besonderen Eigenschaften werden nach dem heutigen Stand unserer Kenntnisse gerade dann verständlich, wenn die (starken) Kräfte zwischen den Quarks auf einer nichtabelschen Eichsymmetrie beruhen.

Bei dieser fundamentalen Wechselwirkung zwischen den Quarks spielen die Farben der Quarks eine ähnliche Rolle, wie die elektrische Ladung bei der elektromagnetischen Wechselwirkung. Es kommen jedoch drei Typen von Farbladungen vor (und entsprechend drei Antifarbladungen), an welche die starke Wechselwirkung koppeln kann. Da die Leptonen und das Photon keine Farbladungen tragen, ist damit gleichzeitig erklärt, warum diese Teilchen an der starken Wechselwirkung nicht teilnehmen. Die drei Farbzustände der Quarks können als Darstellungstriplett der unitären Gruppe $SU(3)_c$ aufgefaßt werden. Da alle drei Farben gleichberechtigt sind, darf man davon ausgehen, daß die starke Wechselwirkung zwischen den Quarks invariant gegenüber der Farbgruppe $SU(3)$ ist. Jedenfalls wurden bisher keine „farbigen" Zustände beobachtet, die auf eine Brechung der $SU(3)_c$-Symmetrie hindeuten würden. Auf die exakt gültige unitäre Symmetrie $SU(3)$ wendet man das Eichprinzip (Abschnitt 5.3) an und erhält so die Eichtheorie der starken Wechselwirkung, die Quantenchromodynamik (QCD) genannt wird (siehe Abschnitt 24). Die zugehörigen acht masselosen Eichfelder, welche die Wechselwirkung zwischen den Quarks vermitteln, tragen selbst Farbladungen, sind aber elektrisch neutral und können mit den bei der eN-Streuung indirekt festgestellten Gluonen identifiziert werden.

Nach dieser Vorstellung ist die Wechselwirkung zwischen den Quarks fundamentaler und im Prinzip wesentlich einfacher als diejenige zwischen den aus Quarks zusammengesetzten farbneutralen Hadronen, wie ja auch das Coulomb-Potential zwischen den Bestandteilen eines

Atoms wesentlich einfacher ist als jedes Potential (z. B. das der van-der-Waals-Kraft entsprechende) zwischen den ladungsneutralen Atomen. Die in der Kernphysik vorherrschende starke Wechselwirkung zwischen den Nukleonen (Hadronen) ist dann als kompliziertes Ergebnis der Wechselwirkung zwischen den Quarks anzusehen.

Rückblickend wird damit verständlich, warum die Ergebnisse der in den fünfziger und sechziger Jahren zur Deutung der starken Wechselwirkung herangezogenen Feldtheorie so unbefriedigend waren. Die Feldtheorie ist nicht auf der richtigen Ebene angewendet worden. Die „Ladungen" an denen die fundamentalen Felder der starken Wechselwirkung angreifen, befinden sich nicht auf den Hadronen selbst, sondern sind erst in der darunter liegenden Struktur der Materie, bei den farbigen Quarks anzutreffen, die durch den Austausch der Gluonen in den Hadronen derart gebunden sind, daß sie als freie Teilchen nicht beobachtet werden können. Nachdem die Renormierbarkeit von nichtabelschen Eichtheorien Anfang der siebziger Jahre gezeigt worden war, rückte die zugunsten der Streumatrix vernachlässigte Feldtheorie der starken Wechselwirkung in Gestalt der QCD in den Vordergrund des Interesses und wird seitdem als richtiger Ansatz für eine Theorie der starken Wechselwirkung angesehen. Damit kann auch die bisher unbekannte Form der starken Wechselwirkung nach dem als universell gültig angenommenen Prinzip der Eichinvarianz festgelegt werden. Dies ist ein wesentlicher Fortschritt gegenüber den früheren Versuchen. Zwar lassen sich die Feldgleichungen nach diesem Prinzip leicht angeben (vgl. Abschnitt 5.3), doch ist es schwierig, diese nichtlinearen Gleichungen zu lösen, insbesondere auch, weil die bewährte Störungstheorie nur bei kurzen Abständen anwendbar ist.

Nach dem heutigen Stand der Kenntnisse werden die beteiligten Farbe tragenden Teilchen, d. h. Quarks und Gluonen, nicht als freie Teilchen beobachtet. Die experimentelle Prüfung von Vorhersagen dieser Theorie kann also nicht durch den direkten Nachweis dieser Teilchen, sondern nur indirekt erfolgen. Die bisher durchgeführten Experimente haben in zunehmendem Maße die Aussagen der QCD bestätigt, die damit zur heute akzeptierten Theorie der starken Wechselwirkung geworden ist.

19 Charakteristische Eigenschaften

19.1 Wechselwirkung zwischen Nukleonen

Die starke Wechselwirkung ist phänomenologisch als Kernwechselwirkung, nach der Entdeckung des Neutrons, eingeführt worden. In der von H. Bethe und C. F. v. Weizsäcker aufgestellten Formel für die Bindungsenergie der Kerne (siehe z. B. [Be 01]) wurden die charakteristischen Eigenschaften dieser Kräfte berücksichtigt.

Bereits dieser 1935 aufgestellte phänomenologische Ansatz basierte darauf, daß die Kernkraft anziehend ist und eine sehr kurze Reichweite hat. Experimentell wurde darauf geschlossen aus dem gebundenen Zustand des Deuterons und aus niederenergetischen Streuexperimenten von Neutronen an Protonen sowie Protonen an Protonen. Die mathematische Behandlung dieser Prozesse liefert zwei Parameter in den Streuformeln, die Streulänge und die effektive Reichweite. Für letztere ergibt der Vergleich mit den Experimenten einen Wert um 2,7 fm. Die Streulänge, der zweite Parameter, der im Experiment bestimmt werden kann, hat verschiedene

Vorzeichen für die beiden Fälle, in denen die Spins der am Stoß beteiligten Teilchen zu einem Singulett- (Gesamtspin $S = 0$) oder Triplett- (Gesamtspin $S = 1$) Zustand führen.

Im Inneren des Kerns stellt man eine nahezu konstante Dichte fest, die als grundlegende Eigenschaft angesehen werden muß. Sie stellt bei einem so komplexen System, wie dem eines Kerns, eine Art Gleichgewichtszustand dar, zwischen den anziehenden Kräften und einem Druck, der einer weiteren Volumenminderung entgegensteht. Die kinetische Energie der Nukleonen im Kern reicht nicht aus, diesen Druck zu erklären, so daß zusätzlich von abstoßenden Komponenten in einem Kernpotential auszugehen ist, die man den „hard core"-Anteil des phänomenologischen Potentials nennt. Berechnet man den Druck, der im Innern des Kerns aufgrund zahlreicher Stöße der Nukleonen untereinander aufrecht erhalten wird, jedoch unter Berücksichtigung des „hard core", so erhält man die richtige Größenordnung, um das Gleichgewicht zu erklären.

Der Vergleich der Streuexperimente für np und pp deutete ferner auf eine grundlegende Symmetrie zwischen Proton und Neutron in ihren Wechselwirkungen hin, die als Ladungsunabhängigkeit der Kräfte bezeichnet wird. Daraus entstand die Vorstellung, daß beide Teilchen, Proton und Neutron, zwei Zustände nur eines Bausteins, des Nukleons sind. W. Heisenberg beschrieb analog zum Spinformalismus die beiden Zustände des Nukleons mit der neuen Größe Isospin (siehe Abschnitt 3.12).

Im Bereich der Kernwechselwirkung kann z. B. die Coulomb-Kraft zwischen zwei Protonen vernachlässigt werden. Bei Distanzen größer als 8 fm dagegen beginnt die Coulomb-Kraft zu dominieren.

Da das Nukleon ein Fermion ist, folgt aus dem Pauli-Prinzip, daß als Streuzustände nur solche mit antisymmetrischer Orts-Spin-Wellenfunktion auftreten können, d. h. Spin-Singulett-Zustände gekoppelt mit geradem Bahndrehimpuls, also ^1S, ^1D, ..., oder Spin-Triplett-Zustände gekoppelt mit ungeradem Bahndrehimpuls: ^3P, ^3F. Symmetrische Zustände ^3S, ^1P, ^3D sind nur für das n-p-System erlaubt.

Die Kernkräfte zeigen wegen der kurzen Reichweite eine Sättigung. Man erkennt dies an einer fast konstanten Bindungsenergie pro Nukleon in allen Kernen. Die Eigenschaft der Sättigung läßt sich durch Austauschkräfte beschreiben, ebenso wie die Valenzkräfte der Moleküle durch den Austausch von Elektronen erklärt werden können.

Die Kraft zwischen zwei Nukleonen hängt von der gegenseitigen Orientierung der Nukleonenspins ab. Als Beweis dafür kann die Tatsache angesehen werden, daß es zwischen Proton und Neutron nur einen gebundenen Deuteron-Zustand gibt, in dem die beiden Spins parallel stehen. Ferner zeigt die Analyse des Grundzustands des Deuterons, daß zum dominierenden S-Zustand eine kleine Beimischung eines ($L = 2$)-Drehimpulses, also ein D-Zustand, hinzuzunehmen ist. Daraus kann man folgern, daß eine nichtzentrale Kraft zwischen den Nukleonen (Tensorkraft) wirkt.

19.2 Die π-Mesonen

In der Theorie Yukawas [Yu 35] treten Teilchen als Vermittler der Kernkraft auf. Die Masse dieser Teilchen sollte zwischen der der Elektronen und der Nukleonen liegen. Teilchen mit Massen im erwarteten Bereich wurden erstmalig in Wilson-Kammern beobachtet. Diese Teilchen wurden zunächst Mesotronen genannt. Da sie jedoch kaum eine Wechselwirkung mit den

Nukleonen zeigten, konnten sie nicht die Vermittler der Kernkraft sein. Mesotronen heißen heute Myonen, sie gehören in die Gruppe der Leptonen. Die gesuchten, heute als π-Mesonen oder Pionen bekannten Teilchen wurden in Ballonexperimenten mit Kernspuremulsionen 1947 von C. F. Powell entdeckt [Oc 47].

a) Ladung der Pionen. Die Spurerzeugung in Kernspurplatten lieferte den Nachweis, daß es sich bei den Pionen um geladene Teilchen handelt. In Experimenten mit magnetischer Ablenkung wurden sowohl positiv als auch negativ geladene Pionen beobachtet. Die Größe der Ladung ist der des Protons gleich, also gleich der Elementarladung. Für negativ geladene Pionen wurde dies aus Spektren abgeleitet, die von pionischen Atomen ausgesandt werden. Dies sind Atome, in deren Hüllensystem ein π^- existiert. Bei Änderung der Quantenzustände wird die Energie als Röntgenstrahlung ausgesandt.

Für die positiv geladenen Pionen läßt sich die Größe der Ladung aus der Reaktion am Deuteron (d)

$$\pi^+ + d \rightleftarrows 2p$$

ableiten, weil die Protonenladung bekannt ist und Ladungserhaltung gilt.

Neben den geladenen Pionen wurden in Höhenstrahlexperimenten auch neutrale Teilchen durch ihren Zerfall in zwei γ-Quanten beobachtet.

Seit 1950 konnten die Pionen auch an Beschleunigern erzeugt werden, wodurch die Bestimmung der sie charakterisierenden Größen wesentlich leichter wurde.

b) Masse der Pionen. Die Masse der geladenen Pionen wurde aus der Reichweite der Teilchen in Kernemulsionen bestimmt. Genauere Werte erhält man aus der Messung von Massendifferenzen von Teilchen, die in zwei Bruchstücke zerfallen. Für den Zerfall $\pi^+ \to \mu^+ + \nu_\mu$ folgt aus der Energie-Impuls-Erhaltung:

$$m_{\pi^+} = \sqrt{\vec{p}^2 + m_{\nu_\mu}^2} + \sqrt{\vec{p}^2 + m_\mu^2}. \tag{19.1}$$

Der Impuls $|\vec{p}|$ wird im Magnetfeld bestimmt. Mit bekannter Masse m_μ ergibt sich die Masse m_π des Pions, vorausgesetzt, es werden Annahmen über m_{ν_μ} gemacht. Für $m_{\nu_\mu} = 0$ folgt

$$m_{\pi^+} = 139{,}58 \pm 0{,}05 \text{ MeV}.$$

Die Masse des π^- kann man aus der Reaktion

$$\pi^- + p \to n + \gamma \tag{19.2}$$

bestimmen, in der ein Pion vernichtet wird. π^- treffen auf ein Target aus flüssigem Wasserstoff. In diesem Target werden sie nach Abbremsung von den Protonen eingefangen, bilden ein atomares System mit stationären Zuständen und zerstrahlen aus diesem gebundenen Zustand mit einer kinetischen Energie nahe bei Null. Im Experiment ist ein γ-Quant nachzuweisen. Die Masse der Pionen ergibt sich aus dem Energie-Impuls-Satz,

$$m_{\pi^-} + m_p = \omega + \sqrt{\omega^2 + m_n^2}, \tag{19.3}$$

wobei ω die Frequenz der γ-Strahlung ist. Da das γ-Quant die Ruhmasse 0 hat, ist ω auch der Impuls des Photons und wegen der Impulserhaltung auch gleich dem Impuls des Neutrons.

19 Charakteristische Eigenschaften

Mißt man die Flugzeit der Neutronen in verzögerter Koinzidenz zum Photon, so wird dadurch der Neutronenimpuls bestimmt. Die Messung ergibt für die Masse des π^-:

$$m_{\pi^-} = 139{,}2 \pm 0{,}6 \text{ MeV}.$$

Die Masse des π^0 ist schwieriger zu messen. Man benutzt zu dieser Messung die Reaktion,

$$\pi^- + p \to n + \pi^0 \\ \hookrightarrow 2\gamma, \qquad (19.4)$$

in der als Endzustand ein Neutron und ein neutrales Pion entsteht und die neben der Reaktion (19.2) auftritt. Verglichen mit Reaktion (19.2) ist die Flugzeit der Neutronen jetzt eine andere. Man bestimmt die Differenz der Geschwindigkeiten der Neutronen, aus der sich dann die Differenz der Massen ergibt, mit dem Ergebnis:

$$m_{\pi^-} - m_{\pi^0} = 4{,}49 \pm 0{,}01 \text{ MeV}.$$

Damit ist die Masse des π^0,

$$m_{\pi^0} = 134{,}99 \pm 0{,}05 \text{ MeV},$$

geringer als die der geladenen Pionen.

c) Lebensdauer. Die positiv geladenen Pionen wurden anhand ihres Zerfalls entdeckt. Die bei diesem Zerfall entstehenden positiven Myonen hatten alle die gleiche Reichweite, wenn die Pionen – weitgehend abgebremst – zerfallen. Es ist also ein Zwei-Körper-Zerfall:

$$\pi^+ \to \mu^+ + \nu_\mu. \qquad (19.5)$$

Dieser Prozeß findet aufgrund der schwachen Wechselwirkung statt. Das zweite bei dem Zerfall auftretende Teilchen mußte neutral sein. Jedoch konnte es kein γ-Quant sein, weil keine Elektron-Positron-Paare oder Kaskadenschauer gefunden wurden. Die experimentellen Daten lassen sich mit der Annahme des Prozesses (19.5) am besten beschreiben. Die mittlere Lebensdauer der Pionen ist in mehreren unabhängigen Experimenten bestimmt worden, wobei meist $\tau(\pi^+)$ gemessen wurde, weil es schwierig ist, den Zerfall des π^- bei kinetischer Energie Null zu beobachten, da negative Pionen in Atome aufgefangen werden können und pionische Atome bilden.

Die mittlere Lebensdauer von π^+ und π^- wurde am 184-inch-Zyklotron des LBL (Lawrence Berkeley Laboratorium) simultan aus dem Zerfall im Fluge gemessen [Ay 71]. In Abb. 19.1 ist der Aufbau gezeigt. Mit zwei Ablenkmagneten wurde die Energie des π^+ und π^- bestimmt, wobei jeweils die Feldrichtung umgekehrt wurde. Die Pionen gelangen in einen ersten Čerenkov-Zähler, C_M, der beim Durchgang von Pionen ein Signal als Startsignal liefert. Ein zweiter, beweglicher Čerenkov-Zähler, C_D, liefert ein zweites Signal – das Stoppsignal. Die Differenz beider Signale liefert die Flugzeit. Mit der Variation des Abstandes der beiden Zähler ändert sich die Flugzeit. Aus der bei verschiedenen Abständen gemessenen Zählrate ließ sich das Verhältnis der mittleren Lebensdauern bestimmen mit dem Ergebnis $\tau(\pi^+)/\tau(\pi^-) = 1{,}00055 \pm 0{,}00071$, sowie mit etwas geringerer Genauigkeit die Absolutwerte der mittleren Lebensdauern der Pionen. Bei sorgfältiger Berücksichtigung der Fehlerquellen,

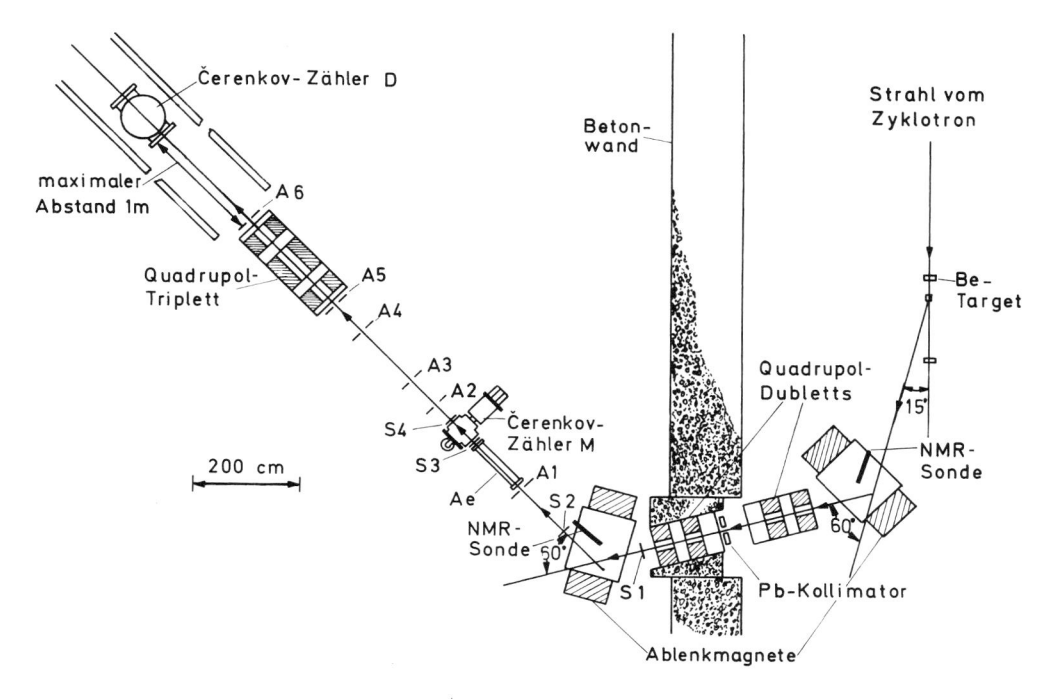

Abb. 19.1: Messung der Lebensdauer der π^+, π^-. Pionen beider Ladungsvorzeichen aus einem Synchrozyklotron werden im gleichen Strahlführungssystem in eine Meßstrecke zwischen zwei Čerenkov-Zähler gebracht; durch Variation des Abstandes der beiden Čerenkov-Zähler läßt sich die mittlere Lebensdauer messen. A_i Antikoinzidenz-Szintillationszähler, S_i Szintillationszähler, A_e Elektronendetektor [Ay 71].

zu deren Bestimmung die Zähler $A_1, \ldots, A_4$ in Anti-Koinzidenz geschaltet waren, erhielt man $\tau(\pi^\pm) = 26{,}02 \pm 0{,}04$ ns.

Die Lebensdauer des π^0 ist gegenüber derjenigen der geladenen Pionen sehr viel kürzer, weil π^0 einem elektromagnetischen Zerfall unterliegt. Die mittlere Lebensdauer $\tau(\pi^0)$ ist mit verschiedenen Methoden bestimmt worden. Bereits 1951 schlug H. Primakoff vor, $\tau(\pi^0)$ aus der Photoproduktionsrate des π^0 zu bestimmen [Pr 51]. Die Energiedichte der Wechselwirkung ist nach Primakoff:

$$\varepsilon = \eta \left(\frac{\hbar}{m_{\pi^0} c}\right) \left(\frac{1}{\sqrt{\hbar c}}\right) \varphi \vec{E} \cdot \vec{H}.$$

Hierin bedeuten $\vec{E}, \vec{H}$ elektrisches und magnetisches Feld, φ pseudoskalares Pionenfeld, η dimensionslose Konstante, die mit der mittleren Lebensdauer τ verknüpft ist.

$$\frac{1}{\tau} = \frac{\pi^2 \eta^2 m_{\pi^0} c^2}{2\hbar}.$$

Aus der Energiedichte ε läßt sich der Wirkungsquerschnitt für die Photoproduktion – als den inversen Prozeß zum Zerfall – berechnen. Dieser Wirkungsquerschnitt wurde unter kleinen Winkeln bei Photonenenergien von 4,4 und 6,6 GeV an Beryllium, Aluminium, Kupfer, Silber und Uran gemessen. Besonders sorgfältig wurden die Winkel bestimmt, weil die Produktionsrate stark vom Winkel abhängt. Für die partielle Zerfallsbreite für die Pionen $\pi^0 \to 2\gamma$ ergab sich daraus:

$$\Gamma = (7{,}92 \pm 0{,}42) \text{ eV}.$$

Aus diesem Wert folgt für die mittlere Lebensdauer $\tau = \hbar/\Gamma$

$$\tau = (8{,}31 \pm 0{,}05) \, 10^{-17} \text{ s}.$$

d) Spin des Pions. Der Spin des geladenen Pions konnte theoretisch nicht mit Sicherheit vorhergesagt, er mußte experimentell bestimmt werden. Dazu wurden die Reaktionen,

$$p + p \to \pi^+ + d$$

sowie

$$\pi^+ + d \to p + p,$$

bei gleicher Schwerpunktsenergie gemessen.

Der Wirkungsquerschnitt (vgl. 2.2) enthält eine Summation über alle möglichen Zustände der Ausgangskanäle. Die Zahl dieser Zustände wiederum hängt von deren Spins ab. Ohne Berücksichtigung des Spins sind die Wirkungsquerschnitte beider Reaktionen gleich, bei dessen Berücksichtigung geht jedoch die Multiplizität $(2s+1)$ der Endzustände als statistischer Faktor ein. Da in beiden Reaktionen dieser Faktor unterschiedlich ist, liefert das Verhältnis der gemessenen Wirkungsquerschnitte einen Wert für $s(\pi^+)$:

$$\frac{\sigma(p + p \to \pi^+ + d)}{\sigma(\pi^+ + d \to p + p)} = 2 \frac{(2s_\pi + 1)(2s_d + 1)p_\pi^2}{(2s_p + 1)^2 p_p^2}.$$

Der Vergleich dieser als detailliertes Gleichgewicht bekannten Beziehung mit dem Experiment liefert

$$s(\pi^+) = 0.$$

Der Spin des neutralen Pions läßt sich aus dem dominierenden Zerfall $\pi^+ \to 2\gamma$ ableiten. Jedes der Photonen hat den Spin 1, deshalb muß auch der Spin des Pions ganzzahlig sein. Da die Photonen im Ruhesystem des π^0 unter 180° gegeneinander ausgesandt werden, muß wegen der Erhaltung des Drehimpulses der Ausgangsdrehimpuls Null sein.

e) Parität der Pionen. Die innere Parität der geladenen Pionen läßt sich aus der Absorption langsamer Pionen bestimmen. Dazu beobachtet man folgende Reaktionen:

$$\pi^- + d \to n + n$$
$$\to n + n + \gamma.$$

Der Einfang des Pions in das Deuteron findet aus einem S-Zustand ($L = 0$) statt. Da $s_\pi = 0$ und $s_d = 1$ sind, ist der Gesamtdrehimpuls $J = 1$. Wegen der Drehimpulserhaltung müssen auch die beiden Neutronen einen Zustand mit $J = 1$ bilden. Der Triplett-Zustand $S = 1$ ist symmetrisch, während der Singulett-Zustand $S = 0$ antisymmetrisch ist. Demnach ist der Faktor, der die Symmetrie gegenüber Vertauschung der beiden Neutronen angibt: $(-1)^{L+S+1}$. Da es sich um Fermionen handelt, muß dieser Faktor negativ sein, woraus folgt, daß $L + S$

gerade sein muß. Der Gesamtdrehimpuls $J = 1$ ergibt sich aus verschiedenen Kombinationen, z. B. durch $L = 0$, $S = 1$ oder $L = 1$, $S = 0$ (oder 1) oder $L = 2$, $S = 1$. Bildet man die obigen Kombinationen, findet man, daß nur $L = S = 1$ zu einem geraden Wert für die Summe führt. Damit ist ein $^3P_1$-Zustand der einzig mögliche Zustand, in dem sich die beiden Neutronen befinden können. Dieser Zustand hat die Parität $(-1)^L = -1$. Demnach muß auch der Anfangszustand negative Parität besitzen. Per Definition besitzen Proton und Neutron positive Parität, also auch das Deuteron. Daraus folgt, daß die negative Parität dem Pion zugeschrieben werden muß.

Die negative Parität des π^0 wurde aus der Messung der Polarisation der γ-Quanten ermittelt. Das Pion hat Spin Null und negative Parität, also $J^P = 0^-$. Man nennt ein solches Teilchen ein pseudoskalares Meson, weil sich seine Wellenfunktion unter Inversion und Drehung wie ein Pseudoskalar transformiert. Analog nennt man Teilchen mit $J^P = 0^+$ skalare Teilchen, mit $J^P = 1^-$ vektorielle Teilchen und solche mit $J^P = 1^+$ axialvektorielle Teilchen.

f) Isospin der Pionen. Die Quantenzahl des Isospins läßt sich für Pionen aus Systemen, ähnlich dem Zwei-Nukleonen-System, bestimmen. Betrachtet man die Reaktion

$$p + p \to d + \pi^+,$$

so ist der Isospin auf der linken Seite $I = 1$. Wenn Isospinerhaltung vorliegt, muß der Isospin der rechten Seite auch $I = 1$ sein. Der Isospin des Deuterons ist $I_d = 0$, woraus $I_\pi = 1$ folgt. Dieses Ergebnis findet man bestätigt durch einen Vergleich mit der Reaktion

$$p + n \to d + \pi^0.$$

Um zu gewährleisten, daß die Gesamtwellenfunktion des Systems aus Proton und Neutron wegen des Pauli-Prinzips antisymmetrisch ist, kann Proton und Neutron sowohl ein Isospin-Singulett ($I = 0$) als auch ein Isospin-Triplett ($I = 1$) bilden, die je mit 50% Wahrscheinlichkeit auftreten. Deshalb kann in der zuletzt genannten Reaktion auf der linken Seite der Isospin 1 oder 0 vorkommen, rechts dagegen nur 1. Wenn in der Reaktion der Isospin erhalten bleibt, sollte die zweite Reaktion nur halb so häufig beobachtet werden wie die oben genannte erste Reaktion. Das Experiment liefert in der Tat für das Verhältnis der Wirkungsquerschnitte

$$\sigma_{II}/\sigma_I = 1/2.$$

Der Isospin für das Pion ist 1, was mit der Vorstellung der drei Ladungszustände $+1$, 0, -1 übereinstimmt, entsprechend existieren drei Werte der Komponente I_3. Das Pion ist ein Isospin-Triplett.

19.3 Der Nukleonenspin

Im Abschnitt 11.5 haben wir den EMC-Effekt erläutert, mit dem eine körnige Struktur der Nukleonen nachgewiesen wurde. Wenn diese Struktur der Nukleonen auf Quarks beruht, die jeweils einen halbzahligen Spin besitzen, müßte der Spin des Nukleons durch direkte Addition zweier Spins von zwei Quarks und der Subtraktion eines Spins des dritten Quark bestimmt sein.

19 *Charakteristische Eigenschaften* 275

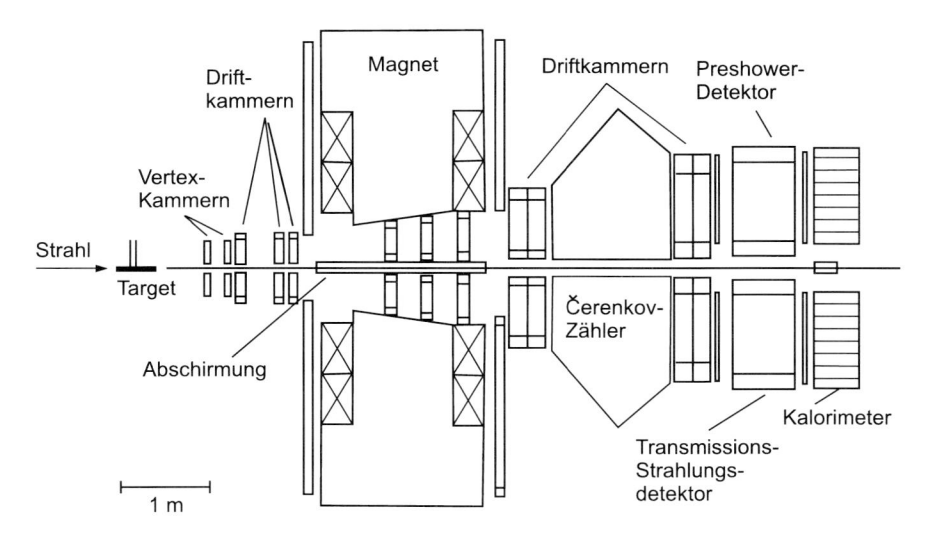

Abb. 19.2: Experimenteller Aufbau (schematisch) des HERMES-Experiments (Bild DESY)

Es war Ziel der Untersuchungen, den Spin der Nukleonen, der auf diese Quark-Struktur zurückzuführen ist, detaillierter zu bestimmen. Als ein erstes zunächst unverstandenes Ergebnis wurde festgestellt, daß die Summe der Spins aller sogenannten Valenzquarks zum Gesamtspin des Nukleons nur etwa ein Drittel beiträgt. Der Ursprung der restlichen Beiträge blieb zunächst ein Spinrätsel. Es wurde jedoch postuliert, daß die übrigen Bestandteile des Nukleons, die kurzlebigen Quark-Antiquark-Verbindungen, die auch Seequarks genannt werden, sowie die Gluonen und schließlich die Bahndrehimpulse zum Gesamtspin beitragen.

Die Experimente zur Klärung des Spinrätsels werden an mehreren Beschleunigern ausgeführt. Eins der Experimente läuft am HERA Beschleuniger des DESY. Es trägt den Namen HERMES (*HER*A *Me*asurement of Nuclear *S*pin).

Die Elektronen bzw. Positronen des Beschleunigers mit einer Energie von 27.6 GeV werden durch die kontinuierliche Emission von Synchrotronstrahlung in den Bögen des Speicherrings transversal polarisiert. Damit kann ein Polarisationsgrad von 50–70% erreicht werden. Vor und hinter dem Experiment wird mit einem System von Spinrotatormagneten die Strahlpolarisation im Bereich der Stoßzone in die Flugrichtung der Elektronen gedreht. Das Spektrometer ist in Abb. 19.2 gezeigt.

Im HERMES-Experiment werden nicht nur die gestreuten Elektronen, sondern auch die in den Stoßprozessen erzeugten Hadronen nachgewiesen. Dadurch können Beiträge der verschiedenen Quark-Anteile zum Spin des Nukleons getrennt gemessen werden. Ferner wurde die Polarisation der u- und d-Quarks bestimmt. Danach ergibt sich, daß außer den erwarteten Quark-Bestandteilen auch Beiträge von Antiquarks auftreten. Schließlich sind die Quarks im Nukleon durch Gluonen verbunden, die den Spin 1 $\hbar$ tragen. Der Nukleonenspin setzt sich also aus mehreren Anteilen zusammen, er wird in vereinfachter Weise durch

$$S_N = 1/2 = \Delta q + L_q + \Delta G + L_G \tag{19.6}$$

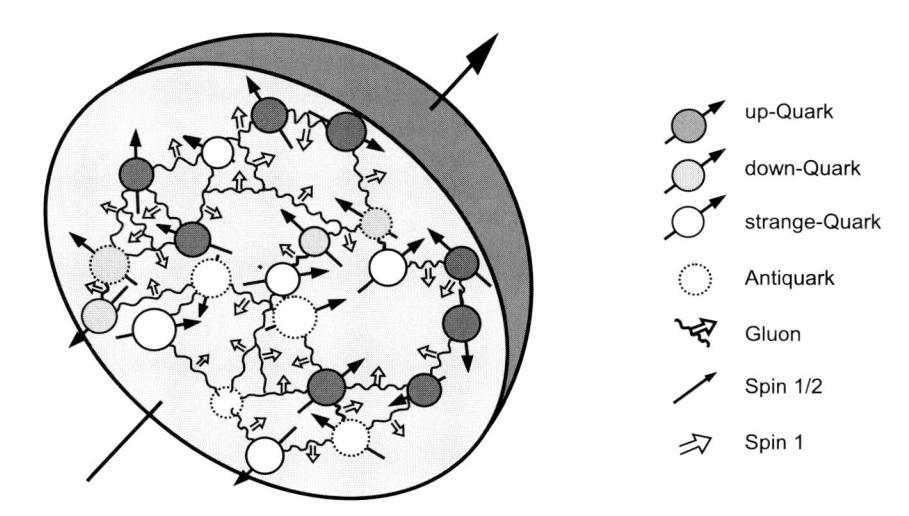

Abb. 19.3: Anschauliche Darstellung der diversen Spin-Beiträge

repräsentiert. Darin wird mit Δq die Summe der intrinsischen Spins der drei Valenzquarks, mit ΔG der Beitrag der Gluonen und mit L_q bzw. L_G jeweils die Bahndrehimpulse der Seequarks und Gluonen bezeichnet. Der Beitrag der Seequarks scheint gering zu sein. Die Spins der up-Quarks scheinen bevorzugt in die Richtung des Gesamtspins zu weisen, d. h. aber, die Spins der down-Quarks stehen entgegengesetzt. Auch die Spins der Gluonen scheinen in die Richtung des Gesamtspins zu weisen, womit sich ein Teil der noch fehlenden Beiträge ergibt. Zu dem mit dem Spin verbundenen magnetischen Moment scheinen die strange-Quarks, entgegen früheren Annahmen zu ca. 5% beizutragen [Le 05]. Eine vollständige theoretische Behandlung steht gegenwärtig noch aus.

Ein anschauliches Bild zeigt Abb. 19.3, bei dem schematisch die verschiedenen zum Gesamtspin beitragenden Komponenten, Valenzquarks, Mesonen (Seequarks = Quark-Antiquark-Paare) und Gluonen, eingezeichnet sind.

20 Die seltsamen Teilchen (Strangeness)

20.1 Kaonen

Bereits im Abschnitt 15.1 wurde über den Zerfall von Teilchen berichtet, die V-ähnliche Spuren hinterlassen und damit auf eine kombinierte Teilchenproduktion hindeuten. Zuerst wurde diese assoziierte Produktion von Teilchen am System K–Λ beobachtet [Pa 55b]. Das seltsame, unverstandene Verhalten lieferte den Grund, eine neue Quantenzahl mit dem Namen Seltsamkeit (Strangeness) einzuführen. Aus diesem paarweisen Auftreten der V-Teilchen in Reaktionen von nicht-seltsamen Teilchen wurde der einen neuen Teilchensorte die Quantenzahl $S = +1$ (Kaon) und der assoziierten Teilchensorte $S = -1$ (Λ-Hyperon) (nicht zu verwechseln mit

20 Die seltsamen Teilchen (Strangeness)

dem Gesamtspin oder dem Bahndrehimpulszustand ($L = 0$)) zugeschrieben, so daß sich bei Addition wieder $S = 0$ ergibt.

Zum erstenmal wurde der Prozeß,

$$\pi^+ + n \to K^+ + \Lambda,$$

in einer Wilson-Kammer experimentell nachgewiesen [Ro 47]. Die Masse der K^+-Mesonen ließ sich aus ihrem Zerfall in drei π-Mesonen bestimmen. Sie mußte größer als die dreifache Pionenmasse sein. In photographischen Emulsionen konnten Spuren der drei Pionen beobachtet werden, deren kinetische Energien aus den Reichweiten genügend genau bestimmbar waren. Die gesamte freigesetzte kinetische Energie, $Q \approx 75$ MeV, ist damit bekannt, so daß sich unter Berücksichtigung der Pionenmassen ein Wert der Masse des Kaons von

$$m_K = 493{,}7 \text{ MeV}$$

ergibt.

In den Reaktionen,

$$\pi^- + p \to K^0 + \Lambda$$

und

$$\pi^- + p \to \Sigma^- + K^+,$$

werden jeweils zwei seltsame Teilchen erzeugt (Hyperonen Λ und Σ, s. Abschnitt 20.2). Wenn alle Massen in diesen Reaktionen bekannt sind, kann man den Impuls der die Reaktionen auslösenden Pionen berechnen. Mit der Annahme gleicher Massen für K^+ und K^0 erhält man jedoch eine systematische Diskrepanz für die Impulswerte der einlaufenden Pionen in beiden Reaktionen. Konsistent werden die experimentellen Werte, wenn man unterschiedliche Massen annimmt. Die Massendifferenz ergibt sich schließlich aus verschiedenen Experimenten als gewichtetes Mittel zu

$$m_{K^0} - m_{K^+} = (3{,}972 \pm 0{,}027) \text{ MeV}.$$

Die Masse des K^0-Mesons ist also größer als die der $K^\pm$-Mesonen, gerade umgekehrt zum Fall der Pionen, bei denen π^0 leichter als $\pi^\pm$ ist.

Die weiteren Quantenzahlen der Kaonen lassen sich aus ihrem Zerfall bestimmen. Wie in Abschnitt 15.2 beschrieben, zerfallen Kaonen aufgrund schwacher Wechselwirkung, ihre mittlere Lebensdauer beträgt ca. 10^{-8} s. Eine der Zerfallsreaktionen zeigt, wie bei der Bestimmung der Kaonenmasse erwähnt, drei Pionen im Ausgangskanal:

$$K^+ \to \pi^+ + \pi^+ + \pi^-.$$

Für diesen Zerfall untersuchte R. H. Dalitz die statistische Verteilung der Pionen. Im Schwerpunktsystem des K^+ gilt für die Impulse der Pionen $\vec{p}_1 + \vec{p}_2 + \vec{p}_3 = 0$. Die Impulse können bei bekannten Massen in die kinetischen Energien der drei Teilchen umgerechnet werden.

Für ein solches System, dessen Gesamtenergie ebenfalls bekannt ist, trägt man in einem rechtwinkligen Koordinatensystem die kinetischen Energien zweier Teilchen auf. Unter Berücksichtigung des Impulserhaltungssatzes liegen die statistisch möglichen Werte innerhalb

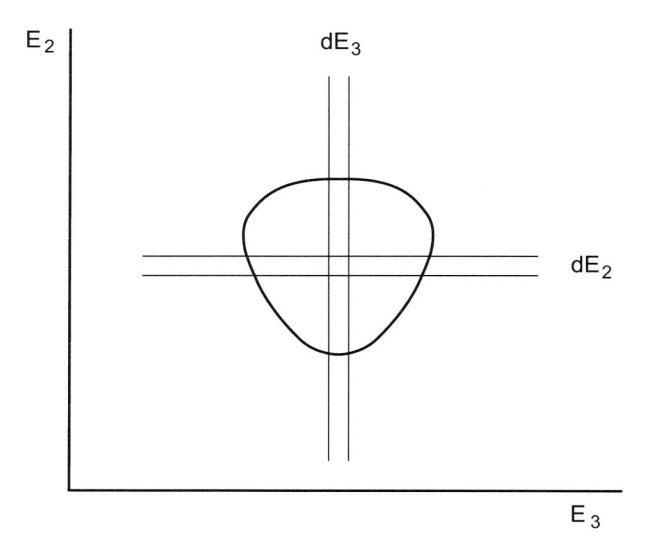

Abb. 20.1: Schematischer Dalitz-Plot für drei Teilchen im Ausgangszustand einer Reaktion. Zwei Energien sind dabei aufgetragen. Der durch die Kinematik der Reaktion zulässige Bereich liegt innerhalb einer geschlossenen Kurve.

einer geschlossenen Kurve (Abb. 20.1). Beobachtet man für dieses aus drei Pionen bestehende System Abweichungen von einer Gleichverteilung im Phasenraum, so muß man Kopplungen zwischen je zwei der Pionen berücksichtigen. Derartige Kopplungen nennt man Resonanzen. Für den K^+-Zerfall wäre eine Möglichkeit ein $(l = 0)$-Zustand zwischen den beiden positiven Pionen, die dann als System mit dem Drehimpuls $l = 1$ mit dem negativen Pion koppeln.

Alle Kombinationen dieser Bahndrehimpulse, außer $l(\pi^+) = l(\pi^-) = 0$, führen zu einer ungleichmäßigen Verteilung, also zu anderen Verteilungen, als es die gemessene Verteilung angibt. Daraus schließt man bei bekanntem Spin 0 der Pionen auch auf $J = 0$ für das Kaon. Da die Parität in der schwachen Wechselwirkung verletzt ist, kann Information über die Parität nicht aus der Verteilung im Dalitz-Diagramm entnommen werden. Die Parität des Kaons wurde aus der Untersuchung von Hyperkernen abgeleitet. Ein Hyperkern wird gebildet, wenn z. B. anstelle eines in einem Kern gebundenen Neutrons ein Λ-Hyperon auftritt.

Wenn negative Kaonen in Helium abgebremst werden, entsteht aufgrund des Prozesses

$$K^- + {}^4\text{He} \rightarrow {}^4_\Lambda\text{H} + \pi^0$$

ein Kern, der aus einem Triton und einem gebundenen Λ besteht. Wenn man die Parität des Λ kennt, kann man aus dem Zerfall des Hyperkerns ebenfalls $J^p = 0^-$ für das Kaon ableiten.

Die Kaonen K^+ und K^0 bilden ein normales Isospindublett, und das dazugehörige Antiteilchendublett besteht dann aus K^- und $\overline{K^0}$. Das ursprünglich entdeckte K^0 ist eine Überlagerung von Teilchen und Antiteilchen, wie ausführlich an seinen Zerfallseigenschaften (siehe Abschnitt 15.2) gezeigt wurde.

20.2 Hyperonen

Bei der Streuung von Pionen an Neutronen wurden Paare von Teilchen erzeugt. Die eine Art konnte als Mesonen mit der neuen Quantenzahl Strangeness (S) erklärt werden. Die andere Teilchenart, ebenfalls mit der Quantenzahl $S \neq 0$ ist schwerer als das Meson, man nennt es Hyperon. Hyperonen der jeweils kleinsten Masse zerfallen aufgrund schwacher Wechselwirkung, sie sind demzufolge langlebig.

Ihre charakteristischen Größen müssen ebenso wie bei den anderen Elementarteilchen in unabhängigen Experimenten bestimmt werden. Das leichteste der Hyperonen, das Λ-Hyperon ist neutral, erzeugt also in Kernspurplatten keine Spur. Es zerfällt jedoch in 64% aller Zerfälle in $\pi^- + p$. Da beide Teilchen geladen sind, hinterlassen sie in Kernspuremulsionen Spuren, aus deren Länge die Energie und der Impuls der Λ-Hyperonen bestimmt werden können. Die Massen der Protonen und Pionen sind ebenfalls bekannt, so daß man M_Λ ermitteln kann. Als Mittelwert erhielt man:

$$M_\Lambda - M_p - M_\pi = (37{,}6 \pm 0{,}1)\,\text{MeV},$$

woraus folgt:

$$M_\Lambda = (1115{,}6 \pm 0{,}05)\,\text{MeV}.$$

Aus der Spektroskopie der Hyperkerne $^4_\Lambda\text{H}$ und $^4_\Lambda\text{He}$ kann Spin und Parität des Λ zu $J^p = 1/2^+$ bestimmt werden, also den gleichen Werten wie für das Nukleon.

Bereits bei der Erörterung der Masse des Kaons wurde ein weiteres Hyperon erwähnt, das in der Reaktion

$$\pi^\pm + p \to \Sigma^\pm + K^+$$

erzeugt wird. Das Σ-Hyperon tritt in drei Ladungszuständen auf, seine Masse wurde, ebenso wie die anderer Teilchen, aus dem Zerfall bestimmt. Dabei tritt ein merklicher Unterschied zwischen der Masse der beiden geladenen Hyperonen von

$$m_{\Sigma^-} - m_{\Sigma^+} = (8{,}08 \pm 0{,}08)\,\text{MeV}$$

auf. Diese Massendifferenz zeigt, daß es sich bei Σ^+ und Σ^- nicht um Teilchen und Antiteilchen handelt. Die Masse des neutralen Hyperons Σ^0 liegt zwischen den beiden anderen Werten. Die Σ-Hyperonen sind ein Isospin-Triplett mit $I = 1$. Spin und Parität wurden auch aus der Spektroskopie der Hyperkerne gewonnen, da Σ-Hyperonen ähnliche Hyperkerne wie das Λ bilden. Ebenso ist das magnetische Moment bekannt, dessen Wert ebenfalls den Spin $1/2$ bestätigt. Zwei weitere Hyperonen wurden entdeckt, davon eines in dem Prozeß:

$$K^- + p \to \Xi^- + \pi^+ + K^0 + K^0 + \overline{K^0}.$$

Dieses Teilchen muß bei Erhaltung der Strangeness in der starken Wechselwirkung ein Teilchen mit Strangeness $S = -2$ sein. Hierzu gehört ferner ein neutrales Hyperon Ξ^0, mit dem zusammen das Ξ^- ein Isospindublett bildet. Die Methoden der Massenbestimmung für diese zunächst wegen ihrer Zerfälle als Kaskadenteilchen bezeichneten Hyperonen sind die gleichen, wie bereits zuvor beschrieben.

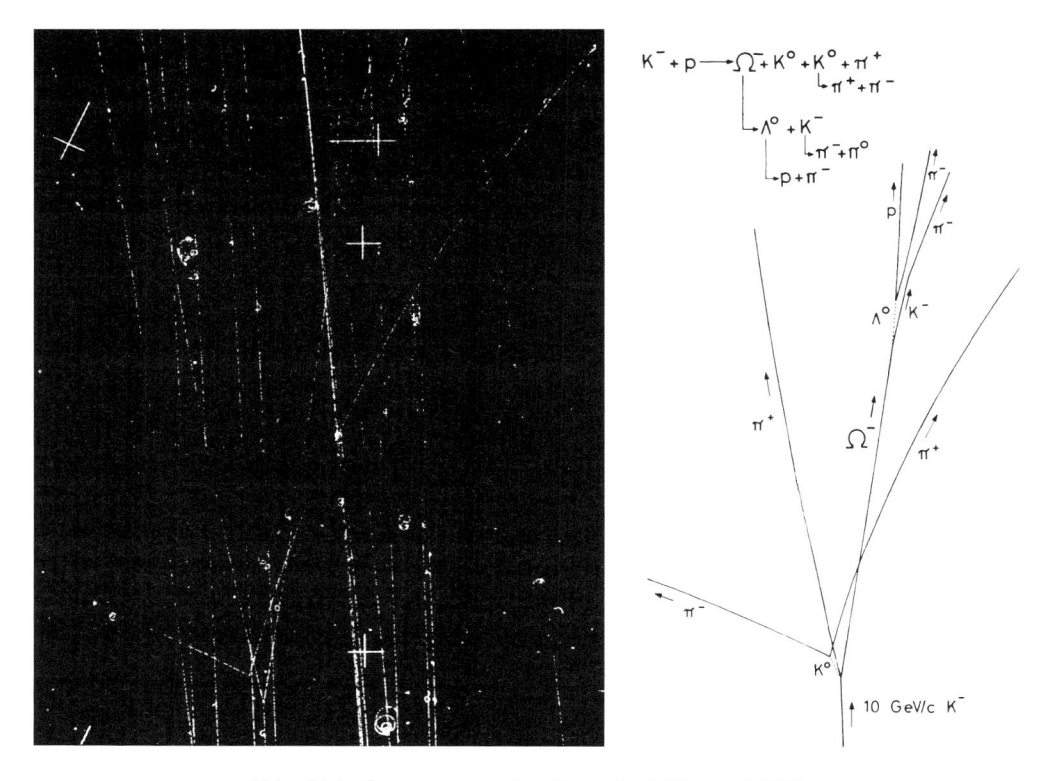

Abb. 20.2: Ω^--Erzeugung im K^--p-Stoß (*Photo CERN*).

Aus der in Abschnitt 23 näher erörterten Klassifikation der Hyperonen folgt zwingend, daß ein weiteres Hyperon, das als Singulett (also nur in einem Ladungszustand) auftritt, existieren muß. Dieses Hyperon wurde in der Reaktion (Abb. 20.2),

$$K^- + p \to \Omega^- + K^+ + K^0, \tag{20.1}$$

entdeckt [Ba 64]. Die Zahl der bisher registrierten Ereignisse hat jedoch noch nicht ausgereicht, alle Quantenzahlen und Eigenschaften zu bestimmen. So sind für Ξ^-, Ξ^0 die Parität und für Ω Spin und Parität noch nicht experimentell nachgewiesen worden. Aufgrund allgemeiner Symmetrieeigenschaften nimmt man an, daß es sich um Fermionen positiver Parität handelt. Besonders zu bemerken ist, daß der Spin des Ω^- den Wert $J = 3/2$ haben muß, wenn das Klassifikationsschema richtig ist. Dem Ω^- wird die Strangeness-Quantenzahl $S = -3$ zugeordnet. Zur Begründung nimmt man die Erhaltung dieser additiven Quantenzahl in der starken Wechselwirkung (nach Reaktion 20.1) an, woraus folgt, daß die Strangeness $S = -3$ sein muß (vgl. Tabelle 1.2).

Alle Hyperonen sind Fermionen, die aufgrund schwacher Wechselwirkung zerfallen. Die Einzelheiten der Klassifikation der Hyperonen werden in Abschnitt 23 im Rahmen des Quarkmodells erläutert.

21 Resonanzen

Der überwiegende Teil aller experimentellen Untersuchungen im Bereich der Elementarteilchenphysik besteht in Streuexperimenten bei hohen Energien. Die physikalischen Größen, die dabei gemessen werden, sind Wirkungsquerschnitte der Reaktionen zwischen zwei jeweils verschiedenen Stoßpartnern, vorwiegend als Funktion der Energie, die als kinetische Energie in die Wechselwirkung eingebracht wird. Treten in Anregungsfunktionen an bestimmten Energiewerten größere Wirkungsquerschnitte als in der Umgebung auf, so nennt man diese Bereiche Resonanzen in Analogie zum Schwingungsverhalten eines oszillierenden Systems (z. B. Pendel oder Feder), das zu besonders großen Amplituden fähig ist, wenn eine äußere Kraft mit der Eigenfrequenz des Systems wirkt.

Die Breite einer Resonanz läßt sich mit der mittleren Lebensdauer verknüpfen. Die häufig sehr kurze Lebensdauer deutet auf einen Zerfall aufgrund der starken Wechselwirkung, z. T. der elektromagnetischen Wechselwirkung hin. Das Auftreten der Resonanzen an diskreten Stellen der Energieskala hat dazu geführt, den Resonanzen Massen zuzuordnen. Man nimmt damit an, daß Resonanzen Systeme elementarer Bausteine sind, die für kurze Zeit einen neuen Komplex bilden.

Die Eigenschaften der Resonanzen, d. h. ihre Quantenzahlen, lassen sich z. B. in einer Phasenanalyse bestimmen. Phasenverschiebungen treten in der quantenmechanischen Behandlung von Streuproblemen auf, in denen eine auf ein Potential treffende Welle in ihrer Phasenlage verändert wird. Ändert sich mit zunehmender Energie diese Phase um mehr als $+90°$, spricht man von Resonanzzuständen.

Die einlaufende Welle wird dazu in Teilwellen mit unterschiedlichen Drehimpulsen zerlegt, so daß die Phasenverschiebung für jede Teilwelle bestimmt werden kann. Aus dem bei verschiedenen Winkeln und Energien gemessenen Wirkungsquerschnitt eines Streuprozesses lassen sich die Phasenverschiebungen der Streuwellen festlegen. Ergeben sich dabei für verschiedene Winkel und Energien übereinstimmende Phasenverschiebungen, so kann einer Resonanz ein Drehimpuls zugeordnet werden. Dies ist der Drehimpuls des Resonanzzustandes, den zwei an der Streuung beteiligte Teilchen für kurze Zeit bilden. Aus der Kenntnis der Spins der beteiligten Stoßpartner läßt sich dann der Gesamtdrehimpuls der Resonanz angeben.

Informationen über Resonanzen erhält man ebenfalls aus der Auftragung im Dalitz-Diagramm. Wenn in einer Reaktion mehr als zwei Teilchen (die auch ungleich sein können) auftreten, wie in der Reaktion

$$\pi + p \to \pi + \pi + p,$$

können zwischen zwei der auslaufenden Teilchen (z. B. $\pi\pi$ oder πp) noch Wechselwirkungen bestehen, die zu kurzlebigen Zuständen, den Resonanzen führen.

In diesem Fall ist zu untersuchen, inwieweit sich eine rein statistische Verteilung von einer mit Wechselwirkung unterscheidet. Aus der Häufung der Ereignisse in bestimmten Bereichen des Energiediagramms läßt sich für eine Resonanz sowohl die Masse als auch der Gesamtdrehimpuls, bei Zerfällen infolge starker Wechselwirkung auch die Parität bestimmen.

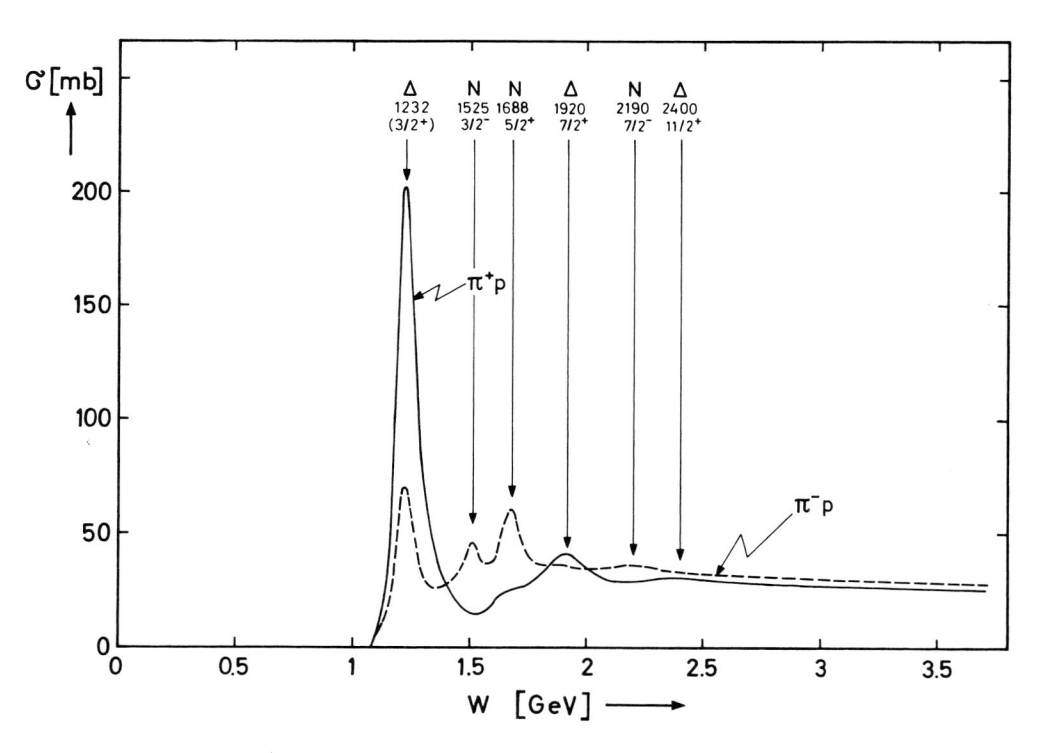

Abb. 21.1: Totaler ($\pi^{\pm} p$) Wirkungsquerschnitt im Resonanzbereich bis 2,5 GeV Gesamtenergie.

21.1 Baryonische Resonanzen

Anregungsfunktionen von Streuprozessen zwischen Pionen und Wasserstoff wurden über einen weiten Energiebereich, beginnend an der Schwelle – Energieäquivalent der Summe der Massen von Pion und Proton – gemessen. Aufgetragen ist in Abb. 21.1 der totale Wirkungsquerschnitt in [mb] gegenüber der invarianten Masse des πp-Systems, die der Gesamtenergie im Schwerpunktsystem von π und p entspricht. Eine große Zahl von Resonanzen wurde beobachtet, wovon die Darstellung nur einige zeigt.

Die ausgeprägteste Resonanz erscheint bei 1232 MeV, entsprechend einer kinetischen Energie der Pionen von 195 MeV. Die Breite – gemessen beim halben Wert des maximalen Wirkungsquerschnitts – beträgt 120 MeV. Dies entspricht einer Lebensdauer von $5 \cdot 10^{-24}$ s. Dieser Wert deutet darauf hin, daß die Resonanz aufgrund starker Wechselwirkung zerfällt. Man beobachtete Unterschiede in der Streuung von π^+ und π^- an Wasserstoff. Das Streusystem π^+ und p hat im Eingangskanal einen Isospin $I = 3/2$. Die Phasenanalyse liefert für den Kanal der elastischen Streuung die Spin-Paritäts-Zuordnung $J^P = 3/2^+$. Diese Resonanz wird Δ-Resonanz – auch (3,3)-Resonanz – genannt, sie entspricht einem $l = 1$-Zustand (P-Zustand). Die positive Parität ergibt sich, weil die innere Parität des Pions negativ ist. Vergleicht man dazu die Anregungsfunktion der Streuung von π^- an p, so ist der Wirkungsquerschnitt der Δ-Resonanz um einen Faktor 3 kleiner. Für das System $\pi^- p$ ist $I = 1/2$. Das Verhältnis der

21 Resonanzen

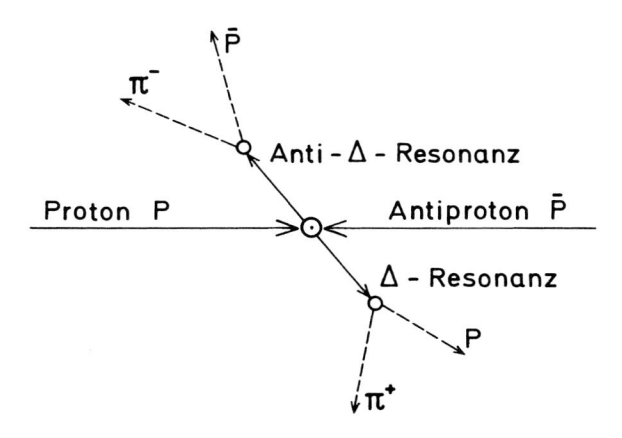

Abb. 21.2: Δ-Resonanzerzeugung im $p\bar{p}$-Stoß.

Isospinkomponente kommt im Verhältnis der Wirkungsquerschnitte zum Ausdruck. Die Resonanzen im $\pi^- p$-Wirkungsquerschnitt, die nicht in der $\pi^+ p$-Streuung auftreten, werden dem Isospin $I = 1/2$ zugeschrieben. Sie tragen die Nomenklatur N-Resonanzen. Im Energiebereich zwischen der Schwelle der Reaktionen und einigen GeV sind ca. 13 N-Resonanzen und 7 Δ-Resonanzen mit großer Sicherheit bekannt, für die Gesamtdrehimpulse bis $11/2$ angegeben werden. In allen Resonanzen wurde die Erhaltung der Baryonenzahl B festgestellt, woraus sich die Bezeichnung dieser Resonanzen ableitet. Im Quarkmodell der Baryonen werden die Resonanzen als Anregungszustände der Quarktripletts erläutert und klassifiziert (Abschnitt 23.3).

So tragen Resonanzzustände Bezeichnungen analog zu den spektroskopischen Zuständen der Atomphysik. Den Drehimpulszustand bezeichnet man mit Buchstaben L, wobei L allgemein für S-, P-, D-Zustände steht. Als Index wird, um die Halbzahligkeit zu vermeiden, $2I$ für den Isospin und $2J$ für den Gesamtdrehimpuls angesetzt, also $L_{2I,2J}$. Die bereits oben erwähnte Δ-Resonanz bei 1232 MeV zum Drehimpuls $L = 1$ trägt die Bezeichnung P_{33}. Die Bezeichnungen sind in der Baryonentabelle im Anhang ebenfalls aufgeführt.

Die Resonanzen werden nicht nur im πp-System beobachtet, sie treten auch auf, wenn zwei andere Stoßpartner wechselwirken, wie z. B. im Proton-Antiproton-Stoß (Abb. 21.2).

Bei höheren Energien treten in Streuexperimenten auch solche Resonanzen auf, die Strangeness-Quantenzahlen tragen. Diese Zustände sind als Anregungszustände der Hyperonen anzusehen. In Abb. 23.2 ist das Baryonendekuplett zum Spin $3/2$ gezeigt. Alle verzeichneten Zustände sind kurzlebige Resonanzen, die infolge starker Wechselwirkung zerfallen. Ausgenommen ist nur das Ω^-, das einen Grundzustand darstellt und über schwache Wechselwirkung zerfällt (vgl. Abschnitt 20).

In zahlreichen Experimenten wurden eine ganze Reihe höherer Resonanzen gefunden, die sich spektroskopisch in ein Termschema einordnen lassen.

21.2 Mesonische Resonanzen

In Blasenkammern wurden Stöße zwischen Pionen und Nukleonen beobachtet, bei denen solche Resonanzen auftreten, denen die Baryonenzahl $B = 0$ zugeordnet wird, wie z. B.:

$$\begin{aligned}\pi^+ + p &\to \pi^+ + \pi^0 + p \\ &\to \pi^+ + \pi^+ + \pi^- + p \\ &\to \pi^+ + \pi^+ + \pi^- + \pi^0 + p.\end{aligned} \quad (21.1)$$

Für Reaktionen mit mehreren Teilchen im Ausgangskanal, die nicht gleich sind, lassen sich die möglichen Phasenraumzustände, die in einem zweidimensionalen Dalitz-Diagramm aufgetragen sind, auf die jeweiligen Achsen projizieren.

Die Achsen des Diagramms können in Einheiten der Gesamtmasse geeicht werden. Ein rein statistisches Phasendiagramm ist ein Kontinuum, während sich Zustände, die eine Wechselwirkung zwischen je zwei der auslaufenden Teilchen beinhalten, als Resonanzlinie darstellen.

Liegen Wechselwirkungen zwischen π^+ und π^0 oder zwischen π^+ und π^- vor, so treten breite Linien auf (Abb. 21.3), deren Maximum bei 769 MeV liegt. Die Resonanz ist ca. 120 MeV breit, zerfällt also durch starke Wechselwirkung. Es handelt sich um eine Mesonenresonanz, die sowohl als geladenes als auch neutrales ρ-Mesonρ-Meson vorliegt. Ein ähnlicher Zustand konnte im System $\pi^+\pi^+$ nicht beobachtet werden.

Die Reaktionen (21.1) deuten einen Isospin des ρ-Mesons $I = 1$ an. Im Ausgangszustand treten identische Bosonen auf, deren räumliche Wellenfunktion antisymmetrisch sein muß, wenn die Annahme $I = 1$ korrekt ist. Das erfordert im einfachsten Fall einen Bahndrehimpuls zwischen ihnen von $l = 1$. Daraus folgt dann die Zuordnung $J^\rho = 1^-$. Dieses Ergebnis wurde experimentell bestätigt durch die Messung der Winkelverteilung der Pionen. Der Nachweis mesonischer Resonanzen ist auch in Stoßprozessen zwischen Teilchen und Antiteilchen möglich. So wurde das ρ-Mesonρ-Meson auch in der Reaktion,

$$e^+ + e^- \to \gamma \to \rho \to \pi^+ + \pi^-,$$

beobachtet (vgl. 12.1). Das ρ-Meson ist das erste Vektormeson, das einem spektroskopischen Zustand $^3S_1$ entspricht, wie in Abb. 21.4 und Tabelle 23.2 angegeben. Seit Beginn der systematischen Erforschung der Mesonenresonanzen wurden zahlreiche Resonanzen entdeckt, die sich sehr gut mit dem Quarkmodell (siehe Abschnitt 23) beschreiben lassen. Bei der experimentellen Untersuchung der charakteristischen Größen werden häufig die gleichen Methoden angewandt, die schon vorher erwähnt wurden.

Die Untersuchung des ω-Mesons ist ein weiteres Beispiel eines $^3S_1$-Zustands in der Nomenklatur der Atomspektroskopie, das hier vorgestellt werden soll. In der Reaktion eines Protonenstrahles, der mit einem Antiprotonenstrahl kollidiert, sind Pionen in großer Multiplizität beobachtet worden:

$$p + \bar{p} \to \pi^+ + \pi^+ + \pi^- + \pi^- + \pi^0.$$

Die Reaktion wurde in einer Blasenkammer [Ma 61] gemessen, in der die Impulse der geladenen Pionen durch Ablenkung im Magnetfeld bestimmt wurden. Obwohl die beiden γ-Quanten aus dem Zerfall des π^0 nicht gemessen werden konnten, war es möglich, aus fehlender Energie und Impuls die Masse des π^0 eindeutig festzulegen. Zur Analyse nahm man an, daß das gesuchte

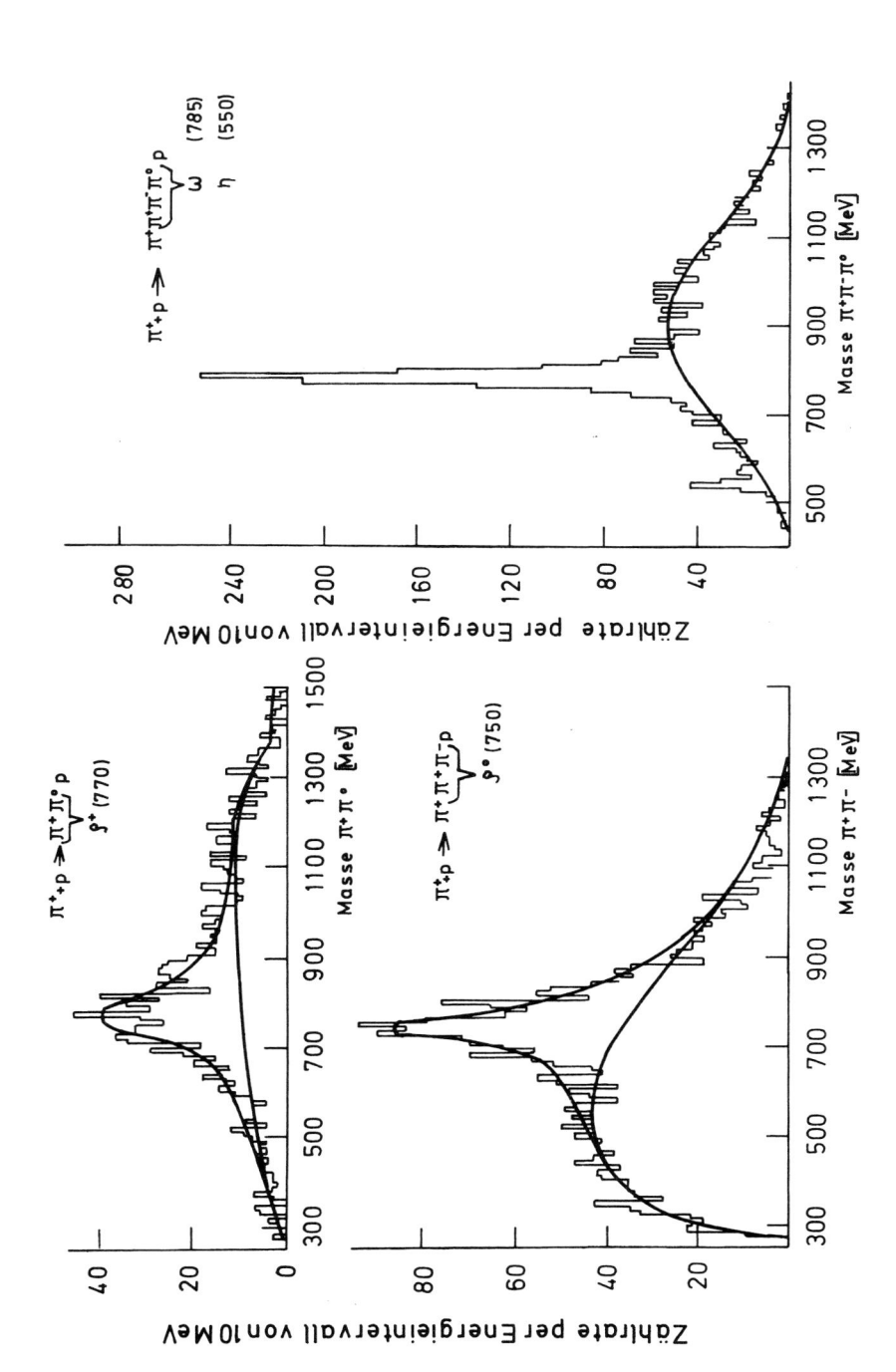

Abb. 21.3: Mesonische Resonanzen von Zwei-Pionen (ρ)- und Drei-Pionen (ω, η)-Systemen als Projektion aus einem Dalitz-Diagramm.

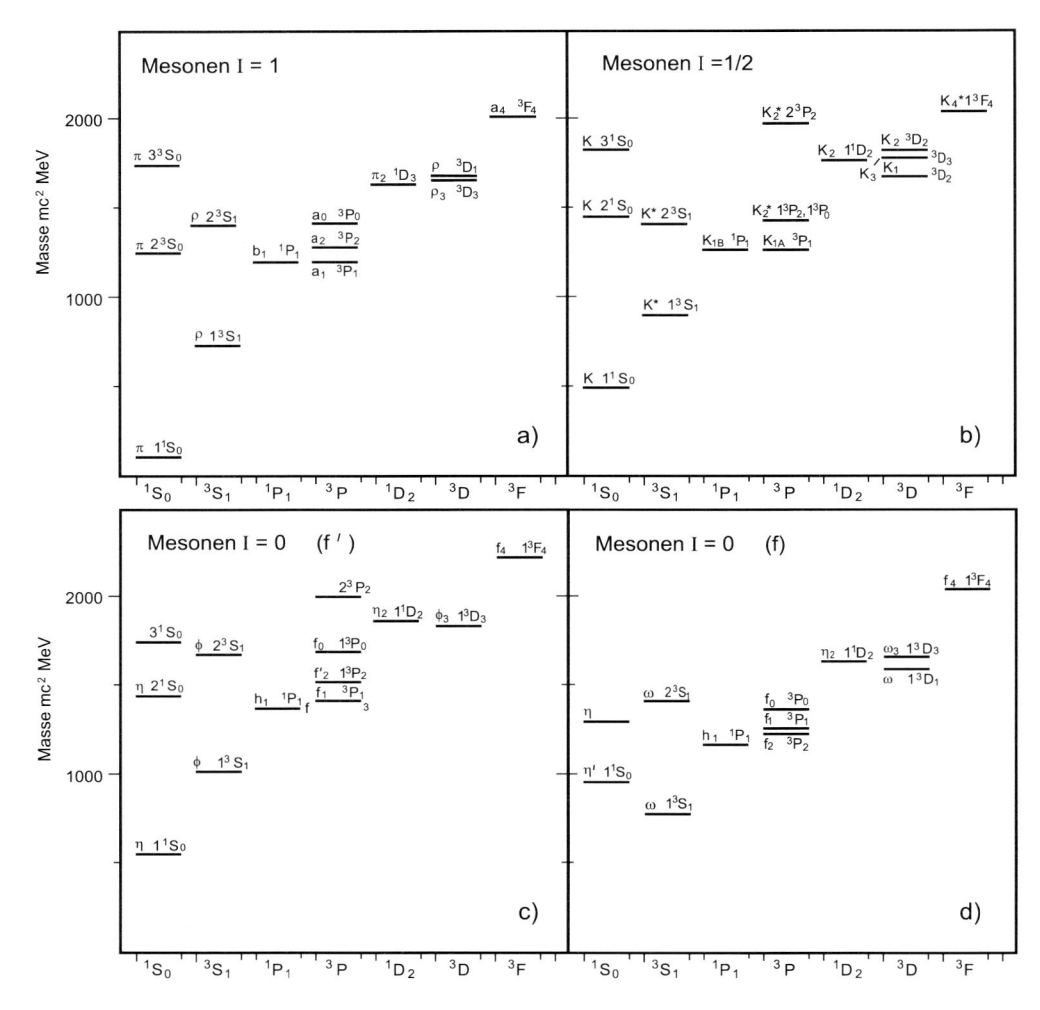

Abb. 21.4: Spektroskopische Ordnung leichter Mesonen a) Mesonen mit $I = 1$, b) Mesonen mit $I = 1/2$, c) und d) Mesonen mit $I = 0$ für die Anteile f und f'.

ω-Meson aus drei Pionen besteht. Dazu analysierte man die Verteilungen von drei Pionen, wobei sich zwei einfach geladene Kombinationen, $\pi^+\pi^+\pi^-$, $\pi^-\pi^-\pi^+$, eine zweifach positiv geladene, $\pi^+\pi^+\pi^0$, eine zweifach negativ geladene, $\pi^-\pi^-\pi^0$, und eine neutrale Kombination der Pionen bilden läßt. Die ersten vier genannten zeigen keine Abweichung von der statistischen Phasenraumverteilung, während die neutrale Kombination eine Abweichung mit einer Linie von ca. 10 MeV Breite bei $M_{3\pi} = 783$ MeV ausweist. Die Drei-Pionen-Resonanz, $\omega \rightarrow \pi^+\pi^-\pi^0$, ist demnach auf ihre Quantenzahlen zu untersuchen. Aus der glatten statistischen Verteilung der einfach- und doppeltgeladenen Pionentripletts schließt man auf den Isospin $I = 0$ des ω-Mesons. Man berechnet dann für die möglichen Kombinationen von Spin und Parität,

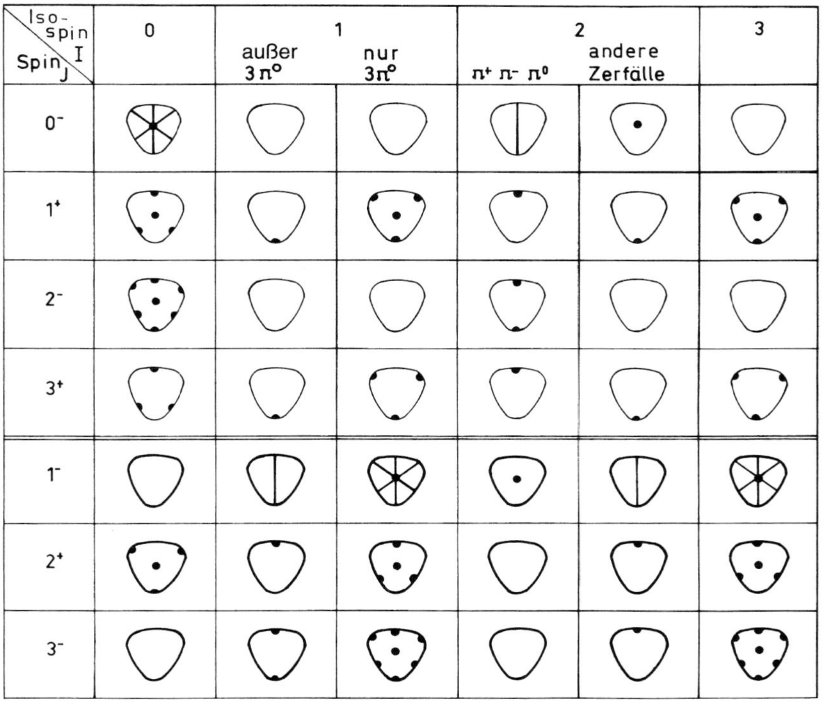

21 Resonanzen

Abb. 21.5: Dalitz-Plot-Analysen für Drei-Pionen-Systeme. Die starken Linien stellen Minima in der Verteilung (senkrecht zur Zeichenebene) dar.

also $J^p = 0^-$ Pseudoskalar, $J^p = 0^+$ skalar, $J^p = 1^-$ vektoriell und $J^p = 1^+$ axialvektoriell, die Verteilungen im Dalitz-Diagramm. In Abb. 21.5 sind die allgemeinen Verteilungen im Dalitz-Diagramm gezeigt. Die dick ausgezogenen Linien und Punkte deuten Minima (Wert Null) der Verteilung an. Die experimentelle Verteilung im Fall des Isospins $I = 0$, die in der Mitte ein Maximum, am Rand jedoch Minima zeigt, deutet für das ω-Meson auf die Kombination $J^p = 1^-$ hin. Diese Daten entsprechen der Verteilung in Abb. 21.6c, damit besitzt das ω-Meson den Charakter eines Vektormesons. Der Fall eines skalaren Teilchens ist damit ebenfalls ausgeschlossen.

Zahlreiche Mesonenresonanzen sind schon in Tabelle 23.2 genannt, doch ist darüber hinaus noch eine beträchtliche Zahl weiterer bekannt. Da die Mesonenresonanzen zu einem Zwei-Körper-System, ähnlich dem des Wasserstoffatoms, gehören, lassen sich die Resonanzen in eine spektroskopische Ordnung bringen wie in den Abb. 21.4a–d gezeigt. Es sind die Mesonen, die zu den Isospins $I = 1$, $I = 1/2$, $I = 0$ gehören, dargestellt. Die isoskalaren Zustände ($I = 0$) der gleichen J^{PC}-Zuordnung sind Mischungszustände mit der Darstellung

$$f' = \psi_8 \cos\theta - \psi_1 \sin\theta,$$

$$f = \psi_8 \sin\theta + \psi_1 \cos\theta.$$

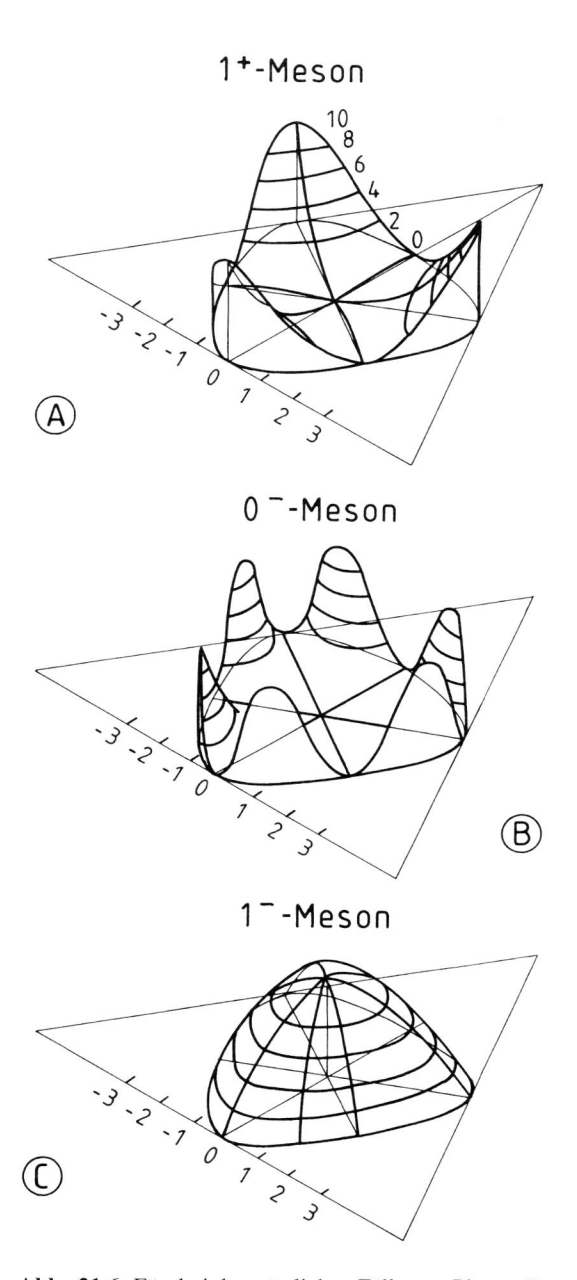

Abb. 21.6: Für drei der möglichen Fälle von Pionen-Resonanzen sind die Intensitätsverteilungen isometrisch aufgetragen.

Dabei gilt die Mischung für Mesonen, die aus leichten Quarks aufgebaut sind. Mischungen mit solchen aus den sehr schweren c- und b-Quarks werden als vernachlässigbar angesehen. Die physikalischen Isoskalare sind Mischungen der $SU(3)$-Wellenfunktionen, mit dem Mischungswinkel θ, der die Nonettzustände verknüpft (Mischungswinkel nicht mit dem Cabbibo-Winkel zu verwechseln). Der Wert des Winkels muß experimentell bestimmt werden. Die Funktionen ψ_8 und ψ_1 sind

$$\psi_8 = \frac{1}{\sqrt{6}}(u\bar{u} + d\bar{d} - 2s\bar{s})$$

und

$$\psi_1 = \frac{1}{\sqrt{3}}(u\bar{u} + d\bar{d} + s\bar{s}).$$

Der jeweils niedrigste Zustand eines Multipletts zerfällt durch schwache Wechselwirkung, alle übrigen durch starke Wechselwirkung. Das Isospintriplett-System ($I = 1$) ist aus den leichtesten Quarks u und d aufgebaut, während andere Multiplettsysteme auch schwere Quarks enthalten, wie z. B. die Kaonen, in denen ein s-Quark vorkommt. Beim Überblick über die Zustände in diesem Termsystem fällt auf, daß die aus historischen Gründen eingeführten Namen und Buchstaben der einzelnen Mesonenresonanzen eine große Verwirrung darstellen, die durch eine eindeutige, auf die physikalischen Daten bezogene Bezeichnung ersetzt werden sollte, ebenso wie die ursprünglichen Labornamen der schweren radioaktiven Elemente schließlich durch korrekte Isotopennamen ersetzt wurden.

21.3 Höhere Resonanzen

Der Verlauf des Wirkungsquerschnitts für die Streuung von Pionen an Nukleonen (siehe Abb. 21.1) zeigt Resonanzen, denen bestimmte Quantenzahlen zugeordnet werden können, z. B. der Resonanz bei 1232 MeV ein Drehimpuls $J = 3/2$ und ein Isospin $I = 3/2$.

Erstreckt man die Experimente zu höheren Energien, so lassen sich energetisch höherliegende Resonanzen identifizieren, die es in ein Schema zu ordnen gilt. Der Zustand eines Teilchens läßt sich durch die Masse und den Drehimpuls des Teilchens charakterisieren.

Für die weitere Betrachtung ist das Beispiel eines einfachen quantenmechanischen Systems mit gebundenen Zuständen, des harmonischen Oszillators, hilfreich. Man trägt dazu die Drehimpulse der gebundenen Zustände als Funktion der Energie auf und findet, daß sie auf getrennten Geraden liegen, sich also auf diese Weise in „Familien" ordnen lassen. Die gemeinsame Eigenschaft einer Familie ist die gleiche Anzahl von Knoten, d. h. Nullstellen des radialen Anteils der Wellenfunktion. Die Anzahl der Knoten beträgt $(n-l)/2+1$, wobei n die Hauptquantenzahl und l die Quantenzahl des Bahndrehimpulses ist. Die Anzahl der Knoten und die Drehimpulsquantenzahl l haben ganz verschiedene physikalische Bedeutung. Während l als Eigenwert des Drehimpulsoperators mit der räumlichen Drehung verknüpft ist, beschreibt die Zahl der radialen Knoten eine strukturelle Eigenschaft des Zustands, die mit einer inneren Quantenzahl wie der Eigenparität des Zustandes verglichen werden kann. Demnach besitzen Zustände auf einer der zuvor erwähnten Geraden (allgemeiner Trajektorie) ähnliche innere Struktur.

Eine mögliche Klassifizierung von Resonanzen wurde mit der Theorie der Regge-Pole versucht [Ch 61]. Dem Beispiel des harmonischen Oszillators entsprechend, haben G. Chew und

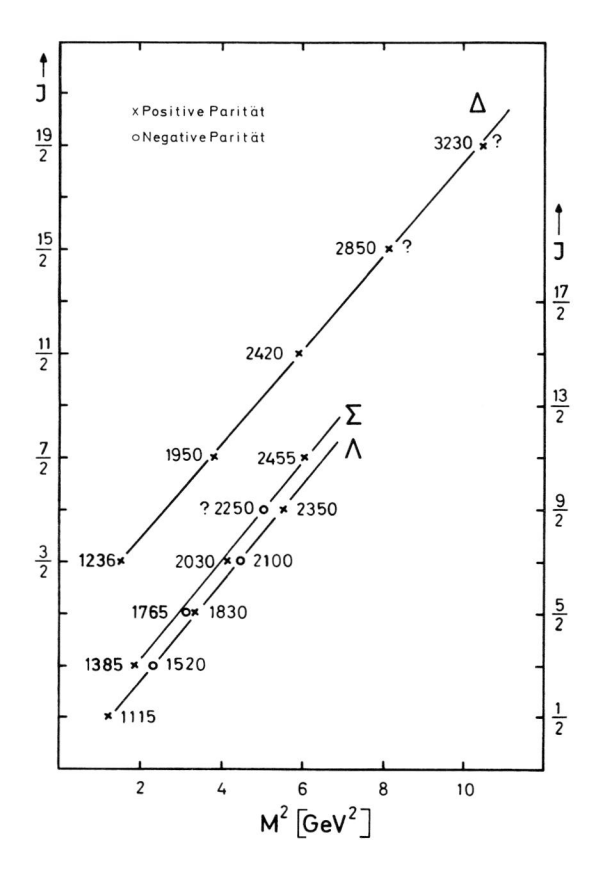

Abb. 21.7: Chew-Frautschi-Plot für höhere Baryonen-Resonanzen.

S. Frautschi ähnlich ausgeprägte Regelmäßigkeiten auch für den radialen Verlauf der Wellenfunktion in der Teilchenphysik nachgewiesen, und zwar für solche Teilchen, die als Resonanzen bei hohen Kollisionsenergien auftreten. Wenn man die Drehimpulse der Resonanzen (gebundene Zustände) gegen die Massen (Energien) aufträgt, ergeben sich für die bekannten Resonanzen gerade Linien. Die Teilchen größerer Masse nennt man die Regge-Pole eines Zustands kleinster Masse. In Abb. 21.7 sind für die Σ-, Δ- und Λ-Resonanzen die niedrigsten dieser Pole dargestellt. Die Hadronen gleicher Parität erscheinen demnach auf jeder Linie immer im Abstand $\Delta J = 2$. Es besteht mit dieser Beschreibung die Möglichkeit, neue, höhere Resonanzen vorherzusagen. Ob sich jedoch alle höheren Resonanzen als Regge-Pole darstellen lassen, ist gegenwärtig nicht bekannt.

Ein weiteres Beispiel, ein Ordnungssystem für Hadronen aufzustellen, geht von der Überlegung aus, daß es Substrukturen von Nukleonen (z. B. Quarks) erlauben, viele Eigenschaften der Nukleonen zu beschreiben, doch es bleibt bisher unklar, ob eventuell noch weitere Substrukturen von Quarks existieren und wie weit dieses Bild fortzusetzen ist. Vor allem die Tatsache, daß in allen Experimenten, in denen Hadronen wechselwirken, wiederum Hadronen als Reaktions-Produkte entstehen, führte G. Chew und S. Frautschi dazu, das Bild des „bootstrap", des selbstgefangenen Systems, vorzuschlagen. Sie nehmen an, daß alle Hadronen gleichberechtigt sind und daß jedes Hadron aus allen anderen aufgebaut werden kann. Damit ist es unmöglich, eines der Teilchen als elementarer als das andere anzusehen. M. Gell-Mann nannte dieses System die nukleare oder hadronische Demokratie. In diesem Modell müssen selbstkonsistente Bedingungen existieren, aus denen die Massen aller Hadronen wie auch die Kopplungskonstanten abzuleiten sind. Die mathematische Behandlung des Problems ist jedoch so komplex und schwierig, daß ein überzeugender Erfolg dieser Idee bisher ausgeblieben ist. Die höheren baryonischen Resonanzen haben Breiten, die bis zu einem Faktor 1000 über denen der mesonischen Resonanzen liegen, also auf wesentlich kürzere Lebensdauern hindeuten.

Gegenwärtig wird auch die Frage untersucht, ob es Zustände gibt, die aus mehreren Mesonen zusammengesetzt sein können, also z. B. aus zwei Paaren von Quarks bestehen. Hinweise auf derartige Quarkmoleküle scheinen in einigen Experimenten gefunden worden zu sein.

22 Hadronische Prozesse bei hohen Energien

Stoßprozesse zwischen Teilchen werden mit Hilfe von gemessenen Wirkungsquerschnitten charakterisiert und klassifiziert. Eine der bestimmenden Größen ist der totale Wirkungsquerschnitt, der als Funktion der Energie die Wahrscheinlichkeit insgesamt angibt, daß eine Reaktion stattgefunden hat. Man unterscheidet ferner den elastischen und unelastischen Streuquerschnitt, wie auch den eigentlichen Reaktionsquerschnitt, der wiederum noch nach den Reaktionskanälen klassifiziert wird.

Der totale Wirkungsquerschnitt wurde für eine große Zahl von Hadronenpaarungen über den jeweils erreichbaren Energiebereich gemessen. Um diesen Wert zu erhalten, wurde die Schwächung des primären Strahles beobachtet. Dieses Meßverfahren hat jedoch eine große Zahl von experimentellen Schwierigkeiten wie Strahldivergenzen, Strahlbeimischungen zu überwinden, die derartige Messungen beeinflussen können.

Da bei diesen Energien Spineffekte keine Rolle spielen, analysiert man die Reaktionen mit dem Partialwellenformalismus für spinlose Teilchen. Die gestreuten Teilchen werden nach Drehimpulsen sortiert und im quantenmechanischen Bild der Streuung von Wellen an einem Potential behandelt. Ein Potential, das sowohl elastische Streuung als auch Reaktionen (Absorption) zu behandeln gestattet, ist als optisches Potential in der Physik der Streuprozesse bekannt. Es ist in Analogie zur Metalloptik benannt, in der Absorptionen durch einen Imaginäranteil des Potentials beschrieben werden. Demnach werden alle Teilchenerzeugungsprozesse, also die unelastischen Reaktionen, mit einem absorptiven Potential in Beziehung gebracht.

Mit steigender Energie nehmen die unelastischen Reaktionen zu, jedoch wurde bei diesen Experimenten eine niedrige Multiplizität festgestellt. Mit Multiplizität bezeichnet man die Zahl der in jedem Stoß erzeugten Sekundärteilchen. Die mittlere Multiplizität läßt sich mit folgender Energieabhängigkeit beschreiben:

$$\langle n \rangle = \text{const.} \cdot E_{\text{lab}}^{\frac{1}{4}}. \tag{22.1}$$

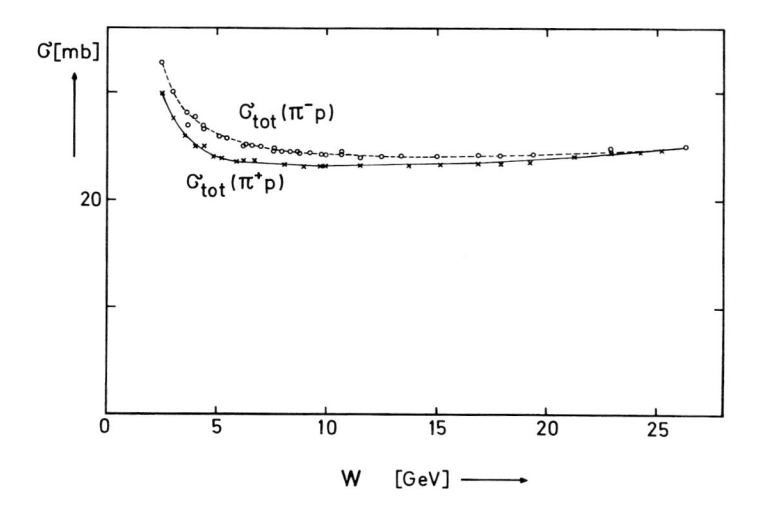

Abb. 22.1: Totaler $(\pi^\pm, p)$-Wirkungsquerschnitt bis 25 GeV Gesamtenergie (Fortsetzung der Daten von Abb. 21.1).

Bei diesen Stößen werden nur kleine Transversalimpulse übertragen, das sind im Schwerpunktsystem die Impulskomponenten, die senkrecht zur Komponente in Bewegungsrichtung der primären Stoßpartner stehen. Das wiederum bedeutet, daß die erzeugten Teilchen eine starke Bündelung in Vorwärts- und Rückwärtsrichtung zeigen. Schließlich stellt man fest, daß der überwiegende Teil der sekundären Teilchen Pionen sind (Pionisation).

Aus den bisherigen Experimenten zeigte sich, daß der totale Wirkungsquerschnitt fast konstant wird. Abbildung 22.1 zeigt den totalen Wirkungsquerschnitt der $\pi^+ p$-Reaktionen bis zu 25 GeV. Das Bild ist die Fortsetzung der in Abb. 21.1 dargestellten Anregungsfunktion. Ähnliches Verhalten wird bei allen Stoßsystemen beobachtet, wobei die Abweichungen des Wirkungsquerschnitts von einem konstanten Wert 10% nicht übersteigen. Die obere Grenze für den Wirkungsquerschnitt, wenn W gegen unendlich strebt, ergibt sich aus der Quantenfeldtheorie und heißt Froissart-Grenze,

$$\sigma_{\text{tot}} < \text{const.} \cdot (\ln W^2)^2. \tag{22.2}$$

Schließlich wurde beobachtet, daß mit steigender Energie die Wirkungsquerschnitte von Reaktionen, die durch Teilchen, und denjenigen, die durch die dazugehörigen Antiteilchen ausgelöst werden, dem gleichen Wert zustreben. Solches Verhalten wurde im Pomerantschuk-Theorem vorhergesagt. Dieses Theorem läßt sich geometrisch wie folgt deuten. Bei extrem hohen Energien werden so viele Reaktionen möglich, daß man sich die Stoßpartner als vollkommen absorbierend vorstellen kann. Der Wirkungsquerschnitt nähert sich einem geometrischen Wirkungsquerschnitt. Da man für Teilchen und Antiteilchen gleiche geometrische Strukturen annehmen kann, sollten sich die Reaktionsquerschnitte asymptotisch dem gleichen Wert nähern. Der so bezeichnete asymptotische Bereich ist gegenwärtig allerdings nicht festlegbar.

23 Das Quarkmodell der Hadronen

Nachdem die wesentlichen Züge der unitären Symmetrien $SU(2)$ und $SU(3)$ bereits in den Abschnitten 3.12 und 3.13 diskutiert worden sind, soll nun auf einige Folgerungen näher eingegangen werden, insbesondere auch auf die Zusammensetzung der Hadronen aus den Quarks. Hierbei werden wir die möglichen Kombinationen der fundamentalen Darstellung von $SU(3)$, der Quarktripletts, zu höheren Multipletts betrachten. Als ein nützliches Beispiel, das entsprechend verallgemeinert werden kann, erweist sich die Zusammensetzung von Isomultipletts bei der einfacheren Gruppe $SU(2)$.

23.1 Ordnung durch Symmetrie: Die Multipletts von $SU(3)$

Da die hadronische Wechselwirkung unabhängig von den elektrischen Ladungen der Hadronen ist, kann sie als invariant gegenüber der Isospingruppe $SU(2)$ angesehen werden. Dies ermöglicht eine Zusammenfassung der Hadronen in Isospinmultipletts, d. h. in Darstellungen von $SU(2)$. Die einfachsten Multipletts sind der Isospinor (Nukleon) mit zwei und der Isovektor (π-Meson) mit drei Zuständen (siehe Abschnitt 19). Höhere Multipletts können daraus nach der Vektoradditionsregel gebildet werden, die man auch bei der Zusammensetzung von Drehimpulsen in der Quantenmechanik benutzt. Die dritte Komponente des Isospinoperators $\hat{I}_3$ kann in allen Darstellungen diagonal gewählt werden und der dazugehörige höchste Eigenwert I_3 ergibt sich bei einer zusammengesetzten Darstellung aus der Addition bzw. Subtraktion der höchsten Werte I_3 der zu kombinierenden Darstellungen. Kombiniert man z. B. einen Isovektor $I = 1 (I_3 = +1, 0, -1)$ mit einem Isospinor $I = 1/2$ $(I_3 = +1/2, -1/2)$, dann enthält das direkte Produkt dieser Darstellungen die (irreduziblen) Darstellungen mit den Isospins $I_3 = 1 + 1/2 = 3/2$ (4 Zustände) und $I_3 = 1 - 1/2 = 1/2$ (2 Zustände), symbolisch:

$$(I = 1) \otimes (I = 1/2) = (I = 3/2) \oplus (I = 1/2). \tag{23.1}$$

Wenn man die Darstellungen (Multipletts) durch die Anzahl der darin enthaltenen Zustände (Teilchen) charakterisiert, kann man hierfür auch schreiben,

$$3 \otimes 2 = 4 \oplus 2. \tag{23.2}$$

Diese Multiplikation zweier Darstellungen läßt sich in einem einfachen Diagramm veranschaulichen, wobei man die Werte von I_3 auf entsprechenden Strecken abträgt:

$$
\begin{array}{c}
\underset{-1\quad 0\quad 1}{\circ\!-\!\circ\!-\!\circ} \otimes \underset{-1/2\ \ 0\ \ 1/2}{\circ\!-\!\circ} = \underset{-3/2\ -1/2\ \ 1/2\ \ 3/2}{\circ\!-\!\overset{\circ}{\circ}\!-\!\overset{\circ}{\circ}\!-\!\circ} \\[4pt]
= \underset{-3/2\qquad\qquad 3/2}{\circ\!-\!\circ\!-\!\circ\!-\!\circ} \oplus \underset{-1/2\ \ 1/2}{\circ\!-\!\circ} .
\end{array}
\tag{23.3}
$$

Offenbar entsteht die rechte Seite dadurch, daß man das Zentrum (0) der dem Isodublett entsprechenden Strecke jedem der drei Zustände, d. h. Punkte im Diagramm für das Triplett, überlagert und die Positionen der Zustände $I_3 = \pm 1/2$ markiert. Das so entstehende Diagramm (in diesem Beispiel mit sechs Punkten) hat man dann in eine Summe von Diagrammen zu zerlegen, die jeweils bestimmten Werten des Isospins zugeordnet sind. Im obigen Beispiel sind dies die Darstellungen 4 ($I = 3/2$) und 2 ($I = 1/2$). Auf diese Weise können durch Multiplikation von Darstellungen zum Isospin $1/2$ die möglichen Zustände mit höheren Werten des Isospins konstruiert werden.

Der Gedanke, daß die Hadronen aus einigen wenigen Teilchen zusammengesetzt sein könnten, ist schon früh geäußert worden. So wurden z. B. in einem von Fermi und Yang 1949 vorgeschlagenen Modell die Pionen ($I = 1$) als gebundene Nukleon-Antinukleon-Zustände ($I = 1/2$) betrachtet:

$$\pi^+ = p\bar{n}, \quad \pi^0 = \frac{1}{\sqrt{2}}(p\bar{p} - n\bar{n}), \quad \pi^- = n\bar{p}. \tag{23.4}$$

Die Isospins der Nukleonen werden hierbei in der oben beschriebenen Weise addiert, während die entgegengesetzt gerichteten gewöhnlichen Spins sich gegenseitig aufheben, so daß man den Wert Null für den Spin der π-Mesonen erhält. Offenbar ist es wichtig, hierbei von Fermionen mit Spin $1/2$ auszugehen, denn Bosonen kann man mit Hilfe von Fermionen konstruieren, nicht aber umgekehrt.

Das Fermi-Yang-Modell wurde schließlich 1956 von S. Sakata zur Einbeziehung von Teilchen mit Strangeness erweitert, indem er als dritten Grundzustand das Λ-Teilchen ($S = -1$) hinzunahm. Man kann dieses Schema als historischen Vorläufer des Quarkmodells ansehen, denn die niedrigste Darstellung von $SU(3)$ enthält gerade drei Zustände, die dann als Quarks interpretiert werden.

Aufgrund der zur Beschreibung der seltsamen Teilchen Λ, $\Sigma^\pm$, Σ^0, $K^\pm$ usw. erforderlichen neuen Quantenzahl Strangeness (bzw. der Hyperladung $Y = B + S$) liegt die Verallgemeinerung von $SU(2)$ auf $SU(3)$ nahe, denn die Gruppe $SU(3)$ enthält gerade zwei ladungsartige Operatoren, die untereinander vertauschen und somit beide simultan bestimmte Werte annehmen können. Zur Veranschaulichung der in den Darstellungen von $SU(3)$ vorkommenden Zustände, die durch Wertepaare I_3 und Y (Y statt S) gekennzeichnet sind, hat man Punkte in der I_3-Y-Ebene zu markieren. So liegen z. B. die drei Zustände der fundamentalen Darstellung von $SU(3)$ und der dazu konjugiert komplexen Darstellung, die man gemäß ihren Dimensionen mit 3 bzw. $\bar{3}$ bezeichnet, auf den Ecken entsprechender Dreiecke in der I_3Y-Ebene (siehe Abb. 3.4). Diese drei Zustände können nach dem Vorschlag von M. Gell-Mann und G. Zweig selbst als fundamentale physikalische Teilchen angesehen werden. Sie werden meist mit den Buchstaben u, d, s bezeichnet und Quarks genannt. Ungewöhnlich sind ihre drittelzahligen Ladungen und Hyperladungen. Die in der Darstellung $\bar{3}$ zusammengefaßten Antiquarks $\bar{u}$, $\bar{d}$ und $\bar{s}$ besitzen die zu den Quarks entgegengesetzten Werte von I_3 und Y.

Entsprechend dem vorigen Beispiel im Falle $SU(2)$ kann man nun die Quarks (3) und Antiquarks ($\bar{3}$) kombinieren, um auf diese Weise die Zustände anderer Darstellungen von $SU(3)$ zu erhalten. Die sinngemäß verallgemeinerte Regel zur Bestimmung des Produktes $3 \otimes \bar{3}$ lautet hier folgendermaßen: Man lege den Nullpunkt des zur Darstellung $\bar{3}$ gehörigen Diagramms auf jede der Ecken des Dreiecks von 3 und markiere die so entstehenden Lagen der Eckpunkte von $\bar{3}$. Das dadurch gewonnene Diagramm (hier mit 9 Zuständen, Abb. 23.1) zerlege man in eine Summe von Diagrammen, die jeweils einer bestimmten Darstellung von

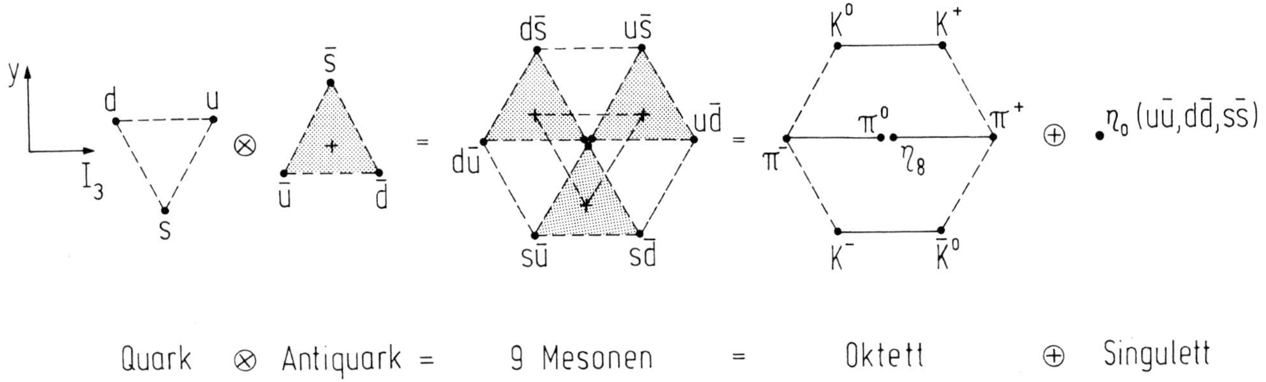

Abb. 23.1: Drei Quarks und drei Antiquarks lassen sich zu neun Mesonen kombinieren, die wie ein Oktett und ein zusätzliches Singulett transformiert werden.

$SU(3)$ entsprechen. Nützlich ist es hierbei, zur Probe auf die Gesamtzahl der Zustände zu achten, die bei der Zerlegung konstant bleibt.

So kann das Produkt $3 \otimes \bar{3}$ in ein Oktett (8) und ein Singulett (1) mit zusammen ebenfalls 9 Zuständen zerlegt werden (Abb. 23.1):

$$3 \otimes \bar{3} = 8 \oplus 1. \tag{23.5}$$

Diese Gleichung besagt, daß ein beliebiger aus einem Quark und aus einem Antiquark bestehender Zustand entweder zu einem Oktett oder Singulett von $SU(3)$ gehört.

Wenn man Quarks mit Quarks (statt Antiquarks) kombiniert, erhält man auf diese Weise mit Hilfe der entsprechenden Diagramme,

$$3 \otimes 3 = 6 \oplus \bar{3}. \tag{23.6}$$

Man kann nun ein weiteres Quarktriplett hinzufügen und Gl. (23.6) benutzen:

$$3 \otimes 3 \otimes 3 = (6 \oplus \bar{3}) \otimes 3 = 6 \otimes 3 \oplus \bar{3} \otimes 3. \tag{23.7}$$

Nach der bewährten Regel erhält man ein Dekuplett (siehe Abb. 23.2) und ein Oktett,

$$6 \otimes 3 = 10 \oplus 8,$$

d. h. zusammen mit (23.7) schließlich:

$$3 \otimes 3 \otimes 3 = 10 \oplus 8 \oplus 8 \oplus 1. \tag{23.8}$$

Diese Gleichung besagt, daß die aus drei Quarks bestehenden Bindungszustände entweder einem Dekuplett, einem Oktett oder einem Singulett von $SU(3)$ angehören.

Wie bereits in Abschnitt 3.13 diskutiert wurde, können die in der Natur vorkommenden Baryonen und Mesonen, jeweils mit gleichen Spins und gleichen Paritäten, in solchen Multipletts von $SU(3)$ zusammengefaßt werden. Insbesondere gehören die bekanntesten Baryonen wie Proton und Neutron einem Oktett an (achtfacher Weg).

23.2 Die Hadronen im Quarkmodell

Man geht im Quarkmodell von der nach den vorigen Ergebnissen naheliegenden Annahme aus, daß die Mesonen gebundene Zustände von Quarks und Antiquarks ($q\bar{q}$) sind und die Baryonen aus drei gebundenen Quarkteilchen (qqq) bestehen. Die Quarks stellen demnach die Bausteine des hadronischen Anteils der Materie dar. Sie besitzen physikalische Eigenschaften und sind durch bestimmte Quantenzahlen zu beschreiben. Sie sollten als Fermionen den niedrigst möglichen Spinwert $1/2$ und außerdem die Baryonenzahl $1/3$ haben. Dann nämlich kann die Kombination dieser Quarks zu einem Baryon den Spin $1/2$ und die Baryonenzahl $B = 1$ ergeben. Da die Quarks u und d, die ein Isodublett bilden, die Strangeness $S = 0$ haben und die Strangeness des s-Quarks (Isosingulett) gleich -1 ist, folgen für die Hyperladung $Y = B + S$ dieser Teilchen die drittelzahligen Werte $1/3$, $1/3$ und $-2/3$. Die Anwendung der bekannten Relation von Gell-Mann und Nishijima (3.72) führt dann auf die ungewohnten Ladungszahlen $2/3$, $-1/3$ und $-1/3$. In der Tabelle 23.1 sind die Quantenzahlen der Quarks u, d und s angegeben.

23 Das Quarkmodell der Hadronen

Tabelle 23.1: Die Quantenzahlen der Quarks.

Quark	Ladung Q/e	Isospin I	I_3	Strangeness S	Charm C	Bottom b	Top t
u	$\frac{2}{3}$	$\frac{1}{2}$	$\frac{1}{2}$	0	0	0	0
d	$-\frac{1}{3}$	$\frac{1}{2}$	$-\frac{1}{2}$	0	0	0	0
s	$-\frac{1}{3}$	0	0	-1	0	0	0
c	$\frac{2}{3}$	0	0	0	1	0	0
b	$-\frac{1}{3}$	0	0	0	0	-1	0
t	$\frac{2}{3}$	0	0	0	0	0	1

Die Hadronen mit den niedrigsten Massen- und Spinwerten sind aus Quarks mit relativem Bahndrehimpuls Null zusammengesetzt. Bei von Null verschiedenem Bahndrehimpuls der Quarks erhält man Hadronen mit höherem Spin. Diese orbitalen Anregungen der Quarkbindungszustände besitzen auch größere Massen als die entsprechenden Grundzustände.

Die Mesonen (Baryonenzahl Null) sind im Quarkmodell $q\bar{q}$-Zustände und müssen alle nach (23.5) entweder Oktetts oder Singuletts angehören. Da Quarks und Antiquarks als Fermionen entgegengesetzte Eigenparitäten besitzen, folgt für das zusammengesetzte System $q\bar{q}$ die Parität $(-1)^{L+1}$ (vgl. Abschnitt 3.7). Der Bahndrehimpuls L ist in den Zuständen niedrigster Energie gleich Null, die somit negative Parität besitzen. Je nachdem, ob die Spins der Quarkteilchen antiparallel oder parallel stehen, erhält man die Mesonen mit Spin 0 bzw. Spin 1 und negativer Parität. Als Beispiel ist in Abb. 23.1 das Oktett der bekanntesten Mesonen $(J^p = 0^-)$ dargestellt. Das Zentrum des Sechsecks enthält zwei Zustände, von denen der eine (π^0) zum Isotriplett gehört, während der andere dieselben Quantenzahlen, $I = 0$, $Y = 0$, wie das $SU(3)$-Singulett besitzt. Da die Massen der in den Multipletts zusammengefaßten Hadronen verschieden groß sind, kann die $SU(3)$-Symmetrie nicht exakt sein. Es ist daher möglich, daß der Oktettzustand mit den Quantenzahlen $I = 0$, $Y = 0$ und der Singulettzustand durch den symmetriebrechenden Teil der starken Wechselwirkung gemischt werden. Die im Experiment beobachteten Mesonen η und η' gehören dann sowohl dem Oktett als auch dem Singulett an, d. h., sie sind Linearkombinationen eines reinen Oktettzustandes η_8 und eines reinen Singulettzustandes η_0. Der Mischungswinkel kann aus experimentellen Daten ermittelt werden (siehe auch Abb. 21.4).[87]

Im Fall des Bahndrehimpulses $L = 1$ sind für das $q\bar{q}$-System die Spinwerte $J = 0, 1, 2$ möglich, während die Parität $(-1)^{L+1}$ positiv ist. Wir geben diese Oktetts bzw. Singuletts, zusammen mit den bekannteren pseudoskalaren Mesonen (0^-) und den vektoriellen Mesonenresonanzen (1^-), in der Tabelle 23.2 an. Die entsprechenden graphischen Darstellungen hat man sich analog zur Abb. 23.1 vorzustellen.

Hervorzuheben ist ferner, daß man Mesonen mit Quantenzahlen wie $I = 3/2$, 2 oder $Y = \pm 2$, die sich nicht aus $q\bar{q}$ bilden lassen, trotz eifriger Suche nicht gefunden hat. Gerade auch diese Tatsache spricht für die weitreichende Gültigkeit des einfachen Quarkmodells.

Die Baryonen bestehen in diesem Modell aus drei Quarks und gehören somit nach (23.8) entweder einem Dekuplett, einem Oktett oder einem Singulett an. Wie beim Proton geht man

---

[87] Hinsichtlich näherer Einzelheiten sei auf die am Schluß des Kapitels angegebene Literatur verwiesen.

Tabelle 23.2: Mesonen-Oktetts und Singuletts im Quarkmodell mit $L = 0, 1$ (vgl. Abb. 21.4). Die Zahlen bedeuten die mittleren Massen in MeV.

$^{2s+1}L_J$	J^P	$I = 1, Y = 0$	$I = \frac{1}{2}, Y = \pm 1$	$I = 0, Y = 0$	$I = 0, Y = 0$
$^1S_0$	0^-	$\pi(135)$	$K(498)$	$\eta(549)$	$\eta'(958)$
$^3S_1$	1^-	$\varrho(770)$	$K^*(892)$	$\Phi(1020)$	$\omega(783)$
$^3P_0$	0^+	$a_0(1450)$	$K_0^*(1430)$	$f_0(1710)$	$f_0(1370)$
$^3P_1$	1^+	$a_1(1260)$	$K_1(1280)$	$f_1(1420)$	$f_1(1285)$
$^1P_1$	1^+	$b_1(1235)$	$K_1(1400)$	$h_1(1380)$	$h_1(1170)$
$^3P_2$	2^+	$a_2(1320)$	$K_2^*(1430)$	$f_2(1525)$	$f_2(1270)$

von positiver Eigenparität (siehe Abschnitt 3.7) der Quarks aus. Die Parität $(-1)^L$ des qqq-Systems ist dann für $L = 0$ positiv, für $L = 1$ negativ. Je nachdem, ob die Quarkspins alle parallel oder zwei davon antiparallel gerichtet sind, erhält man Baryonen mit den Spins $3/2$ bzw. $1/2$. Das Oktett $J^P = 1/2^-$, dem die Nukleonen angehören, kennen wir bereits aus Abschnitt 3.13 (siehe Abb. 3.2). Die Baryonen mit $J^P = 3/2^-$ lassen sich in einem Dekuplett zusammenfassen (Abb. 23.2).

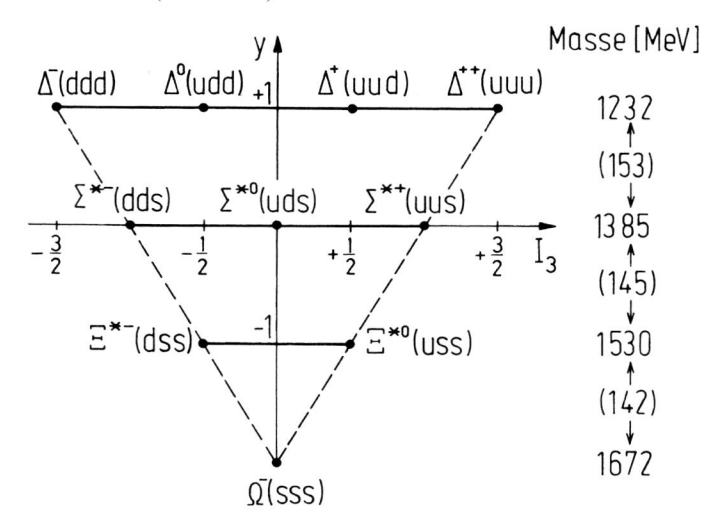

Abb. 23.2: Dekuplett der Baryonen mit Spin $J = 3/2$. Die Zahlen bedeuten die mittleren Massen der Isomultipletts in MeV bzw. (in Klammern) deren Massenunterschiede.

Hierzu gehören insbesondere die Nukleonenresonanzen $\Delta(1232)$, die den Isospin $3/2$ besitzen und dementsprechend in vier Ladungszuständen Δ^{++}, Δ^+, Δ^0 und Δ^- vorkommen. Dann folgen die Zustände $\Sigma^*(1385)$, die ein Isotriplett ($I = 1$) mit $Y = 0$ bilden, und das Isodublett $\Xi^*(1530)$ mit $Y = -1$. Der auf der Spitze des Dreiecks liegende einzelne Zustand war zunächst unbekannt. Aufgrund der $SU(3)$-Symmetrie konnten jedoch seine Quantenzahlen ($I = 0, Y = -2, J^P = 3/2^-$) und die zu erwartende Masse angegeben werden. Im Unterschied zu den anderen Mitgliedern des Dekupletts, die als Resonanzen sehr kurzlebig sind, mußte das

23 Das Quarkmodell der Hadronen

noch unbekannte Teilchen Ω^- wegen der relativ niedrigen Masse von etwa 1680 MeV eine lange Lebensdauer besitzen. Es kann nur aufgrund schwacher Wechselwirkung zerfallen und gibt dabei seine Strangeness $S = -3$ schrittweise ($|\Delta S| = 1$) ab, so daß eine Zerfallskaskade folgender Art entsteht:

$$\Omega^- \to \Xi^0 + \pi^-$$
$$\hookrightarrow \Lambda^0 + \pi^0 \quad (23.9)$$
$$\hookrightarrow p + \pi^-.$$

Mit Hilfe dieser charakteristischen Zerfallskette konnte das im Dekuplett der Baryonen noch fehlende Teilchen Ω^- gegen Ende des Jahres 1963 tatsächlich gefunden werden [Ba 64]. Diese Entdeckung war ein großartiger Beweis für die Ordnung der Hadronen nach der $SU(3)$-Symmetrie.[88]

Die Baryonen mit den nächsthöheren Massenwerten erhält man für $L = 1$ und damit negativer Parität. Hier können sich die Spins und der Bahndrehimpuls zu dem Wert $J = 1/2, 3/2, 5/2$ addieren. Die gefundenen Baryonenresonanzen mit bestimmten Werten von J^P lassen sich nach den in Tabelle 23.3 angegebenen Multipletts ordnen.

Tabelle 23.3: Supermultipletts der Baryonen mit $L = 0, 1$. Die bisher nicht sicher bestätigten Zustände sind durch * gekennzeichnet.

	J^P	$SU(3)$-Multiplett			
$L=0$	$1/2^+$	$8: N(939),$	$\Lambda(1115),$	$\Sigma(1192),$	$\Xi(1315)$
	$3/2^+$	$10: \Delta(1232),$	$\Sigma(1385),$	$\Xi(1530),$	$\Omega(1672)$
$L=1$	$1/2^-$	$1: \Lambda(1405)$			
	$3/2^-$	$1: \Lambda(1520)$			
	$1/2^-$	$8: N(1535),$	$\Lambda(1670),$	$\Sigma(1750),$	$\Xi(1820)^*$
	$3/2^-$	$8: N(1520),$	$\Lambda(1690),$	$\Sigma(1670)^*,$	$\Xi(1820)^*$
	$5/2^-$	$8: N(1670),$	$\Lambda(1830),$	$\Sigma(1765),$	$\Xi(1940)^*$

Entsprechende Multipletts noch höherer Anregungszustände sind ebenfalls gefunden worden. Mit zunehmender Masse werden die Resonanzen jedoch breiter und es wird immer schwieriger, sie eindeutig zu identifizieren. Diese Multipletts sind daher meist unvollständig und wir haben auf ihre Angabe hier verzichtet.[89]

Auch hier ist hervorzuheben, daß in Übereinstimmung mit dem Quarkmodell keine Baryonenzustände gefunden wurden, die nicht aus drei Quarks gebildet werden können (sogenannte exotische Zustände) und demnach in anderen Multipletts von $SU(3)$ als den nach dem Quarkmodell erlaubten liegen sollten.

---

[88] Es darf als erstaunliche Tatsache angesehen werden, daß die im Rahmen abstrakter Mathematik gefundene Struktur der Lieschen Gruppen (hier der $SU(3)$) sich in der Physik als ein so gut passendes Ordnungsschema für die Elementarteilchen erweist.

[89] Entsprechendes gilt bei den Mesonen.

23.3 Massenrelationen, magnetische Momente

Wenn die $SU(3)$-Symmetrie exakt erfüllt wäre, dann müßten die Massen der zu einem Multiplett gehörenden Teilchen alle gleich sein (Entartung). Dies trifft jedoch nicht zu. Nun sind die Massen zwar verschieden, sie haben aber nicht beliebige Werte, sondern sind durch bestimmte Regelmäßigkeiten gekennzeichnet. Dies deutet darauf hin, daß die $SU(3)$-Symmetrie auf verhältnismäßig einfache Weise gebrochen ist. Grundsätzlich hat man zwei verschiedene Effekte zu unterscheiden.

1. Die elektromagnetische Wechselwirkung ruft bei den verschiedenen Ladungszuständen eines Isomultipletts eine geringe horizontale Massenaufspaltung in der Größenordnung von einigen MeV hervor.

2. Die um etwa zwei Ordnungen größere vertikale Massenaufspaltung zwischen verschiedenen Isomultipletts ist andererseits auf eine Brechung der $SU(3)$-Symmetrie durch die starke Wechselwirkung zurückzuführen.

Betrachten wir zunächst den zweiten Fall. Eine Diskussion der gruppentheoretisch herzuleitenden Massenformel von M. Gell-Mann und S. Okubo würde hier zu weit führen.[90] Die als Ergebnis abgeleiteten Relationen zwischen den Massen werden jedoch auf einfache Weise im Quarkmodell verständlich. Man geht von der Annahme aus, daß die Quarks u und d wegen der bei starker Wechselwirkung geltenden Isospinsymmetrie gleiche Massen besitzen $(m_u \approx m_d = m)$,[91] das s-Quark jedoch eine größere Masse $(m_s > m)$ hat. Dies entspricht der Beobachtung, daß ein Hadron um so schwerer ist, je mehr s-Quarks es enthält.[92]

Die im Dekuplett (Abb. 23.2) zusammengefaßten Isomultipletts Δ, Σ^*, Ξ^* und Ω unterscheiden sich jeweils gerade durch ein s-Quark. Daher werden die entsprechenden Massendifferenzen gleich sein:

$$M_\Omega - M_{\Xi^*} = M_{\Xi^*} - M_{\Sigma^*} = M_{\Sigma^*} - M_\Delta. \tag{23.10}$$

Mit Hilfe dieser Relationen konnte die Masse des Ω^--Teilchens richtig geschätzt werden. Hiernach ist das s-Quark um etwa 150 MeV schwerer als die Quarks u und d.

Auch für das Oktett der Baryonen läßt sich eine Massenformel aus dem Quarkgehalt der Teilchen herleiten. Um den Grundgedanken zu skizzieren, genügt es hier von der sehr vereinfachenden Annahme auszugehen, daß die Bindungsenergien bei den aus drei Quarks bestehenden Baryonen gleich groß sind. Da die Quarks entsprechend dem Quarkinhalt zu den Massen beitragen, erhält man mit der zu subtrahierenden Bindungsenergie B:

$$\begin{aligned} M_N &= 3m - B, \\ M_\Sigma &= 2m + m_s - B, \\ M_\Lambda &= 2m + m_s - B, \\ M_\Xi &= m + 2m_s - B. \end{aligned} \tag{23.11}$$

---

[90] Näheres hierzu findet man z. B. in [Ga 75].
[91] Die elektromagnetische Wechselwirkung kann hier näherungsweise gegenüber der starken Wechselwirkung vernachlässigt werden.
[92] Da man Quarks bisher nicht als freie Teilchen beobachten konnte, handelt es sich hierbei um eine effektive Masse der Quarks, die man ihnen im Bindungszustand zuschreibt. Im Unterschied dazu wird bei der Betrachtung von Quarkströmen eine andere effektive Masse der Quarks eingeführt.

Hieraus folgt nach Eliminierung von m, m_s und B die Massenrelation für die Baryonen im Oktett,

$$\frac{M_N + M_\Xi}{2} = \frac{3M_\Lambda + M_\Sigma}{4}, \qquad (23.12)$$

die experimentell bis auf nur etwa 1% Ungenauigkeit erfüllt ist. Andere, ebenfalls aus (23.11) folgende Relationen wie z. B. $M_\Sigma = M_\Lambda$ stimmen dagegen nur schlecht. Offenbar ist hier die Annahme gleicher Bindungsenergien zu grob. Die Diskrepanz kann jedoch in einem verfeinerten Modell als Hyperfeinaufspaltung gedeutet werden. Aufgrund der starken Wechselwirkung zwischen den Quarks, die durch den Austausch von Gluonen hervorgerufen wird, kommt es wie im Fall der QED zu einer Hyperfeinwechselwirkung, d. h. einer Wechselwirkung zwischen den magnetischen Momenten der Quarks. Dieser Beitrag zur Bindungsenergie ist dem inneren Produkt $\vec{s}_i \cdot \vec{s}_j$ der Quarkspins $\vec{s}_i$ proportional und ergibt für Σ und Λ verschiedene Werte, so daß man näherungsweise die beobachteten Massen erhält.

Durch die Abzählung der s-Quarks werden nur die Massenunterschiede der zu ein und demselben Multiplett gehörenden Baryonen verständlich. Diese einfache Methode muß versagen, wenn man die Massen von Baryonen vergleicht, die verschiedenen Multipletts, wie $8(\frac{1}{2}^+)$ und $10(\frac{3}{2}^+)$, angehören. Aber auch hier führt die Berücksichtigung der Hyperfeinwechselwirkung mit den von den unterschiedlichen Spinstellungen abhängigen Beiträgen zu Massenwerten, die bis auf etwa 1% stimmen. So kann dadurch insbesondere die 300 MeV betragende Massendifferenz zwischen der Δ-Resonanz und dem Nukleon N gedeutet werden.

Für das Oktett der Mesonen ergibt die Zählung der Quarks eine dem Ergebnis (23.12) entsprechende Massenrelation,

$$\frac{M_K + M_{\bar{K}}}{2} = \frac{3M_\eta + M_\pi}{4}. \qquad (23.13)$$

Da K und $\bar{K}$ als Teilchen und Antiteilchen gleiche Massen besitzen, darf man für die linke Seite M_K setzen. Die so gewonnene Relation ist jedoch nicht gut erfüllt, kann aber verbessert werden, indem man statt der Massen deren Quadrate verwendet,

$$M_K^2 = \frac{3M_\eta^2 + M_\pi^2}{4}. \qquad (23.14)$$

Dies entspricht der Tatsache, daß in den Gleichungen für die Mesonenfelder (Klein-Gordon-Gleichung) M^2 und nicht M vorkommt. Für das Oktett der vektoriellen Massen gilt eine ähnliche Massenrelation, doch ist hier die bereits erwähnte Mischung mit dem Singulettzustand zu berücksichtigen.

Wir wenden uns nun der horizontalen Massenaufspaltung in den einzelnen Isomultipletts zu. Man geht hier von der naheliegenden Annahme aus, daß beim (gedachten) Einschalten der elektromagnetischen Wechselwirkung die Baryonen mit gleichen Ladungen in gleicher Weise beeinflußt werden, d. h., ihre Massen sich um den gleichen Betrag ändern. Diese Baryonen liegen in Abb. 3.2 auf schräg verlaufenden Geraden. Zur Abkürzung der Schreibweise sollen die Massen der Teilchen durch ihre Symbole gekennzeichnet werden. So möge z. B. Δp den Anteil der Protonenmasse p bedeuten, der allein auf die elektromagnetische Wechselwirkung zurückzuführen ist. Bei entsprechender Bezeichnung für die anderen Mitglieder des Baryonenoketts

gelten nach voriger Annahme die folgenden Relationen:
$$\Delta p = \Delta \Sigma^+,$$
$$\Delta \Sigma^- = \Delta \Xi^-,$$
$$\Delta \Xi^0 = \Delta n.$$

Wenn man diese Gleichungen addiert und danach die nicht auf der elektromagnetischen Wechselwirkung beruhenden Beiträge zu den Massen (N, Σ, Ξ) auf jeder Seite hinzufügt, folgt:
$$p + \Sigma^- + \Xi^0 = \Sigma^+ + \Xi^- + n$$
und somit schließlich die Massenformel von S. Coleman und S. L. Glashow [Co 61]:
$$n - p + \Xi^- - \Xi^0 = \Sigma^- - \Sigma^+. \tag{23.15}$$

Diese Relation ist experimentell bemerkenswert gut erfüllt. Im Quarkmodell gelangt man zu dem gleichen Ergebnis. Aufgrund der die Isospinsymmetrie brechenden elektromagnetischen Wechselwirkung kommt es zu einer Massenaufspaltung des Quarkdubletts $m_d > m_u$, und die Gl. (23.15) kann aus dem Quarkinhalt der Teilchen abgelesen werden.

Entsprechende Folgerungen erhält man für die Baryonen im Dekuplett. Im Fall der Mesonenoktetts ist die der Gl. (23.15) entsprechende Relation bereits aufgrund der CPT-Invarianz identisch erfüllt, weil hiernach die Massen von Teilchen und zugehörigen Antiteilchen gleich groß sind.

Auch für die magnetischen Momente der Baryonen lassen sich Beziehungen herleiten. Zunächst sollten die Baryonen mit gleichen Ladungen auch ungefähr gleiche magnetische Momente besitzen:
$$\mu(p) = \mu(\Sigma^+), \ \mu(\Sigma^-) = \mu(\Xi^-).$$

Diese Relationen stimmen innerhalb der experimentellen Fehlergrenzen recht gut, obwohl die Massenunterschiede hier ganz vernachlässigt wurden. Außerdem können die magnetischen Momente der Baryonen mit Hilfe der entsprechend dem Quarkinhalt zu bildenden Zustandsfunktionen berechnet werden. Im nichtrelativistischen Quarkmodell ist nämlich das magnetische Moment des Baryons durch die Vektorsumme der magnetischen Momente der Quarks bestimmt,
$$\mu_B = \sum_{i=1}^{3} \mu_q(i) \, \sigma_z(i). \tag{23.16}$$

Bildet man den Erwartungswert von (23.16) mit den Quarkwellenfunktionen des Protons und Neutrons, dann folgt unter der Annahme gleicher Quarkmassen ($m_u \approx m_d = m$):
$$\mu_p = \mu_q, \quad \mu_n = -\frac{2}{3} \mu_q, \tag{23.17}$$

wobei $\mu_q = e\hbar/2mc$ als effektives magnetisches Moment des punktförmig angenommenen Quarkteilchens aufgefaßt werden kann. Somit folgt für das Verhältnis:
$$\frac{\mu_n}{\mu_p} = -\frac{2}{3}. \tag{23.18}$$

Diese Vorhersage stimmt erstaunlich gut mit dem experimentellen Wert ($-0{,}685$) überein.

Nach (23.17) sind die effektiven magnetischen Momente der u- und d-Quarks durch das magnetische Moment des Protons bestimmt, d. h.,

$$\mu_q := \frac{e\hbar}{2mc} = 2{,}79 \frac{e\hbar}{2M_p c}.$$

Hieraus kann man folgenden Wert für die entsprechende Quarkmasse entnehmen:

$$m = \frac{M_p}{2{,}79} = 336 \text{ MeV}. \tag{23.19}$$

Die drei Quarks im Proton verhalten sich offenbar so, als ob jedes eine effektive Masse von etwa $1/3$ der Protonmasse besitzt. Die so bestimmten Werte der „Konstituentenmassen" haben nur Sinn im Rahmen des dabei angenommenen speziellen Quarkmodells. Davon zu unterscheiden sind die auf fundamentaler Ebene definierten Quarkmassen, die als Parameter in der Lagrange-Dichte der Quantenfeldtheorie im Standardmodell (GSW-Theorie und QCD) vorkommen. Die Werte dieser Quarkmassen sind kleiner als die der Konstituenten. Der Unterschied von ungefähr 300 MeV kann anschaulich durch den Beitrag der die gebundenen Quarks umgebenden Gluonen gedeutet werden, der im Bindungszustand zu berücksichtigen ist.

Das einfache Modell der gebundenen leichten Quarks ist in zweifacher Hinsicht zu verallgemeinern, einmal durch die Einbeziehung des Spins und zum anderen durch Hinzunahme weiterer Quarktypen mit neuen Flavour-Quantenzahlen. Jedes der drei Quarks kommt in zwei Spinstellungen vor (Spin $1/2$), woraus sich insgesamt sechs Quarkzustände ergeben. Geht man davon aus, daß das Bindungspotential keine spinabhängigen Terme enthält, dann sind diese sechs Zustände alle gleichberechtigt, und die entsprechende Symmetriegruppe wird $SU(6)$. Im nächsten Schritt wird diese Symmetrie dann gebrochen. Man benutzt die $SU(3)$-brechenden Terme und fügt einen Spin-Bahn-Kopplungsterm zum Potential hinzu. Dieses kompliziertere nichtrelativistische Modell liefert eine recht gute Klassifizierung der Hadronen und ihrer Resonanzen als radiale Anregungen der Grundzustände.

Ungleich bedeutungsvoller ist die Erweiterung des Modells der leichten Quarks (u, d, s) durch neue Quarkarten, deren Entdeckung bei der e^+e^--Annihilation bereits früher diskutiert wurde (Abschnitte 12.2 und 12.4)[93]. Mit Hilfe der schweren Quarks c (1,2 GeV) und b (4,2 GeV) können die Spektren der J/ψ- und Υ-Mesonen (Abb. 12.10 und 12.14) mit erstaunlicher Genauigkeit als $q\bar{q}$-Bindungszustände in Analogie zum Positronium (e^+e^-) interpretiert werden. In der Tat stellen diese Spektren den bisher wohl klarsten Beleg für die Existenz von Quarks als Konstituenten der Baryonen dar.

Geht man bei Berücksichtigung des c-Quarks von insgesamt vier Quarkteilchen aus, so wird $SU(4)$ die zugehörige Transformationsgruppe. Ihre fundamentale Darstellung kann durch ein Tetraeder und die höheren Darstellungen (Supermultipletts) durch entsprechende größere archimedische Körper im Raum der Quantenzahlen I_3, Y, C veranschaulicht werden (Abb. 3.5). Als Folge tritt eine beträchtliche Anzahl neuer Teilchen auf. Einige dieser Mesonen und Baryonen mit offener Charm-Quantenzahl sind auch gefunden worden (siehe Abschnitt 12.4). Wegen der größeren Masse des c-Quarks ist jedoch die $SU(4)$-Symmetrie wesentlich stärker als $SU(3)$ gebrochen. Durch Hinzunahme des noch schwereren b-Quarks, d. h. Übergang zu

---
[93] Ihre Quantenzahlen sind in Tab. 23.1 angegeben.

$SU(5)$, wird dieser einfache Ansatz noch weniger attraktiv. Die unitäre Symmetrie ist also am besten bei der Beschränkung auf die drei leichtesten Quarks u, d und s erfüllt.

23.4 Quarks – eine neue Substruktur

Bei all den eindrucksvollen Erfolgen des einfachen Quarkmodells verdienen gerade seine merkwürdigen und widersprüchlichen Züge besonderes Interesse, haben sie doch wesentlich zur Entwicklung der bereits erwähnten neuen Vorstellungen über die Quarks und deren Wechselwirkung beigetragen.

Eine besondere Eigenschaft der Quarks scheint es zu sein, daß sie sich jeder direkten Beobachtung, wie sie bei den bisher bekannten Teilchen möglich ist, entziehen können. Trotz intensiver Suche sind bisher keine freien Quarkteilchen gefunden worden. Man hat in einfallsreichen Experimenten sowohl nach frei bewegten Quarkteilchen gesucht als auch solchen, die in stabiler Materie angereichert vorkommen könnten.

Die möglicherweise bei Teilchenreaktionen an Beschleunigern erzeugten oder in der Höhenstrahlung vorhandenen Quarkteilchen würden ihrer drittelzahligen Ladungen wegen in den Detektoren Ionisationen hervorrufen, die $4/9$ bzw. $1/9$ der Ionisation eines normal geladenen Teilchens gleicher Geschwindigkeit ausmachen. Aus der Analyse sekundärer Teilchen in der Höhenstrahlung ist zu schließen, daß der Quarkfluß in Meereshöhe weniger als den 10^{10}ten Teil des Flusses der auf die Atmosphäre treffenden primären Nukleonen beträgt.

Die Messungen einer möglichen, wenn auch geringen Konzentration freier Quarks in Materie haben eine obere Schranke von ungefähr einem Quarkteilchen pro 10^{20} Nukleonen erreicht. Es sind ganz unterschiedliche Stoffe wie Sedimente, Meereswasser aber auch Staub und Gestein von der Oberfläche des Mondes untersucht worden.

Ein positives Ergebnis glauben W. M. Fairbank und Mitarbeiter in einem wiederholt durchgeführten Experiment gefunden zu haben [La 77, La 79a, La 81a], dessen Methode im Prinzip dem Millikan-Versuch von 1910 zur Messung der Elementarladung ähnelt. Anstelle der Öltröpfchen werden kleine diamagnetische Kügelchen (hier aus 90 μg Niob bestehend) durch ein Magnetfeld geeigneter Gestalt in der Schwebe gehalten. Ein auf diesen Kugeln von eventuell vorhandenen Quarks herrührender drittelzahliger Ladungsrest kann bestimmt werden, wenn man ihre Schwingungen in einem zusätzlich angelegten elektrischen Feld passender Frequenz beobachtet. Doch konnte die korrekte Interpretation dieses Experiments nicht überzeugend geklärt werden. In einem ähnlichen Experiment, das unabhängig davon an anderem Ort und mit anderem Material durchgeführt worden ist, wurden keine drittelzahligen Ladungen festgestellt [Ga 77].[94]

Obwohl die Quarks in der tief-unelastischen Lepton-Nukleon-Streuung (indirekt) als Bestandteile der Hadronen nachgewiesen werden konnten, kommen sie als freie Teilchen nicht vor. Nach heutiger Auffassung ist das Fehlen freier Quarks auf die besonderen Eigenschaften der starken Wechselwirkung zwischen ihnen zurückzuführen, die an die Farbladungen (vgl. Abschnitt 12.3) der Quarks koppelt und für ihre Bindung in den Hadronen sorgt. Wir sind damit bei einem wichtigen Problem des einfachen Quarkmodells, dessen Lösung auf zusätzliche Freiheitsgrade der Quarks führt, und zwar gerade auf die bereits erwähnten Farbladungen.

---

[94] Die dabei erreichte Empfindlichkeit war etwa 10^7 mal größer als bei dem historischen Versuch von Millikan.

Das einfache Quarkmodell gerät nämlich bei der Erklärung bestimmter Teilchen in Konflikt mit dem allgemein geltenden Zusammenhang zwischen Spin und Statistik (Abschnitt 3.6). Betrachten wir z. B. die doppelt geladene Baryonenresonanz $\Delta^{++}(1232)$, deren Spin und Isospin $3/2$ beträgt. Sie wird im Quarkmodell aus drei u-Quarks aufgebaut, deren Spins parallel gerichtet sind,

$$\psi(\Delta^{++}) = u\uparrow u\uparrow u\uparrow. \tag{23.20}$$

Dieser Zustand ist in den Flavour- und Spinindizes symmetrisch, denn er geht wieder in sich selbst über, wenn zwei der Quarks vertauscht werden. Da außerdem die drei Quarks sich hier im Grundzustand befinden, darf man davon ausgehen, daß der räumliche Anteil der Zustandsfunktion ebenfalls symmetrisch ist. Dies widerspricht aber dem Pauli-Prinzip, wonach die gesamte Zustandsfunktion, also das Produkt der beiden genannten, antisymmetrisch sein muß.

Einen Ausweg aus diesem Dilemma suchte man zunächst in der Annahme, daß die Quarks nicht der gewöhnlichen Fermi-Dirac-Statistik, sondern einer allgemeineren „Parastatistik" genügen würden. Nach dem Vorschlag von O. W. Greenberg [Gr 64] sollten die Quarks Parafermionen der Ordnung drei sein, d. h., bis zu drei Quarks können sich in einem symmetrischen Zustand befinden. Die Idee der Parastatistik entspricht der Einführung von drei verschiedenen Farben der Quarks, wenn die mit den Farbfreiheitsgraden verbundene Symmetrie exakt ist. Die Hypothese ladungsartiger Farbfreiheitsgrade paßt allerdings besser zu den bisherigen Vorstellungen und eröffnet den Weg zur Formulierung einer Eichtheorie der starken Wechselwirkung zwischen den Quarks. Daher hat diese Idee sich durchgesetzt. Führt man also wie in Abschnitt 12.3 für jedes Quark $u, d, s, \ldots$ drei verschiedene Farben ein, so kann die Zustandsfunktion von Δ^{++} symmetrisch sein (wie festgestellt) bezüglich der räumlichen, Flavour- und Spin-Freiheitsgrade, muß aber antisymmetrisch bezüglich Farbe sein. Auf diese Weise ist die Gültigkeit des alle Freiheitsgrade berücksichtigenden verallgemeinerten Pauli-Prinzips gesichert, denn die gesamte Zustandsfunktion ist entsprechend der Statistik antisymmetrisch. Die Antisymmetrisierung der Baryonen-Zustände in den Farbfreiheitsgraden kann man symbolisch folgendermaßen ausdrücken:

$$\psi\,(\text{Baryon}) = \frac{1}{\sqrt{6}}\,\varepsilon^{ijk}\,q_i\,q_j\,q_k, \tag{23.21}$$

wobei über die Farbindizes i, j, k von 1 bis 3 summiert wird.[95]

Die Bedeutung dieser Antisymmetrie der Zustandsfunktion in den Farbfreiheitsgraden wird im Rahmen einer neu einzuführenden $SU(3)$-Symmetrie klarer. Offenbar bilden die dreifarbigen Quarks bestimmter Art ein Triplett bezüglich der unitären Gruppe $SU(3)_c$, deren Erzeugende auf die Farbindizes wirken. Bei der Bildung von Baryonen aus Quarks hat man gerade drei solcher Farbtripletts zu multiplizieren. Dieses Produkt läßt sich in die folgenden Darstellungen von $SU(3)_c$ zerlegen:

$$3 \otimes 3 \otimes 3 = 10 \oplus 8 \oplus 8 \oplus 1, \tag{23.22}$$

wobei wir abkürzend die Darstellungen durch ihre Dimensionen kennzeichnen.[96] Das Produkt der drei Tripletts führt also auf ein Singulett (1), zwei Oktetts (8) und ein Dekuplett (10). Das

---
[95] Die Größe ε^{ijk} ist bereits im Abschnitt 5.3 definiert worden (siehe Fußnote 23).
[96] Addiert man zur Probe die Dimensionen auf der rechten Seite von (23.22), so erhält man 27, in Übereinstimmung mit dem auf der linken Seite stehenden Produkt.

Singulett ist gerade der Zustand, der in den drei Farbindizes antisymmetrisch ist. Dies ist z. B. auch bei den gewöhnlichen Spinvariablen der Fall. Wenn man also fordert, daß alle Baryonen Singuletts bezüglich $SU(3)_c$ sind, wird eine konsistente Beschreibung der Baryonenzustände möglich.

Darüber hinaus kann dieses Prinzip auch auf Mesonen angewendet werden, denn aus dem Produkt eines Quarktripletts (3) und eines Antiquarktripletts ($\bar{3}$) erhält man ein Singulett und ein Oktett,

$$3 \otimes \bar{3} = 1 \oplus 8. \tag{23.23}$$

Diese Singulettzustände können mit den Mesonen identifiziert werden, deren Zustandsfunktionen dann lauten:

$$\psi\,(\text{Meson}) = \frac{1}{\sqrt{3}}(q_r\,\bar{q}_r + q_g\,\bar{q}_g + q_b\,\bar{q}_b). \tag{23.24}$$

Die Mesonen bestehen also aus einem farbigen Quark und seinem farbkomplementären Antiquark, die sich „zu weiß mischen". Man beachte, daß alle Farbsinguletts notwendigerweise ohne Farbe, also weiß sind, denn sie gehen bei Anwendung von $SU(3)_c$ in sich über.

Andererseits kann aus zwei Quarks kein Farbsingulett gebildet werden, da in der Zerlegung $3 \otimes 3 = \bar{3} \oplus 6$ kein Singulett auftritt. Ebenso kann ein System aus vier Quarks auf keinen $SU(3)_c$-Singulett-Zustand führen. Solche Zustände sind auch nicht beobachtet worden. Somit ist eine konsistente Beschreibung des Spektrums der Hadronen möglich durch die Forderung, daß alle Hadronen und darüber hinaus alle direkt beobachtbaren Größen (Ströme, Energie-Impuls usw.) Farbsinguletts sind. Hiernach ist die Quantenzahl Farbe in den direkt beobachtbaren Systemen verborgen, und die farbigen Quarks können nicht als freie Teilchen vorkommen. Diese Hypothese der vollkommenen Quarkeinschließung entspricht der Tatsache, daß trotz aller bisherigen Suche keine freien Quarks gefunden werden konnten.

Die vorigen Überlegungen führen notwendig auf genau drei Farben. Offenbar ist jede andere Anzahl von Farben der Quarks ausgeschlossen. So würden bei z. B. vier Farben die Baryonen-Zustände die Gestalt $|qqqq\rangle$ haben. Dies widerspricht jedoch der Beobachtung.

Einen weiteren Grund für die Tatsache, daß gerade drei innere Freiheitsgrade (Farben) bei den Quarks einzuführen sind, erkennt man beim Vergleich der berechneten Zerfallsbreite für den Zerfall $\pi^0 \to 2\gamma$ mit dem gemessenen Wert. Die experimentell bestimmte Zerfallsbreite ist neunmal größer als der im alten Quarkmodell vorhergesagte Wert. Die in die Rechnung eingehenden Beiträge der Quarks sind aber proportional zum Quadrat der Anzahl vorhandener Farben. Kommen die Quarks nun in drei Farben vor, dann erhöht sich die berechnete Zerfallsbreite gerade um den fehlenden Faktor 9. Dieses Ergebnis stimmt mit dem gemessenen Wert sehr gut überein.

Zusammenfassend darf man sagen, daß die ursprünglich aufgrund der bei den Hadronen gefundenen Symmetrie eingeführten Quarks eine Substruktur der Materie mit neuen und bisher ungewohnten Eigenschaften bilden. Auf dieser Ebene, d. h. zwischen den Bausteinen der Hadronen, hat man die fundamentale starke Wechselwirkung zu formulieren. Wie wir im folgenden Abschnitt sehen werden, ist dies in einem Ansatz mit Hilfe der drei Farbladungen und der damit verbundenen $SU(3)_c$-Eichsymmetrie möglich.

24 Eichtheorie der starken Wechselwirkung

24.1 Die Grundvorstellungen der Quantenchromodynamik

Die zuvor diskutierten Farbladungen können als Ausgangspunkt für die Formulierung der fundamentalen starken Wechselwirkung dienen. Man folgt dabei dem bewährten Vorbild der QED und kann mit Hilfe einer zu fordernden Eichsymmetrie (siehe Abschnitt 3.2) die Form der bisher unbekannten starken Wechselwirkung zwischen den Quarks festlegen. Die Farbfreiheitsgrade der Quarks bieten sich hier als Analogon zur elektrischen Ladung an, d. h., sie werden als die Quellen für die Kräfte zwischen den Quarks aufgefaßt. Damit wird zwangsläufig auch verständlich, daß die fundamentalen Teilchen ohne Farbladungen, die Leptonen, an der starken Wechselwirkung nicht teilnehmen.

Den drei Farben entsprechen die drei Richtungen der Koordinatenachsen eines dreidimensionalen abstrakten Raumes. Da keine der Farbladungen vor den anderen ausgezeichnet ist, liegt es nahe, die Transformationen in diesem Raum der Farbladungen als geeignete Symmetriegruppe zu wählen. Dies ist die bereits erwähnte Gruppe $SU(3)_c$, deren Elemente auf die Farbfreiheitsgrade wirken.[97] Jedes Quarkteilchen bildet mit seinen drei Farben ein Triplett bezüglich dieser Gruppe.

Man geht von den Quarkfeldern $q_i(x)$ mit drei Farben ($i = 1, 2, 3$) als den Teilchenfeldern aus und hat eine Theorie zu formulieren, die invariant gegenüber der Eichgruppe $SU(3)_c$ ist. Um die Eichinvarianz zu erfüllen, müssen so viele Eichfelder eingeführt werden, wie Gruppenparameter vorkommen (siehe Abschnitt 5). Da die Gruppe $SU(3)_c$ durch acht Parameter beschrieben wird, vermitteln acht masselose Eichfelder $A_\mu^a(x)$ ($a = 1, \ldots, 8$), die sogenannten Gluonenfelder, die Wechselwirkung zwischen den Quarks. Sie besitzen wie das Feld des Photons den Spin 1 und tragen selbst Farbe, aber keine Flavour-Quantenzahlen. Wir haben bereits in Abschnitt 11.4 auf die experimentellen Anzeichen für die Existenz solcher Flavour-neutralen Bestandteile der Nukleonen hingewiesen.

Die Lagrange-Dichte für diese nichtabelsche Eichtheorie der starken Wechselwirkung kann nun bei Anwendung der Gleichungen (5.61) bis (5.65) auf den Fall der Eichgruppe $SU(3)_c$ in folgender Form aufgeschrieben werden:

$$\mathcal{L}_{QCD} = -\frac{1}{4} F_{\mu\nu}^a(x) F_a^{\mu\nu}(x) + \sum_f \bar{q}_f(x)(\mathrm{i}\gamma^\mu D_\mu - m_f) q_f(x). \tag{24.1}$$

Hierbei bedeuten

$$F_{\mu\nu}^a = \partial_\mu A_\nu^a - \partial_\nu A_\mu^a - g f_{abc} A_\mu^b A_\nu^c \tag{24.2}$$

die „Feldstärken" der acht Gluonenfelder und

$$D_\mu = \partial_\mu + \mathrm{i} g \frac{\lambda_a}{2} A_\mu^a \tag{24.3}$$

die verallgemeinerte Ableitung, welche die eichinvariante Wechselwirkung der Gluonen mit den Quarks induziert. Über die Dirac-Indizes (α), die drei Farben der Quarkfelder

---

[97] Die Gruppe $SU(3)$ findet hier also eine ganz andere Verwendung als bei der früher diskutierten Einordnung der Hadronen nach ihren Flavour-Quantenzahlen in $SU(3)$-Multipletts.

$q_{\alpha,i}$ ($i = 1, 2, 3$) und über die Indizes der acht Gluonenfelder ($a, b, c = 1, \ldots, 8$) ist entsprechend zu summieren. Die Summe über die verschiedenen Quarkarten ($f = u, d, s, c \ldots$) wurde explizit angegeben. Die Größen $\lambda_a/2$ sind 3×3-Matrizen und stellen die Erzeugenden der Gruppe $SU(3)$ im Raum der durch die Farbladungen unterschiedenen drei Quarkfelder dar. Sie genügen den Vertauschungsrelationen,

$$\left[\frac{\lambda_a}{2}, \frac{\lambda_b}{2}\right] = i\, f_{abc} \frac{\lambda_c}{2}, \tag{24.4}$$

mit den bekannten, für die Gruppe $SU(3)$ charakteristischen, Strukturkonstanten f_{abc}.

Der Ausdruck (24.1) erfüllt weitere Symmetrieforderungen, die an eine Lagrange-Dichte für die starke Wechselwirkung zu stellen sind. Er ändert sich z. B. bei Phasentransformationen der Art $q_j \to e^{i\Theta_j} q_j$ nicht. Dies entspricht der Erhaltung der additiven Quantenzahlen, wie Baryonenzahl, elektrische Ladung, Strangeness, Charm usw. Auch die diskreten Symmetrien C (Ladungskonjugation), P (Parität) und T (Bewegungsumkehr) sind erfüllt. Die Flavour-Symmetrien $SU(2)$ bzw. $SU(3)$ werden nur infolge unterschiedlicher Quarkmassen gebrochen. Wegen der nahezu gleichen Massen der leichten Quarks u und d ist die $SU(2)$-Symmetrie recht genau erfüllt. Da andererseits das s-Quark eine größere Masse besitzt, kann die $SU(3)$-Symmetrie nur angenähert gelten.

Die nach dem Variationsprinzip aus (24.1) folgenden Feldgleichungen sind den Gleichungen der QED (Maxwell-Gleichungen) sehr ähnlich. Wegen der nichtabelschen Struktur der Symmetriegruppe $SU(3)_c$ ergeben sich jedoch wesentliche Unterschiede, auf die wir noch zurückkommen werden. Man beachte auch, daß die Kopplungskonstante g für alle Quarks gleich ist. Im Gegensatz dazu kann das elektromagnetische Feld an Teilchen mit ganz unterschiedlichen Ladungswerten koppeln (vgl. Abschnitt 5.3).

Ausgehend von der Lagrange-Dichte (24.1) kann die Wechselwirkung zwischen den Quarks durch Übergang zu Feldoperatoren als Quantenfeldtheorie (Quantenchromodynamik) formuliert werden. Hier soll nur kurz auf die möglichen fundamentalen Vertizes dieser Wechselwirkung eingegangen werden. Da die (masselosen) Gluonenfelder $A^a_\mu(x)$ ein Oktett der Farbgruppe $SU(3)_c$ bilden, tragen sie selbst Farben. Dieses Oktett folgt in Analogie zum Flavour-Oktett der Mesonen (Abb. 23.2) aus dem direkten Produkt der Farbtripletts 3 (r, g, b anstelle von u, d, s) und $\bar{3}$. Man findet so die folgenden, Farbe und Antifarbe tragenden Zustände der Gluonen,

$$r\bar{b},\ r\bar{g},\ g\bar{r},\ g\bar{b},\ b\bar{r},\ b\bar{g},$$

an den Ecken, und die beiden farbneutralen Kombinationen,

$$\frac{g\bar{g} - r\bar{r}}{\sqrt{2}},\ \frac{g\bar{g} + r\bar{r} - 2b\bar{b}}{\sqrt{6}},$$

im Mittelpunkt des entsprechenden Sechsecks. Die ersten sechs Gluonen ändern also bei der Emission bzw. Absorption durch die Quarks deren Farben. Somit wird der fundamentale Prozeß dieser Wechselwirkung zwischen den Quarks, der Austausch eines Gluons, durch den Feynman-Graph in Abb. 24.1 veranschaulicht.

Man hat hier darauf zu achten, daß an den Vertizes die Summe der ein- und auslaufenden Farbladungen erhalten bleibt. Auch die anderen beiden Gluonen koppeln an die Farben der Quarks, ändern diese bei der Abstrahlung bzw. Absorption jedoch nicht.

24 Eichtheorie der starken Wechselwirkung

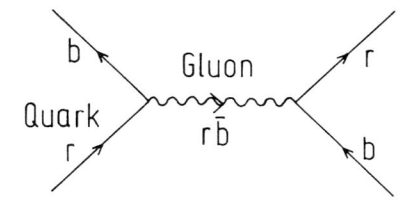

Abb. 24.1: Feynman-Graph der fundamentalen Wechselwirkung zwischen Quarks, bei der ein Gluon ausgetauscht wird.

Da die Gluonen selbst Farben tragen, können sie, im Unterschied zu den Photonen, auch untereinander direkt koppeln. Die zugehörigen Dreifach- bzw. Vierfach-Vertexgraphen sind in Abb. 5.3 angegeben. Im Rahmen der Störungstheorie, d. h., wenn $g < 1$ ist, können die in der QCD vorkommenden Prozesse durch entsprechende Feynman-Graphen beschrieben werden, die geeignete Kombinationen dieser fundamentalen Vertexgraphen sind. So kommt die Wechselwirkung zwischen den Quarks durch den ständigen Austausch von Gluonen zustande, die dabei selbst untereinander wechselwirken. Mit dieser Eigenschaft der Gluonen ist ein qualitativer Unterschied zwischen Farbdynamik und Elektrodynamik deutlich geworden (siehe Abschnitt 24.2).

In Analogie zur Elektrodynamik stoßen sich gleiche Farbladungen ab. Im Fall der Anziehung sind die Regeln etwas zu verallgemeinern. Wegen der vorhandenen drei Farben gibt es hier mehr Möglichkeiten, als von der QED her bekannt ist. Zunächst erfahren entgegengesetzte Farbladungen (d. h. Farbe und Antifarbe) eine Anziehung, so daß die Kombinationen von Quarks und Antiquarks als Bindungszustände die farbneutralen Mesonen ergeben. Aber auch ungleiche Farben, etwa rote und blaue Quarks, können sich unter bestimmten Bedingungen anziehen. Man hat den Quantenzustand der beiden farbigen Quarks zu berücksichtigen. Wenn er antisymmetrisch bei einer Vertauschung der Farbindizes ist, dann werden sich die farbigen Quarks anziehen, ist er symmetrisch, dann tritt Abstoßung ein.[98] Nun gibt es drei verschiedene Möglichkeiten, Quarks mit unterschiedlichen Farben zu paaren, nämlich rg, rb und gb. Ein drittes Quarkteilchen erfährt durch das vorhandene Paar nur dann eine Anziehung, wenn seine Farbe nicht schon vorkommt und der Zustand antisymmetrisch bei der Vertauschung zweier beliebiger Farben ist. Auf diese Weise werden drei verschiedenfarbige Quarks im antisymmetrischen Zustand (d. h. Farbsingulett) gebunden und bilden somit ein farbneutrales Baryon. Im bindungsstabilen Zustand werden also die drei komplementären Farben zu „weiß" gemischt. Damit wird die Wirkungsweise der Farbdynamik verständlich, die gerade auf die beobachteten Bindungszustände der Quarks (und Antiquarks) führt. Die Hadronen sind dann als Singuletts bezüglich $SU(3)_c$ (vgl. Abschnitt 23.4) zwar nach außen farbneutral, aber aufgrund ihrer farbigen Bestandteile spüren sie trotzdem untereinander die bekannte starke Wechselwirkung.

Die Lagrange-Dichte der QCD ist in der Form (24.1) erst durch die Forderung nach Renormierbarkeit festgelegt, wonach kompliziertere Terme als die der „minimalen Kopplung"

---

[98] Diese Besonderheit nichtabelscher Theorien hat ihr Analogon bei den Kräften zwischen Nukleonen, die durch den Isospin unterschieden werden. Befinden sich nämlich Proton und Neutron hinsichtlich des Isospins in einem symmetrischen Zustand, dann werden sie abgestoßen; sind sie im antisymmetrischen Zustand (Isoskalar) dann erfahren sie eine Anziehung und bilden das Deuteron.

ausgeschlossen sind (vgl. Abschnitt 9.1d).[99] Wir können also davon ausgehen, daß in dieser renormierbaren Theorie beobachtbare Größen im Prinzip störungstheoretisch berechnet werden können, falls diese Methode angewendet werden darf.

Dies ist in der Tat bei hohen Energien (d. h. sehr kurzen Abständen) möglich, denn in diesem Bereich verhält sich die QCD wie eine Theorie mit kleiner Kopplung, so daß die Quarks als nahezu frei betrachtet werden dürfen (asymptotische Freiheit). Diese Situation ist aber gerade bei der tief-unelastischen Lepton-Nukleon-Streuung anzutreffen. Man erhält so eine Begründung des Quark-Parton-Modells einschließlich der in Abschnitt 12.3 bereits erwähnten Strahlungskorrekturen.

Umgekehrt nimmt bei größer werdendem Abstand die Stärke der Wechselwirkung zu, so daß eine Freisetzung der Quarks bzw. der Gluonen verhindert wird. Damit wird die Quark-Einschließung (confinement) verständlich.

Mit diesen drei Eigenschaften, der Renormierbarkeit, der asymptotischen Freiheit und der möglichen Quark-Einschließung, wird die QCD zu einem gut begründeten Entwurf für eine Theorie der starken Wechselwirkung.

24.2 Asymptotische Freiheit

Wie wir im vorigen Abschnitt gesehen haben, führt die Anwendung des in der QED bewährten Eichprinzips zwangsläufig auf die renormierbare Lagrange-Dichte (24.1), wodurch die Form der starken Wechselwirkung zwischen den Farbladungen der Quarks und der Gluonen festgelegt wird. Damit ist es gelungen, auch die starke Wechselwirkung nach diesem allgemeinen Prinzip als Eichtheorie zu formulieren.

Die aus (24.1) bei entsprechender Variation der Felder folgenden Feldgleichungen (Euler-Lagrange-Gleichungen) sind den Maxwell-Gleichungen durchaus ähnlich, doch kommen hier die Eichfelder nicht mehr linear vor.[100] Damit wird es wesentlich schwieriger, Lösungen zu finden, als im Fall der (linearen) QED, bei der allgemeine Lösungen durch lineare Überlagerung einfacher Lösungen gewonnen werden können. Darüber hinaus scheint die Anwendung der Störungstheorie wegen der starken Kopplung nicht erlaubt zu sein. Dem steht jedoch die bei den Experimenten zur tief-unelastischen eN-Streuung entdeckte Tatsache gegenüber, daß sich die Quarks im (asymptotischen) Bereich sehr hoher Impulsüberträge, d. h. bei sehr kurzen Abständen, wie nahezu freie Teilchen verhalten (siehe Abschnitt 11). Im Rahmen der QCD sollte diese offensichtliche Abnahme der effektiven Kopplungsstärke mit kürzer werdenden Abständen eine Erklärung finden.

Es sei daran erinnert, daß wir bereits von der QED her eine variierende effektive Kopplung kennen. Ihre Stärke hängt von der Längenskala ab, bei der die Wechselwirkung getestet wird. Dies ist eine Folge der im Abschnitt 9.1d geschilderten Renormierungseffekte. Der Vakuumzustand ist in der Quantenfeldtheorie ein komplizierter Zustand, der wie ein polarisierbares Medium wirkt. Dadurch wird die effektive Ladung (Kopplungskonstante) eines Teilchens entsprechend dem Abstand zu einer Testladung modifiziert. In der QED ist die physikalische Kopplung e (Elementarladung), die durch das Verhalten des Coulomb-Potentials bei großen

---
[99] Solche zusätzlichen Terme brauchten die Eichinvarianz nicht zu verletzen, würden aber die Renormierbarkeit aufheben.
[100] In dieser Hinsicht besteht eine Analogie zu den Gleichungen der Gravitationstheorie.

Abständen definiert wird (Thomson-Limes), kleiner als die effektive Kopplung e_{eff}, die man bei kleinen Abständen messen würde. Aufgrund der stets vorhandenen Quantenfluktuationen ist das „nackte" Elektron von virtuellen Elektron-Positron-Paaren umgeben. Die virtuellen Positronen werden vom Elektron angezogen, während die Elektronen eine Abstoßung erfahren (Abb. 9.5). Im Ergebnis schirmen so die virtuellen Teilchen die nackte Ladung nach außen hin ab, so daß die Kopplung mit wachsendem Abstand abnimmt. Bei kürzeren Abständen wird dagegen die Abschirmung teilweise überwunden, so daß die ursprüngliche (nackte) Ladung stärker zu spüren ist. Eine merkliche Zunahme der Feinstrukturkonstanten $\alpha = e^2/4\pi\hbar c$ tritt jedoch erst bei extrem hohen Energien ein, die außerhalb des experimentell zugänglichen Bereichs liegen.

Im Fall der QCD wird die Farbladung eines Quarkteilchens zunächst analog zur QED durch virtuelle Quark-Antiquark-Paare (anstelle von e^+e^-) abgeschirmt. Wenn die Gluonen in enger Analogie zu den Photonen „ungeladen", d. h. hier farbneutral wären, dann würde diese Abschirmung zu einem Verhalten der starken Kopplung führen, das qualitativ zu dem der elektrischen Ladung ähnlich wäre und mit der Erfahrung im Widerspruch stände. Da die Gluonen jedoch selbst Farbladungen tragen, kommt in der QCD ein weiterer Effekt hinzu, welcher der Abschirmung gerade entgegenwirkt. Im Unterschied zu den virtuellen Quark-Antiquark-Paaren, die keine Nettoladung besitzen, nehmen die von einem Quark emittierten virtuellen Gluonen Farbladungen mit, so daß die Farbladung des Quarkteilchens durch die stets vorhandene Gluonenwolke auf ein endliches Volumen verteilt wird. Die Nettoladung in einer das Quarkteilchen umgebenden Kugel nimmt also mit kleiner werdendem Radius ab und dementsprechend auch die Wechselwirkung zweier Quarks, die sich bei gegenseitiger Durchdringung der Gluonenwolken einander nähern.[101] Entscheidend ist nun, daß dieser Effekt der Gluonen bei sehr kurzen Abständen dominiert und somit die auch vorhandene, aber weniger wirksame Abschirmung überkompensiert. Man gelangt so zu dem wichtigen Ergebnis, daß die effektive Kopplungskonstante der QCD ($\alpha_s = g^2/4\pi$) mit zunehmenden Impulsüberträgen, d. h. für kürzer werdende Abstände, kleiner wird. Bei extrem kurzen Abständen sollten sich also die in den Hadronen gebundenen Quarks wie nahezu freie Teilchen verhalten (d. h. „asymptotisch frei" sein). Damit wird aber gerade die Anwendung des Quark-Parton-Modells zur Deutung der tiefunelastischen eN-Streudaten gerechtfertigt.

Von großer praktischer Bedeutung ist ferner die Tatsache, daß bei genügend hohen Impulsüberträgen, d. h., wenn die variierende effektive Kopplungskonstante klein genug ist, nun auch störungstheoretische Methoden angewendet werden können. Dies ermöglicht die Berechnung von Korrekturen zu dem einfachen Quark-Parton-Modell, so daß die störungstheoretischen Voraussagen sehr gut mit den experimentellen Ergebnissen der Lepton-Hadron-Streuung übereinstimmen. Ein solcher Erfolg spricht deutlich für die QCD als richtigen Ansatz. Obwohl die Feldgleichungen kompliziert sind, können aufgrund der asymptotischen Freiheit zumindest bei kurzen Abständen detaillierte dynamische Rechnungen in dieser Feldtheorie der starken Wechselwirkung erfolgreich durchgeführt werden.

Die so bemerkenswerte Eigenschaft der asymptotischen Freiheit wurde mit Hilfe störungstheoretischer Methoden entdeckt und analysiert [Gr 73, Po 73, Po 74].[102] Insbesondere konnte die konkrete Abhängigkeit der variierenden Kopplungskonstanten $\alpha_s(q^2)$ vom Impulsübertrag

---

[101] Es sei hier an die schon von Rutherford benutzte Erkenntnis erinnert, daß die bei großen Impulsüberträgen erfolgende Streuung an einer Ladungsverteilung stets schwächer ist als die an einer punktförmigen Ladung.
[102] Für ihre entscheidenden Arbeiten zur QCD erhielten D. Gross, H.D. Politzer und F. Wilczek 2004 den Nobelpreis.

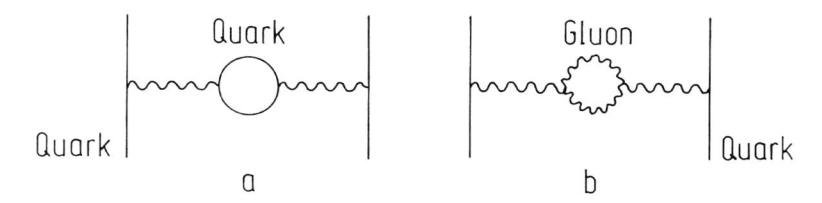

Abb. 24.2: In nichtabelschen Eichtheorien tragen außer den Quarks (a) auch die Gluonen zur Vakuumpolarisation bei (b) und bewirken damit eine Antiabschirmung der Farbladungen.

q^2 für große Werte q^2 störungstheoretisch berechnet werden. In Abb. 24.2 sind die Quark- und Gluonfluktuationen dargestellt, die in niedrigster Ordnung zur Vakuumpolarisation und damit zu $\alpha_s(q^2)$ beitragen.

Die Rechnung in dieser Näherung ergibt bei Berücksichtigung von Graphen mit einer Schleife (Abb. 24.2) für $Q^2 \gg \Lambda^2$ ($-q^2 = Q^2 > 0$):

$$\alpha_s(Q^2) = \frac{12\pi}{(33 - 2N_f)\ln(Q^2/\Lambda^2)}. \qquad (24.5)$$

Hier bezeichnet Λ einen freien Parameter, der infolge der Renormierung vorkommt und als Referenzskala hier so gewählt wurde, daß $\alpha_s \to \infty$ für $Q^2 \to \Lambda$ gilt. Der Beitrag der Fermionenpaare (Abb. 24.2a) ist proportional zur Anzahl N_f der bei der Energieskala Q aktiven Flavourarten. Falls $N_f \leq 16$ ist, was bei der heute bekannten Zahl der Quarkflavour $N_f = 6$ zutrifft, ist der Nenner positiv. Aus der Relation (24.5) ist zu entnehmen, daß $\alpha_s(Q^2)$ für asymptotisch große Q^2 (d. h. bei extrem kurzen Abständen) gegen Null strebt (asymptotische Freiheit):

$$\alpha_s(Q^2) \xrightarrow[Q^2 \to \infty]{} 0. \qquad (24.6)$$

Für Q^2-Werte, die viel größer als Λ^2 sind, ist die effektive Kopplung α_s klein. Eine störungstheoretische Beschreibung der Wechselwirkung zwischen Quarks und Gluonen ist dann sinnvoll. Für Werte von Q^2 in der Größenordnung von Λ^2 ist diese Approximation nicht mehr möglich. Der Skalenparameter stellt somit ein Maß für die Energie dar, bei der die zur Berechnung von (24.5) benutzte Störungstheorie versagt. Die Quarks können dann nicht mehr als quasifreie Bestandteile der Hadronen behandelt werden. Der Wert von Λ wird nicht von der Theorie vorhergesagt, sondern muß experimentell bestimmt werden. Aus Streuexperimenten erhält man $\Lambda \approx 100$–$300\,\text{MeV}$. Geht man z. B. von dem bei $Q = 22\,\text{GeV}$ gemessenen Wert $\alpha_s = 0{,}16$ und $N_f = 5$ aus, dann folgt aus Gl. (24.5) $\Lambda = 131\,\text{MeV}$.

Wie die Rechnungen ergeben, überwiegt der Beitrag der Gluonen (b) dann, wenn es nicht zu viele Quarkarten mit verschiedenen Flavour-Quantenzahlen gibt, d. h. – genauer – ihre Zahl $N_f \leq 16$ ist. Da durch die Gluonenwolke die Farbladung der Quarks auf ein größeres Volumen verteilt wird, kommt es zu einer Antiabschirmung. Dieser Effekt wird mit wachsenden Q^2 größer, so daß dementsprechend die Kopplungskonstante $\alpha_s(Q^2)$ abnimmt.

Wesentlich für die Eigenschaft der asymptotischen Freiheit ist also die Selbstkopplung der Eichfelder (Gluonen), die für nichtabelsche Eichtheorien charakteristisch ist. Hier besteht aber ein noch tieferer Zusammenhang, denn es konnte auch gezeigt werden, daß keine renormierbare

Feldtheorie ohne nichtabelsche Eichfelder asymptotisch frei sein kann [Co 73]. Hiernach liegt es von vornherein nahe, eine Theorie der starken Wechselwirkung als nichtabelsche Eichtheorie zu formulieren, wenn sie das freie Verhalten der Quarks bei hohen Impulsüberträgen erklären soll.

Zum besseren Verständnis der Antiabschirmung und der daraus resultierenden asymptotischen Freiheit ist es zweckmäßig, den feldtheoretischen Grundzustand (Vakuum) in näherer Analogie zu einem dielektrischen Medium zu betrachten. In der Elektrodynamik ist die potentielle Energie zweier statischer Testladungen q_1 und q_2 in einem dielektrischen Medium durch das Coulomb-Gesetz gegeben:

$$V(r) = \frac{q_1 q_2}{4\pi \varepsilon r}, \tag{24.7}$$

wobei die Polarisationseffekte in der Dielektrizitätsfunktion ε zusammengefaßt sind, die für das Vakuum den Wert 1 annimmt. Aufgrund der Polarisation werden die Ladungen im Medium abgeschirmt, spüren also eine geringere Wechselwirkung als im Vakuum, so daß in diesem Fall $\varepsilon > 1$ ist. Andererseits wäre im Fall der Antiabschirmung $\varepsilon < 1$.

Eine entsprechende Beschreibung kann man bei dem ebenfalls polarisierten Grundzustand der QED verwenden, der außerdem die vorteilhafte und im folgenden wichtige Eigenschaft besitzt, relativistisch invariant zu sein. Dies bedeutet nämlich für das Produkt aus ε und magnetischer Permeabilität μ (bei $c = 1$)

$$\varepsilon \cdot \mu = 1, \tag{24.8}$$

so daß die Abschirmung auch durch $\mu < 1$ ($\varepsilon > 1$) bzw. die Antiabschirmung durch $\mu > 1$ ($\varepsilon < 1$) gekennzeichnet werden kann.

Um das Verhalten des Mediums festzustellen, legt man ein entsprechendes Feld an. Es ist nun einfacher, die Reaktion des Mediums nicht auf ein elektrisches, sondern ein äußeres magnetisches Feld zu diskutieren. Die klassische Energiedichte E des Mediums in einem solchen Magnetfeld H,

$$E = -\frac{1}{2} 4\pi \chi H^2, \tag{24.9}$$

enthält die magnetische Suszeptibilität χ, die mit der Permeabilität folgendermaßen zusammenhängt:

$$\mu = 1 + 4\pi \chi. \tag{24.10}$$

Die im Medium befindlichen geladenen Teilchen, die wir als nahezu frei betrachten wollen, haben zwei Möglichkeiten, auf das Magnetfeld zu reagieren. Zunächst führt die quantisierte Bewegung der Ladungen im Magnetfeld zu Konvektionsströmen, die ein Magnetfeld erzeugen, das dem angelegten Feld entgegengerichtet ist (Landauscher Diamagnetismus, $\chi < 0$). Wenn außerdem die Teilchen einen von Null verschiedenen Spin und damit ein magnetisches Moment besitzen, dann ist dieses bestrebt, sich im Magnetfeld auszurichten und das Feld zu verstärken (Paulischer Paramagnetismus, $\chi > 0$). Beide Effekte treten bei einem nahezu freien Elektronengas auf mit dem bekannten Ergebnis,

$$\frac{\chi_{\text{Landau}}}{\chi_{\text{Pauli}}} = -\frac{1}{3}. \tag{24.11}$$

Man darf dieses Resultat jedoch nur mit der gebührenden Vorsicht auf die im Vakuum der QED vorhandenen virtuellen Elektron-Positron-Paare übertragen. Da der Paulische Paramagnetismus überwiegt, ergibt nämlich die Summe beider Effekte wegen (24.11) $\chi = \frac{2}{3}\chi_{\text{Pauli}} > 0$, d. h., das Vakuum der QED würde sich wie ein paramagnetisches Medium verhalten. Dies aber würde ($\mu > 1$) asymptotische Freiheit bedeuten und stände im Widerspruch zur Erfahrung. Von entscheidender Bedeutung ist hier die Tatsache, daß es sich bei den im Vakuum der QED vorhandenen Ladungen um virtuelle Fermionen handelt. Bei allen Beiträgen virtueller Fermionenschleifen (wie z. B. auch in Abb. 24.2a) hat man nämlich ein zusätzliches Minuszeichen zu berücksichtigen, so daß für die QED in der Tat aus dieser Betrachtung $\chi < 0$ und damit ($\mu < 1$) die bekannte Abschirmung resultiert.

Entsprechende Überlegungen können auch im Fall der QCD angewendet werden, wobei die Rolle der elektrischen Ladung von den Farbladungen übernommen wird. Im Unterschied zur QED hat man jedoch hier zwei Effekte zu berücksichtigen, den der virtuellen Quark-Antiquark-Paare (Abb. 24.2a) und den der ebenfalls „geladenen" (d. h. farbigen) virtuellen Gluonen (Abb. 24.2b). Die virtuellen Quark-Antiquark-Paare führen nach voriger Diskussion auf eine Abschirmung. Das entscheidende Vorzeichen ergibt sich dabei als Folge der für die Quarks (Spin 1/2) geltenden Fermi-Statistik. Diese Umkehrung des Vorzeichens tritt andererseits bei den Gluonen (Spin 1) nicht ein, denn als Teilchen mit ganzzahligem Spin genügen sie der Bose-Statistik. Auch hier überwiegt der paramagnetische Beitrag. Er ist aber wegen des höheren Spins der Gluonen größer als im Fall der Quarks, so daß schließlich nach Summation aller Beiträge, mit den durch die Statistik festgelegten Vorzeichen, in der QCD ein paramagnetisches Vakuum ($\chi > 0$) resultiert. Nur wenn die Zahl der im farbmagnetischen Feld sich ausrichtenden Quarkarten eine bestimmte Grenze überschreiten sollte, würde der mit dem negativen Vorzeichen versehene Beitrag der Quarks überwiegen und dann zu einem Vakuum mit abschirmender (diamagnetischer) Eigenschaft führen. Für diese kritische Zahl der Quarkarten folgt bei expliziter Rechnung die bereits erwähnte obere Schranke $N_f \leq 16$.

Das Phänomen der asymptotischen Freiheit (Antiabschirmung) in der QCD kann also physikalisch als Resultat der Konkurrenz zweier Effekte verstanden werden, die analog zum Paulischen Paramagnetismus bzw. zum Landauschen Diamagnetismus sind. Hierbei kommt es wesentlich auf die Spins und die damit verbundene Statistik der vorhandenen geladenen Teilchen an.

Die Entdeckung dieser Eigenschaft der QCD, asymptotisch frei zu sein, war für die weitere Entwicklung entscheidend, denn damit hatte die QCD ihre erste Bewährungsprobe als Theorie der starken Wechselwirkung der Quarks erfolgreich bestanden.

Der Zustand, in dem Quarks und Gluonen fast frei auftreten, ähnelt dem eines Plasmas zwischen geladenen Teilchen. Dieser Zustand wird entsprechend Quark-Gluon-Plasma (QGP) genannt. Gegenwärtig wird angenommen, daß ein solcher Zustand bereits kurz nach dem „Urknall" (in einem Bereich zwischen 10 Pico- bis 10 Mikrosekunden) geherrscht hat. Demzufolge ist es naheliegend, diesen Zustand auch experimentell herzustellen. Dazu werden an den Hochenergiebeschleunigern im CERN, im Fermi-Laboratorium und besonders auch am Beschleuniger für schwere Ionen bei relativistischen Energien RHIC (relativistic heavy ion collider) schwere Teilchen, wie Gold- oder Blei-Ionen, beschleunigt, an dem die Experimente die Namen PHENIX, STAR, BRAHMS und PHOBOS tragen. Treffen die Teilchen bei einer Energie von 200 GeV pro Nukleonenpaar zentral aufeinander, so entsteht im Zentrum des Stoßes eine Zone sehr hoher Energiedichte, die man in eine Temperatur umrechnen kann, wenn man die statistische Interpretation der kinetischen Energie benutzt. Die große Zahl an Teilchen – es entstehen rund 5000 Hadronen im Stoß – läßt sich mit guter Genauigkeit als statistisches Ensemble, charakterisiert durch Temperatur und Dichte der Baryonen, in einem Gleichgewichtszustand beschreiben. Es läuft schnell auseinander, wobei die Quarks die bekannten Elementarteilchen (Hadronen), wie Baryonen und Mesonen in Vielteilchen-Kollisionen erzeugen. Die Experimente suchen nach solchen Kombinationen, die eindeutig auf die Existenz des QGP hinweisen, also nach Mesonen und Baryonen. Theoretische Vorhersagen, die auf QCD-Rechnungen beruhen, geben für die Energiedichte des QGP einen Wert von $\varepsilon_C = 1\,\text{GeV}/\text{fm}^3$ an, der einer Temperatur von etwa $kT = 170\,\text{MeV}$ entspricht. Der Übergang in den Zustand, in dem die Quarks nicht mehr eingeschlossen sind, wird in Analogie zur physikalischen Chemie oft als Phasenübergang in einen einer Flüssigkeit ähnlichen Zustand betrachtet. Da die Auswertung der zahlreichen Experimente sowohl am CERN als auch am RHIC im Brookhaven National Laboratory sehr umfangreich ist, kann gegenwärtig die Existenz des QGP aus den ersten Ergebnissen noch nicht als eindeutig nachgewiesen gelten [Np 05]. Nach Inbetriebnahme des im CERN errichteten LHC (Large Hadron Collider) ca. 2007 werden Energien, die um einen Faktor 25 über denen des RHIC liegen, zum Studium der Prozesse zur Verfügung stehen.

24.3 Farbeinschluß

Die Variation der starken Kopplung α_s führt auch zu einem möglichen Verständnis der Tatsache, daß Quarks und Gluonen nicht wie gewöhnliche Teilchen im freien Zustand vorkommen. Bei allen Streuexperimenten mit hochenergetischen Teilchen ist es bisher nicht gelungen, Quarks bzw. Gluonen aus dem Bindungszustand herauszulösen, d. h. die Hadronen hinsichtlich der Farbladung zu ionisieren. Diese Tatsache führte zur Hypothese des Farbeinschlusses (confinement), wonach die Quarks und Gluonen nur in farbneutralen Zuständen vorkommen können. Die Quantenzahl Farbe bleibt also in der Materie verborgen, so daß alle direkt beobachtbaren Größen und Systeme nach außen farbneutral sind. Durch die naheliegende Forderung, daß alle Hadronen und allgemein alle direkt beobachtbaren Größen sich wie Farbsinguletts gegenüber $SU(3)_c$ verhalten und damit keine Farbladungen besitzen, ist eine konsistente Beschreibung des Spektrums der Hadronen möglich (vgl. Abschnitt 23.4). Es erhebt sich nun die Frage, ob dieses Verhalten durch die zugrundeliegende Dynamik, d. h. die QCD, erklärt werden kann. Dieses durchaus schwierige Problem des Farbeinschlusses hat bisher noch keine befriedigende Antwort gefunden, doch sind im Rahmen der QCD erfolgversprechende Ansätze möglich.

Wie wir in der dargelegten Diskussion der asymptotischen Freiheit gesehen haben, nimmt die effektive Wechselwirkung in der QCD mit größer werdenden Abständen zu. Man darf daher annehmen, daß diese stärker werdende Wechselwirkung letztlich für den Einschluß der Farbladungen verantwortlich zu machen ist. Mit zunehmender effektiver Kopplungskonstante kann jedoch die Störungstheorie bei großen Abständen nicht mehr angewendet werden, wodurch sich die Behandlung des Problems erheblich erschwert. Die Bemühungen konzentrieren sich daher auf die Entwicklung neuer, nichtstörungstheoretischer Methoden.

Wenn auch der Farbeinschluß noch nicht als notwendige Folgerung der QCD bewiesen werden konnte, so wird dieses Phänomen durch bestimmte qualitative Vorstellungen doch sehr plausibel. Versucht man etwa, ein Quarkteilchen von seinem Bindungspartner zu entfernen, dann nimmt die effektive Kopplung mit wachsendem Abstand der Partner zu, d. h., die Bin-

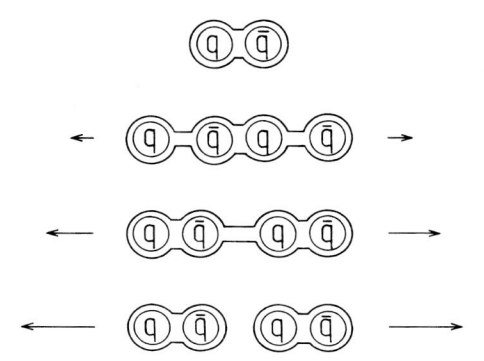

Abb. 24.3: Die bei der Separation gebundener Quarks aufzuwendende Energie dient der Erzeugung eines neuen Quark-Antiquark-Paares. Das Quarkteilchen wird dabei nicht freigesetzt, sondern es entsteht ein Meson.

dungskraft wird entsprechend größer. Bei einer unbeschränkten Zunahme der Kopplungsstärke wäre die Freisetzung des Quarkteilchens aber sicher unmöglich, da dies einen unendlich großen Aufwand an Energie erfordern würde. Es ist jedoch keineswegs notwendig, daß dieser extreme Fall eintritt. Vielmehr braucht die Kopplung nur bis zu dem Punkt zuzunehmen, an dem die Energiedichte des Gluonenfeldes groß genug wird, um ein Quark-Antiquark-Paar aus dem Vakuum zu erzeugen. Wenn diese Energie erreicht ist, entsteht ein neues $q\bar{q}$-Paar. Die neuen Quarks rekombinieren mit den bereits vorhandenen Quarkteilchen. Während das neue Antiquark an das sich entfernende Quark gebunden wird, ersetzt das neue Quark die entstandene Lücke. Im Ergebnis wird zwar ein Quark aus dem Hadron entfernt, aber es ist nicht freigesetzt worden. Was nach diesem Prozeß letztlich beobachtet wird, ist die Erzeugung eines Mesons. Für ein $q\bar{q}$-System z. B. ist es offenbar beim Überschreiten eines bestimmten Abstandes der Quarks energetisch günstiger, zwei $q\bar{q}$-Paare zu bilden, wobei der Abstand zwischen q und $\bar{q}$ jeweils wieder so gering wie im Bindungszustand (Meson) ist (Abb. 24.3).

Ganz ähnlich ergeht es den Gluonen. Wenn ein Gluon hoher Energie analog zur Bremsstrahlung in der QED erzeugt wird, nimmt die Kopplung α_s ebenfalls mit wachsendem Abstand zu. Schließlich wird die Erzeugung von $q\bar{q}$-Paaren möglich und energetisch günstiger, so daß bei ausreichender Energie im Endeffekt ein Bündel von Hadronen entsteht, das in Richtung des ursprünglichen Gluons emittiert wird. Diese Ereignisse werden Gluon-Jets genannt und sind in der e^+e^--Annihilation bei hohen Energien festgestellt worden (siehe Abschnitt 24.7).

Die bei wachsendem Relativabstand größer werdende Wechselwirkungsenergie der Quarks, die für ihren Einschluß wesentlich ist, kann man mit Hilfe anschaulicher Überlegungen verstehen. Es sei zunächst an das aus der Elektrodynamik bekannte Bild der Feldlinien erinnert. Nach dem Coulomb-Gesetz sind die elektrischen Feldlinien über den die Ladungen umgebenden Raum gemäß Abb. 24.4 verteilt. Bei zunehmendem Abstand von einer Ladung verringert sich die Feldstärke, d. h., die Dichte der Linien nimmt ab. Der Verlauf der Feldlinien wird unabhängig von der Richtung (d. h. kugelsymmetrisch), wenn man eine der Ladungen unendlich weit entfernt.

24 Eichtheorie der starken Wechselwirkung

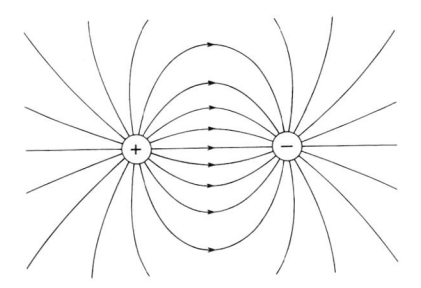

Abb. 24.4: Verlauf der elektrischen Feldlinien zwischen entgegengesetzten Ladungen nach dem Coulomb-Gesetz.

In der QCD darf man aufgrund der asymptotischen Freiheit erwarten, daß im Bereich kleiner Relativabstände der Quarks die niedrigste Ordnung der Störungstheorie, d. h. der Austausch eines Gluons, dominiert. Dieser Beitrag entspricht gerade dem Coulomb-Potential ($\sim 1/r$). Mit größer werdenden Abständen nimmt die Kopplungskonstante α_s zu, so daß störungstheoretische Näherungen schließlich sinnlos werden. In diesem Bereich werden zahlreiche Gluonen ausgetauscht und man hat die für die QCD charakteristische direkte Wechselwirkung der Gluonen untereinander zu berücksichtigen. Konkret kommt es dabei durch den Austausch transversaler Gluonen zu einer Anziehung zwischen den farbelektrischen Feldlinien.[103] Dadurch werden diese Linien mehr und mehr gebündelt, bis sie schließlich in einer dünnen zylindrischen Röhre zwischen den Quarks verlaufen, so daß die Feldstärke über die gesamte Länge der Röhre hinweg konstant bleibt (Abb. 24.5).

Abb. 24.5: In der QCD sind die Feldlinien zwischen Quark und Antiquark zylinderförmig gebündelt.

Die zwischen den Quarks wirkende Kraft ist dann konstant, d. h., die entsprechende potentielle Energie nimmt linear mit dem Abstand zu. Um ein Quark aus dieser Bindung zu befreien, müßte unendlich viel Energie aufgebracht werden. Dieser Einschluß der Feldlinien in einer Röhre führt somit automatisch zum Einschluß der Quarkteilchen.

Man kann hier eine interessante Parallele zu dem bekannten Phänomen der Supraleitung ziehen. Nach der Aussage des Meissner-Effekts können magnetische Felder in einen Supraleiter nicht eindringen, die Feldlinien werden aus dem supraleitenden Bereich herausgedrängt (Abb. 24.6a). Das Magnetfeld induziert nämlich in einer dünnen Schicht des Supraleiters elektrische Ströme, die ihrerseits ein Magnetfeld erzeugen, gerade stark genug und so gerichtet, um das angelegte Magnetfeld innerhab des Supraleiters kompensieren zu können. Der Supraleiter wirkt damit wie ein perfektes diamagnetisches Medium ($\mu = 0$).

---
[103] Diese anziehende Kraft entsteht analog zu der Anziehung zwischen gleichgerichteten elektrischen Strömen, die auf dem Austausch transversaler Photonen beruht.

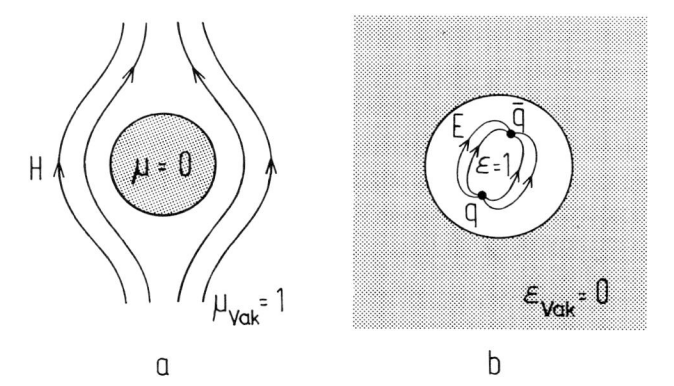

Abb. 24.6: Der Quarkeinschluß in Analogie zur Supraleitung. Dem Meissner-Ochsenfeld-Effekt bei der Supraleitung (a) entspricht ein chromoelektrischer Meissner-Effekt in der QCD (b). Die Quarks und Gluonen, beide mit Farbladungen versehen, können hiernach nur in dem Gebiet mit $\epsilon = 1$ existieren.

Man darf nun vermuten, daß der Farbeinschluß in der QCD ganz analog auf einen chromoelektrischen Meissner-Effekt zurückgeführt werden kann. Die chromoelektrischen Feldlinien werden hiernach, wie das Magnetfeld aus dem Supraleiter, aus dem Vakuum der QCD herausgedrängt. Die Farbfelder können dann nur dort existieren, wo sie es mit entsprechendem Aufwand an Energie erreicht haben, kleine Gebiete mit normalen dielektrischen Eigenschaften ($\varepsilon = 1$) in dem umgebenden QCD-Vakuum zu bilden. Beim Meissner-Effekt entspricht dies dem Vakuum der QED bzw. Gebieten normaler Leitfähigkeit. Bei großen Abständen verhält sich das physikalische Vakuum der QCD also wie ein Medium, dessen chromodielektrische Konstante gegen Null geht ($\varepsilon_{\text{Vak}} = 0$).

Wenn man von der Supraleitung zur analogen Situation in der QCD übergeht, wird das Magnetfeld H durch das farbelektrische Feld E ersetzt, der Supraleiter durch das QCD-Vakuum und das Vakuum bzw. normalleitende Gebiet der QED durch das Innere des Hadrons. In der Abb. 24.6 korrespondieren jeweils diejenigen Gebiete, die von Feldlinien durchzogen bzw. die frei sind. Dies bedeutet beim Wechsel von einer Situation zur anderen ein Vertauschen von innen und außen. Im Fall der QCD kann das Farbfeld in das umgebende Vakuum ($\varepsilon_{\text{Vak}} = 0$) nicht eindringen (Abb. 24.6 b), sondern wird in das kleine blasenartige Volumen zurückgedrängt, wo es daher zusammen mit den farbigen Quarks eingeschlossen ist. Nach dieser Vorstellung können die Hadronen als Strukturen im physikalischen Vakuum angesehen werden, die auf kleine Gebiete der Ausdehnung von etwa 1 fm ($= 10^{-13}$ cm) beschränkt sind.

24.4 Modelle: Bag und String

Da die Störungstheorie im Bereich großer Abstände (d. h. ≥ 1 fm) nicht mehr anwendbar ist, hat man phänomenologische Modelle entwickelt, die das bereits geschilderte allgemeine Verhalten der Quarks und Gluonen simulieren. In dem sogenannten Bag-Modell geht man z. B. davon aus, daß die Quarks und Gluonen in einem endlichen Volumen von der Größe der

Hadronen eingesperrt sind. Innerhalb des Bag sollen die Quarks sich näherungsweise frei verhalten, d. h. näherungsweise der freien Dirac-Gleichung genügen. Auf der das kleine Volumen einschließenden Oberfläche, die das Innere der Blase von dem umgebenden physikalischen Vakuum trennt, sind bestimmte Randbedingungen zu erfüllen, so daß sie für die Quarks und Gluonen undurchlässig wird. Andererseits bleibt der Rand gegenüber den Leptonen und den die elektroschwache Wechselwirkung vermittelnden Feldquanten ($\gamma, W^\pm, Z^0$) transparent. Diese Trennung in Bereiche verschiedener Phasen ist also nur für die stark wechselwirkenden Teilchen gültig. Die Hadronen können hier mit den Dampfbläschen in einer Flüssigkeit verglichen werden. Wie die Dampfmoleküle bewegen sich die Quarks innerhalb einer Blase nahezu frei und können auch nur dort existieren.

Um die Hadronen aus dem Vakuum zu erzeugen, muß wie beim Sieden einer Flüssigkeit Energie aufgewendet werden. Die beim „Aufblasen" des vom Hadron eingenommenen Volumens erforderliche Energie pro Volumeneinheit ist eine anzupassende Konstante des Modells. Diese Bag-Konstante B kann als der vom Vakuum auf die Blase ausgeübte Druck angesehen werden, denn zur Vergrößerung des Volumens um ΔV hätte man die Arbeit $B\Delta V$ zu leisten.

Nach der Unschärferelation besitzen die Teilchen um so größere Impulsunschärfen $\hbar/\Delta x$, je mehr sie auf kleinere Raumgebiete der Ausdehnung Δx lokalisiert sind. Für die Quarks in einem sphärischen Bag mit Radius R bedeutet dies, daß sie sich mit Impulsen der Größenordnung $\hbar/R$ bewegen und damit einen entsprechenden Druck von innen auf die Oberfläche des Bag ausüben. Wenn die Gesamtenergie des Bag minimal wird, tritt der Gleichgewichtszustand ein. Der nach außen gerichtete Druck der Quarks gleicht nun den einschließenden Druck des umgebenden Vakuums aus und damit wird der Zustand bei einer bestimmten Ausdehnung R_0 des Hadrons stabil.

Das Bag-Modell ist auch dazu benutzt worden, um die Massen von Mesonen und Baryonen, ihre magnetischen Momente und andere statische Größen zu berechnen. Aus der Anpassung an die Massen bestimmter Hadronen folgt hierbei für die Bag-Konstante der Wert $B \approx 56 \text{ MeV/fm}^3$. Die Ergebnisse sind, abgesehen von zu großen Werten für die Massen der pseudoskalaren Mesonen, zufriedenstellend. Wenn man zusätzlich den Austausch von Gluonen als Korrektur zur freien Bewegung der Quarks im Bag berücksichtigt, wird die Beschreibung des Hadronenspektrums verbessert. Insbesondere kann damit der Massenunterschied zwischen Σ^0 und Λ als Hyperfeinaufspaltung erklärt werden [De R75].

Hinsichtlich der Einbeziehung von Gluonen ist auch zu bemerken, daß die Gluonenfelder bei den erwähnten Randbedingungen außerhalb des Bag-Volumens verschwinden. Nach dem Gaußschen Gesetz ist dies nur möglich, wenn der Inhalt des Bag von außen gesehen farbneutral, also ein Farbsingulett ist. Bei drei Farben der Quarks können hiernach die Bags der Hadronen nur Zustände mit $q\bar{q}$ bei Mesonen bzw. qqq bei Baryonen sein.

Da die Farbfreiheitsgrade nur innerhalb der Hadronen vorkommen, gilt die früher diskutierte Beziehung zwischen Masse und Reichweite (4.4) für die Gluonen nicht mehr. Man hätte sonst theoretisch eine unendliche Reichweite der starken Wechselwirkung zu erwarten, denn die Gluonen haben, wie die Photonen, keine Masse. Ihre besonderen Eigenschaften als Quanten nichtabelscher Eichfelder führen über den Farbeinschluß dazu, daß die Reichweite der durch sie vermittelten Wechselwirkung endlich bleibt.

Im Grundzustand werden die Bags als sphärisch symmetrisch angenommen. Bei angeregten Zuständen mit höheren Drehimpulsen ist der Bag jedoch deformiert. Die Quarks befinden sich dann in größeren Abständen und zwischen ihnen bildet sich eine Röhre von Feldstärkelinien der

Gluonenfelder aus (siehe Abb. 24.5). Die Hadronen haben in solchen Zuständen Ähnlichkeit mit Bändern, an deren Enden sich die Quarks befinden. Solche Konfigurationen können im sogenannten „String-Modell" beschrieben werden. Man stellt sich dabei die Quarks durch elastische Bänder verbunden vor, die bei kurzen Abständen locker sind, so daß die Quarks bei der tief-unelastischen eN-Streuung wie nahezu freie Teilchen reagieren können. Bei großen Abständen wird das elastische Band gestrafft und es kommt zu dem bereits beschriebenen linearen Anstieg der potentiellen Energie, der zum Farbeinschluß führt. Wenn der Aufwand an Energie groß genug ist, um ein $q\bar{q}$-Paar zu erzeugen, wird das Band nicht weiter gedehnt, sondern reißt, so daß zwar ein Hadron entsteht, die Quarks jedoch nicht befreit werden.

Die Energie des Bandes pro Längeneinheit $\varkappa$ ist in diesem Modell eine phänomenologische Konstante, die bei großen Abständen zwischen den Quarks auf das lineare Potential $V = \varkappa r$ führt. Man kann nun die Energie E und den Drehimpuls J eines relativistischen rotierenden Strings der Energiedichte $\varkappa$ durch Integration über seine Länge berechnen und findet dabei folgenden Zusammenhang zwischen diesen Größen:

$$J = \alpha' E^2 + \text{const.}, \quad \alpha' = \frac{1}{2\pi\varkappa}. \tag{24.12}$$

Dies ist aber gerade die Gleichung einer linearen Regge-Trajektorie. In der Tat liegen die höheren Drehimpulsanregungen der Mesonen und Baryonen auf solchen Geraden, wenn man den Drehimpuls dieser Zustände über dem Quadrat ihrer Massen ($E = M$ bei $c = 1$) aufträgt (vgl. Abschnitt 21.3). Dieses Verhalten der Hadronen ist seit Anfang der sechziger Jahre bekannt und stellt einen besonders auffallenden Zug der Hadronenspektroskopie dar. Die charakteristische Linearität der Regge-Trajektorien kann somit zumindest qualitativ im Rahmen der QCD verstanden werden. Mit der bekannten Steigung der sogenannten Δ-Trajektorie, auf der Baryonen mit den Quantenzahlen $I = 3/2$, $B = 1$, $S = 0$ und positiver Parität liegen, erhält man $\alpha' = 0{,}9 \text{ GeV}^{-2}$, d. h. nach (24.12),

$$\varkappa = 0{,}18 \text{ GeV}^2. \tag{24.13}$$

Eine Zahl dieser Größenordnung durfte man auch aufgrund der für Hadronen charakteristischen Daten erwarten. Geht man nämlich von einem typischen Massenwert von ungefähr 1 GeV aus, dann beträgt bei einer Ausdehnung von etwa 1 fm die lineare Energiedichte $\varkappa \approx 1 \text{ Gev fm}^{-1}$, d. h. aber $\varkappa \approx 0{,}2 \text{ GeV}^2$.[104]

24.5 Eichtheorie auf dem Gitter

Wie wir gesehen haben, ist der Farbeinschluß grundsätzlich ein nicht störungstheoretisches Phänomen, das auf die besondere Struktur des QCD-Vakuums zurückzuführen ist. Offenbar spielen bei großen Abständen (d. h. starker Kopplung) entsprechend starke Fluktuationen der farbigen Eichfelder eine wesentliche Rolle. Sie führen nicht mehr wie bei einer Störungsreihe zu kleinen Korrekturen.

Eine neue Methode außerhalb der Störungstheorie, die von vornherein auch die komplexeren Fluktuationen der Quantenfelder einbezieht, ist von K. G. Wilson [Wi 74] entwickelt worden

---

[104] Für die Umrechnung von Längen- auf Energieeinheiten benutzt man 1 fm $\hat{=}$ 1/197,3 MeV, bei $\hbar = c = 1$.

24 Eichtheorie der starken Wechselwirkung

und hat bemerkenswerte Fortschritte gebracht. Nach dem Vorschlag von Wilson führt man anstelle des gewohnten raum-zeitlichen Kontinuums einen (vierdimensionalen) Gitterraum ein und betrachtet die Eichfeldtheorie (QCD) auf diesem Gitter. Jeder Gitterpunkt (Gitterplatz) bezeichnet eine bestimmte Position im dreidimensionalen Raum zu einem bestimmten Zeitpunkt. Da die Felder der Materieteilchen (etwa der Quarks) nur auf den Gitterpunkten im Abstand a definiert sind, hat man Wellenlängen kleiner als a bzw. Energien größer als $\Lambda = a^{-1}$ ausgeschlossen. Mit dem Gitter ist also die Gitterkonstante a als ein natürlicher Abschneideparameter eingeführt worden. Dadurch werden Divergenzen bei hohen Energien vermieden. Ein endliches Gitter reduziert außerdem die Anzahl der Variablen von nicht abzählbar unendlich auf eine endliche Zahl, denn ein Feld $\psi(x)$ nimmt nun die diskreten Werte ψ_i an. Die Differentialgleichungen für die Felder werden zu Differenzengleichungen und bei endlicher Zahl der Variablen können mit Hilfe numerischer Methoden die Rechnungen auf (hinreichend großen) Computern durchgeführt werden. Die Einführung des Gitters bedeutet hier einen mathematischen Kunstgriff, der später durch Übergang zum Kontinuum wieder rückgängig zu machen ist.

Die Eichfelder beschreiben (im Kontinuum) gemäß ihrer Definition infinitesimale Parallelverschiebungen von geladenen Materiefeldern. Bei einem Gitter werden benachbarte Punkte durch Linien, die Kanten des Gitters, verbunden. Den Eichfeldern auf dem Gitter entsprechen dann die Parallelverschiebungen längs der Kanten. In der QCD auf dem Gitter sind die Gluonenfelder also nur auf den die Gitterplätze verbindenden Kanten definiert. Der entsprechende Gluonenfluß längs einer Kante stellt einen bestimmten Energieinhalt dar, so daß in langen Flußlinien mehr Energie gespeichert ist als in kurzen (Abb. 24.7). Dies bedeutet jedoch nicht von vornherein, daß die Flußlinien nur dem kürzesten Weg zwischen der Quelle für die Farbladung (q) und der entsprechenden Senke ($\bar{q}$) folgen müssen und damit den Farbeinschluß bewirken. Bei den nicht störungstheoretischen Rechnungen hat man auch die Feldfluktuationen längs langer Wege zu berücksichtigen.

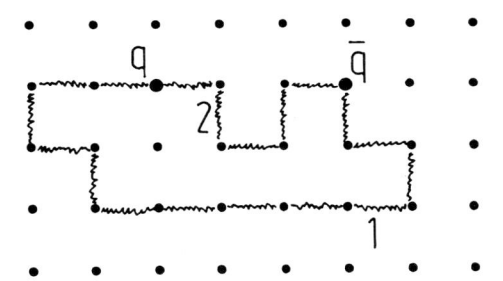

Abb. 24.7: Feldfluktuationen längs langer (1) und kurzer Wege (2) auf dem Gitter.

In der Quantentheorie ist der Meßwert, den man für eine Größe erwarten kann, durch den quantenmechanischen Erwartungswert bestimmt. Mathematisch entspricht dies dem gewichteten Mittel aus allen Werten, den die betreffende Größe annehmen kann. Das feststellbare Gluonenfeld resultiert also aus dem Mittelwert aller möglichen Konfigurationen des Feldes, die infolge der Fluktuationen entstehen können. Nicht alle Konfigurationen tragen in gleicher Weise zum Mittelwert bei. Daher muß jede Konfiguration mit einem Faktor multipliziert (d. h. gewichtet) werden, der die jeweilige Wahrscheinlichkeit ihres Auftretens berücksichtigt.

Man stellt bei näherer Analyse eine enge Beziehung zwischen Quantenfeldtheorie und statistischer Mechanik fest. In der statistischen Mechanik sind die beobachtbaren Größen eines Systems durch ihre Mittelwerte über alle möglichen Konfigurationen bestimmt, wobei der Boltzmann-Faktor $\mathrm{e}^{-E/kT}$ als Gewichtsfaktor auftritt. In der Feldtheorie hängt das Gewicht, mit dem eine Konfiguration zum quantenmechanischen Erwartungswert beiträgt, von der Größe der Wirkung S (siehe Gl. 5.48) ab. Genauer erhält man mit Hilfe des von R. P. Feynman zur Formulierung der Quantenmechanik eingeführten Pfadintegrals [Fe 65] den Gewichtsfaktor in der Gestalt e^{-S/g^2}, wobei g die Kopplungskonstante der QCD bedeutet.[105] Die Rolle der Energie übernimmt hier die Wirkung S, während g^2 an die Stelle der Temperatur tritt. Die variable Kopplung g hat nur bei vorgegebenem Gitterabstand einen festen Wert und ändert sich, wenn dieser Abstand variiert. Über eine Änderung von g hat man also die Möglichkeit, die Maschen des Gitters zu verkleinern, bis man eventuell zum Kontinuum zurückgekehrt ist. Wenn es auch bisher noch nicht gelungen ist, diesen Grenzübergang tatsächlich durchzuführen, so kann man wenigstens den Gitterabstand schrittweise verkleinern und dabei nachprüfen, ob die Feldlinien bei immer feiner werdendem Gitter nur auf den kürzesten Verbindungslinien zwischen Quelle und Senke verlaufen und damit eingeschlossen bleiben oder nicht.

Bei der Untersuchung der Eigenschaften von Eichfeldern auf dem Gitter können wegen der engen Beziehung zur statistischen Mechanik Verfahren benutzt werden, die zur Lösung statistischer Probleme entwickelt worden sind. Allerdings wird selbst bei einem verhältnismäßig kleinen Gitter (z. B. bei zehn Punkten in jeder Richtung) die Zahl der zu betrachtenden statistischen Variablen sehr groß. Bei der Behandlung von statistischen Problemen mit so vielen Daten hat sich die sogenannte Monte-Carlo-Methode bewährt.

Die grundlegende Idee dieses numerischen Verfahrens besteht darin, daß man zunächst einen bestimmten Zustand der statistischen Variablen (den Anfangszustand) des Systems in einem Computer mit großer Rechengeschwindigkeit speichert und dann mit Hilfe eines geeigneten Zufallsgenerators iterativ neue Konfigurationen erzeugt. Der Algorithmus ist so definiert, daß dieser Prozeß dem statistischen Gleichgewicht zustrebt, d. h., daß schließlich die Wahrscheinlichkeit für das Auftreten irgendeiner bestimmten Konfiguration proportional zum Boltzmannschen Gewichtsfaktor wird. Man bringt damit das Gitter mit einem Wärmebad ins „thermische Gleichgewicht", dessen Temperatur durch den Wert der Kopplungskonstanten festgelegt ist. Wenn das Gleichgewicht erreicht ist, können schließlich die quantenmechanischen Erwartungswerte approximativ aufgrund der Konfigurationen als Mittelwerte berechnet werden. Auf diese Weise wird mit den im Computer gespeicherten vierdimensionalen Gittern („Kristallen") rechnerisch „experimentiert".

Für die Eichtheorien auf dem Gitter erhält man im Limes starker Kopplung eine Fokussierung der Feldlinien, d. h. das bekannte Bild eines String mit dem linearen Potential zwischen den „Ladungen". Dies gilt sowohl für die QED als auch die QCD. Die Zahl der Wege gegebener Länge (und damit bestimmter Energie) nimmt zwar mit der Länge zu (vgl. Abb. 24.7), aber offenbar nicht rasch genug, um den Boltzmann-Faktor kompensieren zu können. In einer Eichtheorie auf dem Gitter gewinnt im Limes starker Kopplung sozusagen die „Energie gegenüber der Entropie", so daß die Feldlinien im Endeffekt auf die kürzeste Verbindung zwischen den

---

[105] Das negative Vorzeichen im Exponenten ergibt sich erst nach dem für die Rechnungen wichtigen Übergang vom Minkowski-Raum zu euklidischen Koordinaten.

Ladungen beschränkt bleiben und die Energie bei der Dehnung des sich bildenden Strings linear zunimmt. Der Farbeinschluß folgt unter diesen künstlichen Bedingungen zwangsläufig.

Interessant ist nun die Frage, ob dieses Verhalten beim Übergang zur realistischen Situation des Kontinuums, d. h. zu einem feineren Gitter, bestehen bleibt. Im Fall der QED ist dies natürlich nicht zu erwarten, denn die elektrischen Ladungen sind keineswegs eingesperrt. In der Tat führt die Anwendung der Monte-Carlo-Methode bei der QED mit immer kleiner werdendem Gitter zu folgendem Ergebnis: Sobald die Kopplungskonstante unter einen bestimmten Wert sinkt, brechen die Feldlinien auf dem Gitter nach allen Seiten aus und nehmen die bekannte Verteilung um die elektrischen Ladungen herum ein. Dieser Übergang erfolgt so abrupt wie ein Phasenübergang, bei dem z. B. ein fester Körper in den flüssigen Zustand übergeht, indem er bei einer bestimmten Temperatur schmilzt.

Die Ausdehnung der Monte-Carlo-Rechnungen auf nichtabelsche Eichtheorien auf dem Gitter hat dann zu dem vielbeachteten Ergebnis geführt, daß es in diesem Fall – im Unterschied zur abelschen Theorie (QED) – keinen derartigen Phasenübergang gibt, der die Fokussierung der Feldlinien aufheben würde, wenn man zu einem immer feineren Gitter übergeht. Auf diese Weise konnte wenigstens numerisch nachvollzogen werden, daß der Farbeinschluß sich als Folgerung der QCD auf dem Gitter ergibt.

Nach diesen ersten Erfolgen wurde die Monte-Carlo-Simulation auch zur Berechnung wichtiger physikalischer Parameter herangezogen. So konnte z. B. die in dem einschließenden Potential vorkommende String-Spannung $\varkappa$ in der zu erwartenden Größenordnung von $\varkappa \approx 0{,}2 \text{ GeV}^2$ abgeschätzt werden. Außerdem sollten die Gluonen auch für sich allein (d. h. ohne Quarks) gebundene Zustände bilden können. Diese teilchenartigen Anregungen über dem Vakuum haben eine bestimmte Masse und werden Gluonenbälle (oder auch Gluonium) genannt. Wie die Rechnungen auf dem Gitter ergeben, sollten ihre Massen in der Größenordnung von wenigen GeV oder darunter liegen. Die experimentelle Suche nach diesen Zuständen hat bisher noch keine allgemein akzeptierten Ergebnisse gebracht. Die eindeutige Identifizierung der Gluonenbälle wird durch die in diesem Massenbereich ebenfalls vorhandenen Mesonen erschwert.

Ferner ist als wichtiges Resultat der Monte-Carlo-Rechnungen zu erwähnen, daß die hadronische Materie bei extrem hohen Temperaturen in freie Quarks und Gluonen übergeht. Die hierfür erforderlichen Temperaturen liegen in der Größenordnung von 10^{12} Kelvin und übersteigen damit alle bisher im Labor erreichten Werte. Vermutlich haben in einem frühen und extrem heißen Entwicklungsstadium des Universums freie Quarks und Gluonen existiert. Mit großem Interesse wird heute darüber diskutiert, ob nicht ähnliche Zustände der Materie erzeugt werden könnten, wenn man hochenergetische schwere Atomkerne nahezu frontal zusammenstoßen läßt.

Zur Bewältigung der umfangreichen Rechnungen auf dem Gitter sind die Quarks zunächst weggelassen, oder als ruhend angenommen worden. Auch wurde wegen begrenzter Rechenkapazität oft die Quark-Antiquark-Vakuumpolarisation vernachlässigt (sogenannte "quenched" Approximation). Der Realität entsprechend wird jedoch in zunehmendem Maße dieser dynamische Effekt der Seequarks berücksichtigt. Den rasch zunehmenden Rechenaufwand kann man zum Teil durch geschickt gewählte Algorithmen und verbesserte Methoden der Diskretisierung auffangen. Dies erlaubt Rechnungen bei Gitterabständen bis zu etwa 0,1 fm. Außerdem wird dazu eine neue Klasse von Parallelrechenanlagen eingesetzt.

Wichtige Beispiele für Anwendungen der Rechnungen auf dem Gitter sind das QCD-Teilchenspektrum, die Zerfallsraten der K- und B-Mesonen, die Struktur der Nukleonen sowie das bereits erwähnte Verhalten von Quarks und Gluonen unter extremen Bedingungen. So können z. B. die Berechnungen der Energieniveaus von Quarkonium dazu benutzt werden, um den Kopplungsparameter α_s zu bestimmen. Die dabei erreichte Genauigkeit beträgt einige Prozent. Auch die Variation von α_s ist mit Hilfe von Rechnungen auf dem Gitter untersucht worden. Die Ergebnisse stimmen bemerkenswert gut mit der Zwei-Schleifen-Näherung der Störungstheorie überein. Besonders wichtig werden Gitterrechnungen bei der experimentellen Bestimmung der Elemente der CKM-Matrix (siehe Abschn. 18.6). Da die Quarks nur im gebundenen Zustand als Mesonen und Baryonen vorkommen, gibt es stets Parameter der starken Wechselwirkung, die bei den Messungen der B-Zerfälle in die Bestimmung der CKM-Matrixelemente eingehen. Diese sollten möglichst genau berechnet werden [Ha 04]. Man sucht hier nach CP-verletzenden Effekten außerhalb des Standardmodells. Es ist nicht auszuschließen, daß man Abweichungen vom Standardmodell feststellt. Dessen Selbstkonsistenz kann so getestet werden.

Man darf davon ausgehen, daß die Genauigkeit, d. h. die Kontrolle der Fehler bei den Rechnungen auf dem Gitter, weiterhin verbessert werden kann, so daß die gewonnenen Aussagen noch zuverlässiger werden. Mit der Eichtheorie auf dem Gitter ist eine wirksame Methode entwickelt worden, der man wesentliche Fortschritte beim Studium der QCD verdankt und von der man weitere wichtige Ergebnisse erwarten darf.

24.6 Quarkonium

Im Rahmen der QCD können auch die früher im Abschnitt 12.4 diskutierten Bindungszustände aus schweren Quarks und Antiquarks, die Quarkoniumzustände, besser verstanden werden. Diese Zustände sind umgekehrt hervorragend dazu geeignet, um die Farbwechselwirkung zwischen den Quarks zu studieren.

Da die Massen der Vektormesonen J/ψ und Υ groß sind, müssen auch deren Bestandteile, die Quarks c bzw. b sehr massiv sein. Dann ist aber zu erwarten, daß sie sich in den Bindungszuständen $c\bar{c}$ bzw. $b\bar{b}$ nichtrelativistisch bewegen. Ein quantitatives Kriterium für einen solchen nichtrelativistischen Bindungszustand ist das kleine Verhältnis von Anregungsenergie zur Ruhenergie. Im Fall des Charmonium erhält man z. B. hierfür

$$\frac{M_{\psi'} - M_\psi}{M_\psi} = \frac{589}{3097} \approx 0{,}19. \tag{24.14}$$

Im Unterschied zu den aus den leichten Quarks u, d und s zusammengesetzten Hadronen darf man also hier nichtrelativistische Methoden, d. h. im wesentlichen die Schrödinger-Gleichung, zur Bestimmung des Spektrums verwenden.

Das dabei erforderliche Bindungspotential sollte sich qualitativ aus der QCD ergeben. Man erwartet für den Bereich sehr kleiner Relativabstände der Quarks aufgrund der asymptotischen Freiheit eine geringe Kopplungsstärke, so daß die niedrigste Ordnung in der Störungstheorie, d. h. der Austausch eines Gluons, dominiert. Dem entspricht aber gerade beim Farbsingulett $q\bar{q}$ das Coulomb-Potential $-(4/3) \cdot \alpha_s/r$, wobei der Faktor $4/3$ von den an den Vertices zu berücksichtigenden verschiedenen Farbfreiheitsgraden der Quarks herrührt. Andererseits wird für große Abstände die Kopplungskonstante α_s groß und damit die Störungstheorie sinnlos. Wir wissen bereits aus der vorhergehenden Diskussion der QCD (String-Modell) und den Rechnungen auf dem Gitter, daß die Energie eines $q\bar{q}$-Systems bei großen Abständen linear mit dem Abstand der Quarks zunehmen sollte. Es liegt somit nahe, von folgendem Ansatz für das effektive Potential zwischen Quark und Antiquark auszugehen:

$$V(r) = -\frac{4}{3}\frac{\alpha_s}{r} + k \cdot r. \tag{24.15}$$

Für eine realistische Bestimmung des Massenspektrums der schweren $q\bar{q}$-Zustände genügt dieses einfache statische Potential jedoch nicht. Wie in der Atomphysik führen relativistische Korrekturen zu spinabhängigen Termen und damit zur Fein- und Hyperfeinstruktur des Spektrums. Diese Aufspaltungen lassen sich für den Coulomb-artigen Teil des Potentials in Analogie zum Positronium-System berechnen. So sind wie beim Positronium die S-Wellen-Zustände mit parallelen Spins (Orthozustände) schwerer als diejenigen mit antiparallelen Spins (Parazustände), und die P-Zustände (χ beim Charmonium) erfahren infolge der Spin-Bahn-Kopplung die beobachtete Aufspaltung. Es hat sich ferner bewährt, den langreichweitigen Teil des Potentials ($\sim kr$) als vom Spin unabhängig anzunehmen. Mit dem so gewählten Potential kann die Schrödinger-Gleichung gelöst werden. Die zunächst unbekannten Parameter α_s, k und m bestimmt man mit Hilfe der bekannten Massen $M_\psi = 3095$ MeV, $M'_\psi = 3685$ MeV und der leptonischen Zerfallsbreite $\Gamma(\psi \to \text{Lept.}) = 5$ keV. Man findet so die Werte $\alpha_s = 0{,}2$, $k = 0{,}25$ GeV^2 und $m_c = 1{,}64$ GeV. Der Wert der Konstanten k in (24.15) liegt nahe bei dem für die Stringkonstante $\varkappa \approx 0{,}2$ GeV^2, weshalb beide Größen gelegentlich von vornherein gleichgesetzt werden. Die Massen der anderen Charmoniumzustände und die der D- und F-Mesonen können nun berechnet werden. Die theoretischen Vorhersagen stimmen sehr gut mit den experimentell gefundenen Daten überein.

Im Fall der Υ-Teilchen, den Bindungszuständen ($b\bar{b}$) der noch schwereren b-Quarks, sollte das nichtrelativistische Potentialmodell mit noch größerer Genauigkeit anwendbar sein. Wenn man also davon ausgeht, daß die Form des Potentials (24.15) universell, d. h. von der Art der schweren Quarks unabhängig ist, braucht man nur die Masse des neuen Quarks m_b einzuführen und kann so auch das Spektrum der $b\bar{b}$-Bindungszustände berechnen. Zur Bestimmung des zusätzlichen Parameters m_b dient die bekannte Masse M_Υ. Die damit erzielten Ergebnisse waren zunächst nicht sehr befriedigend, doch hilft eine naheliegende Korrektur hier weiter. Offenbar macht sich beim $b\bar{b}$-System bereits die mit dem Abstand bzw. dem Impulsübertrag Q^2 variierende Kopplung $\alpha_s(Q^2)$ bemerkbar, die man bei Berücksichtigung von Graphen mit einer Schleife (siehe Abb. 24.2) für große Impulsüberträge ($Q^2 \gg \Lambda^2$) berechnen kann (Gl. 24.5). Jedenfalls können bei Berücksichtigung der variierenden Kopplung sowohl die ψ- als auch die Υ-Zustände mit Hilfe des Potentials (24.15) in erstaunlicher Übereinstimmung mit den experimentellen Daten beschrieben werden.

Eine besonders bemerkenswerte Eigenschaft der schweren Mesonen ψ und Υ sind ihre geringen totalen Zerfallsbreiten (d. h. große Lebensdauer). Da diese Teilchen und ihre niedrigsten Anregungen ψ', Υ', Υ'' unterhalb der Schwelle derjenigen Mesonen liegen, die aus einem c-Quark (bzw. b-Quark) und einem leichten Quark bestehen, können sie aufgrund der Energieerhaltung nur in die leichten Hadronen zerfallen, die kein c-Quark (bzw. b-Quark) enthalten. Nach der Zweig-Regel (siehe Abschnitt 12.4) sind aber diese Prozesse, bei denen die Linien der schweren Quarks nicht durchlaufen, unterdrückt.

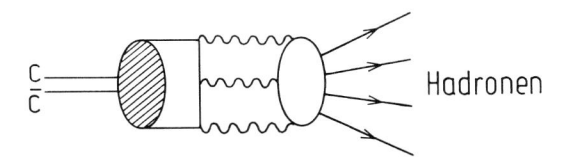

Abb. 24.8: Charmonium-Zerfall in Hadronen, der über den Austausch von drei Gluonen erfolgt. Das schraffierte Gebiet deutet die Wellenfunktion des $c\bar{c}$-Systems an.

Im Rahmen der QCD findet nun die experimentell gut bestätigte Zweig-Regel eine plausible Erklärung. Nach dieser Theorie werden die hadronischen Zerfälle durch den Austausch von Gluonen vermittelt. Da die Hadronen im Anfangs- und Endzustand Farbsinguletts sind, können sie nur durch Gluonen verbunden werden, die sich ebenfalls zu einem Farbsingulett kombinieren lassen. Daher müssen mindestens zwei Gluonen ausgetauscht werden. Nun koppeln die Vektormesonen ψ und Υ aber auch an das Photon, sie haben demnach dessen Ladungsparität $\eta_c = -1$ (siehe Abschnitt 3.9). Die Ladungsparität der Gluonen beträgt wie bei den Photonen -1. Damit diese Quantenzahl erhalten bleibt, muß demnach die Zahl der ausgetauschten Gluonen ungerade sein. Folglich ist der Austausch von drei Gluonen die einfachste Möglichkeit (siehe Abb. 24.8).

Die Gluonen erhalten bei der Vernichtung der schweren Quarks Impulse, die in der Größenordnung der Quarkmasse liegen. Der Prozeß spielt sich daher bei sehr kleinen Abständen (Größenordnung $1/m_q$) ab. Man darf somit von einer kleinen effektiven Kopplung ($\alpha_s < 1$) ausgehen. Die beim Austausch von mindestens drei Gluonen zu α_s^3 proportionale Zerfallswahrscheinlichkeit ist dann entsprechend unterdrückt. Dies ist aber gerade die Aussage der Zweig-Regel.

Diese qualitative Überlegung wird durch Rechnungen gestützt. Die Zerfallsbreite des Vektormesons V kann nämlich in Analogie zum entsprechenden Drei-Photonen-Prozeß beim Positronium berechnet werden,

$$\Gamma(V \to 3g \to \text{Hadronen}) = \frac{160(\pi^2 - 9)}{81 M_V^2} \alpha_s^3 |\psi(0)|^2. \tag{24.16}$$

Sie hängt prinzipiell von der Wellenfunktion des Quarkonium-Zustandes ab. Insbesondere ist für die S-Zustände die Paarvernichtung proportional zu der Wahrscheinlichkeit, die beiden Quarks an demselben Ort anzutreffen. Die beim Relativabstand Null zu bildende Wellenfunktion $\psi(0)$ ist zwar unbekannt, sie kann aber durch Vergleich mit der ebenfalls berechenbaren leptonischen Zerfallsbreite,

$$\Gamma(V \to \gamma \to e^+ e^-) = \frac{16\pi}{M_V^2} \alpha^2 |\psi(0)|^2 e_q^2, \tag{24.17}$$

eliminiert werden, indem man das Verhältnis bildet:

$$\frac{\Gamma(V \to 3g \to \text{Hadronen})}{\Gamma(V \to \gamma \to e^+ e^-)} = \frac{10(\pi^2 - 9)}{81\pi} \cdot \frac{\alpha_s^3}{\alpha^2 e_q^2}. \tag{24.18}$$

Die linke Seite dieser Relation kann experimentell bestimmt werden und da man die Feinstrukturkonstante α und die Quarkladung e_q kennt, läßt sich daraus α_s ermitteln. Im Fall des

ψ-Teilchens beträgt das gemessene Verhältnis der Zerfallsbreiten ungefähr 10, so daß man nach (24.18) $\alpha_s \approx 0{,}19$ erhält. Die Kopplung ist also, wie anzunehmen war, kleiner als Eins. Der hier ermittelte Wert von α_s entspricht dem, der oben auch beim Potentialmodell benutzt worden ist.

Im Fall des schwereren Υ-Mesons führt diese Abschätzung über die Zerfallsbreiten auf $\alpha_s \approx 0{,}16$. Dieser Wert liegt erwartungsgemäß niedriger als beim ψ-Teilchen. Die Kopplung α_s variiert also nur sehr langsam beim Übergang von der ψ- zur höheren Υ-Masse. Zusammenfassend darf man feststellen, daß es mit Hilfe der QCD möglich ist, sowohl die Vielfalt der Quarkonium-Zustände als auch deren hadronische Zerfälle von einem einheitlichen theoretischen Standpunkt aus zu erklären.

24.7 Experimentelle Prüfung der QCD

Die QCD wird heute als der richtige Entwurf für eine Theorie der starken Wechselwirkung zwischen den Quarks angesehen. Dies beruht auf den folgenden wesentlichen Eigenschaften. Wie die bewährte QED ist sie zunächst eine Eichfeldtheorie. Die Form der renormierbaren Wechselwirkung ist damit, wie bei den anderen Wechselwirkungen, aufgrund des allgemeinen Prinzips der Eichsymmetrie festgelegt. Die in der Natur vorhandenen Hadronen werden korrekt durch die aus $q\bar{q}$ bzw. qqq zu bildenden Farbsinguletts beschrieben. Die Wechselwirkung ist asymptotisch frei, wodurch der Erfolg des Quark-Parton-Modells verständlich wird. Außerdem wird der Farbeinschluß durch die qualitativen Züge dieser Theorie plausibel.

Die erforderliche Prüfung der QCD durch das Experiment ist jedoch durchaus schwieriger als bei der elektroschwachen Wechselwirkung. Im letzteren Fall sind stets klare Aussagen möglich, weil man sich auf die Störungstheorie stützen kann. Außerdem treten die Leptonen und die schwachen Eichbosonen sowohl als Felder der Theorie in der Lagrange-Dichte als auch als Teilchen in den Detektoren auf. Im Unterschied dazu sind bei der durch die QCD beschriebenen starken Wechselwirkung zwischen den Quarks und Gluonen nur die farblosen Hadronen direkt beobachtbar. Außerdem gilt die Störungstheorie nur im Bereich hoher Energien, wo die Kopplung genügend schwach ist. Dadurch wird die Gegenüberstellung der QCD mit dem Experiment erschwert. Trotzdem können aus ganz verschiedenen Prozessen wesentliche experimentelle Hinweise gewonnen werden, die insgesamt für eine Bestätigung der QCD sprechen. Wir können hier nur in einer kurzen Zusammenfassung auf die wesentlichen Ergebnisse dieses aktuellen Forschungsgebietes eingehen.

Wie in Abschnitt 11.2 bereits erwähnt wurde, hat man bei der tief-unelastischen Lepton-Nukleon-Streuung Abweichungen vom Skalenverhalten festgestellt. Mit wachsendem Q^2 ändern sich die Verteilungsfunktionen der Quarks und entsprechend die Strukturfunktionen des Nukleons langsam. Im Rahmen der QCD ist dies zu erwarten, denn die Quarks können Gluonen emittieren und diese wiederum Quark-Antiquark-Paare bilden, analog zu den virtuellen Strahlungsprozessen in der QED.

Mit den Collidern LEP (CERN) und HERA (DESY) konnte dieses Verhalten der QCD systematisch mit erhöhter Genauigkeit und bei viel größeren Impulsüberträgen Q^2 untersucht werden. Die bisher höchsten Energien, die in Kollisionen zwischen e^- (e^+) und Protonen zur Verfügung stehen, werden bei HERA erreicht. Hier stoßen Elektronen (Positronen) der Energie von 27,5 GeV mit Protonen der Energie 920 GeV frontal zusammen. Die dabei erreichte hohe Schwerpunktsenergie $\sqrt{s} \sim 300\,\text{GeV}$ erlaubt die Untersuchung von Reaktionen bei großen Imulsüberträgen Q vom Elektron auf das Proton bis zu Q^2-Werten von 30 000 GeV^2. Aufgrund der Unschärferelation ($\Delta r \sim \hbar/Q$) bedeutet dies eine Auflösung der Abstände im Proton von ungefähr 10^{-16} cm. Das ist ein Abstand, der nur 0,1% des Ladungsradius des Protons beträgt. Mit dieser Auflösung ist HERA als elektronisches Mikroskop zur Untersuchung der Struktur der Protons hervorragend geeignet.

Mit den Detektoren H1 und ZEUS ist die Abhängigkeit der Strukturfunktion des Protons (siehe Abschnitt 11.4),

$$F_2(x,Q^2) = \sum_{i=u,d...} e_i^2 x f_i(x,Q^2), \qquad (24.19)$$

von $x = Q^2/2M\nu$ und Q^2 mit einer Genauigkeit von etwa 2% gemessen worden. Die Quark-Verteilungsfunktion $f_i(x,Q^2)$ (oder Quarkdichte) gibt die Wahrscheinlichkeit dafür an, daß das getroffene Parton (Quark) i den Bruchteil x des Protonimpulses hat. Die Messungen von F_2 erstrecken sich über einen weiten Bereich der Variablen x und Q^2 (Abb. 24.9).

Als eindeutiges Ergebnis stellt man fest, daß F_2 mit zunehmendem Q^2 bei kleinen x ($\lesssim 0,1$) wächst und für $x \geq 0,1$ abnimmt. Nur für $x \sim 0,1$ ist F_2 von Q^2 unabhängig. Hier wird die Bjorken-Skaleninvarianz sichtbar. Dieses Verhalten war früher bei den ersten Messungen (1969) festgestellt worden und führte auf die nahezu freien Partonen im Nukleon, die dann mit den Quarks identifiziert werden konnten (siehe Abschnitt 11.2).

Das Verhalten von $F_2(x,Q^2)$ ist als Folge der in der QCD auftretenden Quantenfluktuationen zu verstehen. So ist hier, analog zur QED, auch die von den Quarks ausgehende Gluon-Bremsstrahlung $q \to qg$ möglich. Die Wechselwirkung des Elektrons mit einem Quark im Proton kann daher erfolgen, nachdem das Quark ein oder mehrere Gluonen emittiert und entsprechend an Impuls verloren hat. Wenn also Q^2 zunimmt, wird die Wahrscheinlichkeit, ein Quark bei vorgegebenem Wert x anzutreffen, geringer sein, während die bei der Bremsstrahlung entstehenden Gluonen immer mehr des Protonimpulses übernehmen.

Weitere Quantenfluktuationen entstehen durch die Gluon-Paarerzeugung von Quark und Antiquark $g \to q\bar{q}$ (analog zur e^+e^--Paarerzeugung) sowie durch die Erzeugung von zwei Gluonen $g \to gg$ (siehe Abb. 5.3). Für die letzte Art der Fluktuationen gibt es keine Entsprechung in der QED. Ihre Entstehung beruht auf der für die QCD typischen Selbstkopplung der Gluonen. Mit stärker werdender Auflösung nehmen diese Quantenfluktuationen zu. Das streuende Elektron „sieht" dann im Proton bei kleinen x eine Dichteverteilung von sogenannten „Seequarks" und Antiquarks, die mit wachsendem Q^2 zunimmt und die von einer ebenfalls zunehmenden Dichte von Gluonen begleitet wird.

Man gewinnt so ein Bild von der Struktur des Protons, das auf der QCD mit den Valenzquarks (uud) und den durch Quantenfluktuationen entstehenden Seequarks und Gluondichten beruht. Zusammenfassend können die in Abb. 24.9 dargestellten Meßergebnisse wie folgt gedeutet werden. Im Bereich kleiner Werte x, in dem die Gluon-Paarerzeugung und die Abstrahlung zweier Gluonen dominieren, nimmt die Strukturfunktion F_2 mit wachsendem Q^2 zu. Im Fall größerer Werte x, wenn die von den Valenzquarks ausgehende Gluon-Bremsstrahlung wichtig ist, fällt F_2 mit zunehmendem Q^2 ab. Das ursprünglich bei $x \sim 0,1$ festgestellte Skalenverhalten entsteht offenbar dadurch, daß die unterschiedlichen Wirkungen der Quantenfluktuationen auf die verschiedenen Verteilungsfunktionen sich in diesem Fall gerade ausgleichen.

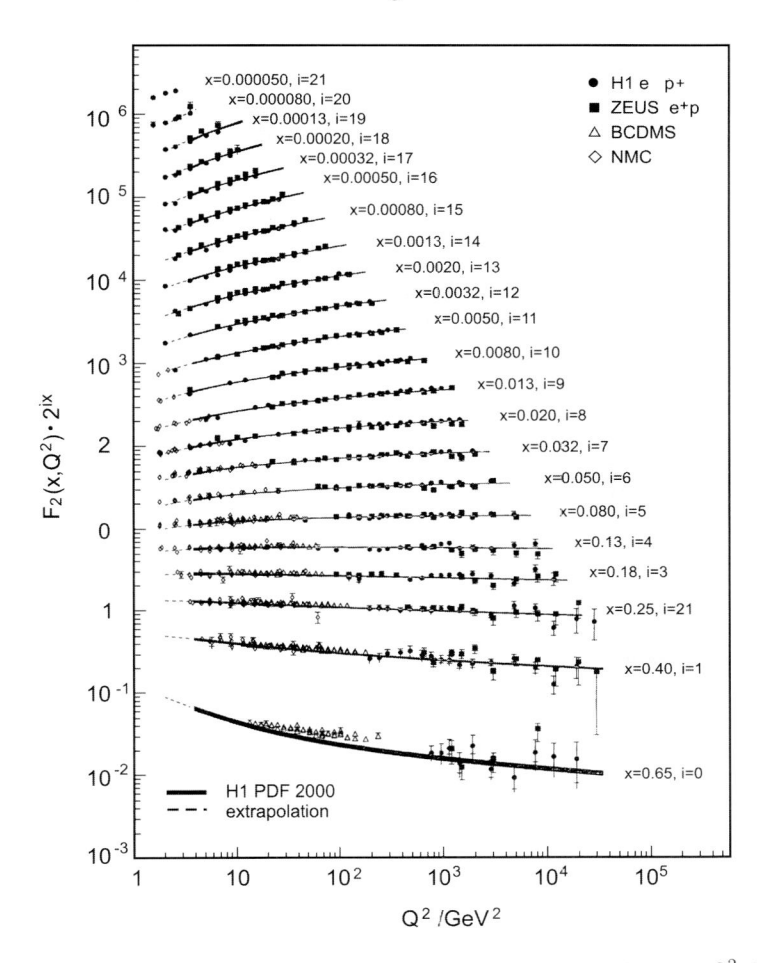

Abb. 24.9: Die Strukturfunktion F_2 des Protons als Funktion von Q^2 für feste Werte von x. Gezeigt sind auch Ergebnisse der Experimente mit festem Target (CERN und Fermilab). Der starke Anstieg von F_2 bei kleiner werdenden x-Werten weist auf eine zunehmende Zahl von Gluonen im Proton hin. Die QCD-Anpassung (durchgezogene Linien) kann die Daten im gesamten Anwendungsbereich der Störungstheorie, der sich über mehrere Größenordnungen erstreckt, gut beschreiben (H1-Bildarchiv, www-h1.desy.de).

Die starke Zunahme der Verteilungsfunktionen der Quarks und Gluonen bei sehr kleinen x-Werten ist besonders auffallend. Die Messungen bei HERA zeigen, daß das Innere des Protons bei kleinen x-Werten einem Zustand entspricht, in dem Gluonen und Quark-Antiquark-Paare ständig erzeugt und wieder vernichtet werden. Je kleiner x wird, desto mehr Quarks und Gluonen sind im Proton aktiv. Dies wird besonders deutlich in Abb. 24.10, in der die (mit x multiplizierten) Verteilungsfunktionen $xf_i(x)$ für Valenz-, Seequarks und Gluonen bei zwei verschiedenen Auflösungen $Q^2 = 20$ und $4000\,\text{GeV}^2$ gezeigt werden. Hier ist der steile Anstieg

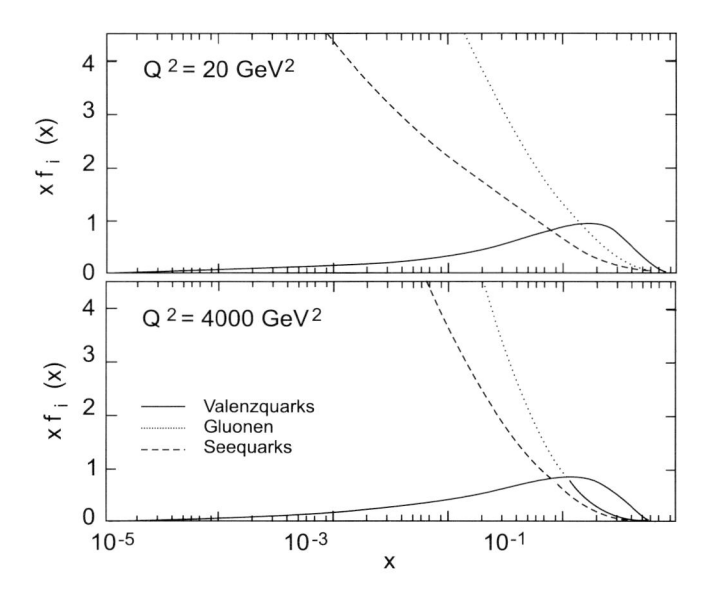

Abb. 24.10: Impulsverteilungen der Valenz-, Seequarks und Gluonen in Abhängigkeit vom Protonenimpulsanteil x bei den Q^2-Skalen von 20 und 4000 GeV^2.

der See- und Gluonkomponenten bei kleinen Werten x klar zu erkennen, während der Beitrag der Valenzquarks in diesem Bereich ständig abnimmt.

Diese in den Experimenten festgestellten strukturellen Eigenschaften des Protons werden durch störungstheoretische Untersuchungen quantitativ bestätigt. Die auf den in der QCD möglichen Prozessen $q \to qg$, $g \to q\bar{q}$ und $g \to gg$ beruhenden Quantenfluktuationen kann man in störungstheoretischer Näherung berechnen. So ist es im Rahmen der Störungstheorie möglich, die Q^2-Entwicklung der Quark- und Gluonverteilungen zu beschreiben und die Verletzungen der Skaleninvarianz (siehe Abb. 24.9) erfolgreich vorherzusagen. Da die Ergebnisse der Störungsrechnung von der QCD-Kopplung $\alpha_s(Q^2)$ abhängen, kann man durch eine Anpassung an die experimentellen Daten, außer einer Bestimmung des Quarkgehalts und der Gluondichte des Protons, auch den Wert von $\alpha_s(Q^2)$ ableiten. Insgesamt ist dies eine in sich stimmige Bestätigung der QCD. Erwähnenswert ist als weiteres Ergebnis der Nachweis, daß die Quarks bis hin zu Abmessungen von 10^{-16} cm ($\sim 1/1000$ des Protonradius) punktförmig sind.

Als besonders wichtige Möglichkeit zur Prüfung der QCD hat sich die e^+e^--Annihilation bei hohen Energien (Abschnitt 12) erwiesen. In nullter Ordnung können die gemessenen Werte des totalen hadronischen Wirkungsquerschnitts, d. h. das Verhältnis R (Gl. (12.2)), im Quarkmodell durch Einführung der drei Farbfreiheitsgrade erklärt werden. Wenn man im nächsten Schritt die Kopplung der Quarks an die Gluonen in niedrigster Ordnung von α_s berücksichtigt, erhält man die in Gleichung (12.14) angedeuteten Strahlungskorrekturen zu R. Die Übereinstimmung von Theorie und Experiment wird dadurch verbessert. Heute kennt man die Korrekturen zum totalen Wirkungsquerschnitt bis zur Ordnung α_s^3. Für Schwerpunktsenergien im e^+e^--Kontinuum, weit unterhalb der Z-Masse, lautet das Verhältnis R mit den höheren

24 Eichtheorie der starken Wechselwirkung

Korrekturen

$$R \equiv 3 \sum_i \mathrm{e}_i^2 \left(1 + \frac{\alpha_s}{\pi} + 1{,}441 \left(\frac{\alpha_s}{\pi}\right)^2 - 12{,}8 \left(\frac{\alpha_s}{\pi}\right)^3\right). \qquad (24.20)$$

Wegen dieser funktionalen Abhängigkeit von α_s führen Messungen von R auf relativ große Fehler bei α_s. Auch sind bei Schwerpunktsenergien im Bereich von $\sim 40\,\mathrm{GeV}$ elektroschwache Korrekturen zu berücksichtigen. Dennoch werden genaue Messungen von R zur Bestimmung von α_s benutzt, denn in diesem Fall ist man unabhängig von anderen zusätzlichen Annahmen, wie z. B. bei den Fragmentationsmodellen. Die hieraus resultierenden Werte für α_s sind bei den entsprechenden Energien in Abb. 24.12 berücksichtigt.

Wie die Experimente zeigen, treten die bei der e^+e^--Annihilation erzeugten Hadronen häufig in zwei engen Bündeln (Jets) auf, die in entgegengesetzte Richtungen auseinanderfliegen. Dieses Phänomen wird unmittelbar verständlich, wenn der Prozeß über die Zwischenstufe der Erzeugung eines Quark-Antiquark-Paares verläuft (siehe Abb. 12.15a). Die in entgegengesetzte Richtungen auseinanderfliegenden Quarks wandeln sich durch Erzeugung weiterer Quark-Antiquark-Paare in Hadronen um, die angenähert der Richtung der zuerst erzeugten Quarks folgen und somit zwei Bündel bilden. Solche Jets wurden am Beschleuniger SPEAR am SLAC und bei DESY am Speicherring PETRA beobachtet. Ihre Häufigkeit und weiteren Eigenschaften entsprechen den Erwartungen, die man aufgrund ihrer Entstehung über ein Quark-Antiquark-Paar hat. Insbesondere ist ihre Winkelverteilung ein deutlicher Hinweis darauf, daß die Quarks den Spin $1/2$ besitzen. Dies stellt einen indirekten Beweis für die Existenz der Quarks dar, der dem einer offenbar nicht möglichen direkten Erzeugung freier Quarks wohl am nächsten kommen dürfte.

Analog zur Photonen-Bremsstrahlung in der QED wird eines der beim e^+e^--Vernichtungsprozeß entstehenden Quarks gelegentlich ein Gluon abstrahlen. Da das Gluon wegen seiner Farbladung selbst nicht als freies Teilchen auftreten kann, wandelt es sich wie das Quark in ein Bündel von Hadronen um. Wenn die Energie hoch genug ist, werden also drei Teilchenjets getrennt sichtbar, wobei der dritte von der harten Gluon-Bremsstrahlung herrührt. Diese von der QCD vorhergesagten Drei-Jet-Ereignisse konnten tatsächlich beobachtet werden (Abb. 24.11). Die gemessene Häufigkeit ihres Auftretens im Vergleich zu der von Zwei-Jet-Ereignissen ist wegen des zusätzlichen Quark-Gluon-Vertex durch α_s bestimmt und führt bei einer Schwerpunktsenergie von 30 GeV auf $\alpha_s \simeq 0{,}15$. Diese Abschätzung entspricht einem Wert für Λ, der mit dem aus der Lepton-Nukleon-Streuung ermittelten konsistent ist. Außerdem hängen die Korrelationen zwischen den Richtungen der Jets von dem Spin des Gluons ab. Die Messungen bestätigen die Vektoreigenschaft (d. h. Spin 1) des Gluons und stellen damit die bisher direkteste Evidenz für das Gluon dar.

Wenn die Energie ausreicht, werden mehr als ein hartes Gluon abgestrahlt, so daß im Endzustand die entsprechende größere Anzahl von Jets zu erwarten ist. Wegen der kleinen Kopplung $\alpha_s < 1$ sind solche Prozesse jedoch um so stärker unterdrückt, je mehr harte Gluonen beteiligt sind. Solche Vielfach-Jets sind daher schwieriger zu beobachten. Immerhin konnten bei einer Energie von 33 GeV Vier-Jet-Ereignisse der Gestalt $q\bar{q}gg$ und $q\bar{q}q\bar{q}$ festgestellt werden, deren Erzeugungsrate mit dem bekannten Wert für die Kopplungskonstante $\alpha_s = 0{,}15$ konsistent ist.

Gluon-Jets sind auch bei der tief-unelastischen Streuung von Myonen an Nukleonen festgestellt worden. Hier entsteht die Gluon-Bremsstrahlung, unmittelbar nachdem die Streuung des Leptons stattgefunden hat. Das angestoßene Quark und das von ihm emittierte Gluon

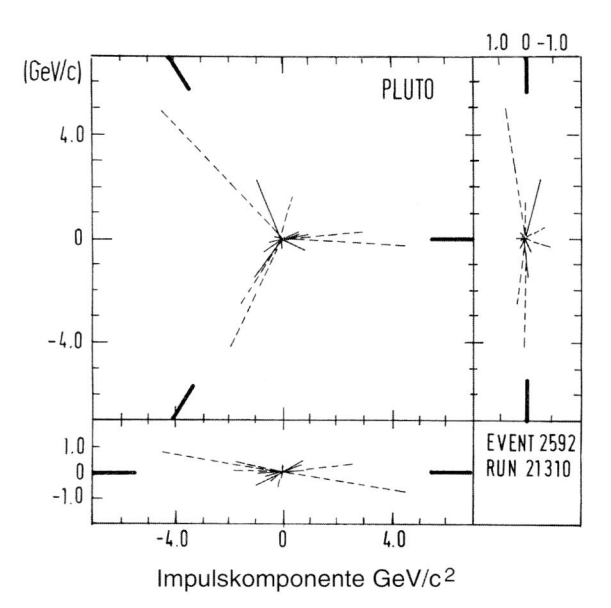

Abb. 24.11: Beispiel eines Drei-Jet-Ereignisses aufgenommen vom Detektor PLUTO am e^+e^--Speicherring PETRA beim DESY, Hamburg. Die Projektionen (rechts und unten) zeigen, daß das Ereignis in einer Ebene stattgefunden hat. Die gestrichelten Linien bezeichnen die hier ebenfalls registrierten neutralen Teilchen. Die Striche an den Randlinien markieren die Richtungen der Jet-Achsen (nach [Be 79]).

wandeln sich in Hadronen um, die im Endzustand als zwei Jets auftreten. Dies führt in dem Energieflußdiagramm der so erzeugten Hadronen zur Ausbildung von zwei Maxima, die von der Europäischen Myon-Kollaboration am CERN beobachtet werden konnten.

Die Untersuchungen von Jets eignen sich besonders gut zur Bestimmung von α_s in einem großen Energiebereich. Man ermittelt die Produktionsraten und Formparameter der Jets. Diese können störungstheoretisch berechnet werden. Am LEP-Collider haben alle vier Experimente (ALEPH, DELPHI, L3 und OPAL) in zahlreichen Untersuchungen mit hoher Statistik und bei Schwerpunktsenergien nahe der Z-Masse und darüber hinaus bis $\sim 200\,\text{GeV}$ wichtige Ergebnisse zur Energieabhängigkeit von α_s beigetragen.

Auch am $e^-(e^+)$p-Collider HERA (Detektoren H1 und ZEUS) sind ausführliche Jet-Studien zur Bestimmung von α_s bei verschiedenen Energien durchgeführt worden. Dies war der erste quantitative Test von QCD-Rechnungen der Ordnung α_s^3 in hadronischen Kollisionen. Insgesamt befinden sich alle HERA-Resultate für α_s in guter Übereinstimmung, sowohl untereinander als auch im Vergleich mit dem Weltmittelwert und ergeben somit einen erfolgreichen Test der QCD.

Es sei daran erinnert, daß auch die im Abschnitt 24.6 bereits diskutierten Quarkonium-Zustände selbst und ihre hadronischen Zerfälle, die über den Zwischenzustand mit drei Gluonen verlaufen, $V \to 3g \to$ Hadronen, einen positiven Test der QCD darstellen. Insbesondere ist der aus den Zerfallsbreiten ermittelte Wert für α_s mit den aus anderen Prozessen bestimmten

Werten konsistent. Darüber hinaus gewinnt man aus der Beobachtung der Zerfälle von Υ und Υ' eine Bestätigung dafür, daß die Gluonen den Spin 1 haben. Die beim Zerfall entstehenden drei Gluonen bilden im Endzustand drei Jets von Hadronen. Wenn die Gluonen den Spin 1 besitzen, dann sollte die Richtung z. B. des energiereichsten Jets eine Winkelverteilung der Form $1 + A\cos^2\Theta$ gegen die e^+e^--Strahlrichtung haben. Für Gluonen mit Spin 0 müßte diese Winkelverteilung proportional zu $\sin^2\Theta$ sein. Die bei den Zerfällen von Υ und Υ' gewonnenen Daten folgen eindeutig der $\cos^2\Theta$-Verteilung und bestätigen damit den Spin 1 für Gluonen.

Da die Gluonen aufgrund ihrer Farbladungen direkt miteinander wechselwirken, sind nach der QCD im Prinzip auch Teilchen möglich, die nur aus Gluonen bestehen. Für diese Gluonenbälle werden Massen in der Größenordnung von wenigen GeV vorhergesagt. Da sie sehr kurze Lebensdauern besitzen, können sie nur durch eine entsprechende Resonanz in den Zerfallsprodukten identifiziert werden. Es ist schwierig, sie über dem Untergrund der in diesem Massenbereich auch vorhandenen Hadronen zu entdecken. Die Bildung von Gluonenbällen ist z. B. beim Zerfall von Charmonium zu erwarten, das zwar in der Regel über drei Gluonen in Hadronen zerfällt, bei etwa 10% der Zerfälle aber ein Photon und zwei Gluonen emittiert. Da die beiden abgestrahlten Gluonen entgegengesetzte Farbladungen tragen, können sie sich zu einem farbneutralen System verbinden. Es sind einige Zerfallsereignisse beobachtet worden, die als Signal für Gluonenbälle in Frage kommen, doch ist die eindeutige Interpretation bisher strittig. Die Suche nach diesen besonderen Zuständen wird aber fortgesetzt, denn schließlich wären sie ein deutlicher Beweis für die direkte Wechselwirkung der Gluonen untereinander, die bei ihren Vorbildern, den ladungsneutralen Photonen in der QED, nicht vorkommt.

Der wesentliche freie Parameter der QCD ist die bereits öfter erwähnte Kopplungsstärke α_s. Ihre Abhängigkeit von der Energie, bzw. vom Impulsübertrag Q, kann in der Vier-Schleifen-Näherung berechnet werden. Ihren eigentlichen Wert bei einer festen Energie muß man im Experiment bestimmen. Diese Messung ist daher von grundlegender Bedeutung. Bei einem Test der QCD sind jedoch Messungen bei mindestens zwei verschiedenen Energien und bei unterschiedlichen Prozessen erforderlich. Ist der bei einer bestimmten Energieskala gemessene Wert von α_s bekannt, dann sind aufgrund der Energieabhängigkeit Voraussagen für die Werte bei anderen Energien möglich, die dann wiederum im Experiment zu überprüfen sind. Natürlich ist man daran interessiert, α_s über einen großen Energiebereich möglichst genau zu messen, um dadurch einen zuverlässigen Vergleich mit der vorausgesagten Energieabhängigkeit zu erreichen.

Wir haben bereits eine Reihe von Experimenten angeführt, die diesen Test der QCD ermöglichen. Hierzu gehören die tief-unelastische Lepton-Nukleon-Streuung mit den Verletzungen des Skalenverhaltens, die e^+e^--Annihilation mit den Korrekturen zum totalen Wirkungsquerschnitt (R), die Untersuchungen der Jet-Ereignisse sowie die hadronischen Zerfallsbreiten der Quarkonium-Zustände. Weitere Möglichkeiten zur Bestimmung von α_s sind z. B. $p\bar{p}$-Prozesse, das semileptonische Verzweigungsverhältnis beim τ-Zerfall ($\tau \to \nu_\tau$ + Hadronen) und die hadronische Zerfallsbreite des Z-Bosons.

Es sind zahlreiche verschiedene Experimente bei unterschiedlichen Energien durchgeführt worden. In Abb. 24.12 ist eine Zusammenfassung dieser Messungen dargestellt.

Die Abnahme von $\alpha_s(Q)$ mit wachsendem Q ist dadurch experimentell verifiziert. Die Ergebnisse sind in sehr guter Übereinstimmung mit den Erwartungen der QCD. Damit hat die QCD den bisher umfangreichsten Test erfolgreich bestanden.

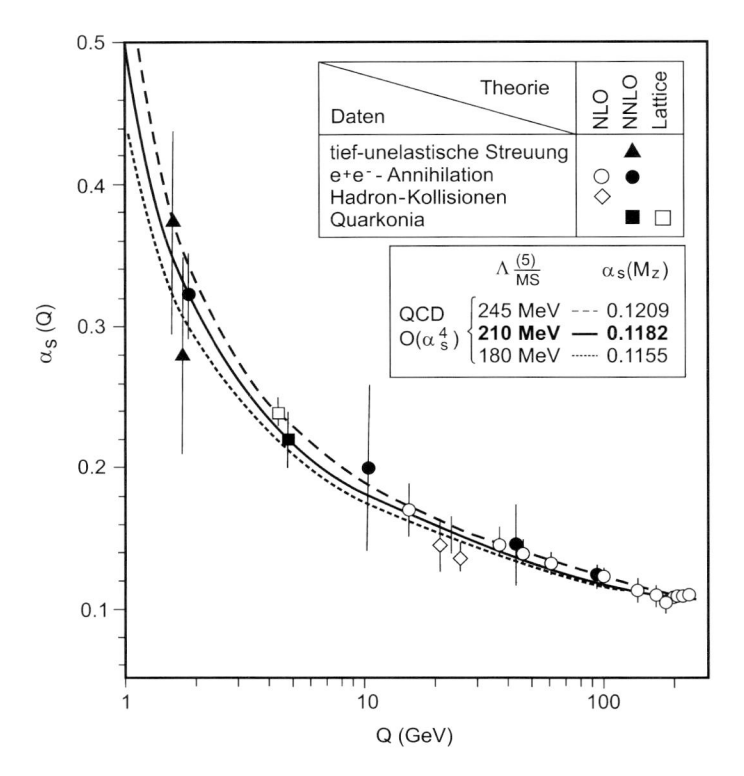

Abb. 24.12: Zusammenfassung von Messungen des Kopplungsparameters $\alpha_s(Q)$ im Vergleich mit der Vorhersage der QCD (nach [Be 04]).

Es ist zweckmäßig, die bei verschiedenen Q-Werten gemessenen Kopplungsparameter in einem Wert bei einer bestimmten Energieskala zusammenzufassen. Für diesen gemeinsamen Bezugspunkt wählt man die Ruhmasse des Z-Bosons. Die Umrechnung auf diese Referenzskala erfolgt mit Hilfe einer Erweiterung von Gl. (24.5), bei der Vier-Schleifen-Korrekturen berücksichtigt sind. Man erhält so im Weltmittel den Wert

$$\alpha_s(M_z) = 0{,}1182 \pm 0{,}0027. \tag{24.21}$$

Die Messungen von α_s können auch dazu benutzt werden, um eine Aussage über die Anzahl der Farbfreiheitsgrade zu erhalten. Dies ist möglich, weil der in Gl. (24.5) vor dem Logarithmus stehende Koeffizient von der zugrundeliegenden Eichsymmetrie $SU(N)$ abhängt. Seine Berechnung ergibt in diesem allgemeinen Fall $\beta_0 = (11N - 2N_f)/12\pi$. Läßt man die Zahl N zunächst noch offen, dann folgt aus einer funktionalen Anpassung der Gl. (24.5) an die experimentellen Daten $N = 3{,}03 \pm 0{,}12$. Dies sind gerade die drei Farbfreiheitsgrade der auf der SU(3)-Symmetrie beruhenden QCD.

Zusammenfassend sei betont, daß die wesentlichen Vorhersagen der QCD experimentell bestätigt werden konnten und keine ihrer bisherigen Prüfungen negativ verlaufen ist. Der anfangs spekulative Entwurf der QCD hat sich damit zu dem richtigen Ansatz für die Theorie der starken Wechselwirkung entwickelt. Ein erstaunlicher Zug dieser Eichtheorie ist die Reichhaltigkeit der darin enthaltenen Phänomene. Die Grundgleichungen der QCD, die den Maxwell-Gleichungen ähneln, beschreiben trotz ihrer relativ einfachen Gestalt eine Fülle von Erscheinungen, die von der Wechselwirkung zwischen den Nukleonen im Kern (≤ 10 MeV) bis zu den höchsten in Streuexperimenten heute möglichen Energien reichen. Die weitere Ausarbeitung dieser Theorie ist Gegenstand intensiver Forschung und man darf erwarten, daß weitere Prüfungen der QCD bei den erst mit der zukünftigen Beschleuniger-Generation erreichbaren Energien entscheidend hierzu beitragen werden.

Literatur

BÖHM, M., DENNER, A., and JOOS, H.: Gauge Theories of the Strong and Electroweak Interaction. 3. rev. ed., B. G. Teubner, Stuttgart 2001.
CLOSE, F. E.: An Introduction to Quarks and Partons. Academic Press, New York 1979.
CREUTZ, M.: Quarks, Gluons and Lattcies. Cambridge University Press, Cambridge 1985.
GASIOROWICZ, S. and ROSNER, J. L.: Hadron Spectra and Quarks. *Am. J. Phys.* 49 (**1981**) 954.
HENDRY, A. W. and LICHTENBERG, D. B.: The Quark Model. *Rep. Progr. Phys.* 41 (**1978**) 1707.
HUANG, K.: Quarks, Leptons and Gauge Fields. 2nd ed., World Scientific, Singapore 1992.
LICHTENBERG, D. B.: Quantum Chromodynamics. *Contemp. Phys.* 22 (**1981**) 311.
PERL, M. L.: High Energy Hadron Physics. J. Wiley, New York 1974.
SÖDING, P. and WOLF, G.: Experimental Evidence an QCD. *Ann. Rev. Nucl. Part. Sci.* 31 (**1981**) 231.
WILCZEK, F.: Quantum Chromodynamics: The Modern Theory of Strong Interactions. *Ann. Rev. Nucl. Part. Sci.* 32 (**1982**) 177.
YNDURAIN, F. J.: The Theory of Quark and Gluon Interactions. 3rd ed., Springer, Berlin 1999.

VI Ausblick

25 Die große Vereinigung

In diesem letzten Kapitel wollen wir einige weniger gesicherte, eher spekulative Ideen diskutieren, die das bisherige Bild von den Wechselwirkungen der Teilchen abrunden und andeuten, in welche Richtung sich die Physik der Elementarteilchen weiter entwickeln kann. Die sich dabei ergebenden neuen Zusammenhänge und Fragen gehören zu einem der faszinierendsten Forschungsgebiete der Physik von weitreichender Bedeutung, das in sich Probleme der Teilchenphysik und der Kosmologie vereint.

25.1 Vereinigte Wechselwirkungen

Das herausragende Problem der Teilchenphysik ist ein besseres Verständnis der Eigenschaften der fundamentalen Wechselwirkungen, insbesondere ihre auffallend unterschiedlichen Stärken. Durch die Berücksichtigung von Eichsymmetrien und der damit eingeführten Eichtheorien hat sich unsere Auffassung von den Wechselwirkungsstärken in zweifacher Hinsicht gewandelt. Wir haben gelernt, daß die schwache Wechselwirkung so schwach ist, weil die entsprechenden Eichbosonen $W^\pm$ und Z so große Massen besitzen. Die elektromagnetische und die schwache Wechselwirkung lassen sich bei hohen Energien vereinigen. Die auf der Eichsymmetrie beruhende Ähnlichkeit beider Wechselwirkungen bleibt aber bei niedrigen Energien wegen des Phänomens der spontanen Symmetriebrechung verborgen. Die Eichsymmetrie $SU(2) \times U(1)$ wird erst bei genügend hohen Energien ($|q|^2 \gg M_w^2, M_z^2$) sichtbar. Außerdem haben wir gesehen, daß es gar nicht sinnvoll ist, von einer festen Kopplungskonstanten zu sprechen, denn ihre effektive Stärke hängt durchaus von dem gerade betrachteten Energiebereich (bzw. der Längenskala) ab.

Aufgrund dieser Erkenntnisse und der Tatsache, daß auch die starke Wechselwirkung durch eine Eichtheorie beschrieben wird, liegt folgende interessante Möglichkeit zu einer weiteren Vereinigung nahe. Vielleicht können die starke, elektromagnetische und schwache Wechselwirkung, die als Eichtheorien viele gemeinsame Züge aufweisen, in einem noch festzulegenden Bereich hoher Energien alle durch eine einzige Eichsymmetrie zusammengefaßt werden. Die entsprechende Eichgruppe G müßte mindestens so groß sein, daß die bisher im direkten Produkt nebeneinander stehenden Gruppen $SU(3)_c \times SU(2) \times U(1)$ als Untergruppen darin vorkommen. Wenn man G als einfache Lie-Gruppe wählt, kann die Wechselwirkung in diesem Energiebereich durch eine einzige Kopplungskonstante beschrieben werden. Die bei niedrigen Energien beobachteten Unterschiede der Kopplungsstärken ergeben sich daraus in der vorher diskutierten Weise. Dann ist die in der GSW-Theorie vorkommende spontane Symmetriebrechung die letzte Stufe in einer Folge von Symmetriebrechungen einer umfassenden

Elementarteilchen und ihre Wechselwirkungen. Klaus Bethge und Ulrich E. Schröder
Copyright © 2006 WILEY-VCH Verlag GmbH & Co. KGaA, Weinheim
ISBN: 3-527-40587-9

symmetrischen Theorie, die alle beobachtbaren Wechselwirkungen vereinigt. Unsere Messungen finden offenbar in einem Energiebereich statt, in dem wir nur die Bruchstücke der bei viel höheren Energien vorhandenen umfassenderen Symmetrie als Überreste feststellen können.

Da ein ausreichendes Verständnis der Quantentheorie der Gravitation bisher fehlt, ist es allerdings angebracht, diese Wechselwirkung von der großen Vereinigung zunächst auszuschließen. Damit bleibt immer noch genügend Platz auf der Energieskala. Die im Bereich der Elementarteilchen normalerweise vernachlässigbare Gravitation wird in ihrer effektiven Stärke nämlich erst bei extrem hohen Energien mit den anderen Wechselwirkungen vergleichbar. Die Größenordnung, bei der dies eintritt und Quanteneffekte wichtig werden, ergibt sich mit Hilfe der Gravitationskonstanten γ aus Dimensionsgründen zu

$$E \approx \left(\frac{\hbar c}{\gamma}\right)^{1/2} c^2 \approx 10^{19} \text{ GeV}.^{106} \tag{25.1}$$

Die große Vereinigung sollte also bei durchaus kleineren Energien erfolgen, so daß die Massen der darin vorkommenden Teilchen unterhalb der in (25.1) definierten Planck-Masse $(\hbar c/\gamma)^{1/2}$ liegen.

Bereits die Annahme einer solchen großen Vereinigung (Grand Unified Theory: GUT) führt zu wichtigen qualitativen Folgerungen, ohne daß die Struktur der vereinigenden Lie-Gruppe G bekannt sein muß. Insbesondere kann mit Hilfe der oberen Schranke für die Lebensdauer des Protons die Größenordnung der Energie abgeschätzt werden, bei der die Vereinigung möglich ist. In einer Welt, in der es nur eine Kopplungskonstante gibt, trifft die gewohnte Unterscheidung zwischen Quarks und Leptonen, die sonst auf ihren verschieden starken Wechselwirkungen beruht, offensichtlich nicht mehr zu. Bezüglich der großen Symmetriegruppe G stehen also Quarks und Leptonen auf gleicher Stufe[107] und werden auch in gemeinsamen Multipletts von G vorkommen. Zur Gruppe G gehören dann auch Symmetrietransformationen, deren erzeugende Operatoren Leptonen in Quarks überführen und umgekehrt. In der Eichtheorie gehört zu jedem erzeugenden Operator ein entsprechendes Eichfeld, das zwischen den Materieteilchen ausgetauscht wird und so die Wechselwirkung vermittelt. Bei den nun möglichen Übergängen zwischen Quarks und Leptonen bleibt die Baryonenzahl und ebenso die Leptonenzahl nicht mehr erhalten. Dies ist durchaus kein Nachteil, wie man zunächst vermuten könnte, denn diese Zahlen spielen ohnehin eine etwas einseitige Rolle. Sie sind zur Bilanz der in den Teilchenreaktionen auftretenden Baryonen und Leptonen sehr nützlich und erlauben es, bisher nicht beobachtete Reaktionen auszuschließen. Mit dieser Funktion scheint ihre Bedeutung aber auch schon erschöpft zu sein. Die Erhaltung der Baryonenzahl wurde z. B. eingeführt, um den Zerfall des Protons, das sonst in leichtere nichtbaryonische Teilchen übergehen könnte, zu verbieten. Die Baryonenzahl wirkt aber nicht zugleich als Quelle eines bestimmten Strahlungsfeldes, wie etwa die elektrische Ladung, deren Erhaltung ein wesentlicher Bestandteil der Elektrodynamik ist. Ein an die Baryonenzahl koppelndes Eichfeld ist nicht bekannt. Somit besteht aber auch kein tieferer Grund für ihre Erhaltung. Da die Baryonenzahl in G verletzt ist, kann das Proton zerfallen. Dies geschieht durch den Austausch der in G vorhandenen Eichbosonen X, die den

---

[106] Die Gravitationskonstante $\gamma = 6,67 \cdot 10^{-11}$ m^{3}kg^{-1}s^{-2} wird oft mit G bezeichnet. Dieser Buchstabe ist hier jedoch bereits für die allgemeine Symmetriegruppe vergeben.

[107] Man geht hier von der (konservativen) Annahme aus, daß die Quarks und Leptonen ihrerseits keine Unterstruktur besitzen, die sich bei höheren Energien bemerkbar machen könnte.

25 Die große Vereinigung

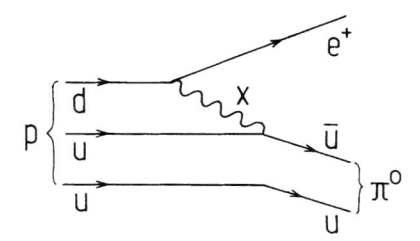

Abb. 25.1: Möglicher Zerfall des Protons ($p \to e^+ + \pi^0$), der durch den Austausch eines X-Bosons zwischen den Quarks erfolgt.

Übergang von Quarks in Leptonen vermitteln. In Abb. 25.1 ist z. B. eine Möglichkeit für den Zerfall des Protons, $p \to e^+ + \pi^0$, graphisch dargestellt.

Das Proton muß zwangsläufig sehr langlebig sein, wie allein aus unserer Existenz abschätzbar ist. Wäre die Lebensdauer des Protons kürzer als etwa 10^{16} Jahre, dann würden die ungefähr 10^{28} im menschlichen Körper vorhandenen Protonen mit einer mittleren Rate von 10^{12} Protonen pro Jahr zerfallen, das sind 30 000 Zerfälle pro Sekunde. Diese relativ große Zahl zerfallender Protonen würde aber unser Leben bedrohen. Aufgrund der bisher durchgeführten Experimente, bei denen systematisch nach dem Zerfall $p \to e^+ + \pi^0$ gesucht worden ist, muß die mittlere Lebensdauer des Protons für diesen Zerfallskanal größer als 10^{33} Jahre sein.[108] Diese außerordentlich starke Unterdrückung des im Prinzip möglichen Protonzerfalls wird verständlich, wenn das dabei auftretende Boson X entsprechend schwer ist. Seine Masse sollte aber durchaus um Größenordnungen kleiner als die Planck-Masse sein. Ein X-Boson mit der (zunächst willkürlich) angenommenen Masse in der Größenordnung von $M_X \approx 10^{15}$ GeV führt nämlich wegen der Beziehung (4.4) zwischen Masse und Reichweite auf eine Wechselwirkung, die nur über die Entfernung von 10^{-29} cm wirkt. Da die Ausdehnung des Protons mit 10^{-13} cm rund 16 Zehnerpotenzen größer ist, werden die Quarks nur äußerst selten nahe genug beieinander sein, damit ein Prozeß wie der in Abb. 25.1 dargestellte stattfinden kann. Die oben vorweggenommene Größenordnung der Masse M_X kann man folgendermaßen abschätzen. Der dominierende Beitrag zur Amplitude des in Abb. 25.1 dargestellten Prozesses stammt von der Ausbreitungsfunktion $(q^2 - M_X^2)^{-1}$ des X-Teilchens, die wegen $q^2 \ll M_X^2$ zu einem Faktor M_X^{-4} in dem Quadrat der Amplitude und damit in der Zerfallsrate Γ_p führt. Die Zerfallsrate ist proportional zum Quadrat der Feinstrukturkonstanten, $\alpha_G = g_G^2/4\pi$, der durch die Symmetrie G eingeführten Wechselwirkung. Sie hat außerdem die Dimension einer Energie bzw. Masse (mit $\hbar = c = 1$), so daß man aus Dimensionsgründen folgende Abschätzung erhält:

$$\Gamma_p \sim \alpha_G^2 \frac{m_p^5}{M_X^4}. \tag{25.2}$$

Hierbei wurde die Masse des zerfallenden Teilchens, des Protons, als relevante Größe im Zähler benutzt. Die mittlere Lebensdauer τ_p erhält man als Kehrwert der Zerfallswahrscheinlichkeit $\tau_p = \Gamma_p^{-1}$. Sie wächst demnach mit der vierten Potenz der Masse des Feldquants, das den Zerfall vermittelt. Die experimentell bestimmte untere Schranke $\tau_p > 10^{33}$ Jahre führt dann

---
[108] Dieser Wert ist der im Anhang angeführten Teilchentabelle aus dem Jahr 2004 entnommen.

mit dem geschätzten Wert $\alpha_G^2 \approx 10^{-3}$ auf

$$M_X > 10^{15} \text{ GeV}. \tag{25.3}$$

Diese riesige Masse, die aber immer noch mehrere Größenordnungen unter der Planck-Masse liegt, bestimmt also die Energieskala, bei der die große Vereinigung zu erwarten ist. Wollte man so schwere Teilchen in einem Elektron-Proton-Speicherring erzeugen, der nach heutigem Stand der Beschleunigertechnik zu bauen wäre, dann hätte man mit einem Ringdurchmesser von mehr als einem Lichtjahr ($9{,}5 \cdot 10^{12}$ km) zu rechnen. Dies veranschaulicht die enorme Extrapolation der Massenskala, die mit der großen Vereinigung verbunden ist.

Wir können also zwei sehr verschiedene Energieskalen für die aufeinanderfolgenden Symmetriebrechungen feststellen

$$G \xrightarrow[10^{15} \text{ GeV}]{} SU(3)_c \times SU(2) \times U(1) \xrightarrow[10^2 \text{ GeV}]{} SU(3)_c \times U(1)_{\text{em}} \tag{25.4}$$

Bei der extrem hohen Energie von $\approx 10^{15}$ GeV wird die große Symmetrie G zunächst in das direkte Produkt aus der Farbsymmetrie $SU(3)_c$ und der elektroschwachen Symmetrie $SU(2) \times U(1)$ gebrochen. Dabei erhalten die X-Bosonen ihre Massen. Die Gluonen ($SU(3)_c$), $W^\pm, Z^0$-Bosonen und das Photon ($SU(2) \times U(1)$) sowie die Quarks und Leptonen sind zunächst noch masselos. Erst durch die zweite Symmetriebrechung, die bei $\approx 10^2$ GeV stattfindet, werden die W^+, Z^0-Bosonen ($SU(2)$), die Quarks und Leptonen massiv, während die Gluonen und Photonen masselos bleiben.

25.2 Das $SU(5)$-Modell

Bei der Suche nach einer geeigneten Gruppe G, die als Eichsymmetrie für die große Vereinigung in Frage kommt, stößt man nahezu zwangsläufig auf die Gruppe $SU(5)$. Sie ist nämlich die kleinste einfache Lie-Gruppe, die $SU(3)_c$ und $SU(2) \times U(1)$ als Untergruppen enthält. Dieses von H. Georgi und S. L. Glashow [Ge 74] vorgeschlagene Modell zur großen Vereinigung wollen wir als Beispiel in der weiteren Diskussion benutzen.[109] Da die Gruppe $SU(5)$ durch $5^2 - 1 = 24$ erzeugende Operatoren definiert ist, kommen in der entsprechenden Eichtheorie insgesamt 24 Vektorbosonen vor. Darin enthalten sind die bereits bekannten 8 Gluonen sowie die $W^\pm, Z^0$-Bosonen und das Photon. Es werden also insgesamt 12 X-Bosonen neu eingeführt, die zwischen den in $SU(5)$-Multipletts einzuordnenden Quarks und Leptonen Übergänge bewirken können und damit auch den Zerfall des Protons ermöglichen.

Für Energien größer als 10^{15} GeV ist die Theorie symmetrisch gegenüber der Eichgruppe $SU(5)$ und es kommt nur eine Kopplungskonstante g_5 vor. Die bei niederen Energien beobachteten unterschiedlichen Werte der Kopplungen ergeben sich dann als Folge der Symmetriebrechung. Sie müssen bei hohen Energien in einem Wert zusammenfallen. Wenn man also umgekehrt den Verlauf der drei effektiven Kopplungen g_1, g_2 und g_3, die ja energieabhängig sind, mit zunehmender Energie verfolgt, dann sollten sie aufeinander zulaufen und sich bei hoher Energie treffen. Da die effektiven Kopplungen sich wegen der logarithmischen Abhängigkeit von der Energie nur langsam ändern und sehr unterschiedliche Ausgangswerte

---
[109] Auch größere Gruppen sind vorgeschlagen und eingehend untersucht worden. Die wichtigsten Voraussagen, auf die wir uns hier beschränken, stimmen jedoch bei allen Modellen im wesentlichen überein.

25 Die große Vereinigung

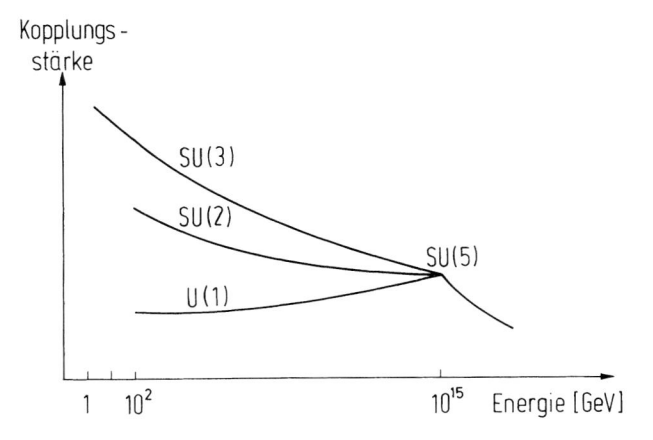

Abb. 25.2: Qualitative Änderungen der mit den Symmetrien $U(1)$, $SU(2)$ und $SU(3)_c$ verbundenen Kopplungskonstanten g_1, g_2 und g_3 im Rahmen des $SU(5)$-Modells.

besitzen, kann der Vereinigungspunkt nur bei sehr hoher Energie liegen. Der zu erwartende Verlauf ist in Abb. 25.2 dargestellt. Die Kopplung g_1 der abelschen Eichgruppe $U(1)$ wird, von einem kleinen Wert ausgehend, mit der Energie langsam größer, während die Kopplungen g_2 und g_3 der nichtabelschen Eichgruppen von höheren Werten abfallen.

Diesen Verlauf kann man im $SU(5)$-Modell näher untersuchen, indem man von den experimentell gefundenen Werten der Kopplungsstärken ausgeht und sie zu hohen Energien rechnerisch extrapoliert. Auf diese Weise konnte gezeigt werden, daß die Werte der drei Kopplungen in der Tat bei etwa 10^{15} GeV sich einem gemeinsamen Wert zwar nähern, jedoch nicht in einem Punkt zusammentreffen. Damit wird immerhin die aus dem möglichen Zerfall des Protons gewonnene Abschätzung dieser Energieskala in gewisser Weise bestätigt. Man versteht nun auch, warum die starke Wechselwirkung so viel stärker als die elektroschwache ist: Dieser Unterschied ist auf die nach der Symmetriebrechung vorhandenen unterschiedlichen Eichgruppen zurückzuführen. Aufgrund der größeren Anzahl von Vektorbosonen, die bei der $SU(3)$-Symmetrie einzuführen sind, wächst die Kopplungskonstante g_3 mit kleiner werdender Energie am stärksten an.

Als weiteres wichtiges Ergebnis ist zu erwähnen, daß im Rahmen der vereinigten Theorie der Wert für den Weinberg-Winkel vorhergesagt werden kann. Wie wir uns erinnern, wird in der GSW-Theorie das Produkt der beiden Eichgruppen $SU(2)$ und $U(1)$ benutzt, wobei zu jeder die betreffende Kopplungskonstante g bzw. g' gehört. (siehe Abschnitt 18). Wegen der Relation (18.24) kann man anstelle von g' auch den Winkel θ_w einführen, der aber ebensowenig wie g' durch die Theorie festgelegt ist. Da aber mit der großen Symmetriegruppe $SU(5)$, die $SU(2)$ und $U(1)$ als Untergruppen enthält, nur eine Kopplungskonstante eingeführt wird, können g und g' in der vereinigten Theorie nicht mehr unabhängig voneinander sein, d. h. der Winkel θ_w muß einen bestimmten Wert besitzen. Das aus den gruppentheoretischen Annahmen abzuleitende Ergebnis,

$$\sin^2 \theta_w = \frac{3}{8} = 0{,}375, \tag{25.5}$$

scheint zunächst dem experimentellen Wert (18.33) zu widersprechen. Man hat jedoch zu beachten, daß (25.5) nur im Bereich strenger $SU(5)$-Symmetrie gilt. Um mit dem Experiment vergleichen zu können, hat man also zu niedrigen Energien hin zu extrapolieren. Wir wissen aber bereits, daß die effektive Kopplung g (von $SU(2)$) dabei größer wird, während g' (von $U(1)$) abnimmt, so daß für $g'/g = \tan\theta_W$ (siehe Gl. 18.24) bei Beschleunigerenergien durchaus ein kleinerer Wert zu erwarten ist. Dies wird auch durch die Rechnung bestätigt. Man geht hierbei wieder von der Energie $\approx 10^{15}$ GeV aus und erhält aufgrund der entsprechenden energieabhängigen Korrekturen bei niedrigen Energien (d. h. bei der Z-Masse) das Ergebnis $\sin^2\theta_W = 0{,}214 \pm 0{,}003$. Wenn man bedenkt, daß dieser Wert irgendwo beliebig zwischen 0 und 1 liegen könnte, dann stellt dies eine bemerkenswerte Annäherung an den experimentellen Wert (18.33) dar, ist aber mit diesem genauen Wert nicht verträglich. Diese Diskrepanz wird verständlich, wenn man nicht von der geforderten Gleichheit der Kopplungen ausgeht, sondern umgekehrt die bei niedrigen Energien gemessenen Werte der Kopplungen zu hohen Energien extrapoliert. Denn wie wir oben festgestellt haben, treffen sich diese nicht in einem Punkt.

Wie im Abschnitt 5.3 bereits angedeutet wurde, ist in der abelschen Eichtheorie $U(1)$ der Maßstab für die elektrische Ladung nicht fixiert, so daß es rätselhaft bleiben mußte, warum Quarks und Leptonen nur ganz spezifische elektrische Ladungen tragen, d. h. die elektrische Ladung quantisiert ist. Wenn man jedoch die Gruppe $U(1)$ in eine einfache Gruppe G (z. B. $SU(5)$) einbettet, wie es bei der großen Vereinigung geschieht, dann gehört der Ladungsoperator Q zu den erzeugenden Operatoren dieser Gruppe und der Maßstab für seine Eigenwerte, die elektrischen Ladungen, wird durch die für die Gruppe charakteristischen Vertauschungsregeln der Erzeugenden festgelegt. Somit folgt die Quantisierung der Ladung zwangsläufig im Rahmen einer solchen vereinigten Theorie, bei der die Gruppe $U(1)$ als Faktor nicht mehr auftritt. Wir wollen am Beispiel $SU(5)$ etwas näher hierauf eingehen.

Die Quarks und Leptonen lassen sich paarweise in drei Generationen (oder Familien) anordnen (siehe 12.22). Jede der Generationen, die mit den Antiteilchen und bei Unterscheidung der Farben insgesamt 15 elementare (linkshändige) Fermionenfelder enthält, kann im $SU(5)$-Modell durch die zwei niedrigsten Darstellungen mit den Dimensionen 5 und 10 beschrieben werden. Hierzu faßt man das Neutrino, das Elektron und die drei Antiquarks $\bar d$ in einem Feld mit fünf Komponenten $q_i (i = 1, \ldots, 5)$ zusammen,[110]

$$\{q_i\} = (\nu_e, e^-, \bar d_r, \bar d_g, \bar d_b). \tag{25.6}$$

Das Positron und die restlichen Quarks u, d und $\bar u$ passen dann in die nächsthöhere Darstellung 10. Man erhält die Felder dieser Darstellung, indem man die $(25-5)/2 = 10$ antisymmetrischen Produkte $q_i q_j - q_j q_i$ der zur fundamentalen Darstellung gehörenden 5 Mitglieder q_i bildet. Es ist bemerkenswert, daß man mit diesen beiden Darstellungen genau die Leptonen und Quarks erhält, die beobachtet werden. Einer der erzeugenden Operatoren der Gruppe $SU(5)$ ist der Ladungsoperator, der diagonal gewählt werden kann und dessen Diagonalelemente gerade die Ladungen der Teilchen ergeben. Wie bei allen Erzeugenden einer Gruppe $SU(n)$ muß die Summe seiner Diagonalelemente in jeder Darstellung gleich Null sein. Als bekanntes Beispiel für diese Eigenschaft seien die Paulischen Spinmatrizen im Fall $SU(2)$ erwähnt. Die Konsequenz hieraus ist, daß man bei der Summation der Ladungen der Elemente einer Darstellung

---

[110] Genauer sind damit zunächst die linkshändigen Felder der Antifermionen gemeint. Entsprechend werden die rechtshändigen Felder der Fermionen in dem Quintett $\{q_i\} = (\bar\nu_e, e^+, d_r, d_g, d_b)$ zusammengefaßt.

25 Die große Vereinigung

den Wert Null erhält. Insbesondere müssen sich die Ladungen der in (25.6) zusammengefaßten Fermionen zu Null addieren. Da das Neutrino ungeladen ist und die Quarks verschiedener Farbe die gleiche Ladung tragen sollen, erhält man

$$Q(e^-) + 3Q(\bar{d}) = 0 \tag{25.7}$$

und daraus folgt mit $Q(e^-) = -1$ für das $\bar{d}$-Quark die Ladung $+1/3$. Entsprechend erhält man aus der 10er Darstellung für das u-Quark die Ladung $+2/3$. Im Rahmen der vereinigten Theorie sind also die elektrischen Ladungen quantisiert. Die so bestimmten Ladungen der Teilchen einer Generation stimmen mit den phänomenologisch gefundenen Ladungen überein. Es ist interessant festzustellen, daß sich die drittelzahligen Ladungen der Quarks offensichtlich aufgrund der drei Farbfreiheitsgrade ergeben.[111] Da das Proton gerade aus zwei u-Quarks und einem d-Quark besteht, ist damit gleichzeitig auch die bislang rätselhafte Tatsache geklärt, daß so unterschiedliche Teilchen wie Proton und Elektron exakt die entgegengesetzt gleiche Ladung besitzen.[112] Auf ebenso einfache Weise wird auch die gleiche Stärke der schwachen Wechselwirkungen von Leptonen und Hadronen verständlich. Allerdings kann das Auftreten verschiedener Teilchengenerationen, die so gut in die niedrigsten Darstellungen von $SU(5)$ passen, nicht im Rahmen dieses Modells erklärt werden.

Im $SU(5)$-Modell bestehen auch Relationen zwischen den Massen der Quarks und Leptonen einer Generation. So sind im Symmetriebereich bei 10^{15} GeV die effektiven Massen des geladenen Leptons und die des Quarks mit der Ladung $1/3$ gleich. Die nach der QCD berechenbaren Renormierungseffekte vergrößern die Quarkmasse um den Faktor 3, wenn man zu den Laborenergien hin extrapoliert. Man erhält so für das Massenverhältnis der schweren Fermionen b und τ den Wert $m_b/m_\tau \approx 3$, der dem beobachteten Massenverhältnis von $\approx 2,6$ erstaunlich nahe kommt.[113]

Im Rahmen des $SU(5)$-Modells kann die Lebensdauer des Protons $\tau_p(p \to e^+ + \pi^0)$ genauer berechnet werden. Das Ergebnis bleibt jedoch bei noch vernünftigen Annahmen mit $< 10^{32}$ Jahren unter der für diesen Zerfall experimentell festgestellten Schranke $\tau_p > 1{,}6 \cdot 10^{33}$ Jahre. Dies ist die zweite wesentliche Aussage des $SU(5)$-Modells, die nicht zutrifft. Wir hatten bereits festgestellt, daß die zu hohen Energien extrapolierten Kopplungsparameter, entgegen der Annahme, sich nicht in einem Punkt treffen. Hiernach findet das minimale $SU(5)$-Modell also keine experimentelle Bestätigung. Dennoch erwartet man, daß gewisse Eigenschaften dieses einfachen Modells in einer erweiterten großen vereinigten Theorie bestehen bleiben. So kann man $SU(5)$ als Ausgangspunkt für die Bemühungen ansehen, die Wechselwirkungen in einer vereinheitlichten Theorie zusammenzufassen.

25.3 Die Lebensdauer des Protons

Alle diese Ergebnisse zeigen, daß die große Vereinigung tatsächlich tiefere Einsichten in die Eigenschaften der Teilchen und ihre Wechselwirkungen ermöglicht. Die wohl spektakulärste

---

[111] Ursprünglich waren dagegen die drittelzahligen Ladungen der Quarks Anfang der sechziger Jahre im Zusammenhang mit den zur Beschreibung der Hadronen erforderlichen drei Flavour-Freiheitsgraden eingeführt worden (siehe Abschnitt 3.13).
[112] Experimentell ist diese Gleichheit äußerst genau erfüllt: $|Q_p| - |Q_e| < 10^{-21}|Q_e|$.
[113] Bei den leichteren Fermionen stimmt dieses einfache Ergebnis allerdings nicht mehr.

Aussage, die im Rahmen einer solchen Theorie gemacht werden kann, ist der mögliche Zerfall des Protons. Die Beobachtung dieses Zerfalls wäre als Test der großen Vereinigung außerordentlich wichtig. Dies würde die Extrapolation der Energieskala über 13 Größenordnungen hinweg rechtfertigen und damit die weitere Entwicklung der Elementarteilchenphysik fördern. Bei positivem Ausgang bietet dieses Experiment die Möglichkeit, die Quantenfeldtheorie bei bisher ungeahnt hohen Energien, die uns im Labor nicht direkt zugänglich sind, zu testen.

Der wesentliche Grundgedanke bei der Durchführung eines solchen Experiments ist sehr einfach. Um zu prüfen, ob $\tau_p > 10^{30}$ Jahre ist, sollte man nachweisen, daß keines der 10^{30} Protonen, die in einer Materiemenge (meist Wasser) von $1{,}6$ Tonnen vorhanden sind, während eines Jahres zerfällt. Indem man größere Massen benutzt, läßt sich die Empfindlichkeit entsprechend steigern. Bei dem Zerfall $p \to e^+ + \pi^0$ und der anschließenden Reaktion $\pi^0 \to 2\gamma$ entstehen z. B. im Wasser zwei elektromagnetische Schauer von Elektronen und Positronen, die Čerenkov-Strahlung erzeugen, die durch geeignete Zähler gemessen werden kann. Der technische Aufwand bei dieser Suche nach der sprichwörtlichen „Nadel im Heuhaufen" ist allerdings beträchtlich. Um störende Effekte durch Teilchen der kosmischen Strahlung möglichst klein zu halten, werden solche Experimente tief unter abschirmenden Gesteinsschichten in Bergwerken oder Tunneln durchgeführt. Die bisherigen Experimente haben für die mittlere Lebensdauer des Protons die bereits erwähnte untere Schranke von $\tau_p > 10^{33}$ Jahre ergeben. Es ist zu wünschen, daß die Empfindlichkeit der Experimente noch verbessert werden kann.[114] Sollte es in der Tat möglich sein, den Zerfall des Protons nachzuweisen, dann wäre dies ein herausragendes Ereignis.

25.4 Die Entwicklungsphasen des frühen Universums

Die volle Schönheit der großen Vereinigung werden wir im Labor direkt nicht erkennen können, denn die dazu erforderlichen Energien übersteigen unsere Möglichkeiten. Nun ist aber nach heutiger Vorstellung das Weltall aus einem Zustand extremer Dichte und Temperatur, dem Urfeuerball, explosionsartig entstanden. Seitdem hat es sich ständig ausgedehnt, während seine Temperatur gleichzeitig gesunken ist. In dem sehr frühen Entwicklungsstadium des Universums, d. h. bei extrem hohen Temperaturen, sollten demnach die Bedingungen für die große Vereinigung der Wechselwirkungen einmal erfüllt gewesen sein. Vor Ausarbeitung der QCD war nicht bekannt, wie man den kosmologischen Zustand zu ultrahohen Energien extrapolieren sollte. Die asymptotisch freien Eichtheorien ermöglichen hierfür einen vernünftigen Ansatz. Danach mußte das Universum in den frühesten Epochen, nachdem etwa 10^{-43} Sekunden[115] seit dem Urknall vergangen waren, eine Folge von recht einfachen Zuständen durchlaufen, die im wesentlichen ein Plasma von relativ schwach wechselwirkenden X-Bosonen, Quarks, Gluonen, Leptonen, W, Z-Bosonen und Photonen bildeten. Während der Zeit von 10^{-43}–10^{-35} Sekunden ist die Temperatur (und damit die Energie) so hoch, daß alle Wechselwirkungen in einer einzigen vereinigt sind. Dies ist die Ära der großen Vereinigung (z. B. nach $SU(5)$). Im

---

[114] Allerdings ergeben Abschätzungen, daß die nicht abzuschirmenden störenden Ereignisse, die durch hochenergetische Neutrinos hervorgerufen werden, die Messung von Lebensdauern größer als 10^{33} Jahre sehr erschweren können. Es wird deshalb auch nach solchen Zerfällen gesucht, die möglicherweise etwas rascher als der in $e^+ + \pi^0$ erfolgen.

[115] Diese Zeit entspricht der bereits erwähnten Planck-Masse von 10^{19} GeV. Diese Skala ist durch die noch nicht entwickelte Quantentheorie der Gravitation bestimmt und setzt eine Grenze für sinnvolle Extrapolationen der gegenwärtig bekannten physikalischen Gesetze.

25 Die große Vereinigung

zeitlichen Abstand von etwa 10^{-35} Sekunden seit „Beginn der Zählung" findet die erste Symmetriebrechung bei der Energie von rund 10^{15} GeV statt. Dies entspricht einer Temperatur von rund 10^{28} K (Kelvin).[116] Diejenigen Prozesse, an denen die X-Bosonen beteiligt sind, hören auf und das Universum geht in die weniger symmetrische Phase über, die dem Produkt der Gruppen $SU(3) \times SU(2) \times U(1)$ entspricht. In der neuen Ära gehen somit die starke (QCD) und die elektroschwache Wechselwirkung (GSW-Theorie) getrennte Wege. In dem heißen Plasma der Teilchen kommen nun die bereits zerfallenen X-Bosonen nicht mehr vor. Bei der Energie von 10^2 GeV (d. h. Abkühlung auf 10^{15} K) ereignet sich dann (10^{-9} Sekunden) der zweite Phasenübergang mit Brechung der Symmetrie zwischen schwacher und elektromagnetischer Wechselwirkung. Die Erzeugung von W, Z-Bosonen hört auf und die schwache Kopplung wird relativ zur elektromagnetischen schwächer. Bemerkenswert ist, daß man die zur Erzeugung der W, Z-Bosonen erforderliche Energie 1983 gerade noch im Beschleuniger aufbringen konnte (vgl. Abschnitt 17.2). Um die Symmetrie oberhalb 10^2 GeV und damit den Zustand eines sehr frühen Stadiums des Universums im Labor herzustellen, werden Beschleuniger noch höherer Energien benötigt. Mit dem am CERN 1989 in Betrieb genommenen e^+e^--Speicherring LEP (vgl. Abschnitt 17.2) konnten die Masse und die Zerfallsbreite des Z^0-Bosons genauer bestimmt werden. Aus der Anpassung einer Breit-Wigner-Kurve an die Datenpunkte läßt sich auch die Anzahl der verschiedenen Arten vorhandener Neutrinos bestimmen. Wie die Experimente am LEP gezeigt haben, gibt es im Rahmen der GSW-Theorie keine vierte Generation leichter Neutrinos [De 89]. Nach dem Standardmodell von der Entwicklung des Kosmos, der Urknall-Theorie, sollte es drei (höchstens vier) Arten stabiler Neutrinos geben. Diese aus der Kosmologie gewonnene Aussage konnte somit durch die Experimente am Beschleuniger präzisiert werden. Hinsichtlich näherer Einzelheiten über die Entwicklung der Zustände im expandierenden Universum sei auf die Literatur am Ende dieses Kapitels hingewiesen. Wir möchten hier nur noch erwähnen, daß bei der weiteren Abkühlung nach etwa 10^{-6} Sekunden die Energie von 1 GeV (10^{13} K) unterschritten wird. Die Farbkräfte binden nun Quarks und Gluonen zu farbneutralen Teilchen (Hadronen), so daß die Farbfreiheitsgrade nach außen nicht mehr in Erscheinung treten (confinement). So entstehen die bekannten Bausteine der Kerne, Protonen und Neutronen. Wenn die Temperatur noch weiter bis auf rund 10^9 K gesunken ist, findet in der kurzen Zeitspanne der Expansion von etwa 10–200 Sekunden schließlich die Synthese der leichten Kerne statt, wobei über das Deuterium hauptsächlich ^{4}He als schwerstes Element gebildet wird. Die Sterne und Galaxien bilden sich erst nach rund 10^6 Jahren. Somit kann auch die Synthese der schweren Elemente, die in den Sternen stattfindet, erst so viel später beginnen.

Zusammenfassend stellen wir fest, daß die Entwicklung des frühen Universums durch die Dynamik der Wechselwirkungen zwischen den in der jeweiligen Epoche dominierenden Teilchen bestimmt wird. Insoweit man die Wechselwirkungen bei hohen Energien beherrscht, kann man die daraus für die Kosmologie folgenden Aussagen berechnen. Als besonders interessantes Beispiel für diesen Zusammenhang zwischen Teilchenphysik und Kosmologie, der immer mehr an Bedeutung gewinnt, wollen wir hier eine mögliche Erklärung für die kosmische Asymmetrie zwischen Materie und Antimaterie diskutieren.

---

[116] Für die Umrechnung benutzt man $1 \text{ eV} \cong 1{,}16 \times 10^4$ K.

25.5 Die Asymmetrie zwischen Materie und Antimaterie

Soweit unsere Beobachtungen reichen, ist die Welt mit Materie und nicht mit Antimaterie angefüllt. Wir können Antimaterie nicht einfach finden, sondern nur künstlich erzeugen. Die im Universum vorhandene mittlere Zahl von Protonen und Neutronen wird auf ungefähr $10^{-6}/\text{cm}^3$ geschätzt, während die Dichte der Photonen in der kosmischen Hintergrundstrahlung, die als Relikt des Urknalls anzusehen ist, in der Größenordnung von $500/\text{cm}^3$ liegt. Hieraus ergibt sich das Verhältnis der im Mittel im Universum vorhandenen Baryonen zu den Photonen als

$$\frac{N_B}{N_\gamma} \approx 10^{-9}. \tag{25.8}$$

Diese Zahl gab für lange Zeit Rätsel auf. Die Photonen der Hintergrundstrahlung können durch die Annihilation von Materie und Antimaterie im frühen Entwicklungsstadium des Universums erklärt werden. Wie kommt aber dieser relativ geringe Überschuß an Materie zustande, aus der wir und die uns umgebende Welt bestehen? Offenbar handelt es sich dabei um den bei der großen Annihilation übrig gebliebenen Rest an Baryonen (bzw. Quarks). Wenn die Baryonenzahl erhalten bliebe, müßte sie zu Beginn der Entwicklung aus dem Feuerball genauso groß sein wie heute. Man kennt aber keinen Grund, der eine solche Anfangsbedingung nahelegen würde. Viel natürlicher ist es, von einem symmetrischen Zustand auszugehen, in dem gleich viele Teilchen und Antiteilchen vorkommen. Im Rahmen der vereinigten Eichtheorien ist dies in der Tat möglich, denn wegen der Nichterhaltung der Baryonenzahl kann daraus ein Überschuß von Teilchen (Quarks) durchaus entstehen. Während der sehr frühen Ära der großen Vereinigung war die Temperatur so extrem hoch ($> 10^{28}$ K), daß die schweren X-Bosonen und ihre Antiteilchen $\bar{X}$ sehr häufig und in gleicher Menge erzeugt wurden. Von diesem symmetrischen Zustand ausgehend, zerfallen bei weiterer Ausdehnung und Abkühlung des Universums diejenigen X- und $\bar{X}$-Bosonen, die sich nicht gegenseitig vernichten, in Quarks und Leptonen. Dominierende Zerfälle dieser Art sind z. B.:

$$\begin{aligned} X &\to q + q \quad \text{oder} \quad \bar{q} + \bar{l}, \\ \bar{X} &\to \bar{q} + \bar{q} \quad \text{oder} \quad q + l. \end{aligned} \tag{25.9}$$

Zwar werden beim X-Zerfall Quarks und Antiquarks asymmetrisch erzeugt (Verletzung der Baryonenzahl), doch kommt es zu einem entsprechenden Ausgleich durch die $\bar{X}$-Zerfälle, falls die CP-Invarianz gilt. Andererseits würde eine Verletzung der CP-Symmetrie bedeuten, daß bestimmte partielle Zerfallsraten der X- und $\bar{X}$-Bosonen nicht mehr gleich sind und daher mehr Quarks (Baryonen) als Antiquarks entstehen können. Als weitere Bedingung hat man somit anzunehmen, daß bei den dominierenden Zerfällen außer der Baryonenzahlerhaltung auch die CP-Symmetrie verletzt ist.[117] Auch sollten sich die erzeugten Baryonen bei ihren Wechselwirkungen nicht im thermischen Gleichgewicht befinden. Andernfalls würde nach dem dann geltenden Boltzmannschen Verteilungsgesetz die Baryonendichte nur von der Temperatur und der Teilchenmasse abhängen. Letztere ist aber nach dem CPT-Theorem für Teilchen und Antiteilchen gleich. Folgerichtig müßten sich auch gleiche Dichten einstellen, was im Widerspruch

---
[117] Die Verletzung der CP-Symmetrie ist uns bereits bei den Zerfällen der K- und B-Mesonen begegnet (Abschnitte 15.4 und 18.6).

zu der entstehenden Asymmetrie stände. Nach ungefähr 10^{-35} Sekunden der Expansion ist die Temperatur unter 10^{28} K (d. h. Teilchenenergie 10^{15} GeV) gesunken, und die Prozesse, bei denen die Baryonenzahl verletzt wird, verlieren rasch an Bedeutung. Wenn also unter den obengenannten Bedingungen ein Überschuß an Baryonen entstanden ist, so wird dieser Zustand in der folgenden Epoche „eingefroren". Diese Asymmetrie hätte z. B. durchaus in der Größenordnung von $1 : 10^9$ liegen können. Im Verlauf der weiteren Entwicklung vernichten sich dann Baryonen und Antibaryonen gegenseitig. Der dabei nicht verbrauchte, relativ geringe Überschuß an Baryonen bleibt schließlich als die heute zu beobachtende Materie übrig.

Die nach diesen Überlegungen durchgeführten Rechnungen sind, wegen zu vieler unbekannter und daher frei wählbarer Parameter, mit entsprechend großen Unsicherheiten behaftet. Doch hat man damit erstmals eine recht befriedigende qualitative Deutung der Materie-Antimaterie-Asymmetrie erreicht.

25.6 Schlußbemerkungen

Zum Schluß bleibt noch darauf hinzuweisen, daß trotz beeindruckender Erfolge der großen Vereinigung eine Reihe von Fragen nur unzureichend oder noch gar nicht beantwortet werden konnten. So ist es z. B. unbefriedigend, daß die zur spontanen Symmetriebrechung erforderlichen skalaren Felder (Higgs-Teilchen) bisher (ad hoc) als elementare Teilchen eingeführt werden. Könnte es sich dabei nicht um Bindungszustände anderer Teilchen handeln? Warum treten in der Natur diese eigenartigen Wiederholungen von Quarks und Leptonen in den verschiedenen Teilchenfamilien auf? Wie kommen die bestimmten Massenverhältnisse bei den Quarks und Leptonen zustande? Sind diese Teilchen überhaupt elementare Objekte, wie wir bisher angenommen haben, oder ist bei höheren Energien eine noch fundamentalere Substruktur zu entdecken? Kann etwa der Einschluß der Quarks als Hinweis dafür angesehen werden, daß sie tatsächlich keine Struktur besitzen, wie man bei den zur Zeit erreichbaren Energien annehmen darf? Sind in dem Energiebereich von 10^2–10^{15} GeV überhaupt weitere Teilchen vorhanden, oder ist dieser Massenbereich weitgehend leer, eine uninteressante „Wüste" ohne Teilchenzustände, die erst bei den für uns unerreichbaren Energien von 10^{15} GeV aufhört? Die Reihe der noch unbeantworteten Fragen ließe sich fortsetzen.

Die wesentlichen Probleme dieser Art sind in engem Zusammenhang mit der angestrebten Vereinigung der Wechselwirkungen und der Identifizierung der fundamentalen Größen zu sehen. Möglicherweise können sie ohne Einbeziehung der Gravitation nicht gelöst werden. In der Tat kann man auch die Gravitation als klassische Eichtheorie formulieren. Die Quantisierung dieser Theorie führt jedoch auf Probleme, die noch gelöst werden müssen. Ein heute viel diskutierter Vorschlag zur Formulierung einer Quantentheorie der Gravitation geht von einer verallgemeinerten Symmetrie aus, genannt Supersymmetrie, in der die bisher getrennt betrachteten Fermionen (halbzahliger Spin) und Bosonen (ganzzahliger Spin) zusammengefaßt werden können und in bestimmter Weise korreliert sind. Die lokale Version dieser Theorie enthält als Eichtheorie die Gravitation mit dem Graviton (Spin 2) als zugehörigem Eichboson. Wegen der Fermion-Boson-Symmetrie tritt zusätzlich in dieser Theorie ein Teilchen mit Spin $3/2$ als Partner zum Graviton auf, das Gravitino. Indem man die Supersymmetrie mit der gewöhnlichen inneren Symmetrie kombiniert, gelangt man zu einem Ansatz für die Vereinigung der Wechselwirkungen einschließlich der Gravitation. Allerdings bereitet die Anpassung an das beobachtete Teilchenspektrum noch Schwierigkeiten. Außerdem werden auch viele Teilchen vorhergesagt, die bisher nicht beobachtet werden konnten. Möglicherweise wird man hierbei erst mit den an den geplanten Beschleunigern bei höheren Energien durchzuführenden Experimenten weitere entscheidende Fortschritte erzielen können. In Anbetracht des bisherigen Erfolges der Eichtheorien bei den fundamentalen Wechselwirkungen und der Schönheit der theoretischen Ideen besteht die begründete Hoffnung, daß die Natur tatsächlich durch diese Theorien beschrieben werden kann.

Die gegenwärtige Situation in der Physik der Elementarteilchen ist, wie wir in diesem Buch dargelegt haben, sehr bemerkenswert. Es scheint keine Anzeichen dafür zu geben, daß bei den heute erreichbaren Energien radikal neue Begriffe einzuführen wären. Vielmehr haben sich die nun schon alten Begriffe der Quantentheorie und der Relativitätstheorie bis hin zu Abständen in der Größenordnung von 10^{-16} cm bewährt. Insbesondere ist die Eichfeldtheorie der starken Wechselwirkung, die Quantenchromodynamik, durch die bisherigen Experimente immer besser bestätigt worden. Die auf dem Prinzip der Eichinvarianz beruhenden relativistischen Feldtheorien besitzen eine wesentlich reichhaltigere Struktur, als man früher angenommen hatte. Sie führen bei nichtabelscher Symmetrie auf so unerwartete Phänomene wie die asymptotische Freiheit und den Farbeinschluß. Aufgrund des als universell geltend angenommenen Eichprinzips folgt die Wechselwirkung der Elementarteilchen einfach aus der fundamentalen Symmetrie. Die verschiedenen Wechselwirkungen lassen sich nach diesem Prinzip bei hohen Energien vereinen. Die bei niedrigen Energien beobachtete Verschiedenheit der Wechselwirkungen resultiert aus der Symmetriebrechung. Die Symmetrie ist unter „normalen" Bedingungen nicht direkt sichtbar, sondern tritt erst bei entsprechend hohen Energien hervor. Die aus der Symmetrie folgenden Gesetze sind von erstaunlicher Einfachheit, führen aber andererseits auf viele Möglichkeiten der Wechselwirkung zwischen den zahlreich vorhandenen Elementarteilchen. Offenbar wird uns hier ein allgemeines Prinzip vorgeführt: Die Natur ist einfach und ökonomisch in ihren Gesetzen, läßt aber dennoch eine verschwenderische Vielzahl von Teilchen und Phänomenen zu. Dies kann letztlich auf die fundamentale Symmetrie zurückgeführt werden, die Vielfalt und Einfachheit, die Teile und das Ganze, ordnend verbindet.

Literatur

BÖRNER, G.: The Early Universe, 4th Ed., Springer, Berlin 2004.
DINE, M. and KUSENKO, A.: Origin of the Matter-Antimatter Asymmetry, *Rev. Mod. Phys.* 76 (**2004**) 1.
KOLB, E. W. and TURNER, M. S.: Grand Unified Theories and the Origin of the Baryon Asymmetry. *Ann. Rev. Nucl. Part. Sci.* 33 (**1983**) 645.
KOLB, E. W. and TURNER, M. S.: The Early Universe. Addison-Wesley Publ., Reading 1990.
LINDE, A.: Elementarteilchen und inflationärer Kosmos. Spektrum Akad. Verlag, Heidelberg 1993.
ROSS, G. G.: Unified Field Theories. *Rep. Progr. Phys.* 44 (**1981**) 655.
SILK, J.: Der Urknall. Birkhäuser u. Springer, Basel, Berlin 1990.
TAYLOR, R. J.: Cosmology, Astrophysics and Elementary Particle Physics. *Rep. Progr. Phys.* 43 (**1980**) 253.
ZEE, A.: Unity of Forces in the Universe, Vols. I, II. World Scientific Publ., Singapore 1982.

Literaturverzeichnis

[Ab 95]   ABE, F. et al. (CDF-Collab.), *Phys. Rev. Lett.* 74 (**1995**) 2626; ABACHI, S. et al. (D0-Collab.), *Phys. Rev. Lett* 74 (**1995**) 2632.
[Ab 01]   ABE, K. et al. (Belle Collab.), *Phys. Rev. Lett.* 87 (**2001**) 091802.
[Ab 02]   ABDURASHITOV, J. N. et al. (SAGE Collab.), *J. Exp. Theor. Phys.* 95 (**2002**) 181.
[Ab 04]   ABAZOV, V. M. et al. (D0-Collab.), *Nature* 429 (**2004**) 638.
[Ad 68]   ADLER, S. L. and DASHEN, R. F., *Current Algebras and Applications to Particle Physics.* Benjamin W.A., New York **1968**.
[Ad 69]   ADLER, S. L., *Phys. Rev.* 177 (**1969**) 1426.
[Ag 04]   AGUILAR-AREVALO, A. A., et al. (MiniBooNE Collab.), arXiv:hep-ex/0408074.
[Ah 01]   AHMED, S., et al. (SNO Collab.), *Phys. Rev. Lett.* 87 (**2001**) 071301.
[Ah 02]   AHMED, S., et al. (SNO Collab.), *Phys. Rev. Lett.* 89(**2002**) 011301, ibid. 011302.
[Ah 03]   AHMED, S., et al. (SNO Collab.), nucl-ex/0309004.
[Ahn 01] AHN, S. H. et al. (K2K Collab.), *Phys. Lett.* B 511 (**2001**) 178.
[Al 62]   ALFF, C. et al., *Phys. Rev. Lett.* 9 (**1962**) 322.
[Al 64]   ALVÄGER, T. et al., *Phys. Lett.* 12 (**1964**) 260.
[An 33]   ANDERSON, C. D., *Phys. Rev.* 43 (**1933**) 491.
[An 37]   ANDERSON, C. D. and NEDDERMEYER, H. S., *Phys. Rev.* 51 (**1937**) 884.
[Ap 75]   APPELQUIST, T. and POLITZER, H. D., *Phys. Rev. Lett.* 34 (**1975**) 43.
[Ar 02]   ARMBRUSTER, B., et al. (KARMEN Collab.), *Phys. Rev. D* 65 (**2002**) 112001.
[Ar 83a] ARNISON, G. et al. (UA-1-Collab.), *Phys. Lett.* 122B (**1983**) 103.
[Ar 83b] ARNISON, G. et al. (UA-1-Collab.), *Phys. Lett.* 126B (**1983**) 398.
[Ar 05a] ARAKI, T., et al. (KamLAND Collab.), *Phys. Rev. Lett.* 94 (**2005**) 081801.
[Ar 05b] ARAKI, T., et al., *Nature* 436 (**2005**) 467.
[As 04]   ASHIE, Y., et al. (SK Collab.), *Phys. Rev. Lett.* 93 (**2004**) 101801.
[Au 74]   AUGUSTIN, J. E. et al., *Phys. Rev. Lett.* 33 (**1974**) 1406.
[Au 83]   AUBERT, J. J. et al., *Phys. Lett.* 123B (**1983**) 275.
[Au 01]   AUBERT, B. et al. (BaBar Coll.), *Phys. Rev. Lett.* 87 (**2001**) 091801.
[Au 04]   AUBERT, B. et al. (BaBar Coll.)m *Phys. Rev. Lett.* 93 (**2004**) 131801.
[Ay 71]   AYRES, D. S. et al., *Phys. Rev.* 3D (**1971**) 1051.
[Ba 02]   BACK, H. O. et al., *Phys. Lett.* B525 (**2002**) 29.
[Ba 64]   BARNES, V. et al., *Phys. Rev. Lett.* 12 (**1964**) 204.
[Ba 73]   BARISH, B. C. et al., *Phys. Rev. Lett.* 31 (**1973**) 180.
[Ba 78]   BARISH, B. C., *Phys. Reports* 39 (**1978**) 279.
[Ba 83]   BANNER, M. et al. (UA - 2 - Collab.), *Phys. Lett.* 122B (**1983**) 476.
[Be 53]   BETHE, H. A. and ASHKINS, J., in *Experimental Nuclear Physics* Vol. 1, Ed. Segrè, E. J. Wiley, New York **1953**, S. 166.
[Be 68]   BERNSTEIN, J., *Elementary Particles and their Currents*. Freeman W.H., San Francisco **1968**.
[Be 69]   BELL, J. S. and JACKIW, R., *Nuovo Cimento* 60 (**1969**) 47.
[Be 76]   BECCHI, C. et al., *Ann. Phys.* (N.Y.) 98 (**1976**) 287.

[Be 79]   BERGER, CH., in *Proc. Int. Sympos. on Lepton Photon Interactions*, Batavia 1979, p. 19 (Hrsg. Kirk T.B.W., Abarbanel H.D.I.).
[Be 80]   BEIKO, S. and PENDLETON, H. N., *Ann. Rev. Nucl. Sci.* 30 (**1980**) 543.
[Be 82]   BEHREND, H. J. et al., *Z. Phys.* C14 (**1982**) 283.
[Be 83]   BEHRENDS, S. et al., *Phys. Rev. Lett.* 50 (**1983**) 881.
[Be 01]   BETHGE, K., WIEDEMANN, B., WALTER, G., *Kernphysik*, 2. Aufl., Springer, Heidelberg **2001**.
[Be 04]   BETHKE, S., arXiv:hep-ex/0407021, s. auch *J. Phys. G* 26 (**2000**) R27.
[Bi 64]   BIENLEIN, J. K. et al., *Phys. Lett.* 13 (**1964**) 80.
[Bi 99]   BIGI, I. I. and SANDA, A. I., *CP Violation*. Cambridge University Press, Cambridge 1999.
[Bj 64]   BJORKEN, J. D. and GLASHOW, S. L., *Phys. Lett.* 11 (**1964**) 255.
[Bj 66]   BJORKEN, J. D. and DRELL, S. D., *Relativistische Quantenmechanik*. Bibliographisches Institut, Mannheim **1966**.
[Bj 67]   BJORKEN, J. D., *Phys. Rev.* 163 (**1967**) 1767.
[Bj 69]   BJORKEN, J. D., *Phys. Rev.* 179 (**1969**) 1547.
[Bl 91]   BLAIR, D. (Ed.): *The Detection of Gravitational Waves*. Cambridge University Press, Cambridge **1991**.
[Bo 57]   BOEHM, F. and WAPSTRA, A. H., *Phys. Rev.* 106 (**1957**) 1364.
[Bo 83]   BODEK, A. et al., *Phys. Rev. Lett.* 50 (**1983**) 1431.
[Bo 84]   BOPP, P. et al., *J. Phys.* 45 (**1984**) C3-21.
[Br 69]   BREIDENBACH, M. et al., *Phys. Rev. Lett.* 23 (**1969**) 935.
[Br 78]   BROWN, L. M., *The Idea of the Neutrino*. Physics Today, Sept. **1978**, p. 23.
[Bu 88]   BURKHARDT, H. et al. (NA31-Collab.), *Phys. Lett.* B 206 (**1988**), p. 169.
[Ca 63]   CABIBBO, N., *Phys. Rev. Lett.* 10 (**1963**) 531.
[Ca 68]   CALLAN, C. G., *Phys. Rev. Lett.* 21 (**1968**) 311.
[Ca 69]   CALLAN, C. G. and GROSS, P. J., *Phys. Rev. Lett.* 22 (**1969**) 156.
[Ch 61]   CHEW, G. F. and FRAUTSCHI, S. C., *Phys. Rev. Lett.* 7 (**1961**) 394.
[Ch 64]   CHRISTENSON, J. H. et al. *Phys. Rev. Lett.* 13 (**1964**) 138.
[Co 61]   COLEMAN, S. and GLASHOW, S. L., *Phys. Rev. Lett.* 6 (**1961**) 423.
[Co 73]   COLEMAN, S. and GROSS, D. J., *Phys. Rev. Lett.* 31 (**1973**) 851.
[Co 80]   COMMINS, E. D. and BUCKSBAUM, P. H., *Ann. Rev. Nucl. Sci.* 30 (**1980**) 1.
[Da 52]   DAVIS, R., *Phys. Rev.* 86 (**1952**) 976.
[Da 62]   DANBY, G. et al., *Phys. Rev. Lett.* 9 (**1962**) 36.
[Da 68]   DAVIS, R., HARMER, D. S., and HOFFMAN, K. C., *Phys. Rev. Lett.* 20 (**1968**) 1205.
[Da 80]   DAVIES, P. C. W., *The Search for Gravity Waves*. Cambridge University Press, Cambridge **1980**.
[Da 04]   DAVIER, M. and MARCIANO, W. J., *Ann. Rev. Nucl. Part. Sci. 54* (**2004**) 115.
[De 89]   DECAMP, D. et al., *Phys. Lett* B231 (**1989**) 519.
[De R75] DE RUJULA, A. et al., *Phys. Rev.* D12 (**1975**) 147.
[Dü 00]   DÜREN, M., and RITH, K., *Phys. Bl.* 56 (**2000**), Oktober, 41.
[Dü 04]   DÜREN, M., *Phys. Journ.* **2004**, März, 21.
[Eg 03]   EGUCHI, K., et al. (KamLAND Collab.), *Phys. Rev. Lett.* 90 (**2003**) 021802.
[Ei 73]   EICHTEN, T. et al., *Phys. Lett.* B46 (**1973**) 274.
[Ei 77]   EICHTEN, E. and GOTTFRIED, K., *Phys. Lett.* B66 (**1977**) 286.

[Ei 04]	EIDELMAN, S., et al., *Review of Particle Physics, Phys. Lett.* B592 (**2004**) 1.
[El 04]	ELLIS, J., arXiv:hep-ph/0409360, CERN-PH-TH/2004-167.
[Fa 79]	FARLEY, F. J. M. and PICASSO, E., *Ann. Rev. Nucl. Part. Sci.* 29 (**1979**) 243.
[Fa 80]	FABJAN, C. W. and FISCHER, H. G., *Rep. Progr. Phys.* 43 (**1980**) 1003.
[Fa 82]	FABJAN, C. W. and LÜDLAM, T., *Ann. Rev. Nucl. Part. Sci.* 32 (**1982**) 335.
[Fe 34]	FERMI, E., *Z. f. Phys.* 88 (**1934**) 11.
[Fe 58]	FEYNMAN, R. P. and GELL-MANN M., *Phys. Rev.* 109 (**1958**) 193.
[Fe 65]	FEYNMAN, R. P. and HIBBS, A. R., *Quantum Mechanics and Path Integrals.* McGraw-Hill Bock Co., New York **1965**.
[Fe 69]	FEYNMAN, R. P., *Phys. Rev. Lett.* 23 (**1969**) 1415.
[Fe 72]	FEYNMAN, R. P., *Photon Hadron Interactions.* Benjamin, New York **1972**.
[Fo 80]	FORTSON, E. N. and WILETS, L., Adv. in *At. and Mol. Physics* 16 (**1980**) 319.
[Fr 57]	FRIEDMAN, J. I. and TELEGDI, V. L., *Phys. Rev.* 105 (**1957**) 1681.
[Fr 57a]	FRAUENFELDER, H. et al., *Phys. Rev.* 106 (**1957**) 386.
[Fr 57b]	FRAUENFELDER, H. et al., *Phys. Rev.* 107 (**1957**) 643.
[Fr 60]	FRAZER, W. R. and FULCO, J. R., *Phys. Rev.* 117 (**1960**) 1609.
[Fr 72]	FRIEDMAN, J. I. and KENDALL, H. W., *Ann. Rev. Nucl. Sci.* 22 (**1972**) 203.
[Fr 83]	FRANZINI, P. and LEE-FRANZINI, J., *Ann. Rev. Nucl. Part. Sci.* 33 (**1983**) 1.
[Fu 86]	FUKUGITA, M. and YANAGIDA, T., *Phys. Lett.* B 174 (**1986**) 45.
[Fu 96]	FUKUDA, Y., et al. (KAMIOKANDE Collab.), *Phys. Rev. Lett.* 77 (**1996**) 1683.
[Fu 98]	FUKUDA, S., et al. (Super-KAMIOKANDE Collab.), *Phys. Rev. Lett.* 81 (**1998**) 1562.
[Fu 02]	FUKUDA, S., et al. (Super-KAMIOKANDE Collab.), *Phys. Lett.* B 539 (**2002**) 179.
[Fu 03]	FUKUGIDA, M. and YANAGIDA, T., *Physics of Neutrinos and Applications to Astrophysics*, Springer, Berlin **2003**.
[Ga 57]	GARWIN, R. L. et al., *Phys. Rev.* 105 (**1957**) 1415.
[Ga 75]	GASIOROWICZ, S., *Elementarteilchenphysik.* Bibliographisches Institut, Mannheim **1975**.
[Ga 77]	GALLIMURO, G. et al., *Phys. Rev. Lett.* 38 (**1977**) 1255.
[Ge 40]	GENTNER, W. et al., *Atlas typ. Nebelkammerbilder*, J. Springer, Berlin **1940**.
[Ge 58]	GELL-MANN, M., *Phys. Rev.* 111 (**1958**) 362.
[Ge 61]	GELL-MANN, M., *Calif. Inst. Technol. Synchrotron Lab. Rep. No. 20* (**1961**); abgedruckt in: GELL-MANN, M. and NEUMAN, Y. (Hrsg.), *The Eightfold Way*. Benjamin W. A., New York **1964**.
[Ge 64]	GELL-MANN, M., *Phys. Lett.* 8 (**1964**) 214.
[Ge 72]	GELL-MANN, M., *Acta Phys.* Austriaca Supp. 9 (**1972**) 733.
[Ge 74]	GEORGI, H. and GLASHOW, S. L., *Phys. Rev. Lett.* 32 (**1974**) 438.
[Gi 04]	GILMAN, F. J. et al., *Review of Particle Physics, Phys. Lett.* B 592 (**2004**) 130.
[Gl 61]	GLASHOW, S. L., *Nucl. Phys.* 22 (**1961**) 579.
[Gl 70]	GLASHOW, S. L. et al., *Phys. Rev.* D2 (**1970**) 1285.
[Go 58]	GOLDHABER, M. et al., *Phys. Rev.* 109 (**1958**) 1015.
[Go 61]	GOLDSTONE, J., *Nuovo Cimento* 19 (**1961**) 154.
[Go 62]	GOLDSTONE, J. et al., *Phys. Rev.* 127 (**1962**) 965.
[Go 71]	GOLDHABER, A. S. and NIETO, M. N., *Rev. Mod. Phys.* 43 (**1971**) 277.
[Go 91]	GOLDSTEIN, H., *Klassische Mechanik*, 11. Aufl. Akademische Verlagsgesellschaft, Wiesbaden **1991**.

[Go 03]   GONZALES-GARCIA, M. C. and NIR, Y., *Rev. Mod. Phys.* 75 (**2003**) 345.
[Gr 64]   GREENBERG, O. W., *Phys. Rev. Lett.* 13 (**1964**) 598.
[Gr 73]   GROSS, D. J. and WILCZEK, F., *Phys. Rev. Lett.* 30 (**1973**) 1343; *Phys. Rev.* D8 (**1973**) 3633.
[GSW 80] WEINBERG, S., *Rev. Mod. Phys.* 52 (**1980**) 515; Salam, A., ibid. 525; Glashow S. L., ibid. 539.
[Ha 99]   HAMPEL, W. et al., *Phys. Lett.* B447 (**1999**) 127.
[Ha 65]   HAN, M. Y. and NAMBU, Y., *Phys. Rev.* B139 (**1965**) 1006.
[Ha 73]   HASERT, E. J. et al., *Phys. Lett.* 46B (**1973**) 121; 138.
[Ha 74]   HASERT, F. J. et al., *Nucl. Phys.* B73 (**1974**) 1.
[Ha 01]   HAXTON, W. C. and WIEMAN C. E., *Ann. Rev. Nucl. Part. Sci.* 51 (**2001**) 261.
[Ha 04]   HASHIMOTO, S. and ONOGI, T., *Ann. Rev. Nucl. Part. Sci.* 54 (**2004**) 451.
[He 04]   HERZOG, D. W. and MORSE D. M., *Ann. Rev. Nucl. Part. Sci.* 54 (**2004**) 141.
[Hi 64]   HIGGS, P. W., *Phys. Lett.* 12 (**1964**) 132; *Phys. Rev. Lett.* 13 (**1964**) 508; *Phys. Rev.* 145 (**1966**) 1156.
[Ho 57]   HOFSTADTER, R., *Ann. Rev. Nucl. Sci.* 7 (**1957**) 231.
[Ja 89]   JARLSKOG, C., CP Violation, World Scientific, Singapore 1989.
[Jo 57]   JOST, R., *Helv. Phys. Acta* 30 (**1957**) 409.
[Ka 68]   KABIR, P. K., *The CP Puzzle: Strange Decays of the Neutral Kaon*, Academic Press, **1968**.
[Ka 04]   KAYSER, B., in: Review of Particle Physics, *Phys. Lett.* B 592 (**2004**) 145.
[Ki 81]   KIM, J. E. et al., *Rev. Mod. Phys.* 53 (**1981**) 211.
[Ki 04]   KIRKBY, D. and NIR, Y., *Review of Particle Physics*, *Phys. Lett.* B 592 (**2004**) 136.
[Kl 29]   KLEIN, O. and NISHINA, Y., *Z. Phys.* 52 (**1929**) 853.
[Kl 82]   KLEINKNECHT, K., *Phys. Rev.* 84 (**1982**) 85.
[Kl 03]   K. KLEINKNECHT, *Uncovering CP Violation*, Springer Tracts in Modern Physics 195, Springer **2003**.
[Kl 01]   KLAPDOR-KLEINGROTHAUS, H. V., et al., *Eur. Phys. J. A* 12 (**2001**) 147; siehe auch: ELLIOTT, S. R. and VOGEL, P., *Ann. Rev. Nucl. Part. Sci.* 52 (**2002**) 115.
[Ko 73]   KOBAYASHI, M. and MASKAWA, K., *Progr. Theor. Phys.* 49 (**1973**) 652.
[Ko 01]   KODAMA, K. et al., *Phys. Lett.* B 504 (**2001**) 218.
[Kr 05]   KRAUS, CH. et al., *Eur. Phys. J.* C 40 (**2005**) 447.
[La 50]   LAMB, W. E., *Phys. Rev.* 79 (**1950**) 549.
[La 72]   LAUTRUP, B. E. et al., *Phys. Reports* 3 (**1972**) 193.
[La 79]   LANDAU, L. D. und LIFSCHITZ, E. M., *Theoretische Physik* Bd. V, *Statistische Physik*, 5. Aufl. Akademie-Verlag, Berlin **1979**, Kap. XIV.
[La 80]   LANDAU, L. D. und LIFSCHITZ, E. M., *Theoretische Physik* Bd. IV, *Quantenelektrodynamik*, 7. Aufl. H. Deutsch, Frankfurt a. M. **1991**.
[La 81]   *Selected Papers an Gauge Theory of Weak and Electromagnetic Interactions* (Hrsg. Lai, C. H.). World Scientific, Singapore **1981**.
[La 77]   LA RUE, G. S. et al., *Phys. Rev. Lett.* 38 (**1977**) 1011.
[La 79a] LA RUE, G. S. et al., *Phys. Rev. Lett.* 42 (**1979**) 142.
[La 81a] LA RUE, G. S. et al., *Phys. Rev. Lett.* 46 (**1981**) 967.
[La 02]   LAPLACE, S. et al., *Phys. Rev.* D 65 (**2002**) 094040.
[Le 56]   LEE, T. D. and YANG, C. N., *Phys. Rev.* 104 (**1956**) 254.
[Le 63]   LEE, Y. K. et al., *Phys. Rev. Lett.* 10 (**1963**) 253.

[Le 72]	LEE, B. W. and ZIN-JUSTIN, J., *Phys. Rev.* D5, (**1972**) 3121, 3137, 3155.
[Le 73]	LEE, B. W. and ZIN-JUSTIN, J., *Phys. Rev.* D7 (**1973**) 1049.
[Le 801]	LEUTZ, H. und MINTEN, A., *Physik i. u. Zeit* 11 (**1980**) 36.
[Le 05]	LEINWEBER, D.B., et al., *Phys. Rev. Lett.* 94 (**2005**) 212001.
[Li 70]	LICHTENBERG, D. B., *Unitary Symmetry and Elementary Particles*. Academic Press, New York **1970**, p. 227.
[Ll 75]	LLEWELLYN, SMITH C. H., in: *Proceedings of the International Symposium an Lepton and Photon Interactions at High Energies* (Ed. W.T. Kirk). Stanford **1975**, SLAC, Stanford, p. 709.
[Lp 01]	LEP Collab., CERN-EP/2001-98; arXiv:hep-ex/0112021
[Lü 54]	LÜDERS, G., *Kgl. Danske Vidensk. Selsk. Mat.-Fys. Medd.* 28 (**1954**) No. 5.
[Lü 57]	LÜDERS, G., *Ann. Phys.* (N.Y.) 2 (**1957**) 1.
[Lu 80]	LUBIMOV, V. A. et al., *Phys. Lett.* 94B (**1980**) 266.
[Ma 61]	MAGLIC, B. et al., *Phys. Rev. Lett.* 7 (**1961**) 178.
[Me 83]	VAN, DER MEER S., *Phys. Blätter* 39 (**1983**) 117.
[Me 91]	MESSIAH, A., *Quantenmechanik* (2 Bände), 3. Aufl. De Gruyter, Berlin **1991**.
[Mi 72]	MILLER, G. et al., *Phys. Rev.* D5 (**1972**) 528.
[Mi 86]	MIKHEYEV, S. P. and SMIRNOV, A. YU., *Sov. J. Nucl. Phys.* 42 (**1986**) 913.
[Mo 65]	MOE, M. K. and REINES, F., *Phys. Rev.* 140B (**1965**) 992.
[Na 57]	NAMBU, Y., *Phys. Rev.* 106 (**1957**) 1366.
[Na 99]	NA 49 KOLLABORATION, *Nucl. Instr. & Meth. Phys. Res. A* 490 (**1999**) 210.
[Ne 37]	ANDERSON, C.D., NEDDERMEYER, S.H., *Phys. Rev.* 51 (**1937**) 884.
[Ne 61]	NE'EMAN, Y., *Nucl. Phys.* 26, (**1961**) 222.
[Np 05]	Zusammenfassung der Arbeiten der Kollaborationen PHENIX, STAR, BRAHMS und PHOBOS, *Nucl. Phys. A* 575 (**2005**) 1 ff.
[Oc 47]	OCCHIALINI, G. P. S. and POWELL, C. F., *Nature* 159 (**1947**) 186.
[Om 71]	OMNÈS, R., *Introduction to Particle Physics*. Wiley-Interscience, London **1971**.
[Pa 40]	PAULI, W., *Phys. Rev.* 58 (**1940**) 716; *Rev. Mod. Phys.* 13 (**1941**) 203.
[Pa 52]	PAIS, A., *Phys. Rev.* 86 (**1952**) 663.
[Pa 55a]	PAULI, W., in: *Niels Bohr and the Development of Physics*. Pergamon Press, London **1955**, p. 30.
[Pa 55b]	PAIS, A. and PICCIONI, O., *Phys. Rev.* 100 (**1955**) 1487.
[Pe 75]	PERL, M. L. et al., *Phys. Rev. Lett.* 35 (**1975**) 1489.
[Po 58a]	PONTOCORVO, B., *Sov. Phys. JETP* 6 (**1958**) 429.
[Po 58b]	PONTOCORVO, B., *Z. Eksp. Teor. Fiz* 34 (**1958**) 247.
[Po 73]	POLITZER, H. D., *Phys. Rev. Lett.* 30 (**1973**) 1346.
[Po 74]	POLITZER, H. D., *Phys. Reports* 14 (**1974**) 129.
[Pr 51]	PRIMAKOFF, H., *Phys. Rev.* 81 (**1951**) 899.
[Pr 78]	PRESCOTT, C. Y. et al., *Phys. Lett.* 77B (**1978**) 347.
[Pr 79]	PRESCOTT, C. Y., *Phys. Lett.* 84B (**1979**) 524.
[Ra 82]	RAMSEY, N. F., *Ann. Rev. Nucl. Part. Sci.* 32 (**1982**) 211.
[Re 53]	REINES, F. and COWAN, C. L., *Phys. Rev.* 113 (**1959**) 273.
[Ri 77]	RICHTER, B., *Rev. Mod. Phys.* 49 (**1977**) 251.
[Ro 47]	ROCHESTER, G. D. and BUTLER, C. C., *Nature* 160 (**1947**) 885.

[Ro 50]   ROSENBLUTH, M. N., *Phys. Rev.* 79 (**1950**) 615.
[Ro 52]   RODEBACK, G. W. and ALLEN, J. S., *Phys. Rev.* 86 (**1952**) 446.
[Ro 73]   ROSS, D. A. and TAYLOR, J. C., *Nucl. Phys.* B51 (**1973**) 125.
[Ru 76]   RUBBIA, C. et al., in: *Proc. Int. Neutrino Conf.* Aachen **1976**, p. 683 (Hrsg. Faissner, H., Reithler, H., Zerwas, P.).
[Sa 68]   SALAM, A., in: *Elementary Particle Physics*. Proc. 8th Nobel Symp. (Hrsg. Svartholm, N.) Almquist and Wiksell, Stockholm **1968**, S. 367.
[Sc 51]   SCHWINGER, J., *Phys. Rev.* 82 (**1951**) 914; 91 (**1951**) 713.
[Sc 66]   SCHOPPER, H., *Weak Interactions and Nuclear Beta Decay*. North Holland, Amsterdam **1966**.
[Sc 68]   SCHIFF, L., *Quantum Mechanics*. 3rd. ed., McGraw Hill, New York **1968**.
[Sc 05]   SCHRÖDER, U. E., *Spezielle Relativitätstheorie*, 4. Aufl., H. Deutsch, Frankfurt a. M. **2005**.
[Sh 55]   SHAW, R., *The Problem of Particle Types and Other Contributions to the Theory of Elementary Particles*. Cambridge Ph. D. Thesis **1955**, unveröffentlicht.
[Si 46]   SIEGBAHN, K., *Phys. Rev.* 70 (**1946**) 127.
[Si 82]   SIX, J. and ARTRU, X., *J. de Phys.* 43 (**1982**) C8- 465.
[Sö 81]   SÖDING, P. and WOLF, G., *Ann. Rev. Nucl. Part. Sci.* 31 (**1981**) 231.
[Sö 82]   SÖDING, P., *Phys. Blätter* 38 (**1982**) 15.
[Sp 03]   SPERGEL, D., et al., *Astrophys. J. Supp.* 148 (**2003**) 175.
[St 64]   STREATER, R. F. and WIGHTMAN, A. S., *PCT, Spin and Statistics, and All That*. Benjamin W. A., New York **1964**.
[Su 58]   SUDARSHAN, E. C. G. and MARSHAK, R. E., *Phys. Rev.* 109 (**1958**) 1860.
[tH 71]   T'HOOFT, G., *Nucl. Phys.* B33 (**1971**) 173; ibid. B35 (**1971**) 167.
[tH 72]   T'HOOFT, G. and FELDMAN, M. T., *Nucl. Phys.* B50 (**1972**) 318.
[Ti 77]   TING, S. C. C., *Rev. Mod. Phys.* 49 (**1977**) 236.
[Ut 56]   UTIYAMA, R., *Phys. Rev.* 101 (**1956**) 1597.
[Va 77]   VAN DYK, R. S. et al., *Phys. Rev. Lett.* 38 (**1977**) 310.
[Va 87]   VAN DYK, R. S., SCHWINBERG, P. B., DEHMELT, H. G., *Phys. Rev. Lett.* 59 (**1987**) 26.
[We 29]   WEYL, H., *Z. Phys.* 56 (**1929**) 330.
[We 67]   WEINBERG, S., *Phys. Rev. Lett.* 19 (**1967**) 1264.
[We 81a] WEISSKOPF. V. F., *Contemp. Physics* 22 (**1981**) 375.
[We 81b] WEISBERG, J. M. et al., *Sci. Am.* 245 Oct. **1981**, p. 66.
[Wh 39]   WEELER, J. A. and LAMB, W. E., *Phys. Rev.* 55 (**1939**) 858.
[Wi 63]   WILKINSON, D. T. et al., *Phys. Rev.* 130 (**1963**) 852.
[Wi 74]   WILSON, K. G., *Phys. Rev.* D10 (**1974**) 2445.
[Wo 64]   WOLFENSTEIN, L., *Phys. Rev. Lett.* 13 (**1964**) 562.
[Wo 78]   WOLFENSTEIN, L., *Phys. Rev.* D 17 (**1978**) 2369.
[Wu 57]   WU, C. S. et al., *Phys. Rev.* 105 (**1957**) 1413.
[Wu 64]   WU, C. S., *Rev. Mod. Phys.* 36 (**1964**) 618.
[Wu 77]   WU, C. S. et al., *Phys. Rev. Lett.* 39 (**1977**) 72.
[Wu 84]   WU, S. L., *Phys. Reports* 107 (**1984**) 59.
[Ya 54]   YANG, C. N. and MILLS, R. L., *Phys. Rev.* 96 (**1954**) 191.
[Yu 35]   YUKAWA, H., *Proc. Phys. Math. Soc. Japan* 17 (**1935**) 48.
[Ze 59]   ZEL'DOVICH, Y. B., *JETP* 9 (**1959**) 682.
[Zw 64]   ZWEIG, G., *CERN Report* Nr. TH 401 und 412 (**1964**).

VII Tabellen-Anhang

Anmerkungen zu Tabelle A1

Die Tabelle A1 enthält die Auflistung der Elementarteilchen und ihrer Eigenschaften. Die Tabelle enthält in drei Teilen die stabilen Teilchen, die Mesonen und die Baryonen. Die Fußnoten sind am Ende jedes einzelnen Teils erläutert.

Diese Zusammenstellung erscheint im Abstand von zwei Jahren abwechselnd in den Zeitschriften „Physics Letters" und „Review of Modern Physics". Wir reproduzieren einen Auszug der 2004 erschienenen Tabelle in der Originalform und glauben, dem Leser die englische Sprache zumuten zu dürfen (Physics Letters 592B (2004) 1).

Dort findet der interessierte Leser auch ausführliche Informationen über die zitierten „Data Card Listings", die wegen ihres beträchtlichen Umfangs hier nicht aufgenommen werden konnten. Particle Data Group website: http://pdg.lbl.gov

GAUGE AND HIGGS BOSONS

γ

$I(J^{PC}) = 0,1(1^{--})$

Mass $m < 6 \times 10^{-17}$ eV
Charge $q < 5 \times 10^{-30}$ e
Mean life $\tau =$ Stable

g or gluon

$I(J^P) = 0(1^-)$

Mass $m = 0$ [a]
SU(3) color octet

W

$J = 1$

Charge $= \pm 1$ e
Mass $m = 80.425 \pm 0.038$ GeV
$m_Z - m_W = 10.763 \pm 0.038$ GeV
$m_{W^+} - m_{W^-} = -0.2 \pm 0.6$ GeV
Full width $\Gamma = 2.124 \pm 0.041$ GeV
$\langle N_{\pi^\pm} \rangle = 15.70 \pm 0.35$
$\langle N_{K^\pm} \rangle = 2.20 \pm 0.19$
$\langle N_p \rangle = 0.92 \pm 0.14$
$\langle N_\text{charged} \rangle = 19.41 \pm 0.15$

W^- modes are charge conjugates of the modes below.

W^+ DECAY MODES		Fraction (Γ_i/Γ)	Confidence level	p (MeV/c)
$\ell^+ \nu$	[b]	(10.68 ± 0.12) %		—
$e^+ \nu$		(10.72 ± 0.16) %		40212
$\mu^+ \nu$		(10.57 ± 0.22) %		40212
$\tau^+ \nu$		(10.74 ± 0.27) %		40193
hadrons		(67.96 ± 0.35) %		—
$\pi^+ \gamma$		$< 8 \times 10^{-5}$	95%	40212
$D_s^+ \gamma$		$< 1.3 \times 10^{-3}$	95%	40188
cX		(33.6 ± 2.7) %		—
$c\bar{s}$		(31^{+13}_{-11}) %		—
invisible	[c]	(1.4 ± 2.8) %		—

Z

$J = 1$

Charge = 0
Mass $m = 91.1876 \pm 0.0021$ GeV [d]
Full width $\Gamma = 2.4952 \pm 0.0023$ GeV
$\Gamma(\ell^+ \ell^-) = 83.984 \pm 0.086$ MeV [b]
$\Gamma(\text{invisible}) = 499.0 \pm 1.5$ MeV [e]
$\Gamma(\text{hadrons}) = 1744.4 \pm 2.0$ MeV
$\Gamma(\mu^+ \mu^-)/\Gamma(e^+ e^-) = 1.0009 \pm 0.0028$
$\Gamma(\tau^+ \tau^-)/\Gamma(e^+ e^-) = 1.0019 \pm 0.0032$ [f]

Average charged multiplicity

$\langle N_{charged} \rangle = 21.07 \pm 0.11$

Couplings to leptons

$g_V^\ell = -0.03783 \pm 0.00041$
$g_A^\ell = -0.50123 \pm 0.00026$
$g^{\nu_e} = 0.53 \pm 0.09$
$g^{\nu_\mu} = 0.502 \pm 0.017$

Asymmetry parameters [g]

$A_e = 0.1515 \pm 0.0019$
$A_\mu = 0.142 \pm 0.015$
$A_\tau = 0.143 \pm 0.004$
$A_s = 0.90 \pm 0.09$
$A_c = 0.666 \pm 0.036$
$A_b = 0.926 \pm 0.024$

Charge asymmetry (%) at Z pole

$A_{FB}^{(0\ell)} = 1.71 \pm 0.10$
$A_{FB}^{(0u)} = 4 \pm 7$
$A_{FB}^{(0s)} = 9.8 \pm 1.1$
$A_{FB}^{(0c)} = 7.04 \pm 0.36$
$A_{FB}^{(0b)} = 10.01 \pm 0.17$

Z DECAY MODES		Fraction (Γ_i/Γ)	Scale factor/ Confidence level	p (MeV/c)
$e^+ e^-$		(3.363 ±0.004) %		45594
$\mu^+ \mu^-$		(3.366 ±0.007) %		45594
$\tau^+ \tau^-$		(3.370 ±0.008) %		45559
$\ell^+ \ell^-$	[b]	(3.3658±0.0023) %		—
invisible		(20.00 ±0.06) %		—
hadrons		(69.91 ±0.06) %		—

$(u\bar{u}+c\bar{c})/2$		(10.1 ±1.1) %			—
$(d\bar{d}+s\bar{s}+b\bar{b})/3$		(16.6 ±0.6) %			—
$c\bar{c}$		(11.81 ±0.33) %			—
$b\bar{b}$		(15.13 ±0.05) %			—
$b\bar{b}b\bar{b}$		(3.6 ±1.3) $\times 10^{-4}$			—
ggg		< 1.1 %		CL=95%	—
$\pi^0 \gamma$		< 5.2 $\times 10^{-5}$		CL=95%	45594
$\eta \gamma$		< 5.1 $\times 10^{-5}$		CL=95%	45592
$\omega \gamma$		< 6.5 $\times 10^{-4}$		CL=95%	45590
$\eta'(958)\gamma$		< 4.2 $\times 10^{-5}$		CL=95%	45589
$\gamma\gamma$		< 5.2 $\times 10^{-5}$		CL=95%	45594
$\gamma\gamma\gamma$		< 1.0 $\times 10^{-5}$		CL=95%	45594
$\pi^\pm W^\mp$		[h] < 7 $\times 10^{-5}$		CL=95%	10127
$\rho^\pm W^\mp$		[h] < 8.3 $\times 10^{-5}$		CL=95%	10101
$J/\psi(1S)X$		(3.51 $^{+0.23}_{-0.25}$) $\times 10^{-3}$		S=1.1	—
$\psi(2S)X$		(1.60 ±0.29) $\times 10^{-3}$			—
$\chi_{c1}(1P)X$		(2.9 ±0.7) $\times 10^{-3}$			—
$\chi_{c2}(1P)X$		< 3.2 $\times 10^{-3}$		CL=90%	—
$\Upsilon(1S)X + \Upsilon(2S)X$		(1.0 ±0.5) $\times 10^{-4}$			—
$+ \Upsilon(3S)X$					
$\Upsilon(1S)X$		< 4.4 $\times 10^{-5}$		CL=95%	—
$\Upsilon(2S)X$		< 1.39 $\times 10^{-4}$		CL=95%	—
$\Upsilon(3S)X$		< 9.4 $\times 10^{-5}$		CL=95%	—
$(D^0/\overline{D}^0)X$		(20.7 ±2.0) %			—
$D^\pm X$		(12.2 ±1.7) %			—
$D^*(2010)^\pm X$		[h] (11.4 ±1.3) %			—
$D_{s1}(2536)^\pm X$		(3.6 ±0.8) $\times 10^{-3}$			—
$D_{sJ}(2573)^\pm X$		(5.8 ±2.2) $\times 10^{-3}$			—
$D^{*\prime}(2629)^\pm X$		searched for			—
$B_s^0 X$		seen			—
$B_c^+ X$		searched for			—
anomalous γ + hadrons		[i] < 3.2 $\times 10^{-3}$		CL=95%	—
$e^+ e^- \gamma$		[i] < 5.2 $\times 10^{-4}$		CL=95%	45594
$\mu^+ \mu^- \gamma$		[i] < 5.6 $\times 10^{-4}$		CL=95%	45594
$\tau^+ \tau^- \gamma$		[i] < 7.3 $\times 10^{-4}$		CL=95%	45559
$\ell^+ \ell^- \gamma\gamma$		[j] < 6.8 $\times 10^{-6}$		CL=95%	—
$q\bar{q}\gamma\gamma$		[j] < 5.5 $\times 10^{-6}$		CL=95%	—
$\nu\bar{\nu}\gamma\gamma$		[j] < 3.1 $\times 10^{-6}$		CL=95%	45594
$e^\pm \mu^\mp$	LF	[h] < 1.7 $\times 10^{-6}$		CL=95%	45594
$e^\pm \tau^\mp$	LF	[h] < 9.8 $\times 10^{-6}$		CL=95%	45576

$\mu^\pm \tau^\mp$	LF	[h] < 1.2	$\times 10^{-5}$	CL=95%	45576
$p\,e$	L,B	< 1.8	$\times 10^{-6}$	CL=95%	45589
$p\,\mu$	L,B	< 1.8	$\times 10^{-6}$	CL=95%	45589

Higgs Bosons — H^0 and $H^\pm$, Searches for

H^0 Mass $m >$ 114.4 GeV, CL = 95%

H_1^0 in Supersymmetric Models ($m_{H_1^0} < m_{H_2^0}$)

   Mass $m >$ 89.8 GeV, CL = 95%

A^0 Pseudoscalar Higgs Boson in Supersymmetric Models [k]

   Mass $m >$ 90.4 GeV, CL = 95% $\tan\beta > 1$

$H^\pm$ Mass $m >$ 79.3 GeV, CL = 95%

   See the Particle Listings for a Note giving details of Higgs Bosons.

Heavy Bosons Other Than Higgs Bosons, Searches for

Additional W Bosons

W' with standard couplings decaying to $e\nu$, $\mu\nu$
   Mass $m >$ 786 GeV, CL = 95%

W_R — right-handed W
   Mass $m >$ 715 GeV, CL = 90%   (electroweak fit)

Additional Z Bosons

Z'_{SM} with standard couplings
    Mass $m >$ 690 GeV, CL = 95% ($p\overline{p}$ direct search)
    Mass $m >$ 1500 GeV, CL = 95% (electroweak fit)

Z_{LR} of $SU(2)_L \times SU(2)_R \times U(1)$
  (with $g_L = g_R$)
    Mass $m >$ 630 GeV, CL = 95% ($p\overline{p}$ direct search)
    Mass $m >$ 860 GeV, CL = 95% (electroweak fit)

Z_χ of $SO(10) \to SU(5) \times U(1)_\chi$ (with $g_\chi = e/\cos\theta_W$)
    Mass $m >$ 595 GeV, CL = 95% ($p\overline{p}$ direct search)
    Mass $m >$ 680 GeV, CL = 95% (electroweak fit)

Z_ψ of $E_6 \to SO(10) \times U(1)_\psi$ (with $g_\psi = e/\cos\theta_W$)
    Mass $m >$ 590 GeV, CL = 95% ($p\overline{p}$ direct search)
    Mass $m >$ 350 GeV, CL = 95% (electroweak fit)

Z_η of $E_6 \to SU(3) \times SU(2) \times U(1) \times U(1)_\eta$ (with $g_\eta = e/\cos\theta_W$)
    Mass $m >$ 620 GeV, CL = 95% ($p\overline{p}$ direct search)
    Mass $m >$ 619 GeV, CL = 95% (electroweak fit)

Scalar Leptoquarks

    Mass $m >$ 242 GeV, CL = 95% (1st generation, pair prod.)
    Mass $m >$ 298 GeV, CL = 95% (1st gener., single prod.)
    Mass $m >$ 202 GeV, CL = 95% (2nd gener., pair prod.)
    Mass $m >$ 73 GeV, CL = 95% (2nd gener., single prod.)
    Mass $m >$ 148 GeV, CL = 95% (3rd gener., pair prod.)

(See the Particle Listings for assumptions on leptoquark quantum numbers and branching fractions.)

Axions (A^0) and Other Very Light Bosons, Searches for

The standard Peccei-Quinn axion is ruled out. Variants with reduced couplings or much smaller masses are constrained by various data. The Particle Listings in the full *Review* contain a Note discussing axion searches.

The best limit for the half-life of neutrinoless double beta decay with Majoron emission is $> 7.2 \times 10^{24}$ years (CL = 90%).

NOTES

[a] Theoretical value. A mass as large as a few MeV may not be precluded.
[b] ℓ indicates each type of lepton (e, μ, and τ), not sum over them.
[c] This represents the width for the decay of the W boson into a charged particle with momentum below detectability, p< 200 MeV.
[d] The Z-boson mass listed here corresponds to a Breit-Wigner resonance parameter. It lies approximately 34 MeV above the real part of the position of the pole (in the energy-squared plane) in the Z-boson propagator.
[e] This partial width takes into account Z decays into $\nu\bar{\nu}$ and any other possible undetected modes.
[f] This ratio has not been corrected for the τ mass.
[g] Here $A \equiv 2g_V g_A/(g_V^2 + g_A^2)$.
[h] The value is for the sum of the charge states or particle/antiparticle states indicated.
[i] See the Z Particle Listings for the γ energy range used in this measurement.
[j] For $m_{\gamma\gamma} = (60 \pm 5)$ GeV.
[k] The limits assume no invisible decays.

LEPTONS

e $J = \frac{1}{2}$

Mass $m = (548.57990945 \pm 0.00000024) \times 10^{-6}$ u
Mass $m = 0.51099892 \pm 0.00000004$ MeV
$|m_{e^+} - m_{e^-}|/m < 8 \times 10^{-9}$, CL = 90%
$|q_{e^+} + q_{e^-}|/e < 4 \times 10^{-8}$
Magnetic moment $\mu = 1.001159652187 \pm 0.000000000004\ \mu_B$
$(g_{e^+} - g_{e^-}) / g_{\text{average}} = (-0.5 \pm 2.1) \times 10^{-12}$
Electric dipole moment $d = (0.07 \pm 0.07) \times 10^{-26}$ e cm
Mean life $\tau > 4.6 \times 10^{26}$ yr, CL = 90% [a]

μ $J = \frac{1}{2}$

Mass $m = 0.1134289264 \pm 0.0000000030$ u
Mass $m = 105.658369 \pm 0.000009$ MeV
Mean life $\tau = (2.19703 \pm 0.00004) \times 10^{-6}$ s
$\tau_{\mu^+}/\tau_{\mu^-} = 1.00002 \pm 0.00008$
$c\tau = 658.654$ m
Magnetic moment $\mu = 1.0011659203 \pm 0.0000000007\ e\hbar/2m_\mu$
$(g_{\mu^+} - g_{\mu^-}) / g_{\text{average}} = (-2.6 \pm 1.6) \times 10^{-8}$
Electric dipole moment $d = (3.7 \pm 3.4) \times 10^{-19}$ e cm

Decay parameters [b]

$\rho = 0.7518 \pm 0.0026$
$\eta = -0.007 \pm 0.013$
$\delta = 0.749 \pm 0.004$
$\xi P_\mu = 1.003 \pm 0.008$ [c]
$\xi P_\mu \delta / \rho > 0.99682$, CL = 90% [c]
$\xi' = 1.00 \pm 0.04$
$\xi'' = 0.7 \pm 0.4$
$\alpha/A = (0 \pm 4) \times 10^{-3}$
$\alpha'/A = (0 \pm 4) \times 10^{-3}$
$\beta/A = (4 \pm 6) \times 10^{-3}$
$\beta'/A = (2 \pm 6) \times 10^{-3}$
$\overline{\eta} = 0.02 \pm 0.08$

Tabellen-Anhang

μ^+ modes are charge conjugates of the modes below.

μ^- DECAY MODES		Fraction (Γ_i/Γ)		Confidence level	p (MeV/c)
$e^- \bar{\nu}_e \nu_\mu$		$\approx 100\%$			53
$e^- \bar{\nu}_e \nu_\mu \gamma$		[d] $(1.4\pm0.4)\%$			53
$e^- \bar{\nu}_e \nu_\mu e^+ e^-$		[e] $(3.4\pm0.4) \times 10^{-5}$			53
Lepton Family number (LF) violating modes					
$e^- \nu_e \bar{\nu}_\mu$	LF	[f] < 1.2	$\%$	90%	53
$e^- \gamma$	LF	< 1.2	$\times 10^{-11}$	90%	53
$e^- e^+ e^-$	LF	< 1.0	$\times 10^{-12}$	90%	53
$e^- 2\gamma$	LF	< 7.2	$\times 10^{-11}$	90%	53

$\boxed{\tau}$ $J = \frac{1}{2}$

Mass $m = 1776.99^{+0.29}_{-0.26}$ MeV
$(m_{\tau^+} - m_{\tau^-})/m_{\text{average}} < 3.0 \times 10^{-3}$, CL = 90%
Mean life $\tau = (290.6 \pm 1.1) \times 10^{-15}$ s
    $c\tau = 87.11$ μm
Magnetic moment anomaly > -0.052 and < 0.058, CL = 95%
$\text{Re}(d_\tau) = -0.22$ to 0.45×10^{-16} ecm, CL = 95%
$\text{Im}(d_\tau) = -0.25$ to 0.008×10^{-16} ecm, CL = 95%

Weak dipole moment

$\text{Re}(d_\tau^w) < 0.50 \times 10^{-17}$ ecm, CL = 95%
$\text{Im}(d_\tau^w) < 1.1 \times 10^{-17}$ ecm, CL = 95%

Weak anomalous magnetic dipole moment

$\text{Re}(\alpha_\tau^w) < 1.1 \times 10^{-3}$, CL = 95%
$\text{Im}(\alpha_\tau^w) < 2.7 \times 10^{-3}$, CL = 95%

Decay parameters

See the τ Particle Listings for a note concerning τ-decay parameters.

$\rho^\tau(e$ or $\mu) = 0.745 \pm 0.008$
$\rho^\tau(e) = 0.747 \pm 0.010$
$\rho^\tau(\mu) = 0.763 \pm 0.020$
$\xi^\tau(e$ or $\mu) = 0.985 \pm 0.030$
$\xi^\tau(e) = 0.994 \pm 0.040$
$\xi^\tau(\mu) = 1.030 \pm 0.059$
$\eta^\tau(e$ or $\mu) = 0.013 \pm 0.020$
$\eta^\tau(\mu) = 0.094 \pm 0.073$
$(\delta\xi)^\tau(e$ or $\mu) = 0.746 \pm 0.021$
$(\delta\xi)^\tau(e) = 0.734 \pm 0.028$
$(\delta\xi)^\tau(\mu) = 0.778 \pm 0.037$
$\xi^\tau(\pi) = 0.993 \pm 0.022$
$\xi^\tau(\rho) = 0.994 \pm 0.008$
$\xi^\tau(a_1) = 1.001 \pm 0.027$
$\xi^\tau($all hadronic modes$) = 0.995 \pm 0.007$

τ^+ modes are charge conjugates of the modes below. "$h^\pm$" stands for $\pi^\pm$ or $K^\pm$. "ℓ" stands for e or μ. "Neutrals" stands for γ's and/or π^0's.

τ^- DECAY MODES		Fraction (Γ_i/Γ)	Scale factor/ Confidence level	p (MeV/c)
Modes with one charged particle				
particle$^- \geq 0$ neutrals $\geq 0K^0 \nu_\tau$ ("1-prong")		(85.35 ± 0.07) %	S=1.1	—
particle$^- \geq 0$ neutrals $\geq 0K_L^0 \nu_\tau$		(84.72 ± 0.07) %	S=1.1	—
$\mu^- \overline{\nu}_\mu \nu_\tau$	[g]	(17.36 ± 0.06) %		885
$\mu^- \overline{\nu}_\mu \nu_\tau \gamma$	[e]	$(3.6 \pm 0.4) \times 10^{-3}$		885
$e^- \overline{\nu}_e \nu_\tau$	[g]	(17.84 ± 0.06) %		888
$e^- \overline{\nu}_e \nu_\tau \gamma$	[e]	(1.75 ± 0.18) %		888
$h^- \geq 0K_L^0 \nu_\tau$		(12.30 ± 0.11) %	S=1.4	883
$h^- \nu_\tau$		(11.75 ± 0.11) %	S=1.4	883
$\pi^- \nu_\tau$	[g]	(11.06 ± 0.11) %	S=1.4	883
$K^- \nu_\tau$	[g]	$(6.86 \pm 0.23) \times 10^{-3}$		820
$h^- \geq 1$ neutralsν_τ		(36.92 ± 0.14) %	S=1.1	—
$h^- \pi^0 \nu_\tau$		(25.87 ± 0.13) %	S=1.1	878
$\pi^- \pi^0 \nu_\tau$	[g]	(25.42 ± 0.14) %	S=1.1	878
$\pi^- \pi^0$ non-$\rho(770) \nu_\tau$		$(3.0 \pm 3.2) \times 10^{-3}$		878
$K^- \pi^0 \nu_\tau$	[g]	$(4.50 \pm 0.30) \times 10^{-3}$		814
$h^- \geq 2\pi^0 \nu_\tau$		(10.77 ± 0.15) %	S=1.1	—

$h^- 2\pi^0 \nu_\tau$		$(9.39\pm0.14)\%$	S=1.1	862
$h^- 2\pi^0 \nu_\tau$ (ex.K^0)		$(9.23\pm0.14)\%$	S=1.1	862
$\pi^- 2\pi^0 \nu_\tau$ (ex.K^0)	[g]	$(9.17\pm0.14)\%$	S=1.1	862
$\pi^- 2\pi^0 \nu_\tau$ (ex.K^0), scalar		$< 9 \times 10^{-3}$	CL=95%	862
$\pi^- 2\pi^0 \nu_\tau$ (ex.K^0), vector		$< 7 \times 10^{-3}$	CL=95%	862
$K^- 2\pi^0 \nu_\tau$ (ex.K^0)	[g]	$(5.8 \pm 2.3) \times 10^{-4}$		796
$h^- \geq 3\pi^0 \nu_\tau$		$(1.37\pm0.11)\%$	S=1.1	–
$h^- 3\pi^0 \nu_\tau$		$(1.21\pm0.10)\%$		836
$\pi^- 3\pi^0 \nu_\tau$ (ex.K^0)	[g]	$(1.08\pm0.10)\%$		836
$K^- 3\pi^0 \nu_\tau$ (ex.K^0, η)	[g]	$(3.8 {}^{+2.2}_{-2.0}) \times 10^{-4}$		766
$h^- 4\pi^0 \nu_\tau$ (ex.K^0)		$(1.6 \pm 0.6) \times 10^{-3}$		800
$h^- 4\pi^0 \nu_\tau$ (ex.K^0,η)	[g]	$(1.0 {}^{+0.6}_{-0.5}) \times 10^{-3}$		800
$K^- \geq 0\pi^0 \geq 0K^0 \geq 0\gamma \nu_\tau$		$(1.56\pm0.04)\%$		820
$K^- \geq 1 (\pi^0$ or K^0 or $\gamma) \nu_\tau$		$(8.74\pm0.35) \times 10^{-3}$		–

Modes with K^0's

K^0_S (particles)$^- \nu_\tau$		$(9.2 \pm 0.4) \times 10^{-3}$	S=1.1	–
$h^- \overline{K}^0 \nu_\tau$		$(1.05\pm0.04)\%$	S=1.1	812
$\pi^- \overline{K}^0 \nu_\tau$	[g]	$(8.9 \pm 0.4) \times 10^{-3}$	S=1.1	812
$\pi^- \overline{K}^0$ (non-$K^*(892)^-)\nu_\tau$		$< 1.7 \times 10^{-3}$	CL=95%	812
$K^- K^0 \nu_\tau$	[g]	$(1.54\pm0.16) \times 10^{-3}$		737
$K^- K^0 \geq 0\pi^0 \nu_\tau$		$(3.09\pm0.24) \times 10^{-3}$		737
$h^- \overline{K}^0 \pi^0 \nu_\tau$		$(5.2 \pm 0.4) \times 10^{-3}$		794
$\pi^- \overline{K}^0 \pi^0 \nu_\tau$	[g]	$(3.7 \pm 0.4) \times 10^{-3}$		794
$\overline{K}^0 \rho^- \nu_\tau$		$(2.2 \pm 0.5) \times 10^{-3}$		612
$K^- K^0 \pi^0 \nu_\tau$	[g]	$(1.55\pm0.20) \times 10^{-3}$		685
$\pi^- \overline{K}^0 \geq 1\pi^0 \nu_\tau$		$(3.2 \pm 1.0) \times 10^{-3}$		–
$\pi^- \overline{K}^0 \pi^0 \pi^0 \nu_\tau$		$(2.6 \pm 2.4) \times 10^{-4}$		763
$K^- K^0 \pi^0 \pi^0 \nu_\tau$		$< 1.6 \times 10^{-4}$	CL=95%	619
$\pi^- K^0 \overline{K}^0 \nu_\tau$		$(1.59\pm0.29) \times 10^{-3}$	S=1.1	682
$\pi^- K^0_S K^0_S \nu_\tau$	[g]	$(2.4 \pm 0.5) \times 10^{-4}$		682
$\pi^- K^0_S K^0_L \nu_\tau$	[g]	$(1.10\pm0.28) \times 10^{-3}$	S=1.1	682
$\pi^- K^0 \overline{K}^0 \pi^0 \nu_\tau$		$(3.1 \pm 2.3) \times 10^{-4}$		614
$\pi^- K^0_S K^0_S \pi^0 \nu_\tau$		$< 2.0 \times 10^{-4}$	CL=95%	614
$\pi^- K^0_S K^0_L \pi^0 \nu_\tau$		$(3.1 \pm 1.2) \times 10^{-4}$		614
$K^0 h^+ h^- h^- \geq 0$ neutrals ν_τ		$< 1.7 \times 10^{-3}$	CL=95%	760
$K^0 h^+ h^- h^- \nu_\tau$		$(2.3 \pm 2.0) \times 10^{-4}$		760

Modes with three charged particles

Mode		Value		Scale/CL	p (MeV/c)
$h^- h^- h^+ \geq 0$ neutrals $\geq 0 K_L^0 \nu_\tau$		(15.19 ± 0.07) %		S=1.1	861
$h^- h^- h^+ \geq 0$ neutrals ν_τ		(14.57 ± 0.07) %		S=1.1	861
(ex. $K_S^0 \to \pi^+ \pi^-$)					
("3-prong")					
$h^- h^- h^+ \nu_\tau$		(10.01 ± 0.09) %		S=1.2	861
$h^- h^- h^+ \nu_\tau$ (ex.K^0)		(9.65 ± 0.09) %		S=1.2	861
$h^- h^- h^+ \nu_\tau$ (ex.K^0,ω)		(9.60 ± 0.09) %		S=1.2	861
$\pi^- \pi^+ \pi^- \nu_\tau$		(9.47 ± 0.10) %		S=1.2	861
$\pi^- \pi^+ \pi^- \nu_\tau$ (ex.K^0)		(9.16 ± 0.10) %		S=1.2	861
$\pi^- \pi^+ \pi^- \nu_\tau$ (ex.K^0),		< 2.4 %		CL=95%	861
non-axial vector					
$\pi^- \pi^+ \pi^- \nu_\tau$ (ex.K^0,ω)	[g]	(9.12 ± 0.10) %		S=1.2	861
$h^- h^- h^+ \geq 1$ neutrals ν_τ		(5.19 ± 0.10) %		S=1.3	—
$h^- h^- h^+ \geq 1$ neutrals ν_τ		(4.92 ± 0.09) %		S=1.3	—
(ex. $K_S^0 \to \pi^+ \pi^-$)					
$h^- h^- h^+ \pi^0 \nu_\tau$		(4.53 ± 0.09) %		S=1.3	834
$h^- h^- h^+ \pi^0 \nu_\tau$ (ex.K^0)		(4.35 ± 0.09) %		S=1.3	834
$h^- h^- h^+ \pi^0 \nu_\tau$ (ex. K^0, ω)		(2.62 ± 0.09) %		S=1.2	834
$\pi^- \pi^+ \pi^- \pi^0 \nu_\tau$		(4.37 ± 0.09) %		S=1.3	834
$\pi^- \pi^+ \pi^- \pi^0 \nu_\tau$ (ex.K^0)		(4.25 ± 0.09) %		S=1.3	834
$\pi^- \pi^+ \pi^- \pi^0 \nu_\tau$ (ex.K^0,ω)	[g]	(2.51 ± 0.09) %		S=1.2	834
$h^- h^- h^+ 2\pi^0 \nu_\tau$		$(5.5 \pm 0.4) \times 10^{-3}$			797
$h^- h^- h^+ 2\pi^0 \nu_\tau$ (ex.K^0)		$(5.4 \pm 0.4) \times 10^{-3}$			797
$h^- h^- h^+ 2\pi^0 \nu_\tau$ (ex.K^0,ω,η)	[g]	$(1.1 \pm 0.4) \times 10^{-3}$			797
$h^- h^- h^+ 3\pi^0 \nu_\tau$	[g]	$(2.3 \pm 0.8) \times 10^{-4}$		S=1.5	749
$K^- h^+ h^- \geq 0$ neutrals ν_τ		$(6.9 \pm 0.4) \times 10^{-3}$		S=1.3	794
$K^- h^+ \pi^- \nu_\tau$ (ex.K^0)		$(4.8 \pm 0.4) \times 10^{-3}$		S=1.5	794
$K^- h^+ \pi^- \pi^0 \nu_\tau$ (ex.K^0)		$(1.07 \pm 0.22) \times 10^{-3}$			763
$K^- \pi^+ \pi^- \geq 0$ neutrals ν_τ		$(5.0 \pm 0.4) \times 10^{-3}$		S=1.3	794
$K^- \pi^+ \pi^- \geq 0\pi^0 \nu_\tau$ (ex.K^0)		$(3.9 \pm 0.4) \times 10^{-3}$		S=1.3	794
$K^- \pi^+ \pi^- \nu_\tau$		$(3.8 \pm 0.4) \times 10^{-3}$		S=1.6	794
$K^- \pi^+ \pi^- \nu_\tau$ (ex.K^0)	[g]	$(3.3 \pm 0.4) \times 10^{-3}$		S=1.6	794
$K^- \rho^0 \nu_\tau \to$		$(1.6 \pm 0.6) \times 10^{-3}$			—
$K^- \pi^+ \pi^- \nu_\tau$					
$K^- \pi^+ \pi^- \pi^0 \nu_\tau$		$(1.18 \pm 0.25) \times 10^{-3}$			763
$K^- \pi^+ \pi^- \pi^0 \nu_\tau$ (ex.K^0)		$(6.5 \pm 2.4) \times 10^{-4}$			763
$K^- \pi^+ \pi^- \pi^0 \nu_\tau$ (ex.K^0,η)	[g]	$(5.9 \pm 2.4) \times 10^{-4}$			763
$K^- \pi^+ K^- \geq 0$ neut. ν_τ		$< 9 \times 10^{-4}$		CL=95%	685
$K^- K^+ \pi^- \geq 0$ neut. ν_τ		$(1.97 \pm 0.18) \times 10^{-3}$		S=1.1	685
$K^- K^+ \pi^- \nu_\tau$	[g]	$(1.55 \pm 0.07) \times 10^{-3}$			685
$K^- K^+ \pi^- \pi^0 \nu_\tau$	[g]	$(4.2 \pm 1.6) \times 10^{-4}$		S=1.1	618
$K^- K^+ K^- \geq 0$ neut. ν_τ		$< 2.1 \times 10^{-3}$		CL=95%	472

$K^- K^+ K^- \nu_\tau$		$< 3.7 \times 10^{-5}$	CL=90%	472
$\pi^- K^+ \pi^- \geq 0$ neut. ν_τ		$< 2.5 \times 10^{-3}$	CL=95%	794
$e^- e^- e^+ \bar{\nu}_e \nu_\tau$		$(2.8 \pm 1.5) \times 10^{-5}$		888
$\mu^- e^- e^+ \bar{\nu}_\mu \nu_\tau$		$< 3.6 \times 10^{-5}$	CL=90%	885

Modes with five charged particles

$3h^- 2h^+ \geq 0$ neutrals ν_τ (ex. $K_S^0 \to \pi^- \pi^+$) ("5-prong")		$(1.00 \pm 0.06) \times 10^{-3}$		794
$3h^- 2h^+ \nu_\tau$ (ex. K^0)	[g]	$(8.2 \pm 0.6) \times 10^{-4}$		794
$3h^- 2h^+ \pi^0 \nu_\tau$ (ex. K^0)	[g]	$(1.81 \pm 0.27) \times 10^{-4}$		746
$3h^- 2h^+ 2\pi^0 \nu_\tau$		$< 1.1 \times 10^{-4}$	CL=90%	687

Miscellaneous other allowed modes

$(5\pi)^- \nu_\tau$		$(8.0 \pm 0.7) \times 10^{-3}$		800
$4h^- 3h^+ \geq 0$ neutrals ν_τ ("7-prong")		$< 2.4 \times 10^{-6}$	CL=90%	683
$X^- (S=-1) \nu_\tau$		$(2.91 \pm 0.08)\%$	S=1.1	–
$K^*(892)^- \geq 0$ neutrals $\geq 0 K_L^0 \nu_\tau$		$(1.42 \pm 0.18)\%$	S=1.4	665
$K^*(892)^- \nu_\tau$		$(1.29 \pm 0.05)\%$		665
$K^*(892)^0 K^- \geq 0$ neutrals ν_τ		$(3.2 \pm 1.4) \times 10^{-3}$		542
$K^*(892)^0 K^- \nu_\tau$		$(2.1 \pm 0.4) \times 10^{-3}$		542
$\overline{K}^*(892)^0 \pi^- \geq 0$ neutrals ν_τ		$(3.8 \pm 1.7) \times 10^{-3}$		656
$\overline{K}^*(892)^0 \pi^- \nu_\tau$		$(2.2 \pm 0.5) \times 10^{-3}$		656
$(\overline{K}^*(892) \pi)^- \nu_\tau \to \pi^- \overline{K}^0 \pi^0 \nu_\tau$		$(1.0 \pm 0.4) \times 10^{-3}$		–
$K_1(1270)^- \nu_\tau$		$(4.7 \pm 1.1) \times 10^{-3}$		433
$K_1(1400)^- \nu_\tau$		$(1.7 \pm 2.6) \times 10^{-3}$	S=1.7	335
$K^*(1410)^- \nu_\tau$		$(1.5 ^{+1.4}_{-1.0}) \times 10^{-3}$		326
$K_0^*(1430)^- \nu_\tau$		$< 5 \times 10^{-4}$	CL=95%	328
$K_2^*(1430)^- \nu_\tau$		$< 3 \times 10^{-3}$	CL=95%	317
$\eta \pi^- \nu_\tau$		$< 1.4 \times 10^{-4}$	CL=95%	797
$\eta \pi^- \pi^0 \nu_\tau$	[g]	$(1.74 \pm 0.24) \times 10^{-3}$		778
$\eta \pi^- \pi^0 \pi^0 \nu_\tau$		$(1.5 \pm 0.5) \times 10^{-4}$		746
$\eta K^- \nu_\tau$	[g]	$(2.7 \pm 0.6) \times 10^{-4}$		720
$\eta K^*(892)^- \nu_\tau$		$(2.9 \pm 0.9) \times 10^{-4}$		511
$\eta K^- \pi^0 \nu_\tau$		$(1.8 \pm 0.9) \times 10^{-4}$		665
$\eta \overline{K}^0 \pi^- \nu_\tau$		$(2.2 \pm 0.7) \times 10^{-4}$		661
$\eta \pi^+ \pi^- \pi^- \geq 0$ neutrals ν_τ		$< 3 \times 10^{-3}$	CL=90%	744
$\eta \pi^- \pi^+ \pi^- \nu_\tau$		$(2.3 \pm 0.5) \times 10^{-4}$		744
$\eta a_1(1260)^- \nu_\tau \to \eta \pi^- \rho^0 \nu_\tau$		$< 3.9 \times 10^{-4}$	CL=90%	–
$\eta \eta \pi^- \nu_\tau$		$< 1.1 \times 10^{-4}$	CL=95%	637
$\eta \eta \pi^- \pi^0 \nu_\tau$		$< 2.0 \times 10^{-4}$	CL=95%	559

$\eta'(958)\pi^-\nu_\tau$	< 7.4	$\times 10^{-5}$	CL=90%	620
$\eta'(958)\pi^-\pi^0\nu_\tau$	< 8.0	$\times 10^{-5}$	CL=90%	591
$\phi\pi^-\nu_\tau$	< 2.0	$\times 10^{-4}$	CL=90%	585
$\phi K^-\nu_\tau$	< 6.7	$\times 10^{-5}$	CL=90%	445
$f_1(1285)\pi^-\nu_\tau$	(5.8 ± 2.3)	$\times 10^{-4}$		408
$f_1(1285)\pi^-\nu_\tau \to$ $\eta\pi^-\pi^+\pi^-\nu_\tau$	(1.3 ± 0.4)	$\times 10^{-4}$		–
$\pi(1300)^-\nu_\tau \to (\rho\pi)^-\nu_\tau \to$ $(3\pi)^-\nu_\tau$	< 1.0	$\times 10^{-4}$	CL=90%	–
$\pi(1300)^-\nu_\tau \to$ $((\pi\pi)_{S-\text{wave}}\pi)^-\nu_\tau \to$ $(3\pi)^-\nu_\tau$	< 1.9	$\times 10^{-4}$	CL=90%	–
$h^-\omega \geq 0$ neutrals ν_τ	(2.38 ± 0.08) %			708
$h^-\omega\nu_\tau$ [g]	(1.94 ± 0.07) %			708
$h^-\omega\pi^0\nu_\tau$ [g]	(4.4 ± 0.5)	$\times 10^{-3}$		684
$h^-\omega 2\pi^0\nu_\tau$	(1.4 ± 0.5)	$\times 10^{-4}$		644
$2h^-h^+\omega\nu_\tau$	(1.20 ± 0.22)	$\times 10^{-4}$		641

Lepton Family number (LF), Lepton number (L), or Baryon number (B) violating modes

L means lepton number violation (e.g. $\tau^- \to e^+\pi^-\pi^-$). Following common usage, LF means lepton family violation *and not* lepton number violation (e.g. $\tau^- \to e^-\pi^+\pi^-$). B means baryon number violation.

$e^-\gamma$	LF	< 2.7	$\times 10^{-6}$	CL=90%	888
$\mu^-\gamma$	LF	< 1.1	$\times 10^{-6}$	CL=90%	885
$e^-\pi^0$	LF	< 3.7	$\times 10^{-6}$	CL=90%	883
$\mu^-\pi^0$	LF	< 4.0	$\times 10^{-6}$	CL=90%	880
$e^-K^0_S$	LF	< 9.1	$\times 10^{-7}$	CL=90%	819
$\mu^-K^0_S$	LF	< 9.5	$\times 10^{-7}$	CL=90%	815
$e^-\eta$	LF	< 8.2	$\times 10^{-6}$	CL=90%	804
$\mu^-\eta$	LF	< 9.6	$\times 10^{-6}$	CL=90%	800
$e^-\rho^0$	LF	< 2.0	$\times 10^{-6}$	CL=90%	719
$\mu^-\rho^0$	LF	< 6.3	$\times 10^{-6}$	CL=90%	715
$e^-K^*(892)^0$	LF	< 5.1	$\times 10^{-6}$	CL=90%	665
$\mu^-K^*(892)^0$	LF	< 7.5	$\times 10^{-6}$	CL=90%	660
$e^-\overline{K}^*(892)^0$	LF	< 7.4	$\times 10^{-6}$	CL=90%	665
$\mu^-\overline{K}^*(892)^0$	LF	< 7.5	$\times 10^{-6}$	CL=90%	660
$e^-\phi$	LF	< 6.9	$\times 10^{-6}$	CL=90%	596
$\mu^-\phi$	LF	< 7.0	$\times 10^{-6}$	CL=90%	590
$e^-e^+e^-$	LF	< 2.9	$\times 10^{-6}$	CL=90%	888
$e^-\mu^+\mu^-$	LF	< 1.8	$\times 10^{-6}$	CL=90%	882
$e^+\mu^-\mu^-$	LF	< 1.5	$\times 10^{-6}$	CL=90%	882
$\mu^-e^+e^-$	LF	< 1.7	$\times 10^{-6}$	CL=90%	885
$\mu^+e^-e^-$	LF	< 1.5	$\times 10^{-6}$	CL=90%	885

$\mu^-\mu^+\mu^-$	LF	< 1.9	$\times 10^{-6}$	CL=90%	873
$e^-\pi^+\pi^-$	LF	< 2.2	$\times 10^{-6}$	CL=90%	877
$e^+\pi^-\pi^-$	L	< 1.9	$\times 10^{-6}$	CL=90%	877
$\mu^-\pi^+\pi^-$	LF	< 8.2	$\times 10^{-6}$	CL=90%	866
$\mu^+\pi^-\pi^-$	L	< 3.4	$\times 10^{-6}$	CL=90%	866
$e^-\pi^+K^-$	LF	< 6.4	$\times 10^{-6}$	CL=90%	813
$e^-\pi^-K^+$	LF	< 3.8	$\times 10^{-6}$	CL=90%	813
$e^+\pi^-K^-$	L	< 2.1	$\times 10^{-6}$	CL=90%	813
$e^-K^0_S K^0_S$	LF	< 2.2	$\times 10^{-6}$	CL=90%	736
$e^-K^+K^-$	LF	< 6.0	$\times 10^{-6}$	CL=90%	739
$e^+K^-K^-$	L	< 3.8	$\times 10^{-6}$	CL=90%	739
$\mu^-\pi^+K^-$	LF	< 7.5	$\times 10^{-6}$	CL=90%	800
$\mu^-\pi^-K^+$	LF	< 7.4	$\times 10^{-6}$	CL=90%	800
$\mu^+\pi^-K^-$	L	< 7.0	$\times 10^{-6}$	CL=90%	800
$\mu^-K^0_S K^0_S$	LF	< 3.4	$\times 10^{-6}$	CL=90%	696
$\mu^-K^+K^-$	LF	< 1.5	$\times 10^{-5}$	CL=90%	699
$\mu^+K^-K^-$	L	< 6.0	$\times 10^{-6}$	CL=90%	699
$e^-\pi^0\pi^0$	LF	< 6.5	$\times 10^{-6}$	CL=90%	878
$\mu^-\pi^0\pi^0$	LF	< 1.4	$\times 10^{-5}$	CL=90%	867
$e^-\eta\eta$	LF	< 3.5	$\times 10^{-5}$	CL=90%	699
$\mu^-\eta\eta$	LF	< 6.0	$\times 10^{-5}$	CL=90%	654
$e^-\pi^0\eta$	LF	< 2.4	$\times 10^{-5}$	CL=90%	798
$\mu^-\pi^0\eta$	LF	< 2.2	$\times 10^{-5}$	CL=90%	784
$\overline{p}\gamma$	L,B	< 3.5	$\times 10^{-6}$	CL=90%	641
$\overline{p}\pi^0$	L,B	< 1.5	$\times 10^{-5}$	CL=90%	632
$\overline{p}2\pi^0$	L,B	< 3.3	$\times 10^{-5}$	CL=90%	604
$\overline{p}\eta$	L,B	< 8.9	$\times 10^{-6}$	CL=90%	475
$\overline{p}\pi^0\eta$	L,B	< 2.7	$\times 10^{-5}$	CL=90%	360
e^- light boson	LF	< 2.7	$\times 10^{-3}$	CL=95%	–
μ^- light boson	LF	< 5	$\times 10^{-3}$	CL=95%	–

Heavy Charged Lepton Searches

$L^\pm$ – charged lepton
Mass $m >$ 100.8 GeV, CL = 95% [h]   Decay to νW.

$L^\pm$ – stable charged heavy lepton
Mass $m >$ 102.6 GeV, CL = 95%

ν_e $J = \frac{1}{2}$

The following results are obtained using neutrinos associated with e^+ or e^-. See the Note on "Electron, muon, and tau neutrino listings" in the Particle Listings.

    Mass $m < 3$ eV   Interpretation of tritium beta decay experiments is complicated by anomalies near the endpoint, and the limits are not without ambiguity.
    Mean life/mass, $\tau/m_\nu > 7 \times 10^9$ s/eV [i]   (solar)
    Mean life/mass, $\tau/m_\nu > 300$ s/eV, CL = 90% [i]   (reactor)
    Magnetic moment $\mu < 1.0 \times 10^{-10}$ μ_B, CL = 90%

ν_μ $J = \frac{1}{2}$

The following results are obtained using neutrinos associated with μ^+ or μ^-. See the Note on "Electron, muon, and tau neutrino listings" in the Particle Listings.

    Mass $m < 0.19$ MeV, CL = 90%
    Mean life/mass, $\tau/m_\nu > 15.4$ s/eV, CL = 90%
    Magnetic moment $\mu < 6.8 \times 10^{-10}$ μ_B, CL = 90%

ν_τ $J = \frac{1}{2}$

The following results are obtained using neutrinos associated with τ^+ or τ^-. See the Note on "Electron, muon, and tau neutrino listings" in the Particle Listings.

    Mass $m < 18.2$ MeV, CL = 95%
    Magnetic moment $\mu < 3.9 \times 10^{-7}$ μ_B, CL = 90%
    Electric dipole moment $d < 5.2 \times 10^{-17}$ e cm, CL = 95%

Number of Neutrino Types and Sum of Neutrino Masses

    Number $N = 2.994 \pm 0.012$ (Standard Model fits to LEP data)
    Number $N = 2.92 \pm 0.07$ (Direct measurement of invisible Z width)

Neutrino Mixing

There is now compelling evidence that neutrinos have nonzero mass from the observation of neutrino flavor change, both from the study of atmospheric neutrino fluxes by SuperKamiokande, and from the study of solar neutrino cross sections by SNO (charged and neutral currents) and SuperKamiokande (elastic scattering). The flavor change observed in solar neutrinos has been confirmed by the KamLAND experiment using reactor antineutrinos.

Solar Neutrinos

Detectors using gallium ($E_\nu \gtrsim 0.2$ MeV), chlorine ($E_\nu \gtrsim 0.8$ MeV), and Cherenkov effect in water ($E_\nu \gtrsim 5$ MeV) measure significantly lower neutrino rates than are predicted from solar models. From the determination by SNO of the ^{8}B solar neutrino flux via elastic scattering, charged-current process interactions, and neutral-current interactions, one can determine the flux of non-ν_e active neutrinos to be $\phi(\nu_{\mu\tau}) = (3.41^{+0.66}_{-0.64}) \times 10^6$ cm^{-2} s^{-1}, providing a 5.3 σ evidence for neutrino flavor change. A global analysis of the solar neutrino data, including the KamLAND results that confirm the effect using reactor antineutrinos, favors large mixing angles and $\Delta(m^2) \simeq (6\text{–}9) \times 10^{-5}$ eV^2. See the Note "Solar Neutrinos" in the Listings and the review "Neutrino Mass, Mixing, and Flavor Change."

Atmospheric Neutrinos

Underground detectors observing neutrinos produced by cosmic rays in the atmosphere have measured a ν_μ/ν_e ratio much less than expected, and also a deficiency of upward going ν_μ compared to downward. This can be explained by oscillations leading to the disappearance of ν_μ with $\Delta m^2 \approx (1\text{–}3) \times 10^{-3}$ eV^2 and almost full mixing between ν_μ and ν_τ. The effect has been confirmed by the K2K experiment using accelerator neutrinos. See the review "Neutrino Mass, Mixing, and Flavor Change."

Heavy Neutral Leptons, Searches for

For excited leptons, see Compositeness Limits below.

Stable Neutral Heavy Lepton Mass Limits

Mass $m > 45.0$ GeV, CL = 95%   (Dirac)
Mass $m > 39.5$ GeV, CL = 95%   (Majorana)

QUARKS

The *u*-, *d*-, and *s*-quark masses are estimates of so-called "current-quark masses," in a mass-independent subtraction scheme such as $\overline{MS}$ at a scale $\mu \approx 2$ GeV. The *c*- and *b*-quark masses are the "running" masses in the $\overline{MS}$ scheme. For the *b*-quark we also quote the 1S mass. These can be different from the heavy quark masses obtained in potential models.

u

$I(J^P) = \frac{1}{2}(\frac{1}{2}^+)$

Mass $m = 1.5$ to 4 MeV [a]   Charge $= \frac{2}{3} e$ $I_z = +\frac{1}{2}$
$m_u/m_d = 0.3$ to 0.7

d

$I(J^P) = \frac{1}{2}(\frac{1}{2}^+)$

Mass $m = 4$ to 8 MeV [a]   Charge $= -\frac{1}{3} e$ $I_z = -\frac{1}{2}$
$m_s/m_d = 17$ to 22
$\overline{m} = (m_u + m_d)/2 = 3.0$ to 5.5 MeV

s

$I(J^P) = 0(\frac{1}{2}^+)$

Mass $m = 80$ to 130 MeV [a]   Charge $= -\frac{1}{3} e$ Strangeness $= -1$
$(m_s - (m_u + m_d)/2)/(m_d - m_u) = 30$ to 50

c

$I(J^P) = 0(\frac{1}{2}^+)$

Mass $m = 1.15$ to 1.35 GeV   Charge $= \frac{2}{3} e$ Charm $= +1$

b

$I(J^P) = 0(\frac{1}{2}^+)$

Charge $= -\frac{1}{3} e$ Bottom $= -1$

Mass $m = 4.1$ to 4.4 GeV   ($\overline{MS}$ mass)
Mass $m = 4.6$ to 4.9 GeV   (1S mass)

t

$I(J^P) = 0(\frac{1}{2}^+)$

Charge = $\frac{2}{3}$ e Top = +1

Mass $m = 174.3 \pm 5.1$ GeV (direct observation of top events)
Mass $m = 178.1^{+10.4}_{-8.3}$ GeV (Standard Model electroweak fit)

t DECAY MODES		Fraction (Γ_i/Γ)	Confidence level	p (MeV/c)
$W q (q = b, s, d)$				–
$W b$				–
$\ell \nu_\ell$ anything	[b,c]	(9.4±2.4) %		–
$\tau \nu_\tau b$				–
$\gamma q (q=u,c)$	[d]	< 5.9 × 10^{-3}	95%	–
$\Delta T = 1$ **weak neutral current (T1) modes**				
$Z q (q=u,c)$	T1 [e]	< 13.7 %	95%	–

b′ (4th Generation) Quark, Searches for

Mass $m >$ 190 GeV, CL = 95% ($p\bar{p}$, quasi-stable b')
Mass $m >$ 199 GeV, CL = 95% ($p\bar{p}$, neutral-current decays)
Mass $m >$ 128 GeV, CL = 95% ($p\bar{p}$, charged-current decays)
Mass $m >$ 46.0 GeV, CL = 95% ($e^+ e^-$, all decays)

Free Quark Searches

All searches since 1977 have had negative results.

NOTES

[a] The ratios m_u/m_d and m_s/m_d are extracted from pion and kaon masses using chiral symmetry. The estimates of u and d masses are not without controversy and remain under active investigation. Within the literature there are even suggestions that the u quark could be essentially massless. The s-quark mass is estimated from SU(3) splittings in hadron masses.

[b] ℓ means e or μ decay mode, not the sum over them.

[c] Assumes lepton universality and W-decay acceptance.

[d] This limit is for $\Gamma(t \to \gamma q)/\Gamma(t \to W b)$.

[e] This limit is for $\Gamma(t \to Z q)/\Gamma(t \to W b)$.

LIGHT UNFLAVORED MESONS
$(S = C = B = 0)$

For $I = 1$ (π, b, ρ, a): $u\bar{d}$, $(u\bar{u}-d\bar{d})/\sqrt{2}$, $d\bar{u}$;
for $I = 0$ (η, η', h, h', ω, ϕ, f, f'): $c_1(u\bar{u} + d\bar{d}) + c_2(s\bar{s})$

$\pi^\pm$ $I^G(J^P) = 1^-(0^-)$

Mass $m = 139.57018 \pm 0.00035$ MeV   (S = 1.2)
Mean life $\tau = (2.6033 \pm 0.0005) \times 10^{-8}$ s   (S = 1.2)
$c\tau = 7.8045$ m

$\pi^\pm \to \ell^\pm \nu \gamma$ form factors [a]

$F_V = 0.017 \pm 0.008$
$F_A = 0.0116 \pm 0.0016$ (S = 1.3)
$R = 0.059^{+0.009}_{-0.008}$

π^- modes are charge conjugates of the modes below.

For decay limits to particles which are not established, see the appropriate Search setions (Massive Neutrino Peak Search Test, A^0 (axion), and Other Light Boson (X^0) Searches, etc.).

π^+ DECAY MODES		Fraction (Γ_i/Γ)	Confidence level	p (MeV/c)
$\mu^+ \nu_\mu$	[b]	(99.98770±0.00004) %		30
$\mu^+ \nu_\mu \gamma$	[c]	(2.00 ±0.25) × 10^{-4}		30
$e^+ \nu_e$	[b]	(1.230 ±0.004) × 10^{-4}		70
$e^+ \nu_e \gamma$	[c]	(1.61 ±0.23) × 10^{-7}		70
$e^+ \nu_e \pi^0$		(1.025 ±0.034) × 10^{-8}		4
$e^+ \nu_e e^+ e^-$		(3.2 ±0.5) × 10^{-9}		70
$e^+ \nu_e \nu \bar{\nu}$		< 5 × 10^{-6}	90%	70
Lepton Family number (LF) or Lepton number (L) violating modes				
$\mu^+ \bar{\nu}_e$	L	[d] < 1.5 × 10^{-3}	90%	30
$\mu^+ \nu_e$	LF	[d] < 8.0 × 10^{-3}	90%	30
$\mu^- e^+ e^+ \nu$	LF	< 1.6 × 10^{-6}	90%	30

π^0

$$I^G(J^{PC}) = 1^-(0^{-+})$$

Mass $m = 134.9766 \pm 0.0006$ MeV (S = 1.1)
$m_{\pi^\pm} - m_{\pi^0} = 4.5936 \pm 0.0005$ MeV
Mean life $\tau = (8.4 \pm 0.6) \times 10^{-17}$ s (S = 3.0)
$c\tau = 25.1$ nm

For decay limits to particles which are not established, see the appropriate Search setions (A^0 (axion), and Other Light Boson (X^0) Searches, etc.).

π^0 DECAY MODES		Fraction (Γ_i/Γ)	Scale factor/ Confidence level	p (MeV/c)
2γ		(98.798 ± 0.032) %	S=1.1	67
$e^+ e^- \gamma$		(1.198 ± 0.032) %	S=1.1	67
γ positronium		$(1.82 \pm 0.29) \times 10^{-9}$		67
$e^+ e^+ e^- e^-$		$(3.14 \pm 0.30) \times 10^{-5}$		67
$e^+ e^-$		$(6.2 \pm 0.5) \times 10^{-8}$		67
4γ		$< 2 \times 10^{-8}$	CL=90%	67
$\nu \bar{\nu}$	[e]	$< 8.3 \times 10^{-7}$	CL=90%	67
$\nu_e \bar{\nu}_e$		$< 1.7 \times 10^{-6}$	CL=90%	67
$\nu_\mu \bar{\nu}_\mu$		$< 3.1 \times 10^{-6}$	CL=90%	67
$\nu_\tau \bar{\nu}_\tau$		$< 2.1 \times 10^{-6}$	CL=90%	67
$\gamma \nu \bar{\nu}$		$< 6 \times 10^{-4}$	CL=90%	67
Charge conjugation (C) or Lepton Family number (LF) violating modes				
3γ	C	$< 3.1 \times 10^{-8}$	CL=90%	67
$\mu^+ e^-$	LF	$< 3.8 \times 10^{-10}$	CL=90%	26
$\mu^- e^+$	LF	$< 3.4 \times 10^{-9}$	CL=90%	26
$\mu^+ e^- + \mu^- e^+$	LF	$< 1.72 \times 10^{-8}$	CL=90%	26

η

$$I^G(J^{PC}) = 0^+(0^{-+})$$

Mass $m = 547.75 \pm 0.12$ MeV [f] (S = 2.6)
Full width $\Gamma = 1.29 \pm 0.07$ keV [g]

C-nonconserving decay parameters

$\pi^+ \pi^- \pi^0$ Left-right asymmetry $= (0.09 \pm 0.17) \times 10^{-2}$
$\pi^+ \pi^- \pi^0$ Sextant asymmetry $= (0.18 \pm 0.16) \times 10^{-2}$
$\pi^+ \pi^- \pi^0$ Quadrant asymmetry $= (-0.17 \pm 0.17) \times 10^{-2}$
$\pi^+ \pi^- \gamma$ Left-right asymmetry $= (0.9 \pm 0.4) \times 10^{-2}$
$\pi^+ \pi^- \gamma$ β (D-wave) $= -0.02 \pm 0.07$ (S = 1.3)

Dalitz plot parameter

$\pi^0\pi^0\pi^0 \quad \alpha = -0.031 \pm 0.004 \quad (S = 1.1)$

η DECAY MODES		Fraction (Γ_i/Γ)	Scale factor/ Confidence level	p (MeV/c)
Neutral modes				
neutral modes		(72.0 ± 0.5) %	S=1.3	—
2γ	[g]	(39.43 ± 0.26) %	S=1.2	274
$3\pi^0$		(32.51 ± 0.29) %	S=1.2	179
$\pi^0 2\gamma$		$(7.2 \pm 1.4) \times 10^{-4}$		257
other neutral modes		< 2.8 %	CL=90%	—
Charged modes				
charged modes		(28.0 ± 0.5) %	S=1.3	—
$\pi^+\pi^-\pi^0$		(22.6 ± 0.4) %	S=1.3	174
$\pi^+\pi^-\gamma$		(4.68 ± 0.11) %	S=1.2	236
$e^+e^-\gamma$		$(6.0 \pm 0.8) \times 10^{-3}$	S=1.4	274
$\mu^+\mu^-\gamma$		$(3.1 \pm 0.4) \times 10^{-4}$		253
e^+e^-		$< 7.7 \times 10^{-5}$	CL=90%	274
$\mu^+\mu^-$		$(5.8 \pm 0.8) \times 10^{-6}$		253
$e^+e^-e^+e^-$		$< 6.9 \times 10^{-5}$	CL=90%	274
$\pi^+\pi^-e^+e^-$		$(4.0 ^{+14.0}_{-2.7}) \times 10^{-4}$	S=5.8	235
$\pi^+\pi^-2\gamma$		$< 2.0 \times 10^{-3}$		236
$\pi^+\pi^-\pi^0\gamma$		$< 5 \times 10^{-4}$	CL=90%	174
$\pi^0\mu^+\mu^-\gamma$		$< 3 \times 10^{-6}$	CL=90%	210
Charge conjugation (C), Parity (P), Charge conjugation × Parity (CP), or Lepton Family number (LF) violating modes				
$\pi^+\pi^-$	P,CP	$< 3.3 \times 10^{-4}$	CL=90%	236
$\pi^0\pi^0$	P,CP	$< 4.3 \times 10^{-4}$	CL=90%	238
3γ	C	$< 5 \times 10^{-4}$	CL=95%	274
$4\pi^0$	P,CP	$< 6.9 \times 10^{-7}$	CL=90%	40
$\pi^0 e^+ e^-$	C	[h] $< 4 \times 10^{-5}$	CL=90%	257
$\pi^0 \mu^+ \mu^-$	C	[h] $< 5 \times 10^{-6}$	CL=90%	210
$\mu^+ e^- + \mu^- e^+$	LF	$< 6 \times 10^{-6}$	CL=90%	264

Tabellen-Anhang

$f_0(600)$ [i] or σ

$I^G(J^{PC}) = 0^+(0^{++})$

Mass $m = (400–1200)$ MeV
Full width $\Gamma = (600–1000)$ MeV

$f_0(600)$ DECAY MODES	Fraction (Γ_i/Γ)	p (MeV/c)
$\pi\pi$	dominant	—
$\gamma\gamma$	seen	—

$\rho(770)$ [j]

$I^G(J^{PC}) = 1^+(1^{--})$

Mass $m = 775.8 \pm 0.5$ MeV
Full width $\Gamma = 150.3 \pm 1.6$ MeV
$\Gamma_{ee} = 7.02 \pm 0.11$ keV

$\rho(770)$ DECAY MODES	Fraction (Γ_i/Γ)		Scale factor/ Confidence level	p (MeV/c)
$\pi\pi$	~ 100	%		364
$\rho(770)^\pm$ decays				
$\pi^\pm\gamma$	(4.5 ±0.5) × 10^{-4}		S=2.2	375
$\pi^\pm\eta$	< 6 × 10^{-3}		CL=84%	153
$\pi^\pm\pi^+\pi^-\pi^0$	< 2.0 × 10^{-3}		CL=84%	254
$\rho(770)^0$ decays				
$\pi^+\pi^-\gamma$	(9.9 ±1.6) × 10^{-3}			362
$\pi^0\gamma$	(6.0 ±1.3) × 10^{-4}		S=1.1	376
$\eta\gamma$	(3.0 ±0.4) × 10^{-4}		S=1.4	195
$\pi^0\pi^0\gamma$	(4.5 ±0.8) × 10^{-5}			364
$\mu^+\mu^-$	[k] (4.55±0.28) × 10^{-5}			373
e^+e^-	[k] (4.67±0.09) × 10^{-5}			388
$\pi^+\pi^-\pi^0$	($1.01^{+0.54}_{-0.36}$ ±0.34) × 10^{-4}			323
$\pi^+\pi^-\pi^+\pi^-$	(1.8 ±0.9) × 10^{-5}			251
$\pi^+\pi^-\pi^0\pi^0$	< 4 × 10^{-5}		CL=90%	257

$\omega(782)$

$I^G(J^{PC}) = 0^-(1^{--})$

Mass $m = 782.59 \pm 0.11$ MeV (S = 1.7)
Full width $\Gamma = 8.49 \pm 0.08$ MeV
$\Gamma_{ee} = 0.60 \pm 0.02$ keV

$\omega(782)$ DECAY MODES	Fraction (Γ_i/Γ)	Scale factor/ Confidence level	p (MeV/c)
$\pi^+\pi^-\pi^0$	$(89.1 \pm 0.7)\%$	S=1.1	327
$\pi^0\gamma$	$(8.92^{+0.28}_{-0.24})\%$	S=1.1	380
$\pi^+\pi^-$	$(1.70\pm 0.27)\%$	S=1.4	366
neutrals (excluding $\pi^0\gamma$)	$(1.4^{+7.0}_{-0.9}) \times 10^{-3}$		—
$\eta\gamma$	$(4.9 \pm 0.5) \times 10^{-4}$		200
$\pi^0 e^+ e^-$	$(5.9 \pm 1.9) \times 10^{-4}$		380
$\pi^0 \mu^+ \mu^-$	$(9.6 \pm 2.3) \times 10^{-5}$		349
$e^+ e^-$	$(7.14\pm 0.13) \times 10^{-5}$	S=1.1	391
$\pi^+\pi^-\pi^0\pi^0$	$< 2\ \%$	CL=90%	262
$\pi^+\pi^-\gamma$	$< 3.6 \times 10^{-3}$	CL=95%	366
$\pi^+\pi^-\pi^+\pi^-$	$< 1 \times 10^{-3}$	CL=90%	256
$\pi^0\pi^0\gamma$	$(6.7 \pm 1.1) \times 10^{-5}$		367
$\eta\pi^0\gamma$	$< 3.3 \times 10^{-5}$	CL=90%	162
$\mu^+\mu^-$	$(9.0 \pm 3.1) \times 10^{-5}$		377
3γ	$< 1.9 \times 10^{-4}$	CL=95%	391
Charge conjugation (C) violating modes			
$\eta\pi^0$ $\quad C$	$< 1 \times 10^{-3}$	CL=90%	162
$3\pi^0$ $\quad C$	$< 3 \times 10^{-4}$	CL=90%	330

$\eta'(958)$

$I^G(J^{PC}) = 0^+(0^{-+})$

Mass $m = 957.78 \pm 0.14$ MeV
Full width $\Gamma = 0.202 \pm 0.016$ MeV (S = 1.3)

$\eta'(958)$ DECAY MODES	Fraction (Γ_i/Γ)	Scale factor/ Confidence level	p (MeV/c)
$\pi^+\pi^-\eta$	$(44.3 \pm 1.5)\%$	S=1.2	232
$\rho^0\gamma$ (including non-resonant $\pi^+\pi^-\gamma$)	$(29.5 \pm 1.0)\%$	S=1.2	165
$\pi^0\pi^0\eta$	$(20.9 \pm 1.2)\%$	S=1.2	239
$\omega\gamma$	$(3.03\pm 0.31)\%$		159
$\gamma\gamma$	$(2.12\pm 0.14)\%$	S=1.3	479
$3\pi^0$	$(1.56\pm 0.26) \times 10^{-3}$		430
$\mu^+\mu^-\gamma$	$(1.04\pm 0.26) \times 10^{-4}$		467
$\pi^+\pi^-\pi^0$	$< 5\ \%$	CL=90%	428

$\pi^0 \rho^0$		< 4	%	CL=90%	110
$\pi^+\pi^+\pi^-\pi^-$		< 1	%	CL=90%	372
$\pi^+\pi^+\pi^-\pi^-$ neutrals		< 1	%	CL=95%	–
$\pi^+\pi^+\pi^-\pi^-\pi^0$		< 1	%	CL=90%	298
6π		< 1	%	CL=90%	211
$\pi^+\pi^- e^+ e^-$		< 6	$\times 10^{-3}$	CL=90%	458
$\gamma e^+ e^-$		< 9	$\times 10^{-4}$	CL=90%	479
$\pi^0 \gamma \gamma$		< 8	$\times 10^{-4}$	CL=90%	469
$4\pi^0$		< 5	$\times 10^{-4}$	CL=90%	380
$e^+ e^-$		< 2.1	$\times 10^{-7}$	CL=90%	479

Charge conjugation (C), Parity (P), Lepton family number (LF) violating modes

$\pi^+\pi^-$	P,CP	< 2	%	CL=90%	458
$\pi^0\pi^0$	P,CP	< 9	$\times 10^{-4}$	CL=90%	459
$\pi^0 e^+ e^-$	C [h]	< 1.4	$\times 10^{-3}$	CL=90%	469
$\eta e^+ e^-$	C [h]	< 2.4	$\times 10^{-3}$	CL=90%	322
3γ	C	< 1.0	$\times 10^{-4}$	CL=90%	479
$\mu^+\mu^-\pi^0$	C [h]	< 6.0	$\times 10^{-5}$	CL=90%	445
$\mu^+\mu^-\eta$	C [h]	< 1.5	$\times 10^{-5}$	CL=90%	273
$e\mu$	LF	< 4.7	$\times 10^{-4}$	CL=90%	473

$f_0(980)$ [l] $I^G(J^{PC}) = 0^+(0^{++})$

Mass $m = 980 \pm 10$ MeV
Full width $\Gamma = 40$ to 100 MeV

$f_0(980)$ DECAY MODES	Fraction (Γ_i/Γ)	p (MeV/c)
$\pi\pi$	dominant	471
$K\overline{K}$	seen	†
$\gamma\gamma$	seen	490

$a_0(980)$ [l] $I^G(J^{PC}) = 1^-(0^{++})$

Mass $m = 984.7 \pm 1.2$ MeV   ($S = 1.5$)
Full width $\Gamma = 50$ to 100 MeV

$a_0(980)$ DECAY MODES	Fraction (Γ_i/Γ)	p (MeV/c)
$\eta\pi$	dominant	322
$K\overline{K}$	seen	†
$\gamma\gamma$	seen	492

$\phi(1020)$

$I^G(J^{PC}) = 0^-(1^{--})$

Mass $m = 1019.456 \pm 0.020$ MeV   (S = 1.1)
Full width $\Gamma = 4.26 \pm 0.05$ MeV   (S = 1.7)

$\phi(1020)$ DECAY MODES	Fraction (Γ_i/Γ)	Scale factor/ Confidence level	p (MeV/c)
K^+K^-	(49.1 ±0.6) %	S=1.2	127
$K^0_L K^0_S$	(34.0 ±0.5) %	S=1.1	110
$\rho\pi + \pi^+\pi^-\pi^0$	(15.4 ±0.5) %	S=1.3	–
$\eta\gamma$	(1.295 ±0.025) %	S=1.1	363
$\pi^0\gamma$	(1.23 ±0.10) $\times 10^{-3}$		501
e^+e^-	(2.98 ±0.04) $\times 10^{-4}$	S=1.1	510
$\mu^+\mu^-$	(2.85 ±0.19) $\times 10^{-4}$		499
ηe^+e^-	(1.15 ±0.10) $\times 10^{-4}$		363
$\pi^+\pi^-$	(7.3 ±1.3) $\times 10^{-5}$		490
$\omega\pi^0$	(5.2 $^{+1.3}_{-1.1}$) $\times 10^{-5}$		172
$\omega\gamma$	< 5 %	CL=84%	209
$\rho\gamma$	< 1.2 $\times 10^{-5}$	CL=90%	215
$\pi^+\pi^-\gamma$	(4.1 ±1.3) $\times 10^{-5}$		490
$f_0(980)\gamma$	(4.40 ±0.21) $\times 10^{-4}$		39
$\pi^0\pi^0\gamma$	(1.09 ±0.06) $\times 10^{-4}$		492
$\pi^+\pi^-\pi^+\pi^-$	(3.9 $^{+2.8}_{-2.2}$) $\times 10^{-6}$		410
$\pi^+\pi^+\pi^-\pi^-\pi^0$	< 4.6 $\times 10^{-6}$	CL=90%	342
$\pi^0 e^+e^-$	(1.12 ±0.28) $\times 10^{-5}$		501
$\pi^0\eta\gamma$	(8.3 ±0.5) $\times 10^{-5}$		346
$a_0(980)\gamma$	(7.6 ±0.6) $\times 10^{-5}$		34
$\eta'(958)\gamma$	(6.2 ±0.7) $\times 10^{-5}$	S=1.1	60
$\eta\pi^0\pi^0\gamma$	< 2 $\times 10^{-5}$	CL=90%	293
$\mu^+\mu^-\gamma$	(1.4 ±0.5) $\times 10^{-5}$		499
$\rho\gamma\gamma$	< 5 $\times 10^{-4}$	CL=90%	215
$\eta\pi^+\pi^-$	< 1.8 $\times 10^{-5}$	CL=90%	288
$\eta\mu^+\mu^-$	< 9.4 $\times 10^{-6}$	CL=90%	321

$h_1(1170)$

$I^G(J^{PC}) = 0^-(1^{+-})$

Mass $m = 1170 \pm 20$ MeV
Full width $\Gamma = 360 \pm 40$ MeV

$h_1(1170)$ DECAY MODES	Fraction (Γ_i/Γ)	p (MeV/c)
$\rho\pi$	seen	307

$b_1(1235)$ $I^G(J^{PC}) = 1^+(1^{+-})$

Mass $m = 1229.5 \pm 3.2$ MeV   (S = 1.6)
Full width $\Gamma = 142 \pm 9$ MeV   (S = 1.2)

$b_1(1235)$ DECAY MODES	Fraction (Γ_i/Γ)	Confidence level	p (MeV/c)
$\omega \pi$	dominant		348
[D/S amplitude ratio = 0.277 $\pm$ 0.027]			
$\pi^\pm \gamma$	$(1.6 \pm 0.4) \times 10^{-3}$		607
$\eta \rho$	seen		†
$\pi^+\pi^+\pi^-\pi^0$	< 50 %	84%	535
$(K\overline{K})^\pm \pi^0$	< 8 %	90%	248
$K^0_S K^0_L \pi^\pm$	< 6 %	90%	235
$K^0_S K^0_S \pi^\pm$	< 2 %	90%	235
$\phi \pi$	< 1.5 %	84%	147

$a_1(1260)$ [m] $I^G(J^{PC}) = 1^-(1^{++})$

Mass $m = 1230 \pm 40$ MeV [n]
Full width $\Gamma = 250$ to 600 MeV

$a_1(1260)$ DECAY MODES	Fraction (Γ_i/Γ)	p (MeV/c)
$(\rho \pi)_{S-\text{wave}}$	seen	353
$(\rho \pi)_{D-\text{wave}}$	seen	353
$(\rho(1450) \pi)_{S-\text{wave}}$	seen	†
$(\rho(1450) \pi)_{D-\text{wave}}$	seen	†
$\sigma \pi$	seen	—
$f_0(980) \pi$	not seen	189
$f_0(1370) \pi$	seen	—
$f_2(1270) \pi$	seen	†
$K \overline{K}^*(892) +$ c.c.	seen	†
$\pi \gamma$	seen	608

$f_2(1270)$ $I^G(J^{PC}) = 0^+(2^{++})$

Mass $m = 1275.4 \pm 1.2$ MeV
Full width $\Gamma = 185.1^{+3.5}_{-2.6}$ MeV   (S = 1.5)

$f_2(1270)$ DECAY MODES	Fraction (Γ_i/Γ)	Scale factor/ Confidence level	p (MeV/c)
$\pi\pi$	$(84.8^{+2.5}_{-1.3})$ %	S=1.3	623
$\pi^+\pi^- 2\pi^0$	$(7.1^{+1.5}_{-2.7})$ %	S=1.3	563

$K\bar{K}$	(4.6 ±0.4) %	S=2.7	404
$2\pi^+2\pi^-$	(2.8 ±0.4) %	S=1.2	559
$\eta\eta$	(4.5 ±1.0) × 10^{-3}	S=2.4	327
$4\pi^0$	(3.0 ±1.0) × 10^{-3}		565
$\gamma\gamma$	(1.41±0.13) × 10^{-5}		638
$\eta\pi\pi$	< 8 × 10^{-3}	CL=95%	478
$K^0K^-\pi^+$ + c.c.	< 3.4 × 10^{-3}	CL=95%	293
e^+e^-	< 6 × 10^{-10}	CL=90%	638

$f_1(1285)$

$I^G(J^{PC}) = 0^+(1^{++})$

Mass $m = 1281.8 \pm 0.6$ MeV (S = 1.6)
Full width $\Gamma = 24.1 \pm 1.1$ MeV (S = 1.3)

$f_1(1285)$ DECAY MODES	Fraction (Γ_i/Γ)	Scale factor/ Confidence level	p (MeV/c)
4π	(33.1$^{+2.1}_{-1.8}$) %	S=1.3	568
$\pi^0\pi^0\pi^+\pi^-$	(22.0$^{+1.4}_{-1.2}$) %	S=1.3	566
$2\pi^+2\pi^-$	(11.0$^{+0.7}_{-0.6}$) %	S=1.3	563
$\rho^0\pi^+\pi^-$	(11.0$^{+0.7}_{-0.6}$) %	S=1.3	336
$\rho^0\rho^0$	seen		†
$4\pi^0$	< 7 × 10^{-4}	CL=90%	568
$\eta\pi\pi$	(52 ±16) %		482
$a_0(980)\pi$ [ignoring $a_0(980) \to K\bar{K}$]	(36 ± 7) %		234
$\eta\pi\pi$ [excluding $a_0(980)\pi$]	(16 ± 7) %		482
$K\bar{K}\pi$	(9.0± 0.4) %	S=1.1	308
$K\bar{K}^*(892)$	not seen		†
$\gamma\rho^0$	(5.5± 1.3) %	S=2.8	406
$\phi\gamma$	(7.4± 2.6) × 10^{-4}		236

$\eta(1295)$

$I^G(J^{PC}) = 0^+(0^{-+})$

Mass $m = 1294 \pm 4$ MeV (S = 1.6)
Full width $\Gamma = 55 \pm 5$ MeV

$\eta(1295)$ DECAY MODES	Fraction (Γ_i/Γ)	p (MeV/c)
$\eta \pi^+ \pi^-$	seen	487
$a_0(980)\pi$	seen	244
$\eta \pi^0 \pi^0$	seen	490
$\eta(\pi\pi)_{S\text{-wave}}$	seen	—

$\pi(1300)$

$I^G(J^{PC}) = 1^-(0^{-+})$

Mass $m = 1300 \pm 100$ MeV [n]
Full width $\Gamma = 200$ to 600 MeV

$\pi(1300)$ DECAY MODES	Fraction (Γ_i/Γ)	p (MeV/c)
$\rho\pi$	seen	404
$\pi(\pi\pi)_{S\text{-wave}}$	seen	—

$a_2(1320)$

$I^G(J^{PC}) = 1^-(2^{++})$

Mass $m = 1318.3 \pm 0.6$ MeV (S = 1.2)
Full width $\Gamma = 107 \pm 5$ MeV [n]

$a_2(1320)$ DECAY MODES	Fraction (Γ_i/Γ)	Scale factor/ Confidence level	p (MeV/c)
$\rho\pi$	$(70.1 \pm 2.7)\%$	S=1.2	416
$\eta\pi$	$(14.5 \pm 1.2)\%$		535
$\omega\pi\pi$	$(10.6 \pm 3.2)\%$	S=1.3	366
$K\overline{K}$	$(4.9 \pm 0.8)\%$		437
$\eta'(958)\pi$	$(5.3 \pm 0.9) \times 10^{-3}$		288
$\pi^\pm \gamma$	$(2.68 \pm 0.31) \times 10^{-3}$		652
$\gamma\gamma$	$(9.4 \pm 0.7) \times 10^{-6}$		659
$\pi^+\pi^-\pi^-$	$< 8\%$	CL=90%	621
e^+e^-	$< 6 \times 10^{-9}$	CL=90%	659

$f_0(1370)$ [l] $I^G(J^{PC}) = 0^+(0^{++})$

Mass m = 1200 to 1500 MeV
Full width Γ = 200 to 500 MeV

$f_0(1370)$ DECAY MODES	Fraction (Γ_i/Γ)	p (MeV/c)
$\pi\pi$	seen	—
4π	seen	—
$\quad 4\pi^0$	seen	—
$\quad 2\pi^+2\pi^-$	seen	—
$\quad \pi^+\pi^-2\pi^0$	seen	—
$\quad \rho\rho$	dominant	—
$\quad 2(\pi\pi)_{S\text{-wave}}$	seen	—
$\quad \pi(1300)\pi$	seen	—
$\quad a_1(1260)\pi$	seen	—
$\eta\eta$	seen	—
$K\overline{K}$	seen	—
$\gamma\gamma$	seen	—
e^+e^-	not seen	—

$\pi_1(1400)$ [o] $I^G(J^{PC}) = 1^-(1^{-+})$

Mass m = 1376 $\pm$ 17 MeV
Full width Γ = 300 $\pm$ 40 MeV

$\pi_1(1400)$ DECAY MODES	Fraction (Γ_i/Γ)	p (MeV/c)
$\eta\pi^0$	seen	570
$\eta\pi^-$	seen	569

$\eta(1405)$ [p] was $\eta(1440)$ $I^G(J^{PC}) = 0^+(0^{-+})$

Mass m = 1410.3 $\pm$ 2.6 MeV [n]   (S = 2.2)
Full width Γ = 51 $\pm$ 4 MeV [n]   (S = 2.2)

$\eta(1405)$ DECAY MODES	Fraction (Γ_i/Γ)	p (MeV/c)
$K\overline{K}\pi$	seen	425
$\eta\pi\pi$	seen	563
$\quad a_0(980)\pi$	seen	342

$\eta(\pi\pi)_{S\text{-wave}}$	seen	−
$f_0(980)\eta$	seen	†
4π	seen	639
$K^*(892)K$	seen	127

$f_1(1420)$ [q] $\quad I^G(J^{PC}) = 0^+(1^{++})$

Mass $m = 1426.3 \pm 0.9$ MeV   (S = 1.1)
Full width $\Gamma = 54.9 \pm 2.6$ MeV

$f_1(1420)$ DECAY MODES	Fraction (Γ_i/Γ)	p (MeV/c)
$K\overline{K}\pi$	dominant	438
$\quad K\overline{K}^*(892)+$ c.c.	dominant	163
$\eta\pi\pi$	possibly seen	573
$\phi\gamma$	seen	349

$\omega(1420)$ [r] $\quad I^G(J^{PC}) = 0^-(1^{--})$

Mass m (1400–1450) MeV
Full width Γ (180–250) MeV

$\omega(1420)$ DECAY MODES	Fraction (Γ_i/Γ)	p (MeV/c)
$\rho\pi$	dominant	488
$\omega\pi\pi$	seen	−
$b_1(1235)\pi$	seen	−
e^+e^-	seen	−

$a_0(1450)$ [l] $\quad I^G(J^{PC}) = 1^-(0^{++})$

Mass $m = 1474 \pm 19$ MeV
Full width $\Gamma = 265 \pm 13$ MeV

$a_0(1450)$ DECAY MODES	Fraction (Γ_i/Γ)	p (MeV/c)
$\pi\eta$	seen	627
$\pi\eta'(958)$	seen	410
$K\overline{K}$	seen	547
$\omega\pi\pi$	seen	484

$\rho(1450)$ [s] $I^G(J^{PC}) = 1^+(1^{--})$

Mass $m = 1465 \pm 25$ MeV [n]
Full width $\Gamma = 400 \pm 60$ MeV [n]

$\rho(1450)$ DECAY MODES	Fraction (Γ_i/Γ)	Confidence level	p (MeV/c)
$\pi\pi$	seen		720
4π	seen		669
$\omega\pi$	<2.0 %	95%	512
e^+e^-	seen		732
$\eta\rho$	<4 %		310
$a_2(1320)\pi$	not seen		55
$\phi\pi$	<1 %		360
$K\overline{K}$	$<1.6 \times 10^{-3}$	95%	541
$\eta\gamma$	possibly seen		630

$\eta(1475)$ [p]   was $\eta(1440)$ $I^G(J^{PC}) = 0^+(0^{-+})$

Mass $m = 1476 \pm 4$ MeV   (S = 1.4)
Full width $\Gamma = 87 \pm 9$ MeV   (S = 1.6)

$\eta(1475)$ DECAY MODES	Fraction (Γ_i/Γ)	p (MeV/c)
$K\overline{K}\pi$	dominant	477
$K\overline{K}^*(892)$ + c.c.	seen	245
$a_0(980)\pi$	seen	393
$\gamma\gamma$	seen	738

$f_0(1500)$ [o] $I^G(J^{PC}) = 0^+(0^{++})$

Mass $m = 1507 \pm 5$ MeV   (S = 1.2)
Full width $\Gamma = 109 \pm 7$ MeV

$f_0(1500)$ DECAY MODES	Fraction (Γ_i/Γ)	Scale factor	p (MeV/c)
$\eta\eta'(958)$	(1.9±0.8) %	1.7	34
$\eta\eta$	(5.1±0.9) %	1.4	518
4π	(49.5±3.3) %	1.2	692
$4\pi^0$	seen		692
$2\pi^+2\pi^-$	seen		688

$\pi\pi$	(34.9 ± 2.3) %	1.2	741
$\pi^+\pi^-$	seen		741
$2\pi^0$	seen		741
$K\overline{K}$	(8.6 ± 1.0) %	1.1	569
$\gamma\gamma$	not seen		754

$f'_2(1525)$ $I^G(J^{PC}) = 0^+(2^{++})$

Mass $m = 1525 \pm 5$ MeV [n]
Full width $\Gamma = 73^{+6}_{-5}$ MeV [n]

$f'_2(1525)$ DECAY MODES	Fraction (Γ_i/Γ)	p (MeV/c)
$K\overline{K}$	(88.8 ± 3.1) %	581
$\eta\eta$	(10.3 ± 3.1) %	530
$\pi\pi$	$(8.2 \pm 1.5) \times 10^{-3}$	750
$\gamma\gamma$	$(1.11 \pm 0.14) \times 10^{-6}$	763

$\pi_1(1600)$ [o] $I^G(J^{PC}) = 1^-(1^{-+})$

Mass $m = 1596^{+25}_{-14}$ MeV
Full width $\Gamma = 312^{+64}_{-24}$ MeV   (S = 1.1)

$\pi_1(1600)$ DECAY MODES	Fraction (Γ_i/Γ)	p (MeV/c)
$\pi\pi\pi$	seen	769
$\rho^0\pi^-$	seen	600
$f_2(1270)\pi^-$	not seen	259
$\eta'(958)\pi^-$	seen	497

$\eta_2(1645)$ $I^G(J^{PC}) = 0^+(2^{-+})$

Mass $m = 1617 \pm 5$ MeV
Full width $\Gamma = 181 \pm 11$ MeV

$\eta_2(1645)$ DECAY MODES	Fraction (Γ_i/Γ)	p (MeV/c)
$a_2(1320)\pi$	seen	242
$K\overline{K}\pi$	seen	580
$K^*\overline{K}$	seen	404
$\eta\pi^+\pi^-$	seen	685
$a_0(980)\pi$	seen	496
$f_2(1270)\eta$	not seen	†

$\omega(1650)$ [t]
was $\omega(1600)$

$I^G(J^{PC}) = 0^-(1^{--})$

Mass $m = 1670 \pm 30$ MeV
Full width $\Gamma = 315 \pm 35$ MeV

$\omega(1650)$ DECAY MODES	Fraction (Γ_i/Γ)	p (MeV/c)
$\rho\pi$	seen	646
$\omega\pi\pi$	seen	617
$\omega\eta$	seen	500
e^+e^-	seen	835

$\omega_3(1670)$

$I^G(J^{PC}) = 0^-(3^{--})$

Mass $m = 1667 \pm 4$ MeV
Full width $\Gamma = 168 \pm 10$ MeV [n]

$\omega_3(1670)$ DECAY MODES	Fraction (Γ_i/Γ)	p (MeV/c)
$\rho\pi$	seen	645
$\omega\pi\pi$	seen	615
$b_1(1235)\pi$	possibly seen	361

$\pi_2(1670)$

$I^G(J^{PC}) = 1^-(2^{-+})$

Mass $m = 1672.4 \pm 3.2$ MeV [n]   (S = 1.4)
Full width $\Gamma = 259 \pm 9$ MeV [n]   (S = 1.3)

$\pi_2(1670)$ DECAY MODES	Fraction (Γ_i/Γ)	Confidence level	p (MeV/c)
3π	(95.8 ± 1.4) %		809
$f_2(1270)\pi$	(56.2 ± 3.2) %		329
$\rho\pi$	(31 ± 4) %		648
$\sigma\pi$	(10.9 ± 3.4) %		–
$(\pi\pi)_{S\text{-wave}}$	(8.7 ± 3.4) %		–
$K\overline{K}^*(892)$ + c.c.	(4.2 ± 1.4) %		455
$\omega\rho$	(2.7 ± 1.1) %		303
$\rho(1450)\pi$	$< 3.6 \times 10^{-3}$	97.7%	148
$b_1(1235)\pi$	$< 1.9 \times 10^{-3}$	97.7%	366

$\phi(1680)$

$I^G(J^{PC}) = 0^-(1^{--})$

Mass $m = 1680 \pm 20$ MeV [n]
Full width $\Gamma = 150 \pm 50$ MeV [n]

$\phi(1680)$ DECAY MODES	Fraction (Γ_i/Γ)	p (MeV/c)
$K\overline{K}^*(892) +$ c.c.	dominant	462
$K^0_S K \pi$	seen	621
$K\overline{K}$	seen	680
$e^+ e^-$	seen	840
$\omega \pi \pi$	not seen	623

$\rho_3(1690)$

$I^G(J^{PC}) = 1^+(3^{--})$

Mass $m = 1688.8 \pm 2.1$ MeV [n]
Full width $\Gamma = 161 \pm 10$ MeV [n] (S = 1.5)

$\rho_3(1690)$ DECAY MODES	Fraction (Γ_i/Γ)	Scale factor	p (MeV/c)
4π	$(71.1 \pm 1.9)\%$		790
$\pi^\pm \pi^+ \pi^- \pi^0$	$(67 \pm 22)\%$		787
$\omega \pi$	$(16 \pm 6)\%$		655
$\pi \pi$	$(23.6 \pm 1.3)\%$		834
$K\overline{K}\pi$	$(3.8 \pm 1.2)\%$		629
$K\overline{K}$	$(1.58 \pm 0.26)\%$	1.2	685
$\eta \pi^+ \pi^-$	seen		727
$\rho(770)\eta$	seen		520
$\pi \pi \rho$	seen		633
Excluding 2ρ and $a_2(1320)\pi$.			
$a_2(1320)\pi$	seen		307
$\rho\rho$	seen		333

$\rho(1700)$ [s]

$I^G(J^{PC}) = 1^+(1^{--})$

Mass $m = 1720 \pm 20$ MeV [n] ($\eta\rho^0$ and $\pi^-\pi^-$ modes)
Full width $\Gamma = 250 \pm 100$ MeV [n] ($\eta\rho^0$ and $\pi^+\pi^-$ modes)

$\rho(1700)$ DECAY MODES	Fraction (Γ_i/Γ)	p (MeV/c)
$2(\pi^+\pi^-)$	large	803
$\rho\pi\pi$	dominant	653
$\rho^0 \pi^+ \pi^-$	large	650

$\rho^\pm \pi^\mp \pi^0$	large	651
$a_1(1260)\pi$	seen	404
$h_1(1170)\pi$	seen	447
$\pi(1300)\pi$	seen	349
$\rho\rho$	seen	371
$\pi^+\pi^-$	seen	849
$\pi\pi$	seen	849
$K\overline{K}^*(892)+$ c.c.	seen	496
$\eta\rho$	seen	544
$a_2(1320)\pi$	not seen	334
$K\overline{K}$	seen	704
e^+e^-	seen	860
$\pi^0\omega$	seen	674

$f_0(1710)$ [u]

$I^G(J^{PC}) = 0^+(0^{++})$

Mass $m = 1714 \pm 5$ MeV
Full width $\Gamma = 140 \pm 10$ MeV   (S = 1.2)

$f_0(1710)$ DECAY MODES	Fraction (Γ_i/Γ)	p (MeV/c)
$K\overline{K}$	seen	701
$\eta\eta$	seen	659
$\pi\pi$	seen	846

$\pi(1800)$

$I^G(J^{PC}) = 1^-(0^{-+})$

Mass $m = 1812 \pm 14$ MeV   (S = 2.3)
Full width $\Gamma = 207 \pm 13$ MeV

$\pi(1800)$ DECAY MODES	Fraction (Γ_i/Γ)	p (MeV/c)
$\pi^+\pi^-\pi^-$	seen	879
$f_0(600)\pi^-$	seen	–
$f_0(980)\pi^-$	seen	631
$f_0(1370)\pi^-$	seen	–
$f_0(1500)\pi^-$	not seen	248
$\rho\pi^-$	not seen	732
$\eta\eta\pi^-$	seen	661
$a_0(980)\eta$	seen	469
$f_0(1500)\pi^-$	seen	248

$\eta\eta'(958)\pi^-$	seen	376
$K_0^*(1430)K^-$	seen	†
$K^*(892)K^-$	not seen	570

$\phi_3(1850)$ $\qquad I^G(J^{PC}) = 0^-(3^{--})$

Mass $m = 1854 \pm 7$ MeV
Full width $\Gamma = 87^{+28}_{-23}$ MeV   (S = 1.2)

$\phi_3(1850)$ DECAY MODES	Fraction (Γ_i/Γ)	p (MeV/c)
$K\overline{K}$	seen	785
$K\overline{K}^*(892)+$ c.c.	seen	602

$f_2(1950)$ $\qquad I^G(J^{PC}) = 0^+(2^{++})$

Mass $m = 1945 \pm 13$ MeV   (S = 1.6)
Full width $\Gamma = 475 \pm 19$ MeV

$f_2(1950)$ DECAY MODES	Fraction (Γ_i/Γ)	p (MeV/c)
$K^*(892)\overline{K}^*(892)$	seen	389
$\pi^+\pi^-$	seen	963
4π	seen	925
$\eta\eta$	seen	804
$K\overline{K}$	seen	838
$\gamma\gamma$	seen	973

$f_2(2010)$ $\qquad I^G(J^{PC}) = 0^+(2^{++})$

Mass $m = 2011^{+60}_{-80}$ MeV
Full width $\Gamma = 202 \pm 60$ MeV

$f_2(2010)$ DECAY MODES	Fraction (Γ_i/Γ)	p (MeV/c)
$\phi\phi$	seen	†

$a_4(2040)$

$I^G(J^{PC}) = 1^-(4^{++})$

Mass $m = 2010 \pm 12$ MeV
Full width $\Gamma = 353 \pm 40$ MeV

$a_4(2040)$ DECAY MODES	Fraction (Γ_i/Γ)	p (MeV/c)
$K\overline{K}$	seen	875
$\pi^+\pi^-\pi^0$	seen	981
$\rho\pi$	seen	849
$f_2(1270)\pi$	seen	590
$\eta\pi^0$	seen	925
$\eta'(958)\pi$	seen	769

$f_4(2050)$

$I^G(J^{PC}) = 0^+(4^{++})$

Mass $m = 2034 \pm 11$ MeV   (S = 1.6)
Full width $\Gamma = 222 \pm 19$ MeV   (S = 1.8)

$f_4(2050)$ DECAY MODES	Fraction (Γ_i/Γ)	p (MeV/c)
$\omega\omega$	not seen	650
$\pi\pi$	(17.0 ± 1.5) %	1008
$K\overline{K}$	$(6.8^{+3.4}_{-1.8}) \times 10^{-3}$	889
$\eta\eta$	$(2.1 \pm 0.8) \times 10^{-3}$	857
$4\pi^0$	< 1.2 %	972
$a_2(1320)\pi$	seen	579

$f_2(2300)$

$I^G(J^{PC}) = 0^+(2^{++})$

Mass $m = 2297 \pm 28$ MeV
Full width $\Gamma = 149 \pm 40$ MeV

$f_2(2300)$ DECAY MODES	Fraction (Γ_i/Γ)	p (MeV/c)
$\phi\phi$	seen	529
$K\overline{K}$	seen	1037
$\gamma\gamma$	seen	1149

$f_2(2340)$

$I^G(J^{PC}) = 0^+(2^{++})$

Mass $m = 2339 \pm 60$ MeV
Full width $\Gamma = 319^{+80}_{-70}$ MeV

$f_2(2340)$ DECAY MODES	Fraction (Γ_i/Γ)	p (MeV/c)
$\phi\phi$	seen	573

STRANGE MESONS
($S = \pm 1$, $C = B = 0$)

$K^+ = u\bar{s}$, $K^0 = d\bar{s}$, $\overline{K}^0 = \bar{d}s$, $K^- = \bar{u}s$, similarly for K^*'s

$K^\pm$

$I(J^P) = \tfrac{1}{2}(0^-)$

Mass $m = 493.677 \pm 0.016$ MeV [v] (S = 2.8)
Mean life $\tau = (1.2384 \pm 0.0024) \times 10^{-8}$ s (S = 2.0)
$c\tau = 3.713$ m

Slope parameter g [w]

(See Particle Listings for quadratic coefficients)

$K^+ \to \pi^+\pi^+\pi^- = -0.2154 \pm 0.0035$ (S = 1.4)
$K^- \to \pi^-\pi^-\pi^+ = -0.217 \pm 0.007$ (S = 2.5)
$K^\pm \to \pi^\pm\pi^0\pi^0 = 0.638 \pm 0.020$ (S = 2.5)

$K^\pm$ decay form factors [a,x]

Assuming μ-e universality
$\lambda_+(K^+_{\mu3}) = \lambda_+(K^+_{e3}) = (2.78 \pm 0.07) \times 10^{-2}$ (S = 1.5)
$\lambda_0(K^+_{\mu3}) = (1.77 \pm 0.16) \times 10^{-2}$ (S = 1.5)

Not assuming μ-e universality

$\lambda_+(K^+_{e3}) = (2.77 \pm 0.05) \times 10^{-2}$
$\lambda_+(K^+_{\mu 3}) = (2.84 \pm 0.27) \times 10^{-2}$ (S = 1.8)
$\lambda_0(K^+_{\mu 3}) = (1.74 \pm 0.22) \times 10^{-2}$ (S = 1.8)

K^+_{e3} $|f_S/f_+| = (-0.3^{+0.8}_{-0.7}) \times 10^{-2}$
K^+_{e3} $|f_T/f_+| = (-1.2 \pm 2.3) \times 10^{-2}$
$K^+_{\mu 3}$ $|f_S/f_+| = (0.2 \pm 0.6) \times 10^{-2}$
$K^+_{\mu 3}$ $|f_T/f_+| = (-0.1 \pm 0.7) \times 10^{-2}$
$K^+ \to e^+ \nu_e \gamma$ $|F_A + F_V| = 0.148 \pm 0.010$
$K^+ \to \mu^+ \nu_\mu \gamma$ $|F_A + F_V| = 0.165 \pm 0.013$
$K^+ \to e^+ \nu_e \gamma$ $|F_A - F_V| < 0.49$
$K^+ \to \mu^+ \nu_\mu \gamma$ $|F_A - F_V| = -0.24$ to 0.04, CL = 90%

Charge Radius

$\langle r \rangle = 0.560 \pm 0.031$ fm

CP violation parameters

$\Delta(K^\pm_{\pi\mu\mu}) = -0.02 \pm 0.12$

T violation parameters

$K^+ \to \pi^0 \mu^+ \nu_\mu$ $P_T = (-4 \pm 5) \times 10^{-3}$
$K^+ \to \mu^+ \nu_\mu \gamma$ $P_T = (-0.6 \pm 1.9) \times 10^{-2}$
$K^+ \to \pi^0 \mu^+ \nu_\mu$ $\text{Im}(\xi) = -0.014 \pm 0.014$

K^- modes are charge conjugates of the modes below.

K^+ DECAY MODES	Fraction (Γ_i/Γ)	Scale factor/ Confidence level	p (MeV/c)
Leptonic and semileptonic modes			
$e^+ \nu_e$	$(1.55 \pm 0.07) \times 10^{-5}$		247
$\mu^+ \nu_\mu$	(63.43 ± 0.17) %	S=1.2	236
$\pi^0 e^+ \nu_e$	(4.87 ± 0.06) %	S=1.2	228
Called K^+_{e3}.			
$\pi^0 \mu^+ \nu_\mu$	(3.27 ± 0.06) %	S=1.2	215
Called $K^+_{\mu 3}$.			
$\pi^0 \pi^0 e^+ \nu_e$	$(2.1 \pm 0.4) \times 10^{-5}$		206
$\pi^+ \pi^- e^+ \nu_e$	$(4.08 \pm 0.09) \times 10^{-5}$		203
$\pi^+ \pi^- \mu^+ \nu_\mu$	$(1.4 \pm 0.9) \times 10^{-5}$		151
$\pi^0 \pi^0 \pi^0 e^+ \nu_e$	$< 3.5 \times 10^{-6}$	CL=90%	135

Hadronic modes

$\pi^+\pi^0$		(21.13 ±0.14) %	S=1.1	205
$\pi^+\pi^0\pi^0$		(1.73 ±0.04) %	S=1.2	133
$\pi^+\pi^+\pi^-$		(5.576±0.031) %	S=1.1	125

Leptonic and semileptonic modes with photons

$\mu^+\nu_\mu\gamma$	[y,z]	(5.50 ±0.28) × 10^{-3}		236
$\pi^0 e^+\nu_e\gamma$	[y,z]	(2.65 ±0.20) × 10^{-4}		228
$\pi^0 e^+\nu_e\gamma$ (SD)	[aa]	< 5.3 × 10^{-5}	CL=90%	228
$\pi^0\mu^+\nu_\mu\gamma$	[y,z]	< 6.1 × 10^{-5}	CL=90%	215
$\pi^0\pi^0 e^+\nu_e\gamma$		< 5 × 10^{-6}	CL=90%	206

Hadronic modes with photons

$\pi^+\pi^0\gamma$	[y,z]	(2.75 ±0.15) × 10^{-4}		205
$\pi^+\pi^0\gamma$ (DE)	[z,bb]	(4.4 ±0.8) × 10^{-6}		205
$\pi^+\pi^0\pi^0\gamma$	[y,z]	(7.4 $^{+5.5}_{-2.9}$) × 10^{-6}		133
$\pi^+\pi^+\pi^-\gamma$	[y,z]	(1.04 ±0.31) × 10^{-4}		125
$\pi^+\gamma\gamma$	[z]	(1.10 ±0.32) × 10^{-6}		227
$\pi^+ 3\gamma$	[z]	< 1.0 × 10^{-4}	CL=90%	227

Leptonic modes with $\ell\bar{\ell}$ pairs

$e^+\nu_e\nu\bar{\nu}$		< 6 × 10^{-5}	CL=90%	247
$\mu^+\nu_\mu\nu\bar{\nu}$		< 6.0 × 10^{-6}	CL=90%	236
$e^+\nu_e e^+ e^-$		(2.48 ±0.20) × 10^{-8}		247
$\mu^+\nu_\mu e^+ e^-$		(7.06 ±0.31) × 10^{-8}		236
$e^+\nu_e\mu^+\mu^-$		< 5 × 10^{-7}	CL=90%	223
$\mu^+\nu_\mu\mu^+\mu^-$		< 4.1 × 10^{-7}	CL=90%	185

Lepton Family number (LF), Lepton number (L), $\Delta S = \Delta Q$ (SQ) violating modes, or $\Delta S = 1$ weak neutral current (S1) modes

$\pi^+\pi^+ e^-\bar{\nu}_e$	SQ		< 1.2 × 10^{-8}	CL=90%	203
$\pi^+\pi^+\mu^-\bar{\nu}_\mu$	SQ		< 3.0 × 10^{-6}	CL=95%	151
$\pi^+ e^+ e^-$	S1		(2.88 ±0.13) × 10^{-7}		227
$\pi^+\mu^+\mu^-$	S1		(8.1 ±1.4) × 10^{-8}	S=2.7	172
$\pi^+\nu\bar{\nu}$	S1		(1.6 $^{+1.8}_{-0.8}$) × 10^{-10}		227
$\pi^+\pi^0\nu\bar{\nu}$	S1		< 4.3 × 10^{-5}	CL=90%	205
$\mu^- \nu e^+ e^+$	LF		< 2.0 × 10^{-8}	CL=90%	236
$\mu^+\nu_e$	LF	[d]	< 4 × 10^{-3}	CL=90%	236
$\pi^+\mu^+ e^-$	LF		< 2.8 × 10^{-11}	CL=90%	214
$\pi^+\mu^- e^+$	LF		< 5.2 × 10^{-10}	CL=90%	214
$\pi^-\mu^+ e^+$	L		< 5.0 × 10^{-10}	CL=90%	214
$\pi^- e^+ e^+$	L		< 6.4 × 10^{-10}	CL=90%	227

$\pi^-\mu^+\mu^+$	L	[d] < 3.0	$\times 10^{-9}$ CL=90%	172
$\mu^+\overline{\nu}_e$	L	[d] < 3.3	$\times 10^{-3}$ CL=90%	236
$\pi^0 e^+ \overline{\nu}_e$	L	< 3	$\times 10^{-3}$ CL=90%	228
$\pi^+\gamma$		[cc] < 3.6	$\times 10^{-7}$ CL=90%	227

K^0 $\qquad I(J^P) = \frac{1}{2}(0^-)$

50% K_S, 50% K_L
Mass $m = 497.648 \pm 0.022$ MeV
$m_{K^0} - m_{K^\pm} = 3.972 \pm 0.027$ MeV (S = 1.2)

Mean Square Charge Radius

$\langle r^2 \rangle = -0.076 \pm 0.018$ fm^2 (S = 1.1)

T-violation parameters in K^0-$\overline{K}^0$ mixing [x]

Asymmetry A_T in K^0-$\overline{K}^0$ mixing $= (6.6 \pm 1.6) \times 10^{-3}$

CPT-violation parameters [x]

Re $\delta = (2.9 \pm 2.7) \times 10^{-4}$
Im $\delta = (0.02 \pm 0.05) \times 10^{-3}$
$|m_{K^0} - m_{\overline{K}^0}| / m_{\text{average}} < 10^{-18}$, CL = 90% [dd]
$(\Gamma_{K^0} - \Gamma_{\overline{K}^0})/m_{\text{average}} = (8 \pm 8) \times 10^{-18}$

K^0_S $\qquad I(J^P) = \frac{1}{2}(0^-)$

Mean life $\tau = (0.8953 \pm 0.0006) \times 10^{-10}$ s (S = 1.4)   Assuming CPT
Mean life $\tau = (0.8958 \pm 0.0006) \times 10^{-10}$ s (S = 1.2)   Not assuming CPT
$c\tau = 2.6842$ cm   Assuming CPT

CP-violation parameters [ee]

Im(η_{+-0}) $= -0.002 \pm 0.009$
Im(η_{000}) $= -0.05 \pm 0.13$
CP asymmetry A in $\pi^+\pi^- e^+ e^- = (-1 \pm 4)$%

K^0_S DECAY MODES	Fraction (Γ_i/Γ)	Scale factor/ Confidence level	p (MeV/c)
Hadronic modes			
$\pi^0\pi^0$	(31.05 ± 0.14) %	S=1.1	209
$\pi^+\pi^-$	(68.95 ± 0.14) %	S=1.1	206
$\pi^+\pi^-\pi^0$	$(3.2 ^{+1.2}_{-1.0}) \times 10^{-7}$		133

		Modes with photons or $\ell\bar{\ell}$ pairs			
$\pi^+\pi^-\gamma$		[y,ff]	(1.79 ± 0.05) $\times 10^{-3}$		206
$\pi^+\pi^- e^+ e^-$			(4.69 ± 0.30) $\times 10^{-5}$		206
$\pi^0\gamma\gamma$		[ff]	($4.9\ \pm1.8$) $\times 10^{-8}$		231
$\gamma\gamma$			(2.80 ± 0.07) $\times 10^{-6}$		249
		Semileptonic modes			
$\pi^\pm e^\mp \nu_e$		[gg]	($6.9\ \pm0.4$) $\times 10^{-4}$		229
	CP violating (CP) and $\Delta S = 1$ weak neutral current (S1) modes				
$3\pi^0$	CP		$<\ 1.4$ $\times 10^{-5}$	CL=90%	139
$\mu^+\mu^-$	S1		$<\ 3.2$ $\times 10^{-7}$	CL=90%	225
$e^+ e^-$	S1		$<\ 1.4$ $\times 10^{-7}$	CL=90%	249
$\pi^0 e^+ e^-$	S1	[ff]	($3.0\ ^{+1.5}_{-1.2}$) $\times 10^{-9}$		231

K_L^0 $I(J^P) = \frac{1}{2}(0^-)$

$m_{K_L} - m_{K_S}$
$= (0.5292 \pm 0.0010) \times 10^{10}\ \hbar\ \text{s}^{-1}$ (S = 1.2) Assuming CPT
$= (3.483 \pm 0.006) \times 10^{-12}$ MeV   Assuming CPT
$= (0.5290 \pm 0.0016) \times 10^{10}\ \hbar\ \text{s}^{-1}$ (S = 1.2) Not assuming CPT

Mean life $\tau = (5.18 \pm 0.04) \times 10^{-8}$ s (S = 1.1)
$c\tau = 15.51$ m

Slope parameter g [w]

(See Particle Listings for quadratic coefficients)

$K_L^0 \to \pi^+\pi^-\pi^0 = 0.678 \pm 0.008$ (S = 1.5)

K_L decay form factors [x]

Assuming μ-e universality

$\lambda_+(K_{\mu 3}^0) = \lambda_+(K_{e3}^0) = 0.0300 \pm 0.0020$ (S = 2.0)
$\lambda_0(K_{\mu 3}^0) = 0.030 \pm 0.005$ (S = 2.0)

Not assuming μ-e universality
$$\lambda_+(K^0_{e3}) = 0.0291 \pm 0.0018 \quad (S = 1.5)$$
$$\lambda_+(K^0_{\mu 3}) = 0.033 \pm 0.005 \quad (S = 2.3)$$
$$\lambda_0(K^0_{\mu 3}) = 0.027 \pm 0.006 \quad (S = 2.3)$$

K^0_{e3} $|f_S/f_+| < 0.04$, CL = 68%
K^0_{e3} $|f_T/f_+| < 0.23$, CL = 68%
$K^0_{\mu 3}$ $|f_T/f_+| = 0.12 \pm 0.12$
$K_L \to e^+ e^- \gamma$: $\alpha_{K^*} = -0.33 \pm 0.05$
$K_L \to \mu^+ \mu^- \gamma$: $\alpha_{K^*} = -0.158 \pm 0.027$
$K_L \to e^+ e^- e^+ e^-$: $\alpha_{K^*}^{\mathrm{eff}} = -0.14 \pm 0.22$
$K_L \to \pi^+ \pi^- e^+ e^-$: $a_1/a_2 = -0.734 \pm 0.022$ GeV^2
$K_L \to \pi^0 2\gamma$: $a_V = -0.54 \pm 0.12 \quad (S = 2.8)$

CP-violation parameters [ee]

$\delta_L = (0.327 \pm 0.012)\%$
$|\eta_{00}| = (2.276 \pm 0.014) \times 10^{-3}$
$|\eta_{+-}| = (2.288 \pm 0.014) \times 10^{-3}$
$|\epsilon| = (2.284 \pm 0.014) \times 10^{-3}$
$|\eta_{00}/\eta_{+-}| = 0.9950 \pm 0.0008$ [hh] $\quad (S = 1.6)$
$\mathrm{Re}(\epsilon'/\epsilon) = (1.67 \pm 0.26) \times 10^{-3}$ [hh] $\quad (S = 1.6)$

Assuming *CPT*
$$\phi_{+-} = (43.52 \pm 0.06)° \quad (S = 1.3)$$
$$\phi_{00} = (43.50 \pm 0.06)° \quad (S = 1.3)$$
$$\phi_\epsilon = \phi_{\mathrm{SW}} = (43.51 \pm 0.05)° \quad (S = 1.2)$$

Not assuming CPT
$\phi_{+-} = (43.4 \pm 0.7)°$ (S = 1.3)
$\phi_{00} = (43.7 \pm 0.8)°$ (S = 1.2)
$\phi_\epsilon = (43.5 \pm 0.7)°$ (S = 1.3)
CP asymmetry A in $K_L^0 \to \pi^+\pi^- e^+ e^- = (13.8 \pm 2.2)\%$
β_{CP} from $K_L^0 \to e^+ e^- e^+ e^- = -0.23 \pm 0.09$
γ_{CP} from $K_L^0 \to e^+ e^- e^+ e^- = -0.09 \pm 0.09$
j for $K_L^0 \to \pi^+\pi^-\pi^0 = 0.0012 \pm 0.0008$
f for $K_L^0 \to \pi^+\pi^-\pi^0 = 0.004 \pm 0.006$
$|\eta_{+-\gamma}| = (2.35 \pm 0.07) \times 10^{-3}$
$\phi_{+-\gamma} = (44 \pm 4)°$
$|\epsilon'_{+-\gamma}|/\epsilon < 0.3$, CL = 90%

T-violation parameters
Im(ξ) in $K_{\mu 3}^0 = -0.007 \pm 0.026$

CPT invariance tests
$\phi_{00} - \phi_{+-} = (0.2 \pm 0.4)°$
Re$(\frac{2}{3}\eta_{+-} + \frac{1}{3}\eta_{00}) - \frac{\delta_L}{2} = (-3 \pm 35) \times 10^{-6}$

$\Delta S = -\Delta Q$ in $K_{\ell 3}^0$ decay
Re $x = -0.002 \pm 0.006$
Im $x = 0.0012 \pm 0.0021$

K_L^0 DECAY MODES		Fraction (Γ_i/Γ)	Scale factor/ Confidence level	p (MeV/c)
Semileptonic modes				
$\pi^\pm e^\mp \nu_e$ Called K_{e3}^0.	[gg]	(38.81 ±0.27) %	S=1.1	229
$\pi^\pm \mu^\mp \nu_\mu$ Called $K_{\mu 3}^0$.	[gg]	(27.19 ±0.25) %	S=1.1	216
$(\pi\mu\text{atom})\nu$		(1.06 ±0.11) × 10^{-7}		188
$\pi^0 \pi^\pm e^\mp \nu$	[gg]	(5.18 ±0.29) × 10^{-5}		207
Hadronic modes, including Charge conjugation×Parity Violating (CPV) modes				
$3\pi^0$		(21.05 ±0.23) %	S=1.1	139
$\pi^+\pi^-\pi^0$		(12.59 ±0.19) %	S=1.6	133
$\pi^+\pi^-$	CPV	(2.090±0.025) × 10^{-3}	S=1.1	206
$\pi^0\pi^0$	CPV	(9.32 ±0.12) × 10^{-4}	S=1.1	209

Semileptonic modes with photons

$\pi^\pm e^\mp \nu_e \gamma$	[y,gg,ii]	(3.53 ± 0.06) $\times 10^{-3}$		229
$\pi^\pm \mu^\mp \nu_\mu \gamma$		($5.7 ^{+0.6}_{-0.7}$) $\times 10^{-4}$		216

Hadronic modes with photons or $\ell\bar{\ell}$ pairs

$\pi^0 \pi^0 \gamma$		< 5.6 $\times 10^{-6}$		209
$\pi^+ \pi^- \gamma$	[y,ii]	(4.39 ± 0.12) $\times 10^{-5}$	S=1.8	206
$\pi^0 2\gamma$	[ii]	(1.41 ± 0.12) $\times 10^{-6}$	S=2.8	231
$\pi^0 \gamma e^+ e^-$		(2.3 ± 0.4) $\times 10^{-8}$		231

Other modes with photons or $\ell\bar{\ell}$ pairs

2γ		(5.90 ± 0.07) $\times 10^{-4}$	S=1.1	249
3γ		< 2.4 $\times 10^{-7}$	CL=90%	249
$e^+ e^- \gamma$		(10.0 ± 0.5) $\times 10^{-6}$	S=1.5	249
$\mu^+ \mu^- \gamma$		(3.59 ± 0.11) $\times 10^{-7}$	S=1.3	225
$e^+ e^- \gamma\gamma$	[ii]	(5.95 ± 0.33) $\times 10^{-7}$		249
$\mu^+ \mu^- \gamma\gamma$	[ii]	($1.0 ^{+0.8}_{-0.6}$) $\times 10^{-8}$		225

Charge conjugation × Parity (CP) or Lepton Family number (LF) violating modes, or $\Delta S = 1$ weak neutral current (S1) modes

$\mu^+ \mu^-$	S1		(7.27 ± 0.14) $\times 10^{-9}$		225
$e^+ e^-$	S1		($9 ^{+6}_{-4}$) $\times 10^{-12}$		249
$\pi^+ \pi^- e^+ e^-$	S1	[ii]	(3.11 ± 0.19) $\times 10^{-7}$		206
$\pi^0 \pi^0 e^+ e^-$	S1		< 6.6 $\times 10^{-9}$	CL=90%	209
$\mu^+ \mu^- e^+ e^-$	S1		(2.69 ± 0.27) $\times 10^{-9}$		225
$e^+ e^- e^+ e^-$	S1		(3.75 ± 0.27) $\times 10^{-8}$		249
$\pi^0 \mu^+ \mu^-$	CP,S1	[jj]	< 3.8 $\times 10^{-10}$	CL=90%	177
$\pi^0 e^+ e^-$	CP,S1	[jj]	< 5.1 $\times 10^{-10}$	CL=90%	231
$\pi^0 \nu \bar{\nu}$	CP,S1	[kk]	< 5.9 $\times 10^{-7}$	CL=90%	231
$e^\pm \mu^\mp$	LF	[gg]	< 4.7 $\times 10^{-12}$	CL=90%	238
$e^\pm e^\pm \mu^\mp \mu^\mp$	LF	[gg]	< 4.12 $\times 10^{-11}$	CL=90%	225
$\pi^0 \mu^\pm e^\mp$	LF	[gg]	< 6.2 $\times 10^{-9}$	CL=90%	217

K*(892)

$I(J^P) = \frac{1}{2}(1^-)$

$K^*(892)^\pm$ mass $m = 891.66 \pm 0.26$ MeV
$K^*(892)^0$ mass $m = 896.10 \pm 0.27$ MeV   (S = 1.4)
$K^*(892)^\pm$ full width $\Gamma = 50.8 \pm 0.9$ MeV
$K^*(892)^0$ full width $\Gamma = 50.7 \pm 0.6$ MeV   (S = 1.1)

K*(892) DECAY MODES	Fraction (Γ_i/Γ)	Confidence level	p (MeV/c)
$K\pi$	~ 100 %		289
$K^0\gamma$	$(2.30 \pm 0.20) \times 10^{-3}$		307
$K^\pm\gamma$	$(9.9 \pm 0.9) \times 10^{-4}$		309
$K\pi\pi$	$< 7 \times 10^{-4}$	95%	223

K_1(1270)

$I(J^P) = \frac{1}{2}(1^+)$

Mass $m = 1273 \pm 7$ MeV [n]
Full width $\Gamma = 90 \pm 20$ MeV [n]

K_1(1270) DECAY MODES	Fraction (Γ_i/Γ)	p (MeV/c)
$K\rho$	(42 ± 6) %	43
$K_0^*(1430)\pi$	(28 ± 4) %	†
$K^*(892)\pi$	(16 ± 5) %	302
$K\omega$	(11.0 ± 2.0) %	†
$K f_0(1370)$	(3.0 ± 2.0) %	–
γK^0	seen	539

K_1(1400)

$I(J^P) = \frac{1}{2}(1^+)$

Mass $m = 1402 \pm 7$ MeV
Full width $\Gamma = 174 \pm 13$ MeV   (S = 1.6)

K_1(1400) DECAY MODES	Fraction (Γ_i/Γ)	p (MeV/c)
$K^*(892)\pi$	(94 ± 6) %	402
$K\rho$	(3.0 ± 3.0) %	292
$K f_0(1370)$	(2.0 ± 2.0) %	–
$K\omega$	(1.0 ± 1.0) %	284
$K_0^*(1430)\pi$	not seen	†
γK^0	seen	613

$K^*(1410)$ $I(J^P) = \frac{1}{2}(1^-)$

Mass $m = 1414 \pm 15$ MeV   (S = 1.3)
Full width $\Gamma = 232 \pm 21$ MeV   (S = 1.1)

$K^*(1410)$ DECAY MODES	Fraction (Γ_i/Γ)	Confidence level	p (MeV/c)
$K^*(892)\pi$	> 40 %	95%	410
$K\pi$	(6.6±1.3) %		612
$K\rho$	< 7 %	95%	305
γK^0	seen		619

$K_0^*(1430)$ [//] $I(J^P) = \frac{1}{2}(0^+)$

Mass $m = 1412 \pm 6$ MeV
Full width $\Gamma = 294 \pm 23$ MeV

$K_0^*(1430)$ DECAY MODES	Fraction (Γ_i/Γ)	p (MeV/c)
$K\pi$	(93±10) %	611

$K_2^*(1430)$ $I(J^P) = \frac{1}{2}(2^+)$

$K_2^*(1430)^\pm$ mass $m = 1425.6 \pm 1.5$ MeV   (S = 1.1)
$K_2^*(1430)^0$ mass $m = 1432.4 \pm 1.3$ MeV
$K_2^*(1430)^\pm$ full width $\Gamma = 98.5 \pm 2.7$ MeV   (S = 1.1)
$K_2^*(1430)^0$ full width $\Gamma = 109 \pm 5$ MeV   (S = 1.9)

$K_2^*(1430)$ DECAY MODES	Fraction (Γ_i/Γ)	Scale factor/ Confidence level	p (MeV/c)
$K\pi$	(49.9±1.2) %		619
$K^*(892)\pi$	(24.7±1.5) %		419
$K^*(892)\pi\pi$	(13.4±2.2) %		372
$K\rho$	(8.7±0.8) %	S=1.2	318
$K\omega$	(2.9±0.8) %		311
$K^+\gamma$	(2.4±0.5) $\times 10^{-3}$	S=1.1	627
$K\eta$	($1.5^{+3.4}_{-1.0}$) $\times 10^{-3}$	S=1.3	486
$K\omega\pi$	< 7.2 $\times 10^{-4}$	CL=95%	100
$K^0\gamma$	< 9 $\times 10^{-4}$	CL=90%	626

$K^*(1680)$

$I(J^P) = \frac{1}{2}(1^-)$

Mass $m = 1717 \pm 27$ MeV (S = 1.4)
Full width $\Gamma = 322 \pm 110$ MeV (S = 4.2)

$K^*(1680)$ DECAY MODES	Fraction (Γ_i/Γ)	p (MeV/c)
$K\pi$	(38.7 ± 2.5) %	781
$K\rho$	$(31.4^{+4.7}_{-2.1})$ %	570
$K^*(892)\pi$	$(29.9^{+2.2}_{-4.7})$ %	618

$K_2(1770)$ [mm]

$I(J^P) = \frac{1}{2}(2^-)$

Mass $m = 1773 \pm 8$ MeV
Full width $\Gamma = 186 \pm 14$ MeV

$K_2(1770)$ DECAY MODES	Fraction (Γ_i/Γ)	p (MeV/c)
$K\pi\pi$		794
$\quad K_2^*(1430)\pi$	dominant	288
$\quad K^*(892)\pi$	seen	654
$\quad K f_2(1270)$	seen	53
$K\phi$	seen	441
$K\omega$	seen	607

$K_3^*(1780)$

$I(J^P) = \frac{1}{2}(3^-)$

Mass $m = 1776 \pm 7$ MeV (S = 1.1)
Full width $\Gamma = 159 \pm 21$ MeV (S = 1.3)

$K_3^*(1780)$ DECAY MODES	Fraction (Γ_i/Γ)	Confidence level	p (MeV/c)
$K\rho$	(31 ± 9) %		613
$K^*(892)\pi$	(20 ± 5) %		656
$K\pi$	(18.8 ± 1.0) %		813
$K\eta$	(30 ± 13) %		719
$K_2^*(1430)\pi$	< 16 %	95%	291

$K_2(1820)$ [nn] $I(J^P) = \frac{1}{2}(2^-)$

Mass $m = 1816 \pm 13$ MeV
Full width $\Gamma = 276 \pm 35$ MeV

$K_2(1820)$ DECAY MODES	Fraction (Γ_i/Γ)	p (MeV/c)
$K_2^*(1430)\pi$	seen	327
$K^*(892)\pi$	seen	681
$K f_2(1270)$	seen	185
$K\omega$	seen	638

$K_4^*(2045)$ $I(J^P) = \frac{1}{2}(4^+)$

Mass $m = 2045 \pm 9$ MeV   (S = 1.1)
Full width $\Gamma = 198 \pm 30$ MeV

$K_4^*(2045)$ DECAY MODES	Fraction (Γ_i/Γ)	p (MeV/c)
$K\pi$	(9.9 ± 1.2) %	958
$K^*(892)\pi\pi$	(9 ± 5) %	802
$K^*(892)\pi\pi\pi$	(7 ± 5) %	768
$\rho K\pi$	(5.7 ± 3.2) %	741
$\omega K\pi$	(5.0 ± 3.0) %	738
$\phi K\pi$	(2.8 ± 1.4) %	594
$\phi K^*(892)$	(1.4 ± 0.7) %	363

CHARMED MESONS
($C = \pm1$)

$D^+ = c\bar{d}$, $D^0 = c\bar{u}$, $\overline{D^0} = \bar{c}u$, $D^- = \bar{c}d$,   similarly for D^*'s

$D^\pm$ $I(J^P) = \frac{1}{2}(0^-)$

Mass $m = 1869.4 \pm 0.5$ MeV   (S = 1.1)
Mean life $\tau = (1040 \pm 7) \times 10^{-15}$ s
   $c\tau = 311.8$ μm

c-quark decays

$\Gamma(c \to \ell^+ \text{anything})/\Gamma(c \to \text{anything}) = 0.096 \pm 0.004$ [oo]
$\Gamma(c \to D^*(2010)^+ \text{anything})/\Gamma(c \to \text{anything}) = 0.255 \pm 0.017$

CP-violation decay-rate asymmetries

$A_{CP}(K_S^0 \pi^{\pm}) = -0.016 \pm 0.017$
$A_{CP}(K_S^0 K^{\pm}) = 0.07 \pm 0.06$
$A_{CP}(K^+ K^- \pi^{\pm}) = 0.002 \pm 0.011$
$A_{CP}(K^{\pm} K^{*0}) = -0.02 \pm 0.05$
$A_{CP}(\phi \pi^{\pm}) = -0.014 \pm 0.033$
$A_{CP}(\pi^+ \pi^- \pi^{\pm}) = -0.02 \pm 0.04$

$D^+ \to \overline{K}^*(892)^0 \ell^+ \nu_\ell$ form factors

$r_v = 1.62 \pm 0.08 \quad (S = 1.5)$
$r_2 = 0.83 \pm 0.05$
$r_3 = 0.0 \pm 0.4$
$\Gamma_L/\Gamma_T = 1.13 \pm 0.08$
$\Gamma_+/\Gamma_- = 0.22 \pm 0.06 \quad (S = 1.6)$

D^- modes are charge conjugates of the modes below.

D^+ DECAY MODES		Fraction (Γ_i/Γ)	Scale factor/ Confidence level	p (MeV/c)
Inclusive modes				
e^+ anything		$(17.2 \pm 1.9)\%$		—
K^- anything		$(27.5 \pm 2.4)\%$		—
$\overline{K}^0$ anything $+$ K^0 anything		$(61 \pm 8)\%$		—
K^+ anything		$(5.5 \pm 1.6)\%$		—
η anything	[pp]	$< 13 \%$	CL=90%	—
ϕ anything		$< 1.8 \%$	CL=90%	—
ϕe^+ anything		$< 1.6 \%$	CL=90%	—
Leptonic and semileptonic modes				
$\mu^+ \nu_\mu$		$(8 ^{+17}_{-5}) \times 10^{-4}$		932
$\overline{K}^0 \ell^+ \nu_\ell$	[qq]	$(6.8 \pm 0.8)\%$		868
$\overline{K}^0 e^+ \nu_e$		$(6.7 \pm 0.9)\%$		868
$\overline{K}^0 \mu^+ \nu_\mu$		$(7.0 ^{+3.0}_{-2.0})\%$		865
$K^- \pi^+ e^+ \nu_e$		$(4.5 ^{+1.0}_{-0.8})\%$	S=1.1	863
$\overline{K}^*(892)^0 e^+ \nu_e$ $\times B(\overline{K}^*(892)^0 \to K^- \pi^+)$		$(3.7 \pm 0.5)\%$		722
$K^- \pi^+ e^+ \nu_e$ nonresonant		$< 7 \times 10^{-3}$	CL=90%	863
$K^- \pi^+ \mu^+ \nu_\mu$		$(4.00 \pm 0.32)\%$		851
$\overline{K}^*(892)^0 \mu^+ \nu_\mu$ $\times B(\overline{K}^*(892)^0 \to K^- \pi^+)$		$(3.7 \pm 0.3)\%$		717

$K^- \pi^+ \mu^+ \nu_\mu$ nonresonant	$(3.3 \pm 1.3) \times 10^{-3}$		851
$(\overline{K}^*(892)\pi)^0 e^+ \nu_e$	$< 1.2\ \%$	CL=90%	712
$(\overline{K}\pi\pi)^0 e^+ \nu_e$ non-$\overline{K}^*(892)$	$< 9 \times 10^{-3}$	CL=90%	846
$K^- \pi^+ \pi^0 \mu^+ \nu_\mu$	$< 1.7 \times 10^{-3}$	CL=90%	825
$\pi^0 \ell^+ \nu_\ell$ [rr]	$(3.1 \pm 1.5) \times 10^{-3}$		930

Fractions of some of the following modes with resonances have already appeared above as submodes of particular charged-particle modes.

$\overline{K}^*(892)^0 \ell^+ \nu_\ell$ [qq]	$(5.73 \pm 0.35)\ \%$		722
$\overline{K}^*(892)^0 e^+ \nu_e$	$(5.5 \pm 0.7)\ \%$	S=1.4	722
$\overline{K}^*(892)^0 \mu^+ \nu_\mu$	$(5.5 \pm 0.4)\ \%$		717
$\overline{K}_1(1270)^0 \mu^+ \nu_\mu$	$< 4\ \%$	CL=95%	493
$\overline{K}_2^*(1430)^0 \mu^+ \nu_\mu$	$< 1.0\ \%$	CL=95%	380
$\rho^0 e^+ \nu_e$	$(2.5 \pm 1.0) \times 10^{-3}$		774
$\rho^0 \mu^+ \nu_\mu$	$(3.4 \pm 0.8) \times 10^{-3}$		769
$\phi e^+ \nu_e$	$< 2.09\ \%$	CL=90%	657
$\phi \mu^+ \nu_\mu$	$< 3.72\ \%$	CL=90%	651
$\eta \ell^+ \nu_\ell$	$< 5 \times 10^{-3}$	CL=90%	854
$\eta'(958) \mu^+ \nu_\mu$	$< 1.1\ \%$	CL=90%	684

Hadronic modes with a $\overline{K}$ or $\overline{K}K\overline{K}$

$\overline{K}^0 \pi^+$	$(2.82 \pm 0.19)\ \%$		862
$K^- \pi^+ \pi^+$ [ss]	$(9.2 \pm 0.6)\ \%$		845
$\quad \overline{K}^*(892)^0 \pi^+$ $\times B(\overline{K}^*(892)^0 \to K^- \pi^+)$	$(1.30 \pm 0.13)\ \%$		714
$\quad \overline{K}_0^*(1430)^0 \pi^+$ $\times B(\overline{K}_0^*(1430)^0 \to K^- \pi^+)$	$(2.3 \pm 0.3)\ \%$		382
$\quad \overline{K}^*(1680)^0 \pi^+$ $\times B(\overline{K}^*(1680)^0 \to K^- \pi^+)$	$(3.8 \pm 0.8) \times 10^{-3}$		58
$\quad K^- \pi^+ \pi^+$ nonresonant	$(8.8 \pm 0.9)\ \%$		845
$\overline{K}^0 \pi^+ \pi^0$ [ss]	$(9.7 \pm 3.0)\ \%$	S=1.1	845
$\quad \overline{K}^0 \rho^+$	$(6.6 \pm 2.5)\ \%$		677
$\quad \overline{K}^*(892)^0 \pi^+$ $\times B(\overline{K}^*(892)^0 \to \overline{K}^0 \pi^0)$	$(6.5 \pm 0.6) \times 10^{-3}$		714
$\quad \overline{K}^0 \pi^+ \pi^0$ nonresonant	$(1.3 \pm 1.1)\ \%$		845
$K^- \pi^+ \pi^+ \pi^0$ [ss]	$(6.5 \pm 1.1)\ \%$		816
$\quad \overline{K}^*(892)^0 \rho^+$ total $\times B(\overline{K}^*(892)^0 \to K^- \pi^+)$	$(1.4 \pm 0.9)\ \%$		422
$\quad \overline{K}_1(1400)^0 \pi^+$ $\times B(\overline{K}_1(1400)^0 \to K^- \pi^+ \pi^0)$	$(2.2 \pm 0.6)\ \%$		390
$\quad K^- \rho^+ \pi^+$ total	$(3.1 \pm 1.1)\ \%$		612
$\quad\quad K^- \rho^+ \pi^+$ 3-body	$(1.1 \pm 0.4)\ \%$		612
$\quad \overline{K}^*(892)^0 \pi^+ \pi^0$ total $\times B(\overline{K}^*(892)^0 \to K^- \pi^+)$	$(4.5 \pm 0.9)\ \%$		690

Tabellen-Anhang 407

Mode		Fraction			p (MeV/c)
$\overline{K}^*(892)^0 \pi^+ \pi^0$ 3-body		(2.9 ± 0.9) %			690
$\times$ B($\overline{K}^*(892)^0 \to K^- \pi^+$)					
$K^*(892)^- \pi^+ \pi^+$ 3-body		(7 ± 3) $\times 10^{-3}$			688
$\times$ B($K^*(892)^- \to K^- \pi^0$)					
$K^- \pi^+ \pi^+ \pi^0$ nonresonant	[tt]	(1.2 ± 0.6) %			816
$\overline{K}^0 \pi^+ \pi^+ \pi^-$	[ss]	(7.1 ± 1.0) %			814
$\overline{K}^0 a_1(1260)^+$		(4.0 ± 0.9) %			328
$\times$ B($a_1(1260)^+ \to \pi^+ \pi^+ \pi^-$)					
$\overline{K}_1(1400)^0 \pi^+$		(2.2 ± 0.6) %			390
$\times$ B($\overline{K}_1(1400)^0 \to \overline{K}^0 \pi^+ \pi^-$)					
$K^*(892)^- \pi^+ \pi^+$ 3-body		(1.4 ± 0.6) %			688
$\times$ B($K^*(892)^- \to \overline{K}^0 \pi^-$)					
$\overline{K}^0 \rho^0 \pi^+$ total		(4.3 ± 0.9) %			610
$\overline{K}^0 \rho^0 \pi^+$ 3-body		(5 ± 5) $\times 10^{-3}$			610
$\overline{K}^0 \pi^+ \pi^+ \pi^-$ nonresonant		(9 ± 4) $\times 10^{-3}$			814
$K^- 3\pi^+ \pi^-$	[ss]	(6.2 ± 0.8) $\times 10^{-3}$		S=1.3	772
$\overline{K}^*(892)^0 \pi^+ \pi^+ \pi^-$		(2.1 ± 0.8) $\times 10^{-3}$			645
$\times$ B($\overline{K}^*(892)^0 \to K^- \pi^+$)					
$\overline{K}^*(892)^0 \rho^0 \pi^+$		(2.0 ± 0.5) $\times 10^{-3}$			239
$\times$ B($\overline{K}^*(892)^0 \to K^- \pi^+$)					
$\overline{K}^*(892)^0 \pi^+ \pi^+ \pi^-$ no-ρ		(2.9 ± 1.1) $\times 10^{-3}$			645
$\times$ B($\overline{K}^*(892)^0 \to K^- \pi^+$)					
$K^- \rho^0 \pi^+ \pi^+$		(1.94± 0.35) $\times 10^{-3}$		S=1.1	524
$K^- 3\pi^+ \pi^-$ nonresonant		(4.3 ± 3.2) $\times 10^{-4}$			772
$\overline{K}^0 \overline{K}^0 K^+$		(1.8 ± 0.8) %			545
$K^+ K^- \overline{K}^0 \pi^+$		(5.5 ± 1.4) $\times 10^{-4}$			435

Fractions of some of the following modes with resonances have already appeared above as submodes of particular charged-particle modes.

Mode		Fraction			p (MeV/c)
$\overline{K}^0 \rho^+$		(6.6 ± 2.5) %			677
$\overline{K}^0 a_1(1260)^+$		(8.2 ± 1.7) %			328
$\overline{K}^0 a_2(1320)^+$		< 3 $\times 10^{-3}$	CL=90%		199
$\overline{K}^*(892)^0 \pi^+$		(1.95± 0.19) %			714
$\overline{K}^*(892)^0 \rho^+$ total	[tt]	(2.1 ± 1.4) %			422
$\overline{K}^*(892)^0 \rho^+$ S-wave	[tt]	(1.7 ± 1.6) %			422
$\overline{K}^*(892)^0 \rho^+$ P-wave		< 1 $\times 10^{-3}$	CL=90%		422
$\overline{K}^*(892)^0 \rho^+$ D-wave		(10 ± 7) $\times 10^{-3}$			422
$\overline{K}^*(892)^0 \rho^+$ D-wave longitudinal		< 7 $\times 10^{-3}$	CL=90%		422
$\overline{K}_1(1270)^0 \pi^+$		< 7 $\times 10^{-3}$	CL=90%		487
$\overline{K}_1(1400)^0 \pi^+$		(5.0 ± 1.3) %			390
$\overline{K}_0^*(1430)^0 \pi^+$		(3.8 ± 0.4) %			382
$\overline{K}^*(1680)^0 \pi^+$		(1.47± 0.31) %			58
$\overline{K}^*(892)^0 \pi^+ \pi^0$ total		(6.8 ± 1.4) %			690

$\overline{K}^*(892)^0 \pi^+ \pi^0$ 3-body	[tt] (4.3 ± 1.4) %		690
$K^*(892)^- \pi^+ \pi^+$ total	—		688
$K^*(892)^- \pi^+ \pi^+$ 3-body	(2.1 ± 0.9) %		688
$K^- \rho^+ \pi^+$ total	(3.1 ± 1.1) %		612
$K^- \rho^+ \pi^+$ 3-body	(1.1 ± 0.4) %		612
$\overline{K}^0 \rho^0 \pi^+$ total	(4.3 ± 0.9) %	CL=90%	610
$\overline{K}^0 \rho^0 \pi^+$ 3-body	(5 ± 5) × 10^{-3}		610
$\overline{K}^*(892)^0 \pi^+ \pi^+ \pi^-$	(3.2 ± 1.2) × 10^{-3}	S=2.0	645
$\overline{K}^*(892)^0 \rho^0 \pi^+$	(3.0 ± 0.7) × 10^{-3}	S=1.3	239
$\overline{K}^*(892)^0 \pi^+ \pi^+ \pi^-$ no-ρ	(4.4 ± 1.7) × 10^{-3}		645
$K^- \rho^0 \pi^+ \pi^+$	(1.94± 0.35) × 10^{-3}		524
$\overline{K}^*(892)^0 a_1(1260)^+$	(9.1 ± 1.9) × 10^{-3}		†

Pionic modes

$\pi^+ \pi^0$	(2.6 ± 0.7) × 10^{-3}		925
$\pi^+ \pi^+ \pi^-$	(3.1 ± 0.4) × 10^{-3}		908
$\sigma \pi^+$	(2.2 ± 0.5) × 10^{-3}		—
$\rho^0 \pi^+$	(1.05± 0.18) × 10^{-3}		766
$f_0(980) \pi^+$ × B($f_0 \to \pi^+ \pi^-$)	[uu] (1.9 ± 0.5) × 10^{-4}		669
$f_2(1270) \pi^+$ × B($f_2 \to \pi^+ \pi^-$)	(6.1 ± 1.1) × 10^{-4}		485
$\pi^+ \pi^+ \pi^-$ nonresonant	(2.4 ± 2.1) × 10^{-4}		908
$\pi^+ \pi^+ \pi^- \pi^0$	—		883
$\eta \pi^+$ × B($\eta \to \pi^+ \pi^- \pi^0$)	(6.8 ± 1.4) × 10^{-4}		848
$\omega \pi^+$ × B($\omega \to \pi^+ \pi^- \pi^0$)	< 6 × 10^{-3}	CL=90%	763
$3\pi^+ 2\pi^-$	(1.82± 0.25) × 10^{-3}	S=1.2	845

Fractions of some of the following modes with resonances have already appeared above as submodes of particular charged-particle modes.

$\eta \pi^+$	(3.0 ± 0.6) × 10^{-3}		848
$\rho^0 \pi^+$	(1.05± 0.18) × 10^{-3}		766
$\omega \pi^+$	< 7 × 10^{-3}	CL=90%	763
$\eta \rho^+$	< 7 × 10^{-3}	CL=90%	655
$\eta'(958) \pi^+$	(5.1 ± 1.0) × 10^{-3}		680
$\eta'(958) \rho^+$	< 5 × 10^{-3}	CL=90%	348
$f_2(1270) \pi^+$	(1.08± 0.20) × 10^{-3}		485

Hadronic modes with a $K\overline{K}$ pair

$K^+ \overline{K}^0$	(5.9 ± 0.6) × 10^{-3}	S=1.2	792
$K^+ K^- \pi^+$	[ss] (8.9 ± 0.8) × 10^{-3}		744
$\phi \pi^+$ × B($\phi \to K^+ K^-$)	(3.1 ± 0.3) × 10^{-3}		647
$K^+ \overline{K}^*(892)^0$ × B($\overline{K}^{*0} \to K^- \pi^+$)	(2.9 ± 0.4) × 10^{-3}		613
$K^+ K^- \pi^+$ nonresonant	(4.6 ± 0.9) × 10^{-3}		744

$K^0 \overline{K}^0 \pi^+$		—	741
$K^*(892)^+ \overline{K}^0$		$(2.1 \pm 0.9)\%$	611
$\quad \times B(K^{*+} \to K^0 \pi^+)$			
$K^+ K^- \pi^+ \pi^0$		—	682
$\quad \phi \pi^+ \pi^0 \times B(\phi \to K^+ K^-)$		$(1.1 \pm 0.5)\%$	619
$\quad \phi \rho^+ \times B(\phi \to K^+ K^-)$		$< 7 \quad \times 10^{-3}$ CL=90%	258
$\quad K^+ K^- \pi^+ \pi^0$ non-ϕ		$(1.5 ^{+0.7}_{-0.6})\%$	682
$K^+ \overline{K}^0 \pi^+ \pi^-$		$(4.0 \pm 0.7) \times 10^{-3}$	678
$K^0 K^- \pi^+ \pi^+$		$(5.5 \pm 0.8) \times 10^{-3}$	678
$K^*(892)^+ \overline{K}^*(892)^0$		$(1.2 \pm 0.5)\%$	280
$\quad \times B^2(K^*(892)^+ \to K^0 \pi^+)$			
$K^0 K^- \pi^+ \pi^+$ (non-$K^{*+}\overline{K}^{*0}$)		$< 7.9 \quad \times 10^{-3}$ CL=90%	678
$K^+ K^- \pi^+ \pi^+ \pi^-$		$(2.5 \pm 1.3) \times 10^{-4}$	600

Fractions of the following modes with resonances have already appeared above as submodes of particular charged-particle modes.

$\phi \pi^+$		$(6.2 \pm 0.6) \times 10^{-3}$	647
$\phi \pi^+ \pi^0$		$(2.3 \pm 1.0)\%$	619
$\phi \rho^+$		$< 1.5 \quad \%$ CL=90%	258
$K^+ \overline{K}^*(892)^0$		$(4.3 \pm 0.6) \times 10^{-3}$	613
$K^*(892)^+ \overline{K}^0$		$(3.1 \pm 1.4)\%$	611
$K^*(892)^+ \overline{K}^*(892)^0$		$(2.6 \pm 1.1)\%$	280

Doubly Cabibbo suppressed (DC) modes,
$\Delta C = 1$ weak neutral current ($C1$) modes, or
Lepton Family number (LF) or Lepton number (L) violating modes

$K^+ \pi^+ \pi^-$	DC		$(7.0 \pm 1.5) \times 10^{-4}$	845
$K^+ \rho^0$	DC		$(2.6 \pm 1.2) \times 10^{-4}$	678
$K^*(892)^0 \pi^+$	DC	[vv]	$(3.7 \pm 1.7) \times 10^{-4}$	714
$K^+ \pi^+ \pi^-$ nonresonant	DC		$(2.5 \pm 1.2) \times 10^{-4}$	845
$K^+ K^+ K^-$	DC		$(8.7 \pm 2.1) \times 10^{-5}$	550
ϕK^+	DC	[vv]	$< 1.3 \quad \times 10^{-4}$ CL=90%	527
$\pi^+ e^+ e^-$	C1		$< 5.2 \quad \times 10^{-5}$ CL=90%	929
$\pi^+ \mu^+ \mu^-$	C1		$< 8.8 \quad \times 10^{-6}$ CL=90%	917
$\rho^+ \mu^+ \mu^-$	C1		$< 5.6 \quad \times 10^{-4}$ CL=90%	757
$K^+ e^+ e^-$		[ww]	$< 2.0 \quad \times 10^{-4}$ CL=90%	870
$K^+ \mu^+ \mu^-$		[ww]	$< 9.2 \quad \times 10^{-6}$ CL=90%	856
$\pi^+ e^\pm \mu^\mp$	LF	[gg]	$< 3.4 \quad \times 10^{-5}$ CL=90%	926
$K^+ e^\pm \mu^\mp$	LF	[gg]	$< 6.8 \quad \times 10^{-5}$ CL=90%	866
$\pi^- e^+ e^+$	L		$< 9.6 \quad \times 10^{-5}$ CL=90%	929
$\pi^- \mu^+ \mu^+$	L		$< 4.8 \quad \times 10^{-6}$ CL=90%	917
$\pi^- e^+ \mu^+$	L		$< 5.0 \quad \times 10^{-5}$ CL=90%	926
$\rho^- \mu^+ \mu^+$	L		$< 5.6 \quad \times 10^{-4}$ CL=90%	757

$K^- e^+ e^+$	L	< 1.2	$\times 10^{-4}$	CL=90%	870
$K^- \mu^+ \mu^+$	L	< 1.3	$\times 10^{-5}$	CL=90%	856
$K^- e^+ \mu^+$	L	< 1.3	$\times 10^{-4}$	CL=90%	866
$K^*(892)^- \mu^+ \mu^+$	L	< 8.5	$\times 10^{-4}$	CL=90%	703

D^0 $I(J^P) = \frac{1}{2}(0^-)$

Mass $m = 1864.6 \pm 0.5$ MeV   (S = 1.1)
$m_{D^\pm} - m_{D^0} = 4.78 \pm 0.10$ MeV   (S = 1.1)
Mean life $\tau = (410.3 \pm 1.5) \times 10^{-15}$ s
   $c\tau = 123.0$ μm
$|m_{D_1^0} - m_{D_2^0}| < 7 \times 10^{10}$ $\hbar$ s^{-1}, CL = 95% [xx]
$(\Gamma_{D_1^0} - \Gamma_{D_2^0})/\Gamma = 2y = 0.016 \pm 0.010$
$\Gamma(K^+ \ell^- \overline{\nu}_\ell \text{ (via } \overline{D}^0))/\Gamma(K^- \ell^+ \nu_\ell) < 0.005$, CL = 90%
$\Gamma(K^+ \pi^- \text{ (via } \overline{D}^0))/\Gamma(K^- \pi^+) < 4.1 \times 10^{-4}$, CL = 95%

CP-violation decay-rate asymmetries

$A_{CP}(K^+ K^-) = 0.005 \pm 0.016$
$A_{CP}(K_S^0 K_S^0) = -0.23 \pm 0.19$
$A_{CP}(\pi^+ \pi^-) = 0.021 \pm 0.026$
$A_{CP}(\pi^0 \pi^0) = 0.00 \pm 0.05$
$A_{CP}(K_S^0 \phi) = -0.03 \pm 0.09$
$A_{CP}(K_S^0 \pi^0) = 0.001 \pm 0.013$
$A_{CP}(K^\pm \pi^\mp) = 0.08 \pm 0.09$
$A_{CP}(K^\mp \pi^\pm \pi^0) = -0.03 \pm 0.09$
$A_{CP}(K^\pm \pi^\mp \pi^0) = 0.09^{+0.25}_{-0.22}$

CPT-violation decay-rate asymmetry

$A_{CPT}(K^\mp \pi^\pm) = 0.008 \pm 0.008$

$\overline{D}^0$ modes are charge conjugates of the modes below.

D^0 DECAY MODES		Fraction (Γ_i/Γ)	Scale factor/ Confidence level	p (MeV/c)
		Inclusive modes		
e^+ anything	[yy]	(6.87± 0.28) %		—
μ^+ anything		(6.5 ± 0.8) %		—
K^- anything		(53 ± 4) %	S=1.3	—
$\overline{K}^0$ anything + K^0 anything		(42 ± 5) %		—
K^+ anything		(3.4 $^{+0.6}_{-0.4}$) %		—
η anything	[pp]	< 13 %	CL=90%	—
ϕ anything		(1.7 ± 0.8) %		—

Semileptonic modes

$K^- \ell^+ \nu_\ell$	[qq]	(3.43 ± 0.14) %	S=1.2	867
$K^- e^+ \nu_e$		(3.58 ± 0.18) %	S=1.1	867
$K^- \mu^+ \nu_\mu$		(3.19 ± 0.17) %		864
$K^- \pi^0 e^+ \nu_e$		$(1.1 ^{+0.8}_{-0.6})$ %	S=1.6	861
$\overline{K}{}^0 \pi^- e^+ \nu_e$		(1.8 ± 0.8) %	S=1.6	860
$\overline{K}{}^*(892)^- e^+ \nu_e$ $\times$ B$(K^*(892)^- \to \overline{K}{}^0 \pi^-)$		(1.43 ± 0.23) %		719
$K^- \pi^+ \pi^- \mu^+ \nu_\mu$		$< 1.2 \times 10^{-3}$	CL=90%	821
$(\overline{K}{}^*(892)\pi)^- \mu^+ \nu_\mu$		$< 1.4 \times 10^{-3}$	CL=90%	692
$\pi^- e^+ \nu_e$		$(3.6 \pm 0.6) \times 10^{-3}$		927

A fraction of the following resonance mode has already appeared above as a submode of a charged-particle mode.

$K^*(892)^- e^+ \nu_e$	(2.15 ± 0.35) %	719

Hadronic modes with a $\overline{K}$ or $\overline{K}K\overline{K}$

$K^- \pi^+$		(3.80 ± 0.09) %		861
$\overline{K}{}^0 \pi^0$		(2.30 ± 0.22) %		860
$\overline{K}{}^0 \pi^+ \pi^-$	[ss]	(5.97 ± 0.35) %	S=1.1	842
$\overline{K}{}^0 \rho^0$		$(1.55 ^{+0.12}_{-0.16})$ %		673
$\overline{K}{}^0 \omega$ $\times$ B$(\omega \to \pi^+ \pi^-)$		$(3.9 \pm 0.9) \times 10^{-4}$		670
$\overline{K}{}^0 f_0(980)$ $\times$ B$(f_0(980) \to \pi^+\pi^-)$		$(2.8 ^{+0.6}_{-0.4}) \times 10^{-3}$		549
$\overline{K}{}^0 f_2(1270)$ $\times$ B$(f_2(1270) \to \pi^+\pi^-)$		$(2.6 ^{+2.3}_{-1.4}) \times 10^{-4}$		262
$\overline{K}{}^0 f_0(1370)$ $\times$ B$(f_0(1370) \to \pi^+\pi^-)$		$(5.1 ^{+1.2}_{-1.3}) \times 10^{-3}$		–
$K^*(892)^- \pi^+$ $\times$ B$(K^*(892)^- \to \overline{K}{}^0 \pi^-)$		(3.9 ± 0.3) %		711
$K_0^*(1430)^- \pi^+$ $\times$ B$(K_0^*(1430)^- \to \overline{K}{}^0 \pi^-)$		$(6.1 ^{+1.2}_{-0.8}) \times 10^{-3}$		378
$K_2^*(1430)^- \pi^+$ $\times$ B$(K_2^*(1430)^- \to \overline{K}{}^0 \pi^-)$		$(1.0 ^{+0.7}_{-0.4}) \times 10^{-3}$		367
$K^*(1680)^- \pi^+$ $\times$ B$(K^*(1680)^- \to \overline{K}{}^0 \pi^-)$		$(2.1 ^{+1.0}_{-0.9}) \times 10^{-3}$		46
$K^*(892)^+ \pi^-$ $\times$ B$(K^*(892)^+ \to K^0 \pi^+)$		$(2.0 ^{+2.6}_{-0.9}) \times 10^{-4}$		711
$\overline{K}{}^0 \pi^+ \pi^-$ nonresonant		$(5.4 ^{+12.0}_{-3.4}) \times 10^{-4}$		842

$K^- \pi^+ \pi^0$	[ss]	$(13.0 \pm 0.8)\%$	S=1.3	844
$\quad K^- \rho^+$		$(10.1 \pm 0.8)\%$		675
$\quad K^- \rho(1700)^+$		$(7.4 \pm 1.6) \times 10^{-3}$		†
$\qquad \times \mathrm{B}(\rho(1700)^+ \to \pi^+ \pi^0)$				
$\quad K^*(892)^- \pi^+$		$(1.97 \pm 0.13)\%$		711
$\qquad \times \mathrm{B}(K^*(892)^- \to K^- \pi^0)$				
$\quad \overline{K}^*(892)^0 \pi^0$		$(1.87 \pm 0.27)\%$		711
$\qquad \times \mathrm{B}(\overline{K}^*(892)^0 \to K^- \pi^+)$				
$\quad K_0^*(1430)^- \pi^+$		$(3.0 {}^{+0.6}_{-0.4}) \times 10^{-3}$		378
$\qquad \times \mathrm{B}(K_0^*(1430)^- \to K^- \pi^0)$				
$\quad \overline{K}_0^*(1430)^0 \pi^0$		$(5.3 {}^{+4.2}_{-1.4}) \times 10^{-3}$		379
$\qquad \times \mathrm{B}(\overline{K}_0^*(1430)^0 \to K^- \pi^+)$				
$\quad K^*(1680)^- \pi^+$		$(1.1 \pm 0.5) \times 10^{-3}$		46
$\qquad \times \mathrm{B}(K^*(1680)^- \to K^- \pi^0)$				
$\quad K^- \pi^+ \pi^0$ nonresonant		$(1.04 {}^{+0.50}_{-0.19})\%$		844
$\overline{K}^0 \pi^0 \pi^0$		—		843
$\quad \overline{K}^*(892)^0 \pi^0$		$(9.3 \pm 1.3) \times 10^{-3}$		711
$\qquad \times \mathrm{B}(\overline{K}^*(892)^0 \to \overline{K}^0 \pi^0)$				
$\quad \overline{K}^0 \pi^0 \pi^0$ nonresonant		$(8.5 \pm 2.2) \times 10^{-3}$		843
$K^- \pi^+ \pi^+ \pi^-$	[ss]	$(7.46 \pm 0.31)\%$		812
$\quad K^- \pi^+ \rho^0$ total		$(6.2 \pm 0.4)\%$		609
$\quad K^- \pi^+ \rho^0$ 3-body		$(4.7 \pm 2.1) \times 10^{-3}$		609
$\quad \overline{K}^*(892)^0 \rho^0$		$(9.7 \pm 2.1) \times 10^{-3}$		416
$\qquad \times \mathrm{B}(\overline{K}^*(892)^0 \to K^- \pi^+)$				
$\quad K^- a_1(1260)^+$		$(3.6 \pm 0.6)\%$		327
$\qquad \times \mathrm{B}(a_1(1260)^+ \to \pi^+ \pi^+ \pi^-)$				
$\quad \overline{K}^*(892)^0 \pi^+ \pi^-$ total		$(1.5 \pm 0.4)\%$		685
$\qquad \times \mathrm{B}(\overline{K}^*(892)^0 \to K^- \pi^+)$				
$\quad \overline{K}^*(892)^0 \pi^+ \pi^-$ 3-body		$(9.5 \pm 2.1) \times 10^{-3}$		685
$\qquad \times \mathrm{B}(\overline{K}^*(892)^0 \to K^- \pi^+)$				
$\quad K_1(1270)^- \pi^+$	[tt]	$(2.9 \pm 0.3) \times 10^{-3}$		484
$\qquad \times \mathrm{B}(K_1(1270)^- \to K^- \pi^+ \pi^-)$				
$\quad K^- \pi^+ \pi^+ \pi^-$ nonresonant		$(1.74 \pm 0.25)\%$		812
$\overline{K}^0 \pi^+ \pi^- \pi^0$	[ss]	$(10.9 \pm 1.3)\%$		812
$\quad \overline{K}^0 \eta \times \mathrm{B}(\eta \to \pi^+ \pi^- \pi^0)$		$(1.74 \pm 0.25) \times 10^{-3}$		772
$\quad \overline{K}^0 \omega \times \mathrm{B}(\omega \to \pi^+ \pi^- \pi^0)$		$(2.1 \pm 0.4)\%$		670
$\quad K^*(892)^- \rho^+$		$(4.4 \pm 1.7)\%$		416
$\qquad \times \mathrm{B}(K^*(892)^- \to \overline{K}^0 \pi^-)$				
$\quad \overline{K}^*(892)^0 \rho^0$		$(4.8 \pm 1.1) \times 10^{-3}$		416
$\qquad \times \mathrm{B}(\overline{K}^*(892)^0 \to \overline{K}^0 \pi^0)$				
$\quad K_1(1270)^- \pi^+$	[tt]	$(4.5 \pm 1.2) \times 10^{-3}$		484
$\qquad \times \mathrm{B}(K_1(1270)^- \to \overline{K}^0 \pi^- \pi^0)$				

$\overline{K}^*(892)^0 \pi^+ \pi^-$ 3-body $\times\ B(\overline{K}^*(892)^0 \to \overline{K}^0 \pi^0)$	$(\ 4.7\ \pm\ 1.0\ ) \times 10^{-3}$	685
$\overline{K}^0 \pi^+ \pi^- \pi^0$ nonresonant	$(\ 2.3\ \pm\ 2.3\ )\ \%$	812
$K^- \pi^+ \pi^+ \pi^- \pi^0$	$(\ 4.0\ \pm\ 0.4\ )\ \%$	771
$\overline{K}^*(892)^0 \pi^+ \pi^- \pi^0$ $\times\ B(\overline{K}^*(892)^0 \to K^- \pi^+)$	$(\ 1.2\ \pm\ 0.6\ )\ \%$	643
$\overline{K}^*(892)^0 \eta$ $\times\ B(\overline{K}^*(892)^0 \to K^- \pi^+)$ $\times\ B(\eta \to \pi^+ \pi^- \pi^0)$	$(\ 2.7\ \pm\ 0.6\ ) \times 10^{-3}$	582
$K^- \pi^+ \omega \times B(\omega \to \pi^+ \pi^- \pi^0)$	$(\ 2.7\ \pm\ 0.5\ )\ \%$	605
$\overline{K}^*(892)^0 \omega$ $\times\ B(\overline{K}^*(892)^0 \to K^- \pi^+)$ $\times\ B(\omega \to \pi^+ \pi^- \pi^0)$	$(\ 6.5\ \pm\ 2.4\ ) \times 10^{-3}$	410
$\overline{K}^0 \pi^+ \pi^+ \pi^- \pi^-$	$(\ 6.4\ \pm\ 1.8\ ) \times 10^{-3}$	768
$\overline{K}^0 K^+ K^-$	$(\ 1.03 \pm\ 0.10)\ \%$	544
$\overline{K}^0 \phi \times B(\phi \to K^+ K^-)$	$(\ 4.7\ \pm\ 0.6\ ) \times 10^{-3}$	520
$\overline{K}^0 K^+ K^-$ non-ϕ	$(\ 5.6\ \pm\ 0.9\ ) \times 10^{-3}$	544
$K^0_S K^0_S K^0_S$	$(\ 9.2\ \pm\ 1.6\ ) \times 10^{-4}$	538
$K^+ K^- K^- \pi^+$	$(\ 2.04 \pm\ 0.30) \times 10^{-4}$	434
$K^+ K^- \overline{K}^*(892)^0$ $\times\ B(\overline{K}^*(892)^0 \to K^- \pi^+)$	$(\ 4.1\ \pm\ 1.7\ ) \times 10^{-5}$	†
$K^- \pi^+ \phi \times B(\phi \to K^+ K^-)$	$(\ 3.8\ \pm\ 1.6\ ) \times 10^{-5}$	422
$\phi \overline{K}^*(892)^0$ $\times\ B(\phi \to K^+ K^-)$ $\times\ B(\overline{K}^*(892)^0 \to K^- \pi^+)$	$(\ 1.0\ \pm\ 0.2\ ) \times 10^{-4}$	†
$K^+ K^- K^- \pi^+$ nonresonant	$(\ 3.1\ \pm\ 1.4\ ) \times 10^{-5}$	434

Fractions of many of the following modes with resonances have already appeared above as submodes of particular charged-particle modes. (Modes for which there are only upper limits and $\overline{K}^*(892)\rho$ submodes only appear below.)

$\overline{K}^0 \eta$	$(\ 7.7\ \pm\ 1.1\ ) \times 10^{-3}$		772
$\overline{K}^0 \rho^0$	$(\ 1.55^{+\ 0.12}_{-\ 0.16})\ \%$		673
$K^- \rho^+$	$(10.1\ \pm\ 0.8\ )\ \%$	S=1.2	675
$\overline{K}^0 \omega$	$(\ 2.3\ \pm\ 0.4\ )\ \%$		670
$\overline{K}^0 \eta'(958)$	$(\ 1.88 \pm\ 0.28)\ \%$		565
$\overline{K}^0 \phi$	$(\ 9.4\ \pm\ 1.1\ ) \times 10^{-3}$		520
$K^- a_1(1260)^+$	$(\ 7.2\ \pm\ 1.1\ )\ \%$		327
$\overline{K}^0 a_1(1260)^0$	$<\ 1.9\ \%$	CL=90%	323
$\overline{K}^0 f_2(1270)$	$(\ 4.7^{+\ 4.1}_{-\ 2.4}\ ) \times 10^{-4}$		262
$K^- a_2(1320)^+$	$<\ 2\ \times 10^{-3}$	CL=90%	197
$K^*(892)^- \pi^+$	$(\ 5.9\ \pm\ 0.4\ )\ \%$	S=1.1	711
$\overline{K}^*(892)^0 \pi^0$	$(\ 2.8\ \pm\ 0.4\ )\ \%$	S=1.1	711

$\overline{K}^*(892)^0 \pi^+\pi^-$ total	(2.2 ± 0.5) %	685
$\overline{K}^*(892)^0 \pi^+\pi^-$ 3-body	(1.42± 0.31) %	685
$K^-\pi^+\rho^0$ total	(6.2 ± 0.4) %	609
$K^-\pi^+\rho^0$ 3-body	(4.7 ± 2.1) × 10^{-3}	609
$\overline{K}^*(892)^0 \rho^0$	(1.45± 0.32) %	416
$\overline{K}^*(892)^0 \rho^0$ transverse	(1.5 ± 0.5) %	416
$\overline{K}^*(892)^0 \rho^0$ S-wave	(2.8 ± 0.6) %	416
$\overline{K}^*(892)^0 \rho^0$ S-wave long.	< 3 × 10^{-3} CL=90%	416
$\overline{K}^*(892)^0 \rho^0$ P-wave	< 3 × 10^{-3} CL=90%	416
$\overline{K}^*(892)^0 \rho^0$ D-wave	(1.9 ± 0.6) %	416
$K^*(892)^- \rho^+$	(6.6 ± 2.6) %	416
$K^*(892)^- \rho^+$ longitudinal	(3.2 ± 1.3) %	416
$K^*(892)^- \rho^+$ transverse	(3.4 ± 2.0) %	416
$K^*(892)^- \rho^+$ P-wave	< 1.5 % CL=90%	416
$K_1(1270)^- \pi^+$	[tt] (1.14± 0.31) %	484
$K_1(1400)^- \pi^+$	< 1.2 % CL=90%	386
$\overline{K}_1(1400)^0 \pi^0$	< 3.7 % CL=90%	387
$K_0^*(1430)^- \pi^+$	(9.8 $^{+\ 2.0}_{-\ 1.3}$) × 10^{-3}	378
$\overline{K}_0^*(1430)^0 \pi^0$	(8.6 $^{+\ 6.8}_{-\ 2.3}$) × 10^{-3}	379
$K_2^*(1430)^- \pi^+$	(2.0 $^{+\ 1.3}_{-\ 0.7}$) × 10^{-3}	367
$\overline{K}_2^*(1430)^0 \pi^0$	< 3.3 × 10^{-3} CL=90%	368
$K^*(1680)^- \pi^+$	(8.2 $^{+\ 3.9}_{-\ 3.5}$) × 10^{-3} S=1.2	46
$\overline{K}^*(892)^0 \pi^+\pi^-\pi^0$	(1.8 ± 0.9) %	643
$\overline{K}^*(892)^0 \eta$	(1.8 ± 0.4) %	582
$K^-\pi^+\omega$	(3.0 ± 0.6) %	605
$\overline{K}^*(892)^0 \omega$	(1.1 ± 0.4) %	410
$K^-\pi^+\eta'(958)$	(6.9 ± 1.8) × 10^{-3}	479
$\overline{K}^*(892)^0 \eta'(958)$	< 1.0 × 10^{-3} CL=90%	119
$K^-\pi^+\phi$	(7.6 ± 3.1) × 10^{-5}	422
$K^+ K^- \overline{K}^*(892)^0$	(6.1 ± 2.5) × 10^{-5}	†
$\phi \overline{K}^*(892)^0$	(3.0 ± 0.6) × 10^{-4}	†

Pionic modes

$\pi^+\pi^-$	(1.38± 0.05) × 10^{-3}	922
$\pi^0\pi^0$	(8.4 ± 2.2) × 10^{-4}	922
$\pi^+\pi^-\pi^0$	(1.1 ± 0.4) %	907
$\pi^+\pi^+\pi^-\pi^-$	(7.3 ± 0.5) × 10^{-3}	880

Hadronic modes with a $K\overline{K}$ pair

Mode		Value		Momentum
K^+K^-		$(3.89^{+0.12}_{-0.15}) \times 10^{-3}$	S=1.2	791
$K^0\overline{K}^0$		$(7.1 \pm 1.9) \times 10^{-4}$	S=1.2	788
$K^0K^-\pi^+$		$(6.9 \pm 1.0) \times 10^{-3}$		739
$\overline{K}^*(892)^0 K^0$		$< 1.1 \times 10^{-3}$	CL=90%	608
$\quad \times B(\overline{K}^{*0} \to K^-\pi^+)$				
$K^*(892)^+ K^-$		$(2.5 \pm 0.5) \times 10^{-3}$		610
$\quad \times B(K^{*+} \to K^0\pi^+)$				
$K^0K^-\pi^+$ nonresonant		$(2.3 \pm 2.3) \times 10^{-3}$		739
$\overline{K}^0K^+\pi^-$		$(5.3 \pm 1.0) \times 10^{-3}$		739
$K^*(892)^0 \overline{K}^0$		$< 6 \times 10^{-4}$	CL=90%	608
$\quad \times B(K^{*0} \to K^+\pi^-)$				
$K^*(892)^- K^+$		$(1.3 \pm 0.7) \times 10^{-3}$		610
$\quad \times B(K^{*-} \to \overline{K}^0\pi^-)$				
$\overline{K}^0K^+\pi^-$ nonresonant		$(3.8^{+2.3}_{-1.9}) \times 10^{-3}$		739
$K^+K^-\pi^0$		$(1.24 \pm 0.35) \times 10^{-3}$		743
$K^0_S K^0_S \pi^0$		$< 5.9 \times 10^{-4}$		740
$K^+K^-\pi^+\pi^-$	[zz]	$(2.49 \pm 0.23) \times 10^{-3}$		677
$\phi\pi^+\pi^- \times B(\phi \to K^+K^-)$		$(5.3 \pm 1.4) \times 10^{-4}$		614
$\phi\rho^0 \times B(\phi \to K^+K^-)$		$(2.9 \pm 1.5) \times 10^{-4}$		250
$K^+K^-\rho^0$ 3-body		$(9.0 \pm 2.3) \times 10^{-4}$		301
$K^*(892)^0 K^-\pi^+ + $ c.c.	[aaa]	$< 5 \times 10^{-4}$		531
$\quad \times B(K^{*0} \to K^+\pi^-)$				
$K^*(892)^0 \overline{K}^*(892)^0$		$(6 \pm 2) \times 10^{-4}$		272
$\quad \times B^2(K^{*0} \to K^+\pi^-)$				
$K^+K^-\pi^+\pi^-$ nonresonant		$< 8 \times 10^{-4}$	CL=90%	677
$K^0\overline{K}^0\pi^+\pi^-$		$(7.5 \pm 2.9) \times 10^{-3}$		673
$K^+K^-\pi^+\pi^-\pi^0$		$(3.1 \pm 2.0) \times 10^{-3}$		600

Fractions of most of the following modes with resonances have already appeared above as submodes of particular charged-particle modes.

Mode		Value		Momentum
$\overline{K}^*(892)^0 K^0$		$< 1.7 \times 10^{-3}$	CL=90%	608
$K^*(892)^+ K^-$		$(3.8 \pm 0.8) \times 10^{-3}$		610
$K^*(892)^0 \overline{K}^0$		$< 9 \times 10^{-4}$	CL=90%	608
$K^*(892)^- K^+$		$(2.0 \pm 1.1) \times 10^{-3}$		610
$\phi\pi^0$		$(7.5 \pm 0.5) \times 10^{-4}$		645
$\phi\eta$		$(1.4 \pm 0.5) \times 10^{-4}$		489
$\phi\omega$		$< 2.1 \times 10^{-3}$	CL=90%	238
$\phi\pi^+\pi^-$		$(1.06 \pm 0.28) \times 10^{-3}$		614
$\quad \phi\rho^0$		$(5.7 \pm 3.0) \times 10^{-4}$		250
$\quad \phi\pi^+\pi^-$ 3-body		$(7 \pm 5) \times 10^{-4}$		614
$K^*(892)^0 K^-\pi^+ + $ c.c.	[aaa]	$< 7 \times 10^{-4}$	CL=90%	531
$K^*(892)^0 \overline{K}^*(892)^0$		$(1.4 \pm 0.5) \times 10^{-3}$		272

Radiative modes

Mode			Value		Ref
$\rho^0 \gamma$		<	2.4×10^{-4}	CL=90%	771
$\omega \gamma$		<	2.4×10^{-4}	CL=90%	768
$\phi \gamma$			$(2.5 ^{+0.7}_{-0.6}) \times 10^{-5}$		654
$\overline{K}^*(892)^0 \gamma$		<	7.6×10^{-4}	CL=90%	719

**Doubly Cabibbo suppressed (DC) modes,
$\Delta C = 2$ forbidden via mixing (C2M) modes,
$\Delta C = 1$ weak neutral current (C1) modes,
Lepton Family number (LF) violating modes, or
Lepton number (L) violating modes**

Mode	Type		Value		Ref
$K^+ \ell^- \overline{\nu}_\ell$ (via $\overline{D}^0$)	C2M	<	1.7×10^{-4}	CL=90%	–
$K^+ \pi^-$	DC		$(1.38 \pm 0.11) \times 10^{-4}$		861
$K^+ \pi^-$ (via $\overline{D}^0$)	C2M	<	1.6×10^{-5}	CL=95%	861
$K^*(892)^+ \pi^-$			$(3.0 ^{+3.8}_{-1.3}) \times 10^{-4}$		711
$K^+ \pi^- \pi^0$			$(5.6 \pm 1.7) \times 10^{-4}$		844
$K^+ \pi^- \pi^+ \pi^-$	DC		$(3.1 \pm 1.0) \times 10^{-4}$		812
$K^+ \pi^- \pi^+ \pi^-$ (via $\overline{D}^0$)	C2M	<	4×10^{-4}	CL=90%	812
$K^+ \pi^-$ or $K^+ \pi^- \pi^+ \pi^-$ (via $\overline{D}^0$)		<	1.0×10^{-3}	CL=90%	–
μ^- anything (via $\overline{D}^0$)	C2M	<	4×10^{-4}	CL=90%	–
$\gamma \gamma$	C1	<	2.8×10^{-5}	CL=90%	932
$e^+ e^-$	C1	<	6.2×10^{-6}	CL=90%	932
$\mu^+ \mu^-$	C1	<	4.1×10^{-6}	CL=90%	926
$\pi^0 e^+ e^-$	C1	<	4.5×10^{-5}	CL=90%	927
$\pi^0 \mu^+ \mu^-$	C1	<	1.8×10^{-4}	CL=90%	915
$\eta e^+ e^-$	C1	<	1.1×10^{-4}	CL=90%	852
$\eta \mu^+ \mu^-$	C1	<	5.3×10^{-4}	CL=90%	838
$\pi^+ \pi^- e^+ e^-$	C1	<	3.73×10^{-4}	CL=90%	922
$\rho^0 e^+ e^-$	C1	<	1.0×10^{-4}	CL=90%	771
$\pi^+ \pi^- \mu^+ \mu^-$	C1	<	3.0×10^{-5}	CL=90%	894
$\rho^0 \mu^+ \mu^-$	C1	<	2.2×10^{-5}	CL=90%	754
$\omega e^+ e^-$	C1	<	1.8×10^{-4}	CL=90%	768
$\omega \mu^+ \mu^-$	C1	<	8.3×10^{-4}	CL=90%	751
$K^- K^+ e^+ e^-$	C1	<	3.15×10^{-4}	CL=90%	791
$\phi e^+ e^-$	C1	<	5.2×10^{-5}	CL=90%	654
$K^- K^+ \mu^+ \mu^-$	C1	<	3.3×10^{-5}	CL=90%	710
$\phi \mu^+ \mu^-$	C1	<	3.1×10^{-5}	CL=90%	631
$\overline{K}^0 e^+ e^-$	[ww]	<	1.1×10^{-4}	CL=90%	866
$\overline{K}^0 \mu^+ \mu^-$	[ww]	<	2.6×10^{-4}	CL=90%	852
$K^- \pi^+ e^+ e^-$	C1	<	3.85×10^{-4}	CL=90%	861
$\overline{K}^*(892)^0 e^+ e^-$	[ww]	<	4.7×10^{-5}	CL=90%	719
$K^- \pi^+ \mu^+ \mu^-$	C1	<	3.59×10^{-4}	CL=90%	829

$\overline{K}^*(892)^0 \mu^+\mu^-$		[ww] < 2.4	$\times 10^{-5}$	CL=90%	700
$\pi^+\pi^-\pi^0\mu^+\mu^-$	C1	< 8.1	$\times 10^{-4}$	CL=90%	863
$\mu^\pm e^\mp$	LF	[gg] < 8.1	$\times 10^{-6}$	CL=90%	929
$\pi^0 e^\pm \mu^\mp$	LF	[gg] < 8.6	$\times 10^{-5}$	CL=90%	924
$\eta e^\pm \mu^\mp$	LF	[gg] < 1.0	$\times 10^{-4}$	CL=90%	848
$\pi^+\pi^- e^\pm \mu^\mp$	LF	[gg] < 1.5	$\times 10^{-5}$	CL=90%	911
$\rho^0 e^\pm \mu^\mp$	LF	[gg] < 4.9	$\times 10^{-5}$	CL=90%	767
$\omega e^\pm \mu^\mp$	LF	[gg] < 1.2	$\times 10^{-4}$	CL=90%	764
$K^-K^+ e^\pm \mu^\mp$	LF	[gg] < 1.8	$\times 10^{-4}$	CL=90%	754
$\phi e^\pm \mu^\mp$	LF	[gg] < 3.4	$\times 10^{-5}$	CL=90%	648
$\overline{K}^0 e^\pm \mu^\mp$	LF	[gg] < 1.0	$\times 10^{-4}$	CL=90%	862
$K^-\pi^+ e^\pm \mu^\mp$	LF	[gg] < 5.53	$\times 10^{-4}$	CL=90%	848
$\overline{K}^*(892)^0 e^\pm \mu^\mp$	LF	[gg] < 8.3	$\times 10^{-5}$	CL=90%	714
$\pi^-\pi^- e^+ e^+$ + c.c.	L	< 1.12	$\times 10^{-4}$	CL=90%	922
$\pi^-\pi^- \mu^+\mu^+$ + c.c.	L	< 2.9	$\times 10^{-5}$	CL=90%	894
$K^-\pi^- e^+ e^+$ + c.c.	L	< 2.06	$\times 10^{-4}$	CL=90%	861
$K^-\pi^- \mu^+\mu^+$ + c.c.	L	< 3.9	$\times 10^{-4}$	CL=90%	829
$K^-K^- e^+ e^+$ + c.c.	L	< 1.52	$\times 10^{-4}$	CL=90%	791
$K^-K^- \mu^+\mu^+$ + c.c.	L	< 9.4	$\times 10^{-5}$	CL=90%	710
$\pi^-\pi^- e^+ \mu^+$ + c.c.	L	< 7.9	$\times 10^{-5}$	CL=90%	911
$K^-\pi^- e^+ \mu^+$ + c.c.	L	< 2.18	$\times 10^{-4}$	CL=90%	848
$K^-K^- e^+ \mu^+$ + c.c.	L	< 5.7	$\times 10^{-5}$	CL=90%	754

$D^*(2007)^0$

$I(J^P) = \frac{1}{2}(1^-)$
I, J, P need confirmation.

Mass $m = 2006.7 \pm 0.5$ MeV   (S = 1.1)
$m_{D^{*0}} - m_{D^0} = 142.12 \pm 0.07$ MeV
Full width $\Gamma < 2.1$ MeV, CL = 90%

$\overline{D}^*(2007)^0$ modes are charge conjugates of modes below.

$D^*(2007)^0$ DECAY MODES	Fraction (Γ_i/Γ)	p (MeV/c)
$D^0\pi^0$	(61.9±2.9) %	43
$D^0\gamma$	(38.1±2.9) %	137

$D^*(2010)^\pm$

$I(J^P) = \frac{1}{2}(1^-)$
I, J, P need confirmation.

Mass $m = 2010.0 \pm 0.5$ MeV   (S = 1.1)
$m_{D^*(2010)^+} - m_{D^+} = 140.64 \pm 0.10$ MeV   (S = 1.1)
$m_{D^*(2010)^+} - m_{D^0} = 145.421 \pm 0.010$ MeV   (S = 1.1)
Full width $\Gamma = 96 \pm 22$ keV

$D^*(2010)^-$ modes are charge conjugates of the modes below.

$D^*(2010)^\pm$ DECAY MODES	Fraction (Γ_i/Γ)	p (MeV/c)
$D^0 \pi^+$	(67.7 ± 0.5) %	39
$D^+ \pi^0$	(30.7 ± 0.5) %	38
$D^+ \gamma$	(1.6 ± 0.4) %	136

$D_1(2420)^0$

$I(J^P) = \frac{1}{2}(1^+)$
I, J, P need confirmation.

Mass $m = 2422.2 \pm 1.8$ MeV (S = 1.2)
Full width $\Gamma = 18.9^{+4.6}_{-3.5}$ MeV

$\overline{D}_1(2420)^0$ modes are charge conjugates of modes below.

$D_1(2420)^0$ DECAY MODES	Fraction (Γ_i/Γ)	p (MeV/c)
$D^*(2010)^+ \pi^-$	seen	355
$D^+ \pi^-$	not seen	474

$D_2^*(2460)^0$

$I(J^P) = \frac{1}{2}(2^+)$

$J^P = 2^+$ assignment strongly favored.

Mass $m = 2458.9 \pm 2.0$ MeV (S = 1.2)
Full width $\Gamma = 23 \pm 5$ MeV

$\overline{D}_2^*(2460)^0$ modes are charge conjugates of modes below.

$D_2^*(2460)^0$ DECAY MODES	Fraction (Γ_i/Γ)	p (MeV/c)
$D^+ \pi^-$	seen	504
$D^*(2010)^+ \pi^-$	seen	387

$D_2^*(2460)^\pm$

$I(J^P) = \frac{1}{2}(2^+)$

$J^P = 2^+$ assignment strongly favored.

Mass $m = 2459 \pm 4$ MeV (S = 1.7)
$m_{D_2^*(2460)^\pm} - m_{D_2^*(2460)^0} = 0.9 \pm 3.3$ MeV (S = 1.1)
Full width $\Gamma = 25^{+8}_{-7}$ MeV

$D_2^*(2460)^-$ modes are charge conjugates of modes below.

$D_2^*(2460)^\pm$ DECAY MODES	Fraction (Γ_i/Γ)	p (MeV/c)
$D^0 \pi^+$	seen	507
$D^{*0} \pi^+$	seen	390

CHARMED, STRANGE MESONS ($C = S = \pm 1$)

$D_s^+ = c\bar{s}$, $D_s^- = \bar{c}s$, similarly for D_s^*'s

$D_s^\pm$ was $F^\pm$

$I(J^P) = 0(0^-)$

Mass $m = 1968.3 \pm 0.5$ MeV (S = 1.2)
$m_{D_s^\pm} - m_{D^\pm} = 98.87 \pm 0.31$ MeV (S = 1.4)
Mean life $\tau = (490 \pm 9) \times 10^{-15}$ s (S = 1.1)
$c\tau = 147.0$ μm

D_s^+ form factors

$r_2 = 1.60 \pm 0.24$
$r_v = 1.92 \pm 0.32$
$\Gamma_L/\Gamma_T = 0.72 \pm 0.18$

Unless otherwise noted, the branching fractions for modes with a resonance in the final state include all the decay modes of the resonance. D_s^- modes are charge conjugates of the modes below.

D_s^+ DECAY MODES	Fraction (Γ_i/Γ)	Scale factor/ Confidence level	p (MeV/c)
Inclusive modes			
K^- anything	(13 $^{+14}_{-12}$) %		—
$\overline{K}^0$ anything + K^0 anything	(39 ± 28) %		—
K^+ anything	(20 $^{+18}_{-14}$) %		—
(non-$K\overline{K}$) anything	(64 ± 17) %		—
e^+ anything	(8 $^{+6}_{-5}$) %		—
ϕ anything	(18 $^{+15}_{-10}$) %		—

Leptonic and semileptonic modes

$\mu^+ \nu_\mu$		$(5.0 \pm 1.9) \times 10^{-3}$	S=1.3	981
$\tau^+ \nu_\tau$		$(6.4 \pm 1.5)\%$		182
$\phi \ell^+ \nu_\ell$	[bbb]	$(2.0 \pm 0.5)\%$		720
$\eta \ell^+ \nu_\ell + \eta'(958)\ell^+ \nu_\ell$	[bbb]	$(3.4 \pm 1.0)\%$		—
$\eta \ell^+ \nu_\ell$	[bbb]	$(2.5 \pm 0.7)\%$		908
$\eta'(958)\ell^+ \nu_\ell$	[bbb]	$(8.9 \pm 3.3) \times 10^{-3}$		751

Hadronic modes with a $K\overline{K}$ pair (including from a ϕ)

$K^+ \overline{K}{}^0$		$(3.6 \pm 1.1)\%$		850
$K^+ K^- \pi^+$	[ss]	$(4.4 \pm 1.2)\%$		805
$\phi \pi^+$	[ccc]	$(3.6 \pm 0.9)\%$		712
$K^+ \overline{K}{}^*(892)^0$	[ccc]	$(3.3 \pm 0.9)\%$		685
$f_0(980)\pi^+$	[ddd]	$(4.9 \pm 2.3) \times 10^{-3}$		732
$\quad \times B(f_0 \to K^+ K^-)$				
$K^+ \overline{K}{}^*_0(1430)^0$	[ccc]	$(7 \pm 4) \times 10^{-3}$		218
$K^+ K^- \pi^+$ nonresonant		$(9 \pm 4) \times 10^{-3}$		805
$K^0 \overline{K}{}^0 \pi^+$		—		802
$K^*(892)^+ \overline{K}{}^0$	[ccc]	$(4.3 \pm 1.4)\%$		683
$K^+ K^- \pi^+ \pi^0$		—		748
$\phi \pi^+ \pi^0$	[ccc]	$(9 \pm 5)\%$		686
$\phi \rho^+$	[ccc]	$(6.7 \pm 2.3)\%$		400
$\phi \pi^+ \pi^0$ 3-body	[ccc]	$< 2.6 \%$	CL=90%	686
$K^+ K^- \pi^+ \pi^0$ non-ϕ		$< 9 \%$	CL=90%	748
$K^+ \overline{K}{}^0 \pi^+ \pi^-$		$(2.5 \pm 0.9)\%$		744
$K^0 K^- \pi^+ \pi^+$		$(4.3 \pm 1.5)\%$		744
$K^*(892)^+ \overline{K}{}^*(892)^0$	[ccc]	$(5.8 \pm 2.5)\%$		416
$K^0 K^- \pi^+ \pi^+$ (non-$K^{*+}\overline{K}{}^{*0}$)		$< 2.9 \%$	CL=90%	744
$K^+ K^- \pi^+ \pi^+ \pi^-$		$(7.1 \pm 2.2) \times 10^{-3}$		673
$\phi \pi^+ \pi^+ \pi^-$	[ccc]	$(9.7 \pm 2.6) \times 10^{-3}$		640
$K^+ K^- \rho^0 \pi^+$ non-ϕ		$< 2.1 \times 10^{-4}$	CL=90%	248
$\phi \rho^0 \pi^+$	[ccc]	$(1.06 \pm 0.35)\%$		180
$\phi a_1(1260)^+$	[ccc]	$(2.5 \pm 0.8)\%$		†
$K^+ K^- \pi^+ \pi^+ \pi^-$ nonresonant		$(7 \pm 6) \times 10^{-4}$		673

Hadronic modes without K's

$\pi^+ \pi^+ \pi^-$		$(1.01 \pm 0.28)\%$	S=1.1	959
$\rho^0 \pi^+$		$< 7 \times 10^{-4}$	CL=90%	824
$f_0(980)\pi^+$	[uu]	$(5.7 \pm 1.7) \times 10^{-3}$		732
$\quad \times B(f_0 \to \pi^+ \pi^-)$				
$f_2(1270)\pi^+$	[ccc]	$(3.5 \pm 1.2) \times 10^{-3}$		559
$f_0(1370)\pi^+$	[uu]	$(3.3 \pm 1.2) \times 10^{-3}$		493
$\quad \times B(f_0 \to \pi^+ \pi^-)$				
$\rho(1450)^0 \pi^+$	[uu]	$(4.4 \pm 2.5) \times 10^{-4}$		421
$\quad \times B(\rho^0 \to \pi^+ \pi^-)$				

$\pi^+\pi^+\pi^-$ nonresonant		$(\,5\,{}^{+22}_{-5}\,)\times 10^{-5}$		959
$\pi^+\pi^+\pi^-\pi^0$		<12 %	CL=90%	935
$\eta\pi^+$	[ccc]	$(\,1.7\pm 0.5\,)$ %		902
$\omega\pi^+$	[ccc]	$(\,2.8\pm 1.1\,)\times 10^{-3}$		822
$3\pi^+2\pi^-$		$(\,6.5\pm 1.8\,)\times 10^{-3}$		899
$\pi^+\pi^+\pi^-\pi^0\pi^0$		—		902
$\eta\rho^+$	[ccc]	$(10.8\pm 3.1\,)$ %		723
$\eta\pi^+\pi^0$ 3-body	[ccc]	<4 %	CL=90%	885
$3\pi^+2\pi^-\pi^0$		$(\,4.9\pm 3.2\,)$ %		856
$\eta'(958)\pi^+$	[ccc]	$(\,3.9\pm 1.0\,)$ %		743
$3\pi^+2\pi^-2\pi^0$		—		803
$\eta'(958)\rho^+$	[ccc]	$(10.1\pm 2.8\,)$ %		464
$\eta'(958)\pi^+\pi^0$ 3-body	[ccc]	<1.4 %	CL=90%	720

Modes with one or three K's

$K^0\pi^+$		$<8\quad\times 10^{-3}$	CL=90%	916
$K^+\pi^+\pi^-$		$(\,1.0\pm 0.4\,)$ %		900
$K^+\rho^0$		$<2.9\quad\times 10^{-3}$	CL=90%	744
$K^*(892)^0\pi^+$	[ccc]	$(\,6.5\pm 2.8\,)\times 10^{-3}$		775
$K^+K^+K^-$		$(\,4.0\pm 1.7\,)\times 10^{-4}$		627
ϕK^+	[ccc]	$<5\quad\times 10^{-4}$	CL=90%	607

**$\Delta C = 1$ weak neutral current ($C1$) modes,
Lepton family number (LF), or
Lepton number (L) violating modes**

$\pi^+e^+e^-$		[ww]	$<2.7\quad\times 10^{-4}$	CL=90%	979
$\pi^+\mu^+\mu^-$		[ww]	$<2.6\quad\times 10^{-5}$	CL=90%	968
$K^+e^+e^-$	C1		$<1.6\quad\times 10^{-3}$	CL=90%	922
$K^+\mu^+\mu^-$	C1		$<3.6\quad\times 10^{-5}$	CL=90%	909
$K^*(892)^+\mu^+\mu^-$	C1		$<1.4\quad\times 10^{-3}$	CL=90%	765
$\pi^+e^\pm\mu^\mp$	LF	[gg]	$<6.1\quad\times 10^{-4}$	CL=90%	976
$K^+e^\pm\mu^\mp$	LF	[gg]	$<6.3\quad\times 10^{-4}$	CL=90%	919
$\pi^-e^+e^+$	L		$<6.9\quad\times 10^{-4}$	CL=90%	979
$\pi^-\mu^+\mu^+$	L		$<2.9\quad\times 10^{-5}$	CL=90%	968
$\pi^-e^+\mu^+$	L		$<7.3\quad\times 10^{-4}$	CL=90%	976
$K^-e^+e^+$	L		$<6.3\quad\times 10^{-4}$	CL=90%	922
$K^-\mu^+\mu^+$	L		$<1.3\quad\times 10^{-5}$	CL=90%	909
$K^-e^+\mu^+$	L		$<6.8\quad\times 10^{-4}$	CL=90%	919
$K^*(892)^-\mu^+\mu^+$	L		$<1.4\quad\times 10^{-3}$	CL=90%	765

$D_s^{*\pm}$ $I(J^P) = 0(?^?)$

J^P is natural, width and decay modes consistent with 1^-.

Mass $m = 2112.1 \pm 0.7$ MeV   (S = 1.1)
$m_{D_s^{*\pm}} - m_{D_s^{\pm}} = 143.8 \pm 0.4$ MeV
Full width $\Gamma < 1.9$ MeV, CL = 90%

D_s^{*-} modes are charge conjugates of the modes below.

D_s^{*+} DECAY MODES	Fraction (Γ_i/Γ)	p (MeV/c)
$D_s^+ \gamma$	(94.2±2.5) %	139
$D_s^+ \pi^0$	(5.8±2.5) %	48

$D_{sJ}^*(2317)^{\pm}$ $I(J^P) = 0(0^+)$

J, P need confirmation.

J^P is natural, low mass consistent with 0^+.

Mass $m = 2317.4 \pm 0.9$ MeV   (S = 1.1)
$m_{D_{sJ}^*(2317)^{\pm}} - m_{D_s^{\pm}} = 349.2 \pm 0.7$ MeV
Full width $\Gamma < 4.6$ MeV, CL = 90%

$D_{sJ}(2460)^{\pm}$ $I(J^P) = 0(1^+)$

Mass $m = 2459.3 \pm 1.3$ MeV   (S = 1.3)
$m_{D_{sJ}^*(2460)^{\pm}} - m_{D_s^{*\pm}} = 347.2 \pm 1.2$ MeV   (S = 1.3)
$m_{D_{sJ}^*(2460)^{\pm}} - m_{D_s^{\pm}} = 491.0 \pm 1.2$ MeV   (S = 1.3)
Full width $\Gamma < 5.5$ MeV, CL = 90%

$D_{s1}(2536)^{\pm}$ $I(J^P) = 0(1^+)$

J, P need confirmation.

Mass $m = 2535.35 \pm 0.34 \pm 0.5$ MeV
Full width $\Gamma < 2.3$ MeV, CL = 90%

$D_{s1}(2536)^-$ modes are charge conjugates of the modes below.

$D_{s1}(2536)^+$ DECAY MODES	Fraction (Γ_i/Γ)	p (MeV/c)
$D^*(2010)^+ K^0$	seen	150
$D^*(2007)^0 K^+$	seen	168

$D^+ K^0$	not seen	382
$D^0 K^+$	not seen	392
$D_s^{*+} \gamma$	possibly seen	388

$D_{s2}(2573)^\pm$ $I(J^P) = 0(?^?)$

J^P is natural, width and decay modes consistent with 2^+.

Mass $m = 2572.4 \pm 1.5$ MeV
Full width $\Gamma = 15^{+5}_{-4}$ MeV

$D_{s2}(2573)^-$ modes are charge conjugates of the modes below.

$D_{s2}(2573)^+$ DECAY MODES	Fraction (Γ_i/Γ)	p (MeV/c)
$D^0 K^+$	seen	435
$D^*(2007)^0 K^+$	not seen	244

BOTTOM MESONS ($B = \pm 1$)

$B^+ = u\bar{b}$, $B^0 = d\bar{b}$, $\bar{B}^0 = \bar{d}b$, $B^- = \bar{u}b$,   similarly for B^*'s

B-particle organization

Many measurements of B decays involve admixtures of B hadrons. Previously we arbitrarily included such admixtures in the $B^\pm$ section, but because of their importance we have created two new sections: "$B^\pm/B^0$ Admixture" for $\Upsilon(4S)$ results and "$B^\pm/B^0/B_s^0/b$-baryon Admixture" for results at higher energies. Most inclusive decay branching fractions and χ_b at high energy are found in the Admixture sections. B^0-$\bar{B}^0$ mixing data are found in the B^0 section, while B_s^0-$\bar{B}_s^0$ mixing data and B-$\bar{B}$ mixing data for a B^0/B_s^0 admixture are found in the B_s^0 section. CP-violation data are found in the $B^\pm$, B^0, and $B^\pm B^0$ Admixture sections. b-baryons are found near the end of the Baryon section.

The organization of the B sections is now as follows, where bullets indicate particle sections and brackets indicate reviews.

- $B^\pm$

  mass, mean life, branching fractions CP violation
- B^0

  mass, mean life, branching fractions

  polarization in B^0 decay, B^0-$\overline{B}^0$ mixing, CP violation
- $B^\pm$ B^0 Admixtures

  branching fractions, CP violation
- $B^\pm/B^0/B^0_s/b$-baryon Admixtures

  mean life, production fractions, branching fractions

  χ_b at high energy, V_{cb} measurements
- B^*

  mass
- B^0_s

  mass, mean life, branching fractions

  polarization in B^0_s decay, B^0_s-$\overline{B}^0_s$ mixing
- $B^\pm_c$

  mass, mean life, branching fractions

At end of Baryon Listings:

- Λ_b

  mass, mean life, branching fractions
- b-baryon Admixture

  mean life, branching fractions

$B^\pm$ $\qquad I(J^P) = \frac{1}{2}(0^-)$

I, J, P need confirmation. Quantum numbers shown are quark-model predictions.

Mass $m_{B^\pm} = 5279.0 \pm 0.5$ MeV
Mean life $\tau_{B^\pm} = (1.671 \pm 0.018) \times 10^{-12}$ s
$c\tau = 501$ μm

CP violation

$A_{CP}(B^+ \to J/\psi(1S)K^+) = -0.007 \pm 0.019$
$A_{CP}(B^+ \to J/\psi(1S)\pi^+) = -0.01 \pm 0.13$
$A_{CP}(B^+ \to \psi(2S)K^+) = -0.037 \pm 0.025$
$A_{CP}(B^+ \to \overline{D}^0 K^+) = 0.04 \pm 0.07$
$A_{CP}(B^+ \to D_{CP(+1)}K^+) = 0.06 \pm 0.19$
$A_{CP}(B^+ \to D_{CP(-1)}K^+) = -0.19 \pm 0.18$
$A_{CP}(B^+ \to \pi^+\pi^0) = 0.05 \pm 0.15$
$A_{CP}(B^+ \to K^+\pi^0) = -0.10 \pm 0.08$
$A_{CP}(B^+ \to K^0_S\pi^+) = 0.03 \pm 0.08 \quad (S=1.1)$
$A_{CP}(B^+ \to \pi^+\pi^-\pi^+) = -0.39 \pm 0.35$
$A_{CP}(B^+ \to \rho^+\rho^0) = -0.09 \pm 0.16$
$A_{CP}(B^+ \to K^+\pi^-\pi^+) = 0.01 \pm 0.08$
$A_{CP}(B^+ \to K^+K^-K^+) = 0.02 \pm 0.08$
$A_{CP}(B^+ \to K^+\eta') = 0.009 \pm 0.035$
$A_{CP}(B^+ \to \omega\pi^+) = -0.21 \pm 0.19$
$A_{CP}(B^+ \to \omega K^+) = -0.21 \pm 0.28$
$A_{CP}(B^+ \to \phi K^+) = 0.03 \pm 0.07$
$A_{CP}(B^+ \to \phi K^*(892)^+) = 0.09 \pm 0.15$
$A_{CP}(B^+ \to \rho^0 K^*(892)^+) = 0.20 \pm 0.31$

B^- modes are charge conjugates of the modes below. Modes which do not identify the charge state of the B are listed in the $B^\pm/B^0$ ADMIXTURE section.

The branching fractions listed below assume 50% $B^0\overline{B}^0$ and 50% B^+B^- production at the $\Upsilon(4S)$. We have attempted to bring older measurements up to date by rescaling their assumed $\Upsilon(4S)$ production ratio to 50:50 and their assumed D, D_s, D^*, and ψ branching ratios to current values whenever this would affect our averages and best limits significantly.

Indentation is used to indicate a subchannel of a previous reaction. All resonant subchannels have been corrected for resonance branching fractions to the final state so the sum of the subchannel branching fractions can exceed that of the final state.

For inclusive branching fractions, e.g., $B \to D^\pm$ anything, the values usually are multiplicities, not branching fractions. They can be greater than one.

B^+ DECAY MODES	Fraction (Γ_i/Γ)	Scale factor/ Confidence level	p (MeV/c)
Semileptonic and leptonic modes			
$\ell^+ \nu_\ell$ anything	[rr] (10.2 ±0.9) %		–
$\overline{D}^0 \ell^+ \nu_\ell$	[rr] (2.15±0.22) %		2310
$\overline{D}^*(2007)^0 \ell^+ \nu_\ell$	[rr] (6.5 ±0.5) %		2258
$\overline{D}_1(2420)^0 \ell^+ \nu_\ell$	(5.6 ±1.6) × 10^{-3}		2084
$\overline{D}_2^*(2460)^0 \ell^+ \nu_\ell$	< 8 × 10^{-3}	CL=90%	2067
$\pi^0 e^+ \nu_e$	(9.0 ±2.8) × 10^{-5}		2638
$\eta \ell^+ \nu_\ell$	(8 ±4) × 10^{-5}		2611
$\omega \ell^+ \nu_\ell$	[rr] < 2.1 × 10^{-4}	CL=90%	2582
$\rho^0 \ell^+ \nu_\ell$	[rr] ($1.34^{+0.32}_{-0.35}$) × 10^{-4}		2583
$p\overline{p} e^+ \nu_e$	< 5.2 × 10^{-3}	CL=90%	2467
$e^+ \nu_e$	< 1.5 × 10^{-5}	CL=90%	2640
$\mu^+ \nu_\mu$	< 2.1 × 10^{-5}	CL=90%	2638
$\tau^+ \nu_\tau$	< 5.7 × 10^{-4}	CL=90%	2340
$e^+ \nu_e \gamma$	< 2.0 × 10^{-4}	CL=90%	2640
$\mu^+ \nu_\mu \gamma$	< 5.2 × 10^{-5}	CL=90%	2638
D, D^*, or D_s modes			
$\overline{D}^0 \pi^+$	(4.98±0.29) × 10^{-3}		2308
$\overline{D}^0 \rho^+$	(1.34±0.18) %		2236
$\overline{D}^0 K^+$	(3.7 ±0.6) × 10^{-4}	S=1.1	2280
$\overline{D}^0 K^*(892)^+$	(6.1 ±2.3) × 10^{-4}		2213
$\overline{D}^0 K^+ \overline{K}^0$	(5.5 ±1.6) × 10^{-4}		2189
$\overline{D}^0 K^+ \overline{K}^*(892)^0$	(7.5 ±1.7) × 10^{-4}		2071
$\overline{D}^0 \pi^+ \pi^+ \pi^-$	(1.1 ±0.4) %		2289
$\overline{D}^0 \pi^+ \pi^+ \pi^-$ nonresonant	(5 ±4) × 10^{-3}		2289
$\overline{D}^0 \pi^+ \rho^0$	(4.2 ±3.0) × 10^{-3}		2207
$\overline{D}^0 a_1(1260)^+$	(5 ±4) × 10^{-3}		2123
$\overline{D}^0 \omega \pi^+$	(4.1 ±0.9) × 10^{-3}		2206
$D^*(2010)^- \pi^+ \pi^+$	(2.1 ±0.6) × 10^{-3}		2247
$D^- \pi^+ \pi^+$	< 1.4 × 10^{-3}	CL=90%	2299
$\overline{D}^*(2007)^0 \pi^+$	(4.6 ±0.4) × 10^{-3}		2256
$\overline{D}^*(2007)^0 \omega \pi^+$	(4.5 ±1.2) × 10^{-3}		2149
$\overline{D}^*(2007)^0 \rho^+$	(9.8 ±1.7) × 10^{-3}		2181
$\overline{D}^*(2007)^0 K^+$	(3.6 ±1.0) × 10^{-4}		2227
$\overline{D}^*(2007)^0 K^*(892)^+$	(7.2 ±3.4) × 10^{-4}		2156
$\overline{D}^*(2007)^0 K^+ \overline{K}^0$	< 1.06 × 10^{-3}	CL=90%	2132
$\overline{D}^*(2007)^0 K^+ K^*(892)^0$	(1.5 ±0.4) × 10^{-3}		2008
$\overline{D}^*(2007)^0 \pi^+ \pi^+ \pi^-$	(9.4 ±2.6) × 10^{-3}		2236
$\overline{D}^*(2007)^0 a_1(1260)^+$	(1.9 ±0.5) %		2062
$\overline{D}^*(2007)^0 \pi^- \pi^+ \pi^+ \pi^0$	(1.8 ±0.4) %		2219
$D^*(2010)^+ \pi^0$	< 1.7 × 10^{-4}	CL=90%	2255
$\overline{D}^*(2010)^+ K^0$	< 9.5 × 10^{-5}	CL=90%	2225
$D^*(2010)^- \pi^+ \pi^+ \pi^0$	(1.5 ±0.7) %		2235

Mode	Fraction			p (MeV/c)
$D^*(2010)^- \pi^+ \pi^+ \pi^+ \pi^-$	$<$ 1	%	CL=90%	2217
$\overline{D}_1^*(2420)^0 \pi^+$	(1.5 $\pm$0.6) $\times 10^{-3}$		S=1.3	2081
$\overline{D}_1^*(2420)^0 \rho^+$	$<$ 1.4	$\times 10^{-3}$	CL=90%	1995
$\overline{D}_2^*(2460)^0 \pi^+$	$<$ 1.3	$\times 10^{-3}$	CL=90%	2064
$\overline{D}_2^*(2460)^0 \rho^+$	$<$ 4.7	$\times 10^{-3}$	CL=90%	1977
$\overline{D}^0 D_s^+$	(1.3 $\pm$0.4) %			1815
$\overline{D}^0 D_{sJ}(2317)^+$	seen			1605
$\overline{D}^0 D_{sJ}(2457)^+$	seen			–
$\overline{D}^0 D_{sJ}(2536)^+$	not seen			1447
$\overline{D}^*(2007)^0 D_{sJ}(2536)^+$	not seen			1338
$\overline{D}^0 D_{sJ}(2573)^+$	not seen			1417
$\overline{D}^*(2007)^0 D_{sJ}(2573)^+$	not seen			1306
$\overline{D}^0 D_s^{*+}$	(9 $\pm$4) $\times 10^{-3}$			1734
$\overline{D}^*(2007)^0 D_s^+$	(1.2 $\pm$0.5) %			1737
$\overline{D}^*(2007)^0 D_s^{*+}$	(2.7 $\pm$1.0) %			1651
$D_s^{(*)+} \overline{D}^{**0}$	(2.7 $\pm$1.2) %			–
$\overline{D}^*(2007)^0 D^*(2010)^+$	$<$ 1.1	%	CL=90%	1713
$\overline{D}^0 D^*(2010)^+ + \overline{D}^*(2007)^0 D^+$	$<$ 1.3	%	CL=90%	1792
$\overline{D}^0 D^+$	$<$ 6.7	$\times 10^{-3}$	CL=90%	1866
$\overline{D}^0 D^+ K^0$	$<$ 2.8	$\times 10^{-3}$	CL=90%	1571
$\overline{D}^*(2007)^0 D^+ K^0$	$<$ 6.1	$\times 10^{-3}$	CL=90%	1475
$\overline{D}^0 \overline{D}^*(2010)^+ K^0$	(5.2 $\pm$1.2) $\times 10^{-3}$			1476
$\overline{D}^*(2007)^0 D^*(2010)^+ K^0$	(7.8 $\pm$2.6) $\times 10^{-3}$			1362
$\overline{D}^0 D^0 K^+$	(1.9 $\pm$0.4) $\times 10^{-3}$			1577
$\overline{D}^*(2010)^0 D^0 K^+$	$<$ 3.8	$\times 10^{-3}$	CL=90%	–
$\overline{D}^0 D^*(2007)^0 K^+$	(4.7 $\pm$1.0) $\times 10^{-3}$			1481
$\overline{D}^*(2007)^0 D^*(2007)^0 K^+$	(5.3 $\pm$1.6) $\times 10^{-3}$			1368
$D^- D^+ K^+$	$<$ 4	$\times 10^{-4}$	CL=90%	1571
$D^- D^*(2010)^+ K^+$	$<$ 7	$\times 10^{-4}$	CL=90%	1475
$D^*(2010)^- D^+ K^+$	(1.5 $\pm$0.4) $\times 10^{-3}$			1475
$D^*(2010)^- D^*(2010)^+ K^+$	$<$ 1.8	$\times 10^{-3}$	CL=90%	1363
$(\overline{D}+\overline{D}^*)(D+D^*) K$	(3.5 $\pm$0.6) %			–
$D_s^+ \pi^0$	$<$ 2.0	$\times 10^{-4}$	CL=90%	2270
$D_s^{*+} \pi^0$	$<$ 3.3	$\times 10^{-4}$	CL=90%	2215
$D_s^+ \eta$	$<$ 5	$\times 10^{-4}$	CL=90%	2235
$D_s^{*+} \eta$	$<$ 8	$\times 10^{-4}$	CL=90%	2178
$D_s^+ \rho^0$	$<$ 4	$\times 10^{-4}$	CL=90%	2197
$D_s^{*+} \rho^0$	$<$ 5	$\times 10^{-4}$	CL=90%	2138
$D_s^+ \omega$	$<$ 5	$\times 10^{-4}$	CL=90%	2195
$D_s^{*+} \omega$	$<$ 7	$\times 10^{-4}$	CL=90%	2136
$D_s^+ a_1(1260)^0$	$<$ 2.2	$\times 10^{-3}$	CL=90%	2079

Mode	Value		CL	p (MeV/c)
$D_s^{*+} a_1(1260)^0$	< 1.6	$\times 10^{-3}$	CL=90%	2014
$D_s^+ \phi$	< 3.2	$\times 10^{-4}$	CL=90%	2141
$D_s^{*+} \phi$	< 4	$\times 10^{-4}$	CL=90%	2079
$D_s^+ \overline{K}^0$	< 1.1	$\times 10^{-3}$	CL=90%	2241
$D_s^{*+} \overline{K}^0$	< 1.1	$\times 10^{-3}$	CL=90%	2184
$D_s^+ \overline{K}^*(892)^0$	< 5	$\times 10^{-4}$	CL=90%	2172
$D_s^{*+} \overline{K}^*(892)^0$	< 4	$\times 10^{-4}$	CL=90%	2112
$D_s^- \pi^+ K^+$	< 8	$\times 10^{-4}$	CL=90%	2222
$D_s^{*-} \pi^+ K^+$	< 1.2	$\times 10^{-3}$	CL=90%	2164
$D_s^- \pi^+ K^*(892)^+$	< 6	$\times 10^{-3}$	CL=90%	2138
$D_s^{*-} \pi^+ K^*(892)^+$	< 8	$\times 10^{-3}$	CL=90%	2076

Charmonium modes

Mode	Value		CL	p (MeV/c)
$\eta_c K^+$	(9.0 ±2.7)	$\times 10^{-4}$		1754
$J/\psi(1S) K^+$	(1.00±0.04)	$\times 10^{-3}$		1683
$J/\psi(1S) K^+ \pi^+ \pi^-$	(7.7 ±2.0)	$\times 10^{-4}$		1612
$X(3872) K^+$	seen			—
$J/\psi(1S) K^*(892)^+$	(1.35±0.10)	$\times 10^{-3}$		1571
$J/\psi(1S) K(1270)^+$	(1.8 ±0.5)	$\times 10^{-3}$		1390
$J/\psi(1S) K(1400)^+$	< 5	$\times 10^{-4}$	CL=90%	1308
$J/\psi(1S) \phi K^+$	(5.2 ±1.7)	$\times 10^{-5}$	S=1.2	1227
$J/\psi(1S) \pi^+$	(4.0 ±0.5)	$\times 10^{-5}$		1727
$J/\psi(1S) \rho^+$	< 7.7	$\times 10^{-4}$	CL=90%	1611
$J/\psi(1S) a_1(1260)^+$	< 1.2	$\times 10^{-3}$	CL=90%	1414
$J/\psi(1S) p \overline{\Lambda}$	($1.2^{+0.9}_{-0.6}$)	$\times 10^{-5}$		567
$\psi(2S) K^+$	(6.8 ±0.4)	$\times 10^{-4}$		1284
$\psi(2S) K^*(892)^+$	(9.2 ±2.2)	$\times 10^{-4}$		1115
$\psi(2S) K^+ \pi^+ \pi^-$	(1.9 ±1.2)	$\times 10^{-3}$		1178
$\chi_{c0}(1P) K^+$	($6.0^{+2.4}_{-2.1}$)	$\times 10^{-4}$		1478
$\chi_{c1}(1P) K^+$	(6.8 ±1.2)	$\times 10^{-4}$		1411
$\chi_{c1}(1P) K^*(892)^+$	< 2.1	$\times 10^{-3}$	CL=90%	1265

K or K* modes

Mode	Value		CL	p (MeV/c)
$K^0 \pi^+$	(1.88±0.21)	$\times 10^{-5}$		2614
$K^+ \pi^0$	(1.29±0.12)	$\times 10^{-5}$		2615
$\eta' K^+$	(7.8 ±0.5)	$\times 10^{-5}$		2528
$\eta' K^*(892)^+$	< 3.5	$\times 10^{-5}$	CL=90%	2472
ηK^+	< 6.9	$\times 10^{-6}$	CL=90%	2588
$\eta K^*(892)^+$	($2.6^{+1.0}_{-0.9}$)	$\times 10^{-5}$		2534
ωK^+	($9.2^{+2.8}_{-2.5}$)	$\times 10^{-6}$		2557
$\omega K^*(892)^+$	< 8.7	$\times 10^{-5}$	CL=90%	2503

$K^*(892)^0 \pi^+$	$(1.9 ^{+0.6}_{-0.8}) \times 10^{-5}$		2562
$K^*(892)^+ \pi^0$	$< 3.1 \times 10^{-5}$	CL=90%	2562
$K^+ \pi^- \pi^+$	$(5.7 \pm 0.4) \times 10^{-5}$		2609
$\quad K^+ \pi^- \pi^+$ nonresonant	$< 2.8 \times 10^{-5}$	CL=90%	2609
$\quad K^+ \rho^0$	$< 1.2 \times 10^{-5}$	CL=90%	2558
$\quad K_2^*(1430)^0 \pi^+$	$< 6.8 \times 10^{-4}$	CL=90%	2445
$K^- \pi^+ \pi^+$	$< 1.8 \times 10^{-6}$	CL=90%	2609
$\quad K^- \pi^+ \pi^+$ nonresonant	$< 5.6 \times 10^{-5}$	CL=90%	2609
$K_1(1400)^0 \pi^+$	$< 2.6 \times 10^{-3}$	CL=90%	2451
$K^0 \pi^+ \pi^0$	$< 6.6 \times 10^{-5}$	CL=90%	2609
$K^0 \rho^+$	$< 4.8 \times 10^{-5}$	CL=90%	2558
$K^*(892)^+ \pi^+ \pi^-$	$< 1.1 \times 10^{-3}$	CL=90%	2556
$K^*(892)^+ \rho^0$	$(1.1 \pm 0.4) \times 10^{-5}$		2504
$K^*(892)^+ K^*(892)^0$	$< 7.1 \times 10^{-5}$	CL=90%	2484
$K_1(1400)^+ \rho^0$	$< 7.8 \times 10^{-4}$	CL=90%	2387
$K_2^*(1430)^+ \rho^0$	$< 1.5 \times 10^{-3}$	CL=90%	2381
$K^+ \overline{K}^0$	$< 2.0 \times 10^{-6}$	CL=90%	2593
$\overline{K}^0 K^+ \pi^0$	$< 2.4 \times 10^{-5}$	CL=90%	2578
$K^+ K_S^0 K_S^0$	$(1.34 \pm 0.24) \times 10^{-5}$		2521
$K_S^0 K_S^0 \pi^+$	$< 3.2 \times 10^{-6}$	CL=90%	2577
$K^+ K^- \pi^+$	$< 6.3 \times 10^{-6}$	CL=90%	2578
$\quad K^+ K^- \pi^+$ nonresonant	$< 7.5 \times 10^{-5}$	CL=90%	2578
$K^+ K^+ \pi^-$	$< 1.3 \times 10^{-6}$	CL=90%	2578
$\quad K^+ K^+ \pi^-$ nonresonant	$< 8.79 \times 10^{-5}$	CL=90%	2578
$K^+ K^*(892)^0$	$< 5.3 \times 10^{-6}$	CL=90%	2540
$K^+ K^- K^+$	$(3.08 \pm 0.21) \times 10^{-5}$		2522
$\quad K^+ \phi$	$(9.3 \pm 1.0) \times 10^{-6}$	S=1.3	2516
$\quad K^+ K^- K^+$ nonresonant	$< 3.8 \times 10^{-5}$	CL=90%	2522
$K^*(892)^+ K^+ K^-$	$< 1.6 \times 10^{-3}$	CL=90%	2466
$\quad K^*(892)^+ \phi$	$(9.6 \pm 3.0) \times 10^{-6}$	S=1.9	2460
$K_1(1400)^+ \phi$	$< 1.1 \times 10^{-3}$	CL=90%	2339
$K_2^*(1430)^+ \phi$	$< 3.4 \times 10^{-3}$	CL=90%	2332
$K^+ \phi \phi$	$(2.6 ^{+1.1}_{-0.9}) \times 10^{-6}$		2306
$K^*(892)^+ \gamma$	$(3.8 \pm 0.5) \times 10^{-5}$		2564
$K_1(1270)^+ \gamma$	$< 9.9 \times 10^{-5}$	CL=90%	2486
$\phi K^+ \gamma$	$(3.4 \pm 1.0) \times 10^{-6}$		2516
$K^+ \pi^- \pi^+ \gamma$	$(2.4 ^{+0.6}_{-0.5}) \times 10^{-5}$		2609
$\quad K^*(892)^0 \pi^+ \gamma$	$(2.0 ^{+0.7}_{-0.6}) \times 10^{-5}$		2562
$\quad K^+ \rho^0 \gamma$	$< 2.0 \times 10^{-5}$	CL=90%	2558
$\quad K^+ \pi^- \pi^+ \gamma$ nonresonant	$< 9.2 \times 10^{-6}$	CL=90%	2609
$K_1(1400)^+ \gamma$	$< 5.0 \times 10^{-5}$	CL=90%	2453

$K_2^*(1430)^+\gamma$	< 1.4	$\times 10^{-3}$	CL=90%	2447
$K^*(1680)^+\gamma$	< 1.9	$\times 10^{-3}$	CL=90%	2360
$K_3^*(1780)^+\gamma$	< 5.5	$\times 10^{-3}$	CL=90%	2341
$K_4^*(2045)^+\gamma$	< 9.9	$\times 10^{-3}$	CL=90%	2243

Light unflavored meson modes

$\rho^+\gamma$	< 2.1	$\times 10^{-6}$	CL=90%	2583
$\pi^+\pi^0$	($5.6{}^{+0.9}_{-1.1}$)	$\times 10^{-6}$		2636
$\pi^+\pi^+\pi^-$	(1.1 ± 0.4)	$\times 10^{-5}$		2630
$\rho^0\pi^+$	(8.6 ± 2.0)	$\times 10^{-6}$		2581
$\pi^+ f_0(980)$	< 1.4	$\times 10^{-4}$	CL=90%	2547
$\pi^+ f_2(1270)$	< 2.4	$\times 10^{-4}$	CL=90%	2483
$\pi^+\pi^-\pi^+$ nonresonant	< 4.1	$\times 10^{-5}$	CL=90%	2630
$\pi^+\pi^0\pi^0$	< 8.9	$\times 10^{-4}$	CL=90%	2631
$\rho^+\pi^0$	< 4.3	$\times 10^{-5}$	CL=90%	2581
$\pi^+\pi^-\pi^+\pi^0$	< 4.0	$\times 10^{-3}$	CL=90%	2621
$\rho^+\rho^0$	(2.6 ± 0.6)	$\times 10^{-5}$		2523
$a_1(1260)^+\pi^0$	< 1.7	$\times 10^{-3}$	CL=90%	2494
$a_1(1260)^0\pi^+$	< 9.0	$\times 10^{-4}$	CL=90%	2494
$\omega\pi^+$	($6.4{}^{+1.8}_{-1.6}$)	$\times 10^{-6}$	S=1.3	2580
$\omega\rho^+$	< 6.1	$\times 10^{-5}$	CL=90%	2522
$\eta\pi^+$	< 5.7	$\times 10^{-6}$	CL=90%	2609
$\eta'\pi^+$	< 7.0	$\times 10^{-6}$	CL=90%	2551
$\eta'\rho^+$	< 3.3	$\times 10^{-5}$	CL=90%	2492
$\eta\rho^+$	< 1.5	$\times 10^{-5}$	CL=90%	2553
$\phi\pi^+$	< 4.1	$\times 10^{-7}$	CL=90%	2539
$\phi\rho^+$	< 1.6	$\times 10^{-5}$		2480
$\pi^+\pi^+\pi^+\pi^-\pi^-$	< 8.6	$\times 10^{-4}$	CL=90%	2608
$\rho^0 a_1(1260)^+$	< 6.2	$\times 10^{-4}$	CL=90%	2433
$\rho^0 a_2(1320)^+$	< 7.2	$\times 10^{-4}$	CL=90%	2410
$\pi^+\pi^+\pi^+\pi^-\pi^-\pi^0$	< 6.3	$\times 10^{-3}$	CL=90%	2592
$a_1(1260)^+ a_1(1260)^0$	< 1.3	%	CL=90%	2335

Charged particle ($h^\pm$) modes

$h^\pm = K^\pm$ or $\pi^\pm$

$h^+\pi^0$	($1.6{}^{+0.7}_{-0.6}$)	$\times 10^{-5}$		2636
ωh^+	($1.38{}^{+0.27}_{-0.24}$)	$\times 10^{-5}$		2580
$h^+ X^0$ (Familon)	< 4.9	$\times 10^{-5}$	CL=90%	–

Baryon modes

Mode		Value		CL	p (MeV/c)
$p\overline{p}\pi^+$		< 3.7	$\times 10^{-6}$	CL=90%	2439
$p\overline{p}\pi^+$ nonresonant		< 5.3	$\times 10^{-5}$	CL=90%	2439
$p\overline{p}\pi^+\pi^+\pi^-$		< 5.2	$\times 10^{-4}$	CL=90%	2369
$p\overline{p}K^+$		(4.3 $^{+1.2}_{-1.0}$)	$\times 10^{-6}$		2348
$p\overline{p}K^+$ nonresonant		< 8.9	$\times 10^{-5}$	CL=90%	2348
$p\overline{\Lambda}$		< 1.5	$\times 10^{-6}$	CL=90%	2430
$p\overline{\Lambda}\pi^+\pi^-$		< 2.0	$\times 10^{-4}$	CL=90%	2367
$\overline{\Delta}^0 p$		< 3.8	$\times 10^{-4}$	CL=90%	2402
$\Delta^{++}\overline{p}$		< 1.5	$\times 10^{-4}$	CL=90%	2402
$D^+ p\overline{p}$		< 1.5	$\times 10^{-5}$	CL=90%	1860
$D^*(2010)^+ p\overline{p}$		< 1.5	$\times 10^{-5}$	CL=90%	1786
$\overline{\Lambda}_c^- p\pi^+$		(2.1 ±0.7)	$\times 10^{-4}$		1981
$\overline{\Lambda}_c^- p\pi^+\pi^0$		(1.8 ±0.6)	$\times 10^{-3}$		1936
$\overline{\Lambda}_c^- p\pi^+\pi^+\pi^-$		(2.3 ±0.7)	$\times 10^{-3}$		1881
$\overline{\Lambda}_c^- p\pi^+\pi^+\pi^-\pi^0$		< 1.34	%	CL=90%	1823
$\overline{\Sigma}_c(2455)^0 p$		< 8	$\times 10^{-5}$	CL=90%	1939
$\overline{\Sigma}_c(2520)^0 p$		< 4.6	$\times 10^{-5}$	CL=90%	1905
$\overline{\Sigma}_c(2455)^0 p\pi^0$		(4.4 ±1.8)	$\times 10^{-4}$		1897
$\overline{\Sigma}_c(2455)^0 p\pi^-\pi^+$		(4.4 ±1.7)	$\times 10^{-4}$		1845
$\overline{\Sigma}_c(2455)^{--} p\pi^+\pi^+$		(2.8 ±1.2)	$\times 10^{-4}$		1845
$\overline{\Lambda}_c(2593)^- / \overline{\Lambda}_c(2625)^- p\pi^+$		< 1.9	$\times 10^{-4}$	CL=90%	–

Lepton Family number (LF) or Lepton number (L) violating modes, or $\Delta B = 1$ weak neutral current (B1) modes

Mode	Type		Value		CL	p (MeV/c)
$\pi^+ e^+ e^-$	B1		< 3.9	$\times 10^{-3}$	CL=90%	2638
$\pi^+ \mu^+ \mu^-$	B1		< 9.1	$\times 10^{-3}$	CL=90%	2633
$K^+ e^+ e^-$	B1		(6.3 $^{+1.9}_{-1.7}$)	$\times 10^{-7}$		2616
$K^+ \mu^+ \mu^-$	B1		(4.5 $^{+1.4}_{-1.2}$)	$\times 10^{-7}$		2612
$K^+ \ell^+ \ell^-$	B1	[rr]	(5.3 ±1.1)	$\times 10^{-7}$		2616
$K^+ \overline{\nu}\nu$	B1		< 2.4	$\times 10^{-4}$	CL=90%	2616
$K^*(892)^+ e^+ e^-$	B1		< 4.6	$\times 10^{-6}$	CL=90%	2564
$K^*(892)^+ \mu^+ \mu^-$	B1		< 2.2	$\times 10^{-6}$	CL=90%	2560
$K^*(892)^+ \ell^+ \ell^-$	B1	[rr]	< 2.2	$\times 10^{-6}$	CL=90%	2564
$\pi^+ e^+ \mu^-$	LF		< 6.4	$\times 10^{-3}$	CL=90%	2637
$\pi^+ e^- \mu^+$	LF		< 6.4	$\times 10^{-3}$	CL=90%	2637
$K^+ e^+ \mu^-$	LF		< 8	$\times 10^{-7}$	CL=90%	2615
$K^+ e^- \mu^+$	LF		< 6.4	$\times 10^{-3}$	CL=90%	2615
$K^*(892)^+ e^\pm \mu^\mp$	LF		< 7.9	$\times 10^{-6}$	CL=90%	2563
$\pi^- e^+ e^+$	L		< 1.6	$\times 10^{-6}$	CL=90%	2638
$\pi^- \mu^+ \mu^+$	L		< 1.4	$\times 10^{-6}$	CL=90%	2633

$\pi^- e^+ \mu^+$	L	<	1.3	$\times 10^{-6}$	CL=90%	2637
$\rho^- e^+ e^+$	L	<	2.6	$\times 10^{-6}$	CL=90%	2583
$\rho^- \mu^+ \mu^+$	L	<	5.0	$\times 10^{-6}$	CL=90%	2578
$\rho^- e^+ \mu^+$	LF	<	3.3	$\times 10^{-6}$	CL=90%	2581
$K^- e^+ e^+$	L	<	1.0	$\times 10^{-6}$	CL=90%	2616
$K^- \mu^+ \mu^+$	L	<	1.8	$\times 10^{-6}$	CL=90%	2612
$K^- e^+ \mu^+$	L	<	2.0	$\times 10^{-6}$	CL=90%	2615
$K^*(892)^- e^+ e^+$	L	<	2.8	$\times 10^{-6}$	CL=90%	2564
$K^*(892)^- \mu^+ \mu^+$	L	<	8.3	$\times 10^{-6}$	CL=90%	2560
$K^*(892)^- e^+ \mu^+$	LF	<	4.4	$\times 10^{-6}$	CL=90%	2563

B^0 $\qquad I(J^P) = \frac{1}{2}(0^-)$

I, J, P need confirmation. Quantum numbers shown are quark-model predictions.

Mass $m_{B^0} = 5279.4 \pm 0.5$ MeV
$m_{B^0} - m_{B^\pm} = 0.33 \pm 0.28$ MeV   (S = 1.1)
Mean life $\tau_{B^0} = (1.536 \pm 0.014) \times 10^{-12}$ s
$\quad c\tau = 460$ μm
$\tau_{B^+}/\tau_{B^0} = 1.086 \pm 0.017$ (direct measurements)

B^0-$\overline{B}^0$ mixing parameters

$\chi_d = 0.186 \pm 0.004$
$\Delta m_{B^0} = m_{B^0_H} - m_{B^0_L} = (0.502 \pm 0.007) \times 10^{12}$ $\hbar$ s^{-1}
$\qquad\qquad\quad = (3.304 \pm 0.046) \times 10^{-10}$ MeV
$x_d = \Delta m_{B^0}/\Gamma_{B^0} = 0.771 \pm 0.012$

CP violation parameters

$\text{Re}(\epsilon_{B^0})/(1+|\epsilon_{B^0}|^2) = (0.5 \pm 3.1) \times 10^{-3}$
$A_{T/CP} = 0.005 \pm 0.018$
$A_{CP}(B^0 \to K^+\pi^-) = -0.09 \pm 0.04$
$A_{CP}(B^0 \to \rho^+\pi^-) = -0.18 \pm 0.09$
$A_{CP}(B^0 \to \rho^+K^-) = 0.28 \pm 0.19$
$A_{CP}(B^0 \to K^*(892)^+\pi^-) = 0.26 \pm 0.35$
$A_{CP}(B^0 \to K^*(892)^0\phi) = 0.05 \pm 0.10$
$A_{CP}(B^0 \to D^*(2010)^+D^-) = -0.03 \pm 0.12$
$C_{\pi\pi}(B^0 \to \pi^+\pi^-) = -0.51 \pm 0.23 \quad (S = 1.2)$
$S_{\pi\pi}(B^0 \to \pi^+\pi^-) = -0.5 \pm 0.6 \quad (S = 2.3)$
$C_{\rho\pi}(B^0 \to \rho^+\pi^-) = 0.36 \pm 0.18$
$S_{\rho\pi}(B^0 \to \rho^+\pi^-) = 0.19 \pm 0.24$
$C_{\eta'(958)K}(B^0 \to \eta'(958)K_S^0) = 0.04 \pm 0.13$
$S_{\eta'(958)K}(B^0 \to \eta'(958)K_S^0) = 0.27 \pm 0.21$
$C_{\phi K_S^0}(B^0 \to \phi K_S^0) = 0.15 \pm 0.30$
$S_{\phi K_S^0}(B^0 \to \phi K_S^0) = -1.0 \pm 0.5$
$C_{K^+K^-K_S^0}(B^0 \to K^+K^-K_S^0) = 0.17 \pm 0.16$
$S_{K^+K^-K_S^0}(B^0 \to K^+K^-K_S^0) = -0.51 \pm 0.26$
$C_{D^*(2010)^-D^+}(B^0 \to D^*(2010)^-D^+) = -0.2 \pm 0.4$
$S_{D^*(2010)^-D^+}(B^0 \to D^*(2010)^-D^+) = -0.2 \pm 0.7$
$C_{D^*(2010)^+D^-}(B^0 \to D^*(2010)^+D^-) = -0.5 \pm 0.4$
$S_{D^*(2010)^+D^-}(B^0 \to D^*(2010)^+D^-) = -0.8 \pm 0.8$
$C_{J/\psi(1S)\pi^0}(B^0 \to J/\psi(1S)\pi^0) = 0.4 \pm 0.4$
$S_{J/\psi(1S)\pi^0}(B^0 \to J/\psi(1S)\pi^0) = 0.1 \pm 0.5$
$\Delta C_{\rho\pi}(B^0 \to \rho^+\pi^-) = 0.28 \pm 0.19$
$\Delta S_{\rho\pi}(B^0 \to \rho^+\pi^-) = 0.15 \pm 0.25$
$|\lambda|(B^0 \to c\bar{c}K^0) = 0.949 \pm 0.045$
$|\lambda|(B^0 \to D^{*+}D^{*-}) = 0.75 \pm 0.19$
$\text{Im}(\lambda)(B^0 \to D^{*+}D^{*-}) = 0.05 \pm 0.31$
$\sin(2\beta) = 0.731 \pm 0.056$

$\overline{B}^0$ modes are charge conjugates of the modes below. Reactions indicate the weak decay vertex and do not include mixing. Modes which do not identify the charge state of the B are listed in the $B^\pm/B^0$ ADMIXTURE section.

The branching fractions listed below assume 50% $B^0\overline{B}^0$ and 50% B^+B^- production at the $\Upsilon(4S)$. We have attempted to bring older measurements up to date by rescaling their assumed $\Upsilon(4S)$ production ratio to 50:50

and their assumed D, D_s, D^*, and ψ branching ratios to current values whenever this would affect our averages and best limits significantly.

Indentation is used to indicate a subchannel of a previous reaction. All resonant subchannels have been corrected for resonance branching fractions to the final state so the sum of the subchannel branching fractions can exceed that of the final state.

For inclusive branching fractions, e.g., $B \to D^{\pm}$ anything, the values usually are multiplicities, not branching fractions. They can be greater than one.

B^0 DECAY MODES		Fraction (Γ_i/Γ)	Scale factor/ Confidence level	p (MeV/c)
$\ell^+ \nu_\ell$ anything	[rr]	(10.5 ±0.8) %		—
$D^- \ell^+ \nu_\ell$	[rr]	(2.14±0.20) %		2309
$D^*(2010)^- \ell^+ \nu_\ell$	[rr]	(5.44±0.23) %		2257
$\rho^- \ell^+ \nu_\ell$	[rr]	(2.6 ±0.7) × 10^{-4}		2583
$\pi^- \ell^+ \nu_\ell$	[rr]	(1.33±0.22) × 10^{-4}		2638
Inclusive modes				
K^+ anything		(78 ±8) %		—
D, D^*, or D_s modes				
$D^- \pi^+$		(2.76±0.25) × 10^{-3}		2306
$D^- \rho^+$		(7.7 ±1.3) × 10^{-3}		2235
$D^- K^*(892)^+$		(3.7 ±1.8) × 10^{-4}		2211
$D^- \omega \pi^+$		(2.8 ±0.6) × 10^{-3}		2204
$D^- K^+$		(2.0 ±0.6) × 10^{-4}		2279
$D^- K^+ \overline{K}^0$		< 3.1 × 10^{-4}	CL=90%	2188
$D^- K^+ \overline{K}^*(892)^0$		(8.8 ±1.9) × 10^{-4}		2070
$\overline{D}^0 \pi^+ \pi^-$		(8.0 ±1.6) × 10^{-4}		2301
$D^*(2010)^- \pi^+$		(2.76±0.21) × 10^{-3}		2255
$D^- \pi^+ \pi^+ \pi^-$		(8.0 ±2.5) × 10^{-3}		2287
($D^- \pi^+ \pi^+ \pi^-$) nonresonant		(3.9 ±1.9) × 10^{-3}		2287
$D^- \pi^+ \rho^0$		(1.1 ±1.0) × 10^{-3}		2206
$D^- a_1(1260)^+$		(6.0 ±3.3) × 10^{-3}		2121
$D^*(2010)^- \pi^+ \pi^0$		(1.5 ±0.5) %		2247
$D^*(2010)^- \rho^+$		(6.8 ±0.9) × 10^{-3}		2180
$D^*(2010)^- K^+$		(2.0 ±0.5) × 10^{-4}		2226
$D^*(2010)^- K^*(892)^+$		(3.8 ±1.5) × 10^{-4}		2155
$D^*(2010)^- K^+ \overline{K}^0$		< 4.7 × 10^{-4}	CL=90%	2131
$D^*(2010)^- K^+ \overline{K}^*(892)^0$		(1.29±0.33) × 10^{-3}		2007
$D^*(2010)^- \pi^+ \pi^+ \pi^-$		(7.6 ±1.8) × 10^{-3}	S=1.4	2235
($D^*(2010)^- \pi^+ \pi^+ \pi^-$) nonresonant		(0.0 ±2.5) × 10^{-3}		2235
$D^*(2010)^- \pi^+ \rho^0$		(5.7 ±3.2) × 10^{-3}		2150

$D^*(2010)^- a_1(1260)^+$	(1.30 ± 0.27) %		2061
$D^*(2010)^- \pi^+ \pi^+ \pi^- \pi^0$	(1.76 ± 0.27) %		2218
$D^*(2010)^+ \pi^+ \pi^- \pi^- \pi^0$	(1.8 ± 0.7) %		2218
$D^*(2010)^- p\bar{p}\pi^+$	$(6.5 \pm1.6) \times 10^{-4}$		1707
$D^*(2010)^- p\bar{n}$	$(1.5 \pm0.4) \times 10^{-3}$		1785
$\overline{D}^*(2010)^- \omega \pi^+$	$(2.9 \pm0.5) \times 10^{-3}$		2148
$\overline{D}_2^*(2460)^- \pi^+$	$< 2.2 \times 10^{-3}$	CL=90%	2064
$\overline{D}_2^*(2460)^- \rho^+$	$< 4.9 \times 10^{-3}$	CL=90%	1977
$D^- D^+$	$< 9.4 \times 10^{-4}$	CL=90%	1864
$D^- D_s^+$	$(8.0 \pm3.0) \times 10^{-3}$		1812
$D^*(2010)^- D_s^+$	(1.07 ± 0.29) %		1735
$D^- D_s^{*+}$	(1.0 ± 0.5) %		1732
$D^*(2010)^- D_s^{*+}$	(1.9 ± 0.5) %		1649
$D^- D_{sJ}(2317)^+$	seen		1602
$D^- D_{sJ}(2457)^+$	seen		–
$D^- D_{sJ}(2536)^+$	not seen		1444
$D^*(2010)^- D_{sJ}(2536)^+$	not seen		1336
$D^- D_{sJ}(2573)^+$	not seen		1414
$D^*(2010)^- D_{sJ}(2573)^+$	not seen		1303
$D_s^+ \pi^-$	$(2.7 \pm1.0) \times 10^{-5}$		2270
$D_s^{*+} \pi^-$	$< 4.1 \times 10^{-5}$	CL=90%	2215
$D_s^+ \rho^-$	$< 7 \times 10^{-4}$	CL=90%	2197
$D_s^{*+} \rho^-$	$< 8 \times 10^{-4}$	CL=90%	2138
$D_s^+ a_1(1260)^-$	$< 2.6 \times 10^{-3}$	CL=90%	2080
$D_s^{*+} a_1(1260)^-$	$< 2.2 \times 10^{-3}$	CL=90%	2015
$D_s^- K^+$	$(3.8 \pm1.3) \times 10^{-5}$		2242
$D_s^{*-} K^+$	$< 2.5 \times 10^{-5}$	CL=90%	2185
$D_s^- K^*(892)^+$	$< 9.9 \times 10^{-4}$	CL=90%	2172
$D_s^{*-} K^*(892)^+$	$< 1.1 \times 10^{-3}$	CL=90%	2112
$D_s^- \pi^+ K^0$	$< 5 \times 10^{-3}$	CL=90%	2222
$D_s^{*-} \pi^+ K^0$	$< 3.1 \times 10^{-3}$	CL=90%	2164
$D_s^- \pi^+ K^*(892)^0$	$< 4 \times 10^{-3}$	CL=90%	2138
$D_s^{*-} \pi^+ K^*(892)^0$	$< 2.0 \times 10^{-3}$	CL=90%	2076
$\overline{D}^0 K^0$	$(5.0 \pm1.4) \times 10^{-5}$		2280
$\overline{D}^0 K^*(892)^0$	$(4.8 \pm1.2) \times 10^{-5}$		2213
$\overline{D}^0 \pi^0$	$(2.91\pm0.28) \times 10^{-4}$		2308
$\overline{D}^0 \rho^0$	$(2.9 \pm1.1) \times 10^{-4}$		2237
$\overline{D}^0 \eta$	$(2.2 \pm0.5) \times 10^{-4}$	S=1.6	2274
$\overline{D}^0 \eta'$	$(1.7 \pm0.4) \times 10^{-4}$		2198
$\overline{D}^0 \omega$	$(2.5 \pm0.6) \times 10^{-4}$	S=1.5	2235
$D^0 K^*(892)^0$	$< 1.8 \times 10^{-5}$	CL=90%	2213
$\overline{D}^{*0} \gamma$	$< 5.0 \times 10^{-5}$	CL=90%	2258

Mode	Fraction		CL	p (MeV/c)
$\overline{D}{}^*(2007)^0 \pi^0$	(2.7 ±0.5) × 10^{-4}			2256
$\overline{D}{}^*(2007)^0 \rho^0$	< 5.1 × 10^{-4}		CL=90%	2181
$\overline{D}{}^*(2007)^0 \eta$	(2.6 ±0.6) × 10^{-4}			2220
$\overline{D}{}^*(2007)^0 \eta'$	< 2.6 × 10^{-4}		CL=90%	2141
$\overline{D}{}^*(2007)^0 \pi^+ \pi^-$	(6.2 ±2.2) × 10^{-4}			2248
$\overline{D}{}^*(2007)^0 K^0$	< 6.6 × 10^{-5}		CL=90%	2227
$\overline{D}{}^*(2007)^0 K^*(892)^0$	< 6.9 × 10^{-5}		CL=90%	2157
$D^*(2007)^0 K^*(892)^0$	< 4.0 × 10^{-5}		CL=90%	2157
$D^*(2007)^0 \pi^+\pi^+\pi^-\pi^-$	(3.0 ±0.9) × 10^{-3}			2219
$D^*(2010)^+ D^*(2010)^-$	(8.7 ±1.8) × 10^{-4}			1711
$\overline{D}{}^*(2007)^0 \omega$	(4.2 ±1.1) × 10^{-4}			2180
$D^*(2010)^+ D^-$	< 6.3 × 10^{-4}		CL=90%	1790
$D^*(2010)^- D^+ + D^*(2010)^+ D^-$	(9.3 ±1.5) × 10^{-4}			1790
$D^*(2007)^0 \overline{D}{}^*(2007)^0$	< 2.7 %		CL=90%	1715
$D^- D^0 K^+$	(1.7 ±0.4) × 10^{-3}			1574
$D^- D^*(2007)^0 K^+$	(4.6 ±1.0) × 10^{-3}			1478
$D^*(2010)^- D^0 K^+$	(3.1 $^{+0.6}_{-0.5}$) × 10^{-3}			1479
$D^*(2010)^- D^*(2007)^0 K^+$	(1.18±0.20) %			1366
$D^- D^+ K^0$	< 1.7 × 10^{-3}		CL=90%	1568
$D^*(2010)^- D^+ K^0 + D^- D^*(2010)^+ K^0$	(6.5 ±1.6) × 10^{-3}			1473
$D^*(2010)^- D^*(2010)^+ K^0$	(8.8 ±1.9) × 10^{-3}			1360
$\overline{D}{}^0 D^0 K^0$	< 1.4 × 10^{-3}		CL=90%	1575
$\overline{D}{}^0 D^*(2007)^0 K^0 + \overline{D}{}^*(2007)^0 D^0 K^0$	< 3.7 × 10^{-3}		CL=90%	1478
$\overline{D}{}^*(2007)^0 D^*(2007)^0 K^0$	< 6.6 × 10^{-3}		CL=90%	1365
$(\overline{D}+\overline{D}{}^*)(D+D^*)K$	(4.3 ±0.7) %			–

Charmonium modes

Mode	Fraction		CL	p (MeV/c)
$\eta_c K^0$	(1.2 ±0.4) × 10^{-3}			1753
$\eta_c K^*(892)^0$	(1.6 ±0.7) × 10^{-3}			1648
$J/\psi(1S) K^0$	(8.5 ±0.5) × 10^{-4}			1683
$J/\psi(1S) K^+ \pi^-$	(1.2 ±0.6) × 10^{-3}			1652
$J/\psi(1S) K^*(892)^0$	(1.31±0.07) × 10^{-3}			1571
$J/\psi(1S) \phi K^0$	(9.4 ±2.6) × 10^{-5}			1224
$J/\psi(1S) K(1270)^0$	(1.3 ±0.5) × 10^{-3}			1390
$J/\psi(1S) \pi^0$	(2.2 ±0.4) × 10^{-5}			1728
$J/\psi(1S) \eta$	< 2.7 × 10^{-5}		CL=90%	1672
$J/\psi(1S) \pi^+ \pi^-$	(4.6 ±0.9) × 10^{-5}			1716
$J/\psi(1S) \rho^0$	(1.6 ±0.7) × 10^{-5}			1611
$J/\psi(1S) \omega$	< 2.7 × 10^{-4}		CL=90%	1609
$J/\psi(1S) \phi$	< 9.2 × 10^{-6}		CL=90%	1519

$J/\psi(1S)\eta'(958)$	$<\ 6.3\ \ \ \ \ \ \ \ \ \ \times 10^{-5}$	CL=90%	1546
$J/\psi(1S)K^0\pi^+\pi^-$	$(\ 1.0\ \pm 0.4\ )\times 10^{-3}$		1611
$J/\psi(1S)K^0\rho^0$	$(\ 5.4\ \pm 3.0\ )\times 10^{-4}$		1390
$J/\psi(1S)K^*(892)^+\pi^-$	$(\ 8\ \ \pm 4\ \ \ )\times 10^{-4}$		1514
$J/\psi(1S)K^*(892)^0\pi^+\pi^-$	$(\ 6.6\ \pm 2.2\ )\times 10^{-4}$		1447
$J/\psi(1S)p\overline{p}$	$<\ 1.9\ \ \ \ \ \ \ \ \ \ \times 10^{-6}$	CL=90%	862
$\psi(2S)K^0$	$(\ 6.2\ \pm 0.7\ )\times 10^{-4}$		1283
$\psi(2S)K^+\pi^-$	$<\ 1\ \ \ \ \ \ \ \ \ \ \ \ \times 10^{-3}$	CL=90%	1238
$\psi(2S)K^*(892)^0$	$(\ 8.0\ \pm 1.3\ )\times 10^{-4}$		1116
$\chi_{c0}(1P)K^0$	$<\ 5.0\ \ \ \ \ \ \ \ \ \ \times 10^{-4}$	CL=90%	1477
$\chi_{c1}(1P)K^0$	$(\ 4.0\ ^{+1.2}_{-1.0}\ )\times 10^{-4}$		1411
$\chi_{c1}(1P)K^*(892)^0$	$(\ 4.1\ \pm 1.5\ )\times 10^{-4}$		1265

K or K* modes

$K^+\pi^-$	$(\ 1.85\pm 0.11)\times 10^{-5}$	S=1.2	2615
$K^0\pi^0$	$(\ 9.5\ ^{+2.1}_{-1.9}\ )\times 10^{-6}$		2614
$\eta'K^0$	$(\ 6.3\ \pm 0.7\ )\times 10^{-5}$	S=1.1	2528
$\eta'K^*(892)^0$	$<\ 2.4\ \ \ \ \ \ \ \ \ \ \times 10^{-5}$	CL=90%	2472
$\eta K^*(892)^0$	$(\ 1.4\ ^{+0.6}_{-0.5}\ )\times 10^{-5}$		2534
ηK^0	$<\ 9.3\ \ \ \ \ \ \ \ \ \ \times 10^{-6}$	CL=90%	2587
ωK^0	$<\ 1.3\ \ \ \ \ \ \ \ \ \ \times 10^{-5}$	CL=90%	2557
$K^0_S X^0$ (Familon)	$<\ 5.3\ \ \ \ \ \ \ \ \ \ \times 10^{-5}$	CL=90%	–
$\omega K^*(892)^0$	$<\ 2.3\ \ \ \ \ \ \ \ \ \ \times 10^{-5}$	CL=90%	2503
$K^0 \overline{K}^0$	$<\ 3.3\ \ \ \ \ \ \ \ \ \ \times 10^{-6}$	CL=90%	2592
$K^0_S K^0_S K^0_S$	$(\ 4.2\ ^{+1.8}_{-1.5}\ )\times 10^{-6}$		2521
$K^+\pi^-\pi^0$	$<\ 4.0\ \ \ \ \ \ \ \ \ \ \times 10^{-5}$	CL=90%	2609
$K^+\rho^-$	$(\ 7.3\ \pm 1.8\ )\times 10^{-6}$		2559
$K^0\pi^+\pi^-$	$(\ 4.7\ \pm 0.7\ )\times 10^{-5}$		2609
$K^0\rho^0$	$<\ 3.9\ \ \ \ \ \ \ \ \ \ \times 10^{-5}$	CL=90%	2558
$K^0 f_0(980)$	$<\ 3.6\ \ \ \ \ \ \ \ \ \ \times 10^{-4}$	CL=90%	2524
$K^*(892)^+\pi^-$	$(\ 1.6\ ^{+0.6}_{-0.5}\ )\times 10^{-5}$		2562
$K^*(892)^0\pi^0$	$<\ 3.6\ \ \ \ \ \ \ \ \ \ \times 10^{-6}$	CL=90%	2563
$K^*_2(1430)^+\pi^-$	$<\ 1.8\ \ \ \ \ \ \ \ \ \ \times 10^{-5}$	CL=90%	2445
$K^0 K^-\pi^+$	$<\ 2.1\ \ \ \ \ \ \ \ \ \ \times 10^{-5}$	CL=90%	2578
$K^+ K^-\pi^0$	$<\ 1.9\ \ \ \ \ \ \ \ \ \ \times 10^{-5}$	CL=90%	2579
$K^0 K^+ K^-$	$(\ 2.8\ \pm 0.5\ )\times 10^{-5}$		2522
$K^0\phi$	$(\ 8.6\ ^{+1.3}_{-1.1}\ )\times 10^{-6}$		2516
$K^-\pi^+\pi^+\pi^-$	[eee] $<\ 2.3\ \ \ \ \ \ \ \ \ \ \times 10^{-4}$	CL=90%	2600
$K^*(892)^0\pi^+\pi^-$	$<\ 1.4\ \ \ \ \ \ \ \ \ \ \times 10^{-3}$	CL=90%	2557
$K^*(892)^0\rho^0$	$<\ 3.4\ \ \ \ \ \ \ \ \ \ \times 10^{-5}$	CL=90%	2504

$K^*(892)^0 f_0(980)$		< 1.7 $\times 10^{-4}$	CL=90%	2468
$K_1(1400)^+ \pi^-$		< 1.1 $\times 10^{-3}$	CL=90%	2451
$K^- a_1(1260)^+$	[eee]	< 2.3 $\times 10^{-4}$	CL=90%	2471
$K^*(892)^0 K^+ K^-$		< 6.1 $\times 10^{-4}$	CL=90%	2466
$K^*(892)^0 \phi$		(1.07±0.11) $\times 10^{-5}$		2460
$\overline{K}^*(892)^0 K^*(892)^0$		< 2.2 $\times 10^{-5}$	CL=90%	2485
$K^*(892)^0 K^*(892)^0$		< 3.7 $\times 10^{-5}$	CL=90%	2485
$K^*(892)^+ K^*(892)^-$		< 1.41 $\times 10^{-4}$	CL=90%	2485
$K_1(1400)^0 \rho^0$		< 3.0 $\times 10^{-3}$	CL=90%	2388
$K_1(1400)^0 \phi$		< 5.0 $\times 10^{-3}$	CL=90%	2339
$K_2^*(1430)^0 \rho^0$		< 1.1 $\times 10^{-3}$	CL=90%	2381
$K_2^*(1430)^0 \phi$		< 1.4 $\times 10^{-3}$	CL=90%	2333
$K^*(892)^0 \gamma$		(4.3 ±0.4) $\times 10^{-5}$		2564
$K^0 \phi \gamma$		< 8.3 $\times 10^{-6}$	CL=90%	2516
$K^+ \pi^- \gamma$		(4.6 ±1.4) $\times 10^{-6}$		2615
$K^*(1410) \gamma$		< 1.3 $\times 10^{-4}$	CL=90%	2450
$K^+ \pi^- \gamma$ nonresonant		< 2.6 $\times 10^{-6}$	CL=90%	2615
$K_1(1270)^0 \gamma$		< 7.0 $\times 10^{-3}$	CL=90%	2486
$K_1(1400)^0 \gamma$		< 4.3 $\times 10^{-3}$	CL=90%	2453
$K_2^*(1430)^0 \gamma$		(1.3 ±0.5) $\times 10^{-5}$		2447
$K^*(1680)^0 \gamma$		< 2.0 $\times 10^{-3}$	CL=90%	2360
$K_3^*(1780)^0 \gamma$		< 1.0 %	CL=90%	2341
$K_4^*(2045)^0 \gamma$		< 4.3 $\times 10^{-3}$	CL=90%	2244

Light unflavored meson modes

$\rho^0 \gamma$	< 1.2 $\times 10^{-6}$	CL=90%	2583
$\omega \gamma$	< 1.0 $\times 10^{-6}$	CL=90%	2582
$\phi \gamma$	< 3.3 $\times 10^{-6}$	CL=90%	2541
$\pi^+ \pi^-$	(4.8 ±0.5) $\times 10^{-6}$		2636
$\pi^0 \pi^0$	(1.9 ±0.5) $\times 10^{-6}$		2636
$\eta \pi^0$	< 2.9 $\times 10^{-6}$	CL=90%	2610
$\eta \eta$	< 1.8 $\times 10^{-5}$	CL=90%	2582
$\eta' \pi^0$	< 5.7 $\times 10^{-6}$	CL=90%	2551
$\eta' \eta'$	< 4.7 $\times 10^{-5}$	CL=90%	2460
$\eta' \eta$	< 2.7 $\times 10^{-5}$	CL=90%	2522
$\eta' \rho^0$	< 1.2 $\times 10^{-5}$	CL=90%	2492
$\eta \rho^0$	< 1.0 $\times 10^{-5}$	CL=90%	2553
$\omega \eta$	< 1.2 $\times 10^{-5}$	CL=90%	2552
$\omega \eta'$	< 6.0 $\times 10^{-5}$	CL=90%	2491
$\omega \rho^0$	< 1.1 $\times 10^{-5}$	CL=90%	2522
$\omega \omega$	< 1.9 $\times 10^{-5}$	CL=90%	2521
$\phi \pi^0$	< 5 $\times 10^{-6}$	CL=90%	2539
$\phi \eta$	< 9 $\times 10^{-6}$	CL=90%	2511
$\phi \eta'$	< 3.1 $\times 10^{-5}$	CL=90%	2447

$\phi\rho^0$	< 1.3	$\times 10^{-5}$	CL=90%	2480
$\phi\omega$	< 2.1	$\times 10^{-5}$	CL=90%	2479
$\phi\phi$	< 1.2	$\times 10^{-5}$	CL=90%	2435
$\pi^+\pi^-\pi^0$	< 7.2	$\times 10^{-4}$	CL=90%	2631
$\rho^0\pi^0$	< 5.3	$\times 10^{-6}$	CL=90%	2581
$\rho^\mp\pi^\pm$	[gg] (2.28±0.25)	$\times 10^{-5}$		2581
$\pi^+\pi^-\pi^+\pi^-$	< 2.3	$\times 10^{-4}$	CL=90%	2621
$\rho^0\rho^0$	< 2.1	$\times 10^{-6}$	CL=90%	2523
$a_1(1260)^\mp\pi^\pm$	[gg] < 4.9	$\times 10^{-4}$	CL=90%	2494
$a_2(1320)^\mp\pi^\pm$	[gg] < 3.0	$\times 10^{-4}$	CL=90%	2473
$\pi^+\pi^-\pi^0\pi^0$	< 3.1	$\times 10^{-3}$	CL=90%	2622
$\rho^+\rho^-$	< 2.2	$\times 10^{-3}$	CL=90%	2523
$a_1(1260)^0\pi^0$	< 1.1	$\times 10^{-3}$	CL=90%	2494
$\omega\pi^0$	< 3	$\times 10^{-6}$	CL=90%	2580
$\pi^+\pi^+\pi^-\pi^-\pi^0$	< 9.0	$\times 10^{-3}$	CL=90%	2609
$a_1(1260)^+\rho^-$	< 3.4	$\times 10^{-3}$	CL=90%	2433
$a_1(1260)^0\rho^0$	< 2.4	$\times 10^{-3}$	CL=90%	2433
$\pi^+\pi^+\pi^+\pi^-\pi^-\pi^-$	< 3.0	$\times 10^{-3}$	CL=90%	2592
$a_1(1260)^+ a_1(1260)^-$	< 2.8	$\times 10^{-3}$	CL=90%	2336
$\pi^+\pi^+\pi^+\pi^-\pi^-\pi^-\pi^0$	< 1.1	%	CL=90%	2572

Baryon modes

$p\overline{p}$	< 1.2	$\times 10^{-6}$	CL=90%	2467
$p\overline{p}\pi^+\pi^-$	< 2.5	$\times 10^{-4}$	CL=90%	2406
$p\overline{p}K^0$	< 7.2	$\times 10^{-6}$	CL=90%	2347
$p\overline{\Lambda}\pi^-$	(4.0 $^{+1.1}_{-1.0}$)	$\times 10^{-6}$		2401
$p\overline{\Lambda}K^-$	< 8.2	$\times 10^{-7}$	CL=90%	2308
$p\overline{\Sigma}^0\pi^-$	< 3.8	$\times 10^{-6}$	CL=90%	2383
$\overline{\Lambda}\Lambda$	< 1.0	$\times 10^{-6}$	CL=90%	2392
$\Delta^0\overline{\Delta}^0$	< 1.5	$\times 10^{-3}$	CL=90%	2335
$\Delta^{++}\overline{\Delta}^{--}$	< 1.1	$\times 10^{-4}$	CL=90%	2335
$\overline{D}^0 p\overline{p}$	(1.18±0.22)	$\times 10^{-4}$		1862
$\overline{D}^*(2007)^0 p\overline{p}$	(1.2 ±0.4)	$\times 10^{-4}$		1788
$\overline{\Sigma}_c^{--}\Delta^{++}$	< 1.0	$\times 10^{-3}$	CL=90%	1840
$\overline{\Lambda}_c^- p\pi^+\pi^-$	(1.3 ±0.4)	$\times 10^{-3}$		1934
$\overline{\Lambda}_c^- p$	(2.2 ±0.8)	$\times 10^{-5}$		2021
$\overline{\Lambda}_c^- p\pi^0$	< 5.9	$\times 10^{-4}$	CL=90%	1982
$\overline{\Lambda}_c^- p\pi^+\pi^-\pi^0$	< 5.07	$\times 10^{-3}$	CL=90%	1883
$\overline{\Lambda}_c^- p\pi^+\pi^-\pi^+\pi^-$	< 2.74	$\times 10^{-3}$	CL=90%	1821
$\overline{\Sigma}_c(2520)^{--} p\pi^+$	(1.6 ±0.7)	$\times 10^{-4}$		1861
$\overline{\Sigma}_c(2520)^0 p\pi^-$	< 1.21	$\times 10^{-4}$	CL=90%	1861

$\overline{\Sigma}_c(2455)^0 p\pi^-$		$(10\ \pm 8\ )\times 10^{-5}$	S=1.7		1896
$\overline{\Sigma}_c(2455)^{--} p\pi^+$		$(2.8\ \pm 0.9\ )\times 10^{-4}$			1896
$\overline{\Lambda}_c(2593)^- / \overline{\Lambda}_c(2625)^- p$		$<\ 1.1\ \times 10^{-4}$	CL=90%		–

Lepton Family number (LF) violating modes, or $\Delta B = 1$ weak neutral current (B1) modes

$\gamma\gamma$	B1		$<\ 1.7\ \times 10^{-6}$	CL=90%	2640
$e^+ e^-$	B1		$<\ 1.9\ \times 10^{-7}$	CL=90%	2640
$\mu^+ \mu^-$	B1		$<\ 1.6\ \times 10^{-7}$	CL=90%	2638
$K^0 e^+ e^-$	B1		$<\ 5.4\ \times 10^{-7}$	CL=90%	2616
$K^0 \mu^+ \mu^-$	B1		$(\ 5.6\ ^{+2.9}_{-2.4})\times 10^{-7}$		2612
$K^0 \ell^+ \ell^-$	B1	[rr]	$<\ 6.8\ \times 10^{-7}$	CL=90%	2616
$K^*(892)^0 e^+ e^-$	B1		$<\ 2.4\ \times 10^{-6}$	CL=90%	2564
$K^*(892)^0 \mu^+ \mu^-$	B1		$(\ 1.3\ \pm 0.4\ )\times 10^{-6}$		2560
$K^*(892)^0 \nu\overline{\nu}$	B1		$<\ 1.0\ \times 10^{-3}$	CL=90%	2564
$K^*(892)^0 \ell^+ \ell^-$	B1	[rr]	$(\ 1.17\pm 0.30)\times 10^{-6}$		2564
$e^\pm \mu^\mp$	LF	[gg]	$<\ 1.7\ \times 10^{-7}$	CL=90%	2639
$K^0 e^\pm \mu^\mp$	LF		$<\ 4.0\ \times 10^{-6}$	CL=90%	2615
$K^*(892)^0 e^\pm \mu^\mp$	LF		$<\ 3.4\ \times 10^{-6}$	CL=90%	2563
$e^\pm \tau^\mp$	LF	[gg]	$<\ 5.3\ \times 10^{-4}$	CL=90%	2341
$\mu^\pm \tau^\mp$	LF	[gg]	$<\ 8.3\ \times 10^{-4}$	CL=90%	2339

$B^\pm / B^0$ ADMIXTURE

CP violation

$$A_{CP}(B \to K^*(892)\gamma) = -0.01 \pm 0.07$$
$$A_{CP}(B \to s\gamma) = -0.08 \pm 0.11$$

The branching fraction measurements are for an admixture of B mesons at the $\Upsilon(4S)$. The values quoted assume that $B(\Upsilon(4S) \to B\overline{B}) = 100\%$.

For inclusive branching fractions, e.g., $B \to D^\pm$ anything, the values usually are multiplicities, not branching fractions. They can be greater than one.

$\overline{B}$ modes are charge conjugates of the modes below. Reactions indicate the weak decay vertex and do not include mixing.

B DECAY MODES		Fraction (Γ_i/Γ)	Scale factor/ Confidence level	p (MeV/c)
Semileptonic and leptonic modes				
$B \to e^+ \nu_e$ anything	[fff]	(10.73 ± 0.28) %		–
$B \to \overline{p} e^+ \nu_e$ anything		< 5.9 × 10^{-4}	CL=90%	–
$B \to \ell^+ \nu_\ell$ anything	[rr,fff]	(10.73 ± 0.28) %		–
$B \to D^- \ell^+ \nu_\ell$ anything	[rr]	(2.8 ± 0.9) %		–
$B \to \overline{D}^0 \ell^+ \nu_\ell$ anything	[rr]	(7.2 ± 1.5) %		–
$B \to \overline{D}^{**} \ell^+ \nu_\ell$	[rr,ggg]	(2.7 ± 0.7) %		–
$B \to \overline{D}_1(2420) \ell^+ \nu_\ell$ anything		(7.4 ± 1.6) × 10^{-3}		–
$B \to D\pi\ell^+ \nu_\ell$ anything + $D^*\pi\ell^+ \nu_\ell$ anything		(2.6 ± 0.5) %	S=1.5	–
$B \to D\pi\ell^+ \nu_\ell$ anything		(1.5 ± 0.6) %		–
$B \to D^*\pi\ell^+ \nu_\ell$ anything		(1.9 ± 0.4) %		–
$B \to \overline{D}_2^*(2460) \ell^+ \nu_\ell$ anything		< 6.5 × 10^{-3}	CL=95%	–
$B \to D^{*-}\pi^+ \ell^+ \nu_\ell$ anything		(1.00 ± 0.34) %		–
$B \to D_s^- \ell^+ \nu_\ell$ anything	[rr]	< 9 × 10^{-3}	CL=90%	–
$B \to D_s^- \ell^+ \nu_\ell K^+$ anything	[rr]	< 6 × 10^{-3}	CL=90%	–
$B \to D_s^- \ell^+ \nu_\ell K^0$ anything	[rr]	< 9 × 10^{-3}	CL=90%	–
$B \to K^+ \ell^+ \nu_\ell$ anything	[rr]	(6.2 ± 0.6) %		–
$B \to K^- \ell^+ \nu_\ell$ anything	[rr]	(10 ± 4) × 10^{-3}		–
$B \to K^0/\overline{K}^0 \ell^+ \nu_\ell$ anything	[rr]	(4.5 ± 0.5) %		–
$D, D^*,$ or D_s modes				
$B \to D^\pm$ anything		(23.5 ± 1.9) %		–
$B \to D^0/\overline{D}^0$ anything		(64.0 ± 3.0) %	S=1.1	–
$B \to D^*(2010)^\pm$ anything		(22.5 ± 1.5) %		–
$B \to D^*(2007)^0$ anything		(26.0 ± 2.7) %		–
$B \to D_s^\pm$ anything	[gg]	(10.5 ± 2.6) %		–
$B \to D_s^{*\pm}$ anything		(7.9 ± 2.2) %		–
$B \to D_s^{*\pm} \overline{D}^{(*)}$		(4.2 ± 1.2) %		–
$B \to \overline{D} D_{sJ}(2317)$		seen		1605
$B \to \overline{D} D_{sJ}(2457)$		seen		–
$B \to D^{(*)} \overline{D}^{(*)} K^0 + D^{(*)} \overline{D}^{(*)} K^\pm$	[gg,hhh]	(7.1 $^{+2.7}_{-1.7}$) %		–
$b \to c\overline{c}s$		(22 ± 4) %		–

Decay					
$B \to D_s^{(*)} \overline{D}^{(*)}$	[gg,hhh]	(4.9 ± 1.2) %			–
$B \to D^* D^*(2010)^\pm$	[gg]	< 5.9	$\times 10^{-3}$	CL=90%	1711
$B \to D D^*(2010)^\pm + D^* D^\pm$	[gg]	< 5.5	$\times 10^{-3}$	CL=90%	–
$B \to D D^\pm$	[gg]	< 3.1	$\times 10^{-3}$	CL=90%	1866
$B \to D_s^{(*)\pm} \overline{D}^{(*)} X(n\pi^\pm)$	[gg,hhh]	(9 $^{+5}_{-4}$) %			–
$B \to D^*(2010)\gamma$		< 1.1	$\times 10^{-3}$	CL=90%	2257
$B \to D_s^+ \pi^-, D_s^{*+} \pi^-,$ $D_s^+ \rho^-, D_s^{*+} \rho^-, D_s^+ \pi^0,$ $D_s^{*+} \pi^0, D_s^+ \eta, D_s^{*+} \eta,$ $D_s^+ \rho^0, D_s^{*+} \rho^0, D_s^+ \omega,$ $D_s^{*+} \omega$	[gg]	< 5	$\times 10^{-4}$	CL=90%	–
$B \to D_{s1}(2536)^+$ anything		< 9.5	$\times 10^{-3}$	CL=90%	–
Charmonium modes					
$B \to J/\psi(1S)$ anything		(1.094± 0.032) %		S=1.1	–
$B \to J/\psi(1S)$(direct) anything		(7.8 ± 0.4) $\times 10^{-3}$		S=1.1	–
$B \to \psi(2S)$ anything		(3.07 ± 0.21) $\times 10^{-3}$			–
$B \to \chi_{c1}(1P)$ anything		(3.86 ± 0.27) $\times 10^{-3}$			–
$B \to \chi_{c1}(1P)$(direct) anything		(3.34 ± 0.28) $\times 10^{-3}$			–
$B \to \chi_{c2}(1P)$ anything		(1.3 ± 0.4) $\times 10^{-3}$		S=1.9	–
$B \to \chi_{c2}(1P)$(direct) anything		(1.65 ± 0.31) $\times 10^{-3}$			–
$B \to \eta_c(1S)$ anything		< 9	$\times 10^{-3}$	CL=90%	–
K or K* modes					
$B \to K^\pm$ anything	[gg]	(78.9 ± 2.5) %			–
$B \to K^+$ anything		(66 ± 5) %			–
$B \to K^-$ anything		(13 ± 4) %			–
$B \to K^0/\overline{K}^0$ anything	[gg]	(64 ± 4) %			–
$B \to K^*(892)^\pm$ anything		(18 ± 6) %			–
$B \to K^*(892)^0/\overline{K}^*(892)^0$ anything	[gg]	(14.6 ± 2.6) %			–
$B \to K^*(892)\gamma$		(4.2 ± 0.6) $\times 10^{-5}$			2564
$B \to K_1(1400)\gamma$		< 1.27	$\times 10^{-4}$	CL=90%	2453
$B \to K_2^*(1430)\gamma$		(1.7 $^{+0.6}_{-0.5}$) $\times 10^{-5}$			2447
$B \to K_2(1770)\gamma$		< 1.2	$\times 10^{-3}$	CL=90%	2342
$B \to K_3^*(1780)\gamma$		< 3.0	$\times 10^{-3}$	CL=90%	2341
$B \to K_4^*(2045)\gamma$		< 1.0	$\times 10^{-3}$	CL=90%	2244

$B \to K\eta'(958)$		(	8.3 $\pm$ 1.1	) $\times 10^{-5}$		2528
$B \to K^*(892)\eta'(958)$		<	2.2	$\times 10^{-5}$	CL=90%	2472
$B \to K\eta$		<	5.2	$\times 10^{-6}$	CL=90%	2588
$B \to K^*(892)\eta$		(	1.8 $\pm$ 0.5	) $\times 10^{-5}$		2534
$B \to K\phi\phi$		(	2.3 $\pm$ 0.9	) $\times 10^{-6}$		2306
$B \to \bar{b} \to \bar{s}\gamma$		(	3.3 $\pm$ 0.4	) $\times 10^{-4}$		–
$B \to \bar{b} \to \bar{s}$ gluon		<	6.8	%	CL=90%	–
$B \to \eta$ anything		<	4.4	$\times 10^{-4}$	CL=90%	–
$B \to \eta'$ anything		(	4.6 $\pm$ 1.3	) $\times 10^{-4}$		–

Light unflavored meson modes

$B \to \rho\gamma$		<	1.9	$\times 10^{-6}$	CL=90%	2583
$B \to \pi^{\pm}$ anything	[gg,iii]	(	358 $\pm$ 7	) %		–
$B \to \pi^0$ anything		(	235 $\pm$ 11	) %		–
$B \to \eta$ anything		(	17.6 $\pm$ 1.6	) %		–
$B \to \rho^0$ anything		(	21 $\pm$ 5	) %		–
$B \to \omega$ anything		<	81	%	CL=90%	–
$B \to \phi$ anything		(	3.5 $\pm$ 0.7	) %	S=1.8	–
$B \to \phi K^*(892)$		<	2.2	$\times 10^{-5}$	CL=90%	2460

Baryon modes

$B \to \Lambda_c^+ / \overline{\Lambda}_c^-$ anything		(	6.4 $\pm$ 1.1	) %		–
$B \to \overline{\Lambda}_c^- e^+$ anything		<	3.2	$\times 10^{-3}$	CL=90%	–
$B \to \overline{\Lambda}_c^- p$ anything		(	3.6 $\pm$ 0.7	) %		–
$B \to \overline{\Lambda}_c^- p e^+ \nu_e$		<	1.5	$\times 10^{-3}$	CL=90%	2021
$B \to \overline{\Sigma}_c^{--}$ anything		(	4.2 $\pm$ 2.4	) $\times 10^{-3}$		–
$B \to \overline{\Sigma}_c^-$ anything		<	9.6	$\times 10^{-3}$	CL=90%	–
$B \to \overline{\Sigma}_c^0$ anything		(	4.6 $\pm$ 2.4	) $\times 10^{-3}$		–
$B \to \overline{\Sigma}_c^0 N (N = p$ or $n)$		<	1.5	$\times 10^{-3}$	CL=90%	1939
$B \to \Xi_c^0$ anything $\times B(\Xi_c^0 \to \Xi^- \pi^+)$		(	1.4 $\pm$ 0.5	) $\times 10^{-4}$		–
$B \to \Xi_c^+$ anything $\times B(\Xi_c^+ \to \Xi^- \pi^+ \pi^+)$		(	4.5 $^{+1.3}_{-1.2}$	) $\times 10^{-4}$		–
$B \to p/\bar{p}$ anything	[gg]	(	8.0 $\pm$ 0.4	) %		–
$B \to p/\bar{p}$ (direct) anything	[gg]	(	5.5 $\pm$ 0.5	) %		–
$B \to \Lambda/\overline{\Lambda}$ anything	[gg]	(	4.0 $\pm$ 0.5	) %		–
$B \to \Xi^-/\overline{\Xi}^+$ anything	[gg]	(	2.7 $\pm$ 0.6	) $\times 10^{-3}$		–
$B \to$ baryons anything		(	6.8 $\pm$ 0.6	) %		–
$B \to p\bar{p}$ anything		(	2.47 $\pm$ 0.23	) %		–
$B \to \Lambda\bar{p}/\overline{\Lambda}p$ anything	[gg]	(	2.5 $\pm$ 0.4	) %		–
$B \to \Lambda\overline{\Lambda}$ anything		<	5	$\times 10^{-3}$	CL=90%	–

Lepton Family number (LF) violating modes or $\Delta B = 1$ weak neutral current (B1) modes

$B \to s e^+ e^-$	B1		$(5.0 \pm 2.6) \times 10^{-6}$		–
$B \to s \mu^+ \mu^-$	B1		$(7.9 ^{+3.0}_{-2.6}) \times 10^{-6}$		–
$B \to s \ell^+ \ell^-$	B1	[rr]	$(6.1 ^{+2.0}_{-1.8}) \times 10^{-6}$		–
$B \to K e^+ e^-$	B1		$(4.8 ^{+1.5}_{-1.3}) \times 10^{-7}$		2617
$B \to K^*(892) e^+ e^-$	B1		$(1.5 \pm 0.5) \times 10^{-6}$		2564
$B \to K \mu^+ \mu^-$	B1		$(4.8 \pm 1.2) \times 10^{-7}$		2612
$B \to K^*(892) \mu^+ \mu^-$	B1		$(1.17 ^{+0.37}_{-0.33}) \times 10^{-6}$		2560
$B \to K \ell^+ \ell^-$	B1		$(5.4 \pm 0.8) \times 10^{-7}$		2617
$B \to K^*(892) \ell^+ \ell^-$	B1		$(1.05 \pm 0.20) \times 10^{-6}$		2564
$B \to e^\pm \mu^\mp s$	LF	[gg]	$< 2.2 \times 10^{-5}$	CL=90%	–
$B \to \pi e^\pm \mu^\mp$	LF		$< 1.6 \times 10^{-6}$	CL=90%	2637
$B \to \rho e^\pm \mu^\mp$	LF		$< 3.2 \times 10^{-6}$	CL=90%	2582
$B \to K e^\pm \mu^\mp$	LF		$< 1.6 \times 10^{-6}$	CL=90%	2616
$B \to K^*(892) e^\pm \mu^\mp$	LF		$< 6.2 \times 10^{-6}$	CL=90%	2563

$B^\pm / B^0 / B^0_s / b$-baryon ADMIXTURE

These measurements are for an admixture of bottom particles at high energy (LEP, Tevatron, $Sp\overline{p}S$).

Mean life $\tau = (1.564 \pm 0.014) \times 10^{-12}$ s

Mean life $\tau = (1.72 \pm 0.10) \times 10^{-12}$ s   Charged b-hadron admixture

Mean life $\tau = (1.58 \pm 0.14) \times 10^{-12}$ s   Neutral b-hadron admixture

$\tau_{\text{charged }b-\text{hadron}} / \tau_{\text{neutral }b-\text{hadron}} = 1.09 \pm 0.13$

$|\Delta \tau_b| / \tau_{b,\overline{b}} = -0.001 \pm 0.014$

The branching fraction measurements are for an admixture of B mesons and baryons at energies above the $\Upsilon(4S)$. Only the highest energy results (LEP, Tevatron, $Sp\overline{p}S$) are used in the branching fraction averages. In the following, we assume that the production fractions are the same at the LEP and at the Tevatron.

For inclusive branching fractions, e.g., $B \to D^\pm$ anything, the values usually are multiplicities, not branching fractions. They can be greater than one.

The modes below are listed for a $\overline{b}$ initial state. b modes are their charge conjugates. Reactions indicate the weak decay vertex and do not include mixing.

$\overline{b}$ DECAY MODES	Fraction (Γ_i/Γ)	Scale factor/ Confidence level	p (MeV/c)

PRODUCTION FRACTIONS

The production fractions for weakly decaying b-hadrons at high energy have been calculated from the best values of mean lives, mixing parameters, and branching fractions in this edition by the Heavy Flavor Averaging Group (HFAG) as described in the note "B^0-$\overline{B}^0$ Mixing" in the B^0 Particle Listings. Values assume

$$B(\overline{b} \to B^+) = B(\overline{b} \to B^0)$$
$$B(\overline{b} \to B^+) + B(\overline{b} \to B^0) + B(\overline{b} \to B^0_s) + B(b \to b\text{-baryon}) = 100\,\%.$$

The notation for production fractions varies in the literature (f_d, d_{B^0}, $f(b \to \overline{B}^0)$, $Br(b \to \overline{B}^0)$). We use our own branching fraction notation here, $B(\overline{b} \to B^0)$.

B^+	(39.7 ± 1.0) %		—
B^0	(39.7 ± 1.0) %		—
B^0_s	(10.7 ± 1.1) %		—
b-baryon	(9.9 ± 1.7) %		—
B_c	—		—

DECAY MODES

Semileptonic and leptonic modes

ν anything		(23.1 ± 1.5) %		—
$\ell^+ \nu_\ell$ anything	[rr]	(10.68± 0.22) %		—
$e^+ \nu_e$ anything		(10.86± 0.35) %		—
$\mu^+ \nu_\mu$ anything		(10.95$^{+0.29}_{-0.25}$) %		—
$D^- \ell^+ \nu_\ell$ anything	[rr]	(2.3 ± 0.4) %	S=1.7	—
$D^- \pi^+ \ell^+ \nu_\ell$ anything		(4.9 ± 1.9) × 10^{-3}		—
$D^- \pi^- \ell^+ \nu_\ell$ anything		(2.6 ± 1.6) × 10^{-3}		—
$\overline{D}^0 \ell^+ \nu_\ell$ anything	[rr]	(6.90± 0.35) %		—
$\overline{D}^0 \pi^- \ell^+ \nu_\ell$ anything		(1.07± 0.27) %		—
$\overline{D}^0 \pi^+ \ell^+ \nu_\ell$ anything		(2.3 ± 1.6) × 10^{-3}		—
$D^{*-} \ell^+ \nu_\ell$ anything	[rr]	(2.75± 0.19) %		—
$D^{*-} \pi^+ \ell^+ \nu_\ell$ anything		(4.8 ± 1.0) × 10^{-3}		—
$D^{*-} \pi^- \ell^+ \nu_\ell$ anything		(6 ± 7) × 10^{-4}		—
$D^-_j \ell^+ \nu_\ell$ anything	[rr,jjj]	seen		—
$D^*_2(2460)^- \ell^+ \nu_\ell$ anything		seen		—

charmless $\ell \overline{\nu}_\ell$	[rr]	(1.7 ± 0.5) × 10^{-3}	–
$\tau^+ \nu_\tau$ anything		(2.48± 0.26) %	–
$D^{*-} \tau \nu_\tau$ anything		(9 ± 4) × 10^{-3}	–
$\overline{c} \to \ell^- \overline{\nu}_\ell$ anything	[rr]	(8.0 ± 0.4) %	–
$c \to \ell^+ \nu$ anything		(1.6 $^{+\,0.4}_{-\,0.5}$) %	–

Charmed meson and baryon modes

$\overline{D}^0$ anything		(61.0 ± 3.2) %	–
$D^0 D_s^\pm$ anything	[gg]	(9.1 $^{+\,3.9}_{-\,2.8}$) %	–
$D^\mp D_s^\pm$ anything	[gg]	(4.0 $^{+\,2.3}_{-\,1.8}$) %	–
$\overline{D}^0 D^0$ anything	[gg]	(5.1 $^{+\,2.0}_{-\,1.8}$) %	–
$D^0 D^\pm$ anything	[gg]	(2.7 $^{+\,1.8}_{-\,1.6}$) %	–
$D^\pm D^\mp$ anything	[gg]	< 9 × 10^{-3} CL=90%	–
D^- anything		(23.1 ± 2.2) %	–
$D^*(2010)^+$ anything		(17.3 ± 2.0) %	–
$D_1(2420)^0$ anything		(5.0 ± 1.5) %	–
$D^*(2010)^\mp D_s^\pm$ anything	[gg]	(3.3 $^{+\,1.6}_{-\,1.3}$) %	–
$D^0 D^*(2010)^\pm$ anything	[gg]	(3.0 $^{+\,1.1}_{-\,0.9}$) %	–
$D^*(2010)^\pm D^\mp$ anything	[gg]	(2.5 $^{+\,1.2}_{-\,1.0}$) %	–
$D^*(2010)^\pm D^*(2010)^\mp$ anything	[gg]	(1.2 ± 0.4) %	–
$D_2^*(2460)^0$ anything		(4.7 ± 2.7) %	–
D_s^- anything		(18 ± 5) %	–
D_s^+ anything		(10.1 ± 3.1) %	–
Λ_c^+ anything		(9.7 ± 2.9) %	–
$\overline{c}/c$ anything	[iii]	(116.6 ± 3.3) %	–

Charmonium modes

$J/\psi(1S)$ anything		(1.16± 0.10) %	–
$\psi(2S)$ anything		(4.8 ± 2.4) × 10^{-3}	–
$\chi_{c1}(1P)$ anything		(1.5 ± 0.5) %	–

K or K* modes

$\overline{s}\gamma$		(3.1 ± 1.1) × 10^{-4}	–
$\overline{s}\overline{\nu}\nu$		< 6.4 × 10^{-4} CL=90%	–
$K^\pm$ anything		(74 ± 6) %	–
K_S^0 anything		(29.0 ± 2.9) %	–

Pion modes

$\pi^\pm$ anything		(397 ±21) %	–
π^0 anything	[iii]	(278 ±60) %	–
ϕ anything		(2.82± 0.23) %	–

	Baryon modes		
$p/\overline{p}$ anything		(13.1 ± 1.1) %	–
	Other modes		
charged anything	[iii]	(497 ± 7) %	–
hadron$^+$ hadron$^-$		($1.7^{+1.0}_{-0.7}$) × 10^{-5}	–
charmless		(7 ±21) × 10^{-3}	–
	Baryon modes		
$\Lambda/\overline{\Lambda}$ anything		(5.9 ± 0.6) %	–
b-baryon anything		(10.2 ± 2.8) %	–
	$\Delta B = 1$ weak neutral current ($B1$) modes		
$\mu^+\mu^-$ anything	$B1$	< 3.2 × 10^{-4} CL=90%	–

B^*

$I(J^P) = \frac{1}{2}(1^-)$

I, J, P need confirmation. Quantum numbers shown are quark-model predictions.

Mass $m_{B^*} = 5325.0 \pm 0.6$ MeV
$m_{B^*} - m_B = 45.78 \pm 0.35$ MeV

B^* DECAY MODES	Fraction (Γ_i/Γ)	p (MeV/c)
$B\gamma$	dominant	45

BOTTOM, STRANGE MESONS ($B = \pm 1$, $S = \mp 1$)

$B^0_s = s\overline{b}$, $\overline{B}^0_s = \overline{s}b$,   similarly for B^*_s's

B^0_s

$I(J^P) = 0(0^-)$

I, J, P need confirmation. Quantum numbers shown are quark-model predictions.

Mass $m_{B^0_s} = 5369.6 \pm 2.4$ MeV
Mean life $\tau = (1.461 \pm 0.057) \times 10^{-12}$ s
$c\tau = 438$ μm

B_s^0-$\overline{B}_s^0$ mixing parameters

$\Delta m_{B_s^0} = m_{B_{sH}^0} - m_{B_{sL}^0} > 14.4 \times 10^{12}\ \hbar\ s^{-1}$, CL = 95%

$> 94.8 \times 10^{-10}$ MeV, CL = 95%

$x_s = \Delta m_{B_s^0}/\Gamma_{B_s^0} > 20.6$, CL = 95%

$\chi_s > 0.49883$, CL = 95%

These branching fractions all scale with B($\overline{b} \to B_s^0$), the LEP B_s^0 production fraction. The first four were evaluated using B($\overline{b} \to B_s^0$) = (10.7 ± 1.4)% and the rest assume B($\overline{b} \to B_s^0$) = 12%.

The branching fraction B($B_s^0 \to D_s^- \ell^+ \nu_\ell$ anything) is not a pure measurement since the measured product branching fraction B($\overline{b} \to B_s^0$) × B($B_s^0 \to D_s^- \ell^+ \nu_\ell$ anything) was used to determine B($\overline{b} \to B_s^0$), as described in the note on "Production and Decay of b-Flavored Hadrons."

For inclusive branching fractions, e.g., $B \to D^\pm$ anything, the values usually are multiplicities, not branching fractions. They can be greater than one.

B_s^0 DECAY MODES		Fraction (Γ_i/Γ)		Confidence level	p (MeV/c)
D_s^- anything		(94	± 30)%		—
$D_s^- \ell^+ \nu_\ell$ anything	[kkk]	(7.9	± 2.4)%		—
$D_s^- \pi^+$		< 13	%		2322
$D_s^{(*)+} D_s^{(*)-}$		(23	$^{+21}_{-13}$)%		—
$J/\psi(1S)\phi$		(9.3	± 3.3) × 10^{-4}		1590
$J/\psi(1S)\pi^0$		< 1.2	× 10^{-3}	90%	1788
$J/\psi(1S)\eta$		< 3.8	× 10^{-3}	90%	1735
$\psi(2S)\phi$		seen			1123
$\pi^+\pi^-$		< 1.7	× 10^{-4}	90%	2681
$\pi^0\pi^0$		< 2.1	× 10^{-4}	90%	2681
$\eta\pi^0$		< 1.0	× 10^{-3}	90%	2655
$\eta\eta$		< 1.5	× 10^{-3}	90%	2628
$\rho^0\rho^0$		< 3.20	× 10^{-4}	90%	2570
$\phi\rho^0$		< 6.17	× 10^{-4}	90%	2528
$\phi\phi$		< 1.183	× 10^{-3}	90%	2484
$\pi^+ K^-$		< 2.1	× 10^{-4}	90%	2660
$K^+ K^-$		< 5.9	× 10^{-5}	90%	2639
$\overline{K}^*(892)^0 \rho^0$		< 7.67	× 10^{-4}	90%	2551
$\overline{K}^*(892)^0 K^*(892)^0$		< 1.681	× 10^{-3}	90%	2532
$\phi K^*(892)^0$		< 1.013	× 10^{-3}	90%	2508
$p\overline{p}$		< 5.9	× 10^{-5}	90%	2516
$\gamma\gamma$		< 1.48	× 10^{-4}	90%	2685
$\phi\gamma$		< 1.2	× 10^{-4}	90%	2588

Lepton Family number (LF) violating modes or $\Delta B = 1$ weak neutral current (B1) modes

$\mu^+\mu^-$	B1	< 2.0	$\times 10^{-6}$	90%	2683
e^+e^-	B1	< 5.4	$\times 10^{-5}$	90%	2685
$e^{\pm}\mu^{\mp}$	LF	[gg] < 6.1	$\times 10^{-6}$	90%	2684
$\phi(1020)\mu^+\mu^-$	B1	< 4.7	$\times 10^{-5}$	90%	2584
$\phi\nu\bar{\nu}$	B1	< 5.4	$\times 10^{-3}$	90%	2588

BOTTOM, CHARMED MESONS ($B=C=\pm 1$)

$B_c^+ = c\bar{b}$, $B_c^- = \bar{c}b$, similarly for B_c^*'s

$B_c^{\pm}$

$I(J^P) = 0(0^-)$
I, J, P need confirmation.
Quantum numbers shown are quark-model predicitions.

Mass $m = 6.4 \pm 0.4$ GeV
Mean life $\tau = (0.46^{+0.18}_{-0.16}) \times 10^{-12}$ s

B_c^- modes are charge conjugates of the modes below.

B_c^+ DECAY MODES $\times$ B($\bar{b} \to B_c$)	Fraction (Γ_i/Γ)	Confidence level	p (MeV/c)
The following quantities are not pure branching ratios; rather the fraction $\Gamma_i/\Gamma \times$ B($\bar{b} \to B_c$).			
$J/\psi(1S)\ell^+\nu_\ell$ anything	$(5.2^{+2.4}_{-2.1}) \times 10^{-5}$		–
$J/\psi(1S)\pi^+$	< 8.2 $\times 10^{-5}$	90%	2448
$J/\psi(1S)\pi^+\pi^+\pi^-$	< 5.7 $\times 10^{-4}$	90%	2429
$J/\psi(1S)a_1(1260)$	< 1.2 $\times 10^{-3}$	90%	2255
$D^*(2010)^+\bar{D}^0$	< 6.2 $\times 10^{-3}$	90%	2546

$c\bar{c}$ MESONS

$\eta_c(1S)$ $I^G(J^{PC}) = 0^+(0^{-+})$

Mass $m = 2979.6 \pm 1.2$ MeV   (S = 1.7)
Full width $\Gamma = 17.3^{+2.7}_{-2.5}$ MeV   (S = 1.1)

$\eta_c(1S)$ DECAY MODES	Fraction (Γ_i/Γ)	Confidence level	p (MeV/c)
Decays involving hadronic resonances			
$\eta'(958)\pi\pi$	$(4.1 \pm 1.7)\%$		1321
$\rho\rho$	$(2.6 \pm 0.9)\%$		1272
$K^*(892)^0 K^-\pi^+$ + c.c.	$(2.0 \pm 0.7)\%$		1275
$K^*(892)\overline{K}^*(892)$	$(8.5 \pm 3.1) \times 10^{-3}$		1194
$\phi K^+ K^-$	$(2.9 \pm 1.4) \times 10^{-3}$		1101
$\phi\phi$	$(2.6 \pm 0.9) \times 10^{-3}$		1086
$a_0(980)\pi$	$< 2\%$	90%	1323
$a_2(1320)\pi$	$< 2\%$	90%	1194
$K^*(892)\overline{K}$ + c.c.	$< 1.28\%$	90%	1307
$f_2(1270)\eta$	$< 1.1\%$	90%	1143
$\omega\omega$	$< 3.1 \times 10^{-3}$	90%	1268
Decays into stable hadrons			
$K\overline{K}\pi$	$(5.7 \pm 1.6)\%$		1379
$\eta\pi\pi$	$(4.9 \pm 1.8)\%$		1426
$\pi^+\pi^- K^+ K^-$	$(1.5 \pm 0.6)\%$		1343
$2(K^+ K^-)$	$(1.5 \pm 0.7) \times 10^{-3}$		1053
$2(\pi^+\pi^-)$	$(1.20 \pm 0.30)\%$		1457
$p\overline{p}$	$(1.3 \pm 0.4) \times 10^{-3}$		1157
$K\overline{K}\eta$	$< 3.1\%$	90%	1263
$\pi^+\pi^- p\overline{p}$	$< 1.2\%$	90%	1024
$\Lambda\overline{\Lambda}$	$< 2 \times 10^{-3}$	90%	987
Radiative decays			
$\gamma\gamma$	$(4.3 \pm 1.5) \times 10^{-4}$		1490

$J/\psi(1S)$

$I^G(J^{PC}) = 0^-(1^{--})$

Mass $m = 3096.916 \pm 0.011$ MeV
Full width $\Gamma = 91.0 \pm 3.2$ keV
$\Gamma_{ee} = 5.40 \pm 0.15 \pm 0.07$ keV

$J/\psi(1S)$ DECAY MODES		Fraction (Γ_i/Γ)	Scale factor/ Confidence level	p (MeV/c)
hadrons		(87.7 ±0.5) %		—
virtual $\gamma \to$ hadrons		(17.0 ±2.0) %		—
$e^+ e^-$		(5.93±0.10) %		1548
$\mu^+ \mu^-$		(5.88±0.10) %		1545
Decays involving hadronic resonances				
$\rho \pi$		(1.27±0.09) %		1448
$\rho^0 \pi^0$		(4.2 ±0.5) × 10^{-3}		1448
$a_2(1320)\rho$		(1.09±0.22) %		1123
$\omega \pi^+ \pi^+ \pi^- \pi^-$		(8.5 ±3.4) × 10^{-3}		1392
$\omega \pi^+ \pi^-$		(7.2 ±1.0) × 10^{-3}		1435
$\omega f_2(1270)$		(4.3 ±0.6) × 10^{-3}		1142
$K^*(892)^0 \overline{K}_2^*(1430)^0 +$ c.c.		(6.7 ±2.6) × 10^{-3}		1012
$\omega K^*(892)\overline{K} +$ c.c.		(5.3 ±2.0) × 10^{-3}		1097
$K^+ \overline{K}^*(892)^- +$ c.c.		(5.0 ±0.4) × 10^{-3}		1373
$K^0 \overline{K}^*(892)^0 +$ c.c.		(4.2 ±0.4) × 10^{-3}		1373
$K_1(1400)^\pm K^\mp$		(3.8 ±1.4) × 10^{-3}		1171
$\omega \pi^0 \pi^0$		(3.4 ±0.8) × 10^{-3}		1436
$b_1(1235)^\pm \pi^\mp$	[gg]	(3.0 ±0.5) × 10^{-3}		1300
$\omega K^\pm K_S^0 \pi^\mp$	[gg]	(2.9 ±0.7) × 10^{-3}		1210
$b_1(1235)^0 \pi^0$		(2.3 ±0.6) × 10^{-3}		1300
$\phi K^*(892)\overline{K} +$ c.c.		(2.04±0.28) × 10^{-3}		969
$\omega K \overline{K}$		(1.9 ±0.4) × 10^{-3}		1268
$\omega f_0(1710) \to \omega K \overline{K}$		(4.8 ±1.1) × 10^{-4}		878
$\phi 2(\pi^+ \pi^-)$		(1.60±0.32) × 10^{-3}		1318
$\Delta(1232)^{++} \overline{p} \pi^-$		(1.6 ±0.5) × 10^{-3}		1030
$\omega \eta$		(1.58±0.16) × 10^{-3}		1394
$\phi K \overline{K}$		(1.54±0.21) × 10^{-3}		1179
$\phi f_0(1710) \to \phi K \overline{K}$		(3.6 ±0.6) × 10^{-4}		875
$p \overline{p} \omega$		(1.30±0.25) × 10^{-3}	S=1.3	768
$\Delta(1232)^{++} \overline{\Delta}(1232)^{--}$		(1.10±0.29) × 10^{-3}		938
$\Sigma(1385)^- \overline{\Sigma}(1385)^+$ (or c.c.)	[gg]	(1.03±0.13) × 10^{-3}		697
$p \overline{p} \eta'(958)$		(9 ±4) × 10^{-4}	S=1.7	596
$\phi f_2'(1525)$		(8 ±4) × 10^{-4}	S=2.7	871
$\phi \pi^+ \pi^-$		(8.0 ±1.2) × 10^{-4}		1365
$\phi K^\pm K_S^0 \pi^\mp$	[gg]	(7.2 ±0.9) × 10^{-4}		1114

$\omega f_1(1420)$	$(6.8 \pm 2.4) \times 10^{-4}$		1062
$\phi \eta$	$(6.5 \pm 0.7) \times 10^{-4}$		1320
$\Xi(1530)^- \overline{\Xi}^+$	$(5.9 \pm 1.5) \times 10^{-4}$		601
$p K^- \overline{\Sigma}(1385)^0$	$(5.1 \pm 3.2) \times 10^{-4}$		646
$\omega \pi^0$	$(4.2 \pm 0.6) \times 10^{-4}$	S=1.4	1446
$\phi \eta'(958)$	$(3.3 \pm 0.4) \times 10^{-4}$		1192
$\phi f_0(980)$	$(3.2 \pm 0.9) \times 10^{-4}$	S=1.9	1182
$\Xi(1530)^0 \overline{\Xi}^0$	$(3.2 \pm 1.4) \times 10^{-4}$		608
$\Sigma(1385)^- \overline{\Sigma}^+$ (or c.c.) [gg]	$(3.1 \pm 0.5) \times 10^{-4}$		855
$\phi f_1(1285)$	$(2.6 \pm 0.5) \times 10^{-4}$	S=1.1	1032
$\rho \eta$	$(1.93 \pm 0.23) \times 10^{-4}$		1396
$\omega \eta'(958)$	$(1.67 \pm 0.25) \times 10^{-4}$		1279
$\omega f_0(980)$	$(1.4 \pm 0.5) \times 10^{-4}$		1271
$\rho \eta'(958)$	$(1.05 \pm 0.18) \times 10^{-4}$		1281
$p \overline{p} \phi$	$(4.5 \pm 1.5) \times 10^{-5}$		527
$a_2(1320)^\pm \pi^\mp$ [gg]	$< 4.3 \times 10^{-3}$	CL=90%	1263
$K \overline{K}_2^*(1430) +$ c.c.	$< 4.0 \times 10^{-3}$	CL=90%	1159
$K_1(1270)^\pm K^\mp$	$< 3.0 \times 10^{-3}$	CL=90%	1231
$K_2^*(1430)^0 \overline{K}_2^*(1430)^0$	$< 2.9 \times 10^{-3}$	CL=90%	604
$K^*(892)^0 \overline{K}^*(892)^0$	$< 5 \times 10^{-4}$	CL=90%	1266
$\phi f_2(1270)$	$< 3.7 \times 10^{-4}$	CL=90%	1036
$p \overline{p} \rho$	$< 3.1 \times 10^{-4}$	CL=90%	774
$\phi \eta(1405) \to \phi \eta \pi \pi$	$< 2.5 \times 10^{-4}$	CL=90%	946
$\omega f_2'(1525)$	$< 2.2 \times 10^{-4}$	CL=90%	1003
$\Sigma(1385)^0 \overline{\Lambda}$	$< 2 \times 10^{-4}$	CL=90%	912
$\Delta(1232)^+ \overline{p}$	$< 1 \times 10^{-4}$	CL=90%	1100
$\Sigma^0 \overline{\Lambda}$	$< 9 \times 10^{-5}$	CL=90%	1032
$\phi \pi^0$	$< 6.8 \times 10^{-6}$	CL=90%	1377

Decays into stable hadrons

$2(\pi^+ \pi^-) \pi^0$	(3.37 ± 0.26) %		1496
$3(\pi^+ \pi^-) \pi^0$	(2.9 ± 0.6) %		1433
$\pi^+ \pi^- \pi^0$	(1.50 ± 0.20) %		1533
$\pi^+ \pi^- \pi^0 K^+ K^-$	(1.20 ± 0.30) %		1368
$4(\pi^+ \pi^-) \pi^0$	$(9.0 \pm 3.0) \times 10^{-3}$		1345
$\pi^+ \pi^- K^+ K^-$	$(7.2 \pm 2.3) \times 10^{-3}$		1407
$K \overline{K} \pi$	$(6.1 \pm 1.0) \times 10^{-3}$		1442
$p \overline{p} \pi^+ \pi^-$	$(6.0 \pm 0.5) \times 10^{-3}$	S=1.3	1107
$2(\pi^+ \pi^-)$	$(4.0 \pm 1.0) \times 10^{-3}$		1517
$3(\pi^+ \pi^-)$	$(4.0 \pm 2.0) \times 10^{-3}$		1466
$n \overline{n} \pi^+ \pi^-$	$(4 \pm 4) \times 10^{-3}$		1106
$\Sigma^0 \overline{\Sigma}^0$	$(1.27 \pm 0.17) \times 10^{-3}$		988
$2(\pi^+ \pi^-) K^+ K^-$	$(3.1 \pm 1.3) \times 10^{-3}$		1320
$p \overline{p} \pi^+ \pi^- \pi^0$ [llll]	$(2.3 \pm 0.9) \times 10^{-3}$	S=1.9	1033

$p\bar{p}$		$(2.12\pm0.10)\times 10^{-3}$		1232
$p\bar{p}\eta$		$(2.09\pm0.18)\times 10^{-3}$		948
$p\bar{n}\pi^-$		$(2.00\pm0.10)\times 10^{-3}$		1174
$n\bar{n}$		$(2.2\pm0.4)\times 10^{-3}$		1231
$\Xi\bar{\Xi}$		$(1.8\pm0.4)\times 10^{-3}$	S=1.8	818
$\Lambda\bar{\Lambda}$		$(1.30\pm0.12)\times 10^{-3}$	S=1.1	1074
$p\bar{p}\pi^0$		$(1.09\pm0.09)\times 10^{-3}$		1176
$\Lambda\bar{\Sigma}^-\pi^+$ (or c.c.)	[gg]	$(1.06\pm0.12)\times 10^{-3}$		950
$pK^-\bar{\Lambda}$		$(8.9\pm1.6)\times 10^{-4}$		876
$2(K^+K^-)$		$(9.2\pm3.3)\times 10^{-4}$	S=1.3	1131
$pK^-\bar{\Sigma}^0$		$(2.9\pm0.8)\times 10^{-4}$		819
K^+K^-		$(2.37\pm0.31)\times 10^{-4}$		1468
$K_S^0 K_L^0$		$(1.46\pm0.26)\times 10^{-4}$	S=2.7	1466
$\Lambda\bar{\Lambda}\pi^0$		$(2.2\pm0.6)\times 10^{-4}$		998
$\pi^+\pi^-$		$(1.47\pm0.23)\times 10^{-4}$		1542
$\Lambda\bar{\Sigma}$ + c.c.		$<1.5\times 10^{-4}$	CL=90%	1034
$K_S^0 K_S^0$		$<5.2\times 10^{-6}$	CL=90%	1466

Radiative decays

$\gamma\eta_c(1S)$		$(1.3\pm0.4)\%$		115
$\gamma\pi^+\pi^-2\pi^0$		$(8.3\pm3.1)\times 10^{-3}$		1518
$\gamma\eta\pi\pi$		$(6.1\pm1.0)\times 10^{-3}$		1487
$\gamma\eta(1405/1475)\to\gamma K\bar{K}\pi$	[p]	$(2.8\pm0.6)\times 10^{-3}$	S=1.6	1223
$\gamma\eta(1405/1475)\to\gamma\gamma\rho^0$		$(6.4\pm1.4)\times 10^{-5}$		1223
$\gamma\eta(1405/1475)\to\gamma\eta\pi^+\pi^-$		$(3.0\pm0.5)\times 10^{-4}$		–
$\gamma\rho\rho$		$(4.5\pm0.8)\times 10^{-3}$		1340
$\gamma\eta_2(1870)\to\gamma\pi^+\pi^-$		$(6.2\pm2.4)\times 10^{-4}$		–
$\gamma\eta'(958)$		$(4.31\pm0.30)\times 10^{-3}$		1400
$\gamma 2\pi^+2\pi^-$		$(2.8\pm0.5)\times 10^{-3}$	S=1.9	1517
$\gamma K^+K^-\pi^+\pi^-$		$(2.1\pm0.6)\times 10^{-3}$		1407
$\gamma f_4(2050)$		$(2.7\pm0.7)\times 10^{-3}$		880
$\gamma\omega\omega$		$(1.59\pm0.33)\times 10^{-3}$		1336
$\gamma\eta(1405/1475)\to\gamma\rho^0\rho^0$		$(1.7\pm0.4)\times 10^{-3}$	S=1.3	1223
$\gamma f_2(1270)$		$(1.38\pm0.14)\times 10^{-3}$		1286
$\gamma f_0(1710)\to\gamma K\bar{K}$		$(8.5^{+1.2}_{-0.9})\times 10^{-4}$	S=1.2	1075
$\gamma\eta$		$(8.6\pm0.8)\times 10^{-4}$		1500
$\gamma f_1(1420)\to\gamma K\bar{K}\pi$		$(7.9\pm1.3)\times 10^{-4}$		1220
$\gamma f_1(1285)$		$(6.1\pm0.8)\times 10^{-4}$		1283
$\gamma f_1(1510)\to\gamma\eta\pi^+\pi^-$		$(4.5\pm1.2)\times 10^{-4}$		–
$\gamma f_2'(1525)$		$(4.5^{+0.7}_{-0.4})\times 10^{-4}$		1173
$\gamma f_2(1950)\to\gamma K^*(892)\bar{K}^*(892)$		$(7.0\pm2.2)\times 10^{-4}$		–
$\gamma K^*(892)\bar{K}^*(892)$		$(4.0\pm1.3)\times 10^{-3}$		1266

$\gamma\phi\phi$	$(4.0 \pm 1.2) \times 10^{-4}$	S=2.1	1166
$\gamma p\bar{p}$	$(3.8 \pm 1.0) \times 10^{-4}$		1232
$\gamma\eta(2225)$	$(2.9 \pm 0.6) \times 10^{-4}$		752
$\gamma\eta(1760) \to \gamma\rho^0\rho^0$	$(1.3 \pm 0.9) \times 10^{-4}$		1048
$\gamma(K\bar{K}\pi)_{JPC=0-+}$	$(7 \pm 4) \times 10^{-4}$	S=2.1	1442
$\gamma\pi^0$	$(3.9 \pm 1.3) \times 10^{-5}$		1546
$\gamma p\bar{p}\pi^+\pi^-$	$< 7.9 \times 10^{-4}$	CL=90%	1107
$\gamma\gamma$	$< 5 \times 10^{-4}$	CL=90%	1548
$\gamma\Lambda\bar{\Lambda}$	$< 1.3 \times 10^{-4}$	CL=90%	1074
3γ	$< 5.5 \times 10^{-5}$	CL=90%	1548
$\gamma f_J(2220)$	$> 2.50 \times 10^{-3}$	CL=99.9%	745
$\gamma f_J(2220) \to \gamma\pi\pi$	$(8 \pm 4) \times 10^{-5}$		–
$\gamma f_J(2220) \to \gamma K\bar{K}$	$(8.1 \pm 3.0) \times 10^{-5}$		–
$\gamma f_J(2220) \to \gamma p\bar{p}$	$(1.5 \pm 0.8) \times 10^{-5}$		–
$\gamma f_0(1500)$	$>(5.7 \pm 0.8) \times 10^{-4}$		1182
$\gamma e^+ e^-$	$(8.8 \pm 1.4) \times 10^{-3}$		1548

Lepton Family number (LF) violating modes

$e^{\pm}\mu^{\mp}$	LF	$< 1.1 \times 10^{-6}$	CL=90%	1547

$\chi_{c0}(1P)$

$I^G(J^{PC}) = 0^+(0^{++})$

Mass $m = 3415.19 \pm 0.34$ MeV
Full width $\Gamma = 10.1 \pm 0.8$ MeV

$\chi_{c0}(1P)$ DECAY MODES	Fraction (Γ_i/Γ)	Confidence level	p (MeV/c)
Hadronic decays			
$2(\pi^+\pi^-)$	(2.58 ± 0.31) %		1679
$\pi^+\pi^- K^+ K^-$	(2.1 ± 0.5) %		1581
$\rho^0\pi^+\pi^-$	(1.6 ± 0.5) %		1607
$3(\pi^+\pi^-)$	(1.27 ± 0.22) %		1633
$K^+\bar{K}^*(892)^0\pi^- +$ c.c.	(1.2 ± 0.4) %		1524
$K^+ K^-$	$(6.0 \pm 0.9) \times 10^{-3}$		1635
$\pi\pi$	$(7.4 \pm 0.8) \times 10^{-3}$		1702
$\eta\eta$	$(2.1 \pm 1.1) \times 10^{-3}$		1617
$K^+ K^- K^+ K^-$	$(2.3 \pm 0.5) \times 10^{-3}$		1334
$K^0_S K^0_S$	$(2.1 \pm 0.6) \times 10^{-3}$		1633
$\pi^+\pi^- p\bar{p}$	$(2.2 \pm 0.8) \times 10^{-3}$		1320
$\phi\phi$	$(1.0 \pm 0.6) \times 10^{-3}$		1370
$p\bar{p}$	$(2.24\pm0.27) \times 10^{-4}$		1427
$\Lambda\bar{\Lambda}$	$(4.7 \pm 1.6) \times 10^{-4}$		1293
$K^0_S K^+\pi^- +$ c.c.	$< 8 \times 10^{-4}$	90%	1610

Radiative decays

$\gamma J/\psi(1S)$	(1.18 ± 0.14) %	303
$\gamma\gamma$	$(2.6\pm0.5)\times10^{-4}$	1708

$\chi_{c1}(1P)$

$I^G(J^{PC}) = 0^+(1^{++})$

Mass $m = 3510.59 \pm 0.10$ MeV (S = 1.1)
Full width $\Gamma = 0.91 \pm 0.13$ MeV

$\chi_{c1}(1P)$ DECAY MODES	Fraction (Γ_i/Γ)	p (MeV/c)
Hadronic decays		
$3(\pi^+\pi^-)$	$(6.2\pm1.6)\times10^{-3}$	1683
$2(\pi^+\pi^-)$	$(8.2\pm2.9)\times10^{-3}$	1727
$\pi^+\pi^- K^+ K^-$	$(4.9\pm1.1)\times10^{-3}$	1632
$\rho^0\pi^+\pi^-$	$(3.9\pm3.5)\times10^{-3}$	1657
$K^+\overline{K}^*(892)^0\pi^-$ + c.c.	$(3.2\pm2.1)\times10^{-3}$	1577
$K^0_S K^+\pi^-$ + c.c.	$(2.5\pm0.7)\times10^{-3}$	1660
$\pi^+\pi^- p\overline{p}$	$(5.3\pm2.1)\times10^{-4}$	1381
$K^+ K^- K^+ K^-$	$(4.2\pm1.9)\times10^{-4}$	1393
$p\overline{p}$	$(7.2\pm1.3)\times10^{-5}$	1483
$\Lambda\overline{\Lambda}$	$(2.6\pm1.2)\times10^{-4}$	1355
$\pi^+\pi^- + K^+ K^-$	$< 2.1 \times10^{-3}$	–
Radiative decays		
$\gamma J/\psi(1S)$	(31.6 ± 3.3) %	389

$\chi_{c2}(1P)$

$I^G(J^{PC}) = 0^+(2^{++})$

Mass $m = 3556.26 \pm 0.11$ MeV
Full width $\Gamma = 2.11 \pm 0.16$ MeV

$\chi_{c2}(1P)$ DECAY MODES	Fraction (Γ_i/Γ)	Confidence level	p (MeV/c)
Hadronic decays			
$2(\pi^+\pi^-)$	(1.48 ± 0.21) %		1751
$\pi^+\pi^- K^+ K^-$	(1.24 ± 0.33) %		1656
$3(\pi^+\pi^-)$	(1.07 ± 0.24) %		1707
$\rho^0\pi^+\pi^-$	$(7\pm4)\times10^{-3}$		1681
$K^+\overline{K}^*(892)^0\pi^-$ + c.c.	$(4.8\pm2.8)\times10^{-3}$		1602
$\phi\phi$	$(2.4\pm0.9)\times10^{-3}$		1457
$\pi^+\pi^-$	$(1.77\pm0.27)\times10^{-3}$		1773
$\pi^0\pi^0$	$(1.1\pm0.7)\times10^{-3}$		1773

$\eta\eta$	< 1.5 $\times 10^{-3}$	90%	1692
$K^+K^-K^+K^-$	(1.8 ±0.5) $\times 10^{-3}$		1421
$\pi^+\pi^-p\bar{p}$	(1.7 ±0.4) $\times 10^{-3}$		1410
K^+K^-	(9.4 ±2.1) $\times 10^{-4}$		1708
$K_S^0 K_S^0$	(7.2 ±2.7) $\times 10^{-4}$		1707
$p\bar{p}$	(6.8 ±0.7) $\times 10^{-5}$		1510
$\Lambda\bar{\Lambda}$	(3.4 ±1.7) $\times 10^{-4}$		1385
$J/\psi(1S)\pi^+\pi^-\pi^0$	< 1.5 %	90%	186
$K_S^0 K^+\pi^-$ + c.c.	< 1.3 $\times 10^{-3}$	90%	1685

Radiative decays

$\gamma J/\psi(1S)$	(20.2 ±1.7) %		430
$\gamma\gamma$	(2.46±0.23) $\times 10^{-4}$		1778

$\psi(2S)$ $\quad I^G(J^{PC}) = 0^-(1^{--})$

Mass $m = 3686.093 \pm 0.034$ MeV (S = 1.4)
Full width $\Gamma = 281 \pm 17$ keV
$\Gamma_{ee} = 2.12 \pm 0.12$ keV

$\psi(2S)$ DECAY MODES	Fraction (Γ_i/Γ)	Scale factor/ Confidence level	p (MeV/c)
hadrons	(97.85±0.13) %		—
virtual $\gamma \to$ hadrons	(2.16±0.35) %	S=2.1	—
e^+e^-	(7.55±0.31) $\times 10^{-3}$		1843
$\mu^+\mu^-$	(7.3 ±0.8) $\times 10^{-3}$		1840
$\tau^+\tau^-$	(2.8 ±0.7) $\times 10^{-3}$		489

Decays into $J/\psi(1S)$ and anything

$J/\psi(1S)$ anything	(57.6 ±2.0) %		—
$J/\psi(1S)$ neutrals	(24.6 ±1.2) %		—
$J/\psi(1S)\pi^+\pi^-$	(31.7 ±1.1) %		477
$J/\psi(1S)\pi^0\pi^0$	(18.8 ±1.2) %		481
$J/\psi(1S)\eta$	(3.16±0.22) %		199
$J/\psi(1S)\pi^0$	(9.6 ±2.1) $\times 10^{-4}$		528

Hadronic decays

$3(\pi^+\pi^-)\pi^0$	(3.5 ±1.6) $\times 10^{-3}$		1746
$2(\pi^+\pi^-)\pi^0$	(3.0 ±0.8) $\times 10^{-3}$		1799
$\rho a_2(1320)$	< 2.3 $\times 10^{-4}$	CL=90%	1500
$\omega\pi^+\pi^-$	(4.8 ±0.9) $\times 10^{-4}$		1748
$b_1^\pm\pi^\mp$	(3.2 ±0.8) $\times 10^{-4}$		1635
$\omega f_2(1270)$	< 1.5 $\times 10^{-4}$	CL=90%	1515
$\pi^+\pi^-K^+K^-$	(1.6 ±0.4) $\times 10^{-3}$		1726
$K^*(892)\bar{K}_2^*(1430)^0$	< 1.2 $\times 10^{-4}$	CL=90%	1418

Tabellen-Anhang 457

$K_1(1270)^\pm K^\mp$	$(1.00\pm0.28)\times 10^{-3}$		1581
$\pi^+\pi^- p\bar{p}$	$(8.0\pm 2.0)\times 10^{-4}$		1491
$K^+\overline{K}^*(892)^0\pi^-$ + c.c.	$(6.7\pm 2.5)\times 10^{-4}$		1674
$2(\pi^+\pi^-)$	$(4.5\pm 1.0)\times 10^{-4}$		1817
$\rho^0\pi^+\pi^-$	$(4.2\pm 1.5)\times 10^{-4}$		1750
ωK^+K^-	$(1.5\pm 0.4)\times 10^{-4}$		1614
$\omega p\bar{p}$	$(8.0\pm 3.2)\times 10^{-5}$		1247
$\bar{p}p$	$(2.07\pm 0.31)\times 10^{-4}$		1586
$\Lambda\bar{\Lambda}$	$(1.81\pm 0.34)\times 10^{-4}$		1467
$3(\pi^+\pi^-)$	$(1.5\pm 1.0)\times 10^{-4}$		1774
$\bar{p}p\pi^0$	$(1.4\pm 0.5)\times 10^{-4}$		1543
$\Delta^{++}\overline{\Delta}^{--}$	$(1.28\pm 0.35)\times 10^{-4}$		1371
$\Sigma^0\overline{\Sigma}^0$	$(1.2\pm 0.6)\times 10^{-4}$		1405
$\Sigma^{*+}\overline{\Sigma}^{*-}$	$(1.1\pm 0.4)\times 10^{-4}$		1218
K^+K^-	$(1.0\pm 0.7)\times 10^{-4}$		1776
$K^0_S K^0_L$	$(5.2\pm 0.7)\times 10^{-5}$		1775
$\pi^+\pi^-\pi^0$	$(8\pm 5)\times 10^{-5}$		1830
$\rho\pi$	$<8.3\times 10^{-5}$	CL=90%	1759
$\pi^+\pi^-$	$(8\pm 5)\times 10^{-5}$		1838
$\Xi^-\overline{\Xi}^+$	$(9.4\pm 3.1)\times 10^{-5}$		1285
$K_1(1400)^\pm K^\mp$	$<3.1\times 10^{-4}$	CL=90%	1532
$\Xi^{*0}\overline{\Xi}^{*0}$	$<8.1\times 10^{-5}$	CL=90%	1025
$\Omega^-\overline{\Omega}^+$	$<7.3\times 10^{-5}$	CL=90%	774
$K^+K^-\pi^0$	$<2.96\times 10^{-5}$	CL=90%	1754
$K^+\overline{K}^*(892)^-$ + c.c.	$<5.4\times 10^{-5}$	CL=90%	1698
$\phi\pi^+\pi^-$	$(1.50\pm 0.28)\times 10^{-4}$		1690
$\phi f_0(980)\to\pi^+\pi^-$	$(6.0\pm 2.2)\times 10^{-5}$		–
ϕK^+K^-	$(6.0\pm 2.2)\times 10^{-5}$		1546
$\phi p\bar{p}$	$<2.6\times 10^{-5}$	CL=90%	1109
$\phi f'_2(1525)$	$<4.5\times 10^{-5}$	CL=90%	1321

Radiative decays

$\gamma\chi_{c0}(1P)$	$(8.6\pm 0.7)\%$		261
$\gamma\chi_{c1}(1P)$	$(8.4\pm 0.8)\%$		171
$\gamma\chi_{c2}(1P)$	$(6.4\pm 0.6)\%$		128
$\gamma\eta_c(1S)$	$(2.8\pm 0.6)\times 10^{-3}$		639
$\gamma\eta'(958)$	$(1.5\pm 0.4)\times 10^{-4}$		1719
$\gamma f_2(1270)$	$(2.1\pm 0.4)\times 10^{-4}$		1622
$\gamma f_0(1710)\to\gamma\pi\pi$	$(3.0\pm 1.3)\times 10^{-5}$		–
$\gamma f_0(1710)\to\gamma K\overline{K}$	$(6.0\pm 1.6)\times 10^{-5}$		–
$\gamma\gamma$	$<1.5\times 10^{-4}$	CL=90%	1843
$\gamma\eta$	$<9\times 10^{-5}$	CL=90%	1802
$\gamma\eta(1405)\to\gamma K\overline{K}\pi$	$<1.2\times 10^{-4}$	CL=90%	1569

$\psi(3770)$ $I^G(J^{PC}) = 0^-(1^{--})$

Mass $m = 3770.0 \pm 2.4$ MeV   (S = 1.8)
Full width $\Gamma = 23.6 \pm 2.7$ MeV   (S = 1.1)
$\Gamma_{ee} = 0.26 \pm 0.04$ keV   (S = 1.2)

$\psi(3770)$ DECAY MODES	Fraction (Γ_i/Γ)	Scale factor	p (MeV/c)
$D\overline{D}$	dominant		276
e^+e^-	$(1.12 \pm 0.17) \times 10^{-5}$	1.2	1885

$\psi(4040)$ [mmm] $I^G(J^{PC}) = 0^-(1^{--})$

Mass $m = 4040 \pm 10$ MeV
Full width $\Gamma = 52 \pm 10$ MeV
$\Gamma_{ee} = 0.75 \pm 0.15$ keV

$\psi(4040)$ DECAY MODES	Fraction (Γ_i/Γ)	p (MeV/c)
e^+e^-	$(1.4 \pm 0.4) \times 10^{-5}$	2020
$D^0\overline{D}^0$	seen	777
$D^*(2007)^0\overline{D}^0$ + c.c.	seen	577
$D^*(2007)^0\overline{D}^*(2007)^0$	seen	231

$\psi(4160)$ [mmm] $I^G(J^{PC}) = 0^-(1^{--})$

Mass $m = 4159 \pm 20$ MeV
Full width $\Gamma = 78 \pm 20$ MeV
$\Gamma_{ee} = 0.77 \pm 0.23$ keV

$\psi(4160)$ DECAY MODES	Fraction (Γ_i/Γ)	p (MeV/c)
e^+e^-	$(10 \pm 4) \times 10^{-6}$	2080

$\psi(4415)$ [mmm] $I^G(J^{PC}) = 0^-(1^{--})$

Mass $m = 4415 \pm 6$ MeV
Full width $\Gamma = 43 \pm 15$ MeV   (S = 1.8)
$\Gamma_{ee} = 0.47 \pm 0.10$ keV

$\psi(4415)$ DECAY MODES	Fraction (Γ_i/Γ)	p (MeV/c)
hadrons	dominant	–
e^+e^-	$(1.1 \pm 0.4) \times 10^{-5}$	2207

$b\bar{b}$ MESONS

$\Upsilon(1S)$

$I^G(J^{PC}) = 0^-(1^{--})$

Mass $m = 9460.30 \pm 0.26$ MeV   (S = 3.3)
Full width $\Gamma = 53.0 \pm 1.5$ keV
$\Gamma_{ee} = 1.314 \pm 0.029$ keV

$\Upsilon(1S)$ DECAY MODES	Fraction (Γ_i/Γ)	Confidence level	p (MeV/c)
$\tau^+\tau^-$	$(2.67^{+0.14}_{-0.16})$ %		4384
e^+e^-	(2.38 ± 0.11) %		4730
$\mu^+\mu^-$	(2.48 ± 0.06) %		4729
Hadronic decays			
$\eta'(958)$ anything	(2.8 ± 0.4) %		—
$J/\psi(1S)$ anything	$(1.1 \pm 0.4) \times 10^{-3}$		4223
$\rho\pi$	$< 2 \times 10^{-4}$	90%	4697
$\pi^+\pi^-$	$< 5 \times 10^{-4}$	90%	4728
K^+K^-	$< 5 \times 10^{-4}$	90%	4704
$p\bar{p}$	$< 5 \times 10^{-4}$	90%	4636
$\pi^0\pi^+\pi^-$	$< 1.84 \times 10^{-5}$	90%	4725
Radiative decays			
$\gamma\pi^+\pi^-$	$(6.3 \pm 1.8) \times 10^{-5}$		4728
$\gamma\pi^0\pi^0$	$(1.7 \pm 0.7) \times 10^{-5}$		4728
$\gamma 2h^+ 2h^-$	$(7.0 \pm 1.5) \times 10^{-4}$		4720
$\gamma 3h^+ 3h^-$	$(5.4 \pm 2.0) \times 10^{-4}$		4703
$\gamma 4h^+ 4h^-$	$(7.4 \pm 3.5) \times 10^{-4}$		4679
$\gamma\pi^+\pi^- K^+K^-$	$(2.9 \pm 0.9) \times 10^{-4}$		4686
$\gamma 2\pi^+ 2\pi^-$	$(2.5 \pm 0.9) \times 10^{-4}$		4720
$\gamma 3\pi^+ 3\pi^-$	$(2.5 \pm 1.2) \times 10^{-4}$		4703
$\gamma 2\pi^+ 2\pi^- K^+K^-$	$(2.4 \pm 1.2) \times 10^{-4}$		4658
$\gamma\pi^+\pi^- p\bar{p}$	$(1.5 \pm 0.6) \times 10^{-4}$		4604
$\gamma 2\pi^+ 2\pi^- p\bar{p}$	$(4 \pm 6) \times 10^{-5}$		4563
$\gamma 2K^+ 2K^-$	$(2.0 \pm 2.0) \times 10^{-5}$		4601
$\gamma\eta'(958)$	$< 1.6 \times 10^{-5}$	90%	4682
$\gamma\eta$	$< 2.1 \times 10^{-5}$	90%	4714
$\gamma f'_2(1525)$	$< 1.4 \times 10^{-4}$	90%	4607
$\gamma f_2(1270)$	$(8 \pm 4) \times 10^{-5}$		4644
$\gamma\eta(1405)$	$< 8.2 \times 10^{-5}$	90%	4625
$\gamma f_0(1710) \to \gamma K\bar{K}$	$< 2.6 \times 10^{-4}$	90%	4576

$\gamma f_0(2200) \to \gamma K^+K^-$	< 2	$\times 10^{-4}$	90%	4475
$\gamma f_J(2220) \to \gamma K^+K^-$	< 1.5	$\times 10^{-5}$	90%	4469
$\gamma f_J(2220) \to \gamma \pi^+\pi^-$	< 1.2	$\times 10^{-5}$	90%	–
$\gamma f_J(2220) \to \gamma p\bar{p}$	< 1.6	$\times 10^{-5}$	90%	–
$\gamma \eta(2225) \to \gamma \phi\phi$	< 3	$\times 10^{-3}$	90%	4469
γX	< 3	$\times 10^{-5}$	90%	–
(X = pseudoscalar with $m <$ 7.2 GeV)				
$\gamma X\bar{X}$	< 1	$\times 10^{-3}$	90%	–
($X\bar{X}$ = vectors with $m <$ 3.1 GeV)				

$\chi_{b0}(1P)$ [nnn]

$I^G(J^{PC}) = 0^+(0^{++})$
J needs confirmation.

Mass $m = 9859.9 \pm 1.0$ MeV

$\chi_{b0}(1P)$ DECAY MODES	Fraction (Γ_i/Γ)	Confidence level	p (MeV/c)
$\gamma \Upsilon(1S)$	<6 %	90%	391

$\chi_{b1}(1P)$ [nnn]

$I^G(J^{PC}) = 0^+(1^{++})$
J needs confirmation.

Mass $m = 9892.7 \pm 0.6$ MeV (S = 1.1)

$\chi_{b1}(1P)$ DECAY MODES	Fraction (Γ_i/Γ)	p (MeV/c)
$\gamma \Upsilon(1S)$	(35±8) %	423

$\chi_{b2}(1P)$ [nnn]

$I^G(J^{PC}) = 0^+(2^{++})$
J needs confirmation.

Mass $m = 9912.6 \pm 0.5$ MeV (S = 1.1)

$\chi_{b2}(1P)$ DECAY MODES	Fraction (Γ_i/Γ)	p (MeV/c)
$\gamma \Upsilon(1S)$	(22±4) %	442

$\Upsilon(2S)$

$I^G(J^{PC}) = 0^-(1^{--})$

Mass $m = 10.02326 \pm 0.00031$ GeV
Full width $\Gamma = 43 \pm 6$ keV
$\Gamma_{ee} = 0.576 \pm 0.024$ keV

$\Upsilon(2S)$ DECAY MODES	Fraction (Γ_i/Γ)	Confidence level	p (MeV/c)
$\Upsilon(1S)\pi^+\pi^-$	$(18.8 \pm 0.6)\%$		475
$\Upsilon(1S)\pi^0\pi^0$	$(9.0 \pm 0.8)\%$		480
$\tau^+\tau^-$	$(1.7 \pm 1.6)\%$		4686
$\mu^+\mu^-$	$(1.31 \pm 0.21)\%$		5011
e^+e^-	$(1.34 \pm 0.20)\%$		5012
$\Upsilon(1S)\pi^0$	$< 1.1 \times 10^{-3}$	90%	531
$\Upsilon(1S)\eta$	$< 2 \times 10^{-3}$	90%	126
$J/\psi(1S)$ anything	$< 6 \times 10^{-3}$	90%	4533
Radiative decays			
$\gamma\chi_{b1}(1P)$	$(6.8 \pm 0.7)\%$		130
$\gamma\chi_{b2}(1P)$	$(7.0 \pm 0.6)\%$		110
$\gamma\chi_{b0}(1P)$	$(3.8 \pm 0.6)\%$		162
$\gamma f_0(1710)$	$< 5.9 \times 10^{-4}$	90%	4865
$\gamma f_2'(1525)$	$< 5.3 \times 10^{-4}$	90%	4896
$\gamma f_2(1270)$	$< 2.41 \times 10^{-4}$	90%	4930

$\chi_{b0}(2P)$ [nnn]

$I^G(J^{PC}) = 0^+(0^{++})$
J needs confirmation.

Mass $m = 10.2321 \pm 0.0006$ GeV

$\chi_{b0}(2P)$ DECAY MODES	Fraction (Γ_i/Γ)	p (MeV/c)
$\gamma\,\Upsilon(2S)$	$(4.6 \pm 2.1)\%$	207
$\gamma\,\Upsilon(1S)$	$(9 \pm 6) \times 10^{-3}$	743

$\chi_{b1}(2P)$ [nnn]

$I^G(J^{PC}) = 0^+(1^{++})$
J needs confirmation.

Mass $m = 10.2552 \pm 0.0005$ GeV
$m_{\chi_{b1}(2P)} - m_{\chi_{b0}(2P)} = 23.5 \pm 1.0$ MeV

$\chi_{b1}(2P)$ DECAY MODES	Fraction (Γ_i/Γ)	Scale factor	p (MeV/c)
$\gamma\,\Upsilon(2S)$	$(21 \pm 4)\%$	1.5	229
$\gamma\,\Upsilon(1S)$	$(8.5 \pm 1.3)\%$	1.3	764

$\chi_{b2}(2P)$ [nnn]

$I^G(J^{PC}) = 0^+(2^{++})$
J needs confirmation.

Mass $m = 10.2685 \pm 0.0004$ GeV
$m_{\chi_{b2}(2P)} - m_{\chi_{b1}(2P)} = 13.5 \pm 0.6$ MeV

$\chi_{b2}(2P)$ DECAY MODES	Fraction (Γ_i/Γ)	p (MeV/c)
$\gamma\,\Upsilon(2S)$	(16.2 ± 2.4) %	242
$\gamma\,\Upsilon(1S)$	(7.1 ± 1.0) %	776

$\Upsilon(3S)$

$I^G(J^{PC}) = 0^-(1^{--})$

Mass $m = 10.3552 \pm 0.0005$ GeV
Full width $\Gamma = 26.3 \pm 3.4$ keV

$\Upsilon(3S)$ DECAY MODES	Fraction (Γ_i/Γ)	Scale factor/ Confidence level	p (MeV/c)
$\Upsilon(2S)$ anything	(10.6 ± 0.8) %		296
$\Upsilon(2S)\pi^+\pi^-$	(2.8 ± 0.6) %	S=2.2	177
$\Upsilon(2S)\pi^0\pi^0$	(2.00 ± 0.32) %		190
$\Upsilon(2S)\gamma\gamma$	(5.0 ± 0.7) %		327
$\Upsilon(1S)\pi^+\pi^-$	(4.48 ± 0.21) %		813
$\Upsilon(1S)\pi^0\pi^0$	(2.06 ± 0.28) %		816
$\Upsilon(1S)\eta$	$< 2.2 \times 10^{-3}$	CL=90%	677
$\mu^+\mu^-$	(1.81 ± 0.17) %		5177
e^+e^-	seen		5178
Radiative decays			
$\gamma\chi_{b2}(2P)$	(11.4 ± 0.8) %	S=1.3	86
$\gamma\chi_{b1}(2P)$	(11.3 ± 0.6) %		100
$\gamma\chi_{b0}(2P)$	(5.4 ± 0.6) %	S=1.1	122

$\Upsilon(4S)$ or $\Upsilon(10580)$

$I^G(J^{PC}) = 0^-(1^{--})$

Mass $m = 10.5800 \pm 0.0035$ GeV
Full width $\Gamma = 20 \pm 4$ MeV
$\Gamma_{ee} = 0.248 \pm 0.031$ keV   (S = 1.3)

$\Upsilon(4S)$ DECAY MODES	Fraction (Γ_i/Γ)	Confidence level	p (MeV/c)
$B\overline{B}$	> 96 %	95%	335
non-$B\overline{B}$	< 4 %	95%	—
e^+e^-	$(2.8 \pm 0.7) \times 10^{-5}$		5290

$J/\psi(1S)$ anything	< 1.9	$\times 10^{-4}$	95%	–
D^{*+} anything + c.c.	< 7.4	%	90%	5099
ϕ anything	< 2.3	$\times 10^{-3}$	90%	5240
$\Upsilon(1S)$ anything	< 4	$\times 10^{-3}$	90%	1053
$\Upsilon(1S)\pi^+\pi^-$	< 1.2	$\times 10^{-4}$	90%	1027
$\Upsilon(2S)\pi^+\pi^-$	< 3.9	$\times 10^{-4}$	90%	469

$\Upsilon(10860)$ $\qquad I^G(J^{PC}) = 0^-(1^{--})$

Mass $m = 10.865 \pm 0.008$ GeV (S = 1.1)
Full width $\Gamma = 110 \pm 13$ MeV
$\Gamma_{ee} = 0.31 \pm 0.07$ keV (S = 1.3)

$\Upsilon(10860)$ DECAY MODES	Fraction (Γ_i/Γ)	p (MeV/c)
e^+e^-	$(2.8\pm0.7) \times 10^{-6}$	5432

$\Upsilon(11020)$ $\qquad I^G(J^{PC}) = 0^-(1^{--})$

Mass $m = 11.019 \pm 0.008$ GeV
Full width $\Gamma = 79 \pm 16$ MeV
$\Gamma_{ee} = 0.130 \pm 0.030$ keV

$\Upsilon(11020)$ DECAY MODES	Fraction (Γ_i/Γ)	p (MeV/c)
e^+e^-	$(1.6\pm0.5) \times 10^{-6}$	5510

NOTES

[a] See the "Note on $\pi^\pm \to \ell^\pm \nu \gamma$ and $K^\pm \to \ell^\pm \nu \gamma$ Form Factors" in the $\pi^\pm$ Particle Listings for definitions and details.

[b] Measurements of $\Gamma(e^+ \nu_e)/\Gamma(\mu^+ \nu_\mu)$ always include decays with γ's, and measurements of $\Gamma(e^+ \nu_e \gamma)$ and $\Gamma(\mu^+ \nu_\mu \gamma)$ never include low-energy γ's. Therefore, since no clean separation is possible, we consider the modes with γ's to be subreactions of the modes without them, and let $[\Gamma(e^+ \nu_e) + \Gamma(\mu^+ \nu_\mu)]/\Gamma_{total} = 100\%$.

[c] See the $\pi^\pm$ Particle Listings for the energy limits used in this measurement; low-energy γ's are not included.

[d] Derived from an analysis of neutrino-oscillation experiments.

[e] Astrophysical and cosmological arguments give limits of order 10^{-13}; see the π^0 Particle Listings.

[f] Due to a new measurement in the average, this is 0.45 MeV larger than the mass we gave in our 2002 edition, 547.30 ± 0.12 MeV.

[g] Due to removing an old measurement from the average, this is 0.11 keV larger than the width we gave in our 2002 edition, 1.18 ± 0.11 keV. See the $\Gamma(2\gamma)$ data block in the Data Listings.

[h] C parity forbids this to occur as a single-photon process.

[i] See the "Note on scalar mesons" in the $f_0(1370)$ Particle Listings. The interpretation of this entry as a particle is controversial.

[j] See the "Note on $\rho(770)$" in the $\rho(770)$ Particle Listings.

[k] The $\omega\rho$ interference is then due to $\omega\rho$ mixing only, and is expected to be small. If $e\mu$ universality holds, $\Gamma(\rho^0 \to \mu^+ \mu^-) = \Gamma(\rho^0 \to e^+ e^-) \times 0.99785$.

[l] See the "Note on scalar mesons" in the $f_0(1370)$ Particle Listings.

[m] See the "Note on $a_1(1260)$" in the $a_1(1260)$ Particle Listings.

[n] This is only an educated guess; the error given is larger than the error on the average of the published values. See the Particle Listings for details.

[o] See the "Note on non-$q\bar{q}$ mesons" in the Particle Listings (see the index for the page number).

[p] See the "Note on the $\eta(1405)$" in the $\eta(1405)$ Particle Listings.

[q] See the "Note on the $f_1(1420)$" in the $\eta(1405)$ Particle Listings.

[r] See also the $\omega(1650)$ Particle Listings.

[s] See the "Note on the $\rho(1450)$ and the $\rho(1700)$" in the $\rho(1700)$ Particle Listings.

[t] See also the $\omega(1420)$ Particle Listings.

[u] See the "Note on $f_0(1710)$" in the $f_0(1710)$ Particle Listings.

[v] See the note in the $K^\pm$ Particle Listings.

[w] The definition of the slope parameter g of the $K \to 3\pi$ Dalitz plot is as follows (see also "Note on Dalitz Plot Parameters for $K \to 3\pi$ Decays" in the $K^\pm$ Particle Listings):
$$|M|^2 = 1 + g(s_3 - s_0)/m_{\pi^+}^2 + \cdots.$$

[x] For more details and definitions of parameters see the Particle Listings.

[y] Most of this radiative mode, the low-momentum γ part, is also included in the parent mode listed without γ's.

[z] See the $K^\pm$ Particle Listings for the energy limits used in this measurement.

[aa] Structure-dependent part.

[bb] Direct-emission branching fraction.

[cc] Violates angular-momentum conservation.

[dd] Derived from measured values of ϕ_{+-}, ϕ_{00}, $|\eta|$, $|m_{K_L^0} - m_{K_S^0}|$, and $\tau_{K_S^0}$, as described in the introduction to "Tests of Conservation Laws."

[ee] The CP-violation parameters are defined as follows (see also "Note on CP Violation in $K_S \to 3\pi$" and "Note on CP Violation in K_L^0 Decay" in the Particle Listings):

$$\eta_{+-} = |\eta_{+-}|e^{i\phi_{+-}} = \frac{A(K_L^0 \to \pi^+\pi^-)}{A(K_S^0 \to \pi^+\pi^-)} = \epsilon + \epsilon'$$

$$\eta_{00} = |\eta_{00}|e^{i\phi_{00}} = \frac{A(K_L^0 \to \pi^0\pi^0)}{A(K_S^0 \to \pi^0\pi^0)} = \epsilon - 2\epsilon'$$

$$\delta = \frac{\Gamma(K_L^0 \to \pi^-\ell^+\nu) - \Gamma(K_L^0 \to \pi^+\ell^-\nu)}{\Gamma(K_L^0 \to \pi^-\ell^+\nu) + \Gamma(K_L^0 \to \pi^+\ell^-\nu)},$$

$$\mathrm{Im}(\eta_{+-0})^2 = \frac{\Gamma(K_S^0 \to \pi^+\pi^-\pi^0)^{CP\ \mathrm{viol.}}}{\Gamma(K_L^0 \to \pi^+\pi^-\pi^0)},$$

$$\mathrm{Im}(\eta_{000})^2 = \frac{\Gamma(K_S^0 \to \pi^0\pi^0\pi^0)}{\Gamma(K_L^0 \to \pi^0\pi^0\pi^0)}.$$

where for the last two relations CPT is assumed valid, i.e., $\mathrm{Re}(\eta_{+-0}) \simeq 0$ and $\mathrm{Re}(\eta_{000}) \simeq 0$.

[ff] See the K_S^0 Particle Listings for the energy limits used in this measurement.

[gg] The value is for the sum of the charge states or particle/antiparticle states indicated.

[hh] Re(ϵ'/ϵ) = ϵ'/ϵ to a very good approximation provided the phases satisfy CPT invariance.

[ii] See the K^0_L Particle Listings for the energy limits used in this measurement.

[jj] Allowed by higher-order electroweak interactions.

[kk] Violates CP in leading order. Test of direct CP violation since the indirect CP-violating and CP-conserving contributions are expected to be suppressed.

[ll] See the "Note on $f_0(1370)$" in the $f_0(1370)$ Particle Listings and in the 1994 edition.

[mm] See the note in the $L(1770)$ Particle Listings in Reviews of Modern Physics **56** No. 2 Pt. II (1984), p. S200. See also the "Note on $K_2(1770)$ and the $K_2(1820)$" in the $K_2(1770)$ Particle Listings.

[nn] See the "Note on $K_2(1770)$ and the $K_2(1820)$" in the $K_2(1770)$ Particle Listings.

[oo] This result applies to $Z^0 \to c\bar{c}$ decays only. Here ℓ^+ is an average (not a sum) of e^+ and μ^+ decays.

[pp] This is a weighted average of $D^\pm$ (44%) and D^0 (56%) branching fractions. See "D^+ and $D^0 \to$ (η anything) / (total D^+ and D^0)" under "D^+ Branching Ratios" in the Particle Listings.

[qq] This value averages the e^+ and μ^+ branching fractions, after making a small phase-space adjustment to the μ^+ fraction to be able to use it as an e^+ fraction; hence our ℓ^+ here is really an e^+.

[rr] An ℓ indicates an e or a μ mode, not a sum over these modes.

[ss] The branching fraction for this mode may differ from the sum of the submodes that contribute to it, due to interference effects. See the relevant papers in the Particle Listings.

[tt] The two experiments measuring this fraction are in serious disagreement. See the Particle Listings.

[uu] This value includes only $\pi^+\pi^-$ decays of the intermediate resonance, because branching fractions of this resonance are not known.

[vv] Unseen decay modes of the resonance are included.

[ww] This mode is not a useful test for a $\Delta C=1$ weak neutral current because both quarks must change flavor in this decay.

[xx] This $D^0_1 - D^0_2$ limit is inferred from the D^0-$\overline{D}^0$ mixing ratio $\Gamma(K^+\pi^-$ (via $\overline{D}^0$)) / $\Gamma(K^-\pi^+)$ near the end of the D^0 Listings.

[yy] The exclusive e^+ modes $K^- e^+ \nu_e$, $K^- \pi^0 e^+ \nu_e$, $\overline{K}^0 \pi^- e^+ \nu_e$ and $\pi^- e^+ \nu_e$ are constrained to equal this (well-measured) inclusive fraction.

[zz] The experiments on the division of this charge mode amongst its submodes disagree, and the submode branching fractions here add up to considerably more than the charged-mode fraction.

[aaa] However, these upper limits are in serious disagreement with values obtained in another experiment.

[bbb] For now, we average together measurements of the $X e^+ \nu_e$ and $X \mu^+ \nu_\mu$ branching fractions. This is the *average*, not the *sum*.

[ccc] This branching fraction includes all the decay modes of the final-state resonance.

[ddd] This value includes only $K^+ K^-$ decays of the intermediate resonance, because branching fractions of this resonance are not known.

[eee] B^0 and B^0_s contributions not separated. Limit is on weighted average of the two decay rates.

[fff] These values are model dependent. See 'Note on Semileptonic Decays' in the B^+ Particle Listings.

[ggg] D^{**} stands for the sum of the $D(1\,^1P_1)$, $D(1\,^3P_0)$, $D(1\,^3P_1)$, $D(1\,^3P_2)$, $D(2\,^1S_0)$, and $D(2\,^1S_1)$ resonances.

[hhh] $D^{(*)}\overline{D}^{(*)}$ stands for the sum of $D^*\overline{D}^*$, $D^*\overline{D}$, $D\overline{D}^*$, and $D\overline{D}$.

[iii] Inclusive branching fractions have a multiplicity definition and can be greater than 100%.

[jjj] D_j represents an unresolved mixture of pseudoscalar and tensor D^{**} (P-wave) states.

[kkk] Not a pure measurement. See note at head of B^0_s Decay Modes.

[lll] Includes $p\bar{p}\pi^+\pi^-\gamma$ and excludes $p\bar{p}\eta$, $p\bar{p}\omega$, $p\bar{p}\eta'$.

[mmm] J^{PC} known by production in $e^+ e^-$ via single photon annihilation. I^G is not known; interpretation of this state as a single resonance is unclear because of the expectation of substantial threshold effects in this energy region.

[nnn] Spectroscopic labeling for these states is theoretical, pending experimental information.

N BARYONS
(S = 0, I = 1/2)
p, $N^+ = uud$;   n, $N^0 = udd$

p
$I(J^P) = \frac{1}{2}(\frac{1}{2}^+)$

Mass $m = 1.00727646688 \pm 0.00000000013$ u
Mass $m = 938.27203 \pm 0.00008$ MeV [a]
$|m_p - m_{\bar{p}}|/m_p < 1.0 \times 10^{-8}$, CL = 90% [b]
$|\frac{q_{\bar{p}}}{m_{\bar{p}}}|/(\frac{q_p}{m_p}) = 0.99999999991 \pm 0.00000000009$
$|q_p + q_{\bar{p}}|/e < 1.0 \times 10^{-8}$, CL = 90% [b]
$|q_p + q_e|/e < 1.0 \times 10^{-21}$ [c]
Magnetic moment $\mu = 2.792847351 \pm 0.000000028\ \mu_N$
$(\mu_p + \mu_{\bar{p}})/\mu_p = (-2.6 \pm 2.9) \times 10^{-3}$
Electric dipole moment $d < 0.54 \times 10^{-23}$ e cm
Electric polarizability $\alpha = (12.0 \pm 0.6) \times 10^{-4}$ fm^3
Magnetic polarizability $\beta = (1.9 \pm 0.5) \times 10^{-4}$ fm^3
Charge radius $= 0.870 \pm 0.008$ fm
Mean life $\tau > 2.1 \times 10^{29}$ years, CL = 90%   ($p \to$ invisible mode)
Mean life $\tau > 10^{31}$ to 10^{33} years [d]   (mode dependent)

See the "Note on Nucleon Decay" in our 1994 edition (Phys. Rev. **D50**, 1673) for a short review.

The "partial mean life" limits tabulated here are the limits on τ/B_i, where τ is the total mean life and B_i is the branching fraction for the mode in question. For N decays, p and n indicate proton and neutron partial lifetimes.

p DECAY MODES	Partial mean life (10^{30} years)	Confidence level	p (MeV/c)
Antilepton + meson			
$N \to e^+ \pi$	> 158 (n), > 1600 (p)	90%	459
$N \to \mu^+ \pi$	> 100 (n), > 473 (p)	90%	453
$N \to \nu \pi$	> 112 (n), > 25 (p)	90%	459
$p \to e^+ \eta$	> 313	90%	309
$p \to \mu^+ \eta$	> 126	90%	297
$n \to \nu \eta$	> 158	90%	310
$N \to e^+ \rho$	> 217 (n), > 75 (p)	90%	148
$N \to \mu^+ \rho$	> 228 (n), > 110 (p)	90%	113
$N \to \nu \rho$	> 19 (n), > 162 (p)	90%	148
$p \to e^+ \omega$	> 107	90%	143

$p \to \mu^+ \omega$	> 117	90%	105
$n \to \nu \omega$	> 108	90%	144
$N \to e^+ K$	$> 17\,(n), > 150\,(p)$	90%	339
$p \to e^+ K_S^0$	> 120	90%	337
$p \to e^+ K_L^0$	> 51	90%	337
$N \to \mu^+ K$	$> 26\,(n), > 120\,(p)$	90%	329
$p \to \mu^+ K_S^0$	> 150	90%	326
$p \to \mu^+ K_L^0$	> 83	90%	326
$N \to \nu K$	$> 86\,(n), > 670\,(p)$	90%	339
$n \to \nu K_S^0$	> 51	90%	338
$p \to e^+ K^*(892)^0$	> 84	90%	45
$N \to \nu K^*(892)$	$> 78\,(n), > 51\,(p)$	90%	45
Antilepton + mesons			
$p \to e^+ \pi^+ \pi^-$	> 82	90%	448
$p \to e^+ \pi^0 \pi^0$	> 147	90%	449
$n \to e^+ \pi^- \pi^0$	> 52	90%	449
$p \to \mu^+ \pi^+ \pi^-$	> 133	90%	425
$p \to \mu^+ \pi^0 \pi^0$	> 101	90%	427
$n \to \mu^+ \pi^- \pi^0$	> 74	90%	427
$n \to e^+ K^0 \pi^-$	> 18	90%	319
Lepton + meson			
$n \to e^- \pi^+$	> 65	90%	459
$n \to \mu^- \pi^+$	> 49	90%	453
$n \to e^- \rho^+$	> 62	90%	149
$n \to \mu^- \rho^+$	> 7	90%	114
$n \to e^- K^+$	> 32	90%	340
$n \to \mu^- K^+$	> 57	90%	330
Lepton + mesons			
$p \to e^- \pi^+ \pi^+$	> 30	90%	448
$n \to e^- \pi^+ \pi^0$	> 29	90%	449
$p \to \mu^- \pi^+ \pi^+$	> 17	90%	425
$n \to \mu^- \pi^+ \pi^0$	> 34	90%	427
$p \to e^- \pi^+ K^+$	> 75	90%	320
$p \to \mu^- \pi^+ K^+$	> 245	90%	279
Antilepton + photon(s)			
$p \to e^+ \gamma$	> 670	90%	469
$p \to \mu^+ \gamma$	> 478	90%	463
$n \to \nu \gamma$	> 28	90%	470
$p \to e^+ \gamma \gamma$	> 100	90%	469
$n \to \nu \gamma \gamma$	> 219	90%	470

Three (or more) leptons

Decay	Limit	CL	p (MeV/c)
$p \to e^+ e^+ e^-$	> 793	90%	469
$p \to e^+ \mu^+ \mu^-$	> 359	90%	457
$p \to e^+ \nu \nu$	> 17	90%	469
$n \to e^+ e^- \nu$	> 257	90%	470
$n \to \mu^+ e^- \nu$	> 83	90%	464
$n \to \mu^+ \mu^- \nu$	> 79	90%	458
$p \to \mu^+ e^+ e^-$	> 529	90%	463
$p \to \mu^+ \mu^+ \mu^-$	> 675	90%	439
$p \to \mu^+ \nu \nu$	> 21	90%	463
$p \to e^- \mu^+ \mu^+$	> 6	90%	457
$n \to 3\nu$	> 0.0005	90%	470

Inclusive modes

Decay	Limit	CL	
$N \to e^+$ anything	> 0.6 (n, p)	90%	–
$N \to \mu^+$ anything	> 12 (n, p)	90%	–
$N \to e^+ \pi^0$ anything	> 0.6 (n, p)	90%	–

$\Delta B = 2$ dinucleon modes

The following are lifetime limits per iron nucleus.

Decay	Limit	CL	
$pp \to \pi^+ \pi^+$	> 0.7	90%	–
$pn \to \pi^+ \pi^0$	> 2	90%	–
$nn \to \pi^+ \pi^-$	> 0.7	90%	–
$nn \to \pi^0 \pi^0$	> 3.4	90%	–
$pp \to e^+ e^+$	> 5.8	90%	–
$pp \to e^+ \mu^+$	> 3.6	90%	–
$pp \to \mu^+ \mu^+$	> 1.7	90%	–
$pn \to e^+ \bar{\nu}$	> 2.8	90%	–
$pn \to \mu^+ \bar{\nu}$	> 1.6	90%	–
$nn \to \nu_e \bar{\nu}_e$	> 0.000049	90%	–
$pp \to$ neutrinos	> 0.00005	90%	–

$\bar{p}$ DECAY MODES

$\bar{p}$ DECAY MODES	Partial mean life (years)	Confidence level	p (MeV/c)
$\bar{p} \to e^- \gamma$	$> 7 \times 10^5$	90%	469
$\bar{p} \to \mu^- \gamma$	$> 5 \times 10^4$	90%	463
$\bar{p} \to e^- \pi^0$	$> 4 \times 10^5$	90%	459
$\bar{p} \to \mu^- \pi^0$	$> 5 \times 10^4$	90%	453
$\bar{p} \to e^- \eta$	$> 2 \times 10^4$	90%	309
$\bar{p} \to \mu^- \eta$	$> 8 \times 10^3$	90%	297
$\bar{p} \to e^- K^0_S$	> 900	90%	337

Tabellen-Anhang

$\bar{p} \to \mu^- K^0_S$	$> 4 \times 10^3$	90%	326
$\bar{p} \to e^- K^0_L$	$> 9 \times 10^3$	90%	337
$\bar{p} \to \mu^- K^0_L$	$> 7 \times 10^3$	90%	326
$\bar{p} \to e^- \gamma\gamma$	$> 2 \times 10^4$	90%	469
$\bar{p} \to \mu^- \gamma\gamma$	$> 2 \times 10^4$	90%	463
$\bar{p} \to e^- \omega$	> 200	90%	143

$\boxed{n}$ $I(J^P) = \frac{1}{2}(\frac{1}{2}^+)$

Mass $m = 1.0086649156 \pm 0.0000000006$ u
Mass $m = 939.56536 \pm 0.00008$ MeV [a]
$m_n - m_p = 1.2933317 \pm 0.0000005$ MeV
     $= 0.0013884487 \pm 0.0000000006$ u
Mean life $\tau = 885.7 \pm 0.8$ s
  $c\tau = 2.655 \times 10^8$ km
Magnetic moment $\mu = -1.9130427 \pm 0.0000005 \mu_N$
Electric dipole moment $d < 0.63 \times 10^{-25}$ e cm, CL = 90%
Mean-square charge radius $\langle r_n^2 \rangle = -0.1161 \pm 0.0022$
  fm^2 (S = 1.3)
Electric polarizability $\alpha = (11.6 \pm 1.5) \times 10^{-4}$ fm^3
Magnetic polarizability $\beta = (3.7 \pm 2.0) \times 10^{-4}$ fm^3
Charge $q = (-0.4 \pm 1.1) \times 10^{-21}$ e
Mean $n\bar{n}$-oscillation time $> 8.6 \times 10^7$ s, CL = 90% (free n)
Mean $n\bar{n}$-oscillation time $> 1.3 \times 10^8$ s, CL = 90% [e] (bound n)

Decay parameters [f]

$pe^-\bar{\nu}_e$	$\lambda \equiv g_A / g_V = -1.2695 \pm 0.0029$ (S = 2.0)
"	$A = -0.1173 \pm 0.0013$ (S = 2.3)
"	$B = 0.983 \pm 0.004$
"	$a = -0.103 \pm 0.004$
"	$\phi_{AV} = (180.08 \pm 0.10)°$ [g]
"	$D = (-0.6 \pm 1.0) \times 10^{-3}$

n DECAY MODES	Fraction (Γ_i/Γ)	Confidence level	p (MeV/c)
$pe^-\bar{\nu}_e$	100 %		1
$pe^-\bar{\nu}_e \gamma$	[h] $< 6.9 \times 10^{-3}$	90%	1
Charge conservation (Q) violating mode			
$p\nu_e\bar{\nu}_e$	$Q < 8 \times 10^{-27}$	68%	1

N(1440) P_{11} $I(J^P) = \frac{1}{2}(\frac{1}{2}^+)$

Breit-Wigner mass = 1430 to 1470 ($\approx$ 1440) MeV
Breit-Wigner full width = 250 to 450 ($\approx$ 350) MeV
p_{beam} = 0.61 GeV/c $4\pi\lambdabar^2$ = 31.0 mb
Re(pole position) = 1345 to 1385 ($\approx$ 1365) MeV
$-$2Im(pole position) = 160 to 260 ($\approx$ 210) MeV

N(1440) DECAY MODES	Fraction (Γ_i/Γ)	p (MeV/c)
$N\pi$	60–70 %	398
$N\pi\pi$	30–40 %	347
$\quad\Delta\pi$	20–30 %	147
$\quad N\rho$	<8 %	†
$\quad N(\pi\pi)^{I=0}_{S\text{-wave}}$	5–10 %	—
$p\gamma$	0.035–0.048 %	414
$\quad p\gamma$, helicity=1/2	0.035–0.048 %	414
$n\gamma$	0.009–0.032 %	413
$\quad n\gamma$, helicity=1/2	0.009–0.032 %	413

N(1520) D_{13} $I(J^P) = \frac{1}{2}(\frac{3}{2}^-)$

Breit-Wigner mass = 1515 to 1530 ($\approx$ 1520) MeV
Breit-Wigner full width = 110 to 135 ($\approx$ 120) MeV
p_{beam} = 0.74 GeV/c $4\pi\lambdabar^2$ = 23.5 mb
Re(pole position) = 1505 to 1515 ($\approx$ 1510) MeV
$-$2Im(pole position) = 110 to 120 ($\approx$ 115) MeV

N(1520) DECAY MODES	Fraction (Γ_i/Γ)	p (MeV/c)
$N\pi$	50–60 %	457
$N\eta$	$(2.3\pm0.4)\times 10^{-3}$	154
$N\pi\pi$	40–50 %	414
$\quad\Delta\pi$	15–25 %	230
$\quad N\rho$	15–25 %	†
$\quad N(\pi\pi)^{I=0}_{S\text{-wave}}$	<8 %	—
$p\gamma$	0.46–0.56 %	470
$\quad p\gamma$, helicity=1/2	0.001–0.034 %	470
$\quad p\gamma$, helicity=3/2	0.44–0.53 %	470
$n\gamma$	0.30–0.53 %	470
$\quad n\gamma$, helicity=1/2	0.04–0.10 %	470
$\quad n\gamma$, helicity=3/2	0.25–0.45 %	470

N(1535) S_{11} $I(J^P) = \frac{1}{2}(\frac{1}{2}^-)$

Breit-Wigner mass = 1520 to 1555 ($\approx$ 1535) MeV
Breit-Wigner full width = 100 to 200 ($\approx$ 150) MeV
p_{beam} = 0.76 GeV/c $4\pi\lambdabar^2$ = 22.5 mb
Re(pole position) = 1495 to 1515 ($\approx$ 1505) MeV
$-$2Im(pole position) = 90 to 250 ($\approx$ 170) MeV

N(1535) DECAY MODES	Fraction (Γ_i/Γ)	p (MeV/c)
$N\pi$	35–55 %	468
$N\eta$	30–55 %	186
$N\pi\pi$	1–10 %	426
$\Delta\pi$	<1 %	244
$N\rho$	<4 %	†
$N(\pi\pi)^{I=0}_{S\text{-wave}}$	<3 %	–
$N(1440)\pi$	<7 %	†
$p\gamma$	0.15–0.35 %	481
$p\gamma$, helicity=1/2	0.15–0.35 %	481
$n\gamma$	0.004–0.29 %	480
$n\gamma$, helicity=1/2	0.004–0.29 %	480

N(1650) S_{11} $I(J^P) = \frac{1}{2}(\frac{1}{2}^-)$

Breit-Wigner mass = 1640 to 1680 ($\approx$ 1650) MeV
Breit-Wigner full width = 145 to 190 ($\approx$ 150) MeV
p_{beam} = 0.96 GeV/c $4\pi\lambdabar^2$ = 16.4 mb
Re(pole position) = 1640 to 1680 ($\approx$ 1660) MeV
$-$2Im(pole position) = 150 to 170 ($\approx$ 160) MeV

N(1650) DECAY MODES	Fraction (Γ_i/Γ)	p (MeV/c)
$N\pi$	55–90 %	547
$N\eta$	3–10 %	348
ΛK	3–11 %	169
$N\pi\pi$	10–20 %	514
$\Delta\pi$	1–7 %	345
$N\rho$	4–12 %	†
$N(\pi\pi)^{I=0}_{S\text{-wave}}$	<4 %	–
$N(1440)\pi$	<5 %	150
$p\gamma$	0.04–0.18 %	558

$p\gamma$, helicity=1/2	0.04–0.18 %	558
$n\gamma$	0.003–0.17 %	557
$n\gamma$, helicity=1/2	0.003–0.17 %	557

$N(1675)\ D_{15}$ $I(J^P) = \frac{1}{2}(\frac{5}{2}^-)$

Breit-Wigner mass = 1670 to 1685 ($\approx$ 1675) MeV
Breit-Wigner full width = 140 to 180 ($\approx$ 150) MeV
$p_{beam} = 1.01$ GeV/c $4\pi\lambdabar^2 = 15.4$ mb
Re(pole position) = 1655 to 1665 ($\approx$ 1660) MeV
$-$2Im(pole position) = 125 to 155 ($\approx$ 140) MeV

$N(1675)$ DECAY MODES	Fraction (Γ_i/Γ)	p (MeV/c)
$N\pi$	40–50 %	564
$N\eta$	(0.0±1.0) %	376
ΛK	<1 %	216
$N\pi\pi$	50–60 %	532
$\quad \Delta\pi$	50–60 %	366
$\quad N\rho$	< 1–3 %	†
$p\gamma$	0.004–0.023 %	575
$\quad p\gamma$, helicity=1/2	0.0–0.015 %	575
$\quad p\gamma$, helicity=3/2	0.0–0.011 %	575
$n\gamma$	0.02–0.12 %	574
$\quad n\gamma$, helicity=1/2	0.006–0.046 %	574
$\quad n\gamma$, helicity=3/2	0.01–0.08 %	574

$N(1680)\ F_{15}$ $I(J^P) = \frac{1}{2}(\frac{5}{2}^+)$

Breit-Wigner mass = 1675 to 1690 ($\approx$ 1680) MeV
Breit-Wigner full width = 120 to 140 ($\approx$ 130) MeV
$p_{beam} = 1.01$ GeV/c $4\pi\lambdabar^2 = 15.2$ mb
Re(pole position) = 1665 to 1675 ($\approx$ 1670) MeV
$-$2Im(pole position) = 105 to 135 ($\approx$ 120) MeV

$N(1680)$ DECAY MODES	Fraction (Γ_i/Γ)	p (MeV/c)
$N\pi$	60–70 %	568
$N\eta$	(0.0±1.0) %	381
$N\pi\pi$	30–40 %	535
$\quad \Delta\pi$	5–15 %	370
$\quad N\rho$	3–15 %	†
$\quad N(\pi\pi)^{I=0}_{S\text{-wave}}$	5–20 %	—

$p\gamma$	0.21–0.32 %	578
$p\gamma$, helicity=1/2	0.001–0.011 %	578
$p\gamma$, helicity=3/2	0.20–0.32 %	578
$n\gamma$	0.021–0.046 %	577
$n\gamma$, helicity=1/2	0.004–0.029 %	577
$n\gamma$, helicity=3/2	0.01–0.024 %	577

$N(1700)\ D_{13}$ $I(J^P) = \frac{1}{2}(\frac{3}{2}^-)$

Breit-Wigner mass = 1650 to 1750 ($\approx$ 1700) MeV
Breit-Wigner full width = 50 to 150 ($\approx$ 100) MeV
p_{beam} = 1.05 GeV/c $4\pi\lambdabar^2$ = 14.5 mb
Re(pole position) = 1630 to 1730 ($\approx$ 1680) MeV
-2Im(pole position) = 50 to 150 ($\approx$ 100) MeV

$N(1700)$ DECAY MODES	Fraction (Γ_i/Γ)	p (MeV/c)
$N\pi$	5–15 %	581
$N\eta$	(0.0$\pm$1.0) %	402
ΛK	<3 %	255
$N\pi\pi$	85–95 %	550
$N\rho$	<35 %	†
$p\gamma$	0.01–0.05 %	591
$p\gamma$, helicity=1/2	0.0–0.024 %	591
$p\gamma$, helicity=3/2	0.002–0.026 %	591
$n\gamma$	0.01–0.13 %	590
$n\gamma$, helicity=1/2	0.0–0.09 %	590
$n\gamma$, helicity=3/2	0.01–0.05 %	590

$N(1710)\ P_{11}$ $I(J^P) = \frac{1}{2}(\frac{1}{2}^+)$

Breit-Wigner mass = 1680 to 1740 ($\approx$ 1710) MeV
Breit-Wigner full width = 50 to 250 ($\approx$ 100) MeV
p_{beam} = 1.07 GeV/c $4\pi\lambdabar^2$ = 14.2 mb
Re(pole position) = 1670 to 1770 ($\approx$ 1720) MeV
-2Im(pole position) = 80 to 380 ($\approx$ 230) MeV

$N(1710)$ DECAY MODES	Fraction (Γ_i/Γ)	p (MeV/c)
$N\pi$	10–20 %	588
$N\eta$	(6.2$\pm$1.0) %	412
$N\omega$	(13.0$\pm$2.0) %	†
ΛK	5–25 %	269
$N\pi\pi$	40–90 %	557

$\Delta\pi$	15–40 %	394
$N\rho$	5–25 %	†
$N(\pi\pi)_{S\text{-wave}}^{I=0}$	10–40 %	–
$p\gamma$	0.002–0.05%	598
$\quad p\gamma$, helicity=1/2	0.002–0.05%	598
$n\gamma$	0.0–0.02%	597
$\quad n\gamma$, helicity=1/2	0.0–0.02%	597

$N(1720)\ P_{13}$ $I(J^P) = \frac{1}{2}(\frac{3}{2}^+)$

Breit-Wigner mass = 1650 to 1750 ($\approx$ 1720) MeV
Breit-Wigner full width = 100 to 200 ($\approx$ 150) MeV
$p_{\text{beam}} = 1.09$ GeV/c $4\pi\lambdabar^2 = 13.9$ mb
Re(pole position) = 1650 to 1750 ($\approx$ 1700) MeV
-2Im(pole position) = 110 to 390 ($\approx$ 250) MeV

$N(1720)$ DECAY MODES	Fraction (Γ_i/Γ)	p (MeV/c)
$N\pi$	10–20 %	594
$N\eta$	(4.0 $\pm$ 1.0) %	422
ΛK	1–15 %	283
$N\pi\pi$	>70 %	564
$\quad N\rho$	70–85 %	71
$p\gamma$	0.003–0.10 %	604
$\quad p\gamma$, helicity=1/2	0.003–0.08 %	604
$\quad p\gamma$, helicity=3/2	0.001–0.03 %	604
$n\gamma$	0.002–0.39 %	603
$\quad n\gamma$, helicity=1/2	0.0–0.002 %	603
$\quad n\gamma$, helicity=3/2	0.001–0.39 %	603

$N(2190)\ G_{17}$ $I(J^P) = \frac{1}{2}(\frac{7}{2}^-)$

Breit-Wigner mass = 2100 to 2200 ($\approx$ 2190) MeV
Breit-Wigner full width = 350 to 550 ($\approx$ 450) MeV
$p_{\text{beam}} = 2.07$ GeV/c $4\pi\lambdabar^2 = 6.21$ mb
Re(pole position) = 1950 to 2150 ($\approx$ 2050) MeV
-2Im(pole position) = 350 to 550 ($\approx$ 450) MeV

$N(2190)$ DECAY MODES	Fraction (Γ_i/Γ)	p (MeV/c)
$N\pi$	10–20 %	888
$N\eta$	(0.0 $\pm$ 1.0) %	791

N(2220) H_{19} $I(J^P) = \frac{1}{2}(\frac{9}{2}^+)$

Breit-Wigner mass = 2180 to 2310 ($\approx$ 2220) MeV
Breit-Wigner full width = 320 to 550 ($\approx$ 400) MeV
p_{beam} = 2.14 GeV/c $4\pi\lambdabar^2$ = 5.97 mb
Re(pole position) = 2100 to 2240 ($\approx$ 2170) MeV
-2Im(pole position) = 370 to 570 ($\approx$ 470) MeV

N(2220) DECAY MODES	Fraction (Γ_i/Γ)	p (MeV/c)
$N\pi$	10–20 %	906

N(2250) G_{19} $I(J^P) = \frac{1}{2}(\frac{9}{2}^-)$

Breit-Wigner mass = 2170 to 2310 ($\approx$ 2250) MeV
Breit-Wigner full width = 290 to 470 ($\approx$ 400) MeV
p_{beam} = 2.21 GeV/c $4\pi\lambdabar^2$ = 5.74 mb
Re(pole position) = 2080 to 2200 ($\approx$ 2140) MeV
-2Im(pole position) = 280 to 680 ($\approx$ 480) MeV

N(2250) DECAY MODES	Fraction (Γ_i/Γ)	p (MeV/c)
$N\pi$	5–15 %	924

N(2600) $I_{1,11}$ $I(J^P) = \frac{1}{2}(\frac{11}{2}^-)$

Breit-Wigner mass = 2550 to 2750 ($\approx$ 2600) MeV
Breit-Wigner full width = 500 to 800 ($\approx$ 650) MeV
p_{beam} = 3.12 GeV/c $4\pi\lambdabar^2$ = 3.86 mb

N(2600) DECAY MODES	Fraction (Γ_i/Γ)	p (MeV/c)
$N\pi$	5–10 %	1126

Δ BARYONS
$(S = 0, I = 3/2)$
$\Delta^{++} = uuu$, $\Delta^{+} = uud$, $\Delta^{0} = udd$, $\Delta^{-} = ddd$

Δ(1232) P_{33} $I(J^P) = \frac{3}{2}(\frac{3}{2}^+)$

Breit-Wigner mass (mixed charges) = 1230 to 1234 ($\approx$ 1232) MeV

Breit-Wigner full width (mixed charges) = 115 to 125 ($\approx$ 120) MeV

$p_{\text{beam}} = 0.30$ GeV/c $4\pi\lambdabar^2 = 94.8$ mb

Re(pole position) = 1209 to 1211 ($\approx$ 1210) MeV

-2Im(pole position) = 98 to 102 ($\approx$ 100) MeV

Δ(1232) DECAY MODES	Fraction (Γ_i/Γ)	p (MeV/c)
$N\pi$	>99 %	229
$N\gamma$	0.52–0.60 %	259
$\quad N\gamma$, helicity=1/2	0.11–0.13 %	259
$\quad N\gamma$, helicity=3/2	0.41–0.47 %	259

Δ(1600) P_{33} $I(J^P) = \frac{3}{2}(\frac{3}{2}^+)$

Breit-Wigner mass = 1550 to 1700 ($\approx$ 1600) MeV

Breit-Wigner full width = 250 to 450 ($\approx$ 350) MeV

$p_{\text{beam}} = 0.87$ GeV/c $4\pi\lambdabar^2 = 18.6$ mb

Re(pole position) = 1500 to 1700 ($\approx$ 1600) MeV

-2Im(pole position) = 200 to 400 ($\approx$ 300) MeV

Δ(1600) DECAY MODES	Fraction (Γ_i/Γ)	p (MeV/c)
$N\pi$	10–25 %	513
$N\pi\pi$	75–90 %	477
$\quad \Delta\pi$	40–70 %	303
$\quad N\rho$	<25 %	†
$\quad N(1440)\pi$	10–35 %	82
$N\gamma$	0.001–0.02 %	525
$\quad N\gamma$, helicity=1/2	0.0–0.02 %	525
$\quad N\gamma$, helicity=3/2	0.001–0.005 %	525

$\Delta(1620)\ S_{31}$ $I(J^P) = \frac{3}{2}(\frac{1}{2}^-)$

Breit-Wigner mass = 1615 to 1675 ($\approx$ 1620) MeV
Breit-Wigner full width = 120 to 180 ($\approx$ 150) MeV
p_{beam} = 0.91 GeV/c $4\pi\lambdabar^2$ = 17.7 mb
Re(pole position) = 1580 to 1620 ($\approx$ 1600) MeV
-2Im(pole position) = 100 to 130 ($\approx$ 115) MeV

$\Delta(1620)$ DECAY MODES	Fraction (Γ_i/Γ)	p (MeV/c)
$N\pi$	20–30 %	527
$N\pi\pi$	70–80 %	492
$\Delta\pi$	30–60 %	320
$N\rho$	7–25 %	†
$N\gamma$	0.004–0.044 %	538
$N\gamma$, helicity=1/2	0.004–0.044 %	538

$\Delta(1700)\ D_{33}$ $I(J^P) = \frac{3}{2}(\frac{3}{2}^-)$

Breit-Wigner mass = 1670 to 1770 ($\approx$ 1700) MeV
Breit-Wigner full width = 200 to 400 ($\approx$ 300) MeV
p_{beam} = 1.05 GeV/c $4\pi\lambdabar^2$ = 14.5 mb
Re(pole position) = 1620 to 1700 ($\approx$ 1660) MeV
-2Im(pole position) = 150 to 250 ($\approx$ 200) MeV

$\Delta(1700)$ DECAY MODES	Fraction (Γ_i/Γ)	p (MeV/c)
$N\pi$	10–20 %	581
$N\pi\pi$	80–90 %	550
$\Delta\pi$	30–60 %	386
$N\rho$	30–55 %	†
$N\gamma$	0.12–0.26 %	591
$N\gamma$, helicity=1/2	0.08–0.16 %	591
$N\gamma$, helicity=3/2	0.025–0.12 %	591

$\Delta(1905)\ F_{35}$ $I(J^P) = \frac{3}{2}(\frac{5}{2}^+)$

Breit-Wigner mass = 1870 to 1920 ($\approx$ 1905) MeV
Breit-Wigner full width = 280 to 440 ($\approx$ 350) MeV
p_{beam} = 1.45 GeV/c $4\pi\lambdabar^2$ = 9.62 mb
Re(pole position) = 1800 to 1860 ($\approx$ 1830) MeV
-2Im(pole position) = 230 to 330 ($\approx$ 280) MeV

Δ(1905) DECAY MODES	Fraction (Γ_i/Γ)	p (MeV/c)
$N\pi$	5–15 %	714
$N\pi\pi$	85–95 %	690
$\quad\Delta\pi$	<25 %	542
$\quad N\rho$	>60 %	414
$N\gamma$	0.01–0.03 %	721
$\quad N\gamma$, helicity=1/2	0.0–0.1 %	721
$\quad N\gamma$, helicity=3/2	0.004–0.03 %	721

Δ(1910) P_{31} $I(J^P) = \frac{3}{2}(\frac{1}{2}^+)$

Breit-Wigner mass = 1870 to 1920 ($\approx$ 1910) MeV
Breit-Wigner full width = 190 to 270 ($\approx$ 250) MeV
$p_{\text{beam}} = 1.46$ GeV/c $4\pi\lambdabar^2 = 9.54$ mb
Re(pole position) = 1830 to 1880 ($\approx$ 1855) MeV
-2Im(pole position) = 200 to 500 ($\approx$ 350) MeV

Δ(1910) DECAY MODES	Fraction (Γ_i/Γ)	p (MeV/c)
$N\pi$	15–30 %	717
$N\gamma$	0.0–0.2 %	725
$\quad N\gamma$, helicity=1/2	0.0–0.2 %	725

Δ(1920) P_{33} $I(J^P) = \frac{3}{2}(\frac{3}{2}^+)$

Breit-Wigner mass = 1900 to 1970 ($\approx$ 1920) MeV
Breit-Wigner full width = 150 to 300 ($\approx$ 200) MeV
$p_{\text{beam}} = 1.48$ GeV/c $4\pi\lambdabar^2 = 9.37$ mb
Re(pole position) = 1850 to 1950 ($\approx$ 1900) MeV
-2Im(pole position) = 200 to 400 ($\approx$ 300) MeV

Δ(1920) DECAY MODES	Fraction (Γ_i/Γ)	p (MeV/c)
$N\pi$	5–20 %	723
ΣK	(2.10±0.30) %	431

Δ(1930) D_{35} $I(J^P) = \frac{3}{2}(\frac{5}{2}^-)$

Breit-Wigner mass = 1920 to 1970 ($\approx$ 1930) MeV
Breit-Wigner full width = 250 to 450 ($\approx$ 350) MeV
$p_{\text{beam}} = 1.50$ GeV/c $4\pi\lambdabar^2 = 9.21$ mb
Re(pole position) = 1840 to 1940 ($\approx$ 1890) MeV
-2Im(pole position) = 200 to 300 ($\approx$ 250) MeV

Δ(1930) DECAY MODES	Fraction (Γ_i/Γ)	p (MeV/c)
$N\pi$	10–20 %	729
$N\gamma$	0.0–0.02 %	737
$\quad N\gamma$, helicity=1/2	0.0–0.01 %	737
$\quad N\gamma$, helicity=3/2	0.0–0.01 %	737

Δ(1950) F_{37} $\quad I(J^P) = \frac{3}{2}(\frac{7}{2}^+)$

Breit-Wigner mass = 1940 to 1960 ($\approx$ 1950) MeV
Breit-Wigner full width = 290 to 350 ($\approx$ 300) MeV
$p_{\text{beam}} = 1.54$ GeV/c $\quad 4\pi\lambdabar^2 = 8.91$ mb
Re(pole position) = 1880 to 1890 ($\approx$ 1885) MeV
-2Im(pole position) = 210 to 270 ($\approx$ 240) MeV

Δ(1950) DECAY MODES	Fraction (Γ_i/Γ)	p (MeV/c)
$N\pi$	35–40 %	742
$N\pi\pi$		719
$\quad \Delta\pi$	20–30 %	575
$\quad N\rho$	<10 %	463
$N\gamma$	0.08–0.13 %	749
$\quad N\gamma$, helicity=1/2	0.03–0.055 %	749
$\quad N\gamma$, helicity=3/2	0.05–0.075 %	749

Δ(2420) $H_{3,11}$ $\quad I(J^P) = \frac{3}{2}(\frac{11}{2}^+)$

Breit-Wigner mass = 2300 to 2500 ($\approx$ 2420) MeV
Breit-Wigner full width = 300 to 500 ($\approx$ 400) MeV
$p_{\text{beam}} = 2.64$ GeV/c $\quad 4\pi\lambdabar^2 = 4.68$ mb
Re(pole position) = 2260 to 2400 ($\approx$ 2330) MeV
-2Im(pole position) = 350 to 750 ($\approx$ 550) MeV

Δ(2420) DECAY MODES	Fraction (Γ_i/Γ)	p (MeV/c)
$N\pi$	5–15 %	1023

EXOTIC BARYONS

Minimum quark content: $\Theta^+ = uudd\bar{s}$, $\Phi^{--} = ssdd\bar{u}$, $\Phi^+ = ssuu\bar{d}$.

$\Theta(1540)^+$

$I(J^P) = 0(?^?)$

It is difficult to deny a place in the Summary Tables for a state that six experiments claim to have seen. Nevertheless, we believe it reasonable to have some reservations about the existence of this state on the basis of the present evidence.

Mass $m = 1539.2 \pm 1.6$ MeV
Full width $\Gamma = 0.90 \pm 0.30$ MeV

NK is the only strong decay mode allowed for a strangeness $S=+1$ resonance of this mass.

$\Theta(1540)^+$ DECAY MODES	Fraction (Γ_i/Γ)	p (MeV/c)
KN	100%	270

Λ BARYONS
$(S=-1, I=0)$
$\Lambda^0 = uds$

Λ

$I(J^P) = 0(\frac{1}{2}^+)$

Mass $m = 1115.683 \pm 0.006$ MeV
$(m_\Lambda - m_{\bar{\Lambda}}) / m_\Lambda = (-0.1 \pm 1.1) \times 10^{-5}$ (S = 1.6)
Mean life $\tau = (2.632 \pm 0.020) \times 10^{-10}$ s (S = 1.6)
$c\tau = 7.89$ cm
Magnetic moment $\mu = -0.613 \pm 0.004$ μ_N
Electric dipole moment $d < 1.5 \times 10^{-16}$ e cm, CL = 95%

Decay parameters

$p\pi^-$	$\alpha_- = 0.642 \pm 0.013$
"	$\phi_- = (-6.5 \pm 3.5)°$
"	$\gamma_- = 0.76$ [i]
"	$\Delta_- = (8 \pm 4)°$ [i]
$n\pi^0$	$\alpha_0 = +0.65 \pm 0.05$
$pe^-\bar{\nu}_e$	$g_A/g_V = -0.718 \pm 0.015$ [f]

Λ DECAY MODES	Fraction (Γ_i/Γ)	p (MeV/c)
$p\pi^-$	(63.9 ±0.5) %	101
$n\pi^0$	(35.8 ±0.5) %	104
$n\gamma$	(1.75±0.15) × 10^{-3}	162
$p\pi^-\gamma$	[j] (8.4 ±1.4) × 10^{-4}	101
$pe^-\bar{\nu}_e$	(8.32±0.14) × 10^{-4}	163
$p\mu^-\bar{\nu}_\mu$	(1.57±0.35) × 10^{-4}	131

$\Lambda(1405)\ S_{01}$ $\quad I(J^P) = 0(\frac{1}{2}^-)$

Mass $m = 1406 \pm 4$ MeV
Full width $\Gamma = 50.0 \pm 2.0$ MeV
Below $\overline{K}N$ threshold

$\Lambda(1405)$ DECAY MODES	Fraction (Γ_i/Γ)	p (MeV/c)
$\Sigma\pi$	100 %	157

$\Lambda(1520)\ D_{03}$ $\quad I(J^P) = 0(\frac{3}{2}^-)$

Mass $m = 1519.5 \pm 1.0$ MeV [k]
Full width $\Gamma = 15.6 \pm 1.0$ MeV [k]
$p_{\text{beam}} = 0.39$ GeV/c $\quad 4\pi\lambdabar^2 = 82.8$ mb

$\Lambda(1520)$ DECAY MODES	Fraction (Γ_i/Γ)	p (MeV/c)
$N\overline{K}$	45 ± 1%	243
$\Sigma\pi$	42 ± 1%	268
$\Lambda\pi\pi$	10 ± 1%	259
$\Sigma\pi\pi$	0.9 ± 0.1%	169
$\Lambda\gamma$	0.8 ± 0.2%	350

$\Lambda(1600)\ P_{01}$ $\qquad I(J^P) = 0(\frac{1}{2}^+)$

Mass m = 1560 to 1700 ($\approx$ 1600) MeV
Full width Γ = 50 to 250 ($\approx$ 150) MeV
p_{beam} = 0.58 GeV/c $4\pi\lambdabar^2$ = 41.6 mb

$\Lambda(1600)$ DECAY MODES	Fraction (Γ_i/Γ)	p (MeV/c)
$N\overline{K}$	15–30 %	343
$\Sigma\pi$	10–60 %	338

$\Lambda(1670)\ S_{01}$ $\qquad I(J^P) = 0(\frac{1}{2}^-)$

Mass m = 1660 to 1680 ($\approx$ 1670) MeV
Full width Γ = 25 to 50 ($\approx$ 35) MeV
p_{beam} = 0.74 GeV/c $4\pi\lambdabar^2$ = 28.5 mb

$\Lambda(1670)$ DECAY MODES	Fraction (Γ_i/Γ)	p (MeV/c)
$N\overline{K}$	20–30 %	414
$\Sigma\pi$	25–55 %	394
$\Lambda\eta$	10–25 %	70

$\Lambda(1690)\ D_{03}$ $\qquad I(J^P) = 0(\frac{3}{2}^-)$

Mass m = 1685 to 1695 ($\approx$ 1690) MeV
Full width Γ = 50 to 70 ($\approx$ 60) MeV
p_{beam} = 0.78 GeV/c $4\pi\lambdabar^2$ = 26.1 mb

$\Lambda(1690)$ DECAY MODES	Fraction (Γ_i/Γ)	p (MeV/c)
$N\overline{K}$	20–30 %	433
$\Sigma\pi$	20–40 %	410
$\Lambda\pi\pi$	$\sim$ 25 %	419
$\Sigma\pi\pi$	$\sim$ 20 %	358

Λ(1800) S_{01} $I(J^P) = 0(\frac{1}{2}^-)$

Mass $m = 1720$ to 1850 (≈ 1800) MeV
Full width $\Gamma = 200$ to 400 (≈ 300) MeV
$p_{beam} = 1.01$ GeV/c $4\pi\lambdabar^2 = 17.5$ mb

Λ(1800) DECAY MODES	Fraction (Γ_i/Γ)	p (MeV/c)
$N\overline{K}$	25–40 %	528
$\Sigma\pi$	seen	494
$\Sigma(1385)\pi$	seen	349
$N\overline{K}^*(892)$	seen	†

Λ(1810) P_{01} $I(J^P) = 0(\frac{1}{2}^+)$

Mass $m = 1750$ to 1850 (≈ 1810) MeV
Full width $\Gamma = 50$ to 250 (≈ 150) MeV
$p_{beam} = 1.04$ GeV/c $4\pi\lambdabar^2 = 17.0$ mb

Λ(1810) DECAY MODES	Fraction (Γ_i/Γ)	p (MeV/c)
$N\overline{K}$	20–50 %	537
$\Sigma\pi$	10–40 %	501
$\Sigma(1385)\pi$	seen	357
$N\overline{K}^*(892)$	30–60 %	†

Λ(1820) F_{05} $I(J^P) = 0(\frac{5}{2}^+)$

Mass $m = 1815$ to 1825 (≈ 1820) MeV
Full width $\Gamma = 70$ to 90 (≈ 80) MeV
$p_{beam} = 1.06$ GeV/c $4\pi\lambdabar^2 = 16.5$ mb

Λ(1820) DECAY MODES	Fraction (Γ_i/Γ)	p (MeV/c)
$N\overline{K}$	55–65 %	545
$\Sigma\pi$	8–14 %	509
$\Sigma(1385)\pi$	5–10 %	366

$\Lambda(1830)$ D_{05} $\qquad I(J^P) = 0(\frac{5}{2}^-)$

Mass m = 1810 to 1830 ($\approx$ 1830) MeV
Full width Γ = 60 to 110 ($\approx$ 95) MeV
p_{beam} = 1.08 GeV/c $\qquad 4\pi\lambdabar^2$ = 16.0 mb

$\Lambda(1830)$ DECAY MODES	Fraction (Γ_i/Γ)	p (MeV/c)
$N\overline{K}$	3–10 %	553
$\Sigma\pi$	35–75 %	516
$\Sigma(1385)\pi$	>15 %	374

$\Lambda(1890)$ P_{03} $\qquad I(J^P) = 0(\frac{3}{2}^+)$

Mass m = 1850 to 1910 ($\approx$ 1890) MeV
Full width Γ = 60 to 200 ($\approx$ 100) MeV
p_{beam} = 1.21 GeV/c $\qquad 4\pi\lambdabar^2$ = 13.6 mb

$\Lambda(1890)$ DECAY MODES	Fraction (Γ_i/Γ)	p (MeV/c)
$N\overline{K}$	20–35 %	599
$\Sigma\pi$	3–10 %	560
$\Sigma(1385)\pi$	seen	423
$N\overline{K}{}^*(892)$	seen	236

$\Lambda(2100)$ G_{07} $\qquad I(J^P) = 0(\frac{7}{2}^-)$

Mass m = 2090 to 2110 ($\approx$ 2100) MeV
Full width Γ = 100 to 250 ($\approx$ 200) MeV
p_{beam} = 1.68 GeV/c $\qquad 4\pi\lambdabar^2$ = 8.68 mb

$\Lambda(2100)$ DECAY MODES	Fraction (Γ_i/Γ)	p (MeV/c)
$N\overline{K}$	25–35 %	751
$\Sigma\pi$	$\sim$ 5 %	705
$\Lambda\eta$	<3 %	617
ΞK	<3 %	491
$\Lambda\omega$	<8 %	443
$N\overline{K}{}^*(892)$	10–20 %	515

$\Lambda(2110)$ F_{05} $I(J^P) = 0(\frac{5}{2}^+)$

Mass $m = 2090$ to 2140 (≈ 2110) MeV
Full width $\Gamma = 150$ to 250 (≈ 200) MeV
$p_{beam} = 1.70$ GeV/c $4\pi\lambdabar^2 = 8.53$ mb

$\Lambda(2110)$ DECAY MODES	Fraction (Γ_i/Γ)	p (MeV/c)
$N\overline{K}$	5–25 %	757
$\Sigma\pi$	10–40 %	711
$\Lambda\omega$	seen	455
$\Sigma(1385)\pi$	seen	591
$N\overline{K}^*(892)$	10–60 %	525

$\Lambda(2350)$ H_{09} $I(J^P) = 0(\frac{9}{2}^+)$

Mass $m = 2340$ to 2370 (≈ 2350) MeV
Full width $\Gamma = 100$ to 250 (≈ 150) MeV
$p_{beam} = 2.29$ GeV/c $4\pi\lambdabar^2 = 5.85$ mb

$\Lambda(2350)$ DECAY MODES	Fraction (Γ_i/Γ)	p (MeV/c)
$N\overline{K}$	~ 12 %	915
$\Sigma\pi$	~ 10 %	867

Σ BARYONS
$(S=-1, I=1)$

$\Sigma^+ = uus$, $\Sigma^0 = uds$, $\Sigma^- = dds$

Σ^+ $I(J^P) = 1(\frac{1}{2}^+)$

Mass $m = 1189.37 \pm 0.07$ MeV   (S = 2.2)
Mean life $\tau = (0.8018 \pm 0.0026) \times 10^{-10}$ s
   $c\tau = 2.404$ cm
$(\tau_{\Sigma^+} - \tau_{\overline{\Sigma}^-}) / \tau_{\Sigma^+} = (-0.6 \pm 1.2) \times 10^{-3}$
Magnetic moment $\mu = 2.458 \pm 0.010$ μ_N (S = 2.1)
$\Gamma(\Sigma^+ \to n\ell^+\nu)/\Gamma(\Sigma^- \to n\ell^-\overline{\nu}) < 0.043$

Decay parameters

$p\pi^0$ $\alpha_0 = -0.980^{+0.017}_{-0.015}$
" $\phi_0 = (36 \pm 34)°$
" $\gamma_0 = 0.16$ [i]
" $\Delta_0 = (187 \pm 6)°$ [i]
$n\pi^+$ $\alpha_+ = 0.068 \pm 0.013$
" $\phi_+ = (167 \pm 20)°$ (S = 1.1)
" $\gamma_+ = -0.97$ [i]
" $\Delta_+ = (-73^{+133}_{-10})°$ [i]
$p\gamma$ $\alpha_\gamma = -0.76 \pm 0.08$

Σ^+ DECAY MODES		Fraction (Γ_i/Γ)	Confidence level	p (MeV/c)
$p\pi^0$		(51.57 ± 0.30) %		189
$n\pi^+$		(48.31 ± 0.30) %		185
$p\gamma$		$(1.23 \pm 0.05) \times 10^{-3}$		225
$n\pi^+\gamma$	[j]	$(4.5 \pm 0.5) \times 10^{-4}$		185
$\Lambda e^+ \nu_e$		$(2.0 \pm 0.5) \times 10^{-5}$		71
$\Delta S = \Delta Q$ (SQ) violating modes or $\Delta S = 1$ weak neutral current (S1) modes				
$n e^+ \nu_e$	SQ	$< 5 \times 10^{-6}$	90%	224
$n \mu^+ \nu_\mu$	SQ	$< 3.0 \times 10^{-5}$	90%	202
$p e^+ e^-$	S1	$< 7 \times 10^{-6}$		225

Σ^0

$I(J^P) = 1(\frac{1}{2}^+)$

Mass $m = 1192.642 \pm 0.024$ MeV
$m_{\Sigma^-} - m_{\Sigma^0} = 4.807 \pm 0.035$ MeV   (S = 1.1)
$m_{\Sigma^0} - m_\Lambda = 76.959 \pm 0.023$ MeV
Mean life $\tau = (7.4 \pm 0.7) \times 10^{-20}$ s
     $c\tau = 2.22 \times 10^{-11}$ m
Transition magnetic moment $|\mu_{\Sigma\Lambda}| = 1.61 \pm 0.08 \, \mu_N$

Σ^0 DECAY MODES		Fraction (Γ_i/Γ)	Confidence level	p (MeV/c)
$\Lambda\gamma$		100 %		74
$\Lambda\gamma\gamma$		< 3 %	90%	74
$\Lambda e^+ e^-$	[l]	5×10^{-3}		74

Tabellen-Anhang

$$\boxed{\Sigma^-} \qquad\qquad I(J^P) = 1(\tfrac{1}{2}^+)$$

Mass $m = 1197.449 \pm 0.030$ MeV (S = 1.2)
$m_{\Sigma^-} - m_{\Sigma^+} = 8.08 \pm 0.08$ MeV (S = 1.9)
$m_{\Sigma^-} - m_\Lambda = 81.766 \pm 0.030$ MeV (S = 1.2)
Mean life $\tau = (1.479 \pm 0.011) \times 10^{-10}$ s (S = 1.3)
  $c\tau = 4.434$ cm
Magnetic moment $\mu = -1.160 \pm 0.025\ \mu_N$ (S = 1.7)
Σ^- charge radius $= 0.78 \pm 0.10$ fm

Decay parameters

$n\pi^-$	$\alpha_- = -0.068 \pm 0.008$
"	$\phi_- = (10 \pm 15)°$
"	$\gamma_- = 0.98$ [i]
"	$\Delta_- = (249^{+12}_{-120})°$ [i]
$ne^-\bar\nu_e$	$g_A/g_V = 0.340 \pm 0.017$ [f]
"	$f_2(0)/f_1(0) = 0.97 \pm 0.14$
"	$D = 0.11 \pm 0.10$
$\Lambda e^-\bar\nu_e$	$g_V/g_A = 0.01 \pm 0.10$ [f] (S = 1.5)
"	$g_{WM}/g_A = 2.4 \pm 1.7$ [f]

Σ^- DECAY MODES	Fraction (Γ_i/Γ)	p (MeV/c)
$n\pi^-$	(99.848 ± 0.005) %	193
$n\pi^-\gamma$	[j] $(4.6 \pm 0.6) \times 10^{-4}$	193
$ne^-\bar\nu_e$	$(1.017 \pm 0.034) \times 10^{-3}$	230
$n\mu^-\bar\nu_\mu$	$(4.5 \pm 0.4) \times 10^{-4}$	210
$\Lambda e^-\bar\nu_e$	$(5.73 \pm 0.27) \times 10^{-5}$	79

$\Sigma(1385)\ P_{13}$ $I(J^P) = 1(\frac{3}{2}^+)$

$\Sigma(1385)^+$ mass $m = 1382.8 \pm 0.4$ MeV   (S = 2.0)
$\Sigma(1385)^0$ mass $m = 1383.7 \pm 1.0$ MeV   (S = 1.4)
$\Sigma(1385)^-$ mass $m = 1387.2 \pm 0.5$ MeV   (S = 2.2)
$\Sigma(1385)^+$ full width $\Gamma = 35.8 \pm 0.8$ MeV
$\Sigma(1385)^0$ full width $\Gamma = 36 \pm 5$ MeV
$\Sigma(1385)^-$ full width $\Gamma = 39.4 \pm 2.1$ MeV   (S = 1.7)
Below $\overline{K}N$ threshold

$\Sigma(1385)$ DECAY MODES	Fraction (Γ_i/Γ)	p (MeV/c)
$\Lambda\pi$	88±2 %	208
$\Sigma\pi$	12±2 %	129

$\Sigma(1660)\ P_{11}$ $I(J^P) = 1(\frac{1}{2}^+)$

Mass $m = 1630$ to 1690 (≈ 1660) MeV
Full width $\Gamma = 40$ to 200 (≈ 100) MeV
$p_{beam} = 0.72$ GeV/c $4\pi\lambdabar^2 = 29.9$ mb

$\Sigma(1660)$ DECAY MODES	Fraction (Γ_i/Γ)	p (MeV/c)
$N\overline{K}$	10–30 %	405
$\Lambda\pi$	seen	440
$\Sigma\pi$	seen	387

$\Sigma(1670)\ D_{13}$ $I(J^P) = 1(\frac{3}{2}^-)$

Mass $m = 1665$ to 1685 (≈ 1670) MeV
Full width $\Gamma = 40$ to 80 (≈ 60) MeV
$p_{beam} = 0.74$ GeV/c $4\pi\lambdabar^2 = 28.5$ mb

$\Sigma(1670)$ DECAY MODES	Fraction (Γ_i/Γ)	p (MeV/c)
$N\overline{K}$	7–13 %	414
$\Lambda\pi$	5–15 %	448
$\Sigma\pi$	30–60 %	394

$\Sigma(1750)\ S_{11}$ $I(J^P) = 1(\frac{1}{2}^-)$

Mass $m = 1730$ to 1800 (≈ 1750) MeV
Full width $\Gamma = 60$ to 160 (≈ 90) MeV
$p_{\text{beam}} = 0.91$ GeV/c $4\pi\lambdabar^2 = 20.7$ mb

$\Sigma(1750)$ DECAY MODES	Fraction (Γ_i/Γ)	p (MeV/c)
$N\overline{K}$	10–40 %	486
$\Lambda\pi$	seen	507
$\Sigma\pi$	<8 %	456
$\Sigma\eta$	15–55 %	99

$\Sigma(1775)\ D_{15}$ $I(J^P) = 1(\frac{5}{2}^-)$

Mass $m = 1770$ to 1780 (≈ 1775) MeV
Full width $\Gamma = 105$ to 135 (≈ 120) MeV
$p_{\text{beam}} = 0.96$ GeV/c $4\pi\lambdabar^2 = 19.0$ mb

$\Sigma(1775)$ DECAY MODES	Fraction (Γ_i/Γ)	p (MeV/c)
$N\overline{K}$	37–43%	508
$\Lambda\pi$	14–20%	525
$\Sigma\pi$	2–5%	475
$\Sigma(1385)\pi$	8–12%	327
$\Lambda(1520)\pi$	17–23%	201

$\Sigma(1915)\ F_{15}$ $I(J^P) = 1(\frac{5}{2}^+)$

Mass $m = 1900$ to 1935 (≈ 1915) MeV
Full width $\Gamma = 80$ to 160 (≈ 120) MeV
$p_{\text{beam}} = 1.26$ GeV/c $4\pi\lambdabar^2 = 12.8$ mb

$\Sigma(1915)$ DECAY MODES	Fraction (Γ_i/Γ)	p (MeV/c)
$N\overline{K}$	5–15 %	618
$\Lambda\pi$	seen	623
$\Sigma\pi$	seen	577
$\Sigma(1385)\pi$	<5 %	443

$\Sigma(1940)\ D_{13}$ $\qquad I(J^P) = 1(\frac{3}{2}^-)$

Mass $m = 1900$ to 1950 (≈ 1940) MeV
Full width $\Gamma = 150$ to 300 (≈ 220) MeV
$p_{\text{beam}} = 1.32$ GeV/c $\qquad 4\pi\lambdabar^2 = 12.1$ mb

$\Sigma(1940)$ DECAY MODES	Fraction (Γ_i/Γ)	p (MeV/c)
$N\overline{K}$	<20 %	637
$\Lambda\pi$	seen	640
$\Sigma\pi$	seen	595
$\Sigma(1385)\pi$	seen	463
$\Lambda(1520)\pi$	seen	355
$\Delta(1232)\overline{K}$	seen	410
$N\overline{K}{}^*(892)$	seen	322

$\Sigma(2030)\ F_{17}$ $\qquad I(J^P) = 1(\frac{7}{2}^+)$

Mass $m = 2025$ to 2040 (≈ 2030) MeV
Full width $\Gamma = 150$ to 200 (≈ 180) MeV
$p_{\text{beam}} = 1.52$ GeV/c $\qquad 4\pi\lambdabar^2 = 9.93$ mb

$\Sigma(2030)$ DECAY MODES	Fraction (Γ_i/Γ)	p (MeV/c)
$N\overline{K}$	17–23 %	702
$\Lambda\pi$	17–23 %	700
$\Sigma\pi$	5–10 %	657
ΞK	<2 %	422
$\Sigma(1385)\pi$	5–15 %	532
$\Lambda(1520)\pi$	10–20 %	430
$\Delta(1232)\overline{K}$	10–20 %	498
$N\overline{K}{}^*(892)$	<5 %	439

$\Sigma(2250)$

$I(J^P) = 1(?^?)$

Mass $m = 2210$ to 2280 (≈ 2250) MeV
Full width $\Gamma = 60$ to 150 (≈ 100) MeV
$p_{\text{beam}} = 2.04$ GeV/c $\quad 4\pi\lambda^2 = 6.76$ mb

$\Sigma(2250)$ DECAY MODES	Fraction (Γ_i/Γ)	p (MeV/c)
$N\overline{K}$	<10 %	851
$\Lambda\pi$	seen	842
$\Sigma\pi$	seen	803

Ξ BARYONS
$(S = -2, I = 1/2)$

$\Xi^0 = uss, \quad \Xi^- = dss$

Ξ^0

$I(J^P) = \frac{1}{2}(\frac{1}{2}^+)$

P is not yet measured; $+$ is the quark model prediction.

Mass $m = 1314.83 \pm 0.20$ MeV
$m_{\Xi^-} - m_{\Xi^0} = 6.48 \pm 0.24$ MeV
Mean life $\tau = (2.90 \pm 0.09) \times 10^{-10}$ s
$\quad c\tau = 8.71$ cm
Magnetic moment $\mu = -1.250 \pm 0.014 \; \mu_N$

Decay parameters

$\Lambda\pi^0$	$\alpha = -0.411 \pm 0.022 \quad (S = 2.1)$
"	$\phi = (21 \pm 12)°$
"	$\gamma = 0.85$ [i]
"	$\Delta = (218^{+12}_{-19})°$ [i]
$\Lambda\gamma$	$\alpha = -0.4 \pm 0.4$
$\Sigma^0\gamma$	$\alpha = -0.63 \pm 0.09$
$\Sigma^+ e^- \bar{\nu}_e$	$g_1(0)/f_1(0) = 1.32^{+0.22}_{-0.18}$
$\Sigma^+ e^- \bar{\nu}_e$	$f_2(0)/f_1(0) = 2.0 \pm 1.3$

Ξ^0 DECAY MODES	Fraction (Γ_i/Γ)	Scale factor/ Confidence level	p (MeV/c)
$\Lambda\pi^0$	(99.522 ± 0.032) %	S=1.7	135
$\Lambda\gamma$	$(1.18 \pm 0.30) \times 10^{-3}$	S=2.0	184

$\Sigma^0 \gamma$		(3.33 ±0.10) × 10^{-3}	117
$\Sigma^+ e^- \bar{\nu}_e$		(2.7 ±0.4) × 10^{-4}	119
$\Sigma^+ \mu^- \bar{\nu}_\mu$		< 1.1 × 10^{-3} CL=90%	64

$\Delta S = \Delta Q$ (SQ) violating modes or $\Delta S = 2$ forbidden (S2) modes

$\Sigma^- e^+ \nu_e$	SQ	< 9 × 10^{-4} CL=90%	112
$\Sigma^- \mu^+ \nu_\mu$	SQ	< 9 × 10^{-4} CL=90%	49
$p \pi^-$	S2	< 4 × 10^{-5} CL=90%	299
$p e^- \bar{\nu}_e$	S2	< 1.3 × 10^{-3}	323
$p \mu^- \bar{\nu}_\mu$	S2	< 1.3 × 10^{-3}	309

$\boxed{\Xi^-}$ $\qquad I(J^P) = \frac{1}{2}(\frac{1}{2}^+)$

P is not yet measured; + is the quark model prediction.

Mass $m = 1321.31 \pm 0.13$ MeV
Mean life $\tau = (1.639 \pm 0.015) \times 10^{-10}$ s
$\quad c\tau = 4.91$ cm
Magnetic moment $\mu = -0.6507 \pm 0.0025 \mu_N$

Decay parameters

$\Lambda \pi^- \qquad \alpha = -0.458 \pm 0.012 \quad (S = 1.8)$
$[\alpha(\Xi^-)\alpha_-(\Lambda) - \alpha(\overline{\Xi}^+)\alpha_+(\overline{\Lambda})]/[\alpha(\Xi^-)\alpha_-(\Lambda) + \alpha(\overline{\Xi}^+)\alpha_+(\overline{\Lambda})]$
$\qquad = 0.012 \pm 0.014$
" $\qquad \phi = (-0.4 \pm 2.3)°$
" $\qquad \gamma = 0.89$ [i]
" $\qquad \Delta = (179 \pm 4)°$ [i]
$\Lambda e^- \bar{\nu}_e \qquad g_A/g_V = -0.25 \pm 0.05$ [f]

Ξ^- DECAY MODES	Fraction (Γ_i/Γ)	Confidence level	p (MeV/c)
$\Lambda \pi^-$	(99.887±0.035) %		139
$\Sigma^- \gamma$	(1.27 ±0.23) × 10^{-4}		118
$\Lambda e^- \bar{\nu}_e$	(5.63 ±0.31) × 10^{-4}		190
$\Lambda \mu^- \bar{\nu}_\mu$	(3.5 $^{+3.5}_{-2.2}$) × 10^{-4}		163
$\Sigma^0 e^- \bar{\nu}_e$	(8.7 ±1.7) × 10^{-5}		122
$\Sigma^0 \mu^- \bar{\nu}_\mu$	< 8 × 10^{-4}	90%	70
$\Xi^0 e^- \bar{\nu}_e$	< 2.3 × 10^{-3}	90%	6

$\Delta S = 2$ forbidden (S2) modes

$n\pi^-$	S2	< 1.9	$\times 10^{-5}$	90%	303
$n e^- \bar{\nu}_e$	S2	< 3.2	$\times 10^{-3}$	90%	327
$n \mu^- \bar{\nu}_\mu$	S2	< 1.5	%	90%	313
$p\pi^-\pi^-$	S2	< 4	$\times 10^{-4}$	90%	223
$p\pi^- e^- \bar{\nu}_e$	S2	< 4	$\times 10^{-4}$	90%	304
$p\pi^- \mu^- \bar{\nu}_\mu$	S2	< 4	$\times 10^{-4}$	90%	250
$p\mu^- \mu^-$	L	< 4	$\times 10^{-4}$	90%	272

$\boxed{\Xi(1530)\ P_{13}}$ $\qquad I(J^P) = \frac{1}{2}(\frac{3}{2}^+)$

$\Xi(1530)^0$ mass $m = 1531.80 \pm 0.32$ MeV (S = 1.3)
$\Xi(1530)^-$ mass $m = 1535.0 \pm 0.6$ MeV
$\Xi(1530)^0$ full width $\Gamma = 9.1 \pm 0.5$ MeV
$\Xi(1530)^-$ full width $\Gamma = 9.9^{+1.7}_{-1.9}$ MeV

$\Xi(1530)$ DECAY MODES	Fraction (Γ_i/Γ)	Confidence level	p (MeV/c)
$\Xi\pi$	100 %		158
$\Xi\gamma$	<4 %	90%	202

$\boxed{\Xi(1690)}$ $\qquad I(J^P) = \frac{1}{2}(?^?)$

Mass $m = 1690 \pm 10$ MeV [k]
Full width Γ < 30 MeV

$\Xi(1690)$ DECAY MODES	Fraction (Γ_i/Γ)	p (MeV/c)
$\Lambda \overline{K}$	seen	240
$\Sigma \overline{K}$	seen	70
$\Xi\pi$	seen	311
$\Xi^- \pi^+ \pi^-$	possibly seen	214

$\Xi(1820)\ D_{13}$ $I(J^P) = \frac{1}{2}(\frac{3}{2}^-)$

Mass $m = 1823 \pm 5$ MeV [k]
Full width $\Gamma = 24^{+15}_{-10}$ MeV [k]

$\Xi(1820)$ DECAY MODES	Fraction (Γ_i/Γ)	p (MeV/c)
$\Lambda \overline{K}$	large	402
$\Sigma \overline{K}$	small	324
$\Xi \pi$	small	421
$\Xi(1530)\pi$	small	237

$\Xi(1950)$ $I(J^P) = \frac{1}{2}(?^?)$

Mass $m = 1950 \pm 15$ MeV [k]
Full width $\Gamma = 60 \pm 20$ MeV [k]

$\Xi(1950)$ DECAY MODES	Fraction (Γ_i/Γ)	p (MeV/c)
$\Lambda \overline{K}$	seen	522
$\Sigma \overline{K}$	possibly seen	460
$\Xi \pi$	seen	519

$\Xi(2030)$ $I(J^P) = \frac{1}{2}(\geq \frac{5}{2}^?)$

Mass $m = 2025 \pm 5$ MeV [k]
Full width $\Gamma = 20^{+15}_{-5}$ MeV [k]

$\Xi(2030)$ DECAY MODES	Fraction (Γ_i/Γ)	p (MeV/c)
$\Lambda \overline{K}$	$\sim 20\%$	585
$\Sigma \overline{K}$	$\sim 80\%$	529
$\Xi \pi$	small	574
$\Xi(1530)\pi$	small	416
$\Lambda \overline{K} \pi$	small	499
$\Sigma \overline{K} \pi$	small	428

Ω BARYONS
($S=-3, I=0$)

$\Omega^- = sss$

Ω^- $\qquad I(J^P) = 0(\frac{3}{2}^+)$

J^P is not yet measured; $\frac{3}{2}^+$ is the quark model prediction.

Mass $m = 1672.45 \pm 0.29$ MeV
$(m_{\Omega^-} - m_{\overline{\Omega}^+}) / m_{\Omega^-} = (-1 \pm 8) \times 10^{-5}$
Mean life $\tau = (0.821 \pm 0.011) \times 10^{-10}$ s
$\quad c\tau = 2.461$ cm
$(\tau_{\Omega^-} - \tau_{\overline{\Omega}^+}) / \tau_{\Omega^-} = -0.002 \pm 0.040$
Magnetic moment $\mu = -2.02 \pm 0.05$ μ_N

Decay parameters

$\Lambda K^- \qquad \alpha = -0.026 \pm 0.023$
$\frac{1}{2}[\alpha(\Lambda K^-) + \alpha(\overline{\Lambda} K^+)] = -0.004 \pm 0.040$
$\Xi^0 \pi^- \qquad \alpha = 0.09 \pm 0.14$
$\Xi^- \pi^0 \qquad \alpha = 0.05 \pm 0.21$

Ω^- DECAY MODES	Fraction (Γ_i/Γ)	Confidence level	p (MeV/c)
ΛK^-	(67.8 ± 0.7) %		211
$\Xi^0 \pi^-$	(23.6 ± 0.7) %		294
$\Xi^- \pi^0$	(8.6 ± 0.4) %		290
$\Xi^- \pi^+ \pi^-$	$(4.3^{+3.4}_{-1.3}) \times 10^{-4}$		190
$\Xi(1530)^0 \pi^-$	$(6.4^{+5.1}_{-2.0}) \times 10^{-4}$		17
$\Xi^0 e^- \overline{\nu}_e$	$(5.6 \pm 2.8) \times 10^{-3}$		319
$\Xi^- \gamma$	$< 4.6 \times 10^{-4}$	90%	314
$\Delta S = 2$ forbidden (S2) modes			
$\Lambda \pi^-$	S2 $< 1.9 \times 10^{-4}$	90%	449

$\Omega(2250)^-$ $\qquad I(J^P) = 0(?^?)$

Mass $m = 2252 \pm 9$ MeV
Full width $\Gamma = 55 \pm 18$ MeV

$\Omega(2250)^-$ DECAY MODES	Fraction (Γ_i/Γ)	p (MeV/c)
$\Xi^- \pi^+ K^-$	seen	532
$\Xi(1530)^0 K^-$	seen	437

CHARMED BARYONS ($C = +1$)

$\Lambda_c^+ = udc$, $\Sigma_c^{++} = uuc$, $\Sigma_c^+ = udc$, $\Sigma_c^0 = ddc$,
$\Xi_c^+ = usc$, $\Xi_c^0 = dsc$, $\Omega_c^0 = ssc$

Λ_c^+ $\qquad I(J^P) = 0(\frac{1}{2}^+)$

J is not well measured; $\frac{1}{2}$ is the quark-model prediction.

Mass $m = 2284.9 \pm 0.6$ MeV
Mean life $\tau = (200 \pm 6) \times 10^{-15}$ s (S = 1.6)
$c\tau = 59.9$ μm

Decay asymmetry parameters

$\Lambda \pi^+$	$\alpha = -0.98 \pm 0.19$
$\Sigma^+ \pi^0$	$\alpha = -0.45 \pm 0.32$
$\Lambda \ell^+ \nu_\ell$	$\alpha = -0.82^{+0.11}_{-0.07}$

Nearly all branching fractions of the Λ_c^+ are measured relative to the $pK^-\pi^+$ mode, but there are no model-independent measurements of this branching fraction. We explain how we arrive at our value of B($\Lambda_c^+ \to pK^-\pi^+$) in a Note at the beginning of the branching-ratio measurements in the Listings. When this branching fraction is eventually well determined, all the other branching fractions will slide up or down proportionally as the true value differs from the value we use here.

Tabellen-Anhang

Λ_c^+ DECAY MODES		Fraction (Γ_i/Γ)	Scale factor/ Confidence level	p (MeV/c)
Hadronic modes with a p: $S = -1$ final states				
$p\overline{K}^0$		$(2.3 \pm 0.6)\%$		872
$pK^-\pi^+$	[m]	$(5.0 \pm 1.3)\%$		822
$p\overline{K}^*(892)^0$	[n]	$(1.6 \pm 0.5)\%$		684
$\Delta(1232)^{++}K^-$		$(8.6 \pm 3.0) \times 10^{-3}$		709
$\Lambda(1520)\pi^+$	[n]	$(5.9 \pm 2.1) \times 10^{-3}$		626
$pK^-\pi^+$ nonresonant		$(2.8 \pm 0.8)\%$		822
$p\overline{K}^0\pi^0$		$(3.3 \pm 1.0)\%$		822
$p\overline{K}^0\eta$		$(1.2 \pm 0.4)\%$		566
$p\overline{K}^0\pi^+\pi^-$		$(2.6 \pm 0.7)\%$		753
$pK^-\pi^+\pi^0$		$(3.4 \pm 1.0)\%$		758
$pK^*(892)^-\pi^+$	[n]	$(1.1 \pm 0.5)\%$		579
$p(K^-\pi^+)_{\text{nonresonant}}\pi^0$		$(3.6 \pm 1.2)\%$		758
$\Delta(1232)\overline{K}^*(892)$		seen		417
$pK^-\pi^+\pi^+\pi^-$		$(1.1 \pm 0.8) \times 10^{-3}$		670
$pK^-\pi^+\pi^0\pi^0$		$(8 \pm 4) \times 10^{-3}$		676
Hadronic modes with a p: $S = 0$ final states				
$p\pi^+\pi^-$		$(3.5 \pm 2.0) \times 10^{-3}$		926
$pf_0(980)$	[n]	$(2.8 \pm 1.9) \times 10^{-3}$		621
$p\pi^+\pi^+\pi^-\pi^-$		$(1.8 \pm 1.2) \times 10^{-3}$		851
pK^+K^-		$(7.7 \pm 3.5) \times 10^{-4}$		615
$p\phi$	[n]	$(8.2 \pm 2.7) \times 10^{-4}$		589
pK^+K^- non-ϕ		$(3.5 \pm 1.7) \times 10^{-4}$		615
Hadronic modes with a hyperon: $S = -1$ final states				
$\Lambda\pi^+$		$(9.0 \pm 2.8) \times 10^{-3}$		863
$\Lambda\pi^+\pi^0$		$(3.6 \pm 1.3)\%$		843
$\Lambda\rho^+$		$< 5\%$	CL=95%	634
$\Lambda\pi^+\pi^+\pi^-$		$(3.3 \pm 1.0)\%$		806
$\Lambda\pi^+\pi^+\pi^-\pi^0$ total		$(1.8 \pm 0.8)\%$		756
$\Lambda\pi^+\eta$		$(1.8 \pm 0.6)\%$		689
$\Sigma(1385)^+\eta$	[n]	$(8.5 \pm 3.3) \times 10^{-3}$		569
$\Lambda\pi^+\omega$	[n]	$(1.2 \pm 0.5)\%$		515
$\Lambda\pi^+\pi^+\pi^-\pi^0$, no η or ω		$< 7 \times 10^{-3}$	CL=90%	756
$\Lambda K^+\overline{K}^0$		$(6.0 \pm 2.1) \times 10^{-3}$		441
$\Xi(1690)^0 K^+$, $\Xi(1690)^0 \to \Lambda\overline{K}^0$		$(1.6 \pm 0.8) \times 10^{-3}$		286
$\Sigma^0\pi^+$		$(9.9 \pm 3.2) \times 10^{-3}$		824
$\Sigma^+\pi^0$		$(1.00 \pm 0.34)\%$		826
$\Sigma^+\eta$		$(5.5 \pm 2.3) \times 10^{-3}$		712
$\Sigma^+\pi^+\pi^-$		$(3.6 \pm 1.0)\%$		803
$\Sigma^+\rho^0$		$< 1.4\%$	CL=95%	573
$\Sigma^-\pi^+\pi^+$		$(1.9 \pm 0.8)\%$		798
$\Sigma^0\pi^+\pi^0$		$(1.8 \pm 0.8)\%$		802

$\Sigma^0 \pi^+ \pi^+ \pi^-$		(1.1 ± 0.4) %		762
$\Sigma^+ \pi^+ \pi^- \pi^0$		—		766
$\Sigma^+ \omega$	[n]	(2.7 ± 1.0) %		568
$\Sigma^+ K^+ K^-$		(2.8 ± 0.8) × 10^{-3}		346
$\Sigma^+ \phi$	[n]	(3.2 ± 1.0) × 10^{-3}		292
$\Xi(1690)^0 K^+$, $\Xi(1690)^0 \to \Sigma^+ K^-$		(8.2 ± 3.1) × 10^{-4}		286
$\Sigma^+ K^+ K^-$ nonresonant		< 7 × 10^{-4}	CL=90%	346
$\Xi^0 K^+$		(3.9 ± 1.4) × 10^{-3}		652
$\Xi^- K^+ \pi^+$		(4.9 ± 1.7) × 10^{-3}		564
$\Xi(1530)^0 K^+$	[n]	(2.6 ± 1.0) × 10^{-3}		471

Hadronic modes with a hyperon: $S = 0$ final states

ΛK^+		(6.7 ± 2.5) × 10^{-4}		780
$\Sigma^0 K^+$		(5.6 ± 2.4) × 10^{-4}		734
$\Sigma^+ K^+ \pi^-$		(1.7 ± 0.7) × 10^{-3}		668
$\Sigma^+ K^*(892)^0$	[n]	(2.8 ± 1.1) × 10^{-3}		468
$\Sigma^- K^+ \pi^+$		< 1.0 × 10^{-3}	CL=90%	662

Semileptonic modes

$\Lambda \ell^+ \nu_\ell$	[o]	(2.0 ± 0.6) %		870
$\Lambda e^+ \nu_e$		(2.1 ± 0.6) %		870
$\Lambda \mu^+ \nu_\mu$		(2.0 ± 0.7) %		866

Inclusive modes

e^+ anything		(4.5 ± 1.7) %		—
$p e^+$ anything		(1.8 ± 0.9) %		—
p anything		(50 ±16) %		—
p anything (no Λ)		(12 ±19) %		—
n anything		(50 ±16) %		—
n anything (no Λ)		(29 ±17) %		—
Λ anything		(35 ±11) %	S=1.4	—
$\Sigma^\pm$ anything	[p]	(10 ± 5) %		—
3prongs		(24 ± 8) %		—

$\Delta C = 1$ weak neutral current ($C1$) modes, or Lepton number (L) violating modes

$p \mu^+ \mu^-$	C1	< 3.4 × 10^{-4}	CL=90%	936
$\Sigma^- \mu^+ \mu^+$	L	< 7.0 × 10^{-4}	CL=90%	811

Tabellen-Anhang

$\Lambda_c(2593)^+$ $I(J^P) = 0(\frac{1}{2}^-)$

The spin-parity follows from the fact that $\Sigma_c(2455)\pi$ decays, with little available phase space, are dominant. This assumes that $J^P = 1/2^+$ for the $\Sigma_c(2455)$.

Mass $m = 2593.9 \pm 0.8$ MeV
$m - m_{\Lambda_c^+} = 308.9 \pm 0.6$ MeV   (S = 1.1)
Full width $\Gamma = 3.6^{+2.0}_{-1.3}$ MeV

$\Lambda_c^+\pi\pi$ and its submode $\Sigma_c(2455)\pi$ — the latter just barely — are the only strong decays allowed to an excited Λ_c^+ having this mass; and the submode seems to dominate.

$\Lambda_c(2593)^+$ DECAY MODES	Fraction (Γ_i/Γ)	p (MeV/c)
$\Lambda_c^+\pi^+\pi^-$	[q] $\approx$ 67 %	124
$\Sigma_c(2455)^{++}\pi^-$	24 $\pm$ 7 %	28
$\Sigma_c(2455)^0\pi^+$	24 $\pm$ 7 %	28
$\Lambda_c^+\pi^+\pi^-$ 3-body	18 $\pm$ 10 %	124
$\Lambda_c^+\pi^0$	[r] not seen	261
$\Lambda_c^+\gamma$	not seen	291

$\Lambda_c(2625)^+$ $I(J^P) = 0(\frac{3}{2}^-)$

J^P has not been measured; $\frac{3}{2}^-$ is the quark-model prediction.

Mass $m = 2626.6 \pm 0.8$ MeV   (S = 1.2)
$m - m_{\Lambda_c^+} = 341.7 \pm 0.6$ MeV   (S = 1.6)
Full width $\Gamma <$ 1.9 MeV, CL = 90%

$\Lambda_c^+\pi\pi$ and its submode $\Sigma(2455)\pi$ are the only strong decays allowed to an excited Λ_c^+ having this mass.

$\Lambda_c(2625)^+$ DECAY MODES	Fraction (Γ_i/Γ)		Confidence level	p (MeV/c)
$\Lambda_c^+\pi^+\pi^-$	[q]	$\approx$ 67%		184
$\Sigma_c(2455)^{++}\pi^-$		<5	90%	102
$\Sigma_c(2455)^0\pi^+$		<5	90%	102
$\Lambda_c^+\pi^+\pi^-$ 3-body		large		184
$\Lambda_c^+\pi^0$	[r]	not seen		293
$\Lambda_c^+\gamma$		not seen		319

$\Sigma_c(2455)$ $I(J^P) = 1(\frac{1}{2}^+)$

J^P has not been measured; $\frac{1}{2}^+$ is the quark-model prediction.

$\Sigma_c(2455)^{++}$ mass $m = 2452.5 \pm 0.6$ MeV
$\Sigma_c(2455)^+$ mass $m = 2451.3 \pm 0.7$ MeV
$\Sigma_c(2455)^0$ mass $m = 2452.2 \pm 0.6$ MeV
$m_{\Sigma_c^{++}} - m_{\Lambda_c^+} = 167.58 \pm 0.12$ MeV
$m_{\Sigma_c^+} - m_{\Lambda_c^+} = 166.4 \pm 0.4$ MeV
$m_{\Sigma_c^0} - m_{\Lambda_c^+} = 167.32 \pm 0.12$ MeV
$m_{\Sigma_c^{++}} - m_{\Sigma_c^0} = 0.26 \pm 0.11$ MeV
$m_{\Sigma_c^+} - m_{\Sigma_c^0} = -0.9 \pm 0.4$ MeV
$\Sigma_c(2455)^{++}$ full width $\Gamma = 2.23 \pm 0.30$ MeV
$\Sigma_c(2455)^+$ full width $\Gamma < 4.6$ MeV, CL = 90%
$\Sigma_c(2455)^0$ full width $\Gamma = 2.2 \pm 0.4$ MeV   (S = 1.4)

$\Lambda_c^+ \pi$ is the only strong decay allowed to a Σ_c having this mass.

$\Sigma_c(2455)$ DECAY MODES	Fraction (Γ_i/Γ)	p (MeV/c)
$\Lambda_c^+ \pi$	$\approx 100\%$	94

$\Sigma_c(2520)$ $I(J^P) = 1(\frac{3}{2}^+)$

J^P has not been measured; $\frac{3}{2}^+$ is the quark-model prediction.

$\Sigma_c(2520)^{++}$ mass $m = 2519.4 \pm 1.5$ MeV
$\Sigma_c(2520)^+$ mass $m = 2515.9 \pm 2.4$ MeV
$\Sigma_c(2520)^0$ mass $m = 2517.5 \pm 1.4$ MeV
$m_{\Sigma_c(2520)^{++}} - m_{\Lambda_c^+} = 234.5 \pm 1.4$ MeV
$m_{\Sigma_c(2520)^+} - m_{\Lambda_c^+} = 231.0 \pm 2.3$ MeV
$m_{\Sigma_c(2520)^0} - m_{\Lambda_c^+} = 232.6 \pm 1.3$ MeV
$m_{\Sigma_c(2520)^{++}} - m_{\Sigma_c(2520)^0} = 1.9 \pm 1.7$ MeV
$\Sigma_c(2520)^{++}$ full width $\Gamma = 18 \pm 5$ MeV
$\Sigma_c(2520)^+$ full width $\Gamma < 17$ MeV, CL = 90%
$\Sigma_c(2520)^0$ full width $\Gamma = 13 \pm 5$ MeV

$\Lambda_c^+ \pi$ is the only strong decay allowed to a Σ_c having this mass.

$\Sigma_c(2520)$ DECAY MODES	Fraction (Γ_i/Γ)	p (MeV/c)
$\Lambda_c^+ \pi$	$\approx 100\%$	180

Ξ_c^+

$I(J^P) = \frac{1}{2}(\frac{1}{2}^+)$

J^P has not been measured; $\frac{1}{2}^+$ is the quark-model prediction.

Mass $m = 2466.3 \pm 1.4$ MeV
Mean life $\tau = (442 \pm 26) \times 10^{-15}$ s (S = 1.3)
$c\tau = 132$ μm

Ξ_c^+ DECAY MODES		Fraction (Γ_i/Γ)	Confidence level	p (MeV/c)
\multicolumn{5}{c}{No absolute branching fractions have been measured.}
\multicolumn{5}{c}{The following are branching *ratios* relative to $\Xi^- \pi^+ \pi^+$.}
\multicolumn{5}{c}{**Cabibbo-favored (S = −2) decays**}
$\Lambda \overline{K}^0 \pi^+$		—		851
$\Sigma(1385)^+ \overline{K}^0$	[n,s]	1.0 ± 0.5		745
$\Lambda K^- \pi^+ \pi^+$	[s]	0.34 ± 0.12		785
$\Lambda \overline{K}^*(892)^0 \pi^+$	[n,s]	<0.2	90%	607
$\Sigma(1385)^+ K^- \pi^+$	[n,s]	<0.3	90%	677
$\Sigma^+ K^- \pi^+$	[s]	0.94 ± 0.11		809
$\Sigma^+ \overline{K}^*(892)^0$	[n,s]	0.81 ± 0.15		657
$\Sigma^0 K^- \pi^+ \pi^+$	[s]	0.29 ± 0.16		734
$\Xi^0 \pi^+$	[s]	0.55 ± 0.16		876
$\Xi^- \pi^+ \pi^+$	[s]	DEFINED AS 1		850
$\Xi(1530)^0 \pi^+$	[n,s]	<0.1	90%	748
$\Xi^0 \pi^+ \pi^0$	[s]	2.34 ± 0.68		855
$\Xi^0 \pi^+ \pi^+ \pi^-$	[s]	1.74 ± 0.50		817
$\Xi^0 e^+ \nu_e$	[s]	$2.3 ^{+0.7}_{-0.9}$		883
$\Omega^- K^+ \pi^+$	[s]	0.07 ± 0.04		397
\multicolumn{5}{c}{**Cabibbo-suppressed decays**}
$p K^- \pi^+$	[s]	0.21 ± 0.03		943
$p \overline{K}^*(892)^0$	[n,s]	0.12 ± 0.02		827
$\Sigma^+ K^+ K^-$	[s]	0.15 ± 0.07		578
$\Sigma^+ \phi$	[n,s]	<0.11	90%	547
$\Xi(1690)^0 K^+$ $\times B(\Xi(1690)^0 \to \Sigma^+ K^-)$	[s]	<0.05	90%	501

Ξ_c^0 $I(J^P) = \frac{1}{2}(\frac{1}{2}^+)$

J^P has not been measured; $\frac{1}{2}^+$ is the quark-model prediction.

Mass $m = 2471.8 \pm 1.4$ MeV
$m_{\Xi_c^0} - m_{\Xi_c^+} = 5.5 \pm 1.8$ MeV
Mean life $\tau = (112^{+13}_{-10}) \times 10^{-15}$ s
$c\tau = 33.6\ \mu$m

Decay asymmetry parameters

$\Xi^- \pi^+$ $\alpha = -0.6 \pm 0.4$

Ξ_c^0 DECAY MODES	Fraction (Γ_i/Γ)	p (MeV/c)
$\Lambda \overline{K}^0$	seen	907
$\Lambda \overline{K}^0 \pi^+ \pi^-$	seen	788
$\Lambda K^- \pi^+ \pi^+ \pi^-$	seen	704
$\Xi^- \pi^+$	seen	876
$\Xi^- \pi^+ \pi^+ \pi^-$	seen	817
$pK^- \overline{K}^*(892)^0$	seen	414
$\Omega^- K^+$	seen	523
$\Xi^- e^+ \nu_e$	seen	883
$\Xi^- \ell^+$ anything	seen	–

$\Xi_c^{\prime +}$ $I(J^P) = \frac{1}{2}(\frac{1}{2}^+)$

J^P has not been measured; $\frac{1}{2}^+$ is the quark-model prediction.

Mass $m = 2574.1 \pm 3.3$ MeV
$m_{\Xi_c^{\prime +}} - m_{\Xi_c^+} = 107.8 \pm 3.0$ MeV

The $\Xi_c^{\prime +}$-Ξ_c^+ mass difference is too small for any strong decay to occur.

$\Xi_c^{\prime +}$ DECAY MODES	Fraction (Γ_i/Γ)	p (MeV/c)
$\Xi_c^+ \gamma$	seen	106

$\Xi_c^{\prime 0}$ $I(J^P) = \frac{1}{2}(\frac{1}{2}^+)$

J^P has not been measured; $\frac{1}{2}^+$ is the quark-model prediction.

Mass $m = 2578.8 \pm 3.2$ MeV
$m_{\Xi_c^{\prime 0}} - m_{\Xi_c^0} = 107.0 \pm 2.9$ MeV

Tabellen-Anhang

The $\Xi_c'^0 - \Xi_c^0$ mass difference is too small for any strong decay to occur.

$\Xi_c'^0$ DECAY MODES	Fraction (Γ_i/Γ)	p (MeV/c)
$\Xi_c^0 \gamma$	seen	105

$\Xi_c(2645)$ $\quad I(J^P) = \frac{1}{2}(\frac{3}{2}^+)$

J^P has not been measured; $\frac{3}{2}^+$ is the quark-model prediction.

$\Xi_c(2645)^+$ mass $m = 2647.4 \pm 2.0$ MeV   (S = 1.2)
$\Xi_c(2645)^0$ mass $m = 2644.5 \pm 1.8$ MeV
$m_{\Xi_c(2645)^+} - m_{\Xi_c^0} = 175.6 \pm 1.4$ MeV   (S = 1.7)
$m_{\Xi_c(2645)^0} - m_{\Xi_c^+} = 178.2 \pm 1.1$ MeV
$\Xi_c(2645)^+$ full width $\Gamma < 3.1$ MeV, CL = 90%
$\Xi_c(2645)^0$ full width $\Gamma < 5.5$ MeV, CL = 90%

$\Xi_c \pi$ is the only strong decay allowed to a Ξ_c resonance having this mass.

$\Xi_c(2645)$ DECAY MODES	Fraction (Γ_i/Γ)	p (MeV/c)
$\Xi_c^0 \pi^+$	seen	98
$\Xi_c^+ \pi^-$	seen	107

$\Xi_c(2790)$ $\quad I(J^P) = \frac{1}{2}(\frac{1}{2}^-)$

J^P has not been measured; $\frac{1}{2}^-$ is the quark-model prediction.

$\Xi_c(2790)^+$ mass $= 2790.0 \pm 3.5$ MeV
$\Xi_c(2790)^0$ mass $= 2790 \pm 4$ MeV
$m_{\Xi_c(2790)^+} - m_{\Xi_c^0} = 318.2 \pm 3.2$ MeV
$m_{\Xi_c(2790)^0} - m_{\Xi_c^+} = 324.0 \pm 3.3$ MeV
$\Xi_c(2790)^+$ width < 15 MeV, CL = 90%
$\Xi_c(2790)^0$ width < 12 MeV, CL = 90%

$\Xi_c(2790)$ DECAY MODES	Fraction (Γ_i/Γ)	p (MeV/c)
$\Xi_c' \pi$	seen	162

$\Xi_c(2815)$ $I(J^P) = \frac{1}{2}(\frac{3}{2}^-)$

J^P has not been measured; $\frac{3}{2}^-$ is the quark-model prediction.

$\Xi_c(2815)^+$ mass $m = 2814.9 \pm 1.8$ MeV
$\Xi_c(2815)^0$ mass $m = 2819.0 \pm 2.5$ MeV
$m_{\Xi_c(2815)^+} - m_{\Xi_c^+} = 348.6 \pm 1.2$ MeV
$m_{\Xi_c(2815)^0} - m_{\Xi_c^0} = 347.2 \pm 2.1$ MeV
$\Xi_c(2815)^+$ full width $\Gamma < 3.5$ MeV, CL = 90%
$\Xi_c(2815)^0$ full width $\Gamma < 6.5$ MeV, CL = 90%

The $\Xi_c \pi \pi$ modes are consistent with being entirely via $\Xi_c(2645)\pi$.

$\Xi_c(2815)$ DECAY MODES	Fraction (Γ_i/Γ)	p (MeV/c)
$\Xi_c^+ \pi^+ \pi^-$	seen	196
$\Xi_c^0 \pi^+ \pi^-$	seen	187

Ω_c^0 $I(J^P) = 0(\frac{1}{2}^+)$

J^P has not been measured; $\frac{1}{2}^+$ is the quark-model prediction.

Mass $m = 2697.5 \pm 2.6$ MeV   (S = 1.2)
Mean life $\tau = (69 \pm 12) \times 10^{-15}$ s
$c\tau = 21$ μm

No absolute branching fractions have been measured.

Ω_c^0 DECAY MODES	Fraction (Γ_i/Γ)	p (MeV/c)
$\Sigma^+ K^- K^- \pi^+$	seen	691
$\Xi^0 K^- \pi^+$	seen	903
$\Xi^- K^- \pi^+ \pi^+$	seen	832
$\Omega^- e^+ \nu_e$	seen	830
$\Omega^- \pi^+$	seen	822
$\Omega^- \pi^+ \pi^0$	seen	798
$\Omega^- \pi^- \pi^+ \pi^+$	seen	754

BOTTOM BARYONS
($B = -1$)

$\Lambda_b^0 = udb$, $\Xi_b^0 = usb$, $\Xi_b^- = dsb$

Λ_b^0

$I(J^P) = 0(\frac{1}{2}^+)$

$I(J^P)$ not yet measured; $0(\frac{1}{2}^+)$ is the quark model prediction.

Mass $m = 5624 \pm 9$ MeV (S = 1.8)
Mean life $\tau = (1.229 \pm 0.080) \times 10^{-12}$ s
$c\tau = 368$ μm

These branching fractions are actually an average over weakly decaying b-baryons weighted by their production rates in Z decay (or high-energy $p\bar{p}$), branching ratios, and detection efficiencies. They scale with the LEP b-baryon production fraction B($b \to$ b-baryon) and are evaluated for our value B($b \to$ b-baryon) = $(9.9 \pm 1.7)\%$.

The branching fractions B(b-baryon $\to \Lambda \ell^- \bar{\nu}_\ell$ anything) and B($\Lambda_b^0 \to \Lambda_c^+ \ell^- \bar{\nu}_\ell$ anything) are not pure measurements because the underlying measured products of these with B($b \to$ b-baryon) were used to determine B($b \to$ b-baryon), as described in the note "Production and Decay of b-Flavored Hadrons."

For inclusive branching fractions, e.g., $B \to D^\pm$ anything, the values usually are multiplicities, not branching fractions. They can be greater than one.

Λ_b^0 DECAY MODES	Fraction (Γ_i/Γ)	Confidence level	p (MeV/c)
$J/\psi(1S) \Lambda$	$(4.7 \pm 2.8) \times 10^{-4}$		1744
$\Lambda_c^+ \pi^-$	seen		2345
$\Lambda_c^+ a_1(1260)^-$	seen		2156
$\Lambda_c^+ \ell^- \bar{\nu}_\ell$ anything	[t] $(9.2 \pm 2.1)\%$		—
$p\pi^-$	$< 5.0 \times 10^{-5}$	90%	2732
pK^-	$< 5.0 \times 10^{-5}$	90%	2711
$\Lambda \gamma$	$< 1.3 \times 10^{-3}$	90%	2701

b-baryon ADMIXTURE (Λ_b, Ξ_b, Σ_b, Ω_b)

Mean life $\tau = (1.208 \pm 0.051) \times 10^{-12}$ s

These branching fractions are actually an average over weakly decaying b-baryons weighted by their production rates in Z decay (or high-energy

$p\overline{p}$), branching ratios, and detection efficiencies. They scale with the LEP b-baryon production fraction B($b \to$ b-baryon) and are evaluated for our value B($b \to$ b-baryon) = (9.9 ± 1.7)%.

The branching fractions B(b-baryon $\to \Lambda \ell^- \overline{\nu}_\ell$ anything) and B($\Lambda_b^0 \to \Lambda_c^+ \ell^- \overline{\nu}_\ell$ anything) are not pure measurements because the underlying measured products of these with B($b \to$ b-baryon) were used to determine B($b \to$ b-baryon), as described in the note "Production and Decay of b-Flavored Hadrons."

For inclusive branching fractions, e.g., $B \to D^\pm$ anything, the values usually are multiplicities, not branching fractions. They can be greater than one.

b-baryon ADMIXTURE DECAY MODES
($\Lambda_b, \Xi_b, \Sigma_b, \Omega_b$)

	Fraction (Γ_i/Γ)	p (MeV/c)
$p\mu^- \overline{\nu}$ anything	($4.9^{+2.1}_{-1.8}$) %	–
$p\ell\overline{\nu}_\ell$ anything	(4.8± 1.1) %	–
p anything	(60 ±20) %	–
$\Lambda \ell^- \overline{\nu}_\ell$ anything	(3.2± 0.6) %	–
$\Lambda/\overline{\Lambda}$ anything	(33 ± 7) %	–
$\Xi^- \ell^- \overline{\nu}_\ell$ anything	(5.6± 1.5) × 10^{-3}	–

NOTES

[a] The masses of the p and n are most precisely known in u (unified atomic mass units). The conversion factor to MeV, 1 u = 931.494043 ± 0.000080 MeV, is less well known than are the masses in u.

[b] These two results are not independent, and both use the more precise measurement of $|q_{\overline{p}}/m_{\overline{p}}|/(q_p/m_p)$.

[c] The limit is from neutrality-of-matter experiments; it assumes $q_n = q_p + q_e$. See also the charge of the neutron.

[d] The first limit is for $p \to$ anything or "disappearance" modes of a bound proton. The second entry, a rough range of limits, assumes the dominant decay modes are among those investigated. For antiprotons the best limit, inferred from the observation of cosmic ray $\overline{p}$'s is $\tau_{\overline{p}} > 10^7$ yr, the cosmic-ray storage time, but this limit depends on a number of assumptions. The best direct observation of stored antiprotons gives $\tau_{\overline{p}}/B(\overline{p} \to e^- \gamma) > 7 \times 10^5$ yr.

[e] There is some controversy about whether nuclear physics and model dependence complicate the analysis for bound neutrons (from which the best limit comes). The first limit here is from reactor experiments with free neutrons.

[f] The parameters g_A, g_V, and g_{WM} for semileptonic modes are defined by $\overline{B}_f[\gamma_\lambda(g_V + g_A\gamma_5) + i(g_{WM}/m_{B_i})\sigma_{\lambda\nu}q^\nu]B_i$, and ϕ_{AV} is defined by $g_A/g_V = |g_A/g_V|e^{i\phi_{AV}}$. See the "Note on Baryon Decay Parameters" in the neutron Particle Listings.

[g] Time-reversal invariance requires this to be $0°$ or $180°$.

[h] This limit is for γ energies between 35 and 100 keV.

[i] The decay parameters γ and Δ are calculated from α and ϕ using

$$\gamma = \sqrt{1-\alpha^2}\cos\phi, \qquad \tan\Delta = -\frac{1}{\alpha}\sqrt{1-\alpha^2}\sin\phi.$$

See the "Note on Baryon Decay Parameters" in the neutron Particle Listings.

[j] See the Listings for the pion momentum range used in this measurement.

[k] The error given here is only an educated guess. It is larger than the error on the weighted average of the published values.

[l] A theoretical value using QED.

[m] See the note on "Λ_c^+ Branching Fractions" in the Λ_c^+ Particle Listings.

[n] This branching fraction includes all the decay modes of the final-state resonance.

[o] An ℓ indicates an e or a μ mode, not a sum over these modes.

[p] The value is for the sum of the charge states or particle/antiparticle states indicated.

[q] Assuming isospin conservation, so that the other third is $\Lambda_c^+\pi^0\pi^0$.

[r] A test that the isospin is indeed 0, so that the particle is indeed a Λ_c^+.

[s] No absolute branching fractions have been measured. The following are branching *ratios* relative to $\Xi^-\pi^+\pi^+$.

[t] Not a pure measurement. See note at head of Λ_b^0 Decay Modes.

SEARCHES FOR MONOPOLES, SUPERSYMMETRY, TECHNICOLOR, COMPOSITENESS, EXTRA DIMENSIONS, etc.

Magnetic Monopole Searches

Isolated supermassive monopole candidate events have not been confirmed. The most sensitive experiments obtain negative results.

Best cosmic-ray supermassive monopole flux limit:
$< 1.0 \times 10^{-15}$ cm^{-2}sr^{-1}s^{-1} for $1.1 \times 10^{-4} < \beta < 0.1$

Supersymmetric Particle Searches

Limits are based on the Minimal Supersymmetric Standard Model. Assumptions include: 1) $\tilde{\chi}_1^0$ (or $\tilde{\gamma}$) is lightest supersymmetric particle; 2) R-parity is conserved; 3) With the exception of $\tilde{t}$ and $\tilde{b}$, all scalar quarks are assumed to be degenerate in mass and $m_{\tilde{q}_R} = m_{\tilde{q}_L}$. 4) Limits for sleptons refer to the $\tilde{\ell}_R$ states.

See the Particle Listings for a Note giving details of supersymmetry.

$\tilde{\chi}_i^0$ — neutralinos (mixtures of $\tilde{\gamma}$, $\tilde{Z}^0$, and $\tilde{H}_i^0$)

Mass $m_{\tilde{\chi}_1^0} > 46$ GeV, CL = 95%   [all tanβ, all Δm_0, all m_0]

Mass $m_{\tilde{\chi}_2^0} > 62.4$ GeV, CL = 95%
[1<tanβ<40, all m_0, all $m_{\tilde{\chi}_2^0} - m_{\tilde{\chi}_1^0}$]

Mass $m_{\tilde{\chi}_3^0} > 99.9$ GeV, CL = 95%
[1<tanβ<40, all m_0, all $m_{\tilde{\chi}_2^0} - m_{\tilde{\chi}_1^0}$]

$\tilde{\chi}_i^\pm$ — charginos (mixtures of $\tilde{W}^\pm$ and $\tilde{H}_i^\pm$)

Mass $m_{\tilde{\chi}_1^\pm} > 94$ GeV, CL = 95%
[tanβ < 40, $m_{\tilde{\chi}_1^\pm} - m_{\tilde{\chi}_1^0} > 3$ GeV, all m_0]

$\widetilde{e}$ — scalar electron (selectron)
> Mass $m > 73$ GeV, CL = 95%   [all $m_{\widetilde{e}_R}-m_{\widetilde{\chi}_1^0}$]

$\widetilde{\mu}$ — scalar muon (smuon)
> Mass $m > 94$ GeV, CL = 95%
> [$1 \leq \tan\beta \leq 40$, $m_{\widetilde{\mu}_R}-m_{\widetilde{\chi}_1^0} > 10$ GeV]

$\widetilde{\tau}$ — scalar tau (stau)
> Mass $m > 81.9$ GeV, CL = 95%
> [$m_{\widetilde{\tau}_R} - m_{\widetilde{\chi}_1^0} > 15$ GeV, all θ_τ]

$\widetilde{q}$ — scalar quark (squark)
> These limits include the effects of cascade decays, evaluated assuming a fixed value of the parameters μ and $\tan\beta$. The limits are weakly sensitive to these parameters over much of parameter space. Limits assume GUT relations between gaugino masses and the gauge coupling.
> Mass $m > 250$ GeV, CL = 95%   [$\tan\beta = 2$, $\mu < 0$, $A = 0$]

$\widetilde{b}$ — scalar bottom (sbottom)
> Mass $m > 89$ GeV, CL = 95%   [$m_{\widetilde{b}_1} - m_{\widetilde{\chi}_1^0} > 8$ GeV, all θ_b]

$\widetilde{t}$ — scalar top (stop)
> Mass $m > 95.7$ GeV, CL = 95%
> [$\widetilde{t} \to c\widetilde{\chi}_1^0$, all θ_t, $m_{\widetilde{t}} - m_{\widetilde{\chi}_1^0} > 10$ GeV]

$\widetilde{g}$ — gluino
> The limits summarised here refer to the high-mass region ($m_{\widetilde{g}} \gtrsim 5$ GeV), and include the effects of cascade decays, evaluated assuming a fixed value of the parameters μ and $\tan\beta$. The limits are weakly sensitive to these parameters over much of parameter space. Limits assume GUT relations between gaugino masses and the gauge coupling.
> Mass $m > 195$ GeV, CL = 95%   [any $m_{\widetilde{q}}$]
> Mass $m > 300$ GeV, CL = 95%   [$m_{\widetilde{q}} = m_{\widetilde{g}}$]

Technicolor

Searches for a color-octet techni-ρ constrain its mass to be greater than 260 to 480 GeV, depending on allowed decay channels. Similar bounds exist on the color-octet techni-ω.

Quark and Lepton Compositeness, Searches for

Scale Limits Λ for Contact Interactions
(the lowest dimensional interactions with four fermions)

If the Lagrangian has the form $\pm \frac{g^2}{2\Lambda^2} \overline{\psi}_L \gamma_\mu \psi_L \overline{\psi}_L \gamma^\mu \psi_L$ (with $g^2/4\pi$ set equal to 1), then we define $\Lambda \equiv \Lambda_{LL}^\pm$. For the full definitions and for other forms, see the Note in the Listings on Searches for Quark and Lepton Compositeness in the full *Review* and the original literature.

$\Lambda_{LL}^+(eeee)$ > 8.3 TeV, CL = 95%
$\Lambda_{LL}^-(eeee)$ > 10.3 TeV, CL = 95%
$\Lambda_{LL}^+(ee\mu\mu)$ > 8.5 TeV, CL = 95%
$\Lambda_{LL}^-(ee\mu\mu)$ > 6.3 TeV, CL = 95%
$\Lambda_{LL}^+(ee\tau\tau)$ > 5.4 TeV, CL = 95%
$\Lambda_{LL}^-(ee\tau\tau)$ > 6.5 TeV, CL = 95%
$\Lambda_{LL}^+(\ell\ell\ell\ell)$ > 9.0 TeV, CL = 95%
$\Lambda_{LL}^-(\ell\ell\ell\ell)$ > 7.8 TeV, CL = 95%
$\Lambda_{LL}^+(eeuu)$ > 23.3 TeV, CL = 95%
$\Lambda_{LL}^-(eeuu)$ > 12.5 TeV, CL = 95%
$\Lambda_{LL}^+(eedd)$ > 11.1 TeV, CL = 95%
$\Lambda_{LL}^-(eedd)$ > 26.4 TeV, CL = 95%
$\Lambda_{LL}^+(eecc)$ > 1.0 TeV, CL = 95%
$\Lambda_{LL}^-(eecc)$ > 2.1 TeV, CL = 95%
$\Lambda_{LL}^+(eebb)$ > 5.6 TeV, CL = 95%
$\Lambda_{LL}^-(eebb)$ > 4.9 TeV, CL = 95%
$\Lambda_{LL}^+(\mu\mu qq)$ > 2.9 TeV, CL = 95%
$\Lambda_{LL}^-(\mu\mu qq)$ > 4.2 TeV, CL = 95%
$\Lambda(\ell\nu\ell\nu)$ > 3.10 TeV, CL = 90%
$\Lambda(e\nu qq)$ > 2.81 TeV, CL = 95%
$\Lambda_{LL}^+(qqqq)$ > 2.7 TeV, CL = 95%
$\Lambda_{LL}^-(qqqq)$ > 2.4 TeV, CL = 95%
$\Lambda_{LL}^+(\nu\nu qq)$ > 5.0 TeV, CL = 95%
$\Lambda_{LL}^-(\nu\nu qq)$ > 5.4 TeV, CL = 95%

Excited Leptons

The limits from $\ell^{*+}\ell^{*-}$ do not depend on λ (where λ is the $\ell\ell^*$ transition coupling). The λ-dependent limits assume chiral coupling.

$e^{*\pm}$ — excited electron
    Mass $m >$ 103.2 GeV, CL = 95%   (from e^*e^*)
    Mass $m >$ 255 GeV, CL = 95%   (from ee^*)
    Mass $m >$ 310 GeV, CL = 95%   (if $\lambda_\gamma = 1$)

$\mu^{*\pm}$ — excited muon
    Mass $m >$ 103.2 GeV, CL = 95%   (from $\mu^*\mu^*$)
    Mass $m >$ 190 GeV, CL = 95%   (from $\mu\mu^*$)

$\tau^{*\pm}$ — excited tau
    Mass $m >$ 103.2 GeV, CL = 95%   (from $\tau^*\tau^*$)
    Mass $m >$ 185 GeV, CL = 95%   (from $\tau\tau^*$)

ν^* — excited neutrino
    Mass $m >$ 102.6 GeV, CL = 95%   (from $\nu^*\nu^*$)
    Mass $m >$ 190 GeV, CL = 95%   (from $\nu\nu^*$)

q^* — excited quark
    Mass $m >$ 45.6 GeV, CL = 95%   (from q^*q^*)
    Mass $m >$ 570, none 580–760 GeV, CL = 95%   (from q^*X)

Color Sextet and Octet Particles

Color Sextet Quarks (q_6)
    Mass $m >$ 84 GeV, CL = 95%   (Stable q_6)

Color Octet Charged Leptons (ℓ_8)
    Mass $m >$ 86 GeV, CL = 95%   (Stable ℓ_8)

Color Octet Neutrinos (ν_8)
    Mass $m >$ 110 GeV, CL = 90%   ($\nu_8 \to \nu g$)

Extra Dimensions

Please refer to the Extra Dimensions section of the full *Review* for a discussion of the model-dependence of these bounds, and further constraints.

Constraints on the fundamental gravity scale

$M_H > 1.1$ TeV, CL = 95%   (dim-8 operators; $p\bar{p} \to e^+ e^-, \gamma\gamma$)
$M_D > 1.1$ TeV, CL = 95%   ($e^+ e^- \to G\gamma$; 2-flat dimensions)
$M_D > 3$–1000 TeV   (astrophys. and cosmology; 2-flat dimensions; limits depend on technique and assumptions)

Constraints on the radius of the extra dimensions, for the case of two-flat dimensions of equal radii

$r < 90$–660 nm   (astrophysics; limits depend on technique and assumptions)
$r < 0.22$ mm, CL = 95%   (direct tests of Newton's law; cited in Extra Dimensions review)

Tabelle A2: Physikalische Konstanten

Lichtgeschwindigkeit	c	=	$2{,}9979248 \cdot 10^8$	$\mathrm{m\,s^{-1}}$
Wirkungsquantum (Plancksche Konstante)	h	=	$6{,}6260693(11) \cdot 10^{-34}$	J s
	$\hbar$	=	$1{,}05457168(18) \cdot 10^{-34}$	J s
		=	$6{,}58211915(56) \cdot 10^{-22}$	MeV s
Elementarladung (Elektronenladung)	e	=	$1{,}60217653(14) \cdot 10^{-19}$	C
Atomare Masseneinheit	u	=	$1{,}6653886(28) \cdot 10^{-27}$	kg
		=	$931{,}494043(80)$	MeV/c^2
Elektronenmasse	m_e	=	$9{,}1093826(16) \cdot 10^{-31}$	kg
Protonenmasse	m_p	=	$1{,}67262171(29) \cdot 10^{-27}$	kg
Avogadro-Konstante	N_A	=	$6{,}0221415(10) \cdot 10^{23}$	$\mathrm{mol^{-1}}$
Boltzmann-Konstante	k	=	$1{,}3806505(24) \cdot 10^{-23}$	$\mathrm{J\,K^{-1}}$
Feinstrukturkonstante	α	=	$e^2/4\pi\hbar c = 1/137{,}03599911(46)$	
Elektron-Compton-Wellenlänge	$\lambdabar_e$	=	$\hbar/m_e c = 3{,}861592687(26) \cdot 10^{-13}$	m
Bohrsches Magneton	μ_B	=	$e\hbar/2m_e = 5{,}788381804(39) \cdot 10^{-11}$	$\mathrm{MeV\,T^{-1}}$
Elektrische Feldkonstante	ε_0	=	$8{,}854187817 \cdot 10^{-12}$	$\mathrm{C^2\,J^{-1}\,m^{-1}}$
Magnetische Feldkonstante	μ_0	=	$1{,}2566370614 \cdot 10^{-6}$	$\mathrm{VsA^{-1}\,m^{-1}}$
Gravitationskonstante	G_N	=	$6{,}6742(11) \cdot 10^{-11}$	$\mathrm{m^3\,kg^{-1}\,s^{-2}}$

Index

abelsche Gruppe 40
Abschirmung der Ladung 107
Annihilation 25, 97, 104, 139, 140, 187, 210, 330, 346
anomales magnetisches Moment
– Elektron 109
– Myon 101, 109
Anregungsfunktion 13, 292
Antimaterie 201, 345, 346
Antineutrino 35, 164, 165, 178, 183, 259
Antiteilchen 4, 10, 25, 32, 35–38, 45, 47, 53, 98, 100, 118, 151, 156, 178, 187, 195, 196, 202, 205, 208, 241, 278, 284, 292, 301, 302, 342, 346
assoziierte Erzeugung 194, 276
asymptotische Freiheit 314, 348
Axialvektor 186
Axialvektorstrom 166, 193

Bag-Modell 319
barn 13
Baryonen 9, 10, 32, 41, 45–47, 260, 264, 283, 296, 298–303, 306, 315, 319, 320, 324, 338, 346, 347
– Baryonenmultiplett 48, 266, 296
– Baryonenzahlerhaltung 41, 346
– Baryonenzahlverletzung 338, 346, 347
Beschleuniger 4, 6, 7, 71, 75, 77, 78, 85, 111, 205, 216, 217, 256, 275, 314, 331, 345
Betatron-Schwingungen 72
Betazerfall
– der Hyperonen 166, 192
– der Kerne 163, 167, 176, 192
– des Neutrons 208
– des Pions 183, 187–189, 192
Bethe-Bloch-Formel 79
Bewegungsumkehr 34, 35, 149
Bhabha-Streuung 102, 103
Bindungsenergie 8, 138, 149, 170, 175, 268, 269, 300
Bjorken-Limes 130
Blasenkammer 82, 85, 137, 166, 207
B-Mesonen 157, 158

Bohrsches Magneton 99
bootstrap-Hypothese 291
Bose–Einstein-Statistik 9
Bosonen 8–10, 28, 29, 32, 234, 294, 347
bottom (beauty) 11, 156, 233, 267
Bottomonium 156, 158
Breit-Wigner-Resonanzkurve 141, 149, 345
Bremsstrahlung 74, 90, 103, 107, 316, 328

Cabibbo-Winkel 289
Callan-Gross-Relation 134, 208
Čerenkov-Zähler 88, 90, 271, 272
Channeltron(-plate) 87
Charm 11, 148, 151, 152, 154, 155, 165, 213, 214, 226, 232, 233, 308
Charmonium 149, 151–153, 155–158, 324, 333
Chew-Frautschi-Diagramm 290
chromoelektrischer Meissner-Effekt 318
C-Invarianz 35, 118, 119
C-Konjugation 38
Coleman-Glashow-Massenformel 302
Collider 73, 74, 76, 233
Colour (siehe Farbe) 7, 147
Compton-Streuung 106, 107, 180, 252
Compton-Wellenlänge 12, 50
Confinement 310
Coulomb-Potential 31, 50, 161, 267, 317
CP-Erhaltung 199
CPT-Invarianz 201, 239, 255, 302
CPT-Theorem 37, 38
CP-Verletzung 199, 238
Crystal Ball 151

Dalitz-Diagramm 278, 281, 284, 287
Darstellung (einer Gruppe) 14, 25, 26
– adjungierte 43
– der Drehgruppe 26
– der Lorentz-Gruppe 23, 25
– fundamentale 43, 47
Dekuplett der Baryonen 45, 283, 297
Delta-Resonanz 282
detailliertes Gleichgewicht 273

Elementarteilchen und ihre Wechselwirkungen. Klaus Bethge und Ulrich E. Schröder
Copyright © 2006 WILEY-VCH Verlag GmbH & Co. KGaA, Weinheim
ISBN: 3-527-40587-9

Detektoren 79, 85, 91, 111, 161, 174, 201, 202, 212, 217, 235, 244, 249, 251, 256, 257, 304, 327, 328
differentieller Wirkungsquerschnitt 13, 128
Dipolformel 122, 123
Dipolmoment, elektrisches des Neutrons 119
Dirac-Gleichung 63, 66, 319
D-Mesonen 214, 233
Doppel-Betazerfall 259
DORIS (Speicherring) 75, 154
Drehimpulsoperator 21
Dreiecksanomalie 231
Driftkammer 82, 89, 90

Eichfeld 52, 63, 65, 67, 219, 224–226, 228, 338
Eichinvarianz 41, 53, 57, 58, 64, 66, 69, 96, 97, 116, 224, 268, 307, 310, 348
Eichsymmetrie 52, 53, 55, 57, 60, 70, 116, 167, 216, 219, 220, 224, 225, 227, 228, 267, 306, 307, 334, 337
Eichtheorie 53, 219, 225, 230, 234, 305, 307, 310, 313, 322, 324, 335, 337, 338, 340, 342, 347
– auf dem Gitter 320
– der elektroschwachen Wechselwirkung 219, 230
– der starken Wechselwirkung 267
– mit spontan gebrochener Symmetrie 219
Eichtransformation
– globale 40
– lokale 40
– nichtabelsche 65
Eigendrehimpuls 6, 9, 26, 27
Eigenparität 32, 189, 289, 298
Eigenwert 28, 199, 289, 293
Einheiten 11, 24, 27, 54, 65, 105, 133, 142, 144, 246, 284
Elektron 98
– anomales magnetisches Moment 109
– Spin 99
Elektron-Positron-Speicherring 76
Elektron-Positron-Vernichtung 97, 212
Elektronenradius
– klassischer 107
elektroschwache Interferenz 212
elektroschwache Wechselwirkung (siehe Wechselwirkung) 70, 113, 116, 167, 211, 218

Elementarladung 11, 64, 96, 98, 99, 133, 270, 304
EMC-Effekt 139
Energie-Masse Äquivalenz 24
Erhaltungssatz des Drehimpulses 19
– der Energie 20
– der Ladung 39
– des Impulses 18
Erwartungswert 20–22, 186, 302, 321, 322
erzeugender Operator einer Transformation 21
exklusive Reaktion 125

Farbe 147, 305–309, 315, 343
– Farbeinschluß 315
– Farbgruppe 98, 267, 308
Feinstrukturkonstante 105, 114, 165, 326
Felder, wechselwirkende 9
Feldgleichungen 17, 57, 65–67, 69, 96, 219, 220, 268, 308, 310, 311
Feldquantisierung 5
Feldstärketensor 64, 65, 69
Fermi-Dirac-Statistik 28, 305
Fermi-Yang-Modell 294
Fermionen 9, 28, 29, 32, 165, 225, 231, 238, 266, 273, 280, 294, 296, 297, 314, 342, 343, 347
Fermi-Übergänge 173
Ferromagnet 220, 221
Feynman-Graphen 14, 49, 67, 68, 96, 102, 103, 114, 115, 261, 309
Flavour-Quantenzahl 213, 233
Flugzeitspektroskopie 88
Formfaktoren 97, 120–123, 127, 128, 133, 142, 186, 206
– elektromagnetische 97
– unelastische 97
Froissart-Grenze 292
ft-Wert 172
fundamentale Darstellung 47, 63, 303
Funkenkammer 7

Gamow-Teller-Übergänge 173
Geiger-Müller-Zählrohr 6
Gell-Mann-Nishijima-Relation 46, 226
Gell-Mann-Okubo-Massenformel 300
generalisierte Koordinaten 19
Generator (erzeugender Operator) 21
GIM-Modell 213, 230, 231

Gluonen 70, 135, 136, 147, 154, 158, 159, 208, 266–268, 275, 276, 301, 303, 307–312, 314–319, 323, 324, 326–330, 332, 333, 340, 344, 345
– Gluonenbälle (Gluonium) 323, 333
– Gluonfelder 53
– Gluon-Jets 316, 331
Goldstone-Boson 224
Gravitation 10, 52, 95, 338, 344, 347
– Gravitationswellen 52
Gravitino 347
Graviton 52, 347
große vereinheitlichte Theorie (GUT) 338
Gruppe
– abelsche 40
– nichtabelsche 52
GSW-Theorie 230–233, 235–237, 341
– experimentelle Prüfung 232
gyromagnetischer Faktor 27

Hadronen 168, 186, 190–193, 201–203, 206, 211, 213, 218, 230, 232, 233, 264–268, 275, 290, 291, 293, 294, 296, 297, 299, 303, 304, 306, 307, 309, 311, 312, 315, 316, 318–320, 324–327, 331–333, 343
– Quarkmodell der 309
Halbwertzeit 15
Hamilton-Funktion 19, 20, 54
Hamilton-Operator 20, 21, 30, 31, 35, 39, 238, 239, 245, 252
Helizität 177–180, 185, 186, 190, 259
– Helizität des Neutrinos 179, 180
HERA (Speicherring) 77, 91, 235, 275, 327
Higgs-Boson 235, 237
Higgs-Feld 227, 238, 259, 260
Higgs-Mechanismus 224, 225
Hyperfeinstruktur 100
– des Myoniums 113
– des Positroniums 113
– im Quarkmodell 325
Hyperkern 278
Hyperladung 44–46, 169, 226–228, 231, 266, 296
Hyperonen 166, 197, 199, 279, 280, 283

Impuls 22
– Impulserhaltung 18, 159, 163, 169, 189
– Impulsmessung 217
– Impulsoperator 21

infinitesimale Transformation 39, 63
inklusive Reaktion 125, 128, 206, 211
innere Parität 273, 282
innere Symmetrie 35, 41, 42, 266
intermediäres Vektorboson 155, 214
Invarianz 30, 41
– relativistische 14, 22, 28
irreduzible Darstellung 43
Isospin 41
– schwacher 60, 226–228
Isospinor 61, 63, 293
Isospinraum (Isoraum) 42
ISR (Speicherring) 74, 75

JADE (Detektor) 212
Jets 158, 159, 161, 331–333
J/ψ-Meson 158

Kalorimeter 90, 91, 217, 218
kanonische Variable 20
kanonische Vertauschungsrelationen 20, 27, 38
Kaskadenteilchen 279
K-Einfang 170, 173, 178
Kernkraft 268–270
Kernladungsverteilung 97, 120–122
Kernspin 176, 177, 180
Klein-Gordon-Gleichung 57
Klein-Nishina-Formel 107
K-Meson (Kaon) 35, 38, 90, 153, 176, 190, 194, 197, 214, 242, 244
Kopplungskonstante 56, 61, 63, 64, 96, 173, 186, 188, 214, 311
– der QCD 311, 325
– der QED 323
– der schwachen Wechselwirkung 167, 191, 214, 215
– im $SU(5)$ Modell 340, 341
– im GSW-Modell 337
kosmische Hintergrundstrahlung 258
Kosmologie und GUT 338
K^0-Regeneration 197
Kurie-Diagramm 171
K^0-Zerfälle 194

Ladung 26, 27, 30
– des Elektrons 32, 98
– drittelzahlige der Quarks 46, 227, 343
– Erhaltung der 39, 41

– Quantisierung der 39, 64
Ladungskonjugation 35, 36, 118, 165
Ladungsunabhängigkeit der Kernkraft 41, 269
Lagrange-Dichte 66–70, 216, 221–225, 228, 303, 307–310, 327
Lagrange-Formalismus 65
Lamb-Verschiebung 108, 109
Lambda-Hyperon 6
Landé-Faktor 99
Larmor-Frequenz 110
Lawinenzähler 91
Lebensdauer
– des Protons 339, 343, 344
– mittlere 9
LEP (Speicherring) 74
Leptonen 10
– Lepton-Hadron-Symmetrie 160, 231, 233
– Lepton-Nukleon-Streuung 331, 333
   – unelastische 124, 136, 327
– Leptonenstrom 166, 168, 209
– Leptonenzahl 11, 35, 160, 168, 178, 260, 338
LHC (Large Hadron Collider) 74
Lichtgeschwindigkeit 23, 25, 48, 88, 95, 149
Lie-Gruppe (siehe Gruppe) 337
Linearbeschleuniger 71, 77
Linear Collider 77
lokale Eichtransformation 56
Lorentz-Transformation 23, 25, 101
Luminosität 77, 237

magnetisches Moment
– der Nukleonen 181
– der Quarks 302
– des Elektrons 6
– des Myons 101
Majorana-Teilchen 259
Massenformel 300
Massenrenormierung 114
Materiefeld 5, 10, 58, 64, 65, 67, 116, 219
Matrixelement 14, 31, 168, 171, 172, 189, 192
Maxwell-Gleichungen 33, 35, 53, 54, 57, 65, 67, 310, 335
Mesonen 2, 8–10, 36, 42, 45, 47, 143, 150–154, 191, 194, 202, 238–240, 254, 267, 276, 279, 286, 287, 289, 291, 296, 297, 299, 301, 303, 306, 308, 309, 315, 319, 320, 323, 325

– Mischzustände 287
– Multipletts 48
– Oktetts 45
– Resonanzen 7
minimale Kopplung 54
Minkowski-Raum 23, 58, 322
Møller-Streuung 103
Mott-Streuung 102, 110, 180, 182
Myon 5, 24, 41, 82, 100, 101, 113, 138, 148, 159, 160, 187–189, 232, 253
– Myon-Kern-Streuung 125
– Myonzerfall 187

Nebelkammer 3, 4, 7, 82
neutrale Ströme 148, 210, 230
Neutrino 24, 39, 148, 159, 160, 164, 168, 170, 173, 174, 176, 178–180, 183, 187, 188, 190, 205, 208, 209, 216–218, 226, 227, 230, 245, 250, 251, 254, 257, 259, 342, 343
– Detektor 257
– Helizität 178
– Neutrinodetektor 248
Neutrino-Oszillationen 176, 244–260
Neutrinostreuung 137, 167, 206–208
– unelastische 135
Neutron 4, 10, 32, 41, 42, 119, 121–124, 134, 135, 164, 166, 169, 191, 248, 263, 269, 271, 274, 296, 309
– Zerfall 166, 169, 186
Formfaktoren 120
nichtabelsche Gruppe 52, 60
Nukleon 10, 42, 97, 125–128, 131–138, 145, 162, 166, 191, 208, 211, 266, 269, 275, 279, 301, 328
– Spin 274
– Nukleonenresonanzen 298

Oktett
– der Baryonen 45
– der Mesonen 45
Omega (Ω)-Hyperon 7
Omega (ω)-Meson 284
Operator 13, 20–22, 30, 31, 33–35, 37, 42, 61, 68, 196, 265, 338
Ordnungsparameter 221
Ortsdetektoren 80, 81

Paarerzeugung 103, 105, 107, 116, 212
Parastatistik 305
Parität 30
– Verletzung der 178, 180, 183–185, 187, 188, 194, 195, 226, 273, 274, 278–282, 286, 290, 297–299, 320
  – durch neutrale Ströme 211
Partialbreiten 15
Partialwellen 216
Partonen 97, 131–136, 162, 166, 208, 328
Pauli-Prinzip 9, 29, 267, 269, 305
– verallgemeinertes 305
Paulische Spinmatrizen 27
PETRA (Speicherring) 75
Phasentransformation 39, 41, 43, 56, 221
– lokale 52, 55, 56
Phasenverschiebung 281
Photomultiplier 86, 250
Photon 36, 39, 49, 52, 57, 68, 69, 86, 136, 167, 210, 212, 213, 218, 220, 232, 271, 326, 333
– virtuelles 51, 108, 115, 132, 133, 139, 140, 143
Pion (π)-Meson) 6, 10
– Nukleon-Streuung 279, 282, 284, 289
– Zerfall 183, 184, 187–189, 192, 273
Planck-Masse 338–340, 344
Plancksche Konstante 12
Pomerantschuk-Theorem 292
Positron 4, 10, 74, 76, 98, 103, 104, 174, 187, 191, 205, 216, 342
Positronium 37, 100, 104, 113, 114, 118, 149, 151, 153, 303, 326
Proportionalkammer (-zähler) 80, 81
Proton (siehe Nukleon) 3, 263, 345, 346
– Lebensdauer 338–341, 343, 344
– Proton-Antiproton-Annihilation 97
– Protonensynchrotron 73, 137
Pseudoskalar 274, 287

Quantenchromodynamik (QCD) 53, 98, 267, 307, 308
– experimentelle Prüfung 268, 327–335, 348
Quantenelektrodynamik (QED) 66, 67, 96
– experimentelle Prüfung 106, 108, 111, 113
Quantenfeldtheorie 14, 28, 29, 38, 49, 58, 222, 292, 303, 308, 310, 322, 344
Quantenzahlen 7, 9–11, 26, 28, 30, 35, 41–44, 47

Quark 47, 145, 209, 210, 213, 231, 233, 296, 305, 311, 316, 317, 325, 328, 331, 335
– mit Farbe 213, 306
– Quantenzahlen (Tabelle) 8, 11, 134, 142, 143, 227, 296, 297
– Quarkeinschluß 316–318, 347
– Quarkfelder 209, 213, 240, 241, 307, 308
– Quark-Flavour 136, 145, 147, 213, 240, 303, 307, 312
– Quark-Gluon-Plasma 314
– Quark-Gluon-Wechselwirkung 315
– Quarkmasse 149, 157, 326, 343
– Quarkmodell 47, 97, 142, 145, 147, 148, 159, 166, 208, 266, 267, 283, 284, 293, 296–300, 302, 305, 306, 330
– Quark-Partonen 135, 137, 166
– Quarkströme 209, 213, 214, 231, 233, 240, 300
– Suche nach freiem 315
Quarkonium 156, 161, 324, 332, 333

Radius der Nuklonen 122, 123, 311, 319, 330
Regeneration von K^0 196, 197, 199
Regge-Pol 289, 290
relativistische Invarianz 14, 22, 28, 53, 57, 66, 96, 121, 179, 185, 265, 313
Renormierung 114–117, 167, 216, 220, 231, 233, 309, 310, 312, 343
Resonanzen 7, 127, 278, 281, 289
– baryonische 282, 283, 289, 291, 299
– mesonische 143, 284, 285, 287
Rho (ρ)-Meson 141, 284
Rosenbluth-Formel 122, 124
Ruhmasse 8, 24, 26, 27, 50, 51, 107, 334
– des Neutrinos 171, 244, 253, 257–259
– des Photons 50, 51, 57
Rutherford-Streuung 102, 103

Sakata-Modell 294
Schrödinger-Gleichung 20, 21, 33, 34, 40, 54–56, 252, 324, 325
schwache Wechselwirkung 32, 35, 38, 60, 70, 148, 152, 163, 164, 166–168, 183, 199, 201, 210, 211, 214–216, 218, 219, 225, 226, 238, 289
schwacher Isospin 60, 167
„schwacher Magnetismus" 206
Seequark 275
Selbstenergie 108, 109, 115

Seltsamkeit (Strangeness) 44, 194, 276
semileptonische Prozesse 169, 190
Skalenvariable 131, 133
Skalenverhalten 130, 131, 133, 136, 148, 208, 267, 327, 328
Speicherring 77, 86, 101, 111, 140, 154, 159, 212, 331
Spiegelung
– räumliche 30–32, 34, 189
– zeitliche 32, 33
Spin 9, 10, 96
– und Statistik 314
Spinor 185
– Spinordarstellung 43, 46, 65
Spinrätsel 275
spontane Symmetriebrechung 221, 224, 227, 337
Spuren-Driftkammer 83
starke Fokussierung 72, 73
starke Wechselwirkung 8, 9, 41, 42, 50, 53, 60, 96, 189, 191, 192, 264, 265, 267, 268, 284, 289, 300, 306, 308–310, 337, 341
Stern-Gerlach-Experiment 27, 197
Strahlungskorrekturen der QED 114
Strangeness (Seltsamkeit) 6, 10, 32, 44
Streamerkammer 82, 83
Streumatrix (S-Matrix) 265
Streuung
– elastische 97, 102, 106, 120, 127, 128, 133, 205, 251, 282
– unelastische 97, 106, 128, 129, 132, 266, 331
String-Modell 320, 325
Strom, neutraler 148, 166, 169, 210, 211, 230, 232
Strom-Strom-Kopplung 208, 215, 216
Strukturfunktionen, unelastische 207
Strukturkonstanten einer Lie-Gruppe 61, 64, 65
$SU(2)$-Gruppe (Symmetrie) 52, 60
$SU(3)$-Gruppe 52, 60
$SU(4)$-Gruppe 152
$SU(5)$-Gruppe 304
Supersymmetrie 347
Supraleitung 237, 317, 318
Symmetrie 17
– bei Eichtransformationen 53
– bei Permutationen 28
– diskrete 30

– in der klassischen Mechanik 18
– in der Quantenmechanik 26, 29
– innere 35
– unitäre 44
Symmetriebrechung 45, 222–225, 237, 260, 266, 337, 340, 341, 345, 347, 348
– spontane 70, 220, 221
Synchrotron 6, 73, 74
Szintillatoren 85, 86

Tau (τ)-Lepton 159
Teilchen
– Teilchen-Antiteilchen-Konjugation 38
– Teilchenaustausch 48, 49, 103
– Teilchenidentifizierung 88
Thomson-Streuung 106
T-Invarianz 38, 119, 120
top (truth) 160
totaler Wirkungsquerschnitt 105
TPC (time projection chamber) 83
Transformation 40, 41, 43, 56, 58, 69, 241, 245
– diskrete 30, 37
– infinitesimale 19, 39
– lokale 63
– unitäre 40, 43

Übergangsstrahlung 89
Übergangswahrscheinlichkeit 14, 247
Unbestimmtheitsrelation 28
unitäre Transformation 40, 43
Unitaritätsprinzip 214
Universalität 192, 240, 264
– der Kopplungskonstanten in Eichtheorien 166, 185
– der schwachen Wechselwirkung 186
– des Parton-Modells 137
Upsilon (Υ) 47, 97, 143
Urknall-Hypothese 314, 344, 345

V-A-Kopplung 166, 188, 189, 214
Vakuum
– Vakuumerwartungswert 222, 227, 260
– Vakuumpolarisation 109, 113, 115, 116, 312
– Vakuumzustand 145, 222
Valenzquarks 208, 275, 276, 328, 330
Vektor
– Vektorboson, intermediäres 69, 155

Index

- Vektordarstellung 43, 45, 47
- Vektormeson 140, 141, 154, 284
- Vektorstrom, erhaltener 165, 185

Vereinheitlichung
- der elektromagnetischen und schwachen Wechselwirkung 218
- große (GUT) 338

Vertauschungsrelationen 26, 27, 38, 42, 43, 61, 63, 65, 308

Vertex 49
- Vertexkorrektur 115

Virervektor 23, 56, 57, 189, 214

virtuelle Teilchen 50

W-Bosonen 167, 209, 216, 217
- Entdeckung der 52, 167, 218

Wechselwirkung 9, 26
- elektromagnetische 9, 10, 35, 119, 120, 135, 140, 145, 148, 152, 163, 166, 185, 211, 212, 229, 265
- schwache 9, 10, 35, 119, 135, 153, 155, 163, 164, 176, 179, 180, 185–187, 189, 193, 195, 199, 210, 213
- starke 9, 10, 35, 124, 131, 135, 136, 148, 152, 155, 161, 186, 191, 192, 196, 197, 264, 265
- vereinheitlichte 218, 232, 236

Weinberg-Salam-Theorie 167, 216

Weinberg-Winkel 228, 229, 341

Wirkungsintegral 65

Wirkungsquerschnitt 13, 14, 107, 108, 121, 123, 127
- elastischer 106, 133, 205, 206
- inklusiver 132
- integrierter 129
- totaler 132, 143, 144, 208, 216, 267, 282, 291, 292, 330
- unelastischer 97

X-Boson 339, 340

Yang-Mills-Feld 60
Yukawa-Potential 50

Z^0-Boson 213, 216–218, 232, 233, 256, 340, 345

Zeitspiegelung 32–34
Zeitumkehr (Zeitspiegelung) 32–34
- Invarianz gegenüber der 32–34
- Verletzung der 35, 38

Zerfall
- des Protons 338, 344
- Zerfallsbreite 15, 141, 155, 158, 188, 267, 273, 306, 326, 333, 345
- Zerfallskonstante 15, 170, 172, 173
- Zerfallswahrscheinlichkeit 14, 326, 339

Zustand in der Quantentheorie 25

Zweig-Regel 143, 150, 154, 157, 158, 325, 326

Zyklotron 4, 6, 71, 184